清华大学 计算机系列教材

殷人昆 编著

数据结构算法解析

清华大学出版社

北京

内 容 简 介

本书是根据教育部高等学校计算机科学与技术专业教指委公布的《高等学校计算机科学与技术专业公共核心知识体系与课程》和教育部考试中心公布的《全国硕士研究生入学考试计算机科学与技术专业基础综合考试联考考试大纲》编写的学习数据结构算法的辅导教材。全书共分 8 章，第 1 章介绍数据结构的基本算法设计和简单的算法分析方法；第 2～6 章给出大量算法题，覆盖了基本数据结构和算法的全部知识点，包括线性表、栈、队列、数组、字符串、广义表、树与二叉树、图等；第 7～8 章给出了相当多的算法，覆盖了查找和排序方面的所有知识点。

本书融入了作者 30 多年数据结构教学的经验，考虑了不同层次学生学习的需要，精选了 1140 多道算法题，覆盖了相关知识点的方方面面，既可以作为大学计算机专业学习数据结构课程的辅助教材，也可以作为计算机专业考研的辅导教材。

图书在版编目（CIP）数据

数据结构算法解析 / 殷人昆编著. —北京：清华大学出版社，2021.2
清华大学计算机系列教材
ISBN 978-7-302-57512-2

Ⅰ．①数⋯　Ⅱ．①殷⋯　Ⅲ．①数据结构–算法分析–高等学校–教材　Ⅳ．①TP311.12

中国版本图书馆 CIP 数据核字（2021）第 026806 号

责任编辑：龙启铭
封面设计：常雪影
责任校对：李建庄
责任印制：丛怀宇

出版发行：清华大学出版社
　　　　　网　　　　址：http://www.tup.com.cn，http://www.wqbook.com
　　　　　地　　　　址：北京清华大学学研大厦 A 座　　　　邮　　编：100084
　　　　　社　总　机：010-62770175　　　　邮　购：010-83470235
　　　　　投稿与读者服务：010-62776969，c-service@tup.tsinghua.edu.cn
　　　　　质　量　反　馈：010-62772015，zhiliang@tup.tsinghua.edu.cn
　　　　　课 件 下 载：http://www.tup.com.cn，010-83470236
印 装 者：三河市铭诚印务有限公司
经　　　销：全国新华书店
开　　　本：185mm×260mm　　　印　　张：54.75　　　字　　数：1329 千字
版　　　次：2021 年 4 月第 1 版　　　印　　次：2021 年 4 月第 1 次印刷
定　　　价：158.00 元

产品编号：081314-01

前　言

通常，"数据结构与算法"是所有从事计算机系统研究和应用、计算机应用软件开发的科技人员必须学习和掌握的一门课程，是研究用计算机进行信息表示和处理的学科。

在计算机系统和与计算机相关的应用软件系统（亦称为 APP）中，信息的表示和组织直接关系到信息处理程序的效率。随着计算机的普及、信息范围的拓宽、信息量的增加，使得许多系统程序和应用程序的规模和复杂性增加。

一个"好"的计算机程序，应当具有以下几个特性：

（1）正确性：即在给定条件下，输入合理的数据，程序运行的结果应是正确的，计算精确度应是满足预定要求的。

（2）健壮性：亦称鲁棒性，即在给定条件下，输入可能不合理的数据，程序应能做出正确的反应，包括检查输入的正确性，必要时能够自动纠正可能发生的错误。

（3）简单性：亦称程序的圈复杂度，即程序结构中分支、循环、子程序调用的总数越少越好；程序越简单，程序开发、修改越容易，运行的出错概率越小。

（4）高效性：亦称算法的时空效率，即算法的时间复杂度和空间复杂度越小越好，通常用程序规模 n 的大 O 表示 O(n)来衡量。

（5）可读性：即算法或程序易读、易理解性。一个可读的程序应是简单的、模块化的、其接口应是显式的，即共享数据应该尽量通过接口传递，避免直接访问。

（6）结构性：即程序应是结构化的，仅使用标准的单入口、单出口的控制结构（顺序、分支、循环）编写程序，避免使用 goto 语句转来转去；信息结构尽量采用封装、信息隐蔽的原则实现对象化，使得错误局部化，从而使得程序易于编码、易于测试、易于修改。

要使数据结构和算法的设计达到以上要求的特性，不是一件易事。以往总有人说"数据结构课一听就懂，一做不会"，就是指数据结构的算法设计和编程入手困难。往往一种方法可以解决多种问题，一个问题可以用多种方法来解决，面对一个需要解决的问题该如何着手，没有一定的经验很难理清其中的逻辑。本书就是针对这个困难，收集了很多不同的题型，提供了解题思路和用 C 语言描述的解决代码，所有代码都在 Visual C++ 6.0 下调试通过。书中有些题是基本算法题，有些题是扩展思路的算法题，通过刷题，可以积累解决问题的经验，提高处理问题的能力。

关于刷题的必要性，本人有切身的体会。1978 年全国首次恢复招收研究生，按照清华大学指定的考研科目，本人做了充分准备，针对考试科目找了不少题目，认真解出答案，最终如愿考入清华大学。入学后学校搞了突然袭击，要求某月某日全体新生在主楼后厅再考一次数学和英语，本人把考研前做的题看了一遍，上阵赴考，第 5 个交卷，考了 94 分。

本书共分 8 章，内容覆盖了教育部高等学校计算机科学与技术专业教学指导委员会公布的《高等学校计算机科学与技术专业公共核心知识体系与课程》和教育部考试中心公布的《全国硕士研究生入学考试计算机科学与技术专业基础综合考试联考考试大纲》有关数据结构的所有知识点，同时也参考了美国 IEEE 计算教程 2013 的关于基本数据结构与算法的知识要求。

第 1 章数据结构绪论主要介绍数据结构算法设计与简单算法分析。在这一章中给出了有关枚举法、递推法、递归法、迭代法、动态规划法等几种简单算法，以及后面几章中常用的交换两个整数的值、求两个整数的较大者、按序输出三个整数的值的基础算法。

第 2 章线性表主要介绍线性表的逻辑表示和存储实现，以及线性表的应用算法。在这一章中给出了顺序表、链接表（单链表、循环单链表、双向链表、静态链表、"异或"双向链表）、线性表的应用实例（包括约瑟夫（Josephus）问题、用位向量和有序链表表示集合、多项式的链表存储表示及其运算、大整数的表示及其运算）的相关算法。

第 3 章栈和队列主要介绍栈和队列的逻辑表示和存储实现，以及栈和队列的应用算法。在这一章中给出了顺序栈和链式栈、循环队列和链式队列的各种实现，双端队列的实现，栈的应用（数制转换、括号配对、表达式的实现和计算）算法，栈和队列的应用（停车场模拟、铁道车厢调度、杨辉三角形打印、电路布线）算法，优先队列的应用算法。在这一章的栈与递归部分还给出了分治法与递归算法、减治法与递归算法、回溯法与递归算法、贪心法的实现与应用，递归到非递归的转换，以及动态规划法的应用算法。

第 4 章多维数组、字符串与广义表主要介绍一维数组、多维数组、字符串和广义表的实现和应用算法。在这一章中讨论了在考研和企业应聘中出现频率较高的算法，主要是基于数组实现的算法。此外，给出了许多特殊矩阵和稀疏矩阵的实现算法。在字符串部分包括了顺序串、堆式串和链式串的实现算法，以及数量较多的串应用算法，最后给出了典型的串模式匹配算法。在广义表部分，给出了用头尾表示法和层次表示法实现广义表的算法。

第 5 章树与二叉树主要介绍树与二叉树的存储、遍历、转换以及应用。在这一章中包括了树与森林的双亲、子女链表、子女兄弟链表、广义表存储表示的实现算法，二叉树的顺序和链式存储表示，树与二叉树的遍历算法，构建树与二叉树的算法，表达式树的实现算法，线索二叉树的构建和遍历算法，Huffman 树的构建、Huffman 编码、最优二叉判定树的构建算法，堆的构建算法，并查集的操作算法等。

第 6 章图主要介绍图的存储、遍历、生成树等基本算法和应用算法的实现。在这一章中包括了图的邻接矩阵、邻接表、无向图的邻接多重表、有向图的十字链表、关联矩阵等存储表示的实现算法，图的 DFS 和 BFS 遍历的递归和非递归的实现算法，图中顶点间路径的求解算法，图的生成树和连通分量的求解算法，双连通图中关节点的计算算法等。在图的应用方面，给出了多个求解最小生成树、最短和最长路径的算法、拓扑排序和关键路径的求解算法。此外还给出了用有向无环图计算表达式、二部图、渡河问题、四色问题的求解算法。

第 7 章查找主要介绍静态查找表、跳表、动态查找树，以及散列表相关的算法。在这一章中给出了静态查找表的各种查找算法（顺序查找、折半查找、斐波那契查找和插值查找、静态树表查找），跳表的构造、查找、插入和删除算法，动态查找树（二叉查找树、AVL 树、B 树和 B+树、红黑树、伸展树、双链树、Trie 树）的相关算法，散列表的相关算法。

第 8 章排序主要介绍各种内排序算法和外排序算法。在这一章中给出了大量内排序算法，包括插入排序（直接插入排序、折半插入排序、Shell 排序），交换排序（起泡排序、鸡尾酒排序、梳排序、Batcher 排序、奇偶交换排序、快速排序），选择排序（简单选择排序、二次选择排序、堆排序、锦标赛排序），二路归并排序和自然归并排序，桶排序（包括自顶向下的桶排序和自底向上的基数排序）。此外还包括了少量的链表排序算法、选择算法和地址排序算法。在外排序方面，给出了多路平衡归并排序算法、初始归并段的生成算法、磁带归并段算法和最佳归并树算法。

"细节决定成败"。数据结构算法的设计灵活性很强，最容易在细节上失分。因此，全面掌握数据结构的相关知识点并能合理运用，是学好数据结构课程的关键。

本书是作者本着作为一名教师，为学生"解惑"而编写的。所有习题都尽可能遵循软件工程要求，使用合理的和不合理的测试数据进行了测试。然而由于测试的不充分性，算法的实现程序仍然可能存在错误和疏漏，敬请读者批评指正。

作　者
2021 年 1 月于清华园荷清苑

目　录

第1章　数据结构绪论

1.1　简单的编程问题

1-1　编写 C 语言程序，输出字符串"Hello, world"。

【解答】最简单的 C 语言程序包括三部分：一是程序中所使用的库函数的原型文件（头文件.h）；二是生成"Hello, world"的函数过程；三是打印字符串的 main 主函数。程序的实现如下。

```
#include<stdio.h>                    /*包括 sprintf()的原型*/
#include<stdlib.h>                   /*包括 malloc()的原型*/
#include<string.h>                   /*包括 strlen()的原型*/
char *hello(char* name) {
    char *value=(char *) malloc(9+strlen(name));
    sprintf(value, "Hello, %s.", name);
    return value;
}
void main() {
    printf("%s\n", hello("world"));  printf("\n");
}
```

1-2　编写 C 语言程序，计算一元二次方程 $ax^2+bx+c=0$ 的实数根。要求从键盘输入 a、b 和 c 的值，然后再输出解方程的结果。

【解答】求根公式为 $x = \dfrac{-b \pm \sqrt{b^2 - 4ac}}{2a}$。当 $d = \sqrt{b^2 - 4ac} > 0$ 时，方程有两个不同的实数根；当 $d = 0$ 时，方程有一个实数根；当 $d < 0$ 时，方程没有实数根。程序的实现如下。

```
#include<stdio.h>                    /*包括 sprintf()的原型*/
#include<math.h>                     /*包括 sqrt()的原型*/
void main(void) {
    float a, b, c, d;
    printf("请输入方程的系数 a, b, c 的值\n");
    scanf("%g, %g, %g", &a, &b, &c);
    printf("%g, %g, %g\n", a, b, c);
    d = sqrt(b*b-4*a*c);
    if(fabs(d)<0.01) printf("方程的唯一根是: %g\n",(-b)/(2*a));
    else if(d>0) printf("方程的两个根是: %g, %g\n",(-b+d)/(2*a),(-b-d)/(2*a));
    else printf("方程无解! \n");
}
```

1-3 编写 C 语言函数，求两个整数中的较大数。

【解答】 函数只需做一次比较，选较大数返回就可以了。程序的实现如下。

```c
#include<stdio.h>                    /*包括 printf()的原型*/
int max(int a, int b) {
    return(a > b) ? a : b;
}
void main(void) {
    int a, b;
    printf("请输入两个整数 a,b\n");
    scanf("%d, %d", &a, &b);
    printf("%d 与%d 中的较大数是%d\n", a, b, max(a, b));
    printf("\n");
}
```

1-4 编写 C 语言函数，交换两个整数的值。

（1）使用指针变量传递两个整数的地址。

（2）使用引用型变量传递两个整数的地址。

【解答】 （1）为了交换 a 和 b 的值，C 语言采取使用指针传递地址的方式来定义参数，一种是用 int *a 和 int *b 传递指针 a 和 b 所指向的变量的地址。若*a = &x，*b = &y，则主程序调用的方式应是 Swap_1 (&x, &y)，最后交换了 x 和 y 的值，而不是 a 和 b 指针的值。

（2）另一个交换 a、b 的值的方法是通过引用型参数传递 a 和 b 的值，函数执行结果也同样交换了 a 和 b 的值。使用这种方法的主程序调用方式是 Swap_2 (x, y)，函数体内取值和存值的操作也不必加*号。

```c
#include<stdio.h>
void Swap_1(int *x, int *y) {
    int temp = *x;  *x = *y;  *y = temp;
}
void Swap_2(int& a, int& b) {
    int temp = a;  a = b;  b = temp;
}
void main(void) {
    int a, b;
    printf("输入两个整数 a, b\n");  scanf("%d, %d", &a, &b);
    Swap_1(&a,&b);  printf(", 调用 Swap_1 对调其值后, a=%d, b=%d\n", a, b);
    printf("输入两个整数 a, b\n");  scanf("%d, %d", &a, &b);
    Swap_2(a, b);  printf(", 调用 Swap_2 对调其值后, a=%d, b=%d\n", a, b);
}
```

1-5 编写 C 语言程序，输入 3 个值不等的整数 a、b、c，再按值递增的顺序输出它们。

【解答一】 使用一系列判断（如图 1-1 所示）找出 a、b、c 的按值大小排列的顺序，然后按值从小到大的顺序输出它们。

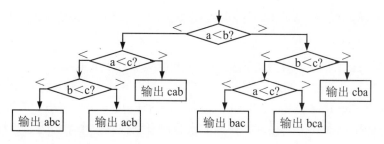

图 1-1　题 1-5 的图

程序的实现如下。

```c
#include<stdio.h>
void Output(int a, int b, int c) {
    if(a < b) {
        if(a < c) {
            if(b < c) printf("%d%d%d的增序排列为%d%d%d\n", a, b, c, a, b, c);
            else printf("%d%d%d的增序排列为%d%d%d\n", a, b, c, a, c, b);
        }
        else printf("%d%d%d的增序排列为%d%d%d\n", a, b, c, c, a, b);
    }
    else if(b < c) {
        if(a < c) printf("%d%d%d的增序排列为%d%d%d\n", a, b, c, b, a, c);
        else printf("%d%d%d的增序排列为%d%d%d\n", a, b, c, b, c, a);
    }
    else printf("%d%d%d的增序排列为%d%d%d\n", a, b, c, c, b, a);
}
void main(void) {
    Output(1, 2, 3); Output(1, 3, 2); Output(2, 1, 3); Output(2, 3, 1);
    Output(3, 1, 2);  Output(3, 2, 1)
}
```

【解答二】　对于互不相等的三个整数 a、b、c，设置三个存储单元 m1、m2 和 m3。m1 存储当前找到的最小整数值，m2 存储当前的次小整数值，m3 存储最大整数值。程序首先设定 a 值最小 m1 = a，然后依次检查 b、c，确定 m1、m2 和 m3，最后输出 m1，m2，m3 的值即可。程序的实现如下。

```c
#include<stdio.h>                                    //包括printf()和scanf()的原型
void main() {
    int a, b, c, m1, m2, m3;
    printf("依次输入三个整数值：\n"); scanf("%d, %d, %d", &a, &b, &c);
    printf("%d, %d, %d\n", a, b, c);
    m1 = a;                                          //m1存储最小，m2存储次小
    if(b < m1) {m2 = m1;  m1 = b;}                   //b比a小，b最小，a次小
    else m2 = b;                                     //否则还是a最小，b次小
    if(c < m1) {m3 = m2;  m2 = m1;  m1 = c;}    //类推
    else if(c < m2) {m3 = m2;  m2 = c;}
    else m3 = c;
```

```
        printf("按值大小递增顺序排列结果是%d, %d, %d\n", m1, m2, m3);
}
```

1-6 设 n 是一个正整数，计算并输出不大于 n 但最接近于 n 的素数。

【解答】 素数是只能被 1 和自己整除的正整数。如果 n 不是素数，它一定能分解为至少两个因子的乘积，即 n = a×b，其中如果 b 大于或等于 $\sqrt{n}$，a 一定小于或等于 $\sqrt{n}$。因此，可以从 n 开始做每次减 1 的循环，排除非素数，直到找到一个素数为止。程序的实现如下。

```
#include<stdio.h>                          //包括 sprintf()的原型
#include<math.h>                           //包括 sqrt()的原型
void main() {
    int n, d, i, k, m, found;
    scanf("%d", &n);                       //输入正整数 n
    i = n; d =(int)sqrt(n); found = false;
    while(i > d && found == false) {       //从大到小逐个查找素数
        m =(int)sqrt(i);
        for(k = i-1; k >= m; k--)
            if(i % k == 0) {i--; break;}   //能整除 k, 不是素数
        if(k < m) found = true;            //都试过, 不能整除 k, 是素数
    }
    printf("不大于%d的最大素数是%d\n", n, i);
}
```

1.2   简单的算法设计

1.2.1   枚举法编程

1-7 设有 10 个取值范围在 0～9 的互不相等的整数存放在数组 A[10]中，编写一个程序，将它们从小到大排序并存放于另一个数组 B[10]中。

【解答】 将 A 中的整数按其值直接存放于数组 B 中相应位置即可。程序的实现如下。

```
#include<stdio.h>                     //包括 sprintf()的原型
void main(void) {
    int A[10] = {3, 9, 4, 6, 1, 8, 2, 7, 5, 0}; int B[10];
    printf("排序前的整数序列为: \n");
    for(int i = 0; i < 10; i++) printf("%d ", A[i]);
    printf("\n");
    for(i = 0; i < 10; i++) B[A[i]] = A[i];
    printf("排序后的整数序列为: \n");
    for(i = 0; i < 10; i++) printf("%d ", B[i]);
    printf("\n");
}
```

1-8 给出两个正整数 a 和 b，设计一个算法，计算它们的最大公约数和最小公倍数。

【解答】　两个正整数 a、b 的最大公约数是所有能够整除 a、b 的整数中的最大数，两个正整数 a、b 的最小公倍数是所有能够被 a、b 整除的整数中的最小数，算法思路是确定 a 和 b 的较小数，用 k 存储它，然后从 2 到 k 试探，能够同时被 a、b 整除的最大数即为 a 和 b 的最大公约数；它们的最小公倍数=两数乘积/最大公约数。算法的实现如下。

```
#include<stdio.h>                      //包括 sprintf()的原型
int gcd(int a, int b) {                //函数返回 a 和 b 的最大公约数
    int i, k, r = 1;
    k =(a <= b) ? a : b;
    for(i = 2; i < k; i++)
        if(a % i == 0 && b % i == 0) r = i;
    return r;
}
void main(void) {
    int a, b, x;
    printf("请输入两个正整数（用,隔开）");
    scanf("%d, %d", &a, &b);
    x = gcd(a, b);
    printf("%d 和%d 的最大公约数为%d, 最小公倍数为%d\n", a, b, x, a*b/x);
}
```

1-9　一个正整数的约数和（不包括该数本身这个约数）等于这个数本身，则称这个整数为完全数（或亲和数）。例如，6 = 1×2×3，且 1+2+3 = 6，则 6 为完全数。设计一个算法，给定一个整数范围 [a, b]，计算并输出 a 和 b 范围内的所有完全数。

【解答】　对于范围[a, b]内的每一个整数 i，从 j = 1 到 i−1 进行试探，若 i 能整除 j，则累加这个 j，若最后累加的结果等于 i，则此 i 即为亲和数。算法的实现如下。

```
#include<stdio.h>
void appetency(int a, int b) {
    int i, j, s = 0;
    for(i = a; i <= b; i++) {
        for(j = 1; j < i; j++)
          if(i % j == 0) s += j;
        if(s == i) printf("\n 亲和数为%d\n", i);
        s = 0;
    }
}
void main(void) {
    int a, b;
    printf("请输入一个整数范围 a..b, 要求 a < b\n");
    scanf("%d, %d", &a, &b);
    appetency(a, b);
    printf("\n");
}
```

1-10　一个正整数可分解为几个因数的乘积，例如，6 = 1×2×3，7 = 1×7。设计一个算

法，给定一个整数范围 [a, b]，计算并输出 a 和 b 范围内的每一个正整数的因数乘积。

【解答】 对于范围[a, b]内的每一个整数 i，代之以 s，用 1～i/2 的整数 j 试除 s，如果能够整除 s，j 就是 i 的一个因数，然后修改 s 为它整除 j 的结果，继续试除，直到 s 为 1。一种特殊情况是 i 为素数，它只能被 1 和自身整除，在确定 1 为它的因数后，补充输出 i 自身即可；另一种特殊情况是 i 用 1～i/2 的整数 j 试除后，还欠缺一个因数，需要补充输出最后一个因数。算法描述如下。

```c
#include<stdio.h>
void factorization(int a, int b) {
    int i, j, s = 0;
    for(i = a; i <= b; i++) {
        s = i;  printf("%d=", i);
        while(s != 1) {
            for(j = 1; j <= i/2; j++)
                if(s % j == 0) {
                    printf("%d", j);  s = s/j;
                    if(s != 1) printf("*");
                    else printf("\n");
                }
            if(s == i || j > i/2 && s != 1) {printf("%d\n", s); s = 1;}
        }
    }
}
void main(void) {
    int a, b;
    printf("请输入一个整数范围a..b, 要求 a < b\n");
    scanf("%d, %d", &a, &b);
    factorization(a, b);
    printf("\n");
}
```

1-11 假定一维整型数组 a[n]中各元素值均在 [0, 200] 区间内，编写一个算法，分别统计落在 [0, 20), [20, 50), [50, 80), [80, 130), [130, 200] 各区间内的元素数。

【解答】 设置一个存放统计结果的数组 int c[5]，预先把各元素初始化为 0，然后通过一趟扫描，按照数组元素的值，它落在哪个区间，相应统计单元加 1。算法的实现如下。

```c
#include<stdio.h>                          //包括 sprintf()的原型
#define maxSize 25
void Count(int a[], int n, int d[], int c[]) {
    int i, j;
    for(i = 0; i < 5; i++) c[i] = 0;       //给数组 c[5]中的每个元素赋初值 0
    for(i = 0; i < n; i++) {
        for(j = 0; j < 5; j++)             //查找 a[i]的值落在的区间
            if(a[i] < d[j]) break;
        c[j]++;                            //使统计相应区间的元素加 1
    }
```

```
}
void main() {
    int A[maxSize] = {30, 44, 135, 66, 15, 101, 41, 97, 100, 84, 73,
        25, 59, 70, 29, 37, 1, 55, 16, 126};
    int i, n = 20;  int x, y;  int B[5];
    int d[5] = {20, 50, 80, 130, 201};        //用来保存各统计区间的上限
    Count(A, n, d, B);
    x = 0;
    for(i = 0; i < 5; i++) {
        y = d[i];
        printf("落在区间[%d, %d)的数有%d 个\n", x, y, B[i]);
        x = y;
    }
}
```

1-12　求最大子序列问题：设给定一个整数序列 a_1, a_2, …, a_n（其可能有负数），设计一个穷举算法，求 $\sum_{k=i}^{j} a_k$ 的最大值。例如，对于序列 A = { 1, −1, 1, −1, −1, 1, 1, 1, 1, 1, 1, −1, −1, 1, −1, 1, −1 }，子序列 A[5..9] = { 1, 1, 1, 1, 1 }具有最大值 5。

【解答】　设 i 和 j 都是序列中元素的序号（称为下标）。若从序列中某个元素起连续提取若干元素组成的序列，即为原序列的子序列。算法尝试从每个 i（初始为 0）起，用 j 连续累加 1 个、2 个、……，记下累加值中最大的，以及相应的 i、j 值，算法结束，即得所需结果。设用数组 a[n]存放序列，a_i 存储于 a[i−1]内，则算法的实现描述如下。

```
#include<stdio.h>                                    //包括 sprintf()的原型
#define maxSize 20
int maxSubsequence(int a[], int n, int& i, int& j) {
//算法返回最大子序列的值，并通过引用参数 i 和 j 返回起、止元素下标
    int sum, maxSum, id, jd, k;
    maxSum = 0;  i = 0;  j = 0;
    for(id = 0; id < n; id++)
        for(jd = id; jd < n; jd++) {
            sum = 0;
            for(k = id; k <= jd; k++) sum += a[k];   //计算 id 到 jd 的累加和
            if(sum > maxSum)                          //存储新的 maxSum
                {maxSum = sum;  i = id;  j = jd;}
        }
    return maxSum;
}
void main() {
    int A[maxSize] = {1, -1, 1, -1, -1, 1, 1, 1, 1, 1, -1, -1, 1, -1, 1, -1};
    int n = 16;  int x, y, z;
    printf("输入序列为: ");
    for(int i = 0; i < n; i++) printf("%d ", A[i]);
    printf("\n");
    x = maxSubsequence(A, n, y, z);
```

```
        printf("累加和为%d, 区间为%d, %d\n", x, y, z);
}
```

1.2.2　递推法编程

递推的程序一般需要使用循环来完成，也可使用递归。

1-13　设计一个函数求 $F(x,n)=\sum_{i=0}^{n}x^i$ 的值，并用 $\sum_{i=0}^{n}x^i=\dfrac{x^{n+1}-1}{x-1}$，$x\neq 1$，$n\geqslant 0$ 验证你的程序。

【解答】根据霍纳法则，若设 $n=7$，则有 $1+x^1+x^2+\cdots+x^7=1+x\times(1+x^1+x^2+\cdots+x^6)=1+x\times(1+x\times(1+x^1+\cdots+x^5))=\cdots=1+x\times(1+x\times(1+x\times(1+x\times(1+x\times(1+x\times(1+x))))))$。若设 $a=x$，重复 $n-1$（$=6$）次 $(a+1)\times x$ 计算，最后再做一次 $a+1$，即可得到所需结果。算法的实现如下。

```c
#include<stdio.h>
int power(int x, int n) {              //计算 xⁿ
        int f = 1;
        for(int i = 1; i <= n; i++) f = f*x;
        return f;
}
int F(int x, int n) {                  //计算 xⁱ 的连加和
         int a = x;
         for(int i = 1; i < n; i++) a =(a+1)*x;
         return a+1;
}
void main() {
        int x;  int n;
        printf("请输入 x 和 n: ");  scanf("%d, %d", &x, &n);
        printf("F(%d, %d) = %d\n", x, n, F(x, n));
        printf("作为对比, 直接计算, %d\n",(power(x, n+1)-1)/(x-1));
}
```

1-14　设计一个函数 $F(n)=\sum_{i=1}^{n}i\times 2^{i-1}$ 的值，并用 $\sum_{i=1}^{n}i\times 2^{i-1}=(n-1)\times 2^{n}+1$，$n\geqslant 1$ 验证你的程序。

【解答】设 $n=6$，则仿照霍纳法则，有 $1\times 2^0+2\times 2^1+3\times 2^2+4\times 2^3+5\times 2^4+6\times 2^5=1\times 2^0+2\times(2\times 2^0+2\times(3\times 2^0+2\times(4\times 2^0+2\times(5\times 2^0+2\times(6\times 2^0)))))=1+2\times(2+2\times(3+2\times(4+2\times(5+2\times(6)))))$，若令 $a=6$，$i=5,4,\cdots,1$，做 $n-1$（即为 5）次 $a=2\times a+i$，即可得到最后结果。算法的实现如下。

```c
#include<stdio.h>
int F(int n) {
        int a = n;
        for(int i = n-1; i >= 1; i--) a = a*2+i;
        return a;
}
int power(int n) {
        int a = 1;
```

```
        for(int i = 1; i <= n; i++) a = a*2;
        return a;
}
void main() {
        int x;  int n;
        printf("请输入n: ");  scanf("%d", &n);
        printf("F(%d) = %d\n", n, F(n));
        printf("作为对比，直接计算，%d\n", power(n)*(n-1)+1);
}
```

1-15　设 $n = 2^h - 1$，则 $2^h = n+1$，$h = \log_2(n+1)$。设计一个算法，计算 $F(h) = 2\sum\limits_{i=0}^{h-1} 2^{i-1}(h-i)$ 的值，其中 h 是输入的正整数，并用 $F(h) = 2^{h+1} - 2(h+1)$ 验证算法。

【解答】　这实际上是第 5 章的一个计算公式，因 $2\sum\limits_{i=1}^{h} 2^{i-1}(h-i) = \sum\limits_{i=1}^{h} 2^i(h-i)$，设初始时 $i = 1$，有 $a = 2^i = 2^1 = 2$，$b = i \times a = 1 \times a = a$，$sum = a \times h - b$。再对 i 从 2 循环执行到 h，在第 i 趟先计算 $a = 2 \times a$，$b = i \times a$，再计算 $sum = sum + a \times h - b$ 即可。算法的实现如下。

```
#include<stdio.h>
int F(int h) {
        int a = 2, b = a, sum = a*h-b;
        for(int i = 2; i <= h; i++) {a = a*2;  b = i*a;  sum = sum+a*h-b;}
        return sum;
}
int power(int h) {
        int a = 1;
        for(int i = 1; i <= h; i++) a = a*2;
        return a;
}
void main() {
        int x;  int h;
        printf("请输入h: ");  scanf("%d", &h);
        printf("F(%d) = %d\n", h, F(h));
        printf("作为对比，直接计算，%d\n", power(h+1)-2*(h+1));
}
```

1-16　设计一个函数，计算下列级数的和：

$$S(x) = 1 + x + \frac{x^2}{2!} + \frac{x^3}{3!} + \cdots + \frac{x^n}{n!}，\quad 直到 \frac{x^n}{n!} < 10^{-6}$$

【解答】　设级数第 n 项为 $T_n = \dfrac{x^n}{n!}$，则第 n+1 项为 $T_{n+1} = \dfrac{x^{n+1}}{(n+1)!} = \dfrac{x}{n+1} \cdot \dfrac{x^n}{n!} = \dfrac{x}{n+1} \cdot T_n$。

得到递推式为 $T_{n+1} = \dfrac{x}{n+1} \cdot T_n$，其中 $T_0 = 1$。算法的实现如下。

```
#include<math.h>
#include<stdio.h>                          //包括 sprintf()的原型
```

```
float f(float x, int& n) {
//函数返回计算出来的级数 Tn(x)的和，n 是满足要求最大的阶
    float s = 1.0, t = 1.0;                        //T0(x)=1, S=T0(x)
    n = 1;  printf("t=%f, s=%f, x=%f\n", t, s, x);
    while(fabs(t) > 0.000001) {
        t = t*x/n;  s = s+t;    n++;              //T(n+1)(x)=T(n)(x)*x/(n+1)
    }
    return s;
}
void main() {
    int n;  float x, y;
    printf("请输入 x=");  scanf("%f", &x);          //输入 x
    printf("%f\n", x);
    y = f(x, n);
    printf("x=%g, y=%g, n=%d\n", x, y, n);
}
```

1-17 设计一个函数，计算并输出 $\log_2(n!)$ 和 $n\log_2 n$ 的值。

【解答】 由于 C 库函数中没有计算 $\log_2(x)$ 的运算，可以利用换底公式 $\log(x) / \log(2)$ 来计算 $\log_2(x)$；又因为 n!可能值很大，可以利用 $\log_2(n!) = \log_2(1)+\log_2(2)+\cdots+\log_2(n)$ 进行计算，这属于迭代法。算法的实现如下。

```
#include<stdio.h>
#include<math.h>
void calcLogarithm(long n) {
//计算并输出 log₂(n!)和 nlog₂(n)
    double sum = 0, r;  long i;
    for(i = 1; i <= n; i++) {r = log(i)/log(2);  sum += r;}
    printf("log₂(%d!) = %g, %dlog₂(%d) = %g\n", n, sum, n, n, n*r);
}
void main(void) {
    long n;
    printf("请输入 n=");  scanf("%d", &n);
    calcLogarithm(n);
}
```

1-18 编写一个函数计算 $n!\times 2^n$ 的值，结果存放于数组 A[arraySize]的第 n 个数组元素中，$0 \leqslant n \leqslant arraySize$。若设计算机中允许的整数的最大值为 maxInt，则当 n>arraySize 或者对于某一个 k $(0 \leqslant k \leqslant n)$，使得 $k!\times 2^k > maxInt$ 时，应按出错处理。可有如下三种出错处理方式：

（1）用 exit(1)语句来终止执行并报告错误。

（2）用返回整数函数值 0、1 来实现算法，以区别是正常返回还是错误返回。

（3）在函数的参数表设置一个引用型的整型变量来区别是正常返回还是某种错误返回。

试讨论这三种方法各自的优缺点，并以你认为是最好的方式来实现它。

　　【解答】　此题提供了三种在编程时必须注意问题的解决方案。方法（1）把出错处理交由系统来做，一旦 k!×2^k 超出限制就报错，然后停止程序执行；方法（2）通过函数返回程序是否正常执行结束的标识，由调用程序决定下一步要干什么；方法（3）与方法（2）的处理方式相同，只不过出错标识通过引用型参数返回。本题所给出的程序采用了两个措施，一是通过函数返回值来回送程序执行正确与否的信息，这意味着把进一步做错误处理的责任交给调用它的程序来完成；二是处理溢出问题。如果采用 n!×2^n > MaxInt 来控制程序在将要出错时停止工作，可能你来不及处理就出现了系统干预而导致系统停工，所以程序中改变了溢出判断：如果计算结果大于 MaxInt/n/2，就报告溢出信息并返回。算法的实现如下：

```
#include<stdio.h>                         //包括sprintf()的原型
#define arraySize 100
#define MaxInt 0x7fffffff
int calc(int T[], int n) {
    T[0] = 1;
    if(n > 0) {
        for(int i = 1; i <= n; i++) {
            T[i] = T[i-1]*i*2;
            printf("T[%d]=%d\n", i, T[i]);
            if(T[i] > MaxInt/n/2) return 0;
        }
    }
    printf("T[%d]=%d\n", n, T[n]);  return 1;
}
void main() {
    int A[arraySize];  int j, n = 12;
    j = calc(A, n);
    printf("j=%d\n", j);
}
```

1.2.3　递归法编程

　　1-19　设有一个含有 n 个整数的数组 A，要求设计递归算法，从第一个元素起，正向输出数组 A 中各元素的值。

　　【解答】　在递归输出算法中，首先输出当前最前端的整数，然后递归调用输出算法，从下一个元素起正向输出。每递归一次，向后处理一个输出元素，直到数组的最后。算法描述如下：

```
#include<stdio.h>                         //包括sprintf()的原型
#define maxSize 20
void Print_forward(int A[], int i, int n) {
    if(i >= n) return;                    //递归终止条件
    printf("%d ", A[i]);
    Print_forward(A, i+1, n);             //递归输出下一个
}
```

```
void main() {
    int A[maxSize] = {1, 2, 3, 4, 5, 6, 7, 8, 9, 10, 11, 12};
    int i, n = 12;
    for(i = 0; i < n; i++) printf("%d ", A[i]);
    printf("\n");
    Print_forward(A, 0, n);
    printf("\n");
}
```

1-20 设有一个含有 n 个整数的数组 A，要求设计递归算法，从最后一个元素起，反向输出数组 A 中各元素的值。

【解答】 在递归输出算法中，首先从下一个元素起递归调用输出算法，直到最后一个元素，直接输出最后一个元素的值；然后返回；每退回上一层再输出该层当前元素的值，然后再返回。每次在递归返回时输出，就能够反向输出。算法的实现如下。

```
#include<stdio.h>                            //包括 sprintf()的原型
#define maxSize 20
void Print_backward(int A[], int i, int n) {
    if(i >= n) return;                        //递归终止条件
    else {
        Print_backward(A, i+1, n);
        printf("%d ", A[i]);
    }
}
void main() {
    int A[maxSize] = {1, 2, 3, 4, 5, 6, 7, 8, 9, 10, 11, 12};
    int i, n = 12;
    for(i = 0; i < n; i++) printf("%d ", A[i]);
    printf("\n");
    Print_backward(A, 0, n);
    printf("\n");
}
```

1-21 设计一个递归算法，求 n!。

【解答】 根据求阶乘的数学式可直接设计求阶乘的递归算法。

$$\text{Fact(n)} = \begin{cases} 1, & n = 0,\ 1 \\ n \times \text{Fact}(n-1), & n > 1 \end{cases}$$

算法的实现如下。

```
#include<stdio.h>
int Fact(int n) {
    if(n < 2) return n;                      //可以直接求值
    else return n*Fact(n-1);
}
void main(void) {
    int n;
    printf("请输入 n="); scanf("%d", &n);
```

```
    printf("Fact(%d)=%d\n", n, Fact(n));
}
```

1-22　设计一个递归算法，求斐波那契（Fibonacci）数 Fib(n)。

【解答】　最简单的方法是根据斐波那契的数学式直接设计递归算法。

$$Fib(n) = \begin{cases} n, & n = 0,\ 1 \\ Fib(n-1) + Fib(n-2), & n > 1 \end{cases}$$

算法的实现如下。

```
#include<stdio.h>
int Fib(int n) {
    if(n < 2) return n;                    //可以直接求值
    else return Fib(n-1)+Fib(n-2);
}
void main(void) {
    int n;
    printf("请输入 n=: ");  scanf("%d", &n);
    printf("Fib(%d)=%d\n", n, Fib(n));
}
```

1-23　设计一个递归算法，求组合数 C_m^n。

【解答】　直接根据计算组合数的递推公式设计递归算法。

$$\begin{cases} C_m^n = 1, & n=0\ \text{或}\ m=n \\ C_m^n = C_{m-1}^n + C_{m-1}^{n-1}, & m>n>0 \end{cases}$$

算法的实现如下。

```
#include<stdio.h>
int combinat(int m, int n) {
    if(n == 0 || m == n) return 1;                        //终止递归的条件
    else return combinat(m-1, n) + combinat(m-1, n-1);    //递归步骤
}
void main(void) {
    int m, n;
    printf("请输入 m 和 n，要求 m > n: ");  scanf("%d, %d", &m, &n);
    printf("C(%d, %d)=%d\n", m, n, combinat(m, n));
}
```

1.2.4　迭代法编程

1-24　设计一个非递归算法，计算 n!。

【解答】　求解 n!的递归算法属于"尾递归"，即函数体内只有一个递归语句，且该语句位于函数的最后，此时，可直接把函数体内的 if 改成 while，用迭代方式实现。算法的实现如下。

```
#include<stdio.h>
int Fact(int n) {
```

```
    int s = 1;                          //1的阶乘等于1
    for(int i = 2; i <= n; i++)  s = s*i;
    return s;
}
void main(void) {
    int n;
    printf("请输入n: ");  scanf("%d", &n);
    printf("Fact(%d)=%d\n", n, Fact(n));
}
```

1-25　设计一个非递归算法，求斐波那契数 Fib(n) 的值。

【解答】 虽然求斐波那契数的递归算法不属于"尾递归"，但它属于"单向递归"，即可以从 Fib(n-1) 和 Fib(n-2) 求得 Fib(n)，为此只需事先保留 Fib(n-1) 和 Fib(n-2) 的值，即可算出 Fib(n) 的值，因此可以使用迭代法，逐步求出 Fib(2), Fib(3), …, Fib(n-1) 和 Fib(n) 的值。算法的实现如下。

```
#include<stdio.h>
int Fib(int k) {
    if(k < 2) return k;                 //特殊情况处理
    int f0, f1, i, fk;
    f0 = 0;  f1 = 1;                    //迭代初始值
    for(i = 2; i <= k; i++) {           //逐步递增计算
        fk = f0 + f1;                   //计算 Fib(k)
        f0 = f1;  f1 = fk;              //为下一步计算保存前两项的值
    }
    return fk;
}
void main(void) {
    int n;
    printf("请输入n, 以表明要计算到哪个fn: ");  scanf("%d", &n);
    printf("Fib(%d)的值为%d\n", n, Fib(n));
}
```

1-26　设在闭区间[a, b]上方程 F(x) = 0 有一个根，如图 1-2 所示。设计一个算法，用二分法求方程 F(x) = 0 在区间[a, b]中的根。假设 F(x) = x^2+2x-3，所设区间为[-1, 1]。

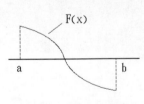

图 1-2　函数 F(x) 曲线

【解答】 二分法求值是一种逼近迭代，以求值区间的中点 m 为界，若 F(a) 与 F(m) 值的正负号相同，则将求值区间收缩到 [m, b]，否则收缩到[a, m]，然后重复上述工作，即所谓迭代。每次迭代求值，区间缩小一半，直到区间缩小到一个点，若该点的函数值等于 0，则得到方程的根，否则方程无根。在求解算法中，设 x0、x1 是当前求根区间[x0..x1]的左右端点，m 是该区间的中点，eps 是一个给定的很小正数，用于迭代收敛的判断，n 是最大允许迭代次数的控制量。算法的实现如下。

```
#include<stdio.h>
```

```
#include<math.h>
#define rootless -2000                              //无根标识
#define F(x) x*x+2*x-3                               //宏: F(x) = x²+2x-3 函数定义
float equation_Root(float a, float b, float eps, int n) {
//在闭区间[a, b]上求 F(x)的零点, eps 是计算精度, n 是最大迭代次数
    float Fx, Fy, Fm, x, y, m;  int i;
    x =(float) a; Fx = F(x); y =(float) b; Fy = F(y);//区间左右端点函数值
    if(Fx*Fy <= 0) {                                //区间中有根, 继续执行
        for(i = 1; i <= n; i++) {                   //最多允许迭代 n 次
            m =(x+y) / 2;  Fm = F(m);               //求中点及中点的函数值
            if(fabs(Fm) < eps || fabs(y-x) < eps) break;   //求到转出循环
            if(Fx*Fm > 0) {x = m;  Fx = Fm;}        //向右缩小区间
            else {y = m;  Fy = Fm;}                 //向左缩小区间
        }
        return m;
    }
    else return rootless;
}
void main(void) {
    int n;  float a, b, root, eps;
    printf("请输入最大迭代次数和迭代精度: ");  scanf("%d, %f", &n, &eps);
    printf("请输入求根区间左、右端点: ");  scanf("%f, %f", &a, &b);
    root = equation_Root(a, b, eps, n);
    if(root != rootless) printf("区间[%f, %f]中有根, 根在%f\n", a, b, root);
    else printf("区间[%f, %f]中没有根! \n", a, b);
}
```

这种迭代方法需要有一个收敛速度快的迭代公式和一个迭代初值, 以及解的精度控制要求。通过循环实现迭代过程, 其终止循环的条件是达到了最大迭代次数, 或者前后两次得到的近似值之差的绝对值小于解的精度控制要求, 并认为最后一次得到的近似解为问题的解。

1-27 设 m 和 n 是两个正整数, 设计一个算法, 使用辗转相除法求它们的最大公约数。

【解答】 采用辗转相除法 (即欧几里得解法)。求解思路如下:

(1) 如果 m<n, 交换 m 与 n 的值, 保证 m≥n;

(2) 计算 m 除以 n 的余数, 保存到 r 中, 即 r = m mod n;

(3) 将 n 保存到 m, r 保存到 n 中;

(4) 判断: 如果 n>0, 继续求解, 转到步骤 (2), 否则 m 即为最大公约数, 求解过程结束。

算法的实现如下。

```
#include<stdio.h>                         //包括 sprintf()的原型
int gcd(int m, int n) {
    if(m <= 0 || n <= 0) return 0;
    if(m < n) { int temp = m; m = n; n = temp; }
    while(n > 0) { int r = m % n; m = n; n = r; }
```

```
        return m;
}
void main(void) {
        int m, n, f;
        printf("请输入两个正整数: ");  scanf("%d, %d", &m, &n);
        f = gcd(m, n);
        printf("%d 和%d 的最大公约数为%d\n", m, n, f);
}
```

1.2.5 动态规划法编程

1-28 设计一个非递归算法，计算组合数 C_m^n。

【解答】 可以使用动态规划方法进行计算。动态规划方法用一个表来记录所有已解决的子问题的解。不管该子问题以后是否被用到，只要它被计算过，就将其结果填入表中。然后使用表中的数据（子问题的解）求得问题的解。对于计算组合数问题，首先创建一个 m+1 行 n+1 列的二维表格 C[m+1][n+1]，如图 1-3 所示。

m＼n	0	1	2	3
1	1	1		
2	1		1	
3	1			1
4	1			
5	1			

m＼n	0	1	2	3
1	1	1		
2	1	2	1	
3	1	3	3	1
4	1	4	6	4
5	1	5	10	10

(a) 直接填写的项   (b) 逐行逐列计算的项

图 1-3 用动态规划法求解组合 C(5, 3)

再从可直接求解的条件开始，把各子问题的解都填入表格中。

初始时因为 $C_1^0 = \cdots = C_m^0 = 1$，所以 C[i][i] = 1，其中 i = 1, 2,···, n；又因为 $C_1^1 = \cdots = C_n^n = 1$，第 n = 0 列 C[i][0] = 1，其中 i = 1, 2,···, m，如图 1-1（a）所示。然后就可以从第 j = 1 列开始自上而下逐行计算 C[i][j] = C[i-1][j] + C[i-1][j-1]，其中 i = 2,···, m；j = 1, 2,···, i-1。一行计算完再换一列，直到全部计算完成。最右下角的元素值 C[5][3] 即为问题的解，如图 1-1（b）所示。这是一个自底向上的算法，表格每个子问题只需要计算一次。在计算非终端结点时，所有子结点的值都已经求出，可以直接从表格中取出使用。算法的实现如下。

```
#include<stdio.h>
#define maxSize 100                      //二维表格的每一维最大容量
int combinate(int m, int n) {
   int i, j;  int C[maxSize][maxSize];
   if(n == 0 || m == n) return 1;        //C(m, 0)与 C(m, m)直接定值 1
   else {
      for(i = 1; i <= m; i++) C[i][0] = C[i][i] = 1;    //直接定值
      for(i = 1; i <= m; i++)
         for(j = 1; j < i; j++)          //C(m, n) = C(m-1, n)+C(m-1, n-1)
            C[i][j] = C[i-1][j]+C[i-1][j-1];
```

```
        return C[m][n];
    }
}
void main(void) {
    printf("C(%d, %d) = %d\n", 3, 1, combinate(3, 1));
    printf("C(%d, %d) = %d\n", 3, 3, combinate(3, 3));
    printf("C(%d, %d) = %d\n", 5, 3, combinate(5, 3));
}
```

1.3　简单的算法分析

1.3.1　语句的执行频度

1-29　设 n 为正整数,请给出以下程序段中加下画线语句的执行频度。

```
int i, j, k;
for(i = 1; i <= n; i++)
for(j = 1; j <= n; j++) {
    c[i][j] = 0.0;
        for(k = 1; k <= n; k++)
            c[i][j] = c[i][j] + a[i][k] * b[k][j];
    }
```

【解答】　这是矩阵乘法 C = A×B,是一个三重循环,每一层循环语句都是从 1～n 的,加下画线的是最内层语句,其执行频度为 $\sum\limits_{i=1}^{n}\sum\limits_{j=1}^{n}\sum\limits_{k=1}^{n}1 = n^3$。

1-30　设 n 为正整数,请用大 O 表示法给出以下程序段中加下画线语句的执行频度。

```
int i, j, k, x = 0, y = 0;
for(i = 1; i <= n; i++)
   for(j = 1; j <= i; j++)
       for(k = 1; k <= j; k++)
           x = x + y;
```

【解答】　这个三重循环的内层循环变量的取值,依赖于直接外层的循环变量:

$$\sum_{i=1}^{n}\sum_{j=1}^{i}\sum_{k=1}^{j}1 = \sum_{i=1}^{n}\sum_{j=1}^{i}j = \sum_{i=1}^{n}\left(\frac{i(i+1)}{2}\right) = \frac{1}{2}\sum_{i=1}^{n}i^2 + \frac{1}{2}\sum_{i=1}^{n}i$$

$$= \frac{1}{2}\frac{n(n+1)(2n+1)}{6} + \frac{1}{2}\frac{n(n+1)}{2} = \frac{n(n+1)(n+2)}{6}$$

算法的执行频度的大 O 表示仍为 O(n^3)。

1-31　设 n 为正整数,用大 O 表示给出以下程序段中加下画线语句的执行频度。

```
int i = 1, j = 0;
while(i+j <= n)
    if(i > j) j++;
```

```
else i++;
```

【解答】 此程序交替执行 i++。当 i+j = 1 时不执行 i++，当 i+j = 2 时第 1 次执行 i++，当 i+j = 3 时不执行 i++，当 i+j = 4 时第 2 次执行 i++，……，即当 n 为偶数时，执行 n/2 次 i++；当 n 为奇数时，执行 $\lfloor n/2 \rfloor$ 次 i++。算法的执行频度的大 O 表示为 O(n)。

1-32　比较以下两个程序段，指出它们内部语句 i++ 的执行频度。

```
（1）i = 1; k = 0;
    while(i <= n) { k = k+10*i;  i++; }
（2）i = 1; k = 0;
    do { k = k+10*i;  i++; } while(i <= n);
```

【解答】 假设 n = 0 时，程序段（1）中 i++ 语句执行 0 次，程序段（2）中 i++ 执行 1 次。当 n 不为 0 时，程序段（1）和程序段（2）中语句 i++ 都执行了 n 次。它们的不同在于程序段（1）是先判断型循环，它可能一次都不执行；程序段（2）是后判断型循环，它至少要执行 1 次。

1.3.2　时间复杂度度量

1-33　指出以下算法的功能并求出其时间复杂度。

```
int Prime(int n) {
    int i = 2, x =(int) sqrt(n);          //sqrt(n)为求 n 的平方根
    while(i <= x) {
        if(n % i == 0) break;
        i++;
    }
    if(i > x) return 1;
    else return 0;
};
```

【解答】 此算法的功能是判断整数 n 是否为素数，如果是则函数返回 1，否则返回 0。算法时间复杂度为 $T(n) = O(\sqrt{n})$。

1-34　指出以下算法的功能并求出其时间复杂度。

```
int sum1(int n) {
    int p = 1, s = 0;
    for(int i = 1; i <= n; i++) { p *= i;  s += p; }
    return s;
};
```

【解答】 此算法的功能是计算 $\sum_{i=1}^{n} i!$，即 1, 1×2, 1×2×3, 1×2×3×4,…, 1×2×3×…×n 的和。算法时间复杂度为 $T(n) = O(n)$。

1-35　指出以下算法的功能并求出其时间复杂度。

```
int sum2(int n) {
    int s = 0;
```

```
for(int i = 1; i <= n; i++) {
        int p = 1;
        for(int j = 1; j <= i; j++) p *= j;
        s += p;
    }
    return s;
};
```

【解答】　此算法的功能仍然是计算 $\sum\limits_{i=1}^{n}i!$ 。算法时间复杂度为 $T(n)=O(n^2)$ 。这是因为没有像题 1-35 那样保留计算的中间结果，每次都重新计算 $1\times2\times\cdots\times i$ ，语句时间复杂度为

$$\sum_{i=1}^{n}\sum_{j=1}^{i}1=\sum_{i-1}^{n}i=\frac{n(n+1)}{2}=O(n^2)$$

1-36　指出以下算法的功能并求出其时间复杂度。

```
int fun(int n) {
    int i = 1, s = 1;
    while(s < n) s += ++i;
    return i;
};
```

【解答】　循环前 $s=1$ ，第一次循环结束 $s=1+2$ ，第二次循环结束 $s=1+2+3$ ，…，此算法的功能是求出满足不等式 $s=1+2+3+\cdots+i\geqslant n$ 的最小 i 值。例如，$n=100$ ，当 $i=14$ 时，满足 $1+2+\cdots+13=91<100$ ，而 $1+2+\cdots+14=105\geqslant100$ 。

从 $i(i-1)/2\geqslant n$ 可得，$i^2-i-2n\geqslant0$ ，用代数法求解得 $i\geqslant\dfrac{1\pm\sqrt{1+8n}}{2}$ ，因此可知，算法时间复杂度为 $O(\sqrt{n})$ 。

1-37　指出以下算法的功能并求出其时间复杂度。

```
void mtable(int n) {
    for(int i = 1; i <= n; i++) {
        for(int j = i; j <= n; j++)
            printf("%3d*%d=%2d", i, j, i*j);
        printf("\n");
    }
};
```

【解答】　此算法的功能是打印 n 以内整数的乘法口诀表。第 i 行（$1\leqslant i\leqslant n$）中有 $n-i+1$ 个乘法项，每个乘法项为 i 与 j（$i\leqslant j\leqslant n$）的乘积。算法的时间复杂度为

$$T(n)=\sum_{i=1}^{n}\sum_{j=i}^{n}1=\sum_{i=1}^{n}(n-i+1)=\frac{n(n+1)}{2}=O(n^2)$$

1-38　某算法所需时间由下述方程表示，试求出该算法的渐进时间复杂度（以大 O 形式表示）。其中，n 为求解问题的规模，为简单起见，设 n 为 2 的正整数幂。

$$T(n)=\begin{cases}1, & n=1\\ 2T(n/2)+n, & n>1\end{cases}$$

【解答】 设 $n = 2^k$（$k \geqslant 0$），则有 $T(2^k) = 2T(2^{k-1})+2^k = 2^2T(2^{k-2}) + 2 \times 2^k$，经过推导可以得到递推式 $T(2^k) = 2^i \times T(2^{k-i}) + i \times 2^k$，因此有 $T(2^k) = 2^k \times T(2^0) + k \times 2^k = (k+1)2^k$，即 $T(n) = n(\log_2 n+1) = O(n\log_2 n)$。一般地，如果 n 不是 2 的正整数幂，此 $T(n)$ 仍能满足方程。

1-39 有实现同一功能的两个算法 A_1 和 A_2，其中 A_1 的渐进时间复杂度为 $T_1(n) = O(2^n)$，A_2 的渐进时间复杂度为 $T_2(n) = O(n^2)$。仅就时间复杂度而言，具体分析这两个算法哪个好？

【解答】 要比较算法好坏，需要比较两个时间复杂度函数 2^n 和 n^2。对算法 A_1 和 A_2 的时间复杂度 $T_1(n)$ 和 $T_2(n)$ 取以 2 为底的对数，得 $n\log_2 2$ 和 $2\log_2 n$，用大 O 表示，有 $T_1(n) = O(n)$，$T_2(n) = O(\log_2 n)$。显然，算法 A_2 好于 A_1。

1-40 已知有实现同一功能的两个算法 1 和 2，其时间复杂度分别为 $O(2^n)$ 和 $O(n^{10})$，假设计算机可连续运算的时间为 10^7 秒（100 多天），且每秒可执行关键操作（根据这些操作来估算算法时间复杂度）10^5 次。试问在此条件下，这两个算法可解问题的规模（即 n 值的范围）各为多少？哪个算法更适宜？请说明理由。

【解答】 根据假设，计算机可连续运行 10^7 秒，每秒可执行关键操作 10^5，那么计算机可连续执行关键操作 $10^7 \times 10^5 = 10^{12}$ 次。此时，算法 1 的时间复杂度为 $T_1(n) = O(2^n)$，而问题规模 $n = \log_2(T_1(n))$，令 $n \leqslant \log_2(10^{12}) = 12\log_2 10 \approx 40$；算法 2 的时间复杂性为 $T_2(n) = O(n^{10})$，则其问题规模 $n = \sqrt[10]{T_2(n)} = (T_2(n))^{0.1}$，令 $n \leqslant (10^{12})^{0.1} \approx 16$。显然，算法 1 的问题规模 n 大于算法 2 的问题规模 n。一般地，多项式阶的算法比指数阶的算法能更快地解决问题，对多项式阶的算法，当指数很高时，在可处理的问题规模 n 上还不如指数阶的算法。

1.3.3 有关算法分析的选择题

1-41 以下关于算法的说法中，正确的是（ ）。

A. 算法的时间效率取决于算法执行所花费的 CPU 时间

B. 在算法设计中不允许用牺牲空间的方式来换取好的时间效率

C. 算法必须具备有穷性、确定性等五个特性

D. 通常用时间效率和空间效率来衡量算法的优劣

【解答】 选 C。算法的时间效率取决于算法的时间复杂度；在很多场合为了提高算法的时间效率，常常采用以空间换时间的策略；另外决定算法优劣的准则还要考虑正确性、健壮性等因素，即便是考虑时间效率和空间效率，还要着眼于算法运行的环境，要根据使用者的需求有所侧重。因此选项 C 是正确的。

1-42 若一个问题既可以用迭代方式也可以用递归方式求解，则采用（ ）方法具有更高的时空效率。

A. 迭代   B. 递归   C. 先递归后迭代   D. 先迭代后递归

【解答】 选 A。迭代方式比递归方式时空效率更高。

1-43 一个递归算法必须包括（ ）。

A. 递归部分   B. 终止条件和递归部分

C. 迭代部分   D. 终止条件和迭代部分

【解答】 选 B。一个递归算法必须包括终止条件和递归部分。递归部分是要执行规模缩小的子问题，而子问题规模缩小到一定程度应能直接求解，这就构成递归算法的终止条件。

1-44 算法分析的目的是（ ___1___ ），算法分析的两个主要方面是（ ___2___ ）。

A. 找出数据结构的合理性   B. 研究算法中输入与输出的关系

C. 分析算法的效率以求改进   D. 分析算法的可读性和文档性

E. 时间复杂度和空间复杂度   F. 正确性和简单性

G. 数据复杂度和程序复杂度   H. 可读性和文档性

【解答】 （1）选 C，（2）选 E。算法分析的目的是分析算法的效率以求改进，算法分析的主要方面是考查算法的时间复杂度和空间复杂度。

1-45 算法分析的前提是（ ）。

A. 算法必须简单   B. 算法必须正确

C. 算法结构性强   D. 算法必须通用

【解答】 选 B。算法必须正确才能谈得上提高效率。

1-46 计算算法的时间复杂度属于（ ）。

A. 事前统计的方法   B. 事前分析估算的方法

C. 事后统计的方法   D. 事后分析估算的方法

【解答】 选 A。算法时间复杂度度量是一种事前统计的方法，统计的对象是语句的执行频度，并估计当问题规模增大时这个执行频度服从什么样的规律。

1-47 算法的时间复杂度与（ ）有关。

A. 问题规模   B. 计算机硬件的运行速度

C. 源程序的长度   D. 编译后执行程序的质量

【解答】 选 A。

1-48 算法的计算量的大小称为计算的（ ）。

A. 问题规模   B. 时间复杂度   C. 空间复杂度   D. 程序难度

【解答】 选 B。问题规模是一个考虑因素，但计算量大小表明时间复杂度的大小。空间复杂度与计算量有关，但它不是计算量的度量，程序难度与计算量无关。

1-49 某算法的时间复杂度为 $O(n^2)$，表明该算法的（ ）。

A. 问题规模是 n^2 B. 执行时间等于 n^2

C. 执行时间与 n^2 成正比   D. 问题规模与 n^2 成正比

【解答】 选 C。本题的问题规模应是 n，执行时间的大 O 表示为 $O(n^2)$，不是指执行时间就是 n^2。

1-50 以下关于算法分析的说法中，错误的是（ ）。

A. 空间效率为 $O(1)$ 的算法不需要任何额外的辅助空间

B. 若规模 n 相同，时间复杂度为 $O(n)$ 的算法在时间上总是优于时间复杂度为 $O(2^n)$ 的算法

C. 所谓时间复杂度是指在最坏情况下，估算算法执行时间的一个上界

D. 同一个算法，实现语言的级别越高，执行的效率不一定越低

【解答】 选 A。空间效率为 $O(1)$ 是指程序执行需要有限的几个辅助空间，不是指一个都没有。

1-51 设 $f(n) = n^{\sin(n)}$，若用大 O 表示法，$f(n)$ 的渐进时间复杂度为（ ）。

A. $O(1)$ B. $O(n^{-1})$ C. $O(n)$ D. $O(n^2)$

【解答】 选 C。正弦函数 sin(n)的取值在[-1, 1]。

1-52 设有程序段

```
int k = 10;
while(k == 0) k--;
```

则以下关于此循环的说法中，正确的是（　　　）。

A. 循环执行 10 次　　　　　　　　　B. 循环是无限循环

C. 循环体一次都不执行　　　　　　　D. 循环体只执行一次

【解答】 选 C。k 的取值不满足循环条件，循环一次都不执行。

1-53 在下列程序中：

```
void calc(int p1, int p2) {
    p2 = p2*p2;  p1 = p1-p2;  p2 = p2-p1;
}  //calc
void main(void) {
    int i = 2, j = 3;
    calc(i, j);  printf("%d\n", j);
}  //main
```

当参数传递改用引用方式时，所得结果 j =（　1　）；

A. 2　　　　　　　B. 16　　　　　　　C. 20　　　　　　　D. 28

当参数传递采用赋值方式时，所得结果 j =（　2　）。

A. 0　　　　　　　B. 3　　　　　　　C. 5　　　　　　　D. 6

【解答】 （1）选 B，（2）选 B。在情况（1）下，j 计算的结果 16 返回；在情况（2）下，j 计算的结果不能返回，j 还是 3。

1-54 设有以下三个函数：

$$f(n) = 100n^3+n^2+1000, \quad g(n) = 25n^3+4000n^2, \quad h(n) = n^{2.01}+1000n\log_2 n$$

以下关系式中，有错误的是（　　　）。

A. $f(n) = O(g(n))$

B. $g(n) = O(f(n))$

C. $h(n) = O(n^{2.01})$

D. $h(n) = O(n\log_2 n)$

【解答】 选 D。取每个函数的最高阶进行比较。因为 $f(n) = O(n^3)$，$g(n) = O(n^3)$，当 $n \to \infty$ 时，显然 $n^{2.01}$ 比 $n\log_2 n$ 增长得更快，$h(n) = O(n^{2.01})$，所以，$f(n) = O(g(n))$，$g(n) = O(f(n))$，而 $h(n) = O(n\log_2 n)$不对。

1-55 以下函数中，渐进时间复杂度最小的是（　　　）。

A. $T_1(n) = n\log_2 n + 1000\log_2 n$

B. $T_2(n) = n^{\log_2 3} - 1000\log_2 n$

C. $T_3(n) = n^2 - 1000\log_2 n$

D. $T_4(n) = 2n\log_2 n - 1000\log_2 n$

【解答】 选 A。因为 $T_1(n) = O(n\log_2 n)$，$T_2(n) = O(n^{\log_2 3})$，$T_3(n) = O(n^2)$，$T_4(n) = O(n\log_2 n)$。虽然 $T_1(n) = O(T_4(n))$，但 $T_4(n)$中 $n\log_2 n$ 是 $T_1(n)$的 2 倍，所以 $T_1(n)$的渐进时间复杂性最低。

1-56 下列各对函数 f(n)和 g(n)，当 $n \to \infty$ 时，增长最快的函数是（　　　）。

A. $f(n) = 10^2+\ln(n!+10^{n^3})$，$g(n) = 2n^4+n+7$

B. $f(n) = (\ln(n!)+5)^2$，$g(n) = 13n^{2.5}$

C. $f(n) = n^{2.1} + \sqrt{n^4 + 1}$，$g(n) = (\ln(n!))^2 + n$

D. $f(n) = 2^{(n^3)} + (2^n)^2$，$g(n) = n^{(n^2)} + n^5$

【解答】 选 D。一般情况下，指数级和阶乘级比多项式级的增长速度快得多。

1-57 以下程序段中循环语句的条件表达式的执行次数是（ ）。

```
i = 0;  s = 0;  n = 100;
do {
    i = i+1;  s = s+10*i;
} while(i < n && s < n);
```

A. 3 B. 4 C. 5 D. 6

【解答】 选 B。在 i < n 和 s < n 两个条件中主要看 s。s 第 1 次增加 10，第 2 次增加 20，第 3 次增加 30，第 4 次增加 40，就跳出了循环，所以循环语句的条件表达式的执行次数为 4。

1-58 设 n 是描述问题规模的非负整数，下面程序段的时间复杂度为（ ）。

```
x = 2;
while(x < n/2) x = 2*x;
```

A. $O(\log_2 n)$ B. $O(n)$ C. $O(n\log_2 n)$ D. $O(n^2)$

【解答】 选 A。x 以 2, 4, 8, 16, …, 2^k 的速度增长，设从循环跳出时 $2^k \geq n/2$，$2^{k+1} \geq n$，两边取对数，$k+1 \geq \log_2 n$，所以此程序段的时间复杂度为 $O(\log_2 n)$。

1-59 求整数 n（n≥0）阶乘的算法如下，其时间复杂度为（ ）。

```
int fact(int n) {
    if(n <= 1) return 1;
    else return n*fact(n-1);
}
```

A. $O(\log_2 n)$ B. $O(n)$ C. $O(n\log_2 n)$ D. $O(n^2)$

【解答】 选 B。因为 $T(n) = 1 + T(n-1) = 1 + (1 + T(n-2)) = \cdots = n-1 + T(1) = n$。

1-60 设有一个递归算法如下：

```
int X(int n) {
    if(n <= 3) return 1;
    else return X(n-2) + X(n-4) + 1;
}
```

计算 X(X(5))时需要调用 X 函数（ ）次。

A. 4 B. 5 C. 8 D. 16

【解答】 选 A。X(5) = X(3)+X(1)+1 = 3，X(X(5)) = X(3) = 1，调用了 4 次 X 函数。

1-61 下列程序段的时间复杂度为（ ）。

```
count = 1;
for(k = 1; k <= n; k *= 2)
    for(j = 1; j <= n; j++) count++;
```

A. O($\log_2 n$)　　　　B. O(n)　　　　C. O($n\log_2 n$)　　　　D. O(n^2)

【解答】　选 C。外层循环中 k 以指数方式增长，k>n 时退出循环，循环执行次数 $\log_2 n$，内层循环在外层循环控制下执行 $\log_2 n$ 次，每次执行 n 次，所以总时间复杂度为 O($n\log_2 n$)。

1-62　下面是一个程序段：

```
int p = 1, s = 0;
for(int i = 1; i <= n; i++)
    { p *= i;  s += p; }
```

其时间复杂度为（　　）。

A. O(1)　　　　B. O(n)　　　　C. O($n\log_2 n$)　　　　D. O(n^2)

【解答】　选 B。循环体内没有改变循环变量 i 的值，所以循环总执行次数为 n。

1-63　下面是一个递归的排序算法：

```
void Sorting(int A[], int left, int right) {
    if(right - left > 0) {
        int mid =(right - left + 1) / 2;
        Sorting(A, left, mid);
        Sorting(A, mid+1, right);
        Merge(A, left, right);
    }
}
```

其时间复杂度为（　　）。

A. O(1)　　　　B. O(n)　　　　C. O($n\log_2 n$)　　　　D. O(n^2)

【解答】　选 C。设 $n = 2^k$，$k = \log_2 n$，$T(n) = 2T(n/2)+n = 4T(n/4)+2n = 8T(n/8)+3n = \cdots = 2^k T(n/2^k)+kn = 2^k T(1)+kn = n+n\log_2 n$，其时间复杂度为 O($n\log_2 n$)。

1-64　在以下程序段中，语句 s 的执行频度为（　　）。

```
for(i = 1; i < n-1; i++)
    for(j = n; j >= i; j--) s;
```

A. n(n-1)/2　　B. n(n+1)/2　　C. (n+1)(n-1)/2　　D. (n+3)(n-2)/2

【解答】　选 D。$\sum\limits_{i=1}^{n-2}\sum\limits_{j=i}^{n}1=\sum\limits_{i=1}^{n-2}(n-i+1)=n+(n-1)+\cdots+3=\dfrac{(n+3)(n-2)}{2}$。

1-65　输出一个二维数组 b[m][n]中所有元素值的时间复杂度为（　　）。

A. O(n)　　　　B. O(m+n)　　　　C. O(n^2)　　　　D. O(m*n)

【解答】　选 D。

1-66　一个算法的时间复杂度为($3n^2+2n\log_2 n+4n-7$)/(5n)，其时间复杂度为（　　）。

A. O(n)　　　　B. O($n\log_2 n$)　　　　C. O(n^2)　　　　D. O($\log_2 n$)

【解答】　选 A。

1-67　某算法的时间代价为 $T(n) = 100n + 10n\log_2 n + n^2 + 10$，其时间复杂度为（　　）。

A. O(n)　　　　B. O($n\log_2 n$)　　　　C. O(n^2)　　　　D. O(1)

【解答】　选 C。增长最快的是 n^2。

1-68　某算法仅含程序段 1 和程序段 2，程序段 1 的执行次数 $3n^2$，程序段 2 的执行次数为 $0.01n^3$，则该算法的时间复杂度为（　　）。

A. $O(n)$　　　　　　B. $O(n^2)$　　　　　　C. $O(n^3)$　　　　　　D. $O(1)$

【解答】　选 C。当 $n = 300$ 时 $3n^2 = 0.01n^3 = 270000$，当 $n > 300$ 时，$0.01n^3 > 3n^2$，所以当 n 增长到 300 以上，算法的时间复杂度为 $O(n^3)$。

第2章 线 性 表

2.1 线性表的概念

2.1.1 线性表的定义

通常，定义线性表为 n 个数据元素（或称为表元）的有限序列，记为 $L = (a_1, a_2, \cdots, a_n)$。其中，L 是表名；$a_i$ 是表中的结点，是不可再分割的数据元素；n 是表中表元的个数，也称为表的长度，若 n = 0 则称为空表。

线性表的主要操作如下：

（1）初始化运算 initList(L)：将线性表 L 置为空表。

（2）创建运算 createList(L, A(), n)：从输入序列 A[n] 创建线性表。

（3）查找运算 Search(L, x)：查找线性表 L 中与给定值 x 匹配的表元素。

（4）定位运算 Locate(L, i)：查找线性表中第 i 个元素的位置。

（5）插入运算 Insert(L, x, i)：将新元素 x 插入线性表 L 第 i 个位置上。

（6）删除运算 Remove(L, &x, i)：删除线性表 L 第 i 个元素，通过 x 返回。

（7）求长度运算 Length(L)：求线性表 L 中元素个数。

（8）读取运算 getValue(L, i)：读取线性表 L 第 i 个元素的值。

（9）复制运算 copyList(L, L1)：复制线性表 L 到另一个线性表 L 中。

线性表主要操作的实现取决于采用哪一种存储结构，存储结构不同，实现的算法也不同。

2.1.2 线性表的应用

2-1 设 $A = (a_1, a_2, \cdots, a_n)$ 和 $B = (b_1, b_2, \cdots, b_m)$ 是两个线性表（假定所含数据元素均为整数）。若 n<m，则称 A<B，若 n>m，则称 A>B；当 n = m 时，若 $a_i = b_i$（i = 1, 2, $\cdots$, n），则称 A = B；若 $a_i = b_i$（i = 1, 2, $\cdots$, j）且 $a_{j+1} < b_{j+1}$（j<n 且 j<m），则称 A<B；否则称 A>B。设计一个比较线性表 A 和 B 的算法，当 A<B、A = B 或 A>B 时分别输出−1、0 或 1。

【解答】 因为没有指定线性表的存储结构，所以需使用线性表的操作来做。算法首先比较两个线性表的长度 n 和 m，若 n<m 则函数返回−1；若 n>m 则函数返回 1；否则若 n=m，再顺序比较 A[i] 和 B[i]（i = 1, 2, $\cdots$, n），若 A[i] < B[i]，函数返回−1；若 A[i] > B[i]，函数返回 1；若 A[i] = B[i]，继续比较下去，直到 i>n 为止。算法的实现如下。

```
int Compare(SeqList& A, SeqList& B) {
//具体实现时线性表必须是顺序表或链表中的某一种
    int n = Length(A), m = Length(B), i;  int la, lb;
    if(n < m) return -1;                        //A<B
    else if(n > m) return 1;                     //A>B
    else {                                       //A=B
```

```
        for(i = 0; i < n; i++) {                 //对应位都相等，正常出口
            la = getValue(A, i);  lb = getValue(B, i);
            if(la < lb) return -1;               //对应位不相等，非正常出口
            else if(la > lb) return 1;
        }
        return 0;
    }
}
```

算法的调用方式为 int s = Compare(A, B)。输入：顺序表 A 和顺序表 B；输出：函数值（比较结果 1、0、-1）。

2-2　设有两个线性表 LA 和 LB，将它们视为集合。设计一个算法，求 LA 与 LB 的并，结果存于 LA，即 LA = LA∪LB。

【解答】　对于 LB 中的每一个元素，检查在 LA 中是否有值相等的元素，若没有则把它插入 LA 中。算法的实现如下。

```
void Merge(SeqList& LA, SeqList& LB) {
//合并顺序表 LA 与 LB，结果存于 LA，重复元素只留一个
    int n = Length(LA), m = Length(LB), i, k, x;
    for(i = 1; i <= m; i++) {
        x = getValue(LB, i);                //在 LB 中取一元素
        k = Search(LA, x);                  //在 LA 中查找它
        if(k == -1)                         //若在 LA 中未找到则将它插入 LA
            { Insert(LA, n+1, x);  n++; }   //插入第 n 个元素之后
    }
}
```

算法的调用方式为 Merge(LA, LB)。输入：顺序表 LA 和顺序表 LB；输出：并的结果 LA。

2-3　设有两个线性表 LA 和 LB，将它们视为集合。设计一个算法，求 LA 与 LB 的交，结果存于 LA，即 LA = LA∩LB。

【解答】　对于 LA 中的每一个元素，检查在 LB 中是否有值相等的元素，若没有则从 LA 中删除它。算法的实现如下。

```
void Intersection(SeqList& LA, SeqList& LB) {
//求顺序表 LA 与 LB 中的共有元素，结果存于 LA
    int n = Length(LA), m = Length(LB), i = 1, k, x;
    while(i <= n) {
        x = getValue(LA, i);                //在 LA 中取一元素
        k = Search(LB, x);                  //在 LB 中查找它
        if(k == -1)                         //若在 LB 中未找到则从 LA 删除它
            { Remove(LA, i, x);  n--; }     //在 LA 中删除它
        else i++;
    }
}
```

算法的调用方式为 Intersection(LA, LB)。输入：顺序表 LA 和顺序表 LB；输出：交

的结果 LA。

2.2 顺　序　表

2.2.1 顺序表的结构

顺序表即线性表的顺序存储方式。它用一组地址连续的存储单元依次存储线性表中的数据元素，从而使得逻辑关系相邻的两个元素在物理位置上也相邻。因此，顺序表的特点是表中各元素的逻辑顺序与其物理顺序相同。

顺序表的静态存储分配用 C 语言描述如下：

```
#define maxSize 100                          //显式地定义表的长度
typedef int DataType;                        //定义表元素的数据类型，假定为 int 型
typedef struct {                             //顺序表的定义
     DataType data[maxSize];                 //静态分配存储表元素的数组
     int n;                                  //实际表元素个数，0≤n<maxSize
} SeqList;
```

在这种存储方式下，顺序表元素 a_i 存储在 data[i−1]位置。存储结构如图 2-1 所示。

下标位置	0	1	…	i−1	i	…	n−1	…	maxSize−1
数组（顺序表）存储空间	a_1	a_2	…	a_i	a_{i+1}	…	a_n	…	…

图 2-1　顺序表的示意图

假设顺序表 A 的起始存储位置为 Loc(A(1))，第 i 个表项的存储位置为 Loc(A(i))，则有

$$Loc(A(i)) = Loc\ (A(1)) + (i-1)*sizeof(DataType)$$

其中，Loc(A(1))是第一个表项的存储位置，即数组中第 0 个元素位置；sizeof (DataType)是顺序表中每个元素所占空间的大小。根据这个计算关系，可随机存取顺序表中的任一个元素。

顺序表的动态存储分配用 C 语言描述（存放于 SeqList.h）如下：

```
#define initSize 100                     //顺序表长度的初始定义
typedef int DataType;                    //定义顺序表元素的数据类型
typedef struct {                         //顺序表的定义
    DataType *data;                      //指向动态分配数组的指针
    int maxSize, n;                      //数组的最大容量和当前个数
} SeqList;
```

2.2.2 顺序表的基本操作

2-4　设计一个算法，在顺序表上实现初始化的运算。

【解答】 对于动态定义的顺序表，需要通过初始化运算分配顺序表所需的存储空间，并将顺序表置空，为顺序表其他数据成员赋初值。算法的实现如下。

```
void initList(SeqList& L) {
//算法调用方式 initList(L)。输入：未初始化的顺序表 L；输出：已初始化的顺序表 L
    L.data =(DataType*) malloc(initSize*sizeof(DataType));    //创建存储数组
    if(!L.data) {printf("存储分配错误!\n"); exit(1);}         //分配失败
    L.maxSize = initSize; L.n = 0;              //置表的实际长度为零
}
```

算法的时间复杂度为 O(1)，空间复杂度为 O(1)。

2-5　设计一个算法，计算顺序表的长度，即顺序表中的元素个数。

【解答】　在顺序表中有一个数据成员 n，存储了该表的元素个数，直接返回它即可。算法的实现如下。

```
int Length(SeqList& L) {
//算法调用方式为 int k = Length(L)。输入：顺序表 L；输出：函数值（顺序表的长度）
    return L.n;                               //返回顺序表的当前长度
}
```

算法的时间复杂度为 O(1)，空间复杂度为 O(1)。

2-6　设计一个算法，在顺序表中查找与给定值 x 相等的元素，并通过函数返回找到元素在该表中的位置（从 1 开始），若查找失败，函数返回 0。

【解答】　从顺序表的开头顺序检查表中每一个元素，若当前检查的元素等于给定值 x，则函数回该元素的位置，否则函数返回 0。算法的实现如下。

```
int Search(SeqList& L, DataType x) {
//算法调用方式为 int k = Search(L, x)。输入：顺序表 L, 待查找值 x；输出：函数值
//（找到元素的位置）
    for(int i = 0; i < L.n; i++)
        if(L.data[i] == x) return i+1;        //顺序查找
    return -1;                                //查找失败
}
```

算法的时间复杂度为 O(n)，n 是表的元素个数；空间复杂度为 O(1)。

2-7　设计一个算法，返回顺序表的第 i 个元素（i 从 1 开始）在该表中的位置（从 0 开始）。

【解答】　这是查找指定元素的位置的运算，即定位运算。函数返回第 i（$1 \leqslant i \leqslant n$）个元素的位置。因为存储数组的下标从 0 开始，所以元素序号 i 应为实际存储位置加 1。算法的实现如下。

```
int Locate(SeqList& L, int i) {
//算法调用方式 int k = Locate(L, i)。输入：顺序表 L, 元素序号（从 1 开始）；
//输出：函数值（找到元素的位置）
    if(i >= 1 && i <= L.n) return i-1;        //元素序号与存储位置差 1
    else return -1;                           //失败位置信息为-1, 不可为 0
}
```

算法的时间复杂度为 O(1)，空间复杂度为 O(1)。

2-8 设计一个算法，依次读入序列 A 的 n 个元素值，创建顺序表。

【解答】 算法要求首先创建一个空顺序表 L，然后通过一个循环，逐个读入数组 A 中的元素值，按序存入顺序表。函数执行结果：顺序表中元素的排列顺序与元素的读入顺序完全一致。算法的实现如下。

```
void createList(SeqList& L, DataType A[], int n) {
//算法调用方式createList(L, A, n)。输入：空顺序表L，数组A，元素
//个数n；输出：已创建顺序表L
    initList(L);
    for(int i = 0; i < n; i++) L.data[i] = A[i];
    L.n = n;
}
```

算法的时间复杂度为 O(n)，n 是顺序表的元素个数；空间复杂度为 O(1)。

2-9 设计一个算法，依次输出顺序表中的所有元素值。

【解答】 算法的实现如下。

```
void printList(SeqList& L) {
//算法调用方式printList(L)。输入：顺序表L；输出：该表中的所有元素值
    for(int i = 0; i < L.n; i++) printf("%d ", L.data[i]);
    printf("\n");
}
```

算法的时间复杂度为 O(n)，n 是顺序表的元素个数；空间复杂度为 O(1)。

2-10 设计一个算法，把一个顺序表的全部信息复制到另一个顺序表。

【解答】 目标顺序表 L1 的存储空间需要重新创建，然后再把源顺序表 L 的所有信息赋值到目标顺序表 L1。算法的实现如下。

```
void copyList(SeqList& L, SeqList& L1) {
//算法调用方式copyList(L, L1)。输入：顺序表L；输出：复制的顺序表L1
    L1.maxSize = L.maxSize;  L1.n = L.n;
    L1.data =(DataType*) malloc(L1.maxSize*sizeof(DataType));
                                                    //创建存储数组
    if(!L1.data) {printf("存储分配错误!\n");  exit(1);}       //分配失败
    for(int i = 0; i < L.n; i++) L1.data[i] = L.data[i];
}
```

算法的时间复杂度为 O(n)，n 是顺序表的元素个数；空间复杂度为 O(1)。

2-11 设计一个算法，把新元素插入顺序表的第 i 个位置（1≤i≤n+1）。

【解答】 算法首先要考虑顺序表是否满？i 是否在合理的取值范围。这些都是算法能够正确执行的先决条件，如果顺序表没有满，i 的取值合理，算法再从后向前把 i 开始的元素整块后移，把新元素 x 插入第 i 个位置。算法的实现如下。

```
bool Insert(SeqList& L, int i, DataType x) {
//算法的调用方式bool succ = Insert(L, i, x)。输入：顺序表L,插入值x, 插入位置i;
//输出：插入后的顺序表L; 若插入成功函数返回true; 否则返回false
    if(L.n == L.maxSize) return false;              //顺序表满，不能插入
```

```
    if(i < 1 || i > L.n+1) return false;          //参数 i 不合理，不能插入
    for(int j = L.n; j >= i; j--)
        L.data[j] = L.data[j-1];                   //依次后移，空出第 i 号位置
    L.data[i-1] = x;                               //插入
    L.n++;  return true;                           //顺序表长度加 1
}
```

算法的时间复杂度为 O(n)，n 是顺序表的元素个数；空间复杂度为 O(1)。

2-12　设计一个算法，删除顺序表第 i(1≤i≤n) 个元素。

【解答】　算法首先判断顺序表是否空？i 是否在合理的取值范围。如果顺序表不空，i 的取值合理，算法从前向后把 i 开始的元素整块前移。算法的实现如下。

```
bool Remove(SeqList& L, int i, DataType& x) {
//算法调用方式 bool succ = Remove(L, i, x)。输入：顺序表 L，删除位置 i；
//输出：删除后的顺序表 L：若删除成功，引用参数 x 返回删除元素的值，函数返回 true，
//否则返回 false
    if(! L.n) return false;                        //顺序表空，不能删除
    if(i < 1 || i > L.n) return false;             //参数 i 不合理，不能删除
    x = L.data[i-1];                               //存被删元素的值
    for(int j = i; j <= L.n; j++)
        L.data[j-1] = L.data[j];                   //依次前移，填补
    L.n--;  return true;                           //顺序表长度减 1
}
```

算法的时间复杂度为 O(n)，n 是表的元素个数；空间复杂度为 O(1)。

2-13　设计一个算法，取顺序表中第 i（1≤i≤n）个元素的值，若 i 不合理，返回-1。

【解答】　算法的实现如下。

```
DataType getValue(SeqList& L, int i) {
//算法调用方式 DataType x = getValue(L, i)。输入：顺序表 L，读取元素位置 i；
//输出：函数值（读取元素的值）
    if(i > 0 && i <= L.n) return L.data[i-1];
     else return -1;
}
```

算法的时间复杂度为 O(1)，空间复杂度为 O(1)。

2.2.3　顺序表的相关算法

2-14　设计一个算法，当顺序表元素个数超过表容量的 80%时将顺序表的容量扩大一倍；当顺序表元素个数少于其容量的 25%时将其容量缩减一半。

【解答】　只有动态存储分配的顺序表才可以扩大或缩小其存储空间。算法思路是：利用 C 语言的 realloc 命令再分配新的存储数组，将原存储数组中所有元素传送到新数组中，最后用新数组替换掉原数组。算法的实现如下：

```
void reallocate(SeqList& L) {
//算法的调用方式 reallocate(L)。输入：顺序表 L；输出：重构的顺序表 L
```

```
    int newSize;  DataType *newArray;
    if(L.n > 0.8*L.maxSize) newSize = 2*L.maxSize;
    else if(L.n < 0.25*L.maxSize) newSize = L.maxSize/2;
    else return;
    newArray = (DataType *) malloc(newSize*sizeof(DataType));
    for(int i = 0; i < L.n; i++) newArray[i] = L.data[i];
    L.data = newArray;  L.maxSize = newSize;
}
```

算法的时间复杂度为 O(n)，空间复杂度为 O(n)，n 是表的元素个数。

2-15　设计一个算法，从顺序表 L 中删除具有最小值的元素并返回被删元素的值。空出的位置由最后一个元素填补。若顺序表为空，则显示空表信息并退出运行。

【解答】　设置一个存储单元 pos，在扫描顺序表 L 时用以记录具最小值元素的位置。找到具有最小值的元素后，把它存到引用参数 x 中，再用顺序表中最后的元素填补到 pos 位置，最后返回 true 即可。算法的实现如下：

```
bool deleteMin(SeqList& L, DataType& x) {
//算法删除顺序表 A 中具有最小值的元素。调用方式 bool succ = deleteMin(L, x)。
//输入：顺序表 L；输出：删除后的顺序表 L。若删除成功，则函数返回 true 并通过
//引用参数 x 返回其值，否则函数返回 false，参数 x 的值不可用
    if(L.n == 0) { printf("表空不能删除! \n"); return false; }
    x = L.data[0];  int pos = 0;                  //设 0 号元素值最小，顺序检查
    for(int i = 1; i < L.n; i++)                  //循环，查找具有最小值的元素
        if(L.data[i] < x){x = L.data[i];  pos = i;} //x 存储当前最小值元素
    L.data[pos] = L.data[L.n-1];
    L.n--;  return true;
}
```

算法的时间复杂度为 O(n)，n 是表的元素个数；空间复杂度为 O(1)。

2-16　设计一个算法，删除顺序表 L 中所有具有给定值 x 的元素。

【解答】　算法用指针 i 向后继方向逐个检查顺序表中元素，用 k 记录压缩含 x 结点以后的后续结点应移动到哪个位置。一趟扫描完成删除顺序表中所有含 x 结点的元素。算法的实现如下：

```
void deleteValue(SeqList& L, DataType x) {
//算法调用方式 deleteValue(L, x)。输入：顺序表 L, 删除值 x；输出：删除后的表 L
    int i, k = -1;
    for(i = 0; i < L.n; i++)                      //循环，逐个比对元素值是否为 x
        if(L.data[i] != x && ++k != i)           //值不为 x 的元素前移
    L.data[k] = L.data[i];
    L.n = k+1;
}
```

算法的时间复杂度为 O(n)，n 是表的元素个数；空间复杂度为 O(1)。

按照复合条件判断的短路原则，当 L.data[i] == x 时不再判++k != i。算法时间复杂度为 O(n)。最好情况是序列中没有值等于 x 的元素或所有元素的值都等于 x，不需要移动元素。

2-17 设计一个算法，删除顺序表 L 中其值在给定值 s 与 t 之间（要求 s 小于或等于 t）的所有元素，如果 s 或 t 不合理或顺序表为空则显示出错信息并退出运行。

【解答】 算法的处理与题 2-16 类似。逐个检测表中的元素，若其值位于 s 与 t 之间，则前移其后的元素，以填补被删元素的位置。算法的实现如下。

```
bool deleteNo_s_to_t(SeqList& L, DataType s, DataType t) {
//算法删除其值在 s 与 t 间的所有元素。调用方式 bool succ = deleteNo_s_to_t(L, s, t)
//输入：顺序表 L，删除值范围的下界 s，上界 t；输出：删除后的表 L。如果表空或
//t 与 s 的值不合理，则函数返回 false，顺序表 L 的值不变，否则函数返回 true
    if(L.n == 0) { printf("表空不能删除! \n");  return false; }
    if(s > t) { printf("参数不合理! \n");  return false; }
    int i, k = -1;
    for(i = 0; i < L.n; i++)                      //循环，检查元素值是否在范围内
            if((L.data[i] < s || L.data[i] > t) && ++k != i)
    L.data[k] = L.data[i];                        //前移不在范围内的元素
    L.n = k+1;  return true;
}
```

算法的时间复杂度为 O(n)，n 是顺序表的元素个数；空间复杂度为 O(1)。最好情况是顺序表中没有其值在 s 与 t 之间的元素或所有元素的值都在 s 与 t 之间，所有元素都不移动。

2-18 设计一个算法，删除顺序表中值相同的元素（值相同的元素仅保留第一个），使得顺序表中所有元素的值均不相同。

【解答】 为了尽量减少元素移动次数，算法采取逐步插入不重复元素区的方法。最初不重复元素区仅有 L.data[0] 一个元素，以后对顺序表元素逐个检测，如果与不重复元素区的元素的值重复，则不做任何处理，否则将其插入不重复元素区。算法的实现如下。

```
bool deleteSame(SeqList& L) {
//算法调用方式 bool succ = deleteNo_s_to_t(L, s, t)。输入：顺序表 L，删除值范围
//的下界 s，上界 t；输出：删除后的顺序表 L。若为空表则函数返回 false，否则返回 true
    if(L.n == 0) { printf("表空不能删除! \n"); return false; };
    int i, j, k = 0;
    for(i = 1; i < L.n; i++) {                    //循环检测
        for(j = 0; j <= k; j++)                   //[0, k]为不重复元素区
            if(L.data[i] == L.data[j]) break; //确定元素 i 是否重复
        if(j > k && ++k != i) L.data[k] = L.data[i];
                                                  //元素 i 不是重复元素，前移
    }
    L.n = k+1;  return true;
}
```

算法的时间复杂度为 $O(n^2)$，空间复杂度为 O(n)，n 是顺序表的元素个数。若全部元素的值都重复，元素比较 n−1 次，不移动元素；若全部元素的值都不重复，元素比较 n(n−1)/2 次，不移动元素；其他情况下，算法的元素比较次数为 $O(n^2)$，元素移动次数为 O(n)。

2-19 设计一个算法，以不多于 3n/2 的平均比较次数，在一个含有 n 个整数的顺序表 A 中找出最大数和最小数。

【解答】 一趟扫描顺序表,做相邻整数 0 号和 1 号,2 号和 3 号,……的两两比较,将比较结果的较大数存放到 large 数组,较小数存放到 small 数组。再分别对这两个数组的整数做类似处理,相邻整数两两比较,在较大数中再求较大数,较小数中再求较小数,直到找出最大数和最小数。算法的实现如下。

```
void FindMaxMin(SeqList& A, DataType& max, DataType& min) {
//算法调用方式 FindMaxMin(A, max, min)。输入:顺序表 A;输出:引用参数 min
//返回最小数,max 返回最大数
    int *large =(int*) malloc((A.n+1)/2*sizeof(int));
    int *small =(int*) malloc((A.n+1)/2*sizeof(int));
    for(int i = 0; i < A.n-1; i = i+2) {
        if(A.data[i] < A.data[i+1])
            { large[i/2] = A.data[i+1];  small[i/2] = A.data[i]; }
        else { large[i/2] = A.data[i];  small[i/2] = A.data[i+1]; }
    }
    if(A.n % 2 != 0) large[i/2] = small[i/2] = A.data[A.n-1];
    for(int k =(int)(A.n+1)/4; k >= 1; k = k/2) {
        for(i = 0; i < k; i++) {
            large[i] = large[2*i] >large[2*i+1]?large[2*i]: large[2*i+1];
            small[i] = small[2*i]<small[2*i+1]?small[2*i]: small[2*i+1];
        }
    }
    max = large[0];  min = small[0];  free(large);  free(small);
}
```

把顺序表中 n(设 $n = 8$)个整数放入 large 数组和 small 数组,数据比较次数为 $n/2 = 4$,下次比较项减到 4 个;分别对 large 数组和 small 数组中的整数做两两比较,数据比较次数为 $n/4+n/4 = 4$,下次比较项减到 $n/8 = 2$ 个,再进行 2 次比较就可得到结果。数据比较次数为 $n/2+2(n/4+n/8+\cdots+1) = 3n/2$。

2-20 设计一个算法,往有序顺序表 L 插入一个新元素 x,使得插入后该表仍保持有序。

【解答】 算法首先根据 x 的值,查找顺序表中值刚好大于 x 的元素位置。如果顺序表中原来已有多个与 x 相等的元素,i 应跨过最后一个,再把 i 到 n-1 的元素全部后移,空出第 i 号位置以便插入新 x。算法的实现如下。

```
bool Insert_x(SeqList& L, DataType x) {
//往有序顺序表 L 插入新元素 x。算法调用方式 bool succ = Insert_x(L, x)。输入:
//有序顺序表 L,插入值 x;输出:插入后的有序顺序表 L。若插入成功则函数返回 true,
//否则返回 false
    if(L.n == L.maxSize) { printf("表满不能插入!\n"); return false;}
    int i, j;
    for(i = 0; i < L.n; i++)                        //在顺序表中查找插入位置
        if(L.data[i] > x) break;                    //在此之前都是≤x 的元素
    for(j = L.n-1; j >= i; j--) L.data[j+1] = L.data[j];   //成块后移
    L.data[i] = x;  L.n++;                          //在第 i 个位置插入
    return true;
}
```

算法的时间复杂度为 O(n)，空间复杂度为 O(1)，n 是顺序表的元素个数。

2-21 设计一个算法，删除有序顺序表 L 中所有具有给定值 x 的元素。

【解答】 在有序顺序表中，所有值与 x 相等的元素都连续地排列在一起。算法首先确定这些元素开始的位置 i，再确定它们后面的位置 j，最后把从 j 到 n-1 的 n-j 个元素整块前移，以填补被删元素的位置，并把顺序表的长度减去 j-i。算法的实现如下。

```
bool deleteValue(SeqList& L, DataType x) {
//算法调用方式 bool succ = deleteValue(L, x)。输入：有序顺序表 L，删除值 x；
//输出：删除后的有序顺序表 L。若删除成功，函数返回 true，否则返回 false
    int i, j, k, s;
    for(i = 0; i < L.n; i++)                    //循环，找第一个值为 x 的元素
        if(L.data[i] == x) break;
    if(i == L.n) return false;                  //没有值为 x 的元素，返回 false
    for(j = i+1; j < L.n; j++)
        if(L.data[j] != x) break;              //跳过一连串值等于 x 的元素
    for(k = j, s = i; k < L.n; k++, s++)       //整块前移
        L.data[s] = L.data[k];
    L.n = L.n-j+i;  return true;
}
```

算法的时间复杂度为 O(n)，空间复杂度为 O(1)，n 是顺序表的元素个数。如果序列中没有其值等于 x 的元素，算法仅执行一次 for 循环，即告删除失败。

2-22 设计一个算法，删除有序顺序表 L 中其值在给定值 s 与 t 之间（要求 s 小于或等于 t）的所有元素，如果 s 或 t 不合理或顺序表为空则显示出错信息并退出运行。

【解答】 在有序顺序表 L 中，s 与 t 之间的元素都排列在一起，只要统计出其值刚好大于或等于 s 的元素位置以及其值刚好大于 t 的元素位置，就可以一次性把后继元素前移以填补被删元素的位置。算法的实现如下。

```
bool deleteNo_s_to_t1(SeqList& L, DataType s, DataType t) {
//算法调用方式 bool succ = deleteNo_s_to_t1(L, s, t)。输入：有序顺序表 L，
//删除值的范围下界 s，上界 t；输出：删除后的有序顺序表 L。若删除成功，函数返回 true，
//否则返回 false
    if(L.n == 0) { printf("表空不能删除! \n");  return false; }
    if(s > t) { printf("参数不合理! \n");  return false; }
    int i, j, k, u;
    for(i = 0; i < L.n && L.data[i] < s; i++);       //查找值≥s 的第一个元素
    for(j = i; j < L.n && L.data[j] <= t; j++);      //查找值>t 的第一个元素
    if(i < j) {
        for(k = j, u = i; k < L.n; k++, u++)    //前移，j>L.n-1 循环不执行
            L.data[u] = L.data[k];                   //填补被删元素位置
        L.n = L.n-j+i;
    }
    return true;
}
```

若顺序表中所有元素的值都小于 s，则算法的元素比较次数为 n，元素移动次数为 0。若所有元素的值都大于或等于 s 且小于或等于 t，则算法的元素比较次数为 n+1，元素移动次数为 0。若所有元素的值都大于 t，则算法的元素比较次数为 O(1)，元素移动次数为 0。

2-23 设计一个算法，将两个有序顺序表 A 和 B 合并成一个新的有序顺序表 C。

【解答】 算法设置两个检测指针 i 和 j，分别指向两个顺序表 A 和 B 当前参与比较的元素，其初始值为 0，另设置一个指针 k，指向结果表当前存放的下标，初始值也是 0。算法通过一个大循环，对 A 和 B 中 i 和 j 所指元素两两比较，较小者送入结果顺序表 C。若 A、B 中有一个顺序表已检测完，把另一个顺序表的剩余部分送入结果顺序表 C。算法的实现如下。

```
bool Merge(SeqList& A, SeqList& B, SeqList& C) {
//合并有序顺序表A与B为一个有序顺序表C。算法调用方式bool succ = Merge(A, B, C)
//输入：有序顺序表A和B；输出：合并后的有序顺序表C。若合并成功，函数返回true,
//否则函数返回false
    if(A.n+B.n > C.maxSize) {printf("合并后元素个数超界!\n"); return false;}
    int i = 0, j = 0, k = 0;
    while(i < A.n && j < B.n)              //循环两两比较，较小者存入结果顺序表
        if(A.data[i] <= B.data[j]) C.data[k++] = A.data[i++];
        else C.data[k++] = B.data[j++];
    while(i < A.n) C.data[k++] = A.data[i++];
    while(j < B.n) C.data[k++] = B.data[j++];
    C.n = k;  return true;
}
```

假设顺序表 A 和 B 的长度分别为 m 和 n，最好情况下元素比较次数为 min{m, n}；最坏情况下元素比较次数为 m+n-1。

2-24 设计一个算法，删除有序顺序表中值相同的元素（值相同的元素仅保留第一个），使得顺序表中所有元素的值均不相同。

【解答】 有序表中值相同的元素排列在一起。算法先将第一个元素视为不相同元素有序表，然后顺序检查顺序表中后续元素是否与不相同元素有序表的最后一个元素相等：若相等则继续判断下一个元素，若不相等则加入到不相同元素有序表的最后。算法的实现如下。

```
bool deleteSame(SeqList& L) {
//算法调用方式bool succ = deleteSame(L)。输入：有序顺序表L；输出：删除重复
//元素后的有序顺序表L。若删除前是空顺序表，则函数返回false，否则函数返回true
    if(L.n == 0) return false;
    int i = 0, j;
    for(j = 1; j < L.n; j++)                     //循环检测
        if(L.data[j] != L.data[i] && ++i != j)   //元素j不是重复元素
            L.data[i] = L.data[j];               //前移元素
    L.n = i+1;  return true;
}
```

算法的时间复杂度为 O(n)，空间复杂度为 O(1)，n 是表的元素个数。

2-25　设两个有序顺序表 A 和 B 中的元素值可能相同。设计一个算法，利用原顺序表 A 的空间存放 A 和 B 的共有元素，并要求得到的结果也是有序顺序表，且元素值相同的元素只保留第一次出现的那个元素。

【解答】　可在求顺序表 A 和 B 中的共有元素的过程中直接跳过值相同的元素。算法的实现如下。

```
void Intersect(SeqList& A, SeqList& B) {
//算法调用方式 bool succ = Intersect(A, B)。输入：有序顺序表 A 和 B；输出：求
//相交后的有序顺序表 A
    int i = 0, j = 0, k = -1;                    //i、j 是遍历指针，k 是存放指针
    while(i < A.n && j < B.n) {
        if(A.data[i] < B.data[j]) i++;           //元素值不相等，较小者跳过
        else if(A.data[i] > B.data[j]) j++;      //元素值不相等，较小者跳过
        else {                                   //元素值相等
            if(k == -1) A.data[++k] = A.data[i];            //存放共有元素
            else if(A.data[i] != A.data[k]) A.data[++k] = A.data[i];
            i++;   j++;
        }
    }
    A.n = k+1;
}
```

设顺序表 A 有 m 个元素，顺序表 B 有 n 个元素，两个顺序表中有 t 个值不同的元素，则算法的元素比较次数最多为 O(m+n)，元素移动次数为 O(t)。

2-26　已知 A、B 和 C 为 3 个有序顺序表，各顺序表可能存在值相同的元素。设计一个算法，对顺序表 A 进行如下操作：删除那些既在顺序表 B 中出现又在顺序表 C 中出现的元素。

【解答】　先在顺序表 B 和 C 中找出共有元素，记为 same，再在顺序表 A 中从当前位置开始，凡小于 same 的元素均保留（存到新的位置），等于 same 的就跳过，到大于 same 时就再找下一个 same。算法的实现如下。

```
void Ins_Del(SeqList& A, SeqList& B, SeqList& C) {
//算法调用方式 Ins_Del(A, B, C)。输入：有序顺序表 A, B, C；输出：删除后的有
//序顺序表 A
    int i = 0, j = 0, k = 0, m = 0;              //i 表示 A 中位置，m 为移动后位置
    while(i < A.n && j < B.n && k < C.n) {
        if(B.data[j] < C.data[k]) j++;           //找 B 和 C 的共有元素
        else if(B.data[j] > C.data[k]) k++;
        else {                                   //找到 B 和 C 中的共有元素
            int same = B.data[j];                //记为 same
            while(B.data[j] == same) j++;
            while(C.data[k] == same) k++;        //j、k 后移到新的元素
            while(i < A.n && A.data[i] < same)
                A.data[m++] = A.data[i++];        //在 A 中找大于或等于 same 的元素
            if(i == A.n) { A.n = m;  return; }            //A 已经处理完
            while(i < A.n && A.data[i] == same) i++;      //跳过相等元素
```

```
            if(i == A.n) { A.n = m;   return; }              //A 已经处理完
        }
    }
    while(i < A.n) A.data[m++] = A.data[i++];                 //A 的剩余元素重新存储
    A.n = m;
}
```

设顺序表 A、B、C 各有 m、n、t 个元素，算法的时间复杂度为 O(m+n+t)，空间复杂度为 O(1)。

2-27 设有一个元素序列$\{e_{left}, e_{left+1}, \cdots, e_{right}\}$采用顺序表存储。设计一个算法，将这个顺序表中的元素序列原地逆置，转换为$\{e_{right}, \cdots, e_{left+1}, e_{left}\}$。

【解答】 首先把e_{left}和e_{right}交换，再把e_{left+1}与$e_{right-1}$交换，……，直到表的居中元素为止。如果序列长度是偶数，则序列的居中位置有两个，交换之；如果 s 是奇数，则居中元素仅一个，不交换。算法的实现如下。

```
void Reverse(SeqList& L, int left, int right) {
//算法调用方式 Reverse(L, left, right)。输入：顺序表 L，逆置元素范围左边界 left，
//右边界 right；输出：在此范围内逆置顺序表 L 的所有元素
    int k = left, j = right;  DataType temp; //k 等于左边界 left, j 等于右边界 right
    while(k < j) {                                    //交换 L.data[k]与 L.data[j]
        temp = L.data[k];  L.data[k] = L.data[j];  L.data[j] = temp;
        k++;  j--;                                    //k 右移一个位置，j 左移一个位置
    }
}
```

设逆置的元素有 m = right−left+1 个，while 循环执行了$\lfloor m/2 \rfloor$次，元素交换了$3\lfloor m/2 \rfloor$次。附加存储使用了一个交换存储单元 temp。

2-28 设顺序表 A 有 n+m 个元素，前 n 个元素有序递增，后 m 个元素也有序递增。设计一个算法，把这两部分元素合并成一个有序递增的顺序表，要求空间复杂度为 O(1)。

【解答】 对后 m 个元素做一个循环，顺序取出一个元素 A[i]（i = n, n+1, ···, n+m−1），将其插入 A[0..i−1]中，使得 A[0..i]有序递增。算法的实现如下。

```
void IncreaseSort(SeqList& A, int n, int m) {
//算法调用方式 IncreaseSort(A, n, m)。输入：顺序表 A，前 n 个元素与后 m 个元素
//各是一个有序序列；输出：合并成一个有序顺序表
    int i = n, j, k = 0;;  DataType tmp;
    for(i = n; i < n+m; i++) {                        //持续处理后一表元素
        if(A.data[i] > A.data[i-1]) break;
                                                      //后一顺序表元素大于前一顺序表元素时不处理
        else {
            tmp = A.data[i];                          //A.data[j]需要插入前一顺序表中
            for(j = i-1; j >= k; j--)
                if(A.data[j] > tmp) A.data[j+1] = A.data[j];//较大者后移
                else break;
            A.data[j+1] = tmp;  k = j+1;              //插入 A.data[k+1]
        }
```

```
    }
}
```

算法最好情况是后 m 个元素都大于前 n 个元素，只需比较 m 次，移动 0 次元素；最坏情况是后 m 个元素都小于前 n 个元素，此时需比较 n×m 次，移动 m×(n+2)次。

2-29 设顺序表 A 有 n+m 个元素，前 n 个元素有序递增，后 m 个元素有序递减。设计一个算法，把这两部分合并成一个全部有序递增的顺序表，要求空间复杂度为 O(1)。

【解答】 可利用题 2-27 和题 2-28 的结果。首先使用逆置算法 Reverse 将后 m 个元素逆置成有序递增，再使用合并算法 IncreaseSort 把这两部分合并成一个有序递增的顺序表。因此在算法中需要包含题 2-27 和题 2-28 的 Reverse 和 IncreaseSort 算法。算法的实现如下。

```
void IncreaseSort_1(SeqList& A, int n, int m) {
//算法调用方式 IncreaseSort_1(A, n, m)。输入：顺序表 A, 前 n 个元素是一个
//有序递增序列，后 m 个元素是一个有序递减序列；输出：合并成一个有序递增序列
    Reverse(A, n, n+m-1);                //逆置后 m 个元素
    IncreaseSort(A, n, m);               //合并
}
```

算法 Reverse 比较和交换了 ⌊m/2⌋ 次，算法 IncreaseSort 最坏情况比较 n×m 次，移动 m×(n+2)次，总的时间复杂度为 O(m*n)，空间复杂度为 O(1)。

2-30 设 A = {a₁, a₂,···, aₘ} 和 B = {b₁, b₂,···, bₚ} 均为顺序表，A'和 B'分别是除去最大公共前缀后的子表。如 A = {'b', 'e', 'i', 'j', 'i', 'n', 'g'}, B = {'b', 'e', 'i', 'f', 'a', 'n', 'g'}, 则两者的最大公共前缀为 'b', 'e', 'i', 在两个顺序表中除去最大公共前缀后的子表分别为 A' = {'j', 'i', 'n', 'g'}, B' = {'f', 'a', 'n', 'g'}。若 A' 与 B' 为空表，则 A = B；若 A' 为空表且 B' 不为空表，或两者均不空且 A'的第一个元素值小于 B'的第一个元素的值，则 A < B；否则 A > B。设计一个算法，根据上述方法比较 A 和 B 的大小。

【解答】 首先通过一个循环，过滤掉最大公共前缀，再判断剩余部分。算法的实现如下。

```
int Compare(SeqList& A, SeqList& B) {
//算法调用方式 int k = Compare(A, B)。输入：顺序表 A 和 B；输出：函数值返回比
//较结果，A>B, 返回1, A=B, 返回0, A<B, 返回-1
    int i = 0;
    while(i < A.n && i < B.n)              //计算最大公共前缀的长度
        if(A.data[i] == B.data[i]) i++;
        else break;
    if(i >= A.n && i >= B.n) return 0;     //两个数组相等返回 0
    if(i >= A.n || A.data[i] < B.data[i]) return -1;
    else return 1;
}
```

设表 A、B 各有 m 和 n 个元素，算法的时间复杂度为 O(min{m, n})。

2-31 设一个顺序表 A 保存有 n 个非零整数，设计一个算法，将 A 中的整数拆分为两个序列，所有大于零的整数存放在顺序表 B 中，小于零的元素存放在顺序表 C 中。

【解答】 算法遍历顺序表 A 中存放的所有整数，大于零的整数存放在顺序表 B 中，小

于零的元素存放在顺序表 C 中。算法的实现如下。

```
void split(SeqList& A, SeqList& B, SeqList& C) {
//算法调用方式 split(A, B, C)。输入：非零整数顺序表 A；输出：正数顺序表 B 和
//负数顺序表 C
    B.n = C.n = 0;
    for(int k = 0; k <A.n; k++)
        if(A.data[k] > 0) B.data[B.n++] = A.data[k];
        else C.data[C.n++] = A.data[k];
}
```

设顺序表中含有 n 个整数，算法的时间复杂度为 O(n)，空间复杂度为 O(1)。

2-32 设顺序表 L 中所有元素均为整数，设计一个算法，把所有整数分为三部分：负数排在前面，零在中间，而所有正数放在后面。

【解答】 首先检测整个表，把所有负数交换到左侧，再检测除负数外的后半个表，把零交换到中间。算法的实现如下。

```
void Partition(SeqList& L) {
//算法调用方式 Partition(L)。输入：整数顺序表 L；输出：重排后的顺序表 L
    int i, k = -1;  DataType tmp;
    for(i = 0; i < L.n; i++)                        //检测顺序表中所有整数
        if(L.data[i] < 0) {                         //把负数交换到左侧
            k++;
            if(i != k) {tmp = L.data[i]; L.data[i] = L.data[k]; L.data[k] = tmp;}
        }
    for(i = k; i < L.n; i++)                        //检测顺序表中所有非负数
        if(L.data[i] == 0) {                        //把零交换到左侧
            k++;
            if(i != k) {tmp = L.data[i]; L.data[i] = L.data[k]; L.data[k] = tmp;}
        }
}
```

设顺序表中有 n_1 个负数，n_2 个零，n_3 个正数，则 $n_1+n_2+n_3 = n$。第一个循环执行 n 次比较，n_1 次交换；第二个循环执行 n_2+n_3 次比较，n_2 次交换，总比较次数 $n_1+2n_2+2n_3<2n$，总移动次数 $3(n_1+n_2) < 3n$，算法的时间复杂度为 O(n)。空间复杂度为 O(1)。

2-33 阅读下列算法，并回答问题：

（1）设顺序表 L = {3, 7, 11, 14, 20, 51}，写出执行 example(L, 15) 之后的 L。

（2）设顺序表 L = {4, 7, 10, 14, 20, 51}，写出执行 example(L, 10) 之后的 L。

（3）简述算法的功能。

```
void example(SeqList& L, DataType x) {
    int i = 0, j;
    while(i < L.n && L.data[i]< x) i++;
    if(i < L.n && x == L.data[i]) {
        for(j = i+1; j < L.n; j++) L.data[j-1] = L.data[j];
        L.n--;
```

```
    }
    else {
        for(j = L.n; j > i; j--) L.data[j] = L.data[j-1];
        L.data[i] = x;  L.n++;
    }
}
```

【解答】　解答这类问题的关键是仔细阅读程序，按照程序代码的执行过程记录并观察数据变化规律，以确定该程序代码实现的具体功能。程序执行的结果如下。

```
3 7 11 14 20 51
4 7 10 14 20 51
<1> 3 7 11 14 15 20 51
<2> 4 7 14 20 51
Press any key to continue
```

算法的功能是在有序顺序表 L 中查找元素 x。若找到，则删除 x，若没找到，则插入 x，插入后 L 依然有序。在（1）情形下，有序顺序表 L 中没有查到 15，则把 15 插入 L 中，并使之保持有序；在（2）情形下，在有序顺序表 L 查到 10，把它删除，并使 L 保持有序。

2-34　阅读下列算法，指出其中的错误和低效之处，并将它改写为正确且高效的算法。

```
bool DeleteK(SeqList& L, int i, int k) {
//从顺序表 L 中删除从第 i 个元素起的 k 个元素（i 从 0 开始）
    if(i < 0 && k < 0 && i+k > L.n) return false;               //（1）
    else {                                                       //（2）
        int count, j;                                           //（3）
        for(count = 1; count < k; count++) {    //删除一个元素   //（4）
            for(j = L.n-1; j > i; j--) L.data[j-1] = L.data[j]; //（5）
            L.n--;                                              //（6）
        }                                                       //（7）
    }                                                           //（8）
    return true;                                                //（9）
}
```

【解答】　算法中的错误和低效之处如下：

◇ 语句（2）循环控制下内层程序段仅执行了 k-1 次，count = 1 可改为 count = 0。

◇ 语句（3）循环是整块后移，应是整块前移，以执行删除。

◇ 语句（2）～（4）是两重循环，每次只删除一个元素，导致低效，时间复杂度达 $O(n^2)$。

算法的改进如下。

```
bool DeleteK_1(SeqList& L, int i, int k) {
//从顺序表 L 中删除从第 i 个元素起的 k 个元素（i 从 0 开始）
    if((i < 0 || i >= L.n) &&(k < 0 || i+k > L.n)) return false; //（1）
    else {                                                       //（2）
        for(int j = i+k; j < L.n; j++)                           //（3）
            L.data[j-k] = L.data[j];                             //（4）
        L.n = L.n-k;                                             //（5）
```

```
    }                                                              // (6)
    return true;                                                   // (7)
}
```

算法的调用方式为 DeleteK_1(L, i, k)。输入：顺序表 L，删除开始位置 i，删除元素个数 k；输出：删除后的顺序表 L。

算法的时间复杂度为 O(n)，n 是表的元素个数。

2.3　链　　表

2.3.1　单链表的结构

线性表的链接存储又称为线性链表。在这种结构中，数据元素存储在结点中。结点所占用的存储空间是连续的，但结点之间在空间上可以连续，也可以不连续，通过结点内附的链接指针来表示元素间的逻辑关系。因此，在线性链表中逻辑上相邻的元素在物理上不一定相邻。

线性链表中第一个元素结点称为首元结点，最后一个元素结点称为尾元结点。

最简单的线性链表是单链表，用 C 语言描述如下（存放于 LinkList.h）：

```
typedef int DataType;
typedef struct node {
    DataType data;
    struct node *link;
} LinkNode, *LinkList, *LinkList_nh;
```

设 p 是一个指向链表结点存储地址的指针，则动态分配结点空间的语句为

```
p =(LinkNode*) malloc(sizeof(LinkNode));
```

动态释放 p 所指向结点的语句为

```
free(p);
```

为了使用链表，应设置表头指针，如果链表带有头结点，则表头指针指向头结点，头结点的链接指针指向首元结点；如果链表没有头结点，则表头指针指向首元结点。为了表示链表收尾，链表尾元结点的链接指针应置为空。

注意表头指针与头结点的区别。若设表头指针为 first，则头结点是*first。

2.3.2　单链表的基本运算

单链表的基本运算分为两大类：一类是带头结点的单链表的基本运算；另一类是不带头结点的单链表的基本运算。

1. 带头结点的单链表的基本运算

2-35　设计一个算法，对一个带头结点的单链表进行初始化并置空。

【解答】　带头结点的单链表在使用之前必须创建一个头结点，并让表头指针指向它，

同时让头结点的链接指针 link 为空，表明该链表没有后续结点。算法的实现如下。

```
void initList(LinkList& first) {
//算法调用方式 initList(first)。输入：单链表表头指针 first；输出：初始化后的单链表
    first=(LinkNode*) malloc(sizeof(LinkNode));
    first->link = NULL;
}
```

算法的时间复杂度为 O(1)。空间复杂度为 O(1)。

2-36　设计一个算法，清空一个带头结点的单链表。

【解答】　算法每次都删除紧随头结点后面的首元结点，直到仅剩头结点为止。删除时先要把被删结点*p 从链上摘下，保证链不断，然后再释放该结点。算法的实现如下。

```
void clearList(LinkList& first) {
//算法调用方式 clearList(first)。输入：单链表表头指针 first；输出：清空单链表
//first 全部元素结点仅保留头结点
    LinkNode *p;
    while(first->link != NULL) {               //当链表非空时
        p = first->link;                       //从链中摘下首元结点
        first->link = p->link;  free(p);       //删除首元结点
    }
}
```

算法的时间复杂度为 O(n)，n 是表的元素个数；空间复杂度为 O(1)。

2-37　设计一个算法，求带头结点的单链表的长度（不计入头结点）。

【解答】　设置一个计数单元 count，在逐个扫描链表结点时进行计数，即可求得表的长度。算法的实现如下。

```
int Length(LinkList& first) {
//算法调用方式 int k = Length(first)。输入：链表表头指针 first；输出：函数值返回
//单链表的长度
    LinkNode *p = first->link;  int count = 0;
    while(p != NULL) {p = p->link;  count++;}      //循链扫描，计算结点数
    return count;
}
```

算法的时间复杂度为 O(n)，n 是表的元素个数；空间复杂度为 O(1)。

2-38　设计一个算法，在带头结点的单链表中查找值与给定值相等的结点。

【解答】　在单链表 L 中查找与 x 匹配的元素。查找成功时函数返回该元素所在结点的地址；查找不成功则返回 NULL 值。算法的实现如下。

```
LinkNode *Search(LinkList& first, DataType x) {
//算法调用方式 LinkNode *p = Search(first, x)。输入：单链表表头指针 first,
//查找值 x；输出：函数返回找到结点的地址，若查找失败则函数返回 NULL
    LinkNode *p = first->link;
    while(p != NULL && p->data != x) p = p->link; //循链逐个找含 x 的结点
    return p;                                     //若成功则指针 p 返回结点地址
}
```

算法的时间复杂度为 O(n)，n 是表的元素个数；空间复杂度为 O(1)。

2-39 设计一个算法，在带头结点的单链表中查找第 i（0≤i≤n）个结点的地址。

【解答】 此为单链表的定位算法。算法的功能是对单链表的第 i（0≤i≤n）个结点定位。i = 0 是对头结点定位，i > 0 是对链表中的元素结点定位。若定位成功，则函数返回表中第 i 个结点的地址。若 i < 0 或 i 超出表的结点个数，则返回 NULL 值。算法的实现如下。

```
LinkNode *Locate(LinkList& first, int i) {
//算法调用方式 LinkNode *p = Locate(first, i)。输入：单链表表头指针 first，元素
//序号 i；输出：函数返回找到结点的地址，若查找失败则函数返回 NULL
    if(i < 0) return NULL;                    //找头结点时 i = 0 或 i < 0 不合理
    LinkNode *p = first;  int k = 0;
    while(p != NULL && k < i) { p = p->link;  k++; }
                                             //循链找第 i 个结点，k 为结点计数
    return p;                                //若返回 NULL，则表示 i 值太大
}
```

算法的时间复杂度为 O(n)，n 是表的元素个数；空间复杂度为 O(1)。

2-40 设计一个算法，把一个新元素 x 插入带头结点单链表的第 i 个位置。

【解答】 将新元素 x 插入在表中第 i（1≤i≤n+1）个结点位置，如果 i 太大则把 x 插入表尾后面。算法使用了两个扫描指针，一个是 p，最后定位在第 i 个结点，另一个是 pr，指向 *p 的直接前趋。新结点最后应插入 *pr 之后，*p 之前。若插入成功则函数返回 true，否则函数返回 false。算法的实现如下。

```
bool Insert(LinkList& first, int i, DataType x) {
//算法调用方式 bool succ = Insert(first, i, x)。输入：单链表表头指针 first，
//元素序号 i，插入元素值 x；输出：插入后的单链表 first。若插入成功，函数返回 true，
//否则函数返回 false
    if(i < 0) return false;                   //若 i 不合理则返回 false
    LinkNode *p = first->link, *pr = first;  int k = 1;   //p 指向首元结点
    while(p != NULL && k < i)                 //循链找第 i 个结点
        {pr = p;  p = p->link;  k++; }        //pr 指向 p 紧前结点，k 为结点计数
    LinkNode *s =(LinkNode*) malloc(sizeof(LinkNode));//创建一个新结点
    s->data = x;      s->link = p;  pr->link = s;     //将 *s 链接在 *pr 之后
    return true;                              //插入成功
}
```

算法的时间复杂度为 O(n)，n 是表的元素个数；空间复杂度为 O(1)。

2-41 设计一个算法，删除带头结点单链表的第 i（1≤i≤n）个结点并返回被删结点的值。

【解答】 算法首先用指针 p 对第 i 个结点定位，指针 pr 指向 *p 的直接前趋。若找到第 i 个结点，可先把 *p 从链上摘下，把 *p 的值赋给引用参数 x，再释放 *p。若删除成功，函数返回 true，否则函数返回 false。算法的实现如下。

```
bool Remove(LinkList& first, int i, DataType& x) {
//算法调用方式 bool succ = Remove(first, i, x)。输入：单链表表头指针 first,
```

```
//元素序号 i; 输出: 删除元素的值 x 和删除后的单链表 first。若删除成功, 函数返回 true,
//否则函数返回 false
    if(i <= 0) return false;                    //i 太小, 删除失败
    LinkNode *p = first->link, *pr = first;  int k = 1;  //定位于第 i 个结点
    while(p != NULL && k < i)                   //循链找第 i 个结点
        { pr = p;  p = p->link;  k++; }         //pr 指向 p 紧前结点, k 为结点计数
    if(p == NULL) return false;                 //i 太大, 删除失败
    pr->link = p->link;                         //重新拉链, 将被删结点从链中摘下
    x = p->data;  free(p);                      //取出被删结点中的数据, 释放结点
    return true;
}
```

算法的时间复杂度为 O(n), n 是表的元素个数; 空间复杂度为 O(1)。

2-42 后插法是指每次新元素都插在链表尾部, 使得链表中各元素结点的链接顺序与输入顺序完全一致。设计一个算法, 使用后插法创建一个带头结点的单链表。

【解答】 算法首先调用初始化算法创建单链表的头结点并置空, 然后使用一个尾指针 r 指向当前链表的最后一个结点 (初始指向头结点), 然后从空表开始, 逐个输入 A[n]中的数据, 创建元素结点*s 并插入*r 之后, 再让 r 指向新的尾元结点。算法的实现如下。

```
void createListR(LinkList& first, DataType A[], int n) {
//算法调用方式 createListR(first, A, n)。输入: 单链表表头指针 first, 输入元素数
//组 A, 输入元素个数 n; 输出: 以后插法创建完成的单链表 first
    LinkNode *s, *r;  initList(first);  r = first; //r 是尾指针, 指向当前尾元结点
    for(int i = 0; i < n; i++) {
        s =(LinkNode*) malloc(sizeof(LinkNode));
        s->data = A[i];                         //创建新结点
        r->link = s;  r = s;                    //插入表尾后成为新表尾
    }
    r->link = NULL;                             //表收尾
}
```

算法的时间复杂度为 O(n), n 是表的元素个数; 空间复杂度为 O(1)。

2-43 前插法是指每次把新元素插在链表的前端, 使得链表中各元素结点的链接顺序与输入顺序完全相反。设计一个算法, 使用前插法创建一个带头结点的单链表。

【解答】 算法首先调用初始化算法创建单链表的头结点并置空, 然后从空表开始, 逐个输入 A[n]中的数据创建元素结点*s 并插入头结点之后, 首元结点之前。算法的实现如下。

```
void createListF(LinkList& first, DataType A[], int n) {
//算法调用方式 createListF(first, A, n)。输入: 单链表表头指针 first, 输入元素数
//组 A, 输入元素个数 n; 输出: 以前插法创建完成的单链表 first
    LinkNode *s;  initList(first);
    for(int i = 0; i < n; i++) {
        s =(LinkNode*) malloc(sizeof(LinkNode));
        s->data = A[i];                         //创建新结点
        s->link = first->link;  first->link = s; //链接到头结点之后
    }
}
```

算法的时间复杂度为 O(n)，n 是表的元素个数；空间复杂度为 O(1)。

2-44 设计一个算法，顺序输出一个带头结点的单链表的所有元素的值。

【解答】 算法的实现如下。

```
void printList(LinkList& first) {
//算法调用方式 printList(first)。输入：单链表表头指针 first；
//输出：顺序输出链表各元素的值
    for(LinkNode *p = first->link; p != NULL; p = p->link)
        printf("%d ", p->data);
    printf("\n");
}
```

算法的时间复杂度为 O(n)，n 是表的元素个数；空间复杂度为 O(1)。

2-45 设计一个算法，以字符形式顺序输出一个带头结点的单链表。

【解答】 本题与题 2-44 的实现相同，不同的是输出数据类型。算法的实现如下。

```
void printListC(LinkNode *list) {
//算法调用方式 printListC(list)。输入：单链表表头指针 list；
//输出：顺序输出链表的字符型数据
    for(LinkNode *p = list->link; p != NULL; p = p->link)
        printf("%c ", p->data);
    printf("\n");
}
```

算法的时间复杂度为 O(n)，n 是表的元素个数；空间复杂度为 O(1)。

2. 不带头结点的单链表的基本运算

2-46 设计一个算法，对一个不带头结点的单链表进行初始化并置空。

【解答】 对于不带头结点的单链表，置表头指针为 NULL 即可。算法的实现如下。

```
void initList_nh(LinkList& first) {
//算法调用方式 initList_nh(first)。输入：单链表表头指针 first；输出：置空 first
    first = NULL;
}
```

算法的时间复杂度为 O(1)，空间复杂度为 O(1)。

2-47 设计一个算法，清空一个不带头结点的单链表。

【解答】 算法每次都删除首元结点，直到表头指针等于空为止。算法的实现如下。

```
void clearList_nh(LinkList& first) {
//算法调用方式 clearList_nh(first)。输入：单链表表头指针 first；输出：清空单链
//表 first 全部元素结点并置 first 为 NULL
    LinkNode *p;
    while(first != NULL) {                    //当链表非空时
        p = first;                            //保存首元结点地址
        first = first->link;  free(p);        //删除首元结点，first 指向下一结点
    }
}
```

算法的时间复杂度为 O(n)，n 是表的元素个数；空间复杂度为 O(1)。

2-48 设计一个算法，求不带头结点的单链表的长度（不计入头结点）。

【解答】 从首元结点开始，边扫描边计数，即可求得表的长度。算法的实现如下。

```
int Length_nh(LinkList& first) {
//算法调用方式 int k = Length_nh(first)。输入：单链表表头指针 first；
//输出：函数返回单链表 first 的长度
    LinkNode *p = first;  int count = 0;
    while(p != NULL) {p = p->link;  count++;}  //循链扫描，计算结点数
    return count;
}
```

算法的时间复杂度为 O(n)，n 是表的元素个数；空间复杂度为 O(1)。

2-49 设计一个算法，在不带头结点的单链表中查找值与给定值相等的结点。

【解答】 在单链表 L 中查找与 x 匹配的元素。查找成功时函数返回该元素所在结点的地址；查找不成功则返回 NULL 值。算法的实现如下。

```
LinkNode *Search_nh(LinkList& first, DataType x) {
//算法调用方式 LinkNode *p = Search_nh(first, x)。输入：单链表表头指针 first，
//查找值 x；输出：函数返回找到结点的地址。若查找失败则返回 NULL
    LinkNode *p = first;
    while(p != NULL && p->data != x) p = p->link;       //循链逐个找含 x 结点
    return p;                                //若成功则指针 p 返回结点地址
}
```

算法的时间复杂度为 O(n)，n 是表的元素个数；空间复杂度为 O(1)。

2-50 设计一个算法，在不带头结点的单链表中查找第 i（1≤i≤n）个结点的地址。

【解答】 在不带头结点的单链表中 i = 0 是非法的，所以 i 应从 1 开始。初始时扫描指针 p 置于首元结点，计数器 k = 1。然后循链表逐个结点扫描，直到 k = i，此时 p 指向第 i 个结点。若函数返回 NULL 地址，表示定位失败。算法的实现如下。

```
LinkNode *Locate_nh(LinkList& first, int i) {
//算法调用方式 LinkNode *p = Locate_nh(first, i)。输入：单链表表头指针 first，
//元素序号 i；输出：函数返回找到结点的地址。若查找失败则返回 NULL
    if(i <= 0) return NULL;                        //i 不合理
    LinkNode *p = first;  int k = 1;
    while(p != NULL && k < i) {p = p->link;  k++;}//循链找第 i 个结点，k 计数
    return p;                                //若返回 NULL，表示 i 值太大
}
```

算法的时间复杂度为 O(n)，n 是表的元素个数；空间复杂度为 O(1)。

2-51 设计一个算法，把一个新元素 x 插入不带头结点单链表的第 i 个位置。

【解答】 将新元素 x 插入在表中第 i（1≤i≤n+1）个结点位置，如果 i = 1 则插入表头，需要修改表头指针，如果 i>1 则插入在表中或表尾，不必修改表头指针。此时算法使用了两个扫描指针，一个是 p，最后定位在第 i 个结点，另一个是 pr，指向*p 的直接前趋。

新结点应插入*pr 之后，*p 之前。算法的实现如下。

```
bool Insert_nh(LinkList& first, int i, DataType x) {
//将新元素 x 插入第 i (i≥1) 个结点位置。i = 1 表示插入原首元结点之前。如果 i 给得太大，
//插入链尾。算法的调用方式 bool succ = Insert_nh(first, i, x)
//输入：单链表表头指针 first, 元素序号 i, 插入元素值 x; 输出：插入后的链表 first
//若插入成功，函数返回 true, 否则函数返回 false
    if(i <= 0) return false;
    LinkNode *s =(LinkNode *) malloc(sizeof(LinkNode));//创建新结点
    s->data = x;
    if(first == NULL || i == 1)                      //插入空表或非空表首元结点前
        { s->link = first;  first = s; }             //新结点成为首元结点
    else {                                           //插入链中间或尾部
        LinkNode *p = first, *pr = NULL; int k = 1;   //从首元结点开始检测
        while(p != NULL && k < i)                     //循链找第 i 个结点
            { pr = p;  p = p->link;  k++; }
        s->link = p;  pr->link = s;                   //插入*pr 之后, *p 之前
    }
    return true;                                      //正常插入
}
```

算法的时间复杂度为 O(n), n 是表的元素个数；空间复杂度为 O(1)。

2-52　设计一个算法，删除不带头结点单链表的第 i 个结点，并返回被删结点的值。

【解答】　算法首先用指针 p 对第 i 个结点定位，指针 pr 指向*p 的直接前趋。若找到第 i 个结点，先把*p 从链上摘下，把*p 的值赋给引用参数 x, 再释放*p。若删除成功，函数返回 true, 否则函数返回 false。算法的实现如下。

```
bool Remove_nh(LinkList& first, int i, DataType& x) {
//删除链表的第 i 个 (i≥1) 元素。算法调用方式 bool succ = Remove_nh(first, i, x)
//输入：单链表表头指针 first, 元素序号 i; 输出：删除后的单链表 first, 同时引用参
//数 x 返回被删元素的值。若删除成功，函数返回 true, 否则函数返回 false
    LinkNode *q, *p, *pr; int k;
    if(i <= 0 || first == NULL) return false;        //空表或 i 太小不能删
    if(i == 1) { q = first;  first = first->link;}
                                                     //删除首元结点，表头退到下一结点
    else {                                           //删除中间结点时重新拉链
        p = first;  pr = NULL;  k = 1;               //扫描找第 i 号结点
        while(p != NULL && k < i) { pr = p;  p = p->link;  k++; }
        if(p == NULL) return false;                  //链太短，第 i 号结点没有找到
        q = p;  pr->link = p->link;                  //从链中摘下被删结点
    }
    x = q->data;  free(q);                           //取出被删结点中的数据值
    return true;
}
```

算法的时间复杂度为 O(n), n 是表的元素个数；空间复杂度为 O(1)。

2-53 设计一个算法，使用后插法创建一个不带头结点的单链表。

【解答】 算法使用一个尾指针 r 指向当前链表尾元结点，然后从空表开始，逐个输入 A[n]中的数据创建元素结点*s 并插入*r 之后，再让 r 指向新的尾元结点。算法的实现如下。

```
void createListR_nh(LinkList& first, DataType A[], int n) {
//算法调用方式 createListR_nh(first, A, n)。输入：空的单链表表头指针 first,
//输入元素数组 A，输入元素个数 n；输出：后插法创建完成的单链表 first
    LinkNode *s, *r;  initList_nh(first);  //r 是尾指针，指向当前尾元结点
    r = first =(LinkNode*) malloc(sizeof(LinkNode));
    r->data = A[0];                          //创建链表首元结点
    for(int i = 1; i < n; i++) {
        s =(LinkNode*) malloc(sizeof(LinkNode));
        s->data = A[i];  r->link = s;  r = s; //创建新结点链入到表尾
    }
    r->link = NULL;                          //表收尾
}
```

算法的时间复杂度为 O(n)，空间复杂度为 O(1)，n 是表的元素个数。

2-54 设计一个算法，使用前插法创建一个不带头结点的单链表。

【解答】 算法首先创建首元结点，赋值 A[0]。然后逐个输入 A[1]到 A[n-1]，创建元素结点*s 并插入成为新的首元结点。算法的实现如下。

```
void createListF_nh(LinkList& first, DataType A[], int n) {
//算法调用方式 createListF_nh(first, A, n)。输入：单链表表头指针 first，输入
//元素数组 A，输入元素个数 n；输出：以前插法创建完成的单链表 first
    LinkNode *s;  initList_nh(first);
    first = (LinkNode*) malloc(sizeof(LinkNode));
    first->data = A[0];  first->link = NULL;
    for(int i = 1; i < n; i++) {
        s =(LinkNode*) malloc(sizeof(LinkNode));
        s->data = A[i];                       //创建新结点
        s->link = first;  first = s;          //成为新的首元结点
    }
}
```

算法的时间复杂度为 O(n)，空间复杂度为 O(1)，n 是表的元素个数。

2-55 设计一个算法，顺序输出一个不带头结点的单链表的所有元素的值。

【解答】 算法的实现如下。

```
void printList_nh(LinkList& first) {
//算法调用方式 printList_nh(first)。输入：单链表表头指针 first;
//输出：顺序输出链表各结点的数据
    for(LinkNode *p = first; p != NULL; p = p->link) printf("%d ", p->data);
    printf("\n");
}
```

算法的时间复杂度为 O(n)，空间复杂度为 O(1)，n 是表的元素个数。

2.3.3 单链表的相关算法

2-56 设计一个算法，在带头结点的单链表 list 中确定元素值最大的结点。

【解答】 设置一个指针 pmax，指向当前找到的具有最大元素值的结点。算法用指针 p 检查链表，如果找到值比 pmax 所指向结点的元素值还要大的结点，让 pmax 指向它。当链表所有结点都检测完，pmax 所指向结点即为所求。算法的实现如下。

```
LinkNode *Max(LinkList& list) {
//算法调用方式 LinkNode *p = Max(list)。输入：单链表表头指针 list；输出：函数
//返回具有最大值结点的地址
    if(list->link == NULL) return NULL;             //空表，返回指针 NULL
    LinkList pmax = list->link, p;                  //假定首元中数据值最大
    for(p = pmax->link; p != NULL; p = p->link)     //检测链表所有结点
        if(p->data > pmax->data) pmax = p;          //pmax 指向具有最大值结点
    return pmax;
}
```

算法的时间复杂度为 O(n)，空间复杂度为 O(1)，n 是表的元素个数。

2-57 设计一个算法，统计带头结点的单链表 list 中具有给定元素值 x 的元素个数。

【解答】 设置一个计数器 count，在单链表中进行一趟检测，发现具有给定元素值 x 的结点则 count 加 1。如果表空，或没有满足要求的结点，返回 0。算法的实现如下。

```
int Counter(LinkList& list, DataType x) {
//算法调用方式 int k = Counter(list, x)。输入：单链表表头指针 list，查找值 x;
//输出：函数返回元素值为 x 的结点的个数
    LinkList p = list->link;  int count = 1;        //从首元结点开始检测
    while(p != NULL && p->data != x)
        { p = p->link;  count++; }                  //对含 x 结点计数
    if(p == NULL) return 0;
    else return count;
}
```

算法的时间复杂度为 O(n)，空间复杂度为 O(1)，n 是表的元素个数。

2-58 设计一个算法,在带头结点的单链表 list 中删除(一个)具有最小元素值的结点, 并从返回值中取得被删结点的值。

【解答】 在单链表中，"最小元素值结点"是在遍历了整个链表后才能知道。所以算法应首先遍历链表，在链表不空时求得具有最小元素值结点及其前趋。执行删除操作，通过引用型参数返回被删除的最小值，函数返回 true。若链表已经为空，则函数返回 false，此时参数 x 的值不可用。算法的实现如下。

```
bool Remove_min(LinkList& list, DataType& x) {
//算法的调用方式 bool succ = Remove_min(list, x)。输入：单链表表头指针 list;
//输出：删除最小值元素后的单链表 list，引用参数 x 返回删除的最小值，若删除成功,
//函数返回 true, 否则函数返回 false
```

```
        if(list->link == NULL) return false;
        LinkList p, pre = list, pmin = list->link;        //假定首元结点的值最小
        for(p = list->link; p->link != NULL; p = p->link)//持续查最小值结点
            if(p->link->data < pmin->data)
                { pre = p;  pmin = p->link; }
        pre->link = pmin->link;                           //从链表上摘下最小值结点
        x = pmin->data;  free(pmin);  return true;
    }
```

算法的时间复杂度为 O(n)，空间复杂度为 O(1)，n 是表的元素个数。

2-59　设非空单链表 list 带有头结点，设计一个算法，将链表中具有最小值的结点移到链表的最前面。

【解答】　利用题 2-58 的方法找到链表中具有最小元素值的结点，把它从原位置摘下，再插入链表的头结点和首元结点之间。算法描述如下。

```
void Move_min(LinkList& list) {
//算法调用方式 Move_min(list)。输入：单链表表头指针 list;
//输出：移动最小值结点到链表最前端后的单链表 list
    if(list->link == NULL) return;
    LinkList p, pre = list, pmin = list->link;
    for(p = list->link; p->link != NULL; p = p->link) {
        if(p->link->data < pmin->data) { pre = p;  pmin = p->link; }
    pre->link = pmin->link;                           //从链表上摘下具最小值结点
    pmin->link = list->link;  list->link = pmin;  //插入表头
}
```

算法的时间复杂度为 O(n)，空间复杂度为 O(1)，n 是表的元素个数。

2-60　设 list 是一个带头结点的单链表表头指针。在不改变链表的前提下，设计一个算法，查找链表中倒数第 k 个结点（k 为正整数）。若查找成功，算法输出该结点的元素值，并返回 1；否则，只返回 0。

【解答】　定义两个遍历指针 p 和 q。初始时均指向链表的首元结点。首先让指针 p 移动到链表第 k 个结点，然后指针 q 与指针 p 同步移动；当指针 p 移动到链表最后一个结点时，指针 q 所指向的结点就是倒数第 k 个结点的位置。算法的实现如下。

```
int SearchK(LinkList list, int k) {
//算法调用方式 int i = SearchK(list, k)。输入：单链表表头指针 list, 指定值 k;
//输出：算法输出倒数第 k 个结点的值。若查找失败，函数返回 0, 否则返回 1
    LinkList p, q;  int count = 0;                    //计数器赋初值
    for(p = q = list->link; p != NULL; p = p->link)  //用 p 遍历链表
        if(count < k) count++;                        //计数器加 1
        else q = q->link;                             //q 在 count >= k 时开始移动
    if(count < k) return 0;                           //链表长度小于 k, 查找失败
    else { printf("%d\n", q->data);  return 1; }     //查找成功
}
```

算法的时间复杂度为 O(n)，空间复杂度为 O(1)，n 是表的元素个数。

另一种解法：设置一个链表扫描指针，进行两趟遍历。第一趟遍历统计链表的结点个数 n，从而确定倒数第 k 个结点应在链表中的第 n−k+1 个位置，第二趟遍历让指针停在这个位置，就可找到倒数第 k 个结点。算法的时间复杂性仍为 O(n)。

2-61 设单链表 list 带有头结点，并已知指针 p 指向链表中某一结点（不是尾元结点），设计一个算法，在 O(1)时间删除结点*p。

【解答】 因为*p 不是链表的尾元结点，可以先查找*p 的后继结点*q，把*q 的数据传送给*p，再把结点*q 从链表中摘下并删除它，该结点的值通过 x 返回。算法的实现如下。

```
void RemoveSpetial(LinkList list, LinkNode *p, DataType& x) {
//算法调用方式 RemoveSpetial(list, p, x)。输入：单链表表头指针 list，指定结点
//（不是尾元结点）的结点指针 p；输出：删除后的单链表 list。引用参数 x 返回被删结点的值
    if(p != NULL && p->link != NULL) {              //尾元结点用此法不能删除
        LinkNode *q = p->link;                      //q 指向*p 的后继结点
        x = p->data; p->data = q->data;             //把*q 的数据传送给*p
        p->link = q->link; free(q);                 //把*q 从链上摘下，删去
    }
}
```

算法的时间复杂度为 O(1)，空间复杂度为 O(1)。

2-62 设单链表 list 的表头指针丢失，设计一个算法，在指针 p 所指向结点的前面插入一个元素值为 x 的结点。

【解答】 因为表头指针丢失，不能通过遍历从表头开始查找结点*p 的前趋，为此可以在*p 后插入新结点*s，把*p 的数据传送给*s，再把 x 送入*p 的 data 域。算法的实现如下。

```
void InsertPred(LinkNode *p, ElemType x) {
//在指针*p 所指结点的前趋方向插入值为 x 的结点。算法调用方式 InsertPred(p, x)
//输入：单链表指定结点的指针 p，插入值 x；输出：插入后的单链表
    LinkNode *s =(LinkNode*) malloc(sizeof(LinkNode)); //创建新结点*s
    s->link = p->link; p->link = s;                 //链入到*p 之后
    s->data = p->data; p->data = x;                 //*p 的值送入*s，x 送入*p
}
```

算法的时间复杂度为 O(1)，空间复杂度为 O(1)。

2-63 设计一个算法，判断一个带头结点的单链表 list 是否非有序递减。

【解答】 非有序递减是指链表中每个结点的数据值均小于或等于其后继结点的数据值。为此，可遍历一趟链表，检查每个结点的数据值是否满足此要求。只要发现有不满足的，立即可断定链表不是非有序递减的。算法的实现如下。

```
bool nondecrease(LinkList& list) {
//算法调用方式 bool succ = nondecrease(list)。输入：单链表表头指针 list；输出：
//若链表是非有序递减的，函数返回 true，否则函数返回 false
    LinkList p = list->link;                        //p 为检测指针，定位于首元结点
    while(p->link != NULL)                          //检测链表
        if(p->data <= p->link->data) p = p->link;
        else return false;                          //发现逆序返回 false
```

```
        return true;                              //检测完未发现逆序返回 true
    }
```

算法的时间复杂度为 O(n)，空间复杂度为 O(1)，n 是表的元素个数。

2-64　在非有序递减的带头结点的单链表 list 中删除值相同的多余结点（值相同的仅保留第一个结点）。

【解答】　在有序链表中元素值相同的结点排列在一起，因此只需检测相邻结点的元素值是否相同，是则删除后一个值相同的结点，否则继续向后检测。算法的实现如下。

```
void tidyup_1(LinkList& list) {
//算法调用方式 tidyup_1(list)。输入：非有序递减单链表表头指针 list；输出：删除
//重复结点后的单链表 list
    LinkList p = list->link, q;               //检测指针 p 指向首元结点
    while(p != NULL && p->link != NULL)        //循环检测链表
        if(p->data == p->link->data) {         //若相邻结点值相等
            q = p->link;  p->link = q->link;    //删除后一个值相同结点*q
            free(q);                            //释放该结点
        }
        else p = p->link;                       //指针 p 指向链表下一个结点
}
```

算法的时间复杂度为 O(n)，空间复杂度为 O(1)，n 是表的元素个数。

2-65　在一个带头结点的无序单链表 list 中删除值相同的多余结点（值相同的仅保留第一个结点）。

【解答】　由于链表中结点的元素值是无序排列的，因此针对每个结点*p，需在其前面链表检查是否有元素值与其相等的结点，如果发现有元素值相同的结点，则删除*p。注意，链表应避免元素的移动。算法的实现如下。

```
void tidyup(LinkList& list) {
//算法调用方式 tidyup(list)。输入：无序单链表表头指针 list；
//输出：删除值重复结点后的单链表 list
    LinkList pre = list->link, p = pre->link, q; //p 为检测指针,pre 为其前趋
    while(p != NULL) {                            //循环检测链表
        for(q = list->link; q != p; q = q->link)  //检查前面检测过的链表
            if(q->data == p->data) break;          //与前面元素重复退出检测
        if(q != p)                                 //删除与前面重复的元素
        { pre->link = p->link;  free(p);  p = pre->link; }
        else { pre = p;  p = p->link; }            //与前面元素不重复，继续
    }
}
```

算法有两重循环，其时间复杂度为 O(n²)，空间复杂度为 O(1)，n 为表的元素个数。

另一种解法：采用任一种适合链表排序的高效算法，如链表归并排序（见第 8 章），先对链表进行排序使之变成有序链表，再采用题 2-64 给出的算法删除链表中多余的元素，算法的时间复杂度可达到 O(nlog₂n)+O(n)≈O(nlog₂n)，空间复杂度为 O(1)。

2-66　设有一个正整数的带头结点的有序单链表，所有整数按非递减次序排列，其中

可以有相等的整数。设计一个算法，用最少的时间和最小的空间实现以下功能：

（1）确定在链表中比正整数 x 大的数有几个（相等整数只计算一次），如序列{10, 10, 15, 20, 25, 25, 30, 35, 40, 45, 45, 50, 60, 60}中比 30 大的数有 6 个。

（2）把单链表中比正整数 x 小的数改为按非递增次序排列。

（3）把大于或等于 x 的值为偶数的结点从单链表中删除。

【解答】　（1）为确定在序列中比正整数 x 大的数有多少，先定位链表中第一个比 x 大的结点*p，然后遍历后续链表，同时计数。为此，算法设置两个指针和一个计数器，指针 p 从比 x 大的第 2 个结点起顺序检测链表的每一个结点，指针 pr 指向 p 的前趋，若 pr->data＞x 且 pr->data≠p->data，计数器加 1；若 pr->data≤x 或 pr->data＝p->data，计数器不增加，然后 pr 移到 p，p 指向下一个结点，p 检测完所有结点，从计数器中得到不等整数的个数。

（2）在单链表中用指针 p 和 pr 进行遍历，pr 指向*p 的前趋结点。如果 p->data < x，把它从链上当前位置摘下，插入链头的首元结点前面。直到 p 到达值大于或等于 x 的结点为止。此时，所有值比 x 小的结点发生了逆转。

（3）对大于或等于 x 的结点进行遍历，把值为偶数的结点删除，这里也需要 pr 和 p 两个指针。

算法结束时，链表中结点的排列是：小于 x 的数按非递减顺序排列，接着是 x（若有），最后是大于或等于 x 的值为奇数的结点。注意，没有要求删除值相等的结点。算法的实现如下。

```
void large_k(LinkList& list, int x, int& k) {
//算法调用方式 large_k(list, x, k)。输入：非有序递减单链表表头指针 list,
//删除限定值 x；输出：统计比 x 大的结点个数 k，排序比 x 小的结点并删除偶数结点后的
//单链表 list
    LinkNode *pr = list, *p = list->link;
    k = 0;  pr = list->link;  p = pr->link;
    while(p != NULL) {                              //统计大于或等于 x 的结点数
        if(pr->data >= x && pr->data != p->data) k++;
        pr = p;  p = p->link;
    }
    pr = list;  p = list->link;
    if(p->data < x) {pr = p;  p = p->link;}        //*p 是第一个大于或等于 x 的结点
    while(p != NULL && p->data < x) {               //逆置所有小于 x 的结点
        pr->link = p->link;                        //pr 链接*p 的后继
        p->link = list->link;  list->link = p;     //*p 插入链首
        p = pr->link;                              //p 检测下一结点
    }
    while(p != NULL) {                              //扫描所有大于或等于 x 的结点
        if(p->data % 2 == 0) {                      //若是值为偶数的结点
            pr->link = p->link;  free(p);          //从链上摘下*p 并释放它
            p = pr->link;                          //p 指向下一结点
        }
        else { pr = p;  p = p->link; }
```

```
    }
}
```

算法的时间复杂度为 O(n)，n 是链表的结点个数，空间复杂度为 O(1)。

2-67　设 list 是一个带头结点的有 n（n≥2）个值为整数的结点的单链表的表头指针，设计一个算法，判断该链表中从第二个元素结点起的每个结点的整数值是否等于其序号的平方减去其前趋的整数值，若都满足则返回 true，否则返回 false。

【解答】　算法设置两个指针，一个指针是 p，从第 2 个结点开始顺序检查链表结点存储的值是否满足要求；另一个指针是 pr，总是指向 p 所指结点的前趋，用于判断结点*p 的值是否等于其序号的平方减去其前驱*pr 的值。此外还设置一个计数器 i，计算结点的序号。算法的实现如下。

```
bool Judge(LinkList& list) {
//算法调用方式bool succ = Judge(list)。输入：整数单链表表头指针list;
//输出：若链表满足题目要求，函数返回true，否则函数返回false
    LinkNode *pr = list->link, *p = list->link->link;  int i = 2;
    while(p != NULL)
        if(p->data != i*i-pr->data) return false;
        else { pr = p;  p = p->link;  i++; }
    return true;
}
```

算法的时间复杂度为 O(n)，n 是链表的结点个数。空间复杂度为 O(1)。

2-68　设有一个带头结点的非空单链表，它的表头指针为 list，设计一个算法，以最快速度判断表的结点个数是偶数还是奇数。

【解答】　一种解法是先求表的长度 n，再判断 n 是偶数还是奇数。本题还有一种解法，使用一个扫描指针 p，从链表的首元结点开始，以一次跨越两个结点的方式遍历链表，若链表的表长为偶数，则最后 p 将为 NULL，否则 p 将停留在最后一个结点。算法的实现如下。

```
int Even_Odd_Len(LinkList& list) {
//算法调用方式int Odd = Even_Odd_Len(list)。输入：带头结点的单链表的表头指针
//list; 输出：若链表的结点个数为奇数，函数返回1，否则函数返回0
    LinkNode *p = list->link;                    //指针p指向首元结点
    while(p != NULL && p->link != NULL)          //扫描链表
        p = p->link->link;
    if(p == NULL) return 0;                      //偶数
    else return 1;                               //奇数
}
```

算法的时间复杂度为 O(n)，n 是链表的结点个数。空间复杂度为 O(1)。

2-69　设有一个带头结点的非空单链表，它的表头指针为 list，设计一个算法，求链表中间点的地址（注意，此中间点是指逻辑顺序的位置，而不是指中间值）。

【解答】　在算法中设置两个指针，都从链表头结点开始同时扫描，慢指针 slow 每次移动 1 个结点，快指针 fast 每次移动 2 个结点。若链表所包含的数据个数 n 为奇数，当 fast 指针移出链表为 NULL 时，slow 指针正好移到中间点；若链表所包含的数据个数 n 为偶

数，当 fast 指针移到 fast->link 为 NULL 时，slow 指针正好移到中间点。算法的实现如下。

```
LinkList midpoint(LinkList& list) {
//算法调用方式 LinkList p = midpoint(list)。输入：非空单链表表头指针 list;
//输出：函数返回中间结点的地址，若链表为 NULL 则函数返回头结点的地址
    LinkNode *fast, *slow;
    fast = list;  slow = list;
    while(fast != NULL && fast->link != NULL)
        { slow = slow->link;  fast = fast->link->link; }
    return slow;
}
```

算法的时间复杂度为 O(n)，n 是链表的结点个数。空间复杂度为 O(1)。

2-70   设有一个带头结点的单链表，它的表头指针为 list，设计一个算法，删除链表的中间点（注意，此中间点是指逻辑顺序的位置，而不是指中间值）。

【解答】 在算法中设置两个指针，都从链表头结点开始同时扫描，慢指针 slow 每次移动 1 个结点，快指针 fast 每次移动 2 个结点。若链表所包含的数据个数 n 为奇数，当 fast 指针移出链表变空时，slow 指针正好移到中间点；若链表所包含的数据个数 n 为偶数，当 fast 指针移到 fast->link 等于空时，slow 指针正好移到中间点。为了删除中间点，还需要设置第三个指针 pr，指向 slow 的前趋结点。算法的实现如下。

```
void Remove_midpoint(LinkList& list) {
//算法调用方式 Remove_midpoint(list)。输入：单链表表头指针 list;
//输出：删除中间结点后的单链表 list。若链表为空，则不做删除
    if(list->link == NULL) return;                         //空表返回，不能删除
    LinkNode *fast, *slow, *pr;
    fast = list;  slow = list;  pr = NULL;                 //查找中间点
    while(fast != NULL && fast->link != NULL)
        { pr = slow;  slow = slow->link;  fast = fast->link->link; }
    pr->link = slow->link;  free(slow);                    //删除中间结点
}
```

算法的时间复杂度为 O(n)，n 是链表的结点个数，空间复杂度为 O(1)。

2-71   用带头结点的单链表保存 m 个整数，且|data| < n（n 为正整数）。设计一个尽可能高效的算法，对于链表中绝对值相等的结点，仅保留第一次出现的结点而删除其余绝对值相等的结点。例如，若给定的单链表 list 如图 2-2 所示。

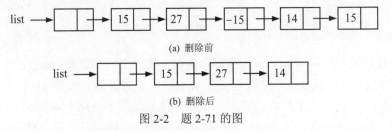

(a) 删除前

(b) 删除后

图 2-2   题 2-71 的图

【解答】 本题要求时间复杂度但没有要求空间复杂度，因此可定义一个大小为 N（N 为链表中所有元素绝对值的最大值）的数组，所有元素的值初始化为 0。在遍历链表的过

程中，以结点 data 值的绝对值为下标，查找相应数组元素的值是否为 1，若此元素已经是 1，说明此结点的元素值的绝对值在之前的链表结点中已出现过，将此结点删除；否则，保留该结点并将相应数组元素的值改为 1。假设单链表带头结点（根据图 2-1），算法的实现如下。

```
#define N 100                           //链表中元素值的绝对值的最大者，假设为100
void DeleteABSEqualNode(LinkNode *list) {
//算法调用方式 DeleteABSEqualNode(list)。输入：单链表表头指针 list;
//输出：删除绝对值相等的多余结点后的单链表 list
    if(list->link == NULL) { printf("空链表，返回！\n"); return; }
    int a[N], i;                        //a 是[0/1]标志数组
    for(i = 0; i < N; i++) a[i] = 0;    //假设所有整数都未选过
    LinkNode *pre = list, *p = list->link;  //p 遍历链表，pre 是其前趋结点指针
    while(p != NULL) {                   //遍历单链表
        if(a[abs(p->data)] == 1) {       //等于*p 元素绝对值的整数已有
            pre->link = p->link;  free(p);  //从链中摘下*p，释放它
            p = pre->link;               //p 指向下一个待访问结点
        }
        else {                           //结点*p 元素值的绝对值未访问过
            a[abs(p->data)] = 1;         //设置访问标志
            pre = p;  p = p->link;       //p 移到下一个结点
        }
    }
}
```

算法的时间复杂度为 O(n)，n 是结点个数。空间复杂度为 O(N)，N 是各结点元素值的绝对值的最大者。

2-72　设在一个带头结点的单链表 list 中所有元素结点的数据值无序排列，设计一个算法，删除表中所有值大于 min 而小于 max 的元素（若存在）。

【解答】　因为链表是无序的，只能逐个结点检查，执行删除。算法的实现如下。

```
void rangeDelete(LinkList& list, DataType min, DataType max) {
//算法调用方式 rangeDelete(list, min, max)。输入：单链表表头指针 list，删除
//范围的下界 min，上界 max；输出：删除所有值大于 min 而小于 max 的元素后的单链表 list
    LinkList pre = list, p = list->link;         //p 是检测指针，pr 是其前趋
    while(p != NULL)
        if(p->data > min && p->data < max)       //查找到删除结点，删除
            { pre->link = p->link;  free(p);  p = pre->link; }
        else { pre = p;  p = p->link; }          //否则继续查找被删结点
}
```

算法的时间复杂度为 O(n)，n 是原链表的结点个数。空间复杂度为 O(1)。

2-73　设在一个带头结点的单链表 list 中，所有元素结点的数据值按递增顺序排列，设计一个算法，删除表中所有大于 min 而小于 max 的元素（若存在）。

【解答】　在有序单链表中，所有大于 min 而小于 max 的元素是相继链接的，把它们连续删除即可。算法的实现如下。

```
void rangeDelete(LinkList& list, DataType min, DataType max) {
//算法调用方式 rangeDelete(list, min, max)。输入：有序单链表表头指针 list,
//删除范围的下界 min, 上界 max; 输出：删除所有值大于 min 而小于 max 元素后的
//单链表 list
    LinkNode *pre = list, *p = list->link;
    while(p != NULL && p->data <= min)              //查找值大于 min 的元素
        { pre = p;  p = p->link; }
    while(p != NULL && p->data < max)               //删除值小于 max 的元素
        { pre->link = p->link;  free(p);  p = pre->link; }
}
```

算法的时间复杂度为 O(n)，n 是原链表的结点个数。空间复杂度为 O(1)。有序链表与无序链表相比，处理到结点值刚好大于 max 为止，一般无须处理到链尾。

2-74　设 list 是一个带头结点的结点数据为整型的单链表的表头指针，设计一个算法，把所有数据值为奇数的结点移到所有数据值为偶数的结点前面。

【解答】　设置一个临时链表，算法遍历一遍链表，把含偶数的结点从链上摘下，采用尾插法链入临时链表。当原链表遍历完，所有含偶数的结点全都被摘掉，仅留下含奇数的结点，此时应在原链尾留下一个遍历指针的前趋指针，把临时链表链到其后即可。算法的实现如下。

```
void oddEven(LinkList& list) {
//算法的调用方式 oddEven(list)。输入：整数单链表表头指针 list;
//输出：移动所有奇数结点到偶数结点前面后的单链表 list
    LinkList p, h, pre, rear;
    h = (LinkNode*) malloc(sizeof(LinkNode));
    rear = h;  p = list->link;  pre = list;
    while(p != NULL) {                              //检测链表
        if((p->data) % 2 == 0) {                    //若结点数据是偶数
            pre->link = p->link;                    //从原链上摘下*p
            rear->link = p;  rear = p;              //链入临时链表的链尾
            p = pre->link;                          //检测指针 p 移到下一结点
        }
        else{ pre = p;  p = p->link; }              //奇数，检测下一结点
    }
    rear->link = NULL;                              //临时链表收尾
    pre->link = h->link;  free(h);                  //临时链表链到原链表后
}
```

算法的时间复杂度为 O(n)，n 是原链表的结点个数。空间复杂度为 O(1)。

2-75　设 list 是一个带头结点的结点数据为整型的单链表的表头指针，设计一个算法，依次取得 list 的数据，创建两个带头结点的单链表，使得第一个链表中包含原链表中所有元素值为奇数的结点，第二个链表中包含所有元素值为偶数的结点，原单链表保持不变。

【解答】　设创建的两个链表是 list1 和 list2。算法扫描原链表各个结点，根据结点保存数据的奇偶性，采用尾插法，分别插入奇数链表或偶数链表中。算法的实现如下。

```
void Separate(LinkList& list, LinkList& list1, LinkList& list2) {
//算法调用方式 Separate(list, list1, list2)。输入：整数单链表表头指针 list;
//输出：拆分出的奇数链表的表头指针 list1, 偶数链表的表头指针 list2
    LinkList p1, p2, p, s;
    p1 = list1 = (LinkNode*) malloc(sizeof(LinkNode));
    p2 = list2 = (LinkNode*) malloc(sizeof(LinkNode));
                                               //创建结果链表的头结点
    for(p = list->link; p != NULL; p = p->link) {  //对原链逐个结点检测
      s = (LinkNode*) malloc(sizeof(LinkNode));
      s->data = p->data;                       //创建新结点
      if(p->data % 2 == 1) { p1->link = s;  p1 = s; }       //奇数
      else { p2->link = s;  p2 = s; }                      //偶数
    }
    p1->link = NULL;  p2->link = NULL;         //list1、list2 链收尾
}
```

算法的时间复杂度为 O(n)，空间复杂度为 O(1)，n 是原链表的结点个数。

如果 list1 和 list2 不另外占用存储空间，就必须从原链表 list 中逐个摘下结点，根据该结点元素的奇偶性，若元素值为奇数，后插到 list1 链表，若元素值为偶数，则后插到 list2 链表，直到原链表所有元素结点都摘下为止。算法的实现如下。

```
void Separate(LinkList& list, LinkList& list1, LinkList& list2) {
    LinkList p1, p2, p = list->link, s;
    p1 = list1 = list;                              //list1 占用原表头结点
    p2 = list2 = (LinkNode*) malloc(sizeof(LinkNode));
                                               //创建 list2 表的头结点
    while(p != NULL) {                          //逐个摘下链表的结点
        s = p;  p = p->link;
        if(s->data % 2 == 1) { p1->link = s;  p1 = s; }    //奇数
        else { p2->link = s;  p2 = s; }                   //偶数
    }
    p1->link = NULL;  p2->link = NULL;         //list1、list2 链收尾
}
```

算法的时间复杂度为 O(n)，n 是原链表的结点个数。空间复杂度为 O(1)。

2-76 设一个带头结点的非空单链表的表头指针为 list，设计一个算法，将 list 表分成两个带头结点的单链表 list 和 list1，其中 list 中含有原链表 list 中序号为奇数的结点，list1 中含有原链表 list 中序号为偶数的结点（约定首元结点的序号为 1）。

【解答】 算法实现思路很简单，从 list 链表首元结点开始，隔一个结点摘下一个结点，用尾插法将它链接到 list1 链表中。算法的实现如下。

```
void split(LinkList& list, LinkList& list1) {
//算法调用方式 split(list, list1)。输入：非空单链表表头指针 list; 输出：包含奇数
//序号结点单链表的表头指针 list, 包含偶数序号结点单链表的表头指针 list1
    LinkList p, q, r;
    list1 = (LinkNode *) malloc(sizeof(LinkNode));
    p = list->link;  q = list1;                //p 在首元结点, q 在头结点
```

```
    while(p != NULL && p->link != NULL) {
        r = p->link;  p->link = r->link;        //从 list 中摘下序号为偶数结点
        q->link= r;   q = r;                     //尾插到 list1 链
        p = p->link;                             //p 移到原链表中下一个奇数结点
    }
    q->link = NULL;                              //list1 链收尾
}
```

算法的时间复杂度为 O(n)，空间复杂度为 O(1)，n 是原链表的结点个数。

2-77 设有带头结点的单链表 list，设计一个算法，判断它是否中心对称（即回文）。

【解答】 可以使用一个栈，存放链表的前半部分，然后继续检测链表的后半部分，与栈中元素比较，判断链表是否中心对称。如果不使用栈，也可以判断链表是否中心对称。方法是先把链表的后半部分的指针逆转，再同时从前和从后向中间检查比对，如果全部比对成功，一定是中心对称。最后再把链表后半部分恢复原状。算法的实现如下。

```
bool isPalindrome(LinkList& list) {
//算法调用方式 bool succ = isPalindrome(list)。输入：单链表表头指针 list;
//输出：若链表是中心对称，则函数返回 true, 否则函数返回 false
    if(list == NULL || list->link == NULL) return true;
    LinkNode *p = list->link, *q = list->link, *s;
    while(p->link != NULL && q->link != NULL && q->link->link != NULL)
        { p = p->link; q = q->link->link; }        //找中间结点*p
    q = p->link;  p->link = NULL; s = NULL;         //逆转链表的后半部分
    while(q != NULL) { s = q->link; q->link = p; p = q; q = s; }
    s = p; q = list->link; bool yes = true;
    while(p != NULL && q != NULL) {                 //判断是否中心对称
        if(p->data != q->data) { yes = false; break; }
        p = p->link; q = q->link;
    }
    p = s->link; s->link = NULL;                    //恢复链表的后半部分
    while(p != NULL) { q = p->link; p->link = s; s = p; p = q; }
    return yes;
}
```

算法的时间复杂度为 O(n)，n 是原链表的结点个数。空间复杂度为 O(1)。

2-78 设 list 是一个带头结点的有 n 个值为整数的结点的单链表的表头指针，设计一个算法，把链表中所有整数值大于或等于 x 的结点链接到所有整数值小于 x 的后面。

【解答】 由于单链表只能顺序访问，因此可设置一个临时链表，在一趟遍历原链表时，凡遇到整数值大于或等于 x 的结点，即把它从原链表上摘下，采用尾插法插入临时链表的尾部。当原链表处理完，在原链表中只剩下整数值小于 x 的结点，再把临时链表链接到原链表后面即可。算法的实现如下。

```
void partition(LinkList& list, DataType x) {
//算法调用方式 partition(list, x)。输入：整数单链表表头指针 list, 分界值 x;
//输出：把结点值大于或等于 x 的结点移到值小于 x 的结点后面的单链表 list
    LinkNode *pr = list, *p = list->link, *rear, *h;
```

```
        h =(LinkNode*) malloc(sizeof(LinkNode));
        rear = h;                                    //创建临时链表头结点
        while(p != NULL)                             //一趟扫描原链表
            if(p->data >= x) {                       //发现大于或等于 x 的整数
            pr->link = p->link;                      //从原链表上摘下*p
            rear->link = p;  rear = p;  p = pr->link;    //插入临时链表尾部
        }
        else { pr = p;  p = p->link; }               //整数值小于 x 的跳过
        pr->link = h->link;  free(h);                //链接临时链表，删其头结点
}
```

算法的时间复杂度为 O(n)，空间复杂度为 O(1)，n 是原链表的结点个数。

2-79 设两个带头结点的单链表的表头指针分别为 list1 和 list2，设计一个算法，从表 list1 中删除自第 i 个元素起的 len 个元素，然后将它们插入表 list2 的第 j 个元素之前。

【解答】 算法分两步：第一步从 list1 链按要求摘下自第 i 个元素起的 len 个元素构成的子链（有可能 list 链比较短使得子链的长度不足 len）；第二步将该子链插入 list2 链中第 j 个元素之前。注意异常情况，第一步当 i 太大或 len≤0，摘出的子链可能是空链；当 len 太大，可能 list 链后面直到链尾都会被摘出。第二步若 j 太大，子链可能需要插入 list2 的链尾。算法的实现如下。

```
bool Del_Ins(LinkList& list1, LinkList& list2, int i, int j, int& len) {
//算法调用方式 bool succ = Del_Ins(list1, list2, i, j, len)。输入：两个
//单链表的表头指针分别为 list1 和 list2，在 list1 中删除位置 i，在 list2 中插入位置 j，
//移动元素个数 len；输出：删除元素后的单链表 list1，插入元素后的单链表 list2。若操作
//成功，函数返回 true, 否则函数返回 false
    if(i <= 0 || len <= 0 || j <= 0) return false;    //不需在 list1 删除
    LinkNode *p, *q, *r, *pr; int k, s;
    p = list1;  k = 0;                                 //p 定位于第 i-1 个结点
    while(p != NULL && k < i-1) { p = p->link;  k++; }
    if(p == NULL) return false;                        //i 太大，不能删除
    r = p;  s = 0;                                     //r 定位于子链尾元结点
    while(r != NULL && s < len) { pr = r;  r = r->link;  s++; }
    if(r == NULL) {len = s-1;      r = pr;}            //len 太大。修改 len
    q = p->link;                                       //q 指向子链首元结点
    p->link = r->link;  r->link = NULL;                //在 list1 删除子链
    p = list2;  k = 0;                                 //p 指向 list2 第 j-1 个结点
    while(p != NULL && k < j-1) { pr = p;  p = p->link;  k++; }
    if(p == NULL) pr->link = q;                        //j 太大，子链接到链尾
    else { r->link = p->link;  p->link = q; }          //否则插在链中
    return true;
}
```

设 list1 和 list2 的长度分别为 n 和 m，算法的时间复杂度为 O(n+m)，空间复杂度为 O(1)。

2-80 设有单链表 A = { a_1, a_2,···, a_n } 和 B = { b_1, b_2,···, b_m }。设计一个算法，将单链表 A 和 B 交叉合并为单链表 C = { a_1, b_1, a_2, b_2,··· }，要求 A、B、C 均带头结点，且 C 表初始为空，在合并过程中利用表 A 和表 B 的结点空间，不另外开辟存储空间。

【解答】 同时检查两个链表，交叉摘下表 A 和表 B 的结点，后插到表 C 中。如果其中一个链表已检查完，将另一个链表剩余部分继续后插到表 C 的表尾。算法的实现如下。

```
void Merge(LinkList& A, LinkList& B, LinkList& C) {
//算法调用方式 Merge(A, B, C)。输入：两个单链表表头指针 A 和 B，C 表初始为
//空(仅有头结点)；输出：交叉合并表 A 和 B 后形成的表 C
    LinkList pa, pb, pc, q;
    pa = A->link; pb = B->link; pc = C; free(A); free(B);
    while(pa != NULL && pb != NULL) {
        pc->link = pa; pc = pc->link;                  //先链入 A 链表结点
        pa = pa->link;
        pc->link = pb; pc = pc->link;                  //再链入 B 链表结点
        pb = pb->link;
    }
    if(pa != NULL) pc->link = pa;
    else pc->link = pb;
}
```

若原链表 A 有 m 个结点，链表 B 有 n 个结点，算法的时间复杂度为 $O(\min\{m, n\})$，空间复杂度为 $O(1)$。

2-81 设有带头结点的单链表 A = { $a_1, a_2, a_3, \cdots, a_{n-2}, a_{n-1}, a_n$ }，设计一个算法，重新排列单链表 A，得到单链表 B = { $a_1, a_n, a_2, a_{n-1}, a_3, a_{n-2}, \cdots$ }。

【解答】 算法分 3 步走：第一步，利用快慢指针 q 和 s，找到链表的第 $\lfloor n/2 \rfloor$ 个结点，用 s 指向；第二步，逆转以 *s 为头结点的单链表（即原链表后半部分）；第三步，把以 *s 为头结点的链表中的结点逐个摘下，插入原链表的前半部分。算法的实现如下。

```
void Adjust(LinkList& A) {
    LinkNode *p, *q = A, *r, *s = A;                    //快指针 a，慢指针 s
    while(q != NULL && q->link != NULL)                 //查找中间点，由 s 指向
        { s = s->link; q = q->link->link; }
    if(s->link != NULL) {
        p = s->link; r = p->link;
        while(r != NULL) {                              //逆转*s 为头结点的链表
            p->link = r->link; r->link = s->link; s->link = r;
            r = p->link;
        }
    }
    p = A->link;                                        //交错合并 p、q
    while(p != s && s->link != NULL) {
        q = s->link; s->link = q->link;                 //s 链表摘下*q
        q->link = p->link; p->link = q;                 //*q 链入 p 后面
        p = q->link;
    }
}
```

2-82 设有一个带头结点的单链表，它的表头指针为 list，设计一个算法，按数据值从

大到小的次序输出表中所有数据,且在输出数据后立即删除相应结点,直到链表变空为止。

【解答】 算法的思路是:当链表非空时反复扫描链表,直到链表变空为止。

(1) 从头扫描链表,并用 q 指向当前数据值最大的结点地址,用 qr 指向它的前趋。

(2) 输出 q 所指向结点的值,并把*q 结点从链中摘下,并释放它。

算法的实现如下。

```
void desprint_Del(LinkList& list) {
//算法调用方式 desprint_Del(list)。输入:单链表表头指针 list;
//输出:经过输出和删除后变空的单链表 list(应保留头结点)
    LinkNode *pr, *p, *qr, *q;
    while(list->link != NULL) {
        qr = list;  q = list->link;  pr = list;  p = list->link;
        while(p != NULL) {
            if(p->data > q->data) { qr = pr;    q = p; }
            pr = p;  p = p->link;
        }
        printf("%d ", q->data);
        qr->link = q->link;  free(q);
    }
}
```

设链表的长度为 n(不计头结点),算法的时间复杂度为 $O(n^2)$,空间复杂度为 $O(1)$。

2-83 设有两个带头结点的单链表 list1 和 list2,按元素值非递减顺序链接,允许有值重复的结点存在。设计一个算法,将表 list1 和 list2 合并为一个单链表 list1,若 list1 和 list2 中有元素值相同的结点,只保留其中第一个。要求不另外开辟空间,只使用两表原有的空间。

【解答】 算法首先扫描两个链表,把值重复的结点删除,只保留第一个出现该值的结点,然后检测两个链表,比较对应结点:如果 pa->data = pb->data,把 pa 结点链入结果链,pb 结点删除;如果 pa->data < pb->data,把 pa 结点链入结果链,以保证结果链表的有序性;如果 pa->data > pb->data,则把 pb 结点链入结果链。如果两个链表中有一个已检测完,则把另一个链剩余部分链入结果链。算法的实现如下。

```
void Merge(LinkList& list1, LinkList& list2) {
//算法调用方式 Merge(list1, list2)。输入:两个有序单链表的表头指针 list1 和 list2;
//输出:原地合并后的单链表 list1,结果不另外占用存储,覆盖 list1 和 list2 链表
    LinkNode *pa, *pb, *pc, *p;
    pa = list1->link;  pb = list2->link;
    while(pa->link != NULL) {                //删除 list1 链表重复结点
        if(pa->data == pa->link->data) {
            p = pa->link;  pa->link = p->link;  free(p);
        }
        else pa = pa->link;
    }
    while(pb->link != NULL) {                //删除 list2 链表重复结点
        if(pb->data == pb->link->data) {
```

```
                p = pb->link;  pb->link = p->link;  free(p);
            }
            else pb = pb->link;
        }
    pa = list1->link;  pb = list2->link;  pc = list1;
    free(list2);
    while(pa != NULL && pb != NULL) {              //两个链表同时检测
        if(pa->data == pb->data) {                 //对应结点值相等
            p = pb;  pb = pb->link;  free(p);      //先删 pb 结点
            pc->link = pa;  pc = pc->link;         //再把 pa 链入结果链尾
            pa = pa->link;
        }
        else if(pa->data < pb->data) {      //pa 结点值小于 pb
            pc->link = pa;  pc = pc->link;
            pa = pa->link;
        }
        else {                              //pa 结点值大于 pb
            pc->link = pb;  pc = pc->link;
            pb = pb->link;
        }
    }
    if(pa != NULL) pc->link = pa;           //若 pa 链未合并完，后续链入结果链
    else if(pb != NULL) pc->link = pb;      //若 pb 链未合并完，后续链入结果链
    else pc->link = NULL;                   //否则链收尾
}
```

设原 list1 链表有 m 个结点，list2 链表有 n 个结点，则算法的时间复杂度为 O(m+n)，空间复杂度为 O(1)。

2-84 设有两个带头结点的单链表 list1 和 list2，按元素值非递减顺序链接，允许有值重复的结点存在。设计一个算法，将单链表 list1 和 list2 中的共有元素存放到单链表 list1 中。要求不另外开辟空间，只使用两表原有的空间。

【解答】 算法首先扫描两个链表，如果 pa->data = pb->data，将 pa 结点链入结果链；否则若 pa->data < pb->data，在 list1 链中删除 pa，若 pa->data > pb->data，在 list2 链表中删除 pb。若两个链表中有一个已扫描完，则把另一个链表剩余部分全部删除。算法的实现如下。

```
void Intersect(LinkList& list1, LinkList& list2) {
//算法调用方式 Intersect(list1, list2)。输入：两个有序单链表的表头指针 list1 和 list2；
//输出：仅保留共有元素到 list1，结果不另外占用存储，覆盖 list1 和 list2 链表
    LinkNode *pa, *pb, *pc, *p;
    pa = list1->link;  pb = list2->link;  pc = list1;
    free(list2);
    while(pa != NULL && pb != NULL) {              //两个链同时检测
        if(pa->data == pb->data) {                 //对应结点值相等
            p = pb;  pb = pb->link;  free(p);      //先删 pb 结点
            pc->link = pa;  pc = pc->link;         //再把 pa 链入结果链尾
```

```
                pa = pa->link;
            }
        else if(pa->data < pb->data)                //pa 结点值小于 pb
            {p = pa;  pa = pa->link;  free(p);}
        else {p = pb;  pb = pb->link;  free(p);}    //pa 结点值大于 pb
    }
    pa =(pa != NULL) ? pa : pb;                     //删除剩余链表结点
    while(pa != NULL) { p = pa;  pa = pa->link;  free(p); }
    pc->link = NULL;                                //结果链表收尾
    pa = list1->link;
    while(pa->link != NULL) {                       //删除 list1 链表重复结点
        if(pa->data == pa->link->data) {
            p = pa->link;  pa->link = p->link;  free(p);
        }
        else pa = pa->link;
    }
}
```

设 list1 链表有 m 个结点，list2 链表有 n 个结点，则算法的时间复杂度为 O(m+n)，空间复杂度为 O(1)。

2-85　设计一个算法，将一个结点值无序且无重复结点值的单链表 A 合并到一个结点值按升序链接且无重复结点值的单链表 B 中，使得 B 仍然保持结点值按升序链接。要求使用原表的空间，多余的结点则被删除。假设 A 和 B 都带头结点。

【解答】　对链表 A 遍历一遍，顺序取出 A 的结点*s，按结点值到 B 中查找插入位置再插入*s。直到 A 取空算法结束。假设 A 和 B 都带头结点，算法的实现如下。

```
void merge(LinkList& A, LinkList& B) {
//算法调用方式 merge(A, B)。输入：一个无序单链表的表头指针 A，一个升序单链
//表的表头指针 B；输出：合并 A 到 B 使 B 仍保持升序且无重复元素
LinkNode *p, *pre, *s;
    while(A->link != NULL) {
        s = A->link;  A->link = s->link;           //从 A 链表摘下首元结点*s
        pre = B;  p = B->link;                      //在 B 链表查找*s 插入位置
        while(p != NULL && p->data < s->data) { pre = p;  p = p->link; }
        if(p == NULL || p->data > s->data)
            { s->link= p;  pre->link = s; }         //将*s 插入 B 链表
    }
}
```

若原链表 A 中有 m 个结点，B 中有 n 个结点，算法的时间复杂度为 O(m×n)，空间复杂度为 O(1)。

2-86　已知一个带头结点的单链表中包含有三类字符（数字字符、字母字符和其他字符），设计一个算法，构造三个新的单链表，使每个单链表中只包含同一类字符。要求使用原表的空间，头结点可以另辟空间。

【解答】　设 pa、pb、pc 分别是三个结果链表的链尾指针，初始时指向各链表的头结

点，p 是源链表的遍历指针。采用尾插法，每次对 p 指向的源链表当前结点进行判断，若是数字，链入 pa 之后；若是字母，链入 pb 之后；其他字符则链入 pc 之后。当 p 为 NULL 时，表明源链表处理完，对已建成的三个链表收尾。算法的实现如下。

```
#include<ctype.h>
void Separate(LinkList& A, LinkList& B, LinkList& C) {
//算法调用方式 Separate(A, B, C)。输入：单链表的表头指针 A；输出：仅保留数字
//字符的单链表 A，保留字母字符的单链表 B，保留其他字符的单链表 C
    LinkList pa, pb, pc, p;                        //p 是原链表检测指针
    pa = A;
    pb = B =(LinkNode*) malloc(sizeof(LinkNode));
    pc = C =(LinkNode*) malloc(sizeof(LinkNode));
    for(p = A->link; p != NULL; p = p->link)
        if(isdigit(p->data)) { pa->link = p;  pa = p;}        //是数字
        else if(isalpha(p->data)) {pb->link = p;  pb = p;}    //是字母
        else { pc->link = p;  pc = p; }                       //其他字符
    pa->link = NULL;  pb->link = NULL;  pc->link = NULL;
}
```

算法的时间复杂度为 O(n)，n 是原链表的结点个数，空间复杂度为 O(1)。

2-87　设有两个带头结点的单链表 list1 和 list2，各表中的结点元素值互不相同，list1 表递增有序，list2 表递减有序，且 list2 表中的元素包含在 list1 表中某一连续的部分，如图 2-3 所示。设计一个算法，找出这部分元素在 list1 表中的位置，并将它们逆置，使之与 list2 表中元素的顺序相同，list2 链表不变。

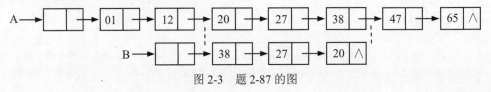

图 2-3　题 2-87 的图

【解答】　已知链表 list2 中的元素是 list1 链表中某一连续的部分，算法第一步先逆转 list2 链表，然后在 list1 中查找与 list2 链表匹配的子链表，此子链表即为所求；第二步先将 list2 逆转回来，再将 list1 中相应子链表逆转过来。list1 链表中子链表的逆转结果如图 2-4 所示。

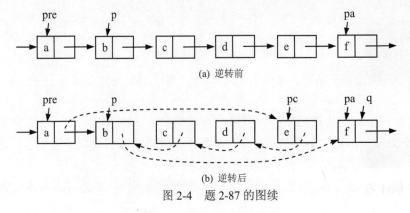

(a) 逆转前

(b) 逆转后

图 2-4　题 2-87 的图续

设 list1、list2 链表都带有头结点，算法的实现如下。

```
void findPlace(LinkList list1, LinkList list2) {
//算法调用方式 findPlace(list1, list2)。输入：递增单链表表头指针 list1,
//递减单链表表头指针 list2; 输出：求子链表并逆转后的单链表 list1
    LinkList pre, pa, pb, p, q, s;
    p = list2->link;  list2->link = NULL;
    while(p != NULL)                            //将 list2 逆转
        { q = p;  p = p->link;  q->link = list2->link;  list2->link = q; }
    pa = list1->link;  pb = list2->link;  pre = list1;  p = pa;
    while(pa != NULL && pb != NULL)             //查找与 list2 匹配的子链表
        if(pa->data == pb->data) { pa = pa->link;  pb = pb->link; }
        else { pre = p;  p = p->link;  pa = p;  pb = list2->link; }
    if(pb == NULL) {                            //找到与 list2 匹配的子链表
        printf("与子串匹配的起始位置在p=%d, 前一位置在pre=%d, 串后
                    位置在pa=%d\n", p->data, pre->data, pa->data);
        q = p->link;  p->link = pa;  s = q->link; //逆转子链表的结点指针
        while(q != pa) { q->link = p;  p = q;  q = s;  s = s->link; }
        pre->link = p;
        p = list2->link;  list2->link = NULL;
        while(p != NULL)                        //将 list2 再逆转
            {q = p;  p = p->link;  q->link = list2->link;  list2->link = q;}
    }
}
```

设 list1 链有 m 个结点，list2 链有 n 个结点，且 m＞n，则算法的时间复杂度为 O(m)，空间复杂度为 O(1)。

2-88 设 list1 和 list2 是两个带头结点的单链表的表头指针，设计一个算法，删去 list1 中两个链表共有的元素结点，list2 链表不变。

【解答】 两个链表中元素无序排列，要在 list1 中查找两个链表共有的元素结点，只能采取穷举搜索，因此算法的时间复杂度为 O(m×n)，其中 m、n 分别为两表的长度。算法的实现如下。

```
void delCommon(LinkList& list1, LinkList& list2) {
//算法调用方式 delCommon(list1, list2)。输入：两个单链表的表头指针分别为 list1
//和 list2; 输出：删除两个链表共享元素后的单链表 list1
    LinkNode *p, *q, *s;
    for(q = list2->link; q != NULL; q = q->link) {
        p = list1;
        while(p->link != NULL)
            if(p->link->data == q->data)
                { s = p->link;  p->link = s->link;  free(s); }
            else p = p->link;
    }
}
```

若原链表 list1 有 m 个结点，list2 有 n 个结点，算法的时间复杂度为 O(m×n)，空间复

杂度为 O(1)。

2-89 两个整数序列 A = { a_1, a_2, a_3,…, a_m}和 B = { b_1, b_2, b_3,…, b_n}已经存入两个单链表中，设计一个算法，判断序列 B 是否为序列 A 的子序列。假设 A 和 B 都带头结点。

【解答】 这是一个模式匹配问题，采用最简单的按值比对的方法。设置两个指针 pa 和 pb 分别遍历两个链表。初始时，pa 和 pb 从两个链表的首元结点开始，若对应数据相等，则后移指针；若对应数据不等，则 A 链表从上次开始比较结点的后继开始，B 链表从首元结点开始比较，直到 B 链表到尾表示匹配成功。A 链表到尾而 B 链表未到尾表示失败。操作中应记住 A 链表每趟匹配比较的开始结点，以便下一趟匹配时可从该结点的后继结点开始。算法的实现如下。

```
bool Pattern(LinkList& A, LinkList& B) {
//算法调用方式 bool succ = Pattern(A, B)。输入：两个整数单链表的表头指针分别为
//A 和 B；输出：若 B 是 A 的子序列，则函数返回 true，否则函数返回 false
    LinkList pa = A->link, pb = B->link, next = A->link;
    //pa、pb 分别为 A、B 链表的遍历指针，next 存储每趟比较 A 链的开始结点
    while(pa != NULL && pb != NULL)
        if(pa->data == pb->data) { pa = pa->link;  pb = pb->link; }
        else { next = next->link;  pa = next;    pb = B->link; }
        //失配，pa 从 A 链下一结点，pb 从 B 链表首元开始比较
    return(pb == NULL);                    //B 是 A 的子序列则为 true
}
```

设两个链表的长度分别是 m 和 n，最坏情况是每趟正好 B 比较到第 n 个结点失配，共可比较 m-n+1 趟，算法的时间复杂度为 O(m×n)，空间复杂度为 O(1)。

2-90 假定采用带头结点的单链表保存单词，当两个单词有相同的后缀时，则可共享相同的后缀存储空间，例如，loading 和 being 的存储映像如图 2-5 所示。

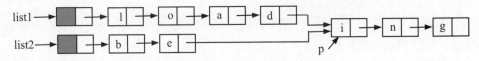

图 2-5 题 2-90 的图

通常称这样的链表为双头链表。请设计一个算法，根据给定的字符串 str1 和 str2，创建一个双头链表，头指针分别为 list1 和 list2。

【解答】 算法的思路是从两个字符串的最后开始，从后往前创建两个单链表。算法的实现如下。

```
#include<string.h>
void Construct(char str1[], char str2[], LinkList& list1, LinkList& list2){
//算法调用方式 Construct(str1, str2, list1, list2)。输入：字符串 str1 和 str2；
//输出：创建双头链表，表头指针分别为 list1 和 list2
    LinkList p;  int i, j, m, n;
    m = strlen(str1);  n = strlen(str2);        //两个串的长度
    list1 = list2 = NULL;                       //创建共享后缀链表
    for(i = m-1,j = n-1; i >= 0 && j >= 0; i--, j--) {
```

```
        if(str1[i] == str2[j]) {                    //创建共同后缀结点
            p =(LinkNode*) malloc(sizeof(LinkNode));
            p->data = str1[i];  p->link = list1;  list1 = p;
        }
        else break;                                  //对应字符不等，停止
    }
    list2 = list1;                                   //保留最后创建的共享结点
    for(; i >= 0; i--) {                             //继续创建 list1 的前面部分
        p =(LinkNode*) malloc(sizeof(LinkNode));
        p->data = str1[i];  p->link = list1;  list1 = p;
    }
    p =(LinkNode*) malloc(sizeof(LinkNode));     //创建 list1 的头结点
    p->link = list1;  list1 = p;
    for(; j >= 0; j--) {                             //继续创建 list2 的前面部分
        p =(LinkNode*) malloc(sizeof(LinkNode));
        p->data = str2[j];  p->link = list2;  list2 = p;
    }
    p =(LinkNode*) malloc(sizeof(LinkNode));     //创建 list2 的头结点
    p->link = list2;  list2 = p;
}
```

设 str1 串的长度为 m，str2 串的长度为 n，算法的时间复杂度为 $O(\max(m, n))$，空间复杂度为 $O(1)$。

2-91   设使用题 2-90 给出的算法已创建了一个双头链表，list1 和 list2 分别指向两个链表的头结点，设计一个算法，找出由 list1 和 list2 所指的两个链表有相同后缀的起始位置（如图 2-5 中字符 i 所在结点位置 p）。

【解答】 首先扫描两个单链表 list1 和 list2，计算它们的长度 m 和 n；再令指针 p、q 分别指向 list1 和 list2 的头结点。若 m≥n，则让 p 指向 list1 的第 m−n+1 个结点，否则让 q 指向 list2 的第 n−m+1 个结点，这将使得两个链表剩余部分链表等长；最后让两个链表指针 p、q 同步沿链表向后遍历，并判断它们是否指向同一个结点。如果未遍历完且 p 和 q 指向同一个结点，则该结点就是所求的两个链表有相同的第一个结点，返回该结点地址并报告成功信息。如果链表遍历完，则未找到相同后缀，返回 NULL 并报告失败信息。算法的实现如下。

```
LinkNode *Find_ShareList(LinkList& list1, LinkList& list2) {
//算法调用方式 LinkNode *p = Find_ShareList(list1, list2)。输入：双头链表的
//两个表头指针分别为 list1 和 list2；输出：函数返回相同后缀的起始结点的地址
    LinkNode *p, *q;  int m, n, i;
    for(p = list1, m = 0; p->link != NULL; p = p->link, m++);
                                                     //list1 的表长度
    for(q = list2, n = 0; q->link != NULL; q = q->link, n++);
                                                     //list2 的表长度
    if(m >= n) {                                     //list1 链表更长
        for(p = list1, i = 0; i <= m-n; p = p->link, i++);
                                                     //定位于第 m−n+1 个结点
```

```
        q = list2->link;
    }
    else {                                     //list2 链表更长
        for(q = list2, i = 0; i <= n-m; q = q->link, i++);
                                               //定位于第 n-m+1 个结点
        p = list1->link;
    }
    while(p != NULL && p != q)
        { p = p->link;  q = q->link; }         //两个指针同步后移
    return p;                                  //返回结果
}
```

设 list1 链表长度为 m，list2 链表长度为 n，则算法的时间复杂度为 O(max(m, n))，空间复杂度为 O(1)。

2-92　设 list 是一个有 n 个结点带头结点的单链表，A[m]（m <= n）是一个元素类型为整型的有序数组，其取值为 1～n。设计一个算法，从 list 中删除序号包含在 A[m]中的结点。例如，list = {a₁, a₂, a₃, a₄, a₅, a₆, a₇}，A[3] = {1, 4, 6}，则删除后的 list = {a₂, a₃, a₅, a₇}。

【解答】　算法对 A[m]中的每一个元素值进行处理，在链表中计算其序号符合 A[j]的结点，再删除它们。算法的实现如下。

```
void removebyIndex(LinkList& list, int A[], int n) {
//算法调用方式 removebyIndex(list, A, n)。输入：单链表的表头指针 list，有序数
//组 A，链表结点序号的限制值 n；输出：删除序号在 A 中结点后的单链表 list
    LinkList pr = list, p = list->link, q;
    int i = 1, j;                              //链表结点序号从 1 开始
    for(j = 0; j < n; j++) {                   //处理 A[j]:被删结点序号
        while(i < A[j]) {pr = p;  p = p->link;  i++;}  //查找删除结点*p

        pr->link = p->link;  free(p);          //删除序号为 A[j]的结点
        p = pr->link;  i++;
    }
}
```

设链表有 n 个结点，要删除有 m 个，算法有两个嵌套循环，外层循环执行了 O(n)次，内层循环不受外层循环控制，实际上累积执行了 O(m)次，因此算法的时间复杂度为 O(m+n)，空间复杂度为 O(1)。

2-93　设从键盘输入 n 个英语单词，输入格式为 n, w₁, w₂,…, wₙ，其中 n 表示随后要输入的英语单词个数，设计一个算法，按单词输入顺序创建一个带头结点的单链表，并实现以下功能：

（1）如果单词重复出现，则只在链表上保留一个。

（2）除满足（1）的要求外。链表结点还应有一个计数域，记录该单词重复出现的次数，然后输出出现次数最多的前 k（k ≤ n）个单词。

【解答】　设链表的每个结点存放一个英文单词，因此其数据域设计成一个字符数组，单词重复出现时，链表中只保留一个，使用 strcmp 函数判断单词是否相等；在结点中增设

计数域 freq，统计单词重复出现的次数。算法的实现如下。

```
#include<stdio.h>
#include<stdlib.h>
#include<string.h>
#define wordSize 15                          //单词最大长度
#define maxSize 30                           //输入单词最大个数
typedef struct Node {                        //链表结点结构定义
    int freq;                                //频度域，记录单词出现的次数
    char word[wordSize];                     //单词域
    struct Node *link;                       //链指针域
} LinkNode, *LinkList;
void createList(LinkList& list, char **A, int n) {
//创建算法调用方式 createList(list, A, n)。输入：单链表的表头指针 list，字符串
//指针数组 A，字符串个数 n；输出：创建有 n（n > 0）个单词的单链表，若单词重复出
//现，则只在链表中保留一个
    LinkNode *p, *pr;  char a[wordSize];
    list =(LinkNode *) malloc(sizeof(LinkNode));    //申请头结点
    list->link = NULL;                              //链表初始化
    printf("输入单词数为%d\n", n);                   //输入单词个数 n
    for(int i = 0; i < n; i++) {                    //创建 n 个结点的链表
        strcpy(a, A[i]);                            //输入一个单词
        p = list->link; pr = list;
        while(p != NULL)                            //在已有链表中查重
          if(strcmp(p->word, a) == 0) { p->freq++;  break; }
          else { pr = p;  p = p->link; }
        if(p == NULL) {                             //该单词没出现过，应插入
            p =(LinkNode *) malloc(sizeof(LinkNode));
            strcpy(p->word, a);
            p->freq = 1;  p->link = NULL;  pr->link = p;
        }                                           //将新结点插入链表最后
    }
}
void printList_1(LinkList& list) {
//输出算法调用方式 printList_1(list)。输入：单链表表头指针 list；
//输出：算法输出所有的单词，每隔 8 个换一次行
    if(list->link == NULL) return;
    int count = 0;
    for(LinkNode *p = list->link; p != NULL; p = p->link) {
        if(count == 8) { printf("\n");  count = 0; }
        printf("%s(%d) ", p->word, p->freq);
        count++;
    }
    printf("\n");
}
void printList(LinkList& list, int k) {
//输出算法调用方式 printList(list, k)。输入：单链表表头指针 list，指定值 k；
```

```
//输出：输出链表 list 中出现频度最高的 k 个单词
    LinkNode *p, *pr, *qr, *q, *s, *r;
    s =(LinkNode *) malloc(sizeof(LinkNode));      //临时链头结点
    s->link = NULL;  r = s;                        //链表初始化，r 是链尾指针
    while(list->link != NULL) {
        pr = list;  p = pr->link;  qr = pr;  q = p;
        while(p != NULL) {
            if(p->freq > q->freq) { qr = pr;  q = p; }
            pr = p;  p = p->link;
        }
        qr->link = q->link;  r->link = q;  r = q;
    }
    r->link = NULL;  list->link = s->link;  free(s);
    p = list->link;
    for(int i = 0, p = list->link; i < k; i++, p = p->link;)
        printf("%s(%d) ", p->word, p->freq);
    printf("\n");
}
```

创建算法的时间复杂度为 $O(n^2)$，空间复杂度为 $O(n)$，n 是链表的单词个数；输出算法的时间复杂度为 $O(n)$，空间复杂度为 $O(1)$，因此输出高频词算法的时间复杂度为 $O(n^2)$，空间复杂度为 $O(1)$。

2-94 若 s 是一个单链表的表中结点指针，设计一个算法，判断 s 所在的单链表是否循环单链表。

【解答】 为判断单链表是否有环路。设置一个检测指针 p，从 s 的下一结点开始沿链扫描，如果 p 不等于 NULL 且能回到 s 所指结点，则说明链表中有环路。算法的实现如下。

```
bool isCircList(LinkNode *s) {
//算法调用方式 bool succ = isCircList(s)。输入：单链表中某结点指针 s；
//输出：若单链表是循环单链表，则函数返回 true，否则函数返回 false
    LinkNode *p = s->link;
    while(p != NULL && p != s) p = p->link;
    if(p != NULL) return true;
    else return false;
}
```

算法的时间复杂度为 $O(n)$，空间复杂度为 $O(1)$，n 是链表的结点个数。

2-95 若有两个按元素值递增次序排列的单链表 list1 和 list2，它们都没有头结点。设计一个算法，将这两个单链表归并为一个按元素值非递增有序单链表，并要求利用原来两个单链表的结点存放归并后的单链表（注意，重复元素都保留）。

【解答】 使用两个指针 pa 和 pb 分别遍历两个升序的链表，并设置一个初始为空的指针 list 作为结果链的头指针。算法用一个循环对 pa 和 pb 所指向结点进行比较，较小者链入结果链的前端；当两个链中有一个遍历完，从另一个链中剩余部分顺序摘取结点并链入结果链的前端。由于采用前插法生成结果链表，则结果链表一定是降序的。算法的实现如下。

```
void ListMerge(LinkList list1, LinkList list2, LinkList& list) {
//算法调用方式 ListMerge(list1, list2, list)。输入：两个递增有序单链表的表头指
//针 list1 和 list2；输出：list1 与 list2 原地合并为递减有序单链表 list
    LinkList pa = list1, pb = list2, q;              //所有链都没有头结点
    list = NULL;
    while(pa != NULL && pb != NULL) {                //两两比较对应结点
        if(pa->data < pb->data) { q = pa;  pa = pa->link; }
        else { q = pb;  pb = pb->link; }             //摘下元素值较小者
        q->link = list;  list = q;                   //头插结果链
    }
    if(pa == NULL) pa = pb;                          //pa 指向可能的非空链
    while(pa != NULL) {                              //继续处理剩余结点
        q = pa;  pa = pa->link;
        q->link = list;  list = q;
    }
}
```

设两个链表分别有 m 和 n 个结点，算法的时间复杂度为 O(m+n)，空间复杂度为 O(1)。

2-96   若 list 是一个带头结点的单链表的表头指针。设计一个算法，判断链表是否有环路；若有，求环路的入口。

【解答】   此算法称为 Floyd 环判定算法，在算法中使用快、慢指针判断单链表 list 是否有环路，若有再求环路的入口。如图 2-6 所示，算法分两步进行，第一步先判断链表中是否有环路；第二步，若有环路时让慢指针从链头开始，快指针从相遇点开始，每次移动一个结点，当快、慢指针相遇，则它们所指结点即为环路的入口。函数返回该结点地址。算法的实现如下。

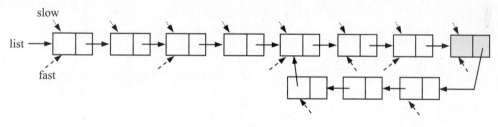

图 2-6　题 2-96 的图

```
LinkNode *findLoopEntry(LinkList& list) {
//算法调用方式 LinkNode *p = findLoopEntry(list)。输入：单链表表头指针 list;
//输出：函数返回环路入口结点的地址，如果链表无环则函数返回 NULL
    LinkList fast = list->link, slow = list->link;
    while(fast->link != NULL) {
        slow = slow->link;  fast = fast->link->link;
        if(fast == slow) break;                      //发现有环路，跳出循环
    }
    if(fast->link == NULL) return NULL;              //无环路，退出算法
    slow = list->link;                               //找环路入口
    while(fast != slow) { fast = fast->link;  slow = slow->link; }
```

```
    return fast;
}
```

算法的时间复杂度为 O(n)，n 是链表的结点个数，空间复杂度为 O(1)。

2-97 若 list 是一个带头结点的单链表的表头指针。设计一个算法，判断链表是否有环路；若有，求环路的长度，即环路上的结点个数。

【解答】 这是题 2-96 的扩展。如果用快、慢指针判断单链表 list 有环路后，保持慢指针不动，让快指针继续逐个结点遍历直到回到慢指针所指向的位置为止。在移动快指针的同时，用计数器 count 进行计数，每移动一步快指针，count 加 1，最后通过 count 得到环路的长度。算法的实现如下。

```
int findLoopLength(LinkList& list) {
//算法调用方式 LinkNode *p = findLoopLength(list)。输入：单链表表头指针 list；
//输出：函数返回环路的长度，即环路上结点个数，如果链表无环路则函数返回 0
    LinkList fast = list->link, slow = list->link;
    int loopExists = 0, count = 1;
    while(slow != 0 && fast != 0 && fast->link != NULL) {
        slow = slow->link;  fast = fast->link->link;
        if(fast == slow) {loopExists = 1;  break;}//发现有环路，跳出循环
    }
    if(loopExists == 1) {                          //有环路
        fast = fast->link;                         //计算环路长度
        while(fast != slow) { fast = fast->link;  count++; }
        return count+1;                            //返回环路长度
    }
    return 0;                                      //若没有环路，则返回 0
}
```

算法的时间复杂度为 O(n)，n 是链表的结点个数，空间复杂度为 O(1)。

2-98 若有一个带头结点的单链表，它的表头指针为 list，设计一个算法，计算链表中包含的所有数据的平均值 $\bar{x}$，标准方差 σ，并找出数据值与 $\bar{x}$ 最接近的结点位置。

【解答】 所有数据值 x_i 的平均值是 $\bar{x} = \left(\sum_{i=0}^{n-1} x_i \right)$，标准偏差是 $\sigma = \sqrt{\sum_{i=0}^{n-1} \left(x_i - \bar{x} \right)^2}$。算法的

思路是：先扫描一遍链表，计算；再扫描一遍链表，计算 σ；最后再扫描一遍链表，选出 $|x_i - \bar{x}|$ 中的最小者，输出它的结点位置即可。算法的实现如下。

```
#include<math.h>
LinkList mean_dev(LinkList& list, double& mean, double& deviation) {
//算法调用方式 LinkList p = mean_dev(list, mean, deviation)。输入：单链表
//表头指针 list；输出：函数返回距离 x̄ 最近结点的地址，引用参数 mean 返回 x̄ 值，另一
//引用参数 deviation 返回 σ 值
    LinkNode *p, *q;  int n, sum;  double x, min, cm;
    sum = 0;  n = 0;
    for(p = list->link; p != NULL; p = p->link)
        { sum = sum+p->data; n++; }
    mean =(double) sum / n;  cm = 0;
```

```
    for(p = list->link; p != NULL; p = p->link)
        { x =(double) p->data-mean;  cm += x*x; }
    deviation = sqrt(cm);
    q = list->link;  min = q->data-mean;
    for(p = q->link; p != NULL; p = p->link) {
        cm = fabs(p->data-mean);
        if(cm < min) { min = cm;  q = p; }
    }
    return q;
}
```

算法的时间复杂度为 O(n)，n 为链表的结点个数。空间复杂度为 O(1)。

2-99　若有一个表头指针为 list 的无头结点的非空单链表。链表的结点编号为 1，2，…，n，其中 n 为链表中的结点个数（n 的值预先未知）。设计一个算法，从表头开始找到最后一个满足条件 i % k == 0 的结点，k 为一个整数。例如，若 n = 19，k = 3，则应返回第 18 个结点。

【解答】　算法做一趟链表扫描，用一个指针 modular 存储满足条件 i % k == 0 结点的地址，i 从 1 开始，边扫描边用 i 计数，当链表扫描完，从 modular 中即可得到最后满足条件的结点地址。算法的实现如下。

```
LinkNode *ModularNode(LinkList &list, int k, int& j) {
//算法调用方式 ListNode *ad = ModularNode(list, k)。输入：无头结点单链表 list,
//给定的一个整数值 k; 输出：函数返回单链表 list 中最后一个满足条件 i % k == 0 的
//结点地址，引用参数 j 返回该结点的编号
    if(k <= 0) return NULL;
    LinkNode *p, *modular = NULL;  int i;
    for(p = list, i = 1, j = 1; p != NULL; p = p->link, i++)
        if(i % k == 0) { modular = p;  j = i; }
    if(modular != NULL) return modular;
    else return NULL;
}
```

算法的时间复杂度为 O(n)，n 为链表的结点个数。空间复杂度为 O(1)。

2-100　若有一个表头指针为 list 的无头结点的非空单链表。设计一个算法，将表中元素循环右移 k 个位置。要求 k 为一个整数。例如，若链表为 1→2→3→4→5→6→7，k = 3，则循环右移 k 位后链表变为 5→6→7→1→2→3→4（循环右移 0 个位置则链表保持不变）。

【解答】　当 0<k<n 时，首先可用快慢两个指针法找到链表中倒数第 k+1 个结点；然后把链表断开为两个链表，使得后一个链表的结点个数为 k 个；再让原链表的表尾元结点中的指针指向原链表的首元结点，最后让原链表的表头指针指向后一个链表的首元结点。算法的实现如下。

```
void Rotate_k(LinkList& list, int k) {
//算法调用方式 Rotate_k(list, k)。输入：单链表的表头指针 list, 循环右移指定位
//数 k; 输出：循环右移 k 位后的单链表 list
    int i = 1;  LinkNode *fast = list, *slow;
```

```
        while(fast != NULL && i <= k) { fast = fast->link;  i++; };
        if(fast == NULL) { printf("不能右移%d 个位置\n", k);  return; }
        slow = list;                            //指针 slow 指向倒数第 k+1 个结点
        while(fast->link != NULL) { fast = fast->link;  slow = slow->link; }
        fast->link = list;                      //后一个链表链入原链表链首前
        list = slow->link;                      //新链表链头指针指向后一个链表链首
        slow->link = NULL;                      //前一个链表链尾置空
    }
```

算法的时间复杂度为 O(n)，n 为原链表的结点个数。空间复杂度为 O(1)。

2-101 设有一个表头指针为 list 的无头结点的非空单链表。设计一个算法，通过遍历一趟链表，将链表中所有结点的链接方向逆转，如图 2-7 所示。

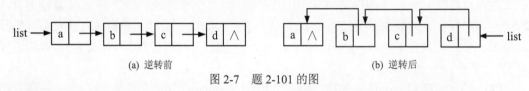

(a) 逆转前   (b) 逆转后

图 2-7 题 2-101 的图

【解答】 首先设置指针 p 指向原链第二个结点，原链首元结点的 link 指针置空，作为逆转链的结点；然后用指针 p 遍历原链，逐个摘下原链的首元结点，采用前插法插入逆转链的链头。这样即可得到原链表的逆转链表。算法的实现如下。

```
void Reverse(LinkList& list) {
//算法调用方式 Reverse(list)。输入：单链表表头指针 list；输出：逆转后的单链表 list
    if(list == NULL) { printf("空链表，返回! \n");  return; }
    LinkNode *p = list->link, *q;               //p 指向首元结点的下一结点
    list->link = NULL;                          //逆转后原首元结点的链域为空
    while(p != NULL) {
        q = p;  p = p->link;                    //从原链表中摘下首元结点*q
        q->link = list;  list = q;              //*q 插入逆转链的链头
    }
}
```

算法的时间复杂度为 O(n)，n 为原链表的结点个数。空间复杂度为 O(1)。

另一解法：扫描一趟单链表，逆转 list 结点及其后继结点，再让 list 指向该后继结点，继续逆转 list 结点及其后继结点，以此类推，直到 list 的后继结点为空结束。算法的实现如下。

```
void Reverse(LinkList& list) {
    if(list == NULL) return;
    LinkNode *p = list->link, *pr = NULL;
    while (p != NULL) {
        list->link = pr;                        //逆转 list 指针
        pr = list;  list = p;  p = p->link;     //指针前移
    }
    list->link = pr;
};
```

算法的时间复杂度和空间复杂度不变。

2-102   设 list 是一个带头结点的有 n 个结点的单链表，设计一个算法，成对逆转链表的链接次序。例如，链表 1→2→3→4→5→6，成对逆转后得到 2→1→4→3→6→5。

【解答】   假设指针 p 指向相邻结点的前一个结点，指针 q 指向后一个结点，指针 pr 指向结点*p 的前一个结点（最初 pr 指向头结点）。逆转这两个结点的过程是：首先保存后一个结点*q 的 link 域的指针值到 r，再让*q 的 link 指针指向*p，*pr 的 link 指针指向*q，最后把指针 r 所保存的原先*q 结点的下一结点的地址传送给*p 的 link 指针，逆转过程结束。接着再以 pr 代替 p，逆转链表后续的结点，直到 p 等于 NULL 或 p->link 等于 NULL 为止。算法的实现如下。

```
void Pair_reverse(LinkList& list) {
//算法调用方式 Pair_reverse(list)。输入：单链表表头指针 list；输出：成对逆转后的
//单链表 list
    LinkNode *pr = list, *p = pr->link, *q, *r;
    while(p != NULL && p->link != NULL) {          //成对结点逆转
        q = p->link;  r = q->link;
        q->link = p;  p->link = r;  pr->link = q;
        pr = p;  p = r;
    }
}
```

算法的时间复杂度为 O(n)，空间复杂度为 O(1)，其中 n 是链表的结点个数。

2-103   设有一个表头指针为 list 的无头结点的单链表。设计一个算法，按照给定整数 k 分段翻转 list 的子链表，使得每个子链表的结点个数为 k。例如，若给定链表为 1→2→3→4→5→6→7→8 及 k = 2，则翻转后的链表为 2→1→4→3→6→5→8→7；若 k = 3，则翻转后的链表为 3→2→1→6→5→4→8→7。

【解答】   设置一个临时链表 h，然后通过一趟循环扫描原链表 list，逐个摘下扫描到的结点，前插到临时链表的头部，若临时链表的长度达到 k，则将临时链表链接到新链表的尾部，再重置临时链表为空链表，继续处理原链表的后续结点，直到原链表扫描完成。算法的实现如下。

```
LinkList Reverse_k(LinkList& list, int k) {
//算法调用方式 LinkList L = Reverse_k(list, k)。输入：单链表的表头指针 list；
//输出：函数返回逆转后单链表的表头指针
    int n = k;
    LinkNode *p, *h, *t, *q, *r, *s;    //h 和 t 指向临时链表，q 和 r 指向新链表
    h = t = q = r = NULL;  p = list;
    while(p != NULL) {                  //当原链表未处理完，执行循环
        s =(LinkNode *) malloc(sizeof(LinkNode));
        s->data = p->data;  s->link = NULL;
        p = p->link;                    //复制原链表中的首元结点*s
        if(h == NULL) h = t = s;        //前插到临时链表头部
        else { s->link = h;  h = s; }
        n--;
```

```
        if(n == 0) {                          //临时链表的长度等于 k
            if(q == NULL)                     //若新链表为空
                { q = h;  r = t; }            //临时链表为新链表唯一的子链表
            else {r->link = h;  r = t;}       //临时链表链入新链表尾部
            n = k;  h = NULL;                 //临时链表置空
        }
    }
    if(h != NULL) r->link = h;
    return q;
}
```

算法的时间复杂度为 O(n)，空间复杂度为 O(1)，其中 n 是原链表的结点个数。

2-104 设有一个表头指针为 list 的无头结点的单链表。设计一个算法，按照递减顺序删除链表的所有结点并输出。

【解答】 注意本题的单链表不带头结点。对于不带头结点的单链表，需要对链表进行多趟遍历，每趟遍历中逐个结点查找值最大元素结点，找到后从链上摘下，输出并释放之。这个过程直到表空为止。算法的时间复杂度达到 $O(n^2)$，n 是链表长度。算法的实现如下。

```
void RemoveValue(LinkList& list) {
//算法调用方式 RemoveValue(list)。输入：单链表的表头指针 list;
//输出：按递减顺序输出并删除成为空的单链表 list
    LinkNode *pre, *p, *r, *q;
    while(list != NULL) {
        pre = NULL;  p = list;                //p 存最大值结点地址，pre 是其前趋
        r = list;  q = list->link;            //q 扫描指针，r 是其前趋
        while(q != NULL) {
            if(q->data > p->data) {p = q;  pre = r;} //存储当前最大
            r = q;  q = q->link;              //q 继续检测链表后续结点
        }
        printf("%d ", p->data);               //输出当前链表最大值
        if(pre != NULL) pre->link = p->link;
        else list = p->link;                  //从链上摘下具最大值结点
        free(p);                              //释放
    }
    printf("\n");
}
```

如把 q->data > p->data 改为 q->data < p->data，算法变成每趟查找值最小的元素结点，结果是按升序输出。算法的时间复杂度为 O(n)，空间复杂度为 O(1)，n 是链表的结点个数。

2-105 设表头指针为 list 的无头结点的单链表是一个递增有序单链表，设计一个算法，按照递减顺序删除链表的所有结点并输出。

【解答】 与题 2-104 相比，此题的单链表是有序的，可以用递归方法在退出递归时输出，从而得到一个递减的输出序列。本题采用迭代方法，先把递增有序单链表逆转，然后再逐个结点输出并删除。算法的实现如下。

```
void RemoveDescend(LinkList& list) {
```

```
//算法的调用方式 RemoveDescend(list)。输入：递增有序单链表的表头指针 list；
//输出：按递减顺序输出并删除成为空的单链表 list
    LinkNode *p = list, *r, *q;
    r =(LinkNode*) malloc(sizeof(LinkNode));
    r->link = NULL;                              //创建临时链头结点
    while(p != NULL) {                           //扫描原链表
        q = p;  p = p->link;                     //从原链摘下链首元结点
        q->link = r->link;  r->link = q;         //插入临时链的链头
    }
    for(p = r->link; p != NULL; p = r->link) {   //逐个结点输出并删除
        printf("%d ", p->data);                  //从大到小输出
        r->link = p->link;  free(p);             //从链中摘下首元结点
    }
    free(r);  printf("\n");                       //删除临时链头结点
}
```

算法的时间复杂度为 O(n)，空间复杂度为 O(1)，n 是链表的结点个数。

2-106 设指针 A 和 B 分别指向两个无头结点的单链表的首元结点。以下算法的功能是从表 A 中删除自第 i（≥1）个元素起共 len 个元素后，将它们插入表 B 中第 j（j≥1）个元素之前。试问此算法是否正确？若有错，则请改正之。

```
bool DeleteAndlnsertSub_1(LinkList A, LinkList B, int i, int j, int len){
    if(i < 0 || j < 0 || len < 0) return false;       //（1）
    LinkNode *p = A, *q, *s;  int k = 1;               //（2）
    while(k < i) { p = p->link;  k++; }                //（3）
    q = p;                                             //（4）
    while(k <= len) { q = q->link;  k++; }             //（5）
    s = B;  k = 1;                                     //（6）
    while(k < j) { s = s->link;  k++; }                //（7）
    s->link = p;  q->link = s->link;                   //（8）
    return true;                                       //（9）
}       //DeleteAndlnsertSub
```

【解答】 原算法的问题是：语句（1）中的 i、j 应从 1 开始计数，判断 i < 0、j < 0 有误；语句（3）在检测 A 链找第 i 个结点时没有判断是否会超出链的长度；语句（5）判断 k <= len 不对，因为 k 已经到达 i，若 i = 5，len = 3，这个向前走的循环没有执行，找不到第 i+len 个结点；假定 p 已指向 A 链的第 i 个结点，q 指向第 i+len 结点，指针 s 已指向 B 链的第 j 个结点，语句（8）把结点*p 链到 B 链第 j 个结点之后（s->link = p），原来*s 之后的结点全部丢失，q->link = s->link 完全乱套了，连 A 链*q 之后的结点也全部丢失了。

正确的考虑是：（1）正确判断 i、j、len 的合理性；（2）A 链是否从链头开始取子链，若是，则需要修改 A 的表头指针，否则连续取 len 个结点构成子链；（3）A 链能否取得 len 个结点，若能，取 len 个结点，q 指向子链的链尾，否则 q 指向尾元结点；（4）B 链是否在链头插入，若是，则插入子链后需要修改 B 的表头指针，否则插入子链到链中。算法的实现如下。

```
bool DeleteAndlnsertSub(LinkList& A, LinkList& B, int i, int j, int len){
//算法调用方式 bool succ = DeleteAndlnsertSub(A, B, i, j, len)。输入：两个
//无头结点的单链表的首元结点指针分别为 A 和 B，在 A 中删除位置 i，删除元素个数 len，
//在 B 中插入位置 j；输出：删除元素后的单链表 A，插入元素后的单链表 B。如果删除和
//插入成功，函数返回 true，否则函数返回 false。注意：由于表头可能改变,A 和 B 必须
//是引用参数
    if(i < 1 || j < 1 || len < 0) return false;
    LinkNode *p = A, *q, *s, *t;  int k;
    if(i == 1) {                    //A 从首元结点取子串
        for(q = p, k = 1; q->link != NULL && k < len; q = q->link, k++);
                            //若链短，q 指向尾元结点，否则指向第 len 个结点
        if(j == 1)              //j = 1，子链插入 B 之前
            { t = A;  A = q->link;  q->link = B;  B = t; }
        else{                  //j ≠ 1，查找子链插入位置
            for(s = B, k = 1; s->link != NULL && k < j-1; s = s->link, k++);
                            //若链短，s 指向尾元结点，否则指向第 j-1 个结点
            t = q->link;  q->link = s->link;    //暂存 A 新链头，子链链入
            s->link = A;  A = t;                //A 重新链接
        }
    }
    else {                          //i ≠ 1，取中间子串
        for(p = A, k = 1; p->link != NULL && k < i-1; p = p->link, k++);
                            //若链短，p 指向尾元结点，否则指向第 i-1 个结点
        for(q = p; q->link != NULL && k < len+i-1; q = q->link, k++);
                            //若链短，q 指向尾元结点，否则指向子链最后结点
        t = p->link;  p->link = q->link;  p = t;  //在 A 链摘下子链 p
        if(j == 1) {q->link = B;  B = p;}       //j = 1，子链插入 B 之前
        else {                  //j ≠ 1，查找在 B 中插入位置
            for(s = B, k = 1; s->link != NULL && k < j-1; s = s->link, k++);
                            //若链短，s 指向尾元结点，否则指向 B 中第 j-1 个结点
            q->link = s->link;  s->link = p; //将 p 子链插入链 B 的 s 后
        }
    }
    return true;
}
```

若原链表中有 n 个结点，算法的时间复杂度为 O(n)。

2.4 循环单链表

2.4.1 循环单链表的定义

单链表中的尾元结点的后继指针指向表中的首元结点，称为循环单链表。如果带有头结点，尾元结点的后继指针指向表的头结点。因此，在循环单链表中，每个结点都处于一个循环链中，可从任何一个位置开始按后继方向遍历整个链表。

循环单链表的结构可描述如下（保存于 CircList.h）：

```c
#include<stdio.h>
#include<stdlib.h>
typedef int DataType;
typedef struct node {                        //循环链表定义
    DataType data;                           //结点数据
    struct node *link;                       //后继结点指针
} CircNode, *CircList, *CircListRear;
```

本书假设 CircList 是只带表头指针、没有表尾指针的、带头结点的循环单链表，CircListRear 是只带表尾指针、没有表头指针的、不带头结点的循环单链表。

2.4.2　循环单链表的基本运算

循环单链表的基本运算分为两大类：一类是带表头指针和头结点的循环单链表；另一类是不带头结点只有尾指针的循环单链表。

1. 带头指针和头结点的循环单链表的基本运算

2-107　设计一个算法，实现以 first 为表头指针的带头结点的循环单链表的初始化运算。

【解答】　首先创建循环单链表的头结点，再让头结点的 link 指针指向自己，形成一个只有头结点的环路。算法的实现如下。

```c
void initCList(CircList& first) {                        //初始化
//算法调用方式 initCList(first)。输入：循环单链表的表头指针 first;
//输出：初始化后的循环单链表 first
    first=(CircNode *) malloc(sizeof(CircNode));         //创建头结点
    if(first == NULL) {printf("存储分配失败! \n"); exit (1) ; }
    first->link = first;                                 //置空表
}
```

算法的时间复杂度为 O(1)，空间复杂度为 O(1)。

2-108　设计一个算法，清空一个以 first 为表头指针的带头结点的循环单链表（要求保留头结点）。

【解答】　算法中有一个循环，只要链表不空，即 first->link != first，就删除首元结点，如此重复，直到 first->link == first 为止。算法的实现如下。

```c
void clearCList(CircList& first) {                        //清空
//算法调用方式 clearCList(first)。输入：循环单链表的表头指针 first;
//输出：释放循环单链表 first 的所有结点，仅保留头结点
    CircNode *p;
    while(first->link != first) {                         //当链表非空
        p = first->link;                                 //释放首元结点
        first->link = p->link;  free(p);
    }
}
```

算法的时间复杂度为 O(n)，空间复杂度为 O(1)，n 是链表的原有结点个数。

2-109 设计一个算法，依次读入数组 A[n]中的数据，采用尾插法（后插法）创建一个表头指针为 first 的带头结点的循环单链表。

【解答】 首先调用初始化运算创建头结点并置空表，然后顺序读取 A 中元素，在链表尾指针 r 后链入，并让 r 指向新的链尾。算法的实现如下。

```
void createCList(CircList& first, DataType A[], int n) {
//算法调用方式 createCList(first, A, n)。输入：空的循环单链表的表头指针 first,
//输入数据数组 A, 输入数据个数 n; 输出：创建起来的循环单链表 first
    initCList(first);
    CircNode *r = first, *s;                         //设置尾指针 r
    for(int i = 0; i < n; i++) {                      //每次插入链尾
        s =(CircNode *) malloc(sizeof(CircNode));
        s->data = A[i];  s->link = r->link;
        r->link = s;  r = s;
    }
}
```

算法的时间复杂度为 O(n)，空间复杂度为 O(n)，n 是新建链表的结点个数。

2-110 设计一个算法，依次输出一个以 first 为表头指针的循环单链表的所有数据。

【解答】 只需一个循环，按照链接顺序走下去，边走边输出即可。算法的实现如下。

```
void printCList(CircList& first) {                    //输出
//算法调用方式 printCList(first)。输入：循环单链表表头指针 first;
//输出：输出循环单链表 first 的所有结点的数据
    for(CircNode *p = first->link; p != first; p = p->link)
        printf("%d ", p->data);
    printf("\n");
}
```

算法的时间复杂度为 O(n)，空间复杂度为 O(1)，n 是链表的结点个数。

2-111 设计一个算法，计算一个以 first 为表头指针的带头结点的循环单链表的长度。

【解答】 为计算表的结点个数，需要一个扫描指针 p 和一个计数器 count。初始时置 count = 0, p = first，若表空时函数可直接返回 0。然后用一个循环扫描表中所有结点，边走边计数，当 p 走了一圈返回到 first，从 count 中就可得到表长度。算法的实现如下。

```
int LengthC(CircList& first) {
//算法调用方式 int k = LengthC(first)。输入：循环单链表表头指针 first;
//输出：函数返回链表的长度，即除头结点外所有结点个数
    CircList p = first;  int count = 0;
    while(p->link != first) { p = p->link;  count++; }
    return count;
}
```

算法的时间复杂度为 O(n)，空间复杂度为 O(1)，n 是链表的结点个数。

2-112 设计一个算法，在以 first 为表头指针的带头结点的循环单链表中查找数据值为 x 的结点。算法返回该结点的地址。

【解答】 设置一个检测指针，从链表的首元结点开始，逐个结点顺序查找含 x 的结点。算法的实现如下。

```
CircNode *SearchC(CircList& first, DataType x) {
//算法调用方式 CircNode *p = SearchC(first, x)。输入：循环单链表表头指针 first,
//查找值 x；输出：函数返回找到结点的地址。若查找失败，函数返回头结点地址
    CircNode *p = first->link;
    while(p != first && p->data != x) p = p->link;
    return p;
}
```

算法的时间复杂度为 O(n)，空间复杂度为 O(1)，n 是链表的结点个数。

2-113　设计一个算法，在以 first 为表头指针的带头结点的循环单链表中确定第 i（1≤i≤n）个结点的结点地址。注意，定位成功，函数应返回第 i 个结点地址，否则函数返回头结点地址，函数参数表中增设一个引用型指针，返回第 i-1 个结点的地址。

【解答】 算法中设置一个检测指针 p，从链表的首元结点开始，边检测边计数，直到链表扫描完或已找到第 i 个结点。若链表已扫描完，即 p = first，表明 i 给得太大，否则扫描指针 p 已到达第 i 个结点，不论哪种情况返回 p 即可。算法的实现如下。

```
CircNode *LocateC(CircList& first, int i, CircNode *& pr) {
//算法调用方式 CircNode *p = LocateC(first, i, pr)。输入：循环单链表表头指针
//first，指定结点序号 i；输出：若查找成功，函数返回找到结点的地址，引用参数 pr 返回
//该结点的前趋结点地址；若查找失败，函数返回链表头结点地址，pr 参数返回链表尾元结点
//地址
    if(first->link == first || i <= 0) return first;
    CircNode *p = first->link;  int count = 1;
    pr = first;
    while(p != first && count < i) { pr = p;  p = p->link;  count++; }
    return p;                                //返回 first 表示失败
}
```

算法的时间复杂度为 O(n)，空间复杂度为 O(1)，n 是链表的结点个数。

2-114　设 first 是一个带头结点的循环单链表的表头指针。设计一个算法，把新元素 x 插入链表的第 i 个结点位置。

【解答】 首先调用题 2-113 给出的定位运算，找到第 i 个结点。定位算法返回两个指针，p 指向第 i 个结点，pr 指向它的前趋，然后将新元素结点*s 链接到*pr 之后、*p 之前即可。算法的实现如下。

```
bool InsertC(CircList& first, int i, DataType x) {
//算法调用方式 bool succ = InsertC(first, i, x)。输入：循环单链表表头指针 first,
//指定结点序号 i，插入值 x；输出：插入后的循环单链表 first，若插入成功，函数返回
//true，否则函数返回 false
    if(i <= 0) return false;
    CircNode *s, *pr, *p;
    p = LocateC(first, i, pr);                    //p 指向第 i 个结点
    s = (CircNode *)malloc(sizeof(CircNode));     //创建新结点*s
```

```
        s->data = x;  s->link = p;  pr->link = s;              //插入*pr 与*p 之间
        return true;
}
```

算法的时间复杂度为 O(n)，空间复杂度为 O(1)，n 是链表的结点个数。

2-115　设 first 是一个带头结点的循环单链表的表头指针。设计一个算法，把链表的第 i 个结点从链中删除，其值通过 x 返回。

【解答】　算法首先查找第 i 个结点，让扫描指针 p 指向第 i 个结点，指针 pr 指向它的前趋。然后判断 p = first 否？若相等，不能删除头结点，函数返回 false；若不等，则先把 *p 从链上摘出来，再释放它，函数返回 true。算法的实现如下。

```
bool RemoveC(CircList& first, int i, DataType& x) {
//算法调用方式 bool succ = RemoveC(first, i, x)。输入：循环单链表表头指针 first,
//指定结点序号 i；输出：删除后的循环单链表 first。若删除成功，函数返回 true，同时引用
//参数 x 返回删除值 x，若删除失败，函数返回 false，x 参数不可用
    if(first->link == first || i <= 0) return false;
    CircNode *pr, *p;
    p = LocateC(first, i, pr);                              //p 指向第 i 个结点
    if(p == first) return false;                           //没有第 i 个结点，失败
    printf("第%d 个元素定位于%d\n", i, p->data);
    pr->link = p->link;  x = p->data;                      //摘下第 i 个结点
    free(p);  return true;                                 //释放第 i 个结点
}
```

算法的时间复杂度为 O(n)，空间复杂度为 O(1)，n 是链表的结点个数。

2. 只有表尾指针的循环单链表的基本运算

2-116　设计一个算法，依次读入数组 A[n]中的数据，创建一个表尾指针为 rear 的不带头结点的循环单链表。

【解答】　创建表的过程相当于"尾插法"，由于没有头结点，首先创建首元结点，并形成循环单链表，然后逐个读取数据插入表尾。算法的实现如下。

```
void createCListR(CircListRear& rear, DataType A[], int n) {
//算法调用方式 createCListR(rear, A, n)。输入：空的循环单链表表尾指针 rear,
//输入数据数组 A。输入数据个数 n；输出：新创建循环单链表表尾指针 rear，表中各元
//素次序与 A[n]中各元素次序相同
    CircNode *s;
    rear=(CircNode *) malloc(sizeof(CircNode));            //创建尾元结点
    rear->link = rear;  rear->data = A[0];
    for(int i = 1; i < n; i++) {                           //尾插法
        s = (CircNode *) malloc(sizeof(CircNode));
        s->data = A[i];  s->link = rear->link;            //建新结点
        rear->link = s;  rear = s;                        //链入链尾
    }
}
```

算法的时间复杂度为 O(n)，空间复杂度为 O(n)，n 是链表的结点个数。

2-117 设计一个算法，从表的首元结点开始顺序输出表尾指针为 rear 的不带头结点的循环单链表中各结点的数据。

【解答】 从 rear->link 找到首元结点，然后循链顺序输出即可。算法的实现如下。

```
void printCListR(CircListRear& rear) {
//算法调用方式 printCListR(rear)。输入：循环单链表表尾指针 rear;
//输出：从首元结点开始顺序输出链表中所有结点的数据
    if(rear == NULL) return;                          //表空，不输出
    for(CircNode *p = rear->link; p != rear; p = p->link)
        printf("%d ", p->data);                      //输出，表尾除外
    printf("%d\n", rear->data);                      //输出表尾
}
```

算法的时间复杂度为 O(n)，空间复杂度为 O(1)，n 是链表的结点个数。

2-118 设计一个算法，将包含给定值 x 的新结点插入表尾指针为 rear 的不带头结点的循环单链表的尾元结点后面，并指定为新的尾元结点。

【解答】 新结点可直接链入 rear 后面。算法的实现如下。

```
void InsertCR(CircListRear& rear, DataType x) {
//算法调用方式 InsertCR(rear, x)。输入：循环单链表表尾指针 rear，插入值 x;
//输出：插入后的循环单链表 rear
    CircNode *s =(CircNode *) malloc(sizeof(CircNode));
    s->data = x;
    if(rear == NULL) s->link = s;                     //表空，*s 成为唯一结点
    else {s->link = rear->link; rear->link = s;} //*s 链入表尾
    rear = s;                                         //rear 跟在*s 后
}
```

算法的时间复杂度为 O(1)，空间复杂度为 O(1)。

2-119 设计一个算法，将包含给定值 x 的新结点插入表尾指针为 rear 的不带头结点的循环单链表的首元结点前面。

【解答】 新结点可直接链入 rear 后面，但不必修改尾指针 rear。算法的实现如下。

```
void InsertCH(CircListRear& rear, DataType x) {
//算法调用方式 InsertCH(rear, x)。输入：循环单链表表尾指针 rear，插入值 x;
//输出：插入后的循环单链表 rear
    CircNode *s =(CircNode *) malloc(sizeof(CircNode));
    s->data = x;
    if(rear == NULL) {rear = s; s->link = s;}         //表空，*s 成为唯一结点
    else { s->link = rear->link; rear->link = s;} //*s 链入表尾
}
```

算法的时间复杂度为 O(1)，空间复杂度为 O(1)。

2-120 设计一个算法，在表尾指针为 rear 的不带头结点的循环单链表中删除尾元结点，并使被删结点的直接前趋成为新的尾元结点。

【解答】 为删除表尾元结点（即 rear 指向的结点），必须扫描一圈链表，找到 rear 所指结点的前趋，再把 rear 结点从链中摘下并释放它，最后修改 rear 指针。算法的实现如下。

```
bool DeleteCR(CircListRear& rear, DataType& x) {
//算法调用方式 DeleteCR(rear, x)。输入：循环单链表表尾指针 rear；输出：删除后
//的循环单链表 rear，引用参数 x 返回删除的值。若删除成功，函数返回 true，否则函
//数返回 false
    if(rear == NULL || rear->link == rear) return false;
    for(CircNode *p = rear; p->link != rear; p = p->link);
                                            //查找表尾前趋结点
    p->link = rear->link;  free(rear);      //将*rear 从链上摘下删除
    rear = p;  return true;                 //尾指针向前退到*p
}
```

算法的时间复杂度为 O(n)，空间复杂度为 O(1)，n 是链表的结点个数。

2-121　设计一个算法,在表尾指针为 rear 的不带头结点的循环单链表中删除首元结点。

【解答】　首元结点是 rear->link 指向的结点，可把它从链中摘下删除。有一个特殊情况，即原来表中只有一个结点，删除后表变成空表，此时要把 rear 置空。算法的实现如下。

```
bool DeleteCH(CircListRear& rear, DataType& x) {
//算法调用方式 DeleteCH(rear, x)。输入：循环单链表表尾指针 rear；输出：删除后
//的循环单链表 rear，引用参数 x 返回删除的值。若删除成功，函数返回 true，否则函
//数返回 false
    if(rear == NULL || rear->link == rear) return false;
    CircNode *head = rear->link;            //head 指向首元结点
    if(head == rear) rear = NULL;           //仅剩一个结点，删后表为空
    else rear->link = head->link;           //否则将*head 从链上摘下
    free(head);  return true;               //释放 head 结点
}
```

算法的时间复杂度为 O(1)，空间复杂度为 O(1)。

2.4.3　循环单链表的相关算法

2-122　设 list 是一个带头结点的整数循环单链表,设计一个算法,以它的首元结点（即链表第一个元素）的值为基准，将链表中所有小于该值的结点移动到它前面，所有大于或等于该值的结点移动到它后面。

【解答】　设置指针 p 检测所有首元结点后面的结点，把所有元素值小于基准的结点从链表中摘下，插入头结点与首元结点之间。为了在链表中摘下结点*p，再设置一个*p 的前趋结点指针 pr。算法的实现如下。

```
void partition(CircList& list, CircNode *& bound) {
//算法调用方式 partition(list, bound)。输入：带头结点的整数循环单链表表头指针
//list；输出：经过调整的单链表 list，引用参数 bound 返回基准结点的地址
    if(list->link == list || list->link->link == list) return;
                                            //空表或仅一个结点时退出
    CircNode *pr = list->link, *p = list->link->link;
    bound = list->link;
    while(p != list) {                      //检测表中所有后续结点
```

```
            if(p->data < bound->data) {           //结点元素值小于基准
                pr->link = p->link;               //摘下*p
                p->link = list->link;  list->link = p;   //插入 list 后
                p = pr->link;
            }
            else { pr = p;  p = p->link; }         //结点元素值大于或等于基准
        }
}
```

算法的时间复杂度为 O(n)，空间复杂度为 O(1)，n 是链表的结点个数。

2-123　设计一个算法，将一个带头结点的循环单链表 list 中所有结点的链接方向逆转。

【解答】　首先让一个遍历指针 p 定位在循环单链表的首元结点，并把链表的头结点的链接指针指向自己，形成一个新的空循环链表；然后让 p 遍历原链表，逐个摘下 p 所指结点，再使用头插法把它插入新链表的头结点后。当原链表变空，且所有结点都插入新链表之后，所有结点的链接指针全部逆转。算法的实现如下。

```
void ReverseLink(CircList& list) {
//算法调用方式 ReverseLink(list)。输入：循环单链表表头指针 list;
//输出：逆转链表 list 中所有结点的链接方向
    CircList p, q;
    p = list->link;  list->link = list;     //list 自成为一个空的循环单链表
    while(p != list) {
        q = p->link;                        //*p 从原链表摘下
        p->link = list->link;  list->link = p;  //*p 链入新表头结点 list 后
        p = q;                              //准备处理原链表下一个结点
    }
}
```

算法的时间复杂度为 O(n)，空间复杂度为 O(1)，n 是链表的结点个数。

2-124　已知 list1、list2 分别为带头结点的两个循环单链表的表头指针。设计一个算法，用最快速度将两个链表合并成一个带头结点的循环单链表，要求短链在前长链在后（两个链中链表长度较短的称为短链，链表长度较长的称为长链）。

【解答】　由于两个链表都是循环单链表，在合并过程中需要释放其中一个链表的头结点，这就需要修改该链表的表尾指向头结点的指针。所以算法应首先判断两个链表的结点个数，确定哪个是短链；让短链的尾元结点的指针指向长链的首元结点，让长链的头结点的指针指向短链的首元结点，即可完成合并。如图 2-8 所示，假设 ha 是短链，hb 是长链。

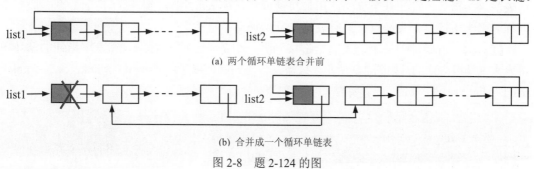

(a) 两个循环单链表合并前

(b) 合并成一个循环单链表

图 2-8　题 2-124 的图

算法的实现如下。

```
void mergeList(CircList& list1, CircList& list2, CircList& list) {
//算法调用方式 mergeList(list1, list2, list)。输入：两个循环单链表的表头指针
//分别为 list1 和 list2；输出：合并后的循环单链表的表头指针 list
    CircNode *p, *q, *s;  int m, n;
    for(p = list1, m = 0; p->link != list1; p = p->link, m++);//list1 表长
    for(q = list2, n = 0; q->link != list2; q = q->link, n++);//list2 表长
    if(m > n) {                                      //若 list1 为长链
        s = list1;  list1 = list2;  list2 = s;       //交换两个链的表头指针
        s = p;  p = q;  q = s;                        //交换两个链的表尾指针
    }                                                //让 list1 指向短链, list2 指向长链
    p->link = list2->link;                           //短链尾元的 link 链到长链首元结点
    list2->link = list1->link;                       //长链头结点的 link 链到短链首元结点
    list = list2;  free(list1);                      //释放无用的短链的头结点
}
```

设两个链表各有 m 和 n 个结点，算法的时间复杂度为 O(max(m, n))，空间复杂度为 O(1)。

2-125 设有一个无头结点、无表头指针、只有表尾指针的循环单链表 rear，设计一个算法，在链表中查找数据值为 x 的元素结点，查找成功返回所找到结点的地址；查找失败则返回 NULL。

【解答】

```
CircNode *SearchR(CircListRear& rear, DataType x) {
//算法调用方式 CircNode *p = SearchR(rear, x)。输入：只有尾指针的循环单链表的
//表尾指针 rear，查找值 x；输出：若查找成功，函数值返回所找到结点的地址；若查找
//失败，函数返回 NULL
    if(rear == NULL) return NULL;                //空表，返回 NULL
    if(rear->data == x) return rear;             //查找成功，返回所找到结点的地址
    for(CircNode *p = rear->link; p != rear; p = p->link)
        if(p->data == x) return p;               //从首元结点开始检测
    return NULL;                                 //全部检测没有找到，返回 NULL
}
```

算法的时间复杂度为 O(n)，空间复杂度为 O(1)，n 是链表的结点个数。

2-126 已知 rear1、rear2 分别为无表头指针、无头结点、只有表尾指针的两个循环单链表的表头指针，设计一个算法，用最快速度将链表 rear2 链接到 rear1 后面，合并成一个同样无表头指针、无头结点、只有表尾指针的循环单链表。

【解答】 若要求把一个链表完全链接到另一个链表后面，对于只有表尾指针的循环单链表来说是很方便的，如图 2-9 所示，只需三条语句就可以了：p = rear2->link; rear2->link = rear1->link; rear1->link = p。算法的实现如下。

```
CircNode *appendMerge(CircListRear& rear1, CircListRear& rear2) {
//算法调用方式 CircNode *p = appendMerge(rear1, rear2)。输入：两个只有尾指针
//的循环单链表的表尾指针分别为 rear1 和 rear2；输出：函数返回合并后的尾指针
```

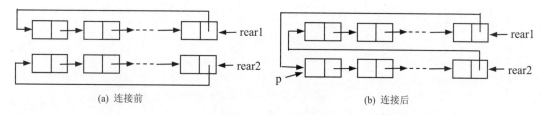

(a) 连接前   (b) 连接后

图 2-9 题 2-126 的图

```
    CircNode *p = rear2->link;
    rear2->link = rear1->link;  rear1->link = p;
    return rear1;
}
```

算法的时间复杂度为 O(1)，空间复杂度为 O(1)。

2-127 设 rear 是一个无头结点，只有链尾指针的循环单链表的链尾指针，设计一个算法，将线性表 { $a_1, a_2, \cdots, a_{n-1}, a_n$ } 改造为 { $a_1, a_2, \cdots, a_{n-1}, a_n, a_{n-1}, \cdots, a_2, a_1$ }。

【解答】 原链表作为改造后的结果链表的前半部分，保留不动。然后从 rear->link 出发，扫描一遍原链表 $a_1, a_2, \cdots, a_{n-1}$，利用前插法插入 *rear 结点之后，即可得到要求的结果链表。算法的实现如下。

```
void Symmetry(CircListRear& rear) {
//算法调用方式 Symmetry(rear)。输入：只有尾指针的循环单链表的表尾指针
//rear; 输出：改造后的循环单链表的链尾指针 rear
    CircNode *p, *h, *s;
    h = rear;  p = rear->link;                    //p 指向 a₁ 结点, h 存储链尾
    s = (CircNode*) malloc(sizeof(CircNode));
    s->data = p->data;  s->link = rear->link;     //创建 a₁ 新结点, r 指向它
    rear->link = s;  rear = s;                    //插入 h 之后
    while(p->link != h) {                         //从 a₂ 到 aₙ₋₁, 连续插入
        p = p->link;
        s = (CircNode*) malloc(sizeof(CircNode));
        s->data = p->data;                        //创建 a₁ 新结点
        s->link = h->link;  h->link = s;          //用前插法插入 h 后
    }
}
```

算法的时间复杂度为 O(n)，空间复杂度为 O(n)，n 是链表的结点个数。

2-128 已知 list 为带头结点的循环单链表的表头指针。设计一个算法，将它拆分为两个长度相等的循环单链表。特别地，如果循环单链表 list 的结点个数为奇数，那么拆分得到的第一个链表比第二个链表多一个结点。

【解答】 首先使用快指针 fast 和慢指针 slow 扫描链表，找到链表的中间结点和尾元结点，然后拆分首元结点到 slow 所指结点为第一个循环链表，slow 所指结点的下一结点到尾元结点为第二个循环链表，分别用 list 和 list1 返回即可。算法的实现如下。

```
void splitList(CircList& list, CircList& list1) {
//算法调用方式 splitList(list, list1)。输入：带头结点的循环单链表表头指针 list,
```

```
//已使用 initCList 操作初始化过的空循环单链表 list1；输出：拆分成的两个等长循环单
//链表的表头指针 list 和 list1
    if(list->link == list) return;
    CircNode *slow = list->link, *fast = list->link;
    while(fast->link != list && fast->link->link != list)
        { slow = slow->link; fast = fast->link->link; }
    if(fast->link->link == list) fast = fast->link;
    list1->link = slow->link;
    slow->link = list; fast->link = list1;
}
```

算法的时间复杂度为 O(n)，空间复杂度为 O(1)，n 是链表的结点个数。

2.5 双 向 链 表

2.5.1 双向链表的定义与结构

1. 双向链表的定义

双向链表是指这样的链表：链表中每个结点包含两个指针，分别指向直接前趋和直接后继元素，可在两个方向上遍历其后及其前的元素。

2. 双向链表的结构

双向链表的结构定义如下，保存于头文件 DblList.h 中。

```
#include<stdio.h>
#include<stdlib.h>
#define naxSize 30
typedef int DataType;
typedef struct node {                        //双向链表定义
DataType data;                               //结点数据
    struct node *rLink, *lLink;              //后继与前趋结点指针
} DblNode, *DblList, *CircDList;
```

最常见的是带有头结点的循环双链表，其结构类型是 CircDList。注意，对于双向链表的基本运算（包括查找、插入、删除），都要区分是前趋方向还是后继方向。

2.5.2 双向链表的基本运算

2-129 设计一个算法，初始化一个以 first 为表头指针的带头结点的循环双链表。

【解答】 初始化的工作主要有两个，一是创建头结点，二是让头结点的左、右指针指向自己，创建一个空循环链表。算法的实现如下。

```
void initDList(DblList& first) {
//算法调用方式 initDList(first)。输入：空的循环双链表的表头指针 first；
//输出：分配了头结点并做了初始化的循环双链表
    first=(DblNode *) malloc(sizeof(DblNode));        //创建头结点
    first->rLink = first; first->lLink = first;        //初始化，链表置空
}
```

算法的时间复杂度为 O(1)，空间复杂度为 O(1)。

2-130 设计一个算法，依次读取数组 A[n]中的数据，创建一个表头指针为 first，带头结点的循环双链表。要求链表中所有元素链接的顺序与元素在数组 A 中的存放顺序一致。

【解答】 使用尾插法沿后继方向创建循环双链表。每插入一个结点，需要在前趋和后继方向的两个链中进行链接。算法的实现如下。

```
void createDListR(CircDList& first, DataType A[], int n) {
//算法调用方式 createDListR(first, A, n)。输入：空循环双链表 first，输入数据数
//组 A，输入数据个数 n；输出：尾插法创建的带头结点的循环双链表 first
    initDList(first);                                    //创建头结点
    DblNode *s, *q, *r = first;
    for(int i = 0; i < n; i++) {
        s =(DblNode *) malloc(sizeof(DblNode));          //创建新结点
        s->data = A[i];                                  //新结点赋值
        q = r->rLink;  s->lLink = r;  q->lLink = s;      //前驱方向链接
        r->rLink = s;  s->rLink = q;  r = s;             //后继方向链接
    }
}
```

算法的时间复杂度为 O(n)，空间复杂度为 O(n)，n 是新建链表的结点个数。

2-131 设计一个算法，输出循环双链表所有元素的值，要区分不同的链接方向。

【解答】 按照输出方向（d = 0 前趋方向，d = 1 后继方向），从首元结点开始顺序循链输出。算法的实现如下。

```
void printDList(CircDList& first, int d) {
//算法调用方式 printDList(first, d)。输入：循环双链表表头指针 first，输出方向 d，
//d = 0 前趋方向，d = 1 后继方向；输出：按 d 指向顺序输出链表各结点的数据
    CircDList p;                                         //遍历指针
    p =(d == 0) ? first->lLink : first->rLink;           //按前驱/后继方向输出
    while(p != first) {
        printf("%d", p->data);
        p =(d == 0) ? p->lLink : p->rLink;
        if(p != first) printf(" ");
    }
    printf("\n");
}
```

算法的时间复杂度为 O(n)，空间复杂度为 O(1)，n 是输出链表的结点个数。

2-132 设计一个算法，在以 first 为表头指针的带头结点的循环双链表中，按照指定的链接方向（前趋、后继）查找值为 x 的结点。

【解答】 与题 2-131 类似，循链接方向（d = 0 前趋方向，d = 1 后继方向）顺序查找。若找到，则函数返回该结点地址，否则函数返回 NULL。算法的实现如下.

```
DblNode *Search(CircDList& first, DataType x, int d) {
//算法调用方式 DblNode *p = Search(first, x, d)。输入：循环双链表表头指针 first，
//查找方向 d（d = 0 前趋方向，d = 1 后继方向），查找值 x；输出：若查找成功，函数
```

```
//返回按 d 所指方向顺序查找到的结点的地址，若查找失败，函数返回 NULL
    DblNode *p =(d == 0) ? first->lLink : first->rLink;
    while(p != first && p->data != x)
        p =(d == 0) ? p->lLink : p->rLink;
    return(p != first) ? p : NULL;                      //返回查找结果
}
```

算法的时间复杂度为 O(n)，空间复杂度为 O(1)，n 是链表的结点个数。

2-133 设计一个算法，在以 first 为表头指针的带头结点的循环双链表中，按照指定的链接方向（前趋、后继）查找第 i 个结点。

【解答】 本题与题 2-132 的不同之处在于它不是按值查找，而是按序号查找，故称为定位操作。它根据参数 d（d = 0 前趋方向，d = 1 后继方向）的取值不同，在不同的链接方向查找第 i 个结点，i 的取值也有要求，i 太小（i<0）或 i 太大都会报告定位失败，i 在合理范围则可返回第 i 个结点的地址。算法的实现如下。

```
DblNode *Locate(CircDList& first, int i, int d) {
//算法调用方式 DblNode *p = Locate(first, i, d)。输入：循环双链表表头指针 first,
//查找方向 d（d = 0 前趋方向，d = 1 后继方向），指定结点序号 i；输出：若查找成
//功，函数返回按 d 所指方向顺序查找到的第 i 个结点的地址，否则函数返回 NULL
    if(i < 0) return NULL;                              //空表或 i 不合理返回 NULL
    if(i == 0) return first;                            //i=0 定位于头结点
    DblNode *p =(d == 0) ? first->lLink : first->rLink;
    for(int j = 1; j < i; j++)                          //逐个结点检测
        if(p == first) break;                          //链太短退出
        else p =(d == 0) ? p->lLink : p->rLink;
    return(p != first) ? p : NULL;                     //返回查找结果
}
```

算法的时间复杂度为 O(n)，空间复杂度为 O(1)，n 是链表的结点个数。

2-134 设计一个算法，将新元素 x 按照指定的链接方向（前趋、后继）插入一个表头指针为 first 的带头结点的循环双链表中。

【解答】 算法首先调用定位算法找指定方向的第 i-1 个结点（用 p 指向），如果定位成功则按指定方向将新结点 x 链接到*p 的后面。算法的实现如下。

```
bool Insert(CircDList& first, int i, DataType x, int d) {
//算法调用方式 bool succ = Insert(first, i, x, d)。输入：循环双链表表头指针
//first, 插入方向 d（d = 0 前趋方向，d = 1 后继方向），新结点插入位置 i，插入值 x；输
//出：插入后的循环双链表 first。若插入成功，函数返回 true，否则返回 false
    DblNode *p = Locate(first, i-1, d);                 //定位到第 i-1 个结点
    if(p == NULL) return false;                         //i 不合理，插入失败
    DblNode *s =(DblNode*) malloc(sizeof(DblNode));     //创建新结点
    s->data = x;
    if(d == 0) {                                        //在前趋方向插入
        s->lLink = p->lLink;  p->lLink = s;
        s->lLink->rLink = s;  s->rLink = p;
    }
```

```
    else {                                        //在后继方向插入
        s->rLink = p->rLink;  p->rLink = s;
        s->rLink->lLink = s;  s->lLink = p;
    }
    return true;                                  //插入成功
}
```

耗费主要在 Locate 调用上，算法的时间复杂度为 O(n)，n 是链表的结点个数。空间复杂度为 O(1)。

2-135　设计一个算法，从一个表头指针为 first 的带头结点的循环双链表中，按指定的链接方向（前趋、后继）删除第 i 个结点。

【解答】　算法首先调用定位算法找指定方向的第 i 个结点（用 p 指向），如果定位成功则按指定方向指针 p 所指向的结点删除。算法的实现如下。

```
bool Remove(CircDList& first, int i, DataType& x, int d) {
//算法调用方式 bool succ = Remove(first, i, x, d)。输入：循环双链表表头指针
//first，删除查找方向 d（d = 0 前趋方向，d = 1 后继方向），删除位置 i；输出：删除后
//的循环双链表 first，同时在引用参数 x 中得到被删除元素值。若删除成功，函数返回 true,
//否则函数返回 false
    DblNode *p = Locate(first, i, d);             //按 d 所指方向定位于第 i 个结点
    if(p == NULL) return false;                   //空表或 i 不合理，删除失败
    p->rLink->lLink = p->lLink;                   //从 lLink 链中摘下
    p->lLink->rLink = p->rLink;                   //从 rLink 链中摘下
    x = p->data;  free(p);                        //删除
    return true;                                  //删除成功
}
```

耗费主要在 Locate 调用上，算法的时间复杂度为 O(n)，n 是链表的结点个数。空间复杂度为 O(1)。

2.5.3　双向链表的相关算法

2-136　设有带头结点的链表 list，每个结点的结构为（data, link, sort），其中 data 为整型值域，link 和 sort 均为指针域，所有结点由 link 域链接起来构成单链表，设计一个算法，利用 sort 域把所有结点按照值从小到大的顺序链接起来。

【解答】　如果用循环双链表结点的右链 rLink 代表 link 指针，用 lLink 代表 sort 指针，则可以用循环双链表实现。算法首先置 first->lLink = first，使得在 lLink 链上链接的链表为空循环链表，并在头结点 data 域中置一个较大值，以便控制有序链表扫描的结束。然后依次检查在 rLink 链上链接的每一个结点，并根据该结点的值将其插入以 lLink 链接的有序链表的合适位置。算法的实现如下。

```
#define maxValue 32767
void linklist_sort(CircDList& first) {
//算法调用方式 linklist_sort(first)。输入：循环双链表表头指针 first；输出：按
//lLink 方向做链表插入排序后的循环双链表 first
    first->lLink = first;  first->data = maxValue;
```

```
                                              //把以 sort 域链接的有序表置空
    DblNode *pre, *p, *q;
    for(q = first->rLink; q != first; q = q->rLink) {
        pre = first;  p = pre->lLink;       //查找*q 在 sort 链中的插入位置
        while(p->data <= q->data) { pre = p;  p = p->lLink; }
        q->lLink = p;  pre->lLink = q;      //在*pre 与*p 之间插入*q
    }
}
```

算法的时间复杂度为 $O(n^2)$，n 为链表的结点个数，空间复杂度为 $O(1)$。

2-137　设计一个算法，输出一个带头结点的循环双链表 first 的倒数第 k 个结点的值，参数 d = 0 按前趋方向查找倒数第 k 个结点，d = 1 按后继方向查找倒数第 k 个结点。

【解答】　如果 d = 0，通过头结点的 rLink 域在后继方向扫描 k-1 次，找到在前趋方向的倒数第 k 个结点；如果 d = 1，通过头结点的 lLink 域在前趋方向扫描 k-1 次，找到在后继方向的倒数第 k 个结点。算法的实现如下。

```
bool findk(CircDList& first, int k, DataType& x, int d) {
//算法调用方式 bool succ = findk(first, k, x, d)。输入：循环双链表表头指针 first,
//指定整数 k，查找方向 d（d = 0 前趋方向，d = 1 后继方向）；输出：引用参数 x 返回
//倒数第 k 个结点的值。若查找成功，函数返回 true，查找不成功函数返回 false
    DblNode *p = first->rLink;  int i = 1, n = 0;
    while(p != first) { p = p->rLink;  n++; }
    p =(d == 0) ? first->lLink : first->rLink;        //p 指向 d 方向的尾元结点
    if(k > n) return false;
    while(p != first && i < n-k+1) {                  //扫描
        i++;
        p =(d == 0) ? p = p->lLink : p->rLink;
    }
    if(p == first) return false;                      //未找到倒数第 k 个结点
    else { x = p->data;  return true; }               //找到倒数第 k 个结点
}
```

算法的时间复杂度为 $O(n)$，n 为链表的结点个数。空间复杂度为 $O(1)$。

2-138　设有一个带头结点的非空循环双链表 first，设计一个算法，删除链表中第一个元素值为 x 的结点，参数 d = 0 在前趋方向删除，d = 1 在后继方向删除。

【解答】　算法首先在链表中找到包含 x 值的结点；然后删除它。算法的实现如下。

```
bool Remove(CircDList& first, DataType x, int d) {
//算法调用方式 bool succ = Remove(first, x, d)。输入：循环双链表表头指针 first,
//删除元素值 x，查找方向 d（d = 0 前趋方向，d = 1 后继方向）；输出：删除第一个含 x
//结点后的循环双链表 first。若删除成功，函数返回 true，否则函数返回 false
    DblNode *p =(d == 0) ? first->lLink : first->rLink;
    while(p != first && p->data != x)                 //在链表中查找含 x 结点
        p =(d == 0) ? p->lLink : p->rLink;
    if(p == first) return false;                      //没有找到，删除失败
    p->lLink->rLink = p->rLink;                       //在后继链中摘下*p
    p->rLink->lLink = p->lLink;                       //在前趋链中摘下*p
```

```
        free(p);   return true;
}
```

算法的时间复杂度为 O(n)，n 为链表的结点个数。空间复杂度为 O(1)。

2-139　设一个带头结点的循环双链表在后继方向从小到大有序链接，设计一个算法，逆转所有结点的链接方向。

【解答】　用一个遍历指针 p 扫描一遍链表，交换每一个结点的前趋和后继指针所保存的结点地址。算法的实现如下。

```
void Reverse(CircDList& first) {
//算法调用方式 Reverse(first)。输入：循环双链表表头指针 first；
//输出：算法逆转所有结点的链接方向
    DblNode *p = first, *q;
    do {
        q = p->rLink;  p->rLink = p->lLink;  p->lLink = q;
        p = q;                        //交换*p 两个链指针所保存结点地址
    } while(p != first);
}
```

算法的时间复杂度为 O(n)，n 为链表的结点个数。空间复杂度为 O(1)。

2-140　设以带头结点的循环双链表表示线性表 first = {a_1, a_2,…, a_n}。设计一个算法，将双链表改造为 first = {a_1, a_3,…, a_n,…, a_4, a_2}。

【解答】　可以通过 2 个指针 pr、p 一趟扫过去，将*p 结点（偶数号结点）在后继链上摘下，作为*q 的前趋插入前趋链。当链表中有奇数个结点时，扫描结束条件是 p==q；当链表中有偶数个结点时，扫描结束条件是 p->rLink==q。算法的实现如下。

```
void OEReform(CircDList& first) {
//算法调用方式 OEReform(first)。输入：循环双链表表头指针 first；
//输出：重新链接链表所有结点后的循环双链表 first
    DblNode *pr, *p, *q;
    pr = first->rLink;  p = pr->rLink;  q = first;
    while(p != q && p->rLink != q) {                //通过 rLink 一趟扫描过去
        pr->rLink = p->rLink;  p->rLink->lLink = pr; //摘下奇序结点
        p->rLink = q;  p->lLink = q->lLink;          //链接到 lLink 链尾部
        q->lLink = p;  p->lLink->rLink = p;  q = p;  //q 在前趋方向进一
        pr = pr->rLink;  p = pr->rLink;              //pr、p 在后继方向进一
    }
}
```

算法的时间复杂度为 O(n)，n 为链表的结点个数。空间复杂度为 O(1)。

2-141　设计一个算法，判断一个带头结点的循环双链表是否中心对称。

【解答】　让指针 p 从左向右（后继方向）扫描，指针 q 从右向左（前趋方向）扫描。如对应结点的值不等，立刻停止，返回 false；如对应结点的值相等，则继续进行下去，直到它们指向同一结点(p == q，结点个数为奇数)，或相邻(p->rLink == q 或 p == q->lLink，结点个数为偶数)，表示全部对应相等，返回 true。算法的实现如下。

```
bool Symmetry(CircDList& first) {
//算法调用方式bool succ = Symmetry(first)。输入：循环双链表表头指针 first；
//输出：若双链表是中心对称，函数返回 true, 否则函数返回 false
    DblNode *p = first->rLink, *q = first->lLink;
    while(p != q && p->rLink != q)
        if(p->data == q->data) { p = p->rLink;  q = q->lLink; }
        else return false;
    if(p != q && p->rLink == q && p->data != q->data) return false;
    return true;
}
```

算法的时间复杂度为 O(n), n 为链表的结点个数。空间复杂度为 O(1)。

2-142　设有两个带头结点的循环双链表 fa 和 fb, 它们的元素均按值在后继方向递增排列。设计一个算法, 将 fa 和 fb 合并成一个循环双链表, 并使该链表中元素也按值在后继方向递增排列。要求使用原链表空间, 不另外分配存储空间。

【解答】　算法首先用 fa 的头结点创建新的空循环双链表; 再从 fa 和 fb 的首元结点出发, 用指针 p 和 q 指向当前正在参选的 fa 和 fb 的结点, 每次比较 p 和 q 所指结点的元素值, 取下较小者作为新链表的结点, 插入新链表的表尾。当 fa 和 fb 中一个链表为空后, 把尚未取空的链表整体插入新链表的表尾即可。算法的实现如下。

```
void merge_dulink(CircDList& fa, CircDList& fb) {
//算法调用方式merge_dulink(fa, fb)。输入：两个递增有序的循环双链表的表头指针
//fa 和 fb；输出：链表合并并仍保持递增有序，表头指针为 fa
    DblNode *pa, *pb, *q, *r;
    pa = fa->rLink;  pb = fb->rLink;     //pa 和 pb 分别指向 fa 和 fb 的首元结点
    fa->lLink = fa->rLink = fa;          //初始化新链表，fa 指向新链表的头结点
    r = fa;                              //使 r 指向新链表的表尾元结点
    while(pa != fa && pb != fb)
        if(pa->data <= pb->data) {
            q = pa->rLink;               //q 指向结点*pa 的下一个结点
            pa->rLink = r->rLink;  pa->lLink = r;
            r->rLink->lLink = pa;  r->rLink = pa;
            r = pa;  pa = q;             //修改 pa 指针
        }
        else {
            q = pb->rLink;               //q 记录结点*pb 的下一个结点
            pb->rLink = r->rLink;  pb->lLink = r;
            r->rLink->lLink = pb;  r->rLink = pb;
            r = pb;  pb = q;             //修改 pb 指针
        }
    if(pa != fa)                         //将 fa 的剩余链表插入新链表
        { r->rLink = pa;  pa->lLink = r; }
    else if(pb != fb) {                  //将 fb 的剩余链表插入新链表
        r->rLink = pb;  pb->lLink = r;
        fb->lLink->rLink = fa;  fa->lLink = fb->lLink;
    }
```

```
        free(fb);                                    //释放 B 的头结点
    }
```

设链表 A 和 B 的结点个数为 m 和 n，算法的时间复杂度为 O(m+n)，空间复杂度为 O(1)。

2-143 设有一个带表头结点的循环双链表，每个结点有 4 个数据成员：指向前趋结点的指针 lLink、指向后继结点的指针 rLink、存放数据的成员 data 和访问频度 freq。所有结点的 freq 初始时都为 0。每当在链表上进行一次 Search(x)操作时，令元素值为 x 的结点的访问频度 freq 加 1，并将该结点前移，链接到与它的访问频度相等的结点后面，使得链表中所有结点保持按访问频度递减的顺序排列，以使频繁访问的结点总是靠近表头。

设计一个算法 Search，实现上述要求。

【解答】 算法有 4 个步骤：（1）正向搜索查找满足要求的结点；（2）把该结点从链中摘下；（3）反向根据访问计数查找插入位置；（4）把该结点重新插入链中。算法的实现如下。

```
DblNode *Search(CircDList& first, DataType x) {
//算法调用方式 DblNode *p = Search(first, x)。输入：循环双链表的表头指针 first,
//查找值x；输出：重新链接后的循环双链表 first, 函数返回该结点的地址，如果查找失败，
//函数返回 NULL 值
    DblNode *p = first->rLink, *q;
    while(p != NULL && p->data != x) p = p->rLink;
    if(p != NULL) {                              //链表中存在包含 x 的结点
        p->freq++;  q = p;                       //该结点的访问频度加 1
        q->lLink->rLink = q->rLink;              //从链表中摘下这个结点
        q->rLink->lLink = q->lLink;
        p = q->lLink;                            //查找从新插入的位置
        while(p != first && q->freq > p->freq) p = p->lLink;
        q->rLink = p->rLink;  q->lLink = p;      //插入 p 之后
        p->rLink->lLink = q;  p->rLink = q;
        return q;
    }
    else return NULL;                            //没找到
}
```

算法的时间复杂度为 O(n)，n 为链表的结点个数。空间复杂度为 O(1)。

2-144 设计算法，实现不带头结点的双向链表的如下两个功能：

（1）设有一个输入序列 A[n]，给出双向链表在后继方向各结点的值，另给出一个输入序列 B[n]，给出在后继方向中各结点在前趋方向的结点值，前趋为空者置为 0。例如 A[6] = { 10, 20, 30, 40, 50, 60 }，B[6] = { 60, 0, 50, 30, 20, 10 }，则对应的双向链表如图 2-10 所示。请根据给定的两个输入序列构造这个双向链表。

（2）把构造好的双向链表作为源链表，复制到另一个链表中。

【解答】（1）此题分两步实现，第一步根据 A 数组的数据输入序列在右链（rLink）方向构造单链表；第二步对于链表右链每一个结点，根据 B 数组给定的数据，查找与此值数

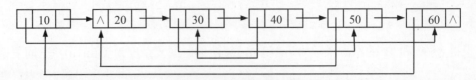

图 2-10　题 2-144 的图

据相等的结点，在左链（lLink）方向拉链，如果数据为 0 则左链为 NULL。

（2）分为三步实现，第一步扫描源链表，通过右链把新链的结点交错链接到源链中；第二步，把源链每个结点的左链指针移一个结点复制给新链结点；第三步源链结点与新链结点，恢复源链与新链的右链指针。算法的实现如下。

```
void createList(DblList& DL, int A[], int B[], int n) {
//创建算法调用方式 createList(DL, A, B, n)。输入：后继方向元素值数组 A，各元素
//在前趋方向值数组 B，元素个数 n；输出：创建成功的循环双链表 DL
    DblList r, q, s;
    DL=(DblNode*) malloc(sizeof(DblList));
    DL->data = A[0];  r = DL;
    for(int i = 1; i < n; i++) {
        s =(DblNode*) malloc(sizeof(DblList));
        s->data = A[i];  r->rLink = s;  r = s;
    }
    r->rLink = NULL;
    for(r = DL, i = 0; i < n; r = r->rLink, i++) {
        q = DL;
        if(B[i] == 0) q = NULL;
        else { while(q != NULL && q->data != B[i]) q = q->rLink; }
        r->lLink = q;
    }
}
void printList(DblList& DL) {
//输出算法调用方式 printList(DL)。输入：循环双链表表头指针 DL；
//输出：沿后继方向输出链表结点信息（前趋信息、结点数据、后继信息）
    for(DblNode *p = DL; p != NULL; p = p->rLink) {
        if(p->lLink == NULL) printf("(0) ");
        else printf("(%2d) ", p->lLink->data);
        printf("%2d ", p->data);
        if(p->rLink == NULL) printf("(0)\n");
        else printf("(%2d)\n", p->rLink->data);
    }
}
void copyList(DblList& DL, DblList& CDL) {              //复制 DL 到 CDL
//复制算的调用方式 copyList(DL, CDL)。输入：循环双链表表头指针 DL；
//输出：复制成功的循环双链表 CDL
    DblList p, q, s;
    for(p = DL; p != NULL; p = q) {              //交错复制排列源链与新链结点
        q = p->rLink;
```

```
                s=(DblNode*) malloc(sizeof(DblNode));
                s->data = p->data;  s->lLink = NULL;
                p->rLink = s;  s->rLink = q;
        }
        for(p = DL; p != NULL; p = q->rLink) {    //复制源链每个结点的 lLink 指针
                q = p->rLink;  q->lLink = p->lLink;
                if(q->lLink != NULL) q->lLink = q->lLink->rLink;
        }
        p = DL; CDL = p->rLink;  q = CDL;               //断开交错链表，生成复制链表
        while(q->rLink != NULL) {
                p->rLink = q->rLink;  p = p->rLink;
                q->rLink = p->rLink;  q = q->rLink;
        }
        p->rLink = NULL;
}
```

创建算法和复制算法的时间复杂度为 O(n)，空间复杂度为 O(n)，n 为链表的结点个数。

2.5.4 异或双向链表

1. 异或双向链表的概念

异或双向链表，又称为对称链表，是一种链接存储方式，它能在不增加存储开销的情况下达到双向链表的向前趋或后继方向遍历的目的。异或双向链表的每个结点只包含一个指针域和一个数据域，但这个指针既不是指向它的前趋结点，也不是指向它的后继结点，而是用某种方法计算得到的"伪地址"，用这个伪地址和其他信息一起，既可以很快地求出它的前趋结点，又可以很快地求出它的后继结点。

2. 二进位的异或运算

二进位 a、b 的异或运算（又称按位加）通常用符号"⊕"来表示。$a \oplus b$ 被定义为：若 a、b 两个二进位相同（$a = 0$ 且 $b = 0$，或 $a = 1$ 且 $b = 1$），则 $a \oplus b = 0$；反之，若 a、b 的值不同（$a = 1$ 且 $b = 0$，或 $a = 0$ 且 $b = 1$），则 $a \oplus b = 1$。

设 X 和 Y 是两个二进位串，$X \oplus Y$ 可以定义为：由 X 和 Y 的各对应二进位进行异或运算后所得结果的二进位串。根据上述定义，可以验证对任何二进位串 X、Y，下面两式总为真：$(X \oplus Y) \oplus X = Y$，$(X \oplus Y) \oplus Y = X$。这两个等式说明：在 X、Y 和 $X \oplus Y$ 三者中，从任意两个经过异或运算就可以求出第三个。此外，$X \oplus Y = Y \oplus X$，运算是对称的。

基于异或运算的链表，就是利用异或运算的这一特性来存放线性表的，它在结点 a_i 的 link 域中存放结点 a_{i-1} 的地址 d_{i-1} 和 a_{i+1} 的地址 d_{i+1} 做异或运算 $d_{i-1} \oplus d_{i+1}$ 的值，这样从 a_{i-1} 的地址和 a_i 结点中的 link 信息就可以求出 a_{i+1} 的地址，反过来从 a_{i+1} 的地址和 a_i 结点中的 link 信息又可以求出 a_{i-1} 的地址。

第一个结点 a_1 没有前趋结点，它的 link 域存放 $NULL \oplus d_2$ 的值，通常机器中可用零表示空指针，因此容易验证：$NULL \oplus d_2 = d_2$。同理 a_n 的 link 域存放 $d_{n-1} \oplus NULL = d_{n-1}$。

3. 异或双向链表的结构定义

异或双向链表的结构定义如下（存放于头文件 Symmetricl.h 中）。

```
#include<stdio.h>
```

```
#include<stdlib.h>
typedef int DataType;                    //表元素的数据类型
typedef struct node {                    //异或双向链表结点定义
    DataType data;                       //结点数据
    struct node *link;                   //结点地址信息
} SYNode;
typedef struct {                         //异或双向链表定义
    SYNode *head, *rear;                 //表头指针与表尾指针
    int n;                               //表长度
} Symmetricl;
```

基于异或运算的异或双向链表的存储形式如图 2-11 所示。

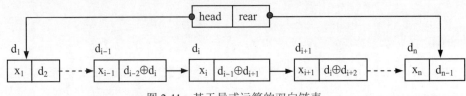

图 2-11 基于异或运算的双向链表

4. 异或双向链表的基本运算

以下关于异或双向链表的算法都需要使用#include 链接头文件 Symmetricl.h。

2-145 设计一个算法，计算两个结点地址 a 和 b 的异或。

【解答】 由于 C 语言的异或运算（^）是针对整数的位运算，所以需要使用一个函数实现它。算法首先把结点指针转变为长整数，在执行异或运算后，再把结果转变为结点指针返回就可以了。算法的实现如下。

```
SYNode *XOR(SYNode *a, SYNode *b) {
//算法调用方式 SYNode *p = XOR(a, b)。输入：前一个结点指针 a，后一个结点指
//针 b（要求都已指向不同结点）；输出：函数返回异或操作后得到的指针
    long x, y, z;
    x =(long) a;  y =(long) b;  z = x ^ y;
    return(SYNode *) z;
}
```

算法的时间复杂度为 O(1)，空间复杂度为 O(1)。

2-146 设计一个算法，根据一连串输入创建一个异或双向链表 SY。

【解答】 约定输入一系列正整数，作为异或双向链表各结点的数据，以输入一个负数结束。算法首先创建首元结点，然后执行一个循环，输入一连串整数，用后插法创建链表结点。循环中有三个指针，s 指向当前创建的结点，p 指向它的前趋，r 指向 p 所指结点的前趋。每当创建一个新结点*s，就用它的地址和*r 的地址做异或操作（C 语言的操作符为"^"），计算*p 的 link 域的值，直到输入结束，最后一个结点*p 的 link 域的值就是*r 的地址。算法要求链表中至少有三个结点。算法的实现如下。

```
void create_SY(Symmetricl& SY, DataType A[], int n) {
//算法调用方式 create_SY(SY, A, n)。输入：已声明的异或双向链表 SY，输入数据数
```

```
//组A，输入数据个数n；输出：创建完成的异或双向链表SY
    SYNode *p, *r, *s;  DataType x;
    s=(SYNode *) malloc(sizeof(SYNode));
    s->data = A[0];  SY.head = SY.rear = s;  SY.n = 1;
    r = NULL;  p = s;
    for(int i = 1; i < n; i++) {              //重复输入整数，创建异或双向链表
        s =(SYNode *) malloc(sizeof(SYNode));
        s->data = A[i];  p->link = XOR(r, s);
        r = p;  p = s;  SY.rear = s;  SY.n++;
    }
    p->link = r;  break;
}
```

算法的时间复杂度为 O(n)，空间复杂度为 O(n)，n 为链表的结点个数。

2-147　设计一个算法，自左向右或自右向左输出异或双向链表的所有数据。

【解答】　算法设置一个判定参数 d，当 d = 0 自左向右顺序输出，d = 1 自右向左顺序输出。每次向右或向左移动涉及 3 个结点，用指针 r、p、q 指向。向右用 r ⊕ p->link→q（p 在 r 右，q 在 p 右），向左用 p->link ⊕ r→q（p 在 r 左，q 在 p 左）。算法的实现如下。

```
void print_SY(Symmetricl& SY, int d) {
//算法调用方式print_SY(SY, d)。输入：异或双向链表SY，输出方向d（d = 0 自左向右
//顺序输出，d = 1 自右向左顺序输出）；输出：输出异或双向链表SY各结点的值
    SYNode *r, *p, *q;
    printf("表长为%d\n", SY.n);
    if(d == 0) {                              //从左向右顺序输出
        p = SY.head;  r = NULL;
        while(p != SY.rear) {
            printf("%d ", p->data);
            q = XOR(r, p->link);  r = p;  p = q;
        }
    }
    else {                                    //从右向左顺序输出
        p = SY.rear;  r = NULL;
        while(p != SY.head) {
            printf("%d ", p->data);
            q = XOR(p->link, r);  r = p;  p = q;
        }
    }
    printf("%d\n", p->data);
}
```

算法的时间复杂度为 O(n)，空间复杂度为 O(1)，n 为链表的结点个数。

2-148　设计一个算法，从指针 p 所指异或双向链表的结点出发，自左向右或自右向左将指针 p 移动一个结点。算法中还应设置一个指针 pr，保存指针 p 在移动方向的前趋结点的地址，当 d = 0 时 p 自左向右移动，pr 指向*p 左边的结点；d = 1 时 p 自右向左移动，pr 指向*p 右边的结点。

【解答】 异或双向链表结点的 link 域中存放的是该结点的前、后两结点地址的差，可用指向前、后两结点的指针的异或运算（⊕）求出，如图 2-10 所示。设 $p = d_i$，$pr = d_{i-1}$，$p\text{->}link = d_{i-1} \oplus d_{i+1}$，则用 $pr \oplus p\text{->}link = d_{i-1} \oplus (d_{i-1} \oplus d_{i+1}) = (d_{i-1} \oplus d_{i-1}) \oplus d_{i+1} = 0 \oplus d_{i+1} = d_{i+1}$，即可求出 *p 的后继结点地址；反之，设 $p = d_i$，$pr = d_{i+1}$，$p\text{->}link = d_{i-1} \oplus d_{i+1}$，则用 $p\text{->}link \oplus pr = (d_{i-1} \oplus d_{i+1}) \oplus d_{i+1} = d_{i-1} \oplus (d_{i+1} \oplus d_{i+1}) = d_{i-1} \oplus 0 = d_{i-1}$，即可求出 *p 的前趋结点地址。算法的实现如下。

```
void move_SY(Symmetricl& SY, SYNode *& p, SYNode *& pr, int d) {
//算法调用方式move_SY(SY, p, pr, d)。输入：异或双向链表SY，指向链表某结点的指
//针p，输出方向d（d = 0自左向右顺序输出，d = 1自右向左顺序输出），pr指向p在移
//动方向的前趋结点地址；输出：指针p按d指定方向移动一个结点，pr也跟着移动一个结点，
//若指针右移到SY.rear，或左移到SY.head，则不再移动
    SYNode *q;
    printf("%d ", p->data);
    if(d == 0) {                          //从左向右移动
        if(p == SY.rear) return;          //移到表尾不再移动
        else q = XOR(pr, p->link);        //否则右移一个结点位置
    }
    else {                                //从右向左移动
        if(p == SY.head) return;          //移到表头不再移动
        else q = XOR(p->link, pr);        //否则左移一个结点位置
    }
    pr = p;  p = q;
}
```

算法的时间复杂度为 O(1)，空间复杂度为 O(1)。

2-149 设计一个算法，求得异或双向链表 SY 的第 i（1≤i≤n）个结点的地址。

【解答】 在异或双向链表中定位第 i 个结点可以从左向右，也可以从右向左进行查找。若 i≤n / 2，则可以从 head 开始从左向右进行查找，若 i>n / 2，则可以从 rear 开始从右向左进行查找。若查找成功，算法返回 true，且第 i 个结点的地址在指针 p 中，r 中是其前趋结点的地址；若查找不成功，算法返回 false。算法的实现如下。

```
bool find_SY(Symmetricl& SY, int i, SYNode *& p, SYNode *&r) {
//算法调用方式bool succ = find_SY(SY, i, p, r)。输入：异或双向链表SY，查找
//结点序号i；输出：引用参数p返回找到结点的地址，r返回结点*p的前趋结点地址。若查找
//成功，函数返回true；否则函数返回false
    if(i < 1 || i > SY.n) { printf("参数i不合理! \n"); return false; }
    SYNode *q;  int j;
    r = NULL;                             //r是异或运算的左操作数，初值为NULL
    if(2*i <= SY.n) {                     //若i≤中间点，从左向右查找
        p = SY.head;
        if(i == 1) { r = NULL; return true; }
        for(j = 1; j <= i-1; j++)         //走过i-1个结点到达第i个结点
            { q = XOR(r, p->link); r = p; p = q; }
    }
```

```
    else {                                      //若 i>中间点，从右向左查找
        p = SY.rear;
        for(j = 1; j <= SY.n-i+1; j++)
            { q = XOR(r, p->link); r = p; p = q; }
        p = r; r = q;
    }
    return true;
}
```

算法的时间复杂度为 O(n)，空间复杂度为 O(1)，n 为链表的结点个数。

2-150 设计一个算法，在异或双向链表 SY 的第 i 个结点后插入新元素 x。

【解答】 若要在第 i 个结点后插入一个值为 x 的结点，要区分在链首插入（要修改链头指针）、在链尾插入（要修改链尾指针）和在链内部插入。在链内部插入时首先调用定位算法找到第 i 个结点的地址（指针 p 指向）和第 i−1 个结点的地址（指针 r 指向），然后找到*p 结点的后继*s 和*s 的后继*t，修改插入新结点*q 后的后继结点*s 的 link 指针（q⊕t）和前趋结点*p 的 link 指针（r⊕q），以及*q 的 link 指针（p⊕s）。算法的实现如下。

```
void insert_SY(Symmetricl& SY, int i, DataType x) {
//算法调用方式 insert_SY(SY, i, x)。输入：异或双向链表 SY，插入结点序号 i（插入
//它之后），插入结点值 x；输出：插入 x 结点后的异或双向链表 SY
    SYNode *r, *p, *q, *s, *t;
    q=(SYNode *) malloc(sizeof(SYNode));
    q->data = x;
    if(i == 0) {                            //在链首插入
        p = SY. head;                       //*p 是首元结点
        p->link = XOR(q, p->link);          //*p 的前趋是*q，*p 的后继存入 p->link
        q->link = p; SY. head = q;          //*q 的后继*p 记入 q->link
    }
    else if(i == SY.n) {                    //在链尾插入
        p = SY.rear;                        //*p 是尾元结点
        p->link = XOR(p->link, q);          //*p 的后继是*q，*p 的前趋存入 p->link
        q->link = p; SY. rear = q;          //*q 的前趋*p 记入 q->link
    }
    else {                                  //在链表内部插入
        bool c = find_SY(SY, i, p, r);      //*p 指向第 i 个结点，*r 是*p 的前趋
        if(c == false) return;
        s = XOR(r, p->link);                //*s 是*p 的后继
        t = XOR(p, s->link);                //*t 是*s 的后继
        s->link = XOR(q, t); p->link = XOR(r, q);    //修改指针
        q->link = XOR(p, s);
    }
    SY.n++;
}
```

因为调用了 find_SY，算法的时间复杂度为 O(n)，空间复杂度为 O(1)，n 为链表的结点个数。

2-151 设计一个算法，删除异或双向链表 SY 的第 i（1≤i≤n）个结点。

【解答】 若异或双向链表 SY 只有一个结点，删除这个结点后链表变成空表，则 SY.head = SY.rear = NULL 且 SY.n = 0。若异或双向链表的结点个数多于一个，有两种特殊情况，一是在链首删除，i = 1，删除首元结点后要修改表头指针 head，同时新首元结点的 link 域也要修改；二是在链尾删除，i = n，删除链尾元结点后要修改表尾指针 rear，同时新链尾元结点的 link 域也要修改。除此之外，在链表内部删除，先调用定位算法，找到第 i 个结点*p 和第 i-1 个结点*r，为删除*p，还要找到第 i-2 个结点*t、第 i+1 个结点*q 和第 i+2 个结点*s（顺序为 t、r、p、q、s），将*r 的 link 域改为 t ⊕ q，使得第 i+1 个结点成为第 i-1 个结点的后继；将*q 的 link 域改为 r ⊕ s，使得第 i-1 个结点成为第 i+1 个结点的前趋，然后再删除*p 即可。算法的实现如下。

```
void remove_SY(Symmetricl& SY, int i, DataType& x) {
//算法调用方式 remove_SY(SY, i, x)。输入：异或双向链表 SY，删除结点序号 i；
//输出：删除 x 结点后的异或双向链表 SY，引用参数 x 返回被删除结点的值
    SYNode *r, *p, *q, *s, *t;
    if(SY.n == 1) { p = SY.head; SY.head = SY.rear = NULL; }
    else if(i == 1) {                    //删除首元结点
        p = SY.head; q = p->link;    //*p 是被删除结点，*q 是其后继
        s = XOR(p, q->link);         //*s 是*q 的后继
        q->link = s; SY.head = q;    //*q 成为新首元结点
    }
    else if(i == SY.n) {                 //删除尾元结点
        p = SY.rear; q = p->link;    //*p 是被删除结点，*q 是其前趋
        s = XOR(q->link, p);         //*s 是*q 的前趋
        q->link = s; SY.rear = q;    //*q 成为新的尾元结点
    }
    else {                               //在链表内部删除
        bool c = find_SY(SY, i, p, r);//*p 是第 i 个结点，*r 是第 i-1 个结点
        if(c == false) return;
        q = XOR(r, p->link);         //*q 是第 i+1 个结点
        s = XOR(p, q->link);         //*s 是第 i+2 个结点
        q->link = XOR(r, s);         //&[i-1] ⊕ &[i+2] → &[i+1]->link
        t = XOR(r->link, p);         //*t 是第 i-2 个结点
        r->link = XOR(t, q);         //&[i-2] ⊕ &[i+1] → &[i-1]->link
    }
    x = p->data; free(p); SY.n--;
}
```

因为调用了 find_SY，算法的时间复杂度为 O(n)，空间复杂度为 O(1)，n 为链表的结点个数。

2.6　静　态　链　表

2.6.1　静态链表的结构定义

静态链表利用数组下标（序号）来访问下一个结点，所以静态链表需要定义一个足够大的结点数组，其链表的结构可描述如下（保存于 StaticList.h）：

```
#include<limits.h>
#include<stdio.h>
#include<stdlib.h>
#define initSize 30              //默认静态链表最大容量
#define maxValue INT_MAX         //假定的最大值
typedef int DataType;           //假定关键码类型为 int
typedef struct {                //静态链表结点的类型定义
     DataType data;             //元素
     int link;                  //结点的链接指针
} SLNode;
typedef struct {                //静态链表的类型定义
     SLNode *elem;              //存储待排序元素的向量
     int n;                     //当前元素个数
     int avail;                 //当前可利用结点地址
} StaticList;
```

静态链表的特点如下。

- 静态链表采用一维数组来存储链表结点，每个数组元素表示链表的一个结点，它包括两个域：数据域 data 和后继指针域 link。
- 链表结点地址用数组元素下标来表示。因此，结点的后继指针域 link 内存放的是数组元素下标，而不是动态存储地址。
- 链表尾元结点的 link 域中用"−1"（空指针）表示链表收尾，如果是静态循环链表，尾元结点的 link 域是链表表头结点的地址。
- 存取静态链表 A 的第 i 个结点的某个域，用 A[i].data 或 A[i].link，而不能用*A[i]，也不能用 A[i]->data 或 A[i]->link。如果在静态链表操作过程中，i 是结点下标，要移到链表的下一个结点，用 i = A[i].link 即可。

2.6.2　静态链表的基本运算

2-152　设计一个算法，创建一个只有头结点的静态链表（数组），并置空。

【解答】　静态链表是利用数组来存放链表的，算法首先创建此数组，然后假定 SL[0]为头结点，让头结点的 link 指针为-1（链收尾），并让 SL.n = 0。算法的实现如下。

```
void initList(StaticList& SL) {
//算法调用方式 initList(SL)。输入：已声明的静态链表 SL；输出：分配存储空间并
//置空的静态链表 SL
     SL.elem=(SLNode *) malloc((initSize+1)*sizeof(SLNode));
```

```
        if(SL.elem == NULL) { printf("存储分配失败! \n");  exit(1);}
        SL.elem[0].link = -1;  SL.n = 0;  SL.avail = 0;
}
```

算法的时间复杂度为 O(1)，空间复杂度为 O(n)，n 为存放链表的数组大小。

2-153　设计一个算法，输入一连串数据（正整数），创建一个带头结点的静态链表 SL。

【解答】　头结点设置在 0 号元素位置，为将来链表排序考虑，在头结点放置一个较大值。算法的实现如下。

```
void createSList(StaticList& SL, DataType A[], int n) {
//算法调用方式 createSList(SL, A, n)。输入：已声明的静态链表 SL，输入数据数
//组 A，输入数据个数 n；输出：创建成功的静态链表 SL
    initList(SL);
    for(int i = 0; i < n; i++)                          //构造静态链表
        { SL.elem[i+1].data = A[i];  SL.elem[i+1].link = i+2; }
    SL.elem[0].data = maxValue;  SL.elem[0].link = 1;
    SL.elem[n].link = -1;  SL.n = n;
    for(i = n+1; i < initSize-1; i++) SL.elem[i].link = i+1;
                                                        //构造可利用空间表
    SL.elem[initSize-1].link = -1;  SL.avail = n+1;
}
```

算法的时间复杂度为 O(n)，n 为链表的结点个数。

2-154　设计一个算法，顺序输出一个带头结点的循环链表 SL。

【解答】　算法的实现如下。

```
void printSList(StaticList& SL) {
//算法调用方式 printSList(SL)。输入：已创建的静态链表 SL；输出：算法按照
//链表的链接顺序输出各结点的数据
    for(int i = SL.elem[0].link; i != -1; i = SL.elem[i].link)
        printf("%d(%d) ", SL.elem[i].data, i);
    printf("\n");
}
```

算法的时间复杂度为 O(n)，n 为链表的结点个数。

2-155　设计一个算法，判断指定的静态链表 SL 是否为空。

【解答】　若静态链表 SL.n = 0，则链表为空。算法的实现如下。

```
bool isEmpty(StaticList& SL) {
//算法调用方式 bool succ = isEmpty(SL)。输入：静态链表 SL
//输出：若链表为空，则函数返回 true，否则返回 false
    return(SL.n == 0);
}
```

算法的时间复杂度为 O(1)。

2-156　设计一个算法，判断指定的静态链表 SL 是否已满。

【解答】　若链表的结点个数 S.n = initSize-1 时，链表的数组空间已满。算法的实现

如下。

```
bool isFull(StaticList& SL) {
//算法调用方式 bool succ = isFull(SL)。输入：静态链表 SL；输出：若链表已满，则
//函数返回 true，否则函数返回 false（当静态链表所有备用空间均已使用则链表满）
    return(SL.n == initSize-1);
}
```

算法的时间复杂度为 O(1)。

2-157　设计一个算法，在静态链表 SL 中查找具有给定值 x 的结点。

【解答】　若链表为空则查找失败，函数返回 0，若链表非空，算法从头结点出发，在链表中逐个比对，若找到则返回该结点的地址（数组元素下标），若全部结点都不满足要求，则查找失败，算法返回 0。算法的实现如下。

```
int Search(StaticList& SL, DataType x) {
//算法调用方式 int k = Search(SL, x)。输入：静态链表 SL，查找值 x；输出：若查
//找成功，函数返回找到结点的下标，否则函数返回 0。注意，元素结点下标从 1 开始，0 号
//结点为头结点
    if(SL.elem[0].link == -1) return 0;            //空表，查找失败，返回 0
        for(int s = SL.elem[0].link; s != -1; s = SL.elem[s].link)
            if(SL.elem[s].data == x) return s; //查找成功，返回结点下标
    return 0;                                      //s = -1 则查找失败，返回 0
}
```

算法的时间复杂度为 O(n)，n 为链表的结点个数。

2-158　设计一个算法，在静态链表 SL 中查找第 i（0≤i≤n）个结点。（i = 0 是头结点）

【解答】　算法设置一个扫描指针 s 和一个计数器 count，从头结点开始边扫描边计数，直到链表扫完或到达第 i 个结点为止，若链表已经扫描完，则查找失败，算法返回 false；否则通过引用参数 s 返回结果结点的下标，pred 返回前趋下标。算法的实现如下。

```
bool Locate(StaticList& SL, int i, int& s, int& pred) {
//算法调用方式 bool succ = Locate(SL, i, s, pred)。输入：静态链表 SL，查找
//结点序号 i；输出：若查找成功，函数返回 true，同时引用参数 s 返回找到结点的下标，
//另一引用参数 pred 返回前趋结点下标，否则函数返回 false
    if(i < 0) { s = -1; return false; }            //i 太小
    if(i == 0) {s = 0; pred = -1; return true;}    //定位于头结点
    int count = 1;                                 //计数器
    pred = 0; s = SL.elem[0].link;                 //循链查找第 i 号结点
    while(s != -1 && count < i)
        { pred = s; s = SL.elem[s].link; count++; }
    if(s != -1) return true;                       //查找成功
    else return false;                             //i 太大
}
```

引用参数 pred 在插入和删除算法中都要使用。算法的时间复杂度为 O(n)，n 为链表的结点个数。

2-159　设计一个算法，把一个新元素 x 插入静态链表 SL 的第 i 个结点后，使之成为

第 i+1 个结点。

【解答】 算法首先调用定位操作 Locate 查找第 i 个结点，然后从可利用空间表分配一个结点并赋值 x，再把该结点插入第 i 个结点之后。如果插入成功，则算法返回 true；如果没有找到第 i 个结点，则算法返回 false。算法的实现如下。

```
bool Insert(StaticList& SL, int i, DataType x) {
//算法调用方式 bool succ = Insert(SL, i, x)。输入：静态链表 SL，插入位置
//i，插入值 x；输出：插入 x 结点后的静态链表 SL。若插入成功，函数返回 true，否则
//函数返回 false
    int ad, pre, cur;  bool succ;
    succ = Locate(SL, i, ad, pre);        //定位于链表的第 i 个结点，位置在 ad 处
    if(succ == false) return false;       //找不到第 i 个结点，返回 false
    if(SL.avail == -1) return false;      //空间已满，不能插入
    cur = SL.avail;
    SL.avail = SL.elem[SL.avail].link;    //分配结点，下标为 cur
    SL.elem[cur].data = x;
    SL.elem[cur].link = SL.elem[ad].link;
    SL.elem[ad].link = cur;               //cur 链入到结点 ad 后面
    SL.n++;  return true;
}
```

由于调用了操作 Locate，算法的时间复杂度为 O(n)，n 为链表的结点个数。

2-160　设计一个算法，释放静态链表 SL 的第 i（1≤i≤n）个结点，并返回被删结点的值。

【解答】 算法首先调用定位 Locate 操作查找 SL 的第 i 个结点，若查找成功，则引用参数 ad 返回第 i 个结点位置，pre 返回第 i-1 个结点位置，然后把第 i 个结点从链表中摘出，回收到可利用空间表中。算法的实现如下。

```
bool Remove(StaticList& SL, int i, DataType& x) {
//算法调用方式 bool succ = Remove(SL, i, x)。输入：静态链表 SL，指定删除位置
//i；输出：删除后的静态链表 SL。若删除成功，引用参数 x 返回被删元素的值，函数返回
//true，否则函数返回 false，引用参数 x 的值不可用
    int ad, pre;  bool succ;
    succ = Locate(SL, i, ad, pre);        //查找第 i 个结点 ad 和它的前趋结点 pre
    if(succ == false) return false;       //找不到结点，不删除
    x = SL.elem[ad].data;
    SL.elem[pre].link = SL.elem[ad].link; //从链表中取下第 i 个结点
    SL.elem[ad].link = SL.avail;
    SL.avail = ad;                        //将结点 ad 回收到可利用空间表
    SL.n--;  return true;
}
```

由于调用了操作 Locate，算法的时间复杂度为 O(n)，n 为链表的结点个数。

2-161　已知一个静态的循环单链表定义为 SListNode SL[maxSize]，SL[0].link 指向链表的首元结点，且有 3 个指针，p 指向当前结点，pre 指向 p 的前趋结点，suc 指向 p 的后继结点。现要修改静态链表中 link 域的内容，使得该静态链表具有双向链表的功能，从当

前结点 p 既能往后查找，也能往前查找。要求：

（1）定义 link 域中的内容（用原 link 域中的值表示）。

（2）得到 p 的直接后继结点的地址，给出计算式。

（3）得到当前结点 p 的直接前趋（pre）的结点地址，给出计算式。

【解答】　如图 2-12 所示，当前结点为 a_4（p 指向），直接前趋为 a_3（pre 指向），直接后继为 a_5（suc 指向）。用 p 所指结点的后继结点地址减去前趋结点地址（d = suc−pre）作为结点 p 的 link，这样，用 d+pre = suc−pre+pre = suc 得到结点 p 的直接后继，用 suc−d = pre 得到结点 p 的直接前趋。本题解答如下。

	0	1	2	3	4	5	6	7	8
data		a_1	a_2	a_3	a_4	a_6	a_5	a_7	a_8
原 link	1	2	3	4	6	7	5	8	0
新 link		2	2	2	3	1	1	3	−7

图 2-12　题 2-161 的图

（1）定义结点 p 的 link 域：SL.elem[p].link = SL.elem[p].link−pre。用如下语句实现修改：

```
p = SL.elem[0].link;  pre = 0;
while(p != 0) {
    q = SL.elem[p].link;  SL.elem[p].link = SL.elem[p].link-pre;
    pre = p;  p = q;
}
```

（2）结点 p 的直接后继 suc = SL.elem[p].link+pre（计算 suc 时需知道 pre 的值）。

（3）结点 p 的直接前趋 pre = suc−SL.elem[p].link（计算 pre 时需知道 suc 的值）。

2.7　线性表的应用实例

2.7.1　约瑟夫问题求解

所谓约瑟夫（Josephus）问题是指有这 n 个人围坐成一个圆圈，座位编号为 1～n。当 n = 9，s = 1，m = 5 时，每次出局的人用加阴影做标记，约瑟夫问题的求解过程如图 2-13 所示。

(a) 从 1 出发　　(b) 1、2、3 出列 3　　(c) 4、5、6 出列 6　　(d) 7、8、1 出列 1　　(e) 2、4、5 出列 5

(f) 7、8、2 出列 2　　(g) 4、7、8 出列 8　　(h) 4、7、4 出列 4　　(i) 7、7、7 出列 7

图 2-13　约瑟夫问题的求解过程

2-162　设计一个求解约瑟夫问题的算法。用整数序列 1, 2, 3, …, n 表示顺序围坐在圆桌周围的人，并采用顺序表作为求解过程中使用的数据结构。

【解答】　把顺序表的存储数组看作是 n 个元素的一个环，从第 s 个元素开始按每间隔 m-1 个元素删除一个元素，环中元素个数 n = n-1；如此重复，直到 n = 0 为止。算法的实现如下。

```
void Josephus(SeqList& A, int s, int m) {
//算法调用方式 Josephus(A, s, m)。输入：顺序表 A，开始报数位置 s，报数间隔 m；
//输出：算法从第 s 个人开始报数每隔 m 个人出局一人，循环下去直到剩下一人为止
    int i, j, k = A.n;
    for(i = 0; i < A.n; i++) A.data[i] = i+1;          //数组初始化，记入编号
    i=(s-1+A.n) % A.n;
    while(k > 0) {                                     //执行 A.n 趟，删除 A.n 人
        i=(i+m-1) % k;
        printf("删除%d, ", A.data[i]);                  //报数 m，输出第 m 个人的编号
        for(j = i+1; j < k; j++) A.data[j-1] = A.data[j];   //压缩
        k--;                                           //人数减 1
        for(j = 0; j < k; j++) printf("%d ", A.data[j]);
        printf("\n");
    }
}
```

算法的时间复杂度为 $O(n^2)$，n 为顺序表的元素个数。

2-163　采用带有头结点的循环单链表作为求解约瑟夫问题的过程中使用的数据结构，设计一个求解约瑟夫问题的算法。

【解答】　利用循环单链表的特点，按 m-1 的间隔删除链表中的结点，直到链表空为止。算法中 p 是遍历指针，pr 是 p 的前趋指针，用于删除运算。算法的实现如下。

```
void Josephus(CircList& list, int s, int m, int n) {
//算法调用方式 Josephus(list, s, m, n)。输入：循环单链表 list，开始报数位置 s，
//报数间隔 m，最初参加人数 n；输出：算法从第 s 个人开始报数每隔 m 个人出局一人，循环下
//去，直到剩下一人为止
    CircList p = list->link, pr = list;  int i, j;
    for(i = 1 ; i < s ; i++) p = p->link ;             //指针 p 移到第 s 个结点
    for(i = 0; i < n; i++) {                           //执行 n 次
        for(j = 1; j < m; j++) {                       //数 m-1 个人
            pr = p;  p = p->link;
            if(p == list) { pr = p;  p = p->link;}//若 p 为头结点则跳过
        }
        printf("%d ", p->data);                        //输出
        pr->link = p->link;  free(p);                  //删去第 m 个结点
        p = pr->link;                                  //下一次报数从下一结点开始
        if(p == list) {pr = p;  p = p->link;}          //若 p 为头结点则跳过
    }
    printf("\n");                                      //换行
}
```

算法的时间复杂度为 O(n×m)，n 为最初参选人数，m 为报数间隔。

2-164 采用带头结点的循环双链表作为求解约瑟夫问题的过程中使用的数据结构，设计一个求解约瑟夫问题的算法。

【解答】 利用循环双链表遍历的周而复始的特点，按 m-1 的间隔删除链表中的结点，直到链表空为止。算法选择按后继方向遍历链表，用 p 作为遍历指针。注意，在循环双链表中删除一个结点不需要保持前趋指针。算法的实现如下。

```
void Josephus(CircDList& list, int s, int m, int n) {
//算法调用方式 Josephus(list, s, m, n)。输入：循环双链表 list，开始报数位置 s,
//报数间隔 m，最初参加人数 n；输出：算法从第 s 个人开始报数每隔 m 个人出局一人，循环下
//去，直到剩下一人为止
    CircDList p = list->rLink, q;  int i, j;
    for(i = 1; i < s; i++) p = p->rLink;           //指针 p 移到第 s 个结点
    for(i = 0; i < n; i++) {                        //循环 n 趟，让 n 个人出列
        for(j = 1; j < m; j++) {                    //让 p 向后移动 m-1 次
            if(p->rLink != list) p = p->rLink;
            else p = list->rLink;
        }
        printf("%d ", p->data);
        p->lLink->rLink = p->rLink;                 //从链中摘下 p 所指的结点
        p->rLink->lLink = p->lLink;
        q = (p->rLink == list) ? list->rLink : p->rLink;
        free(p);  p = q;                            //删除结点 p 后，p 改为指向后继结点
    }
    printf("\n");
}
```

算法的时间复杂度为 O(n×m)，n 为最初参选人数，m 为报数间隔。

2.7.2 用位向量表示集合

1. 集合的位向量存储表示

集合的常用存储表示有两种：顺序存储表示和链接存储表示。顺序存储表示使用(01)向量实现集合。(01)向量又称为位向量，它是一个信息数组。现实中任何一个有穷集合都可以对应到{0, 1, 2, 3,…, n}的序列。为此，可以创建一个集合{1, 2, 3,…, n}，使得日常处理的集合对应到这个集合。如果集合第 i 位为 0，表示集合元素 i 不在集合中，如果第 i 位为 1，表示集合元素 i 在集合中。

2. 使用位向量表示集合的结构定义

使用(01)向量表示集合的类型定义如下（保存于 BitVectorSet.h）：

```
#define maxSize 20
enum bool {false, true};
typedef struct {
    bool elem[maxSize];             //存储集合元素的位数组
    int setSize;                    //集合大小
} BitVectorSet;
```

3. 常用的集合运算的实现

2-165 若给定一个数组，表示位向量中值为 1 的在哪些位，即可据此创建一个表示集合的位向量。例如，设数组 a[] = { 0, 3, 4, 7 }，即可得位向量为 A[] = { 1, 0, 0, 1, 1, 0, 0, 1 }。设计一个算法，根据给定的数组创建集合的位向量表示。

【解答】 算法首先对集合的位向量全部初始化为 0，然后根据数组，把对应位置为 1，同时根据数组的元素个数确定集合的大小。算法的实现如下。

```
void createBSet(BitVectorSet& S, int A[], int n) {
//算法调用方式 createBSet(S, A, n)。输入：已声明的位向量集合 S，输入数组
//A，输入数据个数 n；输出：创建好的位向量集合表示 S
    for(int i = 0; i < maxSize; i++) S.elem[i] = 0;
    for(i = 0; i < n; i++) S.elem[A[i]] = 1;
    S.setSize = n;
}
```

算法的时间复杂度为 O(n)，n 为位向量中的元素个数，没用额外空间，空间复杂度为 O(1)。

2-166 若集合 S 采用位向量表示存储，设计一个算法，输出 S 中的位向量。

【解答】 算法的实现如下。

```
int printBSet(BitVectorSet& S) {
//算法调用方式 int k = printBSet(S)。输入：位向量集合 S；输出：算法顺序输出所
//有元素的值，函数返回位向量大小，即集合的元素个数
    for(int i = 0; i < maxSize; i++) printf("%d", S.elem[i]);
    printf("\n");
    return S.setSize;
}
```

算法的时间复杂度为 O(n)，n 为位向量中的元素个数。空间复杂度为 O(1)。

2-167 设计一个算法，把集合元素 x 加入到集合 S 中。

【解答】 数值 x 实际上是位向量中的第 x 个位置，把它置为 1 即可。算法的实现如下。

```
bool addMember(BitVectorSet& S, int x) {
//算法调用方式 bool succ = addMember(S, x)。输入：位向量集合 S，插入元素 x;
//输出：插入成功的位向量集合 S，若插入成功，函数返回 true，否则返回 false
    if(x < 0 || x >= S.setSize) return false;
    S.elem[x] = 1; return true;
}
```

算法的时间复杂度为 O(1)，空间复杂度为 O(1)。

2-168 设计一个算法，把集合元素 x 从集合 S 中删除。

【解答】 数值 x 也是位向量中的第 x 个位置，把它置为 0 即可。算法的实现如下。

```
bool delMember(BitVectorSet& S, int x) {
//算法调用方式 bool succ = delMember(S, x)。输入：位向量集合 S，要删除元素
//x；输出：删除后位向量集合 S。若删除成功，函数返回 true，否则返回 false
```

```
    if(x < 0 || x >= S.setSize) return false;
        S.elem[x] = 0;  return true;
}
```

算法的时间复杂度为 O(1)，空间复杂度为 O(1)。

2-169 设计一个算法，求两个用位向量表示的集合 A 和 B 的并，通过第三个用位向量表示的集合 C 返回运算的结果，A 和 B 的内容不变。

【解答】 算法的思路是按位求两个集合对应位的或运算，在 C 中用"||"表示，从而得到要求的结果。算法的实现如下。

```
void UnionSet(BitVectorSet& A, BitVectorSet& B, BitVectorSet& C) {
//算法调用方式 UnionSet(A, B, C)。输入：两个位向量集合 A 和 B；输出：计算 A
//与 B 的"并"存入位向量集合 C
    C.setSize = 0;
    for(int i = 0; i < maxSize; i++) {
        C.elem[i] = A.elem[i] || B.elem[i];        //对应位求或运算
        if(C.elem[i] == 1) C.setSize++;
    }
}
```

设三个位向量数组的长度都是 n，算法的时间复杂度为 O(n)。空间复杂度为 O(1)。

2-170 设计一个算法，求两个用位向量表示的集合 A 和 B 的交，通过第三个用位向量表示的集合 C 返回运算的结果，A 和 B 的内容不变。

【解答】 算法的思路是按位求两个集合对应位的与运算，在 C 中用"&&"表示，从而得到要求的结果。算法的实现如下。

```
void IntersectSet(BitVectorSet& A, BitVectorSet& B, BitVectorSet& C) {
//算法调用方式 IntersectSet(A, B, C)。输入：两个位向量集合 A 和 B；输出：计算
//A 与 B 的交存入另一个位向量集合 C
    C.setSize = 0;
    for(int i = 0; i < maxSize; i++) {
        C.elem[i] = A.elem[i] && B.elem[i];        //对应位求与运算
        if(C.elem[i] == 1) C.setSize++;
    }
}
```

设三个位向量数组的长度都是 n，算法的时间复杂度为 O(n)。空间复杂度为 O(1)。

2-171 设计一个算法，求两个用位向量表示的集合 A 和 B 的差，通过第三个用位向量表示的集合 C 返回运算的结果，A 和 B 的内容不变。

【解答】 集合 A 与集合 B 的差是从 A 中剔除 A 和 B 共有的元素，在 C 中用"&&!"实现。算法的实现如下。

```
void DefferenceSet(BitVectorSet& A, BitVectorSet& B, BitVectorSet& C) {
//算法调用方式 DefferenceSet(A, B, C)。输入：两个位向量集合 A 和 B；输出：计
//算 A 与 B 的"差"存入另一个位向量集合 C
    C.setSize = 0;
```

```
for(int i = 0; i < maxSize; i++) {
        C.elem[i] = A.elem[i] && !B.elem[i];         //对应位求差运算
        if(C.elem[i] == 1) C.setSize++;
    }
}
```

设三个位向量数组的长度都是 n，算法的时间复杂度为 O(n)。空间复杂度为 O(1)。

2-172 设计一个算法，判断两个用位向量表示的集合 A 和 B 是否相等。

【解答】 算法首先判断两个集合的集合大小是否相等，若不相等，返回 false；若相等，再从头开始顺序比对各位是否相等，若发现不等，立即退出比对，返回 false；只有当所有对应位都相等，集合才相等，返回 true。算法的实现如下。

```
bool equal(BitVectorSet& S1, BitVectorSet& S2) {
//算法调用方式bool succ = equal(S1, S2)。输入：两个位向量集合 S1 和 S2；
//输出：若两个集合相等，函数返回 true，否则函数返回 false
    if(S1.setSize != S2.setSize) return false;//两集合元素个数不等
    for(int i = 0; i < maxSize; i++)            //按位判断对应位是否相等
        if(S1.elem[i] != S2.elem[i]) return false;
    return true;                                 //对应位全部相等
}
```

设两个位向量数组的长度都是 n，算法的时间复杂度为 O(n)。空间复杂度为 O(1)。

2-173 有两个用位向量表示的集合 A 和 B。设计一个算法，判断 B 是否是 A 的子集。

【解答】 如果集合 B 的集合元素个数大于集合 A 的集合元素个数，肯定 B 不是 A 的子集，返回 false；否则，检查集合 B 的位向量，如果 B.elem[i] 为 1 且 A.elem[i] 为 1，是没有问题的；如果 B.elem[i] 为 1 且 A.elem[i] 为 0 则说明 B 至少有元素 i 而 A 没有，因此 B 不是 A 的子集。当 B 的位向量检查完，则可断定 B 是 A 的子集。算法的实现如下。

```
bool subset(BitVectorSet& A, BitVectorSet& B) {
//算法调用方式bool succ = subset(A, B)。输入：两个位向量集合 A 和 B；
//输出：若集合 B 是集合 A 的子集，函数返回 true，否则函数返回 false
    if(A.setSize < B.setSize) return false;
    for(int i = 0; i < maxSize; i++)
        if(B.elem[i] == 1 && A.elem[i] == 0) return false;
    return true;
}
```

设两个位向量数组的长度都是 n，算法的时间复杂度为 O(n)。空间复杂度为 O(1)。

2-174 设顺序表 A、B 分别表示两个整数集合，集合元素按升序存放在对应的顺序表中，同一集合中的元素均不相同。设计一个算法，求集合 A、B 的并集 C 和交集 D。

【解答】 用顺序表保存一个集合，可用数组 data[maxSize] 保存集合元素，用 n 保存集合元素个数。为完成并、交操作，需要顺序扫描 A 和 B 中元素，当比较集合 A 和集合 B 的当前元素值时，可能出现两种情况：一是集合 A 和 B 的当前元素值相等，该元素既要放入并集也要放入交集；二是集合 A 当前元素的值比 B 的当前元素值小，或集合 B 的当前元素值比 A 的当前元素值小，应把较小者放入并集。若两个集合中有一个集合的所有元素都处理完后，另一集合的元素应放入并集但不放入交集。算法的实现如下。

```
void calcSetOp(SeqList& A, SeqList& B, SeqList& MS, SeqList& IS) {
//算法调用方式 calcSetOp(A, B, MS, IS)。输入：两个顺序表集合 A 和 B；
//输出：A 和 B 的并集 MS, A 和 B 的交集 IS
    int i = 0, j = 0, kc = 0, kd = 0;
    while(i < A.n && j < B.n) {                          //A、B 表都没结束
        if(A.data[i] == B.data[j]) {                     //既放入并集，又放入交集
            IS.data[kd++] = A.data[i];  MS.data[kc++] = A.data[i];
            i++;  j++;
        }
        else if(A.data[i] < B.data[j])                   //A 的当前元素放入并集
            MS.data[kc++] = A.data[i++];
        else MS.data[kc++] = B.data[j++];                //B 的当前元素放入并集
    }
    while(i < A.n) MS.data[kc++] = A.data[i++];
    while(j < B.n) MS.data[kc++] = B.data[j++];
    MS.n = kc;  IS.n = kd;
}
```

设两个位向量数组的长度都是 n，算法的时间复杂度为 $O(n)$。空间复杂度为 $O(1)$。

2.7.3 用有序链表表示集合

1. 集合的有序链表表示

使用有序链表实现集合，链表中的每个结点表示集合的一个元素，各个结点所表示的元素 $e_0, e_1, \cdots, e_n$ 在链表中按升序排列，即 $e_0 < e_1 < \cdots < e_n$。用有序链表来表示集合，集合元素可以无限增加。因此，用有序链表可以表示无穷集合。

2. 集合的有序链表表示的结构定义

集合的有序链表表示的类型定义如下（保存于 LinkedSet.h）。

```
#include<stdio.h>
#include<stdlib.h>
#define maxSize 30
typedef int ElemType;
typedef struct node {              //集合的结点类型定义
    ElemType data;                 //每个集合元素的数据
    struct node *link;             //链接指针
} SetNode, *LinkedSet;             //集合的类型定义
```

一般地，表示集合的有序链表有头结点，集合中不允许有相同的元素。

3. 常用的集合运算的实现

2-175 设计一个算法，创建一个使用带头结点的有序链表表示的空集合。

【解答】 算法创建头结点，并设置头结点的 link 域为 NULL。算法的实现如下。

```
void initSet(LinkedSet& S) {
//算法调用方式 initSet(S)。输入：已声明的位向量集合 S；输出：为头结点分配存
```

```
//储空间并将链表置空
    S =(SetNode*) malloc(sizeof(SetNode));
    S->link = NULL;
}
```

算法的时间复杂度为 O(1)。空间复杂度为 O(1)。

2-176　设计一个算法，通过输入一连串数据（不一定有序），创建一个带头结点的有序链表表示的集合。

【解答】　这实际上是一个链表插入排序。把一组随机输入的数据链入一个有序链表中。算法的实现如下。

```
void createSet(LinkedSet& S, ElemType A[], int n) {
//算法调用方式 createSet(S, A, n)。输入：已声明的有序链表集合 S, 输入数据数
//组 A, 输入数据个数 n; 输出：创建好的有序链表集合 S
    initSet(S);                              //创建链表头结点并置空
    SetNode *p, *pre, *s;
    for(int i = 0; i < n; i++) {             //输入数据
        pre = S; p = pre->link;              //查找插入位置
        while(p != NULL && p->data < A[i]) { pre = p; p = p->link; }
        s =(SetNode *) malloc(sizeof(SetNode));
        s->data = A[i];
        pre->link = s; s->link = p;          //链入并保持有序
    }
}
```

算法的时间复杂度为 O(n)。空间复杂度为 O(n)，n 是链表的结点个数。

2-177　设计一个算法，输出一个带头结点的有序链表表示的集合。

【解答】　利用一个循环从首元结点开始顺序输出即可。算法的实现如下。

```
void printSet(LinkedSet& S) {
//算法调用方式 printSet(S)。输入：有序链表集合 S; 输出：顺序输出所有元素的值
    printf("{");
    for(SetNode *p = S->link; p->link != NULL; p = p->link)
        printf("%d,", p->data);              //输出中间集合元素
    printf("%d}\n", p->data);                //输出最后一个集合元素
}
```

算法的时间复杂度为 O(n)，n 为链表的结点个数。空间复杂度为 O(1)。

2-178　设计一个算法，求两个用有序链表表示的集合 A 和 B 的并，通过第三个用有序链表表示的集合 C 返回运算的结果，A 和 B 的内容不变。

【解答】　这是合并两个有序链表的运算。算法需要同时检测两个有序链表，若对应结点的值相等，把其中一个结点复制到结果链表，然后检测两个链表的下一个结点；若对应结点的值不等，把值较小的结点复制到结果链表，然后该链表的检测指针进到下一个结点继续比较；如果一个链表已检测完，把另一个链表的剩余部分复制给结果链表。算法的实现如下。

```
void UnionSet(LinkedSet& A, LinkedSet& B, LinkedSet& C) {
//算法调用方式 UnionSet(A, B, C)。输入：两个有序链表集合 A 和 B；
//输出：计算 A 与 B 的"并"存入另一个有序链表集合 C
    SetNode *pa = A->link, *pb = B->link, *p, *pc = C;
    while(pa != NULL && pb != NULL) {
        pc->link =(SetNode*) malloc(sizeof(SetNode));
        pc = pc->link;
        if(pa->data == pb->data)                    //两集合共有元素
            { pc->data = pa->data; pa = pa->link; pb = pb->link; }
        else if(pa->data < pb->data)                //集合 A 中元素值小
            { pc->data = pa->data; pa = pa->link; }
        else { pc->data = pb->data; pb = pb->link; } //集合 B 中元素值小
    }
    p =(pa != NULL) ? pa : pb;                       //p 表示未扫完集合
    while(p != NULL) {                               //向结果链逐个复制
        pc->link =(SetNode*) malloc(sizeof(SetNode));
        pc = pc->link; pc->data = p->data; p = p->link;
    }
    pc->link = NULL;                                 //链表收尾
}
```

设有序链表集合 A 有 n 个结点，B 有 m 个结点，算法的时间复杂度为 $O(n+m)$，空间复杂度为 $O(n+m)$。

2-179 设计一个算法，求两个用有序链表表示的集合 A 和 B 的交，通过第三个用有序链表表示的集合 C 返回运算的结果，A 和 B 的内容不变。

【解答】 算法同时检测两个有序链表，当对应结点的值相等时，把其中一个结点复制到结果链表，然后比较两个链表的下一个结点；当对应结点的值不等时，把值较小的结点所在链表检测指针进到下一个结点，再继续比较。若其中一个链表已检测完或两个链表同时检测完，则算法结束。算法的实现如下。

```
void IntersectSet(LinkedSet& A, LinkedSet& B, LinkedSet& C) {
//算法调用方式 IntersectSet(A, B, C)。输入：两个有序链表集合 A 和 B；
//输出：计算 A 与 B 的"交"存入另一个有序链表集合 C
    SetNode *pa = A->link, *pb = B->link, *pc = C;
    while(pa != NULL && pb != NULL) {               //两链数据两两比较
        if(pa->data == pb->data) {                  //两集合公有的元素
            pc->link =(SetNode*) malloc(sizeof(SetNode));
            pc = pc->link; pc->data = pa->data;
            pa = pa->link; pb = pb->link;
        }
        else if(pa->data < pb->data) pa = pa->link; //集合 A 元素值小
        else pb = pb->link;                         //否则集合 B 中元素值小
    }
    pc->link = NULL;
}
```

设有序链表集合 A 有 n 个结点，B 有 m 个结点，算法的时间复杂度为 O(min(n, m))。空间复杂度为 O(min(n, m))。

2-180　设计一个算法，求两个用有序链表表示的集合 A 和 B 的差，通过第三个用有序链表表示的集合 C 返回运算的结果，A 和 B 的内容不变。

【解答】　算法同时检测两个有序链表，如果对应结点的值相等，或虽然对应结点的值不等但 B 链当前结点的值小，则不做任何事情，继续比较两个链表的下一对结点。如果对应结点的值不等且 A 的值小，则把它复制到结果链，然后让 A 链的检测指针进到下一个结点，与 B 链表当前结点进行比较。算法的实现如下。

```
void DifferenceSet(LinkedSet& A, LinkedSet& B, LinkedSet& C) {
//算法调用方式 DifferenceSet(A, B, C)。输入：两个有序链表集合 A 和 B；
//输出：计算 A 与 B 的"差"存入另一个有序链表集合 C
    SetNode *pa = A->link, *pb = B->link, *pc = C;
    while(pa != NULL && pb != NULL) {                      //两两比较
        if(pa->data == pb->data)                           //两集合共有的元素
            { pa = pa->link;  pb = pb->link; }  //跳过，不复制给结果链表
        else if(pa->data < pb->data) {           //集合 A 当前结点的值小保留
            pc->link =(SetNode*) malloc(sizeof(SetNode));
            pc = pc->link;  pc->data = pa->data;  pa = pa->link;
        }
        else pb = pb->link;                            //不要，向前继续检测
    }
    while(pa != NULL) {                            //逐个复制到结果链
        pc->link =(SetNode*) malloc(sizeof(SetNode));
        pc = pc->link;  pc->data = pa->data;  pa = pa->link;
    }
    pc->link = NULL;
}
```

设有序链表集合 A 有 n 个结点，B 有 m 个结点，算法的时间复杂度为 O(n+m)，空间复杂度为 O(min(n, m))。

2-181　设计一个算法，在一个用有序链表表示的集合加入一个新元素 x。

【解答】　算法实际上就是在一个有序单链表上插入新元素 x。首先通过一个循环查找 x 应插入的位置，如果链中找到 x，则不插入。算法的实现如下。

```
bool addMember(LinkedSet& S, ElemType x) {
//算法调用方式 bool succ = addMember(S, x)。输入：有序链表集合 S, 加入值 x；
//输出：插入 x 后的有序链表集合 S。若集合中已有此元素，则函数返回 false, 否则
//插入 x 后函数返回 true
    SetNode *p = S->link, *pr = S;                 //p 是扫描指针, pr 是 p 的前趋
    while(p != NULL && p->data < x) { pr = p;  p = p->link; }
    if(p != NULL && p->data == x) return false;          //集合中已有此元素
    SetNode *q =(SetNode*) malloc(sizeof(SetNode));      //创建结点
    q->data = x;  q->link = p;  pr->link = q;  //把*q 链入到*pr 与*p 之间
    return true;
}
```

算法的时间复杂度为 O(n)，n 是有序链表集合的元素个数。空间复杂度为 O(1)。

2-182 设计一个算法，删除一个用有序链表表示的集合中的元素 x。

【解答】 算法实际上就是在一个有序单链表中删除元素 x。首先通过一个循环，在链中查找 x，如果找到，把它从链中摘下，再释放 x 所在结点。算法的实现如下。

```
bool delMember(LinkedSet& S, ElemType x) {
//算法调用方式 bool succ = delMember(S, x)。输入：有序链表集合 S，要删除值 x;
//输出：删除 x 后的有序链表集合 S。若集合不空且 x 在集合中，则函数返回 ture,
//否则函数返回 false
    SetNode *p = S->link, *pr = S;
    while(p != NULL && p->data < x) { pr = p;  p = p->link; }
    if(p != NULL && p->data == x) {              //找到，可以删除结点 p
        pr->link = p->link;                       //重新链接，摘下 p
        free(p);  return true;                    //删除含 x 结点
    }
    else return false;                            //集合中无此元素
}
```

算法的时间复杂度为 O(n)，n 是有序链表集合的元素个数，空间复杂度为 O(1)。

2-183 设有两个用有序链表表示的集合 A 和 B，设计一个算法，判断它们是否相等。

【解答】 在判断两个集合是否相等时，需要同时扫描两个链，比较对应结点的元素。如果对应元素相等，继续检测两个链的下一个结点；如果不相等，则可断定两链不相等。如果两个链中有一个已经扫描完，而另一个链没有扫描完，则可断定两个链长度不相等，因而两链不相等。算法的实现如下。

```
bool Equal(LinkedSet& A, LinkedSet& B) {
//算法调用方式 bool succ = Equal(A, B)。输入：两个有序链表集合 A 和 B;
//输出：当且仅当集合 A 与集合 B 相等时，函数返回 true, 否则返回 false
    SetNode *pa = A->link, *pb = B->link;            //两个集合的链扫描指针
    while(pa != NULL && pb != NULL)                   //检测两个链表
        if(pa->data == pb->data)                     //相等，继续检测
            { pa = pa->link;  pb = pb->link; }
        else return false;                           //扫描途中不等时退出
    if(pa != NULL || pb != NULL) return false;       //链不等长时，返回 0
    return true;
}
```

设有序链表集合 A 和 B 分别有 n 个和 m 个元素，则算法的时间复杂度为 O(min(n, m))，空间复杂度为 O(1)。

2-184 设 A 和 B 是两个有序链表表示的集合，链表中没有值相同的元素。设计一个算法，利用原表结点空间创建新的链表 A′和 B′，使得 A′=A∪B，B′=A∩B。

【解答】 在两个链表中同时检查对应结点，若值相等，在 A（并）、B（交）中结点均保留；若 A 中结点的值小于 B 中结点，在 A（并）中保留；若 A 中结点的值大于 B 中结点从 B 中删除并插入 A 中。当其中一个链表检查完时，若 A 链未完，继续留在 A 链中不

动；若 B 链未完，B 链接到 A 链尾部（并），B 链收尾（交）。算法的实现如下。

```
void adjust(LinkList& A, LinkList& B) {
//算法调用方式adjust(A, B)。输入：两个有序链表集合 A 和 B；输出：两个集合的
//"并"放在有序链表 A，两个集合的"交"放在有序链表集合 B
    LinkList pa = A, pb = B;
    while(pa->link != NULL && pb->link != NULL) {
        if(pa->link->data == pb->link->data)          //在 A、B 中均保留
            { pa = pa->link;  pb = pb->link; }
        else if(pa->link->data < pb->link->data)       //在 A 中保留
            pa = pa->link;
        else {                                          //从 B 中删除，插入 A
            q = pb->link;  pb->link = q->link;          //从 B 中摘下
            q->link= pa->link;  pa->link = q;           //插入 A
            pa = q;
        }
    }
    if(pb->link != NULL)
        { pa->link = pb->link;  pb->link = NULL; }
}
```

设有序链表集合 A 和 B 分别有 n 个和 m 个元素，则算法的时间复杂度为 O(n+m)。空间复杂度为 O(1)。

2-185 设用 ListNode 和 LinkList 定义的是一个用无序链表表示的集合。设计一个算法，实现两个集合 A 与 B 的并（∪）运算，要求 C＝A∪B。

【解答】 算法首先把集合 A 链的所有结点复制到 C 集合链，再检测集合 B 链的所有结点，如果在 A 中没有查到，则把它们链入集合 C 的链中。算法的实现如下。

```
void UnionSet(LinkList& A, LinkList& B, LinkList& C) {
//算法调用方式UnionSet(A, B, C)。输入：两个无序链表集合 A 和 B，第三个无序
//链表集合 C 已初始化；输出：两个集合的"并"放在无序链表集合 C
    LinkNode *pa, *pb, *pc = C;                          //集合扫描指针
    for(pa = A->link; pa != NULL; pa = pa->link){//复制集合 A 所有元素到 C
        pc->link =(LinkNode*) malloc(sizeof(LinkNode));
        pc = pc->link;  pc->data = pa->data;
    }
    for(pb = B->link; pb != NULL; pb = pb->link){ //集合 B 中元素逐个与 A 查重
        for(pa = A->link; pa != NULL && pa->data != pb->data; pa =
            pa->link);
        if(pa == NULL) {                                //在集合 A 中未出现，链入
            pc->link =(LinkNode*) malloc(sizeof(LinkNode));
            pc = pc->link;  pc->data = pb->data;
        }
    }
    pc->link = NULL;                                    //链表收尾
}
```

设有序链表集合 A 和 B 分别有 n 个和 m 个元素，则算法的时间复杂度为 O(n×m)，空间复杂度为 O(1)。

2-186　设用 ListNode 和 LinkList 定义的是一个用无序链表表示的集合。设计一个算法，实现两个集合 A 与 B 的交（∩）运算，要求 C＝A∩B。

【解答】　算法针对集合 B 中的每一个元素，在 A 中查找是否有值相等的元素，若有，则把 B 中的这个元素加入到集合 C 中。算法的实现如下。

```
void IntersectSet(LinkList& A, LinkList& B, LinkList& C) {
//算法调用方式 IntersectSet(A, B, C)。输入：两个无序链表集合 A 和 B, 第三个无
//序链表集合 C 已初始化；输出：两个集合的"交"放在无序链表集合 C
    LinkNode *pa, *pb, *pc = C;
    for(pb = B->link; pb != NULL; pb = pb->link){//集合 B 中元素逐个与 A 查重
        for(pa = A->link; pa != NULL; pa = pa->link) {
            if(pa->data == pb->data) {              //两集合公有元素，插入结果链
                pc->link =(LinkNode*) malloc(sizeof(LinkNode));
                pc = pc->link;  pc->data = pa->data;
            }
        }
    }
    pc->link = NULL;                                //置链尾指针
}
```

设有序链表集合 A 和 B 分别有 n 个和 m 个元素，则算法的时间复杂度为 O(n×m)，空间复杂度为 O(1)。

2-187　设用 ListNode 和 LinkList 定义的是一个用无序链表表示的集合。设计一个算法，实现两个集合 A 与 B 的差（－）运算，要求 C＝A－B。

【解答】　算法针对集合 A 中的每一个元素，在集合 B 中查找是否有值相等的元素，如果在 B 中没有查到，则把 A 中的这个元素加入到集合 C 中。算法的实现如下。

```
void DifferenceSet(LinkList& A, LinkList& B, LinkList& C) {
//算法调用方式 DifferenceSet(A, B, C)。输入：两个无序链表集合 A 和 B, 第三个无
//序链表集合 C 已初始化；输出：两个集合的"差"放在无序链表集合 C
    LinkNode *pa, *pb, *pc = C;
    for(pa = A->link; pa != NULL; pa = pa->link){//集合 A 中元素逐个与 B 查重
        for(pb = B->link; pb != NULL && pa->data != pb->data; pb = pb->link);
        if(pb == NULL) {                            //此 B 中元素在 A 中未找到，插入
            pc->link =(LinkNode*) malloc(sizeof(LinkNode));
            pc = pc->link;  pc->data = pa->data;
        }
    }
    pc->link = NULL;                                //链表收尾
}
```

设有序链表集合 A 和 B 分别有 n 个和 m 个元素，则算法的时间复杂度为 O(n×m)，空间复杂度为 O(1)。

2-188　假设使用一个不带头结点的有序的双向链表来实现一个集合，使得能在这个表中进行正向和反向查找。若指针 current 总是指向最后成功查找到的结点，查找可以从 current 指向的结点出发沿任一方向进行。试根据这种情况编写一个算法 search (head, current, x)，查找具有值 x 的结点。如果查找成功，让 current 指向找到结点的地址，函数返回该结点的地址；如果查找不成功，则 current 不变，函数返回 NULL。

【解答】　链表组织方式如图 2-14 所示，每次查找都是从 current 开始。

算法的实现如下。

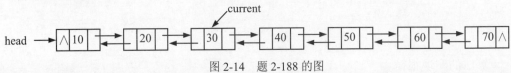

图 2-14　题 2-188 的图

```
void createList(DblList& DL, DataType A[], int m){//在 rLink 方向创建双向链表
    DL=(DblNode *) malloc(sizeof(DblNode));                //创建头结点
    DL->rLink = NULL; DL->lLink = NULL;
    DblNode *s, *pr, *p;
    for(int i = 0; i < m; i++) {
        s =(DblNode *) malloc(sizeof(DblNode));            //创建新结点
        s->data = A[i]; s->freq = 0;                      //为新结点赋值
        pr = DL; p = DL->rLink;
        while(p != NULL && p->data <= A[i]) { pr = p; p = p->rLink;}
        s->rLink = p; s->lLink = pr; pr->rLink = s;
        if(p != NULL) p->lLink = s;
    }
    DL->rLink->lLink = NULL;
    s = DL; DL = DL->rLink; free(s);                      //删除头结点
}
DblNode *Search(DblList DL, DblNode *& current, DataType x) {
//在以 DL 为表头的双向有序链表中查找具有值 x 的结点。若值 x 大于 current
//所指向结点中的数据，从 current 向右正向查找，否则从 current 向左反向查找
//算法调用方式 DblNode *p = Search(DL, current, x)。输入：有序双向链表集合
//DL, 当前检测指针 current, 查找值 x; 输出：若查找成功，函数返回找到结点
//的地址，引用参数返回更新的当前检测指针 current; 否则函数返回 NULL
    DblNode *q = current;
    if(x < current->data)                                 //反向查找
        while(q != NULL && q->data > x)
            { printf("%d ", q->data); q = q->lLink; }
    else while(q != NULL && q->data < x)                  //正向查找
            { printf("%d ", q->data); q = q->rLink; }
    if(q != NULL && q->data == x)
            { current = q; return current; }              //查找成功
    else return NULL;
}
```

若双向有序链表有 n 个结点，算法的时间复杂度为 O(n)，空间复杂度为 O(1)。

2-189　假设使用一个有序的不带头结点的循环单链表来实现一个集合，并让指针 head

指向具有最小值的结点。指针 current 初始时等于 head，每次查找后指向当前查找到的结点，如果查找不成功则 current 重置为 head。设计一个算法 search (head, current, x) 实现这种查找。当查找成功时算法返回被查找到的结点地址，若查找不成功则函数返回 NULL。

【解答】 链表组织方式如图 2-15 所示，算法基于如下思路：在遍历过程中下一次访问往往在上一次访问位置后面或附近，留下最近访问的位置，可以提高查找效率。

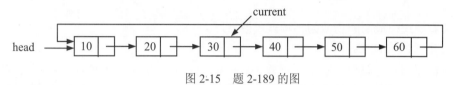

图 2-15 题 2-189 的图

算法的实现很简单。首先判断给定值在 current 所指结点左边还是右边，确定查找区间，然后沿着链查找，如果没有找到值为 x 的结点，则查找失败，否则查找成功，返回相应的位置信息。算法的实现如下。

```
void createCList_nh(CircList& list, DataType A[], int n) {
//根据数组 A[n]创建一个无头结点的有序循环单链表
    list=(CircNode *) malloc(sizeof(CircNode));          //创建首元结点
    list->data = A[0];  list->link = list;
    CircNode *p, *pr, *s;
    for(int i = 1; i < n; i++) {                         //尾插法
        s =(CircNode *) malloc(sizeof(CircNode));
        s->data = A[i];
        if(A[i] < list->data) { s->link = list;  list = s; }
        else {
            p = list->link;  pr = list;
            while(p != list && p->data <= A[i]) { pr = p;  p = p->link; }
            s->link = p;  pr->link = s;
        }
    }
}
CircNode *Search(CircList head, CircNode *& current, DataType x) {
//算法调用方式 CircNode *p = Search(head, current, x)。输入：有序循环单链表
//集合 head, 当前检测指针 current, 查找值 x; 输出：若查找成功, 函数返回找到结
//点的地址, 引用参数 current 返回更新的当前检测指针; 否则函数返回 NULL
    CircNode *p, *q;
    if(x == current->data) return current;
    if(x < current->data) { p = head;  q = current; }
                                                //确定查找区间, 用 p、q 指向
    else { printf("%d ", current->data);  p = current->link;  q = head; }
    while(p != q && p->data < x) { printf("%d ",p->data);  p = p->link; }
    if(p->data == x){current = p;  return p;}   //找到, 返回结点地址
    else { current = head;  return NULL; }      //未找到, 返回空指针
}
```

算法的时间复杂度为 O(1)，空间复杂度为 O(1)。

2.7.4 多项式的链表存储表示

1. 多项式的表示

如对下面的一个一元多项式 $A(x)$,

$$A(x) = 2.5 + 15.2x^2 + 10.0x^3 + 1.5x^4 = \sum_{i=0}^{4} a_i x^i$$

定义多项式中最高的指数为多项式的阶。

2. 多项式的存储表示

多项式的链表存储表示适用于项数不定的多项式,特别是对于项数在运算过程中动态增长的多项式,不存在存储溢出的问题。例如,对于一元多项式 $A = 1-10x^6+2x^8+7x^{14}$,它的链表表示如图 2-16 所示。

图 2-16　多项式的链表表示

一元多项式链表表示的类型定义如下(保存于头文件 Polynomial.h 中)。

```c
#include<stdio.h>
#include<stdlib.h>
#include<math.h>
#define maxSize                      //项数最大个数
typedef struct node {                //多项式结点的定义
    double coef;                     //系数
    int exp;                         //指数
    struct node *link;
} Term, *Polynomial;                 //多项式的类型定义
void initList(Polynomial& A) {       //多项式初始化,并置空
    A =(Term*) malloc(sizeof(Term));
    A->link = NULL;
}
```

多项式链表是带头结点的单链表。每个链表结点表示多项式中的一项,命名为 Term。Term 包括两个数据域:coef(系数)和 exp(指数),还有一个指针域 link。

3. 多项式的基本运算的实现

2-190　设计一个算法,输入一组一元多项式的系数和指数,按指数递减的方式创建一个一元多项式链表。如果输入的指数与链表中已有的某一个项的指数相等,则用新项替换旧项。整个输入序列以输入系数为 0 标志结束。

【解答】算法采用链表插入排序的思想。每输入一个项的系数 c 和指数 e,就要判断是否 c = 0:若是则构造结束;否则在多项式链表中按照降幂顺序查找插入位置,再根据指数相等或小于 e,确定是插入还是替换。这个过程持续下去直到构造完成。算法的实现如下。

```c
void Input(Polynomial& A, double C[], int E[], int n) {
//从系数数组 C[n]和指数数组 E[n]输入一元多项式的各项,创建一个按降幂方式排列
//的一元多项式 A。要求调用此函数前 PL 已存在且已置空
```

```
//算法调用方式 Input(Polynomial& A, double C[], int E[], int n)。输入：
//已初始化的多项式链表 A，系数数组 C，指数数组 E，多项式的项数 n；输出：创建完成的按
//降幂排列的多项式链表 A
    Polynomial newTerm, p, pr;  int i;
    for(i = 0; i < n; i++) {                    //输入各项的系数和指数
        p = A->link;  pr = A;                   //按降幂查找新项插入位置
        while(p != NULL && p->exp > E[i]) { pr = p;  p = p->link; }
        if(p != NULL && p->exp == E[i])         //已有指数相等的项，不插入
            printf("已有与指数%d相等的项，输入作废\n", E[i]);
        else {
            newTerm=(Term*) malloc(sizeof(Term));    //创建新结点
            newTerm->coef = C[i];  newTerm->exp = E[i];
            newTerm->link = p;  pr->link = newTerm;//链入并保持项指数降序
        }
    }
}
```

设链表 A 的长度为 n，算法的时间复杂度为 O(n)，空间复杂度为 O(n)。

2-191　若一元多项式采用带头结点的单链表存储，且各项按降幂方式链接。设计一个算法，按照降幂次序输出一个一元多项式。

【解答】算法只需沿着多项式链输出就可以了。但是，有几个细节要特别处理，第一，首项的符号处理，若是"+"不输出；第二，其他项的系数，若是正数输出"+"，若是负数输出"—"；第三，若是常数项，不输出指数符号"X"；若是 1 次幂项，不输出"X"后面的指数，若是高次幂，用"X^"+e 的方式输出"X"后面的指数。算法的实现如下。

```
void Output(Polynomial& A) {
//算法调用方式 Output(A)。输入：多项式链表 A；输出：按降幂输出多项式链表 A
    Polynomial p = A->link;
    printf("The polynomal is:\n");
    bool h = 1;                                 //最初不输出"+"号的标识
    while(p != NULL) {
        if(h == 1) {
            if(p->coef < 0) printf("-");        //第一项系数小于零输出"-"
            h = 0;
        }
        else {                                  //非第一项输出系数符号
            if(p->coef > 0) printf("+");
            else printf("-");
        }
        if(p->exp == 0 || fabs(p->coef) != 1)
            printf("%g", fabs(p->coef));        //输出项的系数
        switch(p->exp) {                        //输出项的指数
            case 0: break;                      //常数项不输出指数
            case 1: printf("X");  break;        //一次项仅输出"X"
            default: printf("X^%d", p->exp);    //高次项输出"X^指数"
        }
```

```
        p = p->link;                                          //下一项
    }
    printf("\n");
}
```

设链表 A 的长度为 n，算法的时间复杂度为 O(n)，空间复杂度为 O(1)。

2-192　若一元多项式采用带头结点的单链表存储，且各项按降幂方式链接。设计一个算法，将表示一元多项式的单链表就地逆置，改为按幂指数升序链接。

【解答】　将按照降幂排列的多项式链表视为原链表，让原链表的头结点成为新链表的头结点，依次从原链表中摘下结点并采用头插法链入新链表，就可将多项式从降幂链接改为按升幂链接。算法的实现如下。

```
void reverse(Polynomial& A) {
//算法调用方式 reverse(A)。输入：按降幂排列的多项式链表 A；输出：逆转为按升
//幂排列的多项式链表 A
    Polynomial p, q;
    p = A->link;  A->link = NULL;                         //新链表初始化
    while(p != NULL) {
        q = p;  p = p->link;                              //在原链表中摘下*q
        q->link = A->link;  A->link = q;                  //将*q 插入新链表表头
    }
}
```

设链表 A 的长度为 n，算法的时间复杂度为 O(n)，空间复杂度为 O(1)。

2-193　若一元多项式采用带头结点的单链表存储，且各项按降幂方式链接。设计一个算法，计算稀疏一元多项式在 x 处的值。

【解答】　稀疏多项式各项的幂指数是跳动的，不是连续的，可采用最基本的计算方式，对每一个项，直接用 pow(x, y) 求 x 的 y 次幂的值，该函数的原型在头文件 math.h 中。算法的实现如下。

```
double calcValue(Polynomial& A, double x) {
//算法调用方式 double y = calcValue(A, x)。输入：按降幂排列的多项式链表 A，
//输入值 x；输出：函数返回求得的多项式的值。
//pow(x, y)是求 x 的 y 次幂的函数
    Polynomial p = A->link;  double value = 0.0;
    while(p != NULL) {
        value = value + pow(x, p->exp) * p->coef;
        p = p->link;
    }
    return value;
}
```

设链表 A 的长度为 n，算法的时间复杂度为 O(n)，空间复杂度为 O(1)。

2-194　若一个降幂排列的稠密一元多项式 $P_n(x) = a_0 x^n + a_1 x^{n-1} + a_2 x^{n-2} + \cdots + a_{n-1} x + a_n$ 用带头结点的单链表表示。设计一个算法，计算多项式 A 在 x 处的值。

【解答】　按降幂链接的一元多项式 $P_n(x) = a_0 x^n + a_1 x^{n-1} + a_2 x^{n-2} + \cdots + a_{n-1} x + a_n$ 可以描述为

如下迭代形式：$P_0(x) = a_0$，$P_{i+1}(x) = x*P_i(x)+a_{i+1}$，$i = 0, 1,\cdots, n-1$，则问题可以写为如下形式：$P_n(x) = x*P_{n-1}(x)+a_n$，这是问题的递归解法。这种递归算法很容易用一个循环实现其非递归求解。不过它只适用于稠密多项式，即不存在或很少存在零系数项。算法的实现如下。

```
double calcValue(Polynomial& PL, double x) {          //求多项式 PL 在 x 处的值
//算法调用方式 double y = calcValue(PL, x)。输入：按降幂排列的多项式链表 PL,
//输入值 x; 输出：函数返回求得的多项式的值
    Polynomial p;  double result = 0;                 //求值工作单元
    for(p = PL->link; p != NULL; p = p->link)         //迭代求值
        result = result*x + p->coef;
    return result;
}
```

设链表 A 的长度为 n，算法的时间复杂度为 $O(n)$，空间复杂度为 $O(1)$。

2-195　若一个升幂排列的稠密一元多项式 $P_n(x) = a_0+a_1x+a_2x^2+\cdots+a_{n-1}x^{n-1}+a_nx^n$ 用带头结点的单链表表示。设计一个算法，计算多项式 A 在 x 处的值。

【解答】　使用 Horner 规则可将多项式改写为

$$P_n(x) = a_0+(a_1x+(a_2+(a_3+\cdots+(a_{n-1}+a_n*x)*x\cdots)*x)*x)*x$$

求值方法从最内层的 a_n 开始，其迭代方式是 $P_n(x) = a_n$，$P_{i-1}(x) = a_{i-1}+P_i(x)*x$，$i = n-1$, $n-2,\cdots,0$。解法是在沿着链向链尾遍历时把链接指针逆转，到达链尾取得 a_n，再从链尾逆向遍历，取得 $a_{n-1}, a_{n-2},\cdots, a_0$，逆向遍历过程中再把链接指针逆转回来。算法的实现如下。

```
double calcValue(Polynomial& A, double x) {
//算法调用方式 double y = calcValue(A, x)。输入：按升幂排列的多项式链表 A,
//输入值 x; 输出：函数返回求得的多项式的值
    Polynomial pre = A, p = A->link, q;  double result = 0;
    while(p != NULL)                                  //逆转单链表
        { q = p->link;  p->link = pre;  pre = p;  p = q; }
    while(pre != A) {
        result = result * x + pre->coef;             //求值
        q = pre->link;  pre->link = p;  p = pre;  pre = q;//链表反转回来
    }
    pre->link = p;
    return result;
}
```

设链表 A 的长度为 n，算法的时间复杂度为 $O(n)$，空间复杂度为 $O(1)$。

2-196　设两个多项式 A 和 B 都是按照升幂排列的用带头结点的单链表表示的，设计一个算法，实现 A+B。要求相加结果存入第三个链表 C，链表 A 和 B 不变。

【解答】　设 p 和 q 分别是多项式链表 A 和 B 的遍历指针，指向相加过程中当前检测的结点，并设结果多项式链表的头指针为 C，存放指针为 r。算法的思路是：

（1）当 p 和 q 没有检测完各自的链表时，比较各自所指结点的指数：若指数不等，指数大的加入 C 链，同时相应链指针 p 或 q 进 1；若指数相等，对应项系数相加。若相加结果不为零，则结果加入 C 链，若相加结果为零则不加入 C 链，然后 p 与 q 都进 1。因为浮

点数计算的近似性，用其值的绝对值小于一个给定小数作为是否等于零的判断。

（2）当 p 或 q 中有一个已检测完自己的链表，把另一个链表的剩余部分加入到 C 链中。算法的实现如下。

```
void ADD(Polynomial& A, Polynomial& B, Polynomial& C) {
//计算 C = A+B。算法调用方式 ADD(A, B, C)。输入：有两个按升幂排列的多项式
//链表 A 和 B，第三个多项式链表 C 也已初始化；输出：多项式 A＋B 的结果存入升
//幂排列的多项式链表 C
    Polynomial p, q, r, s; double temp;
    r = C;    p = A->link;  q = B->link;
    while(p != NULL && q != NULL)               //两两比较
        if(p->exp == q->exp) {                  //对应项指数相等
            temp = p->coef + q->coef;           //系数相加
            if(fabs(temp) > 0.001){             //相加后系数不为 0
                s = (Term*) malloc(sizeof(Term));
                r->link = s;  r = r->link;
                r->coef = temp;  r->exp = p->exp;
            }
            p = p->link;  q = q->link;
        }
        else {                                  //对应项指数不等
            s =(Term*) malloc(sizeof(Term));
            r->link = s;  r = r->link;          //创建新项，r 是 C 链尾指针
            if(p->exp > q->exp) {               //p 指数大
            r->coef = p->coef;  r->exp = p->exp;
            p = p->link;                        //p 指向 A 链下一个结点
        }
            else {                              //q 指数大
                r->coef = q->coef;  r->exp = q->exp;
                q = q->link;                    //q 指向 B 链下一个结点
            }
        }
    p = (p != NULL) ? p : q;                    //p 指向剩余链的地址
    while(p != NULL) {                          //处理链剩余部分
        r->link =(Term*) malloc(sizeof(Term));
        r = r->link;  r->coef = p->coef;  r->exp = p->exp;
        p = p->link;
    }
    r->link = NULL;
}
```

设 A 和 B 两个链表的长度分别为 n 和 m，算法的时间复杂度为 O(n+m)，空间复杂度为 O(n+m)。

2-197 若两个一元多项式 A 和 B 都采用带头结点的单链表存储，所有结点按降幂方式链接。设计一个算法，实现 A-B，相减结果按降幂方式存入链表 C，A 和 B 保持不变。

【解答】 设指针 p 和 q 是 A 和 B 的检测指针，r 是结果链表的存放指针。

（1）当两个多项式链表都未处理完时，比较指针 p 和 q 所指结点的指数，如果 p 和 q 所指结点的指数相等且 tmp＝p->coef-q->coef≠0，则将 tmp 作为系数的新项插入结果链 C 中；如果 p 和 q 所指结点的指数不等，若 p->exp 大，则将 p 所指结点直接插入结果链 C 中；若 q->exp 大，则将 q->coef 取反再将其插入结果链 C 中。

（2）当 A 或 B 中有一个已处理完，可将另一多项式复制到结果链 C 中。

算法的实现如下。

```
void SUB(Polynomial& A, Polynomial& B, Polynomial& C) {
//计算 C = A-B。算法调用方式 SUB(A，B，C)。输入：有两个按降幂排列的多项式
//链表 A 和 B，第三个多项式链表 C 也已初始化；输出：多项式 A－B 的结果存入降幂排列
//的多项式链表 C
    Polynomial p, q, r;
    p = A->link;  q = B->link;  r = C;
    while(p != NULL && q != NULL) {                    //两多项式未扫描完
        if(p->exp > q->exp) {                          //A 多项式当前项指数大
            r->link =(Term*) malloc(sizeof(Term));
            r = r->link;  r->coef = p->coef;  r->exp = p->exp;
            p = p->link;
        }
        else if(p->exp < q->exp) {                     //B 多项式当前项指数大
            r->link =(Term*) malloc(sizeof(Term));
            r = r->link;  r->coef = -q->coef;  r->exp = q->exp;
            q = q->link;
        }
        else {                                         //A、B 当前项指数相等
            if(fabs(p->coef - q->coef) > 0.001){       //系数相减不为零存入 C
                r->link =(Term*) malloc(sizeof(Term));
                r = r->link;  r->coef = p->coef - q->coef;
                r->exp = p->exp;
            }
            p = p->link;  q = q->link;
        }
    }
    p =(p != NULL) ? p : q;                             //p 指向未处理完链
    while(p != NULL) {                                  //处理未处理完链
        r->link =(Term*) malloc(sizeof(Term));
        r = r->link;  r->coef = p->coef;  r->exp = p->exp;
        p = p->link;
    }
    r->link = NULL;
}
```

设 A 和 B 两个链表的长度分别为 n 和 m，算法的时间复杂度为 $O(\max\{n, m\})$，空间复杂度为 $O(\max\{n, m\})$。

2-198 若两个一元多项式 A 和 B 都采用带头结点的单链表存储，所有结点按降幂方式链接。设计一个算法，实现 A×B，相减结果按降幂方式存入链表 C，A 和 B 保持不变。

【解答】 设指针 p 和 q 是 A 和 B 的检测指针，r 是结果链表的存放指针。算法使用了一个两重循环，对于 A 的每一项，依次用 B 的所有项与之相乘（方式为指数相加，系数相乘）。对于每一个相乘结果，到结果链中查找插入位置（用 r 指向，pr 存储它的前趋）。

（1）如果 r 所指项的指数与相乘结果的指数相等，累加其系数，若累加结果不为零，将累加结果存入 r 所指项；若累加结果为零，则从结果链删去 r 所指项。

（2）如果 r 所指项的指数刚小于相乘结果的指数，则 pr 所指项的指数大于相乘结果的指数，此时可将相乘结果作为新项插入 r 所指项之前，pr 所指项之后。

算法的实现如下。

```
void MUL(Polynomial& A, Polynomial& B, Polynomial& C) {
//计算 C = A×B。算法的调用方式 MUL(A, B, C)。输入：有两个按降幂排列的多项
//式链表 A 和 B，第三个多项式链表 C 也已初始化；输出：多项式 A×B 的结果存入降幂
//排列的多项式链表 C
    Polynomial p, q, r, pr, s;  double co;  int ex;
    for(p = A->link; p != NULL; p = p->link)
        for(q = B->link; q != NULL; q = q->link) {
            co = p->coef*q->coef;  ex = p->exp+q->exp;
            pr = C;  r = C->link;                    //在 C 中查找插入位置
            while(r != NULL && r->exp > ex) { pr = r;  r = r->link; }
            if(r != NULL && r->exp == ex) {    //有与新项指数相等的项
                if(fabs(r->coef + co) > 0.001)  //合并后系数不为 0
                    r->coef = r->coef + co;         //合并
                else {pr->link = r->link;  free(r);}//否则系数为 0 删除
            }
            else {                                  //无与新项指数相等的项
                s =(Term*) malloc(sizeof(Term));    //创建新项
                s->exp = ex,  s->coef = co;
                pr->link = s;  s->link = r;         //插入链接
            }
        }
}
```

设 A 和 B 两个链表的长度分别为 n 和 m，算法的时间复杂度为 O(n×m)，空间复杂度为 O(n+m)。

2-199 设两个一元多项式都采用带头结点的单链表存储，所有结点按降幂方式链接。设计一个算法，实现 A÷B，商按降幂方式存入链表 C，剩余项保存在链表 A。

【解答】 若被除式 $A = 7x^6 - 6x^4 + 8x^4 - x + 1$，除式 $B = x^2 + x + 1$，相除过程如图 2-17 所示。

从此例可以看到，降幂方式存储的一元多项式相除的过程大致如下：

（1）如果当前被除式 A 的最高次幂项的指数小于除式 B 的最高次幂项的指数，算法停止。当前被除式 A 即为相除的余式，新链 C 即为商式。

（2）否则，用当前被除式 A 的最高次幂项除以除式 B 的最高次幂项（系数相除，指数相减），得到的结果 w 成为商的一项，加入新链 C。再用 w 分别乘除式的每一项，得到约减多项式 u。

商	被 除 式	除 式
$7x^4$	$7x^6 - 7x^5 - 6x^4 - 7x^3 + 8x^2 - x + 1$ $-7x^6 - 7x^5 - 7x^4$	$x^2 + x + 1$ $(x^2 + x + 1) \times (7x^4) \Rightarrow 7x^6 + 7x^5 + 7x^4$
$-7x^3$	$7x^6 - 7x^5 - 13x^4 - 7x + 8x^2 - x + 1$ $+ 7x^5 + 7x^4 + 7x^3$	$x^2 + x + 1$ $(x^2 + x + 1) \times (-7x^3) \Rightarrow -7x^5 - 7x^4 - 7x^3$
$-6x^2$	$- 6x^4 + 7x^3 + 8x^2 - x + 1$ $+ 6x^4 + 6x^3 + 6x^2$	$x^2 + x + 1$ $(x^2 + x + 1) \times (-6x^2) \Rightarrow -6x^4 - 6x^3 - 6x^2$
$+13x$	$+ 13x^3 + 14x^2 - x + 1$ $- 13x^3 - 13x^2 - 13x$	$x^2 + x + 1$ $(x^2 + x + 1) \times (13x) \Rightarrow +13x^3 + 13x^2 + 13x$
$+ 1$	$+ x^2 - 14x + 1$ $- x^2 - x - 1$	$x^2 + x + 1$ $(x^2 + x + 1) \times (+1) \Rightarrow + x^2 + x + 1$
	$- 15x$	

图 2-17　题 2-199 的图

（3）将当前被除式 A 的最高次幂项与约减式 u 的最高次幂项对齐、相减，得到新的被除式 A，原来的最高次幂项被减掉，次最高次幂项成为新被除式 A 的最高次幂项，转向（1）。算法的实现如下。

```
void DIV(Polynomial& A, Polynomial& B, Polynomial& C) {
//计算 C = A÷B。算法的调用方式 DIV(A, B, C)。输入：有两个按降幂排列的多项
//式链表 A 和 B，第三个多项式链表 C 也已初始化；输出：多项式 A÷B 的结果存入降幂
//排列的多项式链表 C
    Polynomial pr, p, q, r, s, t, u, v;  double co, df;  int ex;
    pr = A;  r = C;
    co = B->link->coef;  ex = B->link->exp;        //B 链首项的系数和指数
    while(pr->link != NULL && pr->link->exp >= ex) {    //被除链逐项处理
        p = pr->link;
        s =(Term*) malloc(sizeof(Term));            //商的当前项
        s->coef = p->coef / co;  s->exp = p->exp - ex;
        r->link = s;  r = s;  s->link = NULL;       //链入 C 结果链
        u =(Term*) malloc(sizeof(Term));            //创建约减链的头结点
        q = B->link;  v = u;
        while(q != NULL) {
            t =(Term*) malloc(sizeof(Term));
            t->coef = s->coef * q->coef;  t->exp = s->exp + q->exp;
            v->link = t;  v = t;  q = q->link;
        }
        v->link = NULL;                             //约减链收尾
        p = pr;  q = u;
        while(p->link != NULL && q->link != NULL) {  //约减
            if(p->link->exp == q->link->exp) {       //对应项指数相等
                df = p->link->coef - q->link->coef;  //系数相减
                v = q->link;  q->link = v->link;  free(v);
                if(fabs(df) > 0.001)                 //相减不为 0
```

```
            { p->link->coef = df;  p = p->link; }
        else { v = p->link;  p->link = v->link;  free(v); }
      }
      else {                                      //对应指数不等
          while(p->link != NULL && p->link->exp > q->link->exp)
              p = p->link;                        //找插入位置
          v = q->link;  q->link = v->link;        //在约减链摘下 v
          v->link = p->link;  p->link = v;        //在被减链插入 v
          v->coef = -v->coef;  p = p->link;
      }
    }
  }
  r->link = NULL;
}
```

设 A 和 B 两个链表的长度分别为 n 和 m，算法的时间复杂度为 $O(n \times m)$，空间复杂度为 $O(n-m)$。

2-200　若一个一元多项式采用带头结点的单链表存储。设计一个算法，求该多项式的导数，结果仍保存在原链表中。

【解答】　多项式常数项的导数为零，非常数项的 $c_i x^{e_i}$ 的导数为 $c_i e_i x^{e_i-1}$，对多项式求导就是对多项式的每一个项求导。算法的实现如下。

```
void Derive(Polynomial& A) {
//算法调用方式 Derive(A)。输入：多项式链表 A；输出：对多项式 A 每一项求导，
//常数项消失，求导结果存入多项式链表的原来位置
    Polynomial p = A->link, pre = A;
    while(p != NULL) {
        if(p->exp == 0) {                         //删除常数项
            pre->link = p->link;  free(p);
            p = pre->link;
        }
        else {                                    //对每一项求导
            p->coef = p->coef * p->exp;
            p->exp--;
        }
        pre = p;
        if(p != NULL) p = p->link;
    }
}
```

设 A 链表的长度为 n，算法的时间复杂度为 $O(n)$，空间复杂度为 $O(1)$。

2-201　设一个一元多项式用长度为 m 的带有头结点的单链表按照降幂方式表示，$e_{m-1} > e_{m-2} > \cdots > e_0 > 0$。其中，m 是多项式 P(x) 中非零项（Term）的个数：

$$P(x) = a_{m-1}x^{e_{m-1}} + a_{m-2}x^{e_{m-2}} + \cdots + a_0x^{e_0}$$

（1）给出在一元多项式中插入新项的算法 Insert。该算法的功能是：如果多项式中没有

与新项的指数相等的项，则将此新项插入多项式链表的适当位置；如果多项式中已有与新项的指数相等的项，则将它们合并。

（2）利用这个插入算法给出一元多项式乘法的实现算法。

【解答】 两个一元多项式相乘，乘积公式为

$$A(x) \cdot B(x) = \left(\sum_{i=0}^{n} a_i x^i \right) \left(\sum_{j=0}^{m} b_j x^j \right) = \sum_{i=0}^{n} a_i \sum_{j=0}^{m} b_j x^{i+j}$$

算法需要执行两重循环，累加 $a_i b_j x^{i+j}$。算法的实现如下。

```
void Insert(Polynomial& PL, double c, int e) {
//在多项式链表 L 中插入系数为 c, 指数为 e 的新项
    Polynomial pre = PL, p = PL->link;
    while(p != NULL && p->exp > e) { pre = p;  p = p->link; }
    if(p != NULL && p->exp == e) {                    //有与新项指数相等的项
        if(p->coef + c != 0) p->coef = p->coef + c;   //合并
        else { pre->link = p->link;  free(p); }       //或删除
    }
    else {                                            //无与新项指数相等的项
        Polynomial q =(Term*) malloc(sizeof(Term));   //创建
        q->exp = e,  q->coef = c;
        pre->link = q;  q->link = p;                  //链接
    }
}
void MUL(Polynomial& A, Polynomial& B, Polynomial& C) {
//算法调用方式 MUL(A, B, C)。输入：有两个按降幂排列的多项式链表 A 和 B, 第
//三个多项式链表 C 也已初始化；输出：利用 Insert 运算实现多项式 A×B, 结果存
//入降幂排列的多项式链表 C
    Polynomial pa, pb;  double co;  int ex;
    C =(Term*) malloc(sizeof(Term));
    C->link = NULL;
    for(pa = A->link; pa != NULL; pa = pa->link) {
        for(pb = B->link; pb != NULL; pb = pb->link) {
            co = pa->coef * pb->coef;  ex = pa->exp + pb->exp;
            Insert(C, co, ex);
        }
    }
}
```

设 A 和 B 两个链表的长度分别为 n 和 m, 算法的时间复杂度为 O(n×m), 空间复杂度为 O(n+m)。

设多项式链表的长度为 n, 算法的时间复杂度为 O(n), 空间复杂度为 O(1)。

2-202 若采用数组来存储一元多项式的系数，即用数组的第 i 个元素存放多项式的 i 次幂项的系数，如对于一元多项式 $f(x) = 6x^6 + 7x^4 - 10x^2 + 5x + 3$, 用数组表示如图 2-18 所示。

	0	1	2	3	4	5	6	⋯	⋯
coef	3	5	−10	0	7	0	6	⋯	⋯

图 2-18 题 2-202 的图

设计一个算法，求两个一元多项式的和。要求相加结果存入第三个数组 C，数组 A 和 B 不变。

【解答】 设两个一元多项式 A(x)和 B(x)分别为

$$A(x) = a_0 + a_1x + a_2x^2 + \cdots + a_nx^n, \quad B(x) = b_0 + b_1x + b_2x^2 + \cdots + b_mx^m$$

当 n≤m 时，两个一元多项式的和为

$$A(x)+B(x) = (a_0+b_0) + (a_1+b_1)x + (a_2+b_2)x^2 + \cdots + (a_n+b_n)x^n + b_{n+1}x^{n+1} + \cdots + b_mx^m$$

当 n>m 时，两个一元多项式的和为

$$A(x)+B(x) = (a_0+b_0) + (a_1+b_1)x + (a_2+b_2)x^2 + \cdots + (a_m+b_m)x^m + a_{m+1}x^{m+1} + \cdots + a_nx^n$$

算法的实现如下。

```
#include<stdio.h>
#include<stdlib.h>
#define maxSize 30
typedef struct {                                    //多项式的定义
    double coef[maxSize];                           //系数数组
    int order;                                      //阶
} Polynomial;
void Input(Polynomial& PL, double C[], int n) {     //创建多项式
    PL.order = n-1;                                 //阶比项数少
    for(int i = 0; i < n; i++) PL.coef[i] = C[i];   //创建系数数组
}
void Output(Polynomial& PL) {                       //输出多项式
    printf("order of Polynomial is %d\n", PL.order);
    for(int i = 0; i <= PL.order; i++) printf("%g ", PL.coef[i]);
    printf("\n");
}
void Add(Polynomial& A, Polynomial& B, Polynomial& C) {
//算法调用方式Add(A, B, C)。输入：有两个存放在系数数组中的多项式A和B,
//还有一个多项式C也用系数数组存储；输出：A＋B的结果存放于多项式C的系数
//数组内
    int m = A.order, n = B.order, i;
    for(i = 0; i <= m && i <= n; i++)               //指数相同，系数相加
        C.coef[i] = A.coef[i] + B.coef[i];
    while(i <= m) C.coef[i] = A.coef[i++];          //两个while循环只执行一个
    while(i <= n) C.coef[i] = B.coef[i++];
    C.order=(m > n) ? m : n;                        //结果多项式的阶
}
```

设 A 和 B 两个链表的长度分别为 n 和 m，算法的时间复杂度为 O(n+m)，空间复杂度为 O(max{n, m})。

2-203 设计一个算法，将一个用循环单链表表示的稀疏多项式分解成两个多项式，使

这两个多项式中各自仅含奇次项或偶次项，并要求利用原链表中的结点空间构成这两个链表。

【解答】 设 B 链存放奇次项。首先创建 B 链的头结点，并将其初始化为空链表。然后遍历一遍 A 链，将所有的奇次项结点从 A 链摘下并插入 B 链中。算法的实现如下。

```
#include<Polynomial.h>
void Input(Polynomial& PL, double C[], int E[], int n) {
    PL=(Term*) malloc(sizeof(Term));
    PL->link = PL;                           //创建空链表的头结点
    Term *p, *pr, *s;  int i;
    for(i = 0; i < n; i++) {                 //逐项创建链表
        s =(Term*) malloc(sizeof(Term));
        s->coef = C[i]; s->exp = E[i];       //创建新项结点
        pr = PL; p = pr->link;               //按指数查找有序链表
        while(p != PL && p->exp < s->exp)
            { pr = p;  p = p->link; }         //查找*s 插入位置
        if(p != PL && p->exp == s->exp)      //已有此项
            p->coef = s->coef;               //仅改系数
        else { pr->link = s;  s->link = p; } //否则按升幂插入
    }
}
void Output(Polynomial& PL) {                //输出循环有序链表
    for(Term *p = PL->link; p != PL; p = p->link)
        printf("(%g, %d)  ", p->coef, p->exp);
    printf("\n");
}
void SplitPoly(Polynomial& A, Polynomial& B) {
//算法的调用方式 SplitPoly(A, B)。输入：用循环单链表存储的多项式链表 A 和 B,
//其中 A 是非空表, B 是已初始化的空表；输出：把 A 中的指数为奇数的项链入 B 表，指
//数为偶数的项留在 A 表
    Term *p, *q, *s;
    B=(Term*) malloc(sizeof(Term));
    B->link = B;                             //奇次项链表初始化
    p = A->link; q = A; s = B;
    while(p != A) {                          //遍历 A 链表
        if(p->exp % 2 == 0) { q = p;  p = p->link; }
                                             //若 A 当前项指数为偶数跳过
        else {                               //若 A 当前项指数为奇数
            q->link = p->link;               //从 A 链表摘下*p
            p->link = s->link;  s->link = p;  s = p;
            p = q->link;                     //插入 B 的表尾*s 后面
        }
    }
}
```

设原链表 A 的长度为 n，算法的时间复杂度为 O(n)，空间复杂度为 O(1)。

2.7.5 大整数运算

1. 大整数的定义

位数超过 11 位的整数称为大整数。通常使用计算机中的整型数无法表示大整数，因此可使用一个整数数组或单链表来存储它。大整数的每一位数字在整数数组中用一个数组元素或在单链表中用一个结点存储。

对于位数超多的大整数，一般采用字符串的形式存储，一个字符存储大整数的一位数值。作为操作函数的输入，一般要求参加运算的数字串是串值，或者是已经分配了存储空间的串变量。这样在程序的首部，需要计算机提供的两个头文件，对于单链表，还需要增加一个。

```
#include<stdio.h>          //提供输入输出操作
#include<string.h>         //提供字符串操作
#include<stdlib.h>         //提供动态存储操作
#define maxLen 200         //数组的最大容量，一般应大于 200
```

在操作函数内部，因为操作结果的位数可能变化较大，一般在首元位置放置大整数的个位，以提高算法的效率和灵活性。

2. 大整数的基本运算

2-204 设计一个算法，实现大整数的从字符串向整数数组的转换。

【解答】 算法假定对于正数，相应字符串的头部不加"+"字符，对于负数，相应字符串的头部应加"–"字符，这样取后续整数位时可区分首取位置。算法的实现如下。

```
int StrtoInt(char *s, int L[], int& sign) {
//将字符串 s 转换为整数数组 L, L[0]为个位数。sign 是正负号。算法调用方式 int k =
//StrtoInt(s, L, sign)。输入：整数字符串 s; 输出：函数返回数组 L 中存放整数的
//数组元素个数（位数），转换成的每位存放一个数字的无符号整数数组 L, 引用参数 sign
//返回整数的正负号: sign = 1正数, sign = -1负数
    int i, j, len = strlen(s);
    if(s[0] != '-') { sign = 1;  i = 0;}      //正数时 sign=1, 从 0 开始取数
    else { sign = -1;  i = 1; }               //负数时 sign=-1, 从 1 开始取数
    for(j = i; j < len; j++) L[len-j-1] = s[j]-48; //逐位转换，逆向安放
    if(sign == -1) len--;                     //负数时长度减去"–"
    return len;
}
```

设大整数的位数为 n, 算法的时间复杂度为 O(n), 空间复杂度为 O(1)。

2-205 设计一个算法，实现大整数从整数数组到字符串的转换。

【解答】 算法的实现如下。

```
void InttoStr(int L[], char s[], int sign, int len) {
//将正数数组 L[]中整数转换为字符串 s, 负数时在 s[0]中存放负号。算法调用方式
//InttoStr(L, char s[], int sign, int len)。输入：无符号整数数组 L,
//符号位 sign, L 中数字个数 len; 输出：转换成的字符串整数 s
```

```
    int i, j;
    if(sign == 1) {                                      //正数
        for(i = 0; i <= len-1; i++) s[i] = L[len-i-1]+48;
        s[len] = '\0';
    }
    else {                                               //负数
        for(i = 1; i <= len; i++) s[i] = L[len-i]+48;
        s[0] = '-';  s[len+1] = '\0';
    }
    if(s[0] == '-') { i = 1; j = 1; }
    else { i = 0; j = 0; }
    if(s[j] == '0' && s[j+1] == '\0') return;
    while(s[j] == '0') j++;                               //压缩串中前导空格
    if(s[j] == '\0') { s[i] = '0';  s[i+1] = '\0'; }
    while(s[j] != '\0') s[i++] = s[j++];
    s[i] = '\0';
}
```

设大整数的位数为 n，算法的时间复杂度为 O(n)，空间复杂度为 O(1)。

2-206　设计一个算法，实现两个无符号整数 S 和 T 的比较。如果 S<T 则返回-1；如果 S=T 则返回 0；如果 S>T 则返回 1。

【解答】　算法首先比较 T 与 S 的位数，当两者位数相等时再从高位到低位逐位比较。算法的实现如下。

```
int compare(int S[], int T[], int slen, int tlen) {
//算法调用方式 int k = compare(S, T, slen, tlen)。输入：两个无符号整数数组 S、
//T，S 中数字个数 slen，T 中数字个数 tlen；输出：若 S>T 函数返回 1，S=T 函数返
//回 0，S<T 函数返回-1
    if(slen > tlen) return 1;                            //S 比 T 位数多，S 大
    if(slen < tlen) return -1;                           //S 比 T 位数少，T 大
    for(int i = slen-1; i >= 0; i--)                     //S 与 T 位数一样多，逐位比较
        if(S[i] > T[i]) return 1;                        //对应位比较，s[i]大则 S 大
        else if(S[i] < T[i]) return -1;                  //S[i]小则 S 小
    return 0;                                            //全部相等
}
```

设两个整数的位数分别为 n 和 m，当 n≠m 时算法的时间复杂度为 O(1)，当 n=m 时算法的时间复杂度为 O(n)，空间复杂度为 O(1)。

2-207　设计一个算法，实现两个大无符号整数的相加运算 C = A+B。

【解答】　对作为加数和被加数的两个整数数组从个位起，按位相加，若产生进位，则将进位数据存于 carry，在进行高一位相加时加入。如果最高位也产生进位数据，则将其进位数据增加到数组下一个元素位置，最后将整数转换为整数串输出。算法的实现如下。

```
int Add(int A[], int B[], int C[], int al, int bl) {
//计算 C=A+B。算法调用方式 int k = Add(A, B, C, al, bl)。输入：两个无符号整数
//数组 A 和 B，A 中数字个数 al，B 中数字个数 bl；输出：A+B 的结果存放于 C 中。函数返回
```

```
//C中数字个数
    int i, j, k, sum, carry;
    i = 0;  j = 0;  k = 0;  carry = 0;            //k是结果数组中数字计数
    while(i < al && j < bl) {                      //逐位相加
        sum = A[i++]+B[j++]+carry;
        C[k++] = sum % 10;  carry = sum / 10;
    }
    while(i < al) {                                //处理A未完部分
        sum = A[i++]+carry;
        C[k++] = sum % 10;  carry = sum / 10;
    }
    while(j < bl) {                                //处理B未完部分
        sum = B[j++]+carry;
        C[k++] = sum % 10;  carry = sum / 10;
    }
    if(carry != 0) C[k++] = carry;                 //处理最后进位
    return k;                                      //结果数组中数字个数
}
```

设两个整数的位数分别为 n 和 m，算法的时间复杂度为 $O(\max\{n, m\})$，空间复杂度为 $O(1)$。

2-208 设计一个算法，实现两个大无符号整数的相减运算 C＝A－B，要求 A≥B。

【解答】 被减数与减数从个位起，按位相减，若遇到借位，则将借位数存于 borrow，在进行更高一位减法时把借位数减去。算法的实现如下。

```
int Sub(int A[], int B[], int C[], int al, int bl) {
//计算C=A-B。算法调用方式int k = Sub(A, B, C, al, bl)。输入：两个无符号整数
//数组A和B，A中数字个数al，B中数字个数bl，要求A数组数字大于B数组的数字；
//输出： A-B的结果存放于C中，函数返回C中数字个数
    int i, k, diff, borrow, count = 0;
    k = 0;  borrow = 0;                            //borrow是借位
    for(i = 0; i < bl; i++) {                      //按位相减
        diff = A[i]-B[i]-borrow;                   //差
        if(diff < 0) { diff = diff+10;  borrow = 1; }
        else borrow = 0;
        C[k++] = diff;
    }
    for(; i < al && borrow == 1; i++) {            //处理A中未完部分
        diff = A[i]-borrow;
        if(diff < 0) { diff = diff+10; borrow = 1; }
        else borrow = 0;
        C[k++] = diff;
    }
    while(i < al) { C[k++] = A[i++]; }             //复制长数字剩余部分
    if(i == al && C[k-1] == 0) k--;
    return k;
}
```

设两个整数的位数分别为 n 和 m，算法的时间复杂度为 O(n+m)，空间复杂度为 O(1)。

2-209 设计一个算法，实现两个大整数相加 S = A+B。

【解答】 两个大整数相加 A+B，如果它们的正负号相同，执行两个无符号大整数的相加即 A+B；如果它们的正负号相反，还要看是否 A≥B？如果 A≥B 执行 A-B，如果 A<B 执行 B-A 后在结果前加 "-" 号。确定相加结果正负号的规则是 (+)+(+) = (+), (-)+(-) = (-), (+)大+(-)小 = (+), (-)大+(+)小 = (-)。算法的实现如下。

```
void Addition(char *a, char *b, char s[]) {
//计算 s = a+b, 算法调用方式 Addition(a, b, s)。输入：两个整数字符串 a 和 b, 且
//串 s 已置空；输出：a 与 b 相加结果存放在字符数组 s 中
    int A[maxLen], B[maxLen], C[maxLen];
    int al, bl, sl, as, bs, ss;
    al = StrtoInt(a, A, as);                    //a 转换为 A, 符号 as, 长度 al
    bl = StrtoInt(b, B, bs);                    //b 转换为 B, 符号 bs, 长度 bl
    if(al == 0 && bl == 0)                      //空串相加，返回空串
        { s[0] = '\0';  sl = 0;  return; }
    if(as*bs == 1)                             //a、b 数字串同号，做加法
        { sl = Add(A, B, C, al, bl);  ss = as; }
    else {                                     //不同号，做减法
        int f = compare(A, B, al, bl);         //比较 A 和 B 数字（不看符号）
        if(f == 0) { s[0] = '\0'; sl = 0;  return; }       //相等
        else if(f == 1)                        //A 大
            { sl = Sub(A, B, C, al, bl);  ss = as; }
        else { sl = Sub(B, A, C, bl, al);  ss = bs; }      //B 大
    }
    InttoStr(C, s, ss, sl);                    //转换为串输出
}
```

设两个整数字符串 a、b 的字符数分别为 n 和 m，算法的时间复杂度为 O(n+m)，空间复杂度为 O(n+m)。

2-210 设计一个算法，实现两个大整数的减法 S = A-B。

【解答】 两个大整数相减 A-B，需要对被减数和减数的绝对值进行比较，用绝对值大的减去绝对值小的，相减结果的正负号与绝对值大的相同。确定相减结果正负号的规则是：当参加运算的两个数为 (-)-(+) = (-)+(-), (+)-(-) = (+)+(+)，则对两个数的绝对值做加法，相加结果的正负号与被减数相同；当参加运算的两个数为 (-)-(-) = (-)+(+), (+)-(+) = (+)+(-) 时，则对两个数做减法，相减结果的正负号与绝对值大的数相同。算法的实现如下。

```
void Subtration(char *a, char *b, char s[]) {
//计算 s = a-b, 算法调用方式 Subtration(a, b, s)。输入：两个整数字符串 a 和 b,
//且 s 已置空；输出：a 与 b 相减结果存放在字符数组 s 中
    int A[maxLen], B[maxLen], C[maxLen];
    int al, bl, sl, as, bs, ss;
    al = StrtoInt(a, A, as);                    //a 转换为 A, 符号 as, 长度 al
    bl = StrtoInt(b, B, bs);                    //b 转换为 B, 符号 bs, 长度 bl
    if(al == 0 && bl == 0) { s[0] = '\0';  sl = 0;  return; }
```

```
    if(as*bs == -1)                                    //不同号，相减等于同号相加
        { sl = Add(A, B, C, al, bl);  ss = as; }
    else {                                             //同号，相减等于减法
        int f = compare(A, B, al, bl);                 //比较A和B数字（不看符号）
        if(f == 0)                                     //A、B相等，结果为0
            { s[0] = '0';  s[1] = '\0';  sl = 1;  return; }
        else if(f == 1)                                //A大于B
            { sl = Sub(A, B, C, al, bl);  ss = as; }
        else { sl = Sub(B, A, C, bl, al);  ss = -bs; }     //A小于B
    }
    InttoStr(C, s, ss, sl);                            //转换为串输出
}
```

设两个整数字符串 a、b 的字符数分别为 n 和 m，算法的时间复杂度为 O(n+m)，空间复杂度为 O(n+m)。

2-211 设计一个算法，实现大整数的乘法 S = A×B。

【解答】 让乘数的每一位作为当前位，与被乘数分别相乘，再与低一位的进位数 carry 相加，把计算结果的个位数累加到乘积的当前位中去，把除去个位数的计算结果存入 carry，作为高一位的进位值，如此重复，直到乘数的所有位都与被乘数做过乘法为止。确定乘积正负号的规则是(+)×(+) = (+)，(-)× (-) = (+)，(+)× (-) = (-)，(-)× (+) = (-)。算法的实现如下。

```
void Multiplication(char *a, char *b, char s[]) {
//算法调用方式 Multiplication(a, b, s)。输入：两个整数字符串 a 和 b;
//输出：a 与 b 相乘结果存放在字符数组 s 中
    int A[maxLen], B[maxLen], C[maxLen];
    int i, j, k, t, al, bl, sl, as, bs, ss, carry, mult, count = 0;
    al = StrtoInt(a, A, as);                         //a 转换为 A，符号 as，长度 al
    bl = StrtoInt(b, B, bs);                         //b 转换为 B，符号 bs，长度 bl
    if(al*bl == 0) {s[0] = '\0';  sl = 0;  return;} //有一个乘数为 0
    for(i = 0; i < al*bl; i++) C[i] = 0;             //乘积数组置 0
    t = 0;  carry = 0;
    for(j = 0; j < bl; j++) {
        carry = 0;  k = t;
        for(i = 0; i < al; i++) {
            mult = C[k]+A[i]*B[j]+carry;
            C[k] = mult % 10;  carry = mult / 10;
            k++;
        }
        if(carry != 0) C[k++] = carry;
        count = k;  t++;  carry = 0;
    }
    ss = as*bs;
    InttoStr(C, s, ss, count);                       //链转换为串输出
}
```

设两个整数字符串 a 和 b 的字符数分别为 n 和 m，算法的时间复杂度为 O(n+m)，空间复杂度为 O(n+m)。

2-212 设计一个算法，实现大整数的除法 S = A / B。

【解答】 整数的除法类似做减法，基本思想是反复做减法，从被除数中最多能减去多少次除数，所求得的次数就是商，剩余不够减的部分则是余数，这样便可计算出大整数除法的商和余数。算法的实现如下。

```
void Division(char *a, char *b, char s[]) {
//计算 s = a / b，算法调用方式 Division(a, b, s)。输入：两个整数字符串 a 和 b；
//输出：a 与 b 相除结果存放在字符数组 s 中，余数在 a
    int A[maxLen], B[maxLen], C[maxLen];
    int i, k, al, bl, sl, as, bs, ss, f, borrow, diff, carry;
    al = StrtoInt(a, A, as);                    //a 转换为 A，符号 as，长度 al
    bl = StrtoInt(b, B, bs);                    //b 转换为 B，符号 bs，长度 bl
    if(bl == 0 || bl == 1 && B[0] == 0)
        { printf("除数错误! "); s[0] = '\0'; sl = 0; return; }
    f = compare(A, B, al, bl);                  //比较 A 和 B 的绝对值
    if(f == 0) {                                //相等，相除商为 1，余数为 0
        s[0] = '1'; s[1] = '\0'; sl = 1; ss = as*bs;
        A[0] = '0'; A[1] = '\0'; al = 1; return;
    }
    else if(f == -1) {                          //A 的绝对值小于 B，相除商为 0
        s[0] = '0'; s[1] = '\0'; sl = 1; ss = as*bs;
        return;                                 //余数为 A
    }
    else {                                      //A 的绝对值大于 B，结果不为 0
        for(i = 0; i < maxLen; i++) C[i] = 0;
        sl = 0;
        while(f >= 0) {                         //当 A 的绝对值仍大于 B
            borrow = 0;
            for(i = 0; i < bl; i++) {           //当 A 的位数大于 B 时减
                diff = A[i]-B[i]-borrow;        //计算当前位的差
                if(diff < 0) { diff = diff+10; borrow = 1; }
                else borrow = 0;                //处理借位
                A[i] = diff;
            }
            for(; i < al && borrow == 1; i++) { //处理 A 中未完部分
                diff = A[i]-borrow;
                if(diff < 0) { diff = diff+10; borrow = 1; }
                else borrow = 0;
                A[i] = diff;
            }
            if(A[al-1] == 0) al--;
            C[0]++; k = 0; carry = 0;
            while(C[k] >= 10) {
                carry = 1; C[k] = C[k] % 10;
```

```
                      k++;  C[k] = C[k]+carry;
                      carry = 0;
                      sl =(sl < k) ? k : sl;
                  }
                  f = compare(A, B, al, bl);
              }
          ss = as*bs;
          InttoStr(C, s, ss, sl+1);              //商转换为字符串输出
          InttoStr(A, a, as, al);                //余数转换为字符串输出
      }
}
```

设两个整数字符串 a 和 b 的字符数分别为 n 和 m，算法的时间复杂度为 O(n+m)，空间复杂度为 O(n+m)。

2-213 设计一个算法，计算一个大整数 A 的开平方。

【解答】 大整数的开平方可采用最原始的数学方法实现。如对于一个大整数 45 225 625，从个位开始，每两位为一段，分为 4 段，从最高段开平方，如图 2-19 所示。

原始数据	45	22	56	25	从个位起，每 2 位分为一段
第一段	45				
-)	36				6^2 确定（6×××）
第二段		09	22		第一段余数与第二段一起开平方（= (20×6+7)×7
-)		08	89		= 889）确定（67××）
第三段			33	56	第二段余数与第三段一起开平方（= (20×67+2)×2
			26	84	= 2684）确定（672×）
第四段			06	72 25	第三段余数与第四段一起开平方（= (20×672+5)×5
			06	72 25	= 67225）确定（6725）
				00	开平方的结果为 6725

图 2-19 题 2-213 的图

有可能最后的结果不为 0，如果继续开下去将产生小数。只要记住整数部分有多少位，并控制小数部分继续求多少位即可。开平方的算法是 bigIntEvolute，其中涉及大整数比较、相乘和相减运算，所以增加了 compare、trans、sub、mul 等函数，还有最后需要把长整数逆转过来并转型为字符串，可以使用 InttoStr 函数。

算法的实现如下。

```
#include<string.h>
#define M 200
int compare(int A[], int B[], int left, int right, int n) {
//比较A[left..right]与B[0..n-1]大小，A > B 函数返回1，A = B 函数返回0，
//A < B 函数返回-1。n是B的位数
    if(right-left+1 > n) return 1;
    if(right-left+1 < n) return -1;
    for(int i = right; i >= left; i--)
        if(A[i] < B[i-left]) return -1;
        else if(A[i] > B[i-left]) return 1;
    return 0;
```

```
}
void trans(int A[], int x, int& n) {
//逆转 x 的每一位，存于 A．x 的值为从 1 的平方到 9 的平方，n 是位数
    for(int i = 0; i <= n; i++) A[i] = 0;
    for(i = 0; x >= 1; x = x / 10) A[i++] = x % 10;
    n = i;
}
int sub(int A[], int B[], int s, int& t) {
//减法 A[s..t]-B[0..t-s]=>A[s..t]，若 A[t]=0 则 t--
    int i, borrow = 0;
    for(i = s; i <= t; i++) {
        A[i] = A[i] - B[i-s] - borrow;
        if(A[i] < 0) { A[i] = A[i]+10;  borrow = 1; }
        else borrow = 0;
    }
    while(s <= t && A[t] == 0) t--;
    return(s > t) ? 0 : 1;
}
void mul(int B[], int x, int& n) {
//计算(B[n]*20+x)*x=>B[]，n 是 B[]中的位数
    int i, j, r;  int D[M];
    for(i = 0; i < M; i++) D[i] = 0;
    for(i = 0; i < n; i++) {                    //B[0..n-1]*2=>D[0..j]
        j = i;  r = B[j]*2;
        if(r >= 10) { D[j] = D[j] + r % 10;  r = r/10;  j++; }
        D[j] = D[j] + r;
    }
    for(i = j; i >= 0; i--) D[i+1] = D[i]; //D[0..j]*10=>D[1..j+1]
    D[0] = x;  n = j+2;
    for(i = 0; i <= n; i++) B[i] = 0;
    for(i = 0; i < n; i++) {                    //D[0..n-1]*x=>B[0..j]
        j = i;  r = D[j]*x;
        if(r >= 10) { B[j] = B[j] + r % 10;  r = r/10;  j++; }
        B[j] = B[j] + r;
    }
    n = j+1;
}
void InttoStr(char R[], int a[], int s, int t, int len, int& d) {
//将数组 a[s..t]转换为字符串 R，d 是输出结果的位数，包括小数点
    int i = t, j = 0;
    while(i >= s) {
        if(j ==(len+1)/2) R[j] = '.';
        else { R[j] = a[i]+48;  i--; }
        j++;
    }
    R[j] = '\0';  d = j;
}
```

```
void bigIntEvolute(char L[], char R[], int w, int& d) {
//算法调用方式bigIntEvolute(L, R, int w, int& d)。输入：大整数字符数组L，
//控制开平方结果总位数d，控制小数点后位置w；输出：开平方结果存放于大整数数组R
//引用参数d返回结果总位数，包括小数点
    int a[M], b[M], c[M];                        //a[]存储原数，b[]存储开方结果
    int i, j, k, n, r, u, v, len = strlen(L);
    for(i = 0; i < M; i++) { a[i] = 0; b[i] = 0; c[i] = 0; }
    for(i = 0; i < len; i++)                      //字符转换为数字逆向存储于a
        a[M-i-1] = L[i]-48;                       //在a[M-len, M-1]中
    int half=(int)(len+1)/2, s = M-1, t = M-1;
    if(len % 2 == 0) s--;
    for(i = 1; i < 10; i++) {
        n = t-s+1; trans(b, i*i, n);              //计算i的平方再逆转
        u = compare(a, b, s, t, n);
        if(u == -1) break;
    }
    n = t-s+1; trans(b,(i-1)*(i-1), n);
    k = M-1; c[k] = i-1;                          //开平方的最高位
    u = sub(a, b, s, t);                          //a的最高一段减去c[k]的平方
    if(u == 0 && len <= 2)
        { InttoStr(R, c, k, M-1, len, d); return; }
    for(r = 1; r <= half+w-1; r++) {              //继续开平方，精确到w位小数
        s = s-2;
        for(v = 1; v < 10; v++) {
            for(i = k, j = 0; i < M; i++, j++) b[j] = c[i];
            n = M-k; mul(b, v, n);
            u = compare(a, b, s, t, n);
            if(u == -1) break;
        }
        for(i = k, j = 0; i < M; i++, j++) b[j] = c[i];
        n = M-k; mul(b, v-1, n);
        u = sub(a, b, s, t);
        k--; c[k] = v-1;
    }
    InttoStr(R, c, k, M-1, len, d);
}
```

设被开方数有 n 位，算法的时间复杂度为 $O(n)$，n 是空间复杂度为 $O(n)$。

2-214 设计一个算法，计算一个整数的阶乘（结果可能是个大整数）。

【解答】 采用一个整数数组 F[ ]来存储求得的结果，数组的每个元素存储一位数字，其中，F[0]存储当前计算结果的位数，F[1]到 F[F[0]]存储当前计算结果的个位数、十位数……。F[1]初始时为 1，即 0!。算法通过一个大循环 k = 1, 2, …, n 逐次计算 1!, 2!, …, n!，在计算 k!时，先通过一个内层循环对已完成(k-1)!结果的每一位乘以 k 并做进位调整，如果最后一位处理完后进位位不为 0，则新增一位。算法的实现如下。

```
void fact_Int(int F[], int n) {
```

```
//用数组 F[]计算 n!, 算法调用方式 fact_Int(int F[], int n)。输入: 指定整数 n;
//输出: 阶乘结果存放于数组 F, 在 F[0]存放求得阶乘的位数
    int i, k, r, carry;
    F[0] = 1;  F[1] = 1;
    for(k = 1; k <= n; k++) {                    //逐次计算 1!, 2!, …, n!
        for(carry = 0, i = 1; i <= F[0]; i++) {
            r = F[i]*k+carry;
            F[i] = r % 10;  carry = r / 10;
        }
        if(carry > 0) { F[0]++;  F[F[0]] = carry; }
    }
}
```

算法的时间复杂度为阶乘级 $O(n!)$, 空间要求足够大以容纳求幂结果。

2-215　已知 x、n 均为正整数, 求 x 的 n 次方。例如, $2^{64} = 18\ 446\ 744\ 073\ 709\ 551\ 616$, 这是一个大整数。设计一个算法, 求 x 的 n 次方, 结果存储为一个大整数。

【解答】　算法使用一个整数数组 P[]存储乘方 x^n 的结果, P[0]存放结果的位数, P[1]到 P[P[0]]存放乘方的结果。算法首先把底数 x 一位一位析出逆向存入 P[], 然后让 i 从 2 到 n 执行 n-1 次乘以 x 的运算。由于结果的位数可能较多, 需要事先设置足够的存储单元, 例如 200 (可容纳 199 位)。算法的实现如下。

```
void bigIntPower(int x, int n, int P[]) {
//算法调用方式 bigIntPower(x, n, P)。输入: 指定底数 x, 次方 n; 输出: 阶乘结果
//存放于数组 P, 在 P[0]存放求得阶乘的位数, 从 P[1]到 P[P[0]]存放结果
    int a = x, i = 1, j, carry, tmp;
    while(a != 0) { P[i++] = a % 10;  a = a / 10; }        //存放 x1
    P[0] = i-1;                                             //位数
    for(i = 2; i <= n; i++) {                               //计算 xn
        carry = 0;
        for(j = 1; j <= P[0]; j++) {                        //逐位乘 x
            tmp = P[j] * x + carry;
            P[j] = tmp % 10;  carry = tmp / 10;
        }
        while(carry != 0) {
            P[0]++;
            P[P[0]] = carry % 10;  carry = carry / 10;
        }                                                   //扩展位数
    }
}
```

算法的时间复杂度为指数级 $O(x^n)$, 空间要求足够大以容纳求幂结果。

第3章 栈和队列

3.1 栈

3.1.1 栈的概念

1. 栈的定义与基本运算

栈（Stack）是定义为只允许在末端进行插入和删除的线性表。允许插入和删除的一端称为栈顶（top），而不允许插入和删除的另一端称为栈底（bottom）。当栈中没有任何元素时则称为空栈。

栈只能通过在它的栈顶进行访问，故栈称为后进先出（Last In First Out，LIFO）或先进后出（First In Last Out，FILO）的线性表。

栈的基本运算包括：

- 栈初始化 void initStack(Stack& S)：创建一个空栈 S 并使之初始化。
- 判栈空否 int StackEmpty(Stack& S)：当栈 S 为空时函数返回 1，否则返回 0。
- 进栈 int Push(Stack& S, type x)：当栈 S 未满时，函数将元素 x 加入并使之成为新的栈顶，若操作成功，则函数返回 1；否则函数返回 0。
- 出栈 int Pop(Stack& S, type& x)：当栈 S 非空时，函数将栈顶元素从栈中退出并通过引用参数 x 返回退出元素的值。若操作成功，则函数返回 1；否则函数返回 0。
- 读栈顶元素 int getTop (Stack& S, type& x)：当栈 S 非空时，函数将通过引用参数 x 返回栈顶元素的值（但不退出）。若操作成功，则函数返回 1；否则函数返回 0。

2. 使用栈的实例

3-1 简述以下算法的功能（栈的元素类型为 int）。

算法一：

```
void algo1(SeqStack& S) {
    int i, d, n = 0, A[255];
    while(!stackEmpty(S)) { Pop(S, d);  A[n++] = d; }
    for(i = 0; i < n; i++) Push(S, A[i]);
}
```

算法二：

```
int algo2(SeqStack& S, int e) {
    SeqStack T;  initStack(T);
    int d;
    while(!stackEmpty(S)) {
        Pop(S, d);
        if(d != e) Push(T, d);
    }
```

```
        while(!stackEmpty(T))
            { Pop(T, d);   Push(S, d); }
        return stackSize(S);
}
```

【解答】 注意栈的先进后出的特性。

算法一　将栈 S 中数据元素次序颠倒。

算法二　利用栈 T 辅助过滤掉栈 S 中所有值为 e 的数据元素,函数返回栈内元素个数。

3-2　设一个栈的输入序列为 1, 2,···, n,编写一个算法,判断一个序列 $p_1, p_2,···, p_n$ 是否是一个合理的栈输出序列。

【解答】 首先举例说明。设一个输入序列为 1、2、3,预期输出序列为 2、3、1,可能的进栈/出栈动作如表 3-1 所示;如果预期输出序列为 3、1、2,这是一个不合理的输出序列,则可能的进栈/出栈动作如表 3-2 所示。从表中可见当预期的输出序列的数据比当前栈顶的元素小时,一定出现了输出不合理的情形,可以报错并结束检查处理,如表 3-2 所示。

表 3-1　一种进栈方式

输入序列当前数据	1	2		3			
栈顶数据	栈空	1	2	1	3	1	栈空
预期输出序列		2	2	3	3	1	
栈顶与预期输出序列比较		1 < 2	2 = 2	1 < 3	3 = 3	1 = 1	
动作	1 进栈	2 进栈	2 出栈	3 进栈	3 出栈	1 出栈	结束

表 3-2　另一种进栈方式

输入序列当前数据	1	2	3			
栈顶数据	栈空	1	2	3	2	
预期输出序列		3	3	3	1	
栈顶与预期输出数据比较		1 < 3	2 < 3	3 = 3	2 > 1	
动作	1 进栈	2 进栈	3 进栈	3 出栈	报错	结束

算法中用 i = 1, 2,···, n 作为栈的输入数据序列,用 p[0], p[1],···, p[n-1]作为预期的栈的输出序列。算法的实现如下。

```
void Decision(int p[], int n) {
//算法调用方式 Decision(p, n)。输入: 存放预期出栈序列的数组 p, 序列的元素个
//数 n; 输出: 算法判断序列 p[0], p[1], .., p[n-1]是否合理的出栈序列
    SeqStack S;  InitStack(S);
    int i = 0, k = 0, d;  bool succ = true;
    do {
        if(stackEmpty(S)) Push(S, ++i);
        else {
            getTop(S, d);
            if(d < p[k]) Push(S, ++i);
            else if(d == p[k]) { Pop(S, d);  k++; }
            else { succ = false;  break; }
```

```
            }
    } while(k < n);
    for(int j = 0; j < n; j++) printf("%d ", p[j]);
    if(succ) printf(" 是合理的出栈序列! \n");
    else printf(" 是不合理的出栈序列! \n");
}
```

设序列有 n 个元素，算法的时间复杂度为 O(n)，空间复杂度为 O(n)。

3.1.2　顺序栈

1. 顺序栈的概念

顺序栈是栈的顺序存储表示，是指用一组地址连续的存储单元依次存储栈中元素，同时附设指针 top 指向栈顶元素。用 C 语言描述，就是用一个一维数组来存储栈中的元素。

2. 顺序栈的存储表示

（1）静态存储分配，它的存储数组采用静态方式定义。

```
#define maxSize 100
typedef char SElemType;
typedef struct {
    SElemType elem[maxSize];
    int top;
} SeqStack;
```

顺序栈的静态存储结构预先定义或申请栈的存储空间，一旦装满不能扩充。因此在顺序栈中，当一个元素进栈之前，需要判断是否栈满，若栈满，则元素进栈会发生上溢现象。

（2）动态存储分配，它的存储数组在使用时动态存储分配，其好处是一旦栈满可以扩充。顺序栈的动态存储结构定义如下（保存于头文件 SeqStack.h 中）。

```
#define initSize 100              //栈的初始最大容量
typedef char SElemType;
typedef struct {                  //顺序栈的结构定义
    SElemType *elem;              //存储数组指针
    int maxSize, top;            //栈的最大容量和栈顶指针
} SeqStack;
```

在此头文件中还有一个对动态存储分配的顺序栈做初始化的算法，它的实现如下。

```
void initStack(SeqStack& S) {
//算法调用方式 initStack(S)。输入: 已声明的顺序栈 S; 输出: 算法创建一个最大
//尺寸为 initSize 的空栈，若分配不成功则错误处理
    S.elem =(SElemType*) malloc(initSize*sizeof(SElemType));//创建栈空间
    if(S.elem == NULL) { printf("存储分配失败! \n"); exit(1); }
    S.maxSize = initSize;  S.top = -1;
}
```

算法的时间复杂度为 O(1)，空间复杂度为 O(1)。

栈的结构定义中给出的是一个指向栈的存储空间的指针，但这个存储空间不是自动分

配的,而是要通过初始化函数动态分配的。这样处理还有一个好处,一旦栈存储空间被耗尽,还可以扩充。我们可以申请一个新的更大的连续的存储空间取代原来的存储空间,把原来存储空间内存放的所有栈元素转移到新的存储空间后释放原来的存储空间。

3. 顺序栈基本运算的实现

以下 7 个算法都存放在程序文件 SeqStack.cpp 内,可直接链接使用。

3-3　设计一个算法,将新元素 x 进入顺序栈 S。

【解答】　算法的主要步骤是:首先判断栈是否已满,若栈已满,新元素 x 进栈将发生栈溢出;若栈不满,先让栈顶指针进 1,指到当前可加入新元素的位置,再按栈顶指针所指位置将新元素 x 插入。这个新插入的元素将成为新的栈顶元素。算法的实现如下。

```
bool Push(SeqStack& S, SElemType x) {
//进栈算法调用方式bool succ = Push(S, x)。输入: 已初始化的顺序栈 S, 进栈元素
//值 x; 输出: x 插入栈顶后的栈 S。若原栈不满, 则进栈成功, 函数返回 true
//否则函数返回 false
    if(stackFull(S)) {printf("栈满! \n"); return false;}    //栈满
    S.elem[++S.top] = x;                          //栈顶指针先加 1, 再进栈
    return true;
}
```

算法的时间复杂度为 O(1),空间复杂度为 O(1)。

3-4　设计一个算法,从顺序栈 S 退出栈顶的元素。

【解答】　算法的处理步骤是:先判断是否栈空。若在退栈时发现栈空,则不执行退栈处理,若栈不空,可先将栈顶元素取出,再让栈顶指针减 1,让栈顶退回到次栈顶位置,退栈成功。算法的实现如下。

```
bool Pop(SeqStack& S, SElemType& x) {
//退栈算法调用方式bool succ = Pop(S, x)。输入: 顺序栈 S; 输出: 若栈不空则算
//法退出栈顶元素的值, 并通过引用参数 x 返回该元素的值, 同时函数返回 true
//否则函数返回 false, 且 x 的值不可引用
    if(S.top == -1) return false;          //若栈空则函数返回 false
    x = S.elem[S.top--]; return true;      //先保存栈顶的值, 再让栈顶指针退 1
}
```

算法的时间复杂度为 O(1),空间复杂度为 O(1)。

3-5　设计一个算法,读取顺序栈 S 的栈顶元素的值而不修改栈顶指针。

【解答】　算法的处理步骤是:先判断是否栈空。若发现栈空,则不执行读取栈顶元素值的处理;若栈不空,可将栈顶元素取出返回即可。算法的实现如下。

```
bool getTop(SeqStack& S, SElemType& x) {
//读取栈顶元素算法的调用方式bool succ = getTop(S, x)。输入: 顺序栈 S
//输出: 若栈不空, 通过引用参数 x 获取函数值栈顶元素的值, 同时函数返回 true, 否则
//函数返回 false
    if(S.top == -1) return false;        //判栈空否, 若栈空则函数返回 false
    x = S.elem[S.top]; return true;      //返回栈顶元素的值
}
```

算法的时间复杂度为 O(1)，空间复杂度为 O(1)。

3-6 设计一个算法，判断顺序栈 S 是否为空。

【解答】 若栈顶指针 top 退到-1 则栈空。算法的实现如下。

```
bool stackEmpty(SeqStack& S) {
//测试栈 S 空否算法的调用方式 bool succ = stackEmpty(S)。输入：顺序栈 S
//输出：若栈空，则函数返回 true；否则函数返回 false
    return S.top == -1;
}
```

算法的时间复杂度为 O(1)，空间复杂度为 O(1)。

3-7 设计一个算法，判断顺序栈 S 是否栈满。

【解答】 若栈顶指针等于栈存储空间的最后位置 S.maxSize-1，则栈满。算法的实现如下。

```
bool stackFull(SeqStack& S) {
//测试栈 S 满否算法的调用方式 bool succ = stackFull(S)。输入：顺序栈 S
//输出：若栈满，则函数返回 true；否则函数返回 false
    return S.top == S.maxSize-1;
}
```

算法的时间复杂度为 O(1)，空间复杂度为 O(1)。

3-8 设计一个算法，计算顺序栈 S 的元素个数。

【解答】 栈顶指针 top 指向最终元素加入位置，栈顶指针加 1 就是栈内元素个数。算法的实现如下。

```
int StackSize(SeqStack& S) {
//算法调用方式 int k = StackSize(S)。输入：顺序栈 S；输出：函数返回栈 S 的长度，
//即栈 S 中元素个数
    return S.top+1;
}
```

算法的时间复杂度为 O(1)，空间复杂度为 O(1)。

3-9 设计一个算法，将顺序栈 S 复制给另一个顺序栈 S1。要求操作前栈 S1 已存在并已初始化（栈存储空间已分配且栈已置空）。

【解答】 将栈 S 的元素顺序传送给 S1，并将栈 S 的栈顶指针的值传送给 S1。算法的实现如下。

```
void stackCopy(SeqStack& S, SeqStack& S1) {
//算法调用方式 stackCopy(S, S1)。输入：顺序栈 S，空顺序栈 S1；
//输出：栈 S 的元素全部传送给栈 S1，栈 S 的栈顶指针的值也传送给栈 S1
    for(int i = 0; i <= S.top; i++) S1.elem[i] = S.elem[i];
    S1.top = S.top;
}
```

设栈 S 有 n 个元素，则算法的时间复杂度为 O(n)，空间复杂度为 O(1)。

4. 顺序栈相关的算法

3-10 改写顺序栈的进栈成员函数 Push (x)，要求当栈满时执行一个 stackFull( )操作进行溢出处理。其功能是：动态创建一个比原来的栈数组大一倍的新数组，代替原来的栈数组，原来栈数组中的元素占据新数组的前 maxSize 位置。

【解答】 按照题意，算法创建一个与原栈数组同类型但大一倍的新数组，把原栈数组的元素全部复制到新数组的前 maxSize 个位置，再释放原栈数组，用新数组代替原栈数组并修改 maxSize。top 可以不变，因为它表示的是数组下标。算法的实现如下。

```
void StackFull(SeqStack& S) {
    SElemType *temp =(SElemType*) malloc(2*S.maxSize*sizeof(SElemType));
    if(temp == NULL) { printf("存储分配失败！\n");  exit(1); }
    for(int i = 0; i <= S.top; i++) temp[i] = S.elem[i];//传送原栈内的数据
    free(S.elem);                               //删去原数组
    S.maxSize = 2*S.maxSize;  S.elem = temp;    //数组最大空间增大一倍
}
void Push_1(SeqStack& S, SElemType x) {
//算法调用方式 Push(S, x)。输入：顺序栈 S，进栈元素的值 x；输出：进栈后更新
//的顺序栈 S
    if(S.top == S.maxSize-1) StackFull(S);      //栈满，做溢出处理
    S.elem[++S.top] = x;                        //进栈
}
```

设原栈空间的大小为 n，由于调用了 StackFull 操作，算法的时间复杂度为 O(n)，空间复杂度为 O(n)。

3-11 设有一个非空顺序栈 S 存放的整数都大于 0，设计一个算法，借助另一个栈（初始为空）对 S 中的整数排序，使得栈中的整数自栈顶到栈底有序。

【解答】 假设栈中有 n 个整数，可以仿照选择排序的方法实现栈排序，辅助栈为 S1，用以帮助遍历 S 中的元素及存放部分排序结果。具体过程如下。

（1）做 n−1 趟选择，每趟选出最大值整数并放入栈 S1 中，其步骤为

① 将栈 S 中整数逐个移动到 S1，在此过程中选出最小值 x，x 不进入 S1 中；

② 将 S1 中除已排序的整数之外的所有整数移动回栈 S；

③ 将 x 推入到栈 S1。

（2）将 S 中的栈顶元素出栈并推入 S1 栈。

（3）将 S1 栈中所有整数移动到栈 S。

算法的实现如下。

```
void SortStack2(SeqStack& S) {
//算法调用方式 SortStack2(S)。输入：整数非空栈 S；输出：S 中所有整数按递增顺
//序排好序
    SeqStack S1;  initStack(S1);
    int x, min, count;
    while(! stackEmpty(S)) {
        Pop(S, min);  count = 0;
        while(! stackEmpty(S) {
```

```
            Pop(S, x);  count++;
            if(x >= min) Push(S1, x);          //比 min 大的整数进栈 S1
            else {Push(S1, min);  min = x;}    //存储新 min，原 min 进栈 S1
        }
        while(!stackEmpty(S1) && count != 0) {
            Pop(S1, x);  Push(S, x);  count--;
        }
        Push(S1, min);                         //min 进 S1 栈
    }
    while(!stackEmpty(S1)) { Pop(S1, x);  Push(S, x); }
}
```

设顺序栈中有 n 个元素，算法的时间复杂度为 $O(n^2)$，空间复杂度为 $O(n)$。

3-12　若有一个非空顺序栈 S 存放的整数都大于 0，设计一个算法，不借助任何辅助数据结构对 S 中的整数排序，使得栈中的整数自栈顶到栈底有序。

【解答】　因为不能借助任何辅助数据结构，题 3-11 的方法不能使用，需要使用递归方法来实现。算法的思路如下：若栈中只有一个元素，排序完成，这是递归的结束条件；否则，先退出栈顶元素存入 x，再递归地对栈中剩余元素排序，使得最小元素上浮到栈顶，然后比较 x 与栈顶元素，若 x 小，直接进栈，若 x 大，将栈顶元素退出存于 y，x 进栈，再递归地对栈中元素排序，最后 y 进栈，排序完成。算法的实现如下。

```
void SortStack_recur(SeqStack& S) {
//算法调用方式 SortStack_recur(S)。输入：非空顺序栈 S；输出：S 中元素自栈顶到
//栈底有序排列
    if(!stackEmpty(S)) {                        //栈空，递归结束
        int x, y;
        Pop(S, x);
        if(!stackEmpty(S)) {
            SortStack_recur(S);                //对栈 S 递归排序
            Pop(S, y);                         //排好序的子栈栈顶 y
            if(x <= y) { Push(S, y);  Push(S, x); }
            else {
                Push(S, x);  SortStack_recur(S);
                Push(S, y);
            }
        }
        else Push(S, x);                       //仅一个元素，递归结束
    }
}
```

设顺序栈中有 n 个元素，算法的时间复杂度为 $O(n^2)$，时间复杂度为 $O(n)$。

3-13　设一个顺序栈有 n 个元素，设计一个算法，翻转栈中的所有元素。例如，顺序栈中原来存放的元素是 [1, 2, 3, 4, 5]，翻转后栈中元素的排列是 [5, 4, 3, 2, 1]。

【解答】　最常用的办法是利用一个辅助的队列，先把栈中元素依次出栈放到队列里，然后再把队列里的元素依次出队顺序进栈，就可以实现栈的翻转。下面给出的解法是一个

递归的方法。递归过程是先将当前栈的栈底元素移到栈顶，其他元素下移一位，然后对不包含原栈顶的子栈进行同样的操作，递归的结束条件是栈空。算法的实现如下。

```
void move_bot_to_top(SeqStack& S) {
//算法调用方式 move_bot_to_top(S)。输入：顺序栈 S；输出：将当前栈的栈底元素
//移到栈顶，其他元素下移一位
    if(!stackEmpty(S)) {
        SElemType x, y;
        Pop(S, x);                              //暂存栈顶元素到 x
        if(!stackEmpty(S)) {
            move_bot_to_top(S);                 //对子栈递归翻转
            Pop(S, y);                          //交换栈顶与子栈栈顶
            Push(S, x);  Push(S, y);
        }
        else Push(S, x);
    }
}
void Reverse_stack(SeqStack& S) {
//算法调用方式 Reverse_stack(S)。输入：顺序栈 S；输出：翻转后的栈 S
    if(!stackEmpty(S)) {
        SElemType x;
        move_bot_to_top(S);
        Pop(S, x);
        Reverse_stack(S);
        Push(S, x);
    }
}
```

设顺序栈中有 n 个元素，算法的时间复杂度为 O(n)，空间复杂度为 O(n)。

3-14 输入两个等长的整数序列，若第一个序列是栈的进栈序列（不一定是 1, 2, 3, …），设计一个算法，判断第二个序列是否是该栈的合理出栈序列。

【解答】 设用两个指针 i 和 j 分别指向 ins 和 outs 当前处理位置，初始位于序列开始位置。然后让 ins 第一个整数进 S 栈，i 加 1，指向 ins 下一个可取位置。然后执行：

（1）循环，判断：当位于 S 栈顶的整数与 outs 中 j 所指整数不等时，在 ins 中依次取下一个整数进 S 栈，直到位于 S 栈顶的整数与 outs 中 j 所指整数相等为止。

（2）退出 S 栈顶元素，在 outs 中让 j 加 1。当 S 栈不空时且在 ins 中 i 未到底时返回到（1），继续执行判断和进栈，当 S 栈空时转到（3）。

（3）若 ins 中 i 未到头，让 i 加 1 再按 i 所指位置取下一整数进 S 栈，返回到（1）。若 ins 中所有整数已处理完且 S 栈空，则 outs 是合理的出栈序列，否则 outs 是不合理的出栈序列。

算法的实现如下。

```
bool isOutStackSeq(int ins[], int outs[], int n) {
//算法调用方式 bool yes = isOutStackSeq(ins, outs, n)。输入：进栈序列 ins,
//用于比较的另一序列 outs，序列中整数个位数 n；输出：若 outs 是合理的出栈序列，函数
```

```
//返回 true, 否则函数返回 false
    SeqStack S;  initStack(S);
    int i = 0, j = 0;  int x;                //i 是 ins 指针, j 是 outs 指针
    Push(S, ins[i++]);
    while(i < n && j < n) {
        getTop(S, x);
        if(x == outs[j]) { j++;  Pop(S, x); }
        else {
            if(i < n) Push(S, ins[i]);
            i++;
        }
    }
    if(i == n && j == n-1) return true;
    else return false;
}
```

设进栈序列或出栈序列有 n 个整数,算法的时间复杂度为 O(n),空间复杂度为 O(n)。

3-15 设顺序栈 S 里有 n 个互不相等的整数,设计一个算法,返回栈中值最小的整数。

【解答】 同样采用递归方法求解。先从栈中退出栈顶元素暂存于 x,如果栈中仅剩一个元素,暂定它就是最小值整数,否则递归地在除已退出的栈顶元素外的其他元素构成的子栈中查找出最小值 y,再比较 x 与 y,若 x<y,则得到栈中所有元素的最小值 x,否则 y 就是最小值。算法的实现如下。

```
int Min(SeqStack& S) {
//算法调用方式 int value = Min(S)。输入:整数顺序栈 S;输出:函数返回栈内所
//有整数中的最小值
    SElemType x, y;  Pop(S, x);
    if(stackEmpty(S)) { Push(S, x);  return x; }
    else {
        y = Min(S);
        if(x < y) { Push(S, x);  return x; }
        else { Push(S, x);  return y; }
    }
}
```

设栈有 n 个整数,因为使用递归,算法的时间复杂度为 O(n),空间复杂度为 O(n)。

3-16 若顺序栈 S 中有 n 个互不相等的正整数,设计一个算法,返回栈内值最小的整数,要求算法的时间复杂度为 O(1)。

【解答】 为使算法的时间复杂度达到 O(1),可以空间换取时间,即设置一个同样大小的栈作为额外的辅助存储,保存当前进栈元素中的最小值。例如,进栈序列为 {3, 5, 2, 1, 4},进栈过程如图 3-1 所示,其中原栈 S,辅助栈 mS。

如果栈空,则当前进栈元素的值 x 成为栈中已有元素的最小值,x 同时进 S 栈和 mS 栈;否则,比较当前进栈元素的值 x 和栈中原有元素的最小值 y(mS 栈的栈顶):若 x<y,则 x 将成为栈中最小值,x 同时进 S 栈和 mS 栈;否则,x 进 S 栈,y 进 mS 栈。这样,每次需要取得栈 S 中元素的最小值和 mS 栈的栈顶即可,时间复杂度为 O(1),空间复杂度仍

为 O(n)。适合此题的进、出栈算法，以及求最小值的算法实现如下。

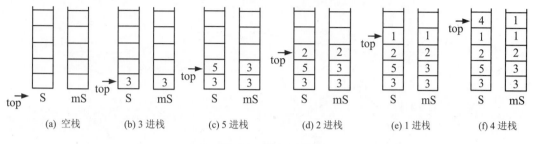

图 3-1　题 3-16 的图

```
bool stackEmpty(SeqStack& S) {
    return S.top == -1;
}
bool Push(SeqStack& S, SeqStack& mS, SElemType x) {
//进栈算法调用方式 bool succ = Push(S, mS, x)。输入：原栈 S，存放当前最小值的
//辅助栈 mS，当前进栈元素 x；输出：元素 x 进 S 栈，当前最小值进 mS 栈，若进栈成功，函数
//返回 true；否则返回 false
    if(S.top == S.maxSize-1) {printf("栈满! \n"); return false; } //栈满
    if(S.top == -1) {S.elem[++S.top] = x; mS.elem[++mS.top] = x;}//空栈
    else {                                                       //非空栈
        SElemType y = mS.elem[mS.top];
        if(x < y) { S.elem[++S.top] = x;  mS.elem[++mS.top] = x; }
        else { S.elem[++S.top] = x;  mS.elem[++mS.top] = y; }
    }
    return true;
}
bool Pop(SeqStack& S, SeqStack& mS, SElemType& x, SElemType& y) {
    if(S.top == -1) { printf("栈空! \n"); return false;}   //栈空
    x = S.elem[S.top--];  y = mS.elem[mS.top--];
    return true;
}
bool getTop(SeqStack& S, SeqStack& mS, SElemType& x, SElemType& y) {
    if(S.top == -1) { printf("栈空! \n"); return false;}   //栈空
    x = S.elem[S.top];  y = mS.elem[mS.top];
    return true;
}
int Min(SeqStack& S, SeqStack& mS) {
//算法调用方式 int value = Min(S, mS)。输入：整数顺序栈 S，辅助栈 mS；
//输出：函数返回栈内所有整数中的最小值
    if(stackEmpty(S)) return 0;                 //0 是序列中不可能有的数
    else { SElemType x, y; getTop(S, mS, x, y); return y; }
}
```

3-17 若进栈序列有 n 个互不相等的整数，设计一个算法，输出所有可能的出栈序列。

【解答】同样采用递归方法求解，但需要使用辅助栈来保存生成的出栈序列。假设 n =

3，若进栈标记为 I，出栈标记为 O，可用如图 3-2 所示的状态树来表示进栈与出栈情形。

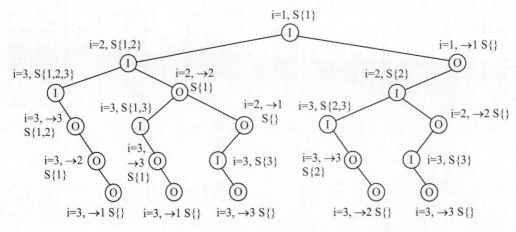

图 3-2　题 3-17 的图

依据进栈操作（I）在任何情况下都比它右边的出栈操作（O）多的要求，不合理的情形都被剪枝，在树中没有画出来，树中从左向右的状态分别是 IIIOOO（输出 321），IIOIOO（输出 231），IIOOIO（输出 213），IOIIOO（输出 132），IOIOIO（输出 123）。算法的思路就是遍历此状态树，按向左进栈，向右出栈，出栈时输出的原则进行处理。每个分支代表一个输出序列。算法的实现如下。

```
#define N 3
void allOutSTK(int A[], int C[], SeqStack& S, int i, int k, int& count){
//算法调用方式 allOutSTK(A, C, S, i, k, count)。输入：进栈序列 C，出栈序列 A，
//由于是递归算法，k 是 A 中当前形成出现序列元素数，初值为 0，i 是 C 中当时取元素指针，
//初值为 0，count 用于统计出栈序列个数，初值为 0；输出：算法输出可能的出栈序列，栈 S
//存放已进栈序列
    int x, j;
    if(i == N && stackEmpty(S)) {
        printf(" ");
        for(j = 0; j < k; j++) printf("%d ", C[A[j]]);
        printf("\n");
        count++;
    }
    if(i < N) {
        Push(S, i);
        allOutSTK(A, C, S, i+1, k, count);
        Pop(S, x);
    }
    if(!stackEmpty(S)) {
        Pop(S, x);  A[k] = x;
        allOutSTK(A, C, S, i, k+1, count);
        Push(S, x);
    }
}
```

若进栈序列有 n 个元素，算法的时间复杂度为 $O(n^2)$，空间复杂度为 $O(n)$。

3-18 将编号为 0 和 1 的两个栈存放于一个一维数组空间 elem[maxSize]中，栈底分别处于数组的两端。当第 0 号栈的栈顶指针 top[0]等于-1 时该栈为空，当第 1 号栈的栈顶指针 top[1]等于 maxSize 时该栈为空。两个栈均从两端向中间增长，如图 3-3 所示。

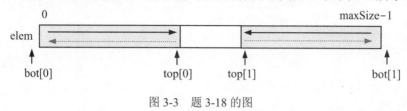

图 3-3   题 3-18 的图

给出这种双栈结构的结构定义，并实现判栈空、判栈满、插入、删除运算算法。

【解答】   双栈的结构定义如下。

```
#define maxSize 20                          //栈存储数组的大小
typedef int SElemType
typedef struct {                            //双栈的结构定义
    int top[2], bot[2];                     //双栈的栈顶指针和栈底指针
    SElemType elem[maxSize];                //栈数组
} DblStack;
```

当向第 0 号栈插入一个新元素时，使 top[0]增 1 得到新的栈顶位置，当向第 1 号栈插入一个新元素时，使 top[1]减 1 得到新的栈顶位置。当 top[0]+1 == top[1]或 top[0] == top[1]-1 时，栈满，此时不能再向任一栈加入新的元素。而双栈的其他操作的实现可以类似定义，相应算法的实现如下。

```
void initStack(DblStack& S) {
//初始化函数：创建一个尺寸为 maxSize 的空栈，若分配不成功则错误处理
    S.top[0] = S.bot[0] = -1;  S.top[1] = S.bot[1] = maxSize;
}
bool stackEmpty(DblStack& S, int i) {        //判断栈 i 空否
    return S.top[i] == S.bot[i];
}
bool stackFull(DblStack& S) {                //判断栈满否
    return S.top[0]+1 == S.top[1];
}
bool Push(DblStack& S, SElemType x, int i) { //进栈运算
    if(stackFull(S)) return false;           //栈满则返回 false
    if(i == 0) S.elem[++S.top[0]] = x;       //栈 0：栈顶指针先加 1 再进栈
    else S.elem[--S.top[1]] = x;             //栈 1：栈顶指针先减 1 再进栈
    return true;
}
bool Pop(DblStack& S, int i, SElemType& x) {
//函数通过引用参数 x 返回退出栈 i 栈顶元素的元素值，前提是栈不为空
    if(stackEmpty(S, i)) return false;       //第 i 个栈栈空，不能退栈
    if(i == 0) x = S.elem[S.top[0]--];       //栈 0：先出栈，栈顶指针减 1
```

```
    else x = S.elem[S.top[1]++];                    //栈1：先出栈，栈顶指针加1
    return true;
}
bool getTop(DblStack& S, int i, SElemType& x) {
//函数通过引用参数 x 返回栈 i 栈顶元素的元素值，前提是栈不为空
    if(stackEmpty(S, i)) return false;
    x = S.elem[S.top[i]];
    return true;
}
void printStack(DblStack& S, int i) {
    int j;
    printf("第%d 号栈(top=%d): ", i, S.top[i]);
    if(i == 0) for(j = 0; j <= S.top[0]; j++) printf("%d ", S.elem[j]);
    else for(j = maxSize-1; j >= S.top[1]; j--) printf("%d ", S.elem[j]);
    printf("\n");
}
```

算法的调用方式与顺序栈的基本运算类似，只是在参数表中多了一个 i，表示操作对象是哪一个栈：i = 0 是 0 号栈，i = 1 是 1 号栈。

3-19　将编号为 0 和 1 的两个栈存放于一个数组 elem[0..maxSize-1]中，top[0]和 top[1]分别是它们的栈顶指针。设这两个栈具有共同的栈底，它们的存储数组可视为一个首尾相接的环形数组，0 号栈的栈顶指针顺时针增长，1 号栈的栈顶指针逆时针增长。试问：各栈的栈顶指针指向的位置是否是实际栈顶元素位置？各栈的栈空条件和栈满条件是什么？给出各栈进栈、出栈、判栈满和判栈空、计算栈中元素个数的实现算法。

【解答】　本题的双栈是底靠底的结构，初始时 top[0] = 0，top[1] = maxSize-1，将两个栈的栈顶指针置于数组下标为 0 和 maxSize-1 的位置，表示将两个栈置空，如图 3-4（a）所示，因此，两个栈的栈空条件是(top[1]+1) % maxSize = top[0]。

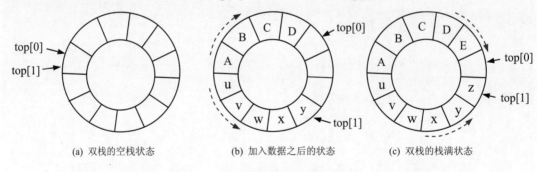

(a) 双栈的空栈状态　　　　(b) 加入数据之后的状态　　　　(c) 双栈的栈满状态

图 3-4　题 3-19 的图

由于两个栈从同一起点往相反方向增长，相应进栈与出栈策略也相反。

- 对于 0 号栈，进栈时先存后进：S.elem[S.top[0]] = x；S.top[0]++。栈顶指针 top[0]指向实际栈顶的后一位置。对于 1 号栈，进栈时是先进后存：S.top[1]--；A.elem [S.top[1]] = x，栈顶指针指向实际栈顶位置。
- 对于 0 号栈，出栈时先退后取：S.top[0]--；x = S.elem[S.top[0]]。对于 1 号栈，出栈时先取后退：x = S.elem[S.top[1]]；S.top[1]++，如图 3-4(b)所示。栈空条件是

top[0] = top[1]，栈满条件是 S.top[0]+1 = S.top[1]，如图 3-4（c）所示。
双栈的结构定义如下。

```
#include<stdio.h>
#include<stdlib.h>
#define maxSize 20                        //栈存储数组的大小
typedef int SElemType;
typedef struct {                          //双栈的结构定义
    int top[2], bot[2];                   //双栈的栈顶和栈底指针
    SElemType elem[maxSize];              //栈数组
} DblStack;
```

双栈的主要操作的实现如下。

```
void initStack(DblStack& S) {
//初始化函数：两个栈的栈顶指针共享一个位置 0
    S.top[0] = 0;  S.top[1] = 0;  S.bot[0] = 0;  S.bot[1] = 0;
}
bool stackEmpty(DblStack& S , int i) {              //判断栈空否
    return(S.top[i] == S.bot[i]);
}
bool stackFull(DblStack& S) {                       //判断栈满否
    return S.top[0]+1 == S.top[1];
}
bool Push(DblStack& S, SElemType x, int i) {
//进栈运算。若栈满则函数返回 false；否则元素 x 进栈，函数返回 true
    if(stackFull(S)) return false;
    if(i == 0) {                                    //0 号栈先存后加
        S.elem[S.top[0]] = x;
        S.top[0] = (S.top[0]+1) % maxSize;
    }
    else {                                          //1 号栈先减后存
        S.top[1] = (S.top[1]-1+maxSize) % maxSize;
        S.elem[S.top[1]] = x;
    }
    return true;
}
bool Pop(DblStack& S, int i, SElemType& x) {
//退栈运算。若栈空则函数返回 false，否则退栈元素保存到 x，函数返回 true
    if(stackEmpty(S, i)) return false;              //i 号栈空则返回 false
    if(i == 0) {                                    //0 号栈先减后取
        S.top[0] =(S.top[0]-1+maxSize) % maxSize;
        x = S.elem[S.top[0]];
    }
    else {                                          //1 号栈先取后加
        x = S.elem[S.top[1]];
        S.top[1]=(S.top[1]+1) % maxSize;
    }
```

```
    return true;
}
bool getTop(DblStack& S, int i, SElemType& x) {
//若栈不空则函数通过 x 返回该栈栈顶元素的内容
    if(stackEmpty(S, i)) return false;          //i 号栈空则返回 false
    if(i == 0) x = S.elem[(S.top[0]-1+maxSize) % maxSize];
    else x = S.elem[S.top[1]];
    return true;
}
```

算法的调用方式与顺序栈类似，只是多了对 0 号栈和 1 号栈的控制。

3-20　设计一个算法，识别依次读入的一个以'\0'为结束符的字符序列是否为形如"序列 1&序列 2"的字符序列。其中序列 1 和序列 2 中都不含字符'&'，且序列 2 是序列 1 的逆序列。例如，"a+b&b+a"是属于该模式的字符序列，而"1+3&3-1"则不是。

【解答】　对于给定的字符序列，从头逐个读字符，边读边入栈，直到"&"为止，然后再逐个读"&"之后的字符，边读边与退栈字符做比较，若不相等，则序列 2 不是序列 1 的逆序列，若相等继续进行读字符、退栈、比较。算法的实现如下。

```
bool isReverse(char A[]) {
//算法调用方式 bool succ = isReverse(A)。输入：输入字符序列存储数组 A；
//输出：若输入字符串 A 中'&'前和'&'后部分是逆串，则函数返回 true，否则返回 false
    char S[maxSize];  int top = -1;
    char ch;  int i = 0;
    while(A[i] != '&' && A[i] != '\0')       //将字符序列中'&'的前半部分进栈
        { S[++top] = A[i];  i++; }
    if(A[i] == '\0') return false;           //若没有遇到'&'则返回 false
    while(A[++i] != '\0' && top >= 0){       //栈中字符与 A 剩余部分继续比较
        ch = S[top--];
        if(A[i] != ch) return false;
    }
    if((A[i] == '\0' && top == -1)) return true;
    else return false;
}
```

若字符串中字符个数为 n，算法的时间复杂度为 O(n)，空间复杂度为 O(n)。

3.1.3　链式栈

1. 链式栈的概念和结构类型的定义

用单链表作为存储结构的栈称为链式栈。链式栈的表示如图 3-5 所示。

图 3-5　链式栈

从图 3-5 可知，链式栈的栈顶在链表的表头。因此，新结点的插入和栈顶结点的删除都在链表的表头，即栈顶进行。通常情况下，作为链式栈使用的链表不需要头结点，链表的表头指针就是栈顶指针。链式栈的类型定义如下（保存于头文件 LinkStack.h 中）：

```
#include<stdio.h>
#include<stdlib.h>
#define maxSize 20
typedef int SElemType;
typedef struct node {
    SElemType data;
    struct node *link;
} LinkNode, *LinkList, *LinkStack;
```

虽然链式栈不带头结点，但也需要初始化运算，把将要投入使用的栈置空。

```
void initStack(LinkStack& S) {
    S = NULL;
}
```

采用链式栈来表示一个栈，便于结点的插入与删除。在程序中同时使用多个栈的情况下，用链接表示不仅能够提高效率，还可以达到共享存储空间的目的。

2. 链式栈基本运算的实现

以下 5 个算法都存放在程序文件 LinkStack.cpp 中，可直接链接使用。

3-21　设计一个算法，将元素 x 压入链式栈 S 中。

【解答】　链式栈的栈顶在链头，只要把新 x 结点链入链头，使其成为新的首元结点即可。算法的实现如下。

```
bool Push(LinkStack& S, SElemType x) {
//进栈算法调用方式bool succ = Push(S, x)。输入：链式栈S，进栈元素x；输出：
//进栈后更新的链式栈S。函数返回true
    LinkNode *p =(LinkNode*) malloc(sizeof(LinkNode)); //创建新结点
    p->data = x;  p->link = S;  S = p;                  //新结点插入在链头
    return true;
}
```

算法的时间复杂度为 $O(1)$，空间复杂度为 $O(1)$。

3-22　设计一个算法，从链式栈 S 退出栈顶的元素，其值通过引用参数返回。

【解答】　链式栈的栈顶在链头，退栈时把链表的首元结点摘下即可。算法的实现如下。

```
bool Pop(LinkStack& S, SElemType& x) {
//退栈算法调用方式bool succ = Pop(S, x)。输入：链式栈S；输出：栈顶元素出栈
//后更新的链式栈S，若退栈成功，函数返回true，同时引用参数x返回被删栈顶元
//素的值；若栈空则函数返回false，引用参数x的值不可用
    if(S == NULL) return false;                    //栈空函数返回0
    LinkNode *p = S;  x = p->data;                 //存栈顶元素
    S = p->link;  free(p);  return true;           //栈顶指针退到新栈顶位置
}
```

算法的时间复杂度为 $O(1)$，空间复杂度为 $O(1)$。

3-23 设计一个算法，读取链式栈 S 的栈顶元素。

【解答】 在读取栈顶元素的值时不对链式栈做任何改变。算法的实现如下。

```
bool getTop(LinkStack& S, SElemType& x) {
//读取栈顶算法调用的方式 bool succ = getTop(S, x)。输入：链式栈 S；输出：若栈
//不空，则操作成功，函数返回 true，引用参数 x 返回栈顶元素的值；若栈空，函数返回
//false，引用参数 x 的值不可用
    if(S == NULL) return false;                    //栈空函数返回 false
    x = S->data;  return true;                     //栈不空则返回 true
}
```

算法的时间复杂度为 O(1)，空间复杂度为 O(1)。

3-24 设计一个算法，判断链式栈是否为空，是则函数返回 true；否则函数返回 false。

【解答】 由于链式栈没有头结点，栈顶指针直接指向首元结点，如果表头指针为空，说明链表中一个结点也没有，链表为空。因此要判断栈空，可直接判断链表表头指针是否为空。算法的实现如下。

```
bool stackEmpty(LinkStack& S) {
//判断栈是否为空算法的调用方式 bool succ = stackEmpty(S)。输入：链式栈 S；
//输出：若栈空，则函数返回 true；否则函数返回 false
    return S == NULL;
}
```

算法的时间复杂度为 O(1)，空间复杂度为 O(1)。

3-25 设计一个算法，求链式栈的长度，即链表的结点个数。

【解答】 从栈顶开始顺序扫描链表，同时统计经过的结点数即可。算法的实现如下。

```
int stackSize(LinkStack& S) {
//求栈长度算法的调用方式 int k = stackSize(S)。输入：链式栈 S；
//输出：函数返回求得的栈元素个数
    LinkNode *p = S;  int count = 0;
    while(p != NULL) { p = p->link;  count++; }    //逐个结点计数
    return count;
}
```

若栈中有 n 个元素，算法的时间复杂度为 O(n)，空间复杂度为 O(1)。

3. 链式栈相关的算法

3-26 设计一个算法，借助栈判断存储在单链表中的数据是否中心对称。例如，单链表中的数据序列{12, 21, 27, 21, 12}或{13, 20, 38, 38, 20, 13}即为中心对称。

【解答】 设置一个栈 S，算法首先遍历一次单链表，把所有结点数据顺序进栈；然后同时做两件事：再次从头遍历单链表和退栈。每次访问一个链表结点并与退栈元素比较，若比较相等，则继续比较链表下一结点并退栈；若比较不等则不是中心对称，返回 false。若单链表遍历完则表示链表是中心对称，返回 true。算法的实现如下。

```
bool centreSym(LinkList& L) {
//算法调用方式 bool succ = centreSym(L)。输入：单链表 L；输出：
```

```
//若链表是中心对称，函数返回 true，否则函数返回 false
    LinkStack S; initStack(S); SElemType x;
    for(LinkNode *p = L->link; p != NULL; p = p->link)
        Push(S, p->data);
    p = L->link;
    while(p != NULL) {
        Pop(S, x);
        if(p->data != x) return false;
        else p = p->link;
    }
    return true;
}
```

若栈中有 n 个元素，算法的时间复杂度为 O(n)，空间复杂度为 O(1)。

3-27 设计一个算法，借助栈实现单链表上链接顺序的逆转。

【解答】 算法首先遍历单链表，逐个结点删除并把被删结点存入栈中，再从栈中取出存放的结点把它们依次链入单链表中。通过栈把结点的次序颠倒过来。算法的描述如下。

本题在函数体内直接定义了一个栈 S，因为栈元素的数据类型是链表结点。

```
void Reverse(LinkList& L) {
//算法调用方式 Reverse(L)。输入：单链表 L；输出：经逆转后的单链表 L
    LinkNode *S = NULL; LinkNode *p, *q;
    while(L->link != NULL) {                    //检测原链表
        p = L->link; L->link = p->link;
        p->link = S; S = p;                     //结点 p 从原链表摘下，进栈
    }
    p = L;
    while(S != NULL) {                          //当栈不空时
        q = S; S = S->link;                     //退栈，退出元素由 q 指向
        p->link = q; p = q;                     //链入结果链尾
    }
    p->link = NULL;                             //链收尾
}
```

若栈中有 n 个元素，算法的时间复杂度为 O(n)，空间复杂度为 O(1)。

3-28 设计一个算法，利用栈逆向输出一个单链表的所有数据。

【解答】 算法首先遍历单链表，逐个访问单链表的结点，把结点数据存入栈中；然后再从栈中顺序取出存放的数据并输出它们。算法的实现如下。

```
void reverseOut(LinkList& L) {
//算法调用方式 reverseOut(L)。输入：单链表 L；输出：算法逆向输出单链表 L
    LinkStack S; initStack(S);
    for(LinkNode *p = L->link; p != NULL; p = p->link)
        Push(S, p->data);                       //所有数据进栈
    SElemType x; int first = 1;
    while(! stackEmpty(S)) {
        Pop(S, x);
```

```
            if(first) { printf("%d", x);  first = 0; }
            else printf(", %d", x);
        }
        printf("\n");
}
```

若栈中有 n 个元素，算法的时间复杂度为 O(n)，空间复杂度为 O(n)。

3-29　若有一个元素类型为整型的栈 S，设计一个算法，借助另一个栈实现把该栈的所有元素从栈顶到栈底按从小到大的次序排列起来。

【解答】　设待排序的栈为 S，辅助排序的栈为 T。算法实现的步骤如下。

（1）循环执行从栈 S 的栈顶退出一个整数，置于 k：

- 若栈 T 不为空，则从栈 T 退出所有大于 k 的元素，送回 S 栈。
- 若栈 T 已空，或栈 T 的栈顶元素的值小于或等于 k，则把 k 压入栈 T。

（2）执行完步骤（1）后，所有栈 T 中元素逐个弹出，压入栈 S，算法结束。

算法的实现如下。

```
void StackSort(LinkStack& S) {
//算法调用方式 StackSort(S)。输入：链式栈 S；输出：排好序的链式栈 S
    LinkStack T;  initStack(T);        int i, k;
    while(!stackEmpty(S)) {
        Pop(S, k);                           //从栈 S 弹出一个整数 k
        while(!stackEmpty(T)) {
            getTop(T, i);                    //读取栈 T 的栈顶 i
            if(i > k){Pop(T, i);  Push(S, i);}  //k 比 i 小，i 退出栈 T 回栈 S
            else break;                      //k 比 i 大，停止循环
        }
        Push(T, k);                          //k 压入栈
    }
    while(! stackEmpty(T)) { Pop(T, k);  Push(S, k); }
}
```

若栈中有 n 个元素，算法的时间复杂度为 $O(n^2)$，空间复杂度为 O(1)。

3-30　若有一个元素类型为整型的栈 S，设计一个算法，返回栈中所有元素的中位值。例如，栈中元素为{3, 2, 4, 5, 7, 6, 1}，元素个数 n 为奇数，中位值为 4，即栈中第(n+1)/2 小的元素；若栈中元素为{3, 2, 7, 5, 8, 6, 1, 4}，n 为偶数，中位值为 4，即栈中第 n/2 小的元素。

【解答】　一种解决方案是利用题 3-29 的算法先把栈中所有元素排序，再按栈中元素个数 n 取第 n/2（n 是偶数）或第(n+1)/2（n 是奇数）个元素作为栈中所有元素的中位值。另一种解决方案是借助一个辅助数组 a[n]，在进栈的过程中把进栈元素 x 放到 a 中适当位置，使得 a 中元素按值从小到大有序，这样就可以在数组 a 中取中位值了。不过这样做就必须在进栈、出栈过程中重排数组 a 的元素，算法的实现如下。

```
#define N 16
void Push_1(LinkStack& S, int x, int a[], int& top) {
//算法调用方式 Push_1(S, x, a, top)。输入：链式栈 S，进栈元素 x，排序数组 a，a
```

```
//中最末元素位置 top，引用参数 top 初值为-1；输出：元素 x 进栈，同时插入 a 中适
//当位置，使 a 中元素保持有序，引用参数 top 加 1
    Push(S, x);
    int i = top;
    while(i >= 0 && a[i] > x) { a[i+1] = a[i]; i--; }
    a[i+1] = x;  top++;                            //若有相等元素，x 加在后面
}
bool Pop_1(LinkStack& S, int& x, int a[], int& top) {
//算法调用方式 Pop_1(S, x, a, top)。输入：链式栈 S，排序数组 a，a 中最末元素位置
//top；输出：引用参数 x 返回出栈元素的值，同时在 a 中删除该元素，并使 a 中元素保持有序，
//引用参数 top 减 1
    if(stackEmpty(S)) { printf("栈空不能退栈！\n"); return false; }
    Pop(S, x);
    int i = 0, j;                                 //调整 a[i-1]并保持 a 有序
    while(i <= top && a[i] <= x) i++;             //找到首个 a[i] > x 的元素
    for(j = i; j <= top; j++) a[j-1] = a[j];      //后面元素前移填补 a[i-1]
    top--;  return true;
}
int getMedian(LinkStack& S, int a[]) {
//算法调用方式 int v = getMedian(S, a)。输入：非空链式栈 S，辅助排序数组 a；
//输出：函数返回中位值
    if(stackEmpty(S)) {printf("未找到中位值！\n");  return 0;}//空栈
    int i, n = stackSize(S);                      //n 是当前栈中元素个数
    i =(n % 2 == 0) ? n/2-1 :(n+1)/2-1;           //取中位值在 a 中下标
    return a[i];
}
```

进栈和出栈算法的时间复杂度与空间复杂度均为 O(n)；取中位值算法的时间复杂度为 O(1)，空间复杂度为 O(n)，n 是栈中元素个数。

3.2 队 列

3.2.1 队列的定义及基本运算

队列（Queue）是一种限定存取位置的线性表。它只允许从表的一端插入元素，从另一端删除元素。允许插入的一端称为队尾（rear），允许删除的一端称为队头（front）。

新元素每次都在队尾插入，且最早进入队列的元素最先退出队列。队列所具有的这种特性就称为先进先出（First In First Out，FIFO）。

队列的基本运算如下。

- 队列初始化 void InitQueue(Queue& Q)：创建一个空的队列 Q 并初始化。
- 判队列空否 bool QueueEmpty(Queue& Q)：队列 Q 为空则函数返回 true，否则返回 false。
- 进队列 bool EnQueue(Queue& Q, type x)：当队列 Q 未满时函数将元素 x 插入并成为新的队尾，若操作成功，则函数返回 true，否则返回 false。

- 出队列 bool DeQueue(Queue& Q, type& x)：当队列 Q 非空时函数将队头元素从队列中退出并通过引用参数 x 返回退出元素的值。若操作成功，则函数返回 true，否则返回 false。
- 读队头元素 bool GetFront(Queue& Q, type& x)：当队列 Q 非空时函数通过引用参数 x 返回队头元素的值（但不退出）。若操作成功，则函数返回 true，否则返回 false。

与栈一样，利用队列的 5 种基本运算就可以完成基于队列的各种运算。

3.2.2 顺序队列

1. 顺序队列的概念

顺序队列是队列的顺序存储结构，它也是利用一组地址连续的存储单元来存放队列中的元素。为了表示当前的队头元素和队尾元素，分别设置了队头指针 front 和队尾指针 rear。新元素按照队尾指针 rear 指向的位置进队，出队或读取队头元素时按照队头指针指向的位置操作。

2. 循环队列的概念

为了消除顺序队列在进队、出队列过程中可能产生的"假溢出"现象，通常把顺序队列的存储数组（一维数组）设想成一个环形数组（称为循环队列），队头和队尾指针可以在数组中顺畅地循环移动,当处于数组 maxSize−1 的位置时再进一可直接进到数组 0 号位置。为此，采用了整数的"整除取余"的运算（%）。

常用的进队和出队处理的方式有两种，如图 3-6（a）和图 3-6（b）所示。

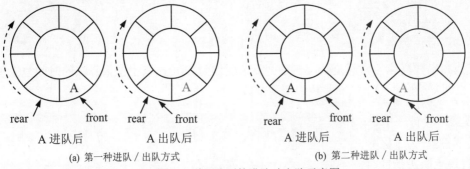

(a) 第一种进队／出队方式   (b) 第二种进队／出队方式

图 3-6　循环队列的进队／出队示意图

- 先存后进。先将新元素加入到队尾指针指向的位置，再让队尾指针加 1，如图 3-4（a）所示。按此方式，队尾指针指向实际队尾的下一位置，队头指针指向实际队头位置。这使得出队或读取队头元素比较方便。本书采用此处理方式。
- 先进后存。先让队尾指针进 1，再将新元素加入队尾指针指向的位置，如图 3-4（b）所示。按此方式，队尾指针指向实际的队尾位置，队头指针指向实际队头的前一位置。要想出队头元素，必须先让队头指针进 1，才能取出队头元素。

3. 循环队列的存储结构定义

循环队列的结构定义如下（保存于头文件 CircQueue.h 中）。

```
#include<stdio.h>
#include<stdlib.h>
```

```
#define initSize 20                          //栈空间初始大小
typedef int QElemType;
typedef struct {                             //循环队列的结构定义
    QElemType *elem;                         //存储空间
    int maxSize;                             //最大存储单元数
    int front, rear;                         //队头、队尾指针
} CircQueue;
```

在头文件内还有一个初始化函数，使用它为队列分配存储空间并将队列置空。算法的实现如下。

```
void initQueue(CircQueue& Q) {               //循环队列的初始化
    Q.elem =(QElemType*) malloc(initSize*sizeof(QElemType));
    if(Q.elem == NULL) { printf("存储分配失败! \n");  exit(1); }
    Q.maxSize = initSize;  Q.front = 0;  Q.rear = 0;
}
```

4. 循环队列基本运算的实现

以下 6 题属于循环队列的基本运算，它们保存于程序文件 CircQueue.cpp 中。

3-31 设计一个算法，判断一个循环队列 Q 是否为空。

【解答】 当循环队列的队头指针 front 与队尾指针 rear 相等，就认为队列为空，队列初始化时就设置它们两个相等。算法的实现如下。

```
bool queueEmpty(CircQueue& Q) {
//判队列空否。算法调用方式bool succ = QueueEmpty(Q)。输入：循环队列Q;
//输出：若队列空，则函数返回true; 否则返回 false
    return Q.front == Q.rear;                //返回front==rear运算结果
}
```

算法的时间复杂度为 O(1)，空间复杂度为 O(1)。

3-32 设计一个算法，判断一个循环队列 Q 是否已满。

【解答】 为了区分队空还是队满的情况，采取牺牲一个队列元素空间的方式，即让队尾指针追上队头指针时，不要并排靠上即可。用语句描述，即(Q.rear+1) % maxSize == Q.front。此时队尾指针指向的单元不要再存放元素。算法的实现如下。

```
bool queueFull(CircQueue& Q) {
//判队列满否。算法调用方式bool succ = QueueFull(Q)。输入：循环队列Q;
//输出：若队列满，则函数返回true; 否则返回 false
    return(Q.rear+1) % Q.maxSize == Q.front;  //返回布尔运算结果
};
```

算法的时间复杂度为 O(1)，空间复杂度为 O(1)。

3-33 设计一个算法，把新元素 x 加入循环队列的队尾（即进队运算）。

【解答】 在循环队列中，队尾指针指向实际队尾的下一位置，可将新元素 x 直接插入其中，再让队尾指针进到下一位置。因为是环形空间，队尾指针进一可能跨越 maxSize−1 到 0 这一临界点，所以要用取余运算（%）实现这种跨越。算法的实现如下。

```
bool enQueue(CircQueue& Q, QElemType x) {
//将元素 x 插入队尾。算法调用方式 bool succ = EnQueue(Q, x)。输入：循环队列
//Q，进队元素 x；输出：若队列不满 x 进循环队列 Q，函数返回 true，否则函数返回
//false，不能进队
    if(queueFull(Q)) return false;          //队列满不能插入，函数返回 false
    Q.elem[Q.rear] = x;                     //按照队尾指针指向的位置插入
    Q.rear =(Q.rear+1) % Q.maxSize;         //队尾指针进 1
    return true;                            //插入成功，函数返回 true
}
```

算法的时间复杂度为 O(1)，空间复杂度为 O(1)。

3-34 设计一个算法，删除循环队列的队头元素（即出队运算）。

【解答】 在循环队列中，队头指针指向实际队头位置，可把它的值直接取出赋给引用参数 x，再让队头指针进到下一位置。与队尾指针进到下一位置一样，也需要使用取余运算（%）实现跨越。算法的实现如下。

```
bool deQueue(CircQueue& Q, QElemType& x) {
//出队一个队头元素，算法调用方式 bool succ = DeQueue (Q, x)。输入：循环队列 Q；
//输出：若队列不空，从循环队列 Q 的队头出队一个元素，并通过引用型参数 x 返回其
//值，函数返回 true，否则函数返回 false，此时 x 的值不可引用
    if(queueEmpty(Q)) return false;         //队列空不能删除，函数返回 false
    x = Q.elem[Q.front];
    Q.front = (Q.front+1) % Q.maxSize;      //队头指针进 1
    return true;                            //删除成功，函数返回 true
}
```

算法的时间复杂度为 O(1)，空间复杂度为 O(1)。

3-35 设计一个算法，仅读取队头元素的值而不改变队列。

【解答】 此算法与出队算法的不同是不修改队头指针。算法的实现如下。

```
bool getFront(CircQueue& Q, QElemType& x) {
//算法调用方式 bool succ = getFront(Q, x)。输入：循环队列 Q；输出：若队列不空
//则函数通过引用参数 x 返回队头元素的值，函数返回 true，否则函数返回 false，此
//时 x 的值不可引用
    if(queueEmpty(Q)) return false;         //队列空则函数返回 false
    x = Q.elem[Q.front];                    //返回队头元素的值
    return true;
}
```

算法的时间复杂度为 O(1)，空间复杂度为 O(1)。

3-36 设计一个算法，计算队列长度。

【解答】 队列长度即队列中实际存放的元素个数，直接通过队头、队尾指针的计算即可得到。算法的实现如下。

```
int queueSize(CircQueue& Q) {
//算法调用方式 int k = QueueSize(Q)。输入：循环队列 Q；输出：函数返回队列中的
//实际元素个数
```

```
        return(Q.rear-Q.front+Q.maxSize) % Q.maxSize;
}
```

算法的时间复杂度为 O(1)，空间复杂度为 O(1)。

5. 循环队列相关的算法

3-37　循环队列采用一维数组作为它的存储表示，往往很难确定数组到底需要设置多少元素才够用，设置太多元素，可能造成浪费，设置太少元素，可能造成溢出。为此可以改写队列的插入和删除算法，根据需要自动调整队列的存储数组大小。

（1）改写队列的插入（进队）函数，当队列满并需要插入新元素时，将数组空间扩大一倍，使新元素得以插入。

（2）改写队列的删除（出队）函数，当队列元素少于数组空间的 1/4 时，将数组空间自动缩减一半。

【解答】　因为需要扩大或缩小队列的存储空间，需要添加一个重新分配队列的存储空间的算法，算法指定一个重新分配队列存储空间大小的整数 count，并按这个整数动态分配一个完整的存储数组 temp，关键是需要把队列原有数据复制到新存储数组中，不能简单传送，而是计算在新存储数组中的位置 i，按新地址传送。算法的实现如下。

```
void reAllocate(CircQueue& Q, int count) {
    QElemType *temp = (QElemType*) malloc(count*sizeof(QElemType));
    int i = 0;                              //i 是 temp 存放指针
    while(Q.front != Q.rear) {              //向 temp 传送原队列数据
        temp[i] = Q.elem[Q.front];          //队头指针指向实际队头存放位置
        Q.front = (Q.front+1) % Q.maxSize;  //队头指针进到下一位置
        i = (i+1) % count;                  //新数组存放指针进到下一位置
    }
    free(Q.elem);  Q.elem = temp;           //释放原队列空间
    Q.maxSize = count;  Q.front = 0;  Q.rear = i;
}
```

进队运算和出队运算分别改写为

```
void EnQueue(CircQueue& Q, QElemType x) {
//进队算法调用方式 EnQueue(Q, x)。输入：循环队列 Q，进队元素 x；
//输出：进队后的循环队列 Q
    if((Q.rear+1) % Q.maxSize == Q.front)   //队列满，溢出处理
        reAllocate(Q, 2*Q.maxSize);         //队列空间扩大一倍
    Q.elem[Q.rear] = x;                     //存放新元素
    Q.rear =(Q.rear+1) % Q.maxSize;         //队尾指针进 1
}
void DeQueue(CircQueue& Q, QElemType& x) {
//出队算法调用方式 DeQueue(Q, x)。输入：循环队列 Q；
//输出：出队元素 x，出队后的循环队列 Q
    if((Q.rear-Q.front+Q.maxSize) % Q.maxSize <= Q.maxSize/4)
        reAllocate(Q, Q.maxSize/2);         //队列空间缩小一半
    x = Q.elem[Q.front];
    Q.front = (Q.front+1) % Q.maxSize;      //队头指针进 1
}
```

不计系统库函数的操作，两个算法的时间复杂度与空间复杂度均为 O(1)。

3-38 设计一个算法，利用队列的运算查找循环队列 Q 中的最小元素并返回它的位置。

【解答】 采用最常用的求最小值的方法。假定队列中队头（0 号元素）最小，逐一出队再进队，若刚出队元素比最小元素的值还要小，置此元素为最小元素。当整个队列元素都查看完，最小元素的位置就记下来了。算法的实现如下。

```
int FindMin(CircQueue& Q) {
//算法调用方式 int k = FindMin(Q)。输入：循环队列 Q；输出：函数返回最小元素
//在队列中的位置
    int i, m, n = queueSize(Q);  QElemType k, min;       //求队列元素个数
    deQueue(Q, min);  enQueue(Q, min);          //最初假定 0 号最小
    for(i = 1; i < n; i++) {                     //循环 n-1 次，查找最小元素
        deQueue(Q, k);  enQueue(Q, k);
        if(k < min) { min = k;  m = i; }          //m 记最小元素位置，从 0 起
    }
    return m;
}
```

设队列中有 n 个元素，算法的时间复杂度为 O(n)，空间复杂度为 O(1)。

3-39 若 Q 是一个非空队列，S 是一个空栈，设计一个算法，仅用队列和栈的运算和少量工作变量，将队列 Q 中的所有元素逆置。

【解答】 将队列 Q 逆置的步骤为：首先逐个取出队列中的元素，将其入栈；当所有元素入栈后，再从栈中逐个取出，入队列。算法的实现如下。

```
void reverseQueue(CircQueue& Q) {
//算法调用方式 reverseQueue(Q)。输入：循环队列 Q；输出：逆转后的循环队列
    int x; SeqStack S;  initStack(S);
    while(!queueEmpty(Q))                        //将队列中所有元素存入栈
        { deQueue(Q, x);  Push(S, x); }
    while(!stackEmpty(S))                            //将栈中已逆置元素存入队列
        { Pop(S, x);  enQueue(Q, x); }
}
```

设队列中有 n 个元素，算法的时间复杂度为 O(n)，空间复杂度为 O(n)。

3-40 设以数组 Q.elem[maxSize]存放循环队列的元素，且以 Q.rear 和 Q.length 分别指向循环队列中的实际队尾位置和队列中所含元素的个数。试给出该循环队列的队空条件和队满条件，并写出相应的插入（EnQueue）和删除（DeQueue）运算的实现。

【解答】 队空条件是 Q.length = 0，队满条件是 Q.length = maxSize。进队运算可在队尾指针 Q.rear 所指位置后插入，但需修改 Q.rear 和 Q.length；出队运算需根据 Q.rear 和 Q.length 计算队头，然后取出队头元素，并修改 Q.length，队尾指针 Q.rear 不用修改。

设该循环队列的结构定义为

```
#include<stdio.h>
#include<stdlib.h>
```

```
#define maxSize 16
#define DefaultSize 30
typedef int QElemType;
typedef struct {                        //循环队列的结构定义
    QElemType elem[maxSize];            //队列存储数组
    int rear, length;                   //队列的队尾指针和队列长度
} CircQueue;
```

循环队列各常用运算的实现如下。

```
void initQueue(CircQueue& Q) {          //循环队列的初始化
    Q.length = 0;  Q.rear = 0;
}
int queueFull(CircQueue Q) {            //判断队列是否为满
    return Q.length == maxSize;
}
int queueEmpty(CircQueue Q) {           //判断队列是否为空
    return Q.length == 0;
}
bool enQueue(CircQueue& Q, QElemType x) {
//元素 x 存放到队列尾部。队尾指针先进一，再按它指向的位置存放 x。算法调用方式 bool
//succ = enQueue(Q, x)。输入：循环队列 Q，进队元素 x；输出：若队列不满，x 进队，
//函数返回 true，否则函数返回 false
    if(queueFull(Q)) return false;      //队列满则函数返回 false
    Q.rear = (Q.rear+1) % maxSize;      //不满，队尾指针进 1
    Q.elem[Q.rear] = x;                 //x 进队列
    Q.length++;  return true;           //队列长度加 1
}
bool deQueue(CircQueue& Q, QElemType& x) {
//从队列的队头退出元素并送入 x。算法调用方式 bool succ = deQueue(Q, x)。输入：
//循环队列 Q；输出：若队列不空，队头元素出队并通过引用参数 x 返回其值，函数
//返回 true，否则函数返回 false，不能出队
    if(queueEmpty(Q)) return false;     //队列空则函数返回 false
    int front = Q.rear-Q.length+1;      //不空，计算实际队头位置
    if(front < 0) front = front+maxSize;
    x = Q.elem[front];                  //队头元素的值存入 x
    Q.length--;  return true;           //队列长度减 1
}
```

进队和出队算法的时间复杂度和空间复杂度均为 O(1)。

3-41　设以数组 Q.elem[maxSize]存放循环队列的元素，且设置一个标志 Q.tag，以 Q.tag = 0 和 Q.tag = 1 来区别在队头指针（front）和队尾指针（rear）相等时，队列状态为空还是为满。试给出该循环队列的队空条件和队满条件，并写出相应的插入（EnQueue）和删除（DeQueue）运算的实现。

【解答】　这种循环队列的队空条件是 Q.front = Q.rear 且 Q.tag = 0，队满条件是 Q.front = Q.rear 且 Q.tag = 1。此时 Q.front 指向实际队头元素位置，Q.rear 指向实际队尾的下一元素位置。出队运算在队头进行，首先用 x 保存队头元素的值，再让队头指针进到下一个位置

并令 Q.tag = 0；进队运算在队尾进行，首先按队尾指针所指位置插入 x，再让队尾指针进到下一个位置并令 Q.tag = 1。设该循环队列的结构定义如下。

```
#include<stdio.h>
#include<stdlib.h>
#define maxSize 20
#define DefaultSize 30
typedef int QElemType;
typedef struct {                              //循环队列的结构定义
    QElemType elem[maxSize];                  //队列元素存储数组
    int front, rear;                          //队头和队尾指针
    int tag;                                  //队满标识
} CircQueue;
void initQueue(CircQueue& Q) {                //循环队列的初始化
    Q.rear = 0;  Q.front = 0;  Q.tag = 0;
}
```

该队列的插入和删除函数如下。

```
bool enQueue(CircQueue& Q, QElemType x) {
//元素 x 存放到队列尾部。算法调用方式 bool succ = enQueue(Q, x)。输入：循环队
//列 Q，进队元素 x；输出：若队列不满，元素 x 进循环队列 Q，函数返回 true；否则
//函数返回 false
    if((Q.front == Q.rear) && Q.tag == 1) return false;
    Q.elem[Q.rear] = x;                       //不满，元素 x 进队列
    Q.rear = (Q.rear+1) % maxSize;            //队尾指针进 1
    Q.tag = 1;  return true;                   //设置进队标志
}
bool deQueue(CircQueue& Q, QElemType& x) {
//从队列队头退出元素。算法调用方式 bool succ = deQueue(Q, x)。输入：循环队列
//Q；输出：若队列不空，从循环队列 Q 退出队头元素并通过引用参数 x 返回其值，函数返回
//true，否则函数返回 false，引用参数 x 的值不可用
    if((Q.front == Q.rear) && Q.tag == 0) return false;
    x = Q.elem[Q.front];                      //不空，保存队头元素的值
    Q.front = (Q.front+1) % maxSize;          //队头指针进 1
    Q.tag = 0;  return true;                   //设置出队标志
}
```

进队和出队算法的时间复杂度和空间复杂度均为 $O(1)$。

3-42　栈的运算可以使用两个队列模拟实现。请设计算法，用两个队列实现栈的运算。

【解答】　可以用两个循环队列 Q1 和 Q2 实现栈的运算。若栈的容量为 Size，则每个队列的容量也是 Size，而且每次进栈或出栈操作后至少有一个队列为空。

实现进栈运算的策略是：若 Q1 和 Q2 都为空，则新元素 x 进入 Q1；否则，若 Q1 不空则新元素 x 进入 Q1，若 Q1 空则进入 Q2。

实现出栈运算的策略是：若 Q1 和 Q2 都为空，则栈空，出栈失败；否则若 Q1 不空，把除最后进队元素外的其他元素出 Q1，进 Q2，最后进队元素出 Q1，此即出栈元素；若

Q1 空，把除最后进队元素外的其他元素出 Q2，进 Q1，最后进队元素出 Q2，此即出栈元素。

算法的实现如下。

```
#include<CircQueue.cpp>
#define Size 20
#define Size 20
void initStack(CircQueue &Q1, CircQueue &Q2) {          //置空栈
    initQueue(Q1);  initQueue(Q2);
}
bool stackEmpty(CircQueue &Q1, CircQueue &Q2) {          //判断栈空
    return queueEmpty(Q1) && queueEmpty(Q2);
}
bool stackFull(CircQueue &Q1, CircQueue &Q2) {           //判断栈满
    return queueFull(Q1) || queueFull(Q2);
}
bool Push(CircQueue &Q1, CircQueue &Q2, int x){          //新元素 x 进栈
//进栈算法调用方式 bool succ = Push(Q1, Q2, x)。输入：循环队列 Q1 和 Q2，进栈
//元素 x；输出：若栈不满，元素 x 进栈，函数返回 true；否则函数返回 false
    if(stackFull(Q1, Q2)) return false;                 //若栈满，进栈失败
    if(stackEmpty(Q1, Q2)) enQueue(Q1, x);              //若栈空，x 进 Q1
    else if(! queueEmpty(Q1)) enQueue(Q1, x);           //否则，若 Q1 不空 x 进 Q1
    else enQueue(Q2, x);                                //若 Q1 空 x 进 Q2
    return true;
}
bool Pop(CircQueue &Q1, CircQueue &Q2, int &x){         //出栈元素通过 x 返回
//出栈算法调用方式 bool succ = Pop(Q1, Q2, x)。输入：循环队列 Q1 和 Q2；输出：
//若栈不空，栈顶元素退栈并通过引用参数 x 返回其值，函数返回 true，否则函数返
//回 false，此时引用参数 x 的值不可用
    if(stackEmpty(Q1, Q2)) return false;               //若栈空，出栈失败
    if(! queueEmpty(Q1)) {                             //否则，若 Q1 不空
        while(1) {
            deQueue(Q1, x);                            //Q1 连续出队
            if(! queueEmpty(Q1)) enQueue(Q2, x);       //送入 Q2
            else break;                                //最后出队元素即所求
        }
    }
    else {                                             //若 Q1 为空 Q2 不空
        while(1) {
            deQueue(Q2, x);                            //Q2 连续出队
            if(! queueEmpty(Q2)) enQueue(Q1, x);       //送入 Q1
            else break;                                //最后出队元素即所求
        }
    }
    return true;
}
```

若进栈元素有 n 个，进栈和出栈算法的时间复杂度为 O(n)；因为除两个队列外未用其他额外辅助存储，算法的空间复杂度为 O(1)。

3-43　可以用两个栈 S1 和 S2 来模拟一个队列。试利用栈的运算来实现队列的进队运算 EnQueue、出队运算 DeQueue 和判队列空的运算 QueueEmpty。

【解答】　由于队列的特性是先进先出，栈的特性是后进先出，所以必须先使用一个栈，把队列的输入序列逆转，再通过第二个栈，把颠倒的输入序列再颠倒回来。

若把栈 S1 作为输入栈，把 S2 作为输出栈，则进队需首先进入 S1 中，但此时在 S1 中的顺序与输入序列的顺序是相反的，如果栈 S1 已满且栈 S2 非空，则表示队列满。出队时必须把 S1 的全部数据出栈再压入 S2 中，才能把顺序颠倒过来输出，为防止顺序出错，S2 的数据出空，才能把 S1 的数据压入 S2。显而易见，当栈 S1 和 S2 都出空，队列就空了。进队运算、出队运算和判队空运算的实现如下。

```
bool queueEmpty(SeqStack& S1, SeqStack& S2) {
//判断队列空否，队空则函数返回 true，否则返回 false
    if(stackEmpty(S1) && stackEmpty(S2)) return true;      //队列空
    else return false;                                     //队列不空
}
bool enQueue(SeqStack& S1, SeqStack& S2, SElemType x) {
//算法调用方式 bool succ = enQueue(S1, S2, x)。输入：顺序栈 S1，顺序栈 S2，
//进栈元素 x；输出：若队列不满，元素 x 进队列(压入栈 S1 中)，函数返回 true；否则
//函数返回 false
    if(stackFull(S1)) {                                    //输入栈 S1 已满
        if(!stackEmpty(S2))                                //输出栈 S2 非空
            { printf("用双栈模拟的队列空间已满!\n");  return false; }
        else {                                             //输出栈 S2 空
            SElemType temp;
            while(!stackEmpty(S1))                          //S1 所有数据出栈再压入 S2
                { Pop(S1, temp);  Push(S2, temp); }
        }
    }                                                      //将 S1 所有数据移走后
    Push(S1, x);  return true;                             //x 进队列
}
bool deQueue(SeqStack& S1, SeqStack& S2, SElemType& x) {
//算法调用方式 bool succ = deQueue(S1, S2, x)。输入：顺序栈 S1，顺序栈 S2；
//输出：若队列不空，从队列中出队队头元素并通过引用参数 x 返回其值，函数返回
//true，否则函数返回 false，引用参数 x 的值不可用
    if(stackEmpty(S1) && stackEmpty(S2))                   //队列空
            { printf("用双栈模拟的队列空!\n");  return false; }
    else {                                                 //队列非空
        if(stackEmpty(S2)) {                               //若输出栈 S2 空
            while(!stackEmpty(S1))                          //将 S1 所有元素出栈再压入 S2
                { Pop(S1, x);  Push(S2, x); }
        }
        Pop(S2, x);  return true;                          //从 S2 退出一个元素赋给 x
    }
}
```

设进队列元素有 n 个，进队和出队算法的时间复杂度均为 O(n)；因为除两个栈外未用其他额外辅助存储，算法的空间复杂度为 O(1)。

3-44 假设两个队列共享一个首尾相连的环形向量空间，如图 3-17 所示，其结构类型 DualQueue 的定义如下。

```
typedef int QElemType;
typedef struct {
    QElemType elem[maxSize];              //共享存储空间
    int front[2], rear[2];                //队列 0 和队列 1 的队头、队尾指针
} DualQueue;
```

初始时，队列 0 的队头指针 front[0] 和队尾指针 rear[0]，队列 1 的队头指针 front[1] 和队尾指针 rear[1] 各自指向环形存储数组的同一个位置，如图 3-7（a）所示，它们相距 maxSize/2 个位置。

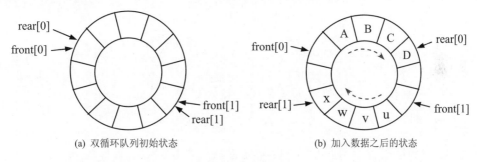

(a) 双循环队列初始状态 (b) 加入数据之后的状态

图 3-7 题 3-44 的图

假设两个队列的指针都顺时针移动，如图 3-7（b）所示，使得队头指针指向实际队头元素的前一位置，队尾指针指向实际队尾元素位置。请给出它们的队空条件和队满条件，以及进队（EnQueue）和出队（DeQueue）运算的实现。

【解答】 设两个队列的指针都顺时针移动，若一个队列编号为 i（＝0 或 1），另一个队列的编号可以为 1-i（＝1 或 0）。进队方式是先让队尾指针进一，再按队尾指针所指位置将新元素进队，出队方式是先让队头指针进一，再把队头元素取出。这样，队列 i 的队尾指针 rear[i] 指向实际队尾元素位置，队头指针 front[i] 指向实际队头元素的前一位置，队列 i 空的条件为 rear[i] = front[i]，队列 i 满的条件为 rear[i] = front[1-i]。

为充分利用存储空间，在队列 i 满的情况下，若又有新元素要进队，应当再判断另一个队列是否已满，若未满，可以把另一个队列顺时针移动一个元素位置，为队列 i 空出一个位置，以插入新元素；若另一个队列已满，则报错。

队列运算的实现如下。

```
void initQueue(DualQueue& Q) {                    //循环队列的初始化
    Q.front[0] = 0;  Q.rear[0] = 0;
    Q.front[1] = maxSize/2;  Q.rear[1] = maxSize/2;
}
bool queueFull(DualQueue Q, int i) {              //队列 i 判满
    return Q.rear[i] == Q.front[1-i] || Q.rear[1-i] == Q.front[i];
}
```

```
bool queueEmpty(DualQueue Q, int i) {            //队列 i 判空
    return Q.front[i] == Q.rear[i];
}
int enQueue(DualQueue& Q, int i, QElemType x) {
//算法调用方式 bool succ = enQueue(Q, i, x)。输入：循环队列 Q，指定队列号 i,
//进队元素 x；输出：若队列不满则元素 x 进队列 i 且函数返回 true；否则函数返回 false
    if(i < 0 || i > 1) return false;
    if(Q.rear[i] == Q.front[1-i]) {
        if(Q.rear[1-i] == Q.front[i]) return false;      //另一队列也满返回 0
        int j = Q.rear[1-i];                             //另一队列前移一个位置
        while(j > Q.front[1-i]) {
            Q.elem[(j+1) % maxSize] = Q.elem[j];         //顺时针前移元素
            j = (j-1+maxSize) % maxSize;
        }
        Q.rear[1-i] = (Q.rear[1-i]+1) % maxSize;         //修改队列 1-i 的指针
        Q.front[1-i] = (Q.front[1-i]+1) % maxSize;
    }
    Q.rear[i] = (Q.rear[i]+1) % maxSize;                 //队列 i 的队尾指针进 1
    Q.elem[Q.rear[i]] = x;
    return true;
}
bool deQueue(DualQueue& Q, int i, QElemType& x) {
//算法调用方式 bool succ = deQueue(Q, i, x)。输入：循环队列 Q，指定队列号 i;
//输出：若队列 i 不空，从队列 i 出队队头元素且通过引用参数 x 返回其值，函数返回
//true；否则函数返回 false，引用参数 x 的值不可用
    if(i < 0 || i > 1) return false;
    Q.front[i] = (Q.front[i]+1) % maxSize;
    x = Q.elem[Q.front[i]];
    return true;
}
```

进队和出队算法的时间复杂度和空间复杂度均为 O(1)。

3-45　设 k 阶斐波那契数列定义为 $f_0 = 0, f_1 = 0, \cdots, f_{k-1} = 0, f_k = 1, f_i = f_{i-1} + \cdots + f_{i-k}$（$i = k+1, \cdots$）。试利用循环队列编写求 k 阶斐波那契序列中前 n+1 项（$f_0, f_1, \cdots, f_n$）的算法，要求满足：$f_n \leqslant maxV$ 且 $f_{n+1} > maxV$，其中 max 为某个约定的常数。

【解答】　设置一个可容纳 k 个元素的循环队列。在计算 f_i（$i \geqslant k$）时，队列总是处在头尾相接的状态，故仅需一个指针 rear 指向当前队尾的位置。每次求得一个 f_i 之后即送入 (rear+1) % k 的位置上，冲掉原队头元素。在算法执行结束时，留在循环队列中的元素即是所求 k 阶斐波那契序列中的最后 k 项：$f_{n-k+1}, \cdots, f_n$）。算法的实现如下。

```
#define k 3                                              //阶 k = 3
#define maxV 2000                                        //fn 上限
void GetFib_CQ(int& n, int& s) {
//求 k 阶斐波那契数列。算法调用方式 GetFib_CQ(n, s)。输入：无；输出：满足
// fn <= maxV, fn+1 > maxV 的 n 值，以及 fn 的值 s
    int i, j, m, sum; bool over = false; int Q[k];       //队列大小设为 k
```

```
    for(i = 0; i < k-1; i++) Q[i] = 0;
    Q[k-1] = 1;                                    //给前 k 项赋初值
    for(i = 0; i < k; i++) printf("%d ", Q[i]);    //最初的斐波那契数列
    n = k-1;  s = Q[i];
    while(s <= maxV) {
        m =(n+1) % k;  sum = 0;
        for(j = 0; j < k; j++)
            if(sum+(Q[(m+j) % k]) > maxV) over = true;
            else sum += Q[(m+j) % k];
        if(!over) {
            s = Q[m] = sum;                        //求第 n 项的值存入队列中
            printf("%d ", sum);
            n++;
        }
        else break;
    }
}
```

算法的时间复杂度为 O(n)，空间复杂度为 O(k)。

3.2.3 链式队列

1. 链式队列的概念

链式队列是基于链表的队列的存储表示，有以下两种处理方式。

（1）基于单链表组织链式队列，如图 3-8 所示。本书主要采用这种组织方式。

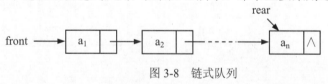

图 3-8　链式队列

在单链表的每一个结点中有两个域：data 域存放队列元素的值，link 域存放单链表下一个结点的地址。队列的队头指针指向单链表的首元结点，队尾指针指向单链表的尾结点。这意味着队列的队头元素存放在单链表的首元结点内，若要从队列中出队一个元素，必须从单链表中删去首元结点，而存放着新元素的结点应插在队列的尾结点后面，这个新结点将成为新的队尾结点。

（2）基于循环单链表组织链式队列，如图 3-9 所示。这种循环单链表无头结点，也无队头指针，只有队尾指针 rear。由于在队尾插入实际上就是在 rear 结点后面插入，在队头删除实际上就是删除 rear 结点后面的结点，所以进队、出队操作的时间复杂度都是 O(1)。

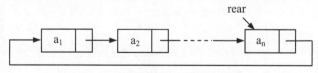

图 3-9　链式队列的另一组织方式

用单链表表示的链式队列特别适合于数据元素变动比较大的情形，而且不存在队列满

而产生溢出的情况。另外，假若程序中要使用多个队列，与多个栈的情形一样，最好使用链式队列。这样不会出现存储分配不合理的问题，也不需要进行存储的移动。

2. 链式队列的结构定义

链式队列的结构定义如下（保存于头文件 LinkQueue.h 中）。

```
typedef int QElemType;
typedef struct Node {                    //链式队列结点
    QElemType QElem;                      //结点的数据
    struct Node *link;                   //结点的链接指针
} LinkNode;
typedef struct {                         //链式队列
    LinkNode *front, *rear;              //队列的队头和队尾指针
} LinkQueue;
```

在这个头文件中还有一个初始化函数，由于链式队列不带头结点，所以只要给链式队列的 front 和 rear 指针赋初值即可。算法的实现如下。

```
void initQueue(LinkQueue& Q) {          //链式队列的初始化
    Q.front = Q.rear = NULL;
}
```

3. 链式队列基本运算的实现

3-46 设计一个算法，删除一个链式队列。

【解答】 可按不带头结点的单链表方式来实施删除运算。算法的实现如下。

```
void clearQueue(LinkQueue& Q) {
//清空队列。算法调用方式 clearQueue(Q)。输入：链式队列 Q；输出：清空的链式
//队列 Q，其队头指针 Q.front 和队尾指针 Q.rear 均为 NULL
    LinkNode *p;
    while(Q.front != NULL)               //逐个删除队列中的结点
        { p = Q.front;  Q.front = p->link;  free(p); }
    Q.rear = NULL;
}
```

若队列中原有 n 个元素，算法的时间复杂度为 $O(n)$，空间复杂度为 $O(1)$。

3-47 设计一个算法，判断一个链式队列是否为空。

【解答】 如果链式队列的队头指针为空，则队列即为空。算法的实现如下。

```
bool queueEmpty(LinkQueue& Q) {
//判队列空否。算法调用方式 bool succ = queueEmpty(Q)。输入：链式队列 Q；输
//出：若队列空则函数返回 true，否则函数返回 false
    return Q.front == NULL;                          //返回布尔计算的结果
}
```

算法的时间复杂度和空间复杂度均为 $O(1)$。

3-48 设计一个算法,让新元素 x 进到链式队列的队尾,使之成为新的队尾（进队运算）。

【解答】 若队列不空，将新结点 x 链接到队尾指针所指结点的后面；若队列为空，新

结点 x 成为队列中唯一的结点。算法的实现如下。

```
bool enQueue(LinkQueue& Q, QElemType x) {
//进队列。算法调用方式 bool succ = enQueue(Q, x)。输入：链式队列 Q，进队元素
//x; 输出：在链式队列 Q 的链尾插入元素 x，函数返回 true
    LinkNode *s = (LinkNode*) malloc(sizeof(LinkNode));      //创建新结点
    s->data = x;  s->link = NULL;
    if(Q.rear == NULL) Q.front = Q.rear = s;      //空队列时新结点是唯一结点
    else{ Q.rear->link = s;  Q.rear = s; }        //新结点成为新的队尾
    return true;
}
```

算法的时间复杂度和空间复杂度均为 O(1)。

3-49 设计一个算法，将链式队列的首元结点从队列中删除（出队运算）。

【解答】 若队列不空，删除链式队列的首元结点；若队列为空则报错。算法的实现如下。

```
bool deQueue(LinkQueue& Q, QElemType& x) {
//出队。算法调用方式 bool succ = deQueue(Q, x)。输入：链式队列 Q; 输出：从
//链式队列 Q 的链头出队一个元素并通过引用参数 x 返回其值，函数返回 true; 若在删
//除前队列为空，则函数返回 false，引用参数 x 的值不可用
    if(Q.front == NULL) return false;       //队列空，不能出队
    LinkNode *p = Q.front;  x = p->data;    //存队头元素的值
    Q.front = p->link;  free(p);            //队头修改，释放原队头结点
    if(Q.front == NULL) Q.rear = NULL;
    return true;
}
```

算法的时间复杂度和空间复杂度均为 O(1)。

3-50 设计一个算法，读取队头元素的值而不更新队列。

【解答】 只要队列不空，直接读取首元结点的值即可。算法的实现如下。

```
bool getFront(LinkQueue& Q, QElemType& x) {
//读取队头元素的值。算法调用方式 bool succ = getFront(Q, x)。输入：链式队列
//Q; 输出：若队列不空，队头元素的值通过引用参数 x 返回，同时函数返回 true
//否则，函数返回 false，引用参数 x 的值不可用
    if(Q.front == NULL) return false;
    x = Q.front->data;  return true;        //取队头元素的值
}
```

算法的时间复杂度和空间复杂度均为 O(1)。

3-51 设计一个算法，计算队列中元素个数。

【解答】 从链头起扫描链式队列，边扫描边计数，扫描过的结点个数即为队列中的元素个数。算法的实现如下。

```
int QueueSize(LinkQueue& Q) {
//算法调用方式 int k = QueueSize(Q)
```

```
//输入：链式队列 Q；输出：函数返回队列元素个数
    LinkNode *p = Q.front;  int k = 0;
    while(p != NULL) { p = p->link;  k++; }
    return k;
}
```

若队列中有 n 个元素，算法的时间复杂度为 O(n)，空间复杂度为 O(1)。

4. 链式队列相关的算法

3-52 若链式队列所有元素均为整数，设计一个算法，将队列中从队头开始的第 k 个元素出队，队列中其他元素的相对位置不变。

【解答】 先求得队列中元素个数 n，若 k > n 则算法报错，返回 false；若 k <= n 则逐个出队队列中的元素并统计是第几个，如果是第 k 个则用引用参数 x 记下，若不是则再进队，待整个队列处理完，算法返回 true。算法的实现如下。

```
bool Pop_k(LinkQueue& Q, int k, int& x) {
//算法调用方式bool succ = Pop_k(Q, k, x)。输入：非空整数队列Q，指定出队元素
//编号k；输出：若k合理，则队列中第k个元素出队，引用参数x返回出队元素的值，函数
//返回true，否则第k个元素出队失败，函数返回false
    int i, j, n = QueueSize(Q);
    if(k < 1 || k > n) { printf("参数k超出! \n");  return false; }
    for(i = 1; i <= n; i++) {
        deQueue(Q, j);
        if(i != k) enQueue(Q, j);
        else x = j;
    }
    return true;
}
```

若队列中有 n 个元素，算法的时间复杂度为 O(n)，空间复杂度为 O(1)。

3-53 若链式队列中所有元素是互不相等的整数，设计一个算法，将队列中具有最小值的元素出队，队列中其他元素的相对位置不变。

【解答】 先求得队列中的元素个数 n，然后处理两遍队列。第一遍将队列中所有元素依次出队、比较查找最小值元素，记下该元素序号，再进队；第二遍再将队列中所有元素出队、跳过具有最小值的元素，其他元素进队，返回那个未进队元素。算法的实现如下。

```
bool Pop_min(LinkQueue& Q, int& min) {
//算法调用方式bool succ = Pop_min(Q, min)。输入：整数队列Q；输出：若队列非空，
//则具有最小值元素出队，引用参数min返回出队元素的值，函数返回true，否则空队，
//函数返回false
    int i, k, n = QueueSize(Q);
    if(n == 0) { printf("空队列! \n");  return false; }
    deQueue(Q, min);    enQueue(Q, min);        //设定初始最小值元素
    for(i = 1; i < n; i++) {
        deQueue(Q, k);                          //出队
        if(k < min) min = k;                    //存储新的最小值元素
        enQueue(Q, k);                          //进队
```

```
    }
    for(i = 0; i < n; i++) {
        deQueue(Q, k);                          //出队
        if(k != min) enQueue(Q, k);             //最小值元素不进队
    }
    return true;
}
```

若队列中有 n 个元素，算法的时间复杂度为 O(n)，空间复杂度为 O(1)。

3-54 若使用不设头结点的循环单链表来表示队列，rear 是链表的一个指针（视为队尾指针）。试基于此结构给出队列的插入（EnQueue）和删除（DeQueue）算法，并给出 rear 为何值时队列空。

【解答】 若循环单链表不设头结点，且只有链尾指针 rear，没有其他指针，则新结点应插入在链尾结点之后，而删除的结点应是链尾指针所指结点的下一结点。

特殊情况是空队列。若插入新元素到空队列，新元素即为队列唯一的结点；若删除后队列为空，队尾指针置空。

设循环链式队列的结构定义如下，其中用到单链表结点的结构定义。

```
typedef struct {
    LinkNode *rear;
} CircLinkQueue;
```

相应算法的实现如下。

```
void initQueue(CircLinkQueue& Q) {                  //链式队列初始化
    Q.rear = NULL;
}
int queueEmpty(CircLinkQueue Q) {                   //判断链式队列是否为空
    return Q.rear == NULL;
}
bool enQueue(CircLinkQueue& Q, DataType x) {        //进队运算
//进队算法调用方式 bool succ = enQueue(Q, x)。输入：循环链式队列 Q，进队元素
//x; 输出：在循环链式队列 Q 的链尾插入元素 x, 函数返回 true
    LinkNode *s =(LinkNode*) malloc(sizeof(LinkNode));
    s->data = x;                                    //新结点赋值
    if(Q.rear == NULL)                              //原为空队列
        { Q.rear = s;  Q.rear->link = s; }          //*s 成为队列唯一结点
    else { s->link = Q.rear->link;  Q.rear->link = s;  Q.rear = s; }
    return true;
}
bool deQueue(CircLinkQueue& Q, DataType& x) {
//出队算法调用方式 bool succ = deQueue(Q, x)。输入：循环链式队列 Q; 输出：若
//队列不空，则删除循环链式队列的队头元素并通过引用参数 x 返回其值，函数返回
//true, 否则函数返回 false, 引用参数 x 的值不可用
    if(Q.rear == NULL) return false;
    LinkNode *p = Q.rear->link;                     //首元结点为*p
    x = p->data;
```

```
    if(Q.rear == p) Q.rear = NULL;        //链表仅一个结点，删除后为空
    else Q.rear->link = p->link;          //否则重新链接，将*p 结点摘下
    free(p);    return true;              //释放原队头结点
}
```

进队和出队算法的时间复杂度与空间复杂度均为 O(1)。

3.2.4　双端队列

1. 双端队列的概念

双端队列有三种类型：允许在两端插入和删除的普通双端队列；输入受限（即只允许在一端插入但允许在两端删除）的双端队列；输出受限（即允许在两端插入但只允许在一端删除）的双端队列，如图 3-10（a）～图 3-10（c）所示。

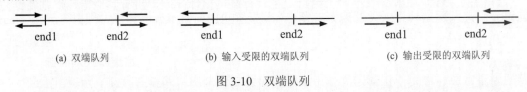

| (a) 双端队列 | (b) 输入受限的双端队列 | (c) 输出受限的双端队列 |

图 3-10　双端队列

普通双端队列可视为底靠底的双栈，但它们相通，成为双向队列。两端都可能是队头和队尾。输入受限的双端队列则限定了双端队列只能在一端输入两端输出，对于一个确定的输入序列，输出只能有 3 种可能：在同一端输出，相当于栈；或者在另一端输出，相当于队列；或者混合进出。输出受限的双端队列则限定了输出只能在双端队列的一端进行，对于一个确定的输入序列，输出也只能有 3 种可能：在同一端输入和输出，相当于栈；在一端输入一端输出，相当于队列；混合进出。

2. 双端队列相关的算法

3-55　若将一个双端队列顺序表示为一维数组 elem[maxSize]，两个端点设为 front 和 rear，并组织成一个循环队列。写出双端队列所用指针 front 和 rear 的初始化条件及队空与队满条件，并设计相应的插入（enQueue）新元素和删除（deQueue）算法。

【解答】　设基于数组存储表示的双端队列的结构定义如下。

```
#define queSize 20
typedef int QElemType;
typedef struct {                          //双端队列的数组存储表示
    QElemType elem[queSize];              //存放数组
    int bottom, front, rear;             //底部和两端指针
} DblQueue;
```

若 front 端按顺时针方向进队，rear 端按逆时针方向进队，初始时，让两个端点位于同一位置，如图 3-11（a）所示，队列的队空条件为 front == bottom 或 rear == bottom。

在 front 端进队时，front 指针先加 1，再按 front 所指位置进队；而 rear 端则相反，进队时先按 rear 所指位置进队，再让 rear 指针减 1。注意 front 端与 rear 端进队方式不同，这样，front 指向实际进队/出队位置，rear 指向实际进队/出队位置的减 1 位置。队满条件为 (front+1) % queSize == rear。初始化条件为 front = rear = bottom = 0，如图 3-11（b）～

图 3-11 （d） 所示。

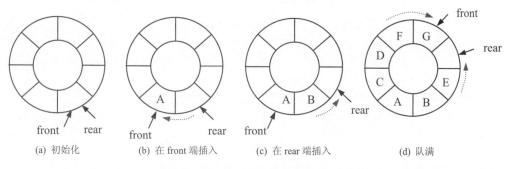

  (a) 初始化   (b) 在 front 端插入 (c) 在 rear 端插入   (d) 队满

图 3-11　题 3-55 的图

相应的进队和出队算法的实现如下。

```
bool enQueueF(DblQueue& Q, QElemType x) {
//算法调用方式bool succ = enQueueF(Q, x)。输入：双端队列Q，进队元素x；输出：
//若队列不满，将元素x插入双端队列的front端，函数返回true；否则函数返回false
    if(queueFull(Q)) return false;            //队满，不能插入
    Q.front = (Q.front+1) % queSize;          //front 指针先加 1
    Q.elem[Q.front] = x;                      //再按 front 指针 x 进队
    return true;
}
bool enQueueR(DblQueue& Q, QElemType x) {
//算法调用方式bool succ = enQueueR(Q, x)。输入：双端队列Q，进队元素x；输出：
//若队列不满，将元素x插入双端队列的rear端，函数返回true；否则函数返回false
    if(queueFull(Q)) return false;            //队满，不能插入
    Q.elem[Q.rear] = x;                       //rear 端 x 先进队
    Q.rear = (Q.rear-1+queSize) % queSize;    //rear 指针再减 1
    return true;
}
bool deQueueF(DblQueue& Q, QElemType& x) {
//算法调用方式bool succ = deQueueF(Q, x)。输入：双端队列Q；输出：若队列不空，
//则从双端队列Q的front端出队元素并由引用参数x返回其值，函数返回true；否则
//函数返回false，此时引用参数x的值不可用
    if(queueEmptyF(Q)) return false;
    x = Q.elem[Q.front];                      //先取出 front 端元素值
    Q.front =(Q.front-1+queSize) % queSize;   //front 端指针退 1
    return true;
}
bool deQueueR(DblQueue& Q, QElemType& x) {
//算法调用方式bool succ = deQueueR(Q, x)。输入：双端队列Q；输出：若队列不空，
//则从双端队列Q的rear端出队元素并由引用参数x返回其值，函数返回true；否则
//函数返回false，此时引用参数x的值不可用
    if(queueEmptyR(Q)) return false;
    Q.rear = (Q.rear+1) % queSize;            //rear 端指针先加 1
    x = Q.elem[Q.rear];                       //再按 rear 取元素值
    return true;
}
```

判断队满和队空的算法需要添加在进队、出队算法前面，它们的实现如下。

```
void initQueue(DblQueue& Q) {                    //初始化运算
    Q.bottom = Q.front = Q.rear = 0;             //置空
}
bool queueEmptyF(DblQueue Q) {                    //判空运算，针对 front 端
    return Q.front == Q.bottom;
}
bool queueEmptyR(DblQueue Q) {                    //判空运算，针对 rear 端
    return Q.rear == Q.bottom;
}
bool queueFull(DblQueue Q) {                      //判满运算
    return(Q.front+1) % queSize == Q.rear;
}
```

进队和出队算法的时间复杂度与空间复杂度均为 O(1)。

3-56 若一个双端队列采用循环队列的方式来组织，除了常规的在队尾插入和在队头删除的操作以外，设计算法，实现在队尾删除和在队头插入。

【解答】 假设循环队列存储数组有 m 个存储单元，队空条件是(front+1) % m = rear，则初始时可认为 front 定位于 rear 的前一位置，设定它们的初值为 front = m−1，rear = 0。此时，front 指向实际队头的前一位置，rear 指向实际队尾的后一位置。队列满的条件是 front = rear，这里有意在队列数组中留有一个单元，如果全充满，又有(front+1) % m = rear，无法区分队空还是队满了。这种循环队列的几种状态如图 3-12 所示。

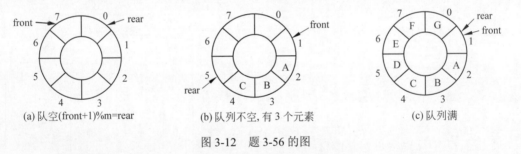

(a) 队空(front+1)%m=rear   (b) 队列不空, 有 3 个元素   (c) 队列满

图 3-12   题 3-56 的图

在 front 端进队和出队方式是：进队时是先按 front 指针指向位置加入新元素 x，然后 front 指针逆时针进 1；出队时 front 指针先顺时针退 1，再把 front 指针指向元素退出到 x。在 rear 端进队和出队的方式是：进队时先按 rear 指针指向位置加入新元素 x，然后 rear 指针顺时针进 1；出队时 rear 指针先逆时针退 1，再把 rear 指针指向元素退出到 x。算法的实现如下。

```
void InitQueue(CircQueue& Q) {                        //循环队列的初始化
    Q.elem = (QElemType*) malloc(initSize*sizeof(QElemType));
    Q.maxSize = initSize;  Q.front = initSize-1;  Q.rear = 0;
}
bool QueueEmpty(CircQueue& Q) {                        //循环队列判空函数
    return(Q.front+1) % Q.maxSize == Q.rear;
```

```
}
bool QueueFull(CircQueue& Q) {                           //循环队列判满函数
    return Q.front == Q.rear;
}
bool EnQueueR(CircQueue& Q, QElemType x) {               //在 rear 端进队函数
    if(QueueFull(Q)) return false;
    Q.elem[Q.rear] = x;                                 //按 rear 所指位置存入 x
    Q.rear = (Q.rear+1) % Q.maxSize;                    //rear 加 1（顺时针）
    return true;
}
bool EnQueueF(CircQueue& Q, QElemType x) {               //在 front 端进队函数
    if(QueueFull(Q)) return false;
    Q.elem[Q.front] = x;                                //按 front 所指位置存入 x
    Q.front = (Q.front-1+Q.maxSize) % Q.maxSize;   //front 退 1（逆时针）
    return true;
}
bool DeQueueR(CircQueue& Q, QElemType& x) {             //在 rear 端出队函数
    if(QueueEmpty(Q)) return false;
    Q.rear = (Q.rear-1+Q.maxSize) % Q.maxSize;//rear 退 1（逆时针）
    x = Q.elem[Q.rear];  return true;                  //取 rear 所指元素的值
}
bool DeQueueF(CircQueue& Q, QElemType& x) {             //按 front 出队函数
    if(QueueEmpty(Q)) return false;
    Q.front = (Q.front+1) % Q.maxSize;                 //front 进 1（顺时针）
    x = Q.elem[Q.front];  return true;                 //取 front 所指元素的值
    return true;
}
```

进队与出队算法的调用方式与题 3-55 相同，算法的时间复杂度与空间复杂度均为 O(1)。

3-57 采用循环单链表可以简单地在表尾插入和在表头删除，但在表尾删除就不方便了。所以可以采用循环双链表来组织双端队列。试定义采用循环双链表组织双端队列的存储结构，并设计算法，实现双端队列的插入和删除等运算。

【解答】 双端队列像是底靠底的两个栈，但它们的底是相通的，可以跨界，所以双端队列的两端 front 和 rear 进队时是相背而行，出队时是相向而行，而且不需要头结点，否则不好跨界。队列的结构可以定义如下。

```
typedef int QElemType;                                   //链表数据类型
typedef struct dnode {                                   //链表结点定义
    QElemType data;
    struct dnode *lLink, *rLink;
} DblNode;
typedef struct {                                         //双端队列定义
    DblNode *front, *rear;
} DblLinkQueue;
```

双端队列采用循环双链表存储，相关运算的实现如下。

```
void InitQueue(DblLinkQueue& Q) {                      //双端队列的初始化
    Q.front = Q.rear = NULL;
}
bool QueueEmpty(DblLinkQueue& Q) {                      //双端队列判空函数
    return Q.front == NULL;
}
bool EnQueueR(DblLinkQueue& Q, QElemType x) {           //在 rear 端进队函数
    DblNode *s =(DblNode *) malloc(sizeof(DblNode));
    if(s == NULL) return false;
    s->data = x;
    if(QueueEmpty(Q))                                  //空队时 s 结点成为唯一结点
        { s->lLink = s;  s->rLink = s;  Q.rear = Q.front = s;  }
    else {                                             //不空时 s 结点链入 rear 后
        s->lLink = Q.rear;  s->rLink = Q.rear->rLink;
        Q.rear->rLink = s;  Q.rear = s;  Q.front->lLink = Q.rear;
    }
    return true;
}
bool EnQueueF(DblLinkQueue& Q, QElemType x) {   //在 front 端进队函数
    DblNode *s =(DblNode *) malloc(sizeof(DblNode));
    if(s == NULL) return false;
    s->data = x;
    if(QueueEmpty(Q))                                  //空队时 s 结点成为唯一结点
        { s->lLink = s;  s->rLink = s;  Q.rear = Q.front = s; }
    else {                                             //不空时 s 结点链入 front 前
        s->rLink = Q.front;  s->lLink = Q.rear->lLink;
        Q.front->lLink = s;  Q.front = s;  Q.rear->rLink = Q.front;
    }
    return true;
}
bool DeQueueR(DblLinkQueue& Q, QElemType& x) {  //在 rear 端出队函数
    if(QueueEmpty(Q)) return false;
    x = Q.rear->data;
    if(Q.rear->lLink == Q.rear)                        //仅剩一个结点情形
        { free(Q.rear);  Q.rear = Q.front = NULL; }
    else {                                             //还有不止一个结点情形
        DblNode * p = Q.rear->lLink;
        Q.rear->lLink->rLink = Q.rear->rLink;
        Q.rear->rLink->lLink = Q.rear->lLink;
        free(Q.rear);  Q.rear = p;
    }
    return true;
}
bool DeQueueF(DblLinkQueue& Q, QElemType& x) {  //在 front 出队函数
    if(QueueEmpty(Q)) return false;
    x = Q.front->data;
    if(Q.front->lLink == Q.front)                      //仅剩一个结点情形
```

```
            { free(Q.front);  Q.rear = Q.front = NULL; }
    else {                                              //还有不止一个结点情形
        DblNode * p = Q.front->rLink;
        Q.front->lLink->rLink = Q.front->rLink;
        Q.front->rLink->lLink = Q.front->lLink;
        free(Q.front);  Q.front = p;
    }
    return true;
}
```

进队与出队算法的调用方式与题 3-56 相同，算法的时间复杂度与空间复杂度均为 O(1)。

3-58　假设有一个整型数组存放 n 个学生的分数，将分数分为 3 个等级，分数高于或等于 90 的为 A 等，分数低于 60 的为 C 等，其他为 B 等。要求采用双端队列，先输出 A 等级学生的分数，再输出 B 等级学生的分数，最后输出 C 等级学生的分数。

【解答】　此题用到双端队列的从 front 端进队、从 rear 端进队和从 front 端出队的算法。对于含有 n 个分数的数组 sc，扫描所有元素 sc[i]，若 sc[i] 的分数属于 A 等级，直接输出；若属于 B 等级，将其从 front 端进队；若为 C 等级，将其从 rear 端进队。最后从 front 端出队并输出。算法的实现如下（双端队列的类型与操作定义利用题 3-57）。

```
void OutScore(int sc[], char* name[],  int n) {         //按等级 A、B、C 输出
//算法调用方式 OutScore(int sc[], char* name[],  int n)。输入：得分数组 sc,
//学生名册数组 name, 学生人数 n; 输出：算法内部按得分 A、B、C 顺序输出学生名和分数
    int i;  QElemType e;
    DblLinkQueue dq;  InitQueue(dq);                    //定义双端队列并初始化
    for(i = 0; i < n; i++) {
        if(sc[i] >= 90)
            printf("%5s%2d ", name[i], sc[i]);          //输出 A 等学生
        else if(sc[i] >= 60) EnQueueF(dq, i);           //从 front 端进队
        else EnQueueR(dq, i);                           //从 rear 端进队
    }
    printf("\n");
    while(!QueueEmpty(dq)) {
        DeQueueF(dq, i);                                //从 front 端出队
        printf("%5s%2d ", name[i], sc[i]);
    }
    printf("\n");
}
```

若有 n 个学生，算法的时间复杂度和空间复杂度均为 O(n)。

3-59　如果采用循环双链表实现输出受限的双端循环队列（只允许队头 front 端出队）。设每个元素表示一个待处理的作业，元素值表示作业的预计时间。进队列采取简化的短作业优先原则，若一个新提交的作业的预计执行时间小于队头和队尾作业的平均时间，则插入在队头（front），否则插入在队尾（rear）。

【解答】　注意两点：

- 队列满和队列为空的判别条件。
- 通过一个作业平均时间判定来确定插入位置。

算法的实现如下。

```
bool EndueQue(DblLinkQueue& Q, int x) {          //输出受限的双端队列的进队操作
//算法调用方式bool succ = EndueQue(Q, x)。输入：双端队列Q，进队元素x；
//输出：将元素x按其值插入Q的队头或队尾，函数返回true
    if(QueueEmpty(Q)) EnQueueF(Q, x);
    else {
        int avr = (int)(Q.front->data+Q.rear->data)/2;
        if(x < avr) EnQueueF(Q, x);              //根据x值决定插入在哪一端
        else EnQueueR(Q, x);
    }
    return true;
}
bool DedueQue(DblLinkQueue& Q, int &x) {          //输出受限的双端队列的出队操作
//算法调用方式bool succ = DedueQue(Q, x)。输入：双端队列Q；输出：若队列不空
//则从队列的front端出队元素并通过引用参数x返回其值，函数返回true；否则函数
//返回false，此时引用参数x的值不可用
    if(QueueEmpty(Q)) return false;              //队列空
    DeQueueF(Q, x);                              //否则从front端出队
    return true;
}
```

进队和出队算法的时间复杂度与空间复杂度均为O(1)。

3.2.5 优先队列

1. 优先队列的概念

前面讨论的队列是一种 FIFO 的队列，每次从队列中取出的是最早加入队列的元素。但是，许多应用需要另一种队列，每次从队列中取出的应是具有最高优先权（Priority）的元素，这种队列就是优先队列。

在优先队列中有两个重要操作，即 PQInsert（插入）和 PQRemove（删除）。PQInsert 同样是在队尾插入，但插入后需要调用一个调整算法，把具有最高优先级的元素调整到队列的队头。而 PQRemove 从队列的队头取出具有最高优先级的元素，然后同样需要调用一个调整算法，把剩余元素中具有最高优先级的元素调整到队头。

2. 优先队列的结构定义

本节的优先队列采用一维数组存储，其结构定义保存在头文件 SeqPQueue.h 中。

```
#include<stdio.h>
#include<stdlib.h>
#define queSize 30
typedef char DataType;                           //元素类型定义
typedef struct node {                            //优先队列结点定义
    DataType data;                               //数据
    int priority;                                //优先级
```

```
} QueNode;
typedef struct {                              //优先队列的结构定义
    QueNode *elem[queSize];
    int front, rear;
} SeqPQueue;
```

3. 优先队列相关基本运算的实现

本节优先队列的进队和出队元素都使用了一个调整算法 Adjust，目的是把优先级最高的元素（体现在元素的 priority 值最小）调整到队头位置。

3-60 若优先队列采用一维数组存储，设计一个算法，实现队列的初始化运算。

【解答】 优先队列的初始化运算十分简单，如图 3-13 所示。在图中可以看到，队头指针 front 指向实际队头的前一位置，队尾指针 rear 指向实际队尾位置，它们都沿同一方向前移，按循环队列的模式运行。队空条件为 rear == front，队满条件为 (rear+1) % queSize == front。

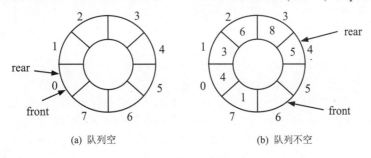

(a) 队列空   (b) 队列不空

图 3-13　题 3-60 的图

算法的实现如下。

```
void InitQueue(SeqPQueue& Q) {
    Q.front = Q.rear = 0;
}
```

3-61 若优先队列采用一维数组存储，设计一个算法，判断队列是否为空。若为空则返回 true，否则返回 false。

【解答】 从初始化运算可知，只要 Q.front == Q.rear，即可视为队列空。算法的实现如下。

```
bool QueueEmpty(SeqPQueue Q) {
    return Q.front == Q.rear;
}
```

3-62 若优先队列采用一维数组存储，设计一个算法，判断队列是否满。若已满则返回 true，否则返回 false。

【解答】 如果优先队列采用首尾相接的循环队列方式存储元素，当进队速度大于出队速度，队尾指针很快追上队头指针，就认为队列已满。算法的实现如下。

```
bool QueueFull(SeqPQueue Q) {
    return(Q.rear+1) % queSize == Q.front;
}
```

3-63 若优先队列采用一维数组存储，设计一个算法，将新元素（ch, x）插入优先队列的队尾，然后找到队列中优先级最高的元素并交换。其中，ch 是元素的值，x 是赋予它的优先级。

【解答】 为在队列中查找优先级最高（priority 最小）的元素，最简单的办法是在队列中从队头开始顺序查找，若找到元素不是队头元素，则对换两个元素。算法的实现如下。

```
void Adjust(SeqPQueue& Q) {                          //调整算法
    int i, j, k;
    j = k = (Q.front+1) % queSize;                   //j 存储队头位置，k 假定最小
    for(i =(k+1) % queSize; i <= Q.rear; i =(i+1) % queSize)
        if(Q.elem[i].priority < Q.elem[k].priority) k = i;
                                                     //查找更小，由 k 存储
    if(k != j) {                                     //交换第 j 号元素和第 k 号元素
        QueNode tmp = Q.elem[j]; Q.elem[j] = Q.elem[k];
        Q.elem[k] = tmp;                             //最小元素交换到实际队头位置
    }
}
bool PQInsert(SeqPQueue& Q, DataType ch, int x) {
//进队算法调用方式bool succ = PQInsert(Q, ch, x)。输入：优先队列 Q，进队元素
//值 ch，进队元素优先级 x；输出：将进队元素 ch 与 x 插入在优先队列 Q 的队尾并将优先级
//最高的元素调整到队头。若插入成功函数返回 true，否则函数返回 false
    if(QueueFull(Q)) return false;                   //队列已满，退出
    Q.rear = (Q.rear+1) % queSize;
    Q.elem[Q.rear].priority = x; Q.elem[Q.rear].data = ch; //在队尾插入
    Adjust(Q);  return true;
}
```

3-64 若优先队列采用一维数组存储，设计一个算法，出队优先队列的队头元素并由引用参数（ch, x）返回。若出队成功则算法返回 true，否则返回 false。

【解答】 队列中优先级最高的元素处于队头，直接将其输出，然后在剩余部分找到新的优先级最高的元素，将其交换到新的队头。算法的实现如下。

```
bool PQRemove(SeqPQueue& Q, DataType&ch, int& x) {
//出队算法调用方式bool succ = PQRemove(Q, ch, x)。输入：双端队列 Q；输出：通
//过引用参数 ch 和 x 返回出队元素 ch 及其优先级 x。若出队成功，函数返回 true；
//否则函数返回 false，引用参数 ch 与 x 的值不可用
    if(QueueEmpty(Q)) return false;
    Q.front =(Q.front+1) % queSize;
    ch = Q.elem[Q.front].data; x = Q.elem[Q.front].priority;
    Adjust(Q);  return true;
}
```

3-65 若优先队列采用一维数组存储，设计一个算法，输出优先队列的所有元素。
【解答】 可通过一趟遍历，从队头开始逐个输出队列中的元素。算法的实现如下。

```
void printPQueue(SeqPQueue Q) {                      //输出队列内容
```

```
for(int i = (Q.front+1) % queSize; i <= Q.rear; i = (i+1) % queSize)
    printf("%c(%d) ", Q.elem[i].data, Q.elem[i].priority);
printf("\n");
}
```

为了查找优先级最高的元素需要扫描整个队列，算法的时间复杂度为 O(n)，空间复杂度为 O(1)。其中 n 是队列元素个数。时间效率更高的调整算法要求使用一种称为"小根堆"的结构来实现优先队列，调整的时间复杂度为 $O(\log_2 n)$，我们将在第 5 章讨论。

3.3 栈和队列的应用

3.3.1 栈在数制转换和括号配对中的应用

3-66 编写一个算法，将一个非负的十进制整数 N 转换为一个二进制数。

【解答】 可以利用栈解决数制转换问题。例如，$49_{10} = 1\times 2^5 + 1\times 2^4 + 1\times 2^0 = 110001_2$，$99_{10} = 1\times 2^6 + 1\times 2^5 + 0\times 2^4 + 0\times 2^3 + 0\times 2^2 + 1\times 2^1 + 1\times 2^0 = 1100011_2$。其转换规则如下，其中，$b_i$ 表示二进制数的第 i 位上的数字。

$$N = \sum_{i=0}^{\lfloor \log_2 N \rfloor} b_i \times 2^i, \quad 其中 b_i = 0 \ 或 \ 1$$

这样，十进制数 N 可以用长度为 $\lfloor \log_2 N \rfloor + 1$ 位的二进制数表示为 $b_{\lfloor \log_2 N \rfloor} \cdots b_2 b_1 b_0$。若令 $j = \lfloor \log_2 N \rfloor$，则有

$$N = b_j 2^j + b_{j-1} 2^{j-1} + \cdots + b_1 2^1 + b_0$$
$$= (b_j 2^{j-1} + b_{j-1} 2^{j-2} + \cdots + b_1) * 2 + b_0 = (N / 2) \cdot 2 + N \% 2 \ （"/" 表示整除运算）$$

因此，可以先通过 N % 2 求出 b_0，然后令 N = N / 2，再对新的 N 做除 2 求模运算可求出 b_1，…，如此重复直到某个 N 等于零结束。这个计算过程是从低位到高位逐个进行的，但输出过程是从高位到低位逐个显示的，为此需要利用栈来实现。算法的实现如下。

```
int BaseTrans(int N) {
//算法调用方式int k = BaseTrans(N)。输入：十进制整数 N；
//输出：函数返回转换后的二进制数
    int i, result = 0;
    SeqStack S;  initStack(S);
    while(N != 0) { i = N % 2;  N = N / 2;  Push(S, i); }
    while(! stackEmpty(S))
        { Pop(S, i);  result = result*10+i; }
    return result;
}
```

若给定的十进制数为 N，则算法的时间复杂度为 $O(\log_2 N)$，空间复杂度为 O(1)。

3-67 设计一个算法，检查一个表达式字符串 expr 中的括号是否匹配。

【解答】 算法设置一个栈，专门存放字符串扫描过程中出现的左括号 "("，其处理过程如下。

- 当前扫描字符是 "(", 将其在字符串中的位置进栈, 扫描字符串中下一个字符;
- 当前扫描字符是 ")", 检查栈顶: 若栈为空, 犯了缺少 "(" 的错误, 输出字符串中括号失配的位置; 若栈不为空, 出现括号匹配, 栈中退掉一个栈顶 "(", 扫描字符串中下一个字符;
- 若字符串已经扫描完, 栈中还有 "(", 犯了缺少 ")" 的错误。

算法的实现如下。

```
#define stkSize 10
void PrintMatchedPairs(char expr[]) {
//算法调用方式 PrintMatchedPairs(expr)。输入: 已存在的表达式字符串 expr;
//输出: 输出判断括号匹配的结果
    int S[stkSize];  int top = -1;           //设置栈 S 并置空
    int j, i = 0;  char ch = expr[i];
    while(ch != '\0') {                       //在表达式中搜索'('和')'
        if(ch == '(') S[++top] = i;          //左括号, 其位置进栈
        else if(ch == ')') {                 //右括号
            if(top != -1) {                   //如果栈不空, 有括号匹配
                j = S[top--];                //退栈
                printf("位置%d 的左括号与位置%d 的右括号匹配! \n", j, i);
            }
            else printf("栈空, 没有与位置%d 的右括号匹配的左括号! \n", i);
        }
        ch = expr[++i];                       //跳过, 取下一字符
    }
    while(top != -1) {                        //字符串已处理完但栈中还有左括号
        j = S[top--];                         //报错次数等于栈中左括号数目
        printf("没有与位置%d 的左括号相匹配的右括号! \n", j);
    }
}
```

若表达式字符串有 n 个字符, k 个左括号, 算法的时间复杂度为 O(n), 空间复杂度为 O(k)。

3-68 设计一个算法, 检查一个用字符数组 e[n]表示的字符串中的花括号、方括号和圆括号是否配对, 若能够全部配对则返回 true, 否则返回 false。

【解答】 在算法中, 自左向右扫描 e[n]中的每一个字符:

- 当扫描到每个左花括号、中括号、圆括号时, 令其进栈。
- 当扫描到右花括号、方括号、圆括号时, 则检查栈顶是否为相应的左括号, 若是则作退栈处理, 若不是则表明出现了语法错误, 应返回 false。
- 当扫描到 e[n]结尾后, 若栈为空则表明没有发现括号配对错误, 应返回 true, 否则表明栈中还有未配对的括号, 应返回 false。

算法的实现如下。本算法直接把栈嵌入函数中, 没有动态链接 SeqStack.cpp。

```
#define stkSize 30                           //栈存储空间大小
bool BracketsCheck(char e[], int n) {
//括号配对检查。算法调用方式 bool succ = BracketsCheck(e, n)。输入: 表达式
```

```
//字符串 e, 该串中字符数 n; 输出: 若括号匹配, 函数返回 true, 否则函数返回 false
    char S[stkSize];  int top = -1;                        //定义一个栈
    for(int i = 0; i < n; i++)                             //顺序扫描 e[n]中字符
        if(e[i] == '{' || e[i] == '[' || e[i] == '(') S[++top] = e[i];
                                                           //左括号进栈
        else if(e[i] == '}') {
            if(top == -1) { printf(" '{'比'}'少!\n");  return false; }
            if(S[top] != '{') { printf("%c与'}'不配对!\n", S[top]);
                return false; }
            top--;                                         //花括号配对出栈
        }
        else if(e[i] == ']') {
            if(top == -1) { printf("缺'['!\n");  return false; }
            if(S[top] != '[') { printf("%c与']'不配对!\n", S[top]);
                return false; }
            top--;                                         //方括号配对出栈
        }
        else if(e[i] == ')') {
            if(top == -1) { printf("缺'('!\n");  return false; }
            if(S[top] != '(') { printf("%c与')'不配对!\n ", S[top]);
                return false; }
            top--;                                         //圆括号配对出栈
        }
    if(top == -1) { printf("括号配对! \n");  return true; }
    while(top != -1) {
        if(S[top] == '{') printf("缺'}' ");
        else if(S[top] == '[') printf("缺']' ");
        else if(S[top] == '(') printf("缺')' ");
        top--;
    }
    printf("\n");  return false;
}
```

若表达式字符串有 n 个字符, k 个左括号, 算法的时间复杂度为 O(n), 空间复杂度为 O(k)。

3.3.2　栈在表达式计算中的应用

在求解表达式的值的运算中常用到栈。例如, 直接利用由中缀表达式转换成的后缀表达式来求值, 就可利用一个栈来暂存扫描到的操作数或计算结果。

3-69　若中缀表达式仅由个位数字字符变量和双目算术操作符组成。设计一个算法, 将一个书写正确的中缀表达式转换成后缀表达式（逆波兰式）。

【解答】　表达式的中缀转后缀使用了一个栈 S, 用于暂存操作符。转换过程如下。

（1）自左向右顺序扫描中缀表达式 infix[]:

- 如果遇到个位数字变量, 则输出到后缀表达式数组 postfix[]中。
- 如果遇到双目操作符, 需要根据该操作符的优先级来决定它是进栈还是退栈。若当前扫描到的操作符 ch 的优先数为 icp(ch)，该操作符进栈后的优先数为 isp(ch)，则可规定各个算术操作符的优先数如表 3-3 所示的优先数表定义。

表 3-3　各个算术操作符的优先数

ch	'('	'*'	'/'	'+'	'-'	')'
isp	1	5	5	3	3	—
icp	6	4	4	2	2	1

设位于栈顶操作符为 op，则 isp(op)与 icp(ch)的比较处理如下。

- 如果 icp(ch) > isp(op)，则 ch 进栈。
- 如果 icp(ch) < isp(op)，则 op 出栈并输出到 postfix[]中。
- 如果 icp(ch) = isp(op)，则是括号配对的情况，需要连续退出位于栈顶的操作符，直到遇到"("为止。然后将"("退栈以对消括号。

（2）如果表达式扫描结束，则把栈 S 内的所有操作符输出到 postfix[]中，算法结束。

首先，定义优先数表如下。

```
typedef struct {                        //优先数表的结构定义
    char ch[6];                         //算符
    int icp[6], isp[6];                 //栈外、栈内算符优先级
} Priority;
void InitPriority(Priority& P) {
    P.ch[] = { '(', '*', '/', '+', '-', ')' };
    P.icp[] = { 6, 4, 4, 2, 2, 1 };
    P.isp[] = { 1, 5, 5, 3, 3, 6 };
}
```

中缀表达式转换成后缀表达式的算法的实现如下。

```
#define stkSize 30
int InfixtoPostfix(char infix[], char postfix[], int n, Priority& P) {
//算法调用方式 int k = InfixtoPostfix(infix, postfix, n, P)。输入：中缀表达
//式字符串 infix，该串中字符数 n，算符优先级表 P；输出：转换后的后缀表达式字符串 postfix，
//函数返回转换成的后缀表达式字符串的长度
    char S[stkSize];  int top = -1;  S[++top] = '#';      //定义栈 S 并初始化
    InitPriority(P);                                      //栈元素类型是 char
    char ch, op;  int come, stktop, i = 0, j, k = 0;
    ch = infix[i];
    while(ch != '#' || S[top] != '#') {                   //顺序扫描中缀表达式
        if(ch != '+' && ch != '-' && ch != '*' && ch != '/' &&
            ch != '(' && ch != ')' && ch != '#')
            { postfix[k++] = ch;  ch = infix[++i];} //操作数，输出
        else if(ch == ')') {                          //")"，持续出栈，直到"("
            op = S[top--];
            while(op != '(')                          //连续输出 op，再出栈
                { postfix[k++] = op;  op = S[top--]; }
            ch = infix[++i];                          //"("退栈
```

```
        }
        else {                                   //是一个操作符
            op = S[top];
            for(j = 0; j < 7; j++)
                if(P.ch[j] == ch) come = P.icp[j];
                                                 //取栈外操作符优先级
            for(j = 0; j < 7; j++)
                if(P.ch[j] == op) stktop = P.isp[j];
                                                 //取栈顶操作符优先级
            if(come > stktop)                    //ch 运算优先级高
                { S[++top] = ch;  ch = infix[++i]; }
            else postfix[k++] = S[top--];        //ch 运算优先级低
        }
    }
    while(top != -1) postfix[k++] = S[top--];
    return k-1;
}
```

算法的时间复杂度为 O(n)，空间复杂度为 O(m)，m 是中缀表达式字符串中的算符数。

3-70 设计一个算法，利用栈求一个正确定义的后缀表达式的值。为简化问题，设表达式中的操作符都是双目操作符，操作数都是个位整数变量。

【解答】 例如，一个中缀表达式 a+b*(c-d)-e/f 的后缀表达式是 abcd-*+ef/-，使用一个栈暂存操作数，从左向右顺序地扫描后缀表达式，计算过程如表 3-4 所示。

表 3-4 后缀表达式计算过程

后缀表达式	识别（操作数—操作数—操作符）	双目运算	归约后的后缀表达式
abcd-*+ef/-	cd-	$r_1 = c-d$	abr_1*+ef/-
abr_1*+ef/-	br_1*	$r_2 = b*r_1$	ar_2+ef/-
ar_2+ef/-	ar_2+	$r_3 = a+r_2$	$r_3$ef/-
$r_3$ef/-	ef/	$r_4 = e/f$	r_3r_4-
r_3r_4-	r_3r_4-	$r_5 = r_3-r_4$	r_5

后缀表达式的计算过程如下。

（1）顺序扫描表达式的每一项 ch，然后根据它的类型做如下相应操作：

- 如果 ch 是操作数，则 ch 进栈。
- 如果 ch 是操作符，则连续从栈中退出两个操作数 y 和 x，形成运算指令 x ch y，并将计算结果进栈。

（2）当表达式的所有项都扫描并处理完后，栈顶存放的就是最后的计算结果。

算法的实现如下。

```
#define stackSize 20
float calcPostfix(char postfix[]) {
//算法调用方式 float v = calcPostfix(postfix)。输入：后缀表达式字符串 postfix;
//输出：从左向右顺序读取以'#'结束的postfix中的字符,计算表达式的值, 函数返回计算结果
    float S[stackSize];  int top = -1;          //定义栈 S 并初始化, 存放操作数
```

```
        char ch;  float x, y;  int i = 0;
        for(i = 0; postfix[i] != '#'; i++) {            //顺序扫描后缀表达式
            ch = postfix[i];
            if(ch == '+' || ch == '-' || ch == '*' || ch == '/') {
                y = S[top--];  x = S[top--];            //第二、第一操作数出栈
                switch(ch) {                             //执行计算
                case '+' : S[++top] = x+y;  break;      //相加结果进栈
                case '-' : S[++top] = x-y;  break;      //相减结果进栈
                case '*' : S[++top] = x*y;  break;      //相乘结果进栈
                case '/' : if(y != 0) S[++top] = x/y;   //相除结果进栈
                          else{ printf("除数为零错! \n");  return 0; }
                }
            }
            else S[++top] =(float)(ch-48);               //操作数进栈
        }
        y = S[top--];  return y;                         //栈顶是计算结果，返回
}
```

若后缀表达式的字符个数为 n，算法的时间复杂度与空间复杂度均为 O(n)。

3-71 设计一个算法，利用栈求一个正确定义的前缀表达式的值。为简化问题，设表达式中的操作符都是双目操作符，操作数都是个位整数变量。

【解答】 例如，一个中缀表达式 a+b*(c-d)-e/f 的前缀表达式是-+a*b-cd/ef，使用一个栈暂存操作数，从右向左扫描前缀表达式，计算过程如表 3-5 所示。

表 3-5 前缀表达式计算过程

前缀表达式	识别（操作符－操作数－操作数）	双目运算	归约后的前缀表达式
-+a*b-cd/ef	/ef	$r_1 = e/f$	-+a*b-cdr_1
-+a*b-cdr_1	-cd	$r_2 = c-d$	-+a*b$r_2 r_1$
-+a*b$r_2 r_1$	*br_2	$r_3 = b*r_2$	-+a$r_3 r_1$
-+a$r_3 r_1$	+ar_3	$r_4 = a+r_3$	-$r_4 r_1$
-$r_4 r_1$	-$r_4 r_1$	$r_5 = r_4-r_1$	r_5

前缀表达式计算的过程如下。

（1）从右向左顺序扫描前缀表达式：

- 如果 ch 是操作数，则 ch 进栈。
- 如果 ch 是操作符，则连续从栈中退出两个操作数 X 和 Y，形成运算指令 X ch Y，并将计算结果进栈。

（2）当表达式的所有项都扫描并处理完后，栈顶存放的就是最后的计算结果。

算法的实现如下。

```
#define stackSize 20
float calcPrefix(char prefix[], int n) {
//算法调用方式 float v = calcPrefix(prefix, n)。输入：前缀表达式字符串 prefix,
//该串的字符数 n; 输出：从右向左顺序读取 prefix 的字符，计算表达式的值，函数返回计算
//结果
```

```
    float S[stackSize];  int top = -1;              //栈用来存放操作数和计算结果
    char ch;  float x, y;  int i;
    for(i = n-1; i >= 0; i--) {                     //逆向顺序扫描前缀表达式
        ch = prefix[i];
        if(ch == '+' || ch == '-' || ch == '*' || ch == '/') {
            x = S[top--];  y = S[top--];            //第一、第二操作数出栈
            switch(ch) {                            //执行计算
            case '+': S[++top] = x+y;  break;       //相加结果进栈
            case '-': S[++top] = x-y;  break;       //相减结果进栈
            case '*': S[++top] = x*y;  break;       //相乘结果进栈
            case '/': if(y != 0) S[++top] = x/y;    //相除结果进栈
                    else { printf("除数为零错!\n");  return 0; }
            }
        }
        else S[++top] = (float)(ch-48);             //操作数进栈
    }
    y = S[top];  return y;                          //栈顶是计算结果，返回
}
```

若前缀表达式的字符个数为 n，算法的时间复杂度与空间复杂度均为 O(n)。

3-72 设计一个算法，利用栈求一个正确定义的中缀表达式的值。为简化问题，设表达式中的操作符都是双目操作符，操作数都是个位整数变量。

【解答】 中缀表达式求值需要使用两个栈，一个栈暂存操作数，称为 OPND，另一个栈暂存操作符，称为 OPTR。求值还需要考虑操作符运算的优先级，规则是"先乘除后加减，操作符优先级高的先做""优先级相同的操作符自左向右顺序作""如果有括号，括号内的先做"。为满足这些规则，可以使用如表 3-3（参见题 3-69）所示的优先级表。

使用 OPND 栈和 OPTR 栈计算中缀表达式值的过程如下。

（1）创建并初始化 OPND 栈和 OPTR 栈。

（2）自左向右扫描中缀表达式，取一字符送入 ch：

- 如果 ch 是操作数，进 OPND 栈，转到（2）。
- 如果 ch 是操作符，设 OPTR 栈的栈顶元素是 op，比较 icp(ch) 和 isp(op)：
    ◇ 若 icp(ch) > isp(op)，则 ch 进 OPTR 栈，转到（2）；
    ◇ 若 icp(ch) < isp(op)，则从 OPND 栈退出两个操作数 a2 和 a1，从 OPTR 栈退出一个操作符 op，形成运算指令 a1 op a2，计算结果进 OPND 栈；
    ◇ 若 icp(ch) = isp(op) 是括号配对情况，则从 OPTR 栈退出"("，转到（2）；

（3）算法结束。

算法描述如下。

```
#define stackSize 20
float calcInfix(char infix[], int n, Priority& P) {
//算法调用方式 float v = calcInfix(infix, n, P)。输入：以"#"收尾的中缀表达
//式字符串 infix，该串的字符数 n，算符优先级表 P；输出：从左向右顺序读取 infix 的字符，
//计算中缀表达式的值，函数返回计算结果
    float OPND[stackSize];  int tops = -1;          //操作数栈
```

```
        char OPTR[stackSize];  int topf = -1;                      //操作符栈
        InitPriority(P);  OPTR[++topf] = '#';                      //优先数表赋值
        char ch, op;  float x, y;  int i, j, come, stktop;
        for(i = 0; i < n; i++) {                                   //顺序扫描中缀表达式
            ch = infix[i];
            if(ch >= '0' && ch <= '9')
                OPND[++tops] =(float)(ch-48);                      //操作数进栈
            else {                                                 //操作符
                op = OPTR[topf];
                for(j = 0; j < 7; j++)                             //查优先数表取优先数
                    if(ch == P.ch[j]) come = P.icp[j];
                for(j = 0; j < 7; j++)
                    if(op == P.ch[j]) stktop = P.isp[j];
                if(come > stktop) OPTR[++topf] = ch;//栈内优先级低, 进栈
                else {                                             //栈外优先级低,计算
                    while(come < stktop) {
                        y = OPND[tops--];  x = OPND[tops--];//取两个操作数
                        op = OPTR[topf--];                  //取操作符
                        switch(op) {
                            case '+' : OPND[++tops] = x+y;  break;
                            case '-' : OPND[++tops] = x-y;  break;
                            case '*' : OPND[++tops] = x*y;  break;
                            case '/' : if(y == 0.0)
                                    { printf("除数为0! \n");  return 0; }
                                else OPND[++tops] = x/y;
                        }
                        op = OPTR[topf];                    //看操作符栈新栈顶
                        for(j = 0; j < 7; j++)              //取栈顶操作符优先级
                            if(op == P.ch[j]) stktop = P.isp[j];
                    }
                    if(op == '(') OPTR[topf--];
                    else if(come > stktop) OPTR[++topf] = ch;
                }
            }
        }
    }
    y = OPND[tops];  return y;
}
```

若中缀表达式的字符个数为 n，算法的时间复杂度与空间复杂度均为 O(n)。

3-73　假设表达式由单字母变量和双目操作符组成，设计一个算法，判断给定的非空后缀表达式是否为正确的后缀表达式，如果是，则将它转化为前缀表达式。

【解答】　若以字符串表示后缀表达式，设一个元素类型为字符串的栈 S，以存放在扫描后缀表达式过程中得到的子前缀表达式。算法顺序扫描后缀表达式，若当前字符是变量，则该字符就是一个子前缀表达式，进栈；若当前字符是操作符θ，则它和栈顶元素 a、次栈顶元素 b 构成一个新的子前缀表达式（θab）。子前缀表达式作为字符串进栈。例如，一个后缀表达式"ABCD-*+EF/-"，经过辅助栈的处理，得到"-+A*B-CD/EF"。算法的

实现如下。

```
#include<ctype.h>
#include<LinkStack.h>
bool PostfixtoPrefix(char *postf, char *&pref) {
//算法调用方式bool succ = PostfixtoPrefix(postf, pref)。输入：后缀表达式
//字符串postf；输出：转换后的前缀表达式字符串pref。若转换成功，函数返回true，否则
//返回false
    LinkNode *S[stackSize]; int top = -1;
    char *p = postf; LinkNode *a, *b, *c, *r; int i = 0;
    while(p[i] != '\0') {
        r =(LinkNode*) malloc(sizeof(LinkNode));
        r->data = p[i]; r->link = NULL;
        if(isalnum(p[i])) S[++top] = r;          //p[i]是字母或数字（操作数）
        else {                                   //p[i]是操作符
            if(top == -1) return false;
            a = S[top--];                        //第二操作数出栈，a指针
            if(top == -1) return false;
            b = S[top--];                        //第一操作数出栈，b指针
            c =(LinkNode*) malloc(sizeof(LinkNode));
            c->data = p[i]; c->link = b;         //操作符，接第一操作数
            for(r = c; r->link != NULL; r = r->link);
            r->link = a;                         //后面再接续第二操作数
            S[++top] = c;                        //作为操作结果进栈
        }
        i++;
    }
    c = S[top];                                  //最后结果出栈
    i = 0; r = c;                                //出栈送入pref
    while(r != NULL)
        { pref[i++] = r->data; a = r; r = r->link; free(a); }
    pref[i] = '\0'; return true;
}
```

若后缀表达式的字符个数为 n，算法的时间复杂度与空间复杂度均为 O(n)。

3.3.3 栈和队列的其他应用

在信息处理中有一大类问题需要逐层或逐行处理。这类问题的解决方法往往是在处理当前层或当前行时，就对下一层或下一行做预处理，把处理顺序安排好，待当前层或当前行处理完，就可以处理下一层或下一行了。

3-74 设栈 S = {1, 2, 3, 4, 5, 6, 7}，其中 7 为栈顶元素。请写出调用函数 unknow(S)后栈 S 的状态。

```
void unknow(SeqStack& S) {
    int x;
    CircQueue Q; SeqStack T;
```

```
initQueue(Q);  initStack(T);
while(!stackEmpty(S)) {
    Pop(S, x);
    if(x % 2 != 0) Push(T, x);
    else enQueue(Q, x);
}
while(!queueEmpty(Q))
    { deQueue(Q, x);  Push(S, x); }
while(!stackEmpty(T))
    { Pop(T, x);  Push(S, x); }
}
```

【解答】 函数的功能是处理顺序栈 S 中（从栈底到栈顶）递增有序的整数，使得最后在栈中（从栈顶到栈底）所有奇数调整到所有偶数之前，并且奇数按递减有序排列，偶数按递增有序排列。

算法首先设置并初始化辅助栈 T 和辅助队列 Q，然后将 S 栈中的整数按 7, 6, 5, 4, 3, 2, 1 的顺序出栈，若整数为奇数，进 T 栈，若为偶数，进 Q 队列。结果是 S = ∅，T = {7, 5, 3, 1}，其中 1 为栈顶元素；Q = {6, 4, 2}，其中 6 为队头元素。然后，将 Q 中整数出队并进 S 栈，再将 T 中元素出栈并进 S 栈，结果是 S = {6, 4, 2, 1, 3, 5, 7}，其中 7 为栈顶元素。

3-75　设计一个算法，利用队列的基本运算判断两个队列是否相等。

【解答】 当两个队列都非空时，做对应元素比较，一旦发现不等则立即可以断定两个队列不等并退出比较，否则继续比较。当两个队列经过这样的逐个元素比较后都变空且每一对应元素都相等，则两个队列相等；否则不等。算法的实现如下。

```
bool equal(CircQueue Q1, CircQueue Q2) {
//算法调用方式bool succ = equal(Q1, Q2)。输入：两个待比较的循环队列 Q1 和 Q2；
//输出：若两个队列相等，函数返回 true，否则函数返回 false
    QElemType t1, t2;
    while(!queueEmpty(Q1) && !queueEmpty(Q2)) {
        deQueue(Q1, t1);  deQueue(Q2, t2);     //从两队列各出队一个元素
        if(t1 != t2) return false;
    }
    if(!queueEmpty(Q1) || !queueEmpty(Q2)) return false;
    else return true;
}
```

若队列 Q1 有 n 个元素，队列 Q2 有 m 个元素，算法的时间复杂度为 $O(\min\{n, m\})$，空间复杂度为 $O(1)$。

3-76　停车场模拟问题。假设某饭店门外有一停车场，它是一条可停 7 辆车的停车甬道（前端封闭）。停车场管理员的工作通常包括帮助司机把车停在停车场内，或帮助司机把他的车开出停车场。由于车在停车场一贯停放，如果某辆车想要开走，但若它位于其他车的中间，停车场管理员必须将停在这辆车后面的车全部开走，待这辆车开出后再开入停车场。这种停车场就相当于一个栈。设计一个算法，模拟这种停车场的调度情况。对于每辆车，要求记录它的车牌号 id 和状态（到来或离开），算法的输出是每辆车离开时它曾被移

动的次数。此外，当停车场已满，再有车到来，算法应显示"停车场已满！"的信息。

【解答】 算法用到两个栈，一个栈 Parklot 模拟停车甬道，另一个栈 Temp 暂存那些暂时移出后又移进的车。记录车信息的结构的定义如下：

```
#define stackSize 10
#define max 7                                   //停车场车位数
enum status { arrive, depart };                 //车辆状态（到来、离开）
typedef struct {
    char* id;                                   //车辆标识
    int times;                                  //移动次数
} car;
```

算法的实现如下。

```
void ParkingLotSchedule(car Parklot[], char* name[], status act[], int n,
                        int& m) {
//算法调用方式 ParkingLotSchedule(Parklot, name, act, n, m)。输入：按时间
//顺序记录的车辆数组 name，这些车辆的活动状态数组 act，这些车辆数n；输出：记录车辆
//调度情况数组 Parklot，调度车辆次数m
    car w;  car S[stackSize];  int top = -1;    //S是临时停车栈
    m = 0;
    for(int i = 0; i < n; i++) {                //处理所有车辆的进出
        if(act[i] == arrive) {                  //新车到来
            if(m < max) {                       //停车场未满
                w.id = name[i];  w.times = 0;  Parklot[m++] = w;
                printf("%s 到来! \n", name[i]);
            }
            else printf("停车场已满! \n");
        }
        else if(act[i] == depart) {             //车辆离开
            while(m != 0) {
                w = Parklot[--m];               //从停车场移出一辆车
                if(w.id != name[i])             //不是要离开的车
                    { w.times++;  S[++top] = w;}//移动次数加1，进入临时栈
                else {                          //是要离开的车
                    printf("%s 开走, 曾移动%d 次! \n", w.id, w.times);
                    break;
                }
            }
            while(top != -1)                    //从临时栈移回到停车场
                { w = S[top--];  w.times++;  Parklot[m++] = w; }
        }
    }
}
```

算法的时间复杂度为 O(n)，空间复杂度为 O(max)，其中，n 是进出车辆数目，max 是停车场容量。

3-77 铁道车厢调度问题。图 3-14 是一个铁道调车场的示意图。调车场两侧的铁道均为单向行驶道，中间有一段用于调度的"栈道"，调车场的入口处有 n 节硬座和软座车厢（分别用 H 和 S 表示），设计一个算法，把所有软座车厢调度到硬座车厢前面来，要求输出对这 n 节车厢进行调度的（车厢编号）结果序列。

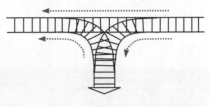

图 3-14 题 3-77 的图

【解答】 算法的思路是：所有车厢顺序从入口处驶入，若是硬座车厢，则拖入栈道；若是软座车厢，沿直通道直接驶向出口，待所有软座车厢都驶入后，再让栈道内的硬座车厢从栈道内驶出，驶向出口，使得所有软座车厢全部调度到硬座车厢后面。算法的实现如下。

```
void TrainSchedule(char train[], char result[], int n) {
//算法调用方式 TrainSchedule(char train[], char result[], int n)。
//输入：记录火车车厢调度前顺序的数组 train，车厢数目 n；输出：记录车厢调度后顺序的
//数组 result
    int i, j = 0;
    LinkStack S;  initStack(S);
    for(i = 0; i < n; i++) {                         //所有车厢驶入
        if(train[i] == 'H') Push(S, i);             //硬座车厢，编号进栈
        if(train[i] == 'S') result[j++] = train[i]; //软座车厢，编号进结果序列
    }
    while(!stackEmpty(S))                            //硬座车厢出栈
        { Pop(S, i);  result[j++] = train[i]; }      //编号进结果序列
}
```

若货车车厢数为 n，算法的时间复杂度和空间复杂度均为 O(n)。

3-78 若已知输入结构的 n 个整数的输入顺序和它们从结构输出的顺序，设计一个算法，判断这个结构是栈还是队列？假定在所有整数都输入结构后才能输出。

【解答】 在所有整数都进入结构后，如果第 i 个进入结构的整数能够第 i 个离开，则该结构满足"先进先出"的特性，应是队列；如果第 i 个进入结构的整数能够倒数第 i 个离开，则该结构满足"先进后出"的特性，应是栈（$0 \leq i \leq n-1$）。设 a[i] 为第 i 个进入结构的整数；b[i] 为第 i 个离开结构的整数（$0 \leq i \leq n-1$）；issta 是结构为栈的标志；isque 是结构为队列的标志。初始时，issta 和 isque 设为 true。判断结构特性的方法如下。

（1）依次搜索整数数组 a 和 b 中的每个元素，判断结构中的所有元素是否具备队列或栈的特性。

① 若 b[i]≠a[i]，则结构不符合"先进先出"特性，该结构不是队列 isque = false。

② 若 b[i]≠a[n-i-1]，则结构不符合"后进先出"特性，该结构不是栈 issta = false。

（2）数组所有元素检查结束后，根据 issta 和 isque 的值确定结构的性质：

- issta == false && isque == false，输出 neither。
- issta == false && isque == true，输出 queue。
- issta == true && isque == false，输出 stack。
- issta == true && isque == true，输出 both。

（3）算法结束。

算法的实现如下。

```
void DecideStruct(int a[], int b[], int n) {
//算法调用方式 DecideStruct(a, b, n)。输入：输入序列数组 a，输出序列数组 b，序
//列中元素数目 n；输出：算法直接输出判断结果
    bool isque = true, issta = true;                    //队列和栈标志初始化
    for(int i = 0; i < n; i++) {
        if(a[i] != b[i]) isque = false;                 //结构非队列
        if(a[i] != b[n-i-1]) issta = false;             //结构非栈
    }
    if(issta && isque) printf("both\n");                //结构既是队列也是栈
    else if(issta) printf("stack\n");                   //结构是栈
    else if(isque) printf("queue\n");                   //结构是队列
    else printf("neither\n");                           //结构既非队列也非栈
}
```

若序列中元素个数为 n，算法的时间复杂度为 O(n)，空间复杂度为 O(1)。

3-79 若顺序栈 S 中有 2n 个元素，从栈顶到栈底的元素依次是 $a_{2n}, a_{2n-1}, \cdots, a_2, a_1$，要求通过一个辅助的循环队列 Q 及相应的入栈、出栈、入队、出队操作来重新排列栈中元素，使得从栈顶到栈底的元素依次是 $a_{2n}, a_{2n-2}, \cdots, a_4, a_2, a_{2n-1}, a_{2n-3}, \cdots, a_3, a_1$。试编写一个算法实现该操作，要求空间复杂度为 O(n)，时间复杂度为 O(n)。

【解答】 算法的执行步骤如下。注意，队列中元素顺序都是指从队头到队尾的元素顺序，栈中元素顺序都是指从栈顶到栈底的元素顺序。

（1）把 2n 个元素出栈进队，队列中元素顺序为 $a_{2n}, a_{2n-1}, \cdots, a_2, a_1$。

（2）顺序出队，把偶数项从队头移出再移入队尾，奇数项从队头移出再进栈，此时队列中元素顺序为 $a_{2n}, a_{2n-2}, \cdots, a_2$，栈中元素顺序为 $a_1, a_3, \cdots, a_{2n-1}$。

（3）把栈中元素出栈进队，则队列中元素顺序为 $a_{2n}, a_{2n-2}, \cdots, a_2, a_1, a_3, \cdots, a_{2n-1}$。

（4）把队列中前 n 个偶数项出队进栈，则队列中元素顺序为 $a_1, a_3, \cdots, a_{2n-1}$，栈中元素顺序为 $a_2, a_4, \cdots, a_{2n-2}, a_{2n}$。

（5）栈中元素出栈进队，则队列中元素顺序为 $a_1, a_3, \cdots, a_{2n-1}, a_2, a_4, \cdots, a_{2n-2}, a_{2n}$。

（6）全部元素出队进栈，算法结束。

算法的实现如下。

```
void reArrangge(SeqStack& S, int n) {
//算法调用方式 reArrangge(S, n)。输入：顺序栈 S，栈中元素个数 2n；
//输出：栈 S 中保存重排的结果
    CircQueue Q; initQueue(Q);                      //创建一个辅助循环队列并置空
    int x; int i;
    while(!stackEmpty(S))                           //设 S 中已经有 2n 个元素
        { Pop(S, x); enQueue(Q, x);}                //全部出栈进队，a₂ₙ, a₂ₙ₋₁…
    for(i = 2*n; i > 0; i--) {
        if(i % 2 == 0)                              //偶数项出队再进队 a₂ₙ, a₂ₙ₋₂…
            { deQueue(Q, x); enQueue(Q, x); }
        else {deQueue(Q, x); Push(S, x);}          //奇数项出队进栈 a₂ₙ₋₁, a₂ₙ₋₃…
```

```
}
    while(!stackEmpty(S))                    //奇数项接在队尾···, a_{2n-1}, a_{2n-3},···
        { Pop(S, x);  enQueue(Q, x); }
    for(i = 1; i <= n; i++)                  //偶数项出队进栈 a_2, a_4,···
        { deQueue(Q, x);  Push(S, x); }
    while(!stackEmpty(S))                    //偶数项出栈进队尾 a_2, a_4,···
        { Pop(S, x);  enQueue(Q, x); }       //Q: a_1,···, a_{2n-1}, a_2,···, a_{2n}
    while(!queueEmpty(Q))                    //全部出队进栈
        { deQueue(Q, x);  Push(S, x);}       //S: a_{2n},···, a_2, a_{2n-1},···, a_1
}
```

若栈 S 原有 2n 个元素，算法内使用了一个同样大小的队列，算法的时间复杂度为 O(n)，空间复杂度为 O(n)。

3-80　杨辉三角形又称为贾宪三角形，欧洲称为帕斯卡三角形，是计算二项式展开 $(a+b)^i$ 各项系数的有效方法。杨辉三角形的构造方式是将三角形的每一行两头的元素置为 1，其他元素为该元素肩上两个元素之和，如图 3-15 所示。设计一个算法，输入行数，利用队列实现杨辉三角形的构造，并显示相应行的杨辉三角形。

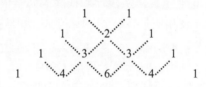

图 3-15　题 3-80 的图

【解答】　利用队列实现逐行处理是队列的典型应用。算法首先在队列 Q 中放进两个 1 作为第一行的系数。然后根据指定的行数 n，反复利用上一行的系数构造下一行的系数，并存于另一个队列 NewQ 中。在上一行元素都从 Q 出队后，再把 NewQ 中存放的下一行系数复制到 Q。算法的实现如下。

```
void PascalAngle(int n) {
//算法调用方式 PascalAngle(n)。输入：杨辉三角形的行号 n；输出：算法内计算 n 行
//（包括第 n 行）的杨辉三角形，并分行显示二项式 (a+b)^n 展开式的系数
    CircQueue Q;  initQueue(Q);              //创建队列并初始化
    enQueue(Q, 1);  enQueue(Q, 1);           //第 1 行的两个系数预先进队列
    int i, j;  int s = 0, t;                 //计算下一行系数时用到的工作单元
    for(i = 1; i <= n; i++) {                //逐行处理
        printf("\n");                        //换一行
        enQueue(Q, 0);                       //各行间插入一个 0
        for(j = 1; j <= i+2; j++) {          //处理第 i 行的 i+2 个系数(包括一个 0)
            deQueue(Q, t);                   //退出一个系数存入 t
            enQueue(Q, s+t);                 //计算下一行系数，并进入队列
            s = t;
            if(j != i+2) printf("%d ", s);//输出一个系数，第 i+2 个是 0 不输出
        }
    }
}
```

若算法要显示 n 行杨辉三角形，时间复杂度为 O(n)，空间复杂度为 O(n)。

3-81 在 2.7.1 节讨论过约瑟夫问题。设计一个算法，使用循环队列求解约瑟夫问题，输出所有 n 个人的出列顺序。

【解答】 定义一个整数循环队列，首先将 1～n（对应 n 个人的编号）依次进队；从 1 开始顺时针循环报数，报到 m 的人出列并输出，然后从出列者的下一个重新报数，报到 m 的人出列并输出，如此反复，直到所有人出列并输出为止。算法的实现如下。

```
void Josephus(int n, int m) {
//算法调用方式 Josephus(n, m)。输入：围成一圈的总人数 n，报数间隔 m；
//输出：算法输出所有出列者的编号
    CircQueue Q;  initQueue(Q);                //创建队列并初始化
    int i = 0, k;
    for(i = 1; i <= n; i++) enQueue(Q, i);     //所有人的编号进队
    printf("出队顺序为 ");
    while(!queueEmpty(Q)) {                     //逐个输出队列元素
        deQueue(Q, k);  i++;
        if(i % m == 0) printf(" %d ", k);       //报数到第 m 个出队
        else enQueue(Q, k);
    }
    printf("\n");
}
```

算法的时间复杂度为 O(n)，空间复杂度为 O(n)。

3-82 在求解电路布线问题时，可以使用队列逐层向外扩大搜索面，逼近需要找寻的另一点，从而找到从某一点到另一点的最短路径。为此，在布线区域上叠加一个网格，该网格把布线区域划分成 n×m 个方格，如图 3-16（a）所示。在从一个方格 a 连接到另一个方格 b 时，转弯处采取直角，如图 3-16（b）所示。如果已经有某条线路经过一个方格，则封锁该方格。这样，使用 a 和 b 之间的最短路径来作为布线的路径。

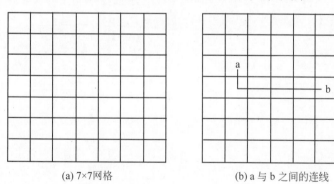

(a) 7×7 网格　　　　　　　　(b) a 与 b 之间的连线

图 3-16 题 3-82 的图

为找到网格中位置 a 和 b 之间的最短路径，先从位置 a 开始搜索，把从 a 可到达的相邻方格都标记为 1（表示与 a 相距为 1），然后把从标记为 1 的方格可到达的外侧相邻方格都标记为 2（表示与 a 相距为 2），如此继续标记下去，直到到达 b 或者找不到可到达的相邻方格为止。图 3-17 显示了这个搜索过程。其中 a = (3, 2)，b = (4, 6)。图中的阴影方格都

是被封锁的方格。设计如上所述的求电路网格布线中两点间最短路径的算法。

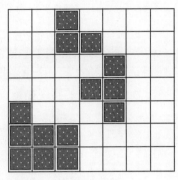 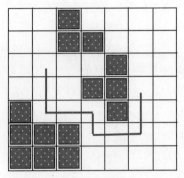

(a) 标记间距   (b) 连线路径

图 3-17　题 3-82 的图续

【解答】　按照上面所给思路，算法的主要步骤如下：

（1）把一个 m×m 的网格用一个二维数组来表示，其中，用 0 表示空白的位置，1 表示被封锁的位置。整个网格被包围在一堵由 1 构成的"墙"内。

（2）设置一个偏移量表 offsets，表示一个位置可能的相邻位置；设置一个链式队列来跟踪那些已经编号，但其相邻位置尚未编号的方格。

（3）从始点 start 出发，利用队列一圈一圈向外做标记，直到到达终点 finish 为止。

（4）从终点 finish 反向，在各个相邻位置找编号最小者回退，直到退回到始点。

算法的实现如下。

```
#define m 9                                      //网格的行、列数（含边墙）
#define maxLen 30                                //路径数组容量
typedef struct {                                 //坐标点结构定义
    int row, col;                                //坐标点行、列号
} Point;                                         //坐标点的定义
void FindPath(int G[][m], Point start, Point finish, int& PathLen, Point
    path[]) {
//算法调用方式 FindPath(G, start, finish, PathLen, path)。输入：m m 的网格 G,
//布线起点 start, 终点 finish; 输出：找到从 start 到 finish 的最短路径存放数组 Path
//和最短路径长度 PathLen
    if(start.row == finish.row && start.col == finish.col)
        { PathLen = 0; return; }                 //两点重合，特殊情况处理
    int Number = 4, i, j;                        //一个网格的相邻位置数
    Point offsets[4] = {{1,0}, {0,-1}, {-1,0}, {0,1}};//偏移量表
    Point here, next;
    here.row = start.row; here.col = start.col;
    G[start.row][start.col] = 1;                 //封锁
    CircQueue Qx, Qy; initQueue(Qx); initQueue(Qy); //坐标队列
    enQueue(Qx, start.row); enQueue(Qy, start.col);
    while(!queueEmpty(Qx)) {                      //一圈圈向外标记
        deQueue(Qx, here.row); deQueue(Qy, here.col);
        for(i = 0; i < Number; i++) {            //各方向试探
```

```
            next.row = here.row+offsets[i].row;          //计算下一位置
            next.col = here.col+offsets[i].col;
            if(G[next.row][next.col] == 0) {              //该位置未标记，标记它
                G[next.row][next.col] = G[here.row][here.col]+1;
                enQueue(Qx, next.row);  enQueue(Qy, next.col);
                                                          //该位置进队
                if(next.row == finish.row && next.col == finish.col)
                    break;                                //到达终点，退出搜寻
            }
        }
        if(next.row == finish.row && next.col == finish.col) break;
    }
    PathLen = G[here.row][here.col];                      //构造路径，路径长度
    here = finish;                                        //从终点回溯
    for(j = PathLen-1; j >= 0; j--) {
        path[j] = here;
        for(i = 0; i < Number; i++) {                     //查找前一个位置
            next.row = here.row+offsets[i].row;
            next.col = here.col+offsets[i].col;
            if(G[next.row][next.col] > 1 && G[next.row][next.col] <
                G[here.row][here.col]) break;
        }
        here = next;                                      //移动到前一位置
    }
    printf("(%d, %d)", start.row, start.col);
    for(i = 0; i < PathLen; i++) printf("->(%d, %d)", path[i].row,
        path[i].col);
    printf("\n");
}
```

由于任意一个网格位置都至多在队列中出现一次，所以完成网格编号过程所需时间的时间复杂度达到 $O(m^2)$（对于一个 m×m 的网格来说）。而重构路径的过程需要时间的时间复杂度达到 $O(PathLen)$，其中 PathLen 为最短路径的长度。

3-83　舞伴问题。若在周末舞会上男士们和女士们进入舞厅时各自排成一队。跳舞开始时，依次从男队和女队的队头上各出一人配成舞伴。若两队初始人数不相同，则较长的那一队中未配对者等待下一轮舞曲。设计一个算法，模拟上述舞伴配对问题。

【解答】　算法要求创建两个队列 Mdancer 与 Fdancer，分别用来存放男、女舞伴。当男舞伴多于女舞伴时，队列 Mdancer 的长度大于队列 Fdancer；反之亦然。当全部舞伴入队完毕时，算法使用一个大循环让两个队列同时输出，从两个的队头分别取出一位男舞伴与一位女舞伴进行配对。若最后两个队列全部为空，则说明没有人剩下，全部舞伴均能配对；若其中一个队列为空而另外一个队列不为空，则非空队列中的舞伴在这轮舞曲中落单。此时算法输出非空队列中第一个人的姓名，表示下一个被配对的舞伴将是这个人。

下面先定义每位舞者的结构：

```
#define maxdancer 30
```

```
#define queueSize 30
typedef struct {
    char *name;                                 //舞者的名字
    char sex;                                   //舞者的性别
} Person;
typedef Person DataType;                        //元素类型为舞者
typedef struct {
    DataType elem[queueSize];                   //循环队列的存储空间
    int front, rear;                            //队头、队尾指针
} CircQueue;
```

算法的实现如下。

```
void initQueue(CircQueue& Q) {                  //循环队列的初始化
    Q.front = Q.rear = 0;
}
int queueEmpty(CircQueue& Q) {
    return Q.front == Q.rear;
}
void enQueue(CircQueue& Q, DataType x) {
    Q.elem[Q.rear] = x;                         //按照队尾指针指向位置插入
    Q.rear = (Q.rear+1) % QueueSize;            //队尾指针进1
}
DataType deQueue(CircQueue& Q) {
    DataType x = Q.elem[Q.front];               //暂存队头元素的值
    Q.front = (Q.front+1) % queueSize;          //队头指针进1
    return x;                                   //函数返回队头的值
}
void partnerMatch(Person dancer[], int num) {
//算法调用方式 partnerMatch(dancer, num)。输入：所有舞者队列 dancer[num]，
//队列中的人数 num；输出：算法中对所有舞者 Dancer[num]进行舞伴配对，计算配对情况
//以及等待的人
    int i;  Person w, v;
    CircQueue Mdancer, Fdancer;
    initQueue(Mdancer);  initQueue(Fdancer);
    for(i = 0; i < num; i++) {
        if(dancer[i].sex == 'M') enQueue(Mdancer, dancer[i]);
        else enQueue(Fdancer, dancer[i]);
    }
    while(!queueEmpty(Mdancer) && !queueEmpty(Fdancer)) {
        w = deQueue(Mdancer);  v = deQueue(Fdancer);
        printf("%s <--> %s\n", w.name, v.name);
    }
    while(!queueEmpty(Mdancer)) {
        w = deQueue(Mdancer);
        printf("男舞伴队列的%s 正在等待！\n", w.name);
    }
    while(!queueEmpty(Fdancer)) {
```

```
        v = deQueue(Fdancer);
        printf("女舞伴队列的%s 正在等待! \n", v.name);
    }
}
```

算法的时间复杂度和空间复杂度均为 O(n)，n 是舞者的人数。

3.3.4　优先队列的应用

3-84　若学生会只有一台打印机，但每天它要承担很多打印任务，有时在打印队列中有上百份文件需要打印。因为有些打印任务比较重要，所以打印工作队列被组织成优先队列，每个打印任务被赋予了一个 1～9 的优先级（9 是最高优先级，1 是最低优先级）。处理打印工作的过程是：输入新的打印任务，反复执行以下步骤：

（1）将新的任务插入打印队列中，使得优先级最高的任务调整到队头。

（2）从队列中取出第一个打印任务 J（优先级最高）执行打印，并重新调整打印队列，把优先级最高的任务调整到队头。

设计一个算法，输入 n 个打印任务的标识（用单个英文字母表示）、优先级（用正整数 1～9 表示）和实施任务所需的时间（以分钟计），将这些打印任务加入优先队列，并计算需要多长时间该任务才能执行。为简化问题，假定一份打印任务恰好花费一分钟。

【解答】　算法利用循环队列实现优先队列，在新元素插入时利用插入排序把优先级最高的元素移至队头。删除时只需删除队头元素即可。其结构定义如下。

```
#define queSize 25                          //优先队列的最大容量
#define maxSize 25                          //任务数
typedef struct task {                       //打印任务定义
    char id;                                //任务标识（单个英文字母）
    int priority;                           //优先级（数字0～9）
    int duration;                           //执行时间（以分钟计）
} DataType;
```

设 Q 为存储待打印任务的优先队列，创建打印队列的算法依次输入各任务，调用优先队列的插入算法 PQInsert 插入初始为空的队列中，然后计算各个任务的开始时间。执行出度打印的算法调用优先队列的删除算法 PQRemove 把位于队头的任务出队，然后调整队列中剩余任务的开始时间即可。算法描述如下。

```
void initPQueue(PQueue& Q) {
    Q.front = Q.rear = 0;
}
bool insertPQueue(PQueue& Q, task x) {
//进队算法调用方式 insertPQueue(Q, x)。输入：优先队列 Q，插入元素 x;
//输出：算法内将新元素插入适当位置并保持各元素按优先级有序排列
    if((Q.rear+1) % queSize == Q.front) return false;    //队列已满，退出
    int i, j, k;
    if(Q.front == Q.rear) Q.elem[Q.rear] = x;   //队列空，x 成为队列唯一元素
    else {                                      //队列不空
        i = Q.rear;
```

```
            j = (Q.rear-1+queSize) % queSize;          //实际队尾位置
            k = (Q.front-1+queSize) % queSize;
            while(j!= k && x.priority < Q.elem[j].priority) {
                    Q.elem[i] = Q.elem[j];
                    i = j;  j = (j-1+queSize) % queSize;
            }
            Q.elem[(j+1) % queSize] = x;                //插入元素 x，保持队列有序
    }
    Q.rear = (Q.rear+1) % queSize;
    return true;
}
bool removePQueue(PQueue& Q, task& x) {
//出队算法调用方式 removePQueue(Q, x)。输入：优先队列 Q；输出：退出优先队
//列的队头元素并由引用参数 x 返回，并保持各元素按优先级有序排列。如果删除成功函数
//返回 true, 否则函数返回 false
    if(Q.front == Q.rear) return false;
    x = Q.elem[Q.front];
    Q.front = (Q.front+1) % queSize;                   //队头元素保存于 x
    return true;
}
void createPrintQueue(PQueue& Q, task x) {
//对于优先队列 Q, 按照 Q.elem[i].priority 输出，并计算各任务的开始时间。m 是到
//前为止已执行打印任务数
    int i, j;  int cnt[maxSize];
    insertPQueue(Q, x);                                //把任务 x 加入队列
    j = Q.front;  i = (j+1) % queSize;
    cnt[j] = 0;
    printf("(%c,%d,%d)%d ", Q.elem[j].id,
            Q.elem[j].priority, Q.elem[j].duration, cnt[j]);
    while(i < Q.rear) {                                //计算队列中各任务的开始时间
            cnt[i] = cnt[j]+Q.elem[j].duration;
            printf("(%c,%d,%d)%d ", Q.elem[i].id,
                Q.elem[i].priority, Q.elem[i].duration, cnt[i]);
            j = i;  i = (i+1) % queSize;
    }
    printf("\n");
}
void performPrintQueue(PQueue& Q, int m) {
//对于优先队列 Q, 按照 Q.elem[i].priority 输出，并计算各任务的开始时间。m 是到
//前为止已执行打印任务数
    task w;  int i, j, k;  int cnt[maxSize];
    for(k = 0; k < m; k++) {
            removePQueue(Q, w);
            j = Q.front;  i = (j+1) % queSize;
            cnt[j] = 0;
            printf("(%c,%d,%d)%d ", Q.elem[j].id,
                    Q.elem[j].priority, Q.elem[j].duration, cnt[j]);
```

```
            while(i < Q.rear) {                      //计算队列中各任务的开始时间
                cnt[i] = cnt[j]+Q.elem[j].duration;
                printf("(%c,%d,%d)%d", Q.elem[i].id,
                        Q.elem[i].priority, Q.elem[i].duration, cnt[i]);
                j = i;  i = (i+1) % queSize;
            }
            printf("\n");
        }
    }
```

若有 n 个作业，进队算法和出队算法的时间复杂度为 O(n)，空间复杂度为 O(1)。创建
打印队列和执行打印队列的时间复杂度为 O(n²)，空间复杂度为 O(n)。

以下题 3-85～题 3-88 的优先队列均采用不带头结点的单链表作为其存储表示，结构定
义为

```
typedef char DataType;                      //元素类型定义
typedef struct node {                       //优先队列结点定义
    DataType data;                          //数据
    int priority;                           //优先级
    struct node *link;                      //链指针
} LinkNode;
typedef struct {                            //优先队列的结构定义
    LinkNode *front, *rear;
} PQueue;
```

3-85　实现优先队列的插入、删除、看队头、看队尾、判队空等操作。

【解答】　为实现优先队列的插入操作，可以采用链表插入排序的方法，每插入一个新
元素，从链头开始顺序检查链表每个结点，按照优先级递增的方式把新元素链入；删除在
链头发生，下一个一定是剩下元素中优先级最高的；要看队头（或队尾）就看首元（或尾
元）结点的值即可。算法的实现如下。

```
void initPQueue(LinkPQueue& Q) {
    Q.front = Q.rear = NULL;
}
bool pqueueEmpty(LinkPQueue Q) {
//判队空否，队空返回 true, 队不空返回 false
    return Q.front == NULL;
}
void insertPQueue(LinkPQueue& Q, DataType x, int priority) {
//按照优先级 priority, 把新元素 x 插入优先队列 Q 中
    LinkNode *s =(LinkNode*) malloc(sizeof(LinkNode));
    s->data = x;  s->priority = priority;  s->link = NULL;
    if(Q.front == NULL) Q.front = Q.rear = s;        //队空, *s 成为唯一结点
    else {                                           //队列不空
        LinkNode *p = Q.front, *pr = NULL;           //查找*s 的插入位置
        while(p != NULL) {
            if(p->priority >= s->priority) break;
```

```
                else { pr = p;  p = p->link; }          //找优先级小于*s 的结点
            }
            if(pr == NULL)                               //插入在队头位置
                { s->link = Q.front;  Q.front = s; }
            else {
                s->link = p;  pr->link = s;              //插入在队列中部或尾部
                if(pr == Q.rear) Q.rear = s;             //链尾插入，修改队尾指针
            }
        }
    }
}
bool removePQueue(LinkPQueue& Q, DataType& x, int& priority) {
//删除队头元素并由函数返回，引用参数 x 返回其值，priority 返回其优先级
//若删除成功，函数返回 true，否则函数返回 false
    if(pqueueEmpty(Q)) return false;
    LinkNode *s = Q.front;
    Q.front = Q.front->link;                              //将队头结点从链中摘下
    x = s->data;  priority = s->priority;
    free(s);                                              //删除队头元素
    if(Q.front == NULL) Q.rear = NULL;                    //队空修改队尾指针
    return true;
}
bool getFront(LinkPQueue& Q, DataType& x, int& priority) {
//读取队头元素的值并通过引用参数 x 返回，同时引用参数 priority 返回其优先级；
//若读取成功，函数返回 true，否则函数返回 false
    if(pqueueEmpty(Q)) return false;
    x = Q.front->data;  priority = Q.front->priority;
    return true;
}
bool getRear(LinkPQueue& Q, DataType& x, int& priority) {
//读取队尾元素的值并通过引用参数 x 返回，引用型参数 priority 返回其优先级
//要求调用本函数前确保队列不空
    if(pqueueEmpty(Q)) return false;
    x = Q.rear->data;  priority = Q.rear->priority;
    return true;
}
```

各算法的调用方式与 3.2.5 节优先队列一致。

3-86 利用优先队列实现栈的进栈、出栈、看栈顶、判栈空操作。

【解答】 栈的特性是先进后出。使用优先队列实现栈，最先出栈的应是最后进栈的，如果按进优先队列的先后次序，给各进栈元素赋予递增的优先级即可。算法的实现如下。

```
#define maxPri 3000
void initStack(LinkPQueue& Q) {                          //栈初始化
    initPQueue(Q);                                       //栈置空
}
bool stackEmpty(LinkPQueue Q) {
//判栈空否。栈空返回 true 否则返回 false
```

```
                return pqueueEmpty(Q);
}
void Push(LinkPQueue& Q, DataType x) {
//栈的进栈操作。注意，priority值越小则优先级越高
      DataType d;  int i;
      if(pqueueEmpty(Q)) insertPQueue(Q, x, maxPri);        //栈空，进栈
      else {
          getFront(Q, d, i);                      //看队头，取优先级 i
          insertPQueue(Q, x, --i);                //让插入元素优先级比队头更高
      }
}
bool Pop(LinkPQueue& Q, DataType& x) {
//栈的出栈操作。出栈元素通过引用参数x返回
      if(pqueueEmpty(Q)) return false;
      int priority;  removePQueue(Q, x, priority);       //删除优先队列队头元素
      return true;
}
bool getTop(LinkPQueue& Q, DataType& x) {
//看栈顶操作。栈顶元素通过引用参数x返回
      if(pqueueEmpty(Q)) return false;
      int priority;  getFront(Q, x, priority);            //看优先队列队头元素
      return true;
}
```

各算法的调用方式与 3.1.3 节栈的基本运算的调用方式一致。

3-87 通过优先队列实现先进先出队列的进队、出队、看队头、判队空操作。

【解答】 队列的特性是：最先出队的应是最先进队的，如果按在优先队列中进队的先后次序，给各进队元素赋予递减的优先级即可。算法的实现如下。

```
#define maxPri 3000
void initQueue(LinkPQueue& Q) {                            //FIFO 队列的初始化
      initPQueue(Q);
}
bool queueEmpty(LinkPQueue Q) {
//判断队列空否。队空返回 true，否则返回 false
      return pqueueEmpty(Q);
}
void enQueue(LinkPQueue& Q, DataType x) {
//队列的进队操作。新元素 x 加入队列的队尾
      DataType d;  int i;
      if(pqueueEmpty(Q)) insertPQueue(Q, x, maxPri);       //栈空，进栈
      else {                                              //栈不空
              getRear(Q, d, i);                           //看队尾，取优先级 i
              insertPQueue(Q, x, ++i);                    //插入元素优先级更低
      }
}
bool deQueue(LinkPQueue& Q, DataType& x) {
```

```
//队列的出队操作。出队元素通过引用参数 x 返回。若删除成功，函数返回 true；
//否则是队列在删除前已空的情形，函数返回 false
    if(pqueueEmpty(Q)) return false;
    int priority; removePQueue(Q, x, priority);    //删除优先队列队头元素
    return true;
}
bool getFront(LinkPQueue& Q, DataType& x) {
//利用优先队列的操作，实现队列的出队操作。出队元素通过 x 返回
    if(pqueueEmpty(Q)) return false;
    int priority; getFront(Q, x, priority);        //看优先队列队头元素
    return true;
}
```

各算法的调用方式与 3.2.3 节链式队列的调用方式一致。

3-88　若有两个无序数组各有 n 个元素（设为整数），每次从两个表中各取一个数相加，可得 n^2 个和，设计一个算法，选出它们中最小的 n 个和。

【解答】　利用题 3-85 所给出的优先队列操作，把所有相加的和作为优先数加入优先队列，然后在里面选择最小的 n 个和输出即可。算法的实现如下。

```
void min_n(int A[], int B[], int C[], int n) {
//算法的调用方式 min_n(A, B, C, n)。输入：输入整数数组 A 和 B，每个数组的整数
//个数 n；输出：选出结果数组 C
    int i, j, sum; DataType x;
    LinkPQueue Qu; initPQueue(Qu);
    for(i = 0; i < n; i++)
        for(j = 0; j < n; j++) {
            sum = A[i]+B[j];
            insertPQueue(Qu, sum, sum);       //sum 值越小，优先级越高
        }
    i = 0;
    while(i < n && ! pqueueEmpty(Qu))
        { removePQueue(Qu, x, j); C[i++] = x; }
}
```

因为两个无序数组中数据的排列不一定是交错的，只能用穷举法计算所有元素的和，时间复杂性达到 $O(n^2)$。如果在优先队列插入时加上一个判断，当队列长度等于 n 时停止入队，退出两重循环，时间复杂度可以降低到 $O(n)$。

3.4　栈 与 递 归

3.4.1　递归的概念

1. 递归的定义与原则

什么是递归？在数学及程序设计方法学中，若一个对象部分的包含它自己，或用它自己来定义自己，则称这个对象是递归的；若一个过程直接或间接地调用自己，则称这个过

程为递归的过程。简而言之，递归方法是直接或间接地调用其自身，递归方法可以用来将一些复杂的问题简化。

应用递归的 5 条原则：

（1）基本条件：递归过程必须一直存在至少一个不使用递归方法解决的条件。

（2）进行方向：任何递归调用都必须向着基本条件的方向进行。

（3）正确假设：总是假设递归调用是有效的。

（4）适度原则：避免使用过多的递归，尤其在效率要求高，而递归调用链过长的情况。

（5）顺序问题：变动递归调用函数的顺序有可能导致整个函数执行顺序的变化。

2. 利用栈实现递归

一个递归程序在其内部常常一次或多次地调用自己。程序内部递归调用的位置不同，调用结束时返回的位置也不同。此外，函数每递归调用一层，必须为递归程序在本层需要使用的局部变量、为传入的实际参数创建的副本空间重新分配一批专用的存储单元，以防止数据空间使用的冲突。当然在退出本层后，这些分配的存储单元可释放，并让为上一层分配的那些存储单元重新可用。

为实现这些构想，在高级语言程序处理时用到了"递归工作栈"。

递归程序每一次递归调用自己时，都要创建一个工作记录，以保存递归调用的返回地址、使用的局部变量、传入的实际参数的副本等。这些工作记录被组织成栈的形式：每次递归调用时，为该层创建的工作记录放在栈顶，使得存放的信息当前可用；每当退出本层递归调用时，相应工作记录从栈顶删除，上一层递归调用的工作单元成为栈顶，从而使得与上一层有关的工作记录恢复可用。

3.4.2 分治法与递归

1. 分治法的基本思想

分治法意味着分而治之，即把一个规模为 n 的问题分解为两个或多个较小的与原问题类型相同的子问题，再对子问题的求解，然后把子问题的解合并起来从而得到整个问题的解，即对问题分而治之。如果子问题的规模仍相当大，不能很容易地求得它们的解，这时还可以对子问题重复地应用分治策略。

分治法一般用递归算法实现。如果使用非递归算法求解，常使用栈来辅助实现，在二叉树或类似情形也可使用队列。如果每次分成的各子问题的规模相等或近乎相等，则分治策略的效率较高。

2. 分治法相关的算法

3-89 求解汉诺塔（Tower of Hanoi）问题。该问题的提法是：设有一个塔台，台上有 3 根标号为 A、B、C 的柱子，在 A 柱上放着 64 个盘子，每一个都比下面的略小。要求通过有限次的移动把 A 柱上的盘子全部移到 C 柱上。移动的条件是：一次只能移动一个盘子，移动过程中大盘子不能放在小盘子上面。

【解答】 采用分治法求解。算法执行的步骤如下。

设 A 柱上最初的盘子总数为 n。如果 n = 1，则将这一个盘子直接从 A 柱移到 C 柱上。否则，执行以下三步：

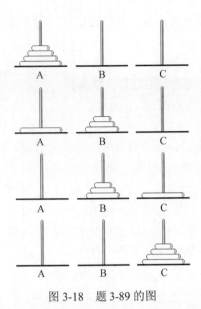

图 3-18　题 3-89 的图

① 用 C 柱做过渡，将 A 柱上的(n-1)个盘子移到 B 柱上。

② 将 A 柱上最后一个盘子直接移到 C 柱上。

③ 用 A 柱做过渡，将 B 柱上的(n-1)个盘子移到 C 柱上。

图 3-18 给出搬动 4 个盘子的情形。首先把 A 柱上的 3 个盘子通过 C 柱作过渡移动到 B 柱上，再把 A 柱上剩下的一个盘子直接移动到 C 柱上，最后把 B 柱上的 3 个盘子通过 A 柱过渡移动到 C 柱上。

这样，把移动 n 个盘子的汉诺塔问题分解为两个移动（n-1）个盘子的汉诺塔问题。与此类似，移动（n-1）个盘子的汉诺塔问题又可分解为两个移动（n-2）个盘子的汉诺塔问题，……，最后总可以归结到只移动一个盘子的汉诺塔问题，这样问题就解决了。下面是求解 n 阶汉诺塔问题的递归算法。

```
void Hanoi(int n, char A, char B, char C) {
    if(n == 1)                //只有一个盘子, 直接移
        printf("Move top disk from peg %c to peg %c \n", A, C);
    else {                    //多于一个盘子, 递归移
        Hanoi(n-1, A, C, B);
        printf("Move top disk from peg %c to peg %c \n", A, C);
        Hanoi(n-1, B, A, C);
    }
}
```

算法的调用方式为 Hanoi(n, A, B, C)。输入：三个柱子的名字 A、B、C（用单个字符命名），盘子个数 n；输出：算法内输出移动盘子的过程。

3-90　改写题 3-89 的汉诺塔问题的解法，使用栈实现汉诺塔问题的非递归算法。

【解答】　在汉诺塔的递归算法中顺序执行三个分支，第一个分支是递归地把 n-1 个盘子从 A 柱移到 B 柱上，第二个分支是把 A 柱上仅剩的盘子从 A 柱移到 C 柱上，第三个分支是把 B 柱上的 n-1 个盘子移到 C 柱上。考虑使用栈，可以按先右、再中、后左的顺序把结点的三个分支状态记入栈中，再进入一个大循环，当栈不空时，退出一个保存分支状态的结点，执行同样的处理。由于退栈的顺序与进栈的顺序相反，就可以完成原来递归过程的全部工作。虽然时间复杂度仍为 $O(2^n)$，但取消了递归调用。非递归算法的实现如下。

```
#define stkSize 30
typedef struct { int m;  char a, b, c; } item;        //定义栈元素
void Hanoi(int n, char A, char B, char C) {
    item S[stkSize];  int top = -1;                    //创建并初始化栈 S
    item v, w;
    w.m = n; w.a = A; w.b = B; w.c = C; S[++top] = w; //进栈
    while(top != -1) {                                 //当栈不空时循环
```

```
        v = S[top--];                           //退栈
        if(v.m == 1)                            //盘子只剩一个, 直接输出
            printf("Move top disk from peg %c to peg %c.\n", v.a, v.c);
        else {                                  //盘子多于一个, 递归
            w.m = v.m-1; w.a = v.b; w.b = v.a; w.c = v.c; S[++top] = w;
                                                //(n-1, B, A, C)
            w.m = 1; w.a = v.a; w.b = v.b; w.c = v.c; S[++top] = w;
                                                //(1, A, B, C)
            w.m = v.m-1; w.a = v.a; w.b = v.c; w.c = v.b; S[++top] = w;
                                                //(n-1, A, C, B)
        }
    }
}
```

算法的调用方式与题 3-89 相同。

3.4.3 减治法与递归

1. 减治法的基本思想

减治法是指为求解一个规模为 n 的问题, 先解决一个规模比原问题的规模小一个常数的子问题, 或解决一个规模是原问题的近似一半的子问题, 该子问题的类型与原问题类型相同。求出子问题的解后, 再回头求解规模为 n 的原问题。

2. 减治法相关的算法

3-91 设数学上常用的阶乘函数定义如下:

$$n! = \begin{cases} 1, & n=0 \\ n(n-1)!, & n>0 \end{cases}$$

对应的求阶乘的递归算法如下。

```
long Factorial(long n) {
    if(n <= 0) return 1;                        //终止递归的条件
    else return n*Factorial(n-1);               //递归步骤
}
```

请将上述递归算法改造为一个非递归过程。

【解答】 这是一个尾递归算法, 可以不使用栈, 直接使用循环语句实现非递归算法。方法是设置一个乘积变量 f = 1 (即 1! = 1), 然后使用 for 语句或 while 语句让 f 连乘 2, 3,···, n 即可得到 n!。算法的实现如下。

```
long Factorial(long n) {
//算法调用方式与递归算法一致。输入: n; 输出: 函数返回 n! 的值
    long f = 1;
    for(int i = 2; i <= n; i++) f *= i;
    return f;                                   //终止递归的条件
}
```

算法的时间复杂度为 O(n)。

3-92 试将以下递推过程改写为递归过程。

```
void unknown(int n) {
    int i = n;
    while(i > 1) printf("%d", i--);
}
```

【解答】 本题是一个逆向输出 n, n-1, n-2,…, 2 的算法，若将 while 改写为 if，就很容易写出一个尾递归或单向递归的算法。算法的实现如下。

```
void unknown(int i) {
//算法调用方式 unknown(n)。输入：n；输出：算法内按递减顺序输出 n, n-1,…, 2
    if(i > 1) {
        printf("%d ", i);
        unknown(i-1);
    }
}
```

算法的时间复杂度为 $O(n)$。

3-93 已知数组 A[n]中存放有一个整数序列 $a_1, a_2,…, a_n$，设计一个递归算法，求其中的最大值以及该值在数组中的元素下标。

【解答】 先看可以直接求解部分，即当 n = 1 时数组只有 A[0]一个整数，最大值自然是 A[0]；当 n > 1 时，可以先求前 n-1 个整数的最大值 max，再与 A[n-1]比较，取两者中较大者，作为 n 个整数的最大值。注意数组第 n 个整数的下标是 n-1。算法的实现如下。

```
int MaxValue(int A[], int n, int& k) {
//设 n 个整数存于数组 A 中，算法调用方式是 int x = MaxValue(arr, n, imax)
//输入：有 n 个整数的数组 arr，数组中整数个数 n；输出：引用参数 imax 返回数组中最大值
//的下标 imax，函数返回最大值
    int max;
    if(n == 1) { max = A[0]; k = 1; }            //递归终止条件：n = 1
    else {
        max = MaxValue(A, n-1, k);               //递归求前 n-1 个数的最大值
        if(A[n-1] > max)    { max = A[n-1];  k = n; }
    }
    return max;
}
```

算法的时间复杂度为 $O(n)$。

3-94 已知向量 A[n]中存放有一个整数序列 $a_0, a_1,…, a_{n-1}$，设计一个算法，求其中的最大值和最小值。

【解答】 如果 A 中只有一个元素 A[0]，则 A 中的最大值 max 和最小值 min 都是A[0]。若 n > 1 时，可以先递归地求前 n-1 个整数的最大值 max 和最小值 min，再与最后一个整数 A[n-1]比较，若 A[n-1]大于 max，则新的 max 为 A[n-1]，否则若 A[n-1] < min，则新的 min 为 A[n-1]。注意数组第 n 个整数的下标是 n-1。算法的递归实现如下。

```
void MinMaxValue(int A[], int n, int& max, int& min, int& imax, int& imin){
//算法调用方式 MinMaxValue(arr, n, max, min, imax, imin)。输入：整数数组 arr,
//数组中元素个数 n；输出：引用参数 max 返回数组中最大值 max, imax 返回最大值的下标,
//min 返回数组中最小值, imin 返回最小值的下标
    if(n == 1) { max = min = A[0];  imax = imin = 1; }
    else {
        MinMaxValue(A, n-1, max, min, imax, imin);
        if(max < A[n-1]) { max = A[n-1];  imax = n; }
         else if(min > A[n-1]) { min = A[n-1];  imin = n; }
    }
}
```

算法的时间复杂度为 O(n)。因为算法中只有一个递归语句，可采用循环实现其非递归算法，算法的时间复杂度不变。求数组中最大值和最小值的非递归算法实现如下。

```
void MinMaxValue_iter(int A[], int n, int& max, int& min, int& imax, int& imin){
//算法调用方式 MinMaxValue_iter(arr, n, max, min, imax, imin)。输入与输出同上
    max = min = A[0];  imax = imin = 1;
    for(int i = 1; i < n; i++)
        if(A[i] < min) { min = A[i];  imin = i+1; }
        else if(A[i] > max) { max = A[i];  imax = i+1; }
}
```

3-95　对于任意的无符号的十进制整数 m，设计一个递归算法，将其转换为十六进制整数并输出它。

【解答】　十进制整数 m 转换为十六进制整数，采用辗转相除法。操作步骤是：让 m 除以 16，余数是十六进制数的个位，商成为新的 m；再让 m 除以 16，余数是十六进制数的十位，商成为新的 m，继续以上运算，直至商等于 0 为止（整数 10～15，在十六进制中分别表示为 A～F）。算法的实现如下。

```
void convert(unsigned int m) {
    if(m != 0) {                            //单向递归
        convert(m/16);                      //先递归计算低位
        int r = m % 16;                     //计算当前最高位的余数
        switch(r) {                         //根据余数输出十六进制数
            case 0: case 1: case 2: case 3: case 4: case 5: case 6:
            case 7: case 8: case 9:
                printf("%c", r+48);  break;
            case 10: case 11: case 12: case 13: case 14: case 15:
                printf("%c", r+55);
        }
    }
}
```

算法的调用方式 convert (m)。输入：无符号整数 m；输出：算法中转换成十六进制整数输出 n。

3-96　已知求两个正整数 m 与 n 的最大公因子的过程用自然语言可以表述如下：第一

步，若 m 小于 n，则 m 与 n 互换；第二步，反复执行如下动作直到 n 等于零，返回 m：即先计算 m 除以 n 的余数 r，再让 m 等于 n，n 等于 r。

（1）将上述过程用递归函数表达出来（设 m 除以 n 的余数可用 m%n 求出）。

（2）写出求解该递归函数的递归算法。

（3）写出求解该递归函数的非递归算法。

【解答】 本题所述的求最大公因子的方法即辗转相除法，又称为欧几里得定理。

（1）求解最大公因数的递归函数定义为

$$gcd(m,n) = \begin{cases} m, & n = 0 \\ gcd(n, m\%n), & n > 0 \end{cases}$$

（2）递归算法可按照函数定义直接写出。递归算法描述如下。

```
int gcd(int m, n) {
//算法调用方式 int k = gcd(m, n)。输入：整数 m、n；输出：函数返回其最大公因数
    if(m < n) return gcd(n, m);              //若 m < n, 则 m 和 n 互换
    if(n == 0) return m;
    else return gcd(n, m % n);               //返回 m、n 的最大公因数
}
```

算法的时间复杂度和空间复杂度均为 O(m/n)（m＞n）。

（3）由于递归算法属于尾递归，即算法中只有一个递归语句且在函数体的最后，因此不需要使用栈，直接用循环计算，循环的终止条件即递归的终止条件。不使用栈的非递归算法的实现如下。

```
int gcd(int m, int n) {
//算法调用方式同上
    if(m < n) {int temp = m;  m = n;  n = temp;}    //若 m < n,则 m 和 n 互换
    int r;                                          //暂存余数的临时变量
    while(n != 0) { r = m % n;  m = n;  n = r;}      //辗转相除直到余数为零
    return m;
}
```

算法的时间复杂度为 O(m/n)（m＞n），空间复杂度为 O(1)。

3-97 写出与下面的递归算法等价的非递归算法。

```
void test(int& sum) {
    int a;
    scanf("%d", &a);
    if(a == 0) sum = 1;
    else { test(sum);  sum = sum*a; }
    printf("%d ", sum);
}
```

【解答】 这个算法的递归部分是先递归，在递归返回后再乘以读入数据 a，即按照与读入数据相反的次序进行连乘。因此可设置一个栈 S，将读入数据暂放入栈中，待到输入结束时（即输入的 a 值等于 0），再将栈中数据顺序退出进行连乘。连乘的初值为 1。使用

栈的非递归算法描述如下。

```
void test_iter(int& sum) {
//算法调用方式 test_iter(sum)。输入：算法中提示输入一系列整数；
//输出：逆向连乘并通过 sum 返回
    LinkStack S;  initStack(S);
    int a;  sum = 1;                          //连乘结果单元置初值
    scanf("%d", &a);                          //连续输入非零整数并存入栈
    while(a != 0) { Push(S, a);  scanf("%d", &a); }
    printf("%d ", sum);
    while(!stackEmpty(S)) {
        Pop(S, a);  sum = sum*a;              //连乘出栈整数并输出
        printf("%d ", sum);
    }
    printf("\n");
}
```

设输入了 n 个整数，算法的时间复杂度和空间复杂度均为 O(n)。

3-98 已知有 n 个自然数 1, 2,…, n 存放在数组 A[n]中，设计一个递归算法，输出这 n 个自然数的全排列。

【解答】 为求这 n 个自然数的全排列，递归求解的思路是：若设 perm(A, i, n)是 A[0]～A[i] 所有自然数的全排列，perm(A, i-1, n)是 A[0]～A[i-1] 所有自然数的全排列。把 A[0]～A[i]中的任一值放在最后，前面接上用剩下的 i-1 个自然数使用 perm(A, i-1, n)求得的全排列，就可得到 perm(A, i, n)。例如，当 n = 1 时，一个数字的全排列就是它自己；当 n = 2 时有 2 个数字 1、2，若置 1 在最后，它前面只有 2，得到排列 21；若置 2 在最后，它前面只有 1，得到排列 12；当 n = 3 时有 3 个数字 1、2、3，若置 1 在最后，先求前面 2 个数 2、3 的全排列 23 和 32，得到排列 231 和 321；同理，若置 2 在最后、置 3 在最后，可得排列 132、312、123、213，如此可得 n = 3 时的全排列，总共有 n!个。假定在数组中 A[i] (0≤i≤n-1)中存放自然数 i+1。按照这个思路，可得递归算法如下。

```
void perm(int A[], int i, int n) {
//算法调用方式 perm(A, i, n)。输入：存放自然数数组 A, 数组中自然数个数 n,
//参数 i 是递归变量, 主程序调用时 i = n-1；输出：打印 n 个数的全排列
    int j;  int temp;
    if(i == 0) {                              //递归到一个元素
        for(j = 0; j < n; j++) printf("%d", A[j]);   //输出一个全排列
        printf("\n");
    }
    else {                                    //递归求 i 个数字的全排列
        for(j = 0; j <= i; j++) {             //轮流对 1..i 位计算
            temp = A[i];  A[i] = A[j];  A[j] = temp;//置第 j 个数字到最后第 i 位
            perm(A, i-1, n);                  //递归求前 i-1 个数字的全排列
            temp = A[i];  A[i] = A[j];  A[j] = temp;    //复位
        }
    }                                         //已求出 A[0]～A[i]的全排列
}                                             //退出本层递归
```

若数组存放 n 个自然数，算法的时间复杂度为 O(n!)，空间复杂度为 O(n)。

3-99　编写一个递归算法，找出从自然数 1, 2, 3,…, m 中任取 n 个数的所有组合。例如 m = 5、n = 3 时所有组合为 543、542、541、532、531、521、432、431、421、321。

（1）设计求组合数的递归算法。

（2）设计求所有组合的递归算法。

【解答】（1）用求组合数的数学定义，可以求得

$$C_m^n = \begin{cases} 1, & m=n \text{ 或 } n=0 \\ C_{m-1}^n + C_{m-1}^{n-1}, & \text{其他} \end{cases}$$

例如

$$C_4^2 = C_3^2 + C_3^1 = C_2^2 + C_2^1 + C_2^1 + C_2^0 = 1 + 2 \times C_2^1 + 1$$
$$= 1 + 2 \times (C_1^1 + C_1^0) + 1 = 1 + 2 \times (1+1) + 1 = 6$$

求解组合 Combin(m, n) 的递归算法的实现如下：

```
int Combin(int m, int n) {
    if(m == n || n == 0) return 1;
    else return Combin(m-1, n) + Combin(m-1, n-1);
}
```

（2）为求从 m 个自然数中任取 n 个数的组合，可采用递归方法 combinate(A, m, n)。例如当 m = 5、n = 3 时，首先确定第一个数，如 5，再从比它小的剩余的 m-1 个数中取 n-1 个数的组合 combinate(A, m-1, n-1)，即可得到以 5 打头的全部所要求的组合；然后再轮流以 4、3 打头，类似处理，就可得到全部所要求的组合。算法的实现如下。

```
void combinate(int A[], int m, int n, int r) {
//算法调用方式 combinate(A, m, n, r)。输入：m、n、r (= n)；输出：每求出一个组
//合，即存于 A 中以备打印，算法输出从 m 个数取 n 个数的所有组合 r 在最初调用时取等于 n
//的值，不因递归而改变，是为了输出一个组合使用的
    int i, j;
    for(i = m; i >= n; i--) {
        A[n-1] = i;                            //以 i 打头，后跟 C(i-1, n-1)
        if(n > 1) combinate(A, i-1, n-1, r);   //递归求 C(i-1, n-1)组合
        else {                                 //n = 1, 得到一个组合
            for(j = r-1; j >= 0; j--) printf("%d ", A[j]);//输出一个组合
            printf("\n");
        }
    }
}
```

算法的时间复杂度为 $O(C_m^n)$，空间复杂度为 O(n)。

3-100　设计一个递归的算法，求包括 n 个自然数集合的幂集。n 为整数，集合包含的自然数为不大于 n 的正整数。例如，若 n = 3，则自然数集合 $S_x = \{ x = 1, 2, 3 \}$，设其幂集为 $P(S_x)$，则有：$S_0 = \varnothing$，$P(S_0) = \{\varnothing\}$；$S_1 = \{1\}$，$P(S_1) = \{\varnothing, \{1\}\}$；$S_2 = \{1, 2\}$，$P(S_2) = \{ \varnothing, \{1\}, \{2\}, \{1, 2\}\}$；$S_3 = \{1, 2, 3\}$，$P(S_3) = \{\varnothing, \{1\}, \{2\}, \{3\}, \{1, 2\}, \{2, 3\}, \{1, 3\}, \{1, 2, 3\}\}$。

【解答】　设自然数集合 $S_x = \{ x = 1, 2,…, n-1, n \}$，其幂集为 $P(S_x)$，则有

$S_0 = \varnothing$，$P(S_0) = \{\varnothing\}$

$S_1 = \{1\}$，$P(S_1) = \{\varnothing, \{1\}\}$

$S_2 = \{1, 2\}$，$P(S_2) = \{\varnothing, \{1\}, \{2\}, \{1, 2\}\}$

$S_3 = \{1, 2, 3\}$，$P(S_3) = \{\varnothing, \{1\}, \{2\}, \{3\}, \{1, 2\}, \{2, 3\}, \{1, 3\}, \{1, 2, 3\}\}$

　　　　$= \{\varnothing, \{1\}, \{2\}, \{1, 2\}, \{3\}, \{1, 3\}, \{2, 3\}, \{1, 2, 3\}\}$

n 个自然数的幂集包括 $C_n^0 + C_n^1 + \cdots + C_n^n$ 个不同的子集合，可以直接利用题 3-99 计算组合的算法来求解。算法的实现如下。

```
void PowerSet(int n) {
//算法调用方式 PowerSet(n)。输入：整数 n；输出：计算和打印 n 个数的幂集总数
//算法中用到题 3-99 的算法 Combin(n, i) 和 combinate(A, m, n, r)
    int i, sum = 0;  int A[maxN];
    for(i = 0; i <= n; i++) sum = sum + Combin(n, i);
    printf("%d 个自然数的幂集总数有%d 个子集\n", n, sum);
    for(i = 0; i <= n; i++) A[i] = i+1;
    for(i = 0; i <= n; i++)                      //输出组合
        if(i == 0) printf("0\n");                //用 "0" 代表空集合
        else combinate(A, n, i, i);
}
```

算法的时间复杂度为 $O(C_n^0 + C_n^1 + \cdots + C_n^n)$，空间复杂度为 $O(n)$。

3-101　已知递归函数 F(m)如下（其中 DIV 为整除）：

$$F(m) = \begin{cases} 1, & m = 0 \\ m * F(m \, \text{DIV} \, 2), & m > 0 \end{cases}$$

（1）设计一个求 F(m)的递归算法。

（2）设计一个求 F(m)的非递归算法。

【解答】　（1）本题算法属于减治法，每次递归，问题的规模缩减一半，直到问题规模缩减到 0，才能直接求得 F(0) = 1。递归算法可以直接从函数定义得到，算法的实现如下。

```
int F(int m) {
//算法调用方式 int k = F(m)。输入：整数 m；输出：函数返回计算结果
    if(m <= 0) return 1;                      //递归的终止条件
    else return m*F(m/2);
}
```

（2）由于递归算法属于尾递归，可以不使用栈，直接用循环计算。递归的终止条件变成循环的终止条件。设 m = 10，则 F(10) = 10×F(5) = 10×5×F[2] = 10×5×2×F[1] = 10×5×2×1×F(0) = 10×5×2×1 = 100。所以这个循环是一个连乘的程序段。非递归算法的实现如下。

```
int F(int m) {
//算法调用方式同上
    int mult = 1;
    while(m > 0)
        { mult = mult*m;  m = m / 2; }
```

```
        return mult;
    }
```

算法的时间复杂度为 $O(\log_2 m)$，空间复杂度为 $O(\log_2 m)$（递归）或 $O(1)$（非递归）。

3-102 已知 Ackerman 函数定义如下：

$$akm(m,n) = \begin{cases} n+1, & m=0 \\ akm(m-1,1), & m \neq 0, n=0 \\ akm(m-1, akm(m,n-1)), & m \neq 0, n \neq 0 \end{cases}$$

（1）根据定义，写出它的递归算法。

（2）设计一个利用栈的非递归算法。

（3）设计一个不用栈的非递归算法。

【解答】 （1）递归算法可以直接根据定义写出。算法的实现如下。

```
int Ackerman(int m, int n) {
    if(m == 0) return n+1;
    if(n == 0) return Ackerman(m-1, 1);
    return Ackerman(m-1, Ackerman(m, n-1));
}
```

（2）利用栈的非递归算法：设 m = 2，n = 1，可利用栈存储各层结点的 m、n 值。求解 Ackerman 函数过程中栈的变化如图 3-19 所示。

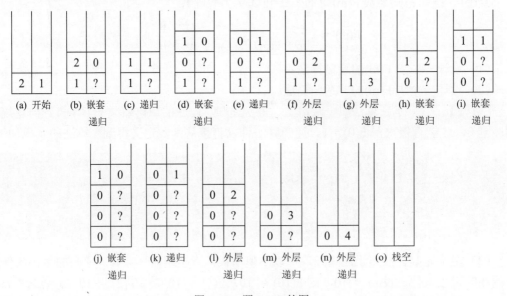

图 3-19 题 3-102 的图

根据分析，可得求解 Ackerman 函数的非递归算法，用一个栈存储递归树的结点数据。

```
int Ackermanbystack(int m, int n) {
    int i, j, k, top = -1;  int S[10], T[10];  //S 和 T 是栈，top 是栈顶指针
    S[++top] = m;  T[top] = n;                 //初始 m、n 进栈
    while(1) {
```

```
            i = S[top];  j = T[top];  top--;         //出栈
            if(i == 0) {                             //即 m=0 情形, 结果 n+1
                k = j+1;
                if(top != -1) T[top] = k;            //栈不空, 返填上一层的 n
                else return k;                       //栈空, 返回计算结果
            }
            else if(j == 0){S[++top] = i-1;  T[top] = 1;}//即 m≠0, n=0 情形
            else {S[++top] = i-1;  S[++top] = i;  T[top] = j-1;}//即 m≠0, n≠0 情形
        }
    }
```

（3）利用动态规划方法，从递归的基本条件入手，当 m = 0 时计算所有的 akm [0][j] = j+1，然后对所有的行（i = 1, 2,···, m），先计算 akm [i][0] = 上一行的 akm [i-1][1]，再依据它依次从本行的 r = akm [i][j-1]，j = 1, 2,···，计算 akm [i][j] = 上一行的 akm [i-1][r]，直到算出指定的 akm [m][n]为止。如表 3-6 所示是计算 akm[2][1]的计算表格。

表 3-6   计算 akm[2][1]

m \ n	0	1	2	3	4	5	6
0	n+1 = 1	n+1 = 2	n+1 = 3	n+1 = 4	n+1 = 5	n+1 = 6	n+1 = 7
1	akm[0][1] = 2	akm[0][2] = 3	akm[0][3] = 4	akm[0][4] = 5	akm[0][5] = 6	akm[0][6] = 7	
2	akm[1][1] = 3	akm[1][3] = 5	akm[1][5] = 7				

据此，得到不使用栈的非递归算法。

```
#define maxM 3
#define maxN 7
int Ackerman_iter(int m, int n) {
    int akm[maxM][maxN];  int i, j;
    for(j = 0; j < maxN; j++) akm[0][j] = j+1;
    for(i = 1; i <= m; i++) {
        akm[i][0] = akm[i-1][1];
        for(j = 1; j < maxN; j++) {
            if(akm[i-1][akm[i][j-1]] > maxN) break;
            else akm[i][j] = akm[i-1][akm[i][j-1]];
        }
    }
    return akm[m][n];
}
```

三个算法的调用方式都可以是 int k = Ackerman(m, n)。输入：整数 m、n；输出：函数返回计算结果。

3-103   求解平方根 $\sqrt{A}$ 的迭代函数定义如下：

$$sqrt(A, p, e) = \begin{cases} p, & |p^2 - A| < e \\ sqrt\left(A, \frac{1}{2}\left(p + \frac{A}{p}\right), e\right), & |p^2 - A| \geqslant e \end{cases}$$

其中，p 是 A 的近似平方根；e 是结果允许误差。设计相应递归算法，并消除递归。

【解答】 （1）求 A 的平方根的递归算法可以依据函数定义直接写出。算法的实现如下。

```
#include<math.h>
float Sqrt_A(float A, float p, float e) {        //求平方根的递归算法
//函数返回 A 的平方根，p 是 A 的近似平方根，e 是结果允许误差，如 0.01
    if(fabs(p*p-A) < e) return p;
    else return Sqrt_A(A,(p+A/p)/2, e);
}
```

（2）求 A 的平方根的递归算法是尾递归情形，它只有一个递归语句，而且在程序最后，可以直接改写为循环形式，相应的非递归算法的实现如下。

```
float Sqrt_A(float A, float p, float e) {        //求平方根的非递归算法
    while(fabs(p*p-A) >= e)
        p =(p+A/p)/2;
    return p;
}
```

两个算法的调用方式都可以是 float x = Sqrt_A(A, p, e)。输入：求平方根的对象浮点数 A，A 的近似平方根 p，结果允许误差 e；输出：函数返回计算出来的 A 的平方根。

3-104 设勒让得多项式定义如下：

$$P_n(x) = \begin{cases} 1, & n = 0 \\ x, & n = 1 \\ ((2n-1)xP_{n-1}(x) - (n-1)P_{n-2}(x))/n, & n > 1 \end{cases}$$

（1）设计一个递归算法，计算该多项式的值。

（2）设计一个非递归算法，计算该多项式的值。

【解答】 （1）递归算法可以根据勒让得多项式函数的定义编写。算法的实现如下。

```
float Legendre(float x, int n) {
    if(n == 0) return 1;
    if(n == 1) return x;
    return((2*n-1)*x*Legendre(x, n-1) -(n-1)*Legendre(x, n-2))/n;
};
```

（2）计算 $P_n(x)$ 先要计算 $P_{n-1}(x)$ 和 $P_{n-2}(x)$，这是一个单向递归的情形。递归的终止条件是 $P_0 = 1$ 和 $P_1 = x$。在用循环进行计算前，先让 $b = P_0(x) = 1$，$a = P_1(x) = x$，然后执行循环，每次依据 a 和 b 计算 $c = P_i(x)$ 后，让 $b = a$，$a = c$，就可以计算下一轮的 $c = P_{i+1}(x)$。循环次数是 $i = 2, \cdots, n$。如此可得迭代的非递归算法如下。

```
float Legendre_iter(float x, int n) {
    if(n == 0) return 1;
    if(n == 1) return x;
```

```
float a = x, b = 1, c;  int i;
for(i = 2; i <= n; i++) {
    c =((2*i-1)*x*a-(i-1)*b)/i;
    b = a;  a = c;
}
return c;
}
```

两个算法的调用方式都可以是 float y = Legendre(x, n)。输入：浮点数 x，整数 n；输出：函数返回计算结果。

3.4.4　回溯法与递归

1. 回溯法的基本思想

回溯法采用一步一步向前试探的方法，当某一步有多种选择时，可以先任意选择一种，只要这种选择暂时可行就继续向前，一旦发现到达某步后无法再前进，说明前面做的选择可能有问题，可以后退，回到上一步重新选择。

如果把问题求解过程看作是一棵解答树，回溯法常采用深度优先策略，从根结点出发进行搜索。若进入某子结点为根的子树后没有找到解（或者需要找出全部解），则需从子结点回退到父结点，从而可以选择其他子结点进行搜索。回溯法可以系统地搜索一个问题的所有解或任一解。

用回溯法求解问题常使用递归方法，并使用栈存储回退的路径。

2. 回溯法相关的算法

3-105　八皇后问题。设在初始状态下在国际象棋棋盘上没有任何棋子（皇后）。然后顺序在第 1 行，第 2 行，……，第 8 行上安放棋子。在每一行中有 8 个可选择位置，但在任一时刻，棋盘的合法布局都必须满足 3 个限制条件，即任何两个棋子不得放在棋盘上的同一行、同一列或同一斜线上。设计一个递归算法，求解并输出此问题的所有合法布局。

【解答】　算法的思路是：假设前 i-1 行的皇后已经安放成功，现在要在第 i 行的适当列安放皇后，使得它与前 i-1 行安放的皇后在行方向、列方向和斜线方向都不冲突。为此，

试探第 i 行的所有 8 个位置（列），如果某一列能够安放皇后，就可以递归到第 i+1 行继续查找下一行皇后可安放的位置。为了记录各行皇后安放的位置，设置一个一维数组 G[8]，在 G[i]中记录了该行皇后安放在第几列。

如图 3-20 所示，当 8×8 的象棋棋盘中前 3 行已经安放了皇后，在安放 i=3 行皇后时，需要逐列（j=0,1,…,7）检查在该列安放皇后是否与已经安放的皇后互相攻击。

判断条件之一是 j = G[k]（k = 0, 1, 2）是否成立，若相等，表示此列已经安放了皇后；判断条件之二是判断 i-k == j-G[k] || i-k == G[k]-j

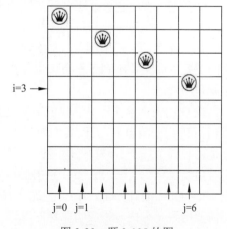

图 3-20　题 3-105 的图

（k = 0, 1, 2）是否成立，其中 i-k 是行距，j-G[k] 或 G[k]-j 是与已安放皇后列的列距，若行距等于列距，表明待选棋格（i, j）与已安放皇后的棋格在同一条斜线上。只要这两个判断条件有一个成立，则此列不能安放皇后。如果已经找到并输出了一个合理的布局，需要撤销最后一行已安放的皇后；或者在某一行布局做不下去，需要撤销上一行已安放的皇后，检查下一列是否可以安放皇后，这就是回溯。递归算法的实现如下。

```
void Queen(int G[], int i, int n) {                //n 为棋盘行列格子数
//算法调用方式 Queen(G, i, n)。输入：n×n 的棋盘 G，起始行 i，棋盘皇后数 n；
//输出：算法中递归计算并输出合理布局
    int j, k, conflict;
    if(i == n) {                                    //输出一个布局
        for(j = 0; j < n; j++) printf("(%d, %d)", j, G[j]);
        printf("\n");  return;
    }
    for(j = 0; j < n; j++) {                        //逐列试探
        conflict = 0;
        for(k = 0; k < i; k++)                      //判断是否冲突
            if(j == G[k] || i-k == j-G[k] || i-k == G[k]-j) conflict = 1;
        if(conflict == 0) {                         //不冲突，第 i 行安放一个皇后
            G[i] = j;  Queen(G, i+1, n);            //递归安放第 i+1 行皇后
        }
    }
}
```

若 n 是皇后数，算法的时间复杂度为 $O(n^2)$，空间复杂度为 $O(n)$。一个示例如下。

```
int Grid[8];                                        //皇后数为 8
for(int k = 0; k < 8; k++) Grid[k] = -1;           //初始化，各行均未安放皇后
Queen(Grid, 0, 8);                                  //从 0 行开始求八皇后问题
```

3-106　四皇后问题。将八皇后问题缩小规模，成为四皇后问题。设计一个非递归算法，求解并输出此问题的所有合法布局。

【解答】　按照题意，四皇后问题的布局过程如图 3-21 所示。图中的符号"♛"表示安放的是皇后，"×"是检查过的发生互相攻击的位置。如果第 i 行安放了皇后之后，第 i+1 行所有位置都发生互相攻击，那么第 i 行安放的皇后就要被撤销，查找下一个可以安放皇后的位置；如果找不到下一个可以安放皇后的位置，第 i-1 行安放的皇后又要被撤销了，这就是回溯。

设 G[u] 表示第 u 行皇后安放在第几列，G[u] = -1 表示该行尚未安放皇后。如果想要在第 i 行第 j 列安放皇后，应该其上面 i 行都已安放好皇后，这就需要检查 G[k]（k = 0, 1,…, i-1），看是否有哪个等于 j，有则发生冲突，第 j 列不能安放皇后；此外，若与位置（i, j）在同一正对角线（"＼"）上的点为（k, G[k]），则发生互相攻击的条件是 i-k = j-G[k]（j < G[k]）或 i-k = G[k]-j（j > G[k]）。为把题 3-106 的求解 n 皇后问题的递归解法改为非递归解法，还需要用到一个栈，相应的非递归算法的实现如下。

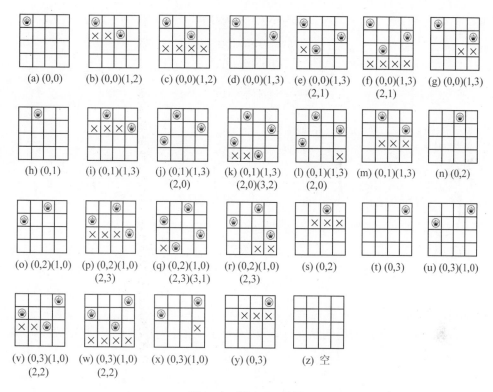

(a) (0,0)　　(b) (0,0)(1,2)　　(c) (0,0)(1,2)　　(d) (0,0)(1,3)　　(e) (0,0)(1,3)(2,1)　　(f) (0,0)(1,3)(2,1)　　(g) (0,0)(1,3)

(h) (0,1)　　(i) (0,1)(1,3)　　(j) (0,1)(1,3)(2,0)　　(k) (0,1)(1,3)(2,0)(3,2)　　(l) (0,1)(1,3)(2,0)　　(m) (0,1)(1,3)　　(n) (0,2)

(o) (0,2)(1,0)　　(p) (0,2)(1,0)(2,3)　　(q) (0,2)(1,0)(2,3)(3,1)　　(r) (0,2)(1,0)(2,3)　　(s) (0,2)　　(t) (0,3)　　(u) (0,3)(1,0)

(v) (0,3)(1,0)(2,2)　　(w) (0,3)(1,0)(2,2)　　(x) (0,3)(1,0)　　(y) (0,3)　　(z) 空

图 3-21　题 3-106 的图

```
#define maxN 8
#define stackSize 20
typedef struct { int i, j; } stackNode;          //定义栈单元
void Queen(int n) {                              //n 为棋盘行列格子数
//算法调用方式 Queen(n)。输入：棋盘皇后数 n；输出：算法计算并输出合理布局
    int i, j, k, u, conflict;  int G[maxN];       //G 记录第 i 行皇后安放在第几列
    stackNode w;
    stackNode S[stackSize];  int top = -1;        //设置栈 S，存储皇后坐标
    for(i = 0; i < n; i++) G[i] = -1;             //0 是有效行列号，G[i]初值是-1
    for(i = 0; i < n; i++) {                      //安放第 i 行皇后
        for(j = 0; j < n; j++) {                  //逐列试探
            conflict = 0;
            for(k = 0; k < i; k++)                //判断是否攻击
                if(j == G[k] || i-k == j-G[k] || i-k == G[k]-j) conflict = 1;
            if(!conflict) {                       //第 i 行第 j 列不出现攻击
                G[i] = j;                         //在第 i 行第 j 列安放皇后
                w.i = i; w.j = j;  S[++top] = w;  //用栈存储行列号 i 和 j
                if(i == n-1) {                    //输出一个布局
                    for(u = 0; u < n; u++)
                        printf("(%d, %d)", u, G[u]);
                    printf(" 是合理布局\n");
                    w = S[top--]; i = w.i; j = w.j;//从栈顶退出行列号 i 和 j
                    G[i] = -1;                    //撤销第 i 行第 j 列的皇后
```

```
            }
            else break;                          //跳出 j 循环;
        }
        while(j == n-1) {                         //处理完棋盘行末
            if(i == 0) return;
            w = S[top--];  i = w.i;  j = w.j;  //从栈顶退出行列号 i 和 j
            if(i < n)G[i] = -1;                   //撤销第 i 行第 j 列的皇后
        }
    }
    }
}
```

若 n 是皇后数，算法的时间复杂度为 $O(n^2)$，空间复杂度为 $O(n)$。

3-107 迷宫问题的提法如下："一只老鼠从迷宫的入口处进入迷宫。迷宫中设置了很多墙壁，对前进方向形成了多处障碍。老鼠在迷宫中通过向前搜索和回溯，查找一条通路最后到达出口。"为了解决迷宫问题，用一个二维数组 maze[m+2][p+2] 来表示迷宫，当数组元素 maze[i][j] = 1，表示该位置是墙壁，不能通行；当 maze[i][j] = 0，表示该位置是通路，其中 1≤i≤m，1≤j≤p。数组的第 0 行、第 m+1 行，第 0 列和第 p+1 列是迷宫的围墙，如图 3-22 所示。

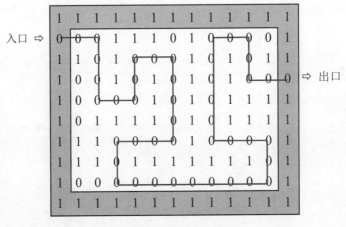

图 3-22　题 3-107 的图

老鼠在迷宫中任一时刻的位置可用数组行下标 i 和列下标 j 表示。从 maze[i][j] 出发，可能的前进方向有 4 个，按顺时针方向分别为 N([i-1][j])、E([i][j+1])、S([i+1][j]) 和 W([i][j-1])，如图 3-23 所示。

设位置[i][j]标记为 X，它实际是一系列交通路口。X 周围有 4 个前进方向，分

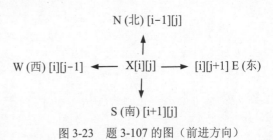

图 3-23　题 3-107 的图（前进方向）

别代表 4 个前进位置。如果某一方向是 0 值，表示该方向有路可通，否则表示该方向已堵死。为了有效地选择下一位置，可以将从位置[i][j]出发的可能前进方向预先定义在一个表

内，如表 3-7 所示，称该表为前进方向表，它给出向各个方向的偏移量。

表 3-7 前进方向表

i	move[i].a	move[i].b	move[i].dir
0	0	1	"E"
1	0	-1	"W"
2	1	0	"S"
3	-1	0	"N"

设计一个递归算法，求解迷宫问题。

【解答】 在迷宫中漫游，利用表 3-7 所示的前进方向表 move。例如，当前位置在[i][j]时，若向南(S)方向走，下一相邻位置[g][h]则为

```
g = i+move[2].i = i+1;
h = j+move[2].j = j;
d = move[2].dir;
```

当在迷宫中向前试探时，可根据前进方向表，选择某一个前进方向向前试探。如果该前进方向走不通，则在前进路径上回退一步，再尝试其他的允许方向。为了防止重走原路，另外设置一个标志矩阵 mark[m+2][p+2]，它的所有元素都初始化为 0。一旦行进到迷宫的某个位置[i][j]，则将 mark[i][j]置为 1，下次这个位置就不能再走了。

在实现迷宫问题的非递归算法时，利用栈存储当前位置和上一步前进的方向，然后根据前进方向表，选择某一个允许的前进方向前进一步，并将活动记录进栈，以存储前进路径。如果该前进方向走不通，则将位于栈顶的活动记录退栈，以便在前进路径上回退一步，再尝试其他的允许方向。如果栈空则表示已经回退到开始位置。

迷宫问题的递归算法的实现如下。

```
#define maxM 10                          //最大行数
#define maxN 13                          //最大列数
#define direct 4                         //前进方向表
typedef struct {                         //前进方向表（表 3-7）的结构
    int a, b;  char dir;                 //a、b 是 x、y 方向的偏移，dir 是方向
} offsets;                               //位置在直角坐标系下的偏移
bool SeekPath(int maze[][maxN], int mark[][maxN], offsets move[], int x,
            int y, int s, int t, int m, int p) {
//从迷宫某一位置[x][y]开始，查找通向出口[m][p]的一条路径。如果找到，则
//函数返回 true。否则函数返回 false。试探的出发点为[s][t]
    int i, g, h;  char d;                //用 g、h 记录位置，dir 记录方向
    if(x == m && y == p) return 1;       //已到达出口，函数返回 1
    for(i = 0; i < direct; i++) {        //按每一个方向查找通向出口通路
      g = x+move[i].a;  h = y+move[i].b;  d = move[i].dir;
                                         //找下一个位置和方向(g、h、dir)
        if(!maze[g][h] && ! mark[g][h]) {     //下一位置可通，试探该方向
          mark[g][h] = 1;                //标记为已访问过
            if(SeekPath(maze, mark, move, g, h, s, t, m, p)) {
```

```
                                        //从此递归试探
            printf("(%d, %d, %c)\n", g, h, d);
            return true;              //试探成功，逆向输出路径坐标
        }
    }                                 //回溯，换一个方向再试探通向出口的路径
    }
    if(x == s && y == t) printf("no path in Maze!\n");
    return false;
}
```

调用此递归算法的主程序的实现如下。

```
void main(void) {
    int i, j;
    int maze[maxM][maxN] = {
        1, 1, 1, 1, 1, 1, 1, 1, 1, 1, 1, 1, 1,
        0, 0, 0, 1, 1, 1, 0, 1, 0, 0, 0, 0, 1,
        1, 1, 0, 1, 0, 0, 0, 1, 0, 1, 0, 1, 1,
        1, 0, 0, 1, 0, 1, 0, 1, 0, 1, 0, 0, 0,
        1, 0, 0, 0, 0, 1, 0, 1, 0, 1, 1, 1, 1,
        1, 0, 1, 1, 1, 1, 0, 1, 0, 1, 1, 1, 1,
        1, 1, 1, 0, 0, 0, 0, 1, 0, 0, 0, 0, 1,
        1, 1, 1, 0, 1, 1, 1, 1, 1, 1, 0, 1,
        1, 0, 0, 0, 0, 0, 0, 0, 0, 0, 0, 0, 1,
        1, 1, 1, 1, 1, 1, 1, 1, 1, 1, 1, 1, 1 };
    int mark[maxM][maxN];
    offsets move[direct];
    move[0].a = 0;   move[0].b = 1;   move[0].dir = 'E';
    move[1].a = 1;   move[1].b = 0;   move[1].dir = 'S';
    move[2].a = 0;   move[2].b = -1;  move[2].dir = 'W';
    move[3].a = -1;  move[3].b = 0;   move[3].dir = 'N';
    for(i = 1; i < maxM-1; i++)
        for(j = 1; j < maxN-1; j++) mark[i][j] = 0;
    for(i = 0; i < maxM; i++)
        mark[i][0] = mark[i][maxN-1] = 1;
    for(j = 0; j < maxN; j++)
        mark[0][j] = mark[maxM-1][j] = 1;
    int s = 1, t = 1, m = 3, p = 11;
    SeekPath(maze, mark, move, s, t, s, t, m, p);
    printf("(%d, %d, E)\n", s, t);
}
```

设迷宫有 m 行 p 列，算法的时间复杂度和空间复杂度均为 O(m*p)。

3-108 迷宫问题的提法与题 3-107 相同，设计一个非递归算法，求解迷宫问题。

【解答】 实现迷宫问题的非递归算法需要使用一个递归工作栈，栈元素的结构与 offsets 稍有差别，定义如下。

```
typedef struct {                        //栈结点的结构定义
```

```
            int x, y, dir;                          //x、y是偏移, d是方向
} stackNode;
```

迷宫问题的非递归算法的实现如下。

```
#define maxM 11                             //最大行数
#define maxN 6                              //最大列数
#define direct 4                            //前进方向数
#define stackSize 36
typedef struct {                            //前进方向表
        int a, b, dir;                      //a、b是x、y方向的偏移, dir是方向
} offsets;
char direction[direct] = {'E', 'S', 'W', 'N'};
offsets move[direct] = {{0,1,0}, {1,0,1}, {0,-1,2}, {-1,0,3}};
                                            //位置在直角坐标系下的偏移
void SeekPath_iter(int maze[][maxN], int mark[][maxN], int s, int t,
                int m, int p) {
//算法输出迷宫 maze 中的一条路径。所有参数的含义与递归算法相同
    int i, j, g, h, d;  bool found = false;
    stackNode S[stackSize];  int top = -1;          //设置工作栈和工作单元
    stackNode w;
    mark[s][t] = 1;                                 //(s, t)是入口
    w.a = s;  w.b = t;  w.dir = 0;  S[++top] = w;
    while(top != -1 && ! found) {                   //栈不空, 持续走下去
        w = S[top];
        i = w.a;  j = w.b;  d = w.dir;              //d 为前进方向
        while(d < direct) {                         //还能移动, 继续移动
            g = i+move[d].a;  h = j+move[d].b;      //找下一个位置(g, h)
            if(g == m && h == p) {                  //到达出口
                w.a = m;  w.b = p;  w.dir = d;  S[++top] = w;
                found = 1;  break;
            }
            else if(!maze[g][h] && ! mark[g][h]){   //新的位置可通
                mark[g][h] = 1;                     //标记为已访问过
                w.a = g;  w.b = h;  w.dir = d;//存储已通过位置和前进方向
                S[++top] = w;                       //进栈
                i = g;  j = h;  d = 0;
            }
            else d++;
        }
        if(!found) { top--;  d = 0; }
    }
    if(found) {
        printf("迷宫中的一条路径是: \n");
        printf("(%d, %d, E)\n", s, t);
        for(i = 0; i <= top; i++)
            printf("(%d, %d, %c)\n", S[i].a, S[i].b,
                    direction[S[i].dir]);
```

```
    }
        else printf("迷宫中没有从入口到出口的路径\n");
}
```

算法调用方式与题 3-107 递归算法的调用方式类似，名字稍有不同，为 SeekPath_iter (maze, mark, move, s, t, m, p)。输入：迷宫矩阵 maze，标记矩阵 mark，前进方向表 move，搜索起始点（s, t），除去围墙外迷宫矩阵有效搜索范围 m（行数）、p（列数）；输出：一条搜索到的路径。

3.4.5 贪心法

1. 贪心法的基本思想

贪心法的基本想法是：当追求的目标是一个问题的最优解时，设法把对整个问题的求解工作分成若干步骤来完成。在其中的每一个阶段都选择从局部看是最优的方案，以期望通过各阶段的局部最优选择达到整体最优。

贪心法是一种不追求最优解，只希望得到比较满意解的方法。贪心法一般可以快速得到满意的解，因为它省去了为找最优解要穷尽所有可能而必须耗费的大量时间。贪心法经常以当前情况为基础做最优选择，而不考虑各种可能的整体情况，所以贪心法不需要回溯。

贪心法也称为分步求解法，求解问题时经常把用于选择的数组按问题需要从大到小或从小到大排序，再逐个取出进行判断。

2. 贪心法相关的算法

3-109 马的遍历问题。设计一个算法，在 8×8 方格的棋盘上，从任意指定方格出发，为马查找一条走遍棋盘每一格并且只经过一次的一条路径。

【解答】 这个问题可采用回溯法求解。早在 1823 年，J.C.Warnsdorff 就提出了一个有名的算法。在棋盘的每个落点对其下一个落点进行选取时，优先选择"出口"最少的下一落点进行搜索，"出口"的意思就是从这些可选的下一落点出发可走的下下一个落点的个数，也就是"孙子"落点越少的越优先前行。这属于贪心法，是一种局部调整最优的做法。

如果优先选择出口多的下一落点，那出口少的下一落点就会越来越多，很可能出现"死"结点（就是没有出口又没有跳过的结点），这样对下面的搜索会浪费很多的回溯时间，反过来如果每次都优先选择出口少的下一落点前行，那么出口少的结点就会越来越少，这样遍历成功的机会就更大一些。算法的实现如下。

```
#define N 8                              //棋盘行、列数
#define M 8                              //从某一位置可选方位数
typedef struct {                         //棋盘落点定义
    int x, y, ws;                        //落点的x、y坐标和可能出口数
} chessPoint;
int dx[M] = { 1, 2, 2, 1, -1, -2, -2, -1 }; //x方向偏移
int dy[M] = { -2, -1, 1, 2, 2, 1, -1, -2 }; //y方向偏移
int ways_out(int s[][N], int x, int y){ //计算从落点(x, y)出发的可能出口数
    int i, count = 0, g, h;
    if(x < 0 || y < 0 || x >= N || y >= N || s[x][y] > 0)
        return -1;                       //-1表示该落点非法
```

```
        for(i = 0; i < M; i++) {                          //落点(x,y)可用，检查它下一落点数
            g = x+dx[i];  h = y+dy[i];                   //计算下一落点位置
            if(g < 0 || h < 0 || g >= N || h >= N) continue;
            if(s[g][h] == 0) count++;                    //此下一落点可用，计数
        }
        return count;          //出口数为 0 表示无路可走，> 0 表示从它出发可能的出口数
    }
void output_solution(int s[][N]) {                        //输出一条找到的遍历路线
        int i, j;
        for(i = 0; i < N; i++) {
            for(j = 0; j < N; j++) printf("%3d ", s[i][j]);
            printf("\n");
        }
        printf("\n");
    }
bool dfs(int s[][N], int x, int y, int count) {
//在棋盘上进行深度优先遍历，搜索一条使马一次走遍棋盘的方案。本算法求到一
//个解答即结束，若想用回溯法找到所有解答，需把 dfs 的返回类型改为 void，同
//时在算法中删除判断 dfs 是否为 true 及返回 true 的语句
        int i, j, k, g, h;  chessPoint v[N], w;
        if(count > N*N)                                   //马踏落点已经填满棋盘
            { output_solution(s);  return true; }         //输出
        for(i = 0; i < M; i++) {             //求从(x,y)出发所有下一落点的可能出口数
            v[i].x = g = x+dx[i];  v[i].y = h = y+dy[i];    //下一落点坐标
            v[i].ws = ways_out(s, g, h);                  //下一落点的出口数
        }
        for(i = 0; i < M-1; i++) {                        //按下一落点出口数排序
            for(k = i, j = i+1; j < M; ++j)
                if(v[j].ws < v[k].ws) k = j;
            if(k != i) { w = v[i];  v[i] = v[k];  v[k] = w; }
        }
        for(i = 0; i < M; i++) {                          //试探所有下一落点（按出口数排序）
            if(v[i].ws == -1) continue;
            g = v[i].x;  h = v[i].y;  s[g][h] = count;
            if(dfs(s, g, h, count+1)) return true;
            s[g][h] = 0;
        }
    }
```

　　算法的递归调用方式 bool succ = dfs (int s[][N], int x, int y, int count)。输入：N×N 的棋盘 s，马踏棋盘的起点（x, y），当前落点计数 count；输出：算法中输出马踏棋盘的布局。

3.4.6　动态规划法

1. 动态规划法的基本思想

　　有些问题在分解时经常会产生许多子问题，且分解出的子问题互相交织，因而在解这类问题时，将可能重复多次解同一个子问题。这种重复当然是不必要的，解决方法可以在

解决每个子问题后把它的解（包括其子子问题的解）保留在一个表格中，若遇到求与之相同的子问题的解时，就可以从表中把解找出来直接使用。

2. 动态规划法相关的算法

3-110 背包问题：设有一个背包可以放入的物品的重量为 s，现有 n 件物品，重量分别为 w[1], w[2],…, w[n]。问能否从这 n 件物品中选择若干件放入此背包中，使得放入的重量之和正好为 s？如果存在一种符合上述要求的选择，则称此背包问题有解；否则称此背包问题无解。此背包问题的递归定义如下：

$$
KNAP(s,n)=\begin{cases}
\text{True,} & s=0 & \text{此时背包问题一定有解} \\
\text{False,} & s<0 & \text{总重量不能为负数} \\
\text{False,} & s>0 \text{ 且 } n<1 & \text{物品件数不能为负数} \\
KNAP(s,n-1)\text{或} & s>0 \text{ 且 } n\geqslant 1 & \text{所选物品中不包括 w[n]时} \\
KNAP(s-w[n], n-1), & & \text{所选物品中包括 w[n]时}
\end{cases}
$$

（1）设计一个递归算法，求解背包问题。

（2）设计一个非递归算法，求解背包问题。

【解答】 算法需要实现对所有物品按其重量进行排序。针对递归算法，按降序排序，对于非递归算法，按升序排序。算法的实现如下。

```
void Sort(int w[], int n, int d) {  //d = 0 按升序排序, d = 1 按降序排序
    int i, j, k, tmp;
    for(i = 1; i < n; i++) {          //对 w[n]排序
        k = i;
        for(j = i+1; j <= n; j++)
            if(d == 0 && w[j] < w[k]) k = j;
            else if(d == 1 && w[j] > w[k]) k = j;
        if(i != k) { tmp = w[i];  w[i] = w[k];  w[k] = tmp; }
    }
}
```

（1）KNAP 问题的递归解法。背包问题如果有解，选择只有两种：

- 所选物品中包括 w[n]，这样原问题 KNAP(s, n)的解就是 KNAP(s-w[n], n-1)；
- 所选物品中不包括 w[n]，则原问题 KNAP(s, n)的解就是 KNAP(s, n-1)。

当 s＝0，则背包问题有解；当 s＜0 或 s＞0 且 n＜1 时，背包问题无解。

可以根据定义直接写出相应的递归算法如下。但要求在调用它之前实现对 w[n]进行排序，使得所有物品重量按降序有序排列。0 号元素不用。

```
int KNAP(int w[], int s, int n) {
//算法调用方式 int succ = KNAP(w, s, n)。输入：所有物品的重量数组 w，控制总重
//量 s，物品总个数 n；输出：算法输出总重量不超过 s 的物品
    if(s <= 0) return 1;
    if(s < 1 || s > 1 && n < 1) return 0;
    if(KNAP(w, s-w[n], n-1)) {
        if(s-w[n] >= 0) printf("%d ", w[n]);
        return 1;
    }
```

```
        else return KNAP(w, s, n-1);
    }
```

设待装包的物品有 n 个，算法的时间复杂度和空间复杂度均为 O(n)。

（2）KNAP 问题的非递归解法。如果采用动态规划法求解，可以实现高效的非递归算法。下面给出的算法先对 w[n]排序，在不移动元素的情况下，利用一个指示器数组 t[n]，指明 w[n]中每个元素在有序序列中的序号。这样算法只需一趟扫描即可选出满足问题要求的结果。算法的实现如下。

```
void KNap_iter(int w[], int s, int n) {
//算法调用方式同上，但要求调用之前实现对 w[n]进行排序，使之按升序有序
    int i, count = 0;
    for(i = 1; i <= n; i++)              //按重量次序选择物品
        if(w[i] <= s)
            { count++;  s = s-w[i]; }
        else break;
    for(i = 1; i <= count; i++)
        printf("%d ", w[i]);
    printf("\n");
}
```

设待装包的物品有 n 个，算法的时间复杂度为 O(n)，空间复杂度为 O(1)。

3-111　在一个由 n 行 m 列方格组成的迷宫中，每一个方格里标注有整数 1 或 0，其中 0 表示该格可走，1 表示该格不可通行。矩阵的左上角与右下角格中均为 0，从矩阵的左上角走到右下角的连贯路径称为迷宫的通道，路径中每一步能往左、往右、往上、往下走到相邻的 0 格，不能斜着走，不能跳跃走，更不能走出矩阵迷宫。对于给定的 n×m（2≤n，m≤99）迷宫，设计一个算法，在迷宫中寻求所经格子数最少的最短通道。

【解答】　算法可采用动态规划法求解。除迷宫 a[n][n]本身外，引入三个辅助数组：
- a[i][j]存储迷宫中坐标为(i, j)的方格的信息，0 表示可通行，1 表示不可通行。
- b[i][j]存储从(i, j)格到迷宫右下角(n, m)格的通道中的最少格数。b[1][1]则存储了最短通路中总方格数。
- c[i][j]存储通道中从(i, j)格下一步可到达方格的位置：该位置数为 4 位数，其中高 2 位整数为下一格的行号，低 2 位整数为下一格的列号。
- f[i][j]：若(i, j)格在最短通道上，则 f[i][j] = 1；否则 f[i][j] = 0。这是为输出设置的。

迷宫通行规则是：除最下行和最右列外，从迷宫每个方格可向上、下、左、右走。最下行从每个方格不能向左走，最右列每个方格不能向上走，否则可能造成混乱。

迷宫的中间方格有相邻的上、下、左、右 4 个相邻格，边上的方格有 3 个相邻格，角上的方格有 2 个相邻格。这些相邻格可能成为通道中该格的下一步。

采用动态规划法，最初按每一格向右、向下初步逆推得 b[i][j]、c[i][j]。然后对 b 数组反复实施优化调整。如果当前格的 b 数组元素值大于其相邻格的 b 数组元素值加 1，则需要优化调整当前格的 b 数组元素值。例如，当前格(i, j)与其相邻格(i, j−1)做比较，实施优化调整：

```
    if(j > 1 && b[i][j-1]+1 < b[i][j])                     //与相邻格比较
        { b[i][j] = 1+b[i][j-1];  c[i][j] = i*N+j-1; }
```

其中条件中限制 j > 1 表明从第 2 列开始才有"左相邻格"。

在循环中设置变量 t，控制当对 b 数组有优化调整发生时，t = 1，继续循环实施优化调整。直到没有优化调整时，保持 t = 0，结束循环。

最后产生并输出最优路径。首先设所有 f[i][j] = 0。因(1, 1)是路径的起点，则 f[1][1] = 1；然后根据 e = c[i][j] 计算出最短通路中下一步的位置：i = e / N，j = e % N，让 f[i][j] = 1；以此类推，直到终点 f[n][m] = 1。判断矩阵的每一格，若 f[i][j] = 1，则输出该格的元素 b[i][j]；否则输出空格。这样处理，可在迷宫中输出一条完整的最短通道。

算法的实现如下。

```c
#include<stdio.h>
#define N 100
#define maxSize 150
void main() {
    int a[N][N], b[N][N], c[N][N], f[N][N];  int d, e, m, n, i, j, k, t;
    int Maze[maxSize] = { 0, 1, 0, 0, 0, 0, 1, 0, 0, 0, 1,
                          0, 1, 0, 0, 1, 0, 0, 0, 1, 0, 1,
                          0, 0, 1, 0, 0, 1, 1, 1, 0, 0, 0,
                          1, 0, 1, 1, 0, 1, 0, 0, 1, 1, 0,
                          0, 0, 1, 0, 0, 1, 0, 0, 0, 0, 0,
                          0, 1, 0, 1, 1, 0, 1, 0, 1, 0, 0,
                          0, 0, 1, 0, 1, 1, 0, 0, 0, 1, 0,
                          1, 0, 1, 0, 0, 0, 1, 1, 0, 0, 1,
                          0, 0, 1, 0, 0, 1, 0, 1, 0, 0, 0,
                          0, 1, 0, 0, 1, 0, 0, 1, 1, 1, 1,
                          0, 1, 0, 1, 0, 1, 0, 0, 0, 0, 0,
                          0, 0, 0, 1, 0, 1, 0, 0, 0, 1, 0 };
    n = 12;  m = 11;  k = 0;                                //迷宫行数、列数
    printf("迷宫行数=%d, 列数=%d, 迷宫数据为\n", n, m);
        for(i = 1; i <= n; i++) {
            for(j = 1; j <= m; j++) {
                a[i][j] = Maze[k++];  f[i][j] = 0;  //迷宫数据
                printf(" %4d", a[i][j]);
            }
        printf("\n");
    }
    b[n][m] = 1;
    for(j = m-1; j >= 1; j--)                              //最下行b、c数组赋初值
        if(a[n][j] == 0 && a[n][j+1] == 0)
            { b[n][j] = b[n][j+1]+1;  c[n][j] = n*N+j+1; }
        else b[n][j] = m*n;
    for(i = n-1; i >= 1; i--)                              //最右列b、c数组赋初值
        if(a[i][m] == 0 && a[i+1][m] == 0)
            { b[i][m] = b[i+1][m]+1;  c[i][m] = (i+1)*N+m; }
        else b[i][m] = m*n;
```

```
        for(i = n-1; i >= 1; i--)                      //与右、下比较初步逆推得b[i][j]
            for(j = m-1; j >= 1; j--)
                if(a[i][j] == 0) {
                    if(b[i+1][j] < b[i][j+1] && b[i+1][j] < n*m)
                        { b[i][j] = b[i+1][j]+1;  c[i][j] = (i+1)*N+j; }
                    if(b[i+1][j] >= b[i][j+1] && b[i][j+1] < n*m)
                        { b[i][j] = b[i][j+1]+1;  c[i][j] = i*N+j+1; }
                    if(b[i+1][j] >= n*m && b[i][j+1] >= n*m)
                        b[i][j] = n*m;
                }
                else b[i][j] = m*n;
        t = 1;
        while(t > 0) {                                 //每一格与四周比较，逐步优化调整
          t = 0;
          for(i = n; i >= 1; i--)
            for(j = m; j >= 1; j--)
                if(!(i == n && j == m) && a[i][j] == 0) {
                    d = b[i][j];
                    if(j > 1 && b[i][j-1]+1 < d)            //与右格比较
                        { d = 1+b[i][j-1];  c[i][j] = i*N+j-1;  t = 1; }
                    if(j < m && b[i][j+1]+1<d)              //与左格比较
                        { d = 1+b[i][j+1];  c[i][j] = i*N+j+1;  t = 1; }
                    if(i > 1 && b[i-1][j]+1 < d)            //与上格比较
                        { d = 1+b[i-1][j];  c[i][j] =(i-1)*N+j;  t = 1;}
                    if(i < n && b[i+1][j]+1< d)             //与下格比较
                        { d = 1+b[i+1][j];  c[i][j] =(i+1)*N+j;  t = 1; }
                    b[i][j] = d;
                }
        }
        if(b[1][1] >= m*n)
            { printf("此迷宫不存在通道！\n");  return; }
        printf("最短通道格数为：%d\n", b[1][1]);              //输出最短通道格数
        printf("一条最短通道为：\n");                         //输出一条最短通道
        i = 1; j = 1;  f[1][1] = 1;
        while(i < n || j < m) {
            e = c[i][j];  i = e / N; j = e % N;
            f[i][j] = 1;
        }
        for(i = 1; i <= n; i++) {
            for(j = 1; j <= m; j++)
                if(f[i][j] == 1) printf("%5d", b[1][1]-b[i][j]+1);
                else printf("     ");
            printf("\n");
        }
}
```

算法的时间复杂度为 $O(n^3)$。

第 4 章　多维数组、字符串与广义表

4.1　多　维　数　组

4.1.1　一维数组

1. 一维数组的概念

（1）一维数组又称为向量，是存储于一个连续存储空间中的具有相同数据类型的数据元素的有限序列。一维数组的特殊性在于它既是逻辑结构，又是存储结构。

（2）作为逻辑结构，一维数组属于线性结构，但与线性表有别。线性表的元素可以按逻辑顺序存取，而一维数组只能直接存取。

（3）作为存储结构，一维数组可以作为其他数据结构的顺序存储表示。

（4）在一维数组中，每个数组元素可以看作是一个序对 <下标, 值>。一维数组的数组元素通过其下标，即元素的序号（从 0 开始），可以直接访问。

（5）一维数组仅提供两个操作：按照下标存入数组元素和按照下标读取数组元素。

2. 一维数组的结构定义

（1）静态数组的结构定义和使用示例如下。

```
#define maxSize 25
void main(void) {
    int A[maxSize];  int i;                          //定义静态数组 A
    for(i = 0; i <= maxSize-2; i++) A[i] = i+1;      //静态数组 A 赋值
    A[maxSize-1] = 0;
    for(i = 0; i < maxSize; i++) printf("%d", A[i]); //使用静态数组 A
}
```

静态数组必须在定义它时指定其大小和类型，在程序运行过程中其结构不能改变，在程序执行结束时自动销毁。

（2）动态数组的结构定义和使用示例如下。

```
#include<stdlib.h>
#include<stdio.h>
#define n 25
void main(void) {
    int *A, *T;  int i, n;                           //动态数组 A 结构定义
    A =(int *) malloc(n*sizeof(int));                //动态数组 A 存储分配
    if(!A) {printf("存储分配失败! \n");  exit(1);}    //若存储分配失败报错
    for(i = 0, T = A; i <= n-1; i++){*T = i+1;  T++;} //动态数组 A 赋值
    for(i = 0, T = A; i <= n-1; i++) { printf("%d", *T);  T++; }
                                                     //使用动态数组 A
    free(A);                                         //撤销动态数组 A
}
```

动态数组的存储空间是在程序运行过程中才分配的，在程序执行结束时不能自动释放所分配的空间，必须显式地使用释放命令来释放这些空间。

（3）一维数组元素地址的计算。

一维数组的每个数组元素的数据类型相同，占有存储空间数相等，每个数组元素的开始位置到相邻元素的开始位置的距离相等。只要知道一个数组元素在数组中是第几个（即下标），就可以直接存取这个数组元素。

若一个一维数组 A 的每个元素的数据类型为 DataType，则每个元素所占用存储空间数为 len = sizeof(DataType)；又若数组 A 的起始存储地址为 LOC(A[0])，则一维数组中任一元素的起始存储地址为

$$LOC(A[i]) = LOC(A[0]) + i \times len \quad (0 \leqslant i \leqslant n-1，n 是数组长度)$$

对于一个一维数组，不论是哪一个元素，其存取的时间复杂度都为 O(1)。

3. 一维数组相关的算法

4-1　设计一个递归算法，判断在一个整数数组 A[n] 中所有整数是否按升序排列的。

【解答】　例如，数组 A = {10, 20, 30} 就是按升序排列的，如果采用非递归算法可使用两个相邻指针一趟扫描数组，一旦出现紧前指针指向的数值小于紧随指针指向的数值，就可断定该数组的整数没有按升序排列。但是本题要求用递归算法，此时可首先递归判断后续序列 {20, 30} 是否按升序排列，若是则再用 10 与 {20, 30} 中的第一个整数 20 进行比较，若 10 < 20，说明整个数组 A 中所有整数都是按升序排列的。递归终止条件是当递归到后续序列为空或只剩一个整数时直接判定是按升序排列。算法的实现如下。

```
bool IsAscend(int A[], int i, int n) {
//算法调用方式bool is = IsAscend(A, i, n)。这是个递归算法。输入：整数数组A,
//数组中整数个数n，递归起始位置i，初始调用i = 0；输出：若数组中所有整数按升序排列,
// 函数返回true, 否则函数返回false
    if(i == n || i == n-1) return true;
    if(!IsAscend(A, i+1, n)) return false;
    if(A[i] <= A[i+1]) return true;
    else return false;
}
```

若数组中有 n 个整数，算法的时间复杂度和空间复杂度均为 O(n)。

4-2　若有一个整数序列 $\{e_1, e_2, \cdots, e_{n-1}, e_n\}$ 存放在一个一维数组 A[arraySize] 中的前 n 个数组元素位置。设计一个算法，将这个序列原地逆置，即将数组的前 n 个原址内容置换为 $\{e_n, e_{n-1}, \cdots, e_2, e_1\}$。

【解答】　采用非递归算法最简洁。算法的思路是首先把 e_1 和 e_n 交换，再把 e_2 与 e_{n-1} 交换，……，直到表的居中元素为止。如果表的长度 n 是偶数，表元素的序号从 1～n，则表的居中元素有两个，它们的序号分别是 $\lfloor n/2 \rfloor$ 和 $\lfloor n/2 \rfloor$ +1，交换之；如果表的长度 n 是奇数，则表的居中元素仅一个，它的序号是 $\lfloor n/2 \rfloor$，可以自己与自己交换。算法的实现如下。

```
void Reverse(int A[], int n) {
//算法调用方式Reverse(A, n)。输入：整数数组A, 数组中整数个数n;
```

```
//输出：数组中所有 n 个整数被逆置
    if(n == 0) { printf("空表不需交换！\n");  return; }
    int tmp;
    for(int i = 1; i <= n / 2; i++)
        { tmp = A[i-1];  A[i-1] = A[n-i];  A[n-i] = tmp; }
}
```

注意：序号为 i 的元素存储在数组下标为 i-1 的位置，对称元素存储在数组下标为 n-i 的位置。

若数组中有 n 个整数，算法的时间复杂度为 O(n)，空间复杂度为 O(1)。

若采用递归算法，可设待逆置的子数组为 A[left..right]，若 left＜right，说明数组中还有不止一个整数，先交换 A[left]与 A[right]的值，再递归地逆置 A[left+1..right-1]；若 left≥right，表明子数组中最多只有一个整数，不用交换，这是递归结束的情况。算法的实现如下。

```
void Reverse_recur(int A[], int left, int right) {
    if(left >= right) return;                      //递归到空或只有一个整数，不处理
    int tmp = A[left];  A[left] = A[right];        //交换 A[left]与 A[right]
    A[right] = tmp;
    Reverse_recur(A, left+1, right-1);             //递归逆置子数组
}
```

主程序调用算法的方式 Reverse_recur(A, 0, n-1)。若数组中有 n 个元素，算法的时间复杂度和空间复杂度均为 O(n)。

4-3 假定整数数组 A[n]中有多个零元素，设计一个算法，将 A 中所有的非零元素依次移到数组 A 的前端 A[i]（0≤i≤n-1）。

【解答】 数组中零元素可能零散地分布在非零元素之间，如果算法从头开始每次搜寻到零元素就前移后面的元素填补零元素位置，可能会导致算法时间效率低下，因此可在算法中设置一个辅助指针 avail，指向当前非零元素可前移的位置，初值为 0。当扫描指针 i 指向的是非零元素时，若 i≠avail，可把 A[i]的值前移到 A[avail]，A[i]清零，再让 avail++，继续 i 后续的扫描。这样每个非零元素若不在原位，最多只移动一次。算法的实现如下。

```
void compact(int A[], int n) {
//算法调用方式 compact(A, n)。输入：整数数组 A，数组中整数个数 n；
//输出：数组中所有非零整数前移
    int avail = 0;                              //非零元素前移后存放地址
    for(int i = 0; i < n; i++)                  //检测整个数组
        if(A[i] != 0) {                         //发现非零元素
            if(i != avail)                      //前移
                { A[avail++] = A[i];  A[i] = 0; }
        }
}
```

若数组中有 n 个整数，算法的时间复杂度为 O(n)，空间复杂度为 O(1)。

4-4 给定一个整数数组 A[n]，设计一个算法，在 A 中删除所有等于 x 的整数。要求算法的时间复杂度为 O(n)，空间复杂度为 O(1)。

【解答】 受题 4-3 启发，设置一个指针 avail 指向值不等于 x 的整数前移的位置，初值为 0。然后在数组中用指针 i 顺序扫描，若 A[i]≠x 且 i≠avail 则把 A[i] 的值前移到 A[avail] 内，然后让 avail++进到下一值不等于 x 的整数前移的位置。对于值等于 x 的不用理它，等后面的值不等于 x 的整数前移填补它的位置。算法的实现如下。

```
void DelAll_x(int A[], int&n, int x) {
//算法调用方式 DelAll_x(A, n, x)。输入：整数数组 A, 数组中元素个数 n, 给定删除
//值 x; 输出：在数组 A 中删除所有值等于 x 的整数，引用参数 n 返回删除后数组中的整数个数
    int avail = 0;
    for(int i = 0; i < n; i++)
        if(A[i] != x) {
            if(i != avail) A[avail] = A[i];
            avail++;
        }
    n = avail;
}
```

若数组中原来有 n 个整数，算法的时间复杂度为 O(n)，空间复杂度为 O(1)。

4-5　给定整数数组 A[n] 和 B[m]，设计一个算法，从 A 中删除所有在 B 中也存在的整数。

【解答】 算法需要针对每一个 A[i]，到 B 中查找是否有相等的整数，若没有，在 A 中保留 A[i]；若有，在 A 中要删除 A[i]。借鉴题 4-4 的思路，用指针 avail 处理 A[i] 值的删除，以提高删除的效率。算法的实现如下。

```
void DelAbyB(int A[], int&n, int B[], int m) {
//算法调用方式 DelAbyB(A, n, B, m)。输入：整数数组 A、B, A 中整数个数 n, B 中
//整数个数 m; 输出：在 A 中删除所有在 B 中也存在的整数，引用参数 n 返回 A 中删除后剩下的
//整数个数
    int i, j, avail = 0;  bool find;
    for(i = 0; i < n; i++) {
        find = false;
        for(j = 0; j < m; j++)
            if(B[j] == A[i]) {find = true;  break;}//在 B 中查找 A[i]
        if(! find) {                    //若 A[i] 不在 B 中存入 A[avail]
            if(i != avail) A[avail] = A[i];
            avail++;
        }
    }
    n = avail;
}
```

算法的时间复杂度为 O(n×m)，空间复杂度为 O(1)。

4-6　给定一个整数数组 A[n]，设计一个算法，在 A 中查找一个整数，它大于或等于左侧所有整数，小于或等于右侧所有整数。例如，若 A = {12, 39, 43, 15, 01, 31, 47, 54, 65}，整数 47 即为所求。

【解答】 依次让 i = 0, 1,···, n-1，计算 A[i]左侧子序列中（非空）的最大值 lmax 和右侧子序列（非空）最小值 rmin，若 A[i]满足 lmax≤A[i]≤rmin，则 A[i]即为所求，将其值返回即可。算法的实现如下。

```
int findMediacy(int A[], int n) {
//算法调用方式int i = findMediacy(A, n)。输入：整数数组 A，数组中整数个数 n；
//输出：函数返回两个子序列分界点 i，i 的左子序列所有整数的值都小于等于它，右子序列
//所有整数的值都大于等于它
    int j, lmax, rmin;
    for(int i = 0; i < n; i++) {                    //轮流以 i 为分界点判断
        lmax = A[0];                                //求 A[i]左侧最大值 lmax
        for(j = 1; j < i; j++)
            if(A[j] > lmax) lmax = A[j];
        rmin = A[i];                                //求 A[i]右侧最小值 min
        for(j = i+1; j < n; j++)
            if(A[j] < rmin) rmin = A[j];
        if(A[i] >= lmax && A[i] <= rmin) return A[i];
    }
    return -1;                                      //全部降序排列
}
```

若数组中有 n 个整数，算法的时间复杂度为 $O(n^2)$，空间复杂度为 $O(1)$。

4-7 给定一个整数的一维数组 A[n]，设计一个算法，调整 A 中的所有整数，使得所有小于零的整数移到数组左侧，所有大于零的整数移到数组右侧，所有等于零的整数留在中间。要求算法的时间复杂度为 $O(n)$，空间复杂度为 $O(1)$。

【解答】 算法设置两个指针 i 和 j，初始时，i 定位于数组左侧 0 号位置，j 定位于数组右侧 n-1 号位置。然后执行一个大循环直到 i 与 j 所指位置重叠为止。

- 循环：检查 A[i]是否小于 0，是则 i++，让所有负数留在数组左侧；不是则退出。
- 循环：检查 A[j]是否大于 0，是则 j--，让所有正数留在数组右侧；不是则退出。
- 若 A[i]与 A[j]有不为 0 者，交换 A[i]与 A[j]，让较大者移到右侧，较小者移到左侧。
- 若 A[i]与 A[j]都为 0，对位于 i 和 j 之间的整数进行调整，负数调整到左侧，正数调整到右侧。

算法的实现如下。

```
void Adjust(int A[], int n) {
//算法调用方式 Adjust(A, n)。输入：整数数组 A，数组中整数个数 n；输出：把数
//组 A 中小于零的整数移到左侧，大于零的整数移到右侧，等于零的整数移到中间
    int i = 0, j = n-1, k, tmp;
    while(i < j) {
        while(i < j && A[i] < 0) i++;               //正向检查，跳过负数
        while(i < j && A[j] > 0) j--;               //反向检查。跳过正数
        if(A[i] != 0 || A[j] != 0) {                //对调非零整数
            tmp = A[j];  A[j] = A[i];  A[i] = tmp;
            if(A[j] > 0) j--;
            if(A[i] < 0) i++;
```

```
        }
        else {                                    //调整两个 0 之间的整数
            k = i+1;
            while(A[k] == 0 && k < j) k++;
            if(k == j) return;
            if(A[k] > 0) {                         //大于零,交换到数组右侧
                tmp = A[k];  A[k] = A[j];  A[j] = tmp;
                j--;
            }
            else {                                 //小于零,交换到数组左侧
                tmp = A[k];  A[k] = A[i];  A[i] = tmp;
                i++;
            }
        }
    }
}
```

若数组中有 n 个整数，算法的时间复杂度为 $O(n)$，空间复杂度为 $O(1)$。

4-8　给定一个一维整数数组 A[n]，设计一个算法，调整 A 中的所有整数，使得所有的奇数移到所有的偶数前面。要求算法的时间复杂度为 $O(n)$，空间复杂度为 $O(1)$。

【解答】　算法设置两个指针 i 和 j，初始时，i 定位于数组左侧 0 号位置，j 定位于数组右侧 n–1 号位置。然后执行一个大循环直到 i 与 j 所指位置重叠为止。

- 循环：检查 A[i]是否奇数，是则 i++，让所有奇数留在数组左侧；不是则退出。
- 循环：检查 A[j]是否偶数，是则 j--，让所有偶数留在数组右侧；不是则退出。
- 交换 A[i]与 A[j]，把 i 所指偶数与 j 所指奇数对调。

算法的实现如下。

```
void FirstOddLastEven(int A[], int n) {
//算法调用方式 FirstOddLastEven(A, n)。输入：整数数组 A, 数组中整数个数 n;
//输出：把数组 A 中所有奇数移到偶数前面
    int i = 0, j = n-1, tmp;
    while(i < j) {
        while(i < j && A[i] % 2 == 1) i++;        //正向检查, 跳过奇数
        while(i < j && A[j] % 2 == 0) j--;        //反向检查。跳过偶数
        if(i < j) {                               //对调
            tmp = A[j];  A[j] = A[i];  A[i] = tmp;
            j--;  i++;
        }
    }
}
```

若数组中有 n 个整数，算法的时间复杂度为 $O(n)$，空间复杂度为 $O(1)$。

4-9　已知在一维数组 A[m+n] 中依次存放着两个表 $(a_1, a_2, \cdots, a_m)$ 和 $(b_1, b_2, \cdots, b_n)$。编写一个算法，将数组中两个表的位置互换，即将 $(b_1, b_2, \cdots, b_n)$ 放在 $(a_1, a_2, \cdots, a_m)$ 的前面。要求算法的时间复杂度为 $O(m+n)$，空间复杂度为 $O(1)$。

【解答】 算法先将 m+n 个元素 $(a_1, a_2, \cdots, a_m, b_1, b_2, \cdots, b_n)$ 原地逆置 $(b_n, b_{n-1}, \cdots, b_1, a_m, a_{m-1}, \cdots, a_1)$，再对前 n 个元素和后 m 个元素分别逆置，就可以得到 $(b_1, b_2, \cdots, b_n, a_1, a_2, \cdots, a_m)$，实现两个表的位置互换。算法的时间复杂度为 O(m+n)。算法的实现如下。

```
void Exchange(int A[], int m, int n) {
//算法调用方式 Exchange(A, int m, int n)。输入：整数数组 A，数组中整数个数 m+n；
//输出：前 m 个整数与后 n 个整数互换
    int i, tmp;
    for(i = 0; i <(m+n)/2; i++)                        //完成 A[0]~A[m+n-1]的逆置
        { tmp = A[i]; A[i] = A[m+n-1-i]; A[m+n-1-i] = tmp; }
    for(i = 0; i < n/2; i++)                           //完成 A[0]~A[n-1]的逆置
        { tmp = A[i]; A[i] = A[n-1-i]; A[n-1-i] = tmp; }
    }
    for(i = 0; i < m/2; i++)                           //完成 A[n]~A[m+n-1]的逆置
    { tmp = A[n+i]; A[n+i] = A[m+n-1-i]; A[m+n-1-i] = tmp; }
}
```

算法的时间复杂度为 O(m+n)，空间复杂度为 O(1)。

4-10 给定一个整数一维数组 A[n]，设计一个算法，将其中所有整数循环左移 p 个位置。

【解答】 常使用著名的海豚算法来解决此循环左移问题。此算法使用了三次数组元素逆置算法，第一次逆置数组中从 0~p-1 的前 p 个整数，第二次逆置数组中从 p~n-1 的后 n-p 个整数，第三次逆置数组中从 0~n-1 的所有整数，这样数组中所有整数完成了循环左移 p 位。算法的实现如下。

```
void Reverse(int A[], int left, int right) {
//算法调用方式 Reverse(A, left, right)。输入：整数数组 A，逆置元素区间左端 left
//和右端 right；输出：将指定区间 left 到 right 内所有整数逆置
    int tmp;
    while(left < right) {                              //指定区间多于 1 个整数
        tmp = A[left]; A[left] = A[right]; A[right] = tmp;    //交换
        left++; right--;                              //缩小区间
    }
}
void Left_Rotate(int A[], int n, int p) {
//算法调用方式 Left_Rotate(A, n, p)。输入：整数数组 A，数组元素个数 n，循环左
//移位数 p；输出：数组中所有整数循环左移 p 位
    if(p == 0 || p == n) return;
    Reverse(A, 0, p-1); Reverse(A, p, n-1);
    Reverse(A, 0, n-1);
}
```

上面的算法调用了三次 Reverse 函数，时间复杂度为 O(n)，空间复杂度为 O(1)。总元素移动次数 (p+(n-p)+n)×3 = 6n，如果还需要降低元素移动次数，可采用以下直接循环左移的方法。事实上，如果 n 与 p 互质，一次循环左移即可完成所有数据元素的移动；如果 n 与 p 不互质，一次循环左移只涉及间隔为 p 的部分数据元素，可先求 n 与 p 的公约数 d，

再做 m 遍循环左移，每次比上次右错一位，从而实现所有数据元素的循环左移。算法做了 d 遍循环，每个循环内部有 n/d+1 次元素移动，总的元素移动次数为 p×(n/p+1) = n+p 次元素移动，比海豚算法效率高。算法的实现如下。

```
void Left_Sifting(int a[], int n, int p) {
//算法调用方式 Left_Sifting(A, n, p)。输入：整数数组 A，数组元素个数 n，循环左
//移位数 p；输出：数组中所有整数循环左移 p 位
    int i, j, m = n, r = n % p, d = p;          //计算 n、p 公约数 d
    while(r != 0) { m = d;  d = r;  r = m % d; }
    for(m = 0; m < d; m++) {                     //循环 d 轮，每轮循环左移
        r = a[m];  i = m;  j = (i+p) % n;        //j 是与 i 间隔 p 的右侧位置
        while(j != m)                            //间隔为 p 循环左移
            { a[i] = a[j];  i = j;  j = (j+p) % n; }
        a[i] = r;                                //最早移出的元素回落
    }
}
```

4-11 设有一个整数序列为 $a_1, a_2, \cdots, a_n, a_{n+1}, b_1, b_2, \cdots, b_n, b_{n+1}$，n 满足$(3^k-1)/2$ 的要求，k 是整数，因此 n 可以等于 1, 4, 13, 40, …。设计一个算法，通过交换将这个序列改为 $a_1, b_1, a_2, b_2, \cdots, a_n, b_n, a_{n+1}, b_{n+1}$。要求算法的时间复杂度为 O(n)，空间复杂度为 O(1)。

【解答】 Peiyush Jain 已证明，对于长度为 $2n = 3^k-1$ 的数组，恰好可以通过 k 个环覆盖数组中的元素，各环的起始位置分别为 1, 3, 9, …, 3^k。图 4-1 所示的数组有 10 个元素，变成交错排列后，第一个元素 a_1 和最后一个元素 b_5 位置不变，所以在本题的交换算法中不考虑它们，剩下的恰为 $2n = 3^2-1 = 8$ 个元素，n = 4，可以通过 2 个环来重排它们。第一个环从 i = 1 开始，用 i = (2×i) % mod 到下一个位置，mod = 2×n+1 = 9，直到 i 回到 1 结束。i 经过的位置有 1, 2, 4, 8, 7, 5, 1；第二个环从 i = 3 开始，到 i 回到 3 结束，i 经过的位置有 3, 6, 3。图中 i 后面括号内的数字是 i 经过的位置顺序。

0	1	2	3	4	5	6	7	8	9
a_1	a_2	a_3	a_4	a_5	b_1	b_2	b_3	b_4	b_5
第一个环	i (1) (7) $a_2 \rightarrow w$ $w \rightarrow A[1]$	i (2) $w \leftrightarrow A[2]$ $w = a_3$		i (3) $w \leftrightarrow A[4]$ $w = a_5$	i (6) $w \leftrightarrow A[5]$ $w = b_1$		i (5) $w \leftrightarrow A[7]$ $w = b_3$	i (4) $w \leftrightarrow A[8]$ $w = b_4$	
	b_1	a_2		a_3	b_3		b_4	a_5	
第二个环			i (1) $a_4 \rightarrow w$ $w \rightarrow A[3]$			i (2) $w \leftrightarrow A[6]$ $w = b_2$			
			b_2			a_4			
a_1	b_1	a_2	b_2	a_3	b_3	a_4	b_4	a_5	b_5

图 4-1 题 4-11 的图

算法的实现如下。

```
void ArrangebyCycle(int A[], int n) {
//算法调用方式 ArrangebyCycle(A, n)。输入：一个整数数组 A，数组中除第一个和
//最后一个元素外，剩下元素的个数 2n，n 是满足(3^k-1)/2 的整数；输出：经过交换后得到
//的满足题意的交错序列
    int i, j, k, p, w, mod = 2*n+1, start, tmp;
```

```
for(p = 1, k = 0; p*3-1 <= 2*n; p = p*3, k++);        //计算环数 k
for(j = 0, start = 1; j < k; j++, start = start*3){   //执行 k 个环
    w = A[start];
    for(i = 2*start % mod; i != start; i = (2*i) % mod)
        { tmp = A[i];  A[i] = w;  w = tmp; }           //跨步交换
    A[start] = w;
}
}
```

若数组中元素总数 $2 \times n+2$，算法的时间复杂度为 O(n)，空间复杂度为 O(1)。

4-12 若有一个整数序列为 $a_1, a_2, \cdots, a_n, a_{n+1}, b_1, b_2, \cdots, b_n, b_{n+1}$，对于 n 不做要求，设计一个算法，通过交换将这个序列改为 $a_1, b_1, a_2, b_2, \cdots, a_n, b_n, a_{n+1}, b_{n+1}$。要求算法的时间复杂度为 O(n)，空间复杂度为 O(1)。

【解答】 算法需要借助前两题的设计思路。如果 n 不是满足值等于 $(3^k-1)/2$ 的整数，需要把它分成几段，使得每一段的 n 是满足值等于 $(3^k-1)/2$ 的整数，这样就可以借助题 4-11 的算法（需要略作修改）分别改成交错序列。分段的方法可参考图 4-2 所示例子。

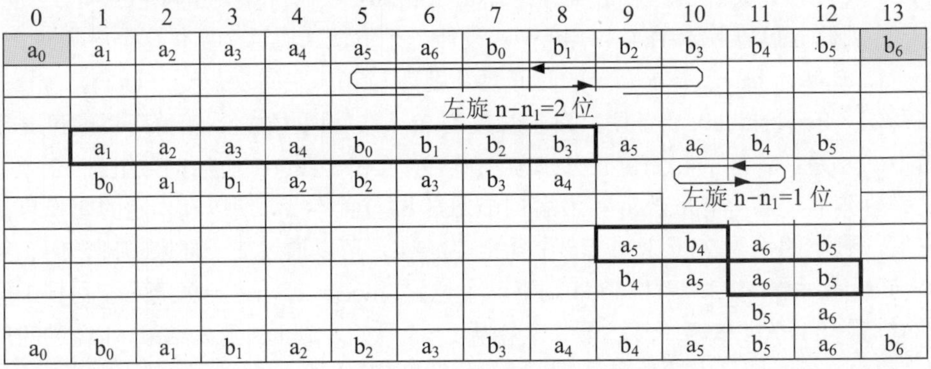

0	1	2	3	4	5	6	7	8	9	10	11	12	13
a_0	a_1	a_2	a_3	a_4	a_5	a_6	b_0	b_1	b_2	b_3	b_4	b_5	b_6
						左旋 $n-n_1=2$ 位							
	a_1	a_2	a_3	a_4	b_0	b_1	b_2	b_3	a_5	a_6	b_4	b_5	
	b_0	a_1	b_1	a_2	b_2	a_3	b_3	a_4			左旋 $n-n_1=1$ 位		
									a_5	b_4	a_6	b_5	
									b_4	a_5	a_6	b_5	
											b_5	a_6	
a_0	b_0	a_1	b_1	a_2	b_2	a_3	b_3	a_4	b_4	a_5	b_5	a_6	b_6

图 4-2 题 4-12 的图

数组中共有 $2n+2 = 14$ 个元素，除第一个和最后一个元素在处理过程中不用移动外，剩下 12 个元素，n = 6，不是满足 $(3^k-1)/2$ 的整数。满足 $(3^k-1)/2$ 的又不大于 n 的整数是 $n_1= (3^2-1)/2 = 4$，所以第一段长度 $n_1 = 4$，包含元素 A[1..4]，把其后的 n 个元素 A[5..10]的所有元素循环左移 $n-n_1 = 2$ 位，对前 $2 \times n_1$ 个元素 A[1..8]用题 4-11 的方法改造为交错序列。现在 n 减少了 n_1 个元素，n = 2，满足 $(3^k-1)/2$ 的又不大于 n 的整数是 $n_2 = (3^1-1)/2 = 1$，所以第二段长度 $n_2 = 1$，包含元素 A[9]，把其后的 n 个元素 A[10..11]的所有元素循环左移 $n-n_2 = 1$ 位，对 $2 \times n_2$ 个元素 A[9..10] 用题 4-11 的方法改造为交错序列。现在 n 又减少了 n_2 个元素，即 n = 1，它满足 $(3^k-1)/2$ 的整数，$n_3 = 1$，对 $2 \times n_3$ 个元素 A[11..12] 用题 4-11 的方法改造为交错序列。算法结束。

算法的实现如下。

```
void Reverse(int A[], int left, int right) {
//逆置区间 A[left..right]中的所有元素
    int tmp;
    while(left < right) {
        tmp = A[left];  A[left] = A[right];  A[right] = tmp;
```

```
                left++;  right--;
        }
}
void LeftRotate(int A[], int left, int right, int m) {
//将区间 A[left..right]中的所有元素循环左移 m 位
        if(m == 0 || m ==(right-left+1) || left >= right) return;
        Reverse(A, left, left+m-1);  Reverse(A, left+m, right);
        Reverse(A, left, right);
}
void ArrangebyCycle(int A[], int left, int right) {
//循环交换区间 A[left..right]的所有元素，使之成为交错序列。(right-left+1)/2 是等于
//(3k-1)/2 的数
        int i, j, d, k, n, p, w, mod, start, tmp;
        n =(right-left+1)/2;  mod = 2*n+1;  d = left-1;
        for(p = 1, k = 0; p*3-1 <= 2*n; p = p*3, k++);        //计算环数 k
        for(j = 0, start = 1; j < k; j++, start = start*3){    //执行 k 个环
                w = A[start+d];
                for(i = 2*start % mod; i != start; i =(2*i) % mod)
                        { tmp = A[i+d];  A[i+d ] = w;  w = tmp; }    //跨步交换
                A[start+d] = w;
        }
}
void PerfectShuffle(int A[], int n) {
//算法调用方式 PerfectShuffle(A, n)。输入：一个整数数组 A，数组中除第一个和
//最后一个元素外，剩下元素的个数 2n；输出：满足题意的交错序列
        int m, k, start = 1;
        while(n >= 1) {
                for(k = 3; k-1 <= 2*n; k = k*3);
                m =(k/3-1)/2;                               //求段长 m
                if(m < n)                                   //m = n, 不循环移位
                        LeftRotate(A, start+m, start+m+n-1, n-m);
                ArrangebyCycle(A, start, start+2*m-1);      //改段内为交错序列
                n = n-m;  start = start+2*m;
        }
}
```

若数组中元素总数 $2 \times n+2$，算法的时间复杂度为 $O(n)$，空间复杂度为 $O(1)$。

4-13 若有一个整数序列 $a_1, a_2, \cdots, a_n$，存放于一个整数数组 A[n]中。设计一个算法，将序列中所有比整数值 x_1 小的元素都集中到数组的前面，并将所有比整数值 x_2（$x_2 > x_1$）大的元素都集中到数组的后面，介于 x_1 与 x_2 之间的元素放在数组的中间。例如，对于一个整数序列{6, 4, 10, 7, 9, 2, 20, 1, 3, 30}，当 $x_1 = 5$，$x_2 = 8$ 时，一种结果为{[3, 4, 1, 2], 6, 7, [20, 10, 9, 30]}。如果 $x_1 > x_2$，算法返回 false；否则算法返回 true。要求算法的时间复杂度为 $O(n)$，空间复杂度为 $O(1)$。

【解答】 算法的思路是：首先通过一趟划分，把所有小于或等于 x_1 的元素前移到数组的前部，然后再通过一趟划分（此时 i 不退回），把所有大于或等于 x_2 的元素后移到数组的

后部。这样介于 x_1 和 x_2 之间的整数放在中间了。算法的实现如下。

```
bool Rearrangement(int A[], int n, int x1, int x2) {
//算法调用方式bool succ = Rearrangement(A, n, x1, x2)。输入：一个整数数组 A,
//数组中整数个数 n, 两个给定整数x1 和 x2; 输出：参数不合理时函数返回false; 否
//则数组 A 元素移动成功, 函数返回 true
    int i = 0, j = n-1;  int temp;
    if(x1 > x2) return false;
    while(i < j) {
        while(i < j && A[i] <= x1) i++;
        while(i < j && A[j] > x1) j--;
        if(i < j) {
            temp = A[i];  A[i] = A[j];  A[j] = temp;
            i++;  j--;
        }
    }
    j = n-1;
    while(i < j) {
        while(i < j && A[i] < x2) i++;
        while(i < j && A[j] >= x2) j--;
        if(i < j) {
            temp = A[i];  A[i] = A[j];  A[j] = temp;
            i++;  j--;
        }
    }
    return true;
}
```

若数组中有 n 个整数，算法的时间复杂度为 O(n)，空间复杂度为 O(1)。

4-14　若有两个整数序列 $A = a_1, a_2, a_3, \cdots, a_m$ 和 $B = b_1, b_2, b_3, \cdots, b_n$，分别存入两个数组 A[m]和 B[n]中，编写一个算法，判断序列 B 是否是序列 A 的子序列。

【解答】　本题是一个模式匹配问题，这里匹配的元素是整数。因为两个整数序列已存入两个数组中，操作从两数组的第一个元素开始，若对应数据相等，则同时后移扫描指针；若对应数据不等，则 A 从上次开始比较元素的后继开始，B 仍从第一个元素开始比较，直到 B 检测完表示匹配成功。如果 A 检测完而 B 未检测完表示匹配失败。算法的实现如下。

```
bool Pattern(int A[], int B[], int m, int n, int& i) {
//算法调用方式bool succ = Pattern(A, B, m, n, i)。输入：两个整数数组 A 和 B,
//数组中整数个数分别为 m 和 n; 输出：若函数返回 true, 序列 B 是 A 的子序列, 引用参
//数 i 返回在数组 A 中匹配位置（从 0 开始）, 函数返回 false, 匹配失败
    int j = 0;  i = 0;                    //i 指向 A 第一个元素, j 指向 B 第一个元素
    while(i < m && j < n)
        if(A[i] == B[j]) { i++;  j++; }
        else { i++;  j = 0; }
    if(j == n) { i = i-n;  return true; }
    else return false;
}
```

若 m≥n，算法的时间复杂度达 O(n(m-n+1))；若 m < n，算法时间复杂度为 O(m)。

4-15 若有一个整数数组 A[n]，设计一个算法，从 A[i]（i = 0, 1,…, n−1）创建一个带有头结点的循环链表。要求链表中所有的整数按从小到大的顺序排列且重复的数据在链表中只保存一个。算法返回指向链表表头结点的指针。

【解答】 算法顺序取出数组 A[n]中的整数，然后在链表中查找其值等于 A[i]的结点，如果查找失败则插入。循环链表结点的结构为{data, *link} CircNode。算法的实现如下。

```
#include<CircList.h>
CircNode *CreateSortedLink(int A[], int n) {
//算法调用方式 CircNode *head = CreateSortedLink(A[], n)。输入：整数数组 A,
//数组中整数个数 n；输出：函数返回创建的有序循环链表的表头指针
    CircNode *first, *pre, *p, *q;
    InitCircList(first);                              //创建循环链表头结点
    for(int i = 0; i < n; i++) {                      //顺序读取 A 中整数
        pre = first; p = first->link;
        while(p != first && p->data < A[i]) {        //查找插入位置
            pre = p;  p = p->link;
        }
        if(p == first || p->data > A[i]) {
            q = (CircNode*) malloc(sizeof(CircNode));
            q->data = A[i];  pre->link = q;  q->link = p;
        }
    }
    return first;
}
```

若数组中有 n 个元素，算法的时间复杂度为 O(n)，空间复杂度为 O(1)。

4-16 若一个整数一维数组 A 的长度为 2N，前 N 个元素 A[0]～A[N−1]递减有序，后 N 个元素 A[N]～A[2N−1]递增有序，且 2N 是 2 的整数次幂，即 k = $\log_2(2N)$ 为整数。例如，A[8] = {70, 60, 30, 10, 20, 40, 50, 80}就是 N = 4, k = 3 的满足要求的数组，前 4 个元素递减有序，后 4 个元素递增有序。现用此例调用下面的 demo 函数，要求：

（1）给出 for 循环内每次执行 PerfectShuffle(A, N)和 CompareExchange(A, N)的结果。

（2）解释 demo 函数的功能。

（3）给出 demo 函数的时间复杂度。

```
#define maxSize 20
void PerfectShuffle(int A[], int n) {
    int i, j;  int B[maxSize];
    for(i = 0, j = 0; i < n; i = i+1, j = j+2)
        { B[j] = A[i];  B[j+1] = A[i+n]; }
    for(i = 0; i < 2*n; i++) A[i] = B[i];
}
void CompareExchange(int A[], int n) {
    int j;  int temp;
    for(j = 0; j < 2*n-1; j = j+2)
```

```
        if(A[j] > A[j+1])
            { temp = A[j]; A[j] = A[j+1]; A[j+1] = temp; }
    }
void demo(int A[], int n) {
    int j = 2*n, k = 0;
    while(j > 1) { j = j /2;  k = k+1; }          //计算 k = log₂(2n)
    for(j = 1; j <= k; j++)
        { PerfectShuffle(A, n); CompareExchange(A, n); }
    }
```

【解答】 （1）每次执行 demo 中 for 循环的结果如表 4-1 所示。

表 4-1　执行 demo 中 for 循环的结果

次　数	PerfecShuffle(A, 8)	CompareExchange(A, 8)
1	{ 70, 20, 60, 40, 30, 50, 10, 80 }	{ 20, 70, 40, 60, 30, 50, 10, 80 }
2	{ 20, 30, 70, 50, 40, 10, 60, 80 }	{ 20, 30, 50, 70, 10, 40, 60, 80 }
3	{ 20, 10, 30, 40, 50, 60, 70, 80 }	{ 10, 20, 30, 40, 50, 60, 70, 80 }

（2）demo 的功能是把数组 A 中的所有元素按递增顺序排序。

（3）demo 中 for 循环次数 $\log_2(2N)$，每次循环调用 PerfectShuffle 和 CompareExchange 函数各一次。PerfectShuffle 做了二次 for 循环，都执行了 2N 次赋值；CompareExchange 的第一个循环求 $\log_2(2N)$ 做了 $2 \times \log_2(2N)$ 次赋值；第二个循环在逆序（递减）情况下交换，最好情况下一次都不交换，最差情况下 N 次交换。

若按赋值次数计算 demo 的时间复杂度，则最好情况是 $O((4N+2\log_2(2N))\log_2(2N)) \approx O(N\log_2(2N))$；最差情况是 $O((4N+2\log_2(2N)+3N)\log_2(2N)) \approx O(N\log_2(2N))$。

4-17　一个整数数组 A 的长度为 n，将其分为 m 份，使各份的和相等，设计一个算法求 m 的最大值。例如，{3, 2, 4, 3, 6} 在 m = 1 时可以分成 {3, 2, 4, 3, 6}；在 m = 2 时可以分成 {3, 6}, {2, 4, 3}；在 m = 3 时可以分成 {3, 3}, {2, 4}, {6}；所以 m 的最大值为 3。

【解答】 首先检查数组 A 所有整数是否都相等，是则 m = n；不是则累加数组所有整数到 total，从 m = 1, 2, …，进行检查，若 m（≤n）不能整除 total，则 m 剔除；否则计算 d = total / m，用一个标志数组存储哪些整数相加结果等于 d，可以反复做，如果所有整数都能标志，则可以将数组分为整数之和相等的 m 个子集合，再检查更大的 m。

在算法中设置一个栈 S，当 m 可以整除 total 时，将 S 置空，求和单元 sum = 0，让 i = 0, 1, …，进行检查：将 A[i] 累加到 sum，i 进栈；若 sum > d 退栈到 i，或 i 向前走不了时退栈到 i，i 继续向前检查。若 sum 等于 d 则求得一个满足要求的整数集合，做好封锁标志，再将 S 置空，求和单元 sum = 0，让 i = 0, 1, …，查找下一个满足要求的整数集合。算法的实现如下。

```
#define stackSize 10
int partition(int A[], int n) {
//算法调用方式 int m = partition(A, n)。输入：整数数组 A, 数组中整数个数 n; 输
//出：算法在 A[n] 中求一个最大的 count, 使得 A 中所有整数可以分为 count 个子集
//合, 每个子集合中整数相加的结果相等。函数返回求得的 count
    int i, count = 0, d, m, sum, total = 0;
```

```
int S[stackSize];  int top;                    //top 是栈 S 的栈顶指针
int T[maxSize], visit[maxSize];                //visit 是已选标记数组
for(i = 0; i < n; i++) total = total + A[i];   //A 所有整数累加和
for(i = 0; i < n-1; i++)                        //判断 A 中整数相等否
    if(A[i] != A[i+1]) break;
if(i == n-1) return n;                          //所有整数相等，返回 n
for(m = 1; m < n; m++)                          //对 m 顺序进行试探
    if(total % m == 0) {                        //m 不能整除 total 则排除
        d = total / m;                          //d 是等值门槛
        count = 0;                              //count 对求得子集合计数
        for(i = 0; i < n; i++) T[i] = A[i];     //复制 A 到工作数组 T
        for(i = 0; i < n; i++) visit[i] = 0;
        while(count < m) {
            sum = 0;  i = 0;  top = -1;
            while(sum != d) {                   //求满足 sum = d 的子集合
                if(visit[i] == 0) {             //未选过的整数
                    sum = sum + T[i];           //累加
                    S[++top] = i;               //i 进栈，累加了 T[i]
                    visit[i] = 1;
                    if(sum > d || sum < d && i == n-1) {
                        i = S[top--];           //i 退栈，退选 T[i]
                        visit[i] = 0;
                        sum = sum-T[i];  i++;   //继续检查下一个整数
                        if(i == n) {            //i 超出再退栈
                            i = S[top--];  sum = sum-T[i];
                            visit[i] = 0;  i++;
                        }
                    }
                    else i++;
                }
                else i++;
            }
            printf("子集合%d是: (", ++count);
            for(i = 0; i <= top; i++) printf("%d ", T[S[i]]);
            printf(")\n");                      //输出已求得子集合
        }
    }
return count;
}
```

若数组中有 n 个整数，算法的时间复杂度为 $O(n^3)$，空间复杂度为 $O(n)$。

4-18　在整数数组 A[n]中存放有 n 个值不同的元素，编写一个算法，将 A 中所有数值在 1～n 的整数从小到大排序后，从 0 号位置起连续存入数组 B[n]中，函数返回这些整数的个数。要求算法的时间复杂度为 $O(n)$。

【解答】　因为这 n 个整数取值各不相等，可将值为 k（$1 \leqslant k \leqslant n$）的整数直接存放在 B[k-1]，然后再压缩到前 m 个位置。算法的实现如下。

```
int reArrange(int A[], int B[], int n) {
//算法调用方式 int m = partition(A, n)。输入：整数数组A，数组中整数个数n；
//输出：在数组B中得到A中所有1~n的整数的有序排列
    int i, avail = 0;
    for(i = 0; i < n; i++) B[i] = 0;                    //B[]初始化
    for(i = 0; i < n; i++)                              //按A[i]的值存于B[]
        if(A[i] >= 1 && A[i] <= n) B[A[i]] = A[i];
    for(i = 0; i < n; i++)                              //将整数压缩到B[0..*]
        if(B[i] != 0)
            if(i != avail) { B[avail++] = B[i];  B[i] = 0; }
    return avail;                                       //返回整数个数
}
```

若 A 数组中有 n 个元素，算法的时间复杂度为 O(n)，空间复杂度为 O(1)。

4-19 若一个整数数组由 1001 个整数组成，这些整数是任意排列的，但所有整数的值都在 1~1000（包括 1000）。此外，除一个整数出现 2 次外，其他所有整数只出现一次。设计一个算法，对数组一趟扫描过去找出重复的那个整数。

【解答】 根据题意，这 1001 个整数有一个整数出现 2 次，其他 999 个整数互不相同。为扫描一趟就能找到重复的整数，可以采取以空间换时间的办法，除原数组 A[1001] 外，设置一个可容纳 1000 个整数的辅助数组 B[1000]，初始全部置 0。然后对原数组 A 从头开始一趟扫描过去 i = 0, 1,···, 1000，计算 k = A[i]，若 B[k-1] == 0 则置 B[k-1] = 1，否则有 B[k-1] == 1，表明 A[i] 已经在前面出现过，返回 A[i] 的值就可以了。算法的实现如下。

```
#define n 1001
int CheckInt(int A[]) {
//算法调用方式 int m = CheckInt(A)。输入：一个整数数组A，数组中整数个数n；
//输出：函数返回值重复的整数
    bool B[n-1];  int i, k;
    for(i = 0; i < n-1; i++) B[i] = false;
    for(i = 0; i < n; i++) {
        k = A[i];
        if(!B[k-1]) B[k-1] = true;
        else return k;
    }
}
```

设 n = 1001，此算法的时间复杂度和空间复杂度均为 O(n)。

4-20 给定一个整数数组 A[n]，称 A 中连续相等整数构成的子序列为平台。请编写一个算法，求出并返回 A 中最长平台的长度和起始地址。例如，一个整数数组为 A[32] = 0, 0, 1, 1, 2, 0, 0, 0, 0, 1, 6, 3, 8, 9, 9, 9, 4, 5, 5, 5, 5, 5, 5, 5, 0, 6, 4, 1, 6, 4, 0, 0，数组中元素序号从 0 开始，则最长平台的长度为 7，起始地址为 17（有相等长度的平台仅取最先找到的）。

【解答】 算法从 A[0] 开始，反复检查一系列平台的长度，如果发现有比以前存储的平台长度还要长的平台，则存储它，这样一直到数组检查完为止。算法的实现如下。

```
void maxLenPlat(int A[], int n, int& start, int& len) {
```

```
//算法调用方式 maxLenPlat(A, n, start, len)。输入：一个整数数组 A，数组中整数
//个数 n；输出：引用参数 start 返回最大长度平台的起始位置（从 0 开始计），len 返回
//平台长度
    int i = 0, k, t = 0;
    start = len = 0;
    while(i < n) {
        k = 1;  i++;
        while(i < n && A[i-1] == A[i]) { k++;  i++; }
        if(k > len) { len = k;  start = t; }
        t = i;
    }
}
```

若数组中整数个数为 n，算法的时间复杂度为 O(n)，空间复杂度为 O(1)。

4-21　已知有两个整数数组 A[m] 和 B[n]，A[m] 存储了 m 个递增有序的整数，B[n] 存储了 n 个递减有序的整数。设计一个算法，在 O(m+n) 的时间内将 A[m] 和 B[n] 合并到 C[m+n] 中，使得它们全部按递增有序的顺序排列。

【解答】　合并时对于 A 数组正向遍历，对于 B 数组反向遍历即可。合并的过程是：设置两个指针 i 和 j，分别指向当前两个数组参与比较的整数。当 i 和 j 都没有检查完，比较 A[i] 和 B[j]，将较小者复制到 C 中，其指针进 1；当 i 或 j 有一个已检查完，将剩下的数组元素复制到 C 中。算法的实现如下。

```
void Merge(int A[], int B[], int C[], int m, int n) {
//算法调用方式 Merge(A, B, C, m, n)。输入：两个整数数组 A 和 B，数组中的整数个
//数分别为 m 和 n，其中 A 中的整数递增有序，B 中的整数递减有序；输出：合并 A 和 B，结果
//存放到数组 C，在 C 中递增有序，C 数组中的整数个数为 m+n
    int i = 0, j = n-1, k = 0;
    while(i < m && j >= 0)
        if(A[i] <= B[j]) C[k++] = A[i++];
        else C[k++] = B[j--];
    while(i < m) C[k++] = A[i++];
    while(j >= 0) C[k++] = B[j--];
}
```

算法的时间复杂度为 O(m+n)，空间复杂度为 O(1)。

4-22　若有一个长度为 N 的整数数组 A[N]，给定一个整数 X，设计一个算法，找出该数组中所有两两之和等于 X 的整数对，要求算法的时间复杂度不超过 O(nlog₂n)。

【解答】　算法的思路是首先采用一个时间复杂度不超过 $O(n\log_2 n)$ 的排序算法，把数组 A 中所有元素从小到大排列起来；然后分别从数组的低端（i = 0）和高端（j = N-1）开始检查。若 A[i]+A[j] < X，让 i++；若 A[i]+A[j] > X，让 j--；若 A[i]+A[j] = X，输出 A[i] 和 A[j]，再让 i++ 和 j--，继续检查，直到 i>j 为止。算法的实现如下。

```
void check_X(int A[], int N, int X) {
//算法调用方式 check_X(A, N, X)。输入：整数数组 A，数组中整数个数 N，指定一
//个整数 X；输出：算法找出所有两两之和等于 X 的整数对
```

```
    int i = 0, j = N-1;
    QuickSort(A, i, j);                      //快速排序的时间复杂度是 O(nlog₂n)
    while(i <= j) {
        if(A[i]+A[j] < X) i++;
        else if(A[i]+A[j] > X) j--;
        else { printf("(%d, %d)\n", A[i], A[j]);  i++; j--; }
    }
}
```

若数组整数个数为 N，算法的时间复杂度为 $O(Nlog_2N)$，空间复杂度为 $O(log_2N)$。

快速排序的实现参看第 8 章题 8-20 和题 8-21。

4-23　若一个整数数组 A[n]中除了 2 个整数只出现 1 次外，其他整数都出现了 2 次。设计一个算法，找出这 2 个只出现 1 次的整数。要求时间复杂度为 O(n)。

【解答】　根据题目可知，n 个整数中 2 个整数只出现 1 次，其他 n-2 个整数都出现了 2 次。设置一个辅助数组 B[n/2+1]，当某个整数第一次出现时插入 B，第二次出现时从 B 中删去，当所有整数都检查完之后，B 中仅剩 2 个整数，存放的就是那 2 个出现 1 次的整数。算法的实现如下。

```
void findInt(int A[], int n, int& a, int& b) {
//算法调用方式 findInt(A, n, a, b)。输入：整数数组 A，数组中整数个数 n；
//输出：引用参数 a 和 b 返回只出现 1 次的整数
    int *B =(int*) malloc((n/2+1)*sizeof(int));
    int i, j, k, m = 0;
    for(i = 0; i < n; i++) {                  //检查 A 中所有整数
        for(j = 0; j < m; j++)                //在 B 中查找 A[i]
            if(A[i] == B[j]) {                //A[i]在 B 中查到，在 B 中删除
                for(k = j; k < m-1; k++) B[k] = B[k+1];
                m--;  break;
            }
        if(j == m) B[m++] = A[i];             //A[i]在 B 中未查到，加入 B
    }
    a = B[0];  b = B[1];  free(B);
}
```

若数组中整数个数为 n，算法的时间复杂度和空间复杂度均为 O(n)。

4-24　已知一个整数数组 A = $(a_0, a_1, \cdots, a_{n-1})$，其中 $0 \leqslant a_i < n$（$0 \leqslant i < n$）。若存在一个整数 x，它的出现次数超过数组总元素个数的一半，则称 x 为 A 的主元素。例如 A = {0, 5, 5, 3, 5, 7, 5, 5}，则 5 为主元素；又如 A = {0, 5, 5, 3, 5, 1, 5, 7}，A 中没有主元素。设计一个尽可能高效的算法，找出 A 的主元素。若存在主元素，则输出该元素；否则输出-1。

【解答】　算法的设计思路是从前向后扫描数组 A 的所有元素，标记出一个可能成为主元素的元素 c；然后重新计数，确认 c 是否是主元素。算法可分为以下两步：

（1）选取候选的主元素：如果数组中存在主元素，它的出现次数必定过半，也就是说，必然有它连续出现的情况。现在使用一个计数单元 count 对元素出现进行计数。

（a）假设 A[0]是主元素，将它保存在 c 中，让 count = 1，表示它出现一次。

（b）从 A[1]开始，依次检查数组 A 中的元素 A[i]（i = 1, 2,…, n-1）：

◇ 如果下一个整数 A[i]=c，则 count 加 1，转向（b）；

◇ 如果下一个整数 A[i]≠c，且 count>0，则 count 减 1，转向（b）；

◇ 如果下一个整数 A[i]≠c，且 count=0，表明 c 中保存的元素不是主元素，因为有连续不等于它的元素存在。此时让 c=A[i]，count = 1 重新计数，转向（b）。

注意：如果数组 A 中有主元素，由于主元素的连续出现，一趟检查之后 count 不会减到 0，c 中一定保存的是主元素；如果数组 A 中没有主元素，一趟检查之后，count 可能为 0，也可能不为 0，c 中可能是数组中最后出现的几个元素中的一个。

（2）判断 c 中元素是否是真正的主元素：再次扫描数组 A，统计 c 中元素出现的次数，若大于 n / 2，则为主元素；否则，数组 A 中不存在主元素。

算法的实现如下。

```
int Majority(int A[], int n) {
//算法调用方式int m = Majority(A, n)。输入：整数数组 A，数组中整数个数为n;
//输出：函数返回求得的主元素
    int i, c, count = 1;                    //c用来保存候选主元素，count用来计数
    c = A[0];                               //设置A[0]为候选主元素
    for(i = 1; i < n; i++)                  //查找候选主元素
        if(A[i] == c) count++ ;             //对A中的候选主元素计数
        else if(count > 0)  count--;        //处理不是候选主元素的情况
        else { c = A[i];  count = 1; }      //更换候选主元素，重新计数
    if(count > 0) {
        for(i = count = 0; i < n; i++)      //统计候选主元素的实际出现次数
            if(A[i] == c) count++;
    }
    if(count > n / 2) return c;             //确认候选主元素
    else return -1;                         //不存在主元素
}
```

若数组中整数个数为 n，算法的时间复杂度为 O(n)，空间复杂度为 O(1)。

4-25　输入一个正整数数组，将数组中各整数连接起来排成一个大整数，输出能排成的所有整数中最小的一个。例如，输入数组{32, 321}，连接的可能结果有两个：32321 和 32132，最小整数为 32132。设计一个算法，解决上述问题。

【解答】　用 int 定义的十进制正整数的位数不超过 5 位，如 32767。算法首先逆转每一个整数，按照逆转后其个位数字取值，分布到 0~9 共 10 个箱子中，第 i（0≤i≤9）个箱子存放所有个位数为 i 的整数。因为各个箱子中整数个数不定，采用链表组织。然后从 0 开始逐一取出（逆转后的）整数，从个位开始比较，若都相同，再比较前一位，直到有不等的情况出现。此时若当前位的数字小于原打头数字，先链入结果链，若当前位数字大于或等于原打头数字，后链入结果链。若所有箱子的整数都处理完，算法结束。算法的实现如下。

```
#include<LinkList.h>
int inverse(int x) {                        //反转，如 32->23
    int d = 0, r;
```

```
        while(x != 0) { r = x % 10;  x = x / 10;  d = d*10+r; }
        return d;
}
void SelectMin(int A[], int n, LinkNode *& L) {
//算法调用方式 SelectMin(A, n, L)。输入：整数数组 A，数组中整数个数 n；输出：
//重组数组中所有整数，用单链表 L 返回最小的大整数。要求结果链在调用本算法前
//已经创建并置空
        LinkNode *p, *pr, *rear = L;
        int ad, i, j, k, num, u, v, w, x, r;
        LinkList S[10];                                //为整数每一位设置一个链式栈
        for(i = 0; i < 10; i++) S[i] = NULL;
        int B[maxSize], C[maxSize], d[maxSize];
        for(i = 0; i < n; i++) {                       //逆转 A 的每一个整数
            if(!A[i]) B[i] = A[i];                     //A[i]=0，特别处理
            else B[i] = inverse(A[i]);                 //A[i]不为 0，反转到 B[i]
        }
        for(i = 0; i < n; i++) {                       //将 B[i]分布到 10 个箱中
            p =(LinkNode*) malloc(sizeof(LinkNode));
            p->data = i; k = B[i] % 10;                //存储整数下标
            p->link = S[k];  S[k] = p;                 //按个位取值 k 链入第 k 个链
        }
        for(i = 0; i < 10; i++) {                      //第 i 个链都是个位数为 i 的整数
            for(p = S[i], num = 0; p != NULL; p = p->link) num++;
            if(num == 1) {                             //个位数为 i 的数字只有一个
                rear->link = S[i];  rear = rear->link;
                rear->data = A[S[i]->data];
            }
            else {                                     //个位数为 i 的数字不止一个
                for(p = S[i], j = 0; p != NULL; p = p->link, j++)
                    {d[j] = p->data;  C[j] = B[d[j]];}//取个位数为 i 的所有数字
                x = 0;
                while(1) {
                    r = C[0] % 10;                     //判断 C[k]个位数是否相等
                    for(k = 1; k < num; k++)
                        if((C[k] % 10) != r) break;
                    if(k == num){                      //C[k]中的个位数都相等
                        x = x*10+C[0] % 10;
                        for(u = 0; u < num; u++) C[u] = C[u] / 10;
                    }
                    else break;                        //C[k]中的个位数不等，退出循环
                }
                for(u = 1; u < num; u++) {             //对 C 中所有整数排序
                    w = C[u];  ad = d[u];  v = u-1;
                    while(v >= 0 && C[v] % 10 > w % 10)
                        { C[v+1] = C[v];  d[v+1] = d[v];  v--; }
                    C[v+1] = w;  d[v+1] = ad;
                }
```

```
        for(u = 0; u < num; u++)                //个位数相等的整数链入结果链
            if(C[u] != 0 && inverse(C[u]) < x) {
                p = S[i]; pr = NULL;        //在第 i 个链摘下结点
                while(p != NULL && p->data != d[u])
                    { pr = p; p = p->link; };
                if(pr != NULL) pr->link = p->link;
                else S[i] = p->link;
                rear->link = p; rear = rear->link;
                rear->data = A[d[u]];        //链入结果链
            }
        for(u = 0; u < num; u++)
            if(C[u] == 0 || inverse(C[u]) >= x) {
                p = S[i]; pr = NULL;
                while(p != NULL && p->data != d[u])
                    { pr = p; p = p->link; };
                if(pr != NULL) pr->link = p->link;
                else S[i] = p->link;
                rear->link = p; rear = rear->link;
                rear->data = A[d[u]];
            }
        }
    }
    rear->link = NULL;                        //链表收尾
}
```

若数组中有 n 个整数，各整数最多有 d 位，算法的时间复杂度为 $O(d×n)$，空间复杂度为 $O(n)$。

4-26　定义子数组由原数组中若干个连续的数组元素构成。设数组 A[n] 中所有整数都大于零且无序排列。设计一个算法，在 A 的所有子数组中求累加和与给定值 x 相等的最长子数组，返回它的元素个数。例如，A = {1, 2, 1, 1, 1}，x = 3 时，累加和为 3 的最长子数组为 {1, 1, 1}，函数返回的结果为 3。

【解答】　为查找累加和等于 x 的最长子数组，设置检测区间的边界 left 和 right。最初，left 和 right 都初始化为 0，然后让 right 向右延伸，反复计算累加和 sum：

（1）若累加和 sum = x，用累加和中相加整数个数与最大个数比较，记下最大个数 len。

（2）若累加和 sum < x，右边界 right 向右延伸，累加 A[right]。

（3）若累加和 sum > x，去掉左边界 A[left] 的值，再继续累加。

若右边界向右延伸到数组全部检测完，算法结束，在 len（其值由函数返回）中得到最大子数组元素个数，在引用参数 left 和 right 中得到子数组的左边界和右边界。

算法的实现如下。

```
int maxLength(int A[], int x, int n, int& left, int& right) {
//算法调用方式 int k = maxLength(A, x, n, left, right)。输入：一个正整数数
//组 A，数组中整数个数 n，给定值 x；输出：函数返回最长子数组的整数个数，引用参数 left
//和 right 返回该子数组的最左整数下标和最右整数下标
    if(n == 0 || x == 0) return 0;
```

```
        left = 0, right = 0;  int len = 0, sum = A[0];
        while(right < n) {                              //右边界未延伸到数组尾部
            if(sum == x) {                              //若累加和等于x
                if(len < right-left+1) len = right-left+1;
                                                        //记下最长累加元素个数
                sum = sum-A[left++];                    //左边界向右推进，继续试探
            }
            else if(sum < x) {                          //累加和小于x
                right++;                                //右边界向右延伸
                if(right == n) break;
                sum = sum + A[right];                   //累加
            }
            else sum = sum-A[left++];                   //累加和大于x，左边界右进
        }
        return len;
    }
```

若数组中整数个数为 n，算法的时间复杂度为 O(n)，空间复杂度为 O(1)。

4-27　给定一个整数数组 A[n]，设计一个算法，求出子数组的最大累加和。例如，数组 A = { 4, –3, 4, 6, –3, 7, –1 }，在它所有的子数组中{4, –3, 4, 6, –3, 7}的累加和最大（等于 15）。

【解答】　例如，有 4 个元素的数组{a_0, a_1, a_2, a_3}的子数组有{a_0}、{a_0, a_1}、{a_0, a_1, a_2}、{a_0, a_1, a_2, a_3}、{a_1}、{a_1, a_2}、{a_1, a_2, a_3}、{a_2}、{a_2, a_3}、{a_3}，需要通过一个两重循环对所有的子数组的累加和进行检查，找到累加和最大的子数组即可。算法的实现如下。

```
int maxSum(int A[], int n, int& left, int& right) {
//算法调用方式 int x = maxSum(A, n, left, right)。输入：整数数组 A，数组元素
//个数 n；输出：函数返回找到子数组的元素值累加和，引用参数 left 返回该子数组的第一
//个元素下标，right 返回它的最后一个元素下标，在算法调用前无须赋值
    if(n == 0) { left = right = 0;  return 0; }
    int i, j, cur, m, s, t, max;
    max = -32767;
    for(i = 0; i < n; i++) {                            //子数组起始位置
        cur = A[i];  m = A[i];  s = i;  t = i;
        for(j = i+1; j < n; j++) {                      //子数组终止位置
            cur = cur+A[j];                             //计算子数组累加和
            if(m < cur) { m = cur;  t = j; }            //存储累加和最大值
            if(cur < 0) cur = 0;
            if(max < m) { max = m;  left = s;  right = t; }
        }
    }
    return max;
}
```

若数组中元素个数为 n，算法的时间复杂度为 O(n²)，空间复杂度为 O(1)。

4-28　给定一个整数数组 A[n]，设计一个算法，找到数组中未出现的最小正整数。

【解答】 首先要理解什么是未出现的最小正整数？例如，若数组 A[] = { -1, 6, 3, 6, 7, -4, 5, 2 }，数组中未出现的最小正整数是 1；若数组 B[] = { 7, 2, 1, 6, 9, 5, 4, 2 }，数组中未出现的最小正整数是 3。为此只要重复做如下工作：

（1）在所有大于 k（初始为 0）的整数中找到最小的整数。

（2）若这个正整数不是 k+1，数组中未出现的正整数是 k+1，算法返回它并退出执行。若这个正整数是 k+1，可让 k = k，执行转移到（1）。

算法的实现如下。

```
int findminNum(int A[], int n) {
//算法调用方式 findminNum(A, n)。输入：一个整数数组 A, 数组整数个数 n;
//输出：函数返回数组中未出现的最小正整数。若数组中找不到未出现的最小正整数，函数
//返回 0
    int i, min, k = 0;
    while(1) {
        for(i = 0; i < n && A[i] <= k; i++);
        if(i < n) {
            min = i;
            for(i++; i < n; i++)
                if(A[i] > k && A[i] < A[min]) min = i;
            if(A[min] > k+1) return k+1;
            else k = A[min];
        }
        else return 0;
    }
}
```

若数组中元素个数为 n，算法的时间复杂度为 $O(n^2)$，空间复杂度为 $O(1)$。

4-29 给定一个长度为 n 的整数数组，其中有 n 个互不相等的自然数 1～n，设计一个算法，把数组中所有数字从小到大排序。例如，把原始数组{3, 5, 1, 4, 2}排序成{1, 2, 3, 4, 5}。要求不可把下标 0～n 位置上的数字通过直接赋值方式替换成 1～n。

【解答】 算法从左到右扫描数组 A，假设当前扫描到下标 i 的位置。有以下两个情况：

（1）若 A[i]＝i+1，说明位置 i 的数字 A[i]不需要调整，继续扫描下一个位置 i+1。

（2）若 A[i]≠i+1，说明位置 i 的数字 A[i]最终不应放在这里，要进行一连串数字传送，把 i+1 放到位置 i。

以 A={3, 2, 6, 4, 1, 5}为例，A[0]=3（≠1），暂存 3，3 应在 A[2]但 A[2]=6（≠3），暂存 6 把 3 送入 A[2]，现在 A={3, 2, **3**, 4, 1, 5}；再看 6，6 应在 A[5]但 A[5]=5（≠6），暂存 5，把 6 送入 A[5]，现在 A={3, 2, 3, 4, 1, **6**}；再看 5，5 应在 A[4]但 A[4]=1（≠5），暂存 1，把 5 送入 A[4]，现在 A={3, 2, 3, 4, **5**, 6}；再看 1，正好回到起点 A[0]，把 1 送入 A[0]，现在 A={**1**, 2, 3, 4, 5, 6}。通过一圈数字传送，A[0]中放入了 1。再对后续 A[1]、A[2]，做同样操作，即可完成排序。算法的实现如下。

```
void Sort(int A[], int n) {
//算法调用方式 Sort(A, n)。输入：一个整数数组 A, 数组整数个数 n;
//输出：算法将数组 A 中所有自然数从小到大排序
```

```
        if(n == 0) return;
        int i, j = 0, w = 0;
        for(i = 0; i < n-1; i++) {
            j = A[i];
            while(A[i] != i+1)
                { w = A[j-1];  A[j-1] = j;  j = w; }
        }
}
```

若数组中元素个数为 n，算法的时间复杂度为 O(n)，空间复杂度为 O(1)。

4-30 给定一个整数数组 A[n]，设计一个算法，求 A 的最长递减子序列。例如，A = {9, 4, 3, 2, 5, 4, 3, 2} 的最长递减子序列为 {9, 5, 4, 3, 2}。

【解答】 题目没有要求递减子序列一定是 A 中连续整数组成，因此可以把存放最长递减子序列的结果数组 B 设计成一个栈，栈顶指针为 len。然后进行如下处理：

（1）循环 i = 0, 1, …, n-1，执行：

① 如果 len == 0 或 A[i] < B[len-1]，A[i] 进栈：B[len++] = A[i]。

② 否则

- 执行循环：当 len > 0 且 A[i] > B[len-1] 时退栈，len--。

- 退出循环的条件可能是 len == 0 或者虽然 len > 0 但 A[i] < B[len-1]，执行 A[i] 进栈，B[len++] = A[i]。

（2）退出 i 循环后，在 B 中得到最长递减子序列，从头输出即可。

算法的实现如下。

```
void findDescending(int A[], int B[], int n, int& len) {
//在 A 中 n 个整数中查找最长递减子序列，通过 B 数组返回，引用型参数
//len 返回子序列长度（整数个数）
    len = 0;
    for(int i = 0; i < n; i++) {                    //检查 A 中所有整数
        if(len == 0 || A[i] < B[len-1])             //A[i] 比栈顶的整数小，进栈
            B[len++] = A[i];
        else {                                      //A[i] 比栈顶的整数大
            while(len != 0)
                if(A[i] > B[len-1]) len--;           //栈顶比 A[i] 小的整数退栈
                else break;                          //A[i] 比栈顶的整数小跳出循环
            B[len++] = A[i];                         //A[i] 进栈
        }
    }
    for(i = 0; i < len; i++) printf("%d ", B[i]);    //输出
    printf("\n");
}
```

算法的调用方式 findDescending(A, B[ ], n, len)。输入：一个整数数组 A，数组中整数个数 n；输出：存放递减子序列的数组 B，数组中整数个数 len。

4.1.2　二维数组

1. 二维数组的概念

二维数组是线性结构的一种扩展形式。例如，一个二维数组 A[m][n]，如图 4-3 所示，可以视为每个数组元素为一维数组（a[×][0], a[×][1], a[×][2], …, a[×][n-1]）的一维数组。

$$A=\begin{pmatrix} a[0][0] & a[0][1] & a[0][2] & \cdots & a[0][n-1] \\ a[1][0] & a[1][1] & a[1][2] & \cdots & a[1][n-1] \\ a[2][0] & a[2][1] & a[2][2] & \cdots & a[2][n-1] \\ \vdots & \vdots & \vdots & \ddots & \vdots \\ a[m-1][0] & a[m-1][1] & a[m-1][2] & \cdots & a[m-1][n-1] \end{pmatrix}$$

图 4-3　二维数组示例

然而，就数据结构的逻辑关系来看，二维数组中的每个数组元素被两个关系约束：在行的方向上元素处于一个线性关系（称为行向量）中，在列的方向上它也处于一个线性关系（称为列向量）中，它有两个直接前驱和两个直接后继。

2. 二维数组的顺序存储

有两种方式把二维数组的所有数组元素存放到一个连续的存储空间中，一种是行优先顺序存放，另一种是列优先顺序存放。

（1）按照行优先的顺序：所有数组元素按行向量依次排列，第 i+1 个行向量紧跟在第 i 个行向量后面，这样得到的数组元素是存于一维数组的一种线性序列：

a[0][0],…, a[0][n-1], a[1][0],…, a[1][n-1],…, a[m-1][0],…, a[m-1][n-1]

若设 LOC(a[0][0])为二维数组第一个元素 a[0][0]的起始存储地址，LOC(a[i][j])是元素 a[i][j]的起始存储地址，每个数组元素占用了 L 个存储单元，则计算 a[i][j] 起始存储地址的计算式为

$$LOC(a[i][j]) = LOC(a[0][0])+(i\times n+j)\times L \quad (0\leq i\leq m-1, 0\leq j\leq n-1)$$

（2）按照列优先的顺序：所有数组元素按列向量依次排列，第 j+1 个列向量紧跟在第 j 个列向量后面，这样得到的数组元素是存于一维数组的另一种线性序列：

a[0][0],…, a[m-1][0], a[0][1],…, a[m-1][1],…, a[0][n-1],…, a[m-1][n-1]

计算 a[i][j] 存储地址的计算式为：

$$LOC(a[i][j]) = LOC(a[0][0])+(j\times m+i)\times L \quad (0\leq i\leq m-1, 0\leq j\leq n-1)$$

每个数组元素计算起始存储地址的时间是相等的，存取每个存储单元的时间也是一样的。因此，在二维数组中存取任一数组元素的时间相同，时间复杂度均为 O(1)。

还可以推广至三维数组，直至 n 维数组的情形，请读者自行推导。

3. 二维数组相关的算法

4-31　若整数矩阵 $A_{m\times n}$ 按行优先存放于一维数组 B[0..m×n-1]中，如图 4-4（a）所示。设计一个算法，将 A 转置为 A^T 并仍存放于 B[0..m×n-1]中，如图 4-4（b）所示。要求算法的时间复杂度为 O(m×n)。

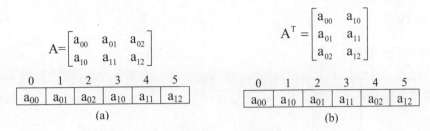

图 4-4　题 4-31 的图

【解答】　图 4-4（a）是矩阵 $A_{2\times3}$ 按行存放的结果，转置后也按行存放如图 4-4（b）所示。除了 a_{00} 和 a_{12} 外，其他元素 a_{ij} 需要根据转置后的地址 $d = j\times m+i$ 做循环移动。例如 a_{01} 原来在 $k = 1$ 的位置，事先保存到 s_1 中，它转置后的新地址 $d = 1\times2+0 = 2$，因此，先把 B[2] 中的 a_{02} 移出到 s_2，再把 s_1 中的 a_{01} 移到 B[2]；然后把保存在 s_2 中的 a_{02} 移到 s_1 中，计算 a_{02} 的新地址 $d = 2\times2+0 = 4$，再移动 a_{02},…，直到 $d = k$ 为止，把 s_1 中保存的元素送入 B[k]，即完成转置。算法的实现如下。

```
void Transpose(int B[], int& m, int& n) {
//算法调用方式Transpose(B, m, n)。输入：一个二维整数数组 B；输出：转置前的
//行数 m 变成转置后的列数，转置前的列数 n 变成转置后的行数
    int i, j, k, d; int s1, s2; bool visit[maxSize];
    for(i = 0; i < m*n; i++) visit[i] = false;
    for(k = 0; k < m*n; k++)
        if(visit[k] == false) {                    //对 B 中元素逐个转置移动
            s1 = B[k]; i = k / n; j = k % n; d = j*m+i;
            while(d != k) {                        //移动元素到其转置后的位置
                s2 = B[d]; B[d] = s1; visit[d] = true;
                s1 = s2; i = d / n; j = d % n; d = j*m+i;
            }
            B[k] = s1;
        }
    m = m+n; n = m-n; m = m-n;                      //交换 m 与 n 的值
}
```

算法的时间复杂度为 O(m+n)。

4-32　若一个整数矩阵 $A_{m\times n}$ 用二维数组 A[m][n] 存放，设计一个算法，判断 A 中所有元素是否互不相同。

【解答】　先对第 0 行的元素检查是否有相同元素，若没有，再针对每一个 0 行元素，检查其他行元素是否与它相同，只要有一个相同算法就返回 false；如果所有元素都比较完，没有发现相同的元素，算法返回 true。算法的实现如下（M、N 在主程序中预定义）。

```
bool noEqual(int A[][N], int m, int n) {
//算法调用方式 bool is = noEqual(A, m, n)。输入：一个二维整数数组 A，行数 m，
//列数 n；输出：若所有整数互不相同，函数返回 true，否则函数返回 false
    int i, j, k;                                   //算法中 m = M, n = N
    for(i = 0; i < n-1; i++)                        //检查第 0 行是否有相同元素
        for(j = i+1; j < n; j++)
```

```
                    if(A[0][i] == A[0][j]) return false;
        for(k = 0; k < n; k++)                    //用第 0 行元素做比较基准
            for(i = 1; i < m; i++)                //比较除 0 行外的所有元素
                for(j = 0; j < n; j++)
                    if(A[0][k] == A[i][j]) return false;
    return true;
}
```

算法的时间复杂度为 $O(m \times n^2)$，空间复杂度为 $O(1)$。

4-33 若一个矩阵 $A_{m \times n}$ 用二维数组 A[m][n]存放，设计一个算法，求矩阵 A 的 4 条外围的边上元素的和。为简化问题，设矩阵元素类型为整型。

【解答】 算法分两步走：先计算各边整数之和，再减去四角重复加过的整数。算法的实现如下（M、N 在主程序中预定义）。

```
int Add_outside(int A[][N], int m, int n) {
//算法调用方式 int val = Add_outside(A, m, n)。输入：一个二维整数数组 A，行数 m，
//列数 n；输出：函数返回 A 的 4 条外围的边上元素的和
    int i, sum = 0;                               //算法中 m = M, n = N
    for(i = 0; i < n; i++) sum = sum+A[0][i];
    for(i = 0; i < n; i++) sum = sum+A[m-1][i];
    for(i = 0; i < m; i++) sum = sum+A[i][0];
    for(i = 0; i < m; i++) sum = sum+A[i][n-1];
    sum = sum-A[0][0]-A[0][n-1]-A[m-1][0]-A[m-1][n-1];
    return sum;
}
```

算法的时间复杂度为 $O(m+n)$，空间复杂度为 $O(1)$。

4-34 若一个整数矩阵 $A_{m \times n}$ 用二维数组 A[m][n]存放，设计一个算法，求从 A[0][0]开始的互不相邻（即隔行隔列）的各元素之和。

$$\begin{pmatrix} | & \times & | & \times & | \\ \times & \times & \times & \times & \times \\ | & \times & | & \times & | \\ \times & \times & \times & \times & \times \end{pmatrix}_{4 \times 5}$$

图 4-5 题 4-34 的图

【解答】 各元素互不相邻是指在行方向、列方向、对角线方向都互不相邻，如图 4-5 中 "|" 所示。累加第 0，第 2，…各行中的第 0，第 2，…列的所有元素之和即为所求。

算法的实现如下（参数表中 m = M，n = N，而 M、N 在主程序中预定义）。

```
int Sum(int A[][N], int m, int n) {
//算法调用方式 int val = Sum(A, m, n)。输入：一个二维整数数组 A，行数 m，列数
//n；输出：函数返回 A 的互不相邻的各元素之和
    int i, j, s = 0;
    for(i = 0; i < m; i = i+2)
        for(j = 0; j < n; j = j+2)
            s = s+A[i][j];
    return s;
}
```

算法的时间复杂度为 O(m×n)，空间复杂度为 O(1)。

4-35 设一个整数矩阵 $A_{n×n}$ 用二维数组 A[n][n]存放。若称从左上方到右下方的对角线为正对角线（"\"），称从右上方到左下方的对角线为反对角线（"/"），对各条对角线的编号如图 4-6 所示。设计一个算法，求各对角线上元素之和。

 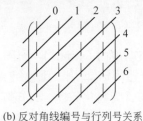

(a) 正对角线编号与行列号关系　　　　　(b) 反对角线编号与行列号关系

图 4-6　题 4-35 的图

【解答】 正对角线和反对角线各有 2n–1 条，设正对角线的各对角线之和存放于数组 PD[2n-1]，反对角线的各对角线之和存放于数组 ND[2n-1]。各对角线编号如图 4-6 所示，求和结果按对角线编号存放于相应下标的数组元素中。对于正对角线求和，假设其编号为 k，有 k = n–i+j–1，则 i = n–k+j–1；对于反对角线求和，假设其编号为 k，有 k = i+j，则 i = k–j。

算法的实现如下（参数表中 n = N，而 N 在主程序中预定义）。

```
void sum(int A[][N], int n, int PD[], int ND[]) {
//算法调用方式 sum(A, n, PD, ND)。输入：二维整数数组 A，行数与列数均为 n；
//输出：数组 PD 存放 A 各正斜线上整数的和，ND 存放 A 各反斜线上整数的和
    int i, j, k, u;
    for(u = 0; u <= n-1; u++) {              //计算各对角线元素之和
        PD[u] = ND[u] = 0;
        for(j = 0; j <= u; j++) {            //求各对角线之和
            i = n-u+j-1;  k = u-j;           //计算对角线 u 通过点的下标
            PD[u] = PD[u]+A[i][j];           //正对角线 PD[u]累加
            ND[u] = ND[u]+A[k][j];           //反对角线 ND[u]累加
        }
    }
    for(u = n; u <= 2*n-1; u++) {            //继续计算各对角线元素之和
        PD[u] = ND[u] = 0;
        for(j = u-n+1; j <= n-1; j++) {      //求各对角线之和
            i = n-u+j-1;  k = u-j;           //计算对角线 u 通过点的下标
            PD[u] = PD[u]+A[i][j];           //正对角线 PD[u]累加
            ND[u] = ND[u]+A[k][j];           //反对角线 ND[u]累加
        }
    }
}
```

算法的时间复杂度为 $O(n^2)$，空间复杂度为 O(1)。

4-36 拉丁方阵是轮回矩阵的一种，如图 4-7 所示。设计一个算法，构造如图 4-7 所示的 n 阶拉丁方阵。

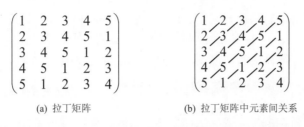

(a) 拉丁矩阵 (b) 拉丁矩阵中元素间关系

图 4-7 题 4-36 的图

【解答】 设矩阵行列编号从 0 开始，从图 4-7（b）可知 A[0][0] = 1；A[0][1] = A[1][0] = 2；A[0][2] = A[1][1] =A[2][0] = 3,···, A[0][4] = A[1][3] = ··· = A[4][0] = 5。因此，对于从 A 的左下角至右上角的主反对角线以上的部分，A[i][j] = i+j+1。对于该反对角线以下的部分，要重新开始，A[1][4] = A[2][3] = ··· = A[4][1] = 1，A[2][4] = A[3][3] = A[4][2] = 2，A[3][4] = A[4][3] = 3，A[4][4] = 4。因此，有 A[i][j] = i+j+1-n。

算法的实现如下（参数表中 n = N，而 N 在主程序中预定义）。

```
void Latin(int A[][N], int n) {
//算法调用方式 Latin(A, n)。输入：一个二维整数数组 A，行数与列数均为 n；
//输出：构造成功的 n 阶拉丁方阵
    int i, j;
    for(i = 0; i < n; i++)
        for(j = 0; j < n; j++)
            if(i+j+1 <= n) A[i][j] = i+j+1;
            else A[i][j] = i+j+1-n;
}
```

算法的时间复杂度为 $O(n^2)$，空间复杂度为 $O(1)$。

4-37 蛇形矩阵如图 4-8（a）所示。设计一个算法，将自然数 $1 \sim n^2$ 按"蛇形"形式填入 n×n 的矩阵 A 中。

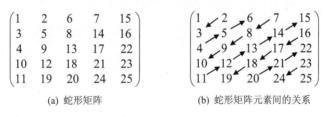

(a) 蛇形矩阵 (b) 蛇形矩阵元素间的关系

图 4-8 题 4-37 的图

【解答】 在蛇形矩阵中每一条反对角线上对数据元素的赋值方向是左下到右上与右上到左下交替出现的。若矩阵有 n 行 n 列，反对角线有 2n-1 条（k = 1,···, 2n-1）。

在主反对角线以上部分，当 k = 1 时，数 1 存于 A[0][0]，行 row = k-i-1，列 col = i，此处 i = 0。当 k = 2 时，数 2 存于 A[0][1]，行 row = i，列 col = k-i-1，此处 i = 0；数 3 存于 A[1][0]，行 row = i，列 col = k-i-1，此处 i = 1。

在主反对角线以下部分，以图 4-8(b) 的 5 阶矩阵为例，当 k = 6 时，数 16 存于 A[1][4]，行号 row = k+i-n，列号 col = k-row-1，此处 i = 0；数 17 存于 A[2][3]，行 row = k+i-n，列 col = k-row-1，此处 i = 1；数 18 存于 A[3][2]，行 row = k+i-n，列 col = k-row-1，此

处 i = 2；数 19 存于 A[4][1]，行 row = k+i-n，列 col = k-row-1，此处 i = 3。当 k = 9 时，数 25 存于 A[4][4]，行 row = k+i-n，列号 col = k-row-1，此处 i = 0。

根据以上分解，可得算法的实现如下（M、N 在主程序中预定义）。

```
void Snake_M(int A[][N], int n) {                    //n = N
//算法调用方式Snake_M(A, n)。输入：一个二维整数数组A，行数与列数均为n;
//输出：构造成功的n阶蛇形矩阵
    int i, j, k, m, row, col;
    m = 1;                                           //m为自然数
    for(k = 1; k <= 2*n-1; k ++) {
        if(k <= n) j = k;                            //第k条反对角线元素个数
        else j = 2*n-k;
        for(i = 0; i < j; i++) {
            if(k <= n) {                             //主反对角线以上部分
                if(k % 2) { col = i;  row = k-i-1; }
                else { row = i;  col = k-i-1; }
            }
            else {                                   //主反对角线以下部分
                if(k % 2) { col = k+i-n;  row = k-col-1; }
                else { row = k+i-n;  col = k-row-1; }
            }
            A[row][col] = m;
            m++;
        }
    }
}
```

算法的时间复杂度为 $O(n^2)$，空间复杂度为 $O(1)$。

4-38 一个螺旋形矩阵如图 4-9(a)所示。试编写一个算法，将自然数 $1\sim n^2$ 按"螺旋"形式填入 n×n 的矩阵 A 中。

$$\begin{pmatrix} 1 & 16 & 15 & 14 & 13 \\ 2 & 17 & 24 & 23 & 12 \\ 3 & 18 & 25 & 22 & 11 \\ 4 & 19 & 20 & 21 & 10 \\ 5 & 6 & 7 & 8 & 9 \end{pmatrix} \qquad \begin{pmatrix} 1 & 16 & 15 & 14 & 13 \\ 2 & 17 & 24 & 23 & 12 \\ 3 & 18 & 25 & 22 & 11 \\ 4 & 19 & 20 & 21 & 10 \\ 5 & 6 & 7 & 8 & 9 \end{pmatrix}$$

(a) 螺旋形矩阵   (b) 螺旋形矩阵元素间的关系

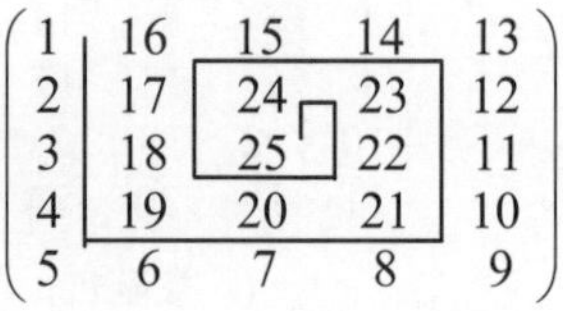

图 4-9 题 4-38 的图

【解答】 螺旋的方向参看图 4-9(b)。算法的思路是：采用螺旋填充的方法把自然数的值填入矩阵。为此考虑 4 个方向的填充，用标志 flag = 0、1、2、3 表示向下、向右、向上、向左。当该方向前方未超出边界且未填充则填充之。算法的实现如下。

```
void Spiral_M(int A[][N], int n) {              //n = N, N在主程序预定义
//算法调用方式Spiral_M(A, n)。输入：一个二维整数数组A，行数与列数均为n;
//输出：构造成功的n阶螺旋矩阵
    int i, j, k, m, flag = 0;
```

```
        i = 0;  j = 0;  m = 1;  k = n;
        while(m <= n*n) {                              //填充 n*n 个自然数
            while(flag == 0 && i < k) {                //flag = 0, 向下
                A[i][j] = m++;
                if(i+1 < k) i++;
                else { j++;  flag = 1; }
            }
            while(flag == 1 && j < k) {                //flag = 1, 向右
                A[i][j] = m++;
                if(j+1 < k) j++;
                else { i--;  flag = 2; }
            }
            while(flag == 2 && i >= n-k) {             //flag = 2, 向上
                A[i][j] = m++;
                if(i-1 >= n-k) i--;
                else { j--;  flag = 3; }
            }
            k--;
            while(flag == 3 && j >= n-k) {             //flag = 3, 向左
                A[i][j] = m++;
                if(j-1 >= n-k) j--;
                else { i++;  flag = 0; }
            }
        }
    }
```

算法的时间复杂度为 $O(n^2)$，空间复杂度为 $O(1)$。

4-39　对于一个 n 阶方阵，设计一个算法，通过行变换使其按每行元素的平均值递增的顺序排列。

【解答】　为了实现按每行元素的平均值以递增顺序重新排列各行，应计算各行元素值的总和，由于各行的元素个数相等，对各行元素按平均值排序可转化为按各行元素值的总和排序。为此，可设置一个辅助数组 snm[n]，保存各行元素的总和，并作为排序的依据，另外设置一个数组 add[n]，记录对各行元素之和排序后，各行原来的行号。算法的实现如下。

```
void Arrange(int A[][N], int n) {                      //n = N, N 在主程序预定义
//算法调用方式 Arrange(A, n)。输入：一个二维整数数组 A, 行数与列数均为 n;
//输出：算法执行行交换，使得各行按平均值递增的顺序排列
    int sum[N], add[N];  int i, j, k, p, temp;
    for(i = 0; i < n; i++) {                           //初始化
        sum[i] = 0;  add[i] = i;                       //各行原来行号 add[i]
        for(j = 0; j < n; j++)
            sum[i] = sum[i]+A[i][j];                   //计算各行累加值 sum[i]
    }
    for(i = 0; i < n-1; i++) {                         //排序
        k = i;
```

```
        for(j = i+1; j < n; j++)
            if(sum[j] < sum[k]) k = j;                //选取当前最小者
        if(i != k) {                                   //交换到第 i 行
            temp = sum[i];  sum[i] = sum[k];  sum[k] = temp;
            temp = add[i];  add[i] = add[k];  add[k] = temp;
        }
    }
    for(i = 0; i == add[i]; i++);                     //第 i 行已经就位不调整
    k = add[i];  p = i;                               //p 记下第 i 行是起点
    for(j = 0; j < n; j++) sum[j] = A[i][j];          //暂存原第 0 行
    while(k != p) {                                    //原起点行还未到
        for(j = 0; j < n; j++) A[i][j] = A[k][j];//原第 k 行复制到第 i 行
        i = k;  k = add[k];
    }
    for(j = 0; j < n; j++) A[i][j] = sum[j];
}
```

算法的时间复杂度为 $O(n^2)$，空间复杂度为 $O(1)$。

$$\begin{pmatrix} 1 & 2 & 0 & 3 & 4 \\ 2 & 3 & 4 & 5 & 1 \\ 1 & 1 & 5 & 3 & 0 \end{pmatrix}$$

4-40 设计一个算法，求一个矩阵 A 中最大的二阶矩阵（即矩阵中元素之和最大）。例如，对于如图 4-10 所示的矩阵，其中最大的二阶矩阵是 $\begin{pmatrix} 4 & 5 \\ 5 & 3 \end{pmatrix}$。

图 4-10   题 4-40 的图

【解答】 设矩阵有 m 行 n 列，在行的方向检查 m−1 次，在列的方向检查 n−1 次，相邻两行两列构成二阶矩阵，其所有 4 个元素相加，得到其元素之和，所有二阶矩阵元素之和取最大的，即为所求。算法返回求得二阶矩阵左上角元素的下标 i 和 j，并返回最大的元素之和。算法的实现如下（参数表中 m = M, n = N，而 M, N 在主程序预定义）。

```
int maxMatrix(int A[][N], int m, int n, int& mi, int& mj) {
//算法调用方式 int val = maxMatrix(A, m, n, mi, mj)。输入：一个二维整数数组 A,
//行数为 m，列数为 n；输出：函数返回值最大的二阶子矩阵的整数值之和，引用参数 mi 和 mj
//返回子矩阵在 A 中的起始行号和列号
    int max, i, j, sum;
    max = 0;  mi = mj = 0;
    for(i = 0; i < m-1; i++)
        for(j = 0; j < n-1; j++) {
            sum = A[i][j]+A[i+1][j]+A[i][j+1]+A[i+1][j+1];
            if(sum > max) { max = sum;  mi = i;  mj = j; }
        }
    return max;
}
```

算法的时间复杂度为 $O(m \times n)$，空间复杂度为 $O(1)$。

4-41 一个 n 阶的魔方是一个由整数 $1, 2, 3, \cdots, n^2$ 组成的方阵，要求每行的整数和，每列的整数和，与正、反每条主对角线的整数和都等于同一个整数 s。设计一个算法，构造一个这样的魔方（设定 n 为奇数）。

【解答】　魔方所有整数的和应为 $1+2+\cdots+n^2 = n^2(n^2+1)/2$，平均到每行（或每列），整数和 $s = n^2(n^2+1)/2/n$。例如，$n = 3$，$s = 15$。当 n 为奇数时，可采用 Lombere 法构造魔方，其具体步骤用图 4-11 描述。首先在第 0 行正中安放整数 1，然后按以下规则安放其他整数。每个整数应安放在当前刚放置整数位置的右上方，但由于可能的冲突，可有如下处置。

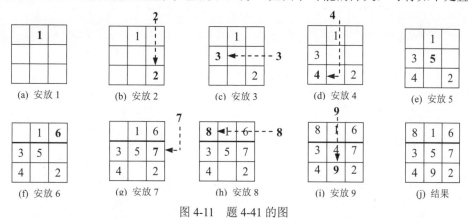

图 4-11　题 4-41 的图

（1）若新整数的安放位置在第 0 行的上方，则将它安放到同一列最底端第 n-1 行。

（2）若新整数的安放位置在第 n-1 列的右方，则将它安放在同一行最左边第 0 列。

（3）若新整数的安放位置上没有其他整数，则将它安放下来；否则若新整数的安放位置上已经有其他整数，则将它安放在当前刚放置整数位置的正下方。

（4）若当前刚放置整数的位置已经在魔方的最右上角，则新整数安放在当前刚放置整数位置的正下方。

算法的实现如下。

```
#define N 3                                    //矩阵阶数
void CreateMagicMatrix(int Magic[][N], int n) {
//算法调用方式 CreateMagicMatrix(Magic, int n)。输入：一个二维整数数组 Magic,
//行数与列数均为 n; 输出：算法构造成功一个 n 阶魔方阵
    int m, i = 0, j = n / 2; Magic[i][j] = 1;      //第 0 行中间位置置 1
    for(m = 2; m <= n*n; m++) {                     //按自左下到右上方式自然排序
        if(i-1 >= 0) {                              //右上位置行号未顶破天
            if(j+1 < n) {                           //右上位置列号未冲破右墙
                if(Magic[i-1][j+1] == 0)            //右上位置没有元素
                    {Magic[i-1][j+1] = m; i--; j++;}  //安放下一元素
                else {Magic[i+1][j] = m; i++;}//右上位置有元素，放置其正下方
            }
            else {                                  //右上位置列号超出右墙
                if(Magic[i-1][0] == 0)              //上一行最左边没有值
                    { Magic[i-1][0] = m; i--; j = 0; }   //安放
                else { Magic[i+1][j] = m; i++;}     //有值则安放在本列下一行
            }
        }
        else {                                      //右上位置行号冲破房顶
```

```
        if(j+1 < n) {                            //右上位置列号未冲破右墙
            if(Magic[n-1][j+1] == 0)             //右列最底端没有值
                {Magic[n-1][j+1] = m; i = n-1; j++;}//安放在右列最底端
            else {Magic[i+1][j] = m; i++;}       //否则安放在本列下一行
        }
        else { Magic[i+1][j] = m; i++; }         //列号也冲破右墙
    }
  }
}
```

算法的时间复杂度为 $O(n^2)$，空间复杂度为 $O(1)$。

4-42 若矩阵 $A_{m×n}$ 中的某一元素 A[i][j]是第 i 行中的最小值，同时又是第 j 列中的最大值，则称此元素为该矩阵的一个鞍点。假设以二维数组存放矩阵，试编写一个函数，确定鞍点在数组中的位置（若鞍点存在），并分析该函数的时间复杂度。

【解答】 检查矩阵的每一行，对于第 i 行，先找出该行的最小元素，设为 A[i][min]，再检查此元素是否第 min 列的最大元素，若是则为一个鞍点；否则检查下一行。算法的实现如下。

```
void Saddle(int A[][N], int m, int n) {              //n = N, N在主程序预定义
//算法调用方式 Saddle(A, m, n)。输入：一个二维整数数组A，行数为m，列数为n;
//输出：算法查找并输出矩阵中的鞍点
    int min, i, j, k, found;
    for(i = 0; i < m; i++) {
        min = 0;
        for(j = 1; j < n; j++)
            if(A[i][j] < A[i][min]) min = j;//查找第i行最小元素列号min
        found = 1;
        for(k = 0; k < m; k++)
            if(k != i && A[i][min] < A[k][min])
                { found = 0;  break; }    //判断A[i][min]是否是该列最大
        if(found == 1)
            printf("Saddle point is :(%d, %d), Value=%d\n", i, min,
                A[i][min]);
    }
}
```

此算法每查找一个鞍点的时间复杂度为 $O(m+n)$。全部探查了 m 次，总时间复杂度为 $O(m×\max\{m, n\})$。

4-43 设整数数组 B[m][n]的数据在行、列方向上都按从小到大的顺序排序，且整型变量 x 中的数据在 B 中存在。设计一个算法，找出一对满足 B[i][j] == x 的 i、j 值。要求比较次数不超过 m+n。

【解答】 算法逐次比较二维数组右上角的元素（它是行方向最大、列方向最小的元素）。每次比较有三种可能的结果：若相等，则比较结束；若此元素小于 x，则可断定数组中该行肯定没有与 x 相等的数据，下次比较时搜索范围下降一行；若此元素大于 x，则可断定数组中此元素右侧列肯定不包含与 x 相等的数据，下次比较时可把右侧列剔除出搜索

范围。这样，每次比较可使搜索范围减少一行或一列，最多经过 m+n 次比较就可找到要求的与 x 相等的数据。算法的实现如下（M、N 在主程序预定义）。

```
void find(int B[][N], int m, int n, int x, int& i, int& j) {
//算法调用方式 find(B, m, n, x, i, j)。输入：一个二维整数数组 B，行数 m，列数 n，
//一个给定值 x；输出：算法在数组中查找与给定值 x 相等的整数，输出：若找到，
//引用参数 i 和 j 返回该元素的位置。参数表中 m = M, n = N
    i = 0;  j = n-1;
    while(B[i][j] != x)
        if(B[i][j] < x) i++;
        else j--;
}
```

算法的时间复杂度为 $O(m+n)$，空间复杂度为 $O(1)$。

4-44 设有一个 $N×N$ 的二维数组 A，设计一个算法，计算从起点 a[0][0] 到指定位置 a[u][v]（$0<u<N, 0<v<N$）有多少种走法？

【解答】 采用动态规划法求解。设置一个 $N×N$ 的表格 C。结点 (0, 0) 到 (0, 1), (0, 1) 到 (0, 2),…, (0, N−2) 到 (0, N−1) 以及 (0, 0) 到 (1, 0), (1, 0) 到 (2, 0),…, (N−2, 0) 到 (N−1, 0) 的路只有一条，因此表格第 0 行和第 0 列均置 1，C[0][0] = 0。从 (0, 0) 到 (1, 1) 的路有两条，(0, 0)→(0, 1)→(1, 1) 和 (0, 0)→(1, 0)→(1, 1)，因此 C[1][1] = C[0][1]+C[1][0] = 1+1 = 2。一般地，每一结点 (i, j) 从两个方向走过来，上方是 (i−1, j)，左方是 (i, j−1)。C[i][j] 表示从 (0, 0) 到达 (i, j) 的路数，则 C[i][j] = C[i−1][j]+C[i][j−1]，求出 C[u][v] 即可得到从 (0, 0) 到 (u, v) 可有多少条路。算法的实现如下。

```
#define N 8
int Count(int C[N][N], int u, int v) {
//算法调用方式 int n = Count(C, u, v)。输入：一个二维整数数组 C，行数为和列数
//均为 N，给定一对终点坐标 u 和 v；输出：函数返回返回从 (0, 0) 到 (u, v) 点不同
//走法的数目
    int i, j;  int succ;
    if(u > 0 && u < N && v > 0 && v < N) {
        C[0][0] = 0;
        for(i = 1; i < N; i++) C[i][0] = C[0][i] = 1;
        for(i = 1; i < N; i++)
            for(j = 1; j < N; j++) C[i][j] = 0;
        succ = false;
        for(i = 1; i < N && !succ; i++)
            for(j = 1; j < N && !succ; j++) {
                C[i][j] = C[i-1][j] + C[i][j-1];
                if(i == u && j == v) succ = true;
            }
        return C[u][v];
    }
    else return 0;
}
```

算法的时间复杂度为 $O(N^2)$，空间复杂度为 $O(1)$。

4-45 设有一个 N×N 的二维数组 A，设计一个算法，计算从起点 a[0][0]到指定位置 a[u][v]（0<u<N, 0<v<N）的所有路径。

【解答】 采用递归算法比较简单。到达顶点(u, v)有两个方向。为求到达(u, v)的所有路径，先递归地求到达它左方顶点(u, v−1)的所有路径，再求到达它上方顶点(u−1, v)的所有路径，两者相加即得到达(u, v)的所有路径。递归结束的条件是到达最左一列和最上一行的某个顶点(x, 0)或(0, x)，可以直接得到从(0, 0)到它们的路径。算法的实现如下。

```
void CountPath(int S[], int T[], int u, int v, int& m, int& n) {
//算法调用方式 CountPath(S, T, u, v, m, n)。输入：顶点的坐标u和v；输出：S和T
//存放走过路径上顶点的横坐标和纵坐标，S[i]和T[i]是一条路径上第i个点的坐标
//0≤i≤m。引用参数m返回当前路径上点数，n返回路径数
    int k;
    if(u == 0 || v == 0) n++;
    if(v == 0) {
        printf("path%2d= ", n);
        for(k = 0; k <= u; k++) printf("(%d, %d) ", k, 0);
        for(k = m-1; k >= 0; k--) printf("(%d, %d) ", S[k], T[k]);
        printf("\n");
    }
    else if(u == 0) {
        printf("path%2d= ", n);
        for(k = 0; k <= v; k++) printf("(%d, %d) ", 0, k);
        for(k = m-1; k >= 0; k--) printf("(%d, %d) ", S[k], T[k]);
        printf("\n");
    }
    else {
        S[m] = u;  T[m] = v;  m++;
        CountPath(S, T, u, v-1, m, n);
        CountPath(S, T, u-1, v, m, n);
        m--;
    }
}
```

算法的时间复杂度和空间复杂度均为 $O(u+v)$。

4-46 边数据矩形是一个 n 行 m 列的二维矩阵，每一行有 m−1 条横边，每一列有 n−1 条竖边，每一条边都带有一个数值。若矩形每一个点仅有向右或向下两个走向，试设计一个算法，求从矩形左上角点到右下角点的一条路径，要求路径上所有边的数据之和最大。

【解答】 若设矩形的行数为 n，列数为 m，每个点为(i, j)，1≤i≤n；1≤j≤m。那么，矩形的每一行有 m−1 条横边，每一列有 n−1 条竖边。如图 4-12 所示，是 5 行 6 列的二维数组，但行方向和列方向，相邻点之间有边连接，边上数字代表距离。

使用动态规划法求解时，设 a(i, j)为点(i, j)到右下角点的最大路程。s(i, j)为点(i, j)的路标数组，其值取为{'d', 'r'}。则第一步置右下角 a[n][m] = 0，表示出口的路径长度为 0。

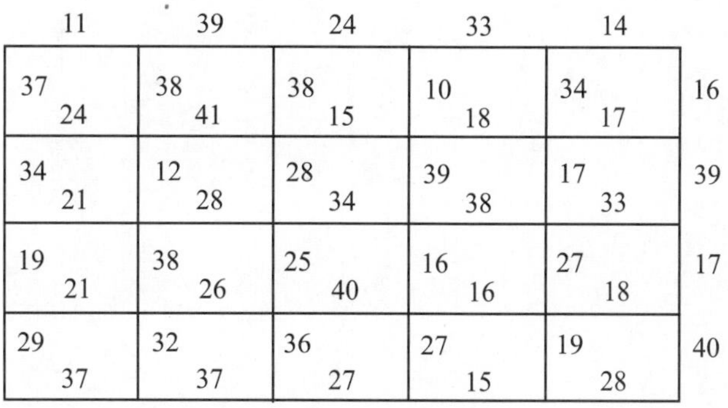

图 4-12　题 4-46 的图

第二步计算矩阵最右一列和矩阵最底一行的所有边的数值之和：

$$a[i][m] = a[i+1][m]+d[i][m], \quad i = n-1,\cdots, 1$$

$$a[n][j] = a[n][j+1]+r[n][j], \quad j = m-1,\cdots, 1$$

第三步向左向上递推计算 a[i][j]，令 a[i][j] = max { a[i+1][j]+d[i][j]，a[i][j+1]+r[i][j] }，根据选择，确定 s[i][j] = 'd'或 s[i][j] = 'r'，如图 4-13 所示。

	1	2	3	4	5	6
1	292(d)	269(d)	228(d)	180(r)	147(d)	112(d)
2	255(r)	231(r)	190(d)	167(d)	113(r)	96(d)
3	211(r)	190(r)	162(r)	128(r)	90(r)	57(d)
4	173(d)	140(r)	114(r)	74(r)	58(r)	40(d)
5	144(r)	107(r)	70(r)	43(r)	28(r)	0

图 4-13　题 4-46 的图续

最后，在 a[1][1]中得到从矩阵(1, 1)点到(5, 6)点的具有最大路径长度的路径上边值之和为 292，最长路径为(1, 1), (2, 1), (2, 2), (2, 3), (3, 3), (3, 4), (3, 5), (3, 6), (4, 6), (5, 6)。

算法的实现如下。

```
#define N 50
void maxPRectangle(int r[][N], int d[][N], int n, int m) {
//算法调用方式 maxPRectangle(r, d, n, m)。输入: n 和 m 是二维数组的行数和列数,
//r[i][j]是点[i, j]横向右边的值, d[i][j]是点[i, j]纵向下边的值, 数组 r 有 n 行 m-1
//列, 数组 d 有 n-1 行 m 列; 输出: 算法按照动态规划方法构造了 n 行 m 列的表格 a, 从
//a[1][1]得到了最大路径长度, 从辅助数组 s 可以得到最长路径上的各条边
    int a[N][N];  char s[N][N];  int i, j;
    a[n][m] = 0;
    for(i = n-1; i >= 1; i--)                         //右列初始化
        { a[i][m] = a[i+1][m]+d[i][m];  s[i][m] = 'd'; }
    for(j = m-1; j >= 1; j--)                         //下边初始化
        { a[n][j] = a[n][j+1]+r[n][j];  s[n][j] = 'r'; }
    for(i = n-1; i >= 1; i--)                         //逆推求最优值
        for(j = m-1; j >= 1; j--)
```

```
        if(a[i+1][j]+d[i][j] > a[i][j+1]+r[i][j])
              { a[i][j] = a[i+1][j]+d[i][j]; s[i][j] = 'd'; }
        else { a[i][j] = a[i][j+1]+r[i][j]; s[i][j] = 'r'; }
printf("a 矩阵（边值累加）和 s 矩阵（方向）的中间值为\n");
for(i = 1; i <= n; i++) {
    for(j = 1; j <= m; j++) printf("%4d(%c) ", a[i][j], s[i][j]);
    printf("\n");
}
printf("\n 最大路程为: %d", a[1][1]);              //输出最大路程
printf("\n 最大路径为: (1, 1)");
j = 1; i = 1;                                       //构造并输出最大路径
while(i < n || j < m)
    if(s[i][j] == 'd') {
        printf("-%d-", d[i][j]);  i++;
        printf("(%d, %d)", i, j);
    }
    else {
        printf("-%d-", r[i][j]);  j++;
        printf("(%d, %d)", i, j);
    }
printf("\n");
}
```

算法的时间复杂度为 O(n²)。

4-47 点数据三角形是一个 n 行的三角矩阵，第 k 行（1≤k≤n）有 k 个点，每一个点都带有一个数值。例如，n＝5 时给出的点数值三角形如图 4-14 所示。

图 4-14 题 4-47 的图

点数值三角形的数值可以随机产生，也可从键盘输入。设计一个算法，在一个 n 行的点数据三角形中，查找从顶点开始每一步可沿左斜（L）或右斜（R）向下至底的一条路径，使该路径所经过点的数值和最小。

【解答】 设点数据三角形的数据存储在二维数组 a 中。使用两个辅助数组 b[n][n] 和 d[n][n] 存储自底向上计算的结果，b[i][j] 存储从点(i, j)到底行的最短路径上的数据之和，d[i][j] 存储从(i, j)向下最短路径是向左（"L"）还是向右（"R"）走的。很明显，b[i][j] 与 d[i][j] 的值由 b 数组的第 i+1 行的第 j 个元素与第 j+1 个元素值的大小比较决定，即有递推关系：当 b[i+1][j]≤b[i+1][j+1]时，b[i][j] = a[i][j]+b[i+1][j]，d[i][j] = 'L'；当 b[i+1][j]>b[i+1][j+1]时，b[i][j] = a[i][j]+b[i+1][j+1]，d[i][j] = 'R'，其中 i = n-1, n-2,…, 1。边界条件是：b[n][j] = a[n][j]，j = 1, 2,…, n。所求的最短路径的数据和存储在 b[1][1]中，此即问题的解。

为了确定与并输出最短路径，利用 d 数组从上而下查找。先打印 a[1][1]，这是路径的起点。然后根据路标 d[1][1] 的值决定路径的第 2 个点：若 d[1][1] = 'R'，则下一个打印 a[2][2]；否则打印 a[2][1]。一般地，在输出 i 循环（i = 2, 3,···, n）中：

- 若 d[i−1][j] = 'R'，则打印 "−R−" 和 a[i][j+1]，执行 j = j+1，为下一步输出做准备。
- 若 d[i−1][j] = 'L'，则打印 "−L−" 和 a[i][j]，j 不变。

以此打印出最小路径，即所求的最优解。

采用以上动态规划法求解，其时间复杂度为 $O(n^2)$，空间复杂度也为 $O(n^2)$。

算法的实现如下。

```
#define maxSize 50
void minPath(int a[][maxSize], int n) {
//算法调用方式 minPath(a, n)。输入：二维整数数组 a，数组的行数 n；
//输出：算法查找并输出从顶[1，1]到最底层的最短路径
    int i, j;  int b[maxSize][maxSize];  char d[maxSize][maxSize];
    for(j = 1; j <= n; j++) b[n][j] = a[n][j];
    for(i = n-1; i >= 1; i--)                        //逆推得 b[i][j]
        for(j = 1; j <= i; j++)
            if(b[i+1][j+1] < b[i+1][j])
                { b[i][j] = a[i][j]+b[i+1][j+1];  d[i][j] = 'R'; }
            else {b[i][j] = a[i][j]+b[i+1][j];  d[i][j] = 'L'; }
    printf("最小路径和为: %d\n", b[1][1]);            //输出最小数字和
    printf("最小路径为: %d", a[1][1]);               //输出和最小的路径
    for(i = 2, j = 1; i <= n; i++)
        if(d[i-1][j] == 'R') { printf("-R-%d", a[i][j+1]); j++; }
        else printf("-L-%d", a[i][j]);
        printf("\n");
}
```

算法的时间复杂度和空间复杂度均为 $O(n^2)$。

4.2 特殊矩阵与稀疏矩阵

4.2.1 特殊矩阵与稀疏矩阵的概念

1. 对称矩阵的概念与压缩存储

对称矩阵的概念：对一个 n×n 的方阵 A 中的任一元素 a_{ij}，当且仅当 $a_{ij}=a_{ji}$ 时（0≤i≤n−1，0≤j≤n−1），矩阵 A 为对称矩阵，如图 4-15（a）所示。可以利用对称矩阵的这个性质，只存储对角线及对角线以下的元素，或者只存储对角线及对角线以上的元素，前者称为下三角阵，如图 4-15（b）所示，后者称为上三角阵，如图 4-15（c）所示。

对称矩阵的特性：对于一个 n×n 的对称方阵 A：矩阵元素总数有 n^2 个，而上三角阵或下三角阵的元素共有 n+(n−1)+(n−2)+···+2+1 = n(n+1)/2 个元素。故对称方阵的压缩存储最多只需存储 n(n+1)/2 个元素。

$$\begin{bmatrix} a_{0,0} & a_{0,1} & \cdots & a_{0,n-1} \\ a_{1,0} & a_{1,1} & \cdots & a_{1,n-1} \\ \vdots & \vdots & \ddots & \vdots \\ a_{n-1,0} & a_{n-1,1} & \cdots & a_{n-1,n-1} \end{bmatrix} \quad \begin{bmatrix} a_{0,0} & & & \\ a_{1,0} & a_{1,1} & & \\ \vdots & \vdots & \ddots & \\ a_{n-1,0} & a_{n-1,1} & \cdots & a_{n-1,n-1} \end{bmatrix} \quad \begin{bmatrix} a_{0,0} & a_{0,1} & \cdots & a_{0,n-1} \\ & a_{1,1} & \cdots & a_{1,n-1} \\ & & \ddots & \vdots \\ & & & a_{n-1,n-1} \end{bmatrix}$$

（a）对称矩阵　　　　　　　　　（b）下三角阵　　　　　　　　（c）上三角阵

图 4-15　对称矩阵、下（上）三角矩阵

对称矩阵的压缩存储：可以用一维数组 B 存储对称矩阵 A 的上三角阵或下三角阵。为找到对称矩阵的上三角阵或下三角阵中的任一元素在一维数组中的下标位置，还要区分两种存储方式，即行优先方式和列优先方式。

设在一维数组 B 中从 0 号位置开始存放，A[0][0]存放于 B[0]。若只存下三角部分并按行优先存储，则将图 4-15（b）所示的下三角阵存放在一维数组，所得的线性序列如图 4-16 所示。

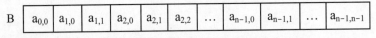

图 4-16　对称矩阵的下三角阵的压缩存储

对于矩阵 A 的任一数组元素 a_{ij}，在按行优先存放的情形下，当 $i \geqslant j$ 时，矩阵元素 a_{ij} 在 B 中有对应存放位置：

$$LOC(a[i][j]) = 1 + 2 + 3 + \cdots + i + j = (i+1) \times i / 2 + j$$

当 $i < j$ 时，矩阵元素 a_{ij} 在数组 B 中没有对应存放位置，但基于矩阵元素的对称性，可以通过查找对称元素 a_{ji} 在数组 B 中的位置而访问到它的值。此时 a_{ij} 的值就是 a_{ji} 在数组 B 中存放的值，故 $LOC(a[i][j]) = LOC(a[j][i]) = (j+1) \times j / 2 + i$。同样，若只存上三角部分，一维数组 B 中从 0 号位置开始存放，并按行优先存储，则图 4-15（c）的矩阵元素存放在一维数组中，所得的一个线性序列如图 4-17 所示。

图 4-17　对称矩阵的上三角阵的压缩存储

由此可以看出，对矩阵 A 的任一矩阵元素 a_{ij}，在按行优先存储的情况下，当 $i \leqslant j$ 时，矩阵元素 a_{ij} 在一维数组 B 中有对应的存储位置：

$$LOC(a[i][j]) = n + (n-1) + (n-2) + \cdots + (n-i+1) + (j-i) = (2 \times n - i + 1) \times i / 2 + j - i$$
$$= (2 \times n - i - 1) \times i / 2 + j$$

当 $i > j$ 时，矩阵元素 a_{ij} 在数组 B 中没有存放，可以通过查找对称元素 a_{ji} 的位置而访问到它的值，此时 a_{ij} 的值就是 a_{ji} 在数组中位置存放的值。故：

$$LOC(a[i][j]) = LOC(a[j][i]) = (2 \times n - j - 1) \times j / 2 + i$$

2. 三对角线矩阵的概念与压缩存储

三对角线矩阵的概念：设有一个 n×n 的方阵 A，对于矩阵 A 中的任一元素 a_{ij}，当 $|i-j| > 1$ 时有 $a_{ij} = 0$（$1 \leqslant i \leqslant n$，$1 \leqslant j \leqslant n$），则称这样的矩阵为三对角线矩阵。图 4-18 即为一个三对角线矩阵。

$$\begin{pmatrix} a_{0,0} & a_{0,1} & & & & \\ a_{1,0} & a_{1,1} & a_{1,2} & & & \\ & a_{2,1} & a_{2,2} & a_{2,3} & & \\ & & \ddots & \ddots & \ddots & \\ & & & a_{n-2,n-3} & a_{n-2,n-2} & a_{n-2,n-1} \\ & & & & a_{n-1,n-2} & a_{n-1,n-1} \end{pmatrix}$$

图 4-18　三对角线矩阵

三对角线矩阵的压缩存储：在三对角线矩阵中，除主对角线及在主对角线上下最临近的两条对角线上的元素外，所有其他元素均为 0。为了节省存储空间，只存储主对角线及其上、下两侧次对角线上的元素，主次对角线以外的零元素一律不存储。

为此，用一个一维数组 B 来存储三对角矩阵中位于三条对角线上的元素。这里同样要区分两种存储方式，即行优先方式和列优先方式。

将三对角线矩阵 A 中三条对角线上的元素按行优先方式存放在一维数组 B 中，且 $a_{0,0}$ 存放于 B[0]，则矩阵 A 的全部 $3n-2$ 个非零元素在数组 B 中的存放顺序如图 4-19 所示。

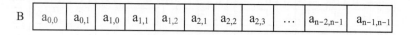

图 4-19　三对角线矩阵的压缩存储

矩阵 A 在三条对角线上的元素 a_{ij}（$0 \leq i \leq n-1$，$i-1 \leq j \leq i+1$）在一维数组 B 中的存放位置为 $2 \times i + j$。

反之，若已知三对角线矩阵中某元素 a_{ij} 在一维数组 B 中存放于第 k 个位置，则可求得 $i = \lfloor (k+1)/3 \rfloor$，$j = k - 2 \times i$。例如，当 k = 0 时，$i = \lfloor (0+1)/3 \rfloor = 0$，$j = 0 - 2 \times 0 = 0$，存放的是 $a_{0,0}$；当 k = 2 时，$i = \lfloor (2+1)/3 \rfloor = 1$，$j = 2 - 2 \times 1 = 0$，存放的是 $a_{1,0}$；当 k = 4 时，$i = \lfloor (4+1)/3 \rfloor = 1$，$j = 4 - 2 \times 1 = 2$，存放的是 $a_{1,2}$。

3. 稀疏矩阵的概念与压缩存储

稀疏矩阵的概念：一个矩阵中的非零元素个数远远小于矩阵元素总数，则称该矩阵为稀疏矩阵。在实际应用中，稀疏矩阵一般都比较大，非零元素所占的比例都比较小。

稀疏矩阵的存储如下。

（1）利用一般矩阵的二维数组存储：采用二维数组存储矩阵的优点是可以随机访问每一个元素，因而能够较容易地实现矩阵的各种运算，如转置、加法、乘法等。但对于稀疏矩阵来说，采用二维数组的存储方法既浪费大量的存储单元用来存放零元素，又要在运算中花费大量的时间来进行零元素的无效计算。

（2）稀疏矩阵的三元组表压缩存储：矩阵中每个非零元素可用该元素的行号 i、列号 j 和元素值 a_{ij} 组成的三元组（i, j, a_{ij}）来表示。若把所有的三元组按行号为主序、列号为辅序（当行号相同时再考虑列号次序）进行排列，就构成一个表示稀疏矩阵的三元组表。

（3）稀疏矩阵的顺序存储的类型定义如下（存放于头文件 SparseMatrix.h 中）：

```
#define MaxTerms 100
typedef int DataType;
```

```
typedef struct {                        //稀疏矩阵中表示非零元素的三元组
    int row, col;                       //非零元素所在的行号、列号
    DataType value;                     //非零元素的值
} Triple;
typedef struct {                        //稀疏矩阵定义
    int Rows, Cols, Terms;              //稀疏矩阵的行数、列数和非零元素个数
    Triple elem[MaxTerms];              //三元组表
} SparseMatrix;
```

（4）稀疏矩阵的链接存储：稀疏矩阵的链接存储采用十字链表表示，它为每个非零元素结点附带了两个链接指针：一个指向同一行下一非零元素结点（行指针），另一个指向同一列下一非零元素结点（列指针）。在十字链表中，每一个三元组结点按矩阵元素所在的行号 i，列号 j，链接入第 i 个行链表和第 j 个列链表中，即处于所在的行链表和列链表的交汇处。图 4-20 是一个稀疏矩阵的十字链表的例子，每个行链表和列链表均为循环链表。第 i 个行链表和第 i 个列链表实际上共用一个头结点。

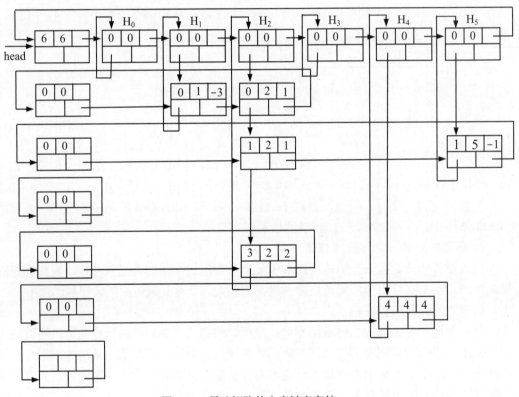

图 4-20　稀疏矩阵的十字链表存储

稀疏矩阵的特性与运算如下。

（1）稀疏矩阵的三元组表存储表示的缺点是失去了矩阵元素随机存取的特性。

（2）稀疏矩阵转置运算的技巧在于设计了两个辅助表格，通过扫描一遍三元组表，预先统计原矩阵各列非零元素个数，预置转置后矩阵各行非零元素在三元组表中位置。

（3）稀疏矩阵相加运算的技巧在于设计了一个辅助向量，在逐行做加法时存放一行相

加的结果，再压缩存放到结果三元组表。因为矩阵相加，可能会出现新的非零元素。

（4）稀疏矩阵相乘运算的技巧在于设计了一个辅助向量，在逐行做乘法时，用于累加相乘的结果，最后再压缩存放到结果三元组表。

4.2.2 特殊矩阵相关的算法

4-48 若把对称矩阵 $A_{n×n}$ 的下三角部分按行优先方式存放于一维数组 B 中，设计一个算法：

（1）求出矩阵元素 A[i][j]在压缩数组 B 中对应的存放位置 k。

（2）求出在压缩数组 B 中元素 B[k]在对称矩阵 A 中对应的行、列下标。

【解答】（1）因为 B 存储的是 A 的下三角部分，若 i、j、k 都从 0 开始，当 i≥j 时，如 A[2][1]，矩阵元素 A[i][j]在数组 B 中的存放位置为 k = (i+1)*i/2+j。当 i<j 时，如 A[1][2]，矩阵元素 A[i][j]在数组 B 中没有存放，但可以找到它的对称元素 A[j][i]。在数组 B 中的存放位置为 k = (j+1)*j/2+i。算法的实现如下。

```
int conpressIndex(int i, int j) {                    //从[i, j]得到 k
//算法调用方式 int k = conpressIndex(i, j)。输入：一个对称矩阵元素的坐标对 i、j；
//输出：函数返回该元素在压缩数组中的下标 k
    if(i >= j) return(i+1)*i/2+j;
    else return(j+1)*j/2+i;
}
```

（2）先求行下标 i，因为 k = (i+1)*i/2+j，所以(i+1)*i/2 = k-j≤k，求解方程 i^2+i-2k =0，得到 i 值，再由 j = k-(i+1)*i/2，求得 j 值。算法的实现如下。

```
#include<math.h>
int uncompressIndex(int k, int& i, int& j) {            //从 k 得到[i, j]
//算法调用方式 uncompressIndex(k, i, j)。输入：在压缩数组中元素的下标 k；
//输出：相应对称矩阵元素的坐标对 i、j
    float t, q = sqrt(1+8*k);
    if(q < 0) return 0;
    else { i = (int)(q-1)/2;  j = k-(i+1)*i/2;  return 1; }
}
```

这两个算法的时间复杂度和空间复杂度均为 O(1)。

4-49 若把对称矩阵 $A_{n×n}$ 的上三角部分按行优先方式存放于一维数组 B 中，设计一个算法：

（1）求出矩阵元素 A[i][j]在压缩数组 B 中对应的存放位置 k。

（2）求出在压缩数组 B 中元素 B[k]在对称矩阵 A 中对应的行、列下标。

【解答】（1）因为 B 存储的是 A 的上三角部分，若 i、j、k 都从 0 开始，当 i≤j 时，如 A[1][2]，矩阵元素 A[i][j]在数组 B 中的存放位置为 k = (2*n-i-1)*i/2+j。当 i>j 时，如 A[2][1]，矩阵元素 A[i][j]在数组 B 中没有存放，可以找它的对称元素 A[j][i]。在数组 B 中的存放位置为 k = (2*n-j-1)*j/2+i。算法的实现如下。

```
int conpressIndex(int i, int j, int n) {             //从[i, j]得到 k
```

```
        if(i <= j) return(2*n-i-1)*i/2+j;
        else return(2*n-j-1)*j/2+i;
}
```

算法的时间复杂度和空间复杂度均为 O(1)。

（2）先求行下标 i，设 i = 0，s = n，反复执行：若 k≥s，k = k-s，s = s-1，i = i+1；当 k＜s 时 i 就是所求行下标，令 j = k+i，即可得到列下标。例如，当 k = 13，n = 6 时，s = 6，执行 k = 13≥s = 6，令 k = k-s = 13-6 = 7，s = s-1 = 5，i = i+1 =1；因为 k = 7≥s = 5，令 k = k-s = 7-5 = 2，s = s-1 = 4，i = i+1 = 2，因为 k = 2＜s = 4 可得 k = 13 元素的行下标 i = 2，列下标 j = k+i = 4。算法的实现如下。

```
void uncompressIndex(int k, int n, int& i, int& j) {    //从k得到[i, j]
    int s = n;  i = 0;
    for(i = 0; k >= s; i++, s--) k = k-s;
    j = i+k;
}
```

算法的时间复杂度为 O(n)，空间复杂度均为 O(1)。

算法的调用方式同题 4-48，不过参数表中多了一个参数 n，它是对称矩阵的阶数。

4-50 设计一个空间复杂度为 O(1) 的算法，把按行优先方式存放于一维正整数数组 B 中的对称矩阵的上三角部分转换为按列优先方式存放，转换结果仍然存放于 B 中。

【解答】 例如，一个 4×4 对称矩阵 A 的上三角部分按行优先方式在 B 中的存放情况为 $a_{00}, a_{01}, a_{02}, a_{03}, a_{11}, a_{12}, a_{13}, a_{22}, a_{23}, a_{33}$，按列优先方式在数组 B 中的存放情况为 $a_{00}, a_{01}, a_{11}, a_{02}, a_{12}, a_{22}, a_{03}, a_{13}, a_{23}, a_{33}$。可以顺序取出 B 中一个元素 B[k]，首先利用按行优先的下标变换公式 k = (2n-i-1)×i/2+j 计算该元素的行、列号 i 和 j，然后利用按列优先的下标变换公式 d = j(j+1)/2+i 算出该元素转换后应存放的位置，再进行位置的调换。算法的实现如下。

```
void RowF_to_ColF(ElemType B[], int n) {            //n是对称矩阵的阶数
//算法调用方式 RowF_to_ColF(B, n)。输入：一个对称矩阵的压缩存储数组B，矩阵
//的阶n；输出：将按行排列改为按列排列
    int i, j, k, d;  ElemType s1, s2;
    k = 2;                                          //顺序转换B中元素位置
    for(i = 0; k >=(2*n-i+1)*i/2; i++);             //计算B[k]行优先的行、列号
    i--;  j = k-(2*n-i+1)*i/2+i;
    d = (j+1)*j/2+i;  s1 = B[k];                    //计算列优先压缩存放位置
    while(k != d) {                                 //k = m 则B[m]不用移动
        s2 = B[d];  B[d] = s1;  s1 = s2;            //元素移动
        for(i = 0; d >=(2*n-i+1)*i/2; i++);
        i--;  j = d-(2*n-i+1)*i/2+i;                //计算B[d]行优先的行、列号
        d =(j+1)*j/2+i;
    }
    B[k] = s1;
}
```

算法的时间复杂度为 $O(n^2)$，空间复杂度为 O(1)。

4-51 设计一个空间复杂度为 O(1) 的算法，把按行优先方式存放于一维正整数数组 B

中的对称矩阵的下三角部分转换为按列优先方式存放，转换结果仍然存放于 B 中。

【解答】 例如，一个 4×4 对称矩阵 A 的下三角部分按行优先方式在 B 中的存放情况为 $a_{00}, a_{10}, a_{11}, a_{20}, a_{21}, a_{22}, a_{30}, a_{31}, a_{32}, a_{33}$，而按列优先方式在 B 中存放顺序应是 $a_{00}, a_{10}, a_{20}, a_{30}, a_{11}, a_{21}, a_{31}, a_{22}, a_{23}, a_{33}$。可以顺序取出 B 中一个元素 B[k]，首先利用行优先压缩存储式子 k = (i+1) × i/2+j 计算该元素的行号 i 和列号 j，然后利用列优先方式压缩存储式子 (2n-j-1)×j/2+i，算出该元素转换后应存放的位置，再进行位置的调换。

算法的实现如下。

```
void RowF_to_ColF(ElemType B[], int n) {
//算法调用方式 RowF_to_ColF(B, n)。输入：一个对称矩阵的压缩存储数组 B，矩阵
//的阶 n；输出：将按行排列改为按列排列
    int i, j, k, d;  ElemType s1, s2;
    k = 2;                                   //顺序转换 B 中元素位置
    for(i = 0; k >=(i+1)*i/2; i++);          //计算 B[k]行优先的行、列号
    i--;  j = k-(i+1)*i/2;
    d = (2*n-j-1)*j/2+i;  s1 = B[k];         //计算列优先压缩存放位置
    while(k != d) {                          //k = m, B[k]不用移动
        s2 = B[d];  B[d] = s1;  s1 = s2;     //元素移动
        for(i = 0; d >=(i+1)*i/2; i++);      //计算 B[d]行优先的行、列号
        i--;  j = d-(i+1)*i/2;
        d = (2*n-j-1)*j/2+i;                 //计算列优先压缩存放位置
    }
    B[k] = s1;
}
```

算法的时间复杂度为 $O(n^2)$，空间复杂度为 $O(1)$。

4-52 若有两个 n×n 的对称矩阵，都按行优先方式顺序存储矩阵的上三角部分在一维数组 A 和 B 中，设计一个算法，实现两个矩阵的相加，结果按同样方式存放于一维数组 C 中。

【解答】 两个对称矩阵相加，结果仍是对称矩阵，因此在数组 C 中也是按行优先方式存放并仅存其上三角部分。算法只需顺序处理一遍，把对应元素相加即可。

算法的实现如下。

```
void SymMAdd(ElemType A[], ElemType B[], ElemType C[], int n) {
//算法调用方式 SymMAdd(A, B, C, n)。输入：两个相加的对称矩阵的压缩存储数组
//A 和 B，矩阵的阶 n；输出：相加的结果存放在 C 中
    for(int i = 0; i < (n+1)*n/2; i++) C[i] = A[i] + B[i];
}
```

算法的时间复杂度为 $O(n)$，空间复杂度为 $O(1)$。

4-53 若有两个 n×n 的对称矩阵，都按行优先方式顺序存储矩阵的上三角部分在一维数组 A 和 B 中，设计一个算法，实现两个矩阵的相乘，结果存放于二维数组 C 中。

【解答】 两个对称矩阵相乘，结果可能不是对称矩阵，因此数组 C 是一个没有压缩的二维数组。通常两个矩阵相乘的算法是：

```
for(int i = 0; i < n; i++)
    for(int j = 0; j < n; j++) {
        C[i][j] = 0;
        for(int k = 0; k < n; k++) C[i][j] = C[i][j] + A[i][k] * B[k][j];
    }
```

但由于 A、B 都是上三角矩阵的压缩存储,当 i>k 时 A[i][k]在压缩数组 A 中没有存放,同样,当 k>j 时 B[k][j]在压缩数组 B 中没有存放,必须利用它们的对称元素,所以在相乘之前要判断数组元素下标,提取数组元素的值:

$$u = (i <= k) ? a_{ik} : a_{ki}$$
$$v = (k <= j) ? b_{kj} : b_{jk}$$

设矩阵元素下标为 x, y,它在压缩数组中位置 k = (2n-x-1)*x/2+y。算法的实现如下。

```
void SymMMul(ElemType A[], ElemType B[], ElemType C[][maxSize], int n){
//算法调用方式 SymMMul(A, B, C, n)。输入:两个相乘的对称矩阵的压缩存储数组
//A 和 B,矩阵的阶 n;输出:相乘的结果存放在 C 中。maxSize 在主程序预定义
    int i, j, k;  ElemType u, v;
    for(i = 0; i < n; i++)
        for(j = 0; j < n; j++) {
            C[i][j] = 0;
            for(k = 0; k < n; k++) {
                if(i <= k) u = A[(2*n-i-1)*i/2+k];
                else u = A[(2*n-k-1)*k/2+i];
                if(k <= j) v = B[(2*n-k-1)*k/2+j];
                else v = B[(2*n-j-1)*j/2+k];
                C[i][j] = C[i][j] + u * v;
            }
        }
}
```

算法的时间复杂度为 $O(n^3)$,空间复杂度为 $O(1)$。

4-54 若有一个 n×n 的三对角线矩阵 A,将其三条对角线上的元素逐行存储到数组 B[3n-2]中,使得 B[k] = a[i][j](i, j, k 都从 0 开始),求:

(1)设计一个算法,根据三对角线矩阵 A 的行、列下标计算它在数组 B 中的下标。

(2)设计一个算法,根据数组 B 的下标 k,恢复该元素在 A 中的行、列下标 i、j。

【解答】(1)当 0≤i≤n-1, i-1≤j≤i+1, 0≤k≤3n-3 时,k = 3i-1+j-i+1 = 2i+j。算法的实现如下。

```
int TransAtoB(int i, int j, int n, int& k) {
//算法调用方式 int succ = TransAtoB(i, j, n, k)。输入:一个三对角线矩阵元素的
//坐标对 i、j,矩阵的阶 n;输出:函数返回 1,表示已求得在压缩数组 B 中的对应元素下
//标 k;返回 0,表示参数不合理
    if(i >= 0 && i <= n-1 && j >= i-1 && j <= i+1)
        { k = 2*i+j;  return 1; }
    e;se return 0;
}
```

（2）当 $0{\leqslant}i{\leqslant}n$, $i{-}1{\leqslant}j{\leqslant}i{+}1$, $0{\leqslant}k{\leqslant}3n{-}3$ 时，$i=\lfloor(k{+}1)/3\rfloor$, $j=k{-}2*i$。

算法的实现如下。

```
int TransBtoA(int k, int n, int& i, int& j) {
//算法调用方式 int succ = TransBtoA(k, n, i, j)。输入：在压缩数组中元素的下标 k,
//三对角线矩阵的阶 n；输出：函数返回 1，表示已求得的相应三对角线矩阵元素的
//坐标对 i、j；函数返回 0，表示参数不合理
    if(k >= 0 && k <= 3*n-3)
        { i = (int)(k+1)/3; k = k-2*i;  return 1; }
    else return 0;
}
```

这两个算法的时间复杂度和空间复杂度均为 O(1)。

4-55 一个 w 对角线矩阵又称为带状矩阵（w 为奇数），非零元素分布在矩阵的主对角线和它上下各(w-1)/2 条次对角线上，其他区域的元素都为 0，就是说对于一个 n 阶矩阵，任一非零元素 a_{ij} 的下标应满足 $0{\leqslant}i{<}n$, $i{-}(w{-}1)/2{\leqslant}j{\leqslant}i{+}(w{-}1)/2$，如图 4-21（a）就是一个 8 阶 5 对角线矩阵。若将该矩阵压缩存储在一个一维数组 B 中，a_{00} 存放在 B_0，设计一个算法，从给定的矩阵元素的下标对 i 和 j，查找该元素在数组 B 中的存放位置 k。

$$A=\begin{bmatrix} a_{0,0} & a_{0,1} & a_{0,2} & & & & & \\ a_{1,0} & a_{1,1} & a_{1,2} & a_{1,3} & & & & \\ a_{2,0} & a_{2,1} & a_{2,2} & a_{2,3} & a_{2,4} & & & \\ & a_{3,1} & a_{3,2} & a_{3,3} & a_{3,4} & a_{3,5} & & \\ & & a_{4,2} & a_{4,3} & a_{4,4} & a_{4,5} & a_{4,6} & \\ & & & a_{5,3} & a_{5,4} & a_{5,5} & a_{5,6} & a_{5,7} \\ & & & & a_{6,4} & a_{6,5} & a_{6,6} & a_{6,7} \\ & & & & & a_{7,5} & a_{7,6} & a_{7,7} \end{bmatrix} \quad A'=\begin{bmatrix} 0 & 0 & a_{0,0} & a_{0,1} & a_{0,2} \\ 0 & a_{1,0} & a_{1,1} & a_{1,2} & a_{1,3} \\ a_{2,0} & a_{2,1} & a_{2,2} & a_{2,3} & a_{2,4} \\ a_{3,1} & a_{3,2} & a_{3,3} & a_{3,4} & a_{3,5} \\ a_{4,2} & a_{4,3} & a_{4,4} & a_{4,5} & a_{4,6} \\ a_{5,3} & a_{5,4} & a_{5,5} & a_{5,6} & a_{5,7} \\ a_{6,4} & a_{6,5} & a_{6,6} & a_{6,7} & 0 \\ a_{7,5} & a_{7,6} & a_{7,7} & 0 & 0 \end{bmatrix}$$

(a) 一个 8 阶 5 对角线矩阵　　　　　　　　　(b) 转换为一个 8×5 矩阵

图 4-21　题 4-55 的图

【解答】 为了映射方式比较简单，采用一种特殊的处理。首先假设把 w 条对角线上的元素存储到一个 n×w 的矩阵中，如图 4-21（b）所示。然后再按行优先方式依次把图 4-21（b）中所有元素压缩存储到一维数组 B[n×w]中，就可以简单地找出 a_{ij} 与 B_k 的映射关系。代价是多余存储了$(w^2-1)/4$ 个零元素。

设 w 对角线矩阵 A 中一个非零元素为 a_{ij}，它在过渡矩阵 A'中对应元素为 a_{ts}，其映射关系为 t = i, s = j-i+(w-1)/2；而矩阵 A'中的元素 a_{ts} 在一维数组 B 中的下标 k = w×t+s。然后就可得 k = w×i + j-i+(w-1)/2。例如，对于图 4-21（a）中的矩阵 A，元素 $a_{0,0}$ 在 B 中的位置 k = 5×0+0-0+(5-1)/2 = 2；元素 $a_{4,5}$ 在 B 中的位置 k = 5×4+5-4+(5-1)/2 = 23。

算法的实现如下。

```
int diagonal_w(int i, int j, int w, int n) {
//算法调用方式 int k = diagonal_w(i, j, w, n)。输入：矩阵的阶数 n，对角线条数 w,
//在 w 对角线矩阵中给定元素的行、列下标 i 和 j；输出：函数返回在压缩数组 B 中
```

```
//元素的下标 k
    if(i >= 0 && i < n && j >= i-(w-1)/2 && j <= i+(w-1)/2)
        return i*w+j-i+(w-1)/2;
        else return 0;
}
```

算法的时间复杂度和空间复杂度均为 O(1)。

4-56 若一个准对角矩阵 $A_{n \times n}$，它的对角线上有 t 个 m 阶方阵 $A_0, A_1, \cdots, A_{t-1}$，如图 4-22 所示，且 m×t=n。

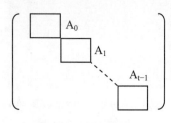

图 4-22 题 4-56 的图

现在要求把矩阵 A 中这些方阵中的元素按行存放在一个一维数组 B 中，B 的下标从 0～n×m-1。设 A 中元素 $a_{0,0}$ 存于 B_0 中：试给出 i 和 j 的取值范围，并设计一个算法，根据给定元素的行、列下标 i 和 j，求出它在 B 中对应元素的下标 k。

【解答】 矩阵中 i 的取值范围 0≤i≤n-1，而列的取值范围受 i 影响。在 A_0 中 0≤j≤m-1，在 A_1 中 m≤j≤2m-1，在 A_2 中 2m≤j≤3m-1，在 A_i 中 i×m≤j≤(i+1)×m-1，在 A_{t-1} 中(t-1)×m≤j≤t×m-1。

若将这些小对角方阵中的元素存入一个一维数组 B 中，每个小对角方阵有 m^2 个矩阵元素，第 i 行前面有 $\lfloor i/m \rfloor$ 个小对角方阵，有 $\lfloor i/m \rfloor \times m^2$ 个矩阵元素；第 i 行所处的小对角方阵中第 i 行前面有 i％m 行，共 (i％m)×m 个矩阵元素，第 i 行内第 j 个元素前面有 j％m 个矩阵元素，由此可得计算公式：k＝$\lfloor i/m \rfloor \times m^2$ ＋(i％m)×m＋j％m。

算法的实现如下。

```
int diagonal_block(int i, int j, int m, int n) {
//算法调用方式 int k = diagonal_block(i, j, m, n)。输入：矩阵的阶数 n，小对角
//矩阵阶数 m，准对角矩阵 A 中给定元素的行、列下标 i 和 j；输出：函数返回在压缩数
//组 B 中元素的下标 k
    int s = m*((int) i/m);              //计算小对角方阵起始行、列号
    if(i >= 0 && i < n && j >= s && j <= s+m-1)
        return s*m+(i % m)*m+j % m;
    else return 0;
}
```

算法的时间复杂度和空间复杂度均为 O(1)。

4-57 设矩阵 A 是一个 n 阶方阵，A 中对角线上有 t 个 m 阶下三角矩阵 $A_0, A_1, \cdots, A_{t-1}$，如图 4-23 所示，且 m×t=n。现在要求把矩阵 A 中这些下三角矩阵中的元素按行存放在一个一维数组 B 中，B 的下标从 0～n×m-1。设 A 中元素 $a_{0,0}$ 存于 B_0，$a_{i,j}$ 存于 B_k 中。给出 i 和 j 的取值范围，并设计一个算法，根据给定的 A 中元素的行、列下标 i 和 j，计算在压缩数组 B 中的存放位置 k。

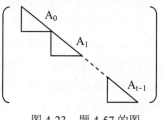

图 4-23 题 4-57 的图

【解答】 i 的取值范围是 0≤i≤n-1。j 的取值与 i 相关：当 0≤i≤m-1 时，0≤j≤i；

当 m≤i≤2m-1 时，m≤j≤i;…；当(t-1)×m≤i≤t×m-1 时，(t-1)×m≤j≤i。

每个下三角矩阵 A_0, A_1,…, A_{t-1}, 都有 m(m+1)/2 个元素，对于给定的 A[i][j]，它一定属于某个 A_i, i = 0, 1,…, t-1。它前面应有 $\lfloor i/m \rfloor$ 个 A_s, 有 $\lfloor i/m \rfloor$×m×(m+1)/2 个元素；在它所属的下三角矩阵中，它前面有 i % m 行，有(i % m+1)×(i % m)/2 个元素；在第 i 行中，第 j 个元素前面有 j % m 个元素。综上所述，矩阵元素 A[i][j] 在 B 中的存储位置为

$$k = \lfloor i/m \rfloor \times m \times (m+1)/2 + (i \% m+1) \times (i \% m)/2 + j \% m$$

算法的实现如下。

```
int diagonal_block(int i, int j, int m, int n) {
//算法调用方式 int k = diagonal_block(i, j, m, n)。输入：矩阵的阶数 n，小下
//三角矩阵阶数 m，准对角矩阵 A 中给定元素的行、列下标 i 和 j；输出：函数返回在压缩
//数组 B 中元素的下标 k
    int s = (int) i/m, r = i % m;           //计算小下三角阵起始行、列号
    if(i >= 0 && i < n && j >= s*m && j <= i)
        return s*m*(m+1)/2+(r+1)*r/2+j % m;
    else return 0;
}
```

算法的时间复杂度和空间复杂度均为 O(1)。

4.2.3　稀疏矩阵相关的算法

4-58　若一个 m×n 的稀疏矩阵存放于二维数组 A[m]n]中，设计一个算法，从 A 生成稀疏矩阵的三元组表示。

【解答】　对二维数组 A[m][n]所有元素按行优先全部遍历一遍，当 A[i][j]≠0 时，在三元组表中添加记录(i, j, A[i][j])。最后将数组的维数 m、n 以及非零元素个数添加到三元组表示中。算法的实现如下。

```
#define M 6                              //数组 A 的行
#define N 7                              //数组 A 的列
void convert(int A[M][N], SparseMatrix& B) {
//算法调用方式 convert(A, B)。输入：稀疏矩阵 A(行、列数 M 和 N);
//输出：引用参数返回创建成功的稀疏矩阵的三元组表 B
    int i, j;  int total = 0;            //利用 total 统计非零元素个数
    for(i = 0; i < M; i++)              //遍历二维数组 A[M][N]
        for(j = 0; j < N; j++)
            if(A[i][j] != 0) {          //在三元组表中添加记录(i, j, A[i][j])
                B.elem[total].row = i;  B.elem[total].col = j;
                B.elem[total].value = A[i][j];
                total++;
            }
    B.Rows = M;     B.Cols = N;          //二维数组 A 的行数和列数
    B.Terms = total;                     //二维数组 A 的非零元素个数
}
```

算法的时间复杂度和空间复杂度均为 O(1)。

4-59　若稀疏矩阵 $M_{m \times n}$ 采用三元组表 A 表示。设计一个算法，查找值为 x 的元素。

【解答】　在三元组表中顺序查找即可。算法的实现如下。

```
int find(SparseMatrix& A, DataType x, int& i, int& j) {
//算法调用方式int succ = find(A, x, i, j)。输入：稀疏矩阵A，查找值x；输出：
//若查找成功，函数返回1，引用参数i和j返回找到元素的行、列下标；否则函数返回0
//引用参数i和j返回的值无效
    for(int k = A.Terms-1; k >= 0 && A.elem[k].value != x; k--);
        if(k >= 0) { i = A.elem[k].row; j = A.elem[k].col; return 1; }
    return 0;
}
```

若稀疏矩阵有 t 个非零元素，算法的时间复杂度为 O(t)，空间复杂度为 O(1)。

4-60　若稀疏矩阵 $M_{m \times n}$ 采用三元组表 A 表示。设计一个算法，计算对角线元素之和。

【解答】　算法首先检查稀疏矩阵的行、列数是否相等。如果不相等，就不做计算，函数返回 0；否则顺序检查三元组表，累加行号等于列号元素的值即可。算法的实现如下。

```
DataType AddDiagonal(SparseMatrix& A) {
//算法调用方式DataType AddDiagonal(A)。输入：稀疏矩阵A；输出：函数返回求
//得的对角线元素值相加的和
    if(A.Rows != A.Cols) {printf("矩阵行列数不等! 返回0.\n"); return 0; }
    DataType sum = 0;  int i;
     for(i = 0; i < A.Terms; i++)
        if(A.elem[i].row == A.elem[i].col) sum += A.elem[i].value;
    return sum;
}
```

若稀疏矩阵有 t 个非零元素，算法的时间复杂度为 O(t)，空间复杂度为 O(1)。

4-61　若稀疏矩阵 $M_{m \times n}$ 采用三元组表 A 表示。设计一个算法，把 A 快速转置为 B，B 是转置后的稀疏矩阵的三元组表表示。

【解答】　算法为了实现矩阵的快速转置，需要设置两个辅助数组 num 和 rpos，num 用来保存矩阵转置前各列非零元素个数，rpos 用来计算矩阵各列元素转置后各行非零元素应存放在结果三元组中的位置。有了这个信息，将来做转置时，转置元素就可直接按此地址安放，从而大大加快了转置算法的运算速度。本题所给快速转置算法将 num 和 rpos 数组合二为一，统计原矩阵各列非零元素个数时错一位存放计数，以节省辅助空间。

算法的实现如下。

```
void FastTranspos(SparseMatrix& SM, SparseMatrix& T) {
//算法调用方式FastTranspos(SM, T)。输入：稀疏矩阵的三元组表SM；输出：引用
//参数T返回转置后矩阵的三元组表
    int *rpos = (int*) malloc((SM.Cols+1) * sizeof(int));  //辅助数组
    T.Rows = SM.Cols;  T.Cols = SM.Rows;  T.Terms = SM.Terms;
    if(SM.Terms > 0) {
        int i, j;
        for(i = 0; i <= SM.Cols; i++) rpos[i] = 0;
        for(i = 0; i < SM.Terms; i++) rpos[SM.elem[i].col+1]++;
```

```
                                                              //相应列计数
        for(i = 1; i <= SM.Cols; i++) rpos[i] = rpos[i]+rpos[i-1];
                                                              //转置后各行位置
        for(i = 0; i < SM.Terms; i++) {              //遍历三元组表
            j = rpos[SM.elem[i].col];                //元素 i 在 T 中位置
            T.elem[j].row = SM.elem[i].col;
            T.elem[j].col = SM.elem[i].row;
            T.elem[j].value = SM.elem[i].value;
            rpos[SM.elem[i].col]++;
        }
    }
    free(rpos);
}
```

若稀疏矩阵有 m 行 n 列共 t 个非零元素，算法的时间复杂度为 $O(max\{m, n, t\})$，空间复杂度为 $O(n)$。

4-62　若稀疏矩阵 A 和 B 均为以三元组表作为它的存储表示。如果三元组表 A 的空间足够大，将矩阵 A 和 B 相加的结果保存在矩阵 A 中，不另外使用除 A 和 B 之外的附加空间，试编写一个满足这个条件的矩阵相加算法，要求算法的时间复杂度达到 $O(m+n)$，其中 m 和 n 分别为矩阵 A 和 B 中非零元的个数。

【解答】　算法先把矩阵 A 的三元组表中的全部三元组后移到表的尾部，再做矩阵相加，结果从 A 的三元组表的前端开始存放，矩阵 B 的三元组表不变。算法的实现如下。

```
void Add(SparseMatrix& A, SparseMatrix& B) {
//算法调用方式 Add(A, B)。输入：两个稀疏矩阵的三元组表 A 和 B；
//输出：将 B 加到 A 上
    if(A.Rows != B.Rows || A.Cols != B.Cols) return;
    int i, j, pa, pb, pc;  dataType sum;
    for(i = A.Terms-1, j = A.maxTerms-1; i >= 0; i--, j--)
        A.elem[j] = A.elem[i];
    pa = j+1;  pb = 0;  pc = 0;
    while(pa < A.maxTerms && pb < B.Terms) {
        if(A.elem[pa].row < B.elem[pb].row)
            A.elem[pc++] = A.elem[pa++];
        else if(A.elem[pa].row > B.elem[pb].row)
            A.elem[pc++] = B.elem[pb++];
        else {                          //A.elem[pa].row == B.elem[pb].row
            if(A.elem[pa].col < B.elem[pb].col)
                A.elem[pc++] = A.elem[pa++];
            else if(A.elem[pa] > B.elem[pb])
                A.elem[pc++] = B.elem[pb++];
            else {                      //A.elem[pa].col == B.elem[pb].col
                sum = A.elem[pa].value+B.elem[pb].value;
                if(sum != 0) {
                    A.elem[pc].row = A.elem[pa].row;
                    A.elem[pc].col = A.elem[pa].col;
```

```
                    A.elem[pc++].value = sum;
                }
            pa++;  pb++;
        }
    }
}
while(pa < A.maxTerms)              //若 A 的三元组未取完，复制
    A.elem[pc++] = A.elem[pa++];
while(pb < B.Terms)                //若 B 的三元组未取完，复制
    A.elem[pc++] = B.elem[pb++];
A.Terms = pc;
}
```

若稀疏矩阵有 t 个非零元素，算法的时间复杂度为 O(t)，空间复杂度为 O(1)。

4-63 若稀疏矩阵 A 和 B 均采用三元组表表示。设计一个算法，实现矩阵 C＝A-B。

【解答】 与矩阵加法的设计思路雷同。当 A、B 相应元素行号相同时，比较它们的列号，作相应处理。若 A 当前检测元素的行号小于 B 当前检测元素的行号时，直接复制 A 当前检测元素，否则复制 B 当前检测元素，但其值取负。算法的实现如下。

```
void Sub(SparseMatrix& A, SparseMatrix& B, SparseMatrix& C) {
//算法调用方式 Sub(A, B, C)。输入：两个稀疏矩阵的三元组表 A 和 B；输出：执行减
//法 A－B 将结果送到应用参数 C 返回，C 也是稀疏矩阵的三元组表
    if(A.Rows != B.Rows || A.Cols != B.Cols) return;
    int pa, pb, pc;  DataType tmp;
    C.Rows = A.Rows;  C.Cols = A.Cols;
    pa = 0;  pb = 0;  pc = 0;        //pa、pb 是 A、B 检测指针，pc 是 C 存放指针
    while(pa < A.Terms && pb < B.Terms) {
        if(A.elem[pa].row == B.elem[pb].row) {
            if(A.elem[pa].col < B.elem[pb].col)
                C.elem[pc++] = A.elem[pa++];
            else if(A.elem[pa].col > B.elem[pb].col) {
                C.elem[pc] = B.elem[pb];
                C.elem[pc++].value = -B.elem[pb++].value;
            }
            else {                          //A.elem[pa]与 B.elem[pb]行列号相等
                tmp = A.elem[pa].value-B.elem[pb].value;
                if(tmp != 0) {
                    C.elem[pc] = A.elem[pa];
                    C.elem[pc++].value = tmp;
                }
                pa++;  pb++;
            }
        }
        else if(A.elem[pa].row < B.elem[pb].row)
            C.elem[pc++] = A.elem[pa++];
        else {
            C.elem[pc] = B.elem[pb];
```

```
                C.elem[pc++].value = -B.elem[pb++].value;
        }
    }
    while(pa < A.Terms) C.elem[pc++] = A.elem[pa++];
    while(pb < B.Terms) {
        C.elem[pc] = B.elem[pb];
        C.elem[pc++].value = -B.elem[pb++].value;
    }
    C.Terms = pc;
}
```

若稀疏矩阵有 t 个非零元素，算法的时间复杂度为 O(t)，空间复杂度为 O(1)。

4-64 若有两个分别为 m×n 和 n×l 的矩阵 A 和 B，采用三元组表存储。设计一个算法，实现 C = A×B。C 是用三元组表存储的结果矩阵。

【解答】 看一个例子。图 4-24 是通常意义上的矩阵乘法。其计算公式为

$$C_{ij} = C_{ij} + \sum_{k=0}^{n-1} A_{ik} \times B_{kj}$$

$$A_{3\times4} = \begin{pmatrix} 10 & 0 & 5 & 7 \\ 2 & 1 & 0 & 0 \\ 3 & 0 & 4 & 0 \end{pmatrix} \quad B_{4\times2} = \begin{pmatrix} 2 & 0 \\ 4 & 8 \\ 0 & 14 \\ 3 & 5 \end{pmatrix} \quad C_{3\times2} = A \times B = \begin{pmatrix} 41 & 105 \\ 8 & 8 \\ 6 & 56 \end{pmatrix}$$

图 4-24 题 4-64 的图

相乘矩阵 A、B 和结果矩阵 C 都用三元组表存储，如图 4-25 所示。

A.elem				B.elem				C.elem		
row	col	value		row	col	value		row	col	value
0	0	10		0	0	2		0	0	41
0	2	5		1	0	4		0	1	105
0	3	7		1	1	8		1	0	8
1	0	2		2	1	14		1	1	8
1	1	1		3	0	3		2	0	6
2	0	3		3	1	5		2	1	56
2	2	4								

图 4-25 题 4-64 的图（续一）

为计算 C[i][j]，应顺序取 A[i][k]，若在三元组表中取到一个 A.elem[d].row = i，其列号 A.elem[d].col = k，需到矩阵 B 的三元组表 B.elem 中抽取行号为 k 列号为 j 的三元组。因为在 B.elem 中行号为 k 的三元组都集中在一起，如果预先知道它们在三元组表中的起始位置及个数，就可以高效地抽取。为此，可为矩阵 B 创建辅助数组 rowStart，先用于统计矩阵 B 各行的非零元素个数，然后计算各行非零元素在三元组表 B.elem 中的起始位置。对于图 4-25 所示 B 的三元组表，两个辅助数组如图 4-26 所示。

行号	[0]	[1]	[2]	[3]	[4]	
rowStart（计数）	0	1	2	1	2	矩阵 B 只有 4 行，行号 0～3。最后一
rowStart（位置）	0	1	3	4	6	项 6 用于确定第 3 行元素最后位置

图 4-26　题 4-64 的图（续二）

针对 A.elem 中所有行号为 i 的三元组，取它们的列号 k，全部与 B.elem 中行号为 k 列号为 j 的三元组相乘，结果累加到 C[i][j] 中。算法的实现如下。

```
void Multiply(SparseMatrix& A, SparseMatrix& B, SparseMatrix& C) {
//算法调用方式 Multiply(A, B, C)。输入：两个稀疏矩阵的三元组表 A 和 B;
//输出：执行乘法 A×B 将结果通过引用参数 C 返回，C 也是稀疏矩阵的三元组表
    if(A.Cols != B.Rows) { printf("矩阵不相容！\n");  return; }
    int *rowStart = (int*) malloc((B.Rows+1)*sizeof(int));
    DataType *temp = (DataType*) malloc(B.Cols*sizeof(DataType));
    int i, d, pc, RowA, ColA, ColB;
    for(i = 0; i <= B.Rows; i++) rowStart[i] = 0;
                                            //计算 B 每行非零元素个数
    for(i = 0; i < B.Terms; i++) rowStart[B.elem[i].row+1]++;
    for(i = 1; i <= B.Rows; i++) rowStart[i] = rowStart[i]+rowStart[i-1];
    d = 0;  pc = -1;                        //A 扫描指针及 C 存放指针
    while(d < A.Terms) {                    //顺序扫描 A 中三元组
        RowA = A.elem[d].row;               //A 当前元素的行号
        for(i = 0; i < B.Cols; i++) temp[i] = 0;
        while(d < A.Terms && A.elem[d].row == RowA) {
            ColA = A.elem[d].col;           //A 当前元素的列号
            for(i = rowStart[ColA]; i < rowStart[ColA+1]; i++) {
                ColB = B.elem[i].col;       //矩阵 B 中相乘元素的列号
                temp[ColB] += A.elem[d].value*B.elem[i].value;
            }                               //A 的 RowA 行与 B 的 ColB 列相乘
            d++;
        }
        for(i = 0; i < B.Cols; i++)
            if(temp[i] != 0) {              //将 temp 中的非零元素压缩到 C 中
                C.elem[++pc].row = RowA;
                C.elem[pc].col = i;
                C.elem[pc].value = temp[i];
            }
    }
    C.Rows = A.Rows;  C.Cols = B.Cols;  C.Terms = pc+1;
    free(rowStart);  free(temp);
}
```

若稀疏矩阵有 m 行 n 列共 t 个非零元素，算法的时间复杂度为 $O(A.t×(\max\{B.t, B.n\}))$，空间复杂度为 $O(B.m+B.n)$。

4-65　稀疏矩阵的带行指针数组的二元组表示是更节省存储的存储表示，如图 4-27（a）

所示的是稀疏矩阵的三元组表，所有非零元素的三元组是按行排列的，行号的重复很多，如果改用图 4-27（b）所示的带行指针的二元组表，所有重复的行号都可省略。这种带行指针的二元组表的结构类型定义如下（存放于头文件 SparseMatrix_2.h 中）：

```
#define maxTerms 30             //默认二元组表大小
#define maxRows 10              //默认稀疏矩阵行数
#define maxCols 10              //默认稀疏矩阵列数
typedef int DataType;          //默认元素数据类型
typedef struct {               //二元组定义
    int col;                   //元素列下标
    DataType value;            //元素值
} Twain_suit;
typedef struct {               //稀疏矩阵类型定义
    int Rows, Cols, Terms;     //矩阵行数、列数、非零元素个数
    Twain_suit elem[maxTerms]; //二元组表数组
    int ColPos[maxRows];       //行指针向量
} SparseMatrix_2;
```

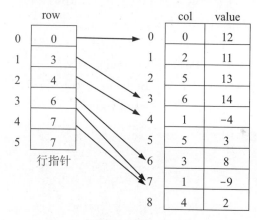

图 4-27 题 4-65 的图

```
void InitSparseMatrix_2(SparseMatrix_2& SM) {
//利用预定义的 maxTerms、maxRows 和 maxCols 初始化矩阵
    SM.Rows = maxRows;  SM.Cols = maxCols;
    for(int j = 0; j < maxRows; j++) SM.ColPos[j] = -1;
}
```

设计一个算法，根据矩阵元素的行、列下标值 i 和 j 求矩阵元素的值；

【解答】 已知矩阵元素的下标 i 和 j，可先根据稀疏矩阵的行指针向量 ColPos[i]，确定在二元组表 elem 中该行元素的开始位置，再在二元组表中顺序查找列号为 j 的二元组，最后从该二元组取值返回即可。算法的实现如下。

```
#include<SparseMatrix_2.h>
int Locate(SparseMatrix_2& SM, int i, int j, DataType& val) {
```

```
//算法调用方式 int succ = Locate(SM, i, j, val)。输入：稀疏矩阵的带行指针向量的
//二元组表 SM，指定矩阵元素的行、列下标 i 和 j；输出：若查找成功，函数返回 1，
//引用参数 val 返回找到元素的值；否则函数返回 0，引用参数 val 的值不可用
    for(int k = SM.ColPos[i]; k < SM.ColPos[i+1]; k++)
        if(SM.elem[k].col == j) break;
    if(k >= SM.ColPos[i+1]) return 0;
    val = SM.elem[k].value;
    return 1;
}
```

若稀疏矩阵的非零元素个数为 t，算法的时间复杂度为 $O(t)$，空间复杂度为 $O(1)$。

4-66　利用带行指针向量的二元组表存储稀疏矩阵，设计一个算法，实现矩阵的快速转置，结果仍使用带行指针向量的二元组表存储。

【解答】　使用带行指针向量的二元组表，可以直接存取稀疏矩阵某行的非零元素。设原矩阵为 A，转置后的矩阵为 B，算法的执行步骤如下：

（1）统计矩阵 A 各列非零元素个数，得矩阵 B 的行指针向量 B.ColPos。

（2）设置 B 各行存放非零元素统计数组 count[A.Cols]，并初始化为 0。

（3）逐行处理 A 各行 i = 0, 1,…, A.Rows：

● 扫描 A 中第 i 行在二元组表中各非零元素 A.elem[j]。

● 取 A.elem[j]的列号信息 rowB，此即该元素在 B 中的行号。

● 计算 B.ColPos[rowB]+count[rowB]得到存放地址 k。

● 将 A.elem[j]存放于 B.elem[k]，count[rowB]加 1。

（4）转置完成。算法的实现如下。

```
#include<SparseMatrix_2.h>
void QuickTranspos(SparseMatrix_2& A, SparseMatrix_2& B) {
//算法调用方式 QuickTranspos(A, B)。输入：稀疏矩阵的带行指针向量的二元组表
//A；输出：引用参数 B 返回转置后的稀疏矩阵的带行指针向量的二元组表
    B.Rows = A.Cols;  B.Cols = A.Rows;  B.Terms = A.Terms;
    if(A.Terms > 0) {
        int i, j, k, rowB;
        int *count = (int*) malloc(B.Rows*sizeof(int)); //统计 B 各行元素数
        for(i = 0; i < B.Rows; i++) count[i] = 0;
        for(j = 0; j <= B.Rows; j++) B.ColPos[j] = 0;   //B 行指针向量初始化
        B.ColPos[0] = 0;
        for(i = 0; i < A.Terms; i++)                     //扫描 A 各三元组
            B.ColPos[A.elem[i].col+1]++;                 //统计 B 各行三元组数
        for(j = 1; j <= B.Rows; j++)                     //创建 B.ColPos
            B.ColPos[j] += B.ColPos[j-1];
        for(i = 0; i < A.Rows; i++)                      //扫描 A 各行
            for(j = A.ColPos[i]; j < A.ColPos[i+1]; j++) {//扫描第 i 行各列
                rowB = A.elem[j].col;
                k = B.ColPos[rowB]+count[rowB];          //计算在 B 中存放位置
                B.elem[k].col = i;
                B.elem[k].value = A.elem[j].value;
```

```
                    count[rowB]++;
            }
        free(count);
        }
}
```

若稀疏矩阵 A 有 m 行 n 列共 t 个非零元素，算法的时间复杂度为 O(max{A.t, B.m, B.n})，空间复杂度为 O(m)。

4-67 利用带行指针向量的二元组表存储稀疏矩阵，设计一个算法，实现两个稀疏矩阵 A 和 B 的相加 C = A+B，结果存放于第三个矩阵 C 中。

【解答】 顺序扫描 A 和 B 的行指针向量，在行号相等时，比较对应元素的列号。若列号不等，列号小的传送到 C，相应后续元素递补参加比较；若列号相等，对应元素的值相加，若结果为 0，该结果不加入 C，后续元素递补参加比较；若结果不为 0，把结果传送到 C 中。算法的实现如下：

```
#include<SparseMatrix_2.h>
void Matrix_add(SparseMatrix_2& A, SparseMatrix_2& B, SparseMatrix_2& C){
//算法调用方式 Matrix_add(A, B, C)。输入：稀疏矩阵的带行指针向量的二元组表
//A 和 B；输出：引用参数 C 返回相加后的结果矩阵的二元组表
    if(A.Rows != B.Rows || A.Cols != B.Cols) return;//行列数不等，退出
    C.Rows = A.Rows;  C.Cols = A.Cols;              //置稀疏矩阵 C 的行、列数
    int i, j, k, rc = 0;  DataType sum;             //rc 是 C 的存放指针
    for(k = 0; k < A.Rows; k++) {                   //扫描 A、B 行指针向量
        C.ColPos[k] = rc;                           //确定 C 的第 k 行行指针
        i = A.ColPos[k];  j = B.ColPos[k];          //扫描第 k 行所有二元组
        while(i < A.ColPos[k+1] && j < B.ColPos[k+1]) {
            if(A.elem[i].col < B.elem[j].col) {     //A 的列号小
                C.elem[rc].col = A.elem[i].col;       //传送 A 的二元组
                C.elem[rc++].value = A.elem[i++].value;
            }
            else if(A.elem[i].col > B.elem[j].col){ //B 的列号小
                C.elem[rc].col = B.elem[j].col;       //传送 B 的二元组
                C.elem[rc++].value = B.elem[j++].value;
            }
            else {                                  //A、B 列号相同
                sum = A.elem[i].value+B.elem[j].value;
                if(sum != 0) {                      //值相加不为零
                    C.elem[rc].col = A.elem[i].col; //传送结果二元组
                    C.elem[rc++].value = sum;
                }
                i++;  j++;
            }
        }
        while(i < A.ColPos[k+1]) {                  //当 A 第 k 行未完
            C.elem[rc].col = A.elem[i].col;          //传送 A 的二元组
            C.elem[rc++].value = A.elem[i++].value;
```

```
        }
        while(j < B.ColPos[k+1]) {                    //当B第k行未完
            C.elem[rc].col = B.elem[j].col;           //传送B的二元组
            C.elem[rc++].value = B.elem[j++].value;
        }
    }
    C.ColPos[k] = rc;  C.Terms = rc;                  //矩阵二元组个数
}
```

算法的时间复杂度为 O(A.t)，空间复杂度为 O(1)。

4-68 稀疏矩阵的一种特殊顺序存储表示是，不保存非零矩阵元素的行、列下标，仅保存非零元素在矩阵中按行存放时排列的顺序号。例如，对于一个 m 行 n 列的稀疏矩阵 A，若 LOC(0, 0) = 0，非零元素 a_{ij} 按行存放时的顺序号是 LOC(i, j) = LOC(0, 0)+i*n+j。设计一个算法，由矩阵元素的行、列下标 i、j 求元素的值。

【解答】 首先定义稀疏矩阵的结构：

```
#define maxSize 20                                    //默认最大非零元素数
typedef int DataType;                                 //默认元素类型
typedef struct {
        DataType value;                               //元素值
        int seq;                                      //按行存放的序号
} Term;
typedef struct {                                      //稀疏矩阵定义
        Term data[maxSize];                           //二元组
        int Rows, Cols, Terms;                        //矩阵行数、列数、非零元素数
} SparseMatrix;
```

由于顺序号是按行递增的，可利用此特点进行顺序查找。算法的实现如下。

```
bool Matrix_Locate(SparseMatrix& A, int i, int j, int& val) {
//算法调用方式bool = succ Matrix_Locate(A, i, j, val)。输入：稀疏矩阵的带行
//指针向量的二元组表A，想要查找元素的行、列下标i和j；输出：若函数返回true，引
//用参数val返回查找结果；若函数返回false，查找失败，引用参数val的值不可用
    int d = i*A.Cols+j, k = 0;
    while(A.data[k].seq < d) k++;                      //查找行、列号为i、j的元素
    if(A.data[k].seq == d)                             //查找成功
        { val = A.data[k].value;  return true; }
    return false;
}
```

若稀疏矩阵的非零元素个数为 t，算法的时间复杂度为 O(t)，空间复杂度为 O(1)。

4-69 若将稀疏矩阵 A 的非零元素以按行优先方式顺序存放于一维数组 D 中，并用二维位数组 B 表示 A 中的相应元素是否为零元素（0 表示零元素，1 表示非零元素）。

例如，$A = \begin{bmatrix} 15 & 0 & 0 & 22 \\ 0 & -6 & 0 & 0 \\ 91 & 0 & 0 & 0 \end{bmatrix}$ 可用 $D = (15, 22, -6, 9)$ 和 $B = \begin{bmatrix} 1 & 0 & 0 & 1 \\ 0 & 1 & 0 & 0 \\ 1 & 0 & 0 & 0 \end{bmatrix}$ 表示。

设计一个算法，在上述表示法中实现矩阵相加的运算，并分析算法的时间复杂度。

【解答】 注意矩阵 B 的作用，即构造两个矩阵相与的结果，全为 1 时才进行相加元素运算。设矩阵有 n 行 m 列，则算法的时间复杂度为 O(n×m)。算法的实现如下。

```
#define maxSize 20                                    //默认最大非零元素个数
#define M 6                                           //稀疏矩阵行数
#define N 6                                           //稀疏矩阵列数
typedef int DataType;
typedef struct {
    int elem[maxSize];                               //非零元素
    bool map[M][N];                                  //位图
} BSparseMatrix;                                     //用位图表示的矩阵类型
void Matrix_Add(BSparseMatrix& A, BSparseMatrix& B, BSparseMatrix& C) {
//算法调用方式 Matrix_Add(A, B, C)。输入：两个矩阵 A 和 B；输出：引用参
//数 C 返回相加结果矩阵
    int i, j, pa = 0, pb = 0, pc = 0;  DataTy pe x;//pa、pb 是 A、B 的检测指针
    for(i = 0; i < M; i++)
        for(j = 0; j < N; j++) {                     //每一个元素的相加
            if(A.map[i][j] == 1 && B.map[i][j] == 1) {
                x = A.elem[pa]+B.elem[pb];
                if(x != 0) { C.elem[pc++] = x;  C.map[i][j] = 1; }
                else C.map[i][j] = 0;
                pa++;  pb++;
            }
            else if(A.map[i][j] == 1 && B.map[i][j] == 0) {
                C.elem[pc++] = A.elem[pa++];  C.map[i][j] = 1;
            }
            else if(A.map[i][j] == 0 && B.map[i][j] == 1) {
                C.elem[pc++] = B.elem[pb++];  C.map[i][j] = 1;
            }
            else C.map[i][j] = 0;
        }
}
```

若矩阵的行数分别为 M，列数为 N，算法的时间复杂度为 O(M×N)，空间复杂度为 O(1)。

4-70 稀疏矩阵的十字链表结构定义如下（存放于头文件 LinkMatrix.h 中）：

```
typedef int DataType;                                //元素值的数据类型定义
typedef struct node {                                //十字链表结点定义
    int row, col;                                    //元素的行、列号
    struct node *right, *down;                       //行链、列链下一结点指针
    union {                                          //无名联合
        DataType value;                              //元素结点时是元素值
        struct node *next;                           //头结点时是头链指针
    } tag;
} MatrixNode, *LinkMatrix;
typedef struct {                                     //矩阵元素的三元组定义
```

```
        int row, col;
        DataType value;
    } Triple;
```

设计一个算法，按照此定义，输入一连串三元组 (r, c, v)，创建稀疏矩阵的十字链表，其中 r 是元素行下标、c 是元素列下标、v 是元素值。

【解答】 算法首先创建头结点的链表，并设置一个指针数组 H，存储各头结点的地址，然后顺序输入一连串三元组 (j, k, v)，把三元组的信息赋给它，并在第 j 个行链表和第 k 个列链表中按照行号递增的顺序和列号递增的顺序插入它。算法的实现如下。

```
#include<LinkMatrix.h>
void createMatrix(LinkMatrix& A, int r, int c, Triple rc[], int n) {
//算法调用方式 createMatrix(A, r, c, rc, n)。输入：创建十字链表的行数 r, 列数 c,
//输入的三元组序列 rc, 输入的三元组个数 n; 输出：引用参数 A 返回创建成功的
//稀疏矩阵的十字链表表示
    int s, i, j, k; MatrixNode *pr, *p, *q;
    s =(r > c) ? r : c;                             //确定行/列链的头结点个数
    A =(MatrixNode*) malloc(sizeof(MatrixNode));    //创建表的头结点
    A->row = r; A->col = c; A->tag.next = A;
    LinkMatrix *H = (LinkMatrix*) malloc(s*sizeof(LinkMatrix));
    pr = A;
    for(i = 0; i < s; i++) {                        //头指针数组，指向各链表头
        p = H[i] = (MatrixNode*) malloc(sizeof(MatrixNode));
        p->tag.next = pr->tag.next; pr->tag.next = p;    //创建各头结点
        pr = p;                                    //与头结点链表的前一结点链接
        p->right = p; p->down = p;                 //行链、列链表置空
    }
    for(i = 0; i < n; i++) {                        //创建各个链
        q = (MatrixNode*) malloc(sizeof(MatrixNode)); //创建元素结点
        j = q->row = rc[i].row; k = q->col = rc[i].col;
        q->tag.value = rc[i].value;
        pr = H[j]; p = pr->right;                  //在行链表 j 中查找插入位置
        while(p != H[j] && p->col < k)   { pr = p; p = p->right; }
        if(p->col == k) {                          //输入行、列号重复，不插入
            printf("输入行列重复! \n");
            p->tag.value = q->tag.value; free(q);
        }
        else {pr->right = q; q->right = p;}  //在行链中插入
        pr = H[k]; p = pr->down;                  //在列链表 k 中查找插入位置
        while(p != H[k] && p->row < j) { pr = p; p = p->down; }
        if(p->row == j) {                          //输入行、列号重复，不插入
            printf("输入行列重复! \n");
            p->tag.value = q->tag.value; free(q);
        }
        else { pr->down = q; q->down = p; }  //在列链中插入
    }
}
```

若矩阵有 m 行 n 列，则此算法为创建头结点的时间复杂度为 O(max{m, n})。链入 t 个非零元素结点的时间复杂度为 O(t)，从而总的时间复杂度为 O(max{n, m}+t)。

4-71　若稀疏矩阵用十字链表存储。设计一个算法，以（row, col, value）形式输出稀疏矩阵中非零元素及其下标。

【解答】　算法的实现如下。

```
#include<LinkMatrix.h>
void Print_LinkMatrix(LinkMatrix& A) {
//算法调用方式 Print_LinkMatrix(A)。输入：稀疏矩阵的十字链表表示A；输出：算
//法以三元组格式输出十字链表表示的矩阵
    MatrixNode *pr, *p;
    for(pr = A->tag.next; pr != A; pr = pr->tag.next) {
        for(p = pr->right; p != pr; p = p->right)
            printf("(%d, %d, %d) ", p->row, p->col, p->tag.value);
        printf("\n");
    }
}
```

若矩阵的非零元素个数为 t，算法的时间复杂度为 O(t)，空间复杂度为 O(1)。

4-72　若两个稀疏矩阵 A 和 B 已经存在，其行数和列数对应相等，设计一个算法，计算 A 和 B 之和，结果放在 C 中。假设稀疏矩阵 A、B 和 C 都采用十字链表存储。

【解答】　做矩阵加法时，要考虑以下 4 种情况：

（1）当 $A_{ij}+B_{ij}$ 不等于零时，则向 C 中插入结点，该结点 value 域为 $A_{ij}+B_{ij}$。

（2）当 $A_{ij}+B_{ij}$ 等于零时，则对 C 不做任何处理。

（3）当 A_{ij} 不等于零，而 B_{ij} 等于零时，则向 C 中插入结点，该结点 value 域为 A_{ij}。

（4）当 B_{ij} 不等于零，而 A_{ij} 等于零时，则向 C 中插入结点，该结点 value 域为 B_{ij}。

算法的实现如下。

```
#include<LinkMatrix.h>
void Insert(LinkMatrix& A, int x, int y, DataType z) {
//将行号为 x、列号为 y、值为 z 的三元组插入十字链表 A 中
    int i, j;  MatrixNode *pr, *p, *q, *s;
    s =(MatrixNode*) malloc(sizeof(MatrixNode));            //创建元素结点
    s->row = x;  s->col = y;  s->tag.value = z;
    q = A->tag.next;  i = 0;
    while(i < x && q != A) { q = q->tag.next;  i++;}   //找第 x 行的头结点
    pr = q;  p = q->right;                              //在第 x 行找插入位置
    while(p != q && p->col < y) { pr = p;  p = p->right; }
    s->right = p;  pr->right = s;                      //*s 插入在*pr 与*p 间
    q = A->tag.next;  j = 0;
    while(j < y && q != A) { q = q->tag.next;  j++; }//找第 y 列的头结点
    pr = q;  p = q->down;                              //在第 y 列找插入位置
    while(p != q && p->row < x) { pr = p;  p = p->down; }
    s->down = p;  pr->down = s;                       //*s 插入在*pr 与*p 间
}
```

```
void Add(LinkMatrix& A, LinkMatrix& B, LinkMatrix& C) {
//算法调用方式Add(A, B, C)。输入：两个稀疏矩阵的十字链表表示A和B
//输出：把A和B相加的结果插入十字链表C中
    int i, s; DataType sum; MatrixNode *pa, *pb, *ha, *hb, *pr, *p;
    if(A->row != B->row || A->col != B->col)
        { printf("行与列数不相同! \n");  return; }
    C = (MatrixNode*) malloc(sizeof(MatrixNode)); //创建十字链表的头结点
    C->tag.next = C;  C->row = A->row;  C->col = A->col;
    s = (C->row >= C->col) ? C->row : C->col;
    pr = C;
    for(i = 0; i < s; i++) {                       //创建十字链表头结点链
        p = (MatrixNode*) malloc(sizeof(MatrixNode));
        p->row = 0;  p->col = 0;  p->right = p;     p->down = p;
        p->tag.next = pr->tag.next;  pr->tag.next = p;  pr = p;
    }
    ha = A->tag.next;  hb = B->tag.next;
    while(ha != A) {                               //检查A的每一行
        pa = ha->right;  pb = hb->right;
        while(pa != ha && pb != hb) {              //处理当前一行每个元素相加
            if(pa->col < pb->col) {                //将A当前元素插入C中
                Insert(C, pa->row, pa->col, pa->tag.value);
                pa = pa->right;
            }
            else if(pa->col > pb->col) {      //将B当前元素插入C中
                Insert(C, pb->row, pb->col, pb->tag.value);
                pb = pb->right;
            }
            else {                                 //pa->col = pb->col
                sum = pa->tag.value+pb->tag.value;
                if(sum != 0) Insert(C, pb->row, pb->col, sum);
                pa = pa->right;  pb = pb->right;
            }
        }
        while(pa != ha) {
            Insert(C, pa->row, pa->col, pa->tag.value);
            pa = pa->right;
        }
        while(pb != hb) {
            Insert(C, pb->row, pb->col, pb->tag.value);
            pb = pb->right;
        }
        ha = ha->tag.next;  hb = hb->tag.next;
    }
}
```

若矩阵A、B的非零元素个数分别为ta和tb，结果矩阵的行、列数分别为m和n，算法的时间复杂度为$O(ta+tb)$，空间复杂度为$O(\max\{ta+tb, m, n\})$。

4-73　设计一个算法，将带行向量指针的二元组表表示的稀疏矩阵转换成十字链表。

【解答】　算法的执行步骤是：先创建非零元素个数为零的空十字链表，然后扫描带行向量指针的二元组表中的每一个元素，插入十字链表中即可。算法的实现如下。本题使用了题 4-72 给出的插入算法 Insert。

```
#include<LinkMatrix.h>
#include<SparseMatrix_2.h>
void trans_matrix(SparseMatrix_2& A, LinkMatrix& head) {
//算法调用方式 trans_matrix(A, LinkMatrix& head)。输入：稀疏矩阵的带行指针向
//量的二元组表示 A；输出：转换成十字链表表示，引用参数 head 返回十字链表的
//头结点指针
        int i, j, k, h;
        k = (A.Rows > A.Cols) ? A.Rows : A.Cols;      //确定行(列)表头结点数
        head = (MatrixNode*) malloc(sizeof(MatrixNode));
                                                      //创建十字链表总表头
        MatrixNode *Hm = head, *p, *q, *rh, *ch;
        Hm->row = A.Rows; Hm->col = A.Cols; Hm->tag.next = Hm;
        for(i = 1; i <= k; i++) {                     //创建行(列)头结点链
            p = (MatrixNode*) malloc(sizeof(MatrixNode));
            p->row = p->col = i; p->right = p->down = p;
            p->tag.next = Hm->tag.next; Hm->tag.next = p;
        }
        for(i = 0; i < A.Rows; i++)                   //逐行转换
            for(k =A.ColPos[i]; k < A.ColPos[i+1]; k++) //处理第 i 行元素
                Insert(head, i, A.elem[k].col, A.elem[k].value);
}
```

设矩阵的非零元素个数为 t，算法的时间复杂度为 $O(t)$，空间复杂度为 $O(t+\max\{m, n\})$。

4.3　字　符　串

4.3.1　字符串的概念

1. 字符串的定义与术语

字符串的定义：字符串是由零个或多个字符的顺序排列所组成的线性序列，其基本组成元素是单个字符（char），字符串的长度可变。

字符串的有关术语如下。

（1）串值和串名：串值是可以直接引用的字符串，如"maintenance"，一般用单引号 '…' 或双引号 "…"作为分界符括起来，它所包含的是串中的字符。串名包括串变量名或串常量名，可以把串值赋给它，以后可以通过串名来使用串值。串常量名与串变量名的区别在于在程序执行期间，串常量的内容不能改变，而串变量的内容可以改变。

（2）串长度：字符串中字符个数。长度为零的字符串为空串，长度大于零的字符串为非空串。非空串可以是空白串，但空白串不是空串。串值的分界符，如单引号、双引号，都不计入长度。C/C++的字符串最后系统所加的串结束符 '\0' 也不计入长度。

（3）子串：若一个字符串不为空，从这个串中连续取出若干个字符组成的串称为原串的子串。子串的第 0 个字符在串中的位置为子串在串中的位置。任一串是它自身的子串。除它本身以外，一个串的其他子串都是它的真子串。

（4）前缀子串：从字符串的开始连续取出若干字符组成的串称为原串的前缀子串。这些子串在串中的位置都是 0。

（5）后缀子串：从字符串中某一位置开始到串的最后位置连续取出若干字符组成的串称为原串的后缀子串。这些子串在串中的位置可以是 0, 1, 2, ···, n-1。

（6）串的模式匹配：求子串在串中的位置的运算称为串的模式匹配。

2. 字符串的初始化和赋值

（1）在 C 语言中，字符串是用 char 型的一维数组来存放的，并以字符 '\0' 作为串结束标志。因此，字符串可以看作是以'\0'作为结尾的字符数组。

（2）在进行串赋值时，串值不能赋给数组名。若定义 char *s, st[10]，则 st = "Hello! " 是不合法的，而 s = "Hello! "是合法的。

（3）在进行字符串初始化时，char s[10] = {'H', 'e', 'l', 'l', 'o', '! ', '\0'}或 char s[10] = "Hello! "是合法的，char s[6] = "Hello! "是有问题的，因没有给\0'留空间。为了防止数组超界，可写成 char s[ ] = {'H', 'e', 'l', 'l', 'o', '! ', '\0'}或 char s[ ] = "Hello! "。但若写成 char s[] = {'H', 'e', 'l', 'l', 'o', '! '}则是错误的，因为所赋初值的末尾没有'\0'。

（4）在 C 语言中字符数组整体赋值是不允许的。只能通过循环，逐个字符赋值，最后在 s2 加上字符串结束符'\0'。

（5）如果使用指向字符串的指针，则指针保存的是串值的首地址。正确的写法应是 char *s1 = "Hello! "; 或 char *s1; s1 = "Hello! "，错误的写法是 char *s1; *s1 = "Hello! "。

3. 自定义字符串的存储表示

（1）字符串的定长顺序存储表示。字符串的定长顺序存储表示简称为顺序串，它用一组地址连续的存储单元来存储单元符串中的字符序列，可以使用定长的字符数组来实现。

```
#define maxSize 256                    //保存于头文件 SeqString.h 中
typedef struct {
    char ch[maxSize+1];                //顺序串的存储数组
    int n;                             //顺序串的实际长度
} SeqString;
```

这种字符串的存储表示简单，但其存储数组的空间是在程序编译时静态分配的，一旦这个空间在字符存入时放满了，数组空间不能扩展。

（2）堆分配存储表示。此即顺序串的动态分配存储方式。存放串值的字符型一维数组是从一个称为"堆"（heap）的内存自由空间中通过动态存储分配得来的。

```
#define defaultSize 256                //保存于头文件 HString.h 中
typedef struct {
    char *ch;                          //顺序串的存储数组
    int maxSize;                       //字符串存储数组的最大长度
    int n;                             //顺序串的实际长度
} HString;
```

在创建字符串时可使用 new 或 malloc 操作动态分配该字符串的存储空间。

（3）字符串的块链存储表示。使用单链表作为字符串的存储表示。每一个链表结点的 ch 域可以存储一个或多个字符。为此，可定义"结点大小"为每一个链表结点可存储的字符个数。图 4-28（a）是结点大小为 4 的字符串块链存储的示意图，图 4-28（b）是结点大小为 1 的字符串块链存储的示意图。

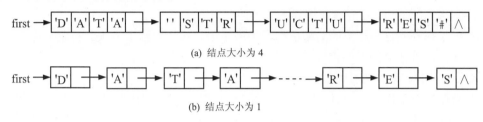

(a) 结点大小为 4

(b) 结点大小为 1

图 4-28　字符串的块链存储表示的示意图

当结点大小大于 1 时，字符串的长度不一定是结点大小的整数倍，使得最后一个结点的 ch 域不能被字符全部占满，此时可使用不属于串值内字符的其他字符，例如用 '#' 来填补空下来的空间。

```
typedef struct block {              //链表结点的结构定义
    char ch;                        //设结点大小为 1
    struct block *link;
} Chunk;
typedef struct {                    //链表的结构定义
    Chunk *first, *last;            //链表的头指针和尾指针
    int n;                          //串的当前长度
} LinkString;
```

（4）字符串的存储利用率也可用存储密度来衡量。若字符串的存储密度为

$$存储密度 = \frac{该串的串值占用的存储空间大小}{为该串分配的存储空间总大小}$$

串的块链存储表示与顺序表示类似。结点大小为 1 时存储密度低但操作方便，而结点大小大于 1 时存储密度高但操作不方便。

4. 字符串的模式匹配

字符串的模式匹配是指：设有两个字符串 T 和 P，若打算在串 T 中查找是否有与串 P 相等的子串，则称串 T 为目标，称 P 为模式，并称查找模式串在目标串中的匹配位置的运算为模式匹配。

（1）BF 模式匹配：又称为蛮力法或穷举的模式匹配，它的基本思路是，每趟顺序比对目标 T 与模式 P 中的对应字符，一旦发现不匹配，就将模式 T 右移，让模式 P 的开始位置与目标 T 的下一位置对齐，再从头用模式 P 中字符与目标 T 中对应字符顺序比对，这样一趟一趟比对下去，直到出现以下两个情况有一个出现，匹配过程结束：

- 如果模式 P 每一位都与目标 T 对应位字符比对相等，则匹配成功，算法返回模式 P 第 0 个字符在目标 T 中匹配的下标位置。
- 如果模式 P 与目标 T 对应位字符比对不相等，目标 T 后面所剩字符个数少于模式 P

的长度，则模式匹配失败，算法返回-1。

（2）KMP 模式匹配：又称为无回溯的模式匹配。它的基本思路是，在第 k 趟比对时，若模式 P 的第 j 个字符与目标 T 的第 i 个字符比对失配，则在模式 P 前面 0～j-1 个字符的序列 $p_0p_1...p_{j-1}$ 中查找相等的最长前缀子串 $p_0p_1...p_k$ 和后缀子串 $p_{j-k-1}p_{j-k}...p_{j-1}$：

- 如果找到了这样的前缀子串和后缀子串，下一趟用模式 P 的第 k+1 个字符与目标 T 上次失配的位置 i 对齐，继续下一趟的比对。
- 如果找不到这样相等的前缀子串和后缀子串，就从目标 T 的失配位置 i 的下一位置起，让模式 P 的开始位置与之对齐，进行下一趟的比对。

最后比对的结果有两种可能：

- 若模式 P 的所有字符都与目标 T 对应字符比对相等，则模式匹配成功。返回模式 P 在目标 T 中的位置。
- 若模式 P 所有字符未比对完目标 T 已检测完，则模式匹配失败，返回失败信息。

4.3.2　顺序串相关的算法

4-74　设计一个算法，把正整数 x 转换为字符串数组 str。

【解答】 算法设置一个数组 ch，ch[i]即为数字 i 对应的字符。为防止对数字 '0' 的误判，算法首先处理 x = 0 的情形，创建只有一个字符 '0' 的字符串。然后从整数最低一位开始，逐位转换为字符，存于串空间的后部，转换完之后再前移到串空间的前部，这样做是因为整数的位数事先不知道。算法的实现如下。

```
void int_to_str(int x, char str[], int& d) {
//算法调用方式int_to_str(x, str, d)。输入：指定正整数x；输出：字符数组 str 存放
//从 x 转换成的字符串，引用参数 d 返回字符串中字符数（不记入'\0'），即整数位数
// defaultSize 是 str 默认的大小
    char ch[10] = { '0', '1', '2', '3', '4', '5', '6', '7', '8', '9' };
    if(x == 0) { str[0] = ch[0];  str[1] = '\0';  d = 1;  return; }
    int i, r, n;
    d = 0;  i = x;  n = defaultSize-1;
    while(i != 0) { r = i % 10;  i = i / 10;  str[n--] = ch[r]; }
    for(i = n+1, d = 0; i < defaultSize; i++, d++) str[d] = str[i];
    str[d] = '\0';
}
```

若正整数位数为 n，算法的时间复杂度为 O(n)，空间复杂度为 O(1)。

4-75　把一个字符串 str 中所有字符循环右移形成的新词称为原词 str 的轮转词。例如，str1 = "abcd", str2 = "cdab"，则 str1 和 str2 互为轮转词。设计一个算法，判断两个字符串 str1 与 str2 是否互为轮转词。

【解答】 如果 str1 与 str2 的长度不同，它们不能互为轮转词。如果它们的长度相同，可先生成一个大字符串 c = str2+str2，它是两个 str2 拼接的结果。例如 str1 = "123", str2 = "312"，则 c = "312312"，若 str1 是 c 的子串，则 str1 与 str2 互为轮转词。算法的实现如下。

```
#include<string.h>
bool isCycleWord(char *A, char *B) {
```

```
//算法调用方式 bool is = isCycleWord(A, B)。输入：两个给定的字符串 A 和 B, 要求
//A、B 已存在并赋值; 输出: 若 A 和 B 互为轮转词, 函数返回 true, 否则返回 false
    if(A == NULL || B == NULL || strlen(A) != strlen(B)) return false;
    char *C =(char*) malloc(maxSize*sizeof(char));
    strcpy(C, B);  strcat(C, B);         //strcpy、strcat 函数在 string.h 中
    return strstr(C, A) != NULL;         //strstr 判断子串函数在 string.h 中
}
```

算法的时间复杂度为 O(1) (调用库函数视为 1), 空间复杂度为 O(N), N 是预定义的包含两个字符串的最大存储空间。

4-76 一个字符串 str1 中所有字符随意互换位置得到的新词称为原词的重组词 (又称变形词)。例如, str1 = "123", str2 = "321", 则 str1 和 str2 互为重组词。设计一个算法, 判断两个字符串 str1 与 str2 是否互为重组词。

【解答】 算法设置一个映像数组 map[128]并初始化为 0, 128 是 ASCII 码表的大小。函数首先检测一遍 str1, 统计每种字符出现的次数。例如, 字符'0'的编码值为 48, 则 map[48]++。然后再检测一遍 str2, 对每个字符取得编码值, 如遇到字符'0', 编码值为 48, 让 map[48]--, 如果发现减成负值, 就直接返回 false, 表明不是重组词; 如果全部检测完, map 中所有值都为 0, 则返回 true, 表示它们是重组词。算法的实现如下。

```
#include<string.h>
bool isRecombine(char *A, char *B) {
//算法调用方式 bool is = isRecombine(A, B)。输入：两个给定的字符串 A 和 B, 要求
//A、B 已存在并赋值; 输出: 若 A 和 B 互为重组词, 函数返回 true, 否则返回 false
    if(A == NULL || B == NULL || strlen(A) != strlen(B)) return false;
    int map[128];  int i, j, n = strlen(A);
    for(i = 0; i < 128; i++) map[i] = 0;
    for(i = 0; i < n; i++) { j = str1[i];  map[j]++; }
                                        //统计 str1 中字符出现次数
    for(i = 0; i < n; i++) { j = str2[i];  map[j]--; }
                                        //按编码值把字符计数减 1
    for(i = 0; i < 128; i++)
        if(map[i] != 0) return false;   //map[i]不为 0 表明字符不对
    return true;                        //所有字符不多不少
}
```

若两个字符串的长度均为 n, 算法的时间复杂度为 O(n), 空间复杂度为 O(128), 常数级。

4-77 若有一个含有 n 个数字组成的数字串 s, 删除其中 k (k < n) 个数字后, 剩下的数字按原次序组成一个新的正整数。请确定删除方案, 使得剩下的数字组成的新正整数值最大。例如, 在整数 7621917546398 中删除 6 个数字后, 所得最大整数为 9756398。

【解答】 删除 k 个数字的全局最优解包含了删除一个数字的子问题的最优解, 因此先考虑删除一个数字的情形。删除策略是从左到右比较相邻的两个数字, 如果前一个大于后一个, 前一个不能删; 如果前一个小于后一个, 可删前一个。例如, 对于整数 7621917546398, 7>6、6>2、2>1、1<9, 删这个 1, 得 762917546398。如果要删 6 个数

字,重复 5 次上述动作,每次都从串的开头开始比较,依次得到 76297546398、7697546398、769756398、79756398、9756398。算法的实现如下。

```
#include<stdio.h>
#define maxSize 30
int DelDigits_k(char A[], int n, int k) {
//算法调用方式int r = DelDigits_k(A, n, k)。输入:给定数字串A, A中数字个数n,
//要删除数字字符个数k;输出: A返回删去k个数字后剩余数字组成的值最大的数
//字串,函数返回删除后数字串中数字个数
    int count = 0, i, j, s;
    while(count < k) {                          //控制删除k个数字
        i = 0;
        while(i < n-1) {                        //从头检查数字串中相邻数字
            for(j = i; A[j] == '#'; j++);       //前一数字跳过被删数字
            for(s = j+1; A[s] == '#'; s++);     //后一数字跳过被删数字
            if(A[j]-48 < A[s]-48) {             //两位比较出现增,删除前一数字
                printf("j=%d, s=%d, 删除了数字%c\n", j, s, A[j]);
                A[j] = '#';                     //该位做删除标记
                count++;                        //count统计删除数字的个数
                break;                          //删除了一个数字,从头来
            }
            i = s;
        }
    }
    i = 0; j = 0;
    while(j < n) {
        while(A[j] == '#') j++;                 //扫描器j跳过删除数字
        if(i != j) A[i] = A[j];                 //前移
        i++; j++;
    }
    A[i] = '\0'; return i;                      //返回未删数字个数
}
```

算法的时间复杂度为 O(kn),空间复杂度为 O(1),其中 n 是 A 中字符数,k 是删除字符数 k。

4-78 设计一个算法,将整数字符串转换为整数。例如,整数串"43567"转换成 43567。

【解答】 算法先对最低位直接转换,再针对前面部分递归执行转换。算法的实现如下。

```
int stringToInt(char *s, int start, int finish) {
//递归算法:把整数字符串s中从start到finish的部分转换为整数
    if(start > finish) return -1;               //转换区域为空,递归结束
    int num = s[finish];
    if(start == finish) return num-48;          //转换区域1个字符,直接转换
    return stringToInt(s, start, finish-1)*10+num-48;//递归把前面转换完
}
int stringToIntmain(char *s) {
//算法调用方式int stringToIntmain(s)。输入:给定字符串s,要求s已存在并赋值;
```

```
//输出：函数返回转换后的整数
    int i, j, k;  char sign;
    sign =(s[0] == '-') ? '-' : '+';              //确定是正数还是负数
    i = j =(s[0] == '-') ? 1 : 0;                 //确定数字从 0 还是从 1 开始
    while(s[i] != '\0') i++;                       //用 i 统计数字个数
    k = stringToInt(s, j, i-1);                   //整数串转换为整数
    if(sign != '-') return k;                      //正数
    else return -k;                                //负数
}
```

若数字串长度为 n，算法的时间复杂度为 O(n)，空间复杂度为 O(1)。

4-79　给定一个小写字母组成的字符串，设计一个算法，将字符串中连续出现的重复字母进行压缩，并输出压缩后的字符串。例如，如果给定字符串 S = "cccddecc"，压缩后输出的字符串为"3c2d1e2c"。

【解答】　算法重复读入字符串 s 中的字符，存入 c：

- 若 c 与相邻字符重复，则用计数单元 count 统计重复数。
- 如果 count>1，则将 count 转换为字符存入结果串 t；再将 c 存入 t；取下一字符重复以上处理，直到遇到'\0'，串 s 读完结束。算法的实现如下。

```
void stringZip(char s[], int n, char t[]) {
//算法调用方式 stringZip(s, n, t)。输入：一个字符串 s，串长度 n；输出：连续字符
//统计字符串 t 返回对串 s 中连续重复字符的统计结果
    char c;  int count, i = 0, j, k = 0, size, tmp;
    while(s[k] != '\0' && k < n) {
        c = s[k++];  count = 1;
        while(s[k] != '\0' && s[k] == c && k < n)      //连续字符计数
            { k++;  count++; }
        if(count > 1) {                                 //连续字符数超过 1
            size = 0;  tmp = count;                     //计算出现数位数
            while(tmp != 0) { size++;  tmp = tmp/10; }
            for(j = size; j > 0; j--) {                 //链入重复数
                t[i+j-1] = '0'+count % 10;
                count = count/10;
            }
            i = i+size;                                 //存放位置修改
        }
        else t[i++] = '1';                              //重复数 t 为 1 时链入 1
        t[i++] = c;                                      //字母链入
    }
    t[i] = '\0';
}
```

若给定字符串的长度为 n，算法的时间复杂度为 O(n²)，空间复杂度为 O(1)。

4-80　S = "$s_0 s_1 s_2 \cdots s_{n-1}$"是一个长度为 n 的字符串，设计一个算法，将 S 改造后输出：

（1）将 S 的所有第奇数个字符按其原来下标从大到小的次序放在 S 的后半部分。

（2）将 S 的所有第偶数个字符按其原来下标从小到大的次序放在 S 的前半部分。

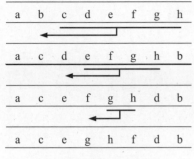

图 4-29 题 4-80 的图

例如，若 S = "abcdefgh"，改造后输出的字符串为 S = "aceghfdb"。

【解答一】 逐个将位于奇数位的字符移到后部，如图 4-29 所示。第一趟从下标 2～n-1 所有字符前移 1 位，把原下标 1 的字符移到下标为 n-1 位置；第二趟从下标 3～n-2 所有字符前移 1 位，把原下标 3 的字符移到下标为 n-2 的位置，如此反复，直到无可前移字符为止。这种方法时间复杂度较高，达 $O(n^2)$，空间复杂度则较低，为 $O(1)$。

算法的实现如下。

```
void strodd_1(char s[], int n) {
    int i, j, k;  char ch;
     if(n <= 2) return;
     i = 2;  j = n-1;
     while(i <= j) {
        ch = s[i-1];
        for(k = i; k <= j; k++) s[k-1] = s[k];
        s[j] = ch;
        i++;  j--;
     }
}
```

【解答二】 增加一个长度为 n/2+1 的辅助栈 s1，把 s 中下标为奇数的字符送入栈 s1 中，再把 s 中的原下标为偶数的字符逐个前移，压缩到 s 的前半部；最后从栈 s1 中把暂存的字符逐个取出，顺序放入串 s 中即可。算法的实现如下。

```
void strodd_2(char s[], int n) {
    char s1[maxSize/2];  int i, j, k;
    for(i = 1, j = 0; i < n; i+=2, j++) s1[j] = s[i];
    for(i = 2, k = 1; i < n; i+=2, k++) s[k] = s[i];
    for(i = j-1; i >= 0; i--) s[k++] = s1[i];
}
```

算法的时间复杂度和空间复杂度均为 O(n)。

4.3.3 堆分配串相关的算法

4-81 若字符串采用堆分配存储，设计相应的串初始化运算的实现算法。

【解答】 主要工作是为串动态分配存储空间，将其置为空串，并对串最大长度和实际长度置初值。算法的实现如下。

```
void InitStr(HString& S) {
//算法调用方式 InitStr(S)。输入：堆分配串 S；输出：为串分配存储空间并置空
    S.ch =(char*) malloc(defaultSize*sizeof(char));    //动态分配
    if(S.ch == NULL) { printf("存储分配失败！\n");  exit(1); }
```

```
        S.ch[0] = '\0';                                        //置空串
        S.maxSize = defaultSize;   S.n = 0;                     //串数据成员初始化
    }
```

算法的时间复杂度与空间复杂度均为 O(1)。

4-82　若字符串采用堆分配存储，设计相应的串赋值运算的实现算法。

【解答】　使用 C 语言的库函数把一个字符数组*init 传送给一个已存在的字符串 S。算法的实现如下。

```
void AssignStr(HString& S, char *init) {
//算法调用方式AssignStr(S, init)。输入：已初始化的堆分配字符串init，给定的顺序串init;
//输出：把int复制到S中
    S.n = strlen(init);   strcpy(S.ch, init);         //复制
    S.maxSize = defaultSize;
}
```

设顺序串 init 长度为 n，算法的时间复杂度为 O(n)，空间复杂度为 O(1)。

4-83　若字符串采用堆分配存储，设计相应的串复制运算的实现算法。

【解答】　把串 A 原来的存储空间释放，按照串 B 的大小重新分配存储空间，再把串 B 的所有信息复制给串 A，要求它们都已经创建。算法的实现如下。

```
void CopyStr(HString& A, HString& B) {
//算法调用方式CopyStr(A, B)。输入：已初始化的堆分配串A，被复制的堆分配串
//B; 输出：把B复制到A中
    A.maxSize = B.maxSize;   A.n = B.n;
    strcpy(A.ch, B.ch);                               //复制字符数组
}
```

若串 B 的长度为 n，算法的时间复杂度为 O(n)，空间复杂度为 O(1)。

4-84　若字符串采用堆分配存储，设计相应的求串长度运算的实现算法。

【解答】　串的实际长度就在 S.n 中，直接返回即可。算法的实现如下。

```
int LenStr(HString& S) {
//算法调用方式int k = LenStr(S)。输入：堆分配串S; 输出：函数返回串S的字符
//个数，不包括串结束符'\0'
    return S.n;
}
```

算法的时间复杂度和空间复杂度均为 O(1)。

4-85　若字符串采用堆分配存储，设计相应的求子串运算的实现算法。

【解答】　在字符串 S 中从第 start 位置（0≤start＜S.n）起连续取 len 个字符形成子串 sub 返回。如果 start+len＞S.n 则子串只能取到串尾。算法的实现如下。

```
void SubStr(HString& S, int start, int len, HString& sub) {
//算法调用方式SubStr(S, start, len, sub)。输入：堆分配字符串S, 指定串中位置
//start, 连续取字符数len; 输出：引用参数sub返回从start开始在S中连续取len个字符
//构成的子串
```

```
    if(start >= S.n || start < 0 || len >= S.n || len < 1)
        { sub.n = 0;  sub.ch[0] = '\0'; }              //参数不合理，sub 为空串
    else {                                              //否则
        if(start+len-1 >= S.n) len = S.n-start;   //向子串复制
        for(int i = 0, j = start; i < len; i++, j++) sub.ch[i] = S.ch[j];
        sub.ch[len] = '\0';  sub.n = len;
    }
    sub.maxSize = S.maxSize;
}
```

若子串 sub 长度为 n，算法的时间复杂度为 O(n)，空间复杂度为 O(1)。

4-86 若字符串采用堆分配存储，设计相应的串连接运算的实现算法。

【解答】 其基本思路是：首先计算两个串的实际长度之和，若没有超过串 A 的长度，把串 B 直接复制到 A 之后，串 B 不变；若两个串连接后的长度超出原来串 A 的长度，则先按合并后的长度扩充串 A 的存储空间，再实现串连接。算法的实现如下。

```
void ConcatStr(HString& A, HString& B) {
//算法调用方式 ConcatStr(A, B)。输入：两个堆分配串 A 和 B；输出：把串 B 链接
//于串 A 之后
    int i, j = 0;
    if(A.n+B.n > A.maxSize) {                           //超长，扩充 A.ch 数组
        char *dest =(char*) malloc((A.n+B.n+1)*sizeof(char));
        if(dest == NULL) { printf("存储分配失败！\n");  exit(1); }
        char *temp = dest;                              //保存新数组的首地址
        for(i = 0; i < A.n; i++) dest[i] = A.ch[i];     //A 串先存入新数组
        free(A.ch);  A.ch = temp;  A.maxSize = A.n+B.n+1;
    }
    else i = A.n;                                        //不扩充字符数组时 i 定位
    while(j < B.n) A.ch[i++] = B.ch[j++];                //下标 i 接续上面的值
    A.ch[i] = '\0';  A.n = A.n+B.n;
}
```

若串 A 和串 B 的长度分别为 m 和 n，算法的时间复杂度和空间复杂度均为 O(m+n)。

4-87 若字符串采用堆分配存储，设计相应的后缀子串分离运算的实现算法。

【解答】 从串 A 中指定位置 ad 之后的后缀子串分离出来存入 B。算法的实现如下。

```
void SplitStr(HString& A, int ad, HString& B) {
//算法调用方式 SplitStr(A, ad, B)。输入：堆分配串 A，指定位置 ad（从 0 开始）；
//输出：把串 A 中从 ad 开始的后缀子串分离出来并存入串 B
    if(ad < A.n) {                                       //判断 ad 的合理性
        for(int i = ad, j = 0; i < A.n; i++, j++) B.ch[j] = A.ch[i];
        B.ch[j] = '\0';  B.n = j;  A.ch[ad] = '\0';  A.n = ad;
        B.maxSize = A.maxSize;
    }
    else printf("参数 ad=%d 超出串长度！\n", ad);
}
```

若得到的串 B 的长度为 m，算法的时间复杂度为 O(m)，空间复杂度为 O(1)。

4-88 若字符串采用堆分配存储，设计相应的串比较运算的实现算法。

【解答】 顺序比较串 A 与串 B 的对应字符，若 A.ch[i]≠B.ch[i]，则两串不等，若所有的 A.ch[i]＝B.ch[i]，则两串相等，函数返回 0；若两个串都未比较完，但对应字符不等，函数返回 A.ch[i]-B.ch[i]的结果；若其中一个串比较完，另一个串未比较完，则函数返回 A.n-B.n 的结果。若函数返回值小于 0，表示 A＜B；若函数返回值大于 0，表示 A＞B；若函数返回 0，表示 A＝B。算法的实现如下。

```
int CompStr(HString& A, HString& B) {
//算法调用方式 int e = CompStr(A, B)。输入：参与比较的两个堆分配串 A 和 B；输
//出：若 A<B 函数返回值小于 0，若 A>B 函数返回值大于 0，若 A=B 函数返回 0
    for(int i = 0; i < A.n && i < B.n; i++)
        if(A.ch[i] != B.ch[i]) break;                //两串不等，i 没有到 n
    if(i == A.n && i == B.n) return 0;               //串相等，返回 0
    else if(i < A.n && i < B.n) return A.ch[i]-B.ch[i];
                                                     //不等，返回对应字符值差
    else return A.n-B.n;                             //不等，返回串长度之差
}
```

若串 A 和 B 的长度分别为 m 和 n，算法的时间复杂度为 O(min{m, n})，空间复杂度为 O(1)。

4-89 若串 A 和串 B 都采用堆分配存储，设计一个算法，将串 B 作为子串插入串 A 的第 start 个位置（0≤start≤A.n）。

【解答】 插入位置在 A.n 是追加的情形。算法需要判断插入后两个串长度夹在一起是否超出了 maxSize，如果超出，则需要扩充 A 的存储空间以容纳 B，否则直接将 B 插入即可。算法的实现如下。

```
bool InsertStr(HString& A, int start, HString& B) {
//算法调用方式 bool succ = InsertStr(A, start, B)。输入：被插入的串 A，指定
//插入位置 start（从 0 开始计），插入串 B；输出：若插入成功，函数返回 true，引用参数 A
//返回插入后的串，若插入不成功，函数返回 false，串 A 不变
    if(start < 0 || start > A.n)
        { printf("参数 start=%d 不合理! \n", start); return false; }
    if(A.n+B.n > A.maxSize) {                        //超长，扩充 A.ch 数组
        char *dest =(char*) malloc((A.n+B.n+1)*sizeof(char));
        if(dest == NULL) { printf("存储分配失败! \n"); exit(1); }
        char *temp = dest;
        for(int i = 0; i < A.n; i++) dest[i] = A.ch[i];
        free(A.ch); A.ch = temp; A.maxSize = A.n+B.n;
    }
    for(int j = A.n-1; j >= start; j--) A.ch[j+B.n] = A.ch[j];
                                                     //A.ch 后移
    for(j = 0; j < B.n; j++) A.ch[start+j] = B.ch[j]; //B.ch 复制进 A.ch
    A.n = A.n+B.n; A.ch[A.n] = '\0';
    return true;
}
```

若串 A 和 B 的长度分别为 m 和 n，算法的时间复杂度与空间复杂度均为 O(m+n)。

4-90　若字符串 T 和 P 都采用堆分配存储，设计一个算法，在串 T 中从指定位置 ad 起，查找与串 P 匹配的第一个子串，通过函数返回求得子串在串 T 中的位置。

【解答】　利用朴素的模式匹配算法，从串 T 的第 ad 个位置起。抽取长度与 P 等长的子串进行比较，若相等，则找到与 P 匹配的子串，返回它在 T 中的位置；若不等，在 T 中向右移一位，抽取第 ad+1 个位置起与 P 等长的子串继续比较；若还不等，在 T 中再向右移一位，抽取第 ad+2 个位置起与 P 等长的子串继续比较；依次比较，直到比较成功，或直到取不出与 P 相等的子串为止。算法的实现如下。

```
int FindStr(HString& T, HString& P, int ad) {
//算法调用方式 int d = FindStr(T, P, ad)。输入：主串 T，在 T 中查找位置 ad（从 0
//开始计），子串 P；输出：函数返回在串 T 指定位置 ad 后子串 P 第一个字符在串 T 中出
//现的位置
    int i = ad, j = 0;
    while(i < T.n && j < P.n) {
        if(T.ch[i] == P.ch[j]){i++;  j++;}        //对应字符相等，指针后移
        else { i = i-j+1;  j = 0; }               //对应字符不等，i 回溯，j 为 0
    }
    if(j == P.n) return i-P.n;                     //匹配成功，返回位置
    else return -1;                                //匹配失败
}
```

若串 T 和 P 的长度分别为 m 和 n，算法的时间复杂度为 O(min{m, n})，空间复杂度为 O(1)。

4-91　若串 A 和串 B 都采用堆分配存储，设计一个算法，从串 A 的第 start 位置起，连续提取 len 个字符，通过串 B 返回，串 A 中删除这些字符。

【解答】　算法首先需要判断参数的合理性，若参数合理，通过一个循环，从 start 位置起在 A.ch 中连续取 len 个字符，将它们复制给 B.ch；然后再通过一个循环，向前移动 A.ch 中的元素，将这部分字符覆盖掉，最后修改 A.n 即完成删除。算法的实现如下。

```
bool RemoveStr(HString& A, int start, int len, HString& B) {
//算法调用方式 bool succ = RemoveStr(A, start, len, B)。输入：被提取字符的串 A,
//指定提取字符的开始位置 start（从 0 开始计），提取字符个数 len；输出：若子串 B
//提取成功，函数返回 true，引用参数 B 返回提取的子串；否则函数返回 false
    if(start < 0 || start >= A.n || len <= 0) {          //参数不合理
        printf("参数 start 或 len 不合理! \n");
        B.ch[0] = '\0'; B.n = 0; return false;
    }
    for(int i = start; i < start+len; i++) B.ch[i-start] = A.ch[i];
                                                          //复制到 B.ch
    for(i = start+len; i < A.n; i++) A.ch[i-len] = A.ch[i];
                                                          //向前压缩 A.ch
    B.n = len; A.n = A.n-len; A.ch[A.n] = '\0'; B.ch[B.n] = '\0';
    return true;
}
```

若被提取串 A 的长度为 n，算法的时间复杂度为 O(n)，空间复杂度为 O(1)。

4-92　字符串的替换运算 ReplaceStr (HString& T, HString& S, HString& V) 是指若 S 是 T 的子串，则用串 V 替换串 S 在串 T 中的所有出现；若 S 不是 T 的子串，则串 T 不变。设计一个算法，利用串的运算 FindStr、InsertStr、RemoveStr、LenStr 实现这个替换运算。

【解答】　算法的设计思路是：每次从第 k 个字符开始用查找子串的 FindStr 运算在 T 中找到与 S 匹配的子串，用 V 替换它。k 的初始位置在 0，替换后 k 移到用 V 替换 S 后的位置。算法的实现如下，这里用到前面题 4-89～题 4-91 定义的 InsertStr、FindStr 和 RemoveStr 函数。

```
bool ReplaceStr(HString& T, HString& S, HString& V) {
//算法调用方式bool succ = ReplaceStr(T, S, V)。输入：目标串T，要被替换的串S，
//用来替换的串V；输出：若T中所有出现子串S的地方都用V替换成功，函数返回true，
//否则函数返回false
    int ad, ls = LenStr(S), lv = LenStr(V);
    if((ad = FindStr(T, S, 0)) == -1)              //T中没有找到S，T不改
        { printf("没有找到要替换的串！\n"); return false; }
    HString s1; InitStr(s1);
    while(ad != -1) {
        RemoveStr(T, ad, ls, s1);                   //从T中移出ad后的S存入s1
        InsertStr(T, ad, V);                        //将V插入T的ad之后
        ad = FindStr(T, S, ad+lv);                  //跳过替换的串查找下一个S
    }
    return true;
}
```

若串 T、V 的长度分别为 m 和 n，算法的时间复杂度与空间复杂度均为 O(m+n)。

4-93　若有一个字符串 T。设计一个算法，用统计串的形式给出串 T 中字符连续出现的次数。例如，"aaabbaddddffc"的统计串为"a_3_b_2_a_1_d_4_f_2_c_1"。

【解答】　算法逐位检测字符串 T，用 count 统计每一个连续重复字符的重复次数，然后将 count 转换为字符串（使用题 4-74 实现的函数 int_to_str），连接于该字符之后。算法的实现如下。

```
void substrCount(HString& T, HString& S) {
//算法调用方式substrCount(T, S)。输入：给定堆分配存储字符串T；输出：统计T
//中字符连续出现的次数，通过引用参数S返回字符和统计结果
    if(T.n == 0 || T.ch[0] == '\0') { S.n = 0; S.ch[0] = '\0'; return; }
    int d, i, j, k, count; char a[10];
    S.ch[0] = T.ch[0]; count = 1; j = 1;           //j是串S的存放指针
    for(i = 1; i < T.n; i++) {
        if(T.ch[i] != T.ch[i-1]) {
            int_to_str(count, a, d);                //将数字count转换为串a
            S.ch[j++] = '_';
            for(k = 0; k < d; k++) S.ch[j++] = a[k];
            S.ch[j++] = '_'; S.ch[j++] = T.ch[i]; count = 1;
        }
```

```
        else count++;
    }
    int_to_str(count, a, d);                    //将数字 count 转换为串 a
    S.ch[j++] = '_';
    for(k = 0; k < d; k++) S.ch[j++] = a[k];
    S.ch[j] = '\0';  S.n = j;
}
```

若串 T 的字符个数为 n，算法的时间复杂度为 O(n)，空间复杂度为 O(1)。

4-94 若串 S 采用堆分配存储，设计一个算法，求串 S 中出现的第一个最长重复子串 Sub，并返回 Sub 在 S 中的开始位置和长度（注意，重复的含义是子串中字符连续相等，如串 S = "aaaabbbcdddddefffg"，重复子串有"aaaa"，"bbb"，"ddddd"，"fff"，最长的是"ddddd"）。

【解答】 一个串中可能有多个重复子串，每次求得一个重复子串后得到它的长度 count 和在串 S 中的开始地址 ad，然后与预设的最大重复子串的长度 len 比较，如果当前求得重复子串的长度 count 更大，用 count 代替 len，并用 start 记下开始地址 ad。当串 S 全部扫描完，在 start 和 len 中得到最大重复子串在 S 中的开始地址和长度，把相应字符赋予 Sub 即可。算法的实现如下。

```
void LongestSubStr(HString& S, HString& Sub, int& start, int& len) {
//算法调用方式 LongestSubStr(S, Sub, start, len)。输入：给定堆分配存储字符串 S;
//输出：统计 S 中连续出现字符个数，通过引用参数 Sub 返回最长重复子串，并通过引用参数
//start 和 len 返回该最长重复子串的起始位置和长度
    start = 0;  len = 0;
    int count, i, j, k;
    for(i = 0; i < S.n; i++) {
        j = i+1;
        while(j < S.n) {
            if(S.ch[i] == S.ch[j]) {                    //发现有相等字符
                count = 1;
                for(k = 0; S.ch[i+k] == S.ch[j+k]; k++) count++;
                j = j+count;
                if(count > len) { len = count;  start = i; }
            }
            else j++;
        }
    }
    Sub.n = len;
    for(i = 0; i < len; i++) Sub.ch[i] = S.ch[i+start];
    Sub.ch[len] = '\0';
}
```

若串 S 的字符个数为 n，算法的时间复杂度为 O(n²)，空间复杂度为 O(1)。

4-95 若串 S 和串 T 都采用堆分配存储，设计一个算法，求串 S 和串 T 的一个最长的公共子串。例如，串 S = "fudan jiangwan campus"，T = "chuanda wangjiang campus"，最长公共子串为" campus"。

【解答】　使用简单的串匹配算法。算法的实现如下。

```
void maxsubstr(HString& S, HString& T, HString& R) {
//算法调用方式maxsubstr(S, T, R)。输入：两个堆分配存储字符串 S 和 T；
//输出：引用参数 R 返回找到的 S 和 T 的最长公共子串
    int i, j, k, max, ad;
    i = 0; k = 0; max = 0;
    while(i+k < S.n) {                          //顺序检查每一个 S.ch[i]
        j = 0;
        while(j < T.n) {                        //针对 S.ch[i]检查 T.ch[j]
            if(S.ch[i] == T.ch[j]) {            //比较 S.ch[i]与 T.ch[j]
                k = 1;
                while(i+k < S.n && j+k < T.n)
                    if(S.ch[i+k] == T.ch[j+k]) k++;//自此连续比较相等
                    else break;
                if(k > max){ad = i;  max = k;}      //记下新的最大子串长度
                j = j+k;                            //查找下一个公共子串
            }
            else j++;
        }
        i++;
    }
    for(i = ad, j = 0; j < max; i++, j++) R.ch[j] = S.ch[i];//复制到 R
    R.ch[j] = '\0';  R.n = max;  R.maxSize = S.maxSize;
}
```

若串 S 和串 T 的长度为 m 和 n，则算法的时间复杂度为 $O(m×n)$。

4-96　如果串 Sub 的所有字符按其在串中出现的顺序出现在串 S 中，则称串 Sub 是串 S 的子串（注意，不要求子串 Sub 的字符在串 S 中连续出现）。例如，设串 A = "abcbdab"，串 B = "bdcaba"，可能的最长公共子串是"bcba"、"bcab"或"bdab"。若它们都采用堆分配存储，设计一个算法，求串 B 和串 A 的最长公共子串，并通过串 R 返回。

【解答】　为求最长公共子串，可采用动态规划法。其中用到两个附加矩阵，C[i][j]用于计算和存放 A[i]和 B[j]的最长公共子串的长度，T[i][j]用于记录 C[i][j]是从哪一个子问题的解得到的。如果 A = "$a_1a_2\cdots a_m$"，B = "$b_1b_2\cdots b_n$"，R = "$r_1r_2\cdots r_k$"，设 A 和 B 的最长公共子串的长度为 C[m][n]：若串 A 和串 B 都是空串，则 C[0][0] = 0；否则当 $a_m = b_n$ 时，求最长公共子串的长度 C[m][n]归结为求 C[m-1][n-1]+1；当 $a_m \neq b_n$ 时，求最长公共子串的长度 C[m][n]可以通过 C[m-1][n]（$c_k \neq a_m$）或 C[m][n-1]（$c_k \neq b_n$）求出。由此可以创建递归关系：

$$c[i][j]=\begin{cases}0, & i=0 \text{ 或 } j=0 \\ c[i-1][j-1], & i>0、j>0 \text{ 且 } a[i]=b[j] \\ \max\{c[i-1][j],c[i][j-1]\}, & i>0、j>0 \text{ 且 } a[i]\neq b[j]\end{cases}$$

最低层次是在 C[ ][ ]中对于 i = 0 或 j = 0 都置 0。然后根据两个串的值利用上面的递归关系计算。算法的实现如下。

```
void LCSLength(HString& A, HString& B, int C[][defaultSize],
               int T[][defaultSize], int m, int n) {
```

```
//算法调用方式 LCSLength(A, B, C, T, m, n)。输入：两个串 A 和 B，长度分别为 m
//和 n；输出：矩阵 C 返回最长公共子串，T 返回最长公共子串
    int i, j;
    for(i = 0; i <= m; i++) T[i][0] = C[i][0] = 0;
    for(j = 1; j <= n; j++) T[0][j] = C[0][j] = 0;
    for(i = 1; i <= m; i++)
        for(j = 1; j <= n; j++) {
            if(A.ch[i-1] == B.ch[j-1]){C[i][j] = C[i-1][j-1]+1; T[i][j] = 1;}
            else if(C[i-1][j] >= C[i][j-1]){C[i][j] = C[i-1][j]; T[i][j] = 2;}
            else { C[i][j] = C[i][j-1];  T[i][j] = 3; }
        }
}
void LCS(int T[][defaultSize], int i, int j, HString& A) {
//递归算法调用方式 LCS(T, m, n, A)。输入：记录最长公共子串矩阵 T，两个串长度 m
//和 n，第一个串 A；输出：算法递归调用输出 A 和 B 的最长公共子串，i 和 j 是当前处
//理位置。T[m][n]记录求解过程：= 1, (i-1, j-1)→(i, j)；= 2, (i-1, j)→(i, j)；
//= 3, (i, j-1)→(i, j)
    if(i == 0 || j == 0) return;
    if(T[i][j] == 1) { LCS(T, i-1, j-1, A);  printf("%c", A.ch[i-1]); }
    else if(T[i][j] == 2) LCS(T, i-1, j, A);
    else LCS(T, i, j-1, A);
}
```

若串 A 和 B 的长度分别为 m 和 n，算法 LCSLength 的时间复杂度为 $O(m \times n)$，空间复杂度为 $O(1)$。算法 LCS 是递归算法，时间复杂度为 $O(m \times n)$，空间复杂度为 $O(m+n)$。

4-97 设字符串 s 采用堆分配存储，设计一个算法，求 s 中的连续最长的数字串，返回其在串中的开始位置（从 0 开始）和它的长度。例如，在串"abcd12345ed126ss123456789ts"中最长的数字子串为"123456789"，在串中的开始位置 16，长度 9。

【解答】 算法扫描串 s 中的字符，并用 count 和 ad 存储每次找到的数字串的起始位置和长度。取最长数字串，将其开始位置记入 start，长度记入 len。当所有字符检查完后，若 start 和 len 均为 0，说明没有找到数字串，函数返回 0，否则返回 1。算法的实现如下。

```
int DigitStr(HString& A, int& start, int& len) {
//算法调用方式 int succ = DigitStr(A, start, len)。输入：堆分配存储字符串 A；
//输出：若求出 A 中连续最长的数字串，函数返回 true，引用参数 start 返回最长连续数字串
//的起始位置，len 返回串的长度；否则函数返回 false，表示没有找到
    int ad, i, count;  char x;
    start = 0;  len = 0;  i = 0;  x = A.ch[i];
    while(x != '\0') {
        if(x >= '0' && x <= '9') {
            count = 0;  ad = i;
            while(x >= '0' && x <= '9') { count++;  x = A.ch[++i]; }
            if(count > len) { start = ad;  len = count; }
        }
        else x = A.ch[++i];
    }
```

```
        return(len != 0);
    }
```

若串 A 的长度为 n，算法的时间复杂度为 O(n)，空间复杂度为 O(1)。

4-98　若字符串 A 采用堆分配存储，所包含字符都属于 26 个英文字母（不区分大小写）。设计一个算法 frequency，统计各个字母出现的频度。

【解答】　算法的参数表应包括一个字母频度表 int freq[26]，存放串 A 中各英文字母的出现频度。英文字母有大小写之分，算法不加区分，如'a'和'A'算是同一个字母，在算法扫描字符串时，对于 A.ch[i]，需要判断其为大写字母还是小写字母，若是大写字母则让 k = A.ch[i]-65；若为小写字母则让 k = A.ch[i]-97，然后让 freq[k]++；若字符 A.ch[i]为其他字符则不处理，如此反复，直到整个字符串扫描结束为止。算法的实现如下。

```
void frequency(HString& A, int freq[]) {
//算法调用方式 frequency(A, freq)。输入：堆分配存储字符串 A；输出：数组 freq
//返回在 A 中 26 个英文字母的出现次数
    int i, num;  char ch;
    for(i = 0; i < 26; i++) freq[i] = 0;          //计数数组初始化
    for(i = 0; i < A.n; i++) {                     //顺序扫描串 A 每个字符
        num = A.ch[i];                             //取得 A.ch[i]的 ASCII 码
        if(A.ch[i] >= 'A' && A.ch[i] <= 'Z')       //大写英文字母
            freq[num-65]++;
        else if(A.ch[i] >= 'a' && A.ch[i] <= 'z')  //小写英文字母
            freq[num-97]++;
    }
}
```

若串 A 的长度为 n，如果 n>26，算法的时间复杂度为 O(n)，否则为 O(1)；空间复杂度为 O(1)。

4-99　所谓回文，是指从前向后顺读和从后向前倒读都一样的不含空白字符的串。例如"did"，"madammadam" 即是回文。设字符串采用堆分配存储，设计一个算法，判断一个串是否是回文。

【解答】　算法的设计思路是两头设指针，向中间并进，检查对应字符是否相等，直到中间会合。算法的实现如下。

```
int center_sym(HString& S) {
//算法调用方式 int yes = center_sym(S)。输入：堆分配存储字符串 S；输出：若串 S
//是中心对称，函数返回 1，否则函数返回 0
    int i = 0, j = S.n-1;
    while(i < j)                                  //n 为奇数时 i = j, n 为偶数时 i > j
        if(S.ch[i] != S.ch[j]) return 0;          //比对不等，不中心对称
        else { i++;  j--; }
    return 1;
}
```

若串 S 的长度为 n，算法的时间复杂度为 O(n)，空间复杂度为 O(1)。

4-100　若字符串 S 采用堆分配存储，设计一个算法，查找 S 中最大的回文子串。例如，

设字符串是"abcdedcd"，最大的回文子串是"cdedc"。

【解答】最简单的方式就是把所有的回文子串找出来，看看哪个更长。算法的思路是：在一个回文字符串中一定存在一个中心点，其前后字符相等。这样，我们可以从头到尾逐个字符检查，即把该字符看作是一个回文子串的中心点，然后分别从中间向两边进行比较，求出以该字符为中心点的回文子串的长度，取其中长度最大的回文子串即为所求。

由于字符串长度为奇数和偶数时处理不一样，算法将所有可能的奇数和偶数长度的回文子串都转换成奇数长度。具体处理办法是在每个字符的两边都插入一个特殊的符号。例如"abba"变成"#a#b#b#a#"，"aba"变成"#a#b#a#"。然后就可以进行最开始所说的处理了。

算法的实现如下。

```
void longestPalindrome(HString &str, int &md, int &len) {
//算法调用方式longestPalindrome(str, md, len)。输入：堆分配存储字符串str;
//输出：引用参数md返回最长回文子串的中心点在str中的位置，len返回子串长度
    if(str.n == 0) return;
    int i, j, k = 0, max;  HString tmp;  InitStr(tmp);
                                    //临时串，串长至少为2*str.n+1
    for(i = 0; i < str.n; i++)
        { tmp.ch[k++] = '#';  tmp.ch[k++] = str.ch[i]; }
    tmp.ch[k++] = '#';  tmp.ch[k] = '\0';  tmp.n = k;
    k = 0;  max = 0;
    for(i = 0; i < tmp.n; i++) {                    //循环，每个字符为回文中心点
        for(j = 0; i-j >= 0 && i+j < tmp.n; j++)
            if(tmp.ch[i-j] != tmp.ch[i+j]) break; //不相等，回文子串到此为止
        if(j-1 > max) { max = j-1;  k = i; }
    }
    md =(k-1)/2;  len = max;
}
```

若串str的长度为n，算法的时间复杂度为$O(n^2)$，空间复杂度为$O(1)$。

4-101 若串A和串B采用堆分配存储。设计一个算法，把所有包含在A中而不在B中的字符复制出存入串C。要求C也采用堆分配存储，对于重复的字符只存一次，并返回C中每一个字符在A中第一次出现的位置。

【解答】算法的设计思路是：依次考查串A中的每个元素，分别与串B中的元素比较，如果不在串B中，则将该元素放到串C中。算法的实现如下。

```
void selectDeff(HString& A, HString& B, HString& C, int id[]) {
//算法调用方式selectDeff(A, B, C, id)。输入：两个堆分配存储字符串A和B;输出：
//引用参数串C返回A中有的B中没有的字符，重复的字符只存一个。数组id是C中
//每个字符在A中首次出现的位置
    int i, j, k, f;  C.n = 0;
    for(i = 0; i < A.n; i++) {                    //顺序检查A中每一字符
        for(j = 0; j < B.n; j++)                  //在B中查有没有
            if(i != j && A.ch[i] == B.ch[j]) break;
        if(j == B.n) {
            f = 0;
```

```
        for(k = 0; k < C.n; k++)
            if(C.ch[k] == A.ch[i]) f = 1;
            if(f == 0) { C.ch[C.n] = A.ch[i];  id[C.n++] = i; }
        }
    }
    C.ch[C.n] = '\0';
}
```

若串 A、串 B、串 C 的长度分别为 m、n、k，算法的时间复杂度为 $O(m \times (n+k))$，空间复杂度为 $O(1)$。

4-102　若有一个长度为 n 的串 S，采用堆分配存储。设计一个算法，将 S 的所有下标为偶数（包括下标 0）的字符按其原来下标从大到小顺序放到另一个串 T 的后半部分；将 S 的所有下标为奇数的字符按其原来下标从小到大顺序放在串 T 的前半部分。例如，S = "abcdefghijkl"，则 T = "bdfhjlkigeca"。

【解答】　让 i = 0, 1,⋯, S.n−1 顺序扫描 S.ch[i]，对于 i 为奇数的字符，在 T.ch 中从前向后放，对于 i 为偶数的字符，在 T.ch 中从后向前放。算法的实现如下。

```
void RearrangeStr(HString& S, HString& T) {
//算法调用方式 RearrangeStr(S, T)。输入：堆分配存储字符串 S；输出：另一个堆分配
//存储字符串 T，正序存放 S 中下标为奇数的字符再逆序存放 S 中下标为偶数的字符
    for(int i = 0; i < S.n; i++) {          //顺序扫描 S 的字符
        if(i % 2 == 1) T.ch[i/2] = S.ch[i];     //下标为奇数，放在前半段
        else T.ch[S.n-i/2-1] = S.ch[i];         //下标为偶数，放在后半段
    }
    T.n = S.n;  T.ch[T.n] = '\0';
}
```

若串 S 的长度为 n，算法的时间复杂度为 $O(n)$，空间复杂度为 $O(1)$。

4-103　若字符串 S 采用堆分配存储，存放了多个单词。设计一个算法，将 S 所有单词逆转。例如，串 S = "I'm a student"，经过逆转后 S = "student a I'm"。

【解答】　借助海豚算法的思路，首先将整个串翻转，再从串开头逐个识别单词（以空格隔开）并翻转它们，即可逆转串中所有单词的顺序。算法的实现如下。

```
void Reverse(HString& S, int left, int right) {
//逆置字符串 S 中从 left 到 right 的所有字符
    char tmp;
    while(left < right) {
        tmp = S.ch[left];  S.ch[left] = S.ch[right];
        S.ch[right] = tmp;
        left++;  right--;
    }
}
void rotateWords(HString& S) {
//算法调用方式 rotateWord(S)。输入：有多个单词的字符串 S；输出：所有单词逆置
    if(S.n == 0) return;
    Reverse(S, 0, S.n-1);
```

```
        int i, low = -1, high = -1;
        for(i = 0; i < S.n; i++) {                    //逐个字符扫描
            if(S.ch[i] != ' ') {                      //初置一个单词的边界
                if(i == 0 || S.ch[i-1] == ' ') low = i;
                if(i == S.n-1 || S.ch[i+1] == ' ') high = i;
            }
            if(low != -1 && high != -1) {             //一个单词介于 low..high
                Reverse(S, low, high);                //逆转单词
                low = -1; high = -1;                  //重置 low 与 high
            }
        }
    }
```

若字符串中有 n 个字符，算法的时间复杂度为 O(n)，空间复杂度为 O(1)。

4-104 若有两个串 T 和 P 均采用堆分配存储，设计一个算法，实现用 "*" 通配符匹配函数 int Pattern (T, P)，通配符 "*" 可与任何字符匹配成功。例如，Pattern("beijing", "*in") 的匹配结果是 3。

【解答】 采用简单的 BF 模式匹配算法，只不过在判断 T 与 P 对应字符相等的条件语句中加入判断 P 的当前参加比较的字符是否等于 "*" 的比较。算法的实现如下。

```
int Pattern(HString& T, HString& P, int start) {
//算法调用方式 int Pattern(T, P, start)。输入：堆分配的目标串 T 和模式串 P，模式
//匹配比较的开始点 start；输出：函数返回匹配点的下标
    if(T.n-P.n-start < 0) return -1;                  //检查参数的合理性
    int i = start, j = 0, s = 0;
    while(i < T.n && j < P.n) {                        //逐个检查目标串 T 的字符
        if(T.ch[i] == P.ch[j]) { i++; j++; }          //字符相等，跳过
        else if(P.ch[j] == '*') { i++; j++;}          //字符与 "*" 匹配，跳过
        else { i = i-j+1; s = i; j = 0; }             //字符不等，开始下一趟匹配
    }
    if(j >= P.n) return s;
    else return -1;
}
```

若串 T、P 的长度分别为 m、n，算法的时间复杂度为 O(min{m, n})，空间复杂度为 O(1)。

4-105 若串 A 和子串 B 都采用堆分配存储，设计一个算法，在串 A 中删除所有子串 B 的出现，并返回找到的子串个数。

【解答】 算法扫描串 A，重复查找子串 B，并利用辅助表 adr 记下 B 的出现位置 ad，直到 A 扫描完为止。然后从 adr 中退出各子串的地址和长度，在串 A 中向前压缩存储不删除的字符，并修改串的长度。算法的实现如下。

```
void RemovenStr(HString& A, HString& B, int& count) {
//算法调用方式 RemovenStr(A, B, count)。输入：两个堆分配的串 A 和 B；输出：
//从串 A 中删去所有子串 B 的出现，并通过引用参数 count 返回找到的子串个数
    count = 0;                                        //子串个数 count 初值
```

```
    int i = 0, j;  int adr[defaultSize];//defaultSize 定义在头文件 HString.h 中
    while(i < A.n) {                            //在串 A 中找子串 B
        j = 0;                                  //模式匹配
        while(j < B.n)
            if(A.ch[i] == B.ch[j]) { i++;  j++; }
            else { i = i-j+1;  j = 0; }
        if(j == B.n) adr[count++] = i-B.n;      //找到子串 B, 记下位置和长度
        else break;                             //再也找不到子串 B 了, 退出
    }
    int avail = adr[0];  i = 1;
    for(i = 1; i < count; i++)                  //逐个子串前移, 压缩空间
        for(j = adr[i-1]+B.n; j < adr[i]; j++)
            A.ch[avail++] = A.ch[j];
    for(j = adr[count-1]+B.n; j < A.n; j++)     //最后剩余部分前移
        A.ch[avail++] = A.ch[j];
    A.n = A.n-count*B.n;  A.ch[A.n] = '\0';
}
```

若串 A、B 的长度分别为 m、n，算法的时间复杂度为 O(m×n)，空间复杂度为 O(m)。

4-106 若有一个字符串数组 A[n]，其中有许多数组元素是空的。设计一个算法，把所有非空的数组元素压缩到数组的前部，要求保持原数组元素的先后次序，并保留非空元素原来的序号。例如，若原数组如图 4-30（a）所示，压缩后数组如图 4-30（b）所示。

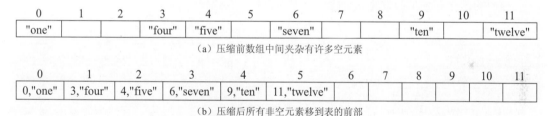

（a）压缩前数组中间夹杂有许多空元素

（b）压缩后所有非空元素移到表的前部

图 4-30 题 4-106 的图

【解答】 定义压缩前的数组元素的类型为 HString（堆分配存储），压缩后的数组元素的类型为 typedef struct { int index; HString str; } Array_comp；为了防止未来查找压缩数组遍访数组所有元素，在压缩后最后一个元素的后一个元素的 index 赋值为-1。压缩时用一个存放指针 k 指向当前可存放位置，初值为 0。算法的实现如下。

```
    void Compress(HString S[], int n, Array_comp F[], int&k) {
    //压缩算法的调用方式 Compress(S, n, F, k)。输入: 堆分配字符串 S, 串长度 n, 已
    //声明的存放非零元素及其位置的数组 F; 输出: S 中非零元素及其下标存放于 F,
    //F 最后以下标等于-1 结束。引用参数 k 返回非零元素个数
        k = 0;
        for(int i = 0; i < n; i++) {
            if(S[i].n != 0) {                   //非空串
                F[k].index = i;
                InitStr(F[k].str);  AssignStr(F[k].str, S[i].ch);
                k++;
```

```
        }
    }
    F[k].index = -1;
}
void Print_Str(Array_comp F[], int n) {
    for(int i = 0; i < n; i++) {
        if(F[i].index != -1)
            printf("(%d, %s) ", F[i].index, F[i].str.ch);
        else break;
    }
    printf("\n");
}
```

若压缩前字符串的长度为 n，算法的时间复杂度为 O(n)，空间复杂度为 O(1)。

4-107　一个文本串可以使用事先准备的字母映射表进行加密，例如，对于 26 个英文字母，映射表如表 4-2 所示，文本串 "university" 被加密为 "ywedthgelu"。设计一个算法，将给定的文本串加密后输出；然后再将它解密后输出。

表 4-2　映射表

a	b	c	d	e	f	g	h	i	j	k	l	m	n	o	p	q	r	s	t	u	v	w	x	y	z
f	i	r	s	t	m	a	k	e	o	p	n	z	w	q	v	x	h	g	l	y	d	c	b	u	j

相应的用于解密的反映射表如表 4-3 所示。

表 4-3　反映射表

a	b	c	d	e	f	g	h	i	j	k	l	m	n	o	p	q	r	s	t	u	v	w	x	y	z
g	x	w	v	i	a	s	r	b	z	h	t	f	l	j	k	o	c	d	e	y	p	n	q	u	m

【解答】　算法很简单，就是对照映射表做字母转换即可。

```
void Encrypt(HString& T, HString& S, char map[]) {
//加密算法的调用方式 Encrypt(T, S, map)。输入：源字符串 T，加密映射表 map；
//输出：通过串类型引用参数 S 返回加密后的字符串
    int i, j;
    for(i = 0; i < T.n; i++) {
        j = T.ch[i]-'a';
        S.ch[i] = map[j];
    }
    S.n = T.n;  S.ch[S.n] = '\0';
    printf("%s", S.ch);  printf("\n");
}
void UnEncrypt(HString& T, HString& S, char reversemap[]) {
//解密算法的调用方式 UnEncrypt(T, S, reversemap)。输入：源字符串 T，反
//映射表 reversemap；输出：通过串类型引用参数 S 返回解密后的字符串
int i, j;
    for(i = 0; i < T.n; i++) {
        j = T.ch[i]-'a';
```

```
        S.ch[i] = reversemap[j];
    }
    S.n = T.n;  S.ch[S.n] = '\0';
    printf("%s", S.ch);  printf("\n");
}
```

若文本串的长度为 n，两个算法的时间复杂度均为 O(n)，空间复杂度为 O(1)。

4.3.4　块链存储字符串相关的算法

4-108　若串 S 采用块链存储，设计一个算法，实现 S 的初始化运算。结点大小设定为 1。

【解答】　块链存储的串带有头结点，初始化操作要创建一个只有头结点只有尾结点（存放'\0'）的空链表。算法的实现如下。

```
void InitStr(LinkString& S) {
//算法的调用方式 InitStr(S)。输入：已声明的块链存储串 S；输出：创建该串的头结点和
//尾结点并置空
    S.first = (Chunk*) malloc(sizeof(Chunk));           //创建头结点
    S.last = S.first->link = (Chunk*) malloc(sizeof(Chunk));
    S.last->ch = '\0';                                  //首元结点存放'\0'
    S.last->link = NULL;    S.n = 0;                     //非循环链表
}
```

算法的时间复杂度和空间复杂度均为 O(1)。

4-109　若串 A 和串 B 采用块链存储，设计一个算法，实现串复制。结点大小设定为 1。

【解答】　采用尾插法把串 B 复制到串 A，要求串 B 和串 A 已经存在，且串 A 为空。算法的实现如下。

```
void CopyStr(LinkString& A, LinkString& B) {
//算法调用方式 CopyStr(A, B)。输入：已声明并置空的块链存储串 A，已建成的块
//链存储串 B；输出：把串 B 复制给串 A
    Chunk *pb = B.first->link;  A.last = A.first->link;
    while(pb != NULL) {                                 //B 链未检查完，执行
        A.last->link =(Chunk*) malloc(sizeof(Chunk));
                                                        //创建 A 的新尾结点
        A.last->ch = pb->ch;  A.last = A.last->link; //修改 A 的链尾指针
        pb = pb->link;                                  //复制字符，B 扫描指针进 1
    }
    A.last->ch = '\0';  A.last->link = NULL;  A.n = B.n;
}
```

若源串 B 的长度为 n，算法的时间复杂度为 O(n)，空间复杂度为 O(1)。

4-110　若串 S 采用块链存储，设计一个算法，实现从一个普通字符数组 init 往串 S 复制的运算。结点大小设定为 1。

【解答】　逐个取得字符数组*init 的字符，采用尾插法传送给一个已存在的串 S。算法的实现如下。

```
void AssignStr(LinkString& S, char *init) {
//算法调用方式 AssignStr(S, init)。输入：已声明并置空的块链存储串 S，给定的字符
//串 init；输出：把字符串 B 存入串 S
    char *p = init;  S.last = S.first->link;  int k = 0;
                                            //假设已使用 InitStr 初始化
    while(*p != '\0') {
        S.last->ch = *p;  p++;  k++;
        S.last->link = (Chunk*) malloc(sizeof(Chunk));
        S.last = S.last->link;
    }
    S.last->ch = *p;  S.last->link = NULL;  S.n = k;
}
```

若源串 init 的长度为 n，算法的时间复杂度为 O(n)，空间复杂度为 O(1)。

4-111 若串 A 与串 B 都采用块链存储，设计一个算法，比较它们的大小。若串 A 与串 B 相等，则函数返回 0；若串 A 和串 B 不等且它们都没有比完，则函数返回不等字符的值差；若两串的长度不等，则函数返回 A 与 B 的长度之差。

【解答】 逐个比较串 A 与串 B 中对应的字符，若比较不等则中途退出。若串 A 与串 B 同时比完，则两串相等，函数返回 0；若两串都没有比完，表明比较中途对应字符不等，返回返回对应字符的值差；若两串中有一个比完，另一个没有比完，则两串长度不等，函数返回 A 与 B 的长度之差。算法的实现如下。

```
int CompStr(LinkString& A, LinkString& B) {
//算法调用方式 int k = CompStr(A, B)。输入：两个块链存储串 A 和 B；输出：如果
//A=B 函数返回 0；A<B 时，若对应字符不等，函数返回字符 ASCII 码的差(负值)，
//若串长度不等，函数返回串长度的差(负数)；A>B 时，若对应字符不等，函数返回字符
//ASCII 码的差(正值)，若串长度不等，函数返回串长度的差（正数）
    Chunk *pa = A.first->link, *pb = B.first->link;
    while(pa != NULL && pb != NULL)
        if(pa->ch != pb->ch) break;
        else { pa = pa->link;  pb = pb->link; }
    if(pa == NULL && pb == NULL) return 0;
    else if(pa != NULL && pb != NULL) return pa->ch - pb->ch;
    else return A.n - B.n;
}
```

若串 A 和 B 的长度分别为 m 和 n，算法的时间复杂度为 O(min{m, n})，空间复杂度为 O(1)。

4-112 若串 S 采用块链存储，设计一个算法，实现从一个串 S 中的第 start（0≤start< S.n）位置起连续取 len 个字符构成一个子串返回。结点大小设定为 1。

【解答】 算法首先判断参数 start 和 len 的合理性。如果参数合理，则继续判断是否有 start+len > S.n，若是则子串只能取到串尾，否则可取得一个长度为 len 的子串。要求做此操作前串 S 与串 sub 都已存在，且串 sub 是已初始化的空串。算法的实现如下。

```
void SubStr(LinkString& S, int start, int len, LinkString& sub) {
```

```
//算法调用方式 SubStr(S, start, len, sub)。输入：块链存储的串 S，指定抽取子串的
//开始位置 start(下标从 0 开始计)，抽取字符个数 len；输出：引用参数 sub 返回连
//续抽取字符组成的子串
    if(start >= S.n || start < 0 || len >= S.n || len < 1) return;
    sub.last = sub.first->link;
    Chunk *p = S.first->link;  int k = 0;        //查找第 start 个结点，k 计数
    while(k < start && p != NULL) { p = p->link;  k++; }
    if(p != NULL) {                               //若*p 是第 start 个结点
        for(k = 0; k < len; k++) {                //连续取 len 个字符
            sub.last->ch = p->ch;  p = p->link;
            sub.last->link = (Chunk*) malloc(sizeof(Chunk));
            sub.last = sub.last->link;
            if(p->link == NULL) break;
        }
        sub.last->ch = '\0';  sub.last->link = NULL;
        sub.n = k;
    }
}
```

若串 S 的长度为 n，算法的时间复杂度为 $O(n)$，空间复杂度为 $O(1)$。

4-113 若串 A 与串 B 都采用块链存储，设计一个算法，把串 B 连接到串 A 之后。结点大小设定为 1。

【解答】 算法采用尾插法，把串 B 的链表复制到串 A 的链尾。算法的实现如下。

```
void ConcatStr(LinkString& A, LinkString& B) {
//算法调用方式 ConcatStr(A, B)。输入：两个块链存储的串 A 和 B；输出：把串 B
//链接到串 A 之后得到的串 A
    Chunk *pb = B.first->link;
    while(pb->ch != '\0') {
        A.last->ch = pb->ch;  pb = pb->link;
        A.last->link =(Chunk*) malloc(sizeof(Chunk));
        A.last = A.last->link;
    }
    A.last->ch = '\0';  A.last->link = NULL;
    A.n = A.n+B.n;
}
```

若串 B 的长度为 n，算法的时间复杂度为 $O(n)$，空间复杂度为 $O(1)$。

4-114 若串 T 与串 P 都采用块链存储，设计一个算法，判断串 P 是否是串 T 的子串。若是则函数返回 true，否则函数返回 false。结点大小设定为 1。

【解答】 算法的思路是：先计算最后可提取与串 P 等长子串的起始位置 k，然后从串 T 的第 k 个位置开始按串 P 的长度提取子串 temp，如果 temp 与 P 比较相等，则找到 P 在 T 中的位置；如果比较不等，则让 k 减 1，继续如上面做法比对。如果最后一次从 k = 0 位置提取的子串与 P 比较不等，k 减到-1，则比对失败。算法的实现如下。

```
int FindStr(LinkString& T, LinkString& P) {
```

```
//算法调用方式 int k = FindStr(T, P)。输入：两个块链存储的串 T（目标串）和 P
//（模式串）；输出：若串 P 是串 T 的子串，函数返回 P 的第一个字符在 T 匹配的位置;若串 P
//不是串 T 的子串，函数返回-1
    int i, k = T.n - P.n;
    LinkString temp;  InitStr(temp);
    while(k > -1) {
        SubStr(T, k, P.n, temp);
        if((i = CompStr(temp, P)) == 0) break;
        else k--;
    }
    return k;
}
```

若串 T 和串 B 的长度分别为 m 和 n，算法的时间复杂度为 $O(m \times n)$，空间复杂度为 $O(1)$。

4-115 若串 A 和串 B 都采用块链存储。设计一个算法，找出串 A 中第一个不在 B 中出现的字符。若找到，函数返回该字符，否则返回一个'V'字符。结点大小设定为 1。

【解答】 算法顺序取出串 A 中的字符，到 B 中查找。如果 A 的字符在 B 中找到，则跳过它，再检查 A 中的下一个字符。如果 A 的字符在 B 中没有找到，停止查找，报告查找成功信息，算法停止。算法的实现如下。

```
char inexistance(LinkString& A, LinkString& B) {
//算法调用方式 char c = inexistance(A, B)。输入：两个块链存储的串 A 和 B；
//输出：函数返回 A 中第一个在 B 中没有的字符；若 A 中字符在 B 中都有，函数返回'V'
    Chunk *pa = A.first->link, *pb;
    while(pa != NULL) {                       //取 A 中字符
        pb = B.first->link;
        while(pb != NULL && pa->ch != pb->ch)
            pb = pb->link;
        if(pb == NULL) return pa->ch;         //找到第一个不在 B 出现的字符
        else pa = pa->link;                   //取 A 的下一个字符继续比较
    }
    return 'V';                               //A 中字符在 B 中都存在
}
```

若串 T 和串 B 的长度分别为 m 和 n，算法的时间复杂度为 $O(m \times n)$，空间复杂度为 $O(1)$。

4-116 若串 S 采用块链存储。设计一个算法，判断 S 是否回文，即串 S 中所有字符是否中心对称。设结点大小为 1。

【解答】 由于单链表不能逆向遍历，必须利用一个栈。先把字符串所有元素进栈，再执行一个循环，在从头遍历链表的同时从栈中逐个退出字符，并进行比对。若所有字符比较都相等，说明串 S 中字符序列是回文，否则不是。算法的实现如下。

```
#define maxSize 20
bool center_sym(LinkString& S) {
//算法调用方式 bool yes = center_sym(S)。输入：块链存储的串 S；
```

```
//输出：若串 S 是回文，函数返回 true，否则函数返回 false
    char SK[maxSize];  int top = -1;  char c;
    Chunk *p = S.first->link;
    while(p->link != NULL)                          //链串中字符进栈
        { SK[++top] = p->ch;  p = p->link; }
    p = S.first->link;                              //重新扫描链串和栈
    while(top != -1) {
        c = SK[top--];
        if(c != p->ch) return false;
        else p = p->link;
    }
    return true;
}
```

若串 S 的长度为 n，算法的时间复杂度和空间复杂度均为 O(n)。

4.3.5　模式匹配算法

4-117　若目标串 T、模式串 S 都采用堆分配存储，设计一个算法，实现穷举的模式匹配。

【解答】　这个模式匹配方法是由 Brute 和 Force 提出来的。它的基本想法如下。

（1）初始时让目标串 T 的第 0 位与模式串 P 的第 0 位对齐。

（2）顺序比对目标串 T 与模式串 P 中的对应字符，比对结果有以下几种可能：

- 模式串 P 与目标串 T 比对中途发现对应位不匹配，则本趟失配。将模式串 T 右移一位与目标串 T 对齐，转到（2），进行下一趟比对。
- 模式串 P 与目标串 T 对应位都相等，则匹配成功，目标串当前比较指针停留位置减去模式串 P 的长度，所得结果即为目标串 T 中匹配成功的位置，函数返回后算法结束。
- 模式串 P 与目标串 T 比对过程中，目标串 T 后面所剩字符个数少于模式串 P 的长度，则模式匹配失败，算法返回 -1。

算法的实现如下。

```
int Find(HString& T, HString& P) {
//算法调用方式 int d = Find(T, P)。输入：堆分配存储的串 T 和 P；输出：若在 T 中
//找不到与串 P 匹配的子串，则函数返回 -1，否则返回 P 在 T 中第一次匹配的位置
    int i, j, k;                              //last 为在 T 中最后可比对位置
    for(i = 0; i <= T.n - P.n; i++) {         //逐趟比对
        for(k = i, j = 0; j < P.n; k++, j++)  //从 T.ch[i] 开始与 P.ch 进行比对
            if(T.ch[k] != P.ch[j]) break;     //比对不等跳出循环
        if(j == P.n) return i;                //P 已扫描完，匹配成功
    }
    return -1;                                //匹配失败
}
```

若串 T 和串 P 的长度分别为 m 和 n，算法的时间复杂度为 O(m×n)，空间复杂度为 O(1)。

4-118　设目标串 T、模式串 S 都采用堆分配存储，设计算法实现无回溯 KMP 模式

匹配。

【解答】 设模式串 $P = p_0 p_1 \cdots p_{m-2} p_{m-1}$，则它的 next 失配函数定义如下：

$$next(j)= \begin{cases} -1, & j=0 \\ k+1, & 0 \leq k < j-1 \text{ 且使用 } p_0 p_1 \cdots p_k = p_{j-k-1} p_{j-k} \cdots p_{j-1} \text{ 的最大整数} \\ 0, & \text{其他} \end{cases}$$

串 $p_0 p_1 \cdots p_{j-1}$ 的前缀子串为 $p_0 p_1 \cdots p_k$，后缀子串为 $p_{j-k-1} p_{j-k} \cdots p_{j-1}$。设模式 $P =$ "abaabcac"，对应的 next 函数如图 4-31 所示。

j	0	1	2	3	4	5	6	7
P	a	b	a	a	b	c	a	c
next(j)	-1	0	0	1	1	2	0	1

图 4-31　next 失配函数示例

当模式串 P 中第 j 个字符与目标串 T 中相应字符失配时，如果 $j \geq 0$，那么在下一趟比对时模式串 P 从 $p_{next(j)}$ 位置开始比对，目标串 T 的指针不回退，仍指向上一趟失配的字符；如果 $j = 0$，则目标串指针进一，模式串指针回到 p_0，继续进行下一趟匹配比对。

算法的实现如下。

```
void getNext(HString& P, int next[]) {
//对模式串 P，计算 next 失配函数
    int j = 0, k = -1;  next[0] = -1;
    while(j < P.n) {                          //计算 next[j]
        while(k >= 0 && P.ch[j] != P.ch[k]) k = next[k];
        j++;  k++;
        if(P.ch[j] == P.ch[k]) next[j] = next[k];
        else next[j] = k;
    }
}
int fastFind(HString& T, HString& P, int next[]) {
//算法调用方式 int d = fastFind(T, P, next)。输入：堆分配存储的串 T 和 P，失配
//函数向量 next；输出：若串 P 是串 T 的子串，函数返回 P 在 T 中开始字符下标，否
//则函数返回-1
    int j = 0, i = 0;                        //串 P 与串 T 的扫描指针
    while(j < P.n && i < T.n) {              //对两串扫描
        if(j == -1 || P.ch[j] == T.ch[i]) { j++;  i++; }
                                            //对应字符匹配，比对位置加 1
        else j = next[j];                   //第 j 位失配，找下一对齐位置
    }
    if(j < P.n) return -1;                   //j 未比完失配，匹配失败
    else return i-P.n;                       //匹配成功，返回 P 在 T 开始位置
}
```

若串 T 和串 P 的长度分别为 m 和 n，算法的时间复杂度为 O(m+n)，空间复杂度为 O(1)。

4-119　设目标串 T、模式串 S 都采用块链存储，设计算法实现无回溯 KMP 模式匹配。

【解答】　计算 next 数组的实现思路与 KMP 在堆分配串下的实现思路一致，几乎是一对一对译过来，但在块链存储的情形，增加了两个指针，p 指向下标为 i 的字符所在的结点，q 指向下标为 k 的字符所在的结点。在 i 和 k 变化时，p 和 q 也跟着变化，指向第 i 个字符和第 k 个字符所在结点。利用 next 数组实现模式匹配的实现思路类似，也增加了两个链表指针，p 指向目标串 T 的第 i 个结点，q 指向模式串 S 的第 j 个结点，如果两个串对应字符相等，p、q 指针随着 i、j 增 1 也进到链表下一个结点；或者本趟失配，i 与指针 p 不变，j 回退到 k = next[j]的位置，q 回到模式串链表第 k 个结点，再进行匹配比较。算法的实现如下。

```
#define maxSize 20
void getNext(LinkString& P, int next[], Chunk *Q[]) {
    if(P.first->link == NULL || P.first->link->ch == '\0') return;
                                                //空串返回
    Chunk *s, *t;  int i = 2, j, k;
    Q[0] = t = P.first->link;  Q[1] = s = t->link; //数组 Q 存储 P 各结点地址
    next[0] = -1;  next[1] = 0;  j = 1;  k = 0;    //数组 next 是失配函数
    while(s->link != NULL) {                        //目标串未扫描到尾结点
        while(k >= 0) {
            t = Q[k];
            if(s->ch != t->ch) k = next[k];
            else break;
        }
        if(k == -1) t = P.first->link;
        else t = t->link;
        k++;  j++;  s = s->link;
        if(s == NULL) break;
        if(s->ch == t->ch) next[j] = next[k];
        else next[j] = k;
        Q[i++] = s;
    }
}
int indexStr(LinkString& T, LinkString& P, int next[], Chunk *Q[]) {
//算法调用方式 int d = indexStr(T, P, next, Q)。输入：块链存储的目标串 T，模式串
//P，已生成的失配函数数组 next，存储模式串 P 各结点地址的辅助数组 Q；
//输出：若串 P 是串 T 的子串，函数返回 P 在 T 中开始字符下标，否则函数返回-1
    int i = 0, j = 0;
    Chunk *t = P.first->link, *s = T.first->link;
    while(t->ch != '\0' && s->ch != '\0') {
        if(j == -1 || t->ch == s->ch) {
            j++;  t = t->link;
            i++;  s = s->link;
        }
        else {
            j = next[j];
            if(j == -1) { t = Q[0]; s = s->link;  j = 0;  i++;}
            else t = Q[j];
```

```
        }
    }
    if(t->ch == '\0') return i-P.n;
    else return -1;
}
```

若串 T 和串 P 的长度分别为 m 和 n，算法的时间复杂度为 O(m+n)，空间复杂度为 O(1)。

4-120　Boyer-Moore 算法（即 BM 算法）采用从右向左比较的方法，同时应用了两种启发式规则，即坏字符规则和好后缀规则，来决定向右跳跃的距离。这样 BM 算法可以在匹配过程中跳过 T 的某些字符。请设计一个算法，实现 BM 算法的思想。

【解答】　BM 算法采用坏字符规则和好后缀规则，来计算模式串向右移动的距离。首先定义坏字符和好后缀。如图 4-32 所示，第一个不匹配的字符（如 e 和 b）为坏字符，已匹配部分（图 b 与 b，a 与 b，c 与 c）为好后缀。所谓的"坏字符规则"是指在从右向左扫描的过程中，若发现某个字符 x 不匹配，则有以下两种情况：

（1）若 T 中字符 x 在模式 P 中没有出现，那么从字符 x 开始 T 的 m 个字符显然不可能与 P 匹配成功，直接全部跳过该区域即可。

（2）若 T 中字符 x 在模式 P 中出现，则以该字符进行对齐。用数学公式描述，设 skip(x) 为 P 右移的距离，m 为模式串 P 的长度，max(x) 为字符 x 在 P 中最右位置。

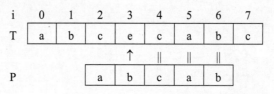

图 4-32　题 4-120 的图

$$\text{skip}(x) = \begin{cases} m, & x \neq P[j] \ (1 \leqslant j \leqslant m), \quad \text{即 x 在 P 中未出现} \\ m - \max(x), & \{k|P[k] = x, 1 \leqslant k < m\}, \quad \text{即 x 在 P 中出现} \end{cases}$$

例如，在图 4-33（a）所示的从右向左的匹配过程中，发现 c 与 e 不匹配。计算移动距离 Skip(c) = 5−3 = 2，则 P 向右移动 2 位。移动后的情况如图 4-33（b）所示。

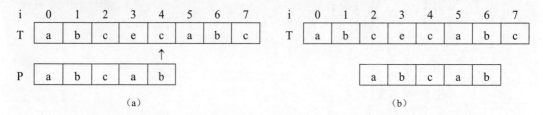

（a）　　　　　　　　　　　　　　　　　（b）

图 4-33　题 4-120 的图续一

所谓的"好后缀规则"是指：若发现某个字符不匹配的同时，已有部分字符匹配成功，则可能有以下两种情况出现：

① 若在 P 中位置 t 处已匹配部分 P′ 在 P 中的某位置 t′ 也出现，且位置 t′ 的前一个字符与位置 t 的前一个字符不相同，则将 P 右移使 t′ 对应 t 方才的所在的位置。

② 若在 P 中任何位置已匹配部分 P′ 都没有再出现，则找到与 P′ 的后缀 P″ 相同的 P 的最长前缀 x，向右移动 P，使 x 对应刚才 P″ 后缀所在的位置。用数学公式描述，设 shift(j) 为 P 右移的距离，m 为模式串 P 的长度，j 为当前所匹配的字符位置，s 为 t′ 与 t 的距离（以上情况①）或者 x 与 P″ 的距离（以上情况②）。

$$\text{shift}(j) = \min \{ \, s | (\, P[j+1..m] == P[j-s+1..m-s] \,) \,\&\&$$
$$(\, P[j] \ne P[j-s] \,) \, (j > s), \, P[s+1..m] == P[1..m] \, (j \leqslant s) \}$$

例如，如图 4-34（a）所示，已匹配部分 c 与 c、a 与 a、b 与 b 在 P 中再没出现。但是，在图中 P 的后缀部分 T′ (a, b) 与 P 的前缀部分 P′ (a, b) 匹配，如图 4-34（b）所示，则可将 P′ 移动到 T′ 的位置，如图 4-34（c）所示。

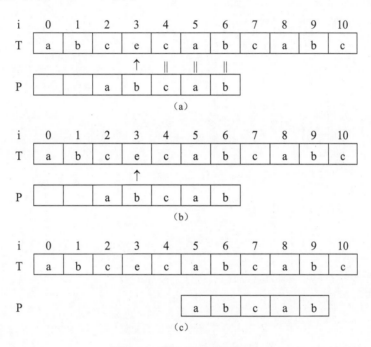

图 4-34　题 4-120 的图续二

运用这两个规则于匹配过程中，可取 skip(x) 与 shift(j) 中的较大者作为跳跃的距离。算法的实现如下。

```c
#include<stdio.h>
#include<stdlib.h>
#include<string.h>
#define length 256                                    //坏字符表最大长度
int *makeSkip(char *P, int pLen) {
//根据坏字符规则做预处理，创建一张坏字符表，函数参数 P 是模式串，pLen
//是模式串的长度
    int i;
    int *skip = (int*) malloc(length*sizeof(int));    //为坏字符表分配存储空间
    if(skip == NULL)
        { printf("坏字符表存储分配失败！\n");  return 0; }
    for(i = 0; i < length; i++)       //初始化坏字符表，所有单元全部初始化为 pLen
```

```
                *(skip+i) = pLen;
        while(pLen != 0)                             //给表中需要赋值的单元赋值
                *(skip+(unsigned char)*P++) = pLen--;
        return skip;
}
int * makeShift(char *P, int plen) {
//根据好后缀规则做预处理, 创建一张好后缀表, 函数参数 P 是模式串, plen 是
//模式串的长度
        int *shift = (int*) malloc(plen*sizeof(int));//为好后缀表分配存储空间
        if(shift == NULL)
                { printf("好后缀表存储分配失败! \n");  return 0; }
        int *s = shift+plen-1;                       //赋值指针
        char *t = P+plen-1;                          //记录好后缀表边界位置的指针
        char c = *(P+plen-1);                        //模式串中最后一个字符
        *s = 1;                                      //以最后字符为边界时确定移动 1 距离
        t--;                                         //边界移动到倒数第二个字符
        while(s-- != shift) {                        //给好后缀表中每一个单元赋值
                char *p1 = P+plen-2, *p2, *p3;
                //该 do...while 循环完成以当前 t 所指的字符为边界时, 要移动的距离
                do {
                        while(p1 >= P && *p1-- != c);
                                            //循环, 查找与最后一个字符 c 匹配的字符
                        p2 = P+plen-2;  p3 = p1;
                        while(p3 >= P && *p3-- == *p2-- && p2 >= t);
                                            //循环, 确定在边界内字符匹配位置
                } while(p3 >= P && p2 >= t);
                *s = shift+plen-s+p2-p3;//保存在好后缀表中以 t 所在字符为边界时移动位置
                t--;                        //边界继续向前移动
        }
        return shift;
}
int BMSearch(char *T, int tlen, char *P, int plen, int *skip, int *shift){
//判断文本串 T 中是否包含模式串 P。如果匹配成功, 函数返回 true, 否则函数返回
//false。参数 tlen 是串 T 长度, plen 是串 P 长度, skip 是坏字符表, shift 是好后缀表
        int tpos = plen;
        if(plen == 0) return -1;
        while(tpos <= tlen) {                        //计算字符串是否匹配到了尽头
                int ppos = plen, skipstep, shiftstep;
                --tpos;  --ppos;
                if(tpos < 0) return -1;
                while(T[tpos] == P[ppos]) {          //开始匹配过程
                        if(ppos == 0) return tpos;
                        --tpos;  --ppos;
                        if(tpos < 0) return -1;
                }
                skipstep = skip[(unsigned char)T[tpos]];//根据坏字符规则计算跳跃的距离
                shiftstep = shift[ppos];             //根据好后缀规则计算跳跃的距离
```

```
                tpos +=(skipstep > shiftstep) ? skipstep : shiftstep;
        }
        return -1;
}
void main(void) {
        int n1, n2, n3, succ;  int *skip, *shift;
        char *str1 = "aaabcabcbabbaecabccab";  n1 = 21;
        printf("str1=%s\n", str1);  printf("n1=%d\n", n1);
        char *str2 = "bbaecabc";  n2 = 8;
        printf("str2=%s\n", str2);  printf("n2=%d\n", n2);
        skip = makeSkip(str2, n2);
        shift = makeShift(str2, n2);
        succ = BMSearch(str1, n1, str2, n2, skip, shift);
        if(succ != -1) printf("模式匹配成功! pos=%d\n", succ);
        else printf("模式匹配失败! \n");
}
```

4.4 广 义 表

4.4.1 广义表的概念

1. 广义表的定义与特性

广义表是 n（n≥0）个表元素组成的有限序列。广义表可表示为 L = (e1, e2,…, en)，其中，L 为表名，ei（i = 1, 2,…, n）是表元素，n 是表长，n = 0 是空表，n≠0 是非空表。圆括号 '(' 和 ')' 是表的分界符，不计入表的长度。

广义表的表元素可以是不可再分的原子，还可以是广义表（称为广义表的子表）。广义表的 5 个特性如下。

（1）有次序：广义表的表元素的排列次序不能随意交换。

（2）有层次：广义表的表元素可以是子表，子表还可以有子表。

（3）有深度：最大嵌套层次数即为广义表的深度，用括号重数来识别。

（4）可共享：广义表的子表可为多个广义表的子表。

（5）可递归：广义表的子表可以是自身。

广义表的表头和表尾可定义如下：

（1）广义表的第一个表元素即为广义表的表头，它可以是原子，也可以是子表。

（2）广义表除第一个元素外其他元素组成的表为广义表的表尾，它一定是广义表。

（3）空表无表头和表尾。

2. 广义表的链接存储表示

广义表的表元素都是原子时退化为线性表，它的链接存储表示为单链表。

一般情形，广义表的链接存储表示是双链表。

（1）头尾表示法。双链表有两种结点：一种是表结点，代表广义表或子表，它的 hlink 指针指向表头（可以是原子或子表），tlink 指向表尾，该表尾一定是广义表，这是一种分支结点；另一种是原子结点：用于存储数据，指向它的指针是 hlink，它是链表的尾结点，省去了收尾指针。特别地，空表没有结点，指向它的指针为 NULL。例如，对于广义表 C＝(c, (d, e, f), ())，它的头尾存储表示如图 4-35 所示。

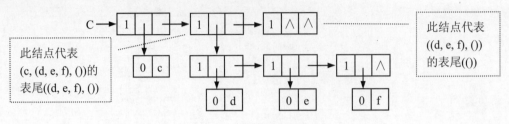

图 4-35　头尾存储表示示例

（2）扩展线性链表表示法。不区分表头和表尾，双链表有两种结点：一种是表结点，它的 hlink 指针指向该表第一个表元素结点，tlink 指针指向同一层下一个表元素结点。特别地，空表的 hlink 和 tlink 指针都为 NULL。原子结点用于存储数据，它有 tlink 指针，指向同一层下一个表元素结点。用扩展线性链表存储图 4-35 所示广义表的示例如图 4-36 所示。

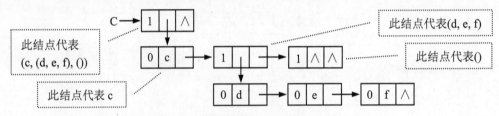

图 4-36　扩展线性链表存储表示的示例

（3）广义表的带头结点的层次表示法。由于广义表具有共享性，上面两种广义表表示在进行插入和删除时很麻烦，例如，在表头插入新元素和删除表头元素，势必修改指向它的所有指针，那么有多少指针指向它，必须检查所有的广义表才能知道，所以上面两种广义表表示的实用性不强，真正实用的是第 3 种广义表表示，即带头结点的层次表示。在这种表示中有 3 种结点：第一种是原子结点，存放数据和指向同一层下一元素结点的指针 tlink；第二种是子表结点，存放指向子表头结点的指针 hlink 和指向同一层下一元素结点的指针 tlink；第三种是头结点（非表头元素结点），标志广义表，存放表名和指向该表第一个元素结点的指针 tlink。用带头结点的层次表示法存储图 4-35 所示广义表的例子可参看图 4-37。

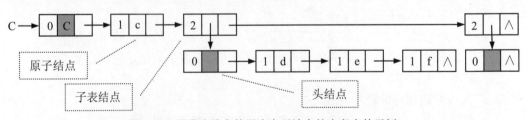

图 4-37　用带头结点的层次表示法存储广义表的示例

4.4.2　头尾表示广义表相关的算法

设广义表的头尾存储表示的结构定义（存放于头文件 GList.h 中）如下。

```
typedef char ElemType;                          //原子元素类型定义
typedef struct node {                           //表结点类型定义
    int tag;                                    //结点标志: = 0 原子; = 1 表结点
    int mark;                                   //访问标志: = 0 未访问; = 1 已访问
    struct node *tlink;                         //指向后继表结点的指针
    union {                                     //共用体 val
        ElemType data;                          //tag = 0 时原子的数据
        struct node *hlink;                     //tag = 1 时子表中指向头元素的指针
    } val;
} GLNode, *GList;
```

4-121　设 s 是一个用括号表示法描述的广义表的字符串，为简化实现，不考虑表名，
如"((a, b), c, (( ), (d), (e, (f, g))))\0"。约定"( )"为空表，括号中有一空格。设计一个算法，从
s 中顺序取出字符，创建广义表的头尾存储表示 g。

【解答】　题目给出的广义表((a, b), c, (( ), (d), (e, (f, g))))的头尾表示如图 4-38 所示。表
头为(a, b)，表尾为(c, (( ), (d), (e, (f, g))))，如此分解，最后得到整个图。

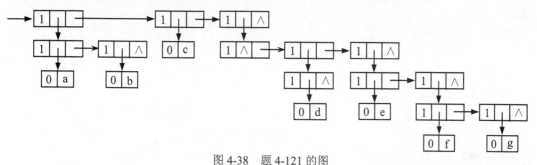

图 4-38　题 4-121 的图

递归地创建广义表的算法的执行步骤如下。

- 从 s 中取出下一字符 ch，如果 ch != '\0'，创建一个用 g 指向的新结点，让访问标志
  g->mark = 0，再判断:
- 如果 ch = '('：置 g->tag = 1，然后用 g->val.hlink 递归调用本算法，创建表头元素
  所代表的子表。
- 如果 ch = ')'，应是表结束，置 g = NULL，即让实参 tlink 域为 NULL，返回。
- 如果 ch = ' '，是空表，置 g = NULL，即让实参 hlink 域为 NULL，返回。
- 如果 ch = ','，说明还有表尾，用 g->tlink 递归调用本算法，创建表尾的子表。
- 如果 ch 是单字母，应是单元素，置 g->tag= 0，g->val.data = ch，返回。

算法的实现如下。

```
void CreateGList(char * s, int& i, GLNode *& g) {
//算法调用方式 CreateGList(s, i, g)。输入：用括号表示输入的广义表串 s, 扫描指针
//i; 输出：引用参数 g 返回创建成功的广义表
    char ch = s[i++];                                   //取出一个字符
    if(ch != '\0') {                                    //若不是串结束
        if(ch == '(') {                                 //新结点为子表结点
            if(s[i] == ')') { g = NULL;  i++; }         //空表
```

```
            else {                                    //非空表
                g =(GLNode*) malloc(sizeof(GLNode));   //建子表结点
                g->tag = 1;  g->mark = 0;
                CreateGList(s, i, g->val.hlink);       //递归创建表头
                CreateGList(s, i, g->tlink);           //递归创建表尾的表尾
            }
        }
        else if(ch == ')') g = NULL;                  //表结束，让实参 tlink 为空
        else if(ch == ',') {                          //处理表尾
            g =(GLNode*) malloc(sizeof(GLNode));       //建表尾结点
            g->tag = 1;  g->mark = 0;
            CreateGList(s, i, g->val.hlink);           //递归创建表尾的表头
            CreateGList(s, i, g->tlink);               //递归创建表尾的表尾
        }
        else {
            g =(GLNode*) malloc(sizeof(GLNode));       //建原子结点
            g->tag = 0;  g->mark = 0;  g->val.data = ch;
        }
    }
}
```

4-122 若 GL 是一个用头尾表示存储的广义表，且无共享情形。设计一个算法，按括号表示法输出广义表 GL。

【解答】 当广义表 GL 非空时，执行以下步骤，实现表的递归输出：

（1）如果 GL 当前指向的是原子结点，则输出原子的值；

（2）如果 GL 当前指向的是子表结点，则

- 首先输出表开始符'('。
- 若 GL 的表头为空，则表头为空表，输出 '( )'。
- 否则，GL 的表头不空，递归输出 GL 的表头。

（3）返回后，判断：如果 GL 当前指向的是子表结点，输出表结束符 ')'。

（4）如果 GL 的表尾不空。

- 输出一个表间隔符','。
- 递归输出 GL 的表尾。

递归算法的实现如下。

```
void PrintGList(GLNode *GL, int HT) {
//算法调用方式 PrintGList(GL, HT)。输入：用头尾表示存储的广义表 GL，标志
//HT：HT = 0 向表头方向递归输出，HT = 1 向表尾方向递归输出，主程序初始调
//用时 HT = 0；输出：按括号表示输出广义表 GL
    if(GL != NULL) {
        if(GL->tag == 1) {                            //子表结点
            if(HT != 1) printf("(");                  //输出的是表头
            if(GL->val.hlink == NULL) printf("()");   //子表为空表
            else PrintGList(GL->val.hlink, 0);        //递归输出非空子表的表头
            if(GL->tlink == NULL) printf(")");        //如果表尾为空
```

```
        else {                                    //否则如果表尾未空
            printf(",");                          //输出间隔符','
            PrintGList(GL->tlink, 1);             //递归输出非空子表的表尾
        }
    }
    else printf("%c", GL->val.data);              //原子结点，输出原子的值
    }
}
```

4-123　若 GL 是一个用头尾表示存储的广义表，设计一个算法，求 GL 的长度。

【解答】　求广义表长度的递归方式定义如下。

$$\text{Length(GL)} = \begin{cases} 0, & \text{GL = NULL}, \quad \text{表空} \\ 1 + \text{Length(GL->tlink)}, & \text{GL} \neq \text{NULL}, \quad \text{表非空} \end{cases}$$

可以根据这个递归方式用递归函数简单地实现。不过，因为是尾递归，也可以通过扫描广义表的第一层的每个结点，直到遇到表尾指针为空的元素，利用计数器可得到广义表的长度。递归算法的实现如下。

```
int Length_recur(GLNode *GL) {
    if(GL == NULL) return 0;                      //广义表为空时
    else return 1+Length_recur(GL->tlink);       //长度为表尾的长度+1
}
```

对应的非递归算法用循环实现，但需要一个计数器 count 统计经过的结点数。

```
int Length_iter(GLNode *GL) {
    GLNode *p = GL;  int count = 0;               //设置计数器
    while(p != NULL)
        { p = p->tlink;  count++; }               //沿表尾指针扫描第一层
    return count;                                 //广义表的长度
}
```

算法调用方式 int len = Length_recur (GL) 或 int len = Length_iter (GL)。输入：用头尾表示存储的广义表 GL；输出：函数返回广义表 GL 的长度。

4-124　若 GL 是一个用头尾表示存储的广义表，设计一个算法，求 GL 中所有原子的个数。例如，广义表((a, b), c, (( ), (d), (e, (f, g))))中的原子个数为 7。

【解答】　求广义表 GL 中所有原子个数的递归方式定义如下。

$$\text{Count(GL)} = \begin{cases} 0, & \text{GL是空表} \\ 1, & \text{GL是原子} \\ \text{Count (GL的表头)} + \text{Count (GL的表尾)}, & \text{GL是子表} \end{cases}$$

可依据这个递归定义写出递归算法。算法的实现如下。

```
int Count(GLNode *GL) {
//算法调用方式 int n = Count(GL)。输入：用头尾表示存储的广义表 GL；
//输出：函数返回广义表 GL 中所有原子的个数
    if(GL == NULL) return 0;                      //空表
    if(GL->tag == 0) return 1;                    //原子
```

```
    else return Count(GL->val.hlink) + Count(GL->tlink);              //非空子表
}
```

4-125 若 GL 是一个用头尾表示存储的广义表，设计一个算法，求 GL 的深度。

【解答】 求广义表 GL 深度的递归方式定义如下。若广义表非空，则先求每一个表元素（原子或子表）的深度，取它们的最大深度+1 即得整个广义表的深度。

$$Depth(GL) = \begin{cases} 0, & GL是原子 \\ 1, & GL是空表 \\ 1 + \max_{GL的所有表元素\,\alpha_i}\left\{Depth(\alpha_i)\right\}, & GL是非空表 \end{cases}$$

递归算法的实现如下。

```
int Depth(GLNode *GL) {
//算法调用方式int d = Depth(GL)。输入：用头尾表示存储的广义表GL；输出：函数
//返回广义表GL的深度
    if(GL == NULL) return 1;                          //空表
    if(GL->tag == 0) return 0;                        //原子
    int max = 0, d;
    while(GL != NULL) {                               //检查GL的所有表元素
        d = Depth(GL->val.hlink);                     //递归求表头的深度
        if(d > max) max = d;                          //取最大深度
        GL = GL->tlink;                               //进到表尾，又是表
    }
    return 1+max;                                     //返回GL深度
}
```

4-126 若 GL 和 GL1 都是一个用头尾表示存储的广义表，设计一个递归算法，复制广义表 GL 到 GL1。

【解答】 在广义表的头尾表示中，原子结点没有表尾，所以复制原子结点时直接赋值；但子表结点（除空表外）既有表头又有表尾，需要递归复制表头和表尾。空表直接传送空指针即可。算法的实现如下。

```
void GList_Copy(GList& GL, GList& GL1) {              //复制广义表的递归算法
//算法调用方式GList_Copy(GL, GL1)。输入：用头尾表示存储的广义表GL；
//输出：将GL复制给另一个用头尾表示存储的广义表GL1
    if(GL == NULL) GL1 = NULL;                        //空表，直接复制
    else {                                           //非空表
        GL1 =(GLNode*) malloc(sizeof(GLNode));
        GL1->tag = GL->tag;
        if(GL->tag == 0)                             //当结点为原子时，直接复制
            { GL1->val.data = GL->val.data; }
        else {                                       //当结点为子表时
            if(GL->val.hlink != NULL) {              //复制表头
                GL1->val.hlink = (GLNode*) malloc(sizeof(GLNode));
                GList_Copy(GL->val.hlink, GL1->val.hlink);
            }
```

```
                    else GL1->val.hlink = NULL;
                if(GL->tlink != NULL) {              //复制表尾
                    GL1->tlink =(GLNode*) malloc(sizeof(GLNode));
                    GList_Copy(GL->tlink, GL1->tlink);
                }
                else GL1->tlink = NULL;
            }
        }
}
```

4-127　若 GL 和 GL1 都是一个用头尾表示存储的广义表，设计一个递归算法，判别两个广义表是否相等。

【解答】　有 4 种情况可以直接确定两个广义表或对应结点是否相等：

（1）两个都是空表，相等。

（2）其中一个是空表，另一个不是空表，不相等。

（3）在两个表都非空时，对应结点一个是原子，一个是子表，不相等。

（4）对应结点都是原子且值相等，相等。

此外，需要递归判断的情形是对应结点都是子表且对应表头相等、表尾也相等，两个表相等。算法的实现如下。

```
bool GList_Equal(GList& g, GList& g1) {
//算法调用方式bool yes = GList_Equal(g, g1)。输入：用头尾表示存储的两个广义表
//g和g1；输出：若广义表g和g1相等，函数返回true；否则函数返回false
    if(!g && !g1) return true;                       //空表是相等的
    if(g && !g1 || !g && g1) return false;           //其中一个空，一个不空
    if(!g->tag && g1->tag || g->tag && !g1->tag) return false;
    if(!g->tag && !g1->tag && g->val.data == g1->val.data)
            return true;                             //原子的值相等
    if(g->tag && g1->tag && GList_Equal(g->val.hlink, g1->val.hlink)
            && GList_Equal(g->tlink, g1->tlink))
        return true;                                 //表头表尾都相等
    return false;                                    //其他情况
}
```

4-128　若 GL 是一个用头尾表示存储的广义表，设计一个递归算法，输出广义表中所有原子项及其所在层次。

【解答】　在函数参数表中可增加一个参数 layer，在函数递归调用时用 layer+1 传送给下一层函数，一旦遍历到原子结点立即输出该原子的值及其层次。算法的实现如下。

```
void GList_PrintElem(GList GL, int layer) {
//算法调用方式GList_PrintElem(GL, layer)。输入：用头尾表示存储的广义表GL,
//递归过程中当前输出的层次layer；输出：按层次递归输出所有结点及其所在层次
    if(GL == NULL) return;
    if(GL->tag == 0)                                 //原子结点
        printf("原子的值为%c, 层次为%d\n", GL->val.data, layer);
    else {
```

```
        GList_PrintElem(GL->val.hlink, layer+1);        //递归子表
        GList_PrintElem(GL->tlink, layer);              //表尾子表
    }
}
```

4-129　若 GL 是一个用头尾表示存储的广义表，设计一个递归算法，逆转广义表中的数据元素。例如，将广义表 (GL, ((b, c), ()), (((d), e), D) 逆转为 ((f, (e, (d))), ((), (c, b)), GL)。

【解答】　广义表看成是一个"线性链表"，则其逆转的过程和线性链表的逆转类似。不同之处在对表头、表尾分别递归进行逆转链接指针。算法的实现如下。

```
void GList_Reverse(GList& GL) {                        //递归逆转广义表 GL
//算法调用方式 GList_Reverse(GL)。输入：用头尾表示存储的广义表 GL;
//输出：逆转后的广义表 GL
    if(GL == NULL) return;                              //空表
    if(GL->tag == 0) return;                            //原子结点
    GLNode *pr = NULL, *p = GL, *q;
    while(p != NULL) {                                  //沿 tlink 链逆转
        GList_Reverse(p->val.hlink);                   //对每一表结点逆转表头
        q = p->tlink;  p->tlink = pr;  pr = p;  p = q;
    }
    GL = pr;
}
```

4-130　若 GL 是一个用头尾表示存储的非空广义表，设计一个递归算法遍历 GL。

【解答】　广义表的遍历有两个方向，一是向表头方向遍历，二是向表尾方向遍历，可以用两个递归语句实现。但广义表具有可共享性，因此在遍历一个广义表时必须为每一个结点增加一个标志域 mark，以记录该结点是否访问过。一旦某一个共享的子表结点被做了访问标志，以后在遍历过程中就不再访问它。递归算法的实现如下。

```
void Traverse(GLNode *GL) {
//算法调用方式 Traverse(GL)。输入：用头尾表示存储的广义表 GL; 输出：以递归
//方式遍历 GL
    if(GL == NULL) return;                              //空表，返回
    if(GL->mark == 1) return;                           //非空但已访问过，返回
    GL->mark = 1;                                       //做访问标志
    if(GL->tag == 0) printf("%c\n", GL->val.data);     //访问原子结点
    else {
        Traverse(GL->val.hlink);                        //向表头方向遍历
        Traverse(GL->tlink);                            //向表尾方向遍历
    }
}
```

4-131　若 GL 是一个用头尾表示存储的非空广义表，设计一个非递归算法，遍历 GL。

【解答】　非空广义表的遍历有两个方向，一是向表头方向遍历，二是向表尾方向遍历，属于分治法，因此需要使用栈来存储走过的结点，以便遍历指针的回退。非递归算法的实现如下。

```
void Traverse(GLNode *GL) {
//算法调用方式 Traverse(GL)。输入：用头尾表示存储的广义表 GL;
//输出：以非递归方式遍历 GL
    if(GL == NULL) { printf("空表! \n");  return; }
    GLNode *S[maxSize];  int top = -1;
    S[++top] = GL;  GLNode *p;
    while(top != -1) {
        p = S[top--];
        if(p->mark == 0) {
            p->mark = 1;
            if(p->tag == 0) printf("%c ", p->val.data);   //输出原子项
            else {                                        //子表，进栈
                if(p->tlink != NULL) S[++top] = p->tlink;
                if(p->val.hlink != NULL) S[++top] = p->val.hlink;
            }
        }
    }
    printf("\n");
}
```

4-132　若 GL 是一个用头尾表示存储的广义表，且无共享情形，设计一个算法，按括号表示法输出广义表 GL 的表头、表尾。

【解答】　广义表 GL 非空时的递归输出算法在题 4-122 给出，本题将直接使用。递归算法的实现如下。

```
void Head(GLNode *GL) {
//算法调用方式 head(GL)。输入：用头尾表示存储的广义表 GL;
//输出：以递归方式遍历并输出 GL 的表头部分
    if(GL != NULL) PrintGList(GL->val.hlink, 0);
    printf("\n");
}
void Tail(GLNode *GL) {
//算法调用方式 Tail(GL)。输入：用头尾表示存储的广义表 GL;
//输出：以递归方式遍历并输出 GL 的表尾部分
    if(GL != NULL) PrintGList(GL->tlink, 0);
    printf("\n");
}
```

4-133　若 GL 是一个用头尾表示存储的非空广义表，设计一个递归算法，查找所有含 x 的结点，并用 y 替换它。

【解答】　这实际上是题 4-130 的广义表遍历算法的应用。设原子项数据类型是 DataType，则递归算法的实现如下。

```
void Replace(GLNode *GL, ElemType x, ElemType y) {
//算法调用方式 Replace(GL, x, y)。输入：用头尾表示存储的广义表 GL，被替换
//值 x，替换值 y；输出：递归遍历 GL，把所有值为 x 的原子的值全部替换成 y
    if(GL == NULL) return;                              //空表，返回
```

```
        if(GL->tag == 0)
            if(GL->val.data == x) GL->val.data = y;        //替换
        else {
            Replace(GL->val.hlink, x, y);                   //向表头方向遍历
            Replace(GL->tlink, x, y);                       //向表尾方向遍历
        }
    }
```

4.4.3　层次表示广义表相关的算法

若广义表的带头结点的层次存储表示的结构定义（存放于头文件 GenList.h 中）如下：

```
typedef char ElemType;              //原子元素类型定义
typedef struct node {               //表结点定义
    int tag;                        //=0 为头结点，=1 为原子结点，=2 是子表结点
    struct node *tlink;             //指向同一层下一结点的指针
    union {                         //共用体，此 3 个域叠压在同一空间
        char ref;                   //tag=0，存放该表引用计数，负数为访问过标志
        ElemType value;             //tag=1，存放数据，设为单字符
        struct node *hlink;         //tag=2，存放指向子表的指针
    } info;
} GenListNode, *GenList;
```

4-134　设 GL 是采用带头结点的层次表示存储的广义表，设计一个算法，根据用括号表示法存储的描述广义表的字符串 s，创建 GL 的存储表示。为简化问题，约定所有表都带表名，表名用一个大写英文字母表示，原子的值用一个小写英文字母表示。

【解答】　设存储广义表的字符串为"A(B(u, C(v)), D(w, E(C(v), x, y)), F())"，创建起来的广义表的带头结点的层次表示如图 4-39 所示。

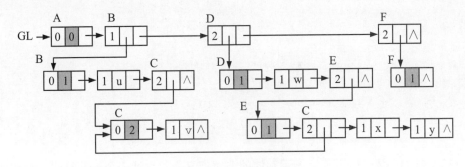

图 4-39　题 4-134 的图

算法假设创建的广义表无共享、无递归的情况且每个子表都有表名。

算法的基本思想是从广义表字符串 s 中取得一个字符，检测它的内容。如果遇到用大写字母表示的表名，首先检查这个表名是否已经存在，如果是，说明该表是共享表，只要将相应头结点的引用计数加一即可；如果不是，保存该表名并创建相应广义表。表名后面一定是左括号'('，不是则输入错，是则递归创建广义表结构。如果遇到用小写字母表示的原子，则创建原子元素结点；如果遇到右括号')'，子表链收尾并退出递归。注意在空表情

形。整个广义表描述字符串以'\0'结束。递归算法的实现如下。

```
#define DefaultSize 25                                    //默认广义表中最大子表数
void CreateList(char *s, int& i, GenListNode *& h, char L1[], GenList L2[],
            int& k){
//创建一个带头结点的广义表结构。在表 L1 中存储大写字母的表名，在表 L2 中存储
//表名对应子表结点的地址，k 是 L1、L2 中的存储计数
    GenListNode *p;  char nam, ch;
    nam = ch;  ch = s[i++];                               //从 s 中取一个字符
    printf("%c", ch);
    if(isupper(ch)) {                                     //是大写英文字母（表名）
        h =(GenListNode*) malloc(sizeof(GenListNode));
        h->tag = 2;                                       //创建子表结点
        nam = ch;  ch = s[i++];
        printf("%c", ch);
        if(ch == '(') {
            p =(GenListNode*) malloc(sizeof(GenListNode));
            p->tag = 0;  p->info.ref = 1;                 //创建头结点
            h->info.hlink = p;
            L1[k] = nam;  L2[k++] = p;
            if(s[i] == '#') { p->tlink = NULL;  i++; }
            CreateList(s, i, p->tlink, L1, L2, k);        //递归创建后续子表
            nam = ch;  ch = s[i++];
            printf("%c", ch);
            if(ch == ',') CreateList(s, i, h->tlink, L1, L2, k);
                                                          //递归创建后续子表
            else if(ch == ')') h->tlink = NULL;
        }
    }
    else if(islower(ch)) {                                //小写英文字母（元素）
        h = (GenListNode*) malloc(sizeof(GenListNode));
        h->tag = 1;  h->info.value = ch;                  //创建原子结点
        nam = ch;  ch = s[i++];
        printf("%c", ch);
        if(ch == ',') CreateList(s, i, h->tlink, L1, L2, k);
                                                          //递归创建后续子表
        else if(ch == ')') h->tlink = NULL;
    }
}
void CreateGenList(char *s, GenList& GL, char L1[], GenList L2[], int& count){
//算法调用方式 CreateGenList(s, GL, L1, L2, count)。输入：用括号表示给出的
//广义表字符串 s；输出：创建成功的用层次表示存储的广义表 GL，表（或子表）表名存
//放数组 L1，与表名对应表（或子表）头结点地址存放数组 L2，L1 与 L2 中存放元
//素计数 count
    int i = 0;  count = 0;
    CreateList(s, i, GL, Ls1, Ls2, count);
    GenListNode *p = GL->info.hlink;
```

```
        free(GL);  GL = p;                                    //删去多余的表结点
    }
```

4-135　若 GL 是采用带头结点的层次表示存储的广义表，设计一个算法，遍历 GL。

【解答】 广义表的遍历运算按原子在表中出现的顺序输出它们的值，为简单起见，没有考虑共享表的情形。算法的实现如下。

```
void Traverse(GenList& GL) {                                 //遍历广义表
//算法调用方式 Traverse(GL)。输入：用层次表示存储的广义表 GL;
//输出：以递归方式遍历广义表 GL
    if(GL == NULL) return;
    if(GL->tag == 1)                                         //原子结点
            printf("%c ", GL->info.value);                   //输出原子的值
    else if(GL->tag == 2)                                    //子表结点
    Traverse(GL->info.hlink);                                //递归遍历子表
    Traverse(GL->tlink);                                     //递归输出表的后继部分
}
```

4-136　若 GL 是采用带头结点的层次表示存储的广义表，设计一个递归算法，输出GL。

【解答】 为降低算法实现的难度，本题没有考虑广义表的可共享性。算法遍历带头结点的广义表，用广义表的方式输出。遍历的递归算法的实现如下。

```
void PrintGList(GenListNode *h, char L1[], GenList L2[], int& k) {
//算法调用方式 PrintGList(h, L1, L2, k)。输入：用层次表示存储的广义表 h，表名数
//组 L1，与表名对应头结点地址数组 L2，L1 与 L2 中表名或头结点地址个数 k;
//输出：以递归方式输出广义表 GL
    if(h == NULL) return;
    if(h->tag == 0) {                                        //头结点情形
        for(int i = 0; i < k; i++)                           //从头结点地址查找表名
            if(L2[i] == h) printf("%c(", L1[i]);             //输出"表名+'('"
        if(h->tlink == NULL) printf("#)");
    }
    else if(h->tag == 1) {                                   //原子结点
        printf("%c", h->info.value);                         //输出原子的值
        if(h->tlink != NULL) printf(",");                    //有后继元素，输出','
        else printf(")");                                    //无后继元素，输出')'
    }
    else if(h->tag == 2) {                                   //子表结点
        PrintGList(h->info.hlink, L1, L2, k);                //递归遍历子表
        if(h->tlink != NULL) printf(",");                    //有后继元素，输出','
        else printf(")");                                    //无后继元素，输出')'
    }
    PrintGList(h->tlink, L1, L2, k);                          //递归输出表的后继部分
}
```

4-137　若 GL 是采用带头结点的层次表示存储的广义表，设计一个递归算法，求非空

广义表 GL 的深度。

【解答】　设非空广义表 $GL = (\alpha_0, \alpha_1, \alpha_2, \cdots, \alpha_{n-1})$，其中，每个 α_i（$0 \leqslant i \leqslant n-1$）或者是原子，或者是子表。若 α_i 是原子，则 α_i 的深度为 0（没有括号）；若 α_i 是子表，则可继续对 α_i 进行分解、求解。而 LS 的深度为各 α_i 的深度的最大值加 1。空表也是广义表，其深度为 1。算法的实现如下。

```
int Depth(GenList& GL) {
//算法调用方式 int d = Depth(GL)。输入: 用层次表示存储的广义表 GL;
//输出: 函数返回 GL 的深度
    if(GL->tlink == NULL) return 1;                    //空表, 深度为 1
    GenListNode *p = GL->tlink;  int max = 0, d;
    while(p != NULL) {                                 // p 在广义表顶层横扫
        if(p->tag == 2) {                              //当前结点为子表结点时,
            d = Depth(p->info.hlink);                  //递归计算该子表的深度
            if(max < d) max = d;                       //取得最大深度
        }
        p = p->tlink;
    }
    return max+1;                                      //返回深度
}
```

4-138　若 GL 和 GL1 都是采用带头结点的层次表示存储的广义表，设计一个递归算法，复制 GL 到 GL1 中。

【解答】　复制一个用带头结点的层次表示存储的广义表时，问题解决的思路如下：如果被复制结点不存在（指向它的指针为空），结果表中本应指向该结点的指针置空；如果被复制结点存在，处理该结点的复制，然后复制广义表中与该结点处于同一层次的后续结点。算法的实现如下。

```
void Copy(GenListNode *GL, GenListNode *& GL1, char L1[],
          GenList L2[], char R1[], GenList R2[], int k) {
//算法调用方式 Copy(GL, GL1, L1, L2, R1, R2, k)。输入: 要复制的广义表 GL, 表
//名数组 L1, 与表名对应子表头结点地址数组 L2, L1 与 L2 中元素个数 k; 输出:
//作为复制目标的广义表 GL1, 复制的表名数组 R1, 对应表名的头结点地址数组 R2
    if(GL == NULL) { GL1 = NULL; return; }
    GL1 =(GenListNode*) malloc(maxSize*sizeof(GenListNode));
    for(int i = 0; i < k; i++)                         //在 L2 中查找 GL
        if(L2[i] == GL)
            {R2[i] = GL1;  R1[i] = L1[i];  break;}     //找到, 复制表名和结点
    GL1->tag = GL->tag;                                //复制结点类型
    if(GL->tag == 1) GL1->info.value = GL->info.value;//复制原子的值
    else if(GL->tag == 2)                              //复制表头部分
        Copy(GL->info.hlink, GL1->info.hlink, L1, L2, R1, R2, k);
    else GL1->info.ref = GL->info.ref;                 //复制表头引用计数
    Copy(GL->tlink, GL1->tlink, L1, L2, R1, R2, k);    //处理同一层后继结点
}
```

4-139 若 GL1 和 GL2 都是采用带头结点的层次表示存储的广义表，设计一个递归算法，判断 GL1 与 GL2 是否相等。

【解答】 判断两个广义表是否相等，要求不但两个广义表具有相同的结构，而且对应的数据成员也要具有相等的值。因此，首先看两个广义表是否都是空表，是则两个表相等。否则再看两个表对应结点，如果都是原子结点，比较它们的值，如果不等，可立即断定两个表不等，不必再做下去；如果对应项的值相等，再递归比较同一层后面的表元素。如果两个广义表中对应项是子表结点，则递归比较相应的子表。算法的实现如下。

```
bool Equal(GenListNode *GL1, GenListNode *GL2) {
//算法调用方式bool yes = Equal(GL1, GL2)。输入：两个用层次表示存储的广义表
//GL1 和 GL2；输出：若两个广义表相等，函数返回 true，否则函数返回 false
    bool x;
    if(GL1->tlink == NULL && GL2->tlink == NULL)   //都是空表，相等
         return true;
    if(GL1->tlink != NULL && GL2->tlink != NULL &&
            GL1->tlink->tag == GL2->tlink->tag){     //非空且结点类型相同
        if(GL1->tlink->tag == 1) {                      //原子结点，比较数据
            if(GL1->tlink->info.value == GL2->tlink->info.value)
                x = true;                              //值相等 x = true
            else x = false;                            //值不等 x = false
        }
        else if(GL1->tlink->tag == 2) {              //子表结点，递归
            if(Equal(GL1->tlink->info.hlink, GL2->tlink->info.hlink))
                x = true;                              //子表相等 x = true
            else x = false;                            //子表不等 x = false
        }
        if(x == true) return Equal(GL1->tlink, GL2->tlink);
                                                      //向表尾递归判等
        //相等，递归比较同一层的下一个结点；不等，不再递归比较
    }
    return false;                                     //不等，返回 false
}
```

4-140 若 GL 是采用带头结点的层次表示存储的无共享的广义表，设计一个递归算法，删除所有原子中值为 x 的结点。

【解答】 要删除所有原子结点中值为 x 的结点，必须检测所有的子链表，一旦发现某个原子结点中的值是字符 x，立即将该结点从链中删除。

（1）如果扫描到的结点是原子结点，且其 info 域中的数据即 x，此时执行在链表中删除含 x 结点的操作。因为有可能连续几个都是含 x 的结点，所以执行一个循环。

（2）如果扫描到的结点是原子结点，但其 info 域中的数据不是 x，或者扫描到的结点不是原子结点，则不执行删除操作。

（3）如果扫描到的结点是子表结点，则以子表的头结点开始，递归执行删除含 x 结点的操作。

当前情况处理完后，剩下的情况可以像开始那样做递归处理。算法的实现如下。

```
void delvalue(GenListNode *GL, ElemType x) {
//算法调用方式 delvalue(GL, x)。输入：用层次表示存储的广义表 GL, 要删除的元
//素 x; 输出：在广义表中删除与 x 相等的所有结点
    if(GL->tlink != NULL) {                          //非空表
        GenListNode *p = GL->tlink;                  //查找头结点后的第一个结点
        while(p != NULL &&(p->tag == 1 && p->info.value == x)) {
            GL->tlink = p->tlink;  free(p);          //若有含 x 结点，删除它
            p = GL->tlink;                           // p 指向同层下一个结点
        }
        if(p != NULL) {
            if(p->tag == 2)
                delvalue(p->info.hlink, x);          //在子表中递归删除
            delvalue(p, x);                          //在表头 p 的链表中递归删除
        }
    }
}
```

4-141　若 GL 是采用带头结点的层次表示存储的有共享的广义表，设计一个递归算法，删除 GL 所指子表。

【解答】　对于共享表来说，若想删除某一个子表，要看它是否为几个表所共享。如果一个表元素有多个地方使用它，贸然删除它会造成其他地方使用出错。因此，当要做删除时，先把该表的头结点中的引用计数 ref 减 1，当引用计数减到 0 时才能执行结点的真正释放。算法的实现如下。

```
void Remove(GenListNode *GL) {
//算法调用方式 Remove(GL)。输入：用层次表示存储的广义表 GL；
//输出：删除以 GL 为表头指针的子表
    GL->info.ref--;                                  //头结点的引用计数减 1
    if(GL->info.ref <= 0) {                           //如果减到 0, 删除表
        GenList q;
        while(GL->tlink != NULL) {                    //横扫表顶层
            q = GL->tlink;                            //到第一个结点
            if(q->tag == 2) {                         //是表结点，递归删除子表
                Remove(q->info.hlink);
                if(q->info.hlink->info.ref <= 0)
                    free(q->info.hlink);              //删除子表头结点
            }
            GL->tlink = q->tlink;  free(q);
        }
    }
}
```

第 5 章 树与二叉树

5.1 树的基本概念

5.1.1 树的概念

1. 树的定义

树是树状结构的简称，它是一种重要的非线性结构。树的定义是：

树是 n（n≥0）个结点的有限结合，当 n = 0 时称为空树，在任一非空树（n>0）中，它有且仅有一个称为根的结点，其余的结点可分为 m 棵（m≥0）互不相交的子树（称为根的子树），每棵子树又同样是一棵树。

树的定义是分层的、递归的，树是一种递归的数据结构，递归结束于叶结点。

2. 树的逻辑表示

树的逻辑表示有如图 5-1 所示的 5 种。

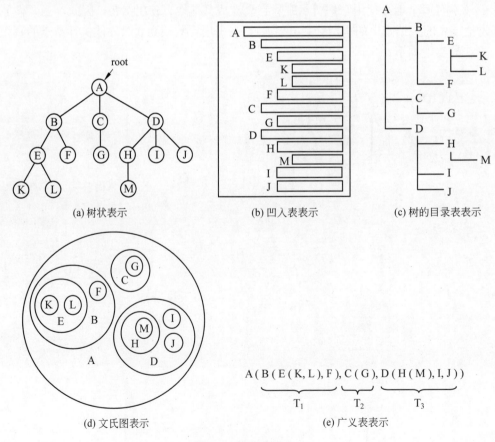

(a) 树状表示 (b) 凹入表表示 (c) 树的目录表表示

(d) 文氏图表示 (e) 广义表表示

图 5-1 树的逻辑表示

5.1.2 树的双亲存储表示

1. 双亲存储表示的结构定义

用一个一维数组存储树中的结点，同时在每个结点中附设一个指针指向该结点的双亲结点在数组中的位置，如图 5-2 所示，其类型定义（保存于 PTree.h 头文件中）如下。

```
typedef char TElemType;              //结点数据的类型
typedef struct node {                //树结点类型定义
    TElemType data;                  //结点数据
    int parent;                      //结点双亲指针
} PTNode;
typedef struct {                     //树类型定义
    PTNode tnode[maxSize];           //双亲指针表示
    int n;                           //现有结点数
} PTree;
```

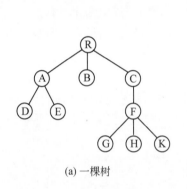
(a) 一棵树

(b) 双亲表示

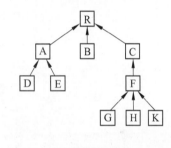
(c) 双亲表示图示

图 5-2 树的双亲表示法

树的所有结点在双亲指针数组中的排列，可以按照先根遍历次序，也可以按照层次遍历次序。无论哪一种存放方式，根结点都在数组的最前端，它的双亲指针为−1。然而查找某个给定结点的子女和兄弟的运算因存放顺序不同而有所不同。

2. 树的双亲存储表示相关的算法

5-1 一棵树采用双亲表示存储，设计一个算法，实现树的初始化运算 InitTree。

【解答】用双亲表示的树的初始化运算就是把每个结点的双亲指针置为"−1"，实际上构造了一个每棵树只有根结点的森林。算法的实现如下。

```
void InitTree(PTree& T, int sz) {
//算法调用方式 InitTree(T, sz)。输入：用双亲表示存储的树 T，树中结点个数 sz；
//输出：将 T 置空
    T.n = sz;
    for(int i = 0; i < sz; i++) T.tnode[i].parent = -1;
}
```

若双亲指针数组的元素个数为 n，算法的时间复杂度为 O(n)，空间复杂度为 O(1)。

5-2   一棵树采用双亲表示存储，设计一个算法，查找结点 i 的第一个子女 FirstChild。

【解答】 在双亲表示中结点 i 的所有子女都排列在结点 i 之后。为查找指定结点 i 的第一个子女，从 i 开始扫描双亲指针数组，当首次遇到某结点 j 的双亲是 i，该结点 j 即是结点 i 的第一个子女。算法的实现如下。

```
int FirstChild(PTree& T, int i) {
//算法调用方式int k = FirstChild(T, i)。输入：用双亲表示存储的树 T，指定树结点
//下标 i；输出：若结点 i 有子女，则函数返回第一个子女的下标，否则返回-1
    for(int j = i+1; j < T.n; j++)
        if(T.tnode[j].parent == i) break;
    if(j < T.n) return j;                      //找到结点 i 的第一个子女 j
    else return -1;
}
```

若双亲指针数组的元素个数为 n，算法的时间复杂度为 O(n)，空间复杂度为 O(1)。

5-3   一棵树采用双亲表示法存储，设计一个算法，查找结点 i 的子女结点 j 的下一个兄弟 NextSibling。

【解答】 为查找结点 i 的子女 j 的下一个兄弟，从结点 j 开始扫描双亲指针数组，当发现某结点 k 的双亲为 i 立即停止查找，此结点即为所求；若数组扫描到最后没有找到双亲为 i 的结点，则不存在 i 的下一个子女。算法的实现如下。

```
int NextSibling(PTree& T, int i, int j) {
//算法调用方式int k = NextSibling(T, i, j)。输入：用双亲表示存储的树 T，指定
//树结点下标 i，它的某个子女结点 j；输出：若结点 i 第 j 个子女有下一个兄弟，则函数
//返回下一个兄弟的下标；若没有下一个兄弟，函数返回-1
    for(int k = j+1; k < T.n; k++)
        if(T.tnode[k].parent == i) break;
    if(k < T.n) return k;                      //找到下一个兄弟结点
    else return -1;
}
```

若双亲指针数组的元素个数为 n，算法的时间复杂度为 O(n)，空间复杂度为 O(1)。

5-4   一棵树采用双亲表示存储，设计一个算法，查找结点 i 的双亲 FindParent。

【解答】 结点 i 的双亲可以通过该结点的双亲指针直接找到。算法的实现如下。

```
int FindParent(PTree& T, int i) {
//算法调用方式int k = FindParent(T, i)。输入：用双亲表示存储的树 T，指定树结
//点下标 i；输出：若结点 i 有双亲，则函数返回双亲结点的下标，否则返回-1
    if(i < T.n && i > 0) return T.tnode[i].parent;
    else return -1;
}
```

算法的时间复杂度和空间复杂度均为 O(1)。

5-5   若一棵树采用双亲表示存储，设计一个算法，输入树的广义表表示，例如"A(B(E(K, L), F), C(G), D(H(M), I, J)) #"，创建用双亲表示存储的树（最后的"#"是控制广义表串结束的符号）。

【解答】 若一棵树的广义表表示为 A(B(E(K, L), F), C(G), D(H(M), I, J)), 广义表的名字即树根, 名字后紧跟的括号内是它的子孙, 以此类推。因为在双亲数组中是按元素出现先后存放的, 实际上是一个先根次序。为此需要用到一个栈, 在遇到 "(" 时保存子树根结点的地址, 以便括号内的元素链接到它们的双亲; 在遇到 ")" 时退掉根结点。为了控制处理结束, 约定在广义表的最后加上 "#" 作为结束。算法的实现如下。

```
#define stackSize 20                                      //栈的最大容量
void CreatePTree(PTree& T, TElemType G[]) {
//算法调用方式 CreatePTree(T, G)i。输入: 已初始化的空树 T, 树的广义表表示 G;
//输出: 引用参数 T 返回创建出来的树的双亲存储表示, 根在 0 号位置, 所有结点在
//双亲指针数组中按先根次序排列
    TElemType S[stackSize];  int top = -1;                //设置栈并置空
    int i, j, k = -1;  TElemType ch;                      //k 是存指针, i 是取指针
    for(i = 0; G[i] != '#'; i++) {                        //循环取广义表字符
        ch = G[i];
        switch(ch) {                                      //按不同字符处理
        case '(': S[++top] = k;  break;
        case ')': j = S[top--];  break;
        case ',': break;
        default : T.tnode[++k].data = ch;
                if(top == -1) T.tnode[k].parent = -1;
                else { j = S[top];  T.tnode[k].parent = j; }
        }
    }
    T.n = k+1;
}
```

若树的广义表表示字符串中有 n 个字符, 算法的时间复杂度和空间复杂度均为 O(n)。

5-6　若一棵树采用双亲表示存储, 设计一个算法, 以广义表表示的字符序列输出这棵树。

【解答】 算法采用递归方式输出, 首先输出根, 然后取根的第一个子女 j, 若有则先输出一个左括号 "(" 以示有子树, 再递归输出以 j 为根的子树; 子树处理完退回后再取 j 的下一个兄弟 j, 若有则先输出一个逗号 "," 再递归输出 i 的下一棵子树; 若没有则表示以 i 为根的树输出完, 最后输出一个右括号 ")" 结束。算法的实现如下。

```
void printPTree_Gen(PTree& T, int i) {
//算法调用方式 printPTree_Gen(T, i)。输入: 用双亲表示存储的树 T, 指定树结点下
//标 i(若从根开始 i 给 0); 输出: 算法按广义表表示输出树 T
    printf("%c", T.tnode[i].data);                        //输出根的数据
    int j;
    if((j = FirstChild(T, i)) != -1) printf("(");         //有子女,输出左括号
    while(j != -1) {
        printPTree_Gen(T, j);                             //递归输出第一棵子树
        j = NextSibling(T, i, j);                         //下一棵子树
        if(j != -1) printf(",");
        else printf(")");
```

```
            }
        }
```

若树中结点个数为 n，树的深度为 d，算法的时间复杂度为 O(n×d)，空间复杂度为 O(d)。

5-7 一棵树采用双亲表示存储，设计一个算法，计算树的深度。

【解答】 对双亲数组中的每一个树结点，分别计算沿 parent 指针链走过的结点数，此即该结点的深度，统计所有结点的深度的最大值就可求得树的深度。算法的实现如下。

```
int Depth_PTree(PTree& T) {
//算法调用方式 int d = Depth_PTree(T)。输入：用双亲表示存储的树 T；输出：函数
//返回树 T 的深度
    int i, j, depth, maxDepth = 0;
    for(i = 0; i < T.n; i++) {
        depth = 0;
        for(j = i; j >= 0; j = T.tnode[j].parent) depth++;
                                                //求每一结点的深度
        if(depth > maxDepth) maxDepth = depth;  //求深度的最大值
    }
    return maxDepth;
}
```

若树中结点个数为 n，树的深度为 d，算法的时间复杂度为 O(n×d)，空间复杂度为 O(1)。

5-8 一棵树采用双亲表示存储，树中根结点存于 T.tnode[0]。设计一个算法，计算 p 所指结点和 q 所指结点的最近公共祖先结点。

【解答】 首先计算 p、q 所指结点的深度，再将较深的结点沿双亲方向上溯，直到与另一方结点处于同一深度。然后双方同时上溯，直到重合到一个结点，此结点即为所求。算法的实现如下。

```
int CommonAncestry(PTree& T, int p, int q) {
//算法调用方式 int k = CommonAncestry(T, p, q)。输入：用双亲表示存储的树 T，树
//中的两个结点 p 和 q；输出：函数返回 p 和 q 的最近公共祖先结点 k
    int i = p, j = q, dp = 0, dq = 0;
    while(i != -1) { i = T.tnode[i].parent;  dp++;}   //计算 p 结点深度
    while(j != -1) { j = T.tnode[j].parent;  dq++;}   //计算 q 结点深度
    for(i = p; dp > dq; i = T.tnode[i].parent, dp--); //双方深度找平
    for(j = q; dp < dq; j = T.tnode[j].parent, dq--); //以上两句仅一条执行
    while(i != j)                                      //找共同祖先 i = j
        { i = T.tnode[i].parent ; j = T.tnode[j].parent ; }
    return i;
}
```

若树中结点个数为 n，树的深度为 d，算法的时间复杂度为 O(n×d)，空间复杂度为 O(1)。

5-9 一棵树采用双亲表示存储，设计一个算法，统计该树中叶结点个数。

【解答】 若树中有 n 个结点，设置一个辅助数组 count[n]，记录各结点的度，初始均为 0。算法扫描一遍双亲指针数组，若双亲指针等于 k，则 count[k]加 1（除根结点的双亲指针为−1 外）。最后 count[] = 0 的即为叶结点。统计叶结点个数即可。算法的实现如下。

```
int leafCount(PTree& T) {
    int count[maxSize], i, k = 0;
    for(i = 0; i < T.n; i++) count[i] = 0;
    for(i = 0; i < T.n; i++)                                    //统计各结点的度
        if(T.tnode[i].parent != -1) count[T.tnode[i].parent]++;
    for(i = 0; i < T.n; i++)
        if(count[i] == 0) k++;                                  //统计度为 0 的结点数
    return k;                                                   //返回叶结点数
}
```

若树中结点个数为 n，算法的时间复杂度和空间复杂度均为 O(n)。

5-10　一棵树采用双亲表示法存储，设计一个算法，计算该树的度。

【解答】　与题 5-9 类似，使用一个辅助数组 count[]统计各结点的度，再统计各结点的度的最大值，从而得到树的度。算法的实现如下。

```
int Degree(PTree& T) {
//算法调用方式 int k = Degree (T)。输入：用双亲表示存储的树 T；
//输出：函数返回树的度数
    int count[maxSize], i, d = 0;
    for(i = 0; i < T.n; i++) count[i] = 0;
    for(i = 0; i < T.n; i++)                                    //统计各结点的度
        if(T.tnode[i].parent != -1) count[T.tnode[i].parent]++;
    for(i = 0; i < T.n; i++)
        if(count[i] > d) d = count[i];                          //统计各结点度的最大值
    return d;                                                   //返回叶结点数
}
```

若树中结点个数为 n，算法的时间复杂度和空间复杂度均为 O(n)。

5.1.3　树的子女链表存储表示

1. 子女链表存储表示的结构定义

这种存储表示方法为树中每个结点设置一个子女链表，并将这些结点的数据和对应子女链表的头指针放在一个向量中。例如，对于图 5-3（a）所示的树，其子女链表表示如图 5-3（b）所示。在各结点的子女链表中，child 是子女结点在向量中的下标（序号），link 是该子女的下一兄弟的链接指针。

由此可得树的子女链表存储表示的类型定义如下（存放于头文件 ChildList.h 中）。

```
#define maxNodes 30
typedef char TElemType;              //结点数据类型（大写字母表示）
typedef struct vnode {               //树结点的结构定义
TElemType data;                      //结点数据
    int parent;                      //双亲结点在结点表中位置
    struct vnode *first;             //子女链表头指针
} VNode;
typedef struct enode {               //子女链表结点的结构定义
```

```
    int child;                          //子女结点在结点表中位置
    struct enode *link;                 //下一结点链接指针
} ENode;
typedef struct {                        //子女链表存储表示
    VNode NodeList[maxNodes];           //结点表
    int n;                              //当前结点个数
} ChildList;
```

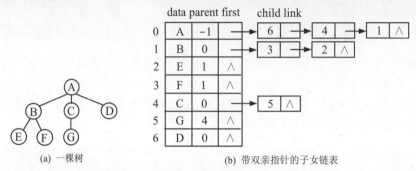

(a) 一棵树　　　　　　　　　(b) 带双亲指针的子女链表

图 5-3　树的子女链表表示法

一般约定根结点放在向量的 0 号位置，其他各个结点在向量中或者按照先根次序，或者按照层次次序排列。此外，在子女链表中各个子女的先后位置在无序树的情形下任意，而在有序树中，必须按各子树的自左到右的次序依次链接。在很多应用中，把子女链表和双亲表示结合在一起，这样处理亲子关系比较方便，如图 5-3 所示。

2. 子女链表存储表示相关的算法

5-11　一棵树采用子女链表存储表示存储，设计一个算法，实现树的初始化运算 InitTree。

【解答】　初始化就是把子女链表置空。因此可通过一个循环，把所有结点的子女链头指针置空，把它们的双亲指针置为-1。算法的实现如下。

```
void InitCTree(ChildList& T);           //初始化函数
//算法调用方式 InitCTree(T)。输入：用子女链表存储的树 T；输出：把所有结点的
//子女链头指针置空，把它们的双亲指针置为-1
    for(int i = 0; i < maxNodes; i++)
        { T.NodesList[i].first = NULL; T.NodesList[i].parent = -1; }
    T.n = 0;
}
```

若结点表的最大结点数为 n，算法的时间复杂度为 O(n)，空间复杂度为 O(1)。

5-12　若用大写字母标识树的结点，则可用带标号的广义表形式表示一棵树，其语法图如图 5-4 所示。例如，图 5-3（a）中的树可用广义表表示为"A(B(E, F), C(G), D)"，设计一个算法，由这种广义表表示的字符序列构造树的子女链表表示。

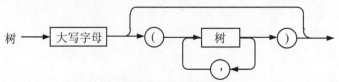

图 5-4　树的广义表表示的语法图

【解答】　根据语法图，一棵树首先有一个用大写字母标识的根，然后用一对括号给出根的子树，各子树之间用逗号间隔。子树又是树，可以继续用此语法图识别。下面给出的算法是非递归实现，其中用到了一个栈，记录子树的根：遇到左括号，根进栈；遇到右括号，根退栈。叶结点不进栈。算法的实现如下。

```
#define size 25
bool createCTree(ChildList& T, char A[], int n) {
//算法调用方式bool succ = createCTree(T, A, n)。输入：已初始化的用子女链表
//存储的树T，存放输入数据序列的数组A，数组元素个数n；输出：若建树成功，函数
//返回true，引用参数T返回已创建的树；若输入有误，函数返回false
    char ch = A[0];  ENode *p;  ENode *r[size];
    for(int j = 0; j < size; j++) r[j] = NULL;        //各结点子女链尾指针
    int S[size];  int top = -1, pos = 0, i = 1;
    T.NodeList[0].data = ch;                          //根存入结点表，位置pos = 0
    if(A[i] == '(') {                                 //子树非空
        S[++top] = pos;                               //根进栈
        while(top != -1) {                            //栈空,创建树完成,不空,创建子树
            ch = A[++i];
            switch(ch) {
            case '(' : S[++top] = pos;  break;        //当前树结点进栈
            case ')' : top--;  break;                 //树结点退栈
            case ',' : break;                         //处理下一个子女
            default:
                T.NodeList[++pos].data = ch;          //创建结点
                T.NodeList[pos].parent = S[top];      //创建双亲指针
                p =(ENode *) malloc(sizeof(ENode));
                p->child = pos;  p->link = NULL;      //创建子女结点
                if(T.NodeList[S[top]].first == NULL)
                    T.NodeList[S[top]].first = p;
                else r[S[top]]->link = p;
                r[S[top]] = p;
            }
        }
        T.n = pos+1;  return true;
    }
    else { printf("输入有误! \n");  return false; };
}
```

若输入数据数组的元素个数为 n，创建成功树的深度为 d，算法的时间复杂度为 O(n+d)，空间复杂度为 O(d)。

5-13　若树以子女链表表示存储，设计一个算法，以广义表表示的字符序列输出这棵树。

【解答】　算法采用递归方式输出，首先输出根，然后判断根的子女链是否为空；若非空则在一对括号之间递归输出根的子树，中间用逗号隔开。算法的实现如下。

```
void printCTree(ChildList& T, int i) {
```

```
//算法调用方式printCTree(T, i)。输入：用子女链表存储的树 T，子树的
//根结点号 i；输出：递归地输出树 T 的广义表表示
    printf("%c", T.NodeList[i].data);
    if(T.NodeList[i].first != NULL) {                    //非叶子结点
        printf("(");
        ENode *p = T.NodeList[i].first;
        while(p != NULL) {
            printCTree(T, p->child);                     //递归输出子树
            if(p->link != NULL) printf(",");             //最后子女后不加逗号
            p = p->link;
        }
        printf(")");
    }
}
```

若树中结点个数为 n，递归算法的时间复杂度和空间复杂度均为 O(n)。

5-14 若树以子女链表表示存储，设计一个算法，以凹入表形式输出这棵树。

【解答】 算法使用了一个层次标志 i 控制输出各层次时向右移格的数目。算法先输出子树根结点 e 的值，再对它的子女依次递归输出。算法的实现如下。

```
void printCTree_1(ChildList& T, int e, int i) {
//算法调用方式printCTree_1(T, e, i)。输入：用子女链表存储的树 T，当前输出子树
//的根在结点表中的下标 e，层次号 i；输出：按凹入表形式分层输出树的所有结点
    int j; ENode *p;  char ch;
    for(j = 0; j < 5*(i-1); j++) printf(" ");            //留出空格以表现出层次
    ch =(e == 0) ? '#' : T.NodeList[T.NodeList[e].parent].data;
    printf("%c(%c)\n", T.NodeList[e].data, ch);          //输出结点数据，换行
    for(p = T.NodeList[e].first; p != NULL; p = p->link)
        printCTree_1(T, p->child, i+1);                  //顺序输出各个子树
}
```

若树中结点个数为 n，递归算法的时间复杂度和空间复杂度均为 O(n)。

5-15 若树以子女链表表示存储，设计一个算法，对于结点表中第 i 个结点，计算以它为根的子树中的结点个数。

【解答】 采用递归算法：若当前结点为叶结点，则返回 1，这是递归的结束条件；若不是叶结点，则扫描该结点的子女链表，统计每个子女为根的子树中的结点个数，把它们累加起来，再加 1，得到该结点为根的子树的结点个数。算法的实现如下。

```
int count_CTree(ChildList& T, int i) {
//算法调用方式 int k = count_CTree(T, i)。输入：用子女链表存储的树 T，当前处理
//子树的根结点 i；输出：函数返回树 T 中以 i 为根子树的结点个数，主程序调用时
//参数 i 赋给 0 值，代表全树的根
    if(T.NodeList[i].first == NULL) return 1;            //叶结点
    else {
        int k = 0;
        for(ENode *q = T.NodeList[i].first; q != NULL; q = q->link)
            k += count_CTree(T, q->child);
```

```
        return k+1;
    }
}
```

若树中结点个数为 n，递归算法的时间复杂度和空间复杂度均为 O(n)。

5-16　若树以子女链表表示存储，设计一个算法，计算树的度。

【解答】　在树的结点表中，检查每一个结点，统计结点的子女链表中子女结点的个数，作为该结点的度，取所有结点的最大值，就可得到树的度。算法的实现如下。

```
int degree_CTree(ChildList& T) {
//算法调用方式 int k = degree_CTree(T)。输入：用子女链表存储的树 T；
//输出：函数返回树 T 的度
    int i, d, maxd = 0;  ENode *p;
    for(i = 0; i < T.n; i++) {
        d = 0;
        for(p = T.NodeList[i].first; p != NULL; p = p->link) d++;
        if(d > maxd) maxd = d;                    //存储子树度最大值
    }
    return maxd;
}
```

若树的分支数为 e，算法的时间复杂度为 O(e)，空间复杂度为 O(1)。

5-17　若树以子女链表表示存储，设计一个算法，计算树的高度。

【解答】　采用递归算法，对于叶结点，直接返回 1，表示以该结点为根的子树只有一个结点；否则扫描第 i 个结点，计算子女链表中每个子女的高度，取其最大值，再加 1，即可得到该结点的高度。算法的实现如下。

```
int height_CTree(ChildList& T, int i) {
//算法调用方式 int k = height_CTree(T)。输入：用子女链表存储的树 T；
//输出：函数返回子树 i 的高度。主程序调用时 i 给 0（根结点的序号为 0）
    if(T.NodeList[i].first == NULL) return 1;          //叶结点高度为 1
    int d, maxd = 0;  ENode *p;
    for(p = T.NodeList[i].first; p != NULL; p = p->link) {
        d = height_CTree(T, p->child);
        if(d > maxd) maxd = d;                        //存储所有子树最大高度
    }
    return maxd+1;                                    //树的高度为最大高度加 1
}
```

若树的分支数为 e，树的高度为 h，算法的时间复杂度为 O(e)，空间复杂度为 O(h)。

5-18　若树以子女链表表示存储，设计一个算法，求指定结点 i 的第一个子女。

【解答】　若结点表第 i 个结点的 first 域不空，则 first 指针所指结点 child 域中存放的即为结点 i 的第一个子女。算法的实现如下。

```
int FirstChild(ChildList& T, int i) {
//算法调用方式 int j = FirstChild(T, i)。输入：用子女链表存储的树 T，指定结点 i
//(0≤i≤maxNodes)；输出：函数返回树 T 中结点 i 的第一个子女的结点号
```

```
    if(T.NodeList[i].first == NULL) return -1; //指针空,结点 i 没有子女
    else return T.NodeList[i].first->child;     //指针不空,子女链表第一个结点
}
```

算法的时间复杂度和空间复杂度均为 O(1)。

5-19　若树以子女链表表示存储,设计一个算法,求指定结点 i 的结点号为 j 的子女结点的下一个兄弟。

【解答】　扫描结点 i 的子女链表,找到 child = j 的子女结点,它的 link 指针指向的就是结点 i 的结点号为 j 的子女结点的下一个兄弟。算法的实现如下。

```
int NextSibling(ChildList& T, int i, int j) {
//算法调用方式 int j = NextSibling(T, i, j)。输入:用子女链表存储的树 T, 指定
//结点 i 和它的一个子女结点 j; 输出: 函数返回树 T 中结点 i 的某子女 j 的下一个兄弟
    ENode *p = T.NodeList[i].first;
    while(p != NULL && p->child != j) p = p->link; //查找子女为 j 的结点
    if(p != NULL && p->child == j && p->link != NULL)
        return p->link->child;                      //找到, 下一结点即为所求
    return -1;
}
```

若树的度为 d,算法的时间复杂度为 O(d),空间复杂度为 O(1)。

5-20　若树以子女链表表示存储,设计一个算法,求指定结点 i 的双亲。

【解法一】　若结点表包括每个结点的双亲指针,直接返回这个指针所指结点即可。算法的实现如下。

```
int FindParent(ChildList & T, int i) {
//算法调用方式 int j = FindParent(T, i)。输入:用子女链表存储的树 T, 指定结点 i;
//输出: 函数返回树 T 中结点 i 的双亲; 若结点 i 没有双亲, 函数返回-1
    return T.NodeList[i].parent;
}
```

算法的时间复杂度和空间复杂度均为 O(1)。

【解法二】　若结点表没有结点的双亲指针,就需要扫描各结点的子女链表,结点 i 是谁的子女,谁就是结点 i 的双亲。算法的实现如下。

```
int FindParent_1(ChildList & T, int i) {
//算法调用方式 int j = FindParent_1(T, i)。输入:用子女链表存储的树 T, 指定
//结点 i; 输出: 函数返回树 T 中结点 i 的双亲; 若结点 i 没有双亲, 函数返回-1
    ENode *p; int j;
    for(j = 0; j < T.n; j++) {
        p = T.NodeList[j].first;
        while(p != NULL && p->child != i) p = p->link;
                                                 //查找子女为 i 的结点
        if(p != NULL) return i;                  //在第 j 个子女链表找到
    }
    return -1;
}
```

若树中结点数为 n，分支数为 e，算法的时间复杂度为 O(n+e)，空间复杂度为 O(1)。

5-21　若树以子女链表表示存储，设计一个算法，在树中查找值为 x 的结点。若查找成功，函数返回该结点在结点表中的位置，并通过参数 f 返回它的双亲结点在结点表中的位置。若查找不成功，则函数返回-1，参数 f 返回-1 值。

【解答】　采用顺序查找在结点表中查找，如果找到其 data 值与 x 相等的结点即可报告成功信息，其双亲可在该结点的 parent 域中找到；如果整个表都遍历完，没有找到与 x 匹配的结点，查找失败。算法的实现如下。

```
int searchCTree(ChildList& T, char x, int& f) {
//算法调用方式int j = searchCTree(T, x, f)。输入：用子女链表存储的树T，查找值x;
//输出：若查找成功，函数返回该结点在结点表中的位置，引用参数f返回其双亲在结
//点表中位置；若查找失败，函数返回-1，引用参数f返回-1值
    for(int i = 0; i < T.n; i++)
        if(T.NodeList[i].data == x)
            { f = T.NodeList[i].parent;  return i; }
    f = -1;  return -1;
}
```

若树中结点数为 n，算法的时间复杂度为 O(n)，空间复杂度为 O(1)。

5-22　若树以子女链表表示存储，设计一个算法，在树中指定结点（其值为 y）下面插入值为 x 的新结点。若 y = '#'，则新结点作为根插入（假设树中所有结点的值互不相同）。

【解答】　算法首先在结点表中查找值为 x 的结点，若查找成功，则不能插入；否则先判断是否新结点作为根插入，是则在结点表的 0 号位置插入；否则在结点表中查找 y，查到后（在位置 j）将插入结点的位置作为新子女链接到 y 的子女链表中。算法的实现如下。

```
bool insert_CTree(ChildList& T, char x, char y) {
//算法调用方式bool succ = insert_CTree(T, x, y)。输入：用子女链表存储的树T，
//插入值x，插入在结点y下面；输出：若插入成功，在树T中插入值为x的新结点，函数
//返回true；否则树T不变，函数返回false
    int j, k;
    for(j = 0; j < T.n; j++)
        if(T.NodeList[j].data == x) break;          //在T中查找x，结果在j
    if(j < T.n) { printf("树中已经有%c，不能插入! \n", x);  return false; }
    else {
        if(y == '#') {                              //新结点作为根插入
            T.NodeList[0].data = x;  T.n = 1;
            T.NodeList[0].parent = -1;
            T.NodeList[0].first = NULL;
        }
        else {                                      //新结点插入在最后位置
            T.NodeList[T.n].data = x;
            for(j = 0; j < T.n; j++);                //在T中查找y，结果在j
                if(T.NodeList[j].data == y) break;
            if(j >= 0) {
                T.NodeList[T.n].parent = j;          //新结点的双亲结点在j
```

```
                    ENode *p =(ENode *) malloc(sizeof(ENode));
                    p->child = T.n;
                    p->link = T.NodeList[j].first;      //新结点链入双亲的子女链
                    T.NodeList[j].first = p;
                }
            else { printf("树中没有%c的双亲!\n", x);  return false; }
            T.n++;
        }
    }
    return true;
}
```

若树中结点数为 n，算法的时间复杂度为 $O(n^2)$，空间复杂度为 $O(1)$。

5-23 若树以子女链表表示存储，设计一个算法，在树中删除以 x 为根的子树。

【解答】 算法首先在结点表中查找值为 x 的结点，若未找到，则不能删除；否则先统计以 x 为根的子树有多少结点，然后把后面的结点前移。由于在结点表中各个结点是按先根次序排列的，同一棵子树的结点都放在一起，假设结点个数为 k，且 x 在结点表的第 i 个位置，则需把 i+k 到最后的结点前移到 i 开始的若干单元，为此还需要做两件事：

- 在 0~i-1 号结点的子女链表中找到子女为 i 的结点，把它从链表中删去。
- 在后续保留并前移的结点中修改双亲指针信息，同时修改子女链表中所有子女的编号，因为这些结点前移会导致结点序号变化。

算法的实现如下。

```
bool Remove_CTree(ChildList& T, char x) {
//算法调用方式bool succ = Remove_CTree(T, x)。输入：用子女链表存储的树 T, 删除
//值x; 输出：若删除成功, 在树 T 中释放了以 x 为根子树的所有结点, 函数返回 true;
//若删除失败, 树 T 不变, 函数返回 false
    int i, j, k;  ENode *p, *pr;
    for(i = 0; i < T.n; i++)
        if(T.NodeList[i].data == x) break;      //在 T 中查找 x, 结果在 i
    if(i == T.n) return false;                   //在 T 中没有 x, 函数返回 false
    k = count_CTree(T, i);                       //统计以 i 为根子树中结点个数
    for(j = i+k; j < T.n; j++) {                 //修改后续结点的信息
        if(T.NodeList[j].parent > i) T.NodeList[j].parent -= k;
        for(p = T.NodeList[j].first; p != NULL; p = p->link)
            if(p->child >= i) p->child -= k;
        T.NodeList[j-k].data = T.NodeList[j].data;   //后续结点前移
        T.NodeList[j-k].parent = T.NodeList[j].parent;
        T.NodeList[j-k].first = T.NodeList[j].first;
    }
    T.n -= k;
    for(j = 0; j < T.n; j++) {
        pr = NULL; p = T.NodeList[j].first;
        while(p != NULL)
            if(p->child == i)                         //删除子女 i
                { pr->link = p->link;  free(p);  break; }
```

```
        else{ pr = p;  p = p->link; }
    }
    return true;
}
```

若树中结点数为 n，分支数 e，算法的时间复杂度为 O(n+e)，空间复杂度为 O(1)。

5.1.4　树的子女-兄弟链表存储表示

1. 子女-兄弟链表表示的类型定义

这种存储表示是一种二叉树表示法，其结点由 3 个域（data, lchild, rsibling）组成。例如，对于图 5-5（a）给出的树，它的子女-兄弟链表表示如图 5-5（b）所示。

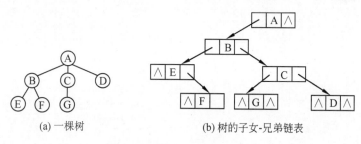

(a) 一棵树　　　　　　(b) 树的子女-兄弟链表

图 5-5　树的子女-兄弟链表表示

这种表示的类型定义如下（保存于头文件 CSTree.h 中）。

```
#define maxSize 50
#define stackSize 20
typedef char TElemType;
typedef struct Node {
    TElemType data;
    struct Node *lchild, * rsibling;
} CSNode, *CSTree;
```

结点的 lchild 链是子女链，沿此链可找到结点的第一个子女；结点的 rsibling 链是兄弟链，沿此链可找到结点的所有兄弟结点。

2. 子女-兄弟链表相关的算法

5-24　若一棵树采用子女-兄弟链表表示法存储，设计一个算法，输入树的广义表表示，创建用子女-兄弟链表表示存储的树。

【解答】　例如，一棵树的广义表表示为 A(B(E(K, L), F), C(G), D(H(M), I, J))，广义表的名字即树根，名字后紧跟的括号内是它的子孙，以此类推。为了把所有根结点的子女作为兄弟链接起来，需要用到一个栈，在遇到"("时保存子树根结点的地址，以便括号内的第一个结点链接到它的双亲；在遇到","时结点链接到它的兄弟；在遇到")"时退掉根结点。为了控制处理结束，约定在广义表的最后加上"#"作为结束。算法的实现如下。

```
void CreateCSTree_Gen(CSTree& T, TElemType G[]) {
//算法调用方式 CreateCSTree_Gen(T, G)。输入：用数组 G 输入树的广义表表示；
//输出：引用参数 T 返回创建的用子女-兄弟链表存储的树
```

```
typedef struct {CSNode *ptr; int dir;} SNode;//dir=0, 左链, dir=1, 右链
SNode S[stackSize]; int top = -1;                    //栈, 置空
int i, k = -1; TElemType ch; CSNode *p;              //i 是取指针, k 是存指针
T = (CSNode*) malloc(sizeof(CSNode));                //创建根结点
T->data = G[0]; T->lchild = NULL; T->rsibling = NULL;
S[++top].ptr = T;
for(i = 1; G[i] != '#'; i++){                        //循环取广义表字符
    ch = G[i];
    switch(ch) {                                      //处理
    case '(': S[top].dir = 0; break;
    case ')': top--; break;
    case ',': S[top].dir = 1; break;
    default : p =(CSNode*) malloc(sizeof(CSNode));    //创建树结点
              p->data = ch; p->lchild = p->rsibling = NULL;
              if(top > -1) {                          //非根结点
                 if(S[top].dir == 0)
                    S[top].ptr->lchild = p;           //作为左子女链接
                 else {
                      S[top].ptr->rsibling = p;       //作为右兄弟链接
                      top--;
                 }
              }
              S[++top].ptr = p;
    }
  }
}
```

若树中结点数为 n, 树的深度为 d, 算法的时间复杂度为 O(n), 空间复杂度为 O(d)。

5-25 设一棵树采用子女-兄弟链表表示存储, 设计一个算法, 无重复地输出树中所有的边。要求输出的形式为 $(k_1, k_2), \cdots, (k_i, k_j), \cdots$, 其中 k_i 和 k_j 为树结点的标识。

【解答】 算法是递归的。首先算法通过根结点及其所有子女结点, 找到相关的所有边, 再对每一个子女结点, 用递归的方式继续求与之关联的所有边。算法查找所有子女的方法是利用子女-兄弟链表, 首先找到根的第一个子女; 再沿兄弟链找到它的所有兄弟。算法的实现如下。

```
void PrintCSTree_Edge(CSNode *t) {
//算法调用方式 PrintCSTree_Edge(t)。输入: 用子女-兄弟链表存储的子树的根指针
//t; 输出: 递归地以(k₁, k₂), …,(kᵢ, kⱼ), …形式按先根次序无重复地输出树的所有的边
    if(t == NULL) return;
    for(CSNode *p = t->lchild; p != NULL; p = p->rsibling) {
        printf("(%c,%c)", t->data, p->data);  //*t 是当前的根, *p 是它的子女
        PrintCSTree_Edge(p);                  //递归对子树输出
    }
}
```

若树中结点数为 n, 树的深度为 d, 算法的时间复杂度为 O(n), 空间复杂度为 O(d)。

5-26 设以二元组(f, c)的形式输入一棵树的各条边（其中 f 是双亲结点的标识，c 是子女结点的标识），且在输入的二元组序列中，c 是按层次顺序出现的。f = '^' 时，c 为根结点的标识，若 c 也为 '^'，则表示输入结束。例如，如图 5-6 所示树的输入序列为：^A, AB, AC, AD, CE, CF, ^^。设计一个算法，由输入的二元组序列创建树的子女-兄弟链表表示。

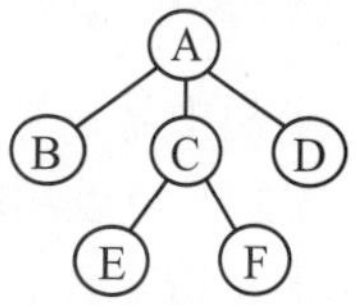

图 5-6 题 5-26 的图

【解答】 算法要求以层次顺序输入一棵树的各条边，创建树的子女-兄弟链表表示。为了提高建树的效率，可创建两个辅助数组 pointer[] 和 lastChild[]，前者暂存新建树结点，后者暂存各非叶结点最后一个子女结点的地址：lastChild[i] 是 pointer[i] 的最后子女结点地址。由于 pointer[] 和 lastChild[] 记录的都是树结点地址，这些地址后来都链入到树中，最后只要把根结点地址保存到引用型参数 T 中，就可以把辅助数组的空间释放掉。算法的实现如下。

```
#define maxNodes 15
#define tag '^'
void CreateCSTree_Edge(CSTree& T, DataType f[], DataType c[]) {
//算法调用方式 CreateCSTree_Edge(T, f, c)。输入：双亲数组 f, 子女数组 c, 用 f[i]
//和 c[i]构成一条边(f, c)，以层次序输入一棵树的各边；输出：用子女-兄弟链表存
//储的子树的根指针 T
    int n, i, k; TElemType father, child;
    if(f[0] != tag)                                  //检查最初是否为根
        { printf("输入错! 开始应输入根。\n"); return; }
    if(c[0] == tag) { T = NULL; return; }            //连续输入'^'，创建空树
    CSTree *pointer = (CSTree*) malloc(maxSize*sizeof(CSTree*));
    CSTree *lastChild = (CSTree*) malloc(maxSize*sizeof(CSTree*));
    pointer[0] = (CSNode*) malloc(sizeof(CSNode)); //创建根结点
    pointer[0]->data = c[0]; pointer[0]->lchild = pointer[0]->rsibling = NULL;
    i = 1; n = 1;
    father = f[i]; child = c[i];
    while(father != tag && child != tag) {           //两端点同时不为'^'
        pointer[n] = (CSNode*) malloc(sizeof(CSNode));   //创建树结点
        pointer[n]->data = child;
        pointer[n]->lchild = pointer[n]->rsibling = NULL;
        for(k = n-1; k >= 0; k--)                    //查找双亲
            if(pointer[k]->data == father) break;
        if(pointer[k]->lchild == NULL) {             //双亲原没有子女
            pointer[k]->lchild = pointer[n];         //成为双亲第一个子女
            lastChild[k] = pointer[n];
        }
        else {                                       //双亲原来有子女
            lastChild[k]->rsibling = pointer[n];     //链入其子女的兄弟链
            lastChild[k] = pointer[n];
        }
        n++;
        father = f[++i]; child = c[i];
    }
```

```
    T = pointer[0]; free(pointer); free(lastChild);
}
```

若树中结点数为 n，树的深度为 d，算法的时间复杂度为 O(n²)，空间复杂度为 O(n)。

5-27 可以用凹入表形式输出一棵树的结点数据。设计一个算法，将用子女-兄弟链表表示的树用凹入表形式输出。

【解答】 此即按照凹入表的方式分层输出树结点的算法，可采用递归算法来解决。但在递归算法的参数表中需增加一个参数 k 以确定向右移位的位数。算法的实现如下。

```
void PrintCSTree_Pre(CSNode *t, int k) {
    if(t != NULL) {
        for(int i = 0; i < k; i++) printf(" ");
        printf("%c\n", t->data);
        PrintCSTree_Pre(t->lchild, k+5);        //对子女链递归输出（在下一层）
        PrintCSTree_Pre(t->rsibling, k);        //对兄弟链递归输出（在本层）
    }
}
```

如果采取单向递归方式，只要把以上算法做一些简单修改即可。

```
void Print_CSTree(CSNode *t, int k) {
//算法调用方式 Print_CSTree(t, k)。输入：用子女-兄弟链表存储的子树的根指针
//t，当前向右移格的空格数 k；输出：按照凹入表的方式分层输出树的所有结点
    if(t != NULL) {
        for(int i = 0; i < k; i++) printf(" ");
        printf("%c\n", t->data);
        for(CSNode *p = t->lchild; p != NULL; p = p->rsibling)
            Print_CSTree(p, k+5);
    }
}
```

若树中结点数为 n，算法的时间复杂度和空间复杂度均为 O(n)。

5-28 若树 T 采用子女-兄弟链表存储，设计一个算法，求指定结点*p 的第一个子女。

【解答】 如果树结点*t 的 lchild 指针不空，则 t->lchild 指向它的第一个子女，否则它没有第一个子女，函数返回 NULL。算法的实现如下。

```
CSNode *FirstChild(CSNode *t) {
//算法调用方式 CSNode *p = FirstChild(t)。输入：指向树中某一结点的指针 t；
//输出：函数返回指向结点*t 的第一个子女的指针，若没有第一个子女则为 NULL
    return t->lchild;
}
```

算法的时间复杂度和空间复杂度均为 O(1)。

5-29 若树 T 采用子女-兄弟链表存储，设计一个算法，求树中某一结点*p 的下一个兄弟。

【解答】 如果树结点*p 的 rsibling 指针不空，则 p->rsibling 指向它的下一个兄弟，否则它没有下一个兄弟，函数返回 NULL。算法的实现如下。

```
CSNode *NextSibling(CSNode *T, CSNode *p) {
//算法调用方式 CSNode *p = NextSibling(T, p)。输入：用子女-兄弟链表表示存储
//的树的根指针 T，指向树中某一结点的指针 p；输出：函数返回指向结点*p 的下一
//个兄弟的指针；若没有下一个兄弟则函数返回 NULL
    return p->rsibling;
}
```

算法的时间复杂度和空间复杂度均为 O(1)。

5-30　若树 T 采用子女-兄弟链表存储，设计一个算法，求树中某一结点*p 的双亲。

【解答】　查找*p 的双亲时，需要采用递归的算法从根开始找起：假设树非空，算法循环检查根结点*t 的所有子女，若有子女为*p，则根结点*t 为结点*p 的双亲，否则递归检查根的各棵子树。算法的实现如下。

```
CSNode *FindParent(CSNode *t, CSNode *p) {
//算法调用方式 CSNode *p = FindParent(t, p)。输入：树中某一结点的指针 p，查找
//过程中指向某一子树根结点的指针 t；输出：函数返回指向结点*p 的双亲的指针，
//若没有双亲则函数返回 NULL
    CSNode *s, *q = t->lchild;
    while(q != NULL) {                      //循根的长子的兄弟链,搜索
        if(q == p) return t;                //若子女为*p，则双亲为*t
        s = FindParent(q, p);               //否则到子树 q 中查找
        if(s == NULL) q = q->rsibling;      //q 子树中未找到，检查下一个子女
        else return s;
    }
    return NULL;                            //根结点无双亲
}
```

若树的深度为 d，算法的时间复杂度和空间复杂度均为 O(d)。

5-31　若一棵非空树采用子女-兄弟链表存储，设计一个算法，在树中查找值为 x 的结点的地址。

【解答】　采用递归算法实现。若根结点的值等于给定值 x，则查找成功，否则到根的子树中进行查找。若找到则返回找到的元素结点，递归的结束条件是：走到空树则返回 NULL，表示查找失败。算法的实现如下。

```
CSNode *Find_x(CSNode *t, TElemType x) {
//算法调用方式 CSNode *p = Find_x(t, x)。输入：树中某一子树的根结点指针 t，
//查找值 x；输出：函数返回指向结点值与 x 匹配的结点的指针，若查找失败，则函数
//返回 NULL
    if(t == NULL) return NULL;              //递归到空子树，查找失败
    if(t->data == x) return t;              //查找成功
    else {                                  //否则到各子树中查找
        CSNode *q, *p = t->lchild;          //检查*t 的所有子树
        while(p != NULL) {
            q = Find_x(p, x);               //在子树*p 中查找
            if(q != NULL) return q;
            else p = p->rsibling;
```

```
        }
        return NULL;
    }
}
```

若树中结点数为 n，算法的时间复杂度和空间复杂度均为 O(n)。

5-32 若一棵树采用子女-兄弟链表存储，设计一个算法，统计树中的叶结点个数。

【解答】 采用递归算法：若根结点是叶结点，则返回结果 1；若根结点不是叶结点，则对它的所有子树递归地统计其叶结点个数，然后累加。算法的实现如下。

```
int LeafCount_CSTree(CSNode *t) {
//算法调用方式 int k = LeafCount_CSTree(t)。输入：树中指向某一子树根结点的指针
//t；输出：函数返回树中叶结点个数
    if(t == NULL) return 0;                      //空树的叶结点个数为0
    if(t->lchild == NULL) return 1;              //无子女即叶结点
    CSNode *s = t->lchild;  int count = 0;
    while(s != NULL) {
        count = count + LeafCount_CSTree(s);     //递归计算并累加
        s = s->rsibling;
    }
    return count;
}
```

若树中结点数为 n，算法的时间复杂度和空间复杂度均为 O(n)。

5-33 若一棵树采用子女-兄弟链表存储，设计一个算法，求树的度。

【解答】 若树非空，则通过遍访根结点的所有子女计算根结点的度；然后分别递归地计算每一个子树的度，取其最大值作为树的度。算法的实现如下。

```
int Degree_CSTree(CSNode *t) {
//算法调用方式 int k = Degree_CSTree(t)。输入：树中指向某一子树根结点的指针 t；
//输出：函数返回树的度
    if(t == NULL) return 0;
    CSNode *p = t->lchild;  int degree, maxDegree = 0;
    while(p != NULL) { maxDegree++;  p = p->rsibling;} //根结点的度
    for(p = t->lchild; p != NULL; p = p->rsibling){   //计算每个子女的度
        degree = Degree_CSTree(p);                     //子女的度
        if(degree > maxDegree) maxDegree = degree;     //取最大值
    }
    return maxDegree;
}
```

若树中结点数为 n，算法的时间复杂度和空间复杂度均为 O(n)。

5-34 若一棵树采用子女-兄弟链表存储，设计一个算法，计算树的高度。

【解答】 空树的高度为 0。若树非空，若根结点同时又是叶结点，则树的高度为 1；若根结点不是叶结点，分别递归地计算所有子女的高度，求其最大值再加 1 即为树的高度。算法的实现如下。

```
int Height_CSTree(CSNode *t) {
//算法调用方式 int k = Height_CSTree(t)。输入：树中指向某一子树根结点的指针 t；
//输出：函数返回树的高度
    if(t == NULL) return 0;                          //空树的高度为 0)
    if(t->lchild == NULL) return 1;                  //叶结点的高度为 1
    int height, maxh = 0;
    for(CSNode *p = t->lchild; p != NULL; p = p->rsibling) {
        height = Height_CSTree(p);                   //子树 p 的高度
        if(height > maxh) maxh = height;             //子树高度的最大值
    }
    return maxh+1;
}
```

若树中结点数为 n，算法的时间复杂度和空间复杂度均为 O(n)。

5.1.5　树的标准链表表示

树的标准链表表示中每个结点由两部分组成（结点数据 data 和指向子女结点的指针数组 child[ ]）。对于度为 M 的树，结点指针数组中有 M 个指针，其类型定义如下。

```
#define M 10                                         //树的度
typedef char DataType;                               //结点数据的类型
typedef struct node {                                //树结点类型定义
    DataType data;                                   //结点的数据
    struct node *child[M];                           //结点的子女指针数组
} CTNode, *CTree;
```

树的根结点指针是一个指针变量，它指向树的根结点（有的教材称这种结构为 M 叉链表）。可以在结点定义中增加一个指向其双亲的指针 parent，便于查找某结点的双亲。

本章不涉及这种树的存储结构。第 7 章讨论 B 树时将讨论这种结构。

5.1.6　树的广义表存储表示

1. 广义表存储表示的类型定义

利用广义表来表示一棵树，树中的结点可分为 3 种：叶结点、根结点、除根结点外的其他分支结点。在广义表中也可以有 3 种结点与之对应：头结点、子表结点和数据结点。

图 5-7（a）给出了一棵树，它的广义表表示为 A(B(E, F), C(G), D(H(K, L), I, J))。其存储表示如图 5-7（b）所示。树根结点 A 下属 3 个分支结点，则它的广义表链表中头结点为

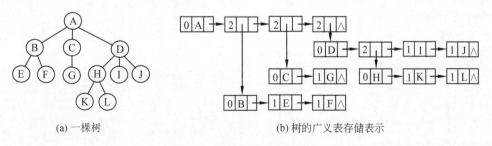

(a) 一棵树　　　　　　　　　　　　　(b) 树的广义表存储表示

图 5-7　树的广义表存储表示

A，同层有 3 个子表结点。每个子表结点表示一棵树，各有一个广义表（子）链表：第一个广义表子链表的表头结点为 B，它有两个原子结点 E、F，分别表示子树 B 的两个属于叶结点的子女。以此类推，最后得到整棵树的广义表存储表示。

这种存储表示的类型定义如下（存放于头文件 GenTree.h 中）。

```
#include<stdio.h>
#include<stdlib.h>
#define maxSubTree 20;                      //最大子树（子表）个数
typedef char TElemType;
typedef struct tnode {
    int utype;                              //标志：= 0 根结点；= 1 叶结点；= 2 分支结点
    struct tnode *nextSibling;             //utype = 0，指向第一个子女；
                                            //utype = 1 或 2，指向同一层下一兄弟
    union {                                 //联合
        TElemType rootData;                 //utype = 0，根结点数据
        TElemType childData;                //utype = 1，叶结点数据
        struct tnode *firstChild;          //utype = 2，指向分支链表头结点的指针
    } item;
} GTNode, *GenTree:
```

树的广义表存储表示的初始化运算：

```
void InitGenTree(GenTree& T) {
    T == NULL;                              //置空
}
```

2. 广义表存储表示相关的算法

5-35 若一棵树采用广义表形式存储，设计一个算法，按照一个广义表形式的输入序列，创建树的广义表存储表示。注意，表名（即根结点和分支结点）是大写字母，原子（即叶结点）是小写字母，如"A(B(E(k,l),f),C(g),D(H(m),i,j))#"。

【解答】 树中分支结点和叶结点没有共享情形，因此广义表存储表示类似一棵二叉树，可以使用二叉树的手法创建树的广义表存储表示。算法的实现如下。

```
#include<ctype.h>
#define maxSize 50
void CreateGTree(GenTree& T, TElemType G[]) {
//算法调用方式 CreateGTree(T, G)。输入：已声明的用广义表表示存储的树 T，输入
//的广义表字符串 G；输出：从广义表串 G 中顺序读取字符，创建广义表存储表示 T
//约定输入串以'#'结束
    GTNode *S[maxSize];                      //创建栈，用于建表时存储回退地址
    GTNode *p, *q;  TElemType ch;
    int i = 0, top = -1;
    ch = G[i++];  printf("1%c ", ch);        //读入根的名字
    T =(GTNode *) malloc(sizeof(GTNode));    //创建整个树的根结点
    T->utype = 0;  T->item.rootData = ch;
    S[++top] = T;                            //根结点进栈
    ch = G[i++];                             //读入下一个字符
```

```
        while(ch != '#') {                              //逐个结点加入
            switch(ch) {
            case '(': p =(GTNode *) malloc(sizeof(GTNode));//创建分支结点
                q = S[top--];  q->nextSibling = p;          //前一结点出栈链接
                S[++top] = p;                               //分支结点进栈
                break;
            case ')': q = S[top--];                         //前一结点出栈
                q->nextSibling = NULL;                      //子链表收尾
                break;
            case ',': p =(GTNode *) malloc(sizeof(GTNode));
                q = S[top--];  q->nextSibling = p;
                S[++top] = p;
                break;
            default :
                if(isupper(ch)) {                           //大写字母, 创建根结点
                    q =(GTNode *) malloc(sizeof(GTNode));
                    q->utype = 0;  q->item.rootData = ch;
                    S[top]->item.firstChild = q;            //纵向链接
                    S[top]->utype = 2;  S[++top] = q;       //子树头结点进栈
                }
                else {                                      //非大写字母, 改为叶结点
                    q = S[top];  q->utype = 1;
                    q->item.childData = ch;
                }
            }
            ch = G[i++];                                    //读取下一个字符
        }
    }
}
```

若广义表形式的输入序列有 n 个字符，算法的时间复杂度和空间复杂度均为 O(n)。

5-36 若一棵树采用广义表形式存储，设计一个算法，用广义表的形式输出一棵树。

【解答】 区分不同类型的结点分别输出。若是头结点，以 "□(" 形式输出；若是叶结点，直接输出；若是分支结点，递归输出。算法的实现如下。

```
void printTree_Gen(GTNode *ptr) {
//算法调用方式 printTree_Gen(ptr)。输入：子树的根指针 ptr; 输出：广义表形式输
//出树的所有结点
    if(ptr != NULL) {
        if(ptr->utype == 0)                             //根结点
            printf("%c(", ptr->item.rootData);
        else if(ptr->utype == 1) {                      //叶结点
            printf("%c", ptr->item.childData);
            if(ptr->nextSibling != NULL) printf(",");
        }
        else {                                          //分支结点
            printTree_Gen(ptr->item.firstChild);        //向子树方向搜索
            if(ptr->nextSibling != NULL) printf(",");
```

```
        }
            printTree_Gen(ptr->nextSibling);              //向同一层下一兄弟搜索
    }
    else printf(")");
}
```

若树中有 n 个结点，算法的时间复杂度和空间复杂度均为 O(n)。

5-37 设计一个算法，复制一棵用广义表链表存储的树。

【解答】 顺序处理原广义表的最顶层链表，逐个复制。算法的实现如下。

```
void Copy_Gen(GTNode *p, GTNode *& q) {
//算法调用方式 Copy_Gen(p, q)。输入：作为复制源的树 p；输出：把用广义表存储
//的树 p 复制给另一棵树 q
    q = NULL;
    if(p != NULL) {
        q =(GTNode *) malloc(sizeof(GTNode));
        q->utype = p->utype;  q->nextSibling = NULL;
        switch(p->utype) {                           //根据结点类型 utype 传送
        case 0: q->item.rootData = p->item.rootData;
                break;                               //传送根结点数据
        case 1: q->item.childData = p->item.childData;
                break;                               //传送叶结点数据
        case 2: Copy_Gen(p->item.firstChild, q->item.firstChild);
                break;                               //递归分支结点信息
        }
        Copy_Gen(p->nextSibling, q->nextSibling);//复制同一层下一结点信息
    }
}
```

若树中有 n 个结点，算法的时间复杂度和空间复杂度均为 O(n)。

5.2 二叉树及其存储表示

5.2.1 二叉树的概念

1. 二叉树的定义

一棵二叉树或者是一棵空树，或者是一棵由一个根结点和两棵互不相交的分别称为根的左子树和右子树所组成的非空树，其左子树和右子树又同样是一棵二叉树。

这是一个递归的定义，递归结束于空的子树（注意，不能说没有子树）。二叉树是有序树，根结点的两棵子树要区分左子树和右子树，它们的地位不能互换。

2. 二叉树的性质

性质 1：二叉树上第 i 层上至多有 2^{i-1} 个结点（$i \geq 1$，根结点所在层次为 1）。

性质 2：高度为 h 的二叉树至多有 2^h-1 个结点（$h \geq 0$，空树的高度为 0）。

性质 3：设二叉树中度为 2 的结点有 n_2 个，度为 1 的结点有 n_1 个，度为 0（叶结点）

的结点有 n_0 个，则 $n_0 = n_2+1$。

性质 4：具有 n 个（n≥0）结点的完全二叉树的深度为 $\lceil \log_2(n+1) \rceil$ 或 $\lfloor \log_2 n \rfloor +1$。

性质 5：如果将一棵有 n 个结点的完全二叉树按层次自顶向下，同一层自左向右连续给结点编号 0, 1,…, n-1，并简称编号为 i 的结点为结点 i（0≤i≤n-1）。

对于编号为 i（0≤i≤n-1）的结点：

- 若 i=0，则结点 i 为根结点，无双亲；若 i>0，则结点 i 的双亲为 $\lfloor (i-1)/2 \rfloor$。
- 若 2i+1<n，则结点 i 的左子女结点为 2i+1。
- 若 2i+2<n，则结点 i 的右子女结点为 2×i+2。
- 若结点编号 i 为奇数，且 i≥1，则它是双亲的左子女，其右兄弟为结点 i+1。
- 若结点编号 i 为偶数，且 i<n，则它是双亲的右子女，其左兄弟为结点 i-1。
- 离根最远的非叶结点的编号 i = $\lfloor n/2 \rfloor$ -1 或 i = $\lfloor (n-2)/2 \rfloor$。
- 结点 i 所在层次为 $\lfloor \log_2(i+1) \rfloor +1$。

3. 使用二叉树解题的要点

（1）二叉树的层次是其所有性质的核心。性质 1 是估计第 i 层最多可有 2^{i-1} 个结点，性质 2 就进一步估计所有 h 层最多有 2^h-1 个结点。

（2）性质 3 给出二叉树中度为 0 的结点和度为 2 的结点之间的关系，即叶结点的结点数等于度为 2 的结点的结点数加 1。这个关系很有用。例如，对于一棵有 n 个结点的完全二叉树，应用这个性质，可得如下两个结论：

- 若 n 为奇数，则树中只有度为 0 和度为 2 的结点，且度为 0 的结点有 $\lceil n/2 \rceil$ 个，度为 2 的结点有 $\lfloor n/2 \rfloor$ 个。
- 若 n 为偶数，则树中除了度为 0 和度为 2 的结点，还有 1 个度为 1 的结点。

（3）如果一棵二叉树是完全二叉树，可使用性质 4 根据结点个数 n 直接计算树的高度 h，即结点总的层次数；反之也可根据 h 计算 n。性质 4 也适用于理想平衡树。

（4）根据性质 5 可以引申出以下结论：对完全二叉树中编号为 i（0≤i≤n-1）的结点有：

- 若 i≤$\lfloor (n-2)/2 \rfloor$，则编号为 i 的结点为分支结点，否则为叶结点。
- 若 n 为奇数，则每个分支结点都有左子女和右子女；若 n 为偶数，则编号最大的分支结点（编号为(n-2)/2）只有左子女，没有右子女，其余分支结点左、右子女都有。
- 除根结点外，若一个结点的编号为 i，则它的双亲结点的编号为 $\lfloor (i-1)/2 \rfloor$，也就是说，当 i 为偶数时，其双亲结点的编号为(i-2)/2，它是双亲结点的右子女，当 i 为奇数时，其双亲结点的编号为(i-1)/2，它是双亲结点的左子女。

5.2.2　二叉树的顺序存储结构

1. 顺序存储结构的概念

二叉树的顺序存储结构一般用于完全二叉树。它使用一组地址连续的存储单元来存储二叉树中的数据元素。基于二叉树的性质 5，把结点排在一个适当的线性序列中，并通过结点在这个序列中的相互位置反映出结点之间的逻辑关系。

深度为 d 的完全二叉树，除第 d 层外，其余各层中含有最大的结点个数，即每一层的结点个数恰为其上一层结点个数的两倍。

2. 二叉树顺序存储表示的结构定义

二叉树顺序存储结构的类型定义如下（存放于头文件 SqBTree.h 中）。

```
#define maxSize 127                    //默认存储大小，按满二叉树定义

typedef char DataType;                 //假设元素数据类型为 char
typedef struct {
    DataType data[maxSize];            //存储数组
    int n;                             //当前结点个数
} SqBTree;
```

顺序存储结构对于一般二叉树不适用。对于一般的二叉树，采用链式存储结构。

3. 二叉树顺序存储结构相关的算法

5-38 设计一个算法，输入二叉树的广义表表示，创建二叉树的顺序存储表示。

【解答】 从二叉树的广义表表示创建二叉树的规则如下：

（1）广义表的表名放在表前，表示二叉树的根结点，括号中是根的左、右子树。

（2）表名后面没有括号，表明它是二叉树的叶结点。

（3）每个结点的左子树和右子树用逗号隔开。若右子树非空而左子树为空，或左子树非空而右子树为空，逗号不能省略。

（4）在整个广义表表示输入的结尾加上一个特殊的符号（例如 '#'）表示输入结束。

给定一个二叉树的广义表表示 A(B(D, E(G,)),C(, F))#，创建的二叉树如图 5-8 所示。

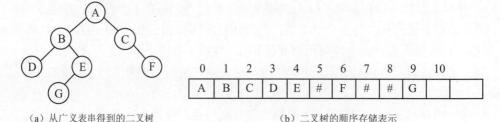

（a）从广义表串得到的二叉树   （b）二叉树的顺序存储表示

图 5-8 题 5-38 的图

若设输入串为 G，得到的二叉树的顺序存储表示为 BT，算法实现的主要步骤如下：

（1）设扫描 G 的指针为 k，BT 的存放指针为 i，初始化令 i = k = 0，T.n = 0；另设置一个栈，存结点的值 ch 和在存储数组中的位置 i，栈初始化为空。读第一个字符 ch。

（2）反复执行以下步骤，直到读到的字符 ch = '#' 为止：

① 若 ch = 字母，则是结点的值，T.data[i] = ch，(ch, i)进栈；

• 若 ch != 'b'，T.n++。

• 读下一个字符 ch，转入（2）。

② 若 ch = '('，计算 i = 2×i+1（左子女存放位置）；预读下一个字符 ch1（不移动读指针）：

• 若 ch1 为 ','，表示 '(' 与 ',' 之间没有元素，ch = 'b'，转入①。

• 若 ch1 为 ')'，则表明空表，读下一个字符 ch。

- 读下一个字符 ch，转入（2）。
③ 若 ch = ','，i = i+1；预读下一个字符 ch1（不移动读指针）：
- 若 ch1 为 ')'，则表明 ',' 与 ')' 之间没有元素，ch = 'b'，转入①。
- 读下一个字符 ch，转入（2）。
④ 若 ch = ')'，则子树创建结束，退栈两次，读取栈顶的(ch, i)的 i：
- 读下一个字符 ch，转入（2）。

算法的实现如下。

```
#define stackSize 20
typedef struct{ DataType val;  int pos; } stackNode;     //栈结点定义
void createSqBTree(SqBTree& BT, DataType G[]) {
//算法调用方式 createSqBTree(BT, G)。输入：已声明的二叉树的顺序存储表示 BT,
//以广义表形式输入的字符串 G；输出：创建成功的二叉树的顺序存储表示 BT
    int i, k = 0, top = -1;;
    for(i = 0; i < maxSize; i++) BT.data[i] = ' ';       //树的存储数组置空
    stackNode S[stackSize], w; BT.n = 0;                 //设置栈
    DataType ch = G[k++], ch1;  i = 0;                   //读第一个字符
    while(ch != '#') {                                   //当 ch != '#'反复执行以下步骤
        if(ch == '(') {
            i = 2*i+1;  ch1 = G[k];                      //计算左子女位置
            if(ch1 == ',') ch = 'b';                     //若'('后面紧邻',',存一空白
            else if(ch1 == ')') ch = G[k++];             //若'('后面紧邻')',跳过')'
            else ch = G[k++];
        }
        else if(ch == ',') {
            i = i+1;  ch1 = G[k];                        //计算右子女位置
            if(ch1 == ')') ch = 'b';                     //若','后面紧邻')',存一空白
            else ch = G[k++];
        }
        else if(ch == ')') {
            top--;  top--;  i = S[top].pos;              //连续退栈两次
            ch = G[k++];
        }
        else {                                           //读入字母
            BT.data[i] = ch;                             //安置字母
            w.val = ch;  w.pos = i;  S[++top] = w;       //(ch, i) 进栈
            if(ch != 'b') BT.n++;
            ch = G[k++];
        }
    }
    for(i = 0; i < maxSize; i++)
        if(BT.data[i] == 'b') BT.data[i] = ' ';
}
```

若二叉树广义表字符串中字符个数为 n，树的高度为 h，算法的时间复杂度为 O(n)，空间复杂度为 O(h)。

5-39 若二叉树使用顺序方式存储，设计一个算法，按照广义表形式输出二叉树。

【解答】 用广义表的形式输出一棵二叉树时，应首先输出根结点，然后再依次输出它的左子树和右子树，不过在输出左子树之前要打印出左括号，在输出右子树之后要打印出右括号。另外，依次输出的左、右子树要求至少有一个不为空，若都为空就无须输出。

算法的实现如下。

```
void printSqBTree(SqBTree& BT, int i) {
//算法调用方式printSqBTree(BT, i)。输入：已创建的二叉树的顺序存储表示BT,
//递归输出过程中子树的根i；输出：算法按照广义表形式输出二叉树的顺序存储表
//示BT。在主程序中调用此算法输出后，要加一个换行语句printf("\n")
    if(BT.data[i] != ' ') {                        //树为空时结束递归
        printf("%c", BT.data[i]);                  //输出根结点的值
        if(BT.data[2*i+1] != ' ') {
            printf("(");                           //输出左括号
            printSqBTree(BT, 2*i+1);               //递归输出左子树
            printf(",");
            if(BT.data[2*i+2] != ' ')
            printSqBTree(BT, 2*i+2);               //递归输出右子树
            printf(")");                           //输出右括号
        }
        else if(BT.data[2*i+2] != ' ') {
            printf("(,");
            printSqBTree(BT, 2*i+2);               //递归输出右子树
            printf(")");                           //输出右括号
        }
    }
}
```

若二叉树中有 n 个结点，树的高度为 h，算法的时间复杂度为 O(n)，空间复杂度为 O(h)。

5-40 已知一棵二叉树用顺序存储方式存储，根结点存储于 0 号数组元素。设计一个算法，求二叉树的高度。

【解答】 二叉树求高度运算可采用递归方式实现。当空树时（结点值 = ' '）返回高度 0，否则递归计算根的左、右子树的高度，求其大者加 1 即为树的高度。算法的实现如下。

```
int getHeight_recur(SqBTree& BT, int i) {
    if(BT.data[i] == ' ') return 0;
    int lh = getHeight_recur(BT, 2*i+1);           //计算左子树
    int rh = getHeight_recur(BT, 2*i+2);           //计算右子树
    return(lh <= rh) ? rh+1 : lh+1;
}
int getHeight(SqBTree& BT) {
//算法调用方式int h = getHeight(BT)。输入：已创建的二叉树的顺序存储表示BT;
//输出：函数返回二叉树BT的高度
    return getHeight_recur(BT, 0);
}
```

若二叉树中有 n 个结点，树的高度为 h 算法的时间复杂度为 O(n)，空间复杂度为 O(h)。

5-41　若一棵高度为 h 的二叉树采用顺序存储表示存储，设计一个算法，计算该二叉树中叶结点的个数。

【解答】　高度为 h 的二叉树最多需要 len = 2^h-1 个存储单元来存储结点。二叉树所有结点按照对应的完全二叉树的层次顺序存放结点的元素值，下标 0～len-1。假设没有放结点的存储单元用空字符填充，如果已知 i 是树中结点，其左子女编号 2i+1 超出 len-1，或其左子女及右子女都未存放树结点，则它是叶结点。只需对 0～len-1 存储单元逐一检查，对叶结点加以计数，即可得到二叉树中叶结点个数。算法的实现如下。

```
int calcLeave(SqBTree& BT, int h) {
//算法调用方式 int k = calcLeave(BT, h)。输入：已创建的二叉树的顺序存储表示 BT,
//树的高度 h；输出：函数返回二叉树的叶结点个数（度为 0）
    int len, i, count;
    for(i = 1, len = 1; i <= h; i++) len = 2*len;   //计算最大结点数
    len--; count = 0;                               //count 对叶结点计数
    for(i = 0; i < len; i++)
        if(BT.data[i] != ' ') {                     //结点存在
            if(2*i+1 > len-1) count++;              //左子女下标超出结点范围
            else if(BT.data[i*2+1] == ' ' && BT.data[i*2+2] == ' ')
                count++;                            //没有左子女和右子女
        }
    return count;
}
```

若二叉树中结点个数为 n，算法的时间复杂度为 O(n)，空间复杂度为 O(1)。

5-42　已知一棵二叉树用顺序存储方式存储，根结点存储于 0 号数组元素。设计一个算法，求编号分别为 i 和 j 的两个结点的最近共同祖先结点的元素值。

【解答】　由二叉树的性质，当二叉树用顺序存储方式存储时，任一编号的结点 i 的双亲为 $\lfloor(i-1)/2\rfloor$，求解结点 i 和结点 j 的最近共同祖先的步骤如下：

（1）若 i>j，则结点 i 所在层次大于或等于结点 j 所在层次，若(i-1)/2 = j，则(i-1)/2 是原结点 i 和结点 j 的最近共同祖先结点；若(i-1)/2≠j，则令 i = (i-1)/2；继续与 j 比较。

（2）若 i<j，则结点 j 所在层次大于或等于结点 i 所在层次，若(j-1)/2 = i，则(j-1)/2 是原结点 i 和结点 j 的最近共同祖先结点；若(j-1)/2≠i，则令 j = (j-1)/2；继续与 i 比较。

重复上述过程，直到找到它们的最近共同祖先为止。算法的实现如下。

```
int commonAncestor(SqBTree& BT, int i, int j) {
//算法调用方式 int k = commonAncestor(BT, i, j)。输入：已创建的二叉树的顺序存
//储表示 BT，树的两个结点 i 和 j；输出：函数返回这两个结点的最近公共祖先
    while(i != j) {
        if(i < j) j =(j-1)/2;
        else i =(i-1)/2;
    }
    return i;
}
```

若二叉树的高度为 h，算法的时间复杂度为 O(h)，空间复杂度为 O(1)。

5.2.3 二叉树的链式存储结构

1. 二叉树的链接存储结构的类型定义

由于二叉树中结点包含有数据元素、左子女地址、右子女地址及双亲结点地址等信息，因此可以用二叉链表或三叉链表来存储二叉树，链表的头指针指向二叉树的根结点，如图 5-9 所示。

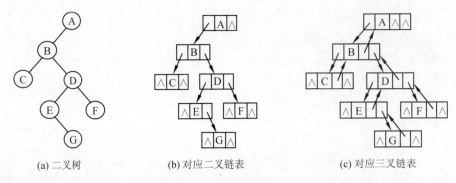

(a) 二叉树   (b) 对应二叉链表   (c) 对应三叉链表

图 5-9　二叉树的链表表示

二叉树的二叉链表存储表示的结构类型定义如下（存放于头文件 BinTree.h 中）。

```
typedef int DataType;                          //结点数据类型
typedef struct Node {                          //二叉链表结点类型定义
    DataType data;                             //结点的数据
    struct Node *lchild, *rchild;              //结点的左、右子树指针
} BiTNode, *BinTree;                           //二叉链表定义
```

二叉树的三叉链表存储表示的结构类型定义如下（存放于头文件 BinPTree.h 中）。

```
typedef char DataType;                         //结点数据类型
typedef struct Node {                          //二叉树结点类型定义
    DataType data;                             //结点的数据
    struct Node *lchild, *rchild;              //结点的左、右子树指针
    struct Node *parent;                       //双亲指针
} BiTPNode, *BinPTree;
```

在不同的存储结构中，实现二叉树的运算方法也不同，具体应采用什么存储结构，除考虑二叉树的形态外，还应考虑需要进行的运算。

2. 二叉链表表示相关的算法

5-43　设计一个算法，输入二叉树的广义表表示创建二叉树的二叉链表存储表示。

【解答】从二叉树的广义表表示创建二叉树的步骤如下。

依次从广义表形式的输入串中输入字符：

- 若是字母，则是结点的值，为它创建一个新的结点，并把该结点作为左子女（当 flag = 1）或右子女（当 flag = 2）链接到其双亲的下面。
- 若是左括号 '('，则表明创建子表开始，将 flag 置为 1；若遇到的是右括号 ')'，则表

明创建子表结束。

- 若是逗号 ','，则左子树创建结束，应接着创建右子树，将 flag 置为 2。
- 若是结束符 '#'，算法结束。

在算法中使用了一个栈 S，在进入子表之前将根结点指针进栈，以供括号内的子女链接之用。在子表处理结束时退栈。算法的实现如下。

```
#define stackSize 20
typedef BiTNode* stackNode;                     //栈元素数据类型为结点指针
void CreateBinTree(BiTNode *& BT, DataType G[]) {
//算法调用方式 CreateBinTree(BT, G)。输入：已声明的二叉链表指针 BT，按广义
//表形式给出的输入串 G；输出：创建完成的用二叉链表存储的二叉树 BT
    stackNode S[stackSize];  int top = -1; //设置栈并置空，栈元素为结点地址
    BiTNode *p, *t; int k = 0, flag; char ch;//用 flag 作为处理左、右子树标记
    BT = NULL;  ch = G[k++];                     //置空二叉树，读取第一个字符
    while(ch != '#') {                          //逐个字符处理
        switch(ch) {
        case '(':S[++top] = p;  flag = 1;  break; //进入子树
        case ')':t = S[top--];  break;           //退出子树
        case ',':flag = 2;  break;               //从左子树转入右子树
        default: p =(BiTNode *) malloc(sizeof(BiTNode));
                 p->data = ch;  p->lchild = p->rchild = NULL;
                 if(BT == NULL) BT = p;
                 else {
                     t = S[top];
                     if(flag == 1) t->lchild = p;     //链入 t 的左子女
                     else t->rchild = p;              //链入 t 的右子女
                 }
        }
        ch = G[k++];                             //读取下一字符
    }
}
```

若二叉树的广义表字符串有 n 个字符，二叉树的高度为 h，算法的时间复杂度为 O(n)，空间复杂度为 O(h)。

5-44　设计一个算法，以广义表形式输出用二叉链表存储的二叉树。

【解答】 以广义表的形式输出一棵二叉树时，应首先输出根结点，然后再依次输出它的左子树和右子树，不过在输出左子树之前要打印出左括号，在输出右子树之后要打印出右括号。另外，依次输出的左、右子树要求至少有一个不为空，若都为空就无须输出。

算法的实现如下。

```
void printBinTree(BiTNode *BT) {
//算法调用方式 printBinTree(BT)。输入：已创建的二叉链表的根指针 BT 或子树根
//指针；输出：按照广义表形式输出的用二叉链表存储的二叉树 BT
    if(BT != NULL) {                            //树为空时结束递归
        printf("%c", BT->data);                 //输出根结点的值
        if(BT->lchild != NULL || BT->rchild != NULL){ //非叶结点情形
```

```
            printf("(");                                //输出左括号
            printBinTree(BT->lchild);                   //递归输出左子树
            printf(",");                                //输出逗号分隔符
            if(BT->rchild != NULL)                      //若右子树不为空
                    printBinTree(BT->rchild);           //递归输出右子树
            printf(")");                                //输出右括号
        }
    }
}
```

若二叉树有 n 个结点，其高度为 h，算法的时间复杂度为 O(n)，空间复杂度为 O(h)。

5-45 设计一个算法，把用二叉链表表示的完全二叉树转换为二叉树的顺序存储表示。

【解答】 把以*t 为根的二叉链表表示的二叉树转换为顺序表示，可以采用递归算法，其思路是：假设子树的根*t 存放于 T.data[i]，则可把它的左子女存放于 T.data[2*i+1]，右子女存放于 T.data[2*i+2]。算法的实现如下。

```
void BiTree_to_SqBTree_recur(BiTNode *t, int i, SqBTree& T) {
//把以*t 为根的二叉链表表示的二叉树转换为顺序表示 T
    if(t == NULL) { T.data[i] = ' '; return; }
    T.data[i] = t->data;  T.n++;                        //创建根结点
    BiTree_to_SqBTree_recur(t->lchild, 2*i+1, T);
    BiTree_to_SqBTree_recur(t->rchild, 2*i+2, T);
}
void BiTree_to_SqBTree(BinTree root, SqBTree& T) {
//算法调用方式 BiTree_to_SqBTree(root, T)。输入：二叉链表的根指针 root;
//输出：顺序存储的完全二叉树 T
    T.n = 0;
    BiTree_to_SqBTree_recur(root, 0, T);
}
```

若二叉树有 n 个结点，其高度为 h，算法的时间复杂度为 O(n)，空间复杂度为 O(h)。

5-46 设计一个算法，把一棵完全二叉树从以顺序存储表示改为以二叉链表表示。

【解答】 采用递归算法创建二叉链表，并使用引用参数 ptr，把新创建的根结点带回到上一层。例如，如果原来是空树，函数将 root（= NULL）通过 ptr（作为 root 的别名）传入，函数创建新结点后，该结点的地址直接放入 root，成为该树的根结点。如果原来是非空树，ptr 成为上一层 ptr 的 lchild 或 rchild 的别名，新结点的地址将直接放入上一层 ptr 的 lchild 或 rchild 中，实现自动链接。算法描述如下。

```
void ConstructTree_recur(SqBTree& T, int i, BiTNode *& ptr) {
//把以 T.data[T.n]顺序存储的完全二叉树、以 i 为根的子树转换成为以二叉链表表示的
//以 ptr 为根的完全二叉树。利用引用型参数 ptr 把形参的值代回实参
    if(i >= T.n) ptr = NULL;
    else {
        ptr = (BiTNode*)malloc(sizeof(BiTNode));       //创建根结点
        ptr->data = T.data[i];
        ConstructTree_recur(T, 2*i+1, ptr->lchild);    //递归创建左子树
```

```
            ConstructTree_recur(T, 2*i+2, ptr->rchild);  //递归创建右子树
      }
}
void ConstructTree(SqBTree& T, BinTree& root) {
//算法调用方式 ConstructTree(T, root)。输入：顺序存储的完全二叉树 T；
//输出：以 root 为根的完全二叉树的二叉链表
      ConstructTree_recur(T, 0, root);
}
```

若二叉树有 n 个结点，其高度为 h，算法的时间复杂度为 O(n)，空间复杂度为 O(h)。

5-47　若二叉树 T 采用二叉链表存储，根用指针 t 指向。设计一个算法，求指针 p 所指向结点的双亲结点。

【解答】　算法的思路是：如果*t 的左子女或右子女是*p，则*p 的双亲结点是*t，否则递归到*t 的左子树或右子树中去查找。算法的实现如下。

```
BiTNode *getParent(BiTNode *t, BiTNode *p) {
//算法调用方式 BiTNode *q = getParent(t, p)。输入：二叉树的子树根指针 t，子树上
//指定结点*p；输出：函数返回指向结点*p 的双亲结点的指针，若没有双亲，则函数
//返回 NULL
      if(t == NULL) return NULL;
      if(t == p) return NULL;                          //根结点无父结点
      if(t->lchild == p || t->rchild == p) return t;//结点 t 是 p 的双亲，找到
      BiTNode *s = getParent(t->lchild, p);           //否则递归到左子树中查找
      if(s != NULL) return s;                         //找到，返回
      else return getParent(t->rchild, p);            //否则返回右子树中查找的结果
}
```

若二叉树高度为 h，算法的时间复杂度和空间复杂度均为 O(h)。

5-48　若一棵二叉树采用二叉链表存储，设计一个算法，返回包含 x 结点的地址。

【解答】　采用递归方式遍历二叉树，查找包含 x 的结点，如果找到，则函数返回该结点的地址，否则函数返回 NULL。算法的实现如下。

```
BiTNode *findNode(BiTNode *t, DataType x) {
//算法调用方式 BiTNode *q = findNode(t, x)。输入：二叉树的子树根指针 t，查找值
//x；输出：函数返回指向所找到结点的指针，若查找失败，函数返回 NULL
      if(t == NULL) return NULL;
      if(t->data == x) return t;                      //找到结点返回
      BiTNode *p = findNode(t->lchild, x);            //在左子树上查找
      if(p != NULL) return p;                         //左子树上找到，返回找到结点地址
      else return findNode(t->rchild, x);             //返回在右子树上查找的结果
}
```

若二叉树有 n 个结点，其高度为 h，算法的时间复杂度为 O(n)，空间复杂度为 O(h)。

5-49　若一棵二叉树采用二叉链表存储，设计一个算法，计算一棵给定二叉树的指定结点的子孙结点个数（约定结点的子孙是真子孙，即不包括结点自己）。

【解答】　设指针 p 指向二叉树中的某个结点，遍历以 p 为根的子树，在遍历过程中使

用一个计数器统计已访问的结点个数，就可以计算出该结点的子孙个数。算法的实现如下。

```
int count(BiTNode *t) {
//统计二叉树*t 的结点个数，通过函数返回，空树则函数返回 0
    if(t == NULL) return 0;
    else return count(t->lchild)+count(t->rchild)+1;
}
int count_offspring(BiTNode *p) {
//算法调用方式int k = count_offspring(p)。输入：二叉树上的指定结点*p；输出：函
//数返回以该结点为根的子树上除根外的结点个数；空树则函数返回 0
    if(p == NULL) return 0;
    else return count(p) - 1;
}
```

若二叉树有 n 个结点，其高度为 h，算法的时间复杂度为 O(n)，空间复杂度为 O(h)。

5-50 若一棵二叉树采用二叉链表存储，设计一个算法，查找二叉树上指定结点的所有祖先结点（约定结点的祖先是真祖先，即不包括结点自己）。

【解答】 采用递归方式遍历二叉树。如果子树根结点的左子女或右子女的值为 x，则子树根结点是结点 x 的祖先（双亲）；如果不是，查看该结点的左子树或右子树，如果它的某个子树包含结点 x，它也是结点 x 的祖先；如果还不是，该子树不包括结点 x，则函数返回 false。算法的实现如下。

```
bool ancestor(BiTNode *T, DataType x, DataType R[], int& m) {
//算法调用方式bool succ = ancestor(T, x, R, m)。输入：二叉树的根指针 T，查找
//值x，找到祖先计数初值m = 0；输出：若查找成功，函数返回true，同时在祖先存放数组
//R 中可以找到的所有祖先，引用参数m返回祖先个数
    if(T == NULL) return false;
    if(T->lchild != NULL && T->lchild->data == x ||
            T->rchild != NULL && T->rchild->data == x)
        { R[m++] = T->data;  return true; }              //找到结点返回
    if(ancestor(T->lchild, x, R, k) || ancestor(T->rchild, x, R, k))
            { R[m++] = T->data;  return true; }
    return false;
}
```

若二叉树有 n 个结点，其高度为 h，算法的时间复杂度为 O(n)，空间复杂度为 O(h)。

5-51 若二叉树采用二叉链表存储，设计一个算法，统计二叉树中度为 1 的结点个数。

【解答】 采用递归方式求解：若二叉树为空，则二叉树中度为 1 的结点个数为 0；若二叉树非空，先判断根结点是否是度为 1 的结点，是则统计非空子树中度为 1 的结点个数再加 1，否则分别统计根的左、右子树中度为 1 的结点个数并相加。算法的实现如下。

```
int Degrees_1(BiTNode * t) {                   //统计二叉树中度为 1 的结点个数
//算法调用方式 int k = Degrees_1(BiTNode * t)。输入：二叉树的子树根指针 t；
//输出：函数返回子树中度为 1 的结点个数
    if(t == NULL) return 0;
```

```
    if(t->lchild != NULL && t->rchild == NULL)                //左子树非空
        return 1+Degrees_1(t->lchild);
    else if(t->lchild == NULL && t->rchild != NULL)           //右子树非空
        return 1+ Degrees_1(t->rchild);
    else return Degrees_1(t->lchild)+Degrees_1(t->rchild);//左、右子树非空
}
```

若二叉树有 n 个结点，其高度为 h，算法的时间复杂度为 O(n)，空间复杂度为 O(h)。

5-52 若二叉树采用二叉链表存储，设计一个算法，统计二叉树中度为 2 的结点个数。

【解答】 采用递归方式求解。若二叉树为空，则返回 1；若二叉树非空，先计算左、右子树中度为 2 的结点个数并相加，若根结点的度等于 2，相加结果再加 1 后再返回；若根结点的度不为 2，直接返回相加结果。算法的实现如下。

```
int Degrees_2(BiNode * t) {                      //统计二叉树中度为 2 的结点个数
//算法调用方式 int k = Degrees_2(t)。输入：二叉树的子树根指针 t；输出：函数返
//回子树中度为 2 的结点个数
    if(t == NULL) return 0;
    if(t->lchild != NULL && t->rchild != NULL)
        return 1 + Degrees_2(t->lchild) + Degrees_2(t->rchild);
    else return Degrees_2(t->lchild) + Degrees_2(t->rchild);
}
```

若二叉树有 n 个结点，其高度为 h，算法的时间复杂度为 O(n)，空间复杂度为 O(h)。

5-53 若二叉树采用二叉链表存储，设计一个算法，统计二叉树中度为 0（叶结点）的结点个数。

【解答】 采用递归方式求解。如果二叉树非空，检查根结点是否是叶结点，是则返回 1，否则函数返回根的左子树和右子树中所包含叶结点个数的和。特别地，空树的叶结点个数为 0。算法的实现如下。

```
int leaves(BiNode *t) {                          //统计二叉树中度为 0 的结点个数
//算法调用方式 int k = leaves(t)。输入：二叉树的子树根指针 t；输出：函数返回子
//树中叶结点，即度为 0 的结点个数
    if(t == NULL) return 0;
    if(t->lchild == NULL && t->rchild == NULL) return 1;
    return leaves(t->lchild) + leaves(t->rchild);
}
```

若二叉树有 n 个结点，其高度为 h，算法的时间复杂度为 O(n)，空间复杂度为 O(h)。

5-54 若二叉树采用二叉链表存储，设计一个算法，统计二叉树的结点个数。

【解答】 采用递归方式求解。如果二叉树为空，返回结点数 0；否则函数返回根的左子树和右子树中所包含结点个数的和再加 1。算法的实现如下。

```
int sumNodes(BiNode *t) {                         //统计二叉树的结点个数
//算法调用方式 int k = sumNodes(t)。输入：二叉树的子树根指针 t；输出：函数返
//回子树的结点个数
    if(t == NULL) return 0;
```

```
        else return sumNodes(t->lchild) + sumNodes(t->rchild) + 1;
}
```

若二叉树有 n 个结点，其高度为 h，算法的时间复杂度为 O(n)，空间复杂度为 O(h)。

5-55　若二叉树采用二叉链表存储，设计一个算法，计算二叉树的高度。

【解答】　采用递归方式求解。若二叉树为空，则高度为 0；否则先统计左、右子树的高度，取其大值再加 1（根也是一层）即可。算法的实现如下。

```
int Height(BiTNode *t) {                        //计算二叉树的高度
//算法调用方式 int h = Height(t)。输入：二叉树的子树根指针 t；输出：函数返回子
//树的高度，注意，叶结点的高度为 1
    if(t == NULL) return 0;
    int lh = Height(t->lchild);
    int rh = Height(t->rchild);
    return(lh > rh) ? lh+1 : rh+1;
}
```

若二叉树有 n 个结点，其高度为 h，算法的时间复杂度为 O(n)，空间复杂度为 O(h)。

5-56　若二叉树采用二叉链表存储，设计一个算法，利用二叉树的后序遍历求二叉树的高度，并判断该二叉树是否平衡。这里"平衡"是指二叉树中任一结点的左、右子树高度的差的绝对值不超过 1。

【解答】　本题借用求二叉树的高度的思路求解。引用参数 height 返回二叉树的高度，bal 返回平衡性判断。若一个结点的左、右子树的高度之差为 1、0、−1，且左、右子树都是平衡的，则根结点才算是平衡的。算法的实现如下。

```
void HeightBalance(BiTNode *t, int& bal, int& height) {
//算法调用方式 HeightBalance(t, bal, height)。输入：二叉树的子树根指针 t；
//输出：引用参数 bal 返回子树的平衡性，height 返回子树的高度
    if(t == NULL) {bal = 1; height = 0; return;}//空树的高度为 0，平衡
    int lh, rh, lb, rb;
    HeightBalance(t->lchild, lb, lh);               //计算左子树的高度和平衡性
    HeightBalance(t->rchild, rb, rh);               //计算右子树的高度和平衡性
    bal = (lh-rh <= 1 && lh-rh >= -1 && lb && rb) ? 1 : 0;     //平衡性
    height = (lh > rh) ? 1+lh : 1+rh;                          //高度
}
```

若二叉树有 n 个结点，其高度为 h，算法的时间复杂度为 O(n)，空间复杂度为 O(h)。

5-57　若二叉树采用二叉链表存储，设计一个算法，判断一棵二叉树是否对称同构。所谓对称同构是指根的左、右子树的结构是对称的。

【解答】　算法的思路是：如果二叉树为空或只有一个根结点，则一定是对称同构的；否则看根结点的左子树 L 和右子树 R，若 L 的左子树与 R 的右子树对称同构，同时 L 的右子树与 R 的左子树对称同构，则根结点所代表的二叉树一定对称同构；否则，只要有一方不是对称同构，则整个二叉树不是对称同构。算法的实现如下。

```
bool symm(BinTree L, BinTree R) {
//判断两棵子树 L 和 R 是否是对称同构，是则返回 true，否则返回 false
    if(L == NULL && R == NULL) return true;             //同为空树
```

```
        if(L->lchild == NULL && L->rchild == NULL &&
            R->lchild == NULL && R->rchild == NULL) return true;//同为叶结点
        if(L->lchild == NULL && R->rchild != NULL ||
            L->lchild != NULL && R->rchild == NULL ||
            L->rchild != NULL && R->lchild == NULL ||
            L->rchild == NULL && R->lchild != NULL) return false;//一方为空
        else return symm(L->lchild, R->rchild) && symm(L->rchild, R->lchild);
}
bool symmTree(BinTree BT) {
//算法调用方式bool succ = symmTree(BT)。输入：二叉树的根指针BT；输出：若
//二叉树BT是对称同构，则函数返回true，否则函数返回false
    if(BT == NULL) return true;
    else return symm(BT->lchild, BT->rchild);
}
```

若二叉树有 n 个结点，其高度为 h，算法的时间复杂度为 O(n)，空间复杂度为 O(h)。

5-58 若二叉树 T1 各结点间的关系与二叉树 T2 各结点间的关系对应相同，则称 T1 与 T2 相似（也称同构）。判断相似时不考虑结点存放的内容。判断方法如下：若 T1 与 T2 都为空，则 T1 与 T2 相似；若 T1 与 T2 都不为空且 T1 的左、右子树与 T2 的左、右子树分别相似，则 T1 与 T2 相似；否则 T1 与 T2 不相似。设二叉树采用二叉链表存储，设计一个算法，判断两棵二叉树是否相似。

【解答】 算法采用递归实现，其步骤按题目要求即可。但要注意，相似不是相等，相似是指树的形状相似，相等不但树形状相似，数据值还要相等。算法的实现如下。

```
bool similar(BinTree T1, BinTree T2) {
//算法调用方式bool succ = similar(T1, T2)。输入：两棵二叉树的根指针T1与T2；
//输出：若T1和T2相似，则函数返回true，否则函数返回false
    if(T1 == NULL && T2 == NULL) return true;
    else if(T1 == NULL || T2 == NULL) return false;
    else if(!similar(T1->lchild, T2->lchild)) return false;
    else return similar(T1->rchild, T2->rchild);
}
```

若二叉树有 n 个结点，其高度为 h，算法的时间复杂度为 O(n)，空间复杂度为 O(h)。

5-59 两棵二叉树 T1 和 T2 镜像相似是指它们在树形上对称同构，即一棵二叉树在树形上是另一棵二叉树的左右翻转。设二叉树采用二叉链表存储，设计一个算法，判断两棵二叉树是否镜像相似。

【解答】 算法采用递归实现，如果两棵二叉树 T1 和 T2 都是空树，则它们是镜像相似的；否则递归地判断 T1 的左子树是否与 T2 的右子树镜像相似，同时 T1 的右子树是否与 T2 的左子树镜像相似，若是，则两棵二叉树 T1 与 T2 是镜像相似的，否则不是。算法的实现如下。

```
bool mirror(BinTree T1, BinTree T2) {
//算法调用方式bool succ = mirror(T1, T2)。输入：两棵二叉树的根指针T1与T2；
//输出：若T1与T2镜像相似，则函数返回true，否则函数返回false
```

```
    if(T1 == NULL && T2 == NULL) return true;
    if(T1 == NULL && T2 != NULL || T1 != NULL && T2 == NULL) return false;
    if(mirror(T1->lchild, T2->rchild) && mirror(T1->rchild, T2->lchild))
        return true;
    else return false;
}
```

若二叉树有 n 个结点，其高度为 h，算法的时间复杂度为 O(n)，空间复杂度为 O(h)。

5-60 若两棵二叉树 T1 和 T2 不但在树形上相似，且对应结点的元素值都相等，则称这两棵二叉树等价。设二叉树采用二叉链表存储，设计一个算法，判断两棵二叉树是否等价。

【解答】 算法采用递归实现，如果两棵二叉树 T1 和 T2 都为空，则它们等价；如果两棵二叉树 T1 与 T2 中有一棵为空另一棵不为空，则它们不等价；否则当它们都不为空时判断根结点的元素值是否对应相等，若不是则两棵二叉树不等价，若是继续判断它们的左子树和右子树是否等价，当它们都等价，则 T1 和 T2 等价，否则不等价。算法的实现如下。

```
bool Equal(BinTree T1, BinTree T2) {
//算法调用方式bool succ = Equal(T1, T2)。输入：两棵二叉树的根指针 T1 与 T2；
//输出：若 T1 与 T2 等价，则函数返回 true，否则函数返回 false
    if(T1 == NULL && T2 == NULL) return true;
    else if(T1 == NULL || T2 == NULL) return false;
    else if(T1->data != T2->data) return false;
    else if(Equal(T1->lchild, T2->lchild) && Equal(T1->rchild, T2->rchild))
        return true;
    else return false;
}
```

若二叉树有 n 个结点，其高度为 h，算法的时间复杂度为 O(n)，空间复杂度为 O(h)。

5.3 二叉树的遍历

5.3.1 二叉树遍历的基本运算

1. 二叉树遍历的概念

二叉树遍历是指按照某种顺序访问树中的每个结点，要求每个结点被访问一次且仅访问一次。由于二叉树所具有的递归性质，一棵非空的二叉树可以看作是由根结点、左子树和右子树三部分构成，因此若能依次遍历这三个部分的信息，也就遍历了整棵二叉树。

若用 N 代表访问根结点，L 代表递归遍历根的左子树，R 代表递归遍历根的右子树，按照先左后右的方式，主要的遍历方法有 NLR（先序）、LNR（中序）、LRN（后序），它们都属于深度优先遍历。而与上述遍历方法等价的还有 NRL（先序）、RNL（中序）、RLN（后序），它们只不过是改为先右后左罢了。

2. 二叉树遍历的递归算法

5-61 若二叉树采用二叉链表存储，设计一个递归算法，实现二叉树的中序遍历。

【解答】　中序遍历策略是先递归遍历根的左子树，再访问根结点，最后递归遍历根的右子树，算法的实现如下。

```
void inOrder_recur(BiTNode *BT) {
//算法调用方式 inOrder_recur(BT)。输入：二叉树的子树的根指针 BT；输出：算法
//按照先左再中最后右的原则，访问二叉树各结点，得到一个中序遍历序列
    if(BT != NULL) {                            //空树 T=NULL 是递归终止条件
        inOrder_recur(BT->lchild);              //中序遍历根的左子树
        printf("%c ", BT->data);                //访问根结点
        inOrder_recur(BT->rchild);              //中序遍历根的右子树
    }
}
```

若二叉树有 n 个结点，其高度为 h，算法的时间复杂度为 O(n)，空间复杂度为 O(h)。

5-62　若二叉树采用二叉链表存储，设计一个递归算法，实现二叉树的先序遍历。

【解答】　先序遍历是先访问根结点，再递归遍历根的左子树，最后递归遍历根的右子树，算法的实现如下。

```
void preOrder_recur(BiTNode *BT) {
//算法调用方式 preOrder_recur(BT)。输入：二叉树的子树的根指针 BT；输出：算
//法按照先中再左最后右的原则，访问二叉树各结点，得到一个先序遍历序列
    if(BT != NULL) {                            //空树 BT=NULL 是递归结束条件
        printf("%c ", BT->data);                //访问根结点
        preOrder_recur(BT->lchild);             //先序遍历根的左子树
        preOrder_recur(BT->rchild);             //先序遍历根的右子树
    }
}
```

若二叉树有 n 个结点，其高度为 h，算法的时间复杂度为 O(n)，空间复杂度为 O(h)。

5-63　若二叉树采用二叉链表存储，设计一个递归算法，实现二叉树的后序遍历。

【解答】　后序遍历是先递归遍历根的左子树，再递归遍历根的右子树，最后访问根结点，算法的实现如下。

```
void postOrder_recur(BiTNode *BT) {
//算法调用方式 postOrder_recur(BT)。输入：二叉树的子树的根指针 BT；输出：算
//法按照先左再右最后中的原则，访问二叉树各结点，得到一个后序遍历序列
    if(BT != NULL) {                            //空树 T=NULL 是递归结束条件
        postOrder_recur(BT->lchild);            //后序遍历根的左子树
        postOrder_recur(BT->rchild);            //后序遍历根的右子树
        printf("%c ", BT->data);                //访问根结点
    }
}
```

若二叉树有 n 个结点，其高度为 h，算法的时间复杂度为 O(n)，空间复杂度为 O(h)。

3. 使用栈的非递归遍历算法

5-64　若二叉树采用二叉链表存储，设计一个非递归算法，实现二叉树的中序遍历。

【解答】　因为遍历算法中有两个递归语句，不能简单地使用循环把递归算法改成非递

归算法，需要使用栈记下从根开始的遍历路径上的结点，以便从子树回退双亲结点。进出栈的原则是：向左子树遍历时根结点进栈，当走到空的左子树时位于栈顶的结点出栈，实现回退；在向右子树遍历时根结点进栈，当走到空的右子树时位于栈顶的结点出栈，实现回退。中序遍历的访问时机在从左子树退回时。算法的实现如下。

```
#define stackSize 20
void inOrder_iter(BinTree BT) {
//算法调用方式 inOrder_iter(BT)。输入：二叉树的根指针 BT；输出：算法利用栈执
//行中序遍历，从而得到一个中序遍历序列
    BiTNode *S[stackSize];  int top = -1;
    BiTNode *p = BT;                            //p 是遍历指针，从根结点开始
    do {
        while(p != NULL)                        //遍历指针进到左子女结点
          { S[++top] = p;  p = p->lchild; }     //一路走一路进栈
        if(top != -1) {                         //栈不空时退栈
            p = S[top--];
            printf("%c ", p->data);             //退栈，访问
            p = p->rchild;                      //遍历指针进到右子女结点
        }
    } while(p != NULL || top != -1);
}
```

若二叉树有 n 个结点，其高度为 h，算法的时间复杂度为 O(n)，空间复杂度为 O(h)。

5-65 若二叉树采用二叉链表存储，设计一个非递归算法，实现二叉树的先序遍历。

【解法一】 在执行先序遍历的过程中，首先访问根结点，再把根的右子女（如果存在）进栈；这样当左子树遍历完时退出位于栈顶的结点，它就是根的右子女，可以从它出发遍历右子树。算法的实现如下。

```
void preOrder_iter(BinTree BT) {
//算法调用方式 preOrder_iter(BT)。输入：二叉树的根指针 BT；输出：算法利用栈
//执行中序遍历，从而得到一个先序遍历序列
    BiTNode *S[stackSize];  int top = -1;       //创建栈并初始化
    BiTNode *p = BT;
    do {
        while(p != NULL) {
            printf("%c ", p->data);             //访问结点
            if(p->rchild != NULL) S[++top] = p->rchild;
            p = p->lchild;                      //"左下"
        }
        if(top != -1) p = S[top--];             //"左上右下"
    } while(p != NULL || top != -1);
}
```

若二叉树有 n 个结点，其高度为 h，算法的时间复杂度为 O(n)，空间复杂度为 O(h)。

【解法二】 这是一种更简单的方法，利用栈直接控制遍历的方向。处理过程如下：

（1）设置一个空栈 S，让根结点进 S 栈。

（2）当 S 栈不空时，执行以下步骤，否则算法处理结束。

- 从 S 栈退出一个结点，用指针 p 指向它，访问*p 的数据。
- 若*p 的右子树不空，让右子树的根结点进 S 栈。
- 若*p 的左子树不空，让左子树的根结点进 S 栈。

算法的实现如下。

```
void preOrder_iter_1(BinTree BT) {
//算法调用方式 preOrder_iter_1(BT)。输入、输出与第一种解法相同
    BiTNode *S[stackSize], *p;  int top = -1;           //创建栈并初始化
    S[++top] = BT;
    while(top != -1) {
        p = S[top--];  printf("%c ", p->data);          //退栈，访问退栈元素
        if(p->rchild != NULL) S[++top] = p->rchild;
        if(p->lchild != NULL) S[++top] = p->lchild;
    }
}
```

若二叉树有 n 个结点，其高度为 h，算法的时间复杂度为 O(n)，空间复杂度为 O(h)。

5-66 若二叉树采用二叉链表存储，设计一个非递归算法，实现二叉树的后序遍历。

【解答】 后序遍历比先序和中序遍历的情况更复杂。在遍历完左子树后还不能访问根结点，需要先遍历右子树，待右子树遍历完后才访问根结点。所以，在遍历完左子树后，必须判断根的右子树是否为空或根的右子女是否访问过。若根的右子树为空，就应该回头去访问根结点；若根的右子女已访问过，根据后序遍历的次序，下一个就应该访问根。除这些情况外，如果根结点的右子女存在且它没有被访问过，就应该遍历右子树。算法的实现如下。

```
void postOrder_iter(BinTree BT) {
//算法调用方式 postOrder_iter(BT)。输入：二叉树的根指针 BT；输出：算法利用栈
//执行后序遍历，从而得到一个后序遍历序列
    BiTNode *S[stackSize];  int top = -1;
    BiTNode *p = BT, *pre = NULL;              //p 是遍历指针，pre 是前趋指针
    do {
        while(p != NULL)                       //左子树进栈
            { S[++top] = p;  p = p->lchild;}   //向最左下结点走下去
        if(top != -1) {
            p = S[top];                        //用 p 存储栈顶元素
            if(p->rchild != NULL && p->rchild != pre)
                p = p->rchild;                 //p 有右子女且未访问过
            else {
                printf("%c ", p->data);        //访问
                pre = p;  p = NULL;            //存储刚访问过的结点
                top--;                         //转去遍历右子树或访问根结点
            }
        }
    } while(p != NULL || top != -1);
}
```

若二叉树有 n 个结点，其高度为 h，算法的时间复杂度为 O(n)，空间复杂度为 O(h)。

4. 使用队列的层次序遍历算法

5-67　若二叉树采用二叉链表存储，设计一个非递归算法，实现二叉树的层次序遍历。

【解答】　二叉树的层次序遍历从根结点出发，自顶向下逐层访问二叉树的结点，对于每一层结点则从左到右依次访问，这个过程是一个分层处理的过程，需要使用队列。算法的实现如下。

```
#define queueSize 20
void levelOrder(BinTree BT) {
//算法调用方式 levelOrder(BT)。输入：二叉树的根指针 BT；输出：算法利用队列
//执行层次序遍历，从而得到一个层次序遍历序列
    BiTNode *Q[queueSize];  int rear, front;
    rear = 0;  front = 0;                     //队列初始化
    BiTNode *p = BT;  Q[rear++] = p;          //p是遍历指针，根进队
    while(rear != front) {
        p = Q[front];  front = (front+1) % queueSize;
        printf("%c ", p->data);               //访问
        if(p->lchild != NULL)                 //若有左子女，进队
            { Q[rear] = p->lchild;  rear = (rear+1) % queueSize; }
        if(p->rchild != NULL)                 //若有右子女，进队
            { Q[rear] = p->rchild;  rear = (rear+1) % queueSize; }
    }
}
```

若二叉树有 n 个结点，其宽度（各层结点数中的最大者）为 b，算法的时间复杂度为 O(n)，空间复杂度为 O(b)。

5.3.2　创建二叉树的算法

5-68　在二叉树的所有空指针位置加入虚拟结点，就构成扩展二叉树。二叉树原有结点称为内结点，新增的虚拟结点称为外结点。如果已知扩展二叉树的先序遍历序列，并用在原二叉树中不可能出现的值作为虚拟结点的值，例如用"#"或用"0"表示字符序列或正整数序列中不可能出现的值。设计一个算法，输入一个先序遍历序列，创建树的二叉链表。

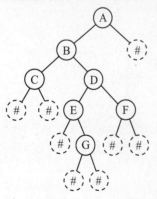

图 5-10　题 5-68 的图

【解答】　使用二叉树先序遍历的递归算法，可以创建二叉树的二叉链表，如图 5-10 所示的二叉树，所有结点值为"#"的结点位于原二叉树的空子树结点的位置，按照先序遍历所得到的先序遍历序列为"ABC##DE#G##F###"。

算法的基本思想是：每读入一个值，就为它创建结点。该结点作为根结点，其地址通过函数的引用参数 T 直接链接到作为实际参数的指针中。然后，分别对根的左、右子树递归地创建子树，直到读入"#"创建空子树递归结束。若读入值为";"停止创建二叉树。算法的实现描述如下。

```
void CreateBinTree_Pre(BiTNode *& T, DataType pre[], int& n) {
//算法调用方式 CreateBinTree_Pre(T, pre, n)。输入：已声明并置空的二叉树根指针
//T，输入的一个扩展先序序列 pre，以';'结束，外结点用'#'表示，扫描计数器 n 初值
//为 0；输出：创建完成用二叉链表存储的二叉树 T，引用参数 n 返回扫描字符数
    DataType ch = pre[n++];
    if(ch == ';') return;                          //处理结束，返回
    if(ch != '#') {                                //创建非空子树
        T =(BiTNode *) malloc(sizeof(BiTNode));    //创建根结点
        T->data = ch;
        CreateBinTree_Pre(T->lchild, pre, n);      //递归创建左子树
        CreateBinTree_Pre(T->rchild, pre, n);      //递归创建右子树
    }
    else T = NULL;                                 //否则创建空子树
}
```

若二叉树有 n 个结点，其高度为 h，算法的时间复杂度为 O(n)，空间复杂度为 O(h)。

5-69　若一棵二叉树采用二叉链表存储，设计一个算法，输入二叉树的扩展后序序列，创建二叉树的二叉链表。

例如，若二叉树的扩展二叉树如图 5-11 所示。它的扩展后序序列为"##C###EDB#A;"。"#"是虚拟结点的标识。

【解法一】　采用递归算法求解。二叉树后序遍历序列的特点是：①序列的最后一个元素应是二叉树的根；②如果根的右子树不空则序列中根的紧前元素应是根的右子女；③如果序列中根的紧前元素是"#"，则根的右子树为空，该"#"的紧前元素是根的左子女。根据这些特点，可采用递归算法创建二叉树的二叉链表表示。

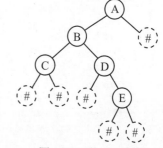

图 5-11　题 5-69 的图

算法的基本思想是：从后向前逆向读取序列的数据值。每读入一个非"#"的值，就为它创建结点。该结点作为根结点，其地址通过函数的引用参数 T 直接链接到作为实际参数的指针中。然后，判断根的紧前数据值是否为"#"，若不是，则递归地创建根的右子树；若是，则递归地创建根的空右子树，这是递归结束条件。算法的实现如下。

```
void create_Post_recur(BiTNode *& T, DataType post[], int& n) {
//以递归方式创建二叉树，post[]是后序序列，空结点的标识为"#"。引用参数 n 初始
//调用前是后序序列的长度，当 n 为 0 时输入结束。
    if(n < 1) return;                              //处理结束，返回
    DataType ch = post[--n];                       //读入结点数据
    if(ch != '#') {                                //创建非空子树
        T =(BiTNode *) malloc(sizeof(BiTNode));    //创建根结点
        T->data = ch;
        create_Post_recur(T->rchild, post, n);     //递归创建右子树
        create_Post_recur(T->lchild, post, n);     //递归创建左子树
    }
    else T = NULL;                                 //否则创建空子树
```

```
    }
void create_Post(BiTNode *& T, DataType post[]) {
//算法调用方式 create_Post(T, post)。输入：已声明并已置空的二叉树根指针 T,
//二叉树的后序序列 post, 以';'结束；输出：创建完成的二叉树的二叉链表 T
    for(int n = 0; post[n] != ';'; n++);                    //统计后序序列的长度
    create_Post_recur(T, post, n);                          //调用递归算法创建二叉树
}
```

【解法二】采用非递归算法求解。从后序序列构造二叉树需要使用一个存储结点地址的栈。每当创建一个虚拟结点就直接进栈，每当创建一个数据结点就从栈中退出两个结点，作为该结点的右子树和左子树，构造二叉树，再让根结点进栈，当后序序列扫描到最后一个字符 ";" 时，栈内只剩一个结点，此即是最终构造出的二叉树的根。算法的实现如下。

```
void create_Post(BiTNode *& T, DataType post[]) {
//算法调用方式、输入、输出与第一种解法相同
    BiTNode *p, *q;  int i;
    BiTNode *S[stackSize];  int top = -1;                   //辅助栈
    for(i = 0; post[i] != ';'; i++) {                       //读入后序序列字符
        p =(BiTNode *) malloc(sizeof(BiTNode));             //创建根结点
        p->data = post[i];  p->lchild = p->rchild = NULL;
        if(post[i] == '#') S[++top] = p;                    //空结点进栈
        else {                                              //非空结点
            q = S[top--];                                   //退栈结点
            p->rchild =(q->data == '#') ? NULL : q;         //成为右子女
            q = S[top--];                                   //退栈结点
            p->lchild =(q->data == '#') ? NULL : q;         //成为左子女
            S[++top] = p;                                   //新根进栈
        }
    }
    T = S[top--];
}
```

若二叉树有 n 个结点，其高度为 h，两种解法的时间复杂度为 O(n)，空间复杂度为 O(h)。

5-70 若一棵二叉树采用二叉链表存储，设计一个算法，输入二叉树的扩展层次序序列，创建这棵二叉树的二叉链表。例如，若设一棵二叉树的扩展二叉树表示如图 5-12 所示。利用 "#" 作为虚拟结点的标识。它的扩展层次序序列为 "ABCD#E#####;"。

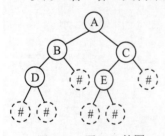

图 5-12 题 5-70 的图

【解答】利用层次序序列创建二叉树，需要使用队列依次按层处理二叉树的结点。所以，算法不能是递归的。算法处理步骤如下：

（1）读取序列第一个结点数据，创建根结点，并进队。

（2）当队列不空时，反复执行以下操作：

● 从队头退出一个结点，作为当前结点。

● 顺序读取序列中两个结点数据，分别创建当前结点的左子女和右子女；如果左子女

或右子女非空，则将其进队。

（3）当队列变空，建树的过程结束。

算法的实现如下。

```
#define qSize 20
int CreateBinTree_Level(BiTNode *& T, DataType Level[]) {
//算法调用方式 int k = CreateBinTree_Level(T, Level)。输入：二叉树的扩展层次
//序序列 level，序列中空结点用"#"表示，输入以";"结束；输出：创建完成的二叉树的根
//指针 T
    BiTNode *Q[qSize];  int front = 0, rear = 0;          //辅助队列
    BiTNode *p, *r;  int k = 1; DataType ch;
    if(Level[0] == ';') { printf("空树返回! \n"); T = NULL;  return 0; }
    else {
        T =(BiTNode *) malloc(sizeof(BiTNode));
        T->data = Level[0];  Q[rear++] = T;                //根进队
        while(front != rear) {                             //当队非空时
            r = Q[front];  front =(front+1) % qSize;
            ch = Level[k++];                               //取左子女
            if(ch == '#') r->lchild = NULL;                //左子女为空结点
            else {                                         //左子女为非空结点
                p = (BiTNode *) malloc(sizeof(BiTNode));
                p->data = ch; r->lchild = p;
                Q[rear] = p;  rear = (rear+1) % qSize; //左子女进队
            }
            ch = Level[k++];                               //取右子女
            if(ch == '#') r->rchild = NULL;                //右子女为空结点
            else {                                         //右子女为非空结点
                p =(BiTNode *) malloc(sizeof(BiTNode));
                p->data = ch;  r->rchild = p;
                Q[rear] = p;  rear = (rear+1) % qSize; //左子女进队
            }
        }
        if(Level[k] == ';') printf("二叉树创建结束! \n");
        else printf("输入序列未处理完: %c\n", Level[k]);
        if(k != 0) k = (k-1)/2;  return k;       //返回二叉树非空结点个数
    }
}
```

若二叉树有 n 个结点，其宽度（各层结点数中的最大者）为 b，算法的时间复杂度为 $O(n)$，空间复杂度为 $O(b)$。

5-71 给定一棵二叉树的先序遍历序列 pre[s1..t1]和中序遍历序列 in[s2..t2]，若二叉树采用二叉链表存储，设计一个算法，利用二叉树的先序遍历序列和中序遍历序列构造二叉树。

【解答】 若 s1<t1，则以 pre[s1]创建二叉树的根结点，然后搜索 in[s2..t2]，查找 in[i] = pre[s1]的位置 i，从而把二叉树的中序遍历序列分为两个中序子序列 in[s2..i-1]和 in[i+1..t2]，前者有 i-1-s2+1 = i-s2 个元素，后者有 t2-(i+1)+1 = t2-i 个元素。再分别以 pre[s1+1..s1+i-s2]

与 in[s2..i–1] 递归构造根的左子树；以 pre[s1+i–s2+1..t1]和 in[i+1..t2] 递归构造根的右子树。算法的实现如下。

```
    void CreateBinTree_pre_In(BiTNode *& t, DataType pre[], DataType in[],
                        int s1, int t1, int s2, int t2) {
//算法递归调用方式 CreateBinTree_pre_In(t, pre, in, s1, t1, s2, t2)
//输入：二叉树的先序序列 pre，二叉树的中序序列 in，先序序列当前建树的范围 s1 到 t1，
//中序序列当前建树的范围 s2 到 t2；输出：利用二叉树的先序序列和中序序列构造完成的二叉树
//的子树根指针 t
        if(s1 <= t1) {
            t = (BiTNode*) malloc(sizeof(BiTNode));      //创建根结点
            t->data = pre[s1];  t->lchild = NULL;  t->rchild = NULL;
            for(int i = s2; i <= t2; i++)
                if(in[i] == pre[s1]) break;              //在中序序列中查找根
            CreateBinTree_pre_In(t->lchild, pre, in, s1+1, s1+i-s2, s2, i-1);
            CreateBinTree_pre_In(t->rchild, pre, in, s1+i-s2+1, t1, i+1, t2);
        }
    }
```

若二叉树有 n 个结点，其高度为 h，算法的时间复杂度为 O(n)，空间复杂度为 O(h)。

5-72　给定一棵二叉树的后序遍历序列 post[s1..t1]和中序遍历序列 in[s2..t2]，设二叉树采用二叉链表存储，设计一个算法构造这棵二叉树。

【解答】　首先在二叉树的后序遍历序列中确定二叉树根结点的位置（t1）；然后在中序遍历序列中查找 post[t1]在 in[i]中的位置 i，从而把中序遍历序列一分为二：in[s2..i–1]和 in[i+1..t2]，对应后序遍历序列的两部分分别是 post[s1..s1+i–s2–1]和 post[s1+i–s2..t1–1]；接着分别递归地构造根的右子树和左子树。算法的实现如下。

```
    void CreateBinTree_Post_In(BiTNode *& t, DataType post[], DataType in[],
                        int s1, int t1, int s2, int t2) {
//算法递归调用方式 CreateBinTree_Post_In(t, post, in, s1, t1, s2, t2)
//输入：二叉树的后序序列 post，二叉树的中序序列 in，后序序列当前建树的范围 s1 到 t1，
//中序序列当前建树的范围 s2 到 t2；输出：由二叉树的后序序列和中序序列创建完成的二叉
//树的子树根指针 t
        int i;
        if(s1 <= t1) {
            t = (BiTNode*) malloc(sizeof(BiTNode));          //创建根结点
            t->data = post[t1];  t->lchild = NULL;  t->rchild = NULL;
            for(i = s2; i <= t2; i++)
                if(in[i] == post[t1]) break;                //在中序序列中查找根
            CreateBinTree_Post_In(t->rchild, post, in, s1+i-s2, t1-1, i+1, t2);
            CreateBinTree_Post_In(t->lchild, post, in, s1, s1+i-s2-1, s2, i-1);
        }
    }
```

若二叉树有 n 个结点，其高度为 h，算法的时间复杂度为 O(n)，空间复杂度为 O(h)。

5-73　给定一棵二叉树的层次序遍历序列 level[n]和中序遍历序列 in[n]，若二叉树采用

二叉链表存储，设计一个算法构造这棵二叉树。

【解答】　算法采用层次序遍历，用到一个队列，队列的结构为（rt, left, right, prt, tag），其中 rt 是当前遍历结点在层次序遍历序列中位置，prt 是 rt 的双亲结点的地址，tag = 1，表示 rt 是 prt 的左子女，tag = 2，表示 rt 是 prt 的右子女，left 和 right 是中序遍历序列的左边界和右边界。算法首先将根和它的左右子女进队，当队列非空时，循环处理二叉树的结点。算法的实现如下。

```
#define m 100                              //队列大小，最小为⌈(n+1)/2⌉
typedef struct {                           //队列结点的类型定义
    BiTNode *t, *pr;                       //t 是当前新建结点地址，pr 是*t 的双亲地址
    int tag;                               //tag=1, *t 是*pr 左子女, tag=2, *t 是*pr 右子女
    int low, high;                         //low 和 high 是当前中序子序列的左边界和右边界
} QueueNode;
int find(DataType in[], int left, int right, DataType x) {
//在中序序列 in 的 left..right 段查找 x 所在位置，并通过函数返回查找结果
    for(int i = left; i <= right; i++) if(in[i] == x) return i;
    return -1;
}
void CreateNode(BiTNode *& t, DataType x) {
//创建二叉树结点，其地址由指针 t 返回，结点数据为 x
    t = (BiTNode*) malloc(sizeof(BiTNode));            //创建根结点
    t->data = x; t->lchild = NULL; t->rchild = NULL;
}
void CreateBinTree_Level_In(BinTree & BT, DataType level[], DataType in[],
                            int n){
//算法调用方式 CreateBinTree_Level_In(BT, level, in, n)。输入：二叉树的层次
//序序列 level，二叉树的中序序列 in，每个序列元素个数 n；输出：由二叉树的层次序序列
//和中序序列创建完成的二叉树 BT
    QueueNode Q[m], u, w; int rear, front;            //定义队列
    rear = 0; front = 0;                              //队列初始化
    CreateNode(BT, level[0]);                         //创建根结点
    int i, j, k = 0; BiTNode *p, *f;                  //k 是层次序序列当前指针
    i = find(in, 0, n-1, level[0]);                   //在中序序列中查找根
    if(i >= 0) {                                      //中序序列的左序列非空
        j = find(in, 0, i-1, level[k+1]); //查找 level[k+1]在左序列与否
        if(j >= 0) {                                  //在左序列中
            ++k;
            CreateNode(p, level[k]);                  //创建根结点的左子女
            BT->lchild = p;
            w.t = p; w.pr = BT; w.tag = 1; w.low = 0; w.high = i-1;
            if(w.low <= w.high)                       //若左序列非空，进队
                { rear =(rear+1) % m; Q[rear] = w; }
        }
    }
    if(i < n-1) {                                               //中序序列的右序列非空
        j = find(in, i+1, n-1, level[k+1]);//查找 level[k+1]在右序列与否
```

```
        if(j >= 0) {                                    //在右序列中
            ++k;
            CreateNode(p, level[k]);                    //创建根结点的右子女
            BT->rchild = p;
            w.t = p;  w.pr = BT;  w.tag = 2;  w.low = i+1;  w.high = n-1;
            if(w.low <= w.high)                         //若右序列非空，进队
                { rear =(rear+1) % m;  Q[rear] = w; }
        }
    }
    while(rear != front) {                              //队列不空时反复执行
        front = (front+1) % m;  u = Q[front];           //退出一个队列元素
        i = find(in, u.low, u.high, u.t->data);//在中序序列中查找子树的根
        if(i >= u.low) {                                //中序的左序列非空
            j = find(in, u.low, i-1, level[k+1]);
                                                        //查找 level[k+1]在左序列与否
            if(j >= 0) {                                //在左子序列中
                ++k;
                CreateNode(p, level[k]);                //创建 f 结点的左子女
                f = u.t;  f->lchild = p;
                w.t = p;  w.pr = f;  w.tag = 1;  w.low = u.low;  w.high = i-1;
                if(w.low <= w.high)                     //若左序列非空，进队
                    { rear = (rear+1) % m;  Q[rear] = w; }
            }
        }
        if(i <= u.high) {                               //中序的右子序列非空
            j = find(in, i+1, u.high, level[k+1]);
                                                        //查找 level[k+1]在右序列与否
            if(j >= 0) {                                //在右子序列中
                ++k;
                CreateNode(p, level[k]);                //创建 f 结点的右子女
                f = u.t;  f->rchild = p;
                w.t = p;  w.pr = f;  w.tag = 2;  w.low = i+1;  w.high = u.high;
                if(w.low <= w.high)                     //若右序列非空，进队
                    { rear =(rear+1) % m;  Q[rear] = w; }
            }
        }
    }
}
```

若二叉树有 n 个结点，其高度为 h，宽度（各层结点数中的最大者）为 b，算法的时间复杂度为 $O(n)$，空间复杂度为 $O(\max\{h, b\})$。

5-74　若二叉树采用二叉链表存储，设计一个算法，由二叉树的先序序列和后序序列构造一棵二叉树。

【解答】　使用二叉树的先序序列和后序序列，通常不能唯一地确定二叉树，但至少能够确定其中的一棵二叉树。设先序序列 a 的当前处理区间是[la..ra]，后序序列 b 的当前处理区间是[lb..rb]，它们的初值是 la = lb = 0, ra = rb = n-1，算法的思路如下。

（1）先序序列 a 的首元素 a[la]和后序序列 b 的末元素 b[rb]是树根，建根结点 T。

（2）判断先序序列根的下一元素 a[la+1]与后序序列根的前一元素 b[rb-1]是否相等。

① 若 a[la+1]＝b[rb-1]，则根结点 T 只有一个子女，可以是右子女，也可以是左子女，设定为右子女，则有

- 根的左子女为空 T->lchild = NULL。
- 设定先序序列 a 的当前处理区间为[la+1..ra]，后序序列 b 的当前处理区间为[lb..rb-1]，递归建根的右子女 T->rchild。

② 若 a[la+1]≠b[rb-1]，执行以下动作：

- 在先序序列 a[la+1..ra]中查找 b[rb-1]，设找到的位置在 i。
- 在后序序列 b[lb..rb-1]中查找 a[la+1]，设找到的位置在 j。
- 设定先序序列 a 的当前处理区间为[la+1..i-1]，后序序列 b 的当前处理区间为[lb..j]，递归建根的左子女 T->lchild。
- 设定先序序列 a 的当前处理区间为[i..ra]，后序序列 b 的当前处理区间为[j+1..rb-1]，递归建根的右子女 T->rchild。

（3）递归算法的基本条件（终止条件）如下。

- 若处理区间长度为 0（la>ra 或 lb>rb），则 T = NULL，返回。
- 若处理区间长度为 1（la=ra 或 lb=rb），则建根结点 T，返回。

算法的实现如下。

```
void create_Pre_post(BiTNode *& T, DataType a[], DataType b[],
                     int la, int ra, int lb, int rb) {
//算法的调用方式 create_Pre_post(T, a, b, la, ra, lb, rb)。输入：二叉树的
//先序序列 a，后序序列 b，当前在 a 中的构造范围[la..ra]，在 b 中的构造范围[lb..rb]，
//每个序列元素个数 n；输出：由先序序列和后序序列创建成功的二叉树的子树根指针 T
    if(la > ra || lb > rb) { T = NULL; return; }
    if(la == ra || lb == rb) {
        T =(BiTNode *) malloc(sizeof(BiTNode));
        T->lchild = T->rchild = NULL;
        if(la == ra) T->data = a[la];
        else if(lb == rb) T->data = b[lb];
        return;
    }
    T =(BiTNode *) malloc(sizeof(BiTNode));
    T->data = a[la];  T->lchild = T->rchild = NULL;
    if(a[la+1] == b[rb-1]) {                          //仅有一个子女
        T->lchild = NULL;                            //设左子树为空
        create_Pre_post(T->rchild, a, b, la+1, ra, lb, rb-1);
                                                     //递归创建右子树
    }
    else {                                           //有两个子女
        int i, j;
        for(i = la+1; i <= ra && a[i] != b[rb-1]; i++);
                                                     //在 a 中查找 b[rb-1]
        for(j = lb; j <= rb-1 && b[j] != a[la+1]; j++);
```

```
                                                //在 b 中查找 a[la+1]
         create_Pre_post(T->lchild, a, b, la+1, i-1, lb, j);//递归创建左子树
         create_Pre_post(T->rchild, a, b, i, ra, j+1, rb-1);//递归创建右子树
    }
}
```

若二叉树有 n 个结点，其高度为 h，算法的时间复杂度为 O(n)，空间复杂度为 O(h)。

5-75　由二叉树的中序序列和各结点的双亲可以唯一确定一棵二叉树。设二叉树采用二叉链表存储，设计一个算法，根据一个中序序列 In 和对应双亲 pr 创建二叉树。

图 5-13　题 5-75 的图

【解答】　针对图 5-13，二叉树的中序序列为 {dbaecf}，各结点的双亲指针如表 5-1 所示。根据双亲指针是否为空可确定 a 是二叉树的根，它把中序序列一分为二，左侧子序列为 {db}，右侧子序列为 {ecf}。对左、右子序列可以递归地进行构造，直到叶结点或空子树。

表 5-1　各结点的双亲指针

中序序列	d	b	a	e	c	f
双亲指针	b	a	NULL	c	a	c

算法的实现如下。

```
void create_in_pr(BiTNode *& T, DataType in[], DataType pr[],
                  int left, int right, DataType r) {
//算法调用方式 create_in_pr(T, in, pr, left, right, r)。输入：二叉树的中序
//序列 in，它的每个结点的双亲 pr，建树过程中当前在 in 中的构造范围[left..right]，
//在此范围内子树的根的数据 r；输出：根据中序序列和对应结点双亲创建成功的二叉树的子树
//根指针 T
    if(left > right) return;                     //区间没有结点
    if(left == right) {                          //区间仅一个结点
        T =(BiTNode *) malloc(sizeof(BiTNode));
        T->data = in[left];  T->lchild - T->rchild = NULL;
    }
    else {                                       //区间有两个以上结点
        for(int i = left; i <= right; i++)
          if(pr[i] == r) break;                  //查找根
        T =(BiTNode *) malloc(sizeof(BiTNode));
        T->data = in[i];  r = in[i];
        T->lchild = NULL;  T->rchild = NULL;
        create_in_pr(T->lchild, in, pr, left, i-1, r);
        create_in_pr(T->rchild, in, pr, i+1, right, r);
    }
}
```

若二叉树有 n 个结点，其高度为 h，算法的时间复杂度为 O(n)，空间复杂度为 O(h)。

5-76　由二叉树的中序序列和各结点所处层次可以唯一确定一棵二叉树。若二叉树采用二叉链表存储，设计一个算法，根据一个中序序列 In[] 和对应结点层次 lv[] 创建二叉树。

【解答】　针对图 5-13，一棵二叉树的中序序列为{dbaecf}，各结点所处层次如表 5-2 所示。第一次调用算法时在结点层次数组中查找层次为 1 的结点，可确定结点 a 处于第 1 层（序号为 2），它是二叉树的根，a 将中序序列一分为二。a 的左子树在中序序列的[0..1] 区间，a 的右子树在中序序列的[3..5]区间，然后到这两个区间中查找层次为 2 的结点，就可确定 a 的左子女和右子女，以此类推。这是一个递归的算法。

表 5-2　各结点所处层次

中序序列	d	b	a	e	c	f
结点层次	3	2	1	3	2	3

算法的实现如下。

```
void create_in_level(BiTNode *& T, DataType in[], int lv[], int d, int left,
                     int right) {
//算法调用方式 create_in_level(T, in, lv, d, left, right)。输入：二叉树的中序
//序列in，对应结点层次lv，当前处理根结点层次d，当前构造子树的结点区间left和right;
//输出：根据中序序列和对应结点层次构造成功的二叉树的子树根指针 T
    if(left > right) return;                      //区间没有结点
    if(left == right) {                           //区间仅一个结点
        T =(BiTNode *) malloc(sizeof(BiTNode));
        T->data = in[left];  T->lchild = T->rchild = NULL;
    }
    else {                                        //区间有两个以上结点
        for(int i = left; i <= right; i++)
            if(lv[i] == d) break;                 //查找根
        T =(BiTNode *) malloc(sizeof(BiTNode));
        T->data = in[i];  T->lchild = T->rchild = NULL;
        create_in_level(T->lchild, in, lv, d+1, left, i-1);
        create_in_level(T->rchild, in, lv, d+1, i+1, right);
    }
}
```

若二叉树有 n 个结点，其高度为 h，算法的时间复杂度为 O(n)，空间复杂度为 O(h)。

5-77　由二叉树的中序序列和各结点的右子女可以唯一确定一棵二叉树。设二叉树采用二叉链表存储，设计一个算法，根据一个中序序列 In[]和各结点右子女 rc[]创建二叉树。

【解答】　针对图 5-14，一棵二叉树的中序序列为{dbeafcg}，各结点的右子女如表 5-3 所示。从中序序列的最后一个结点 g 开始，向前趋方向检查，找到 g 的双亲 c，再继续向前趋方向找到 c 的双亲 a，它在此序列中没有双亲，此即二叉树的根。a 把中序序列一分为二，左子序列{dbe}是根 a 的左子树的中序序列，右子序列{fcg}是根 a 的

图 5-14　题 5-77 的图

右子树的中序序列。然后对右子序列和左子序列分别递归地做同样的构造工作，递归过程终止于空子序列或只有一个结点的子序列。注意，各结点的右子女用子女的值表示，NULL 用"#"代替。

表 5-3　中序序列中各结点的右子女

中序序列	d	b	e	a	f	c	g
右子女	NULL	e	NULL	c	NULL	g	NULL

算法描述如下。

```
void create_in_rchild(BiTNode *& T, DataType in[], DataType rc[], int
                left, int right) {
//算法调用方式 create_in_rchild(T, in, rc, left, right)。输入：二叉树的中序
//序列 in，每个结点的右子女 rc，当前构造子树的结点区间 left 和 right；输出：根据中序
//序列和各结点右子女构造成功的二叉树的子树根指针 T
    if(left > right) return;                        //区间没有结点
    if(left == right) {                             //区间仅一个结点
        T =(BiTNode *) malloc(sizeof(BiTNode));
        T->data = in[left];  T->lchild = T->rchild = NULL;
    }
    else {                                          //区间有两个以上结点
        int i, j = right; DataType ch;
        while(j >= left) {
            ch = in[j];  i = j;  j--;
            while(j >= left && rc[j] != ch) j--;
            if(j < left) break;                     //查找根
        }
        T =(BiTNode *) malloc(sizeof(BiTNode));
        T->data = in[i];  T->lchild = T->rchild = NULL;
        create_in_rchild(T->lchild, in, rc, left, i-1);
        create_in_rchild(T->rchild, in, rc, i+1, right);
    }
}
```

若二叉树有 n 个结点，其高度为 h，算法的时间复杂度为 O(n)，空间复杂度为 O(h)。

5-78　由二叉树的先序序列和各结点的右子女可以唯一确定一棵二叉树。若二叉树采用二叉链表存储，设计一个算法，根据一个先序序列 pre[] 和各结点右子女 rc[] 创建二叉树。

【解答】　如图 5-14 所示二叉树的先序遍历序列为 {abdecfg}，各结点的右子女如表 5-4 所示。根据二叉树先序序列的特征可知，a 是二叉树的根，紧随 a 的 b 是 a 的左子女，又 a 的右子女为 c，则析出第 1 层和第 2 层。

表 5-4　先序序列中各结点的右子女

先序序列	a	b	d	e	c	f	g
右子女	c	e	NULL	NULL	g	NULL	NULL

下一层又可以如法处理，直到叶结点或空子树为止。算法的实现如下。

```
void create_pre_rchild(BiTNode *& T, DataType pre[], DataType rc[], int
                left, int right) {
//算法调用方式 create_pre_rchild(T, pre, rc, left, right)。输入：二叉树的
//先序序列 pre，每个结点的右子女 rc，当前构造子树的结点区间 left 和 right；输出：由
//一个先序序列和各结点右子女构造成功的二叉树的子树根指针 T
```

```
    if(left > right) return;                    //区间没有结点
    T =(BiTNode *) malloc(sizeof(BiTNode));
    T->data = pre[left];                        //创建子树根结点
    T->lchild = NULL;  T->rchild = NULL;
    if(left < right) {                          //区间有两个以上结点
        for(int i = left+1; i <= right; i++)
            if(rc[left] == pre[i]) break;
        create_pre_rchild(T->lchild, pre, rc, left+1, i-1);
        create_pre_rchild(T->rchild, pre, rc, i, right);
    }
}
```

若二叉树有 n 个结点，其高度为 h，算法的时间复杂度为 O(n)，空间复杂度为 O(h)。

5-79　由二叉树的中序序列和各结点的左子女可以唯一确定一棵二叉树。若二叉树采用二叉链表存储，设计一个算法，根据一个中序序列 in[]和各结点左子女 lc[]创建二叉树。

【解答】　如图 5-14 所示的二叉树的中序序列为{dbeafcg}，各结点的左子女如表 5-5 所示。从中序序列的第一个元素 d 开始，向后继方向查找双亲 b，再继续查找 b 的双亲 a，a 在此序列中没有双亲，此即二叉树的根。a 把二叉树的中序序列一分为二，其左子序列和右子序列分别是 a 的左子树和右子树的中序序列。然后分别对其左子序列和右子序列递归地执行如上过程，递归终止于空子序列或只有一个结点的子序列。

表 5-5　中序序列中各结点的左子女

中序序列	d	b	e	a	f	c	g
左子女	NULL	d	NULL	b	NULL	f	NULL

因为各结点的左子女都是用结点的值表示，所以 NULL 需要用一个特殊字符代替。算法的实现如下。

```
void create_in_lchild(BiTNode *& T, DataType in[], DataType lc[], int left,
                int right) {
//算法调用方式 create_in_lchild(T, in, lc, left, right)。输入：二叉树中序序列
//in，各个结点的左子女 lc，当前构造子树的结点区间 left 和 right；输出：有二叉树的中序
//序列和各结点的左子女构造成功的二叉树的子树根指针 T
    if(left > right) return;                    //区间没有结点
    if(left == right) {                         //区间仅一个结点
        T =(BiTNode *) malloc(sizeof(BiTNode));
        T->data = in[left];  T->lchild = T->rchild = NULL;
    }
    else {                                      //区间有两个以上结点
        int i, j = left;  DataType ch;
        while(j <= right) {
            ch = in[j];  i = j;  j++;
            while(j <= right && lc[j] != ch) j++;
            if(j > right) break;                //查找根
        }
        T =(BiTNode *) malloc(sizeof(BiTNode));
```

```
        T->data = in[i];  T->lchild = T->rchild = NULL;
        create_in_lchild(T->lchild, in, lc, left, i-1);
        create_in_lchild(T->rchild, in, lc, i+1, right);
    }
}
```

若二叉树有 n 个结点，其高度为 h，算法的时间复杂度为 O(n)，空间复杂度为 O(h)。

5-80　由二叉树的后序序列和各结点的左子女可以唯一确定一棵二叉树。若二叉树采用二叉链表存储，设计一个算法，根据一个后序序列 post[] 和各结点左子女 lc[] 创建二叉树。

【解答】　如图 5-14 所示二叉树的后序序列为 {debfgca}，各结点的左子女如表 5-6 所示。根据二叉树后序序列的特征可知，最后的 a 是二叉树的根，a 紧前的 c 是 a 的右子女，又 a 的左子女为 b，则析出上面二层。当 a 的左、右子女不等时，在后序序列中从后向前查找 a 的左子女 b，找到后将后序序列分成两个：左子序列 {d, c, b} 和右子序列 {f, g, c}，它们分别属于 a 的左子树和右子树。再递归对这两个子序列构造二叉树，直到空子树或叶结点为止。

表 5-6　后序序列中各结点的左子女

后序序列	d	e	b	f	g	c	a
右子女	NULL	NULL	d	NULL	NULL	f	b

算法的实现如下。

```
void create_post_lchild(BiTNode *& T, DataType post[], DataType lc[], int
                        left, int right) {
//算法调用方式 create_post_lchild(T, post, lc, left, right)。输入：二叉树
//后序序列 post，每个结点的左子女 lc，当前构造子树的结点区间 left 和 right；输出：由
//二叉树的后序序列和各个结点的右子女构造成功的二叉树的子树根指针 T
    if(left > right) return;                        //区间没有结点
    T = (BiTNode *) malloc(sizeof(BiTNode));
    T->data = post[right];                          //创建子树根结点
    T->lchild = NULL;  T->rchild = NULL;
    if(left < right) {                              //区间有两个以上结点
        for(int i = right-1; i >= left; i--)
            if(lc[right] == post[i]) break;
        create_post_lchild(T->lchild, post, lc, left, i);
        create_post_lchild(T->rchild, post, lc, i+1, right-1);
    }
}
```

若二叉树有 n 个结点，其高度为 h，算法的时间复杂度为 O(n)，空间复杂度为 O(h)。

5-81　由完全二叉树的先序序列可以唯一确定一棵完全二叉树。若二叉树采用顺序存储，设计一个算法，根据一个先序序列 pre[] 创建并输出一棵完全二叉树。

【解答】　根据完全二叉树的性质，当结点个数为 n 时，完全二叉树的形状即可确定。再对其做先序遍历，把先序序列的数据安放进去即可。算法的实现如下。

```
void create_Pre(SqBTree& BT, DataType pre[], int n, int d, int& i) {
```

```
//算法调用方式 create_post_lchild(T, post, lc, left, right)。输入：二叉树
//先序序列 pre，每个结点的左子女 lc，当前构造子树的结点区间 left 和 right；输出：由
//二叉树先序序列构造成功的完全二叉树的子树根指针 T
    if(d >= n) { BT.data[d] = '#';  return; }
    else {
        BT.data[d] = pre[i++];
        create_Pre(BT, pre, n, 2*d+1, i);
        create_Pre(BT, pre, n, 2*d+2, i);
    }
}
void print_Pre(SqBTree& BT, int d) {
    if(BT.data[d] != '#') {
        printf("%c ", BT.data[d]);
        print_Pre(BT, 2*d+1);
        print_Pre(BT, 2*d+2);
    }
}
```

若二叉树有 n 个结点，其高度为 h，算法的时间复杂度为 O(n)，空间复杂度为 O(h)。

5-82　由完全二叉树的中序序列可以唯一确定一棵完全二叉树。若二叉树采用顺序存储，设计一个算法，根据一个中序序列 in[]创建一棵完全二叉树。

【解答】　根据完全二叉树的性质，当结点个数为 n 时，完全二叉树的形状即可确定。再对其做中序遍历，把先序序列的数据安放进去即可。算法的实现如下。

```
void create_In(SqBTree& BT, DataType in[], int n, int d, int& i) {
//算法调用方式 create_In(BT, in, n, d, i)。输入：二叉树的中序序列 in，序列中
//元素个数 n，建树过程中当前安放位置 d，序列取值指针 i；输出：由二叉树的中序序列构
//造成功的完全二叉树子树根指针 BT
    if(d >= n) {BT.data[d] = '#';  return; }
    else {
        create_In(BT, in, n, 2*d+1, i);
        BT.data[d] = in[i++];
        create_In(BT, in, n, 2*d+2, i);
    }
}
void print_In(SqBTree& BT, int d) {
    if(BT.data[d] != '#') {
        print_In(BT, 2*d+1);
        printf("%c ", BT.data[d]);
        print_In(BT, 2*d+2);
    }
}
```

若二叉树有 n 个结点，其高度为 h，算法的时间复杂度为 O(n)，空间复杂度为 O(h)。

5-83　严格二叉树是只有度为 0 和度为 2 的结点的二叉树。设计一个算法，利用严格二叉树的先序遍历序列和后序遍历序列创建该二叉树。

【解答】 利用严格二叉树的先序序列和后序序列可以唯一地确定该二叉树。二叉树先序序列的第一个结点是二叉树的根 X，因为是严格二叉树，故紧随它的是其左子女 Y。然后在二叉树的后序序列中查找 Y，设 Y 在后序序列的第 i 个位置，从而把后序序列（除最后的根结点外）一分为二，其左边是二叉树的左子树（包括 Y），右边是二叉树的右子树。最后对左子树和右子树分别递归地构造二叉树即可。算法的实现如下。

```
void regularBinTree(BiTNode *& t, DataType pre[], DataType post[],
                    int s1, int t1, int s2, int t2) {
//算法调用方式 regularBinTree(t, pre, post, s1, t1, s2, t2)。输入：二叉树先序
//序列 pre，后序序列 post，在递归创建二叉树过程中当前先序序列处理区间 s1 到 t1，后序
//序列处理区间 s2 和 t2；输出：利用严格二叉树的先序序列和后序序列创建的严格二叉树
//的子树根指针 t
    if((s1 > t1)||(s2 > t2)) { t = NULL;  return; }
    t = (BiTNode *) malloc(sizeof(BiTNode));              //创建根结点
    t->data = pre[s1];  t->lchild = t->rchild = NULL;
    if(s1 < t1) {
        for(int i = s2; i < t2; i++)                      //在后序序列查左子女
            if(post[i] == pre[s1+1]) break;
        regularBinTree(t->lchild, pre, post, s1+1, s1+i-s2+1, s2, i);
        regularBinTree(t->rchild, pre, post, s1+i-s2+2, t1, i+1, t2-1);
    }
}
```

若二叉树有 n 个结点，其高度为 h，算法的时间复杂度为 $O(n)$，空间复杂度为 $O(h)$。

5-84 若以三元组（F, C, L/R）形式输入一棵二叉树的各条边（其中 F 表示双亲，C 表示子女，L/R 表示 C 是 F 的左子女或是 F 的右子女），且在输入的三元组序列中，各边是按层次顺序出现的。设各结点的 F、C、L 和 R 都是字符型。例如，图 5-15 所示二叉树的各边三元组输入序列为 "a b L a c R b d L c e L c f R"。设计一个算法，由输入的三元组序列创建二叉树的三叉链表。

图 5-15 题 5-84 的图

【解答】 因为是按层次顺序处理三元组序列的各条边，需要设置一个队列，存储处理过的每个三元组结点。算法首先读取第一个三元组（F, C, D），把 F 进队列；然后在队列不空时反复执行以下工作：判断队头所存结点的值是否等于 F，如果是，处理边（F, C, D），创建存放 C 的新结点，根据 D 链入队头所存结点下面，再读取下一个三元组（F, C, D）；如果不是，队头所存结点退出队列元素，将处理下一条边。当所有边都链入三叉链表后队列可能不会空，此时强制退出，结束算法。算法的实现如下。

```
#define queSize 30
void createBinPTree(BiTPNode *& T, DataType lv[], int n) {
//算法调用方式 createBinPTree(T, lv, n)。输入：按层次顺序输入的二叉树三元组序
//列，序列中三元组个数 n；输出：根据层次序三元组序列创建的三叉树 T
    DataType F, C, D;  BiTPNode *p, *pr;  int i = 0;
    BiTPNode *Q[queSize];  int fr = 0, re = 0;            //辅助队列
    F = lv[i++];  C = lv[i++];  D = lv[i++];              //第一条边
```

```
        T = (BiTPNode *) malloc(sizeof(BiTPNode));              //创建根结点
        T->data = F; T->lchild = T->rchild = NULL; T->parent = NULL;
        Q[re] = T; re =(re+1) % queSize;                        //根进队列
        while(fr != re) {                                       //队列不空时
            if(Q[fr]->data == F) {
                p = (BiTPNode *) malloc(sizeof(BiTPNode));
                p->data = C; p->lchild = p->rchild = NULL;
                pr = Q[fr]; p->parent = pr;
                if(D == 'L') pr->lchild = p;
                else pr->rchild = p;
                Q[re] = p; re =(re+1) % queSize;
                if(i < 3*n) { F = lv[i++]; C = lv[i++]; D = lv[i++]; }
                else break;
            }
            else fr = (fr+1) % queSize;
        }
}
void printBinPTree(BinPTree t) {
    if(t != NULL) {
        DataType lc = (t->lchild == NULL) ? '#' : t->lchild->data;
        DataType rc = (t->rchild == NULL) ? '#' : t->rchild->data;
        DataType pr = (t->parent == NULL) ? '#' : t->parent->data;
        printf("data=%c, lch=%c, rch=%c, prt=%c\n", t->data, lc, rc, pr);
        printBinPTree(t->lchild);
        printBinPTree(t->rchild);
    }
}
```

若三叉树有 n 个结点，其高度为 h，算法的时间复杂度为 O(n)，空间复杂度为 O(h)。

5.3.3　二叉树遍历的非递归算法

5-85　若二叉树采用二叉链表存储，设计一个非递归算法，利用栈和退栈计数实现二叉树的后序遍历。

【解答】后序遍历过程需要经历三种状态：递归后序遍历根的左子树，递归后序遍历根的右子树，访问根结点。因此，每个结点经三次退栈进栈：第一次退栈，进结点的左子树；第二次退栈，从左子树退回，进结点的右子树；第三次退栈，从右子树退回，访问根结点。这样，可在栈元素中保存两个信息：一是进栈结点的地址指针 ptr；二是结点的退栈次数 popTim。第一次结点进栈，popTim 为 0，第一次退栈后，结点的 popTim 变为 1，再进栈；此时若左子树非空，将左子女进栈；第二次退栈后，结点的 popTim 变为 2，再进栈，此时若右子树非空，将右子女进栈；第三次退栈后，结点的 popTim 变为 3，此时结点不再进栈，直接输出。当所有结点都退栈之后，以栈空作为算法结束的标识。算法的实现如下。

```
#define stackSize 25
typedef struct {                                  //递归工作栈
    BiTNode *ptr;                                 //结点指针
    int popTim;                                   //退栈计数
} stackNode;
void postOrder(BinTree& BT) {
//算法调用方式 postOrder(BT)。输入：采用二叉链表存储的二叉树 BT；输出：二叉
//树的后序序列
    if(BT == NULL) { printf("空树，不可遍历！\n"); return; }
    stackNode w, S[stackSize]; int top = -1;    //定义栈并置空
    BiTNode *p = BT;
    w.ptr = p; w.popTim = 0; S[++top] = w;       //根进栈
    while(top != -1) {                            //当栈不空
        w = S[top]; w.popTim++;                   //取栈顶，退栈计数加 1
        if(w.popTim == 3)                         //从右子树退回，访问根
           { top--; printf("%c ", w.ptr->data); }
        else {
           S[top] = w;
           if(w.popTim == 1) {                    //进左子树
               if(w.ptr->lchild != NULL)          //若左子树非空，左子女进栈
                  { w.ptr = w.ptr->lchild; w.popTim = 0; S[++top] = w; }
           }
           else if(w.ptr->rchild != NULL)         //若右子树非空，右子女进栈
              { w.ptr = w.ptr->rchild; w.popTim = 0; S[++top] = w; }
        }
    }
    printf("\n");
}
```

若二叉树有 n 个结点，其高度为 h，算法的时间复杂度为 O(n)，空间复杂度为 O(h)。

5-86 若二叉树采用二叉链表存储，设计一个非递归算法，利用栈和退栈计数实现二叉树的中序遍历。

【解答】 比较中序遍历与后序遍历过程可知，它们走过的路线是一样的，只不过访问结点是在第二次退栈时，即从左子树退回后进行的，然后才向它的右子树遍历下去。算法的实现如下（栈类型定义与题 5-85 相同）。

```
void inOrder(BinTree& BT) {
//算法调用方式 inOrder(BT)。输入：采用二叉链表存储的二叉树 BT；输出：二叉
//树的中序序列
    if(BT == NULL) { printf("空树，不可遍历！\n"); return; }
    stackNode w, S[stackSize]; int top = -1;    //定义栈并置空
    BiTNode *p = BT;
    w.ptr = p; w.popTim = 0; S[++top] = w;       //根进栈
    while(top != -1) {                            //当栈不空
        w = S[top--]; w.popTim++;                 //退栈，退栈计数加 1
        if(w.popTim == 2) {                       //从左子树退回，访问根
```

```
                printf("%c ", w.ptr->data);
                if(w.ptr->rchild != NULL)              //若右子树不空，右子女进栈
                   { w.ptr = w.ptr->rchild;  w.popTim = 0;  S[++top] = w; }
             }
             else {
                S[++top] = w;                           //修改退栈计数后重新进栈
                if(w.ptr->lchild != NULL)              //若左子树不空，左子女进栈
                   { w.ptr = w.ptr->lchild;  w.popTim = 0;  S[++top] = w; }
             }
        }
        printf("\n");
    }
```

若二叉树有 n 个结点，其高度为 h，算法的时间复杂度为 O(n)，空间复杂度为 O(h)。

5-87　若二叉树采用二叉链表存储，设计一个非递归算法，利用栈和退栈计数实现二叉树的先序遍历。

【解答】　比较先序遍历与中序遍历过程可知，它们走过的路线是一样的，只不过访问结点是在第一次退栈时，在访问该结点之后，先将该结点的右子女（若存在）进栈，再将该结点的左子女（若存在）进栈，将来退栈的次序正好相反，这样才能让左子女先于右子女访问。算法的实现如下。

```
void preOrder(BinTree& BT) {
//算法调用方式 preOrder(BT)。输入：采用二叉链表存储的二叉树 BT；输出：二叉
//树的先序序列
    if(BT == NULL) { printf("空树, 不可遍历! \n");  return; }
    BiTNode *S[stkSize];  int top = -1;                 //定义栈并置空
    BiTNode *p = BT;  S[++top] = p;                     //根进栈
    while(top != -1) {                                  //当栈不空
        p = S[top--];  printf("%c ", p->data);          //退栈，访问
        if(p->rchild != NULL) S[++top] = p->rchild;     //右子女进栈
        if(p->lchild != NULL) S[++top] = p->lchild;     //左子女进栈
    }
    printf("\n");
}
```

若二叉树有 n 个结点，其高度为 h，算法的时间复杂度为 O(n)，空间复杂度为 O(h)。

5-88　若二叉树采用二叉链表存储，设计一个非递归算法，利用栈和左、右标志实现二叉树的后序遍历。

【解答】　进行二叉树的后序遍历时，应当先遍历根的左子树，在遍历完左子树后，要退出左子树进入根的右子树去遍历右子树，从右子树退出后才能访问根结点。为区分是从左子树退回还是从右子树退回，可以给栈的每个结点增加一个标记域 tag，在遍历左子树时，进栈的每个树结点不但要记下该结点的地址，还要加标记 left；在遍历右子树时，需要先把位于栈顶的树结点的标记改为 right 再遍历右子树的结点；当从右子树退回时最后再访问根结点。算法的实现如下。

```
#define stkSize 25
enum childType { left, right };
typedef struct {                                    //递归工作栈
        BiTNode *ptr;                               //结点指针
        childType tag;                              //标志, 区分左退还是右退
} stkNode;
void postOrder(BinTree& BT) {
//算法调用方式 postOrder(BT)。输入: 用二叉链表存储的二叉树 BT;
//输出: 按后序遍历序列次序输出二叉树 BT 的所有结点
    if(BT == NULL) { printf("空树, 不可遍历! \n"); return; }
    stkNode w, S[stkSize];  int top = -1;           //定义栈并置空
    BiTNode *p = BT;
    w.ptr = p;  w.tag = left;  S[++top] = w;        //根开始进栈
    while(p != NULL || top != -1) {                 //当栈不空
        while(p != NULL) {                          //沿左子树方向遍历
            w.ptr = p;  w.tag = left;
            S[++top] = w;  p = p->lchild;           //边走边进栈
        }
        w = S[top--];  p = w.ptr;                   //取栈顶
        if(w.tag == left) {                         //若从左子树退回, 遍历右子树
            w.tag = right;  S[++top] = w;           //栈顶改右子树标志
            p = p->rchild;                          //转向右子树
        }
        else {
            printf("%c ", p->data);
            if(p == BT) { printf("\n"); return; }
            else p = NULL;
        }
    }
}
```

若二叉树有 n 个结点, 其高度为 h, 算法的时间复杂度为 O(n), 空间复杂度为 O(h)。

5-89 已知具有 n 个结点的非空二叉树采用顺序存储, 设计一个非递归算法, 中序遍历这棵二叉树。

【解答】 算法在求左子女和右子女时利用了二叉树顺序存储的计算方法。设结点编号等于数组下标, 则对于结点 i, 进入左子树用 $i = 2*i+1$, 进入右子树用 $i = 2*i+2$; 算法使用了一个递归栈, 存储回退的路径。此外, 空结点用空字符填充。算法的实现如下。

```
void InOrder(SqBTree& BT) {
//算法调用方式 InOrder(BT)。输入: 采用顺序存储的二叉树 BT; 输出: 按中序遍
//历序列的次序输出二叉树 BT 的所有结点
    int S[stackSize];  int i = 0, top = -1;         //创建栈并置空
    do {
        while(BT.data[i] != ' ')                    //空结点
            { S[++top] = i;  i = 2*i+1; }
        i = S[top--];
        printf("%c ", BT.data[i]);
```

```
        i = 2*i+2;
    } while(top != -1 || BT.data[i] != ' ');
}
```

若二叉树有 n 个结点，其高度为 h，算法的时间复杂度为 O(n)，空间复杂度为 O(h)。

5-90　已知具有 n 个结点的非空二叉树采用顺序存储，设计一个非递归算法，先序遍历这棵二叉树。

【解答】采用先序非递归遍历算法，利用栈保存回退的路径。空结点用"#"填充。算法的实现如下。

```
void PreOrder_iter(SqBTree& BT) {
//算法调用方式 PreOrder(BT)。输入：采用顺序存储的二叉树 BT；输出：按先序遍历
//序列的次序输出二叉树的所有结点
    int S[stackSize];  int i, top = -1;
    S[++top] = 0;                                    //根结点 0 进栈
    while(top != -1) {
        i = S[top--];                               //退栈
        printf("%c ", BT.data[i]);                  //访问根结点
        if(BT.data[2*i+2] != ' ') S[++top] = 2*i+2; //右子女进栈
        if(BT.data[2*i+1] != ' ') S[++top] = 2*i+1; //左子女进栈
    }
}
```

若二叉树有 n 个结点，其高度为 h，算法的时间复杂度为 O(n)，空间复杂度为 O(h)。

5-91　下面是一个二叉树的先序遍历的递归算法。

```
void PreOrder(BinTree t) {
    if(t != NULL) {                                 //递归结束条件
        printf("%d ", t->data);                     //访问（输出）根结点
        PreOrder(t->lchild);                        //先序遍历左子树
        PreOrder(t->rchild);                        //先序遍历右子树
    }
};
```

（1）改写 PreOrder 算法，消去第二个递归调用 PreOrder(t->rchild)。

（2）利用栈改写 PreOrder 算法，消去两个递归调用。

【解答】算法考查消除递归的方法。

（1）消去第二个递归语句时，视第一个递归语句为一般语句，按尾递归改为迭代处理。

（2）定义一个栈，在访问某一个结点时保存其右、左子女结点的地址。下一步将先从栈中退出左子女结点，对其进行遍历，然后从栈中退出右子女结点，对其进行遍历。

算法的实现如下。

（1）消去第二个递归语句：

```
void PreOrder(BinTree t) {
    while(t != NULL) {                              //按尾递归改为循环
        printf("%d ", t->data);
```

```
        PreOrder(t->lchild);
        t = t->rchild;                              //向右子树循环
    }
}
```

（2）用栈消去第二个递归语句：

```
void PreOrder(BinTree t) {
    BinTree p, S[stackSize];  int top = -1;         //创建栈并初始化
    S[++top] = t;                                   //根进栈
    while(top != -1) {                              //当栈非空时
        p = S[top--];                               //从栈中退出一个子树结点
        printf("%d ", p->data);                     //访问结点
        if(p->rchild != NULL) S[++top] = p->rchild;
        if(p->lchild != NULL) S[++top] = p->lchild;
    }
}
```

算法的调用方式都是 PreOrder(t)。但递归算法中 t 是子树的根指针，非递归算法中 t 是根指针。

5-92 若二叉树采用二叉链表存储，设计一个算法，不用栈实现二叉树的中序遍历。

【解答】 本题是 1979 年由 Joseph Morris 提出的。算法的思路是：如果一棵二叉树退化成单支树，每个结点只有一个子女，左、右子树双递归遍历就可以退化成单向递归遍历，采用迭代来实现二叉树的非递归遍历。Morris 算法基于此想法，将双分支结点接到其中序前趋（左子树上最右下结点）的右子女位置，从而实现沿右分支进行非递归的中序遍历。但这样做，改动了二叉链表的结构，因此在访问一个结点之后，还需要将结构复原。下面通过图例说明其处理过程，如图 5-16 所示。

（1）最初，指针 p 指向根结点（= 4）。该结点的左指针非空，有左子女，在其左子树中用指针 q 定位*p 的中序前趋（= 3），如图 5-16（a）所示。让*p 成为*q 的右子女，保持*p 左指针的内容，如图 5-16（b）所示。然后让指针 p 左进到新根（= 2）的位置。

（2）指针 p 所指新根结点（= 2）仍然有左子女，同样用 q 在其左子树中定位其中序前趋（= 1）的位置，如图 5-16（c）所示。再让*p 成为*q 的右子女，保持*p 左指针的内容，如图 5-16（d）所示，然后让指针 p 左进到新根（= 1）的位置。

（3）*p 没有左子女，访问该结点（= 1），如图 5-16（e）所示。然后让 p 右进到结点 2。虽然结点 2 左指针非空，但*p 是*q 的右子女，此时输出该结点（= 2），如图 5-16（f）所示。然后让*q 所指结点（= 1）的右指针为空，二叉树恢复到了图 5-16（c）的形状，如图 5-16（g）所示。

（4）指针 p 右进到结点 3，该结点无左子女，输出（= 3），再让指针 p 右进到结点 4，如图 5-16（h）所示。结点 4 的左指针非空，但在其左指针所指子树上沿右指针链找到了*p 的双亲，用 q 定位，在此情况下，输出结点 4（=4），如图 5-16（i）所示，然后让*q 所指结点（= 3）的右指针为空，二叉树恢复到图 5-16（a）的形状，如图 5-16（j）所示。

（5）指针 p 右进到结点 5，该结点无左子女，输出（= 5），再让指针 p 右进，p 等于空，算法就结束了。

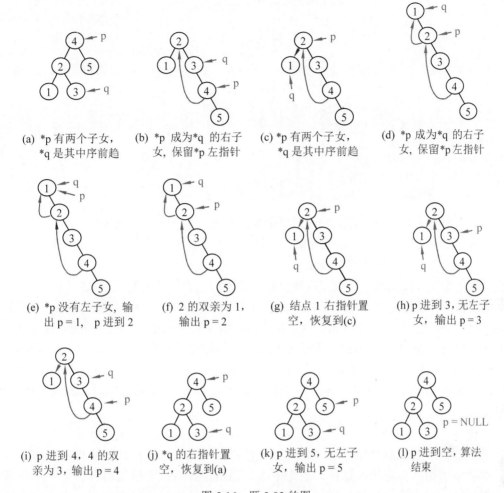

图 5-16 题 5-92 的图

算法的实现如下。

```
void MorrisInOrder(BiTNode *& T) {
//算法调用方式 MorrisInOrder(T)。输入：二叉树的根指针 T；输出：将二叉树转化
//为右单支树进行中序的非递归遍历，按中序遍历二叉树的所有结点
    BiTNode *p, *q;
    if(T == NULL) { printf("树空返回!\n"); return; }
    p = T;                                       //进入以 T 为根的二叉树
    while(p != NULL)
        if(p->lchild == NULL) {                  //非叶结点仅有右子女
            printf("%c ", p->data);              //访问该非叶结点
            p = p->rchild;                       //进到右子女结点
        }
        else {
            q = p->lchild;
            while(q->rchild != NULL && q->rchild != p) q = q->rchild;
                //查找*p 左子树上中序最后一个结点
```

```
            if(q->rchild == NULL) {          //*q 是*p 的中序前趋
                q->rchild = p;               //*p 成为*q 的中序后继
                p = p->lchild;               //p 回到原*p 的左子女
            }
            else {                           //*q 的右子女为*p
                printf("%c ", p->data);      //访问
                q->rchild = NULL;
                p = p->rchild;
            }
        }
    printf("\n");
}
```

若二叉树有 n 个结点，算法的时间复杂度为 O(n)，空间复杂度为 O(1)。

5-93 若二叉树采用二叉链表存储，设计一个算法，不用栈实现二叉树的先序遍历。

【解答】 本算法又称为逆转链法。在二叉树遍历过程中不使用栈，只有在单向递归或尾递归的情形下才能实现。但如果改变链指针的走向，也能够用迭代方法实现遍历。逆转链法的思路是：当沿着结点的左子树或右子树"下降"访问时，临时逆转结点的 lchild 或 rchild 的值，使之指向结点的双亲，以便将来遍历指针的"上升"。一旦遍历指针上升，就要立即将结点的 lchild 或 rchild 恢复为原来的值。算法要求每个结点增加一个标志域 tag，用来标识遍历过程中当前是下降到左子树还是下降右子树。一般情况下 tag = 0，当遍历过程当前进入某结点的左子树时，将该结点的 tag 置为 1，从左子树退出时再将该结点的 tag 恢复为 0。

如图 5-17（a）为例，开始时每个结点的 tag = 0。结点旁数字为该结点标志 tag 的值。遍历过程中若走到某结点*p，先访问该结点，再把走过的指针逆转指向它的双亲，然后继续向子树方向遍历，这样一直走下去，当从指针所指子树退出时再把双亲原来逆转的指针逆转回来。待整棵树都访问完成后，二叉树又恢复成最初形态。指针的变化如图 5-17（b）～图 5-17（l）所示。

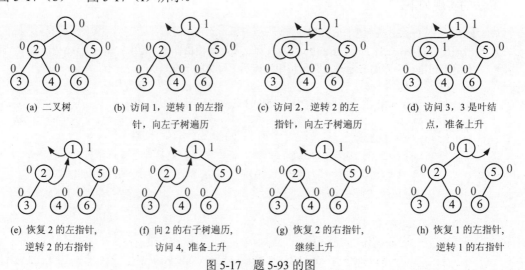

(a) 二叉树   (b) 访问 1，逆转 1 的左指针，向左子树遍历   (c) 访问 2，逆转 2 的左指针，向左子树遍历   (d) 访问 3，3 是叶结点，准备上升

(e) 恢复 2 的左指针，逆转 2 的右指针   (f) 向 2 的右子树遍历，访问 4，准备上升   (g) 恢复 2 的右指针，继续上升   (h) 恢复 1 的左指针，逆转 1 的右指针

图 5-17 题 5-93 的图

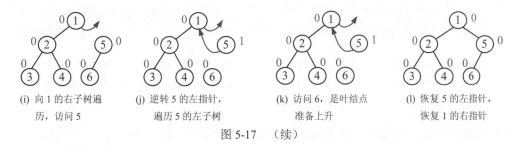

(i) 向 1 的右子树遍
历，访问 5

(j) 逆转 5 的左指针，
遍历 5 的左子树

(k) 访问 6，是叶结点
准备上升

(l) 恢复 5 的左指针，
恢复 1 的右指针

图 5-17 （续）

算法的实现如下。

```
void ReversePreOrder(BiTNode *& T) {
//算法调用方式 ReversePreOrder(T)。输入：二叉树的根指针 T；输出：使用逆转链
//方法对以 T 为根的二叉树进行先序遍历。要求在树结点中增加一个 tag 域，初始时
//全部置为 0，当进入左子树时 tag 置为 1，当退出左子树时 tag 恢复为 0。算法用到
//三个指针 p、q、r 分别指向当前访问结点及其后继和前趋
    BiTNode *p, *q, *r;
    if(T == NULL) { printf("树空返回! \n");  return; }
    p = T; r = NULL;                              //进入以 T 为根的二叉树
    do {
        while(p->lchild != NULL || p->rchild != NULL) {
            printf("%c ", p->data);               //访问非叶结点
            if(p->lchild != NULL) {               //下降进入左子树
              p->tag= 1;  q = p->lchild;
              p->lchild = r;  r = p;  p = q;
            }
            else if(p->rchild != NULL) {          //否则下降进入右子树
                q = p->rchild;  p->rchild = r;  r = p;  p = q;
            }
        }
        printf("%c ", p->data);                   //访问叶结点
        while(r != NULL &&(r->tag == 0 || r->rchild == NULL)) {
            if(r->tag == 0) {                     //从 r 结点的右子树上升
                q = r->rchild;  r->rchild = p;  p = r;  r = q;
            }
            if(r != NULL && r->tag == 1 && r->rchild == NULL) {
                r->tag = 0;                       //从 r 结点的左子树上升
                q = r->lchild;  r->lchild = p;  p = r;  r = q;
            }
        }
        if(r != NULL) {                           //从 r 的左子树上升，进入 r 的右子树
            r->tag = 0;  q = r->rchild;
            r->rchild = r->lchild;  r->lchild = p;     p = q;
        }
    } while(r != NULL);
```

```
    printf("\n");                                    //访问序列收尾
}
```

若二叉树有 n 个结点，算法的时间复杂度为 O(n)，空间复杂度为 O(1)。

5-94　若在二叉链表的每个结点中增加两个域：双亲域（parent）用于指向其双亲结点，标志域（tag = 0, 1, 2），用于区分在遍历过程中到达该结点时应该向左、向右还是应该访问该结点，设计一个算法，基于此存储结构实现非递归的后序遍历。

【解答】　二叉树的后序遍历有三种情形：一是从当前结点向左子树遍历（tag = 0），二是左子树遍历完后从左子树退回向右子树遍历（tag = 1），三是右子树遍历完从右子树退回访问该结点（tag = 2）。算法可以按照这三种情形分别处理。算法的实现如下。

```
void PostOrder(BiTNode *T) {
//算法调用方式 PostOrder(T)。输入：二叉树的根指针 T；
//输出：按后序遍历二叉树的所有结点
    BiTNode *p = T;
    while(p != NULL)
        switch(p->tag) {
        case 0: p->tag = 1;
                if(p->lchild != NULL) p = p->lchild;
                break;
        case 1: p->tag = 2;
                if(p->rchild != NULL) p = p->rchild;
                break;
        case 2: p->tag = 0;  printf("%c ", p->data);
                p = p->parent;
        }
}
```

若二叉树有 n 个结点，算法的时间复杂度为 O(n)，空间复杂度为 O(1)。

5-95　若二叉树采用二叉链表存储，设计一个算法，不用栈实现二叉树的后序遍历。

【解答】　本算法又称为 Robson 算法。算法使用逆转链方法，通过修改指针，实现不使用栈的非递归遍历。在遍历过程中，不是使用 tag 标志来区分向左子树还是向右子树遍历，而是在内部构造了一个链式栈，这个栈设置在树的叶结点中。当访问叶结点时，用指针 avail 存储这个叶结点。

如果 avail 所指叶结点是其双亲的左子女，在遍历指针 p 退出左子树转而遍历右子树时将它进栈，并让它的右指针存储 p 所指结点的双亲（用 r 指向）的地址；如果 avail 所指叶结点是其双亲的右子女，在遍历指针 p 退出右子树时，若栈顶叶结点的右指针所指结点正好是 p 的双亲 r，则栈顶结点退栈，p 退到双亲 r 位置，r 向更上层退。

在向子树"下降"时逆转指针存储双亲位置，在从子树"上升"时恢复指针原来的指向，这些处理与逆转链方法一致。图 5-18 给出了这种遍历的处理过程。

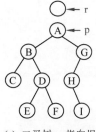

(a) 二叉树, p 指向根,
r 指向空结点

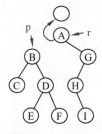

(b) 逆转 A 的左指针,
p 进到 B, r 跟到 A

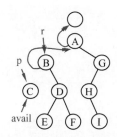

(c) 逆转 B 左指针, p 进到
C, r 跟到 B, 访问 C

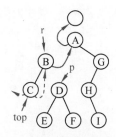

(d) C 进栈, 恢复 B 左指
针, 逆转 B 右指针

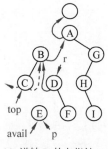

(e) 逆转 D 的左指针,
p 进到 E, 访问E

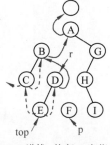

(f) E 进栈, 恢复 D 左指
针, 逆转 D 右指针

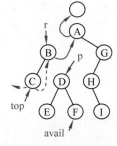

(g) p 进到 F, 访问F, E 退
栈, 恢复 D 右指针

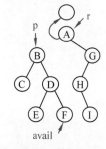

(h) p 退至 D, 访问D, C
退栈, 恢复 B 右指针

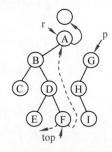

(i) p 退至 B, 访问 B, F 进栈, 恢
复 A 左指针, 逆转 A 右指针

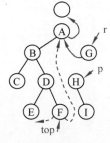

(j) 逆转 G 的左指针, p 进到 H,
r 跟进到 G

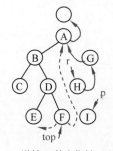

(k) 逆转 H 的右指针, p 进
到 I, r 跟进到 H, 访问I

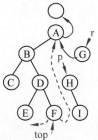

(l) 恢复 H 的右指针, p 退至 H,
r 退至 G, 访问H

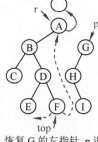

(m) 恢复 G 的左指针, p 退至 G,
r 退至 A, 访问G

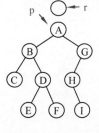

(n) F 退栈, 恢复 A 的右指针, p 退
到 A, r 退到空结点, 访问A

图 5-18　题 5-95 的图

算法的实现如下。

```
void RobsonPostOrder(BiTNode *& T) {
//算法调用方式 RobsonPostOrder(T)。输入: 二叉树的根指针 T; 输出: 用 Robson
```

```
//方法对以 T 为根的二叉树进行后序遍历。算法使用叶结点定义一个栈
    BiTNode *p, *q, *r, *avail, *top;
    if(T == NULL) { printf("树空返回! \n");  return; }
    p = T;  top = NULL;                          //进入以 T 为根的二叉树
    r = (BiTNode*) malloc(sizeof(BiTNode));
    do {
        while(p->lchild != NULL || p->rchild != NULL) {
            if(p->lchild != NULL) {              //下降进入左子树
                q = p->lchild;  p->lchild = r;
                r = p;  p = q;
            }
            else if(p->rchild != NULL) {         //否则下降进入右子树
                q = p->rchild;  p->rchild = r;
                r = p;  p = q;
            }
        }
        printf("%c ", p->data);                  //访问叶结点
        avail = p;                               //可用于存放栈元素
        while(p != T &&(r->lchild == NULL || r->rchild == NULL
                ||(top != NULL && r == top->rchild))) {
            if(r->rchild == NULL) {              //从 r 结点的左子树上升
                q = r->lchild;  r->lchild = p;
                p = r;  r = q;
            }
            else if(r->lchild == NULL) {
                q = r->rchild;  r->rchild = p;
                p = r;  r = q;
            }
            else if(top != NULL && r == top->rchild) {
                q = top;  top = top->lchild;     //从右子树上升
                q->lchild = NULL;  q->rchild = NULL;
                q = r->rchild;  r->rchild = p;
                p = r;  r = q;
            }
            printf("%c\n", p->data);
        }
        if(p != T) {                             //从左子树上升，进入右子树
            avail->lchild = top;  avail->rchild = r;
            top = avail;
            q = r->rchild;  r->rchild = r->lchild;
            r->lchild = p;  p = q;
        }
    } while(p != T);
    printf("\n");  free(r);
}
```

若二叉树有 n 个结点，其高度为 h，算法的时间复杂度为 $O(n)$，空间复杂度为 $O(h)$。

5-96 若二叉树采用三叉链表存储，设计一个算法，不使用栈实现二叉树先序非递归遍历。

【解答】 二叉树的根就是先序序列的第一个结点。查找下一个结点有几种情况：

- 如果结点*p 有左子女，则先序序列的下一个是其左子女。
- 如果结点*p 没有左子女，但有右子女，则先序序列的下一个是其右子女。
- 如果结点*p 左、右子女都不存在，反复执行如下步骤：

① 查找结点*p 的双亲*f。若没有，则*p 没有先序序列的下一个，否则执行②。

② 若*p 是*f 的左子女，

- 若*f 的右子女存在，则*p 在先序序列中的下一个是*f 的右子女。
- 若*f 的右子女不存在，用*p 代替*f，执行①。

③ 若*p 是*f 的右子女，用*p 代替*f，执行①。

算法的实现如下。

```
BiTPNode *preFirst(BiTPNode *BT) {
//求以 BT 为根的二叉树上先序第一个结点
    return BT;
}
BiTPNode *preNext(BiTPNode *BT, BiTPNode *p) {
//求以 BT 为根的三叉树上结点*p 的先序的下一个结点
    if(p->lchild != NULL) return p->lchild;
    else if(p->rchild != NULL) return p->rchild;
    else {                                          //两子女都不存在
        BiTPNode *f;
        while(p->parent != NULL) {
            f = p->parent;
            if(f->lchild == p && f->rchild != NULL) return f->rchild;
            else p = f;
        }
        return NULL;
    }
}
void preOrder(BiTPNode *BT) {                        //不用栈的先序遍历算法
//算法调用方式 preOrder(BT)。输入：三叉树的根指针 BT；输出：先序遍历输出三
//叉树的所有结点
    for(BiTPNode *p = preFirst(BT); p != NULL; p = preNext(BT, p))
        printf("%c ", p->data);
    printf("\n");
}
```

若二叉树有 n 个结点，算法的时间复杂度为 O(n)，空间复杂度为 O(1)。

5-97 若二叉树采用三叉链表存储，设计一个算法，不使用栈实现二叉树中序非递归遍历。

【解答】 二叉树中序遍历序列的第一个结点是二叉树从根开始，沿着 lchild 链一直走到底的结点。查找二叉树中序遍历序列中结点*p 的下一个结点，有以下几种情况：

- 若结点*p 的右子树非空，则其右子树中中序下第一个结点即为其中序下的下一个。
- 若结点*p 的右子树为空，又分几种情况：

① 查找结点*p 的双亲*f。若不存在，则*p 没有中序下的下一个，否则执行②。

② 若*p 是*f 的左子女，*p 的中序下的下一个是*f。

③ 若*p 是*f 的右子女，*p 替代*f，执行①。

算法的实现如下。

```
BiTPNode *inFirst(BiTPNode *BT) {
//求以 BT 为根的三叉树上中序的第一个结点
    for(BiTPNode *p = BT;  p->lchild != NULL; p = p->lchild);
    return p;
}
BiTPNode *inNext(BiTPNode *BT, BiTPNode *p) {
//求以 BT 为根三叉树上结点*p 的中序的下一个结点
    if(p->rchild != NULL) return inFirst(p->rchild);
    else {
        BiTPNode *f;
        while(p->parent != NULL) {
            f = p->parent;
            if(f->lchild == p) return f;
            else p = f;
        }
        return NULL;
    }
}
void inOrder(BiTPNode *BT) {
//算法的调用方式 inOrder(BT)。输入：三叉树的根指针 BT；输出：不用栈的
//中序遍历，输出三叉树的所有结点
    for(BiTPNode *p = inFirst(BT); p != NULL; p = inNext(BT, p))
        printf("%c ", p->data);
    printf("\n");
}
```

若三叉树有 n 个结点，算法的时间复杂度为 O(n)，空间复杂度为 O(1)。

5-98 若二叉树采用三叉链表存储，设计一个算法，不使用栈实现二叉树后序非递归遍历。

【解答】 二叉树后序的第一个结点就是其左子树中沿左指针链向下，左指针为空，再沿右子树的左指针链反复走到的叶结点。而针对指定结点*p 查找下一个结点时反复执行：

① 查找结点*p 的双亲结点*f，若无双亲，则*p 无后继；否则：

② 若*p 是其双亲*f 的左子女，

- 若*f 的右子树非空，则*p 后序下的后继是*f 右子树中后序下第一个结点。
- 若*f 的右子树为空，则*p 后序下的后继是*f。

③ 若*p 是其双亲*f 的右子女，则*p 后序下的后继是*f。

算法实现如下。

```
BiTPNode *postFirst(BiTPNode *BT) {
//求以 BT 为根的二叉树上后序的第一个结点
    BiTPNode *p = BT;
    while(p->lchild != NULL || p->rchild != NULL)
        if(p->lchild != NULL) p = p->lchild;
        else p = p->rchild;
    return p;
}
BiTPNode *postNext(BiTPNode *BT, BiTPNode *p) {
//求以 BT 为根二叉树上结点*p 的后序的下一个结点
    BiTPNode *f;
    while(p->parent != NULL) {
        f = p->parent;
        if(f->lchild == p && f->rchild != NULL)
            return postFirst(f->rchild);
        else return f;
    }
    return NULL;
}
void postOrder(BiTPNode *BT) {
//算法调用方式 postOrder(BT)。输入：二叉树的根指针 BT；输出：后序遍历输出
//二叉树的所有结点
    for(BiTPNode *p = postFirst(BT); p != NULL; p = postNext(BT, p))
        printf("%c ", p->data);
    printf("\n");
}
```

若三叉树有 n 个结点，算法的时间复杂度为 O(n)，空间复杂度为 O(1)。

5.3.4　二叉树遍历相关的算法

5-99　若二叉树采用二叉链表存储，设计一个算法，按凹入表的形式输出二叉树的所有结点，空子树用 "#" 代替，如图 5-19 所示。

【解答】　采用先序遍历递归算法求解。在参数表中设置一个控制参数 k，每递归一层 k 加 1，用 k×5 控制向右移格的数目。算法的实现如下。

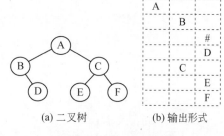

(a) 二叉树　　　　　(b) 输出形式

图 5-19　题 5-99 的图

```
void printConcave(BiTNode *t, int k){
//算法调用方式 printConcave(t, k)。输入：
//二叉树子树的根指针 t，输出数据时控制前面空格个数的整数 k（调用时初值
//为 0）；输出：按凹入表形式先序遍历输出二叉树根指针 t 的所有结点
for(int i = 0; i < 5*k; i++) printf(" ");
    if(t != NULL) {
        printf("%c\n", t->data);
        printConcave(t->lchild, k+1);
```

```
        printConcave(t->rchild, k+1);
    }
    else printf("#\n");
}
```

若三叉树有 n 个结点，其高度为 h，算法的时间复杂度为 O(n)，空间复杂度为 O(h)。

5-100 若二叉树采用二叉链表存储，设计一个算法，按层次顺序输出该二叉树。例如，图 5-20（a）给出一棵二叉树，其输出形式如图 5-20（b）所示。

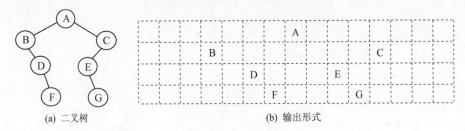

(a) 二叉树　　　　　　　　　　　　(b) 输出形式

图 5-20　题 5-100 的图

【解答】 算法分两步走。首先对二叉树进行层次序遍历，创建一个结点表，存储结点地址和按完全二叉树顺序存储的结点编号，如表 5-7 所示。然后按照完全二叉树的顺序存储分层打印。在分层打印时用 b 控制打印间隔，按每行第一个值的打印位置用 a（是负值）进行调整。另外用 k 按完全二叉树顺序存储对打印位置计数，用 p 对结点表的结点进行检测，如果当前打印位置实际没有结点，打印空格，否则打印结点值。算法的实现如下。

表 5-7　结点编号

数据	A	B	C	D	E	F	G
编号	1	2	3	5	6	11	13

```
#define maxSize 30
#define qSize 20
typedef struct {                                    //表结点类型定义
    BinTree ptr;                                    //结点地址
    int num;                                        //结点编号（根为1）
} TableNode;
void PrintBinTree_Level(BinTree& BT) {
//算法调用方式 PrintBinTree_Level(BT)。输入：二叉树的根指针 BT；输出：按层输
//出二叉树的所有结点
    TableNode Q[qSize];  int rear = 0, front = 0;   //定义队列并置空
    TableNode L[maxSize], w;                        //结点表是元素与结点号对照
    w.ptr = BT; w.num = 1; Q[++rear] = w;           //根结点进队，根的结点号1
    BiTNode *p;  int a, b, h, i, j, k, n = 0;        //计算各结点的编号，造表 L
    while(rear != front) {                           //队列不空，逐个结点处理
        front = (front+1) % qSize;  w = Q[front];
        L[n++] = w;                                 //n 是树结点计数
        p = w.ptr;  i = w.num;                      //p 是出队结点，i 是结点号
        if(p->lchild != NULL) {
            w.ptr = p->lchild;  w.num = 2*i; //左子女进队，结点号是2i
```

```
                    rear = (rear+1) % qSize;  Q[rear] = w;
            }
            if(p->rchild != NULL) {
                w.ptr = p->rchild;  w.num = 2*i+1; //右子女进队，结点号是 2i+1
                rear = (rear+1) % qSize;  Q[rear] = w;
            }
        }
        for(h = 1, i = L[n-1].num; i > 1; h++, i = i/2);  //计算二叉树高度 h
        for(b = 2, i = 1; i < h; b = b*2, i++);         //计算 b = 2h
        int pl = 0, pt = 1, c = 1;                      //用 c 控制每行打印数=2i-1
        for(i = 1; i <= h; i++) {                       //打印 h 行
            a = -b/2;                                   //每行第一个字符间隔偏移量
            for(j = 1; j <= c; j++) {                   //每行打印 c 个字符
                for(k = 1; k < a+b; k++) printf(" ");   //打印间隔
                if(pt == L[pl].num) {                   //pt 是完全二叉树层次序计数
                    printf("%d", L[pl].ptr->data);
                    if(++pl >= n) return;               //最后结点打印完算法结束
                }
                else printf(" ");                       //该位置没有结点，输出空白
                pt++;  a = 0;                           //下一个字符打印不需 a 偏移
            }
            c = 2*c;  b = b/2;                          //下一行间隔减半，个数增倍
            printf("\n");  printf("\n");
        }
    }
```

　　若二叉树有 n 个结点，其宽度为 b（等于各层结点数中的最大者），算法的时间复杂度为 $O(\max\{n\times b, h^2\})$，空间复杂度为 $O(n+b)$。调用方式为 PrintBinTree_Level (BT)。输入：二叉树的根指针 BT；输出：按层输出二叉树的所有结点。

　　5-101　若二叉树采用二叉链表存储，设计一个算法，将二叉树逆时针旋转 90° 输出，空子树用 "#" 代替，如图 5-21 所示。

　　【解答】　采用 RNL 中序遍历递归算法，参数表中设置一个整型参数 k，给出当前层输出数据时前面空格个数（≥0）。算法在递归执行时若遇到空子树，应输出一个 "#" 作为标志；否则，先递归输出右子树，再输出根的数据，然后递归输出左子树。一个特殊情况是输出叶结点，此时它的两个子女都不用输出，因为不需要判断左右子女。算法的实现如下。

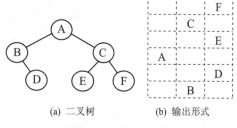

(a) 二叉树　　　(b) 输出形式

图 5-21　题 5-101 的图

```
void PrintRotate(BiTNode *t, int k) {
//算法调用方式 printRotate(t, k)。输入：二叉树子树的根指针 t，输出数据时控制前
//面空格个数的整数 k（调用时初值为 0）；输出：按照逆时针旋转 90° 输出二叉树
    int i;
    if(t != NULL) {
```

```
        if(t->lchild != NULL || t->rchild != NULL){    //非叶结点
            PrintRotate(t->rchild, k+5);                //递归输出右子树
            for(i = 0; i <= k; i++) printf(" ");        //输出前面空格
            printf("%c\n", t->data);                    //输出根的数据
            PrintRotate(t->lchild, k+5);                //递归输出左子树
        }
        else {                                          //叶结点
            for(i = 0; i <= k; i++) printf(" ");        //输出前面空格
            printf("%c\n", t->data);  return;           //输出叶的数据
        }
    }
    else {          //空子树，此情况仅出现在非叶结点中有一个子女缺失时
        for(i = 0; i <= k; i++) printf(" ");            //输出前面空格
        printf("#\n");                                  //输出"#"
    }
}
```

若二叉树有 n 个结点，其高度为 h，算法的时间复杂度为 O(n)，空间复杂度为 O(h)。

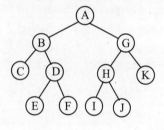

图 5-22 题 5-102 的图

5-102 若一棵二叉树的边界结点定义如下。

（1）根结点为边界结点。

（2）叶结点为边界结点。

（3）如果一个结点在其所在的层次中是最左或最右的，它也是边界结点。

设计一个算法，从根结点开始，逆时针且不重复地打印所有的边界结点。例如，对于如图 5-22 所示的二叉树，算法打印的结果为 "A, B, C, E, F, I, J, K, G"。

【解答】 以图 5-22 为例，首先如表 5-8 所示，记录二叉树每一层的最左结点和最右结点。

表 5-8 每一层的最左结点和最右结点

	h = 4	第 1 层	第 2 层	第 3 层	第 4 层
edgeMap[i][0]	最左结点	A	B	C	E
edgeMap[i][1]	最右结点	A	G	K	J

然后从上向下打印各层中的最左结点，如 "A, B, C, E"；接下来打印既不属于最左结点，又不属于最右结点的那些叶结点，如 "F, I"；最后从下向上打印所有层中的最右结点（排除那些既属于最左结点又属于最右结点的边界结点），如 "J, K, G"。算法的实现如下。

```
void setEdgeMap(BiTNode *t, int i, BiTNode *edgeMap[][2]) {
//设置二叉树 t 的最左结点和最右结点（边界结点）数组信息，i 为下标
    if(t == NULL) return;
    edgeMap[i][0] =(edgeMap[i][0] == NULL) ? t : edgeMap[i][0];
    edgeMap[i][1] = t;
    setEdgeMap(t->lchild, i+1, edgeMap);
    setEdgeMap(t->rchild, i+1, edgeMap);
```

```
}
void printLeafNotInMap(BiTNode *t, int level, BiTNode *edgeMap[][2]) {
//打印非最左结点和最右结点的叶结点信息。t 为根指针，level 为层号
    if(t == NULL) return;
    if(t->lchild == NULL && t->rchild == NULL &&
        t != edgeMap[level][0] && t != edgeMap[level][1])
            printf("%c ", t->data);
    printLeafNotInMap(t->lchild, level+1, edgeMap);
    printLeafNotInMap(t->rchild, level+1, edgeMap);
}
void printEdgeNode(BiTNode *T, int h, BiTNode *edgeMap[][2]) {
//算法调用方式 printEdgeNode(T, h, edgeMap[][2])。输入：二叉树的根指针 T，二叉
//树的高度 h；输出：输出存放于数组 edgeMap 中的边界结点
    if(T == NULL) return;
    int i;
    setEdgeMap(T, 0, edgeMap);
    printf("begin print of edgeNodes!\n");
    for(i = 0; i < h; i++) printf("%c ", edgeMap[i][0]->data);
    printLeafNotInMap(T, 0, edgeMap);
    for(i = h-1; i >= 0; i--)
        if(edgeMap[i][0] != edgeMap[i][1])
            printf("%c ", edgeMap[i][1]->data);
    printf("\n");
}
```

若二叉树有 n 个结点，其高度为 h，算法的时间复杂度为 O(n)，空间复杂度为 O(h)。

5-103　若二叉树采用二叉链表存储，设计一个算法，实现二叉树的 zigzag 打印。例如，对于如图 5-23 所示的二叉树，zigzag 打印的顺序是 "A, C, B, D, E, F, G, I, H"。

【解答】　算法使用了一个双端队列 Q，其容量不小于树的宽度，即各层结点数的最大值。设双端队列的一端为头（Head），另一端为尾（Tail）。算法首先将根结点*t 进队（哪一端均可），然后反复执行以下步骤：

（1）从左向右打印时，从 Q 的头部弹出结点，存入*p；若*p 有子女，则先把*p 的左子女（若存在）压入 Q 的尾部，再把*p 的右子女（若存在）压入 Q 的尾部。

（2）从右向左打印时，从 Q 的尾部弹出结点，存入*p；若*p 有子女，则先把*p 的右子女（若存在）压入 Q 的头部，再把*p 的左子女（若存在）压入 Q 的头部。

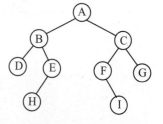

图 5-23　题 5-103 的图

算法用一个层号 level 和布尔量 lr 控制各层的交替。算法的实现如下。

```
#define dqSize 30                //双端队列的最大容量
typedef BinTree ElemType;
typedef struct {                 //队列结构定义
    ElemType elem[dqSize];       //环形存储数组
    int front, rear;             //队头和队尾指针
```

```
} Deque;
void initDeque(Deque& Q) {
    Q.front = Q.rear = 0;
}
int dequeEmpty(Deque& Q) {
    return(Q.front == Q.rear) ? 1 : 0;
}
int enDequeHead(Deque& Q, ElemType x) {
//插入 x 到队头。若堆满则插入失败, 函数返回 0, 否则函数返回 1
    if((Q.front+1) % dqSize == Q.rear) return 0;
    Q.front = (Q.front+1) % dqSize;                 //先让 front 加 1
    Q.elem[Q.front] = x;                            //再按 front 指向位置存 x
    return 1;                                        //指针 front 指向实际队头位置
}
int deDequeHead(Deque& Q, ElemType& x) {
//删去队头元素, 其值通过 x 返回。若队空则删除失败, 函数返回 0, 否则函数返回 1
    if(DequeEmpty(Q)) return 0;
    x = Q.elem[Q.front];                            //先按 front 指向位置取值
    Q.front = (Q.front-1+dqSize) % dqSize;          //指针 front 减 1
    return 1;
}
int enDequeTail(Deque& Q, ElemType x) {
//插入 x 到队尾。若堆满则插入失败, 函数返回 0, 否则函数返回 1
    if((Q.front+1) % dqSize == Q.rear) return 0;
    Q.elem[Q.rear] = x;                             //先按 rear 指向位置存 x
    Q.rear =(Q.rear-1+dqSize) % dqSize;             //再让 rear 减 1
    return 1;                                        //指针 rear 指向实际队尾后一位置
}
int deDequeTail(Deque& Q, ElemType& x) {
//删去队尾元素, 其值通过 x 返回。若队空则删除失败, 函数返回 0, 否则函数返回 1
    if(DequeEmpty(Q)) return 0;
    Q.rear = (Q.rear+1) % dqSize;                   //指针 rear 先加 1
    x = Q.elem[Q.rear];                             //再按此位置取值
    return 1;
}
void printLevel(int level, bool lr) {
    printf("Level-%d from ", level);
    printf(lr ? "left to right: " : "right to left: ");
}
void printbyZigZag(BiTNode *t) {
//算法调用方式 printbyZigZag(t)。输入: 二叉树的根指针 t;
//输出: 各层转换方向输出
    if(t == NULL) return;
    Deque Q;  initDeque(Q);
    enDequeHead(Q, t);
    int level = 1;  bool lr = true;
    BiTNode *last = t, *p, *s = NULL;
```

```
        printLevel(level++, lr);
        while(!dequeEmpty(Q)) {
            if(lr == true) {
                deDequeHead(Q, p);
                if(p->lchild != NULL) {
                    s = (s == NULL) ? p->lchild : s;
                    enDequeTail(Q, p->lchild);
                }
                if(p->rchild != NULL) {
                    s = (s == NULL) ? p->rchild : s;
                    enDequeTail(Q, p->rchild);
                }
            }
            else {
                deDequeTail(Q, p);
                if(p->rchild != NULL) {
                    s = (s == NULL) ? p->rchild : s;
                    enDequeHead(Q, p->rchild);
                }
                if(p->lchild != NULL) {
                    s =(s == NULL) ? p->lchild : s;
                    enDequeHead(Q, p->lchild);
                }
            }
            printf("%c ", p->data);
            if(p == last && ! dequeEmpty(Q)) {
                lr = ! lr;  last = s;  s = NULL;
                printf("\n");
                printLevel(level++, lr);
            }
        }
    printf("\n");
}
```

若二叉树有 n 个结点，其宽度（各层结点数中的最大者）为 b，算法的时间复杂度为 O(n)，空间复杂度为 O(b)。

5-104 若二叉树采用二叉链表存储，设计一个递归算法，以先序遍历顺序输出一棵二叉树所有结点的数据值及结点所在层次。

【解答】 算法采用典型的先序遍历的递归算法输出。算法的实现如下。

```
void nodePrint(BiTNode *t, int i) {
//算法调用方式nodePrint(t, i)。输入：二叉树子树的根指针t，当前层次i（主程序
//调用时 i = 1）；输出：按先序输出二叉树以 t 为根的子树及每个结点所在的层次
    if(t != NULL) {
        printf("结点的值为%c, 所在层次为%d\n", t->data, i);
        nodePrint(t->lchild, i+1);
        nodePrint(t->rchild, i+1);
```

```
        }
    }
```

若二叉树有 n 个结点，其高度为 h，算法的时间复杂度为 O(n)，空间复杂度为 O(h)。

5-105 若二叉树采用二叉链表存储，设计一个算法，查找元素值为 x 的结点，返回该结点的双亲结点的地址。

【解答】 设二叉树的根结点为*t，元素值等于 x 的结点为*p，其双亲为*pr。算法的思路是：如果*t 的元素值为 x，则它就是*p，其双亲 pr = NULL；如果不是，再判断*t 的左子女或右子女的元素值是否为 x，若是则该子女是*p，*t 是*pr；若不是就需要递归到*t 的左子树或右子树中去查找。算法的实现如下。

```
void getParent(BiTNode *t, DataType x, BiTNode *& p, BiTNode *pr) {
//算法调用方式 getParent(t, x, p, pr)。输入：二叉树子树的根指针 t，查找值 x；
//输出：引用参数 p 返回找到的包含 x 的结点的指针，pr 返回结点*p 的双亲指针
    if(t == NULL) { p = NULL;  return; }                    //空树
    if(t->data == x && pr != NULL) {p = pr;  return;}//找到，根即为所求
    else {                                                  //否则
        getParent(t->lchild, x, p, t);                      //到左子树查找
        if(p == NULL) getParent(t->rchild, x, p, t);        //否则到右子树查找
    }
}
```

若二叉树有 n 个结点，其高度为 h，算法的时间复杂度为 O(n)，空间复杂度为 O(h)。

5-106 若二叉树采用二叉链表存储，设计一个递归算法，计算二叉树中指定结点*p 所在层次（即深度）。

【解答】 算法判断：如果根就是要找的结点 p，则返回 t 的层次（=d），否则先递归到 t 的左子树中查找 p，若找到，则返回结点 p 在 t 子树中的层次；若未找到，再到 t 的右子树中查找。空树的情形是递归到底，没有找到结点 p 的情形，返回 0。算法的实现如下。

```
int level(BiTNode *t, BiTNode *p, int d) {
//算法调用方式 int depth = level(t, p, d)，设定树根的层次为 d = 1。输入：二叉
//树子树的根指针 t，查找结点的指针 p，当前查找层次 d；输出：函数返回查找到的结点
//的层次 depth（从 1 算起）；若没有找到，函数返回 0
    if(t == NULL) return 0;
    if(t == p) return d;
    int dep;
    if((dep = level(t->lchild, p, d+1)) > 0) return dep;
                                                            //在左子树中查找
    else return level(t->rchild, p, d+1);                   //在右子树中查找
}
```

若二叉树有 n 个结点，其深度为 d，算法的时间复杂度为 O(n)，空间复杂度为 O(d)。

5-107 若一棵二叉树采用二叉链表存储，设计一个算法，求二叉树上指定层次的所有结点（约定根结点的层次为 1）。

【解答】 如果采用二叉树的层次序遍历，可以简单地求得二叉树指定层次的所有结

点。本题仍然采用二叉树的先序遍历来实现。在二叉树的遍历算法中增加一个参数 d，初始为 1，表示根结点在第 1 层，每次向子树递归调用时用 d+1 传送层次信息，另外增加数组参数 R[]记录指定层结点，用引用参数 m 统计该层结点数。算法的实现如下。

```
void LevelNode(BiTNode *T, int k, int d, DataType R[], int& m) {
//算法调用方式 LevelNode(T, k, d, R, m)。输入：二叉树的根指针 T，指定查找层次
//k，当前查找层次 d；输出：数组 R 中保存第 k 层查找到的结点，引用参数 m 中是
//该层的结点数
    if(T == NULL) return;
    if(d == k) { R[m++] = T->data;  return; }
    LevelNode(T->lchild, k, d+1, R, m);
    LevelNode(T->rchild, k, d+1, R, m);
    return;
}
```

若二叉树有 n 个结点，其宽度（各层结点数中的最大者）为 b，算法的时间复杂度为 O(n)，空间复杂度为 O(b)。

5-108 若二叉树采用二叉链表存储，设计一个算法，利用二叉树的先序遍历求先序遍历序列的第 k（1≤k≤二叉树结点个数）个结点。

【解答】 在先序遍历算法中加入计数器 count，在访问结点的同时统计访问的序号，可实现题目的要求。需要注意的是，算法不要直接引用全局量 count，而应通过参数表显式传递 count，这样才能做到算法的复用。算法的实现如下。

```
BiTNode *Pre_Search_K(BiTNode *t, int& count, int k) {
//算法调用方式 BiTNode *p = Pre_Search_K(t, count, k)。输入：二叉树的子树的
//根指针 t，指定找先序第几个结点 k，当前处理的结点计数 count；输出：若设树中有 n 个
//结点，当 k ≤ n 时，函数返回结点地址；当 k > n，则函数返回 NULL。要求计数器
//count 从 1 开始，k 至少为 1
    if(t != NULL) {
        if(count == k) return t;                      //计数到 k，找到第 k 个结点
        count++;                                       //计数累加
        BiTNode *p = Pre_Search_K(t->lchild, count, k);//到左子树查找
        if(p != NULL) return p;                        //若找到，返回结点地址
        else return Pre_Search_K(t->rchild, count, k);//否则到右子树查找
    }
    else return NULL;
}
```

若二叉树有 n 个结点，其深度为 d，算法的时间复杂度为 O(n)，空间复杂度为 O(d)。

5-109 若二叉树采用二叉链表存储，设计一个算法，利用二叉树的中序遍历求中序遍历序列的第 k（1≤k≤二叉树结点个数）个结点。

【解答】 在中序遍历算法中加入计数器 count，在访问结点的同时统计已访问的序号，可实现题目的要求。全局变量 count 在主程序调用之前要预先赋为 1，并通过参数表作为引用参数显式传递。算法的实现如下。

```
BiTNode *In_Search_K(BiTNode * t, int& count, int k) {
```

```
//算法调用方式 BiTNode *p = Pre_Search_K(t, count, k)。输入：二叉树的子树的
//根指针 t，指定找中序第几个结点 k，当前处理的结点计数 count；输出：若树中有 n 个
//结点，当 k ≤ n 时，函数返回结点地址；当 k > n 时，函数返回 NULL。要求计数器
//count 从 1 开始，k 至少为 1
    if(t == NULL) return NULL;
    BiTNode *p = In_Search_K(t->lchild, count, k);
    if(p != NULL) return p;
    else {
        if(count == k) return t;
        count++;
        return In_Search_K(t->rchild, count, k);
    }
}
```

若二叉树有 n 个结点，其深度为 d，算法的时间复杂度为 O(n)，空间复杂度为 O(d)。

5-110　若二叉树采用二叉链表存储，设计一个算法，利用二叉树的后序遍历求后序遍历序列的第 k（1≤k≤二叉树结点个数）个结点。

【解答】　在后序遍历算法中加入计数器 count，在访问结点的同时统计已访问的序号，可实现题目的要求。全局变量 count 在主程序调用之前要预先赋为 1，并通过参数表作为引用型参数显式传递。算法的实现如下。

```
BiTNode *Post_Search_K(BiTNode *t, int& count, int k) {
//算法调用方式 BiTNode *p = Post_Search_K(t, count, k)。输入：二叉树的子树的
//根指针 t，指定找后序第几个结点 k，当前处理的结点计数 count；输出：若树中有 n 个结
//点，当 k ≤ n 时，函数返回结点地址；当 k > n 时，函数返回 NULL。要求 count 从 1
//开始，k 至少为 1
    if(t == NULL) return NULL;
    BiTNode *p = Post_Search_K(t->lchild, count, k);
    if(p != NULL) return p;
    else {
        p = Post_Search_K(t->rchild, count, k);
        if(p != NULL) return p;
        if(count == k) return t;
        count++;
        return NULL;
    }
}
```

若二叉树有 n 个结点，其深度为 d，算法的时间复杂度为 O(n)，空间复杂度为 O(d)。

5-111　若二叉树采用二叉链表存储，设计一个非递归算法，利用二叉树的先序遍历求根结点到所有结点的路径和路径长度，算法返回最长路径长度。

【解答】　算法采用非递归的先序遍历算法，设置两个辅助数组：path[i]用带头结点的单链表形式记录从根结点*t 到结点 i 的路径，len[i]记录从根结点到结点 i 的路径长度。在len[i]中求得的最大值即为最大路径长度，n 返回树结点个数。算法的实现如下。

```
int calcPathlength(BinTree BT, LinkList path[], int len[], int& n, int& k){
//求根结点 BT 到各结点的路径 path 和路径长度 len，计算最大路径长度
    BinTree S[maxSize];  int top = -1, i;
    LinkNode *r[maxSize];
    for(i = 0; i < maxSize; i++) r[i] = path[i];
    BiTNode *p = BT, *q;
    do {
        while(p != NULL) {
            S[++top] = p;                                //进栈
            r[n] = path[n];  len[n] = top;               //记录路径长度
            for(i = 0; i <= top; i++) {                  //用单链表记录路径
                r[n]->link =(LinkNode*) malloc(sizeof(LinkNode));
                r[n] = r[n]->link;
                r[n]->data = S[i]->data;                 //尾插法构造链表
            }
            r[n]->link = NULL;  n++;                      //链表收尾
            p = p->lchild;                               //左进
        }
        q = S[top];                                      //看最后进栈者
        while(q->rchild == p) {                           //右为空或右侧上退
            p = S[top--];                                //退栈
            if(top != -1) q = S[top];
            else break;
        }
        p = q->rchild;
    } while(top != -1);
    int maxi = len[0];                                   //求最大路径长度
    for(i = 1; i < n; i++)
        if(len[i] > maxi) { k = i;  maxi = len[i]; }
    printf("\n");
    return maxi;
}
```

算法的调用可参考如下程序。

```
LinkList PATH[maxSize];  int LEN[maxSize];
for(i = 0; i < maxSize; i++) {
    PATH[i] = (LinkNode *) malloc(sizeof(LinkNode));
    PATH[i]->link = NULL;
    LEN[i] = 0;
}
int j, k;
n = 0;  j = calcPathlength(root, PATH, LEN, n, k);
printf("具有最大路径长度路径的编号是 %d(从 0 开始)，最大路径长度是 %d\n", k, j);
for(i = 0; i < n; i++) {
    printf("(%d) ", i);
    for(p = PATH[i]->link; p != NULL; p = p->link)
```

```
        printf("%c ", p->data);
      printf("\nlength is %d\n", LEN[i]);
}
```

若二叉树有 n 个结点,其深度为 d,算法的时间复杂度为 O(n),空间复杂度为 O(d)。

5-112 若二叉树采用二叉链表存储,设计一个非递归算法,使用二叉树的后序遍历,求二叉树从根结点到叶结点的最长路径和路径长度。

【解答】 采取二叉树后序遍历的非递归算法,利用栈记录从根结点到当前结点的所有真祖先结点,栈的大小 n 由主程序用#define 定义。在遍历过程中,如果当前结点是叶结点,则栈中记录的就是从根结点到叶结点的路径。参数中的 path 数组存放从根结点到叶结点的最长路径,算法返回最长路径长度。算法的实现如下。

```
typedef struct { BiTNode *ptr;  int tag; } snode;     //栈结点定义
int maxLenPath(BinTree BT, DataType path[]) {
//使用二叉树的后序遍历,求二叉树从根结点到叶结点的最长路径和路径长度
   if(BT->lchild == NULL && BT->rchild == NULL)
     { path[0] = BT->data;  return 1; }
   snode S[stackSize], w;  int top = -1, i;           //定义栈 S 并置空
   BiTNode *p = BT;
   int max = 0;
   do {                                               //继续遍历的条件
      while(p != NULL)                                 //子树不空
         if(p->lchild == NULL && p->rchild == NULL) {
            if(top+1 > max) {
               max = top+1;                            //新的最长路径长度
               for(i = 0; i < max; i++) path[i] = S[i].ptr->data;
               path[max] = p->data;                    //记录最长路径
            }
            else break;
         }
         else {                                       //非叶结点
            w.ptr = p;  w.tag = 0;  S[++top] = w;      //根结点进栈,标识向左
            p = p->lchild;                             //向左子树遍历
         }
      while(top > -1 && S[top].tag == 1) top--;        //从右子树连续退回
      if(top > -1) {                                   //从左子树退回
         p = S[top].ptr;  S[top].tag = 1;              //再向右子树遍历
         p = p->rchild;
      }
   } while(top > -1);
   return max+1;                    //返回包括叶结点在内的从根到叶的最长路径长度
}
```

算法的调用方式如下:

```
DataType PATH[maxSize];
for(i = 0; i < maxSize; i++) PATH[i] = -1;
```

```
j = maxLenPath(root, PATH);
printf("最大路径长度是%d\n", j);
for(i = 0; i < j; i++) printf("%c ", PATH[i]);
printf("\n");
```

若二叉树有 n 个结点，其深度为 d，算法的时间复杂度为 O(n)，空间复杂度为 O(d)。

5-113　若二叉树采用二叉链表存储，设计一个算法，利用二叉树的先序遍历求从根结点到指定结点的路径及路径长度。

【解答】　算法采用非递归的先序遍历算法，设置一个数组 path[n]，记录从根结点*t 到指定结点*s 的路径。当遍历到指定结点*s 时，path 中存放的正是从根结点到*s 的路径，路径长度等于路径上的结点个数减 1。算法的实现如下。

```
int calcPathlength(BinTree BT, BiTNode *s, BinTree path[], int n) {
//采用先序遍历求根结点 BT 到指定结点*s 的路径 path，返回该路径的路径长度
    int top = -1;  BiTNode *p = BT, *q;
    do {
        while(p != NULL) {
            path[++top] = p;                        //进栈 path
            if(p == s) return top;                  //找到指定结点，返回
            p = p->lchild;
        }
        q = path[top];                              //看最后进栈者
        while(q->rchild == p) {                     //右为空或右侧上退
            p = path[top--];                        //退栈
            if(top != -1) q = path[top];
            else break;
        }
        p = q->rchild;
    } while(top != -1);
    return 0;                                       //没有找到，返回 0
}
```

算法的调用方式如下。

```
BinTree PATH[maxSize];  DataType x = 'K';
BiTNode *s = find_x(root, x);
j = calcPathlength(root, s, PATH, k);
printf("路径长度是 %d\n", j);
for(i = 0; i <= j; i++) printf("%c ", PATH[i]->data);
printf("\n");
```

若二叉树有 n 个结点，其深度为 d，算法的时间复杂度为 O(n)，空间复杂度为 O(d)。

5-114　若二叉树采用二叉链表存储，指针 t 指向根结点，设计一个算法，在二叉树中查找值为 x 的结点，并打印该结点所有祖先结点。在此算法中，设值为 x 的结点不多于一个。

【解答】　采用先序遍历的递归算法，在遍历查找值为 x 的结点过程中，将第 level 层经过的结点的值存储到数组 path[level-1]，一旦找到了值为 x 的结点，遍历即可终止，如果

遍历结束还未找到值为 x 的结点，查找失败。算法的实现如下。

```
int Find_Ancestors(BinTree t, DataType x, DataType path[], int level, int&
                    count) {
//算法调用方式 Find_Ancestors(t, x, path, level, count)。输入：二叉树子树
//的根指针 t，查找值 x，初始化的路径上结点存放数组 path，遍历过程中当前层次号 level
//(第一次调用赋1)；输出：若查找成功，引用参数 count 返回路径上结点个数，函数返回 1；
//否则函数返回 0
    if(t != NULL) {
        path[level-1] = t->data;
        if(t->data == x) { count = level-1;  return 1; }
        if(Find_Ancestors(t->lchild, x, path, level+1, count)) return 1;
        return Find_Ancestors(t->rchild, x, path, level+1, count);
    }
    else return 0;
}
```

若二叉树有 n 个结点，其深度为 d，算法的时间复杂度为 O(n)，空间复杂度为 O(d)。

5-115　若二叉树采用二叉链表存储，设计一个算法，判断在一棵根指针为 BT 的二叉树中是否存在一条从根到某个叶结点的路径，在该路径上各结点 data 域值之和等于给定值 x。

【解答】　采用二叉树的先序遍历算法进行判断。只是在访问根结点处修改了几条语句。如果二叉树为空，表明遍历递归到空子树，返回 0；如果二叉树遍历递归到叶结点且从根结点到该结点路径上各结点 data 域之和等于 x，则找到题目满足要求的结点，返回路径长度（即路径上的分支条数），否则继续到左子树和右子树中递归地查找。算法的实现如下。

```
int PathLenSum(BinTree t, int x, DataType path[], int level, BinTree& ptr){
//算法调用方式 int succ = PathLenSum(t, x, path, level, ptr)。输入：二叉树
//子树的根指针 t，给定值 x，初始化的路径上结点的存放数组 path，递归遍历过程中当前层次
//号 level(第一次调用赋1)；输出：采用先序遍历求从根到某个叶结点的路径，判断路
//径上各结点的值的和是否等于 x，若等于则函数返回路径长度，引用参数 ptr 返回找
//到叶结点的地址，数组 path 保存了从根结点到该叶结点的路径；若查找失败，函数
//返回 0
    if(t == NULL) return 0;
    path[level-1] = t->data;
    int sum = 0;  int i, k;
    for(i = 0; i < level; i++) sum +=(int) path[i];
    if(t->lchild == NULL && t->rchild == NULL && sum == x)
        { ptr = t;  return level-1; }
    else {
        k = PathLenSum(t->lchild, x, path, level+1, ptr);
        if(k != 0) return k;
        else return PathLenSum(t->rchild, x, path, level+1, ptr);
    }
}
```

若二叉树有 n 个结点，其深度为 d，算法的时间复杂度为 O(n)，空间复杂度为 O(d)。

5-116　若二叉树采用二叉链表存储，设计一个算法，利用二叉树的先序遍历求任意指定的两个结点 P 和 Q 间的路径和路径长度。

【解答】　若 P 和 Q 是树的两个结点，设从根结点 A 到结点 P 的路径是 ABCDEP，从根结点 A 到结点 Q 的路径是 ABUVRQ，则从结点 P 到结点 Q 的路径为 PEDCBUVRQ，长度为 8。在求解过程中可设置一个辅助数组 TElemType path[n] 来记录从结点 P 到结点 Q 的路径，其容量 n 由 #define 声明；len 返回路径长度。算法可借助题 5-114 的算法 Find_PrintAncestors，求从根结点到结点 P 的路径（在 path1 中），从根结点到结点 Q 的路径（在 path2 中）。

算法的实现如下。

```
#define maxSize 30
int Find_PrintAncestors(BinTree t, DataType x, DataType path[], int level,
                        int& count) {
    if(t != NULL) {
        path[level-1] = t->data;
        if(t->data == x) { count = level-1;  return 1; }
        if(Find_PrintAncestors(t->lchild, x, path, level+1, count))
            return 1;
        return Find_PrintAncestors(t->rchild, x, path, level+1, count);
    }
    else return 0;
}
void PathLength_P_Q(BinTree BT, DataType p, DataType q, DataType path[],
                    int& n) {
//算法调用方式 PathLength_P_Q(BT, p, q, path, n)。输入：二叉树的根指针 BT，给
//定两个结点 p 与 q 的值，初始化的路径上结点的存放数组 path；输出：数组 path
//保存了两个结点 p 与 q 之间的路径，引用参数 n 返回路径上结点个数
    int i, j, k, pc, qc;
    DataType path1[maxSize], path2[maxSize];
    Find_PrintAncestors(BT, p, path1, 1, pc);
                                        //从根到 p 的路径 path1，pc 为个数
    Find_PrintAncestors(BT, q, path2, 1, qc);
                                        //从根到 q 的路径 path2，qc 为个数
    if(!pc || !qc) { n = 0;  return; }   //p 或 q 中至少有一个不在树中
    for(i = 0; i < pc && i < qc; i++)    //跳过公共祖先
        if(path1[i] != path2[i]) break;
    k = 0;  path[k++] = p;               //逆向复制到最低公共祖先
    for(j = pc-1; j >= i-1; j--) path[k++] = path1[j];
    for(j = i; j <= qc; j++) path[k++] = path2[j];//从最低公共祖先正向复制
    path[k] = q;  n = k;
}
```

若二叉树有 n 个结点，其深度为 d，算法的时间复杂度为 O(n)，空间复杂度为 O(d)。

5-117　若二叉树采用二叉链表存储，设计一个算法，用层次序遍历求二叉树所有叶结点的值及其所在层次。

【解答】 采用二叉树层次序遍历算法来求解。在使用队列进行层次序遍历的过程中添加统计结点层次和判断结点是否为叶结点的运算。算法的实现如下。

```
void leaves(BinTree& BT, DataType leaf[], int level[], int& num) {
//算法调用方式leaves(BT, leaf, level, num)。输入：二叉树的根指针BT；输出：数
//组leaf存放所有叶结点的值，数组level记录对应叶结点所在层次，引用参数
//num返回叶结点个数
    BinTree p = BT;  num = 0;
    if(p != NULL) {
        int last = 1, layer = 1;          //last为层最后结点号，layer为层号
        BinTree Q[qSize];  int front = 0, rear = 0;    //定义队列并置空
        rear++;  Q[rear] = p;                         //根进队列
        while(front != rear) {                        //队列非空时逐层处理
            front = (front+1) % qSize;  p = Q[front]; //出队
            if(p->lchild == NULL && p->rchild == NULL)
                { leaf[num] = p->data;  level[num++] = layer; }
                                                //记录叶结点的值及其层次
            if(p->lchild != NULL)
                { rear = (rear+1) % qSize;  Q[rear] = p->lchild; }
            if(p->rchild != NULL)
                { rear = (rear+1) % qSize;  Q[rear] = p->rchild; }
            if(front == last)                         //本层最后结点已出队
                { last = rear;  layer++; }            //换层时层号加1
        }
    }
}
```

若二叉树有 n 个结点，其宽度（各层结点的结点数的最大者）为 b，算法的时间复杂度为 $O(n)$，空间复杂度为 $O(b)$。

5-118 若二叉树采用二叉链表存储，设计一个算法，计算二叉树各层结点个数，并返回二叉树的宽度，即具有结点数最多的那一层上的结点总数。

【解答】 采用二叉树的层次序遍历来求解，使用了一个队列，逐层统计各层结点个数。队列进队处理是先队尾指针加 1，再按队尾指针所指位置加入新元素，这样，队尾指针指向实际队尾位置，队头指针指向实际队头的前一位置。在循环最后检查，若队头指针等于该层最后一个结点的地址，树的一层处理结束，保存该层结点计数，再让层次号加 1，转入下一层处理。算法的实现如下。

```
void breadth(BinTree t, int count[], int& width, int& level) {
//算法调用方式breadth(t, count, width, level)。输入：二叉树的根指针t，各层
//结点计数count清零；输出：用count记录本层结点计数，引用参数width返回宽度，
//即各层结点数的最大值，level返回树的深度
    BinTree Q[qSize], p;  int front = 0, rear = 0;    //创建队列并置空
    int last = 1, lev = 0, num = 0;             //last为层最后结点号，lev为层号
    width = 0;  level = 1;  Q[++rear] = t;            //根进队列
    while(front != rear) {                            //队列不空时逐层处理
        front = (front+1) % qSize;  p = Q[front];     //从队列退出一个结点
```

```
            num++;                                          //结点数加 1
            if(p->lchild != NULL)                           //左子女进队列
                { rear = (rear+1) % qSize;  Q[rear] = p->lchild; }
            if(p->rchild != NULL)                           //右子女进队列
                { rear = (rear+1) % qSize;  Q[rear] = p->rchild; }
            if(front == last) {                             //上一层已经全部退出队列
                last = rear;                                //记录下一层最后结点号
                count[lev] = num;                           //记录本层结点数
                if(num > width) width = num;
                num = 0;  lev++;                            //换层时层号加 1,结点数清零
            }
            level = lev;
        }
    }
```

若二叉树有 n 个结点，其宽度（各层结点的结点数的最大者）为 b，算法的时间复杂度为 O(n)，空间复杂度为 O(b)。

5-119 若定义离根最远的叶结点所在层次为二叉树的深度，各层结点个数的最大值为二叉树的宽度，则定义深度和宽度的乘积为二叉树的繁茂度。若二叉树采用二叉链表存储，设计一个算法，计算二叉树的繁茂度。

【解答】 参考题 5-118，采用二叉树的层次序遍历来求解，逐层统计各层结点个数，计算其最大值 width，同时记录二叉树结点的深度 level，算法返回 width×level 的乘积。算法的实现如下。

```
int OverGrowth(BinTree t) {
//算法调用方式 int k = OverGrowth(t)。输入: 二叉树的根指针 t; 输出:采用二叉树
//的层次序遍历逐层统计各层结点个数,计算宽度 width 和深度 level,函数返回该二
//叉树的繁茂度, 即 width×level 的乘积
    BinTree Q[qSize];  int front = 0, rear = 0;            //创建队列并置空
    int last = 1, level = 0, num = 0;  //last 为层最后结点号, level 为层号
    int width = 0;
    BiTNode *p = t;
    Q[++rear] = p;                                          //根进队列
    while(front != rear) {                                  //队列不空时逐层处理
        front = (front+1) % qSize;  p = Q[front];           //从队列退出一个结点
        num++;                                              //结点数加 1
        if(p->lchild != NULL)                               //左子女进队列
            { rear = (rear+1) % qSize;  Q[rear] = p->lchild; }
        if(p->rchild != NULL)                               //右子女进队列
            { rear = (rear+1) % qSize;  Q[rear] = p->rchild; }
        if(front == last) {                                 //上一层已经全部退出队列
            last = rear;                                    //记录下一层最后结点号
            if(num > width) width = num;                    //求每层结点数的最大值
            num = 0;  level++;                              //换层时层号加 1,结点数置零
        }
    }
```

```
        return width*level;
}
```

若二叉树有 n 个结点，其宽度（各层结点的结点数的最大者）为 b，算法的时间复杂度为 O(n)，空间复杂度为 O(b)。

5-120 若一棵二叉树采用三叉链表作为它的存储结构，设计一个算法，通过对一棵二叉树进行层次序遍历求出所有从根到叶结点的最长路径，输出该路径上的结点序列。

【解答】 从根到叶结点的最长路径是指从根到离根最远的叶结点的路径，路径长度是这些叶结点的深度减 1。执行二叉树的层次序遍历，使用了一个队列，逐层记录每一层的结点，最后进队的那一层结点都满足题目要求。算法使用两个变量 first 和 last，每进入一层就记录该层结点在队列中的第一个和最后一个位置，当队列空时它们记录的就是最远层结点在队列中的位置。从这些结点向根的方向回溯，并用栈 path 保存经过的结点，然后顺序出栈，就可输出最长路径。算法的实现如下。

```
#define qSize 30
int longest_path(BiTPNode *t) {
//算法调用方式int k = longest_path(t)。输入：二叉树三叉链表的根指针t；输出：
//函数返回二叉树的最长路径长度，算法执行中输出所有最长的路径
    if(t == NULL) { printf("空树返回! \n"); return 0; }    //空树
    BiTPNode *Q[qSize]; int rear, front;          //队列数组及其头、尾指针
    int first, last, level, i, j, k;
    BiTPNode *p; DataType path[qSize];            //path为翻转路径结点的栈
    front = 0; rear = 1; Q[rear] = t;     //front指向实际队头的前一位置
    level = 1; first = last = 1;                  //层号level从1开始
    while(front != rear) {                        //层次遍历二叉树
        front = (front+1) % qSize;
        p = Q[front];                            //出队
        if(p->lchild != NULL)                    //左子树不空，左子女进队
           { rear = (rear+1) % qSize; Q[rear] = p->lchild; }
        if(p->rchild != NULL)                    //右子树不空，右子女进队
           { rear = (rear+1) % qSize; Q[rear] = p->rchild; }
        if(front != rear && front == last)
           { first = (front+1) % qSize; last = rear; level++; }
    }
    for(i = first, j = 1; i <= last; i = (i+1) % qSize, j++) {
        printf("第%d条最长路径: ", j);
        for(p = Q[i], k = 0; p != t; p = p->parent, k++) path[k] = p->data;
        path[k] = t->data;
        while(k >= 0) { printf("%c ", path[k]); k--; }
        printf("\n");
    }
    return level-1;                              //最长路径长度为层数减1
}
```

若二叉树有 n 个结点，其宽度为 b，算法的时间复杂度为 O(n)，空间复杂度为 O(b)。

5-121 若二叉树采用二叉链表存储，设计一个算法，计算每一层中结点数据大于 x（整

数）的结点个数，并输出这些结点的 data 域数值和结点序号（按层从上到下，同一层自左向右顺序编号，根结点的编号为 1）。

【解答】　算法执行层次序遍历，使用了一个辅助队列。每个结点自顶向下，同一层自左向右，陆续进队、出队一次，同时用一个序号计数器 num 统计每个结点的编号。在层次序遍历过程中，每逢结点的数据值大于 x，输出这些结点的数据值和序号。同时用 level 计算层号，用 last 创建每层最后一个结点在队列中的位置，用以在退出某层最后一个结点时输出该层的结点个数，再换层并用 last 记录下一层的最后结点在队列中的位置。

算法的实现如下。

```
#define qSize 25                                  //队列最大容量
#define maxh 10                                   //二叉树最大高度
int statistic(BinTree& t, int x, int count[]) {
//算法调用方式int k = statistic(t, x, count)。输入：二叉树二叉链表的根指针 t,
//给定值 x；输出：函数返回该二叉树的深度，数组 count 记录了各层大于 x 的结点个数，
//算法执行中输出这些结点的值及序号
    BiTNode *Q[qSize];  int front = 0, rear = 0;   //定义队列并置空
    int i, level, last, n;  BiTNode *p;            //level 为层号，last 为位置
    Q[++rear] = t;  last = rear;                   //根进队，last 记录层尾
    for(i = 0; i < maxh; i++) count[i] = 0;
    n = 0;  level = 1;                             //n 结点号，level 从 1 开始
    while(front != rear) {                         //当队列不空时重复
        front = (front+1) % qSize;  p = Q[front];  //结点出队
        n++;
        if(p->data > x) {
            printf("%d(%d)\n", p->data, n);
            count[level]++;
        }
        if(p->lchild != NULL)
            { rear =(rear+1) % qSize;  Q[rear] = p->lchild; }
        if(p->rchild != NULL)
            { rear =(rear+1) % qSize;  Q[rear] = p->rchild; }
        if(front != rear && front == last) { level++;  last = rear; }
    }
    return level;
}
```

若二叉树有 n 个结点，其宽度为 b，算法的时间复杂度为 O(n)，空间复杂度为 O(b)。

5-122　若二叉树采用二叉链表存储，u 和 v 是树中的两个结点的值，设计一个算法，判断 u 是否是 v 的祖先。

【解答】　要判断 u 是否是 v 的祖先，可以在以 u 为根的子树上使用任何一种遍历方法（本函数是先序遍历）查找 v。如果找到 v，则 u 是 v 的祖先，否则不是。算法的实现如下。

```
BiTNode *findNode(BiTNode *T, DataType x) {       //查找存放 x 的结点
    if(T == NULL) return NULL;
    else {
        if(T->data == x) return T;
```

```
            BiTNode *s = findNode(T->lchild, x);
            if(s) return s;
            else return findNode(T->rchild, x);
        }
    }
    bool isOffspring(BiTNode *& T, DataType u, DataType v) {
    //算法调用方式bool succ = isOffspring(T, u, v)。输入：二叉树的根指针T，给定
    //二叉树上的两个结点的值u和v；输出：若u是v的祖先，则函数返回true，否则函数返
    //回false
        BiTNode *p, *q;
        p = findNode(T, u);                    //定位u的结点地址
        q = findNode(p, v);                    //在以*p为根的子树中查找v
        return q != NULL;
    }
```

若二叉树有 n 个结点，其高度为 h，算法的时间复杂度为 O(n)，空间复杂度为 O(h)。

如果题目改为判断 v 是否是 u 的子孙，也可以套用此算法，只要 u 是 v 的祖先，当然 v 就是 u 的子孙；反之，如果 u 不是 v 的祖先，那么 v 也就不是 u 的子孙。

5-123　已知 u 和 v 是二叉树 T 的两个结点，设计一个算法，根据 T 的先序序列 pre 和后序序列 post，确认 u 是否是 v 的祖先。

【解答】　如果 u 是 v 的祖先，在二叉树的先序序列 pre 中 u 一定排在 v 的前面，在二叉树的后序序列中 u 一定排在 v 的后面。因此，可以在二叉树的先序序列中取出排在 v 前面的子序列，在后序序列中取出排在 v 后面的子序列，如果 u 出现在这两个子序列中，u 一定是 v 的祖先。算法的实现如下。

```
typedef char TElemType;
bool Ancestor(TElemType pre[], TElemType post[], TElemType u, TElemType
              v, int n) {
//算法调用方式bool succ = Ancestor(pre, post, u, v, n)。输入：二叉树先序序
//列pre，后序序列post，给定二叉树上的两个结点的值u和v，序列中元素个数n；输出：
//如果u是v的祖先，函数返回true，否则函数返回false
    int i; bool r1, r2;
    for(i = 0; i < n; i++)
        if(pre[i] == u) { r1 = true; break; }
        else if(pre[i] == v) { r1 = false; break; }
    if(i == n) r1 = false;
    for(i = n-1; i >= 0; i--)
        if(post[i] == u) { r2 = true; break; }
        else if(post[i] == v) { r2 = false; break; }
    if(i < 0) r2 = false;
    return r1 && r2;
}
```

若二叉树有 n 个结点，算法的时间复杂度为 O(n)，空间复杂度为 O(1)。

5-124　若二叉树采用二叉链表存储，设计一个算法，从二叉树中删去所有叶结点。

【解答】　采用递归方式求解。算法的思路是：若二叉树非空且当前结点既是根结点又

是叶结点，直接删除；否则递归在其左、右子树中删除其中的叶结点。注意参数表中引用参数 t 的使用。叶结点或空树是递归到底层的情况；对于那些非空的子树或者不是只有一个叶结点的子树，则需要执行递归语句，删除该子树中的叶结点。注意，删除后生成的新叶结点将不删除。算法的实现如下。

```
void defoliate(BiTNode *& t) {
//算法调用方式 defoliate(t)。输入：二叉树子树的根指针 t；输出：删除所有叶结点
    if(t == NULL) return;
    if(t->lchild == NULL && t->rchild == NULL) { free(t);  t = NULL; }
    else { defoliate(t->lchild);  defoliate(t->rchild); }
}
```

若二叉树有 n 个结点，其高度为 h，算法的时间复杂度为 O(n)，空间复杂度为 O(h)。

5-125　若二叉树采用二叉链表存储，设计一个算法，查找二叉树具有最大值的结点。

【解答】　采用递归方式求解。设 max 是事先设定的最大值，算法判断二叉树中各结点是否有比 max 还大的值，有则修改 max 使之保持最大值。注意，算法在递归语句中不是通过函数返回最大值，而是通过函数参数表返回最大值的，所以 max 是引用参数。算法的实现如下。

```
void maxValue(BiTNode *t, DataType& max) {
//算法调用方式 maxValue(t, max)。输入：二叉树子树的根指针 t，清零的引用参数
//max；输出：用 max 返回二叉树中具有最大值的结点
    if(t != NULL) {
        if(t->data > max) max = t->data;
        maxValue(t->lchild, max);
        maxValue(t->rchild, max);
    }
}
```

若二叉树有 n 个结点，其高度为 h，算法的时间复杂度为 O(n)，空间复杂度为 O(h)。

5-126　若二叉树采用二叉链表存储，设计一个算法，计算二叉树中具有最小值的结点。

【解答】　采用递归方式求解。设 min 是事先设定的最小值，算法判断二叉树中各结点是否有比 min 还小的值，有则修改 min 使之保持最小值。注意，min 是引用参数，主程序调用本算法前应事先给 min 赋予一个大值，只要大于树中某些结点的值即可。算法的实现如下。

```
void minValue(BiTNode *t, DataType& min) {
//算法调用方式 minValue(t, min)。输入：二叉树子树的根指针 t，赋予一个大值的引
//用参数 min；输出：用 min 返回二叉树中具有最小值的结点
    if(t != NULL) {
        if(t->data < min) min = t->data;
        minValue(t->lchild, min);
        minValue(t->rchild, min);
    }
}
```

若二叉树有 n 个结点，其高度为 h，算法的时间复杂度为 O(n)，空间复杂度为 O(h)。

5-127 若二叉树采用二叉链表存储，设计一个算法，交换以 t 为根的二叉树中每个结点的两个子女。

【解答】 采用递归方式求解。算法的思路是：如果二叉树非空，则对根的左子树和右子树分别递归地执行交换，然后交换根的左子女和右子女。递归结束条件是二叉树为空。算法的实现如下。

```
void reflect(BiTNode *t) {
//算法调用方式 reflect(t)。输入：二叉树子树的根指针 t；输出：交换每个非叶结点
//的两个子女
    if(t == NULL) return;
    reflect(t->lchild);  reflect(t->rchild);
    BiTNode *p = t->lchild;  t->lchild = t->rchild;  t->rchild = p;
}
```

此即二叉树的后序遍历，利用二叉树的先序遍历也可以，但中序遍历不行。

若二叉树有 n 个结点，其高度为 h，算法的时间复杂度为 O(n)，空间复杂度为 O(h)。

5-128 若二叉树采用二叉链表存储，设计一个算法，判断二叉树是否是完全二叉树。

【解答】 利用二叉树的层次序遍历，将二叉树中的结点逐层进队列，如果队列中有空结点指针，则说明不是完全二叉树。算法的实现如下。

```
bool Complete_BinTree(BinTree& t) {
//算法调用方式 bool succ = Complete_BinTree(t)。输入：二叉树子树的根指针 t；输
//出：若以*t 为根的二叉树是完全二叉树，则函数返回 true，否则函数返回 false
    if(t == NULL) return true;                    //空二叉树是完全二叉树
    BiTNode *p = t;
    BinTree Q[qSize];  int front = 0, rear = 0 ;  //创建队列并置空
    int flag = 0;                                 //flag 标识遍历状态
    Q[rear] = p;  rear = (rear+1) % qSize;        //根进队列
    while(front != rear) {
        p = Q[front];  front = (front+1) % qSize;
        if(p == NULL) flag = 1;                   //遍历中遇到空队列元素
        else if(flag) return false;               //非完全二叉树
        else {                                    //不管孩子是否为空,都进队
            Q[rear] = p->lchild;  rear = (rear+1) % qSize;
            Q[rear] = p->rchild;  rear = (rear+1) % qSize;
        }
    }
    return true;
}
```

若二叉树有 n 个结点，其宽度为 b，算法的时间复杂度为 O(n)，空间复杂度为 O(b)。

5-129 二叉树的双序遍历（Double-order traversal）是指：对于二叉树的每一个结点来说，先访问这个结点，再按双序遍历它的左子树，然后再一次访问这个结点，接下来按双序遍历它的右子树。试写出执行这种双序遍历的算法。

【解答】　只需要稍改一下二叉树的先序或中序遍历算法，在向左子树递归遍历和向右子树递归遍历的两个语句中插入一个访问根结点的语句，即是双序遍历算法。算法的实现如下。

```
void Double_order(BiTNode *t) {
//算法调用方式 Double_order(t)。输入：二叉树子树的根指针 t；输出：按双序遍历
//输出二叉树子树的所有结点的值
    if(t != NULL) {
        printf("%d  ", t->data);
        Double_order(t->lchild);
        printf("%d  ", t->data);
        Double_order(t->rchild);
    }
}
```

若二叉树有 n 个结点，其高度为 h，算法的时间复杂度为 $O(n)$，空间复杂度为 $O(h)$。

5-130　若一棵二叉树 BT 采用二叉链表存储，设计一个算法，删除二叉树中全部结点，使二叉树变空。

【解答】　算法采用二叉树的后序遍历，先递归地删除根的左子树和右子树，再释放根结点。算法的实现如下。

```
void DelBinTree(BinTree& BT) {
//算法调用方式 DelBinTree(BT)。输入：二叉树子树的根指针 BT；
//输出：删除子树 BT 上的所有结点，包括 BT 结点，最后 BT 置空
    if(BT != NULL) {
        DelBinTree(BT->lchild);
        DelBinTree(BT->rchild);
        free(BT);  BT = NULL;
    }
}
```

若二叉树有 n 个结点，其高度为 h，算法的时间复杂度为 $O(n)$，空间复杂度为 $O(h)$。

5-131　若一棵二叉树 BT 采用二叉链表存储，设计一个算法，删除二叉树 BT 中以*p为根的子树。

【解答】　算法采用先序遍历，先找到结点*p，再后序遍历，删除以*p为根的子树。算法中调用了题 5-130 给出的删除算法。算法的实现如下。

```
void DelSubTree(BinTree& BT, BinTree& p) {
//算法调用方式 DelSubTree(BinTree& BT, BinTree& p)。输入：二叉树的根指针 BT,
//它的子树的根指针 p；输出：删除子树 p 上的所有结点，包括 p 结点，p 带回 NULL
    if(BT != NULL) {
        if(BT == p)     DelBinTree(BT);
        else {
            DelSubTree(BT->lchild, p);
            DelSubTree(BT->rchild, p);
        }
```

```
            }
        }
```

若二叉树有 n 个结点，其高度为 h，算法的时间复杂度为 O(n)，空间复杂度为 O(h)。

5-132 若一棵满二叉树采用二叉链表存储，设计一个算法，将二叉树的先序遍历序列转换为后序遍历序列。

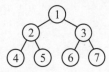

图 5-24 题 5-132 的图

【解答】 设满二叉树有 n 个结点，则 $n = 2^h - 1$，其中 h 是二叉树的高度。根的左、右子树各有 $2^{h-1} - 1 = (n-1)/2$ 个结点。如图 5-24 所示，二叉树的先序序列为 1245367；后序序列为 4526731。因此，若设二叉树的先序序列放在 pre[s1..t1] 位置，则 n = t1-s1+1，根在 s1 位置，根的左子树在 pre[s1+1..s1+(n-1)/2]，右子树在 pre[s1+(n-1)/2+1..t1]；设二叉树的后序序列在 post[s2..t2] 位置，则 n = t2-s2+1，根在 t2 位置，根的左子树在 post[s2..s2+(n-1)/2-1]，右子树在 post[s2+(n-1)/2..t2-1]。

先序序列向后序序列的转换可借助二叉树的先序遍历算法实现：首先把根结点从 pre[s1] 传送到 post[t2]，再分别把左子树、右子树的先序序列转换为后序序列。算法的实现如下。

```
void Pre_to_Post(DataType pre[], DataType post[], int s1, int t1, int s2,
                int t2) {
//算法调用方式 Pre_to_Post(pre, post, s1, t1, s2, t2)。输入：二叉树的先序序
//列 pre, 转换范围[s1..t1]; 输出：二叉树的后序序列 post, 转换范围在[s2..t2]
    int n = t1-s1+1, m =(n-1)/2;
    if(n) {                                        //n = 0, 递归结束
        post[t2] = pre[s1];                        //根结点传送
        Pre_to_Post(pre, post, s1+1, s1+m, s2, s2+m-1);//左子树递归转换
        Pre_to_Post(pre, post, s1+m+1, t1, s2+m, t2-1);//右子树递归转换
    }
}
```

若二叉树有 n 个结点，其高度为 h，算法的时间复杂度为 O(n)，空间复杂度为 O(h)。

5-133 若一棵满二叉树采用二叉链表存储，设计一个算法，将二叉树的后序遍历序列转换为先序遍历序列。

【解答】 算法的思路与题 5-132 类似。设 post[s1..t1] 存放了二叉树的后序遍历序列，pre[s2..t2] 存放了二叉树的先序遍历序列。后序序列转换成先序序列可借助二叉树的后序遍历算法实现：首先把根结点从 post[t1] 传送到 pre[s2]，再分别把左子树 post[s1..s1+(n-1)/2-1]、右子树 post[s1+(n-1)/2..t1-1] 中的后序序列转换为先序序列。算法的实现如下。

```
void Post_to_Pre(DataType post[], DataType pre[], int s1, int t1, int s2,
                int t2) {
//算法调用方式 Post_to_Pre(post, pre, s1, t1, s2, t2)。输入：二叉树的后序序
//列 post, 转换范围[s1..t1]; 输出：二叉树的先序序列 pre, 转换范围在[s2..t2]
    int n = t1-s1+1, m =(n-1)/2;
    if(n) {                                        //n = 0, 递归结束
        pre[s2] = post[t1];                        //根结点传送
        Post_to_Pre(post, pre, s1, s1+m-1, s2+1, s2+m);//左子树递归转换
        Post_to_Pre(post, pre, s1+m, t1-1, s2+m+1, t2);//右子树递归转换
```

```
        }
    }
```

若二叉树有 n 个结点，其高度为 h，算法的时间复杂度为 O(n)，空间复杂度为 O(h)。

5-134　若一棵二叉树 BT 采用二叉链表存储且仅有一个元素值为 x 的结点，设计一个算法，将以 x 为根的子树拆分出来，使原二叉树分成两棵树。

【解答】　利用先序遍历算法，根据 x 的不同位置分几种情况处理：

- 若根结点的元素值等于 x，或二叉树为空树，则不能拆分，返回空二叉树。
- 若左子树根结点元素值为 x，则返回左子树的根，且置原二叉树根的左指针为空。
- 若右子树根结点元素值为 x，则返回右子树的根，且置原二叉树根的右指针为空。
- 递归到左子树中查找 x，并拆分 x 为根的子树。
- 若 x 不在左子树中，则递归到右子树中查找 x，并拆分 x 为根的子树。

算法的实现如下。

```
BinTree split(BinTree BT, DataType x) {
//算法调用方式 BinTree t = split(BT, x)。输入：二叉树的根指针 BT, 拆分点 x; 输
//出：从二叉树 BT 中把以 x 为根的子树拆分出来, 拆分出子树的根通过函数返回
    if(BT == NULL || BT->data == x) return NULL;
    BinTree subT;
    if(BT->lchild != NULL && BT->lchild->data == x)
        { subT = BT->lchild;  BT->lchild = NULL;  return subT; }
    if(BT->rchild != NULL && BT->rchild->data == x)
        { subT = BT->rchild;  BT->rchild = NULL;  return subT; }
    subT = split(BT->lchild, x);
    if(subT == NULL) return split(BT->rchild, x);
}
```

若二叉树有 n 个结点，其高度为 h，算法的时间复杂度为 O(n)，空间复杂度为 O(h)。

5-135　若二叉树采用二叉链表存储，设计一个算法，利用叶结点的右子女空指针将所有叶结点链接为一个带头结点的单链表。

【解答】　采用先序遍历（NLR）的递归算法检测二叉树的结点，每遇到一个叶结点，用尾插法进行链接。可以另设一个链表的头结点 head。算法假设二叉树 BT 已经存在，且单链表的头结点已经创建并初始化，形成了空链表，rear 是实现尾插法必须的链尾指针，初始调用前应指向 head。算法的实现如下。

```
void CreateSList_Pre(BinTree& t, BiTNode *& rear) {
//利用先序遍历, 用尾插法将所有叶结点通过右子女指针链接为带头结点的单链表
    if(t != NULL) {
        if(t->lchild == NULL && t->rchild == NULL)      //叶结点
            { rear->rchild = t;  rear = t; }            //链接
        CreateSList_Pre(t->lchild, rear);
        CreateSList_Pre(t->rchild, rear);
    }
}
void CreateSList(BinTree BT, BiTNode *& head) {
```

```
//算法调用方式 CreateSList(BT, head)。输入：二叉树的根指针 BT；输出：通过各
//叶结点的 rchild 链域链接成的单链表，引用参数 head 返回其链头指针
    if(BT != NULL) {
        head = (BiTNode*) malloc(sizeof(BiTNode));      //创建单链表头结点
        BiTNode *rear = head;                           //单链表的尾指针
        CreateSList_Pre(BT, rear);                      //先序遍历创建单链表
        rear->rchild = NULL;                            //链表收尾
    }
}
```

若二叉树有 n 个结点，其高度为 h，算法的时间复杂度为 O(n)，空间复杂度为 O(h)。

5-136 若二叉树采用二叉链表存储，设计一个算法，利用叶结点的右子女空指针将所有叶结点链接为一个不带头结点的单链表。

【解答】 采用镜像的中序遍历（RNL）的递归算法检测二叉树的结点，并另设一个尾随指针 head 指向上次访问的叶结点，初始为 NULL。在遍历过程中每遇到一个叶结点，就将它的 rchild 链接到它的尾随结点，再将尾随指针移过来指向它。一旦遍历结束，head 指向最左边的叶结点。算法的实现如下。

```
void CreateSList_In(BinTree& t, BiTNode *& head) {
//算法调用方式 CreateSList(BT, head)。输入：二叉树的根指针 BT；输出：采用镜
//像的中序遍历通过 rchild 指针链接所有的叶结点，引用参数 heaad 返回链头指针
    if(t != NULL) {
        CreateSList_In(t->rchild, head);
        if(t->lchild == NULL && t->rchild == NULL)      //叶结点
            { t->rchild = head;  head = t; }            //链接
        CreateSList_In(t->lchild, head);
    }
}
void CreateSList(BinTree& BT, BiTNode *& head) {
    if(BT != NULL) {
        head = NULL;
        CreateSList_In(BT, head);                       //链接
    }
}
```

若二叉树有 n 个结点，其高度为 h，算法的时间复杂度为 O(n)，空间复杂度为 O(h)。

5-137 若二叉树采用二叉链表存储，设计一个算法，利用叶结点的空指针将所有叶结点链接为一个带头结点的循环双链表。

【解答】 题目没有要求是用头插法还是用尾插法。可以另设一个链表的头结点 head，在后序遍历二叉树的过程中用头插法创建一个双向循环链表，但这带来一个后果，即链表链接方向与原来顺序相反。算法假设二叉树 BT 已经存在，且双向循环链表的头结点已经创建并初始化，形成了空链表。算法的实现如下。

```
void CreateSList_Post(BinTree& t, BiTNode *& head) {
//采用后序遍历，用头插法创建一个循环双链表
    if(t != NULL) {
```

```
            CreateSList_Post(t->lchild, head);
            CreateSList_Post(t->rchild, head);
            if(t->lchild == NULL && t->rchild == NULL) {      //叶结点
                t->rchild = head->rchild;  t->lchild = head;  //双向链接
                t->rchild->lchild = t;  head->rchild = t;
            }
        }
    }
    void CreateSList(BinTree& BT, BiTNode *& head) {
    //算法调用方式 CreateSList(BT, head)。输入：二叉树的根指针 BT；输出：利用二
    //叉树各叶结点的空指针，将各叶结点链接成循环双链表，head 是链表头指针
        if(BT != NULL) {
            head = (BiTNode*) malloc(sizeof(BiTNode));
            head->rchild = head; head->lchild = head;         //形成空循环双链表
            CreateSList_Post(BT, head);                       //链接
        }
    }
```

若二叉树有 n 个结点，其高度为 h，算法的时间复杂度为 O(n)，空间复杂度为 O(h)。

5-138　若二叉树采用二叉链表存储，设计一个算法，复制一棵二叉树。

【解答】　若原二叉树为 S，新二叉树为 T，复制算法采用递归法求解。步骤是：如果 S 为空树，则 T 置为空（递归到底）；否则，创建一个根结点 S，将 T 的根结点的值赋予 S，然后递归地复制根的左子树和根的右子树。算法的实现如下。

```
void copyBinTree(BinTree S, BinTree& T) {
//算法调用方式 copyBinTree(S, T)。输入：被复制二叉树的根指针 S；输出：通过先
//序遍历复制二叉树，引用参数 T 是新二叉树的根指针
    if(S == NULL) T == NULL;
    else {
        T = (BiTNode*) malloc(sizeof(BiTNode));
        T->data = S->data;                        //传送根结点的值
        copyBinTree(S->lchild, T->lchild);        //递归复制两者的左子树
        copyBinTree(S->rchild, T->rchild);        //递归复制两者的右子树
    }
}
```

若二叉树有 n 个结点，其高度为 h，算法的时间复杂度为 O(n)，空间复杂度为 O(h)。

5-139　若二叉树采用二叉链表存储，t 为二叉树的根指针，p 和 q 分别指向二叉树中任意两个结点，设计一个算法，找出*p 和*q 的最近共同祖先。

【解答】　假设 p 所指结点在 q 所指结点左边。算法首先从根*t 后序遍历到结点*p，此时在栈 S1 中存储了从*p 到*t 的路径。然后从根*t 后序遍历到结点*q，此时在栈 S2 中存储了从*q 到*t 的路径。最后从栈底顺序比较栈 S1 和 S2，找到不相同处，退回一步即为所求的最近公共祖先。算法的实现如下。

```
#define stackSize 20
typedef struct{ BiTNode *ptr; int tag; } stkNode;           //栈结点
```

```
void PostOrderTraverse(BiTNode *t, DataType p, stkNode S[], int& top) {
//后序遍历,用栈 S 存储从*t 到*p 的路径上的结点,top 是栈顶指针
    stkNode w;  BiTNode *q = t;  top = -1;          //置栈空,q 是遍历指针
    while(q != NULL || top > -1) {
        while(q != NULL) {
            w.ptr = q;  w.tag = 0;  S[++top] = w;   //进栈,标识为向左
            if(q->data == p) return;                //遍历到 p,退出
            q = q->lchild;                          //进入左子树
        }
        w = S[top--];  q = w.ptr;
        if(w.tag == 0) {                            //如果从左子树返回
            w.tag = 1;  S[++top] = w;               //置 tag =1,重新进栈
            q = q->qchild;                          //进入右子树
        }
        else q = NULL;                              //如果从右子树返回
    }
}
BiTNode *commonAncestor(BiTNode *BT, DataType p, DataType q) {
//算法调用方式 BiTNode *s = commonAncestor(BT, p, q)。输入:二叉树的根指针
//BT,指定树上两个结点的值 p、q;输出:用两个栈 S1 和 S2 分别存储 q 和 p 到
//根*BT 的路径,通过函数返回它们的最近的公共祖先的地址
    stkNode S1[stackSize], S2[stackSize];
    int top1, top2, i;
    PostOrderTraverse(BT, p, S1, top1);             //S1 存储从 BT 到 p 的路径
    PostOrderTraverse(BT, q, S2, top2);             //S2 存储从 BT 到 q 的路径
    for(i = 0; i <= top1 && i <= top2; i++)         //从根开始比较两路径上结点
        if(S1[i].ptr != S2[i].ptr) break;           //结点比较,不等则退出比较
    return S1[i-1].ptr;
}
```

若二叉树有 n 个结点,其高度为 h,算法的时间复杂度为 $O(n)$,空间复杂度为 $O(h)$。

5-140 定义在二叉树两个结点间的距离为连接两个结点的路径上的结点数。若二叉树采用二叉链表存储,设计一个算法,求非空二叉树上结点间的最大距离。

【解答】 算法采用后序遍历计算二叉树结点间的最大距离。空树的高度为 0,最大距离为 0;叶结点的高度为 1,到自身的距离为 1。除此以外,递归求解的策略是先对根的左子树求高度 lh 和最大距离 ld,再对根的右子树求高度 rh 和最大距离 rd,然后求整个树的高度 $h = \max\{lh, rh\}+1$,最大距离 $d = lh+rh+1$。算法的实现如下。

```
int postOrder(BiTNode *t, int& count) {
//求以*t 为根二叉树中结点间的最大距离,count 返回这个距离,函数返回高度
    if(t == NULL) { count = 0;  return 0; }
    int lh, ld, rh, rd, h;
    lh = postOrder(t->lchild, count);  ld = count;
    rh = postOrder(t->rchild, count);  rd = count;
    count = lh+rh+1;
    h =(lh >= rh) ? lh+1 : rh+1;
    return h;
```

```
}
int maxDistance(BiTNode *t) {
//算法调用方式 int k = maxDistance(t)。输入：二叉树的根指针 t；
//输出：函数返回二叉树上两个结点的最大距离
    int count, h;
    h = postOrder(t, count);
    return count;
}
```

若二叉树有 n 个结点，其高度为 h，算法的时间复杂度为 O(n)，空间复杂度为 O(h)。

5-141 若二叉树采用二叉链表存储，设计一个非递归算法，将图 5-25 所示的图按英文字母顺序输出。

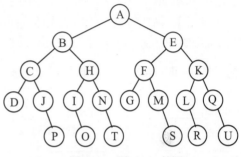

图 5-25 题 5-141 的图

【解答】 这是一种变形的先序遍历的非递归算法，使用队列代替了栈。首先将根结点进队列。然后执行一个大循环，当队列不空时，退出队头元素，沿退出结点的左链走到底，一边走一边访问，并把沿途结点的左子女（如果存在）进队列。如此就能把树中所有结点按英文字母顺序依次输出。算法的实现如下。

```
#define qSize 26                                    //队列长度
void specialTraversal(BiTNode *t) {
//算法调用方式 specialTraversal(t)。输入：二叉树的根指针 t；
//输出：算法输出使用队列的先序遍历的结果
    BiTNode *Q[qSize], *p;  int front = -1, rear = -1; //创建队列并置空
    Q[++rear] = t;                                  //根进队列
    while(front < rear) {                            //队列不空时
        front = (front+1) % qSize;  p = Q[front];    //出队
        while(p != NULL) {                          //向左链走下去
            printf("%c ", p->data);                 //输出
            if(p->rchild != NULL)                   //右子女进队列
                { rear = (rear+1) % qSize;  Q[rear] = p->rchild; }
            p = p->lchild;
        }
    }
}
```

若二叉树有 n 个结点，其宽度为 b，算法的时间复杂度为 O(n)，空间复杂度为 O(b)。

5.3.5 表达式树

1. 表达式树的类型定义
表达式树是二叉树遍历的一种应用，体现了表达式的一种结构关系。
表达式树的结构定义如下：

```
typedef char DataType;
```

```
typedef struct ENode {                    //表达式树结点的定义
    struct ENode *left, *right;           //表达式树结点的左、右子女指针
    DataType data;                        //操作数或操作符的数据
} ExpNode, *ExpTree;
```

本节各题都限定表达式中的操作数（包括常量和变量）是由单个英文字母命名，且操作数的数目多于一个，同时假设表达式只限于双目运算。

2. 表达式树相关的算法

5-142 设中缀表达式的操作符仅包括'+'、'-'、'*'、'/'、'('、')'、'#'，其中'#'是表达式串的结束符。设计一个算法，顺序扫描中缀表达式串，构造一棵用二叉链表存储的表达式树。

【解答】 从中缀表达式构造表达式树的算法思路类似于中缀表达式求值的算法，图 5-26 是扫描中缀表达式 exp = "a+b*(c-d)-e/f#"，构造表达式树的过程。

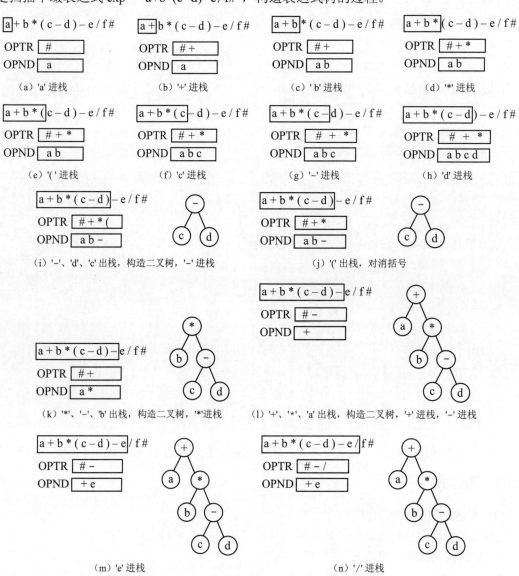

图 5-26 题 5-142 的图

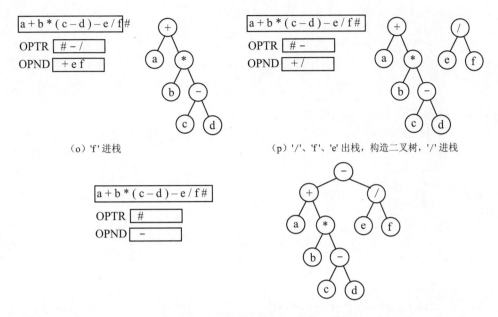

（o）'f' 进栈　　　　　　　　　　（p）'/'、'f'、'e' 出栈，构造二叉树，'/' 进栈

（q）'-'、'/'、'+'出栈，构造二叉树，'-' 进栈

图 5-26　（续）

算法需要用到操作符优先规则：先乘除，后加减，运算符优先级相同者，先执行前者。有括号，则括号内计算优先。算法还需要使用两个栈，即操作数栈 OPND 和操作符栈 OPTR。对每个操作符和操作数，先创建相应的结点再进栈。注意，表达式树中结点只有两种类型：度为 0 的操作数结点和度为 2 的操作符结点。算法执行的过程如下：

（1）顺序扫描 exp 的字符 ch，如果不是'#'，则执行以下步骤，否则算法结束。

① 若 ch 为操作数，进 OPND 栈，取 exp 下一个字符进 ch。

② 若 ch 为操作符，与 OPTR 栈的栈顶操作符 θ 比较优先级：

- 当 icp[ch]＞isp[θ]时，ch 优先级高，进 OPTR 栈，取 exp 下一个字符进 ch。
- 当 icp[ch]＜isp[θ]时，ch 优先级低，从 OPTR 栈退出操作符 θ，从 OPND 栈连续退出两个操作数 β 和α，以 θ 为根，α、β 为左、右子女，构造二叉树，θ 进 OPND 栈。
- 当 icp[ch]＝isp[θ]时，若 ch = ')'，将 OPTR 栈的栈顶操作符 '(' 退出，取 exp 下一个字符进 ch，否则 OPTR 栈的栈顶是'#'，构造算法完成。

（2）最后，在 OPND 栈的栈顶得到表达式树的根。

算法的实现如下。中缀表达式以'#'作为结束符。

```
int isOperator(char op) {
//判断 op 是否是操作符，是则函数返回1，不是则函数返回0
    if(op == '+' || op == '-' || op == '*' || op == '/' || op == '#') return 1;
    else return 0;
}
void inFix_to_ExpTree(ExpTree& T, DataType inFix[]) {
//算法调用方式 inFix_to_ExpTree(T, inFix)。输入：表达式的中缀表示 inFix;
//输出：根据表达式的中缀表示创建起来的表达式树 T
```

```
ExpTree OPTR[stackSize], OPND[stackSize];        //操作符栈和操作数栈
int pro[stackSize];                              //存储栈顶操作符优先级栈
int i = 0, j, topf = -1, tops = -1;              //栈初始化
DataType pri[7] = {'(', '+', '-', '*', '/', ')', '#'};//优先级表: 操作符
int icp[7] = { 6, 2, 2, 4, 4, 1, 0 };            //当前读入操作符的优先级
int isp[7] = { 1, 3, 3, 5, 5, 6, 0 };            //在栈内操作符的优先级
ExpNode *w, *f, *s1, *s2;
w = (ExpNode*) malloc(sizeof(ExpNode));
w->data = '#';  OPTR[++topf] = w;  pro[topf] = 0;//'#'进操作符栈并记为0
DataType ch = inFix[i++];                         //取表达式数组一个字符
while(OPTR[topf]->data != '#' || ch != '#') {    //同时为'#'算法结束
    if(isOperator(ch)) {                          //ch 为操作符
        for(j = 0; j < 7; j++)                    //在 pri 中查 ch
            if(pri[j] == ch) break;               //位置在 j
        if(pro[topf] < icp[j]) {                  //ch 的优先级 icp 高
            w =(ExpNode*) malloc(sizeof(ExpNode));
            w->data = ch;  OPTR[++topf] = w;  pro[topf] = isp[j];
            ch = inFix[i++];                      //操作符进栈, 读下一字符
        }
        else if(pro[topf] > icp[j]) {             //ch 的优先级 icp 低
            f = OPTR[topf--];                     //退两个操作数和一个操作符
            s2 = OPND[tops--];  s1 = OPND[tops--];
            f->left = s1;  f->right = s2;         //构造二叉树
            OPND[++tops] = f;                     //根 f 进操作数栈
        }
        else if(ch == ')')                        //将栈顶'('退栈, 消括号
            { topf--;  ch = inFix[i++]; }         //读下一个字符
        }
        else {                                    //ch 为操作数
            w =(ExpNode*) malloc(sizeof(ExpNode));
            w->data = ch;  w->left = w->right = NULL;
            OPND[++tops] = w;  ch = inFix[i++];   //操作数进栈, 读下一字符
        }
    }
    T = OPND[tops];
}
```

若表达式中缀表示有 n 个字符, 对应表达式树的高度为 h, 算法的时间复杂度为 $O(n)$, 空间复杂度为 $O(h)$。

5-143　设后缀表达式的操作符仅包括'+'、'-'、'*'、'/'、'#', 其中'#'是表达式串的结束符。设计一个算法, 顺序扫描后缀表达式串, 构造一棵用二叉链表存储的表达式树。

【解答】　从后缀表达式构造表达式树需要用到一个操作数栈 OPND, 存放扫描过程中遇到的操作数。在扫描后缀表达式串时:

（1）每遇到一个操作数, 操作数进栈。

（2）每遇到一个操作符, 就从 OPND 栈退出两个操作数, 与操作符构成二叉树, 根结点进 OPND 栈。

（3）当遇到'#'，则表达式树构造完成。最后，在 OPND 栈的栈顶得到表达式树的根。

由于后缀表达式已经包含了运算符的优先顺序，在构造过程中不需要考虑各操作符的运算优先级，在图 5-27 是从后缀表达式树构造表达式树的过程。

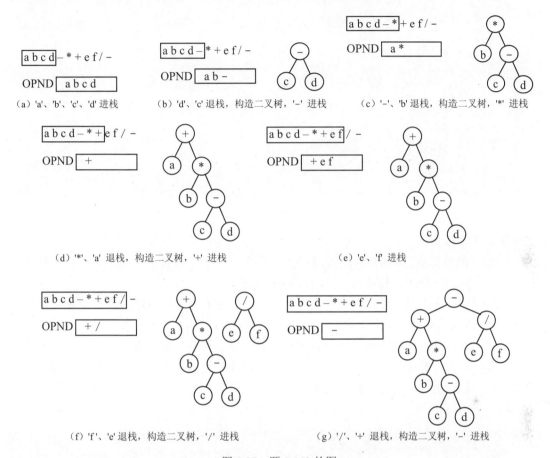

图 5-27　题 5-143 的图

在扫描后缀表达式串的过程中，每遇到操作数则进 OPND 栈，再读下一个字符；若遇到操作符，则从 OPND 栈退出二个操作数 s2 和 s1，以操作符为根，s1 和 s2 为左、右子女，形成二叉树，其根进 OPND 栈。若在后缀表达式串的扫描过程中遇到'#'，则构造完成，从 OPND 栈中得到该表达式树的根。

由于各操作符的优先级，以及括号均已隐含在表达式中，在构造表达式树的过程中无须再考虑操作符的优先级。

算法的实现如下。

```
void PostFix_to_ExpTree(ExpTree& T, DataType postFix[]) {
//算法调用方式 PostFix_to_ExpTree(T, postFix)。输入：表达式的后缀表示 postFix;
//输出：创建成功的表达式树
    ExpTree OPND[stackSize];  int top = -1;      //操作数栈并置空
    ExpNode *f, *s1, *s2;  int i = 0;            //i 是扫描指针
    char ch = postFix[i++];                      //读取一个字符
    while(ch != '#') {                           //扫描到'#'算法结束
```

```
            if(isOperator(ch)) {                              //isOperator 参看题 5-142
                s2 = OPND[top--];  s1 = OPND[top--];              //ch 是操作符
                f =(ExpNode*) malloc(sizeof(ExpNode));            //创建根结点
                f->data = ch;  f->left = s1;  f->right = s2;  //构造二叉树
                OPND[++top] = f;                                 //根 f 进操作数栈
            }
            else {                                           //ch 为操作数
                f =(ExpNode*) malloc(sizeof(ExpNode));
                f->data = ch;  f->left = f->right = NULL;
                OPND[++top] = f;                                 //操作数进栈
            }
            ch = postFix[i++];                                   //读下一个字符
        }
        T = OPND[top];                                           //从栈顶得到树根
    }
```

若表达式后缀表示有 n 个字符，对应表达式树的高度为 h，算法的时间复杂度为 O(n)，空间复杂度为 O(h)。

5-144 若前缀表达式的操作符仅包括'+'、'-'、'*'、'/'。设计一个算法，顺序扫描前缀表达式串，构造一棵用二叉链表存储的表达式树。

【解答】 算法的思路类似二叉树的先序遍历。设置操作符栈 OPTR，根据前缀表达式串第一个字符（操作符）预先创建根结点，然后执行一个大循环，顺序扫描前缀表达式串：对于遇到的操作符，创建操作符结点并进栈，再用下一个字符创建左子女结点，直到左子女为操作数为止。若栈不空，则从栈中退出一个操作符结点，并用下一个字符创建它的右子女结点。若栈空，表明所有操作符都已处理完，算法结束，表达式树建成。算法的实现如下。

```
typedef struct { ExpNode *ptr;  int tag; } stkNode;        //栈结点定义
    //tag = 0, 标识操作符结点; tag = 1, 标识操作数结点。ptr 是结点指针
void PreFix_to_ExpTree(ExpTree& T, DataType preFix[]) {
//算法调用方式 PreFix_to_ExpTree(T, preFix)。输入: 表达式的前缀表示 preFix;
//输出: 创建成功的表达式树 T
    stkNode S[stackSize], w;  int i = 0, top = -1;        //栈初始化
    ExpNode *p, *q, *r;
    DataType ch = preFix[i++];                               //读取去一个字符
    p = (ExpNode*) malloc(sizeof(ExpNode));                  //根结点是操作符
    p->data = ch;  T = p;                                    //创建根结点
    w.ptr = p;  w.tag = 0;  S[++top] = w;                   //根结点进栈
    ch = preFix[i++];                                        //读取下一个字符
    do {
        p =(ExpNode*) malloc(sizeof(ExpNode));
        p->data = ch;
        if(isOperator(ch)) {                              //isOperator 参看题 5-142
            w.ptr = p;  w.tag = 0;  S[++top] = w;         //ch 是操作符, 进栈
            ch = preFix[i++];                                //读取下一个字符
        }
```

```
        else {                                      //ch 是操作数
            p->left = NULL;  p->right = NULL;
            if(S[top].tag == 0) {                    //栈顶是操作符
                w.ptr = p;  w.tag = 1;  S[++top] = w;    //操作数进栈
                ch = preFix[i++];                    //读取下一个字符
            }
            else {                                   //栈顶是操作数
                while(S[top].tag == 1) {
                    w = S[top--];  q = w.ptr;        //退栈，左子女结点
                    w = S[top--];  r = w.ptr;        //退栈，双亲结点
                    r->left = q;  r->right = p;      //创建二叉树
                    p = r;
                }
                w.ptr = p;  w.tag = 1;  S[++top] = w;    //操作数进栈
                ch = preFix[i++];                    //读取下一个字符
            }
        }
    } while(top > 0 || ch != '#');                   //栈内仅剩一个结点
}
```

若表达式前缀表示有 n 个字符，对应表达式树的高度为 h，算法的时间复杂度为 O(n)，空间复杂度为 O(h)。

5-145　若表达式树采用二叉链表存储，设计一个算法，采用后序遍历对表达式树求值。

【解答】 算法首先递归计算左、右子树的值，再根据根结点存放的操作符，执行相应的四则运算。递归的结束条件是递归到空树，返回 0；或者递归到叶结点，返回该结点保存的标识符所代表的整数值。算法的实现如下。

```
int Exp_Calc(ExpTree T) {
//算法调用方式 int k = Exp_Calc(T)。输入：表达式树 T；输出：函数返回计算出的
//表达式的值
    if(T == NULL) return 0;
    if(T->left == NULL && T->right == NULL)
        return getValue(T);                          //操作数直接取值
    int lv, rv;
    if(T->left != NULL) {
        if(isOperator(T->left->data))                //左子女是操作符
            lv = Exp_Calc(T->left);                  //递归计算左子树的值
        else lv = getValue(T->left);                 //否则取左子女操作数值
    }
    if(T->right != NULL) {
        if(isOperator(T->right->data))               //isOperator 参看题 5-142
            rv = Exp_Calc(T->right);
        else rv = getValue(T->right);
    }
    switch(T->data) {
    case '+': return lv + rv;                         //执行相应四则运算
    case '-': return lv - rv;
```

```
        case '*': return lv * rv;
        case '/': if(rv != 0) return lv / rv;
                else { printf("除数为零！\n"); return -32765; }
        }
}
```

函数 getValue 的实现可以自己编写，下面给出一个示例，从操作数字符得到值。

```
int getValue(char x) {
    char op[maxSize] = {'a', 'b', 'c', 'd', 'e', 'f', 'g', 'h', 'i', 'j',
                        'k', 'l', 'm', 'n'};
    int d[maxSize] = {40, 38, 13, 39, 20, 21, 12, 26, 31, 27, 28, 54, 1, 14};
    for(int i = 0; i < 26; i++) if(op[i] == x) break;
    return d[i];
}
```

若表达式树有 n 个结点，其高度为 h，算法的时间复杂度为 O(n)，空间复杂度为 O(h)。

5-146 若表达式树采用二叉链表存储，设计一个算法，将表达式树按中缀表达式输出，并加上相应的括号。

【解答】 采用中序遍历输出表达式树，所得到的中序序列即为中缀表达式（但失去了括号）。若对于根所划分的两个子序列分别加上括号即可。这样处理可能所加括号多了些，如果加上判断，若根结点存放的操作符的优先级高于其左子女所存放的优先级，则左子序列必须加括号，否则可以不加；对右子树也同样处理。本算法简化了这些判断。算法的实现如下。

```
void ExpTree_to_inFix(ExpTree T) {
//算法调用方式 ExpTree_to_inFix(T)。输入：表达式树 T；
//输出：表达式按中缀表示输出并加上括号
    if(T == NULL) return;
    if(T->left != NULL) {                          //加括号输出左子树
        if(isOperator(T->left)) {                  //操作的实现参看题 5-142
            printf("(");
            ExpTree_to_inFix(T->left);
            printf(")");
        }
        else printf("%c", T->left->data);
    }
    printf("%c", T->data);                          //输出根结点
    if(T->right != NULL) {                          //加括号输出右子树
        if(isOperator(T->right)) {
            printf("(");
            ExpTree_to_inFix(T->right);
            printf(")");
        }
        else printf("%c", T->right->data);
    }
}
```

若表达式树有 n 个结点，其高度为 h，算法的时间复杂度为 O(n)，空间复杂度为 O(h)。

5.4　线索二叉树

5.4.1　线索二叉树的结构定义

1. 线索二叉树的概念

二叉树的遍历实质上是对一个非线性结构进行线性化的过程，它使得每个结点（除第一个和最后一个外）在这些线性序列中有且仅有一个直接前趋和直接后继。但在二叉链表存储结构中，只能找到一个结点的左、右子女信息，不能直接得到结点在某种遍历序列中的前趋和后继信息，可以引入线索二叉树来保存这些信息。

为此，改造二叉树的结点，在结点的空指针域中存放该结点在某种遍历次序下的前趋结点或后继结点的指针，并称为线索。对一棵二叉树中的所有结点的空指针域按照某种遍历次序加线索的过程称为线索化，被线索化了的二叉树称为线索二叉树。

在空的左指针域中存放的指向其前趋结点的指针称为前趋线索，在空的右指针域中存放的指向其后继结点的指针称为后继线索。

2. 线索二叉树的类型定义

```
typedef char DataType;              //定义于头文件 ThreadNode.h 中
typedef struct TRNode {             //线索二叉树的结点
    int ltag, rtag;                 //线索标志
    struct TRNode *lchild, *rchild; //线索或子女指针
    DataType data;                  //结点中所包含的数据
} ThreadNode;
```

其中标志域：

$$ltag = \begin{cases} 0, & lchild\ 为该结点的左子女指针 \\ 1, & lchild\ 为该结点的前驱线索 \end{cases} \qquad rtag = \begin{cases} 0, & rchild\ 为该结点的右子女指针 \\ 1, & rchild\ 为该结点的后继线索 \end{cases}$$

3. 线索二叉树的种类

用不同的顺序遍历二叉树，在遍历过程中将线索加入空的指针域，可得到相应的线索二叉树，如图 5-28 所示。

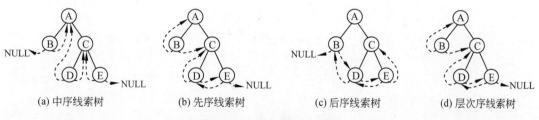

|(a) 中序线索树|(b) 先序线索树|(c) 后序线索树|(d) 层次序线索树|

图 5-28　不同的线索二叉树

图 5-28（a）是经过中序遍历得到的中序线索二叉树，图 5-28（b）是经过先序遍历得到的先序线索二叉树，图 5-28（c）是经过后序遍历得到的后序线索二叉树，图 5-28（d）是经过层次序遍历得到的层次序线索二叉树。

5.4.2 中序线索二叉树

本节编写算法所涉及的头文件是 ThreadNode.h，所有函数都可以纳入其中。

5-147 设计一个算法，实现二叉树到中序线索二叉树的转换。

【解答】 通过一次中序遍历，就可以创建中序线索二叉树，算法中引入一个前趋指针 pre，指向当前访问结点 *p 的中序前趋结点，初始为 NULL，在遍历过程中紧跟指针 p，从而实现当前访问结点与前趋结点的全线索化。算法的实现如下。

```
typedef ThreadNode *InThreadTree;                        //中序线索二叉树类型定义
void InThreaded(ThreadNode *p, ThreadNode *& pre) {
//通过中序遍历，对二叉树进行线索化
    if(p != NULL) {
        InThreaded(p->lchild, pre);                      //递归，左子树线索化
        if(p->lchild == NULL)                            //创建当前结点的前驱线索
            { p->lchild = pre; p->ltag = 1; }
        if(pre != NULL && pre->rchild == NULL)           //创建前驱结点的后继线索
            { pre->rchild = p; pre->rtag = 1; }
        pre = p;                                         //前驱跟上，当前指针向前遍历
        InThreaded(p->rchild, pre);                      //递归，右子树线索化
    }
}
void createInThread(InThreadTree T) {
//算法调用方式 createInThread(T)。输入：二叉树的根指针 T；输出：利用中序遍历
//对二叉树进行中序全线索化
    ThreadNode *pre = NULL;                              //前驱结点指针
    if(T != NULL) {                                      //非空二叉树，线索化
        InThreaded(T, pre);                              //中序遍历线索化二叉树
        pre->rchild = NULL; pre->rtag = 1;              //后处理中序最后一个结点
    }
}
```

若二叉树有 n 个结点，其高度为 h，算法的时间复杂度为 O(n)，空间复杂度为 O(h)。

5-148 设计一个算法，查找根指针为 t 的中序线索二叉树的中序第一个结点。

【解答】 从 *t 开始，沿着 lchild 链一直走到 ltag 等于 1 的结点，此结点再无左子女，它就是中序线索二叉树的中序第一个结点。算法的实现如下。

```
ThreadNode *inFirst(InThBinTree t) {
//算法调用方式 ThreadNode *p = inFirst(t)。输入：中序线索二叉树上指定结点的
//指针 t；输出：函数返回该结点为根的子树的中序第一个结点的地址
    while(t->ltag == 0) t = t->lchild;                   //最左下结点（不一定是叶结点）
    return t;
}
```

算法的时间复杂度与空间复杂度均为 O(1)。

5-149 设计一个算法，查找根指针为 t 的中序线索二叉树的中序最后一个结点。

【解答】 从 *t 开始，沿着 rchild 链一直走到 rtag 等于 1 的结点，此结点再无右子女，

它就是中序线索二叉树的中序最后一个结点。算法的实现如下。

```
ThreadNode *inLast(InThBinTree t) {
//算法调用方式 ThreadNode *p = inLast(t)。输入：中序线索二叉树上指定结点的指
//针 t；输出：函数返回该结点为根的子树的中序最后一个结点的地址
    while(t->rtag == 0) t = t->rchild;        //最右下结点（不一定是叶结点）
    return t;
}
```

算法的时间复杂度与空间复杂度均为 O(1)。

5-150　设计一个算法，查找指针 t 所指结点在中序线索二叉树的中序直接后继。

【解答】　如果*t 有后继线索，则*t 的中序后继即为 rchild 所指结点；若*t 没有后继线索，则*t 的中序后继是*t 的右子树的中序直接后继。算法描述如下。

```
ThreadNode *inNext(InThBinTree t) {
//算法调用方式 ThreadNode *p = inNext(t)。输入：中序线索二叉树上指定结点的
//指针 t；输出：函数返回该结点的中序直接后继结点的地址
    if(t->rtag == 0) return inFirst(t->rchild);
                                //中序后继是其右子树最左下结点
    else return t->rchild;            //rtag = 1,直接返回后继线索
}
```

算法的时间复杂度与空间复杂度均为 O(1)。

5-151　设计一个算法，查找指针 p 所指结点在中序线索二叉树的中序直接前趋。

【解答】　如果*p 有前趋线索，则*p 的中序前趋即为 lchild 所指结点；若*p 没有前趋线索，则*p 的中序前趋是*p 的左子树的中序直接前趋。算法的实现如下。

```
ThreadNode *inPrior(InThBinTree p) {
//算法调用方式 ThreadNode *p = inPrior(t)。输入：中序线索二叉树上指定结点的
//指针 t；输出：函数返回该结点的中序前趋结点的地址
    if(t->ltag == 1) return t->lchild;        //ltag=1, 直接返回前趋线索
    else return inLast(t->lchild);            //左子树的中序最后一个结点
}
```

算法的时间复杂度与空间复杂度均为 O(1)。

5-152　设计一个算法，不使用栈实现在中序线索二叉树上的中序遍历。

【解答】　如果在二叉树上加入中序前趋、后继线索，就可以不使用栈，利用 inFirst（参看题 5-148）和 inNext（参看题 5-150）实现中序遍历算法。算法描述如下。

```
void Inorder(InThBinTree t) {
//算法调用方式 InOrder(t)。输入：中序线索二叉树上指定结点的指针 t；输出：利
//用中序线索对以*t 为根的中序线索二叉树实施中序遍历
    for(ThreadNode *p = inFirst(t);  p != NULL;  p = inNext(p))
        printf("%c ", p->data);
    printf("\n");
}
```

若中序线索二叉树有 n 个结点，算法的时间复杂度为 O(n)，空间复杂度为 O(1)。

5-153 设计一个算法，不使用栈实现在中序线索二叉树上的从右向左的逆向中序遍历。

【解答】 如果在二叉树上加入中序前趋、后继线索，就可以不使用栈，利用 inLast（参看题 5-149）和 inPrior（参看题 5-151）运算实现逆向中序遍历算法。算法描述如下。

```
void Inorder_Reverse(ThreadNode *t) {
//算法调用方式 InOrder_Reverse(t)。输入：中序线索二叉树上指定结点的指针 t；输
//出：利用中序线索对以*t 为根的中序线索二叉树实施逆向中序遍历
    for(ThreadNode *p = inLast(t);  p != NULL;  p = inPrior(p))
        printf("%c ", p->data);
    printf("\n");
}
```

若中序线索二叉树有 n 个结点，算法的时间复杂度为 O(n)，空间复杂度为 O(1)。

5-154 设计一个算法，在一棵中序线索二叉树中查找指针 p 所指结点的先序直接后继。

【解答】 图 5-29 是一棵中序线索二叉树，先序遍历的结果是 abdgcehf。

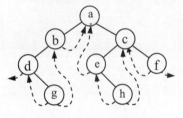

图 5-29 题 5-154 的图

分析这个中序线索二叉树可知：

（1）a 有左子女 b，a 的先序下的后继为 b；b 的先序下的后继亦如此，应为 d。

（2）d 无左子女但有右子女 g，d 的先序下的后继是 g。

（3）g 既无左子女又无右子女，g 的先序下的后继为 c，c 可从 g 沿右线索链到 a，a 的右子女即为 g 的先序下的后继。

算法的实现如下。

```
ThreadNode *preNext(InThBinTree t) {
//算法调用方式 ThreadNode *p = preNext(t)。输入：中序线索二叉树上指定结点的
//指针 t；输出：函数返回结点*t 在中序线索二叉树上的先序后继结点的地址
    ThreadNode *p;
    if(t->ltag == 0) p = t->lchild;         //若有左子女，它就是先序后继
    else if(t->rtag == 0) p = t->rchild;    //否则若有右子女，此即先序后继
    else {                                  //若为叶结点
      p = t;                                //循右线索查找
      while(p != NULL && p->rtag == 1) p = p->rchild;
      if(p != NULL) p = p->rchild;
    }
    return p;
}
```

若中序线索二叉树的高度为 h，算法的时间复杂度为 O(h)，空间复杂度为 O(1)。

5-155 设计一个算法，在一棵中序线索二叉树中查找指针 p 所指结点的双亲。

【解答】 以图 5-30 为例，看结点 e 的双亲如何求。首先在以 e 为根的子树中找到中序下的最后一个结

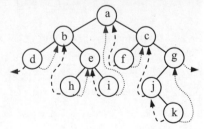

图 5-30 题 5-155 的图

点 i，沿着 i 的右线索到 a。因为 e 属于 a 的左子树，且 a 的左子女 b 不等于 e，再沿着 b 的右链查找，发现 b 的右子女就是 e，因此得到 e 的双亲。算法的实现如下。

```
ThreadNode *inParent(ThreadNode *t) {
//算法调用方式 ThreadNode *p = inParent(t)。输入：中序线索二叉树上指定结点的
//指针 t；输出：函数返回结点*t 在中序线索二叉树上的双亲结点的地址
    if(t == NULL) return NULL;
    ThreadNode *p, *q;
    q = inLast(t);  p = q->rchild;              //查找 t 子树中序最后一个结点
    if(p != NULL) {                             //*p 是*t 的祖先
        if(p->lchild != t) {                    //若*p 的左子女不是*t
            p = p->lchild;                      //到*p 的左子树沿右链查找
            while(p->rchild != t) p = p->rchild;
        }
        return p;                               //*p 为*t 的双亲，返回
    }
    else {                                      //p = q->rchild 等于空
        q = inFirst(t);  p = q->lchild;         //查找*t 为根子树中序第一个结点
        if(p != NULL) {                         //*p 是*t 的祖先
            if(p->rchild != t) {                //若*p 的右子女不是*t
                p = p->rchild;                  //到*p 的右子树沿左链查找
                while(p->lchild != t) p = p->lchild;
            }
            return p;                           //*p 为*t 的双亲，返回
        }
        else return NULL;                       // *t 是根，无双亲
    }
}
```

若中序线索二叉树的高度为 h，算法的时间复杂度为 O(h)，空间复杂度为 O(1)。

5-156 设计一个算法，在一棵中序线索二叉树上查找指针 p 所指结点的先序直接前趋。

【解答】 在一棵中序线索二叉树中，为了查找*t 的先序下的前趋，需先查找*t 的双亲结点*p，然后判断：

- 若*t 是*p 的左子女，则*t 的先序下的前趋是*p。
- 否则，若*t 是*p 的右子女，则判断：若*p 的左子树为空，则*t 的先序下的前趋是*p；否则*t 的先序下的前趋是*p 的左子树先序下最后一个结点。

算法的实现如下。

```
ThreadNode *prePrior(InThBinTree t) {
//算法调用方式 ThreadNode *p = prePrior(t)。输入：中序线索二叉树上指定结点的
//指针 t；输出：函数返回结点*t 在中序线索二叉树上的先序前趋结点的地址
    ThreadNode *p = inParent(t);                //找到*t 的双亲*p
    if(p == NULL) return NULL;                  //没有双亲，即为根，没有前趋
    if(p->ltag == 0 && p->lchild == t) return p;//*t 是*p 的左子女，前趋为*p
    else if(p->ltag == 1) return p;             //否则若*p 没有左子女，前趋为*p
    p = p->lchild;                              //p->ltag = 0，进入*p 的左子树
```

```
    while(p->ltag == 0 || p->rtag == 0){      //查找左子树上先序最后一个结点
        while(p->rtag == 0) p = p->rchild;
        if(p->ltag == 0) p = p->lchild;
    }
    return p;
}
```

若中序线索二叉树的高度为 h，算法的时间复杂度为 O(h)，空间复杂度为 O(1)。

5-157 设计一个算法，在一棵中序线索二叉树上查找指针 t 所指结点的后序直接后继。

【解答】 为查找结点*t 的后序直接后继，需先查找*t 的双亲*p，然后判断：

- 若*t 是*p 的右子女，则*t 的后序下的直接后继是*p。
- 若*t 是*p 的左子女，还要看*p 的右子女。若*p 没有右子女，则*t 的后序下的直接后继是*p；否则在*p 的右子树上查找中序下的第一个结点，它就是*t 的后序下的直接后继。

算法的实现如下。

```
ThreadNode *postNext(InThBinTree t) {
//算法调用方式 ThreadNode *p = postNext(t)。输入：中序线索二叉树上指定结点的
//指针 t；输出：函数返回结点*t 在中序线索二叉树上的后序后继结点的地址
//在中序线索二叉树上查找结点*t 的后序下的后继
    ThreadNode *p = inParent(t);              //查找到*t 的双亲*p
    if(p == NULL) return NULL;                //没有双亲，即为根，没有后继
    if(p->rtag == 0 && p->rchild == t) return p;//*t 是*p 的右子女，后继为*p
    else if(p->rtag == 1) return p;           //否则若*p 没有左子女，后继为*p
    p = p->rchild;                            //p->rtag = 0，进入*p 的右子树
    while(p->rtag == 0 || p->ltag == 0){      //查找左子树上先序最后一个结点
        while(p->ltag == 0) p = p->lchild;
        if(p->rtag == 0) p = p->rchild;
    }
    return p;
}
```

若中序线索二叉树的高度为 h，算法的时间复杂度为 O(h)，空间复杂度为 O(1)。

5-158 设计一个算法，在一棵中序线索二叉树上查找指针 t 所指结点的后序直接前趋。

【解答】 在一棵中序线索二叉树上查找指定结点*t 的后序前趋的过程，是查找其先序后继过程的镜像，正好左右互换。有以下几种处理。

- 若结点*t 有右子女*p，则*t 的后序下的前趋是*p。
- 若结点*t 没有右子女，但有左子女*p，则*t 的后序下的前趋是*p。
- 若结点*t 既无左子女又无右子女，则沿*t 的左线索走到*p。若*p 有左子女，则其左子女即为*t 的后序下的前趋；若*t 没有左子女，则*t 没有后序下的前趋。

算法的实现如下。

```
ThreadNode *postPrior(ThreadNode *t) {
//算法调用方式 ThreadNode *p = postPrior(t)。输入：中序线索二叉树上指定结点的
```

```
//指针 t；输出：函数返回结点*t 在中序线索二叉树上的后序前趋结点的地址
    ThreadNode *p;
    if(t->rtag == 0) p = t->rchild;          //若有右子女，它就是后序前趋
    else if(t->ltag == 0) p = t->rchild;     //否则若有左子女，此即后序前趋
    else {                                   //若为叶结点
        p = t;                               //循右线索查找
        while(p != NULL && p->ltag == 1) p = p->lchild;
        if(p != NULL) p = p->lchild;
    }
    return p;
}
```

若中序线索二叉树的高度为 h，算法的时间复杂度为 O(h)，空间复杂度为 O(1)。

5-159　设计一个算法，在一棵中序线索二叉树上查找值为 x 的结点。若查找成功，算法返回该结点地址，否则返回 NULL。

【解答】　可以采用任一种二叉树遍历的算法查找包含 x 值的结点。本题采用的是使用栈的先序非递归遍历的算法，并假定线索二叉树非空。算法的实现如下。

```
ThreadNode *Find_x(ThreadNode *t, DataType x) {
//算法调用方式 ThreadNode *p = Find_x(t, x)。输入：以*t 为根的线索二叉树，查找
//值 x；输出：若在树中找到包含 x 的结点，函数返回该结点地址，否则返回 NULL
    if(t->data == x) return t;
    ThreadNode *S[stackSize];  int top = -1;
    ThreadNode *q;
    S[++top] = t;
    do {
        q = S[top--];
        if(q->data == x) return q;
        if(q->rtag == 0) S[++top] = q->rchild;
        if(q->ltag == 0) S[++top] = q->lchild;
    } while(top > -1);
    return NULL;
}
```

若线索二叉树有 n 个结点，高度为 h，算法的时间复杂度为 O(n)，空间复杂度为 O(h)。

5-160　设计一个算法，输出一个已创建的非空中序线索二叉树。

【解答】

```
void printInThTree(ThreadNode *t, int k) {
//算法调用方式 printInThTree(t, k)。输入：以*t 为根的中序线索二叉树，打印控制
//量（初值为 1）；输出：先序遍历输出中序线索二叉树各结点
    for(int i = 1; i <=(k-1)*5; i++) printf(" ");          //先输出空格
    int prior, next;
    prior = (t->lchild != NULL) ? t->lchild->data : -1;    //左子女
    next = (t->rchild != NULL) ? t->rchild->data : -1;     //右子女
    printf("[%d %d] %d [%d %d]\n", prior, t->ltag, t->data, t->rtag, next);
    if(t->ltag == 0) printInThTree(t->lchild, k+1);        //递归遍历根的左子树
```

```
        if(t->rtag == 0) printInThTree(t->rchild, k+1);        //递归遍历根的右子树
}
```

若线索二叉树有 n 个结点，高度为 h，算法的时间复杂度为 O(n)，空间复杂度为 O(h)。

5-161 设计一个算法，把一个新结点*s 作为结点*p 的左子女插入一棵中序线索二叉树中，如果结点*p 原来有左子女，设为*q，此时若 s->data <= q->data，则结点*q 称为*s 的右子女，否则结点*q 称为*s 的左子女。

【解答】 如图 5-31 所示，在中序线索二叉树的结点*p 下面插入*s 的过程如下：

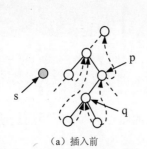 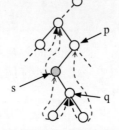 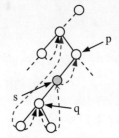

（a）插入前　　　　　　（b）插入后,*q 成为*s 右子女　　　（c）插入后,*q 成为*s 左子女

图 5-31　题 5-161 的图

（1）如果结点*p 原来没有左子女，*s 可以直接插入。

（2）如果结点*p 原来有左子女*q，就要比较*q 和*s 的元素值：

- 若 s->data≤q->data，*q 成为*s 的右子女，*s 成为*p 的左子女，如图 5.31（b）所示。*s 的前趋即为*q 为根子树中序第一个结点*r 的前趋，而以*q 为根子树中序第一个结点的前趋即为*s。

- 若*s 的元素值大于*q 的元素值，*q 成为*s 的左子女。*s 成为*p 的左子女（即插入），如图 5.31（c）所示。*s 的后继为*p，*q 为根子树中序的最后一个结点的后继为*s。

算法的实现如下。

```
void leftInsert(ThreadNode *p, ThreadNode *s) {
    if(p != NULL && s != NULL) {
        ThreadNode *q = p->lchild, *r;
        if(p->ltag == 1) {                          //原来*p 没有左子女
            s->lchild = q;  s->ltag = 1;            //创建*s 的左线索
            s->rchild = p;  s->rtag = 1;            //创建*s 的右线索
        }
        else {                                      //原来*p 有左子女*q
            if(s->data < q->data) {                 //*q 成为*s 的右子女
                s->rchild = q;  s->rtag = 0;
                for(r = q; r->ltag == 0; r = r->lchild);
                                                    //*q 左子树中序第一个结点
                s->lchild = r->lchild; s->ltag = 1; //复制
                r->lchild = s;                      //修改线索
            }
            else {                                  //*q 成为*s 的左子女
                s->lchild = q;  s->ltag = 0;        //插入
```

```
                          s->rchild = p;  s->rtag = 1;
                          for(r = q; r->rtag == 0; r = r->rchild);
                                                        //*q 右子树中序最后结点
                          r->rchild = s;
                      }
                  }
              p->lchild = s;  p->ltag = 0;
          }
}
void Insert(ThreadNode *t, DataType x, DataType y) {
//算法调用方式 Insert(t, x, y)。输入：中序线索二叉树的根指针 t，插入结点的值 x，
//被插入结点的值 y；输出：把 x 插入 y 的下方成为 y 的左子女，原来 y 的左子女
//链到 x 下方
    ThreadNode *p, *s;
    p = Find_x(t, y);
    if(p != NULL) {
        s =(ThreadNode*) malloc(sizeof(ThreadNode));
        s->data = x;
        s->lchild = s->rchild = NULL;  s->ltag = s->rtag = 1;
        leftInsert(p, s);
        printf("\n 插入%c 成为%c 的左子女后中序线索二叉树为: \n", x, y);
        PrintThreadTree_In(t);
    }
    else printf("没有找到值%c 的结点\n", y);
}
```

若线索二叉树有 n 个结点，高度为 h，算法的时间复杂度为 O(n)，空间复杂度为 O(h)。

5.4.3 先序和后序线索二叉树

5-162 设计一个算法，实现二叉树到先序线索二叉树的转换。

【解答】 设置一个全局指针变量 pre，指向当前结点*t 的前趋结点，在调用算法前初始化为 NULL，在先序遍历二叉树的过程中，实现*t 与*pre 的前趋、后继的线索化。算法的实现如下。

```
typedef ThreadNode, *PreThBinTree;
void createPreThread(PreThBinTree t, PreThBinTree& pre) {
//递归进行二叉树的前趋、后继线索的先序全线索化
    if(t != NULL) {
        if(t->lchild == NULL)                            //当前结点的前趋线索
            { t->lchild = pre;  t->ltag = 1; }
        if(pre != NULL && pre->rchild == NULL)           //前趋结点的后继线索
            { pre->rchild = t;  pre->rtag = 1; }
        pre = t;
        if(t->ltag == 0) createPreThread(t->lchild, pre);
        if(t->rtag == 0) createPreThread(t->rchild, pre);
    }
```

```
}
void createPreThBinTree(ThreadNode *& T) {
//算法调用方式 createPreThBinTree(T)。输入：二叉树的根指针 T；输出：对二叉树
//所有结点实现先序线索化。要求二叉树中所有指向空子女的指针均为空，所有结点
//的 ltag 和 rtag 在线索化之前均为 0
    ThreadNode *pre = NULL;
    createPreThread(T, pre);
    pre->rtag = 1;  pre->rchild = NULL;
}
```

若先序线索二叉树有 n 个结点，高度为 h，算法的时间复杂度为 $O(n)$，空间复杂度为 $O(h)$。

5-163　针对一棵先序线索二叉树，设计一个算法，在以 *t 为根的子树中求指定结点 *p 的双亲。

【解答】　如果结点 *p 有左线索，沿左线索链走到线索链断掉的结点 *q，若 *q 的左子女或右子女是 *p，则 *q 是 *p 的双亲。但如果结点 *p 没有左线索，则需从根 *t 开始递归查找，或者逐层查找，看谁的子女是 *p，谁就是 *p 的双亲。本题采用使用队列的逐层查找，这样快一些。算法的实现如下。

```
#define qSize 20
ThreadNode *preParent(PreThBinTree t, ThreadNode *p) {
//算法调用方式 ThreadNode *q = preParent(t, p)。输入：先序线索二叉树的根指针 t，
//指定二叉树上结点的指针 p；输出：函数返回结点 p 的双亲结点的地址，若没有双亲
//函数返回 NULL
    if(p == NULL) return NULL;
    ThreadNode *q;
    for(q = p; q->ltag == 1 && q->rtag == 1; q = q->lchild);
                                                        //沿左线索链到底
    if(q->ltag == 0 && q->lchild == p || q->rtag == 0 && q->rchild == p)
        return q;                                       //找到 *p 的双亲 *q 返回
    ThreadNode *Qu[qSize];  int front, rear;            //设置队列并初始化
    front = rear = 0;  Qu[rear++] = t;                  //根进队
    while(front != rear) {                              //队不空所有结点未查找完
        q = Qu[front];  front =(front+1) % qSize;       //出队
        if(q->ltag == 0 && q->lchild == p ||
            q->rtag == 0 && q->rchild == p) return q;
                                                        //找到 *p 的双亲 *q 返回
        if(q->rtag == 0)                                //否则 *q 有右子女，进队
            { Qu[rear] = q->rchild; rear =(rear+1) % qSize; }
        if(q->ltag == 0)                                //*q 有左子女，进队
            { Qu[rear] = q->lchild;  rear =(rear+1) % qSize; }
    }
    return NULL;
}
```

若先序线索二叉树有 n 个结点，宽度为 b，算法的时间复杂度为 $O(n)$，空间复杂度为

O(b)。

5-164 若指针 t 指向一棵先序线索二叉树的根结点，设计一个算法，求该线索二叉树在先序下的第一个结点。

【解答】 以结点*t 为根的子树上先序的第一个结点就是它自己。算法的实现如下。

```
ThreadNode *preFirst(PreThBinTree t) {
//算法调用方式 ThreadNode *q = preFirst(t)。输入：先序线索二叉树子树的根指针 t；
//输出：函数返回子树 t 上先序下的第一个结点的地址
    return t;
}
```

算法的时间复杂度和空间复杂度均为 O(1)。

5-165 若指针 t 指向一棵先序线索二叉树的根结点，设计一个算法，求该线索二叉树在先序下的最后一个结点。

【解答】 若根结点*t 的右子树非空，则其先序最后一个结点一定是其右子树上先序最后一个结点；若其右子树为空，则其先序最后一个结点一定是其左子树上先序最后一个结点；若其左、右子树都为空，则其先序最后一个结点即为它自己。算法的实现如下。

```
ThreadNode *preLast(PreThBinTree t) {
//算法调用方式 ThreadNode *q = preLast(t)。输入：先序线索二叉树子树的根指针 t；
//输出：函数返回子树 t 上先序下的最后一个结点的地址
    if(t == NULL) return NULL;
    if(t->rtag == 0) return preLast(t->rchild);    //右子树非空，找右子树
    else if(t->ltag == 0) return preLast(t->lchild); //左子树非空，找左子树
    else return t;
}
```

若先序线索二叉树有 n 个结点，高度为 h，算法的时间复杂度为 O(n)，空间复杂度为 O(h)。

5-166 设计一个算法，在先序线索二叉树上求结点*p 的先序下的后继结点。

【解答】 若结点*p 有右线索，则其先序下的后继即为右线索所指结点；否则，若结点 *p 有左子女，则其先序下的后继即为其左子女，否则为其右子女。算法的实现如下。

```
ThreadNode *preNext(PreThBinTree p) {
//算法调用方式 ThreadNode *q = preNext(p)。输入：先序线索二叉树上指定
//结点的指针 p；输出：函数返回结点*p 的先序下的后继结点的地址
    if (p->ltag == 0) return p->lchild;
    else return p->rchild;
}
```

算法的时间复杂度和空间复杂度均为 O(1)。

5-167 设计一个算法，在先序线索二叉树 T 上求结点*p 的先序下的前趋结点。

【解答】 若*p 有左线索，则其前趋即其左线索所指结点；否则需要找到它的双亲*q，若*p 是*q 的左子女，则其前趋即为其双亲*q；若*p 是*q 的右子女，则到*q 的左子树中查找其先序下最后一个结点，它就是结点*t 的前趋。算法的实现如下。

```
ThreadNode *prePrior(PreThBinTree T, ThreadNode *p) {
//算法调用方式 ThreadNode *q = prePrior(T, p)。输入：先序线索二叉树的根指针 T,
//二叉树上指定结点的指针 p；输出：函数返回结点*p 的先序下的前趋结点的地址
//prePrent 参看题 5-163, preLast 参看题 5-165
    if(p->ltag == 1) return p->lchild;              //有左线索，即为其前趋
    ThreadNode *q = prePrent(T, p);                 //查找结点*p 的双亲*q
    if(q == NULL) return NULL;                      //无双亲即无前趋
    if(q->ltag == 0 && q->lchild == p) return q;//*p 是*q 左子女，*q 即双亲
    else if(q->ltag == 1) return q;                 //否则*p 是*q 右子女，*q 即双亲
    else return preLast(q->lchild);                 //否则在*q 的左子树找
}
```

若先序线索二叉树有 n 个结点，高度为 h，宽度为 b，算法的时间复杂度为 O(n)，空间复杂度为 O(max{h, b})。

5-168 设计一个算法，不使用栈实现在先序线索二叉树上的先序遍历。

【解答】 利用 preFirst（参看题 5-164）和 preNext（参看题 5-166）实现不使用栈的先序遍历。算法的实现如下。

```
void preTraversal(PreThBinTree T) {
//算法调用方式 preTraversal(T)。输入：先序线索二叉树的根指针 T；输出：实现在先序
//线索二叉树上的先序遍历
    for(ThreadNode *p = preFirst(T); p != NULL; p = preNext(p))
        printf("%c ", p->data);
    printf("\n");
}
```

算法的时间复杂度和空间复杂度均为 O(1)。

5-169 若后序线索二叉树的类型为 ThreadNode *PostThBinTree，设计一个算法，实现二叉树到后序线索二叉树的转换。

【解答】 二叉树到后序线索二叉树的转换可以通过后序遍历实现。算法中也需要一个全局指针变量 pre，指向当前结点*t 的后序下的前趋结点，调用算法前 pre 应初始化为 NULL。算法的实现如下。

```
void createPostThread(postThBinTree t, ThreadNode *& pre) {
    if(t != NULL) {
        createPostThread(t->lchild, pre);
        createPostThread(t->rchild, pre);
        if(t->lchild == NULL)
            { t->lchild = pre;  t->ltag = 1; }
        if(pre != NULL && pre->rchild == NULL)
            { pre->rchild = t;  pre->rtag = 1; }
        pre = t;
    }
}
void createPostThBinTree(postThBinTree T) {
//算法调用方式 createPostThBinTree(T)。输入：二叉树的根指针 T；
```

```
//输出：对二叉树所有结点实现后序全线索化
    ThreadNode *pre = NULL;
    createPostThread(T, pre);
}
```

若后序线索二叉树有 n 个结点，高度为 h，算法的时间复杂度为 O(n)，空间复杂度为 O(h)。

5-170　设计一个算法，在后序线索二叉树上求以*t 为根的子树的后序下的第一个结点。

【解答】　若结点*t 有左子树，则其后序第一个结点一定是其左子树上后序第一个结点；若其左子树为空，则其后序第一个结点一定是其右子树上后序第一个结点；若其左、右子树都为空，则其后序第一个结点即为它自己。算法的实现如下。

```
ThreadNode *postFirst(PostThBinTree t) {
//算法调用方式 ThreadNode *q = postFirst(t)。输入：后序线索二叉树子树根指针 t;
//输出：函数返回子树 t 上后序下的第一个结点的地址
    if(t == NULL) return NULL;
    if(t->ltag == 0) return postFirst(t->lchild);        //左子树非空，递归
    else if(t->rtag == 0) return postFirst(t->rchild);//右子树非空，递归
    else return t;
}
```

若后序线索二叉树有 n 个结点，高度为 h，算法的时间复杂度为 O(n)，空间复杂度为 O(h)。

5-171　设计一个算法，在后序线索二叉树上求以*t 为根的子树的后序下的最后一个结点。

【解答】　以结点*t 为根的子树上后序的最后一个结点就是它自己。算法的实现如下。

```
ThreadNode *postLast(PostThBinTree t) {
//算法调用方式 ThreadNode *q = postLast(t)。输入：后序线索二叉树子树根指针 t;
//输出：函数返回子树 t 上后序下的最后一个结点的地址
    return t;
}
```

算法的时间复杂度和空间复杂度均为 O(1)。

5-172　设计一个算法，在后序线索二叉树 T 上求结点*t 的后序下的前趋结点。

【解答】　若结点*t 有左线索，则其后序下的前趋即其左线索所指结点；若结点*t 没有左线索，则看其右子女是否存在，若结点*t 有右子女，则其右子女即其后序下的前趋，否则它的左子女即为它的后序下的前趋。算法的实现如下。

```
ThreadNode *postPrior(PostThBinTree t) {
//算法调用方式 ThreadNode *q = postPrior(t)。输入：后序线索二叉树上指定结点的
//指针 t; 输出：函数返回结点*t 的后序下的前趋结点的地址
    if(t == NULL) return NULL;
    if(t->ltag == 1) return t->lchild;            //左线索即为前趋
    else if(t->rtag == 0) return t->rchild;        //否则右子女即为前趋
```

```
        else return t->lchild;                              //否则左子女即为前趋
    }
```

算法的时间复杂度和空间复杂度均为 O(1)。

5-173　设计一个算法，在以*t 为根的后序线索二叉树中求指定结点*p 的双亲。

【解答】　如果结点*p 有右线索，沿右线索链走到线索链断掉的结点*q，若*q 的左子女或右子女是*p，则*q 是*p 的双亲。但如果结点*p 没有右线索，则需从根*t 开始递归查找，看谁的子女是*p，谁就是*p 的双亲。算法的实现如下。

```
#define stackSize 20
ThreadNode *postParent(PostThBinTree t, ThreadNode *p) {
//算法调用方式 ThreadNode *q = postParent(t, p)。输入：后序线索二叉树根指针 t,
//指定结点的指针 p；输出：函数返回结点 p 的双亲结点的地址
    if(p == t) return NULL;
    ThreadNode *q;
    for(q = p; q->rtag == 1 && q->ltag == 1; q = q->rchild);
    if(q->ltag == 0 && q->lchild == p || q->rtag == 0 && q->rchild == p)
        return q;
    ThreadNode *S[stackSize];  int top = -1;              //设置栈并初始化
    S[++top] = t;
    while(top != -1) {
        q = S[top--];
        if(q->ltag == 0 && q->lchild == p || q->rtag == 0 && q->rchild == p)
            return q;                                     //找到*p 的双亲*q, 返回
        if(q->rtag == 0) S[++top] = q->rchild;           //*q 有右子女, 进栈
        if(q->ltag == 0) S[++top] = q->lchild;           //*q 有左子女, 进栈
    }
    return NULL;
}
```

若后序线索二叉树有 n 个结点，高度为 h，算法的时间复杂度为 O(n)，空间复杂度为 O(h)。

5-174　设计一个算法，在后序线索二叉树 T 上求结点*p 的后序下的后继结点。

【解答】　若结点*p 有右线索，则其后序下的后继即为右线索所指结点；否则需先找到*p 的双亲*q，若结点*p 是其双亲*q 的右子女，则*p 的后序下的后继为*q；若结点*p 是其双亲*q 的左子女，且*q 没有右子女，则*p 的后序下的后继仍为*q；否则*p 的后序下的后继是*q 的右子树上后序下的第一个结点。算法的实现如下。

```
ThreadNode *postNext(PostThBinTree T, ThreadNode *p) {
//算法调用方式 ThreadNode *q = postNext(T, p)。输入：后序线索二叉树根指针 T,
//二叉树上指定结点的指针 p；输出：函数返回结点*p 的后序下的后继结点的地址
    if(p == NULL) return NULL;
    if(p->rtag == 1) return p->rchild;                   //右线索即为后继
    else {
        ThreadNode *q = postParent(T, p);                //求结点*p 的双亲*q
        if(q == NULL) return NULL;                        //无双亲即无后继
```

```
            if(q->rtag == 0 && q->rchild == p) return q;
                                                //*p 是*q 的右子女，选*q
            else if(q->rtag == 1) return q;     //否则若*q 无右子女,选*q
            else return postFirst(q->rchild);   //否则是右子树后序第一个
        }
}
```

若后序线索二叉树有 n 个结点，高度为 h，宽度为 b，算法的时间复杂度为 O(n)，空间复杂度为 O(max{h, b})。

5-175　设计一个算法，在后序线索二叉树实现后序遍历。

【解答】　使用 postFirst（参看题 5-170）和 postNext（参看题 5-174）可以实现后序遍历算法。算法的实现如下。

```
void postTraversal(PostThBinTree T) {
//算法调用方式 postTraversal(T)。输入：后序线索二叉树的根指针 T；输出：实现
//在后序线索二叉树上的后序遍历
    for(ThreadNode *p = postFirst(T); p != NULL; p = postNext(T, p))
        printf("%c ", p->data);
    printf("\n");
}
```

若后序线索二叉树有 n 个结点，高度为 h，宽度为 b，算法的时间复杂度为 O(n)，空间复杂度为 O(max{h, b})。

5.5　树与森林的遍历

5.5.1　树与森林遍历的概要

1. 树的遍历

树的遍历有两类：深度优先遍历和广度优先遍历。深度优先遍历又可分为两种：先根次序遍历和后根次序遍历。

（1）树的先根次序遍历是：若树非空，则先访问树的根结点，然后依次先根次序遍历根的各棵子树。由于树的先根次序遍历结果与对应二叉树表示的先序遍历结果相同，所以树的先根次序遍历可以利用对应二叉树的先序遍历算法来实现。

（2）树的后根次序遍历是：若树非空，则先依次后根次序遍历树根的各棵子树，然后访问根结点。由于树的后根次序遍历结果与对应二叉树表示的中序遍历结果相同，所以树的后根次序遍历可以利用对应二叉树的中序遍历算法来实现。

树的广度优先遍历即层次序遍历。遍历的次序是：若树非空，则先访问根结点，再依次访问树根的所有子女结点，接下来再依次访问这些子女结点的子女结点，直到所有结点都被访问为止。这不是一个递归算法，需要利用队列来实现。

2. 森林的遍历

森林和树一样，有深度优先遍历和广度优先遍历之别，深度优先遍历可分为先根次序遍历和中根次序遍历。

（1）森林的先根次序遍历是：若森林非空，首先访问森林中第一棵树的根结点，再先根次序遍历第一棵树的子树森林，最后先根次序遍历除第一棵树之外剩余的树所构成的森林。

（2）森林的中根次序遍历是：若森林非空，首先中根次序遍历森林中第一棵树的子树森林，再访问第一棵树的根结点，最后中根次序遍历除第一棵树之外剩余的树所构成的森林。

（3）森林的后根次序遍历是：若森林非空，首先后根次序遍历森林中除第一棵树外其他树构成的森林，再后根次序遍历第一棵树的子树森林，最后访问第一棵树的根结点。

（4）森林的广度优先遍历类似树的按层次遍历，它的实现也需要利用队列。

5.5.2　基于树的双亲表示的遍历算法

5-176　一棵树采用双亲表示法存储，设计一个算法，实现树的先根次序遍历。

【解答】　算法求解的思路是：若树 PT 非空（即 $0 \leqslant i < T.n$），则访问根结点的值，否则递归遍历根的各棵子树。FirstChild 和 NextSibling 的实现参看 5.1.2 节题 5-2 和题 5-3。算法的实现如下。

```
void PreOrder(PTree& T, int i) {
//算法调用方式 PreOrder(T, i)。输入：使用双亲表示存储的树 T，根结点编号 i；输
//出：算法按树的先序顺序依次输出各个结点
    if(i < T.n) {                               //若子树非空
        printf("%c ", T.tnode[i].data);         //访问根结点的值
        for(int j = FirstChild(T, i); j != -1; j = NextSibling(T, i, j))
            PreOrder(T, j);                     //递归遍历子树 j
    }
}
```

若树中有 n 个结点，算法的时间复杂度为 O(n)，空间复杂度为 O(1)。

5-177　一棵树采用双亲表示法存储，设计一个算法，实现树的后根次序遍历。

【解答】　算法求解的思路是：若树 PT 非空（即 $0 \leqslant i < T.n$），则先递归遍历根的各棵子树。再访问根结点。FirstChild 和 NextSibling 的实现参看 5.1.2 节题 5-2 和题 5-3。算法的实现如下。

```
void PostOrder(PTree& T, int i) {
//算法调用方式 PostOrder(T, i)。输入：使用双亲表示存储的树 T，根结点编号 i；
//输出：算法按树的后序顺序依次输出各个结点
    if(i < T.n) {                               //递归到空子树,退出
        for(int j = FirstChild(T, i); j != -1; j = NextSibling(T, i, j))
            PostOrder(T, j);                    //递归遍历子树 j
        printf("%c ", T.tnode[i].data);         //访问根结点的值
    }
}
```

若树中有 n 个结点，算法的时间复杂度为 O(n)，空间复杂度为 O(1)。

5-178　设一棵树采用双亲表示法存储，设计一个算法，以层次序遍历这棵树。

【解答】　层次序遍历需要使用一个队列,算法不是递归的。所有结点在遍历过程中都要进队、出队一次,当上一层结点出队时,它们的下一层结点顺序进队,从而实现按层访问。算法的实现如下。

```
#define queSize 30
void LevelOrder(PTree& T) {
//算法调用方式 LevelOrder(T)。输入:使用双亲表示存储的树 T;
//输出:算法按树的层次顺序依次输出各个结点
    int i = 0, j, front, rear;                       //i 指到根结点
    int Q[queSize];  front = rear = 0;               //定义队列 Q 并置空
    Q[rear++] = i;                                   //根进队列
    while(front != rear) {                           //当队列非空时
        i = Q[front];  front = (front+1) % queSize;  //出队
        printf("%c ", T.tnode[i].data);              //输出结点信息
        for(j = FirstChild(T, i); j != -1; j = NextSibling(T, i, j))
            { Q[rear] = j;  rear = (rear+1) % queSize; }
    }
}
```

若树中有 n 个结点,宽度为 b,算法的时间复杂度为 O(n),空间复杂度为 O(b)。

5-179　一棵树采用双亲表示法存储,设计一个算法,在树中查找值为 x 的结点的地址。

【解答】　树是递归的数据结构,可以采用先根遍历的递归算法进行查找。算法假定根在 0 号位置。算法的基本思路是:若树非空,则检查根结点的值,若等于 x 查找成功,返回该结点下标;若不等于 x 则递归到各棵子树中查找。算法的实现如下。

```
int Find_x(PTree& T, int i, DataType x) {
//算法调用方式 int k = Find_x(T, i, x)。输入:使用双亲表示存储的树 T, 当前处理
//的子树根 i, 查找值 x; 输出:算法在 T 的以 i 为根的子树中查找值为 x 的结点
//若查找成功,函数返回找到结点的地址(数组下标);若查找失败,函数返回-1
    if(i >= T.n) return -1;                    //递归到空子树,查找失败
    if(T.tnode[i].data == x) return i;         //查找成功
    else {                                     //否则到各子树中查找
        int ad, j = FirstChild(T, i);
        while(j != -1) {
            ad = Find_x(T, j, x);              //在子树 j 中查找
            if(ad != -1) return ad;
            else j = NextSibling(T, i, j);
        }
        return -1;
    }
}
```

若树中有 n 个结点,高度为 h,算法的时间复杂度为 O(n),空间复杂度为 O(h)。

5-180　一棵树采用双亲表示法存储,设计一个算法,实现在树中结点 i 下插入新子女 x 的运算 InsertChild。

【解答】　设树中各结点按先根次序排列,为了在插入后仍保持先根次序,可把新结点

作为双亲的第一个子女插入（树的子女的先后顺序没有要求）。插入位置之后的元素的双亲指针，只要大于双亲位置的都要加 1。算法的实现如下。

```
int InsertChild(PTree& T, int i, DataType x) {
//算法调用方式 int k = InsertChild(T, i, x)。输入：使用双亲表示存储的树 T,
//插入子树的根 i，插入值 x；输出：在树 T 中结点 i 下插入新子女 x。若插入成功，函数返
//回新结点位置；若插入失败，函数返回-1
    if(i == -1 || i > T.n) return -1;
    if(T.n < maxSize) {                          //数组未满
        for(int j = T.n-1; j >= i+1; j--) {
            if(T.tnode[j].parent > i)
                T.tnode[j].parent++;             //修改后续子树结点双亲指针
            T.tnode[j+1] = T.tnode[j];
        }
        T.tnode[i+1].data = x;  T.tnode[i+1].parent = i ;    //前插
        T.n++;  return i+1;                      //返回插入位置
    }
    else return -1;                              //存储数组已满，插入失败
}
```

若树中有 n 个结点，算法的时间复杂度为 O(n)，空间复杂度为 O(1)。

5-181　一棵树采用双亲表示法存储，设计一个算法，实现删除树中以结点 i 为根的子树的运算 DeleteSubTree。

【解答】　在树的双亲表示中，某一棵子树 i 的子孙在双亲数组中都排列在 i 之后，因此，可以逐个查找 i 的子女 j（即其双亲指针指向 i 的结点），递归删除 j，然后把 i 之后的元素统统前移，同时修改双亲指针值大于 i 的指针。算法的实现如下。

```
void delSubTree(PTree& T, int i) {
//算法调用方式 DeleteSubTree(T, i)。输入：使用双亲表示存储的树 T, 删除子树的
//根 i；输出：删除以 i 为根子树的所有结点，调整双亲指针数组
    int j = i+1, k;
    while(j < T. n) {
        if(T.tnode[j].parent != i) j++;          //不是 i 的子女，看下一个
        else delSubTree(T, j);                   //是，递归删除 j
    }
    if(j == T.n) {                               //检查完
        for(k = i; k < T.n-1; k++) {             //前移
            T.tnode[k].data = T.tnode[k+1].data;
            if(T.tnode[k+1].parent > i)
                T.tnode[k].parent = T.tnode[k+1].parent-1;
            else T.tnode[k].parent = T.tnode[k+1].parent;
        }
        T.n--;
    }
}
```

若树中有 n 个结点，高度为 h，算法的时间复杂度为 O(n)，空间复杂度为 O(h)。

5-182　一棵树采用双亲表示法存储，若各结点在双亲数组中按先根次序排列，设计一个算法，按凹入表形式输出。如图 5-32（a）所示的树的凹入表形式如图 5-32（b）所示。

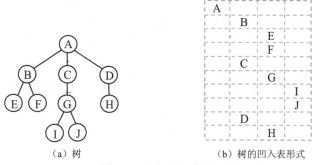

（a）树　　　　　　　　　（b）树的凹入表形式

图 5-32　题 5-182 的图

【解答】　树的先根遍历序列的特点是：树根结点一定在首位，且一个结点若有子女，则其第一个子女一定紧随其后。根据这些特点，算法设置一个临时数组 loc[n]，预先计算各结点在凹入表中的输出位置，初始时 loc[0] = 0，即树根结点在第 0 位；其他结点的位置为其双亲结点的位置加 2。最后遍历一遍双亲数组，按 loc 指向位置输出即可，如图 5-33 所示。

（a）一棵树　　　　（b）树的双亲表示　　　（d）凹入表形式输出

（c）临时数组：预留结点打印位置

图 5-33　题 5-182 的图续

算法的实现如下。

```
void PrintConcave(PTree& T, int i, int k) {
//算法调用方式 PrintConcave(T, i, k)。输入：使用双亲表示存储的树 T，当前输出子
//树的根 i，结点层次 k（初始调用为 1）；输出：按凹入表形式输出树 T 中以 i 为根的
//子树
    int j;
    for(j = 0; j <(k-1)*5; j++) printf(" ");     //输出前置空格
    printf("%c\n", T.tnode[i].data);             //输出结点数据
    j = FirstChild(T, i);                        //查找结点 i 的第一个子女 j
    while(j != -1) {
        PrintConcave(T, j, k+1);                 //递归输出结点 i 的子树
        j = NextSibling(T, i, j);                //查找结点 i 下一个子女 j
    }
}
```

若树中有 n 个结点，高度为 h，算法的时间复杂度为 O(n)，空间复杂度为 O(h)。

5.5.3 基于子女链表表示的树的遍历算法

5-183 若树以层次次序的子女链表表示存储，设计一个算法，创建一个树的子女链表表示。要求在结点表中结点数据以层次次序排列。

【解答】 树用子女链表表示存储，各结点数据的存放有两种方式：如图 5-34（a）所示的一棵树，一种存放方式如图 5-34（b）所示，结点表中的数据是以先根次序存储的；另一种存放方式如图 5-34（c）所示，结点表中的数据是以层次次序排列存储的。本题要求的子女链表是后者，在这种存储表示中，某个结点的子女都链接在它的子女链表中，它的兄弟在结点表中都排列在一起。

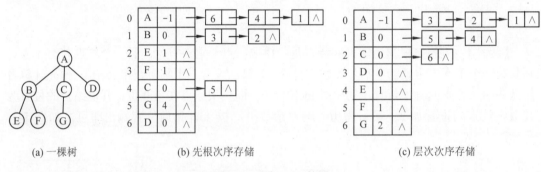

(a) 一棵树　　　　　　　(b) 先根次序存储　　　　　　　(c) 层次次序存储

图 5-34　题 5-183 的图

为了创建如图 5-34（c）所示的存储表示，输入数据的顺序也可按层次次序排列，对于图 5-34（a）所示的树，输入数据可用一个二元组序列 IN[n]输入，其值为 (^, A), (A, B), (A, C), (A, D), (B, E), (B, F), (C, G)，其中第一个二元组给出根 A，后面的二元组是各条边的信息，前一个是双亲，后一个是子女。算法的实现如下。

```
void createCTree(ChildList& T, char IN[][2], int n) {
//算法调用方式 createCTree(T, IN, n)。输入：一系列按层次排列的二元组 IN[n][2]，
//已初始化的树的子女链表 T，树中结点个数 n；输出：创建带双亲指针的子女链
//表，结点表中数据按层次次序排列
    int i, j, k;  char f, s;  ENode *p, *rear[size]; //各结点子女链表尾指针
    for(j = 0; j < size; j++) rear[j] = NULL;
    T.NodeList[0].data = IN[0][1];  T.NodeList[0].parent = -1;
    k = 0; j = 1;                                   //k 双亲位置，j 子女位置
    for(i = 1; i < n; i++) {                         //逐条边加入
        f = IN[i][0];  s = IN[i][1];                //取一条边的输入信息
        while(T.NodeList[k].data != f) k++;         //在结点表中找双亲
        T.NodeList[j].data = s;  T.NodeList[j].parent = k;
        p =(ENode *) malloc(sizeof(ENode));         //创建子女链新结点
        p->child = j;  p->link = NULL;
        if(T.NodeList[k].first == NULL)             //链入子女链表
            { T.NodeList[k].first = p;  rear[k] = p; }
        else { rear[k]->link = p;  rear[k] = p; }
        j++;                                        //存放指针加 1
    }
```

```
    T.n = n;
}
```

若树中有 n 个结点，e = n−1 条边，算法的时间复杂度为 O(n+e)，空间复杂度为 O(n)。

5-184　若树以层次次序的子女链表表示存储，设计一个算法，输出一个树的子女链表。要求在结点表中结点数据以层次次序排列。

【解答】　按照子女链表的结构，逐个结点输出，在输出每个结点数据的同时遍历该结点的子女链表，输出相应的边。算法的实现如下。

```
void printCTree(ChildList& T) {
//算法调用方式 printCTree(T)。输入：已创建的树 T；输出：按层次次序输出
    ENode *p;  int i;  char f;
    printf("树结点数为%d, []内是双亲,()内是边\n", T.n);        //打印结点个数
    for(i = 0; i < T.n; i++) {                              //逐个结点打印
        f = T.NodeList[i].data;
        printf("%c ", f);                                  //打印结点数据
        if(T.NodeList[i].parent == -1) printf("[]: ");
        else printf("[%c]: ", T.NodeList[T.NodeList[i].parent].data);
        for(p = T.NodeList[i].first; p != NULL; p = p->link)
            printf("(%c, %c) ", f, T.NodeList[p->child].data);//打印边
        printf("\n");
    }
}
```

若树中有 n 个结点，e 条边，算法的时间复杂度为 O(n+e)，空间复杂度为 O(1)。

5-185　若树以层次次序的子女链表表示存储，设计一个算法，实现树的先根次序遍历。

【解答】　若树用层次次序的子女链表表示存储，通过各结点的子女链表可以找到该结点的所有子女，当执行树的先根次序遍历时，在访问结点 i（i 从 0 开始）的数据后，再遍历 i 的子女链表，对它的每一个子女递归执行先根次序遍历即可。算法的实现如下。

```
void PreOrder(ChildList& T, int i) {
//算法调用方式 PreOrder(T, i)。输入：树的子女链表表示 T，子树根结点在结点表中
//的下标 i；输出：按树的先根次序遍历以 i 为根的子树
    printf("%c ", T.NodeList[i].data);                     //访问根结点
    for(ENode *p = T.NodeList[i].first; p != NULL; p = p->link)
        PreOrder(T, p->child);                             //递归遍历子树
}
```

若树中有 n 个结点，算法的时间复杂度为 O(n)，空间复杂度为 O(n)。

5-186　若树以层次次序的子女链表表示存储，设计一个算法，实现树的后根次序遍历。

【解答】　执行以 i 为根子树的后根次序遍历时，首先遍历结点 i 的子女链表，对它的每一个子女递归执行后根次序遍历，然后再访问结点 i。算法的实现如下。

```
void PostOrder(ChildList& T, int i) {
//算法调用方式 PostOrder(T, i)。输入：树的子女链表表示 T，子树根结点在结点表中
```

```
//的下标i; 输出: 按树的后根次序遍历以i为根的子树
    for(ENode *p = T.NodeList[i].first; p != NULL; p = p->link)
        PostOrder(T, p->child);
    printf("%c ", T.NodeList[i].data);                    //访问根结点
}
```

若树中有 n 个结点, 算法的时间复杂度为 O(n), 空间复杂度为 O(n)。

5-187 若树以层次次序的子女链表表示存储, 设计一个算法, 实现树的层次序遍历。

【解答】 算法借助一个队列, 实现树的分层打印。首先让根进队, 再执行以下步骤:

(1) 当队列不空时, 循环执行步骤 (2) 和步骤 (3); 若队列变空, 退出循环, 算法结束。

(2) 从队列退出一个结点 k, 访问它。

(3) 遍历结点 k 的子女链表, 让所有的子女结点进队。

算法的实现如下。

```
#define queSize 30
void LevelOrder(ChildList& T) {
//算法调用方式LevelOrder(T)。输入: 树的子女链表表示Ti; 输出: 按树的层次次
//序遍历树的所有结点
    int Q[queSize];  int k, front = 0, rear = 1;
    Q[rear] = 0;
    while(front != rear) {
        front = (front+1) % queSize;  k = Q[front];
        printf("%c ", T.NodeList[k].data);                //访问根结点
        for(ENode *p = T.NodeList[k].first; p != NULL; p = p->link)
            { rear = (rear+1) % queSize;  Q[rear] = p->child; }
    }
    printf("\n");
}
```

若树中有 n 个结点, 树的宽度为 b, 算法的时间复杂度为 O(n), 空间复杂度为 O(b)。

5-188 若树以层次次序的子女链表表示存储, 设计一个算法, 在树中指定结点 (其值为 y) 下面插入值为 x 的新结点。若 y = '#', 则新结点作为根插入 (假设树中所有结点的值互不相同)。

【解答】 算法首先在结点表中查找值为 x 的结点, 若查找成功, 则不能插入; 否则先判断是否新结点作为根插入, 是则在结点表的 0 号位置插入; 否则在结点表中查找 y, 查到后 (在位置 j) 将插入结点的位置作为新子女链接到 y 的子女链表中。算法的实现如下。

```
bool insertCTree(ChildList& T, char x, char y) {
//算法调用方式bool succ = insertCTree(T, x, y)。输入: 用子女链表存储的树T,
//插入值x, 插入在结点y下面; 输出: 若插入成功, 在树T中插入值为x的新结点, 函数
//返回true; 否则树T不变, 函数返回false
    int i, j, k;  ENode *p, *q, *s;
    for(j = 0; j < T.n; j++)
        if(T.NodeList[j].data == x) break;                //在T中查找x, 结果在j
```

```
if(j < T.n) { printf("树中已经有%c, 不能插入! \n", x);  return false; }
if(y == '#') {                              //新结点作为根插入
    T.NodeList[0].data = x;       T.NodeList[0].parent = -1;
    T.NodeList[0].first = NULL;
    T.n = 1;  return true;
}
for(j = 0; j < T.n; j++)
    if(T.NodeList[j].data == y) break;      //在 T 中查找 y, 结果在 j
    if(j == T.n) { printf("树中没有%c, 不能插入! \n", y);  return false; }
for(p = T.NodeList[j].first, q = NULL; p != NULL; q = p, p = p->link);
if(q != NULL) i = q->child;                 //原有子女, 插入结点 i 后面
else {                                      //原无左子女, 找插入位置
    for(k = j+1; k < T.n; k++)              //查找 y 后面有子女的结点
        if(T.NodeList[k].first != NULL) break;
    i = T.NodeList[k].first->child-1;       //放在这个子女前面
}
for(k = T.n-1; k > i; k--)
    T.NodeList[k+1] = T.NodeList[k];        //结点 i 后面的结点后移
T.NodeList[i+1].data = x;  T.NodeList[i+1].parent = j;
T.NodeList[i+1].first = NULL;
for(k = j+1; k <= T.n; k++)                 //修改子女链表移动结点下标
    for(s = T.NodeList[k].first; s != NULL; s = s->link)
        if(s->child > i) s->child++;        //大于或等于插入点的统统加1
for(k = j+1; k <= T.n; k++)                 //修改双亲指针
    if(T.NodeList[k].parent > i) T.NodeList[k].parent++;
s =(ENode *) malloc(sizeof(ENode));
s->child = i+1;  s->link = NULL;
if(q != NULL) q->link = s;
else T.NodeList[j].first = s;
T.n++;  return true;
}
```

若树中结点数为 n, 算法的时间复杂度为 $O(n^2)$, 空间复杂度为 $O(1)$。

5-189　若树以层次次序的子女链表示存储, 设计一个算法, 在树中删除以 x 为根的子树。

【解答】　算法首先在结点表中查找值为 x 的结点 i, 若未找到, 则不能删除; 否则

(1) 修改结点 i 的双亲 k 的子女链表, 删除包含子女 i 的分支 (k, i)。

(2) 设置一个栈, 存放被删子树所有结点, 通过大循环, 从栈中逐个退出结点进行删除。删除动作包括把结点表中所有位于被删结点后面的结点前移, 修改这些结点中可能变化的双亲指针, 修改子女链表中所有大于 i 的子女下标, 修改表中元素个数等。

算法的实现如下。

```
bool removeCTree(ChildList& T, char x) {
//算法调用方式 bool succ = removeCTree(T, x)。输入: 用子女链表存储的树 T, 删除
//值 x; 输出: 若删除成功, 在树 T 中释放了以 x 为根子树的所有结点, 函数返回 true;
//若删除失败, 树 T 不变, 函数返回 false
```

```
int i, j, k;  ENode *p, *q, *s;
for(i = 0; i < T.n; i++)
    if(T.NodeList[i].data == x) break;            //在 T 中查找 x，结果在 i
if(i == T.n) return false;                        //在 T 中没有 x，函数返回 false
k = T.NodeList[i].parent;                         //定位 i 的双亲 k
if(k != -1) {                                     //处理双亲 k 的子女链表
    for(p = T.NodeList[k].first, q = NULL; p != NULL; q = p, p = p->link)
        if(p->child == i) break;                  //找到子女为 i 的链结点
    for(s = p->link; s != NULL; s = s->link)
        p->child--;                               //i 后面的兄弟都要前移
    if(p == T.NodeList[k].first)                  //在双亲子女链表中删子女 i
        {T.NodeList[k].first = p->link;  free(p);}//*p 是链首元结点情形
    else { q->link = p->link;  free(p); }         //*p 非链首元结点情形
}
int stk[size];  int pr = -1, top = 0;             //存储被删结点的栈
stk[top] = i;
while(pr < top) {
    j = stk[++pr];                                //取子树结点
    for(p = T.NodeList[j].first; p != NULL; p = p->link)
        stk[++top] = p->child;                    //分层进栈
}
while(top != -1) {                                //栈不空执行大循环
    j = stk[top--];                               //一个被删结点出栈
    while(T.NodeList[j].first != NULL) {          //清空被删结点的子女链表
        q = T.NodeList[j].first;
        T.NodeList[j].first = q->link;  free(q);
    }
    for(k = 0; k < T.n; k++) {                    //修改各结点的子女链表
        for(p = T.NodeList[k].first; p != NULL; p = p->link)
            if(p->child > j) p->child--;
        if(T.NodeList[k].parent > j) T.NodeList[k].parent--;
    }
    for(k = j; k < T.n; k++)
        T.NodeList[k] = T.NodeList[k+1];          //结点 j 后面结点前移覆盖 j
    T.n--;
}
return true;
}
```

若树中结点数为 n，分支数 e，算法的时间复杂度为 O(n×e)，空间复杂度为 O(n)。

5.5.4 基于子女-兄弟链表表示的树的遍历算法

5-190 一棵非空树采用子女-兄弟链表表示存储，设计一个递归算法，先根遍历这棵树。

【解答】 采用递归算法，若树非空，先访问根结点，再按先根次序递归遍历根的所有子树。算法描述如下。

```
void PreOrder(CSNode *t) {
//算法调用方式 PreOrder(t)。输入：树的子女-兄弟链表表示的子树的根 t;
//输出：按树的先根遍历顺序输出树的所有结点
    if(t != NULL) {                                  //当树非空时
        printf("%c ", t->data);                      //输出根结点数据
        CSNode *p = t->lchild;
        while(p != NULL) { PreOrder(p);  p = p->rsibling; }
    }
}
```

若树中结点数为 n，高度为 h，算法的时间复杂度为 O(n)，空间复杂度为 O(h)。

5-191 一棵非空树采用子女-兄弟链表表示存储，设计一个非递归算法，先根遍历这棵树。

【解答】 树的先根遍历规定：首先访问根结点，再自左向右顺序对根的所有子树做先根遍历。为从前一棵子树退回需要用到一个栈 S，存储遍历过程中的回退路径。先根遍历是先访问根结点，再遍历根的左子树，所以有一个循环，对根的左子树一路走下去，边走边访问边进栈，直到最左叶结点为止。然后走到栈顶元素的右兄弟结点，若存在，则执行以右兄弟结点为根子树的遍历，否则再回退到上一层栈顶元素的右兄弟结点，做同样处理，这样即可实现树的先根次序遍历。算法的实现如下。

```
void PreOrder_iter(CSNode *t) {
//算法调用方式 PreOrder_iter(t)。输入：树的子女-兄弟链表表示的根结点指针 t;
//输出：按树的先根遍历顺序输出树的所有结点
    CSNode *S[stackSize];  int  top = -1;            //递归栈并置空
    CSNode *p = t;                                   //从根开始遍历
    do {
        while(p != NULL) {                           //当左子树非空时
            printf("%c ", p->data);                  //输出结点信息
            S[++top] = p;                            //存储左子树路径到栈中
            p = p->lchild;                           //继续向左
        }
        while(p == NULL && top != -1)
            { p = S[top--];  p = p->rsibling; }
    } while(p != NULL);
}
```

若树中结点数为 n，高度为 h，算法的时间复杂度为 O(n)，空间复杂度为 O(h)。

5-192 一棵非空树采用子女-兄弟链表表示存储，设计一个递归算法，后根遍历这棵树。

【解答】 采用递归算法，若树非空，先按后根次序递归遍历根的所有子树，最后再访问根结点。算法的实现如下。

```
void PostOrder(CSNode *t) {
//算法调用方式 PostOrder(t)。输入：树的子女-兄弟链表表示的子树的根 t;
//输出：按树的后根遍历顺序输出树的所有结点
```

```
    if(t != NULL) {                                          //当树非空时
        CSNode *p = t->lchild;
        while(p != NULL)                                     //递归遍历根的子树
            { PostOrder(p);  p = p->rsibling; }
        printf("%c ", t->data);                              //最后访问根结点
    }
}
```

若树中结点数为 n，高度为 h，算法的时间复杂度为 O(n)，空间复杂度为 O(h)。

5-193　一棵非空树采用子女-兄弟链表表示存储，设计一个非递归算法，后根遍历这棵树。

【解答】　树的后根遍历规定：先自左向右对根的所有子树做后根遍历，再回头访问根结点。其访问时机与先根遍历相比正好相反，因此，在算法处理上，只要把访问语句 printf 从第一个循环移到第二个循环，即把进栈时访问改为出栈时访问就可以了。算法的实现如下。

```
void PostOrder_iter(CSNode *t) {
//算法调用方式 PostOrder_iter(t)。输入：树的子女-兄弟链表表示的根结点指针 t;
//输出：按树的后根遍历顺序输出树的所有结点
    CSNode *S[stackSize];  int top = -1;                     //递归栈并置空
    CSNode *p = t;                                           //从根开始遍历
    do {
        while(p != NULL)                                     //当左子树非空时
            { S[++top] = p;  p = p->lchild; }                //继续向左
        while(p == NULL && top != -1) {
            p = S[top--];  printf("%c ", p->data);
            p = p->rsibling;
        }
    } while(p != NULL);
}
```

若树中结点数为 n，高度为 h，则算法的时间复杂度为 O(n)，空间复杂度为 O(h)。

5-194　一棵非空树采用子女-兄弟链表表示存储，设计一个递归算法，中根遍历这棵树。

【解答】　树的中根遍历规定，首先对根的最左子树做中根遍历，再访问根结点，然后自左向右顺序对根的其他子树做中根遍历。因此，算法要区分当前子树是根的最左子树还是其他子树，再根据判别结果做不同处理。算法的实现如下。

```
void InOrder(CSNode *t) {
//算法调用方式 InOrder(t)。输入：树的子女-兄弟链表表示的子树的根 t;
//输出：按树的中根遍历顺序输出树的所有结点
    CSNode *p = t->lchild;
    if(p == NULL) printf("%c ", t->data);
    else {
        InOrder(p);
        printf("%c ", t->data);
```

```
        p = p->rsibling;
        while(p != NULL) { InOrder(p);  p = p->rsibling; }
    }
}
```

若树中结点数为 n，高度为 h，算法的时间复杂度为 O(n)，空间复杂度为 O(h)。

5-195　一棵非空树采用子女-兄弟链表表示存储，设计一个非递归算法，中根遍历这棵树。

【解答】　树的中根遍历的非递归算法要借助二叉树的中序遍历的非递归算法，但需要把 lichild 和 rchild 换成 lchild 和 rsibling。算法的实现如下。

```
void InOpder_iter(CSNode *T) {
//算法调用方式 InOrder_iter(t)。输入：树的子女-兄弟链表表示的子树的根 t；
//输出：按树的中根遍历顺序输出树的所有结点
    CSNode *S[stackSize];  int top = -1;
    CSNode *s, *p, *q = T->lchild;              //q 是子树根指针
    int flag = 0;                   //flag=0，标识最左子树，flag 0，标识其他子树
    while(q != NULL) {                          //自左向右对各子树做中序遍历
        p = q;  s = q->rsibling;  q->rsibling = NULL;
        do {                                    //对子树做二叉树中序遍历
            while(p != NULL)
                { S[++top] = p;  p = p->lchild; }
            if(top != -1) {
                p = S[top--];  printf("%c ", p->data);
                p = p->rsibling;
            }
        } while(p != NULL || top != -1);
        if(flag == 0) { flag = 1;  printf("%c ", T->data); }
        q->rsibling = s;                        //恢复原先子树兄弟指针
        q = s;                                  //q 指向下一棵子树的根
    }
}
```

若树中结点数为 n，高度为 h，算法的时间复杂度为 O(n)，空间复杂度为 O(h)。

5-196　若两棵树 T1 和 T2 都采用子女-兄弟链表表示存储，设计一个算法，判断 T1 和 T2 是否等价。

【解答】　如果两棵树都为空树，则它们等价。若两棵树中有一棵为空，则它们不等价。若两棵树都不为空树，判断对应根结点的数据是否相等，若不等，则两棵树不等价；若相等，再继续递归地判断左子树（即根的子树森林）是否等价，以及根的右子树（即其他树构成的森林）是否等价。算法的实现如下。

```
bool equal(CSTree T1, CSTree T2) {
//算法调用方式 bool succ = equal(T1, T2)。输入：两棵子女-兄弟链表表示的树 T1
//和 T2；输出：若 T1 和 T2 等价，函数返回 true，否则函数返回 false
    if(T1 == NULL && T2 == NULL) return true;
    else if(T1 == NULL || T2 == NULL) return false;
```

```
    else if(T1->data != T2->data) return false;
    else if(!equal(T1->lchild, T2->lchild)) return false;
    else return equal(T1->rsibling, T2->rsibling);
}
```

若树中结点数为 n，高度为 h，算法的时间复杂度为 O(n)，空间复杂度为 O(h)。

5-197　一个森林采用子女-兄弟链表表示存储，设计一个算法，按层次序遍历这个森林。

【解答】　为了实现层次序遍历，需要借助一个队列来安排分层访问的顺序。在访问某一层的结点时，扫描它的所有子女（循子女的右兄弟链），使它们依次进队列。这样预先把下一层要访问的结点顺序排在了队列中。算法的实现如下。

```
#define qSize 20                                      //队列的最大容量
void LevelOrder(CSNode *t) {
//算法调用方式 LevelOrder(t)。输入：用子女-兄弟链表表示存储的树 t;
//输出：按层次（兄弟链）输出树的所有结点
    if(t == NULL) return;                             //树空则返回
    CSNode* Q[qSize];  int front = 0, rear = 0;       //设置队列并置空
    CSNode *p, *s;
    rear = (rear+1) % qSize;  Q[rear] = t;            //根结点进队列
    while(rear != front) {
        front = (front+1) % qSize;  p = Q[front];     //队列中取一个结点
        printf("%c ", p->data);                       //输出结点数据
        for(s = p->lchild; s != NULL; s = s->rsibling)
            { rear =(rear+1) % qSize;  Q[rear] = s; }
    }
}
```

若树中结点数为 n，宽度（各层结点数中的最大者）为 b，算法的时间复杂度为 O(n)，空间复杂度为 O(b)。

5-198　若一棵树采用子女-兄弟链表表示存储，设计一个算法，根据树结点的层次序遍历序列和各结点的度构造树的子女-兄弟链表。

【解答】　可设立一个队列，在按层次序处理过程中包存储新建树的各结点的地址和结点编号，再根据层次序遍历序列与每个结点的度，逐个结点链接。算法的实现如下。

```
#define qSize 20                                      //队列最大容量
int createCSTree_Degree(CSNode *& t, TElemType e[], int degree[], int n){
//算法调用方式 int succ = createCSTree_Degree(t, e, degree, n)。输入：按层
//次序输入的结点值序列 e，相应各结点的度 degree，结点个数 n；输出：根据树结点的层次序
//序列 e[]和各结点的度 degree[]构造树的子女-兄弟链表，若创建成功，函数返回 1，
//否则函数返回 0
    if(n == 0) { t = NULL;  return 1; };
    int d, i, k = 0;
    CSTree *Q = (CSTree*) malloc(qSize*sizeof(CSTree));//创建队列 Q
    for(i = 0; i < n; i++) {                          //按层次序创建树中各结点
      Q[i] =(CSNode*) malloc(sizeof(CSNode));
```

```
        Q[i]->data = e[i];  Q[i]->lchild = Q[i]->rsibling = NULL;
    }
    for(i = 0; i < n; i++) {                             //按结点度数创建亲子关系
        d = degree[i];
        if(d > 0) {                                      //非叶结点
            k++;
            if(k >= n) { printf("结点%d的度数%d有误! \n", i, k); return 0; }
            Q[i]->lchild = Q[k];
            while(--d > 0) {
                if(k+1 >= n) {printf("结点%d的度数有误! \n", i); return 0; }
                Q[k]->rsibling = Q[k+1];  k++;
            }
        }
    }
    t = Q[0];  free(Q);  return 1;
}
```

若树中结点数为 n，树的度为 d，算法的时间复杂度为 O(n×d)，空间复杂度为 O(1)。

5-199 若一棵有 n 个结点的树采用双亲表示法存储，设计一个算法，将此树的存储表示转换为子女-兄弟链表表示。

【解答】 可设立一个辅助数组 pointer[]，用来存储树的各结点地址，再根据层次序遍历序列与每个结点的度，逐个结点链接。算法的实现如下。

```
void PRTree_to_CSTree(PTree& PT, CSTree& RT) {
//将一棵用双亲表示法存储的树 PT 转换为子女-兄弟链表表示 RT
    CSTree *pointer = (CSTree*) malloc(maxSize*sizeof(CSTree));
    CSTree *lastChild = (CSTree*) malloc(maxSize*sizeof(CSTree));
    int i, j;
    for(i = 0; i < maxSize; i++) lastChild[i] = NULL;//各结点尾插指针清零
    for(i = 0; i < PT.n; i++) {
        pointer[i] = (CSNode*) malloc(sizeof(CSNode));//创建每个树结点
        pointer[i]->data = PT.tnode[i].data;
        pointer[i]->lchild = NULL;  pointer[i]->rsibling = NULL;
    }
    for(i = 0; i < PT.n; i++) {                          //链接每个树结点
        if(PT.tnode[i].parent >= 0) {                    //不是根结点
            j = PT.tnode[i].parent;
            if(lastChild[j] == NULL)                     //双亲 j 当前还没有子女
                pointer[j]->lchild = pointer[i];         //i 成为 j 第一个子女
            else lastChild[j]->rsibling = pointer[i];    //否则成为兄弟
            lastChild[j] = pointer[i];                   //尾指针跟到新插结点
        }
    }
    RT = pointer[0];  free(pointer);  free(lastChild);
}
```

若树中结点数为 n，算法的时间复杂度为 O(n)，空间复杂度为 O(n)。

5-200 若一棵树采用子女-兄弟链表表示存储，设计一个算法，根据树的先根遍历序列和后根遍历序列构造这棵树。

【解答】 若树的先根序列为 pre[s1..t1]，后根序列为 post[s2..t2]，则树的根为 pre[s1]，然后在 post 中查找 pre[s1] 的位置，假设为 i，即 pre[s1] = post[i]，这样可将后根序列分成两部分，即 post[s2..i−1] 和 post[i+1..t2]，前者是根的左子树的后根序列，长度为 i−1−s2+1 = i−s2，后者是根的右子树的后根序列，长度为 t2−(i+1)+1 = t2−i。对应地，树的先根序列也分为两部分，对应根的左子树的是 pre[s1+1..s1+i−s2]，对应根的右子树的是 pre[s1+i−s2+1..t1]。再分别以 pre[s1+1..s1+i−s2] 与 post[s2..i−1]，以及 pre[s1+i−s2+1..t1] 与 post[i+1..t2] 递归地构造根的左子树和右子树。算法的实现如下。

```
void createCSTree(CSTree& T, DataType pre[], DataType post[],
                  int s1, int t1, int s2, int t2) {
//算法调用方式 createCSTree(T, pre, post, s1, t1, s2, t2)。输入：树的先根序
//表示 pre，后根序表示 post，在 pre 中当前处理区间 s1 到 t1，在 post 中当前处理区间 s2
//到 t2；输出：创建完成的树的子女-兄弟链表表示 T
    if(s1 > t1) { T = NULL;  return; }                      //序列为空，空树
    int i;
    T =(CSNode*) malloc(sizeof(CSNode));                    //创建根结点
    T->data = pre[s1];     T->lchild = T->rsibling = NULL;
    for(i = s2; i <= t2; i++)                               //在后根序列中查找
        if(post[i] == pre[s1]) break;
    createCSTree(T->lchild, pre, post, s1+1, s1+i-s2, s2, i-1);
                                                            //递归构造左子树
    createCSTree(T->rsibling, pre, post, s1+i-s2+1, t1, i+1, t2);
                                                            //递归构造右子树
}
```

若树中结点数为 n，高度为 h，算法的时间复杂度为 O(n)，空间复杂度为 O(h)。

5-201 在森林的子女-兄弟链表表示中，用 lch 存储指向结点第一个子女的指针，用 rsib 存储指向结点下一个兄弟的指针，用 data 存储结点的值。就可以创建森林的静态二叉链表作为森林的存储表示。试给出这种表示的结构定义，并设计一个算法，创建这样的静态二叉链表表示，要求按森林的先根次序依次安放森林的所有结点。

【解答】 森林转化为二叉树（子女-兄弟链表）表示的示例如图 5-35（a）所示，对应的静态链表存储表示如图 5-35（b）所示。

（a）森林转换为二叉树表示的图示

图 5-35 题 5-201 的图

	0	1	2	3	4	5	6	7	8	9	10
lch	1	-1	-1	4	-1	6	-1	8	9	-1	-1
data	A	B	C	D	E	F	G	H	I	K	J
rsib	5	2	3	-1	-1	7	-1	-1	10	-1	-1

（b）森林的左子女-右兄弟表示的静态二叉链表

图 5-35　（续）

下面给出子女-兄弟链表的结构类型定义。

```
#define maxSize 20                              //静态链表结点最大个数
typedef char TElemType;
#define stackSize 20
typedef struct {                               //子女-兄弟链表结点的定义
    TElemType data;                            //结点数据
    int lch, rsib;                             //结点的左子女、右兄弟指针
} LchRsibNode;
typedef struct {                               //双标记表结点的定义
    TElemType data;                            //结点数据
    int ltag, rtag;                            //结点的左子女、右兄弟标记
} DoublyTagNode;
typedef struct {
    LchRsibNode elem[maxSize];                 //存储子女-兄弟链表的向量
    int n;                                     //当前元素个数
} LchRsiblinkList;                             //静态子女-兄弟链表定义
typedef struct {:
    DoublyTagNode elem[maxSize];               //存储双标记表的向量
    int n;                                     //当前元素个数
} DoublyTagList;                               //双标记表示定义
```

算法目的是通过按先根次序输入一连串的边（u，v），创建森林的子女-兄弟链表表示。算法首先检查 u 是否在前面已输入过，若没有，加入 u 和 v 到森林的二叉链表中，并用 u 的 lch 链接起来；若有，则从 u 的左子女 k 起，沿 k 的右兄弟链检查是否有 v。若没有查到 v，则将 v 加入到森林的二叉链表中，并用 k 链最后一个兄弟的 rsib 链接起来。

算法的实现如下。

```
typedef struct { TElemType f; TElemType c; } EdgeNode;    //边结点结构定义
void createDblLinkList(LchRsiblinkList& S, EdgeNode e[], int n) {
//算法调用方式 createDblLinkList(S, e, n)。输入：按树的先根次序顺序输入的一系列
//边 e，e[i].f 是双亲，e[i].c 是子女，n 是边数；输出：创建森林的子女-兄弟链表的
//静态链表表示 S
    int i, j, k, u, v;  int last[maxSize];               //各结点最后加入子女位置
    for(i = 0; i < maxSize; i++) last[i] = -1;
    for(i = 0; i < n+1; i++)                             //n 条边有 n+1 个结点
        { S.elem[i].lch = -1;  S.elem[i].rsib = -1; }
    k = 0;  S.elem[k++].data = e[0].f;                   //存入根
    for(i = 0; i < n; i++) {                             //输入一系列的边 (u, v)
        u = e[i].f;  v = e[i].c;
```

```
        for(j = 0; j < k; j++)                        //查找 u 在树中的位置 j
            if(S.elem[j].data == u) break;
        S.elem[k].data = v;                           //存入子女
        if(S.elem[j].lch == -1) S.elem[j].lch = k;     //链接
        else S.elem[last[j]].rsib = k;
        last[j] = k;  k++;
    }
    S.n = n+1;
}
```

若树中结点数为 n，算法的时间复杂度为 $O(n^2)$，空间复杂度为 $O(n)$。

5-202 已知一个森林采用题 5-201 所给的静态链表表示存储。如果在它们的结点中用一个标志 ltag 代替 lch，用 rtag 代替 rsib。并设定若 ltag = 0，则该结点没有子女，若 ltag ≠ 0，则该结点有子女；若 rtag = 0，则该结点没有下一个兄弟，若 rtag ≠ 0，则该结点有下一个兄弟。设计一个算法，将用子女-兄弟链表表示存储的森林转换成用双标记数组表示的森林。

【解答】 把森林的子女-兄弟链表表示转换为双标记数组表示很简单，只需把二叉链表中的空指针（= -1）都改为 0，非空指针（≠ -1）都改为 1 即可。图 5-36 就是图 5-35（b）所示森林的子女-兄弟链表表示转换成双标记数组表示的例子。算法的实现如下。

```
void LchRsibF_to_DblTagF(LchRsiblinkList& S, DoublyTagList& T) {
//算法调用方式 LchRsibF_to_DblTagF(S, T)。输入：森林的子女-兄弟链表的静态
//链表表示 S；输出：创建森林的双标记数组表示 T
    for(int i = 0; i < S.n; i++) {
        T.elem[i].data = S.elem[i].data;
        T.elem[i].ltag = (S.elem[i].lch == -1) ? 0 : 1;
        T.elem[i].rtag = (S.elem[i].rsib == -1) ? 0 : 1;
    }
    T.n = S.n;
}
```

	0	1	2	3	4	5	6	7	8	9	10
ltag	1	0	0	1	0	1	0	1	1	0	0
data	A	B	C	D	E	F	G	H	I	K	J
rtag	1	1	1	0	0	1	0	0	1	0	0

图 5-36 题 5-202 的图

若树中结点数为 n，算法的时间复杂度为 $O(n)$，空间复杂度为 $O(1)$。

5-203 已知一个森林采用题 5-202 所给的双标记数组存储，各结点按先根次序排列，设计一个算法，把它转换为用子女-兄弟链表表示的森林。

【解答】 把森林的双标记数组表示转换为子女-兄弟链表表示需要用到一个栈。算法的思路是：对于森林的双标记数组的每个结点进行检查。

（1）若结点 i 的 ltag = 0 和 rtag = 0，它是子树兄弟链最后的结点，相应的 lch 和 rsib 均为-1；此时它所在子树的根结点保存在栈里，从栈内退出该根结点，并让根结点的 rsib 指向结点 i 下一个位置 i+1。

（2）若结点 i 的 ltag = 0 而 rtag = 1，因为没有左子树，右兄弟应在它的下一个位置 i+1。

（3）若结点 i 的 ltag = 1 而 rtag = 0，它有左子女，没有右兄弟，根据森林的先根表示的特点，它的 lch 指向它的下一个位置 i+1，rsib 应为−1。

（4）若结点 i 的 ltag = 1 且 rtag = 1，它有左子女，在 i+1 位置；但它的右兄弟应在它的子树之后，先把 i 保存在一个栈中，待到子树处理完后，下一结点即可放置它的右兄弟。

算法的实现如下。

```
void DblTagF_to_LchRsibF(DoublyTagList& S, LchRsiblinkList& T) {
//算法调用方式 DblTagF_to_LchRsibF(S, T)。输入：森林的双标记数组表示 S；
//输出：创建森林的子女−兄弟链表的静态链表表示 T
    int stk[stackSize];  int i, k, top = -1;
    for(i = 0; i < S.n; i++) {
        T.elem[i].data = S.elem[i].data;
        if(S.elem[i].ltag == 0) {                    //结点 i 没有左子女
            if(S.elem[i].rtag == 0) {                //同时没有右兄弟
                T.elem[i].lch = -1;  T.elem[i].rsib = -1;
                if(top > -1) { k = stk[top--];  T.elem[k].rsib = i+1; }
            }
            else { T.elem[i].lch = -1;  T.elem[i].rsib = i+1; }
                                                     //结点 i 无左但有右
        }
        else {                                       //结点 i 有左子女
            if(S.elem[i].rtag == 0)                  //但没有右兄弟
              { T.elem[i].lch = i+1;  T.elem[i].rsib = -1; }
            else {T.elem[i].lch = i+1;  stk[++top] = i;}//结点 i 有左又有右
        }
    }
    T.n = S.n;
}
```

若树中结点数为 n，算法的时间复杂度和空间复杂度均为 O(n)。

5-204　设计一个算法，从树的后根遍历序列和各结点的度创建树的静态子女−兄弟链表。

【解答】举例说明，如图 5-37（a）所示的树的后根遍历序列为 CDBFHGKEA，每个结点的度（degree）如图 5-37（b）所示。为确定如图 5-37（c）所示的树的静态子女−兄弟

data	C D B F H G K E A	
degree	0 0 2 0 0 0 1 0 3 2	

（a）树　　　　　（b）树的带度数的后根次序表示　　　　　（c）树的子女−兄弟链表

图 5-37　题 5-204 的图

链表，需做如下处理：从后向前逐个结点检查后根遍历序列。根据树的后根序列的特性可知，最后一个结点 A 是树的根。它的度等于 2，则它有 2 个子女，第二个子女就是在后根序列中根结点的前趋，第一个子女则按下列计算求得：设 s = 0，第二个子女为 x。在后根序列中从 x 开始从后向前走，每经过一个结点 z，计算 s = s − z.degree +1，直到 s = 1 为止。再向左走一个结点即为结点 x 的前一个兄弟。

```c
#include<stdio.h>
#define maxSize 30
typedef char TElemType;
typedef struct {                                    //子女-兄弟链表结点的定义
    TElemType data;                                 //结点数据
    int fch, nsib;                                  //结点的长子、兄弟指针
} FchNsibNode;
typedef struct {
    FchNsibNode elem[maxSize];                      //存储长子-兄弟链表的向量
    int n;                                          //当前元素个数
} FchNsiblinkList;                                  //静态双链表定义
void createCSTree(FchNsiblinkList& T, TElemType A[], int degree[], int n){
//算法调用方式 createCSTree(T, A, degree, n)。输入：后根序列 A，各结点的度 degree,
//序列中结点个数 n；输出：创建树的子女-兄弟链表的静态链表表示 T
    int d, i, j, k, s;
    for(i = 0; i < n; i++)
        { T.elem[i].data = A[i];  T.elem[i].fch = T.elem[i].nsib = -1; }
    T.n = n;
    for(i = T.n-1; i > 0; i--) {
        d = degree[i];
        if(d > 0) {                                 //d = 0 是叶结点
            T.elem[i].fch = i-1;                    //最后一个子女链入
            k = i-1; j = i-1;
            while(--d > 0) {                        //控制兄弟链的接入
                s = 0;                              //查找前一个兄弟
                while(j >= 0 && s != 1) { s = s-degree[j]+1;  j--; }
                if(j >= 0) { T.elem[k].nsib = j;  k = j; }     //兄弟链入
            }
        }
    }
}
```

若树中结点数为 n，树的度为 d，算法的时间复杂度为 O(n×d)，空间复杂度为 O(1)。

5.6 Huffman 树

5.6.1 Huffman 树及其结构定义

1. 带权路径长度

（1）从树中一个结点到另一个结点之间的分支构成该两结点之间的路径，而路径长度

则是指路径上的分支条数。

（2）树的路径长度是从树的根结点到每一个结点的路径长度之和。若树中有 n 个结点，则树的路径长度是 0+1+1+2+2+2+2+3+⋯的前 n 项之和，其值等于

$$\sum_{i=1}^{n} \lfloor \log_2 i \rfloor$$

（3）从根结点到达树中每一结点有且仅有一条路径，从根结点到达第 k 层结点的路径上的分支条数为 k-1，所以从根结点到第 k 层结点的路径长度等于 k-1。

2. Huffman 树

考虑带权路径长度（Weighted Path Length，WPL），若一棵二叉树有 n 个叶结点，它们各自带有权值 $w_1, w_2, \cdots, w_n$，则各叶结点的带权路径长度为 $w_i \cdot l_i$，树的带权路径长度定义为所有叶结点的带权路径长度之和：

$$WPL = \sum_{i=0}^{n-1} W[i] \times L[i]$$

其中，W[i] 为第 i 个叶结点所带的权值；L[i] 为该叶结点到根结点的路径长度。

称 WPL 最小的二叉树为最优二叉树。直观地看，带权路径长度最小的二叉树应是权值大的叶结点离根结点最近的二叉树，这就是 Huffman 树。

一般采用三叉链表存储 Huffman 树，Huffman 树及其结点的类型定义（保存于头文件 Huffman.h 中）如下。

```
#define leafNumber 20                    //默认权重集合大小
#define totalNumber 39                   //树结点个数=2*leafNumber-1
typedef struct {
    char data;                           //结点的值
    int weight;                          //结点的权
    int parent, lchild, rchild;          //双亲结点、左、右子女结点指针
} HTNode;
typedef struct {
    HTNode elem[totalNumber];            //Huffman 树存储数组
    int num, root;                       //num 是外结点数，root 是根
} HFTree;
```

5.6.2　Huffman 树相关的算法

1. 创建 Huffman 树的 Huffman 算法

Huffman 算法的基本思路如下。

（1）根据给定的 n 个权值{$w_1, w_2, \cdots, w_n$}，构造具有 n 棵二叉树的森林 F = {$T_1, T_2, \cdots, T_n$}，其中每棵二叉树 T_i 只有一个带权值 w_i 的根结点，其左、右子树均为空。

（2）重复以下步骤，直到 F 中仅剩下一棵树为止：

① 在 F 中选取两棵根结点的权值最小的二叉树，作为左、右子树构造一棵新的二叉树。置新的二叉树的根结点的权值为其左、右子树上根结点的权值之和。

② 在 F 中删去这两棵二叉树，把新的二叉树加入 F。

最后得到的就是 Huffman 树。

例如，设给定的权值集合为{7, 5, 2, 4, 6}，构造 Huffman 树的过程如图 5-38 所示。首先构造每棵树只有一个结点的森林，如图 5-38（a）所示；然后每次选择两个根结点权值最小的二叉树，以它们为左、右子树构造新的二叉树，步骤如图 5-38（b）～图 5-38（e）所示，最后得到一棵二叉树。图中带权叶结点用矩形框表示，非叶结点用圆形框表示。

该 Huffman 树的带权路径长度为 WPL = (5+6+7)×2+(2+4)×3 = 54。

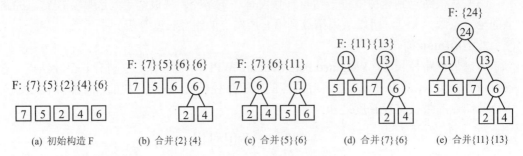

图 5-38 Huffman 树的构造过程

2. Huffman 树相关的算法

5-205 设一棵 Huffman 树用静态三叉链表存储，设计一个算法，输入一个数据序列 value[n]和相应的权值序列 fr[n]，创建一棵 Huffman 树。

【解答】 算法首先创建一个空的静态链表；然后将 value[n]和 fr[n]存入 Huffman 树数组的前 n 个位置，所有指针初始化为-1；再从 i = n 到 i = 2n-2 逐步构造 Huffman 树。算法的实现如下。

```
#define maxValue 32767                                    //比所有权值更大的值
void createHFTree(HFTree& HT, char value[], int fr[], int n) {
//算法调用方式createHFTree(HT, value, fr, n)。输入：已初始化的 Huffman 树 HT,
//输入数据值序列 value, 对应的权值序列 fr, 数据个数 n; 输出：按照 Huffman 算法
//的思路创建一棵用三叉链表表示的 Huffman 树 HT
    int i, k, s1, s2;  int min1, min2;
    for(i = 0; i < n; i++)                                //所有外结点赋值
        { HT.elem[i].data = value[i];  HT.elem[i].weight = fr[i]; }
    for(i = 0; i < leafNumber; i++)                       //所有指针置空
        HT.elem[i].parent = HT.elem[i].lchild = HT.elem[i].rchild = -1;
    for(i = n; i < 2*n-1; i++) {                          //逐步构造 Huffman 树
        min1 = min2 = maxWeight;                //min1 是最小值, min2 是次小值
        s1 = s2 = 0;                           //s1 是最小值点, s2 是次小值点
        for(k = 0; k < i; k++)
            if(HT.elem[k].parent == -1)          //未成为其他树的子树
                if(HT.elem[k].weight < min1) {     //新的最小
                    min2 = min1;  s2 = s1;         //原来的最小变成次小
                    min1 = HT.elem[k].weight;      //存储新的最小
                    s1 = k;
                }
                else if(HT.elem[k].weight < min2) {   //新的次小
                    min2 = HT.elem[k].weight;  s2 = k;
                }
```

```
        HT.elem[s1].parent = HT.elem[s2].parent = i;   //构造子树
        HT.elem[i].lchild = s1;  HT.elem[i].rchild = s2;
        HT.elem[i].weight = HT.elem[s1].weight+HT.elem[s2].weight;
    }
    HT.num = n;  HT.root = 2*n-2;
}
```

若 Huffman 树有 n 个叶结点，算法的时间复杂度为 O(n)，空间复杂度为 O(1)。

5-206　设计一个算法，计算 Huffman 树的带权路径长度。

【解答】　计算带权路径长度 WPL，仅需二叉链表即可。但算法仍可采用静态三叉链表存储。计算 WPL 的一种方法是递归遍历二叉树，累加非叶结点的权值。算法的实现如下。

```
int CalcWPL(HFTree& HT, int i) {
//算法调用方式int k = CalcWPL(HT, i)。输入：已创建的 Huffman 树 HT，树的根结点
//i(主程序需置 i = HT.root)；输出：函数返回 Huffman 树的带权路径长度
    int lc, rc;
    if(HT.elem[i].lchild > -1 && HT.elem[i].rchild > -1){//度为 2 的非叶结点
        lc = CalcWPL(HT, HT.elem[i].lchild);          //递归计算左子树的 WPL
        rc = CalcWPL(HT, HT.elem[i].rchild);          //递归计算右子树的 WPL
        return HT.elem[i].weight+lc+rc;               //再加上根的权值
    }
    else return 0;                                    //度为 0 的叶结点
}
```

若 Huffman 树有 n 个叶结点，高度为 h，算法的时间复杂度为 O(n)，空间复杂度为 O(h)。

5-207　设一棵 Huffman 树采用静态三叉链表存储，设计一个算法，按凹入表的形式输出一棵 Huffman 树（仅输出结点的权值）。

【解答】　修改二叉树的先序遍历算法，在访问根结点的语句中加入输出一定的空格，即可得 Huffman 树的输出算法。算法的实现如下。

```
void PrintHuffmanTree(HFTree& HT, int i, int k) {
//算法调用方式 PrintHuffmanTree(HT, i, k)。输入：已创建的 Huffman 树 HT，当前
//输出子树的根结点i(主程序需置 i = HT.root)，先输出的空格数 k；输出：按凹入
//表形式输出 Huffman 树
    for(int j = 0; j < k; j++) printf(" ");
    printf("%d\n", HT.elem[i].weight);
    if(HT.elem[i].lchild > -1) PrintHuffmanTree(HT, HT.elem[i].lchild, k+4);
    if(HT.elem[i].rchild > -1) PrintHuffmanTree(HT, HT.elem[i].rchild, k+4);
}
```

若 Huffman 树有 n 个叶结点，高度为 h，算法的时间复杂度为 O(n)，空间复杂度为 O(h)。

5.6.3　Huffman 编码相关的算法

1. Huffman 编码树

设字符集∑有 n 个字符，如果把这些字符编码成二进制的 0、1 序列，可采用定长编码方案或变长编码方案。例如，有 4 个字符 a、b、c、d，用 2 位 0/1 码 00、01、10、11 编

码。若用二叉树的左分支表示 0，右分支表示 1，即可得到相应的编码树，如图 5-39（a）所示。

其中每一个字符的编码不是其他字符的编码的前缀，称这种编码方案为 PFC（prefix-free code）编码，即前缀编码。这种编码树只有度为 0 和度为 2 的结点，从根到叶结点的路径长度即为相应字符的编码长度，平均编码长度即为树中所有叶结点对应在字符的编码长度之和的平均值，它等于树的路径长度的平均值。图 5-39（b）为 5 个字符的编码树，其平均编码长度为$(3 + 3 + 2 + 2 + 2) / 5 = 2.4$。

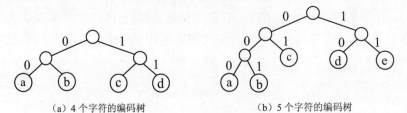

(a) 4 个字符的编码树　　　　　　(b) 5 个字符的编码树

图 5-39　二叉编码树

如果考虑每个字符不同的出现概率，为使平均编码长度达到最短，采用 Huffman 树作为编码树。例如，设某信息由 a、b、c、d、e 5 个字符组成，每个字符出现的概率分别为 0.12、0.20、0.15、0.28、0.25，如图 5-40（a）所示。对应的最优编码树如图 5-40（b）所示。

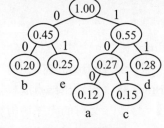

字符	a	b	c	d	e
出现概率	0.12	0.20	0.15	0.28	0.25
变长编码	100	00	101	11	01

(a) 变长编码方案　　　　　　　　(b) 最优编码树

图 5-40　最优编码方案

编码树的叶结点标记字符，由根结点沿着编码树路径下行，左分支标记为 0，右分支标记为 1，则每条从根结点到叶结点的路径唯一表示了该叶结点的二进制编码，此即 Huffman 编码。采用 Huffman 树设计 Huffman 编码，为出现概率较高的字符指定较短的码字，而为出现概率较低的字符指定较长的码字，可以明显地提高传输的平均性能。

Huffman 编码的平均编码长度等于对应 Huffman 树的带权路径长度。它是 PFC 编码，任一字符编码都不是其他字符的前缀。

例如，在图 5-40（a）中，变长编码的平均编码长度为

$$\sum_{k=1}^{5} w_k l_k = 0.12 \times 3 + 0.20 \times 2 + 0.15 \times 3 + 0.28 \times 2 + 0.25 \times 2 = 2.27$$

2. Huffman 编码相关的算法

5-208　设 Huffman 编码的类型定义如下。

```
#define Len 20                    //Huffman 编码的最大长度
```

```
typedef struct {                          //Huffman 编码的类定义
    char hcd[Len];                        //结点 Huffman 编码存放数组
    int start;                            //从 start 到 Len-1 存放
} HFCode;
```

设计一个算法，利用已建 Huffman 树生成 Huffman 编码。

【解答】 算法在程序首部预定义 Huffman 编码的最大长度 Len，由于 Huffman 树中各个叶结点的 Huffman 编码长度不同，因此采用 HFCode 类型的变量 hcd[start..Len-1]存放一个叶结点的 Huffman 编码。对于当前叶结点 i，先将对应的 Huffman 编码 HFcd[i]的 start 置初值 Len-1，再找结点 i 的双亲 f = ⌊(i-1)/2⌋，若结点 i 是其双亲 f 的左子女，则让 HFCode[i]的 hcd[start] = 0；若结点 i 是其双亲 f 的右子女，则让 HFCode[i]的 hcd[start] = 1，再将 start 减 1。接着再让双亲 f 成为当前结点 i，继续进行同样的操作，直到到达树的根结点为止，最后结果是 start 指向 Huffman 编码最开始的字符。算法的实现如下。

```
void createHFCode(HFTree& HF, HFCode HFcd[]) {
//算法调用方式 createHFCode(HF, HFcd)。输入：已创建的 Huffman 树 HT；输出：
//利用已建 Huffman 树生成 Huffman 编码。HFcd[i].hcd[start..Len-1]存放第 i 个叶结
//点的 Huffman 编码
    int i, f, c;
    for(i = 0; i < HF.num; i++) {                    //对各叶结点求 Huffman 编码
        HFcd[i].start = Len-1;
        c = i;  f = HF.elem[c].parent;
        while(f != -1) {                             //循环直到树的根结点
            if(HF.elem[f].lchild == c)               //结点 c 是双亲 f 的左子女
                HFcd[i].hcd[HFcd[i].start--] = '0';
            else HFcd[i].hcd[HFcd[i].start--] = '1'; //结点 c 是双亲 f 的右子女
            c = f;  f = HF.elem[f].parent;           //对双亲进行同样的操作
        }
        HFcd[i].start++;                             //start 指向编码第一个字符
    }
}
```

若 Huffman 树有 n 个叶结点，高度为 h，算法的时间复杂度为 O(n)，空间复杂度为 O(h)。

5-209　假设已知 Huffman 编码，其存储结构的数据类型是 HFCode，设计一个算法，对一个给定的报文 t，输出其全部 Huffman 编码。

【解答】 假设报文中的字符都存在 HF.elem[]中，对应 Huffman 编码都存于元素类型为 HFCode 的数组 HFcd[]中。对于报文中的每一个字符，首先在 HF.elem[]中查找它的下标，假定为 j，再到 HFcd[j]中，从 HFcd[j].hcd[start..Len-1]（Len 是编码数组 hcd 的长度）取出编码，连接到输出串 p 中。算法的实现如下。

```
#include<string.h>
void printHuffcode(HFTree& HF, HFCode HFcd[], char t[], char *& p) {
//算法调用方式 printHuffcode(HF, HFcd, t, p)。输入：已创建的 Huffman 树 HT,
//给定的报文 t，各结点的 Huffman 编码 HFcd；输出：引用参数 p 返回保存全部报文的
//Huffman 编码
```

```
    int i, j, k, m;  int n = strlen(t);
    p =(char*) malloc((leafNumber+1)*sizeof(char));
    m = 0;
    for(i = 0; i < n; i++) {                              //逐个字符转换
        for(j = 0; j < HF.num; j++)
            if(HF.elem[j].data == t[i]) break;           //查找第 i 个字符 t[i]
        if(j < HF.num) {                                 //该字符在 Huffman 树上有
            for(k = HFcd[j].start; k < Len; k++)
                p[m++] = HFcd[j].hcd[k];                  //复制其 Huffman 编码
        }
        else { printf("字符%c 没有 Huffman 编码! \n", t[i]); return; }
    }
    p[m] = '\0';
}
```

若 Huffman 树有 n 个叶结点，算法的时间复杂度和空间复杂度均为 O(n)。

5-210 设计一个算法，利用栈求已有 Huffman 树的 Huffman 编码。

【解答】 算法的思路是：对 Huffman 树做后序遍历，利用一个栈记录走过的分支，如果走过的是左分支，栈内进'0'；如果走过的是右分支，栈内进'1'，直到到达某个叶结点。此时栈内记录的就是 Huffman 编码，输出之。然后继续后序遍历，直到到达另一个叶结点，再输出栈内记录的 Huffman 编码，直到遍历完成。算法的实现如下。

```
typedef struct{ int ptr;  int tag; } stkNode;              //栈结点类型定义
void generateHFCode(HFTree& HF, HFCode HFcd[]) {
//算法调用方式 generateHFCode(HF, HFcd)。输入：已创建的 Huffman 树 HT；输出：
//利用栈对已有 Huffman 树进行后序遍历，生成 Huffman 编码 HFcd。Len 是在程序首
//部预定义的每个 Huffman 编码的最大长度
    stkNode S[Len];  int top = -1;                          //设置栈并置空
    stkNode w;  int i, j, k, p = HF.root;
    do {
        while(p != -1) {
            w.ptr = p;  w.tag = 0;  S[++top] = w;           //结点及向左标识进栈
            p = HF.elem[p].lchild;                          //向左子女方向走到底
        }
        if(S[top].tag == 0)                                 //从左退出
            { S[top].tag = 1;  p = HF.elem[S[top].ptr].rchild; }
        else {                                              //从右退出
            w = S[top--];  p = w.ptr;
            if(HF.elem[p].lchild == -1 && HF.elem[p].rchild == -1) {
                for(i = top, j = Len-1; i > -1; i--, j--)//到达叶结点, 复制
                    HFcd[p].hcd[j] =(S[i].tag == 0) ? '0':'1';
                HFcd[p].start = j+1;
                for(j = HFcd[p].start; j < Len; j++)
                    printf("%c ", HFcd[p].hcd[j]);          //输出一个 Huffman 编码
                printf("\n");
            }
            p = -1;
```

```
        }
    } while(p != -1 || top != -1);
}
```

若 Huffman 树有 n 个叶结点，每个 Huffman 编码的最大长度为 Len，算法的时间复杂度为 O(n×Len)，空间复杂度为 O(Len)。

5-211　假设已知 Huffman 树 HF，如果输入的 0/1 字符串*p 是由该 Huffman 树生成的 Huffman 编码组成，设计一个算法，根据输入的*p 恢复原来的报文。

【解答】　可以直接根据 Huffman 树，将输入的 0/1 字符串*p 恢复为原来由字符组成的报文。算法设一个访问指针 i，从*p 开始位置逐个取出 0/1 字符，在 Huffman 树中查找。算法的设计思路是：当 p[i]不是'\0'时，从 Huffman 树的根开始，用 p[i]中的数据向下走：'0'走向左子女，'1'走向右子女，直到叶结点为止，取出该叶结点的字符，拼到结果字符串 s 中。然后对*p 继续以上操作，直到 p[i]等于'\0'结束。此时在串 s 中得到结果。

算法的实现如下。

```
void Decode(HFTree& HF, char *p, char s[]) {
//算法调用方式 Decode(HF, p, s)。输入: 已创建的 Huffman 树 HT，输入的 0/1 字
//符串(用 Huffman 编码构成的报文); 输出: 已恢复的用字符组成的报文 s
    int i = 0, m = 0, t;
    while(p[i] != '\0') {
        t = HF.root;
        while(t >= HF.root/2+1) {                    //未达叶结点
            if(p[i] == '0') t = HF.elem[t].lchild;   //遇'0'，到左子树
            else t = HF.elem[t].rchild;              //遇'1'，到右子树
            i++;
        }
        s[m++] = HF.elem[t].data;                    //t 已达叶结点，返回下标
    }
    s[m] = '\0';
}
```

若 Huffman 编码总字符数有 n 个，算法的时间复杂度为 O(n)，空间复杂度为 O(1)。

5.6.4　最佳判定树相关的算法

1. 最优判定树与 Hu-Tucker 算法

Hu-Tucker 算法是 Huffman 算法的一个改进算法，用于构造最优判定树，使得总平均比较次数达到最小。用 Hu-Tucker 算法构造最佳判定树时，必须保持数据的原始排列，这是与原来的 Huffman 算法不同的地方。算法的基本思路如下。

（1）根据给定的 n 个权值$\{w_1, w_2, \cdots, w_n\}$，构造具有 n 棵二叉树的森林 $F = \{T_1, T_2, \cdots, T_n\}$，其中每棵二叉树 T_i 只有一个带权值 w_i 的根结点，其左、右子树均为空。

（2）重复以下步骤，直到 F 中仅剩下一棵树为止：

① 让 i 从 1~n−1，轮流检查相邻两棵树根结点权值之和 $T_i.w + T_{i+1}.w$，选择值最小的一对，用 k 存储 i。

② 以 T_k 为左子树，T_{k+1} 为右子树，构造一个二叉树 $B_{k,k+1}$，该二叉树根结点的权值等于 T_k 和 T_{k+1} 根结点权值之和。

③ 在 F 中删除 T_k 和 T_{k+1}，并把 $B_{k,k+1}$ 加入。

④ F 树的棵数 n 减 1。

这个判定树的带权路径长度 WPL 可达到最小。

2. Hu-Tucker 算法的实现

5-212　若一棵 Huffman 树用静态三叉链表存储，设计一个算法，输入一个数据序列 value[n] 和相应的权值序列 fr[n]，使用 Hu-Tucker 算法创建一棵 Huffman 树。

【解答】　算法使用了两个辅助数组 sum[n] 和 pos[n]，sum[n] 存储相邻两个结点权值相加的和，用 s（最初 s = n–1）控制这样的和的数目，每次在 sum 中 s 对权值和中选出最小的一对，用以构造一个二叉树并把根的权值加入 sum 后，s 减 1，重复这样的选择-构造-插入过程，直到 s = 0 为止，Hu-Tucker 算法结束。pos 存储参选各结点下标，最初对于各叶结点 pos[i] = i，每次用下标为 pos[k] 和 pos[k+1] 的两个结点构造新二叉树后，设新二叉树根放在第 i 个下标位置，这是非叶结点，将此位置记在 pos[k]，而 pos[k+1] 则被删除，由后面的 pos 数据前移填补掉。算法结束时在 HT.elem[2n–2] 中得到 Huffman 树的根。

算法的实现如下。

```
void Hu_Tucker(HFTree& HT, char value[], int fr[], int n) {
//算法调用方式 Hu_Tucker(HT, value, fr, n)。输入：已初始化的 Huffman 树 HT，输
//入数据值序列 value，对应权值序列 fr，数据个数 n；输出：按照 Hu_Tucker 算法的
//思路创建一棵用三叉链表表示的 Huffman 树 HT
    int i, j, k, s, min;  int pos[leafNumber], sum[leafNumber];
    for(i = 0; i < n; i++) pos[i] = i;                      //pos 初始化
    for(i = 0; i < n; i++)                                  //链表初始化
    { HT.elem[i].data = value[i];  HT.elem[i].weight = fr[i]; }
    for(i = 0; i < leafNumber; i++) {
        HT.elem[i].parent = -1;
        HT.elem[i].lchild = -1;  HT.elem[i].rchild = -1;
    }
    s = n-1;
    for(i = n; i < 2*n-1; i++) {                            //逐步构造 Huffman 树
        for(j = 0; j < s; j++)                             //计算相邻权值的和
            sum[j] = HT.elem[pos[j]].weight + HT.elem[pos[j+1]].weight;
        min = sum[0];  k = 0;
        for(j = 0; j < s; j++)                             //在 sum[s] 中查找最小
            if(sum[j] < min) { min = sum[j];  k = j; }
        HT.elem[i].weight = sum[k];                        //在链表中链接新结点
        HT.elem[i].lchild = pos[k];  HT.elem[i].rchild = pos[k+1];
        HT.elem[pos[k]].parent = HT.elem[pos[k+1]].parent = i;
        for(j = k+1; j < s; j++) pos[j] = pos[j+1];
        pos[k] = i;  s--;
    }
    HT.num = n;  HT.root = 2*n-2;
}
```

算法的调用方式 Hu_Tucker(HT, value, fr, n)。输入：已声明并置空的 Huffman 树 HT，输入的数据值序列 value，对应的权值序列 fr，数据个数 n；输出：按照 Hu_Tucker 算法的思路创建一棵 Huffman 树。

5.7　堆

5.7.1　堆的结构定义

1. 小根堆和大根堆

假定在各个数据记录（或元素）中存在一个能够标识数据记录（或元素）的数据项，并将依据该数据项对数据进行组织，则可称此数据项为关键码（key）或关键字。

如果有一个关键码的集合 $K = \{ k_0, k_1, \cdots, k_{n-1} \}$，把它的所有元素按完全二叉树的顺序存储方式存放在一个一维数组中。并且满足

$$k_i \leqslant k_{2i+1} \text{ 且 } k_i \leqslant k_{2i+2} \quad （或者 \ k_i \geqslant k_{2i+1} \text{ 且 } k_i \geqslant k_{2i+2}） \quad i = 0, 1, \cdots, \lfloor (n-2)/2 \rfloor$$

则称这个集合为小根堆（或大根堆）。

2. 小根堆的存储

（1）小根堆（或大根堆）存储在下标从 0 开始计数的一维数组中。

（2）对于堆中的下标为 i 的结点：

- 若 i = 0，结点 i 是根结点，无双亲；否则结点 i 的双亲为结点 $\lfloor (i-1)/2 \rfloor$。
- 若 2i+1>n-1，则结点 i 无左子女；否则结点 i 的左子女为结点 2i+1。
- 若 2i+2>n-1，则结点 i 无右子女；否则结点 i 的右子女为结点 2i+2。

（3）当 n≥2 时，堆中编号最大的非叶结点的下标为 $\lfloor (n-2)/2 \rfloor$ 或 $\lfloor n/2 \rfloor -1$。

3. 小根堆的结构

小根堆的结构定义（保存于头文件 minHeap.h 中）如下。

```
#define heapSize 40
typedef int DataType;
typedef struct {
    DataType *elem;            //小根堆元素存储数组
    int curSize;              //小根堆当前元素个数
    int maxSize;              //小根堆最大容量
} minHeap;
```

5.7.2　小根堆的基本运算

5-213　设计一个算法，执行一个小根堆的初始化操作。

【解答】　小根堆的存储数组是动态分配的，其大小是默认的，等于 heapSize，每个堆元素的数据类型为 DataType。为有利于将来可能的扩充，可在结构中设立一个分量 maxSize，初始默认它等于 heapSize。算法的实现如下。

```
void InitHeap(minHeap& hp) {              //小根堆初始化
//算法调用方式 InitHeap(hp)。输入：已声明的小根堆 hp；输出：创建堆的存储空
```

```
//间，初始化堆的数据成员
    hp.maxSize = heapSize;  hp.curSize = 0;
    hp.elem = (DataType*) malloc(heapSize*sizeof(DataType));
}
```

算法的时间复杂度 h 和空间复杂度均为 O(1)。

5-214　设计一个算法，输入一组权值，创建一个小根堆。

【解答】　创建小根堆的基本思路是对顺序存储数组从最远的非叶结点 $i = \lfloor (n-2)/2 \rfloor$ 开始，$i = \lfloor (n-2)/2 \rfloor, \cdots, 1, 0$，使用筛选算法将结点 i 为根的子树调整成堆，从局部到整体，逐步扩大小根堆，最后完成小根堆的创建。算法的实现如下。

（1）自顶向下的筛选算法。siftDown 是一个自上而下的筛选算法。其基本思想是：对有 m 个记录的集合，将它置为完全二叉树的顺序存储。首先从结点 i 开始向下调整，前提条件是假定它的两棵子树都已成为堆。用 j 指向两个子女中关键码较小者，再比较结点 i 的关键码与结点 j 的关键码：若大，则交换两者，让 i 落到 j 的位置，继续进行下层的比较；若小，则停止算法。最后结果是关键码最小的结点上浮到了堆顶，小根堆形成。算法的实现如下。

```
void siftDown(minHeap& H, int i, int m) {
//算法调用方式 siftDown(H, i, m)。输入：H 已存在并需要调整为小根堆，当前筛选
//调整的范围从 i 到 m；输出：对从 i 到 m 范围的元素进行筛选，使之成为小根堆
    DataType temp = H.elem[i];                        //j 是 i 的左子女位置
    for(int j = 2*i+1; j <= m; j = 2*j+1) {           //检查是否到最后位置
        if(j < m && H.elem[j] > H.elem[j+1]) j++;     //j 指向较小子女
        if(temp <= H.elem[j]) break;                  //较小则不做调整
        else { H.elem[i] = H.elem[j];  i = j; }       //较小者上移，i 下降
    }
    H.elem[i] = temp;                                 //回放 temp 中暂存的元素
}
```

若小根堆有 n 个结点，高度为 $h = \log_2 n$，算法的时间复杂度为 O(h)，空间复杂度为 O(1)。

（2）构造小根堆的算法。算法分两步走。首先为堆数组空间 H.elem[]传送数据，然后自底向上，从离根最远的非叶结点开始，逐步扩大小根堆的范围，直到全部成为小根堆为止。算法的实现如下。

```
void createMinHeap(minHeap& H, DataType arr[], int n) {
//算法调用方式 createMinHeap( H, arr, n )。输入：H 是已初始化的小根堆，arr 是一组
//输入元素值，其元素个数为 n；输出：创建小根堆 H
    for(int i = 0; i < n; i++) H.elem[i] = arr[i]; //复制堆数组，创建大小
    H.curSize = n;
    for(int pos = (H.curSize-2)/2; pos >= 0; pos--)//自底向上逐步扩大形成堆
        siftDown(H, pos, H.curSize-1);             //局部自上向下筛选
}
```

若堆有 n 个结点，高度为 h，算法的时间复杂度为 O(n×h)，空间复杂度为 O(1)。

5-215　设计一个算法，把新元素 x 插入小根堆中。

【解答】 小根堆的插入算法调用了另一种堆的筛选算法 siftUp，实现自下而上的筛选。每次新结点插在已经建成的小根堆后面，即 H.n 位置，如图 5-41（a）所示。然后从新结点插入位置开始，向上与双亲的关键码进行比较，若小于双亲的关键码，则双亲所存数据下落，再继续向上比较处理；若大于或等于双亲的关键码，则停止向上的比较，回送新插入元素，重新调整为小根堆，如图 5-41（b）～图 5-41（d）所示。

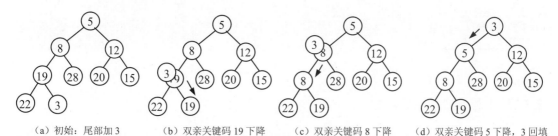

（a）初始：尾部加 3　　　（b）双亲关键码 19 下降　　　（c）双亲关键码 8 下降　　　（d）双亲关键码 5 下降，3 回填

图 5-41　题 5-215 的图

算法的实现如下。

```
int Insert(minHeap& H, DataType x) {                //堆的插入算法
//算法调用方式 int succ = Insert(H, x)。输入：H 是已存在的小根堆，x 是插入值；
//输出：算法插入 x 后再重新调整形成小根堆 H。若掺入成功，函数返回 1，否则函数返回 0
    if(H.curSize == H.maxSize) return 0;            //堆满，返回插入不成功信息
    H.elem[H.curSize] = x;                          //插入最后
    siftUp(H, H.curSize);                           //从下向上调整
    H.curSize++;  return 1;                         //堆计数加 1
}
```

若小根堆的高度为 h，算法的时间复杂度为 O(h)，空间复杂度为 O(1)。

堆的自下向上筛选算法的实现如下。

```
void siftUp(minHeap& H, int start) {
//算法调用方式 siftUp(H, start)。输入：已存在的小根堆 H，新元素插入位置 start；
//输出：自下向上沿通向根的路径逐个结点比对，重新形成小根堆
    DataType temp = H.elem[start];  int j = start, i = (j-1)/2;
    while(j > 0) {                                  //沿双亲路径向上直达根
        if(H.elem[i] <= temp) break;               //双亲的值小，不调整
        else { H.elem[j] = H.elem[i]; j = i; i = (i-1)/2; }    //双亲的值大
    }                                              //双亲的值下降，j 与 i 的位置上升
    H.elem[j] = temp;                              //回送
}
```

若小根堆的高度为 h，算法的时间复杂度为 O(h)，空间复杂度为 O(1)。

5-216　设计一个算法，删除堆顶元素，并使剩余元素重新形成小根堆。

【解答】 每次删除的元素总是小根堆的堆顶（对应完全二叉树的根）元素，它是具有最小元素值的结点。在把这个元素取走后，以堆的最后一个元素填补取走的堆顶元素，并将堆的实际元素个数减 1。再调用 siftDown 算法从堆顶向下进行调整。算法的实现如下。

```
int Remove(minHeap& H, DataType& x) {                        //小根堆的删除算法
//算法调用方式 int succ = Remove(H, x)。输入：已存在的小根堆 H；输出：算法删
//除 x，删除后再重新调整形成小根堆。若删除成功，函数返回 1，否则函数返回 0
    if(H.curSize == 0) return 0;                             //堆空，返回 0
    x = H.elem[0]; H.elem[0] = H.elem[H.curSize-1];//最后元素填补到根结点
    H.curSize--;
    siftDown(H, 0, H.curSize-1);                             //自上向下调整为堆
    return 1;                                                //返回最小元素
}
```

若堆的深度为 d（＝树高 h），算法的时间复杂度为 O(h)，空间复杂度为 O(1)。

5.7.3　小根堆相关的算法

以下题 5-217～题 5-219 所处理的小根堆都采用完全二叉树的顺序存储组织，其结构定义如下：

```
#define heapSize 40
typedef char ElemType;                                       //元素类型定义
typedef struct {                                             //在堆中结点类型定义
    int id;                                                  //元素在原数组中的下标
    int weight;                                              //元素的权值
} NodeType;
typedef struct {
    NodeType elem[heapSize];                                 //小根堆元素存储数组
    int curSize;                                             //小根堆当前元素个数
} minHeap;
```

5-217　若有一个整数数组 A[n]，其中 A[k]值最小，而 k 是通过一个小根堆 hp 选出，即 k＝hp.elem[0]。设计一个算法，实现这种小根堆的插入运算。

【解答】　与堆的插入算法基本相同，不同之处在比较祖先结点的值和插入结点的值时，用 A 中的值来实现这种比较（绕了一个弯子）。算法的实现如下。

```
void siftUp(minHeap& hp, int start) {
//从结点 start 开始，沿通向根的路径自下向上比较，将 hp[0..start]调整为小根堆
    if(start == 0) return;
    int j = start, i =(j-1)/2;  NodeType temp = hp.elem[j];
    while(j > 0) {                                           //j = 0 到根，退出循环
        if(hp.elem[i].weight > temp.weight)
            {hp.elem[j] = hp.elem[i]; j = i; i =(i-1)/2;}//双亲的值大，调整
        else break;                                         //双亲的值小，退出循环
    }
    hp.elem[j] = temp;                                      //回放到 j 指向位置
}
int Insert(ElemType ch[], int arr[], minHeap& hp, int i, int n) {
//算法调用方式 int succ = Insert(ch, arr, hp, i, n)。输入：插入前 hp 已经是小
//根堆，ch 是插入元素值序列，arr 是对应各元素的权值序列，插入序列元素个数 n，当前
//插入的是 ch[i](i 从 0 开始)，对应权值 arr[i]；输出：hp 是插入 ch[i]后重新形成
```

```
//的小根堆。若插入成功, 函数返回1; 否则函数返回0
    if(hp.curSize == heapSize) return 0;                    //堆满
    hp.elem[hp.curSize].id = i; hp.elem[hp.curSize].weight = arr[i];
    siftUp(hp, hp.curSize);                                 //重新调整为小根堆
    hp.curSize++; return 1;
}
```

若小根堆的高度为 h, 算法的时间复杂度为 O(h), 空间复杂度为 O(1)。

5-218　若有一个整数数组 A[n], 其中 A[k]值最小, 而 k 是通过一个小根堆 h[n]选出,
即 k = h[0]。若 h[n]被视为完全二叉树的顺序存储, 设计一个算法, 实现这种小根堆的删除
运算。

【解答】与堆的删除算法基本相同, 不同之处在比较祖先结点的值和插入结点的值时,
用 A 中的值来实现这种比较。算法的实现如下。

```
void siftDown(minHeap& hp, int start, int finish) {
//从结点 start 到结点 finish, 在以 start 为根的子树中自上向下将 hp 的局部调整为小根堆
    int i = start, j = 2*i+1; NodeType temp = hp.elem[start];
    while(j <= finish) {                           //子女编号 j 超出 finish 出循环
        if(j < finish && hp.elem[j].weight > hp.elem[j+1].weight) j++;
                                                   //指向较小子女
        if(hp.elem[j].weight < temp.weight)        //根权值比小子女权值大, 调整
            { hp.elem[i] = hp.elem[j]; i = j; j = 2*j+1; }
        else break;                                //根权值小于或等于较小子女权值
    }
    hp.elem[i] = temp;                             //回放原根的值
}
int Remove(minHeap& hp, int& i) {
//算法调用方式 int succ = Remove(hp, i)。输入: 已存在的小根堆 H; 输出: 删除小
//根堆的堆顶元素, 然后经过调整重新形成小根堆, 函数返回1。若空堆则返回0
    if(hp.curSize == 0) return 0;                  //堆空
    i = hp.elem[0].id;
    hp.elem[0] = hp.elem[hp.curSize-1];            //用堆最后元素填补到堆顶
    hp.curSize--;
    siftDown(hp, 0, hp.curSize-1);                 //从根到最后重新调整为堆
    return 1;
}
```

若堆的高度为 h, 算法的时间复杂度为 O(h), 空间复杂度为 O(1)。

5-219　若设 Huffman 树采用静态二叉链表存储, 其结构定义如下:

```
#define totalSize 40
#define maxSize 30
typedef struct {                                   //Huffman 树的结点类型定义
    ElemType data;                                 //结点数据
    int weight;                                    //权值
    int lchild, rchild;                            //左、右子女指针, 空为-1
} HFNode;
```

```
typedef struct {
    HFNode elem[totalSize];                    //Huffman 树的存储数组
    int num;                                   //权值个数
    int root;                                  //根
} HFTree;
```

5-220　设计一个算法，利用前面题 5-218 和题 5-219 所给出的小根堆的插入（Insert）和删除（Remove）运算，构造一棵 Huffman 树。

【解答】　构造 Huffman 树的过程：

（1）把森林所有 n 个二叉树的根插入小根堆中；

（2）重复 n-1 次构造二叉树：从小根堆中退出一个二叉树的根（具有最小关键码），再退出一个二叉树的根（具有次小关键码），构造新的二叉树，再把该二叉树的根插入小根堆；

（3）返回构造出的 Huffman 树根的地址，算法终止。

算法的实现如下。

```
void createHufmTree(HFTree& HT, ElemType ch[], int arr[], int n) {
//算法调用方式 createHufmTree(HT, ch, arr[], n)。输入：HT 是已初始化的 Huffman
//树，输入的数据值序列 ch，对应的权值序列 fr，数据个数 n；输出：按照 Huffman
//算法的思路创建一棵 Huffman 树
    minHeap hp;  int i, s1, s2;
    HT.num = n;  hp.curSize = 0;
    for(i = 0; i < HT.num; i++) {
        HT.elem[i].data = ch[i];  HT.elem[i].weight = arr[i];
        HT.elem[i].lchild = -1;  HT.elem[i].rchild = -1;
        Insert(ch, arr, hp, i, n);
    }
    for(i = HT.num; i < 2*HT.num-1; i++) {        //构造 n-1 次
        Remove(hp, s1);  Remove(hp, s2);          //从 hp 退出最小者和次小者
        HT.elem[i].lchild = s1; HT.elem[i].rchild = s2;//构造新二叉树, 根为 i
        HT.elem[i].weight = HT.elem[s1].weight+HT.elem[s2].weight;
        arr[i] = HT.elem[i].weight;
        Insert(ch, arr, hp, i, n);                //再把 HT.h[i] 插入 hp 中
    }
    HT.root = 2*HT.num-2;
}
```

若堆中有 n 个结点，高度为 h，算法的时间复杂度为 O(n×h)，空间复杂度为 O(1)。

5-221　下面是利用小根堆合并 n 个有序表为一个有序表的方法。各有序表中的元素按升序排列。在堆中的每个结点中包含了两个信息：表编号和值，这个值可作为关键码来创建堆。方法开始时从各个有序表中分别读取一个值，然后利用这 n 个值形成小根堆，要求把每个值相关联的表编号随同值一起形成结点。在把位于堆顶的最小值写出到结果表后，再利用表编号从同一有序表中读取下一个值放在堆顶，并利用堆的 siftDown 算法重新形成小根堆，新的最小值又调整到堆的堆顶，如此反复，直到所有有序表的值均被处理完为止，在结果表中就得到最后排序的结果。

设计一个算法，实现这个利用小根堆合并有序表的方法。

【解答】　假设 n 个有序表已经存在并已经存放有元素，每个有序表设置一个检测指针，初始都指向各表的首元。然后执行以下步骤：

（1）令 i = 0, 1,…, n-1，循环执行堆的 Insert 运算，把 n 个表的首元插入堆中。

（2）循环执行下列工作，直到堆空为止：

- 从堆中删除堆顶元素，并将剩余元素从新调整为小根堆。
- 把当前删除元素写入结果表。

（3）算法结束。

假设算法中使用的小根堆的堆的向上筛选运算 siftUp(minHeap& hp, int start) 和堆的向下筛选运算 siftDown(minHeap& hp, int start, int m) 已经定义，可以直接使用。

设有序表的结构定义是：

```
#define m 5                              //有序表个数（归并路数）
#define heapSize 10                      //堆的最大容量，假定 n < 10
#define SrcListSize 20                   //一个有序表的最大长度
#define TarListSize 100                  //结果表最大长度
#define maxValue 32767                   //比各表元素的值都要大的值
typedef int DataType;
typedef struct {                         //堆中结点的定义
    DataType data[SrcListSize];          //有序表元素数组
    int n;                               //有序表元素个数
} OrderedList;
typedef struct {                         //小根堆结点定义
    int id;                              //有序表编号
    DataType key;                        //有序表当前参加归并的值
} HeapNode;
typedef struct {                         //小根堆定义
    HeapNode elem[heapSize];             //堆的存放数组
    int curSize;                         //堆中当前结点个数
} minHeap;
```

算法的实现如下。

```
void siftUp(minHeap& H, int start) {
//从结点 start 到根结点 0，自下向上调整，形成小根堆
    HeapNode temp = H.elem[start];
    int j = start, i = (j-1)/2;
    while(j > 0) {                                    //沿双亲路径向上直达根
        if(H.elem[i].key <= temp.key) break;          //双亲的值较小，不调整
        else {H.elem[j] = H.elem[i]; j = i; i =(i-1)/2;}
                                                      //否则双亲的值较大，调整
    }
    H.elem[j] = temp;                                 //回送
}
int Insert(minHeap& H, HeapNode x) {                  //堆的插入算法
    if(H.curSize == heapSize) return 0;               //堆满，返回插入不成功信息
    H.elem[H.curSize] = x;                            //插入最后
```

```
            siftUp(H, H.curSize);                           //从下向上调整
            H.curSize++;  return 1;                          //堆计数加 1
    }
    void siftDown(minHeap& H) {
    //从根结点 0 到最后结点 H.curSize-1, 自上向下比较调整, 形成小根堆
        HeapNode temp = H.elem[0];  int i = 0;              //j 是 i 的左子女位置
        for(int j = 2*i+1; j < H.curSize; j = 2*j+1) {      //检查是否到最后位置
            if(j < H.curSize && H.elem[j].key > H.elem[j+1].key)
                j++;
            if(temp.key <= H.elem[j].key) break;             //小则不做调整
            else { H.elem[i] = H.elem[j];  i = j; }          //小则上移, i 下降
        }
        H.elem[i] = temp;                                    //回放 temp 中暂存的元素
    }
    void mergeHeap(OrderedList S[], DataType R[], int& k) {
    //算法调用方式 mergeHeap(S, R, k)。输入: m (预定义) 个有序表 S; 输出: 利用
    //小根堆将有序表 S[0],…, S[m-1] 合并为一个有序表 R, 引用参数 k 返回元素个数
        minHeap H;  H.curSize = 0;                          //创建小根堆并置空
        HeapNode w;  int i, j;  int d[m];
        for(i = 0; i < m; i++) d[i] = 0;                    //d[i] 为第 i 个有序表的取指针
        for(i = 0; i < m; i++) {                            //逐个元素插入, 调整小根堆
            w.id = i;   w.key = S[i].data[d[i]++];          //取第 i 个表的表号和元素值
            Insert(H, w);                                   //w 插入小根堆中
        }
        k = 0;
        while(H.elem[0].key < maxValue) {                  //逐个元素退出, 调整小根堆
            j = H.elem[0].id; R[k++] = H.elem[0].key;      //当前选出最小元素存入结果表
            if(d[j] < S[j].n)                              //若该表未取完, 取下一个元素
                H.elem[0].key = S[j].data[d[j]++];
            else H.elem[0].key = maxValue;                  //若已取完, 赋值 maxValue
            siftDown(H);                                    //从上向下筛选为小根堆
        }
    }
```

若结果表有 k 个元素, 待合并有序表有 m 个, 算法用到一个小根堆, 也应有 m 个元素, 算法的时间复杂度为 $O(k \times \log_2 m)$, 空间复杂度为 $O(m)$。

5-222 一个最小最大堆是特殊的堆, 其最小层与最大层交替出现, 根处于最小层, 如图 5-41 所示。在最小最大堆中, 最小层任一结点的元素值总是小于或等于以它为根的子树上其他所有结点的元素值; 最大层任一结点的元素值总是大于或等于以它为根的子树上其他所有结点的元素值。

（1）画出在图 5-42 中插入元素值为 01 的结点后重新形成的最小最大堆。

（2）画出继续插入元素值为 80 的结点后重新形成的最小最大堆。

（3）假设它与普通的小根堆或大根堆一样, 采用二叉树的顺序存储表示, 每个结点所包含元素的数据类型为整型, 定义最小最大堆的结构并实现最小最大堆的插入算法。

【解答】 （1）插入关键码为 01 的结点并重新调整成的最小最大堆如图 5-43 所示。

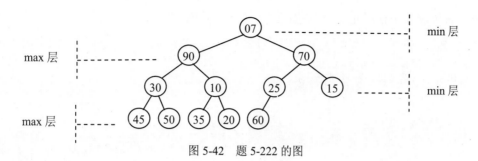

图 5-42 题 5-222 的图

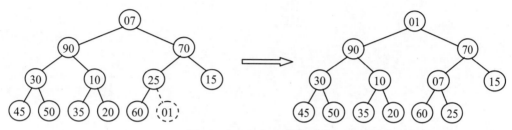

图 5-43 题 5-222 的图续一

（2）插入关键码为 83 的结点并重新调整成的最小最大堆如图 5-44 所示。

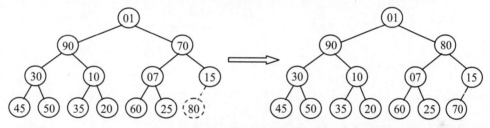

图 5-44 题 5-222 的图续二

（3）最小最大堆的结构定义如下。

```
#define maxSize 20
typedef struct {
    int elem[maxSize];
    int n;
} min_max_Heap;
```

最小最大堆的插入算法的设计算法思路如下：假设根在第 1 层，则奇数层为最小层，偶数层为最大层。新结点插入在堆的尾部，即第 n 个位置，然后从下向上调整堆。算法步骤是：

（a）计算堆的高度 $h = \lfloor \log_2 n \rfloor + 1$；

（b）当 h 为偶数时，新结点插入在最大层。若插入关键码小于父结点关键码，则交换，然后从上一层（最小层）隔层向上按小根堆调整，直到满足小根堆定义或到达根结点为止；若插入关键码不小于父结点关键码，则从插入层（最大层）起，隔层向上按大根堆调整，直到满足大根堆定义为止。当 h 为奇数时，新结点插入在最小层，若插入关键码大于父结点关键码，则交换，然后从上一层（最大层）隔层向上按大根堆调整，直到满足大根堆定义为止；若插入关键码不大于父结点关键码，则从插入层（最小层）起，隔层向上按小根堆调整，直到满足小根堆定义或到达根结点为止。算法的实现如下。

```
void MinMaxHeapInsert(min_max_Heap& H, int x) {
//算法调用方式 MinMaxHeapInsert(H, x)。输入：最小最大堆 H, 插入值 x;
//输出：插入后重新调整得到的最小最大堆 H
    if(H.n == 0) { H.elem[H.n++] = x;  return; }
    int m = H.n+1, h = 0;                        //m 是结点个数, h 是高度
    int i, j = H.n;                              //j 是插入位置
    while(m > 0) { m = m/2;  h = h+1; }          //计算 h = log₂((n+1)+1)
    if(h % 2 == 0) {                             //插入结点在偶数层（最大层）
        i = (j-1)/2;                             //双亲结点
        if(x < H.elem[i]) {                      //插入元素小于双亲，交换
            do {                                 //较大者下落，继续调整小根堆
                H.elem[j] = H.elem[i]; j = i; i = (j-3)/4;
            } while(i != j && x < H.elem[i]);
            H.elem[j] = x;
        }
        else {                                   //插入元素不小于双亲
            i = (j-3)/4;                          //从插入层向上直接调整大根堆
            while(i > 0 && x > H.elem[i])
                { H.elem[j] = H.elem[i];  j = i;  i = (j-3)/4; }
            H.elem[j] = x;
        }
    }
    else {                                       //插入层是奇数层（最小层）
        i = (j-1)/2;                             //双亲结点
        if(x > H.elem[i]) {                      //插入元素大于双亲，交换
            do {                                 //较小者下落，继续调整大根堆
                H.elem[j] = H.elem[i];  j = i;  i =(j-3)/4;
            } while(i > 0 && x > H.elem[i]);
            H.elem[j] = x;
        }
        else {                                   //插入元素不大于双亲
            i =(j-3)/4;                           //从插入层向上直接调整小根堆
            while(i >= 0 && x < H.elem[i])
                { H.elem[j] = H.elem[i];  j = i;  i = (j-3)/4; }
            H.elem[j] = x;
        }
    }
    H.n++;
}
```

若最小最大堆的高度为 h，算法的时间复杂度和空间复杂度均为 O(h)。

5.8 并 查 集

5.8.1 并查集的结构定义

1. 并查集的概念

（1）并查集（Union-Find Set）又称为不相交集（Disjoint Set），是一种把集合划分为若

干不相交子集合的集合表示方法。

（2）并查集支持以下三种操作：

- Merge(S, R1, R2)：把集合 S 中的子集合 R2 并入子集合 R1 中。要求 R1 与 R2 互不相交，否则不执行合并。
- Find(S, x)：查找集合 S 中单元素 x 所在的子集合，并返回该子集合的名字。
- Initial(S)：将集合 S 中每一个元素都初始化为只有一个单元素的子集合。

2. 并查集的存储表示

通常用树（森林）的双亲数组作为并查集的存储结构，其结构定义如下（保存在头文件 UFSets.h 中）。

```
#define size 100
typedef struct {                               //并查集类型定义
        int parent[size];                      //集合元素数组（双亲指针数组）
} UFSets;
```

5.8.2　并查集主要操作的实现

5-223　设计一个算法，初始化一个并查集 S。

【解答】　并查集是一个集合，每个子集合以一棵树表示，树的每一个结点代表集合的一个单元素。例如，若设有一个集合 S = {0, 1, 2, 3, 4, 5, 6, 7, 8, 9}，初始化时每个元素自成为一个单元素子集合，如图 5-45 所示。

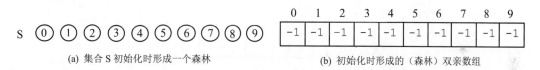

<table>
<tr><td>0</td><td>1</td><td>2</td><td>3</td><td>4</td><td>5</td><td>6</td><td>7</td><td>8</td><td>9</td></tr>
<tr><td>-1</td><td>-1</td><td>-1</td><td>-1</td><td>-1</td><td>-1</td><td>-1</td><td>-1</td><td>-1</td><td>-1</td></tr>
</table>

(a) 集合 S 初始化时形成一个森林　　　　　(b) 初始化时形成的（森林）双亲数组

图 5-45　题 5-223 的图

代表每个子集合的树的根结点的双亲指针都初始化为-1，它有两层含义：一是表示该数组元素为树的根结点；二是将负数取绝对值，即为树中结点（元素）个数。

算法的实现如下。

```
void Initial(UFSets& S) {                       //初始化操作（S 即并查集）
//算法调用方式 Initial(S)。输入：已声明的并查集 S；输出：所有结点的 parent 初
//始化为-1，每个结点自成一棵树
    for(int i = 0; i < size; i++) S.parent[i] = -1;   //每个自成单元素集合
}
```

若双亲数组有 n 个元素，算法的时间复杂度为 O(n)，空间复杂度为 O(1)。

5-224　设计一个算法，求一个集合元素 i 的根。

【解答】　一般用数组元素的下标代表元素名，第 i 个数组元素代表集合元素 i。根结点的下标代表子集合名。从元素 i 沿双亲域 parent 向上一直找到一个结点，该结点的双亲域为负数，此即元素 i 所在子树（子集合）的根。算法的实现如下。

```
int Find(UFSets& S, int x) {                              //查找并返回元素 x 的根
//算法调用方式 int k = Find(S, x)。输入：并查集 S，指定的集合元素 x；输出：函
//数返回集合元素 x 所在子树的根
    while(S.parent[x] >= 0) x = S.parent[x];              //循链查找 x 的根
    return x;                                            //根的 parent 值小于 0
}
```

若双亲数组有 n 个元素，算法的时间复杂度为 O(n)，空间复杂度为 O(1)。

5-225 设计一个算法，合并两个子集合 S1 和 S2，结果放在 S1。

【解答】 例如，有 2 个子集合 S1 = {0, 6, 7, 8}，S2 = {1, 4, 9}，用树形结构表示的并查集如图 5-46（a）所示，对应的双亲数组如图 5-46（b）所示。其中，表示 S1 的树的根结点为 0，0 号数组元素的值为−4，表明该子集合有 4 个元素。

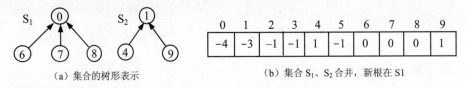

（a）集合的树形表示　　　　　（b）集合 S_1、S_2 合并，新根在 S1

图 5-46　题 5-225 的图

为了得到两个子集合的并，只要将 S2 根结点的双亲指针指向 S1 的根结点即可。因此，S1∪S2 的结果可以表示如图 5-47。

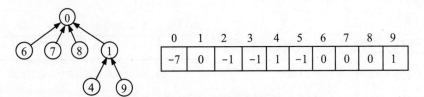

图 5-47　题 5-225 的图续

算法的实现如下。

```
void Merge(UFSets& S, int S1, int S2) {
//算法调用方式 Merge(S, int S1, int S2)。输入：并查集 S，指定的子集合的根 S1 和
//S2；输出：将 S2 合并到 S1 中，成为 S1 的子女，合并后的子集合的根为 S1。要求
//S1 与 S2 是不同的
    if(S2 == S1) return;
    S.parent[S1] = S.parent[S1]+S.parent[S2];            //S1 成为合并后的树根
    S.parent[S2] = S1;                                  //S2 的双亲指向 S1
}
```

算法的时间复杂度与空间复杂度均为 O(1)。

5-226 设计一个改进算法，在做集合合并时，把结点少的子集合并到结点多的子集中。

【解答】 一个子集合用一棵树表示，树的根就是子集合的名字。根的 parent 域存放的是该子集合的元素个数，即该树的结点个数的负值。在做合并时先判断两棵树根结点的 parent 域的值，再确定合并方案。算法的实现如下。

```
void MergebyWeight(UFSets& S, int S1, int S2) {
//算法调用方式 MergebyWeight(S, int S1, int S2)。输入：并查集 S，指定的子集合的
//根 S1 和 S2；输出：结点少的合并到结点多的子集合中，根为 S1
    int i = Find(S, S1), j = Find(S, S2);
    if(i != j) {
        int temp = S.parent[i] + S.parent[j];
        if(S.parent[j] < S.parent[i])            //以 S2 为根的树结点多
            { S.parent[i] = j;  S.parent[j] = temp; }   //让 S1 接在 S2 下面
            else { S.parent[j] = i;  S.parent[i] = temp;} //让 S1 成为新的根
    }
}
```

若双亲数组有 n 个元素，算法的时间复杂度为 O(n)，空间复杂度为 O(1)。

5-227　（折叠规则）设计一个改进算法，在查找集合元素 i 的根时，把 i 到根的路径上各结点的双亲指针都指向根。

【解答】　从元素 i 开始沿到根的路径逐点判断，如果 i 的 parent 不是指向根，让它的 parent 指向根。算法的实现如下。

```
int CollapsingFind(UFSets& S, int i) {
//算法调用方式 int k = CollapsingFind(S, i)。输入：并查集 S，指定集合元素 i；
//输出：把从 i 到根路径上所有结点的 parent 都指向根
    int k, temp;
    for(k = i; S.parent[k] >= 0; k = S.parent[k]);
                                        //查找 i 所在树的根，用 k 指向
    while(i != k)                       //让 i 沿到根的路径上移
        { temp = S.parent[i];  S.parent[i] = k;  i = temp; }
                                        //沿途结点的双亲都指向根 k
    return k;
}
```

若双亲数组有 n 个元素，算法的时间复杂度为 O(n)，空间复杂度为 O(1)。

5-228　如果把根结点的双亲指针所包含的值视为子树高度的负值，例如，"−1"可视为根的双亲指针，其绝对值表明子树的高度为 1，即树中只有一个根结点。基于这种设想，设计一个合并算法，将高度矮的子树合并到高度高的子树上去。

【解答】　如果将高度较矮的子树合并到高度较高的子树上去，树的高度不会增加，除非两棵子树的高度相等。算法比较两棵子树的根结点 S1 和 S2 的双亲指针的值，若 parent[S1] > parent[S2]，即| parent[S1] | < | parent[S2] |，则 S2 为根的子树高度较高，可令 parent[S1] = S2；若 parent[S1] < parent[S2]，令 parent[S2] = S1；若 parent[S1] = parent[S2]，说明两棵子树高度相等，修改 parent[S1]，使之减 1。算法的实现如下。

```
void MergebyHeight(UFSets& S, int S1, int S2) {
//算法调用方式 MergebyHeight(S, int S1, int S2)。输入：并查集 S，指定的子集合的
//根 S1 和 S2；输出：将高度较矮的子树合并到高度较高的子树上去，合并后的根为 S1
    int i = Find(S, S1), j = Find(S, S2);
    if(i != j) {                        //两棵子树的根不相同
        int hi = -S.parent[i], hj = -S.parent[j];//根的 parent 存子树负高度
```

```
            if(hj > hi) S.parent[i] = j;              //以 j 为根的子树较高
            else if(hj < hi) S.parent[j] = i;         //否则以 i 为根的子树较高
            else { S.parent[j] = i;  S.parent[i]--; } //高度相等
                                                      //两棵子树的根相同不合并
     }
}
```

若双亲数组有 n 个元素，算法的时间复杂度为 O(n)，空间复杂度为 O(1)。

第6章 图

6.1 图的基本概念

6.1.1 图的基本定义与特征

1. 图的基本定义

（1）图是由顶点集合及顶点间的关系集合（也称为边集合）组成的一种数据结构。其中，顶点集合是有穷非空集合，边集合是边的有穷集合。

（2）数据结构讨论的图属于简单图，即不包括顶点到自身的环，以及两个顶点间重复的边。顺理成章，要求图中顶点的数据互不相同，以示区别。

（3）图分为有向图与无向图。在有向图中，顶点对<x, y>是有序的，顶点对<x, y>用一对尖括号括起来，x 是有向边的始点，y 是有向边的终点。在无向图中，顶点对(x, y)是无序的，即边没有特定的方向。顶点对用一对圆括号括起来。

（4）如果图中边数达到最大，就成为完全图。在有 n 个顶点的无向完全图中，有 n(n-1)/2 条边。在有 n 个顶点的有向完全图中，有 n(n-1)条边。

（5）与图有关的概念包括边的权、带权图（网络）、邻接顶点、子图、顶点的度、有向图的顶点的入度与出度、路径、路径长度、简单路径、回路（环）、连通图、连通分量、强连通图、强连通分量、生成树、生成森林。

2. 与图的定义有关的几个要点

（1）线性表可以是空表，即一个元素也没有；树可以是空树，即一个结点也没有；但图不可以一个顶点也没有，即不可以是空图（指边数为零的图）。图的顶点集合一定非空，而边集合可以为空。

（2）顶点的度是指与顶点相关联的边数，对于有向图，还要区分出度和入度。

（3）在有向图中的边是有向的，<x, y>与<y, x>表示的是不同的两条边。在无向图中的边是无向的，(x, y)与(y, x)表示的是同一条边。

（4）顶点之间的路径是用一个顶点序列标识的。无权图的路径长度用所经过边的条数标识，带权图的路径长度用所经过边上的权值之和标识。

（5）连通性一般是指无向图中的性质，而在有向图中要考虑的是强连通性。

（6）图的生成树是由顶点和顶点之间的关系组成的连通图。有 n 个顶点，必有 n-1 条边将它们连通。需要注意的是，这种生成树不能是空树。

（7）从非强连通的有向图和非连通的无向图通过遍历得到的是生成森林。

（8）线性表的元素之间有前趋后继关系，树的结点之间有父子分层关系；而在图中各个顶点之间的地位是平等的，因此可以按照需要，对图中顶点重新编号。

（9）在有向图中，每个顶点对（有向边）的顶点之间有前趋后继关系，称为前导-紧随关系，在用它描述"工程"计划时称为活动网络或前导图。

（10）稀疏图的边数远远少于图的顶点数的二次方，而稠密图则不是。

3. 图的特性

设 G 是一个无向图，顶点 v_i 的度 d_i 是与顶点相连的边的条数。

特性 1：设 G = (V, E) 是一个无向图，用 |V| 表示顶点个数，用 |E| 表示边的条数。令 n = |V|，e = |E|，d_i 为顶点 i 的度，则有

（1）$\sum_{i=1}^{n} d_i = 2e$，即所有顶点的度数之和等于边数 e 的 2 倍；

（2）$0 \leqslant e \leqslant n(n-1)/2$，即在无向图中，e 的取值范围是 $0 \sim n(n-1)/2$。一个具有 n 个顶点、$n(n-1)/2$ 条边的无向图是一个完全图。

设 G 是一个有向图，顶点 v_i 的入度 d_i^{in} 是进入 v_i 的有向边（即入边）的条数；顶点 v_i 的出度 d_i^{out} 是从 v_i 发出的有向边（即出边）的条数。

特性 2：设 G = (V, E) 是一个有向图，n 和 e 的含义与特性 1 相同，则

（1）$\sum_{i=1}^{n} d_i^{in} = \sum_{i=1}^{n} d_i^{out} = e$，即所有顶点的出度之和等于入度之和，也等于有向边数。

（2）$0 \leqslant e \leqslant n(n-1)$，即在一个有向图中，e 的取值范围是 $0 \sim n(n-1)$。一个具有 n 个顶点、$n(n-1)$ 条边的有向图是一个完全图。

6.1.2 图算法实例

6-1 如果给定一个图 G，如图 6-1（a）所示，用一个矩阵 A 存储图 G 中顶点间的关系，如图 6-1（b）所示。若顶点 i 到顶点 j 有边，则 A[i][j] 等于 1，否则等于 0。

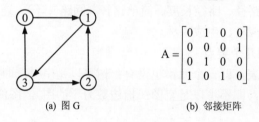

(a) 图 G (b) 邻接矩阵

图 6-1 题 6-1 的图

这个矩阵称为邻接矩阵或可达矩阵。基于矩阵 A，可构造一系列矩阵 $A^{(0)}, A^{(1)}, \cdots, A^{(n-1)}$，其中，$A^{(0)}[i][j] = A[i][j]$，表示从 i 到 j 只需 1 步可达，$A^{(1)}[i][j]$ 表示从 i 到 j 走 2 步可达，$\cdots$，$A^{(n-1)}[i][j]$ 表示从 i 到 j 需走 n 步可达。而 $A^{(k)}[i][j] = A^{(k-1)}[i][k] \otimes A[k][j]$，$\otimes$ 为按位乘，定义矩阵 A 的传递闭包为 $A^{(0)} \oplus A^{(1)} \oplus \cdots \oplus A^{(n-1)}$，$\oplus$ 为按位加。设计一个算法，求矩阵 A 的传递闭包 C。

【解答】 这是一个四重循环。外层是用 m = 0, 1, $\cdots$, n-1 累加 $A^{(m)}$，内部的三重循环是求方阵 $A^{(m)}$。计算结果如图 6-2 所示。

算法的实现如下。

```
#define size 4
void printMatrix(int A[][size]) {          //输出矩阵
    int i, j;
    for(i = 0; i < size; i++) {
```

$$A^{(0)} = \begin{bmatrix} 0 & 1 & 0 & 0 \\ 0 & 0 & 0 & 1 \\ 0 & 1 & 0 & 0 \\ 1 & 0 & 1 & 0 \end{bmatrix} \quad A^{(1)} = \begin{bmatrix} 0 & 0 & 0 & 1 \\ 1 & 0 & 1 & 0 \\ 0 & 0 & 0 & 1 \\ 0 & 1 & 0 & 0 \end{bmatrix} \quad A^{(2)} = \begin{bmatrix} 1 & 0 & 1 & 0 \\ 0 & 1 & 0 & 0 \\ 1 & 0 & 1 & 0 \\ 0 & 0 & 0 & 1 \end{bmatrix} \quad A^{(3)} = \begin{bmatrix} 0 & 1 & 0 & 0 \\ 0 & 0 & 0 & 1 \\ 0 & 1 & 0 & 0 \\ 1 & 0 & 1 & 0 \end{bmatrix}$$

$$C = A^{(0)} \oplus A^{(1)} \oplus A^{(2)} \oplus A^{(3)} = \begin{bmatrix} 1 & 1 & 1 & 1 \\ 1 & 1 & 1 & 1 \\ 1 & 1 & 1 & 1 \\ 1 & 1 & 1 & 1 \end{bmatrix}$$

图 6-2　题 6-1 的图续

```
        for(j = 0; j < size; j++) printf("%d ", A[i][j]);
        printf("\n");
    }
    printf("\n");
}
void Warshall(int A[][size], int C[][size]) {
//算法调用方式 Warshall(A, C)。输入：原始的邻接矩阵 A；输出：传递闭包 C。本
//题未考虑顶点到自身的边，i 未累加
    int i, j, k, m;
    int B[size][size], D[size][size];
    for(i = 0; i < size; i++)
        for(j = 0; j < size; j++) { C[i][j] = A[i][j]; B[i][j] = A[i][j]; }
    for(m = 1; m < size; m++) {
        for(i = 0; i < size; i++)
            for(j = 0; j < size; j++) {
                D[i][j] = 0;
                for(k = 0; k < size; k++) {
                    D[i][j] = D[i][j] | B[i][k] & A[k][j];
                }
            }
        printMatrix(D);
        for(i = 0; i < size; i++)
            for(j = 0; j < size; j++)
                { B[i][j] = D[i][j]; C[i][j] = C[i][j] | D[i][j]; }
    }
}
```

若矩阵的阶为 n，算法的时间复杂度为 $O(n^3)$，空间复杂度为 $O(n^2)$。

6.2　图的存储表示

6.2.1　图的邻接矩阵表示

1. 邻接矩阵表示

图的邻接矩阵表示属于图的顺序存储结构。邻接矩阵可以唯一地表示图。在图的邻接矩阵表示中，有一个表示各个顶点之间关系的矩阵。若设图 A 是一个有 n 个顶点的图，则

图的邻接矩阵是一个 n 阶方阵 A，它的定义为

$$A[i][j]=\begin{cases}1, & \left(v_i,v_j\right)或<v_i,v_j>是E中的边\\0, & \left(v_i,v_j\right)或<v_i,v_j>不是E中的边\end{cases}$$

无向图的邻接矩阵是对称的，有向图的邻接矩阵不一定对称。

借助于邻接矩阵容易判定任意两个顶点之间是否有边相连，并且容易求得各个顶点的度。对于无向图，顶点 v_i 的度 $D(v_i)$ 是邻接矩阵中第 i 行（或列）的值不为 0 的元素个数；对于有向图，第 i 行元素之和为顶点 v_i 的出度 $OD(v_i)$，第 j 列元素之和为顶点 v_j 的入度 $ID(v_j)$。

$$OD(i)=\sum_{j=0}^{n-1}A[i][j]$$

$$ID(j)=\sum_{k=0}^{n-1}A[k][j]$$

图 6-3 所示的有向图和无向图的邻接矩阵分别为 A 和 B。

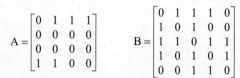

图 6-3　有向图和无向图

网络（带权图）是边上带有权值的图，权值可以是成本、距离、持续时间等，网络的邻接矩阵可定义为

$$A[i][j]=\begin{cases}W(i,j), & (i!=j)且(<i,j>\in E\ 或(i,j)\in E)\\\infty, & (i!=j)但(<i,j>\notin E\ 或(i,j)\notin E)\\0, & i==j\end{cases}$$

图 6-4 所示的是网络（带权图）及其邻接矩阵 A 的示例。

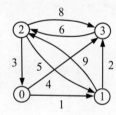

图 6-4　一个网络及其邻接矩阵表示

2. 邻接矩阵的结构定义

邻接矩阵表示的类型定义如下（保存于头文件 **MGraph.h** 中）。

```
#include<stdio.h>
#include<stdlib.h>
#define maxVertices 30                    //图中顶点数目的最大值
#define maxEdges 90                       //最大边数
#define maxWeight 32767                   //最大权值
#define impossibleValue '#'               //结点不可能的数据
#define impossibleWeight -1               //边上不可能的权值
```

```
typedef char Type;                                  //顶点数据的数据类型
typedef int Weight;                                 //带权图中边上权值的数据类型
typedef struct {
    int numVertices, numEdges;                      //图中实际顶点的个数和边的条数
    Type VerticesList[maxVertices];                 //顶点表
    Weight Edge[maxVertices][maxVertices];          //邻接矩阵
} MGraph;
```

3. 邻接矩阵相关的算法

6-2　设计一个算法，输入 n 个顶点数据和 e 条边的端顶点号 i、j 及其权值 w，创建带权图 G 的邻接矩阵表示。

【解答】　算法首先创建顶点向量和邻接矩阵的存储空间，然后输入顶点数和边数，再依次输入各顶点数据到顶点向量，输入各条边的信息到邻接矩阵。由于是无向图，要考虑对称元素。如果换成创建有向图的邻接矩阵，则无须考虑对称元素。算法的实现如下。

```
void createMGraph(MGraph& G, Type v[], int n, Type ed[][2], Weight c[],
                  int e, int d) {
//算法调用方式 createMGraph(G, v, n, ed, c, e, d)。输入：已初始化图的邻接矩阵 G,
//各顶点的数据值数组 v, 各边的端顶点值数组 ed, 各边上的权值数组 c, 顶点数 n,
//边数 e, 标志 d(d = 0 创建无向图, d = 1 创建有向图); 输出：创建成功的带权图 G 的
//邻接矩阵表示
    G.numVertices = n;  G.numEdges = e;
    int i, j, k;
    for(i = 0; i < G.numVertices; i++) {            //初始化
        G.VerticesList[i] = v[i];
        for(j = 0; j < G.numVertices; j++)
            G.Edge[i][j] =(i == j) ? 0 : maxWeight;//maxWeight 代表∞
    }
    for(k = 0; k < G.numEdges; k++) {               //创建邻接矩阵
        i = getVertexPos(G, ed[k][0]);              //顶点值转换为顶点号
        j = getVertexPos(G, ed[k][1]);              //此操作时间复杂度为O(n)
        G.Edge[i][j] = c[k];                        //边赋值
        if(d == 0) G.Edge[j][i] = c[k];             //若为无向图, 有对称元素
    }
}
```

若图有 n 个顶点，e 条边，算法的时间复杂度为 $O(\max\{n^2, n \times e\})$，空间复杂度为 $O(1)$。

6-3　设有一个无权图 G，设计一个算法，输入 n 个顶点数据和 e 条边的端顶点号 i、j，创建它的邻接矩阵表示。

【解答】　在无权图中，以 0 表示无边，以 1 表示有边，不出现边权值。若图 G 是无向图，要考虑对称元素。若换成有向图，则无须考虑对称元素。算法的实现如下。

```
void createMGraph_nw(MGraph& G, Type v[], int n, Type ed[][2], int e, int d){
//算法调用方式 createMGraph_nw(G, v, n, ed, e, d)。输入：已初始化图的邻
//接矩阵 G, 各顶点的数据值数组 v, 各边的端顶点值数组 ed, 顶点数 n, 边数 e, 标志
//d(d = 0 建无向图, d = 1 建有向图); 输出：创建成功的无权图 G 的邻接矩阵表示
```

```
    G.numVertices = n;  G.numEdges = e;
    int i, j, k;
    for(i = 0; i < maxVertices; i++) {                //初始化
        G.VerticesList[i] = v[i];                     //创建顶点向量
        for(j = 0; j < maxVertices; j++) G.Edge[i][j] = 0;
    }
    for(k = 0; k < e; k++) {                           //创建邻接矩阵
        i = getVertexPos(G, ed[k][0]);                 //顶点值转换为顶点号
        j = getVertexPos(G, ed[k][1]);
        G.Edge[i][j] = 1;                              //边赋值
        if(d == 0) G.Edge[j][i] = 1;                   //若为无向图, 有对称元素
    }
}
```

若图的顶点数为 n, 边数为 e, 算法的时间复杂度为 $O(n×e)$, 空间复杂度为 $O(1)$。

6-4 设图 G 采用邻接矩阵表示存储, 设计一个算法, 依据顶点的数据值求该顶点的顶点号。

【解答】 在顶点向量中顺序查找, 找到数据值匹配的顶点, 其下标即为顶点号。算法要求各顶点的数据互不相同, 否则会产生误判。算法的实现如下。

```
int getVertexPos(MGraph& G, Type x) {
//算法调用方式 int k = getVertexPos(G, x)。输入: 采用邻接矩阵表示的图 G, 给定值
//x; 输出: 若查找成功, 函数返回保存值 x 的顶点在图 G 中的顶点号, 若查找失败, 函数返回-1
    for(int i = 0; i < G.numVertices; i++)
        if(G.VerticesList[i] == x) return i;
    return -1;
}
```

若图中有 n 个顶点, 算法的时间复杂度为 $O(n)$, 空间复杂度为 $O(1)$。

6-5 若带权图 G 采用邻接矩阵表示存储, 设计一个算法, 输出图 G。

【解答】 算法首先输出图的顶点数 n 和边数 e, 然后依次输出顶点数据, 再输出邻接矩阵存储的边信息。算法的实现如下。

```
void printMGraph(MGraph& G, int d) {
//算法调用方式 printMGraph(G, d)。输入: 采用邻接矩阵表示的图 G, 标志 d(d = 0
//输出无向图, d = 1 输出有向图); 输出: 打印图 G 的顶点表和邻接矩阵
    int i, j, n, e;  Weight w;
    n = G.numVertices;  e = G.numEdges;
    printf("顶点数=%d, 边数=%d\n", n, e);
    printf("输出顶点数据为\n");
    for(i = 0; i < n; i++)
        printf("[%d]%c ", i, G.VerticesList[i]);
    printf("\n 输出边\n");
    for(i = 0; i < n; i++) {
        for(j = 0; j < n; j++) {
            w = G.Edge[i][j];
            if(w < maxWeight) printf("%2d  ", G.Edge[i][j]);
```

```
                else printf(" - ");
            }
        printf("\n");
    }
}
```

若图中有 n 个顶点，算法的时间复杂度为 $O(n^2)$，空间复杂度为 $O(1)$。

6-6 若无权图 G 采用邻接矩阵表示存储，设计一个算法，输出图 G。

【解答】 算法首先输出图的顶点数 n 和边数 e，然后依次输出顶点数据，再输出邻接矩阵存储的边信息。算法的实现如下。

```
void printMGraph_nw(MGraph& G, int d) {
//算法调用方式 printMGraph_nw(G, d)。输入：采用邻接矩阵表示的图 G，标志 d(d = 0
//输出无向图，d = 1 输出有向图)；输出：打印图 G 的顶点表和邻接矩阵
    int i, j, n, e;
    n = G.numVertices;  e = G.numEdges;
    printf("顶点数=%d, 边数=%d\n", n, e);
    printf("输出顶点数据为\n");
    for(i = 0; i < n; i++)
        printf("[%d]%c ", i, G.VerticesList[i]);
    printf("\n 输出邻接矩阵\n");
    for(i = 0; i < n; i++) {
        for(j = 0; j < n; j++)
            printf("%2d ", G.Edge[i][j]);
        printf("\n");
    }
}
```

若图中有 n 个顶点，算法的时间复杂度为 $O(n^2)$，空间复杂度为 $O(1)$。

6-7 若带权图 G 采用邻接矩阵表示存储，设计算法实现：

（1）取图中顶点 v 的第一个邻接顶点 FirstNeighbor(G, v)。

（2）取图中顶点 v 的邻接顶点 w 的下一邻接顶点 NextNeighbor(G, v, w)。

【解答】 为了找到顶点 v 的第一个邻接顶点，顺序地检查邻接矩阵的第 v 行，最先遇到的非零且值小于 maxWeight 的元素就是顶点 v 的第一个邻接顶点。若从邻接矩阵第 v 行第 w+1 列继续依次检查该行后续元素，遇到下一个权值大于 0 且小于 maxWeight 的元素，就是顶点 v 排在邻接顶点 w 后的下一个邻接顶点。算法的实现如下。

（1）给出顶点 v 的第一个邻接顶点，如果找不到，则函数返回-1。

```
int FirstNeighbor(MGraph& G, int v) {
//算法调用方式 int k = FirstNeighbor(G, v)。输入：采用邻接矩阵表示的图 G，指定
//顶点号 v；输出：函数返回顶点 v 的第一个邻接顶点的顶点号。若顶点 v 没有第一个顶点，
//函数返回-1
    if(v != -1) {
        for(int j = 0; j < G.numVertices; j++)
            if(G.Edge[v][j] > 0 && G.Edge[v][j] < maxWeight) return j;
    }
```

```
        return -1;
    }
```

若图中有 n 个顶点，算法的时间复杂度为 O(n)，空间复杂度为 O(1)。

（2）给出顶点 v 的某邻接顶点 w 的下一个邻接顶点。

```
int NextNeighbor(MGraph& G, int v, int w) {
//算法调用方式 int k = NextNeighbor(G, v, w)。输入：采用邻接矩阵表示的图 G，指
//定顶点号 v，v 的邻接顶点 w；输出：函数返回顶点 v 的邻接顶点 w 的下一个顶点的顶点号，
//若没有下一个顶点，函数返回-1
    if(v != -1 && w != -1) {                        //v、w 顶点号合法
        for(int j = w+1; j < G.numVertices; j++)
            if(G.Edge[v][j] > 0 && G.Edge[v][j] < maxWeight) return j;
    }
    return -1;
}
```

若图中有 n 个顶点，算法的时间复杂度为 O(n)，空间复杂度为 O(1)。

6-8 若带权图 G 采用邻接矩阵表示存储，设计算法实现：

（1）取图的顶点数 NumberOfVertices(G)；

（2）取图的边数 NumberOfEdges(G)；

（3）取图中顶点 v 的值 getValue(G, v)；

（4）取边(v, w)上的权值 getWeight(G, v, w)。

【解答】 顶点的数据可以直接从顶点向量中取出，但需要先判断参数 v 的合理性；边 (v, w)上的权值也可以直接从邻接矩阵中取出，还需要先判断 v、w 的合理性。图的顶点数 和边数存储在邻接矩阵表示中，可直接取出。算法的实现如下。

（1）取图的顶点数。

```
int NumberOfVertices(MGraph& G) {
//算法调用方式 int k = NumberOfVertices(G)。输入：采用邻接矩阵表示的图 G；
//输出：函数返回图 G 的顶点数
    return G.numVertices;
}
```

算法的时间复杂度为 O(1)，空间复杂度为 O(1)。

（2）取图的边数。

```
int NumberOfEdges(MGraph& G) {
//算法调用方式 int k = NumberOfEdges(G)。输入：采用邻接矩阵表示的图 G；输出：
//函数返回图 G 的边数
    return G.numEdges;
}
```

算法的时间复杂度为 O(1)，空间复杂度为 O(1)。

（3）取图中顶点 v 的值。

```
Type getValue(MGraph& G, int v) {                        //取顶点 v 的值
```

```
    //算法调用方式 Type value = getValue(G, v)。输入：采用邻接矩阵表示的图 G，指定
    //顶点号 v；输出：函数返回顶点 v 的值。若该顶点不存在，函数返回-1
        if(v != -1) return G.VerticesList[v];
        else return impossibleValue;                        //在 MGraph.h 中定义
}
```

算法的时间复杂度为 O(1)，空间复杂度为 O(1)。

（4）取边(v, w)上的权值。

```
Weight getWeight(MGraph& G, int v, int w) {
    //算法调用方式 Weight c = getWeight(G, int v, int w)。输入：采用邻接矩阵表示的
    //图 G，一条边的两个端顶点号 v 和 w；输出：函数返回边（v，w）上的权值。若该边不存在，
    //函数返回-1
        if(v != -1 && w != -1) return G.Edge[v][w];
        else return impossibleWeight;                       //在 MGraph.h 中定义
}
```

算法的时间复杂度为 O(1)，空间复杂度为 O(1)。

6-9 若带权无向图 G 采用邻接矩阵表示存储，设计一个算法，在图 G 中插入一个顶点。

【解答】 在带权无向图中插入顶点，需要在顶点表中插入一个元素，还要在邻接矩阵中插入一行和一列，由于没有给出边的信息，除对角线外，其他都为∞。算法的实现如下。

```
int insertVertex(MGraph& G, Type vertex) {
    //算法调用方式 int succ = insertVertex(G, vertex)。输入：采用邻接矩阵表示的图 G，
    //想要插入的顶点数据 vertex；输出：在带权图 G 中插入顶点 vertex，若插入成功，
    //函数返回 1，若顶点数达到存储的上限，函数返回 0
        if(G.numVertices == maxVertices) return 0;          //顶点表满，不插入
        G.VerticesList[G.numVertices] = vertex;             //新加顶点信息
        for(int i = 0; i < G.   numVertices; i++)
            G.Edge[G.numVertices][i] = G.Edge[i][G.numVertices] = maxWeight;
        G.Edge[G.numVertices][G.numVertices] = 0;           //新加对角线赋 0
        G.numVertices++;     return 1;                      //顶点数加 1
}
```

若图中有 n 个顶点，算法的时间复杂度为 O(n)，空间复杂度为 O(1)。

6-10 若带权无向图 G 采用邻接矩阵表示存储，设计一个算法，在图 G 中删除一个顶点及其所有相关联的边，并通过函数返回被删顶点的值。

【解答】 删除一个顶点时，可将顶点表中最后一个顶点的信息搬移到被删顶点 v 的位置以替换掉原来顶点 v 的信息，同时在邻接矩阵中把最后一行的信息填补到第 v 行，把最后一列的信息填补到第 v 列。注意，此时被移动顶点的顶点号改变了。算法的实现如下。

```
int removeVertex(MGraph& G, int v, Type& vertex) {
    //算法调用方式 int succ = removeVertex(G, v, vertex)。输入：采用邻接矩阵表示
    //的图 G，删除顶点号 v；输出：删去顶点号为 v 的顶点和所有与它相关联的边。若删除成功，
    //函数返回 1，若参数 v 不合理或图中顶点数仅剩 1 个，函数返回 0
        if(v < 0 || v >= G.numVertices) return 0;           //v 不在图中，不删除
```

```
        if(G.numVertices == 1) return 0;                //只剩一个顶点, 不删除
    int i;
    for(i = 0; i < G.numVertices; i++)                  //修改图的边数
        if(G.Edge[v][i] > 0 && G.Edge[v][i] < maxWeight) G.numEdges--;
    vertex = G.VerticesList[v];                          //顶点表中删除该结点
    G.VerticesList[v] = G.VerticesList[G.numVertices-1];
    for(i = 0; i < G.numVertices; i++)                  //最后一列填补第 v 列
        G.Edge[i][v] = G.Edge[i][G.numVertices-1];
    for(i = 0; i < G.numVertices; i++)                  //最后一行填补第 v 行
        G.Edge[v][i] = G.Edge[G.numVertices-1][i];
    G.numVertices--;       return 1;                     //顶点数减 1
}
```

若图中有 n 个顶点, 算法的时间复杂度为 $O(n)$, 空间复杂度为 $O(1)$。

6-11　若带权无向图 G 采用邻接矩阵表示存储, 设计一个算法, 在图 G 中插入一条边。

【解答】　如果插入边已存在, 只需改变该边的权值; 如果插入边不存在且该边的端顶点有效, 只要给邻接矩阵中相应矩阵元素赋予其权值且修改边数即可。算法的实现如下。

```
int insertEdge(MGraph& G, int u, int v, Weight cost, int d) {
//算法调用方式int succ = insertEdge(G, u, v, cost, d)。输入: 采用邻接矩阵表
//示的图 G, 插入边的两端顶点号 u 和 v, 插入边的权值 cost, 标志 d = 0 在无向图中插入,
//d = 1 在有向图中插入; 输出: 若插入边成功, 函数返回 1, 否则函数返回 0
    if(u > -1 && u < G.numVertices && v > -1 && v < G.numVertices) {
        if(G.Edge[u][v] == 0 || G.Edge[u][v] == maxWeight)
            G.numEdges++;                                //边数加 1
        G.Edge[u][v] = cost;                             //插入边
        if(d == 0) G.Edge[v][u] = cost;                  //无向图还要处理对称元素
        return 1;
    }
    else return 0;
}
```

算法的时间复杂度为 $O(1)$, 空间复杂度为 $O(1)$。

6-12　若带权图 G 采用邻接矩阵表示存储, 设计一个算法, 在图 G 中删除一条边, 并通过引用型参数 cost 返回被删边的权值。

【解答】　如果被删边存在, 将邻接矩阵中相应矩阵元素置为∞即可。算法的实现如下。

```
int removeEdge(MGraph& G, int u, int v, Weight& cost, int d) {
//算法调用方式int succ = removeEdge(G, u, v, cost, d)。输入: 采用邻接矩阵表
//示的图 G, 删除边的两端顶点号 u 和 v, 标志 d = 0 在无向图中删除, d = 1 在有向图中删
//除; 输出: 若删除边成功, 函数返回 1, 引用参数 cost 返回边的权值。若删除失败, 函数返
//回 0, 引用参数 cost 的值不可用
    if(u > -1 && u < G.numVertices && v > -1 && v < G.numVertices) {
        if(G.Edge[u][v] > 0 && G.Edge[u][v] < maxWeight) {
            cost = G.Edge[u][v];                         //保存边上权值
            G.Edge[u][v] = maxWeight;                    //删边
            if(d == 0) G.Edge[v][u] = maxWeight;         //无向图还要处理对称元素
```

```
        G.numEdges--;  return 1;
      }
      return 0;
    }
  else return 0;
}
```

算法的时间复杂度为 O(1)，空间复杂度为 O(1)。

6-13　若无权图 G 采用邻接矩阵表示存储，设计一个算法，在图 G 中插入一个顶点。

【解答】　无权图中插入顶点，需要在顶点表中插入一个元素，还要在邻接矩阵中插入一行和一列，由于没有给出边的信息，不论有向图还是无向图，插入矩阵的元素值均为 0。算法的实现如下。

```
int insertVertex_nw(MGraph& G, Type vertex) {
//算法调用方式 int succ = insertVertex_nw(G, vertex)。输入：采用邻接矩阵表示
//的图 G，要插入的顶点数据 vertex；输出：若插入成功，函数返回 1，否则函数返回 0
    if(G.numVertices == maxVertices) return 0;          //顶点表满，不插入
    G.VerticesList[G.numVertices] = vertex;             //新加顶点信息
    for(int i = 0; i < G.   numVertices; i++)
        G.Edge[G.numVertices][i] = G.Edge[i][G.numVertices] = 0;
    G.Edge[G.numVertices][G.numVertices] = 0;           //新加对角线赋 0
    G.numVertices++;     return 1;                       //顶点数加 1
}
```

若图中有 n 个顶点，算法的时间复杂度为 O(n)，空间复杂度为 O(1)。

6-14　若无权图 G 采用邻接矩阵表示存储，设计一个算法，在图 G 中删除一个顶点。

【解答】　删除一个顶点时，可将顶点表中最后一个顶点的信息移动到被删顶点 v 的位置以替换被删顶点的信息，同时在邻接矩阵中将最后一行的信息填补到第 v 行，将最后一列的信息填补到第 v 列。注意，此时被移动顶点的顶点号改变了。算法的实现如下。

```
int removeVertex_nw(MGraph& G, int v, Type& vertex) {
//算法调用方式 int succ = removeVertex_nw(G, v)。输入：采用邻接矩阵表示的图 G，
//删除顶点号 v；输出：若删除成功，函数返回 1，否则函数返回 0
    if(v < 0 || v >= G.numVertices) return 0;       //v 不在图中，不删除
    if(G.numVertices == 1) return 0;                //只剩一个顶点，不删除
    int i;
    for(i = 0; i < G.numVertices; i++) {            //修改图的边数
        if(G.Edge[v][i] == 1) G.numEdges--;
        if(G.Edge[i][v] == 1) G.numEdges--;
    }
    vertex = G.VerticesList[v];
    G.VerticesList[v] = G.VerticesList[G.numVertices-1];
    for(i = 0; i < G.numVertices; i++)              //最后一列填补第 v 列
        G.Edge[i][v] = G.Edge[i][G.numVertices-1];
    for(i = 0; i < G.numVertices; i++)              //最后一行填补第 v 行
        G.Edge[v][i] = G.Edge[G.numVertices-1][i];
```

```
        G.numVertices--;  return 1;                              //顶点数减 1
}
```

若图中有 n 个顶点,算法的时间复杂度为 O(n),空间复杂度为 O(1)。

6-15 若无权图 G 采用邻接矩阵表示存储,设计一个算法,在图 G 中插入一条边。

【解答】 如果插入边已存在,不再插入;如果插入边不存在且该边的端顶点有效,只要给邻接矩阵中相应矩阵元素赋 1 且修改边数即可。算法的实现如下。

```
int insertEdge_nw(MGraph& G, int u, int v, int d) {
//算法调用方式 int succ = insertEdge_nw(G, u, v, d)。输入:采用邻接矩阵表示
//的图 G,插入边的两端顶点号 u 和 v,标志 d = 0 在无向图中插入,d = 1 在有向图中插
//入;输出:若插入边成功,函数返回 1,否则函数返回 0
    if(u > -1 && u < G.numVertices && v > -1 && v < G.numVertices) {
        if(G.Edge[u][v] == 0) {
            G.Edge[u][v] = 1;  G.numEdges++;            //插入边,边数加 1
            if(d == 0) G.Edge[v][u] = 1;                //无向图还要处理对称元素
            return 1;
        }
    }
    return 0;
}
```

算法的时间复杂度为 O(1),空间复杂度为 O(1)。

6-16 若无权图 G 采用邻接矩阵表示存储,设计一个算法,在图 G 中删除一条边。

【解答】 如果被删边存在,将邻接矩阵中相应矩阵元素置为 0 即可。算法的实现如下。

```
int removeEdge_nw(MGraph& G, int u, int v, int d) {
//算法调用方式 int succ = removeEdge_nw(G, u, v, cost, d)。输入:采用邻接矩
//阵表示的图 G,删除边的两端顶点号 u 和 v,标志 d = 0 在无向图中删除,d = 1 在有向图中
//删除;输出:若删除边成功,函数返回 1,否则函数返回 0
    if(u > -1 && u < G.numVertices && v > -1 && v < G.numVertices) {
        if(G.Edge[u][v] == 1) {
            G.numEdges--;  G.Edge[u][v] = 0;            //删边,边数减 1
            if(d == 0) G.Edge[v][u] = 0;                //无向图还要处理对称元素
        }
        return 1;
    }
    return 0;
}
```

算法的时间复杂度为 O(1),空间复杂度为 O(1)。

6-17 若无权有向图 G 采用邻接矩阵表示存储,设计一个算法,求图 G 中指定顶点 v 的出度。

【解答】 检查邻接矩阵的第 v 行,统计该行非零元素个数,即可得顶点 v 的出度。算法的实现如下。

```
int outDegree(MGraph& G, int v) {
```

```
//算法调用方式 int k = outDegree(G, v)。输入：采用邻接矩阵表示的图 G，指定顶点
//号 v；输出：函数返回顶点 v 的出度
    int i, sum = 0;
    for(i = 0; i < G.numVertices; i++)                    //检测第 v 行
        if(G.Edge[v][i] > 0) sum++;                        //统计第 v 行非零元素个数
    return sum;
}
```

若图中有 n 个顶点，算法的时间复杂度为 O(n)，空间复杂度为 O(1)。

6-18 若无权有向图 G 采用邻接矩阵表示存储，设计一个算法，求图 G 中指定顶点 v 的入度。

【解答】 检查邻接矩阵的第 v 列，统计该列非零元素个数，即可得顶点 v 的入度。算法的实现如下。

```
int inDegree(MGraph& G, int v) {
//算法调用方式 int k = inDegree(G, v)。输入：采用邻接矩阵表示的图 G，指定顶点
//号 v；输出：函数返回顶点 v 的入度
    int i, sum = 0;
    for(i = 0; i < G.numVertices; i++)                    //检测第 v 列
        if(G.Edge[i][v] > 0) sum++;                        //统计第 v 列非零元素个数
    return sum;
}
```

若图中有 n 个顶点，算法的时间复杂度为 O(n)，空间复杂度为 O(1)。

6-19 若无权有向图 G 采用邻接矩阵表示存储，设计一个算法，求图 G 中出度为零的顶点个数。

【解答】 算法对矩阵的每一行进行检测，如果一行所有元素的值累加为 0，则该行对应的顶点就是出度为 0 的顶点。统计这样的顶点个数即可得到出度为 0 的顶点个数。算法的实现如下。

```
int outDegree0(MGraph& G) {
//算法调用方式 int k = outDegree0(G)。输入：采用邻接矩阵表示的图 G；输出：函数
//返回图中出度为 0 的顶点个数
    int i, j, count, sum;  count = 0;
    for(i = 0; i < G.numVertices; i++) {                  //检测矩阵所有各行
        sum = 0;                                           //累加第 i 行元素值
        for(j = 0; j < G.numVertices; j++) sum += G.Edge[i][j];
        if(sum == 0) count++;                             //统计累加值为 0 的行数
    }
    return count;
}
```

若图中有 n 个顶点，算法的时间复杂度为 $O(n^2)$，空间复杂度为 O(1)。

6-20 若无权有向图的邻接矩阵表示为 G，设计一个算法，判断边<i, j>在图 G 中是否存在，i、j 是顶点号。

【解答】 检查邻接矩阵 Edge[i][j]的值，若为 0 则边<i, j>不存在，否则存在。算法的实现如下。

```
int ArcInG(MGraph& G, int i, int j) {
//算法调用方式 int k = ArcInG(MGraph& G, int i, int j)。输入：采用邻接
//矩阵表示的图G，顶点号i，顶点号j；输出：若边<i, j>在图中，函数返回1，否则
//函数返回0
    return(G.Edge[i][j] > 0) ? 1 : 0;
}
```

算法的时间复杂度为 O(1)，空间复杂度为 O(1)。

6.2.2 图的邻接表表示

1. 图的邻接表表示

邻接表是邻接矩阵的改进，是图的链接存储表示。邻接表把邻接矩阵的 n 行改为 n 个单链表，把同一个顶点发出的边，链接在同一个称为边链表（出边表）的单链表中，单链表的每一个结点代表一条边，称为边结点，结点中保存有与该边相关联的另一顶点的顶点下标 dest 以及指向同一链表中下一个边结点的指针 link。如图 6-5（a）所示的是有向图，其邻接表如图 6-5（b）所示。

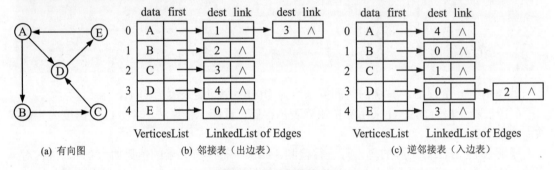

(a) 有向图　　　　　(b) 邻接表（出边表）　　　　　(c) 逆邻接表（入边表）

图 6-5　图的邻接表表示

由于各边链入边链表的顺序可以不同，因此邻接表不能唯一地表示图。

在邻接表中，统计某顶点 i 的出边表所含结点的个数，可得到该顶点的出度。但想要得到该顶点的入度，必须检测其他所有顶点对应的边链表，看有多少个边结点的 dest 域中是 i。这样十分不方便。为此，创建逆邻接表，如图 6-5（c）所示。在顶点 i 的边链表中，链接的是所有进入该顶点的边，所以也称为入边表。统计顶点 i 的边链表中结点的个数，就能得到该顶点的入度。

如果是带权图时，边结点中还要保存该边上的权值 cost。顶点 i 的出边表的表头指针 adj 在顶点表的下标为 i 的顶点记录中，该记录还保存了该顶点的其他信息。

2. 图的邻接表表示的结构定义

图的邻接表表示的结构定义如下（保存在头文件 ALGraph.h 中）。

```
#define maxVertices 30              //图的最大顶点数
#define maxEdges 450                //图的最大边数
#define maxWeight 32767             //带权图中边上权值的最大值
typedef char Type;                  //顶点数据的数据类型
typedef int Weight;                 //带权图中边上权值的数据类型
```

```
#define impossibleValue '#'                          //顶点中不可能的数据值
#define impossibleWeight -1                           //带权图中边上不可能的权值
typedef struct Enode {                                //边结点的结构定义
    int dest;                                         //边的另一顶点的顶点号
    Weight cost;                                      //边上的权值（无权图没有）
    struct Enode *link;                               //下一条边链指针
} EdgeNode;
typedef struct Vnode {                                //顶点的结构定义
    Type data;                                        //顶点的数据值
    struct Enode *adj;                                //边链表的头指针
} VertexNode;
typedef struct {                                      //图的定义
    VertexNode VerticesList[maxVertices];             //顶点表(各边链表的头结点)
    int numVertices, numEdges;                        //图中实际顶点的个数和边的条数
} ALGraph;
```

3. 邻接表表示相关的算法

6-21　若图 G 采用邻接表表示存储，设计一个算法，根据给出的顶点数据值 v，找到相应的顶点号，并通过函数返回；查找失败函数返回-1。

【解答】　在图 G 的顶点表中顺序查找等于给定值 v 的元素，找到后返回该顶点下标（即顶点号）；若没有找到，则函数返回-1。算法的实现如下。

```
int getVertexPos(ALGraph& G, Type v) {
//算法调用方式 int k = getVertexPos(G, v)。输入：采用邻接表表示存储的图 G, 顶点
//数据 v; 输出：若值为 v 的顶点存在，函数返回该顶点的顶点号，否则函数返回-1
    int i = 0;
    while(i < G.numVertices && G.VerticesList[i].data != v) i++;
    if(i < G.numVertices) return i;
    else return -1;
}
```

若图中有 n 个顶点，算法的时间复杂度为 O(n)，空间复杂度为 O(1)。

6-22　若有一个带权图 G，设计一个算法，输入 n 个顶点数据和 e 条边的端顶点号 i、j 及其权值 w，创建它的邻接表存储表示。

【解答】　算法首先输入 n 个顶点数据，创建顶点表。然后针对每一个顶点，创建边链表并置空。接着逐条边输入，若输入的边已经存在，则用新的权值取代该边的原权值；若输入的边不存在，则采用前插法插入相应的边链表中。算法的实现如下。

```
void createALGraph(ALGraph& G, Type v[], int n, Type ed[][2], Weight c[],
                   int e, int d) {
//算法调用方式 createALGraph(G, v, n, ed, c, e, d)。输入：已初始化的图的邻接表
//表示 G, 顶点数据数组 v, 顶点个数 n, 边的两端顶点数据数组 ed, 边上权值数组 c, 边数 e,
//d = 0 创建无向图, d = 1 创建有向图；输出：创建带权图 G 的邻接表表示
    int i, j, k;  Type e1, e2;  EdgeNode *q, *p;
    G.numVertices = n;  G.numEdges = e;               //图的顶点数与边数
    for(i = 0; i < G.numVertices; i++) {              //创建顶点表
```

```
        G.VerticesList[i].data = v[i];                    //顶点表初始化
        G.VerticesList[i].adj = NULL;
    }
    for(i = 0; i < G.numEdges; i++) {                     //创建各顶点的边链表
        e1 = ed[i][0];  e2 = ed[i][1];                    //边的顶点对
        j = getVertexPos(G, e1);  k = getVertexPos(G, e2);
        p = G.VerticesList[j].adj;                        //顶点 j 边链表头指针
        while(p != NULL && p->dest != k) p = p->link;
        if(p == NULL) {                                   //图中没有重边，加入新边
            q =(EdgeNode*) malloc(sizeof(EdgeNode));
            q->dest = k;  q->cost = c[i];
            q->link = G.VerticesList[j].adj;              //前插链入顶点 j 边链表
            G.VerticesList[j].adj = q;
            if(d == 0) {
                q =(EdgeNode *) malloc(sizeof(EdgeNode));
                q->dest = j;  q->cost = c[i];
                q->link = G.VerticesList[k].adj;          //前插链入顶点 k 边链表
                G.VerticesList[k].adj = q;
            }
        }
        else p->cost = c[i];                              //边重复，填充新权值
    }
}
```

若图中有 n 个顶点，e 条边，算法的时间复杂度为 $O(\max\{n^2, n+e\})$，空间复杂度为 $O(1)$。

6-23　若带权图 G 采用邻接表表示存储，设计一个算法，输出图 G。

【解答】　首先输出图的顶点数和边数，然后依次输出顶点数据和边的信息。由于无向图的边 (i, j) 在第 i 个边链表和第 j 个边链表中都出现，所以有重复的情形。算法的实现如下。

```
void printALGraph(ALGraph& G, int d) {
//算法调用方式 printALGraph(G, d)。输入：用邻接表存储的带权图 G，标志 d，d = 0
//输出无向图，d = 1 输出有向图；输出：带权图的顶点表和邻接表表示
    int i; EdgeNode *p;
    printf("图 G 的顶点数是%d\n", G.numVertices);         //输出顶点数
    printf("顶点向量的值是\n");
    for(i = 0; i < G.numVertices; i++)                   //输出顶点数据
        printf("%c ", G.VerticesList[i].data);
    printf("\n");
    printf("图 G 的边数是%d\n", G.numEdges);              //输出边数
    for(i = 0; i < G.numVertices; i++) {                 //各顶点边链表
        for(p = G.VerticesList[i].adj; p != NULL; p = p->link)
            printf("(%d, %d) %d  ", i, p->dest, p->cost);
        printf("\n");
    }
}
```

若图中有 n 个顶点，e 条边，算法的时间复杂度为 $O(n+e)$，空间复杂度为 $O(1)$。

6-24　若有一个无权图 G，设计一个算法，输入 n 个顶点数据和 e 条边的端顶点号 i、
j，创建它的邻接表存储表示。

【解答】　算法首先输入 n 个顶点数据，创建顶点表。然后针对每一个顶点，创建边链
表并置空。接着逐条边输入，若输入的边已经存在，则跳过；若输入的边不存在，则采用
前插法插入相应的边链表中。算法的实现如下。

```
void createALGraph_nw(ALGraph& G, Type v[], int n, Type ed[][2], int e, int d) {
//算法调用方式 createALGraph_nw(G, v, n, ed, e, d)。输入：已初始化的图的邻接表
//表示 G，顶点数据数组 v，顶点个数 n，边数据数组 ed，边数 e，d = 0 创建无向图，d = 1
//创建有向图；输出：创建无权图 G 的邻接表表示
    int i, j, k; Type e1, e2; EdgeNode *q, *p;
    G.numVertices = n; G.numEdges = e;                      //图的顶点数与边数
    for(i = 0; i < G.numVertices; i++) {                    //创建顶点表
        G.VerticesList[i].data = v[i];                      //顶点向量初始化
        G.VerticesList[i].adj = NULL;
    }
    for(i = 0; i < G.numEdges; i++) {                       //创建各顶点的边链表
        e1 = ed[i][0]; e2 = ed[i][1];                       //边的顶点对
        j = getVertexPos(G, e1); k = getVertexPos(G, e2);
        p = G.VerticesList[j].adj;                          //顶点 j 边链表头指针
        while(p != NULL && p->dest != k) p = p->link;
        if(p == NULL) {                                     //图中没有重边，加入新边
            q =(EdgeNode*) malloc(sizeof(EdgeNode));
            q->dest = k; q->link = G.VerticesList[j].adj;
            G.VerticesList[j].adj = q;                      //前插链入顶点 j 边链表
            if(d == 0) {
                q =(EdgeNode*) malloc(sizeof(EdgeNode));
                q->dest = j; q->link = G.VerticesList[k].adj;
                G.VerticesList[k].adj = q;                  //前插链入顶点 k 边链表
            }
        }
    }
}
```

若图中有 n 个顶点，e 条边，算法的时间复杂度为 $O(\max\{n^2, n+e\})$，空间复杂度为 $O(1)$。

6-25　若无权图 G 采用邻接表表示存储，设计一个算法，输出图 G。

【解答】　首先输出图的顶点数和边数，然后依次输出顶点数据和边的信息。由于无向图
的边(i, j)在第 i 个边链表和第 j 个边链表中都出现，所以有重复的情形。算法的实现如下。

```
void printALGraph_nw(ALGraph& G, int d) {
//算法调用方式 printALGraph(G, d)。输入：用邻接表存储的无权图 G，标志 d，d = 0
//输出无向图，d = 1 输出有向图；输出：无权图的顶点表和邻接表表示
    int i; EdgeNode *p;
    printf("图 G 的顶点数是%d\n", G.numVertices);            //输出顶点数
    printf("顶点向量的值是\n");
    for(i = 0; i < G.numVertices; i++)                      //输出顶点数据
```

```
            printf("%c ", G.VerticesList[i].data);
    printf("\n");
    printf("图 G 的边数是%d\n", G.numEdges);                    //输出边数
    for(i = 0; i < G.numVertices; i++) {                      //各顶点边链表
        for(p = G.VerticesList[i].adj; p != NULL; p = p->link)
            printf("(%d, %d) ", i, p->dest);
        printf("\n");
    }
}
```

若图中有 n 个顶点，e 条边，算法的时间复杂度为 O(n+e)，空间复杂度为 O(1)。

6-26 若图的邻接表表示为 G，设计算法：

（1）取图 G 中顶点 v 的第一个邻接顶点 FirstNeighbor(G, v)。

（2）取图 G 中顶点 v 的邻接顶点 w 的下一邻接顶点 NextNeighbor(G, v, w)。

【解答】 （1）为了找到顶点 v 的第一个邻接顶点，检查邻接表第 v 个边链表，如果链表非空，第一个边结点中 dest 中记录的就是顶点 v 的第一个邻接顶点。算法的实现如下。

```
int FirstNeighbor(ALGraph& G, int v) {
//算法调用方式 int k = FirstNeighbor(G, v)。输入：用邻接表存储的图 G,
//指定顶点号 v; 输出：函数返回顶点 v 的第一个邻接顶点的顶点号，若顶点 v 不存在，
//函数返回-1
    if (v != -1) {                                    //顶点 v 存在
        EdgeNode *p = G.VerticesList[v].adj;          //对应边链表第一个边结点
        if (p != NULL) return p->dest;                //存在，返回第一个邻接顶点
    }
    return -1;                                        //第一个邻接顶点不存在
}
```

算法的时间复杂度为 O(1)，空间复杂度为 O(1)。

（2）算法首先在顶点 v 的边链表中定位邻接顶点 w 的边结点，如果该结点的下一个边结点存在，则下一个边结点中 dest 中记录的就是顶点 v 的邻接顶点为 w 的下一个邻接顶点的顶点号。算法的实现如下。

```
int NextNeighbor(ALGraph& G, int v, int w) {
//算法调用方式 int k = NextNeighbor(G, v, w)。输入：用邻接表存储的图 G,
//指定顶点号 v, 顶点 v 的邻接顶点的顶点号 w; 输出：函数返回顶点 v 的邻接顶点 w 的
//下一个邻接顶点的顶点号，若找不到，函数返回-1
    if(v != -1) {                                     //顶点 v 存在
        EdgeNode *p = G.VerticesList[v].adj;          //对应边链表第一个边结点
        while(p != NULL && p->dest != w)    p = p->link;
        if(p != NULL && p->link != NULL) return p->link->dest;
    }
    return -1;                                        //下一邻接顶点不存在
}
```

若图中 e 条边，算法的时间复杂度为 O(e)，空间复杂度为 O(1)。

6-27 设带权图的邻接表表示为 G，设计算法实现：

（1）取图的顶点数 NumberOfVertices(G)。

（2）取图的边数 NumberOfEdges(G)。

（3）取图中顶点 v 的值 getValue(G, v)。

（4）取边(v, w)上的权值 getWeight(G, v, w)。

【解答】 顶点的数据可以直接从顶点向量中取出，但需要先判断参数 v 的合理性；边 (v, w)上的权值需要检测顶点 v 的边链表，定位邻接顶点为 w 的边结点，从中取出结点中存放的权值。基于无向图的对称性，也可以检测顶点 w 的边链表，定位邻接顶点为 v 的边结点。算法的实现如下。

（1）取图的顶点数：

```
int NumberOfVertices(ALGraph& G) {
//算法调用方式 int k = NumberOfVertices(G)。输入：用邻接表存储的图 G;
//输出：函数返回图的顶点数
    return G.numVertices;
}
```

算法的时间复杂度为 O(1)，空间复杂度为 O(1)。

（2）取图的边数：

```
int NumberOfEdges(ALGraph& G) {
//算法调用方式 int k = NumberOfEdges(G)。输入：用邻接表存储的图 G;
//输出：函数返回图的边数
    return G.numEdges;
}
```

算法的时间复杂度为 O(1)，空间复杂度为 O(1)。

（3）取出顶点 v 的数据值：

```
Type getValue(ALGraph& G, int v) {
//算法调用方式 Type c = getValue(G, v)。输入：用邻接表存储的图 G, 指定顶点号 v;
//输出：函数返回顶点 v 的数据值, 若顶点 v 不存在, 函数返回-1
    if(v != -1) return G.VerticesList[v].data;
    else return impossibleValue;
}
```

算法的时间复杂度为 O(1)，空间复杂度为 O(1)。

（4）取边(v, w)上的权值：

```
Weight getWeight(ALGraph& G, int v, int w) {
//算法调用方式 Weight w = getWeight(G, v, w)。输入：用邻接表存储的图 G, 指定边
//的两个端点 v 和 w; 输出：函数值返回边(v, w)的权值, 若边不存在, 函数返回-1
    EdgeNode *p = G.VerticesList[v].adj;
    while(p != NULL && p->dest != w) p = p->link;
    if(p != NULL) return p->cost;
    else return impossibleWeight;
}
```

若图中有 e 条边，算法的时间复杂度为 O(e)，空间复杂度为 O(1)。

6-28　设带权图的邻接表表示为 G，设计一个算法，在图 G 中插入一个顶点。

【解答】　在图中插入顶点，需要在顶点向量中插入一个元素，并将其边链表的头指针置空。算法的实现如下。

```
int insertVertex(ALGraph& G, Type vertex) {
//算法调用方式 int succ = insertVertex(G, vertex)。输入：用邻接表存储的图 G，
//要插入顶点的数据值 vertex；输出：若顶点插入成功，函数返回 1，否则函数返回 0
    if(G.numVertices == maxVertices) return 0;          //顶点表满,不能插入
    G.VerticesList[G.numVertices].data = vertex;        //新顶点插在表的最后
    G.VerticesList[G.numVertices].adj = NULL;
    G.numVertices++;                                    //顶点数加 1
    return 1;
}
```

算法的时间复杂度为 O(1)，空间复杂度为 O(1)。

6-29　设带权图的邻接表表示为 G，设计一个算法，在图 G 中删除一个顶点及其相关联的所有边，函数返回被删顶点的值。

【解答】　在图中删除一个顶点 v，用顶点表最后一个顶点顶替顶点 v，然后删除原顶点 v 的边链表中所有边结点，还要删除对称位置的边结点。算法的实现如下。

```
int removeVertex(ALGraph& G, int v, Type& vertex, int d) {
//算法调用方式 int succ = removeVertex(G, v, vertex, d)。输入：用邻接表存储
//的带权图 G，要删除顶点的顶点号 v，标志 d，d = 0 无向图，d = 1 有向图；输出：若删除
//成功，函数返回 1，引用参数 vertex 返回被删顶点的值，否则函数返回 0
    if(G.numVertices == 1 || v < 0 || v >= G.numVertices) return 0;
            //删除后图中顶点数不能为 0，或顶点号超出范围，不能删除
    EdgeNode *p, *t;
    for(int i = 0; i < G.numVertices; i++)
        if(G.VerticesList[i].adj != NULL) {            //删除 v 边链表所有结点
            p = G.VerticesList[i].adj;  t = NULL;
            while(p != NULL && p->dest != v) { t = p;  p = p->link; }
            if(p != NULL) {                            //删除边结点
                if(t == NULL) G.VerticesList[i].adj = p->link;
                else t->link = p->link;
                free(p);
                if(d == 1) G.numEdges--;
            }
        }
    while(G.VerticesList[v].adj != NULL) {
        p = G.VerticesList[v].adj;
        G.VerticesList[v].adj = p->link;              //删除 v 的边链表结点
            free(p);  G.numEdges--;                    //与 v 相关联的边数减 1
    }
    G.numVertices--;                                  //顶点数减 1
    vertex = G.VerticesList[v].data;
```

```
    G.VerticesList[v].data = G.VerticesList[G.numVertices].data;
    G.VerticesList[v].adj = G.VerticesList[G.numVertices].adj;
    if(d == 0) {                                    //无向图, 改对称边的dest
        for(i = 0; i < G.numVertices; i++)
            for(p = G.VerticesList[i].adj; p != NULL; p = p->link)
                if(p->dest == G.numVertices) { p->dest = v;  break;}
    }
    return 1;
}
```

若图中有 n 个顶点, e 条边, 算法的时间复杂度为 O(n+e), 空间复杂度为 O(1)。

6-30 设带权图的邻接表表示为 G, 设计一个算法, 在图 G 中插入一条边。

【解答】 算法首先查找边的一个端顶点 u 的边链表, 如果插入边(u, v)已存在, 只需改变该边及对称边 (无向图) 的权值; 如果插入边不存在, 采用前插法将新边结点链入顶点 u 的边链表和顶点 v 的边链表。算法的实现如下。

```
int insertEdge(ALGraph& G, int u, int v, Weight w, int d) {
//算法调用方式int succ = insertEdge(G, u, v, w, d)。输入: 用邻接表存储的带
//权图G, 要插入边的两个端顶点号u和v, 边上的权值w, 标志d, d = 0无向图, d = 1有
//向图; 输出: 若边插入成功, 函数返回1, 若此边存在或参数不合理, 函数返回0
    if(u < 0 || u >= G.numVertices || v < 0 || v >= G.numVertices) return 0;
    EdgeNode *p, *q, *s;
    p = G.VerticesList[u].adj;                      //顶点u边链表的头指针
    while(p != NULL && p->dest != v) p = p->link;   //查找邻接顶点v
    if(p != NULL) {                                 //找到此边
        if(d == 0) {
            for(q = G.VerticesList[v].adj; q->dest != u; q = q->link);
            q->cost = w;                            //修改对称边权值
        }
        p->cost = w;  return 1;
    }
    s =(EdgeNode*) malloc(sizeof(EdgeNode));         //创建新边结点
    s->dest = v;  s->cost = w;
    s->link = G.VerticesList[u].adj;                 //链入顶点u边链表
    G.VerticesList[u].adj = s;
    if(d == 0) {                                     //无向图还要插对称边
        s =(EdgeNode*) malloc(sizeof(EdgeNode));
        s->dest = u;  s->cost = w;
        s->link = G.VerticesList[v].adj;             //链入顶点v边链表
        G.VerticesList[v].adj = s;
    }
    G.numEdges++;  return 1;
}
```

若图中有 e 条边, 算法的时间复杂度为 O(e), 空间复杂度为 O(1)。

6-31 设带权图的邻接表表示为 G, 设计一个算法, 在图 G 中删除一条边。

【解答】 算法首先查找顶点 u 的边链表中查找边(u, v), 找到后删除该边及顶点 v 边链

表中对称边结点，函数通过引用型参数 w 返回被删边的权值 w。算法的实现如下。

```
int removeEdge(ALGraph& G, int u, int v, Weight& w, int d) {
//算法调用方式 int succ = removeEdge(G, u, v, w, d)。输入：用邻接表存储的带权图
//G, 要删除边的两个端顶点号 u 和 v, 标志 d, d = 0 无向图, d = 1 有向图；输出：若删除
//成功，函数返回 1, 引用参数 w 返回被删边的权值，若删除失败，函数返回 0, 引用参数 w 的
//值不可用
    if(u == -1 || v == -1) return 0;
    EdgeNode *p, *q;
    p = G.VerticesList[u].adj;  q = NULL;
    while(p != NULL && p->dest != v)    { q = p;  p = p->link; }
    if(p != NULL) {                             //查找到被删边(u, v)
        w = p->cost;                            //保存被删边上的权值
        if(q == NULL) G.VerticesList[u].adj = p->link;
        else q->link = p->link;                 //从 u 链上摘下被删边
        free(p);
        if(d == 0) {                            //无向图还要删对称边
            p = G.VerticesList[v].adj;  q = NULL; //查找被删边(v, u)
            while(p->dest != u) { q = p;  p = p->link; }
            if(q == NULL) G.VerticesList[v].adj = p->link;
            else q->link = p->link;             //从 v 链上摘下被删边
            free(p);
        }
        return 1;
    }
    return 0;
}
```

若图中有 e 条边，算法的时间复杂度为 O(e)，空间复杂度为 O(1)。

6-32　若无权有向图 G 采用邻接表表示存储，设计一个算法，求图 G 中顶点 v 的出度。

【解答】　检测顶点 v 的边链表，统计链表边结点数，即可得顶点 v 的出度。算法的实现如下。

```
int outDegree(ALGraph& G, int v) {
//算法调用方式 int k = outDegree(G, v)。输入：用邻接表存储的无权有向图 G, 指定
//顶点的顶点号 v; 输出：函数返回顶点 v 的出度
    int count = 0;  EdgeNode *p;
    for(p = G.VerticesList[v].adj; p != NULL; p = p->link) count++;
    return count;
}
```

若图中有 e 条边，算法的时间复杂度为 O(e)，空间复杂度为 O(1)。

6-33　若无权有向图 G 采用邻接表表示存储，设计一个算法，求图 G 中顶点 v 的入度。

【解答】　在邻接表中求顶点 v 的入度，需要对所有顶点的边链表进行检查，统计终顶

点为 v 的顶点个数，即可得顶点 v 的入度。算法的实现如下。

```
int inDegree(ALGraph& G, int v) {
//算法调用方式 int k - inDegree(G, v)。输入：用邻接表存储的无权有向图 G, 指定
//顶点的顶点号 v; 输出：函数返回顶点 v 的入度
    int i, count = 0;  EdgeNode *p;
    for(i = 0; i < G.numVertices; i++) {                    //逐个顶点检测
        for(p = G.VerticesList[i].adj; p != NULL; p = p->link)
            if(p->dest == v) count++;                        //终顶点为 v, 累加
    }
    return count;
}
```

若图中有 n 个顶点，e 条边，算法的时间复杂度为 O(n+e)，空间复杂度为 O(1)。

6-34　若无权有向图 G 采用邻接表表示存储，设计一个算法，求图 G 中出度为零的顶点个数。

【解答】　如果顶点 i 的边链表为空，则顶点 i 的出度为 0。统计这样的顶点个数即可得到出度为 0 的顶点个数。算法的实现如下。

```
int outDegree0(ALGraph& G) {
//算法调用方式 int k = outDegree0(G)。输入：用邻接表存储的无权有向图 G;
//输出：函数返回图 G 中出度为 0 的顶点个数
    int i, count = 0;
    for(i = 0; i < G.numVertices; i++)                      //检测图的各个顶点
        if(G.VerticesList[i].adj == NULL) count++;  //统计出度为 0 的顶点数
    return count;
}
```

若图中有 n 个顶点，算法的时间复杂度为 O(n)，空间复杂度为 O(1)。

6-35　设无权有向图的邻接表表示为 G，设计一个算法，求图 G 中各顶点的入度。

【解答】　为了统计各个顶点的入度，必须检测各个顶点的边链表，通过每个边结点内存储的边的终顶点的顶点号，计算顶点的入度。算法参数表中有一个数组 inDegree[], 通过它返回各个顶点的入度值，要求在调用本算法的主程序中该数组已创建。算法的实现如下。

```
void calc_inDegree(ALGraph& G, int inDegree[]) {
//算法调用方式 calc_inDegree(G, inDegree)。输入：用邻接表存储的无权有向图图 G,
//存放各顶点入度的数组 inDegree; 输出：从 inDegree 中得到图 G 中各顶点的入度
    int i;  EdgeNode *p;
    for(i = 0; i < G.numVertices; i++) inDegree[i] = 0;
    for(i = 0; i < G.numVertices; i++) {                    //逐个顶点检测
        for(p = G.VerticesList[i].adj; p != NULL; p = p->link)
            inDegree[p->dest]++;                            //终顶点入度加 1
    }
}
```

若图中有 n 个顶点，e 条边，算法的时间复杂度为 O(n+e)，空间复杂度为 O(1)。

6-36　若无权有向图的邻接表表示为 G，设计一个算法，判断边<i, j>是否在图 G 中存

在，i、j 是顶点号。

【解答】 检查图 G 顶点 i 的边链表，若存在终顶点为 j 的边结点则边<i, j>存在，否则不存在。算法的实现如下。

```
int ArcInG(ALGraph& G, int i, int j) {
//算法调用方式 int succ = ArcInG(G, i, j)。输入：用邻接表存储的无权有向图图 G，
//顶点号 i 和 j；输出：若<i, j>是图 G 的一条边，函数返回 1，否则函数返回 0
    EdgeNode *p;
    for(p = G.VerticesList[i].adj; p != NULL; p = p->link)
        if(p->dest == j) return 1;
    return 0;
}
```

若图中有 e 条边，算法的时间复杂度为 O(e)，空间复杂度为 O(1)。

6-37 若无权无向图的邻接矩阵表示为 G1，设计一个算法，将 G1 转换为邻接表表示 G2。

【解答】 算法逐行处理邻接矩阵，逐个顶点创建图的邻接表表示。算法的实现如下。

```
void adjMtx_to_adjList(MGraph& G1, ALGraph& G2) {
//算法调用方式 adjMtx_to_adjList(G1, G2)。输入：采用邻接矩阵表示存储的无权无
//向图 G1，采用邻接表表示存储的图 G2；输出：把图 G1 转换为 G2
    G2.numVertices = G1.numVertices;  G2.numEdges = G1.numEdges;
    int i, j;  EdgeNode *p;
    for(i = 0; i < G1.numVertices; i++) {          //对邻接矩阵逐行处理
        G2.VerticesList[i].data = G1.VerticesList[i];   //传送顶点数据
        G2.VerticesList[i].adj = NULL;
        for(j = 0; j < G1.numVertices; j++) {      //逐列检查
            if(G1.Edge[i][j] == 0) continue;       //边(i, j)不存在跳过
            p =(EdgeNode*)malloc(sizeof(EdgeNode));
            p->dest = j;                           //建终点为 j 的新结点
            p->link = G2.VerticesList[i].adj;      //前插到 i 的边链表
            G2.VerticesList[i].adj = p;
        }
    }
}
```

若图中有 n 个顶点，算法的时间复杂度为 O(n²)，空间复杂度为 O(1)。

6-38 若无权无向图的邻接表表示为 G1，设计一个算法，将 G1 转换成邻接矩阵表示 G2。

【解答】 算法逐个顶点处理邻接表，创建图的邻接矩阵表示。算法的实现如下。

```
void adjList_to_adjMtx(ALGraph& G1, MGraph& G2) {
//算法调用方式 adjList_to_adjMtx(G1, G2)。输入：采用邻接表表示存储的无权无向
//图 G1，采用邻接矩阵表示存储的图 G2；输出：把图 G1 转换为 G2
    G2.numVertices = G1.numVertices;  G2.numEdges = G1.numEdges;
    int i, j;  EdgeNode *p;
    for(i = 0; i < G2.numVertices; i++)                        //邻接矩阵置空
```

```
        for(j = 0; j < G2.numVertices; j++) G2.Edge[i][j] = 0;
    for(i = 0; i < G1.numVertices; i++) {                    //逐个顶点转换
        G2.VerticesList[i] = G1.VerticesList[i].data;        //传送顶点数据
        for(p = G1.VerticesList[i].adj; p != NULL; p = p->link)
            G2.Edge[i][p->dest] = 1;                         //边结点转换
    }
}
```

若图中有 n 个顶点，算法的时间复杂度为 $O(n^2)$，空间复杂度为 $O(1)$。

6-39 若有向图的邻接表表示为 G1，设计一个算法，从 G1 求得该图的逆邻接表表示 G2。

【解答】 邻接表给出了图 G 中各顶点的出边信息，逆邻接表给出了图 G 中各顶点的入边信息。邻接表和逆邻接表的顶点信息是相同的，直接复制即可。把出边信息转换为入边信息，则需要逐个访问邻接表各顶点的出边表，把边结点链入逆邻接表的相应入边表中，例如，从邻接表中第 i 个出边表中取得边<i, j>，链入逆邻接表的第 j 个入边表。

算法假定邻接表表示的结构定义 ALGraph 与逆邻接表表示的结构定义 ALGraphT 相同，入边表的插入采用前插法。算法的实现如下。

```
void Inverse_adjList(ALGraph& G1, ALGraph& G2) {
//算法调用方式 Inverse_adjList(G1, G2)。输入：有向图的邻接表表示 G1，图的逆邻
//接表表示 G2；输出：把图 G1 转换为 G2
    G2.numVertices = G1.numVertices;  G2.numEdges = G1.numEdges;
    int i;  EdgeNode *p, *q;
    for(i = 0; i < G1.numVertices; i++) {                    //初始化
        G2.VerticesList[i].data = G1.VerticesList[i].data;
        G2.VerticesList[i].adj = NULL;
    }
    for(i = 0; i < G1.numVertices; i++)                      //逐个顶点转换
        for(p = G1.VerticesList[i].adj; p != NULL; p = p->link) {
            q = (EdgeNode*) malloc(sizeof(EdgeNode));
            q->dest = i;                                     //创建入边表新结点
            q->link = G2.VerticesList[p->dest].adj;          //插入入边表表前端
            G2.VerticesList[p->dest].adj = q;
        }
}
```

若图中有 n 个顶点，e 条边，算法的时间复杂度为 $O(n+e)$，空间复杂度为 $O(1)$。

6-40 若有向图的邻接表表示为 G，设计一个算法，将 G 置空。

【解答】 所谓置空，是指将图 G 的所有边删除，但顶点信息保留。算法的实现如下。

```
void Init_adjList(ALGraph& G) {
//算法调用方式 Init_adjList(G)。输入：图的邻接表表示 G；输出：把图 G 置空
    int i;  EdgeNode *p;
    for(i = 0; i < G.numVertices; i++) {                     //初始化
        while(G.VerticesList[i].adj != NULL) {               //逐个删除边结点
            p = G.VerticesList[i].adj; G.VerticesList[i].adj = p->link;
```

```
            free(p);
        }
    }
    G.numEdges = 0;
}
```

若图中有 n 个顶点，e 条边，算法的时间复杂度为 O(n+e)，空间复杂度为 O(1)。

6.2.3 无向图的邻接多重表表示

1. 无向图的邻接多重表的概念

无向图的邻接多重表主要用在基于边的图算法中。图的每一条边用一个边结点表示，它由 5 个域组成，如图 6-6（a）所示，其中 mark 是标记域，标记该边是否已处理；vertex1 和 vertex2 是顶点域，指明该边的两个顶点的顶点号。link1 域和 link2 域是链接指针，指向与 vertex1 和 vertex2 关联的下一条边。还可设置一个域 cost 来存放该边的权值。

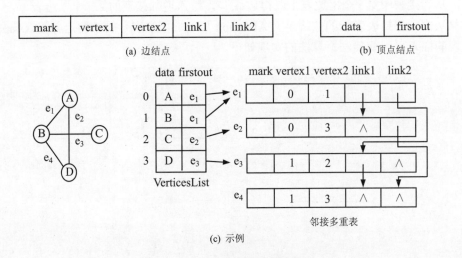

图 6-6　无向图的邻接多重表表示

存储顶点信息的顶点表以一维数组方式组织，每个顶点结点有两个域，如图 6-6（b）所示，其中，data 域存放顶点信息，firstout 是指针域，指向该顶点所关联的第一条边。

无向图的邻接多重表表示的一个示例如图 6-6（c）所示。

在无向图的邻接多重表中，依附于同一个顶点的所有边都链接在同一个单链表中。只要从顶点 i 出发，即可循链找出依附于该顶点的所有边（以及它的所有邻接顶点）。

2. 无向图的邻接多重表的结构定义

无向图的邻接多重表的结构定义如下（保存在头文件 MultiGraph.h 中）。

```
#include<stdio.h>
#include<stdlib.h>
#define maxVertices 30                    //图中最大顶点数
#define maxEdges 450                      //图中最大边数
typedef char Type;                        //顶点数据的数据类型
typedef int Weight;                       //边上权值的数据类型
```

```
typedef struct Enode {                              //边结点的结构定义
    int mark;                                       //边的访问标记
    Weight cost;                                    //边上的权值
    int vertex1, vertex2;                           //边的两个端顶点的顶点号
    struct Enode *path1, *path2;                    //边链表中下一条边指针
} EdgeNode;
typedef struct Vnode {                              //顶点的结构定义
    Type data;                                      //顶点的数据
    struct Enode *firstout;                         //边链表的头指针
} VertexNode;
typedef struct {                                    //图的结构定义
    VertexNode VerticesList[maxVertices];           //顶点表(各边链表的头结点)
    int numVertices, numEdges;                      //图中实际顶点的个数和边的条数
} MultiGraph;
```

3. 邻接多重表相关的算法

6-41 若带权无向图 G 有 n 个顶点 e 条边，设计一个算法，创建 G 的邻接多重表，要求该算法时间复杂度为 O(n+e)，且除邻接多重表本身所占空间之外只用 O(1)辅助空间。

【解答】 算法首先确定图的顶点数 n 和边数 e，然后创建邻接多重表的顶点表，最后通过一个循环，逐条边输入，用前插法链入到相应的边链表中。算法的实现如下。

```
void createMultiList(MultiGraph& G, Type v[], int n, Type ed[][2],
                     Weight c[], int e) {
//算法调用方式 createMultiList(G, v, n, ed, c, e)。输入：已初始化的带权无向图的
//邻接多重表表示 G，顶点数据数组 v，顶点个数 n，边顶点对数组 ed，边数 e，边上权值数组
//c；输出：创建图 G 的邻接多重表表示
    int i, j, k; EdgeNode *p;
    G.numVertices = n; G.numEdges = e;
    for(i = 0; i < G.numVertices; i++) {                    //逐个顶点输入
        G.VerticesList[i].data = v[i];
        G.VerticesList[i].firstout = NULL;
    }
    for(k = 0; k < G.numEdges; k++) {                       //逐个边输入
        i = getVertexPos(G, ed[k][0]); j = getVertexPos(G, ed[k][1]);
        p =(EdgeNode*) malloc(sizeof(EdgeNode));
        p->mark = 0; p->cost = c[k];
        p->vertex1 = i; p->vertex2 = j; p->link1 = p->link2 = NULL;
        if(G.VerticesList[i].firstout == NULL)              //链入顶点 i 的边链表
            G.VerticesList[i].firstout = p;
        else {
            p->link1 = G.VerticesList[i].firstout;
            G.VerticesList[i].firstout = p;
        }
        if(G.VerticesList[j].firstout == NULL)              //链入顶点 j 的边链表
            G.VerticesList[j].firstout = p;
        else {
            p->link2 = G.VerticesList[j].firstout;
```

```
            G.VerticesList[j].firstout = p;
        }
    }
}
```

若图中有 n 个顶点，e 条边，算法的时间复杂度为 O(n×e)，空间复杂度为 O(1)。

6-42 若带权无向图的邻接多重表表示为 G，设计一个算法，根据顶点数据 x 求相应的顶点号。

【解答】 顺序检查邻接多重表的顶点表，若找到与 x 匹配的顶点，返回其下标，即为该顶点的顶点号，若查找失败，函数返回-1。算法的实现如下。

```
int getVertexPos(MultiGraph& G, Type x) {
//算法调用方式int k = getVertexPos(G, x)。输入：已创建的带权无向图的邻接多重表
//表示G，顶点数据x；输出：函数返回该顶点的顶点号，若查找失败，函数返回-1
    for(int i = 0; i < G.numVertices; i++)
        if(G.VerticesList[i].data == x) return i;
    return -1;
}
```

若图中有 n 个顶点，算法的时间复杂度为 O(n)，空间复杂度为 O(1)。

6-43 若带权无向图的邻接多重表表示为 G，设计一个算法，从给定的顶点（号）v 出发，输出所有与 v 关联的边。

【解答】 从顶点 v 的 firstout 指针找到与 v 相关联的第一条边，输出该边的信息，再看该边的 vertex1 和 vertex2 哪个与 v 相等，取对应的 link1 或 link2 指针走到与 v 相关联的下一条边。若相应指针为空，则与顶点 v 相关联的边全部输出完。算法的实现如下。

```
void printAPath(MultiGraph& G, int v) {
//算法调用方式printAPath(G, v)。输入：带权无向图的邻接多重表表示G, 指定顶
//点的顶点号v；输出：函数输出顶点v的数据值和与顶点v关联的所有边
    EdgeNode *p = G.VerticesList[v].firstout;
    while(p != NULL) {
        printf("(%d, %d, %d)  ", p->vertex1, p->vertex2, p->cost);
        printf("顶点值分别是%c, %c\n", G.VerticesList[p->vertex1].data,
                G.VerticesList[p->vertex2].data);
        p =(p->vertex1 == v) ? p->link1 : p->link2;
    }
}
```

若图中有 e 条边，算法的时间复杂度为 O(e)，空间复杂度为 O(1)。

6-44 若带权无向图的邻接多重表表示为 G，设计一个算法，输出所有的顶点和与之相关联的边。

【解答】 在输出各顶点相关联的边时，可能某两个顶点的头指针指向同一条边，造成重复输出。因此，在输出所有顶点和边之前，先将各边结点的 mark 置 0，表示未曾输出；而后在输出一条边时再将该边的 mark 置 1，以后输出过程中每遇到一条边，先判断该边的 mark 是否为 1，是则不再输出此边。算法实现如下。

```
void printMultiList(MultiGraph& G) {
//算法调用方式 printMultiList(G)。输入：无向图的邻接多重表表示 G；输出：函数
//调用题 6-43 输出图 G 所有顶点的数据值和与顶点关联的所有边
    for(int i = 0; i < G.numVertices; i++) {              //逐个顶点输出
        printf("顶点%d的数据是%c\n", i, G.VerticesList[i].data);
        printf("依附于%d的边有\n", i);
        printAPath(G, i);                                 //参看题 6-43 的算法
    }
}
```

若图中有 n 个顶点，e 条边，算法的时间复杂度为 O(n+e)，空间复杂度为 O(1)。

6-45　若带权无向图的邻接多重表表示为 G，又设存在一个边值数组，它是一个三元组表，每个三元组存储了一条边的信息 (i, j, w)，其中，i、j 是端顶点号，w 是边上的权值。设计一个算法，将图 G 中与某个顶点 k 关联的所有边输出到边值数组 B 中，并返回关联的边数。

【解答】　顺序检测与 k 关联的边链表。算法的实现如下。

```
typedef struct { int i, j; Weight w; } EdgeInfo;    //边值数组中边结点定义
int find_EdgeValue(MultiGraph& G, int k, EdgeInfo B[]) {
//算法调用方式 int i = find_EdgeValue(G, k, B)。输入：带权无向图的邻接多重表
//表示 G，指定顶点的顶点号 k；输出：函数返回与顶点 k 关联的边数，三元组表 B 保存与顶
//点 k 关联的边
    int n = 0;
    if(k < 0 || k >= G.numVertices) { printf("顶点号错! \n"); return -1; }
    EdgeNode *p = G.VerticesList[k].firstout;
    while(p != NULL) {                               //逐个检出与 k 关联的边
        B[n].i = p->vertex1;  B[n].j = p->vertex2;
        B[n].w = p->cost;  n++;                      //边信息存入边值数组
        p =(p->vertex1 == k) ? p->link1 : p->link2;
    }
    return n;
}
```

若图中有 e 条边，算法的时间复杂度为 O(e)，空间复杂度为 O(1)。

6-46　若带权无向图的邻接多重表表示为 G，设计一个算法，求图中各顶点的度。

【解答】　统计各顶点的边链表中的结点个数，即得到它们的度。算法返回一个数组 C[]，记录各顶点的度数。算法的实现如下。

```
void getDegree(MultiGraph& G, int C[]) {
//算法调用方式 getDegree(G, C)。输入：带权无向图的邻接多重表表示 G；
//输出：数组 C 保存各顶点的度数
    int i; EdgeNode *p;
    for(i = 0; i < G.numVertices; i++) C[i] = 0;
    for(i = 0; i < G.numVertices; i++) {            //统计各顶点的度数
        p = G.VerticesList[i].firstout;
        while(p != NULL) {                          //逐个检出与 i 关联的边
            C[i]++;                                 //累加边结点个数
```

```
                    p = (p->vertex1 == i) ? p->link1 : p = p->link2;
            }
        }
    }
```

若图中有 n 个顶点，e 条边，算法的时间复杂度为 O(n+e)，空间复杂度为 O(1)。

6.2.4 有向图的十字链表表示

1. 有向图的十字链表

有向图的十字链表是合并有向图的邻接表和逆邻接表而形成的。在有向图的十字链表中，每个边结点也有 5 个域，如图 6-7（a）所示。

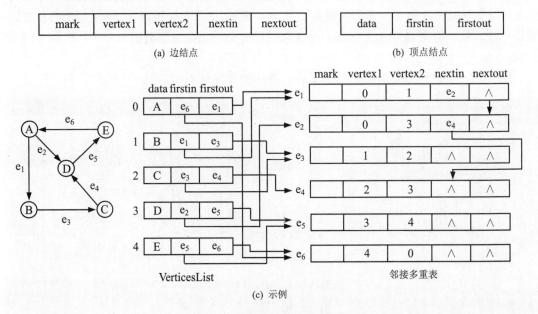

(a) 边结点 (b) 顶点结点

VerticesList   邻接多重表

(c) 示例

图 6-7 有向图的十字链表表示

其中，mark 是标记域；vertex1 和 vertex2 是顶点域，分别指向该有向边的始顶点和终顶点。nextout 域是指针，指向与该边有同一始顶点的下一条边（出边表）；nextin 也是指针，指向与该边有同一终顶点的下一条边（入边表）。需要时还可有权值域 cost。

存放顶点信息的顶点表用一维数组组织，每个顶点有一个结点，它相当于出边表和入边表的头结点，如图 6-7（b）所示。其中，data 域存放顶点信息，firstin 和 firstout 域是指针，分别指向以该顶点为始顶点的出边表的第一条边和以该顶点为终顶点的入边表的第一条边。图 6-7（c）是一个有向图的十字链表表示的例子。

在有向图的十字链表中，从顶点结点的 firstout 指针出发，沿 nextout 指针依次相连的各个边结点，恰好构成了原先的一个邻接表结构。该链中边结点的总数，就是该顶点的出度。若从顶点结点的 firstin 指针出发，沿 nextin 指针依次相连的各个边结点，恰好构成了原先的一个逆邻接表结构。该链中边结点的总数，就是该顶点的入度。

2. 有向图的十字链表的结构定义

有向图的十字链表的结构定义如下（保存在头文件 OrthoGraph.h 中）。

```
#define maxVertices 30                              //图中最大顶点数
#define maxEdges 450                                //图中最大边数
typedef char Type;                                  //顶点数据的数据类型
typedef int Weight;                                 //边上权值的数据类型
typedef struct Enode {                              //边结点的结构定义
    int mark;                                       //边的访问标记
    Weight cost;                                    //边上的权值
    int vertex1, vertex2;                           //边的始顶点和终顶点号
    struct Enode *nextin, *nextout;                 //入边链和出边链下一条边指针
} EdgeNode;
typedef struct Vnode {                              //顶点的结构定义
    Type data;                                      //顶点的数据
    struct Enode *firstin, *firstout;               //入边表和出边表的头指针
} VertexNode;
typedef struct {                                    //图的结构定义
    VertexNode VerticesList[maxVertices];           //顶点表(各边链表的头结点)
    int numVertices, numEdges;                      //图中实际顶点个数和边的条数
} OrthoGraph;
```

3. 十字链表相关的算法

6-47 若有向图 G 采用十字链表表示存储，设计一个算法，通过输入顶点序列和边序列，创建图 G 的存储。

【解答】 算法首先创建十字链表的顶点表，然后通过一个循环，将带权有向图的各条边输入，并链入到始顶点的出边表和终顶点的入边表中。算法的实现如下。

```
void createOrthoList(OrthoGraph& G, Type v[], int n, Type ed[][2],
                     Weight c[], int e) {
//算法调用方式 createOrthoList(G, v, n, ed, c, e)。输入：已初始化的有向图的十字
//链表表示 G, 顶点数据数组 v, 顶点个数 n, 边顶点对数组 ed, 边数 e, 边上权值数组 c;
//输出：创建图 G 的十字链表表示
    int i, j, k; EdgeNode *s;
    G.numVertices = n; G.numEdges = e;                      //图的顶点数和边数
    for(k = 0; k < G.numVertices; k++) {                    //顶点向量赋值
        G.VerticesList[k].data = v[k];
        G.VerticesList[k].firstin = G.VerticesList[k].firstout = NULL;
    }
    for(k = 0; k < G.numEdges; k++) {                       //逐个边处理
        i = getVertexPos(G, ed[k][0]); j = getVertexPos(G, ed[k][1]);
        s =(EdgeNode*) malloc(sizeof(EdgeNode));            //创建边结点
        s->mark = 0; s->cost = c[k];
        s->vertex1 = i; s->vertex2 = j; s->nextin = s->nextout = NULL;
        s->nextout = G.VerticesList[i].firstout;            //链入顶点 i 的出边表
        G.VerticesList[i].firstout = s;
        s->nextin = G.VerticesList[j].firstin;              //链入顶点 j 的入边表
        G.VerticesList[j].firstin = s;
    }
}
```

若图中有 n 个顶点，e 条边，算法的时间复杂度为 O(n×e)，空间复杂度为 O(1)。

6-48　若有向图的十字链表表示为 G，设计一个算法，根据顶点数据 x 求相应的顶点号。

【解答】　顺序检查十字链表的顶点表，若找到与 x 匹配的顶点，返回其下标，即为该顶点的顶点号；若查找失败，函数返回-1。算法的实现如下。

```
int getVertexPos(OrthoGraph& G, Type x) {
//算法调用方式 int k = getVertexPos(G, x)。输入：已创建的有向图的十字链表表示
//G, 顶点数据 x; 输出：函数返回该顶点的顶点号，若顶点不存在，函数返回-1
    for(int i = 0; i < G.numVertices; i++)
        if(G.VerticesList[i].data == x) return i;
    return -1;
}
```

若图中有 n 个顶点，算法的时间复杂度为 O(n)，空间复杂度为 O(1)。

6-49　若有向图的十字链表表示为 G，设计算法：

（1）输出以顶点 v 为始点的所有边。

（2）输出以顶点 v 为终点的所有边。

【解答】　（1）输出所有顶点 v 发出的边，只需对顶点 v 的出边表扫描一遍即可。算法的实现如下。

```
void printOutEdge(OrthoGraph& G, int v) {
//算法调用方式 printOutEdge(G, v)。输入：有向图的十字链表表示 G, 指定顶点的
//顶点号 v; 输出：函数输出顶点 v 发出的所有边的信息
    EdgeNode *p = G.VerticesList[v].firstout;
    if(p == NULL) { printf("顶点%d 的出边表为空!\n", v);  return; }
    while(p != NULL) {
        printf("(%d, %d, %d)\n", p->vertex1, p->vertex2, p->cost);
        p = p->nextout;
    }
}
```

若图中有 e 条边，算法的时间复杂度为 O(e)，空间复杂度为 O(1)。

（2）输出所有进入顶点 v 的边，只需对顶点 v 的入边表扫描一遍即可。算法的实现如下。

```
void printInEdge(OrthoGraph& G, int v) {
//算法调用方式 printInEdge(G, v)。输入：有向图的十字链表表示 G, 指定顶点的顶点
//号 v; 输出：函数输出进入顶点 v 的所有边的信息
    EdgeNode *p = G.VerticesList[v].firstin;
    if(p == NULL) { printf("顶点%d 的入边表为空!\n", v);  return; }
    while(p != NULL) {
        printf("(%d, %d, %d)\n", p->vertex1, p->vertex2, p->cost);
        p = p->nextin;
    }
}
```

若图中有 e 条边，算法的时间复杂度为 O(e)，空间复杂度为 O(1)。

6-50　若有向图的十字链表表示为 G，设计一个算法，求图 G 中各顶点的出度和入度。

【解答】　十字链表是由邻接表和逆邻接表组成的。只需对每一个顶点，在出边表方向求得它的出度，在入边表方向求得它的入度，加起来就可得到该顶点的度。另外，在参数表中设置一个数组 D[n]，用于返回各顶点的度。算法的实现如下。

```
void getDegree(OrthoGraph& G, int OD[], int ID[]) {
//算法调用方式 getDegree(G, OD, ID)。输入：有向图的十字链表表示 G；输出：将所有
//顶点的出度存放于数组 OD，将所有顶点的入度存放于数组 ID
    int i; EdgeNode *p;
    for(i = 0; i < G.numVertices; i++) {
        p = G.VerticesList[i].firstout;  OD[i] = 0;
        while(p != NULL) { OD[i]++;  p = p->nextout; }     //计算出度
        p = G.VerticesList[i].firstin;  ID[i] = 0;
        while(p != NULL) { ID[i]++;  p = p->nextin; }      //计算入度
    }
}
```

若图中有 n 个顶点，e 条边，算法的时间复杂度为 O(n+e)，空间复杂度为 O(1)。

6.2.5　关联矩阵

1. 关联矩阵的概念

一个关联矩阵是一个二维数组 INC[n][e]，其中，一行对应于依附于某一顶点的所有边，一列对应于与一条边相关联的顶点，n 是图中顶点数，e 是边数。

6-51　对于无向图，若存在边(v_i, v_j)，其边号为 e_k，则 INC[i][k] = 1，INC[j][k] = 1。例如，图 6-8（b）就是图 6-8（a）的关联矩阵。

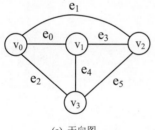

	e_0	e_1	e_2	e_3	e_4	e_5
v_0	1	1	1	0	0	0
v_1	1	0	0	1	1	0
v_2	0	1	0	1	0	1
v_3	0	0	1	0	1	1

(a) 无向图　　　　　　　　　　　　(b) 关联矩阵

图 6-8　无向图与其关联矩阵

无论图中有多少顶点和边，矩阵的每一列都有且只有两项为 1，表明依附于一条边的两个顶点。另一方面，统计第 i 行 1 的个数，可得到顶点 v_i 的度。

6-52　对于有向图，若存在有向边$<v_i, v_j>$，其边号为 e_k，则 INC[i][k] = 1，INC[j][k] = −1。例如，图 6-9（b）就是图 6-9（a）的关联矩阵。

对于每一列表示的边，1 表示始顶点，−1 表示终顶点。例如，INC[2][1] = 1，表明边 e_1 以顶点 v_2 为始顶点，边 INC[0][1] = −1，表明边 e_1 以顶点 v_0 为终顶点。统计第 i 行 1 的个数，得到顶点 v_i 的出度，统计第 i 行 −1 的个数，得到顶点 v_i 的入度。统计第 i 行非零元

素个数，得到顶点 v_i 的度。

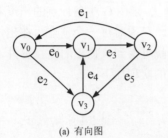

	e_0	e_1	e_2	e_3	e_4	e_5
v_0	1	-1	1	0	0	0
v_1	-1	0	0	1	-1	0
v_2	0	1	0	-1	0	1
v_3	0	0	-1	0	1	-1

(a) 有向图　　　　　　　　　　　　(b) 关联矩阵

图 6-9　有向图与其关联矩阵

2. 关联矩阵的结构定义

关联矩阵的结构定义如下（存放于头文件 GraphAMT.h 中）。

```
#include<stdio.h>
#include<stdlib.h>
#define maxEdges 50                              //最大边数
#define maxVertices 20                           //最大顶点数
typedef char Type;
typedef struct {                                 //图的结构定义
    Type VerticesList[maxVertices];              //顶点表
    int associatMatrix[maxVertices][maxEdges];   //关联矩阵
    int numEdges, numVertices;                   //当前边数和当前顶点数
} GraphAMT;
```

3. 关联矩阵的基本运算

6-53　若图 G 采用关联矩阵表示存储，设计一个算法，从顶点数据求得顶点的顶点号。

【解答】　对图 G 的顶点表做一次简单扫描，找到复合要求的顶点，返回它的下标即可。算法的实现如下。

```
int getVertexPos(GraphAMT& G, Type x) {          //从顶点数据找顶点号
//算法调用方式 int k = getVertexPos(G, x)。输入：用关联矩阵存储的图 G，给定顶点
//的值 x；输出：函数返回该顶点顶点号，若查找失败，函数返回-1
    for(int i = 0; i < G.numVertices; i++)
        if(G.VerticesList[i] == x) return i;
    return -1;
}
```

若图中有 n 个顶点，算法的时间复杂度为 $O(n)$，空间复杂度为 $O(1)$。

6-54　若无向图 G 采用关联矩阵存储，设计一个算法，输入各顶点的数据和边的信息，创建关联矩阵存储表示。

【解答】　算法第一步从输入顶点数据序列创建图的顶点表，同时对关联矩阵初始化（置空）；第二步输入各边的顶点对序列，按照边的两个端顶点的顶点号，填入关联矩阵的相应位置，例如，输入第 i 条边的顶点对为(v_1,v_4)，A 是关联矩阵，则 A[1][i] = 1 和 A[4][i] = 1。算法的实现如下。

```
void createAMT(GraphAMT& G, Type vData[], int n, Type eInfo[][2], int e){
//算法调用方式 createAMT(G, vData, n, eInfo[][2], e)。输入：已初始化的无向图 G
//的关联矩阵，顶点数据序列 vData，顶点个数 n，边顶点对序列 eInfo，边数 e；输出：创建
//成功无向图 G 的关联矩阵表示
    int i, j, k;
    G.numVertices = n;  G.numEdges = e;
    for(i = 0; i < G.numVertices; i++) {
        G.VerticesList[i] = vData[i];                //创建顶点表
        for(j = 0; j < G.numEdges; j++)
            G.associatMatrix[i][j] = 0;              //关联矩阵初始化
    }
    for(i = 0; i < G.numEdges; i++) {                //逐条边输入，建关联矩阵
        j = getVertexPos(G, eInfo[i][0]);  k = getVertexPos(G, eInfo[i][1]);
        G.associatMatrix[j][i] = G.associatMatrix[k][i] = 1;
    }
}
```

若图中有 n 个顶点，e 条边，算法的时间复杂度为 $O(\max\{n^2, n\times e\})$，空间复杂度为 $O(1)$。

6-55 若无向图 G 采用关联矩阵存储，设计一个算法，输出图的关联矩阵。

【解答】 算法可以针对每一个顶点，输出它的顶点数据，并横向扫描，输出与它关联的每一条边。假设输出顶点 i，与它关联的边有两条边 e1、e4，这两条边的一个端顶点为 i，另一个端顶点需要纵向查找 e1 和 e4 列，找到矩阵元素为 1 的元素假设在 j 行和 k 行，则可顺序输出顶点 i 的两条边 e1(i, j) 和 e4(i, k)。算法的实现如下。

```
void printAMT(GraphAMT& G) {
//算法调用方式 createAMT(G, vData, n, eInfo, e)。输入：已创建的无向图 G 的关联
//矩阵；输出：输出无向图 G 的关联矩阵表示
    printf("图中顶点数为%d，边数为%d\n", G.numVertices, G.numEdges);
    int i, j, k;
    printf("输出图的关联矩阵：\n");
    for(i = 0; i < G.numVertices; i++) {             //逐行输出各顶点信息
        printf("v%d(%c) ", i, G.VerticesList[i]);
        for(j = 0; j < G.numEdges; j++)
            if(G.associatMatrix[i][j] == 1) {
                for(k = 0; k < G.numVertices; k++)
                    if(k != i && G.associatMatrix[k][j] == 1)
                        printf("e%d(%d, %d) ", j, i, k);
            }
        printf("\n");
    }
}
```

若图中有 n 个顶点，e 条边，算法的时间复杂度为 $O(n^2\times e)$，空间复杂度为 $O(1)$。

6-56 若无向图 G 采用关联矩阵存储，设计一个算法，找出顶点 v 的第一个邻接顶点。

【解答】 在关联矩阵的第 v 行查找第一个元素值为 1 的元素，设其列号为 j，则第 j 列就是与顶点 v 关联的第一条边，再在此列中查找不等于 v 的另一个元素值为 1 的元素，设其行号为 i，则顶点 i 就是顶点 v 的第一个邻接顶点。算法的实现如下。

```
int FirstNeighbor(GraphAMT& G, int v) {
//算法调用方式int k = FirstNeighbor(G, v)。输入：用关联矩阵存储的图G，指定的
//顶点号v；输出：函数返回顶点v的第一个邻接顶点的顶点号，若第一个邻接顶点不存在，
//函数返回-1
    int i, j;
    for(j = 0; j < G.numEdges; j++)              //在v行查找与之关联的边j
        if(G.associatMatrix[v][j] == 1)
            for(i = 0; i < G.numVertices; i++)   //在j列查找邻接顶点i
                if(i != v && G.associatMatrix[i][j] == 1)
                    return i;                    //找到，返回邻接顶点号i
    return -1;
}
```

若图中有 n 个顶点，e 条边，算法的时间复杂度为 $O(n \times e)$，空间复杂度为 $O(1)$。

6-57 若无向图 G 采用关联矩阵存储，设计一个算法，找出顶点 v 的顶点号为 w 的邻接顶点的下一个邻接顶点。

【解答】 算法搜先查找与顶点 v 和顶点 w 都关联的边，设其列号为 j；然后检查第 j 列后面与顶点 v 关联的下一列，设其列号为 k，满足 $G.associatMatrix[v][k] = 1$，再到第 k 列查找满足 $G.associatMatrix[i][k] = 1$ 的行，则顶点 i 即为所求。算法的实现如下。

```
int NextNeighbor(GraphAMT& G, int v, int w) {
//算法调用方式int k = NextNeighbor(G, v, w)。输入：用关联矩阵存储的图G，指定
//的顶点号v，它的邻接顶点w；输出：函数返回顶点v的邻接顶点w的下一个邻接顶点，若
//下一个邻接顶点不存在，函数返回-1
    int i, j, k;
    for(j = 0; j < G.numEdges; j++)                      //查找w与v所在的边j
        if(G.associatMatrix[w][j] == 1 && G.associatMatrix[v][j] == 1)
            break;
    for(k = j+1; k < G.numVertices; k++)                 //向后继续找与v关联的边
        if(G.associatMatrix[v][k] == 1)
            for(i = 0; i < G.numVertices; i++)           //在k列查找邻接顶点i
                if(i != v && G.associatMatrix[i][k] == 1)
                    return i;                            //找到，返回邻接顶点号i
    return -1;
}
```

若图中有 n 个顶点，e 条边，算法的时间复杂度为 $O(n^2)$，空间复杂度为 $O(1)$。

有向图的相关运算的实现，请读者参照无向图的情形自行改编。

6.3　图　的　遍　历

6.3.1　深度优先搜索

1. 图的遍历

图的遍历是指若从已给的连通图中的某一顶点出发,沿着一些边访遍图中所有的顶点,且使每个顶点仅被访问一次。存在两种遍历连通图的方法:深度优先搜索 DFS 和广度优先搜索 BFS。这些方法既适用于无向图,也适用于有向图。

2. 深度优先搜索

深度优先搜索是典型的回溯法,其思路是:在访问图中某一起始顶点 v 后,由 v 出发,访问它的任一邻接顶点 w_1;再从 w_1 出发,访问与 w_1 邻接但还没有访问过的顶点 w_2;然后再从 w_2 出发,进行类似的访问,如此进行下去,直至到达所有的邻接顶点都是被访问过的顶点为止。接着,退回一步,退到前一次刚访问过的顶点,看是否还有其他没有被访问的邻接顶点,如果有,则访问此顶点,之后再从此顶点出发,进行与前述类似的访问;如果没有,就再退回一步进行查找。重复上述过程,直到连通图中所有顶点都被访问过为止。

在执行图的深度优先搜索时,使用了一个标志顶点是否被访问过的辅助数组 visited [n],一旦某一个顶点 i 被访问,就让 visited[i]为 1,以防止它被多次访问。

3. 深度优先搜索算法的时间复杂度与空间复杂度

深度优先搜索的递归算法需要访问图中所有顶点,每访问完一个顶点后要沿着某一个与文相关联的边查找下一个要访问的邻接顶点。设图中有 n 个顶点,e 条边,若采用邻接矩阵存储,搜索算法的时间复杂度为 $O(n^2)$;若采用邻接表存储,算法的时间复杂度为 O(n+e)。由于递归算法在递归过程中用到一个系统递归工作栈,空间复杂度为 O(n)。对于非递归搜索算法,也需要使用栈,空间复杂度为 O(n)。本节凡涉及深度优先搜索的算法都是如此,除了不使用栈的遍历算法之外,本节各题不再专门讨论算法的时间复杂度和空间复杂度。

4. 深度优先搜索相关的算法

6-58　若图 G 是一个无向图,设计一个递归算法,实现图的深度优先搜索。

【解答】　算法从顶点位置 v 出发,以深度优先的次序访问所有可读入的尚未访问过的顶点。算法中用到一个辅助数组 visited,对已访问过的顶点作访问标记,如果一个顶点已经访问过,下一次从其他顶点搜索到它就不再访问它。算法的实现如下。

```
void DFS_recur(MGraph& G, int v, int visited[]) {
    printf("->%c ", getValue(G, v));  visited[v] = 1; //访问顶点 v, 作访问标记
    for(int w = FirstNeighbor(G, v); w != -1; w = NextNeighbor(G, v, w))
        if(!visited[w]) DFS_recur(G, w, visited); //若 w 未访问过, 递归访问 w
}
void DFS(MGraph& G, int v) {
//算法调用方式 DFS(G, v)。输入:用邻接矩阵存储的无向图 G (若使用邻接表存储
//图, 可将 MGraph 修改为 ALGraph), 指定出发顶点 v; 输出:函数按 DFS 顺序输
//出图中各顶点的数据值
```

```
        int visited[maxVertices];
        for(int i = 0; i < maxVertices; i++) visited[i] = 0;
        DFS_recur(G, v, visited);
}
```

6-59 若图 G 是一个无权图，设计一个非递归算法，实现图 G 的深度优先搜索。

【解答】 在相应的深度优先搜索的非递归算法中使用了一个栈 S，存储下一步可能访问的顶点，同时使用了一个访问标记数组 visited[ ]。算法的实现如下。

```
void DFS_iter(MGraph& G, int v) {
//算法调用方式 DFS_iter(G, v)。输入：用邻接矩阵存储的图 G(若使用邻接表存储图,
//可将 MGraph 修改为 ALGraph), 指定出发顶点 v; 输出: 函数按 DFS 顺序输出图中
//各顶点的数据值。算法内部使用了一个栈
    int i, w, n = NumberOfVertices(G);              //取得图中顶点的个数
    int visited[maxVertices];                        //visited 记录顶点是否访问过
    for(i = 0; i < n; i++) visited[i] = 0;
    SeqStack S;  InitStack(S);                        //定义栈并置空
    printf("->%c ", getValue(G, v));                 //访问源顶点 v, 做已访问标记
    visited[v] = 1;  Push(S, v);                     //源顶点进栈
    while(!StackEmpty(S)) {                           //栈不空, 持续访问顶点
        Pop(S, v);
        for(w = FirstNeighbor(G, v); w != -1; w = NextNeighbor(G, v, w))
            if(!visited[w]) {                         //未访问过的顶点
                printf("->%c", getValue(G, w));//访问顶点 w, 做已访问标记
                visited[w] = 1;  Push(S, w); //顶点进栈
            }
    }
}
```

6-60 若图 G 是一个无向图，设计一个算法，判断 G 是否连通。

【解答】 采用深度优先搜索方式判断无向图 G 是否连通。算法调用了 DFS 递归算法，并使用了一个访问标记数组 visited[]，在调用算法前它已存在并被初始化为 0。算法从序号最小的顶点开始遍历图 G。遍历之后，若 visited[] 中的所有元素的值都为 1，则图 G 是连通的；否则不连通。算法的实现如下。

```
int Connect(MGraph& G) {
//算法调用方式 int succ = Connect(G)。输入：用邻接矩阵存储的图 G(若使用邻接
//表存储图, 可将 MGraph 修改为 ALGraph); 输出: 若是连通图, 函数返回 1, 否则函
//数返回 0
    int i, n = NumberOfVertices(G);
    int visited[maxVertices];
    for(i = 0; i < n; i++) visited[i] = 0;
    DFS_recur(G, 0, visited);                        //从 0 号顶点出发做深度优先搜索
    for(i = 0; i < n; i++)
        if(! visited[i]) return 0;
    return 1;
}
```

6-61　若图 G 是一个无向图，设计一个算法，判断该图是否有回路（圈）。

【解答】　算法采用深度优先搜索查找环路。为此需要对 DFS 算法稍作修改，传入一个布尔变量 found = 0，如果发现回到了已访问过的顶点，置 found = 1，退出递归函数。findCycle 判断图中是否存在环路的布尔量。算法的实现如下。

```
void DFS(MGraph& G, int v, int& found, int visited[]) {
    visited[v] = 1;                                        //顶点 v 做访问标记
    for(int w = FirstNeighbor(G, v); w != -1; w = NextNeighbor(G, v, w)){
        printf("->%c ", getValue(G, w));
        if(visited[w]) found = 1;                          //如 w 已访问过 found 记为真
        else DFS(G, w, found, visited);                    //若未访问, 从 w 开始 DFS
        if(found) break;                                   //找到则退出
    }
}
int findCycle(MGraph& G) {
//算法调用方式 int succ = findCycle(G)。输入：用邻接矩阵存储的图 G（若使用邻接
//表表示存储图, 可将 MGraph 修改为 ALGraph）; 输出：采用 DFS 搜索判断无向图 G 是否
//有回路, 若有回路, 函数返回 1, 否则函数返回 0
    int i, n = NumberOfVertices(G);  int found = 0;
    int visited[maxVertices];
    for(i = 0; i < n; i++) visited[i] = 0;
    for(i = 0; i < n; i++) {                                //从序号低的顶点开始检查
        if(! visited[i]) {                                 //若该顶点未被访问
            printf("->%c ", getValue(G, i));
            DFS(G, i, found, visited);                      //从该顶点出发执行 DFS
        }
        if(found) break;                                   //若发现有回路则退出检查
    }
    return found;
}
```

若图中有 n 个顶点，e 条边，若采用邻接矩阵存储，算法的时间复杂度为 $O(n^3)$；若采用邻接表存储，算法的时间复杂度为 $O(n(n+e))$。它的空间复杂度为 $O(n)$。

6-62　若图 G 是一个无向图，设计一个算法，判断图 G 是否为一棵树。

【解答】　一个无向图 G 是一棵树的条件是：G 必须是无回路的连通图或者是有 n-1 条边的连通图。算法的思路是采用深度优先搜索进行图的遍历，在遍历过程中统计可能访问到的顶点个数和边的条数。如果一次遍历就能访问到 n 个顶点和 n-1 条边，且 n 和 n-1 正好等于图的顶点数和边数，则可断定此图是一棵树。算法的实现如下。

```
void DFS_Tree(MGraph& G, int v, int& vn, int& en, int visited[]) {
//从顶点 v 开始深度优先遍历图 G, 统计已访问的顶点数和边数, 通过 vn 和 en 返回
    visited[v] = 1;  vn++;                                  //做已访问标记, 顶点计数
    printf("访问 v=%c, 访问顶点数 vn=%d, 访问边数 en=%d\n",
            getValue(G,v), vn, en);
    for(int w = FirstNeighbor(G, v); w != -1; w = NextNeighbor(G, v, w)){
```

```
                if(! visited[w]) {                        //邻接顶点未访问过
                    en++;                                 //边存在，边计数
                    DFS_Tree(G, w, vn, en, visited);
                }
        }
    }
int isTree(MGraph& G) {
//算法调用方式 int succ = isTree(G)。输入：用邻接矩阵存储的图 G(若使用邻接表
//存储图，可将 MGraph 修改为 ALGraph)；输出：若图是一棵树，函数返回 1，否则函数
//返回 0
    int i, vn, en, n = NumberOfVertices(G);
    int visited[maxVertices];                             //顶点标志数组
    for(i = 0; i < n; i++) visited[i] = 0;
    vn = 0, en = 0;
    DFS_Tree(G, 0, vn, en, visited);
    if(vn == n && en == n-1) return 1;
    else return 0;
}
```

6-63　在有向图 G 中，如果顶点 r 到图 G 中的每个顶点都有路径可达，则称顶点 r 为 G 的根结点。设计一个算法，判断图 G 是否有根，若有，则打印所有根结点的值。

【解答】 对图 G 进行深度优先搜索。若从某个顶点可遍历到所有其他顶点，则该顶点为根结点，否则不是根结点；对每个顶点都做一次深度优先搜索，即可确定哪些顶点是根。算法的实现如下（注意，没有强调图中有回路）。

```
void DFS_root(MGraph& G, int v, int visited[], int& count) {
//从第 v 个顶点出发递归地深度优先遍历图 G
    visited[v] = 1;  count++;                             //做已访问标记
    for(int w = FirstNeighbor(G, v); w != -1; w = NextNeighbor(G, v, w)){
        if(!visited[w])                                   //若 w 未被访问
        DFS_root(G, w, visited, count);                   //从 w 递归深度优先遍历
    }
}
void DfsRoot(MGraph& G) {
//算法调用方式 DfsRoot(G)。输入：用邻接矩阵存储的图 G(若用邻接表存储图，
//可将 MGraph 修改为 ALGraph)；输出：用 DFS 搜索判断有向图 G 是否有根且打
//印所有根结点的值
    int i, j, count, n = NumberOfVertices(G);             //count 记录访问的顶点数
    int visited[maxVertices];                             //访问标记数组
    for(i = 0; i < n; i++) {
        for(j = 0; j < n; j++) visited[j] = 0;
        count = 0;
        DFS_root(G, i, visited, count);                   //从顶点 i 开始 DFS 遍历
        if(count == n)                                    //若遍历到图的所有顶点
            printf("树根是%d, 其值为%c\n", i, getValue(G, i));
    }
}
```

6.3.2　广度优先搜索

1. 广度优先搜索

广度优先搜索的思路是：在访问了起始顶点 v 之后，由 v 出发，依次访问 v 的各个未被访问过的邻接顶点 $w_1, w_2, \cdots, w_t$，然后再顺序访问 $w_1, w_2, \cdots, w_t$ 的所有还未被访问过的邻接顶点。再从这些访问过的顶点出发，再访问它们的所有还未被访问过的邻接顶点，如此做下去，直到图中所有顶点都被访问到为止。

广度优先搜索是一种分层的查找过程，为了实现逐层访问，算法中使用了一个队列，以存储正在访问的这一层和上一层的顶点，以便于向下一层访问。

2. 广度优先算法的时间复杂度和空间复杂度

广度优先搜索的算法是非递归算法，需要使用一个队列以实现分层访问。图中所有顶点都要经过这个队列，队列在某一时刻需要容纳某一层的所有顶点。若图中有 n 个顶点，e 条边，与深度优先搜索算法相同，若采用邻接矩阵存储，算法的时间复杂度为 $O(n^2)$；若采用邻接表存储，算法的时间复杂度为 $O(n+e)$。它的空间复杂度为 $O(n)$。

3. 广度优先搜索相关的算法

6-64　若图 G 是一个无向图，设计一个算法，实现广度优先搜索。

【解答】　算法设置一个队列，从某个指定的顶点 i 出发，执行以下运算：

（1）访问顶点 i，并置 visited[i] = 1，然后让 v 进队列。

（2）当队列不空时，执行以下操作：

- 从队列中退出一个顶点 j。
- 检查 j 的所有邻接顶点 w：若 w 未被访问过，访问 w 并置 visited[w] = 1，再让 w 进队列；若 w 已访问过则跳过它。

（3）当队列为空时，算法结束。

算法的实现如下。

```
void BFS(ALGraph& G) {
//算法调用方式 BFS(G)。输入：用邻接表存储的图 G(若使用邻接矩阵存储图，可将
//ALGraph 修改为 MGraph)；输出：使用 BFS 搜索按层次输出的顶点号和它的数据值。
//算法使用了一个队列 Q，队头和队尾指针分别为 front 和 rear
    int i, j, w, n = NumberOfVertices(G);
    int visited[maxVertices];                        //访问标志数组初始化
    for(i = 0 ; i < n; i++) visited[i] = 0;
    int Q[maxVertices];  int front = 0, rear = 0;    //设置队列并置空
    for(i = 0 ; i < n; i++)                          //顺序扫描所有顶点
        if(! visited[i]) {                           //若顶点 i 未访问过
            printf("->%c ", getValue(G, i));         //访问顶点 i
            visited[i] = 1; Q[rear++] = i;           //做访问标记并进队列
            while(front < rear) {                    //队列不空时执行
                j = Q[front++];                      //队头 j 出队
                for(w = FirstNeighbor(G, j); w != -1;
                    w = NextNeighbor(G, j, w))
                    if(! visited[w]) {               //且顶点 j 未被访问过
```

```
                        printf("->%c ", getValue(G, w));        //访问顶点 w
                        visited[w] = 1;  Q[rear++] = w;         //顶点 w 进队
                }
            }
        }
}
```

6-65 图的 D_搜索类似于 BFS 遍历，但使用栈代替了 BFS 中的队列，进出队列的操作改为进出栈的操作，当遍历完一个顶点的所有邻接顶点后，下一步搜索的出发点应是位于栈顶的顶点。设图 G 采用邻接表存储，设计一个算法，从顶点 v 出发实现 D_搜索。

【解答】 D_搜索算法的实现类似 BFS 遍历，只是用栈代替队列，把进出队列的操作改为进出栈的操作。算法的实现如下。

```
#include "SeqStack.h"
void D_Search(ALGraph& G, int v) {
//算法调用方式 D_Search(G, v)。输入：用邻接表存储的图 G(若使用邻接矩阵存储图，
//可将 ALGraph 修改为 MGraph)，指定顶点的顶点号 v；输出：函数使用 D_搜索从顶
//点 v 出发按层次输出遍历的顶点号及其数据值(每一层顶点的输出顺序与题 6-76 相反)
    int i, j;  EdgeNode *p;
    int visited[maxVertices];                          //vosited 访问标志数组
    for(i = 0; i < G.numVertices; i++) visited[i] = 0;
    SeqStack S;  InitStack(S);                         //用于 D_搜索的栈
    for(i = 0; i < G.numVertices; i++)                 //对图 G 进行 D_搜索
        if(! visited[i]) {                             //顶点 i 未被访问过
            visited[i] = 1;  Push(S, i);               //访问并进栈
            printf("%c ", G.VerticesList[i].data);
            while(! StackEmpty(S)) {                    //栈不空，还未处理完
                Pop(S, i);                              //退栈
                for(p = G.VerticesList[i].adj; p != NULL; p = p->link) {
                    j = p->dest;
                    if(! visited[j]) {                  //邻接顶点未访问过
                        visited[j] = 1;  Push(S, j);
                        printf("%c ", G.VerticesList[j].data);
                    }
                }
            }
        }
    printf("\n");
}
```

6.3.3 图顶点间的路径

6-66 若图 G 是一个连通图，设计一个算法，利用 DFS 搜索算法，求图中从顶点 u 到 v 的一条简单路径，并输出该路径。

【解答】 从顶点 u 开始，进行深度优先搜索，如果能够搜索到顶点 v，即可求得从顶点 u 到顶点 v 的一条简单路径，路径上的每个顶点只访问一次。为了输出这条简单路径，

可设立一个辅助数组 aPath[n]，当从某个顶点 i 进到其邻接顶点 j 进行访问时，将 path[i] 置为 j。这样，就能根据 aPath 数组输出从 u 到 v 的一条简单路径。算法的实现如下。

```
void DFS_path(ALGraph& G, int u, int v, int visited[], int aPath[],
              int& k, int& found) {
//found 返回查找是否成功的标志，k 返回在 aPath 中保存的路径上的顶点个数加 1
    int w;
    if(found == 1) return;
    visited[u] = 1;
    for(w = FirstNeighbor(G, u); w != -1; w = NextNeighbor(G, u, w))
        if(w == v) { aPath[k++] = v;  found = 1; }        //到达 v，查找成功
        else if(! visited[w]) {                            //否则，若 w 未访问过
            aPath[k++] = w;                                //记录
            DFS_path(G, w, v, visited, aPath, k, found);
        }
}
void one_path(ALGraph& G, int u, int v) {
//算法调用方式 one_path(G, u, v)。输入：用邻接表存储的图 G（若使用邻接矩阵存
//储图，可将 ALGraph 修改为 MGraph），指定始顶点和终顶点的顶点号 u 和 v；
//输出：找一条从 u 到 v 个的简单路径，输出该路径上的顶点数据值
    if(u == -1 || v == -1) { printf("不存在一条简单路径\n"); return; }
    int i, k = 0, found = 0, n = NumberOfVertices(G);
    int visited[maxVertices], aPath[maxVertices];
    for(i = 0; i < n; i++) visited[i] = 0;
    aPath[k++] = u;
    DFS_path(G, u, v, visited, aPath, k, found); //用 DFS 找从 u 到 v 的简单路径
    for(i = 0; i < k-2; i++) printf("%c ", getValue(G, aPath[i]));
    printf("\nk=%d\n", k-2);                     //输出从 u 到 v 路径上 k 个顶点
}
```

6-67　若图 G 是一个连通图，设计一个算法，利用 BFS 搜索算法，求图中从顶点 u 到 v 的一条简单路径，并输出该路径。

【解答】　广度优先搜索是一种按层遍历的方法。广度优先搜索过程中，可设立一个辅助数组 pre[n]，当从某个顶点 i 找到其邻接顶点 j 进行访问时，将 pre[j] 置为 i。最后，当退出搜索后，就能根据 pre 数组输出这条从 u 到 v 的简单路径。算法的实现如下。

```
#include "CircQueue.h"
void BFS(ALGraph& G, int u, int v) {
//算法调用方式 BFS(G, u, v)。输入：用邻接表存储的图 G(若用邻接矩阵存储图，
//可将 ALGraph 修改为 MGraph)，指定始顶点和终顶点的顶点号 u 和 v；输出：找
//一条从 u 到 v 个的简单路径，输出该路径上的顶点数据值
    if(u == -1 || v == -1) { printf("不存在一条简单路径\n");  return; }
    int i, j, w, k = 0, n = NumberOfVertices(G); //k 为从 u 到 v 路径顶点个数
    int visited[maxVertices], pre[maxVertices];      //pre 记录路径上的顶点
    for(i = 0; i < n; i++) visited[i] = 0;
    pre[k++] = u;  visited[u] = 1;                    //顶点 u 做已访问标记
    CircQueue Q;  InitQueue(Q);
```

```
        EnQueue(Q, u);                                  //顶点进队列，实现分层访问
        while(! QueueEmpty(Q)) {                         //循环，访问所有结点
            DeQueue(Q, j);                              //从队列中退出顶点 j
            for(w = FirstNeighbor(G, j); w != -1; w = NextNeighbor(G, j, w))
                if(! visited[w]) {                      //若未被访问过
                    pre[k++] = w;  visited[w] = 1;
                    EnQueue(Q, w);                      //顶点 w 进队列
                }
        }
        for(i = 0; i <= k-1; i++) printf("%c ", getValue(G, pre[i]));
        printf("\nk=%d\n", k);
}
```

6-68　若图 G 是一个连通图，设计一个算法，求图 G 中从顶点 u 到顶点 v 的所有简单路径。

【解答】　可以采用深度优先搜索来求解。在遍历过程中把访问顶点顺序存于数组 aPath[] 中。每当从顶点 u 出发，通过深度优先搜索遍历到顶点 v 时，在 aPath 中就可得到一条从 u 到 v 的简单路径。与常规的深度优先搜索算法不同的是，每当从顶点 u 退出递归回溯时，把 visited[u] 置为 0，下次可通过顶点 u 查找其他可能的到达 v 的路径。算法的实现如下。

```
void DFS_all(ALGraph& G, int u, int v, int visited[], int aPath[], int& k){
//用 DFS 在连通图 G 中查找从 u 到 v 的简单路径，数组 visited[]记录访问过的顶点，数组
//aPath[]记录路径上顶点序列，k 是 aPath[]中当前可存放位置
    visited[u] = 1;  aPath[k++] = u;
    if(u == v) {                                        //当此顶点为终止顶点
        printf("The path is ");
        for(int i = 0; i < k; i++)
            printf("%c ", getValue(G, aPath[i]));
        printf("\n");                                   //输出路径
    }
    for(int w = FirstNeighbor(G, u); w != -1; w = NextNeighbor(G, u, w)){
        if(! visited[w])                                //当该邻接顶点未被访问过
            DFS_all(G, w, v, visited, aPath, k);
    }
    visited[u] = 0;  k--;                               //一条简单路径处理完，退回一个顶点继续遍历
}
void allSimplePath(ALGraph& G, int u, int v) {
//算法调用方式 allSimplePath(G, u, v)。输入：用邻接表存储的图 G(若使用邻接矩
//阵存储图，可将 ALGraph 修改为 MGraph)，指定始顶点和终顶点的顶点号 u 和 v;
//输出：采用 DFS 搜索输出所有从 u 到 v 路径上的顶点数据值
    if(u == -1 || v == -1) { printf("有一个或两个指定结点不存在\n");  return; }
    int i, k = 0, n = NumberOfVertices(G);              //k 为路径中的顶点个数
    int visited[maxVertices], aPath[maxVertices];   //aPath 存储路径
    for(i = 0; i < n; i++) visited[i] = 0;
    DFS_all(G, u, v, visited, aPath, k);
}
```

6-69 若图 G 是一个连通图，设计一个算法，求图 G 中从顶点 u 到顶点 v 的长度为 len 的所有简单路径。

【解答】 可以采用 DFS 方法来求解。在遍历过程中把访问顶点顺序存于数组 aPath[] 中。每当从顶点 u 出发，通过 DFS 遍历到顶点 v 时，在 aPath 中就可得到一条从 u 到 v 的简单路径，同时用 k 进行计数，用以检查是否路径长度等于 len。此外，还需设置一个数组 visited[]，记录已访问过的顶点。同样，需要在退出递归回溯时，把 visited[u] 置为 0，下次可通过顶点 u 查找其他可能的到达 v 的路径。算法的实现如下。

```
void DFS(ALGraph& G, int u, int v, int len, int visited[], int aPath[], int& k){
//用图的深度优先搜索在连通图 G 中查找从 u 到 v 的长度为 len 的简单路径, 数组
//visited[]记录访问过的顶点, aPath[]记录路径上顶点序列, k 是 aPath[]中顶点个数,
//初始值为 0
    visited[u] = 1;  aPath[k++] = u;                  //当前顶点进路径数组
    if(u == v && k == len+1) {                         //当前顶点为终止顶点
        printf("The path is ");
        for(int i = 0; i < k; i++)
            printf("%c ", getValue(G, aPath[i]));
        printf("\n");                                  //输出路径
    }
    for(int w = FirstNeighbor(G, u); w != -1; w = NextNeighbor(G, u, w)){
        if(! visited[w])                               //当该邻接顶点未被访问过
            DFS(G, w, v, len, visited, aPath, k);
    }
    visited[u] = 0;  k--;            //一条简单路径处理完, 退回一个顶点继续遍历
}
void SimplePath_len(ALGraph& G, int u, int v, int len) {
//算法调用方式 SimplePath_len(G, u, v, len)。输入: 用邻接表存储的图 G (若使用邻
//接矩阵存储图, 可将 ALGraph 修改为 MGraph), 指定始顶点和终顶点的顶点号 u 和
//v, 限定路径长度 len; 输出: 采用 DFS 输出所有从 u 到 v 路径长度为 len 的 (用顶
//点序列表示) 的路径
    if(u == -1 || v == -1) { printf("有一个或两个指定结点不存在\n");  return; }
    int i, k = 0, n = NumberOfVertices(G);             //k 为从 u 到的顶点数
    int visited[maxVertices], aPath[maxVertices];       //aPath 存储路径
    for(i = 0; i < n; i++) visited[i] = 0;
    DFS(G, u, v, len, visited, aPath, k);
}
```

6-70 若图 G 是一个有向图，设计一个算法，求图 G 中从顶点 u 到顶点 v 的不含回路的路径长度为 k 的路径数，并输出各条路径。

【解答】 本题是题 6-69 的有向图情形。回路中顶点有重复，简单路径中顶点互不相同，本题实际上是求从顶点 u 到顶点 v 的路径长度为 k 的所有简单路径的数目。算法采用递归求解，并用辅助数组 path 保存遍历路径上的顶点，用 sum 存储路径数。算法的实现如下。

```
int sumPathNum_Len(ALGraph& G, int u, int v, int len, int visited[],
                    int path[], int k) {
//len 是当前还需搜索的路径长度, 主程序用 k 调用
```

```
        int i, w, sum = 0;
        if(u == v && len == 0) {                      //找到了一条路径，且长度符合要求
            path[0] = v;
            for(i = k; i > 0; i--) printf("%d, ", path[i]);
            printf("%d\n", path[0]);
            return 1;
        }
        else if(len > 0) {
            visited[u] = 1;  path[len] = u;
            for(w = FirstNeighbor(G, u); w != -1; w = NextNeighbor(G, u, w))
                if(!visited[w])
                    sum += sumPathNum_Len(G, w, v, len-1,visited, path, k);
            visited[u] = 0;              //本题允许曾经已访问过的结点出现在另一条路径中
        }
        return sum;
    }
    void allSimplePath_k(ALGraph& G, int u, int v, int k) {
    //算法的调用方式 allSimplePath_k(G, u, v, k)。输入：用邻接表存储的图 G(若使用
    //邻接矩阵存储图，可将 ALGraph 修改为 MGraph)，指定始顶点和终顶点的顶点号
    //u 和 v，限定路径长度 k；输出：采用 DFS 输出所有从 u 到 v 路径长度为 k 的路径
        if(u == -1 || v == -1) { printf("不存在一条简单路径\n");  return; }
        int visited[maxVertices], S[maxVertices];              //S 是存储路径的数组
        int i, n = NumberOfVertices(G);
        for(i = 0; i < n; i++) visited[i] = 0;
        printf("在有向图中从%d 到%d 的不含回路的简单路径数为%d\n", u, v,
            sumPathNum_Len(G, u, v, k, visited, S, k));
    }
```

6-71　若图 G 是一个无向图，设计一个算法，判断图 G 中是否存在一条从顶点 v 出发通过所有顶点的简单路径。

【解答】　使用 DFS 算法从图 G 的顶点 v 开始遍历，并使用计数器 count 统计访问的顶点个数。若 count 等于图的顶点个数，输出存储于 path[]中的所访问的顶点序列。算法的实现如下。

```
int dfs_simplePath(ALGraph& G, int v, int visited[], int path[], int& count){
    int i, w, n = NumberOfVertices(G);
    visited[v] = 1;  path[count++] = v;              //做访问标志，顶点记入 path
    if(count == n) {                                 //已经访问了所有顶点
        for(i = 0; i < count; i++)                   //输出顶点序列
            printf("%c ", getValue(G, path[i]));
        printf("\n");  return 1;                     //输出换行，算法结束
    }
    for(w = FirstNeighbor(G, v); w != -1; w = NextNeighbor(G, v, w))
        if(!visited[w])                              //如果未被访问过，递归访问
            if(dfs_simplePath(G, w, visited, path, count)) return 1;
    return 0;
}
```

```
void allvexSimplePath(ALGraph& G, int v) {
//算法调用方式 allvexSimplePath(G, v)。输入: 用邻接表存储的图 G(若使用邻接矩
//阵存储图，可将 ALGraph 修改为 MGraph)，指定顶点的顶点号 v; 输出: 采用 DFS
//输出从顶点 v 出发经过所有顶点的简单路径
    int i, count = 0, n = NumberOfVertices(G);
    int visited[maxVertices], aPath[maxVertices];        //aPath 存储路径
    for(i = 0; i < n; i++) visited[i] = 0;
    if(dfs_simplePath(G, v, visited, aPath, count))
        printf("图中存在一条经过所有顶点的路径\n");
    else printf("图中不存在一条经过所有顶点的路径\n");
}
```

6-72　若图 G 是一个连通图，设计一个算法，求图 G 中通过给定顶点 v 的简单回路。

【解答】　算法通过深度优先搜索方法从顶点 v 开始遍历，并使用栈 S 保存遍历路径上的顶点。对于连通图，通过一趟遍历可以找到一条简单回路；然后退回一个顶点，看是否可通过另一条路径回到顶点 v；还可以再退回一个顶点，直到所有简单回路都找到并输出为止。算法要求从顶点 v 出发的回路上的边数大于或等于 2。算法的实现如下。

```
void dfspath(ALGraph& G, int u, int v, int visited[], int S[], int& top){
    visited[u] = 1; S[++top] = u;                    //做访问标识，顶点进栈
    for(int w = FirstNeighbor(G, u); w != -1; w = NextNeighbor(G, u, w)){
        if(!visited[w])                              //如果未被访问过或已到达 v
            dfspath(G, w, v, visited, S, top);       //递归访问
        else if(w == v && top > 0) {                 //若找到回路
            printf("一条回路是: ");
            for(int k = 0; k <= top; k++)
                printf("%c, ", getValue(G, S[k]));
            printf("%c\n", getValue(G, w));          //输出回路上各顶点
        }
    }
    visited[u] = 0;      top--;            //一条简单路径处理完，退回一个顶点继续遍历
}
void cycle_Path(ALGraph& G, int v) {
//算法调用方式 cycle_Path(G, v)。输入: 用邻接表存储的图 G(若使用邻接矩阵存
//储图，可将 ALGraph 修改为 MGraph)，指定顶点的顶点号 v; 输出: 采用 DFS 输
//出通过顶点 v 的所有简单回路
    int i, n = NumberOfVertices(G);  int top = -1;
    int visited[maxVertices], S[maxVertices];        //S 是栈，top 是栈顶指针
    for(i = 0; i < G.numVertices; i++) { visited[i] = 0; S[i] = 0; }
    dfspath(G, v, v, visited, S, top);               //求从 v 到 v 的简单路径
}
```

6-73　若图 G 是一个有向图，设计一个算法，求图 G 中所有的简单回路。

【解答】　采用 DFS 遍历图 G，在遍历过程中暂存当前路径，当遇到一个结点已经在路径之中时就表明存在一条回路；此时，可以扫描路径数组 path，以得到这条回路上的所有结点。同时，还需把刚得到的结点序列（如 82376）存入 thiscycle 中；由于在 DFS 遍历时，

一条回路会被发现好几次, 所以必须先判断该回路是否已经在 cycles 中被记录过, 如果没有才能存入 cycles 的一个行向量中。由于一条回路可能有多种存储顺序, 如 82376 等同于 23768、37682, 对于同一条回路, 不能重复存储。算法的实现如下。

```
int exist_cycle(int thiscycle[], int cycles[][maxVertices], int cynum) {
//判断 thiscycle 数组中记录的回路在 cycles 的记录中是否已经存在。在 cynum = 0 时不
//比较, 函数直接返回 0
    int i, j, k, c, n;  int temp[maxVertices];
    for(i = 0; i < cynum; i++) {                    //用 cycles 各行与 thiscycle 比较
      n = cycles[i][0];                             //第 i 个回路中顶点个数
      for(j = 1; j <= n; j++) temp[j] = cycles[i][j];
      for(j = 0; j < n; j++) {                      //对 temp 循环左移, j 仅控制次数
          for(k = 1; k <= n; k++)                   //对应位比较
              if(temp[k] != thiscycle[k]) break;
          if(k > n) return 1;                       //比较相等, 回路已存在
          c = temp[1];
          for(k = 2; k <= n; k++) temp[k-1] = temp[k];
          temp[n] = c;                              //循环左移一位
      }
    }
    return 0;                                       //所有现存回路都不与 thiscycle 完全相等
}
void DFS(ALGraph& G, int u, int m, int visited[], int path[],
        int thiscycle[], int cycles[][maxVertices], int& cynum) {
//m 表示当前顶点在路径上的序号, 从 0 开始。thiscycle 的 0 号位置存放回路顶点数,
//回路顶点号从 1 号位置存放; Cycles 每一行也是这样存放。cynum 是行数
    int i, j, k, w, n = NumberOfVertices(G);
    visited[u] = 1; path[m] = u;                    //记录当前路径
    for(w = FirstNeighbor(G, u); w != -1; w = NextNeighbor(G, u, w)) {
      if(! visited[w])
          DFS(G, w, m+1, visited, path, thiscycle, cycles, cynum);
      else {                                        //w 已访问过, 有一条回路
          for(i = 0; path[i] != w; i++);            //找到回路的起点 i
          for(j = i; j <= m; j++)
              thiscycle[j-i+1] = path[j];           //回路复制
          thiscycle[0] = m-i+1;                     //0 号存放回路顶点个数
          if(! exist_cycle(thiscycle, cycles, cynum)) {    //新回路
              for(k = 0; k <= thiscycle[0]; k++)    //该回路加入 cycles
                  cycles[cynum][k] = thiscycle[k];  //在 cycles 的第 cynum 行
              cynum++;
          }
          for(i = 0; i < n; i++) thiscycle[i] = 0; //清空
      }
    }
    path[m] = 0;  visited[u] = 0;
}
void GetAllCycle(ALGraph& G) {
```

```
//算法调用方式 GetAllCycle(G)。输入: 用邻接表存储的图 G(若使用邻接矩阵存
//储图, 可将 ALGraph 修改为 MGraph); 输出: 输出有向图中所有简单回路
    int i, j, cynum = 0, n = NumberOfVertices(G);     //cynum 已发现回路个数
    int visited[maxVertices], path[maxVertices];      //path 暂存当前路径
    int cycles[maxVertices][maxVertices];             //存放已发现回路中的顶点
    int thiscycle[maxVertices+1];                     //暂存当前发现的一个回路
    for(i = 0; i < n; i++) visited[i] = 0;
    for(i = 0; i < n; i++)
        if(!visited[i]) DFS(G, i, 0, visited, path, thiscycle, cycles, cynum);
    for(i = 0; i < cynum; i++)                        //输出所有回路
        if(cycles[i][0] != 0) {
            for(j = 1; j <= cycles[i][0]; j++)
                printf("%c ", getValue(G, cycles[i][j]));
            printf("%c\n", getValue(G, cycles[i][1]));
        }
}
```

6-74　若无环有向图的邻接表表示为 G, 设计一个算法, 求从图 G 中每个顶点出发的最长路径及其路径长度。

【解答】采用典型的 DFS 算法, 在处理某个顶点 v 时先把 v 加入当前路径, 并用 count 记录当前路径上的顶点数, 在顶点 v 的边链表处理完之后, 判断 count 是否大于事先设定的最长路径长度 maxLen(预置为 0)。若大于, 则该路径是当前求得的顶点 v 的最长路径, 将其复制到 maxPath 中, 并设定 maxLen = count。然后在当前路径中撤销 v, 探索其他可能的最长路径。算法的实现如下。

```
void dfs_aPath(ALGraph& G, int v, int visited[], int path[], int& count,
               int maxPath[], int& maxLen) {
//在连通图 G 中求从顶点 v 出发的最长路径, 存放于 maxPath, maxLen 是其路径
//长度。visited[]是访问标记数组, path[]是递归求路径时暂存路径顶点的数组, 其
//当前长度即在 count 中
    int w;  EdgeNode *p;
    visited[v] = 1;  path[count++] = v;
    for(p = G.VerticesList[v].adj; p != NULL; p = p->link) {
        w = p->dest;
        if(! visited[w])
            dfs_aPath(G, w, visited, path, count, maxPath, maxLen);
    }
    if(count > maxLen) {
        for(int i = 0; i < count; i++) maxPath[i] = path[i];
        maxLen = count;
    }
    visited[v] = 0;  count--;
}
void max_AllPath(ALGraph& G) {
//算法调用方式 max_AllPath(G)。输入: 用邻接表存储的图 G; 输出: 采用 DFS 输出从
//所有顶点出发的最长路径和路径长度。算法仅适用于有向无环图, 如果图中有环, 算法不
//能正常结束
```

```
    int i, j, k, count, maxLen;
    int path[maxVertices], maxPath[maxVertices], visited[maxVertices];
    for(i = 0; i < G.numVertices; i++) {              //对每个顶点求最长路径
        for(j = 0; j < G.numVertices; j++) visited[j] = 0;
        count = 0;  maxLen = 0;
        dfs_aPath(G, i, visited, path, count, maxPath, maxLen);
        printf("从顶点%c 开始遍历的最长路径长度是%d\n",
                G.VerticesList[i].data, maxLen-1);
        for(k = 0; k < maxLen; k++)
            printf("->%c", G.VerticesList[maxPath[k]].data);
        printf("\n");
    }
}
```

6-75　若有向图 G 采用邻接表存储，设计一个算法，求通过给定顶点 v 的长度大于或等于 k 的简单有向回路。

【解答】　利用图的深度优先遍历，即可求出有向图 G 中从顶点 v 出发，最后回到 v 的简单有向回路，长度大于或等于 k 时为有效回路，否则属无效回路。算法的设计思路是：从给定顶点 v 出发进行深度优先遍历，在遍历过程中，判别当前访问的顶点是否是 v，若是且回路的长度大于或等于 k，则找到了一条有效回路，否则继续遍历。其具体步骤如下：

（1）设置一个辅助数组 path[maxSize]记录构成回路的顶点序列。在访问当前顶点时把该顶点加入到 path[curlen]中。此处 curlen 也表示当前路径长度，初值为-1，每向前访问一个顶点，其值增 1。

（2）要求找到的简单回路的路径长度大于或等于 k，因此在判别是否找到回路时应附加条件 curlen >= k。

算法的实现如下。

```
void dfs(ALGraph& G, int i, int j, int k, int visited[], int path[],
        int curlen) {
//curlen 是到当前为止已走过的路径长度，调用时初值为-1
    int u,w;  EdgeNode *p;
    visited[i] = 1;  path[++curlen] = i;
    for(p = G.VerticesList[i].adj; p != NULL; p = p->link;) {
        w = p->dest;
        if(w == j && curlen >= k) {               //找到回路
            printf("输出一条简单回路: \n");
            for(u = 0; u <= curlen; u++) printf("%d ", path[u]);
            printf("%d\n", j);                    //输出回路
        }
        if(!visited[w]) dfs(G, w, j, k, visited, path, curlen);
    }
    visited[i] = 0;                               //回溯，使该顶点可重新使用
}
void AllSimpleCircle(ALGraph& G, int v, int k) {
//算法调用方式 AllSimpleCircle(G, v, k)。输入：用邻接表存储的图 G，指定顶点的
```

```
//顶点号 v, 指定路径长度的下限 k; 输出: 采用 DFS 输出从顶点 v 出发的路径长度不小于
//k 的所有简单有向回路
    int visited[maxVertices];  int i, j, c;
    for(i = 0; i < G.numVertices; i++) visited[i] = 0;
    int path[maxVertices];
    i = v; j = v; c = -1;
    dfs(G, i, j, k, visited, path, c);
}
```

对于图 6-10 所给出的有向图, 若以语句:

```
AllSimpleCircle(G, 0, 2);
```

来调用并执行上述函数, 则表示要求从顶点 0 出发回到顶点 0 的
长度大于或等于 2 的回路。运行的结果为: 03420、031420、
01420、013420, 这表明, 在该图中通过顶点 0 有 4 条长度大于或
等于 2 的有向回路。

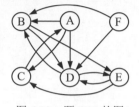

图 6-10　题 6-75 的图

　　6-76　若一个无权有向图, 有些顶点加了约束, 这些约束分两种, 一种是必经点, 即
遍历结果得到的路径必须包括这些顶点, 另一种是必避点, 即遍历结果得到的路径不能包
括这些顶点。请设计一个算法, 找到一条简单路径, 从指定的开始顶点 u 出发, 经过深度
优先遍历到达指定的终点 v, 同时满足给定的约束条件。

　　【解答】　采用经典的 DFS 算法, 但要增加一个判断路径是否满足必经点和必避点要求
的函数 condit(ion)。在 DFS 函数中还需要增加一个判断是否到达终点、是否满足约束条件
和路径上的顶点个数是否达到要求的断言, 如果这个断言为 true, 则输出这条路径并退出
递归程序, 否则继续左深度优先遍历。算法的实现如下。

```
int condit(int path[], int d, int C1[], int n1, int C2[], int n2) {
//判断路径 path[d+1] 是否满足条件 C1[n1] 和 C2[n2], 是则函数返回 1, 否则函数返回 0
    int i, j, k, f1 = 0, f2 = 0;
    for(i = 0; i < n1; i++) {
        k = 1;
        for(j = 0; j <= d; j++)
            if(path[j] == C1[i]) { k = 0; break; }
    }
    f1 += k;
    for(i = 0; i < n2; i++) {
        k = 0;
        for(j = 0; j <= d; j++)
            if(path[j] == C2[i]) { k = 1; break; }
    }
    f2 += k;
    if(f1 == 0 && f2 == 0) return 1;
    else return 0;
}
void restrict_Path(ALGraph& G, int u, int v, int C1[], int n1, int C2[],
                int n2, int path[], int visited[], int& d) {
```

```
//算法调用方式 restrict_Path(G, u, v, C1, n1, C2, n2, path, visited, num)。
//输入：用邻接表存储的图 G，指定始顶点的顶点号 u，终顶点的顶点号 v，指定必经点序列 C1，
//必经点个数 n1，指定必经点序列 C2，必经点个数 n2，访问标记数组 visited(在主程序必须
//全部清零)，路径数组 path，在 path 中顶点个数 num(初始为 0)；输出：采用 DFS 在图 G 中
//搜寻从 u 到 v 的一条简单路径，通过 path 数组返回，引用参数 d 是存放下标，在调用程序中置
//初值-1
    int i, j, n = G.numVertices;  EdgeNode *p;
    visited[u] = 1;  path[++d] = u;                        //始点存入路径
    if(u == v && condit(path, d, C1, n1, C2, n2) == 1 && d+1 == n-n2) {
        for(i = 0; i <= d; i++)                            //到终点输出路径
            printf("%d(%c) ", path[i], G.VerticesList[path[i]].data);
        printf("\n");
        return;
    }
    for(p = G.VerticesList[u].adj; p != NULL; p = p->link) {
        j = p->dest;                                       //取邻接顶点
        if(visited[j] == 0)                                //若未被访问过则递归访问
            restrict_Path(G, j, v, C1, n1, C2, n2, path, visited, d);
    }
    d--;  visited[u] = 0;                                  //回溯，取消顶点访问痕迹
}
```

6-77　若有一个带权有向无环图 G，它有一个入度为零的顶点（称为源点）和一个出度为零的顶点（称为汇点），其他顶点的入度和出度都至少为 1。若该图采用邻接表表示存储，请设计一个算法，找出从源点到汇点的一条路径长度最短的路径。

【解答】　采用动态规划的思想，从汇点倒着一层层向源点方向求最短路径。若图中顶点个数为 n，算法设置两个辅助数组 C[n] 和 P[n]，存放求得的最短路径长度和最短路径的顶点序列。例如，如图 6-11（a）所示的带权有向无环图，其邻接矩阵如图 6-11（b）所示。

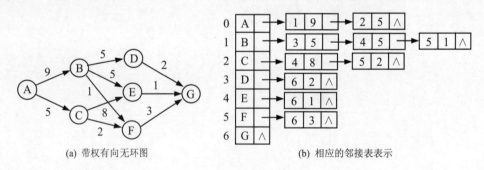

(a) 带权有向无环图　　　　　　　　(b) 相应的邻接表表示

图 6-11　题 6-77 的图

采用动态规划的思想，先从汇点 6 逆向计算，它的直接前趋有 3、4、5，权值分别为 2、1、3，如图 6-12（a）所示。再分别从顶点 5、4、3 逆向计算：5 的直接前趋为 2、1，权值累加为 5、4；4 的直接前趋为 2、1，权值累加为 9、6；3 的直接前趋为 1，权值累加为 7，取小者，从 5 逆向到 2 和 1 的累加权值最小，分别为 5 和 4，如图 6-12（b）所示。最后再从 2、1 逆向计算到顶点 0（源点）的累加权值，从 2 到 0 为 5+5 = 10，从 1 到 0 为 4+9 = 13，取小者将累加权值 10 和后继顶点 2 记入 0 号顶点的 C[0] 和 P[0]。从图 6-12（b）

可知，从源点 0（值为 A）到汇点 6（值为 G）的最短路径为 0(A) 2(C) 5(F) 6(G)，最短路径长度为 10。

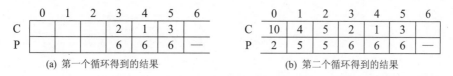

	0	1	2	3	4	5	6
C				2	1	3	
P				6	6	6	—

(a) 第一个循环得到的结果

	0	1	2	3	4	5	6
C	10	4	5	2	1	3	
P	2	5	5	6	6	6	—

(b) 第二个循环得到的结果

图 6-12　题 6-77 的图续

算法的实现如下。

```
void ShortestPath_1(ALGraph& G, int C[], int P[]) {
//算法调用方式 ShortestPath_1(G, C, P)。输入：用邻接表存储的图 G；输出：采用
//动态规划思想，求带权有向图 G 中从源点 0 到汇点的一条最短路径和最短路径长度，函数
//返回时，从 C[0] 中可得最短路径长度，从 P[n] 中可得最短路径
    int i, k, d, n = G.numVertices;  EdgeNode *q;  Weight min;
    for(i = n-2; i >= 0; i--) {                //处理次远层
        q = G.VerticesList[i].adj;
        if(q->dest == n-1) { C[i] = q->cost;  P[i] = n-1; }
        else break;
    }
    k = i;                                     //k 指向倒数第三层顶点末尾
    for(i = k; i >= 0; i--) {                   //反向计算最短路径长度
        min = maxWeight;  d = 0;                //逐个处理 i 的出边表的顶点
        for(q = G.VerticesList[i].adj; q != NULL; q = q->link)
            if(q->cost+C[q->dest] < min)
                { min = q->cost+C[q->dest];  d = q->dest; }
        C[i] = min;  P[i] = d;
    }
}
```

用如下的小程序计算以得到最短路径和最短路径长度：

```
printf("最短路径为: %c ", G.VerticesList[0].data);
for(i = 0; i != G.numVertices-1; i = P[i]) printf("%c ",
    G.VerticesList[P[i]].data);
printf("\n 最短路径长度为%d\n", C[0]);
```

6-78　若在 4 地（A, B, C, D）之间架设有 6 座桥，如图 6-13 所示。要求从某一地出发，经过每座桥恰巧一次，最后仍回到原地。

（1）试就以上图形说明：此问题有解的条件是什么？

（2）若图中的顶点数为 n，请定义求解此问题的数据结构并设计一个算法，找出满足要求的一条回路。

【解答】（1）此为欧拉问题。有解的充要条件是此图应为连通图，且每一个结点的度为偶数，或者仅有两个顶点的度数为奇数。

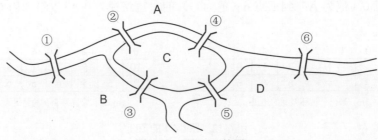

图 6-13　题 6-78 的图

（2）与图 6-13 等价的图如图 6-14（a）所示。因为在两个结点之间有多重边，可以用邻接表作为其存储表示，用边的编号作为该边的权值，得到的邻接表如图 6-14（b）所示。每个边结点有 3 个域，分别记录相关邻接顶点号、边号和链指针，如图 6-14（c）所示。

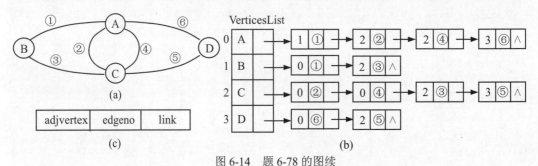

图 6-14　题 6-78 的图续

利用深度优先搜索算法可以解决欧拉回路，解决问题的步骤如下。

（1）计算每个顶点的度，存入 degree 数组。

（2）统计度为奇数的顶点个数，存入 odd。

（3）若无度为奇数的顶点，从顶点 0 开始做深度优先遍历。

（4）若有两个度为奇数的顶点，从其中一个顶点出发做深度优先搜索。

（5）若度为奇数的顶点个数超过 2，则问题无解。

图的邻接表结构和求解欧拉回路问题的算法的实现如下。

```
#define maxSize 12
typedef struct Node {                        //边结点的结构定义
    int adjvex;                              //邻接顶点号
    int edgeno;                              //相关边号
    struct Node *link;                       //链接指针
} edgenode;
typedef struct  {                            //顶点的结构定义
    char name;                               //顶点所代表地名
    struct Node *first;                      //出边表指针
} vertex;
void DFS(vertex euler[], int start, int n, int visited[]) {
//从 start 开始，做深度优先搜索，查找走遍所有边的路径
    int j, k;  edgenode *p;
    printf("%c - ", euler[start].name);      //输出顶点数据
```

```
    for(p = euler[start].first; p != NULL; p = p->link) {
        j = p->edgeno;                                      //边号
        if(! visited[j]) {                                  //该边未走过
            visited[j] = 1;  k = p->adjvex;                 //作边访问标记
            printf("(%d) - ", j);                           //输出边号
            DFS(euler, k, n, visited);                      //按邻接顶点递归下去
        }
    }
}
void EulerLoop(vertex euler[], char vx[], int n, int ed[][3], int e) {
//算法调用方式 EulerLoop(euler, vx, n, ed, e)。输入：用邻接表存储的图 euler，
//顶点数据(地名)数组 vx，顶点个数 n，边顶点对数据存放数组 ed(ed[][0]是边号，ed[][1]
//和 ed[][2]是边上两个端顶点)，边数 e；输出：采用 DFS 输出欧拉回路的路径
    int i, v;  edgenode *p, *q;
    for(v = 0; v < n; v++)
        { euler[v].name = vx[v];  euler[v].first = NULL; }  //输入顶点数据
    for(v = 0; v < e; v++) {                                //输入各边数据
        p =(edgenode *) malloc(sizeof(edgenode));           //创建边结点
        p->edgeno = ed[v][0];  p->adjvex = ed[v][2];
        p->link = euler[ed[v][1]].first;                    //链入顶点 ed[v][1]边链表
        euler[ed[v][1]].first = p;
        q =(edgenode *) malloc(sizeof(edgenode));           //创建边结点
        q->edgeno = ed[v][0];  q->adjvex = ed[v][1];
        q->link = euler[ed[v][2]].first;                    //链入顶点 ed[v][2]边链表
        euler[ed[v][2]].first = q;
    }
    printf("邻接表各顶点及关联的边信息：(始顶点号, 终顶点号)边号\n");
    for(v = 0; v < n; v++) {
        printf("vertex %c: ", euler[v].name);
        for(p = euler[v].first; p != NULL; p = p->link)
            printf("(%d, %d) %d ", v, p->adjvex, p->edgeno);
        printf("\n");
    }
    int degree[maxSize];                                    //顶点度数数组
    int odd = 0, start = 0;
    for(i = 0; i < n; i++) {                                //统计各个顶点的度
        degree[i] = 0;
        for(p = euler[i].first; p != NULL; p = p->link) degree[i]++;
        if(degree[i] % 2 == 1) { odd++;  start = i;}        //顶点的度为奇数
    }
    if(odd > 2) { printf("图 G 的奇点大于 2, 问题无解！\n");  return; }
    int visited[maxSize];                                   //边的访问标志数组
    for(i = 1; i <= e; i++) visited[i] = 0;
    printf("欧拉回路为（括号内为边号）\n");
    DFS(euler, start, n, visited);                          //从 start 开始 DFS 遍历
}
```

6-79 哈密尔顿回路是指经过图（有向图或无向图）中所有顶点一次且仅一次的回路。设计一个算法，利用回溯法求解一个连通图中的所有哈密尔顿回路。

【解答】 通常使用图的深度优先搜索算法来求解。从图中一个指定顶点 v_0 出发，选择一个没有访问过的邻接顶点向前走下去，如果走到某个顶点 v_k，它是第 n 个被访问的顶点且有 v_0 做它的邻接顶点，则求到了一条哈密尔顿回路，在输出了这条哈密尔顿回路之后，回溯查找其他可能存在的哈密尔顿回路；如果深度优先搜索到一个向前再也走不通的顶点，也需要通过回溯，查找其他通路继续求解。算法的实现如下。

```
#define maxSize 30                                    //图顶点的最大个数
void nextVertex(int G[][maxSize], int h[], int k, int n){
//递归函数：对 n 个顶点的无向连通图 G，从顶点 k 向前求 hamilton 回路，数组 h 存
//放求得的路径顶点，在主程序全部清零
    int j;
    while(1) {
        h[k] =(h[k]+1) % (n+1);
        if(h[k] == 0) return;                         //若找不到返回，回溯
        if(G[h[k-1]][h[k]]) {                         //若找到
            for(j = 1; j <= k-1; j++)                 //判断是否该顶点已在路径上
                if(h[j] == h[k]) break;               //是则跳过，继续找
            if(j == k)                                //不是，找到返回
                if(k < n || k == n && G[h[n]][1]) return;
        }
    }
}
void hamiltonian(int G[][maxSize], int h[], int k, int n, int& m) {
//算法调用方式 hamiltonian(G, h, k, n, m)。输入：用邻接矩阵存储的图 G，顶点个数
//n，路径的起始顶点 k(初始为 0)；输出：从 k 开始递归求得图 G 的哈密尔顿路径，
//求得的哈密尔顿路径通过数组 h 返回其顶点序列，引用参数 m 返回路径条数 m
    while(1) {
        nextVertex(G, h, k, n);                       //找路径上下一顶点
        if(h[k] == 0) return;                         //未找到回溯
        if(k == n) {                                  //找到且路径上已有 n 个顶点，输出
            printf("回路%d:", m);
            for(int i = 1; i <= n; i++) printf("%2d ", h[i]);
            printf("\n");
            m++;
        }
        else hamiltonian(G, h, k+1, n, m);            //路径上不足 n 个顶点，递归
    }
}
```

6-80 旅行商问题是指从某个指定地点出发，经过地图中所有的点一次且仅一次，最后又回到出发点，要求经过路径最短。设计一个算法，求解旅行商问题。

【解答】 这实际上是在一个带权连通图上求解哈密尔顿回路。要求在所有哈密尔顿回路中选择路径长度最短的路径（即该通路上所有边上的权值总和最小）。

通常使用图的深度优先搜索算法来求解。从图中一个指定顶点 v 出发，选择一个没有访问过的邻接顶点向前走下去，如果走到某个顶点 v_k，它是第 n 个被访问的顶点且有 v 做它的邻接顶点，则求到了一条哈密尔顿回路，然后回溯，查找其他可能存在的哈密尔顿回路。最后比较各回路的路径长度，选择长度最小的回路即可。算法的实现如下。

```
#define maxSize 30                                    //图顶点的最大个数
#define maxValue 32767
void h_dfs(int G[][maxSize], int h[], int& k, int v, int n, int visited[],
           int hmin[], int& m) {
//算法调用方式h_dfs(G, h, k, v, n, visited, hmin, m)。输入：用邻接矩阵存储的
//图G，顶点数n，路径的起始顶点v(初始为0)，访问标志数组visited，当前访问路径的
//起始顶点k，当前访问路径保存顶点的数组h；输出：从v开始递归求图G[n][n]的
//哈密尔顿路径，数组hmin存放求得的哈密尔顿路径的顶点，引用参数m返回最短
//哈密尔顿路径长度m
    h[k++] = v;  visited[v] = 1;
    int i, sum;
    for(i = 0; i < n; i++)
        if(G[v][i] && G[v][i] < maxValue) break;//查找v的第一个邻接顶点i
    while(i < n) {                                    //该顶点存在
        if(!visited[i]) h_DFS(G, h, k, i, n, visited, hmin, m);
        for(i = i+1; i < n; i++)                      //查找v的下一个邻接顶点
            if(G[v][i] && G[v][i] < maxValue) break;
    }
    visited[v] = 0;
    if(k == n && G[h[k-1]][h[0]] && G[h[k-1]][h[0]] < maxValue) {
        printf("h= ");                                //输出一条哈密尔顿回路
        for(i = 0; i < k; i++) printf("%d ", h[i]);
        sum = 0;                                       //计算路径长度
        for(i = 0; i < k-1; i++) sum = sum+G[h[i]][h[i+1]];
        sum = sum+G[h[k-1]][h[0]];
        printf("0  路径长度为%d\n", sum);
        if(sum < m) {                                  //比较，选长度最小者
            for(i = 0; i < k; i++) hmin[i] = h[i];
            m = sum;
        }
    }
    k--;
}
```

6.3.4 图的连通性与生成树

1. 图的连通性

当无向图为非连通图时，从图中某一顶点出发，利用深度优先搜索算法或广度优先搜索算法不可能遍历到图中的所有顶点，只能访问到该顶点所在的最大连通子图（即连通分量）的所有顶点。若从无向图的每一个连通分量中的一个顶点出发进行遍历，就可以求得无向图的所有连通分量。

2. 连通图的生成树和非连通图的生成森林

执行一次深度优先搜索算法或广度优先搜索算法可以访问一个连通分量的所有结点。访问过的顶点和经过的边构成一棵生成树。如果一个非连通图有多个连通分量，则可以生成多个生成树，这就构成生成森林。

通过深度优先搜索得到的生成树称为深度优先生成树，通过官渡优先搜索得到的生成树称为广度优先生成树。

3. 图的连通性相关的算法

6-81 若连通图的邻接表表示为 G，设计一个递归算法，求图 G 中从顶点 v 出发的一棵深度优先生成树。

【解答】 在执行图的 DFS 遍历过程中，每当从顶点 v 进到邻接顶点 w 时，就创建生成树的一条边 e，存入数组 dfsT 中，并将计数器 count 加 1。在退出递归后，dfsT 给出生成树的边集合，dfsT 中边的存放顺序即为边加入生成树的顺序。算法中边的类型定义为 typedef struct{int s, int t} Edge。算法的实现如下。

```
typedef struct { int s; int t; } Edge;              //生成树边结点的定义
void dfs(ALGraph& G, int v, int visited[], Edge dfsT[], int& count) {
    int i, w;  Type a, b;  Edge e;
    visited[v] = 1;
    if(count == G.numVertices-1) {
        for(i = 0; i < count; i++) {
            a = G.VerticesList[dfsT[i].s].data; b = G.VerticesList[dfsT[i].t].data;
            printf("(%c, %c) ", a, b);
        }
        printf("\n");
    }
    else {
        for(EdgeNode *p = G.VerticesList[v].adj; p != NULL; p = p->link) {
            w = p->dest;
            if(! visited[w]) {
                e.s = v;  e.t = w;  dfsT[count++] = e;
                dfs(G, w, visited, dfsT, count);
            }
        }
    }
//  visited[v] = 0;  count--;                         //加入此句可求所有 DFS 生成树
}
void DFSspantree(ALGraph& G, int v) {
//算法调用方式 DFSspantree(G, v)。输入：用邻接表存储的图 G，起始顶点 v；
//输出：采用 DFS 输出求得的深度优先生成树的各条边
    int visited[maxVertices];
    for(int i = 0; i < G.numVertices; i++) visited[i] = 0;
    Edge *dfsT = (Edge*) malloc(G.numVertices*sizeof(Edge));
    int count = 0;
    dfs(G, v, visited, dfsT, count);
    free(dfsT);
}
```

6-82　若图 G 是一个无向图，设计一个算法，利用 DFS 搜索求图 G 的连通分量的个数。

【解答】　利用深度优先搜索，一次可遍历图中的一个连通分量。如果图中有多个连通分量，可多次从未被访问的顶点出发做深度优先搜索，同时记录调用深度优先搜索的次数，当所有顶点都访问完，即可求得图中连通分量的个数。算法的实现如下。

```
void DFS(ALGraph& G, int v, int visited[]) {
    printf("%c ", getValue(G, v));  visited[v] = 1;
    for(int w = FirstNeighbor(G, v); w != -1; w = NextNeighbor(G, v, w)){
        if(! visited[w]) DFS(G, w, visited);                //递归访问 w
    }
}
int calcComponents(ALGraph& G) {
//算法调用方式 int k = calcComponents(G)。输入：用邻接表存储的图 G;
//输出：采用 DFS 输出求得的每个连通分量的顶点，函数返回连通分量个数
    int i, k, n = NumberOfVertices(G);
    int visited[maxVertices];                               //创建辅助数组
    for(i = 0; i < n; i++) visited [i] = 0;
    k = 0;                                                  //连通分量计数
    for(i = 0; i < n; i++)                                  //顺序扫描所有顶点
        if(!visited[i]) {                                   //若没有访问过
            printf("输出第%d 个连通分量: ", ++k);
            DFS(G, i, visited);                             //遍历一个连通分量
            printf("\n");
        }
    return k;
}
```

6-83　若连通图的邻接表表示为 G，设计一个算法，求图 G 的从顶点 v 出发的一棵广度优先生成树。

【解答】　在广度优先遍历算法中，使用了一个队列，每当一个顶点 u 退出队列后，都需要检测它的所有邻接顶点。如果邻接顶点 v 未访问过，在访问 v 并把它加入队列时，把边（u, v）加入广度优先生成树的边集合 bfsT。当遍历结束后，从 bfsT 得到该图 G 的广度优先生成树。算法中边的类型定义为 typedef struct{int s, int t} Edge。算法的实现如下。

```
#include<CircQueue.h>
typedef struct { int s; int t; } Edge;
int BFSspantree(ALGraph& G, int v) {
//算法调用方式 int succ = BFSspantree(G, int v)。输入：用邻接表存储的图 G, 遍历
//起始顶点 v; 输出：采用 BFS 遍历输出求得的生成树的每一条边。若 BFS 生成树
//全部输出，函数返回 1
    int i, j;  Edge e;  EdgeNode *p;
    int visited[maxVertices];                               //访问标志数组
    for(i = 0; i < G.numVertices; i++) visited[i] = 0;
    CircQueue Q;  InitQueue(Q);                             //队列并置空
    Edge *bfsT = (Edge*) malloc(G.numVertices*sizeof(Edge));
```

```
    int count = 0;
    EnQueue(Q, v);  visited[v] = 1;                      //v 置访问标志并进队
    while(! QueueEmpty(Q)) {
        DeQueue(Q, i);                                    //当前顶点 i 出队
        for(p = G.VerticesList[i].adj; p != NULL; p = p->link) {
            j = p->dest;                                  //i 的邻接顶点 j
            if(! visited[j]) {
                visited[j] = 1;
                e.s = i;  e.t = j;  bfsT[count++] = e;
                EnQueue(Q, j);
            }
        }
    }
    for(int i = 0; i < count; i++) {
        Type a = G.VerticesList[bfsT[i].s].data;
        Type b = G.VerticesList[bfsT[i].t].data;
        printf("(%c, %c) ", a, b);
    }
    free(bfsT);    printf("\n");  return 1;
}
```

6-84 若无向图的邻接表表示为 G，设计一个算法，利用 BFS 搜索遍历图 G 的所有连通分量，要求将每一个连通分量中的顶点以一个表的形式输出。例如，图 6-15 的输出结果为(1, 3) (2, 6, 7, 4, 5, 8) (9, 10)。

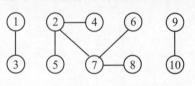

图 6-15 题 6-84 的图

【解答】 每调用一次 BFS 搜索算法，可遍访一个连通分量。如果图中有多个连通分量，可从图中未被访问的顶点出发，多次调用 BFS 算法，每次执行 BFS 算法时，可把被访问的顶点放在一个表中输出即可。算法的实现如下。

```
#include<CircQueue.h>
void ConnectCom_BFS(ALGraph&G) {
//算法调用方式 ConnectCom_BFS(G)。输入：用邻接表存储的图 G；输出：采用
//BFS 遍历输出求得的每个连通分量的顶点
    CircQueue Q;  InitQueue(Q);                          //定义队列并初始化
    int i, u, w;  EdgeNode *p;
    int visited[maxVertices];                            //定义访问标志数组
    for(i = 0; i < G.numVertices; i++) visited[i] = 0;
    for(i = 0; i < G.numVertices; i++) {                 //对所有顶点检查
        if(!visited[i]) {                                //从顶点 i 做 BFS 遍历
            EnQueue(Q, i);  visited[i] = 1;
            printf("(%c", G.VerticesList[i].data);
            while(! QueueEmpty(Q)) {                      //队列不空
                DeQueue(Q, u);
                for(p = G.VerticesList[u].adj; p != NULL; p = p->link) {
                    w = p->dest;                          //邻接顶点 w
```

```
                    if(! visited[w]) {
                        printf(", %c", G.VerticesList[w].data);
                        EnQueue(Q, w);  visited[w] = 1;
                    }
                }
            }
        printf(")\n");                                    //一个连通分量遍历完
        }
    }
}
```

6-85　若连通图的邻接表表示为 G，设计一个算法，将通过广度优先搜索生成的遍历序列的顶点号依次保存在一个整数数组 vexno[n]中。

【解答】　采用典型的广度优先遍历算法，只不过是用 vexno 代替了队列。每次在从队列中退出一个顶点时，增加一个访问刚退出顶点的语句，就可把访问顶点序列顺序输出出来。算法的实现如下。

```
void BFSTraverse(ALGraph& G) {
//算法调用方式 BFSTraverse(G)。输入：用邻接表存储的图 G；输出：输出采用 BFS
//遍历求得的顶点序列
    int i, j, k;  EdgeNode *p;
    int visited[maxVertices];
    for(i = 0; i < G.numVertices; i++) visited[i] = 0;
    int vexno[maxVertices];  int front = 0, rear = 0;   //设置队列并置空
    for(i = 0; i < G.numVertices; i++)                  //顺序扫描所有顶点
        if(!visited[i]) {
            visited[i] = 1;  vexno[rear++] = i;         //访问顶点并进队列
            while(front < rear) {
                j = vexno[front++];  printf("%d ", j);  //访问出队顶点 j
                for(p = G.VerticesList[j].adj; p != NULL; p = p->link) {
                    k = p->dest;                        //查找 j 的邻接顶点 k
                    if(!visited[k])                     //若未访问进队列
                        { visited[k] = 1;  vexno[rear++] = k; }
                }
            }
        }
    printf("\n");
}
```

6-86　扩充深度优先搜索算法，遍历采用邻接表表示的图 G，创建生成森林的子女-兄弟链表（提示：在继续按深度方向从根 v 的某一未访问过的邻接顶点 w 向下遍历之前，创建子女结点。但需要判断是作为根的第一个子女还是作为其子女的右兄弟链入生成树）。

【解答】　为创建生成森林，需要先给出创建生成树的算法，然后再在遍历图的过程中，通过一次次地调用这个算法，以创建生成森林。算法的实现如下。

```
#include<CSTree.h>
void DFS_Tree(ALGraph& G, int v, int visited [], CSNode *& t) {
```

```
//从图的顶点 v 出发，深度优先遍历图，创建以*t 为根的生成树
    visited[v] = 1;  int w, first = 1;  CSNode *p, *q;
    for(w = FirstNeighbor(G, v); w != -1; w = NextNeighbor(G, v, w)){
        if(! visited[w]) {                              //且该邻接结点未访问过
            p = (CSNode *) malloc(sizeof(CSNode));//创建新的生成树结点
            p->data = getValue(G, w);  p->lchild = p->rsibling = NULL;
            if(first == 1)                              //若根*t 还未链入任一子女
                { t->lchild = p;  first = 0; }          //结点*p 成为根*t 的左子女
            else q->rsibling = p;                       //结点*p 成为*q 的右兄弟
            q = p;                                      //q 指向兄弟链最后结点
            DFS_Tree(G, w, visited, q);                 //从*q 向下创建子树
        }
    }
}
void Print_CSForest(CSNode *t) {
    if(t != NULL) {
        printf("%c", t->data);                          //输出根结点的数据值
        if(t->lchild != NULL) printf("(");             //有子女，进入下一层
        if(t->lchild != NULL) Print_CSForest(t->lchild);   //递归输出子女
        if(t->rsibling != NULL)                         //有兄弟，在同一层
                { printf(",");  Print_CSForest(t->rsibling);} //递归输出兄弟
        if(t->lchild != NULL || t->rsibling != NULL) printf(")");
    }
}
void DFS_Forest(ALGraph& G, CSTree& RT) {
//算法调用方式 DFS_Forest(G, RT)。输入：用邻接表存储的图 G；输出：RT 是创建
//成功的生成树(森林)的子女-兄弟链表表示
    CSNode *p, *q;  int v, n = NumberOfVertices(G);
    RT = NULL;
    int visited[maxVertices];                           //访问标记数组
    for(v = 0; v < n; v++) visited[v] = 0;
    for(v = 0; v < n; v++) {                            //逐个顶点检测
        if(!visited[v]) {                               //若尚未访问过
            p =(CSNode*) malloc(sizeof(CSNode));        //创建新结点 p
            p->data = getValue(G, v);  p->lchild = p->rsibling = NULL;
            if(RT == NULL) RT = p;                      //空生成森林，新结点成为根
            else q->rsibling = p;                       //否则结点*p 成为*q 的右兄弟
            q = p;
            DFS_Tree(G, v, visited, p);                 //递归创建以*p 为根的生成树
        }
    }
    Print_CSForest(RT);
    printf("\n");
}
```

6-87 所谓强连通图是指在一个有向图中任意两个顶点之间都有有向通路，如图 6-16

即为强连通图。若强连通图的邻接表表示为 G, 设计一个非递归算法, 从顶点 v 出发, 按深度优先搜索策略遍历 G。

【解答】 因为图 G 是强连通图, 从任一顶点出发, 都能深度优先遍历到图中所有其他顶点, 使用常规的 DFS 算法即可。算法的实现如下。

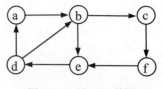

图 6-16 题 6-87 的图

```
void DFS(ALGraph& G, int v) {
//算法调用方式 DFS(G, v)。输入：用邻接表存储的图 G, DFS 遍历的起始顶点 v;
//输出：使用栈进行 DFS 的非递归遍历, 输出求得的深度优先生成树的各条边
    int i, j;  EdgeNode *p;
    EdgeNode *S[maxVertices];  int top = -1;          //栈元素为边结点指针
    int visited[maxVertices];
    for(i = 0; i < G.numVertices; i++) visited[i] = 0;
    printf("%c ", G.VerticesList[v].data);             //输出顶点 v 的数据
    visited[v] = 1;                                     //顶点 v 做访问标记
    p = G.VerticesList[v].adj;                          //检测 v 的边链表
    while(top >= 0 || p != NULL) {
        if(p != NULL) {
            j = p->dest;                                //v 的邻接顶点
            if(visited[j]) p = p->link;                 //已访问过, 跳过
            else {                                      //未被访问过
                printf("%c ", G.VerticesList[j].data);   //输出顶点数据
                visited[j] = 1;  S[++top] = p;          //做访问标记, 进栈
                p = G.VerticesList[j].adj;
            }
        }
        else if(top >= 0) { p = S[top--];  p = p->link; }
    }
}
```

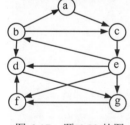

图 6-17 题 6-88 的图

6-88 若有向图的邻接表表示为 G, 设计一个算法, 求图 G 的所有强连通分量。

【解答】 求以邻接表方式存储的有向图的强连通分量, 需要三个步骤。首先找出有向图的深度优先生成森林, 对森林中的树按后根遍历的次序给顶点编号。再将有向图的每一条边反向, 生成一个新的图 Gr。然后按编号从大到小的次序深度优先遍历 Gr, 得到的深度优先生成森林中的每一棵树就是原图的一个强连通分量。算法的实现如下。

```
void findSeq(ALGraph &G, int v, int visited[], int& seq) {
//从顶点 v 出发按 DFS 方式遍历图, visited 是访问标志数组, visited[v] = -1 表示顶
//点 v 未被访问过, visited[v] = -2 表示顶点 v 已访问过, visited[v]≥0 存储顶点 v 在
//DFS 的访问顺序。seq 是当前可用的序号。当顶点 v 的所有邻接顶点都访问后,
//visited[v] = seq, 即给 v 赋一个序号 seq, 再将 seq 加 1
    visited [v] = -2;                                   //给 v 加已访问标志
    for(EdgeNode *p = G.VerticesList[v].adj; p != NULL; p = p->link) {
```

```
                if(visited[p->dest] == -1)                    //递归遍历 v 的后继
                    findSeq(G, p->dest, visited, seq);
        }
        visited[v] = seq++;                                   //最后记录 v 的访问顺序
}
void find_DFS(VertexNode *tmpV, int v, int visited[]) {
//按序号从大到小深度优先遍历 Gr，输出每个连通分量。参数 tmpV 是图 Gr
//visited 是顶点按根遍历时的顺序号，在访问了某个顶点后，将 visited 数组
//中的对应值设为-1，表示已访问
        printf("%c ", tmpV[v].data);  visited[v] = -1;
        for(EdgeNode *p = tmpV[v].adj; p != NULL; p = p->link)
            if(visited[p->dest] != -1)
                find_DFS(tmpV, p->dest, visited);
}
void findStrong(ALGraph& G) {
//算法调用方式 findStrong(G)。输入：用邻接表存储的图 G；
//输出：算法内输出求得的有向图的所有强连通分量
//遍历图 G 的每一条边，将它们反向，存入 tmpV。tmpV 是保存 Gr 的邻接表
        int visited[maxVertices];  int seq = 0, i;
        for(i = 0; i < G.numVertices; i++) visited[i] = -1;
        for(i = 0; i < G.numVertices; i++)                    //遍历 G，生成 DFS 顺序
        if(visited[i] == -1) findSeq(G, i, visited, seq);
        VertexNode *tmpV = (VertexNode*) malloc(G.numVertices*sizeof(VertexNode));
        EdgeNode *oldp, *newp, *s;
        for(i = 0; i < G.numVertices; i++) {
            tmpV[i].data = G.VerticesList[i].data;
            tmpV[i].adj = NULL;
        }
        for(i = 0; i < G.numVertices; i++) {                  //创建图 Gr 在 tmpV
            for(oldp = G.VerticesList[i].adj; oldp != NULL; oldp = oldp->link){
                s =(EdgeNode*) malloc(sizeof(EdgeNode));
                s->dest = i;  s->cost = oldp->cost;
                s->link = tmpV[oldp->dest].adj;
                tmpV[oldp->dest].adj = s;
            }
        }
        int k = 0;              //按序号从大到小的次序遍历 Gr，输出所有的强连通分量
        for(seq = G.numVertices-1; seq >= 0; seq--) {
            for(i = 0; i < G.numVertices; i++)
                if(visited[i] == seq) break;
            if(i == G.numVertices) continue;
            k++;
            printf("\n 第%d 个强连通分量: ", k);
            find_DFS(tmpV, i, visited);
        }
        for(i = 0; i < G.numVertices; i++) {                  //删除 tmpV 链
            oldp = tmpV[i].adj;
```

```
            while(oldp != NULL)
                { newp = oldp;  oldp = oldp->link;  free(newp); }
        }
        free(tmpV);
    }
```

若图中有 n 个顶点，e 条边，算法的时间复杂度为 O(n(n+e))，空间复杂度为 O(n)。

6-89 若有向图的邻接表表示为 G，设计一个算法，只使用一次深度优先搜索即可找出图 G 的强连通分量。

【解答】 任何一个强连通分量均可对应到一棵 DFS 生成树。在该树上最底层的某个顶点通过回边（该边在图中存在但在生成树中没有）可回到树的顶层的某个顶点，形成有向回路。因此，可通过一次深度优先遍历找出强连通分量。为了表示某个顶点在同一棵深度优先生成树上，需要定义一个数组 visited，其中所有元素的初值都设为 0，表示未被访问过。若某个元素 visited[k] = -1，表示已访问过且已被标识为属于另一个强连通分量。其他值表示元素按深度优先遍历时的次序。另一个数组是 ancestors，存放的是每个顶点能回到前面已访问过的哪一个顶点。当某个顶点 k 被访问时，ancestors[k]的值设为它在深度优先遍历时的序号，即 visited[k]的值，表示自己能够返回自己。当搜索它的每一个后继时，如果后继属于另一个强连通分量，则放弃这条搜索路径。如果它的后继是在这棵深度优先生成树上，将它的 ancestors 的值设为后继的 ancestors 的值。如果它的后继未被访问过，则继续遍历它的后继。这个算法是一个递归算法，算法的实现如下。

```
int find_DFS(ALGraph& G, int v, int visited[], int ancestors[], int& seq,
        int& count) {
    int ancestor, i;
    ++seq;  visited[v] = ancestors[v] = seq; //存储 DFS 访问序号
    for(EdgeNode *p = G.VerticesList[v].adj; p != NULL; p = p->link) {
        switch(visited[p->dest]) {              //根据后继的访问顺序判断
        case -1: break;                         //后继属于另一个强连通分量
        case 0:                                 //后继未被访问过
            ancestor = find_DFS(G, p->dest, visited, ancestors, seq,
                                count);
            if(ancestor < ancestors[v]) ancestors[v] = ancestor;
            break;
        default:                                //后继已在这棵树上
            ancestors[v] = ancestors[p->dest];
        }
    }
    if(visited[v] == ancestors[v]) {            //找到一个强连通分量
        ++count;
        printf("\n 第%d 个连通分量为: ", count);
        for(i = 0; i < G.numVertices; ++i)
            if(ancestors[i] == ancestors[v]) {
                printf("%c ", G.VerticesList[i].data);
                visited[i] = -1;
            }
```

```
        printf("\n");
        }
        return ancestors[v];
}
void findStrong(ALGraph& G) {
//算法调用方式 findStrong(G)。输入：用邻接表存储的图 G；输出：采用 DFS 遍历
//输出求得的有向图的所有强连通分量
        int visited[maxVertices], ancestors[maxVertices];
        int seq = 0, count = 0, i;              //seq 为顶点访问次序，count 为分量个数
        for(i = 0; i < G.numVertices; i++) visited[i] = 0;
        for(i = 0; i < G.numVertices; i++) {
            if(visited[i] != -1)                //顶点 i 不属于另一棵树，求强连通分量
            find_DFS(G, i, visited, ancestors, seq, count);
        }
}
```

若图中有 n 个顶点，e 条边，算法的时间复杂度为 $O(n(n+e))$，空间复杂度为 $O(n)$。

6-99　若有向图的邻接表表示为 G，设计一个算法，利用栈实现图的深度优先搜索，并找出 G 的强连通分量。

【解答】　算法基于图的深度优先搜索。每个强连通分量是深度优先生成树的一棵子树。在做深度优先搜索时，把当前未被访问的顶点加入一个栈，回溯时可以判断栈顶到栈中的顶点是否在一个强连通分量中。定义 dfn(u) 是顶点 u 的深度优先遍历的访问顺序号，low[u] 为 u 或 u 的子孙能够追溯到的最早的栈中顶点的访问顺序号。当 dfn[u] = low[u] 时，以 u 为根的生成子树上所有顶点在同一个强连通分量上。算法的实现如下。

```
void Tarjan(ALGraph& G, int u, int dfn[], int low[], int S[], bool inStack[],
            int belong[], int& top, int& num, int& seq) {
    dfn[u] = low[u] = ++seq;
    S[++top] = u;  inStack[u] = true;
    for(EdgeNode *p = G.VerticesList[u].adj; p != NULL; p = p->link) {
        int v = p->dest;
        if(dfn[v] == 0) {                           //未被访问过，v 是 u 的孩子
            Tarjan(G, v, dfn, low, S, inStack, belong, top, num, seq);
            if(low[v] < low[u]) low[u] = low[v];
        }
        else if(inStack[v] && dfn[v] < low[u]) low[u] = dfn[v];
    }
    if(dfn[u] == low[u]) {
        num++;
        do {
            v = S[top--];  inStack[v] = false;
            belong[v] = num;
        } while(u != v);
    }
}
void Tarjan_strong(ALGraph& G) {
```

```
//算法调用方式 Tarjan_strong(G)。输入：用邻接表存储的图 G；输出：采用 DFS 遍
//历输出求得的有向图的所有强连通分量
      int S[maxVertices];  int top = -1; //定义栈并初始化
      bool inStack[maxVertices];            //inStack[i]为 true 表示顶点 i 在栈中
      int dfn[maxVertices];                 //dfn[i]是顶点 i 的深度优先次序号
      int low[maxVertices];                 //low[i]是在栈中最小祖先访问顺序号
      int belong[maxVertices];              //存储顶点在第几个连通分量中
      int i, j, num = 0, seq = 0;           //num 是连通分量个数，seq 是到达时机
      for(i = 0; i < G.numVertices; i++) dfn[i] = 0;
      for(i = 0; i < G.numVertices; i++)
          if(dfn[i] == 0)
              Tarjan(G, i, dfn, low, S, inStack, belong, top, num, seq);
      for(i = 1; i <= num; i++) {
          printf("{");
          for(j = 0; j < G.numVertices; j++)
              if(belong[j] == i) printf("%c ", G.VerticesList[j].data);
          printf("}\n");
      }
}
```

若图中有 n 个顶点，e 条边，算法的时间复杂度为 O(n(n+e))，空间复杂度为 O(n)。

6-91　若有向图的十字链表表示为 G，设计一个算法，求图 G 的强连通分量。

【解答】　使用著名的 Kosaraju 算法求解。其步骤如下。

步骤 1：对原图 G 进行深度优先遍历，对每个顶点，一旦它们前进（出边方向）路上的邻接顶点不存在或全部访问过即记录之（可在顶点旁边附加数字标识记录顺序）。

步骤 2：从最晚记录的顶点开始，按入边进行第二次深度优先遍历，删除能够遍历到的顶点，这些顶点构成一个强连通分量。如果还有顶点没有删除，继续步骤 2，否则算法结束。

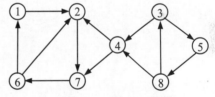

图 6-18　题 6-91 的图

例如，对于图 6-18 所示的有向图，使用 Kosaraju 算法强连通分量的过程如图 6-19 所示。

先从顶点 1 出发，做第一次深度优先搜索，各顶点的记录顺序如图 6-19（a）中各顶点旁边的数字所示：⑥⑦②①④⑧⑤③，虚线箭头是回溯方向。

然后从最后记录的顶点③开始，按入边方向做第二次深度优先搜索，虚线箭头是前进方向参看图 6-19（b）：③⑧⑤构成一个强连通分量，记录顺序还剩下⑥⑦②①④；再从④出发按入边方向做第二次深度优先搜索，只访问到它自己，顶点④自成一个强连通分量，

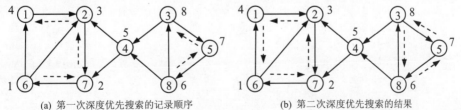

(a) 第一次深度优先搜索的记录顺序　　　　(b) 第二次深度优先搜索的结果

图 6-19　题 6-91 的图续

记录顺序还剩下⑥⑦②①；再从顶点①出发按入边方向做第二次深度优先搜索，①⑥⑦②构成一个强连通分量，记录顺序空。算法结束，得到 3 个强连通分量：$\{1, 2, 6, 7\}$，$\{4\}$，$\{3, 5, 8\}$。

算法的实现如下。

```
void DFS_outEdge(OrthoGraph& G, int v, int visited[], int& k, int finished[]){
//从顶点 v 开始按出边方向深度优先遍历有向图 G，visited 是访问标记数组，
//finished 是顺序记录遇阻塞顶点的数组，k 是 finished 的存放指针
    int w;  visited[v] = 1;                                  //作访问标记
    EdgeNode *p = G.VerticesList[v].firstout;                //出边表第一个结点
    while(p != NULL) {                                       //对出边表检查
        w = p->vertex2;                                      //顶点 v 的邻接顶点 w
        if(! visited[w])                                     //若 w 未被访问过
            DFS_outEdge(G, w, visited, k, finished);         //从 w 深度优先访问
        p = p->nextout;
    }
    finished[k++] = v;                                       //阻塞顶点记入 finished
}
void DFS_inEdge(OrthoGraph& G, int v, int visited[]) {
//从顶点 v 开始按入边方向深度优先遍历有向图 G，visited 是访问标记数组。
//每执行一次本算法，得到一个强连通分量
    int w;  visited[v] = 1;
    printf("%c ", G.VerticesList[v].data);                   //作访问标记，输出
    EdgeNode *p = G.VerticesList[v].firstin;                 //入边表第一个结点
    while(p != NULL) {                                       //对入边表检查
        w = p->vertex1;                                      //顶点 v 的邻接顶点 w
        if(!visited[w])                                      //若 w 未被访问过
            DFS_inEdge(G, w, visited);                       //从 w 深度优先访问
        p = p->nextin;
    }
}
void Kosaraju_SCCom(OrthoGraph& G) {
//算法调用方式 Kosaraju_SCCom(G)。输入：用十字链表存储的图 G；
//输出：使用 Kosaraju 算法输出求得的有向图的所有强连通分量
    int i, j, k, n = G.numVertices;
    int visited[maxVertices], finished[maxVertices];
    for(i = 0; i < n; i++) visited[i] = finished[i] = 0;
    k = 0;
    for(i = 0; i < n; i++)                                   //对所有顶点检查
        if(!visited[i])                                      //若未被访问过
            DFS_outEdge(G, i, visited, k, finished);         //按出边做 DFS 遍历
    for(i = 0; i < n; i++) visited[i] = 0;
    for(i = k-1; i >= 0; i--) {                              //检查 finished
        j = finished[i];                                     //finished[i]中顶点号
        if(!visited[j]) {                                    //该顶点未被访问过
            printf("输出强连通分量: ");
            DFS_inEdge(G, j, visited);                       //按入边做 DFS 遍历
            printf("\n");                                    //得到一个强连通分量
```

```
            }
        }
    }
```

若图中有 n 个顶点，e 条边，算法的时间复杂度为 O(n(n+e))，空间复杂度为 O(n)。

6-92　表示图的另一种方法是使用关联矩阵 INC[n][e]。其中，每一行对应于一个顶点，每一列对应于一条边，n 是图中顶点数，e 是边数。因此，如果边 j 依附于顶点 i，则 INC[i][j] = 1。图 6-20（b）就是图 6-20（a）所示无向图的关联矩阵。

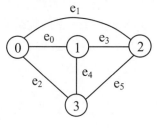

	e_0	e_1	e_2	e_3	e_4	e_5
v_0	1	1	1	0	0	0
v_1	1	0	0	1	1	0
v_2	0	1	0	1	0	1
v_3	0	0	1	0	1	1

(a) 无向图　　　　　　　　　　　　(b) 关联矩阵

图 6-20　题 6-92 的图

注意，在使用关联矩阵时应把图 6-20（a）中所有的边从上到下、从左到右顺序编号。

（1）如果 ADJ 是图 G = (V, E) 的邻接矩阵，INC 是关联矩阵，试说明在什么条件下将有 ADJ = INC×INC^T–I，其中，INC^T 是矩阵 INC 的转置矩阵，I 是单位矩阵。两个 n×n 的矩阵的乘积 C = A×B 定义为

$$c_{ij} = \bigcup_{k=0}^{n-1} a_{ik} \bigcap b_{kj}$$

式中，"$\bigcup$"定义为按位加；"$\bigcap$"定义为按位乘。

（2）以关联矩阵为存储结构，实现图的 DFS 的递归算法。

【解答】（1）当图中的顶点个数等于边的条数时，ADJ = INC×INC^T–I 成立；否则，INC×INC^T 的乘积是一个 e×e 的方阵，ADJ 不是邻接矩阵，e 是边数。

（2）与使用邻接矩阵执行 DFS 遍历算法比较，使用关联矩阵执行 DFS 要解决查找某指定顶点的全部邻接顶点问题。为此，需要使用两个操作查找顶点 v 的第一个邻接顶点和下一个邻接顶点，这在 6.2.5 节题 6-56 和题 6-57 已经实现。利用这两个操作，就可以使用常规的 DFS 算法遍历图了。算法的实现如下。

```
void DFS(GraphAMT& G, int v, int visited[]) {
//从顶点位置 v 出发，以深度优先的次序访问所有可读入的未被访问过的顶点
//算法中用到一个辅助数组 visited, 对已访问过的顶点作访问标记
    printf("%c ", G.VerticesList[v]);  visited[v] = 1; //访问顶点 v
    for(int w = FirstNeighbor(G, v); w != -1; w = NextNeighbor(G, v, w))
        if(!visited[w]) DFS(G, w, visited);            //递归访问顶点 w
}
void Components(GraphAMT& G) {
//算法调用方式 Components(G)。输入：用关联矩阵存储的图 G；输出：使用 DFS
//算法输出求得的无向图的所有连通分量
```

```
        int i, visited[maxVertices];                //visited 记录顶点是否访问过
        for(i = 0; i < G.numVertices; i++) visited[i] = 0;
        for(i = 0; i < G.numVertices; i++)          //顺序扫描所有顶点
            if(!visited[i]) {                        //若没有访问过，则访问
                printf("{");
                DFS(G, i, visited);
                printf("}\n");                       //输出这个连通分量
            }
}
```

若图中有 n 个顶点，e 条边，算法的时间复杂度为 O(n(n+e))，空间复杂度为 O(n)。

6.3.5 双连通图的关节点

1. 双连通图与关节点

在无向连通图 G 中，顶点 v 被称为一个关节点（或割点），当且仅当删去 v 以及依附于 v 的所有边之后，G 将被分割成至少两个连通分量。

一个没有关节点的连通图称为双连通图。在双连通图上，任何一对顶点间至少存在两条路径，在删去某个顶点及与该顶点相关联的边后，不会破坏图的连通性。

为了找出无向连通图 G 的各个双连通分量，可以利用 DFS 生成树。

- DFS 生成树的根是关节点的充要条件是它至少有两个子女。
- DFS 生成树的叶结点不是关节点。
- DFS 生成树上除叶结点外，其他任一非根顶点 u 不是关节点的充要条件是，它的子女 w 可以沿着某条路径（包括绕过它的子孙）通往 u 的某一祖先。这条路径上的某些边属于图但可以不在 DFS 生成树上，称这样的边为回边。

2. 双连通图相关的算法

6-93 若连通图的邻接表表示为 G，设计一个算法，判断图 G 中是否存在关节点，若存在，输出关节点。

【解答】 首先对图 G 从顶点 0 开始做 DFS 搜索，得到一棵 DFS 生成树，并在辅助数组 dfn[]中记录各顶点的访问顺序，称为深度优先数。确定图 G 的一个顶点 v 的原则是：

- 若顶点 v 是 DFS 生成树的根，且有两个或两个以上的子树，则它是图 G 的关节点。
- 若顶点 v 既不是 DFS 生成树中的根，也不是叶，且其子树中所有结点都没有与 v 的祖先相通的回边，则 v 是关节点。

为了计算顶点与哪个祖先结点有关系，对图 G 的每一个顶点 u 定义一个 low 值，low[u] 是从 u 或 u 的子孙出发通过回边可以到达的最低深度优先数。low[u]定义如下：

```
low[u] = Min{dfn[u], Min{low[w] | w是u的子女}, Min{dfn[x] |(u, x)是一条回边}}
```

dfn[u]是在 DFS 生成树中结点 u 的深度优先数。low[u]是从①u 的深度优先数，②u 的回边所折回的最小祖先，③u 的子女 w 的回边所折回的最小祖先中选取出的最小者。如果 low[w]≥dfn[u]，这时 w 及其子孙不存在指向顶点 u 的祖先的回边，u 是关节点。

算法的实现如下。

```
void DfnLow(ALGraph& G, int dfn[], int low[], int u, int v, int& num) {
```

```
//从顶点 u 开始深度优先搜索计算 dfn 和 low。在生成的生成树中 v 是 u 的双亲
    dfn[u] = low[u] = num++;              //给予访问计数器 num 及 dfn[u]、low[u]初值
    int w;
    for(EdgeNode *p = G.VerticesList[u].adj; p != NULL; p = p->link){
        w = p->dest;                              //取顶点 u 的所有邻接顶点 w
        if(dfn[w] == 0) {                         //未被访问过，w 是 u 的子女
            DfnLow(G, dfn, low, w, u, num);  //递归深度优先搜索
            low[u] = (low[u] < low[w]) ? low[u] : low[w];
            if(u != 0 && low[w] >= dfn[u])        //u 的子孙没有到 u 祖先的回边
                printf("%c是关节点! \n", G.VerticesList[u].data);
        }
        else if(w != v)
            low[u] = (low[u] < low[w]) ? low[u] : low[w];
    }
}
void Biconnected(ALGraph& G) {
//算法调用方式 Biconnected(G)。输入：用邻接表存储的图 G；输出：使用 DFS 算
//法输出求得的所有关节点
//从顶点 x 开始深度优先搜索
    int num = 1;                               //num 是访问计数器，是一个整数
    int dfn[maxVertices];                      //dfn 是保存深度优先数的数组
    int low[maxVertices];                      //low 是保存最小祖先访问顺序号的数组
    for(int i = 0; i < G.numVertices; i++) { dfn[i] = low[i] = 0; }
    DfnLow(G, dfn, low, 0, -1, num);
}
```

6.4　最小生成树

6.4.1　最小生成树的概念与定义

1. 最小生成树的概念

一个连通图的生成树是原图的极小连通子图，它包含原图中的所有顶点，而且有尽可能少的边。这意味着对于生成树来说，若删除它的一条边，就会使生成树变成非连通图；若给它增加一条边，就会形成图中的一个回路。

对于一个连通网络（即带权连通图），构成最小生成树的准则有三条：

（1）有 n 个顶点的生成树有且仅有 n-1 条属于该网络的边来联结所有的顶点。

（2）不能使用产生回路的边。

（3）树的总代价达到最小，即树中所有边的权值总和达到最小。

注意：最小生成树的总代价一定是最小，但这并不表明各边的代价一定最小。

2. 构造最小生成树的方法

（1）避圈法。按边的权值，从小到大依次添加边到生成树中，如果构成圈则不选。这类构造最小生成树的方法主要有 2 种：Prim 算法和 Kruskal 算法。

（2）破圈法。按边的权值，删除圈中权值最大的边。这类构造最小生成树的方法主要

有 2 种：管梅谷算法和 Dijkstra 算法。

构造最小生成树的几个要点：

（1）如果连通带权图中各边上的权值互不相等，构造出来的最小生成树是唯一的。

（2）如果存在权值相等的边，若采用邻接矩阵存储，则构造出来的最小生成树是唯一的。若采用邻接表存储，由于选择边的次序不同，构造出来的最小生成树是不唯一的，不过它们总的权值之和应相同。

（3）小根堆用于 Kruskal 算法存储所有的边，是为了选权值最小的边；用于 Prim 算法，存储从生成树内的顶点到生成树外顶点的所有的边。

3. 最小生成树的类型定义

最小生成树的结构定义如下（存放于头文件 MinSpanTree.h 中）。

```
#include<stdio.h>
#define maxSize 20                          //数组默认大小
#define maxValue 32767                      //机器可表示、问题中不可能出现的大数
typedef int WeightType;                     //权值的数据类型
typedef struct {                            //最小生成树边结点的结构定义
    int v1, v2;                             //两顶点的顶点编号
    WeightType key;                         //边上的权值，为结点关键码
} MSTEdgeNode;
typedef struct {                            //最小生成树的结构定义
    MSTEdgeNode edgeValue[maxSize];         //用边值数组表示树
    int n;                                  //数组当前元素个数
} MinSpanTree;
void InitMinSpanTree(MinSpanTree& T){       //最小生成树初始化：构造一棵空树
    T.n = 0;
}
void printMinSpanTree(MinSpanTree& T){      //输出一棵最小生成树
    for(int i = 0; i < T.n; i++)
        printf("%d, %d, %d ",
                T.edgeValue[i].v1, T.edgeValue[i].v2, T.edgeValue[i].key);
    printf(" \n");
}
```

6.4.2 最小生成树相关的算法

6-94 若一个带权连通图 G 采用邻接矩阵存储，设计 Prim 算法的一个实现，从指定顶点 v 出发，构造图 G 的最小生成树。

【解答】 Prim 算法的基本思想是：从带权连通图 G = {V, E}中的某一顶点 u 出发，选择与它关联的具有最小权值的边(u, v)，将其顶点 u 和 v 从 V 移入到生成树的顶点集合 U 中。以后每一步从一个顶点 u 在 U 中，而另一个顶点 v 不在 U 中的各条边当中选择权值最小的边(u, v)，把顶点 v 从 V 移入到 U 中，这意味着边(u, v)加入到生成树的边集合中。如此继续下去，直到 V 中的所有顶点都移入到 U 中，V 变空为止。

Prim 算法的实现步骤如下：

（1）从邻接矩阵第 v 行把非 0 非无穷大的 k 个矩阵元素取出，作为候选边存入生成树

的边数组 T。

（2）从 i = 0 到 n-2，重复执行 n-1 次，把 n-1 条权值最小的边加入 T：

- 从 i 到 k-1，选择权值最小的边 T[minPos]。
- 设该边的终顶点为 u，从邻接矩阵第 u 行取出对角线后的非 0 非无穷大的矩阵元素，作为新的候选边存入 T。
- 将最小权值的边 T[minPos] 与 T[i] 对调，将最小权值的边存在 T 的前边。

首先定义最小生成树类型如下：

```
#define maxSize 20                            //数组默认大小
#define maxValue 32767                        //问题中不可能出现的大数
typedef int WeightType;                       //权重的数据类型
typedef struct {                              //最小生成树边结点的结构定义
    int v1, v2;                               //两顶点的顶点编号
    WeightType key;                           //边上的权值，为结点关键码
} MSTEdgeNode;
typedef struct {                              //最小生成树的结构定义
    MSTEdgeNode edgeValue[maxSize];           //用边值数组表示树
    int n;                                    //数组当前元素个数
} MinSpanTree;
void InitMinSpanTree(MinSpanTree& T) {        //最小生成树初始化：构造一棵空树
    T.n = 0;
}
```

算法的实现如下。

```
void PrimMST(MGraph& G, MinSpanTree& T, int v) {
//算法调用方式 PrimMST(G, T, v)。输入：用邻接矩阵存储的带权连通图 G，指定顶
//点的顶点号 v；输出：从顶点 v 开始构造图 G 的最小生成树 T
    MSTEdgeNode e;  int i, j, k = 0, minPos, u;  WeightType minVal;
    int n = G.numVertices;                    //图中实际顶点个数
    int visited[maxVertices];
    for(i = 0; i < G.numVertices; i++) visited[i] = 0;
    for(i = 0; i < n; i++)                     //从第 v 行选,0 到 k-1 为候选边
        if(G.Edge[v][i] > 0 && G.Edge[v][i] < maxValue) {
            T.edgeValue[k].v1 = v; T.edgeValue[k].v2 = i;
            T.edgeValue[k++].key = G.Edge[v][i];  //初始候选边集合
        }
    T.n = k;
    for(i = 0; i < n-1; i++)    {              //重复 n-1 次选最小边
        minVal = T.edgeValue[i].key;  minPos = i;
        for(j = i+1; j < T.n; j++)             //从 i 到 k-1 检查候选边
            if(T.edgeValue[j].key < minVal) {  //选最小值的候选边
                minVal = T.edgeValue[j].key;
                minPos = j;                    //最小权值边在 T[minPos]
            }
        visited[T.edgeValue[minPos].v1] = 1;
        u = T.edgeValue[minPos].v2;            //最小权值边的终顶点
```

```
        for(j = 0; j < n; j++)                          //修改候选边集合
            if(G.Edge[u][j] > 0 && G.Edge[u][j] < maxValue &&
              ! visited[j]) {
                T.edgeValue[k].v1 = u;  T.edgeValue[k].v2 = j;
                T.edgeValue[k++].key = G.Edge[u][j];
                T.n++;                                    //增加依附 u 的新候选边
            }
        if(i != minPos) {                                //最小权值边交换到 T[i]
            e = T.edgeValue[i];  T.edgeValue[i] = T.edgeValue[minPos];
            T.edgeValue[minPos] = e;
        }
    }
    T.n = n-1;
}
```

若图中有 n 个顶点，算法的时间复杂度为 $O(n^2)$，空间复杂度为 $O(n)$。

6-95 若一个带权连通图采用邻接矩阵表示存储，Prim 算法的另一种实现是设置两个辅助数组 lowcost 和 neaarcex，用以记录构造过程中当前的状态：

- lowcost[i]：存放生成树顶点集合内顶点到生成树外顶点 i 的边上当前最小权值。
- nearvex[i]：记录生成树顶点集合外顶点 i 距离集合内哪个顶点最近（即权值最小）。

设计 Prim 算法的一个实现，从指定顶点 v 出发，借助这两个辅助数组构造图 G 的最小生成树。

【解答】 若选择从顶点 0 出发，即 v = 0，在生成树顶点集合内最初只有一个顶点 0，故在 nearvex 数组中，只有表示顶点 0 的数组元素 nearvex[0] = -1，其他都是 0，表示集合外各顶点 i（0 < i < n）距离集合内最近的顶点是 0。数组 lowcost [i] 的内容则是从邻接矩阵的第 0 行复制而来，表示从顶点 0 到集合外各顶点的边上的最小权值（不考虑自己到自己的边）。然后反复做以下工作：

（1）在 lowcost[ ] 中选择 nearvex[i]≠-1 且 lowcost[i] 最小的边 i，用 v 标记它，则选中的权值最小的边为 (nearvex[v], v)，相应的权值为 lowcost[v]。

（2）将 nearvex[v] 改为 -1，表示它已加入生成树顶点集合。将边 (nearvex[v], v, lowcost[v]) 加入生成树的边集合。

（3）取 lowcost[i] = min { lowcost[i], Edge[v][i] }，即用生成树顶点集合外各顶点 i 到刚加入该集合的顶点 v 的距离 Edge[v][i] 与原来 i 到生成树顶点集合中顶点的最短距离 lowcost[i] 做比较，取距离近的作为这些集合外顶点到生成树顶点集合内顶点的最短距离。

（4）如果生成树顶点集合外顶点 i 到刚加入该集合的顶点 v 的距离比原来它到生成树顶点集合中顶点的最短距离还要近，则修改 nearvex[i] = v，表示生成树外顶点 i 到生成树内顶点 v 当前距离最近。

普里姆算法的实现如下。

```
#include<inSpanTree.h>
void Prim(MGraph& G, MinSpanTree& T, int v) {
//算法调用方式 Prim(G, T, v)。输入：用邻接矩阵表示存储带权连通图 G，指定开始
//顶点 v；输出：使用 Prim 算法从顶点 v 出发创建图 G 的最小生成树 T
```

```
    int i, j, k = 0, n = G.numVertices;        //n 是图中顶点数，k 是存放指针
    Weight *lowcost =(Weight *) malloc(n*sizeof(Weight)); //创建辅助数组
    int *nearvex =(int *) malloc(n*sizeof(int));          //创建辅助数组
    for(i = 1; i < n; i++)                      //顶点 0 到各边代价及最短带权路径
        { lowcost[i] = G.Edge[0][i]; nearvex[i] = 0; }
    nearvex[0] = -1;                            //顶点 0 加到生成树顶点集合
    MSTEdgeNode e;  Weight min;
    for(i = 1; i < n; i++) {                    //循环 n-1 次，加入 n-1 条边
        min = maxWeight;  v = 0;                //求树外顶点到树内顶点具最小权的边
        for(j = 0; j < n; j++)                  //确定当前具最小权值的边及顶点位置
            if(nearvex[j] != -1 && lowcost[j] < min)
                { v = j;  min = lowcost[j]; }
        if(v != 0) {                            //k=0 表示再也找不到要求的顶点了
            e.v1 = nearvex[v];  e.v2 = v;  e.key = lowcost[v];
            T.edgeValue[k++] = e;               //新选中的边加入生成树 T
            nearvex[v] = -1;                    //加入生成树顶点集合
            for(j = 1; j < n; j++)              //修改树外顶点到树内顶点的最小权值
                if(nearvex[j] != -1 && G.Edge[v][j] < lowcost[j])
                    { lowcost[j] = G.Edge[v][j];  nearvex[j] = v; }
        }
        T.n = k;
    }
}
```

若图中有 n 个顶点，算法的时间复杂度为 $O(n^2)$，空间复杂度为 $O(n)$。

6-96 在 Prim 算法的实现中，若采用小根堆按照边的权值大小来组织所有的边，可以提高选择权值最小边的速度。设计一个算法，对于采用邻接矩阵存储的带权连通图 G，从指定顶点 v 出发，构造图 G 的最小生成树。

【解答】 本题实现的 Prim 算法需要一个小根堆存储图的边，每次选出一个端顶点在生成树中，另一个端顶点不在生成树的权值最小的边(u, v)，它正好在小根堆的堆顶，将其从堆中退出，加入生成树中。然后将新出现的所有一个端顶点在生成树中，另一个端顶点不在生成树的边都插入小根堆中。下一次迭代中，新的一条满足要求的权值最小的边又上升到小根堆的堆顶。如此重复 n-1 次（n 是图中顶点个数），最后创建起该图的最小生成树。算法的实现如下。

```
#include<minHeap.h>
#include<MinSpanTree.h>
void Prim(MGraph& G, int u0, MinSpanTree& T) {
//算法调用方式 Prim(G, u0, T)。输入：用邻接矩阵表示存储的带权连通图 G，指定
//的出发顶点 u0；输出：使用 Prim 算法从 u0 出发构造出来的最小生成树 T
    MSTEdgeNode x;  int i, u, v, count;
    int n = G.numVertices, m = G.numEdges;     //顶点数和边数
    minHeap H;  InitMinHeap(H);                //小根堆
    int Vmst[maxVertices];                     //最小生成树顶点集合
    for(i = 0; i < n; i++) Vmst[i] = 0;
    Vmst[u0] = 1; u = u0;                      //u0 加入生成树
```

```
    count = 1;  T.n = 0;
    do {                                        //迭代，逐条边加入生成树
        for(v = FirstNeighbor(G, u); v != -1; v = NextNeighbor(G, u, v))
        if(!Vmst[v]) {                          //若 v 不在生成树,(u, v)加入堆
            x.v1 = u; x.v2 = v;  x.key = getWeight(G, u, v);
            Insert(H, x);
        }
        while(!HeapEmpty(H) && count < n) {
            Remove(H, x);                       //从堆中退出具最小权重的边
            if(Vmst[x.v2] == 0) {               //判是否会构成回路, 不会则
                T.edgeValue[T.n++] = x;         //该边存入最小生成树
                u = x.v2;  Vmst[u] = 1;         //u 加入 Vmst
                count++;  break;
            }
        }
    } while(count < n);
}
```

若图中有 n 个顶点，e 条边，算法的迭代次数为 O(n)，每次迭代将平均 2e/n 条边插入小根堆中，e 条边从堆中删除，堆的插入和删除操作时间复杂性均为 $O(\log_2 e)$，则总的时间复杂度为 $O(e\log_2 e)$，空间复杂度为 O(n)。

6-97　一个带权图可能不连通，改写 Prim 算法，输出其所有的最小生成树。

【解答】　调用一次 Prim 算法，可得一个连通分量的最小生成树，改写 Prim 算法，可以输出图中所有连通分量的最小生成树。算法约定从顶点 s = 0 开始，其思路如下：

（1）算法设置一个数组 U[n]作为最小生成树顶点集合，U[i] = 1/0 表示顶点 i 在/不在最小生成树中；还要置两个辅助数组 mincost[n]和 nearvex[n]，nearvex[i]记录顶点 i 到 U 中哪个顶点距离最短，mincost[i] 记录顶点 i 到 U 中相应顶点的权值（最短距离）。

（2）把邻接矩阵第 0 行所有权值复制给 mincost，顶点号 0 赋与 nearvex，U[0] = 1。

（3）反复执行下列步骤①和步骤②，直到 U 中所有顶点都为 1 为止：

① 在 mincost 中所有 U[i] = 0 的权值中选择最小权值 mincost[k]。

② 如果 k≠0，则选到一条权值最小的边：

* 输出这条边(nearvex[k], k, mincost[k])；将 k 加入 U 中，顶点计数 count 加 1。

* 对于所有属于 V−U 集合的顶点 j，如果 G.Edge[k][j] < mincost[j]则修改辅助数组，属于 V−U 的顶点 j 到属于 U 的顶点 k 的边作为新的候选边。

（4）如果 k = 0，则没有选出权值最小的边，属于 V−U 的顶点一定属于另一个连通分量，在 U 中找到一个 U[i] = 0 的顶点 i，从它开始构造下一棵最小生成树。

算法的实现如下。

```
void Prim(MGraph& G) {
//算法调用方式 Prim(G)。输入：用邻接矩阵表示存储的带权非连通图 G;
//输出：使用 Prim 算法输出所有构造出来的最小生成树
    int i, j, v, count, n = G.numVertices;  Weight min;
    Weight lowcost[maxVertices];                    //创建记最小权值的数组
    int nearvex[maxVertices];                       //创建记最近顶点的数组
```

```
        bool U[maxVertices];                        //创建集合数组
        for(i = 0; i < n; i++) {                     //辅助数组初始化
            U[i] = false;
            lowcost[i] = G.Edge[0][i];  nearvex[i] = 0;
        }
        U[0] = true;  count = 1;                     //顶点 0 加到生成树顶点集合
        while(count < n) {                           //循环，再加入 n-1 个顶点
          min = maxValue;  v = 0;                    //求具最小权值的边
          for(j = 0; j < n; j++)                     //U[j]= 0 顶点 j 属于 V-U 集合
              if(!U[j] && lowcost[j] < min)
                 { v = j;  min = lowcost[j]; }
              if(v) {                                //v≠0 为最小权值边终顶点
                  printf("(%d, %d, %d) ", nearvex[v], v, lowcost[v]);
                  U[v] = true;  count++;             //顶点 v 加入生成树顶点集合
                  for(j = 0; j < n; j++)             //修改 U-V 的顶点
                      if(! U[j] && G.Edge[v][j] < lowcost[j])
                          { lowcost[j] = G.Edge[v][j];  nearvex[j] = v; }
              }
              else {                                 //v = 0 不再有具最小权值的边
                  printf("\n");
                  for(i = 0; i < n; i++)             //查找仍属于 V-U 的顶点 i
                      if(!U[i]) break;
                  U[i] = 1;  count++;
                  for(j = 0; j < n; j++)             //对于所有属于 V-U 的顶点
                      if(!U[j]) {                    //从顶点 i 开始求最小生成树
                          lowcost[j] = G.Edge[i][j];
                          nearvex[j] = i;
                      }
              }
        }
        printf("\n");
}
```

若图中有 n 个顶点，e 条边，算法的时间复杂度为 O(n³)，空间复杂度为 O(n)。

6-98 若图 G 采用邻接表存储，修改 Prim 算法，求图 G 的最小生成森林，并采用子女-兄弟链表存储最小生成森林。

【解答】 在 Prim 算法基础上，为根据下标 (i, j) 求得最小生成森林，需要先查找顶点 i 在子女-兄弟链表中的结点地址，再创建新结点 j，插入子女-兄弟链表中。算法中使用了 closeEdge[maxEdges]数组存放当前候选边，其结构定义为

```
typedef struct Edge { int nearvex; Weight lowcost };
```

其中，lowcost 是候选边中具有最小权值的边的权值，nearvex 是具有最小权值的边的另一顶点。算法的时间复杂度为 O(n²)。算法的实现如下。

```
#include<CSTree.h>
#define maxValue 32767
```

```
CSTree Locate_i(CSTree T, DataType x) {
//在以 T 为根的子女-兄弟链表中查找值为 i 的结点，通过函数返回该结点的地址
    if(T == NULL) return NULL;                      //递归到空树，返回 NULL
    CSNode *p = T, *q;                              //非空树，从根开始查找
    if(p->data == x) return p;                      //*p 的值为 x，返回 p
    q = Locate_i(p->lchild, x);                     //递归到*p 的子树查找
    if(q != NULL) return q;                         //子树查到，返回结点地址
    else return Locate_i(p->rsibling, x);           //否则递归到*p 的兄弟查找
}
void Add_to_Forest(ALGraph& G, CSTree& T, int i, int j) {
//把图 G 中的边(i,j)添加到子女-兄弟链表表示的树 T 中
    CSNode *p, *q, *r;
    p = Locate_i(T, G.VerticesList[i].data);        //查找结点 i 对应结点的指针 p
    if(p == NULL) printf("p == NULL\n");
    q =(CSNode*) malloc(sizeof(CSNode));            //创建 j 结点
    q->data = G.VerticesList[j].data;  q->lchild = q->rsibling = NULL;
    if(p == NULL) {                                 //结点 i 不属于森林中已有的树
        p =(CSNode*) malloc(sizeof(CSNode));
        p->data = G.VerticesList[i].data;  p->lchild = p->rsibling = NULL;
        if(T == NULL) T = p;                        //原为空树
        else {
            for(r = T; r->rsibling != NULL; r = r->rsibling);
            r->rsibling = p;                        //作为新树插入最右侧
            printf("rs : %c -> %c\n", r->data, p->data);
        }
        p->lchild = q;
        printf("lc : %c -> %c\n", p->data, q->data);
    }
    else if(p->lchild == NULL) {                    //双亲还没有子女
        p->lchild = q;                              //作为双亲的第一个子女
        printf("lc : %c -> %c\n", p->data, q->data);
    }
    else {                                          //双亲已经有了子女
        for(r = p->lchild; r->rsibling != NULL; r = r->rsibling);
        r->rsibling = q;                            //双亲最后一个子女的兄弟
        printf("rs : %c -> %c\n", r->data, q->data);
    }
}
void Forest_Prim(ALGraph& G, int v, Edge closeEdge[], CSTree& T) {
//算法调用方式 Forest_Prim(G, v, closeEdge, T)。输入：用邻接表存储的带权连通
//图，选边的起始端顶点 v，候选边集合数组 closeEdge，生成森林的根 T(调用前
//置 T = NULL)；输出：从顶点 v 开始执行 Prim 算法创建其最小生成森林的子女-兄弟
//链表示 T
    int i, j, min;  EdgeNode *p;
    closeEdge[v].lowcost = -1;
    for(j = 0; j < G.numVertices; j++)
        if(j != v && closeEdge[j].lowcost != -1){//v 到其他顶点 j 的边作为候选边
```

```
                closeEdge[j].nearvex = v;
                closeEdge[j].lowcost = maxValue;
                for(p = G.VerticesList[j].adj; p != NULL; p = p->link)
                    if(p->dest == v) closeEdge[j].lowcost = p->cost;
        }
    for(i = 0; i < G.numVertices; i++)
        if(i != v) {
            for(j = 0; j < G.numVertices; j++)
                if(closeEdge[j].lowcost >= 0)            //选择权值最小的边
                    { min = j;      break; }
            if(j == G.numVertices) return;               //都已选过, 结束
            for(j = 0; j < G.numVertices; j++)
                if(closeEdge[j].lowcost >= 0 &&
                    closeEdge[j].lowcost < closeEdge[min].lowcost) min = j;
            if(closeEdge[min].lowcost < maxValue){  //选出的边加入生成森林
                Add_to_Forest(G, T, closeEdge[min].nearvex, min);
                closeEdge[min].lowcost = -1;            //置已选标记, 修改相关边
                for(p = G.VerticesList[min].adj; p != NULL; p = p->link)
                    if(closeEdge[p->dest].lowcost >= 0 &&
                        p->cost < closeEdge[p->dest].lowcost) {
                        closeEdge[p->dest].lowcost = p->cost;
                        closeEdge[p->dest].nearvex = min;
                    }
            }
            else Forest_Prim(G, min, closeEdge, T);
        }
}
```

若图中有 n 个顶点, e 条边, 算法的时间复杂度为 O(n(n+e)), 空间复杂度为 O(n)。

6-99 已知有 n 个顶点和 e 条边的带权无向图, 它的所有边都按权值从小到大依次存放在一个边值数组 EdgeValue 中, 其每个边结点的结构定义是:

```
#define maxEdges 100                        //图的最大边数
typedef int Weight;                         //边上的权值类型
typedef struct ENode {                      //边结点类型定义
    int v1, v2;                             //该边依附的两个顶点的顶点号
    Weight key;                             //边的权值
} MSTEdgeNode;
```

请在此基础上实现输出最小生成树的边的 kruskal 算法。

【解答】 Kruskal 算法的基本思想是: 设有一个带权连通图 N = {V, E}, 顶点集合 V 中有 n 个顶点。最初先构造一个包括全部 n 个顶点和 0 条边的非连通图 F, 每个顶点自成一个连通分量 T_i (0≤i≤n-1), 并把 E 中所有的边按其权值从小到大排列放到 edgeValue 边值数组中。以后每一步从 edgeValue 中移出一条权值最小的边, 如果它的两个端点在 F 的不同连通分量上, 则把该边和它的两个端点加入到生成树中, 并把这两个连通分量合并; 如果它的两个端点在同一个连通分量上, 此边放弃, 不加入生成树。如此重复, 经过 n-1

步合并，最终得到一棵有 n-1 条边的各边权值总和达到最小的最小生成树。

如果所有的边都检查完还未选取够 n-1 条边，那么说明该图不连通，无最小生成树。在选取一条边时，为了便于检查是否构成回路，可采用并查集。算法的实现如下。

```
#include<UFSets.h>
#include<MinSpanTree.h>
void Kruskal_MST(MSTEdgeNode EV[], int n, int e, MinSpanTree& T) {
//算法调用方式 Kruskal_MST(EV, n, e, T)。输入：带权连通图的边值数组 EV，图的
//顶点数 n，边数 e，生成森林的根 T(调用前置 T = NULL)；输出：执行 Kruskal 算
//法，从已按 key 排好序的边值数组 EV 中顺序取出边，创建最小生成树 T
    int k, u, v, count;
    UFSets Uset;  Initial(Uset);             //创建并查集 Vset 并初始化
    T.n = 0;  k = 0;  count = 0;             //最小生成树初始化：构造一棵空树
    while(count < n-1) {                     //仅需 n-1 条边即可构成生成树
        u = Find(Uset, EV[k].v1);  v = Find(Uset, EV[k].v2);
        if(u != v) {
            T.edgeValue[T.n++] = EV[k];
            Merge(Uset, u, v);
            count++;
        }
        k++;
    }
    if(count >= n) printf("该图不连通，无最小生成树! \n");
    else {
        printf("该图的最小生成树是 ");
        for(int i = 0; i < T.n; i++)
            printf("(%d,%d,%d)",
                    T.edgeValue[i].v1, T.edgeValue[i].v2, T.edgeValue[i].key);
        printf(" \n");
    }
}
```

若图中有 n 个顶点，e 条边，算法的时间复杂度为 O(n+e)，空间复杂度为 O(n)。

6-100　若图 G 采用邻接表存储，设计一个算法，利用小根堆选取权值最小的边，利用并查集判断和合并连通分量，实现 Kruskal 算法。

【解答】改写小根堆的基本运算，使之适合于求最小生成树的需求，堆元素的数据类型是 MSTEdgeNode。其他算法细节与题 6-99 相同。算法的实现如下。

```
#include<UFSets.h>                           //并查集
#include<minHeap.h>
#include<MinSpanTree.h>
void Kruskal_MST(ALGraph& G, MinSpanTree& T) {
//算法调用方式 Kruskal_MST(G, T)。输入：用邻接表存储的带权连通图 G，生成树
//的根 T(调用前置 T = NULL)；输出：执行 Kruskal 算法创建最小生成树 T
    int i, j, u, v;  MSTEdgeNode w;
    UFSets Uset;  Initial(Uset);             //创建并查集 Vset 并初始化
    InitMinSpanTree(T);                      //最小生成树初始化：构造一棵空树
```

```
minHeap H;  InitMinHeap(H);
int n = NumberOfVertices(G), e = NumberOfEdges(G);
for(i = 0; i < n; i++)
    for(j = FirstNeighbor(G, i); j != -1; j = NextNeighbor(G, i, j)){
        if(i < j) {
            w.v1 = i;  w.v2 = j;  w.key = getWeight(G, w.v1, w.v2);
            Insert(H, w);
        }
    }
j = 0;
while(j < n-1) {
    if(!HeapEmpty(H)) Remove(H, w);
    else break;
    printf("从小根堆退出边(%d, %d, %d)  ", w.v1, w.v2, w.key);
    u = Find(Uset, w.v1);  v = Find(Uset, w.v2);
    if(u != v) {
        T.edgeValue[T.n].v1 = w.v1;  T.edgeValue[T.n].v2 = w.v2;
        T.edgeValue[T.n++].key = w.key;
        printf("加入最小生成树\n");
        Merge(Uset, u, v);
        j++;
    }
    else printf("舍弃\n");
}
if(j < n-1) printf("该图不连通, 无最小生成树! \n");
}
```

若图中有 n 个顶点，e 条边，算法的时间复杂度为 $O(\max\{(n+e), n\log_2 e\})$，空间复杂度为 $O(n)$。

6-101　计算带权连通图的最小生成树的 Dijkstra 算法思路如下：

（1）将连通图所有的边以方便的次序逐条加入到初始为空的生成树的边集合 T 中。

（2）每次选择并加入一条边时，需要判断它是否会与先前加入 T 中的边构成回路：

• 如果构成了回路，则从这个回路中将权值最大的边退选。

• 如果不构成回路，则将这条边加入到最小生成树中。

以邻接矩阵作为带权连通图的存储结构（仅使用矩阵的上三角部分），设计一个算法，根据 Dijkstra 算法的思路求图的最小生成树。

【解答】　算法基于邻接矩阵的上三角部分，实现的步骤如下：

（1）扫描邻接矩阵的上三角部分，把所有非 0 非无穷大的元素加入生成树 T。

（2）令 $i = 0, 1, \cdots$，逐条选择 T 中的边，执行以下操作：

• 判断选择的边（u, v）是否处于图中的一个回路中，用 aPath 记下这个回路中的边。

• 在 aPath 中选出权值最大的边，设它在 aPath 中的位置为 k。

• 在生成树 T 中删除这条边，并在图 G 的上三角部分把这条边的权值改为无穷大。

（3）如果生成树的边数等于顶点数减 1（k = n-1），算法结束。

算法的实现如下。

```
void DFS_path(MGraph& G, int u, int v, int visited[], int aPath[], int& k,
              int& found) {
//递归算法：函数检查是否有从顶点 u 到顶点 v 的简单路径，若有则 found 返回 1
//且在 aPath 中得到此路径上的顶点序列，k 返回路径上的顶点个数
    visited[u] = 1;
    for(int w = FirstNeighbor(G, u); w != -1; w = NextNeighbor(G, u, w)){
        if(w == v) { aPath[k++] = v;  found = 1;  return; }
        if(!visited[w]) {
            aPath[k++] = w;
            DFS_path(G, w, v, visited, aPath, k, found);
            if(found == 1) return;
        }
    }
    k--;
}
void Dijkstra(MGraph& G, MinSpanTree& T) {
//算法调用方式 Dijkstra(G, T)。输入：用邻接矩阵存储的带权连通图 G，生成树的根
//T（调用前置 T = NULL）；输出：执行 Dijstra 算法创建最小生成树 T
    MSTEdgeNode ed;  WeightType max, tmp;
    int i, j, u, v, k = 0, found = 0, top, n = G.numVertices;
    int visited[maxVertices], aPath[maxVertices];
    for(i = 0; i < n-1; i++)                           //所有边加入边值数组
        for(j = i+1; j < n; j++)
            if(G.Edge[i][j] > 0 && G.Edge[i][j] < maxWeight) {
                ed.v1 = i;  ed.v2 = j;  ed.key = G.Edge[i][j];
                T.edgeValue[k++] = ed;
            }
    T.n = k;
    for(i = 0; i < T.n; i++)    {                      //处理所有边
        u = T.edgeValue[i].v2;  v = T.edgeValue[i].v1;
        G.Edge[u][v] = maxWeight;                      //断开（u，v）边
        for(j = 0; j < n; j++) visited[j] = 0;
        top = 0;  found = 0;
        aPath[top++] = u;                              //找从 u 到 v 的简单路径
        DFS_path(G, u, v, visited, aPath, top, found);
        G.Edge[u][v] = T.edgeValue[i].key;             //恢复（u，v）边
        if(found) {                                    //在图中找到回路
            aPath[top] = u;  aPath[top+1] = v;
            max = G.Edge[aPath[0]][aPath[1]];  k = 0;  //在回路中找最大边
            for(j = 1; j < top; j++) {
                tmp = G.Edge[aPath[j]][aPath[j+1]];
                if(tmp < maxWeight && tmp > max) { max = tmp;  k = j; }
            }
            u = aPath[k];  v = aPath[k+1];
            G.Edge[u][v] = G.Edge[v][u] = maxWeight;   //在邻接矩阵取消该边
            for(j = 0; j < T.n; j++)                   //在边值数组中删除
```

```
                    if(T.edgeValue[j].v1 == u && T.edgeValue[j].v2 == v) break;
                    T.edgeValue[j]= T.edgeValue[T.n-1];
                    T.n--;
            }
        }
}
```

若图中有 n 个顶点，e 条边，算法的时间复杂度为 $O(n^3)$，空间复杂度为 $O(n)$。

6-102　对一个带权连通图 G，可采用 "破圈法" 求解图的最小生成树。所谓 "圈" 就是回路。破圈法就是对于一个带权连通图 G，按照边上权值的大小，从权值最大的边开始，逐条边删除。每删除一条边，就需要判断是否图 G 仍然连通，若不再连通，则将该边恢复。若仍连通，继续向下删，直到剩 n–1 条边为止。设计一个算法，实现使用 "破圈法" 对一个给定的带权连通图构造它的最小生成树。

【解答】　基于选边的操作，算法采用邻接表作为图的存储结构：

（1）把图 G 中所有的边存入生成树 T 中，设阈限 limen = maxWeight。

（2）对 T 中的边，做以下几件事：

① 在生成树 T 中选出权值小于 limen 的最大边，设为(u, v, w)。

② 在图 G 中断开(u, v)这条边，即在顶点 u 的边链表中删除这条边，保存到 ed。

③ 判断图 G 是否仍然连通：

* 如果仍然连通，把顶点 v 的边链表中与 ed 对称的边结点删除，从生成树 T 中也删除这条边并把生成树边数减 1。

* 如果不连通，在顶点 u 的边链表中重新插入边结点 ed，将其权值 w 赋给 limen。

（3）直到 T 中剩下 n–1 条边，则得到最小生成树。算法结束。

算法的实现如下。

```
void DFS(ALGraph& G, int v, int visited[]) {           //用于判断是否存在回路
    visited[v] = 1;                                    //顶点 v 做访问标记
    for(EdgeNode *p = G.VerticesList[v].adj; p != NULL; p = p->link)
        if(!visited[p->dest]) DFS(G, p->dest, visited);
}
void SplitCycle(ALGraph& G, MinSpanTree& T) {
//算法调用方式 SplitCycle(G, T)。输入：用邻接表存储的带权连通图 G，生成树的根
//T(调用前置 T = NULL)；输出：执行 SplitCycle 算法创建最小生成树 T
    EdgeNode *p, *q, *pr;  WeightType limen = maxValue, max, tmp;
    int i, j, k, u, v, n = G.numVertices;
    int visited[maxVertices];  MSTEdgeNode ed;
    k = 0;
    for(i = 0; i < n; i++) {                            //所有边放入生成树 T 中
        for(p = G.VerticesList[i].adj; p != NULL; p = p->link)
            if(i < p->dest) {                          //存放时跳过对称边结点
                ed.v1 = i;  ed.v2 = p->dest;  ed.key = p->cost;
                T.edgeValue[k++] = ed;
            }
    }
```

```
    T.n = k;
    int count = G.numEdges;                        //假设 G 是带权连通图
    while(count >= n) {                             //选到 T 中剩下 n-1 条边
        max = T.edgeValue[0].key;  k = 0;
        for(i = 1; i < T.n; i++) {                 //选小于 limen 的最大边
            tmp = T.edgeValue[i].key;
            if(tmp < limen && tmp > max) {max = tmp; k = i;}//选出最大边
        }
        u = T.edgeValue[k].v1;  v = T.edgeValue[k].v2;
        pr = NULL;  p = G.VerticesList[u].adj;
        while(p->dest != v){pr = p;  p = p->link;} //在 u 链表中查要删除的边
        if(pr == NULL) G.VerticesList[u].adj = p->link;
        else pr->link = p->link;                    //在 u 边链表中删除该边
        pr = NULL;  q = G.VerticesList[v].adj;
        while(q->dest != u){pr = q;  q = q->link;}//在 v 链表中查要删除的边
        if(pr == NULL) G.VerticesList[v].adj = q->link;
        else pr->link = q->link;                    //在 v 边链表中删除该边
        for(i = 0; i < n; i++) visited[i] = 0;
        DFS(G, 0, visited);                         //做常规深度优先搜索
        for(i = 0; i < n; i++) if(!visited[i]) break;
                                                    //判断删除后图是否连通
        if(i < n) {                                 //删除后图不连通
            p->link = G.VerticesList[u].adj;
            G.VerticesList[u].adj = p;              //重新插入 u 的边链表
            q->link = G.VerticesList[v].adj;
            G.VerticesList[v].adj = q;              //重新插入 v 的边链表
            limen = p->cost;                        //重新设定阈值
        }
        else {                                      //删除后图仍然连通
            T.edgeValue[k] = T.edgeValue[T.n-1];    //在 T 中删去该边
            T.n--;  count--;
        }
    }
}
```

若图中有 n 个顶点，e 条边，算法的时间复杂度为 $O(n^2(n+e))$，空间复杂度为 $O(n)$。

6.5 最 短 路 径

6.5.1 最短路径的概念

在一个无权图中，若从一顶点到另一顶点存在着一条路径（仅限于无回路的简单路径），则该路径上的边数即为路径长度，它等于该路径上的顶点数减 1。

从一个顶点到另一个顶点所有可能的路径中，路径长度最短（即经过的边数最少）的路径为最短路径，其路径长度称为最短路径长度或最短距离。

在一个带权图中，从一个顶点 v_i 到图中另一顶点 v_j 的路径上所经过各边上权值之和即为该路径的带权路径长度，从 v_i 到 v_j 可能不止一条路径，把带权路径长度最短（即其值最小）的那条路径称为最短路径，其权值之和称为最短路径长度或最短距离。

6.5.2　单源最短路径相关的算法

6-103　单源最短路径问题是求图中一顶点到其余各顶点最短路径的问题。若一个带权有向图采用邻接矩阵存储，基于 Dijkstra 方法设计一个算法，求从指定顶点 u 出发，到达其他顶点的最短路径和最短路径长度。

【解答】 Dijkstra 算法是求单源最短路径的经典算法。该算法设置一个集合 S，记录已求得最短路径的顶点，初始时把源点 u 放入 S 中。此外，在构造过程中还设置了两个辅助数组 dist[] 和 path[]。path[i] 记录集合 S 外顶点 i 距离集合 S 内哪个顶点最近，dist[i] 存放集合 S 内顶点到 S 外顶点 i 的最短距离。算法的思路是：若选择从顶点 0 出发，即 u = 0，则 S 内最初只有一个顶点 0，S[0] = 1。再令 path[0] = −1，其他 path[i] = 0，表示集合 S 外各个顶点 i（0 < i < n）距离集合 S 内顶点 0 最近。数组 dist[i] = G.Edge[0][i]，表示源点 0（集合内顶点）到顶点 i 的最短距离。如果 dist[i] = maxValue，表示没有到顶点 i 的路径。然后反复做以下工作，即可求解得从 u 到图中其他顶点的最短路径和最短路径长度：

（1）在 dist[] 中选择满足 S[i] = 0 的 dist[i] 最小的顶点 i，用 v 标记它，则选中的路径长度最短的边为 <path[v], v>，相应的最短路径为 dist[v]。

（2）让 S[v] = 1，表示它已加入集合 S。

（3）取 dist[i] = min { dist[i], dist[v]+G.Edge[v][i] }，即检查集合 S 外各顶点 i，如果绕过顶点 v 到顶点 i 的距离 dist[v]+G.Edge[v][i] 比原来集合 S 中顶点到顶点 i 的最短距离 dist[i] 还要小，则修改到顶点 i 的最短距离为 dist[i] = dist[v]+G.Edge[v][i]，同时修改 path[i] = v，表示集合 S 内顶点 v 到集合外顶点 i 当前距离最近。

算法的实现如下。

```
void ShortestPath(MGraph& G, int v, Weight dist[], int path[]) {
//算法调用方式 ShortestPath(G, v, dist, path)。输入:用邻接矩阵存储的带权有向图 G,
//指定的源顶点 v; 输出: 存储从顶点 v 到各顶点的最短路径数组 path, 0≤j<n, 最短路
//径长度数组 dist[j], 0≤j<n
    int i, j, k, n = NumberOfVertices(G); Weight w, min;
    int S[maxVertices];                        //最短路径顶点集
    for(i = 0; i < n; i++) {
        dist[i] = G.Edge[v][i];                //路径长度 dist 数组初始化
        S[i] = 0;                              //标识顶点 i 是否求得最短路径
        if(i != v && dist[i] < maxWeight) path[i] = v;
        else path[i] = -1;                     //路径 path 数组初始化
    }
    S[v] = 1; dist[v] = 0;                     //顶点 v 加入 S 集合
    for(i = 0; i < n-1; i++) {                 //逐个求 v 到各顶点最短路径
        min = maxWeight; int u = v;            //选不在 S 中的路径最短顶点 u
        for(j = 0; j < n; j++)
            if(!S[j] && dist[j] < min) { u = j; min = dist[j]; }
```

```
        S[u] = 1;                                    //将顶点 u 加入集合 S
        for(k = 0;  k < n;  k++) {                   //修改经 u 到其他顶点路径长度
            w = G.Edge[u][k];
            if(!S[k] && w < maxWeight && dist[u]+w < dist[k]) {
                                    //顶点 k 未加入 S, 且绕过 u 可以缩短路径
                dist[k] = dist[u]+w;
                path[k] = u;                         //修改到 k 的最短路径
            }
        }
    }
}
```

若图中有 n 个顶点，算法的时间复杂度为 $O(n^2)$，空间复杂度为 $O(n)$。

6-104　若有 n 个顶点的带权有向图 G 采用邻接矩阵存储，指定的源顶点为 v，利用 Dijkstra 算法求得的 v 到图中其他顶点的最短路径存放在数组 path[n]中，最短路径长度存放在数组 dist[n]中。设计一个算法，输出从源顶点 v 到图中其他顶点的最短路径和最短路径长度。

【解答】　以图 6-21 为例，看如何读取源点 v_0 到终点 v_i 的最短路径。对于顶点 v_4，path[4] = 2，path[2] = 3，path[3] = 0，到达源点。反过来排列，得到路径{0, 3, 2, 4}，与图 6-21（a）所示原图中的情况相同，这就是源点 v_0 到终点 v_4 的最短路径，其长度为 dist[4] = 60。

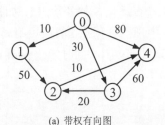

	源点	终		点	
	0	1	2	3	4
dist	0	10	50	30	60
path	−1	0	3	0	2
print	0	1⇨0	2⇨3⇨0	3⇨0	4⇨2⇨3⇨0

(a) 带权有向图　　　　　　　　　　　(b) 用 path 查找最短路径

图 6-21　题 6-104 的图

算法的实现如下。

```
void printShortestPath(MGraph& G, int v, Weight dist[], int path[]) {
//算法调用方式 printShortestPath(G, v, dist, path)。输入：用邻接矩阵存储的带权
//有向图 G, 指定的源顶点 v; 输出：求得的最短路径长度数组 dist, 最短路径数组 path
    printf("从顶点[%c]到其他各顶点的最短路径为: \n", G.VerticesList[v]);
    int i, j, k, n = G.numVertices;  int d[maxVertices];
    for(i = 0; i < n; i++)
        if(i != v) {
            j = i;  k = 0;
            while(j != v) { d[k++] = j;  j = path[j]; }
            d[k++] = v;
            printf("到顶点[%c]的最短路径为: ", G.VerticesList[i]);
            while(k > 0) printf("%c ", G.VerticesList[d[--k]]);
            printf("\n 最短路径长度为: %d\n", dist[i]);
```

}
}

若图中有 n 个顶点，算法的时间复杂度为 $O(n^2)$，空间复杂度为 $O(n)$。

6-105 在以下假设下，重写 Dijkstra 算法：

（1）用邻接表表示带权有向图 G，其中每个边结点有 3 个域：邻接顶点 dest、边上的权值 cost 和边链表的链接指针 link。

（2）用集合 T = V(G)-S 代替 S（已找到最短路径的顶点集合），利用链表表示 T。

试比较新算法与原来的算法，计算时间是快了还是慢了，给出定量的比较。

【解答】 用邻接表表示的带权有向图的结构定义在头文件 ALGraph.h 中。按照题目的要求，集合 T = V(G)-S 用有序链表表示，其中 data 域为顶点序号。链表 T 中的顶点都是未找到最短路径的顶点。另外在参数表中设置两个数组 pre[]和 len[]，分别记录并返回已找到的顶点 0 到其他各顶点的最短路径及最短路径长度。算法的主要思路是：

（1）对数组 pre、len 及链表 T 初始化，记录顶点 0 到各个顶点的初始最短路径及长度。

（2）扫描链表 T，查找 T 中各顶点到顶点 0 的当前最短路径中长度最小者，记为 u。

（3）在邻接表中扫描第 u 个顶点的出边表，确定每一边的邻接顶点号 k。若顶点 k 的最短路径没有选中过，比较绕过顶点 u 到顶点 k 的路径长度和原来顶点 0 到顶点 k 的最短路径长度，取其小者作为从顶点 0 到顶点 k 的新的最短路径。

（4）重复执行步骤（2）、步骤（3），直到图中所有顶点的最短路径长度都已选定为止。

算法的前面应加入语句#include<LinkList.h>，要注意的是链表结点中 data 域数据的类型为 int，表示图的顶点号。算法的实现如下。

```
#define maxWeight 32767
void ShortestPath(ALGraph& G, int v, Weight dist[], int path[]) {
//算法调用方式 ShortestPath(G, v, dist, path)。输入：用邻接表存储的带权有向图 G，
//指定的源顶点 v；输出：数组 path 返回每个顶点求到的最短路径(路径上前一顶点
//序号)，dist 返回各顶点相应的最短路径长度
    int i, k, u;  Weight min;
    for(i = 0; i < G.numVertices; i++)
        { path[i] = v;  dist[i] = maxWeight; }      //辅助数组初始化
    LinkList T = (LinkNode*) malloc(sizeof(LinkNode));
    T->link = NULL;                                 //未选定最短路径顶点链表
    LinkNode *q, *r, *s;  EdgeNode *p;
    for(k = G.numVertices-1;  k >= 0; k--) {        //形成有 n-1 个结点的链表 T
        if(k != v) {
            q = (LinkNode*) malloc(sizeof(LinkNode));
            q->data = k;  r = T;  s = T->link;
            while(s && s->data >= q->data) { r = s;  s = s->link; }
            r->link = q;  q->link = s;              //从大到小有序链接顶点号
        }
    }
    for(p = G.VerticesList[v].adj; p != NULL; p = p->link)
        dist[p->dest] = p->cost;                    //安放从顶点 v 发出边的权值
    while(T->link != NULL) {                        //循环检测链表 T
```

```
                    min = maxWeight;
                    for(i = G.numVertices-1; i >= 0; i--)        //确定具有最小权值的边
                        if(dist[i] > 0 && dist[i] < maxWeight) {
                            q = T->link;                          //在 T 中找 i
                            while(q != NULL && q->data != i) q = q->link;
                            if(q != NULL && dist[i] < min)        //找到, i 未选过最小结点
                                { min = dist[i]; u = i; }         //确定当前最小权值的结点 u
                        }
                     s = T; q = T->link;
                    while(q->data != u) { s = q; q = q->link; }
                    s->link = q->link; free(q);                  //在链表 T 中删除结点 u
                    p = G.VerticesList[u].adj; q = T->link;
                    while(p != NULL && q != NULL) {
                        while(p->dest < q->data) q = q->link;
                        while(p != NULL && p->dest > q->data) p = p->link;
                        if(p != NULL) {
                            if(min+p->cost < dist[p->dest])     //修改顶点 p->dest
                             { dist[p->dest] = min+p->cost;  path[p->dest] = u; }
                            p = p->link;  q = q->link;
                        }
                    }
                }
            }
        }
}
```

若图中有 n 个顶点，e 条边，算法的时间复杂性为 O(n+e)，空间复杂度为 O(n)。

6-106 设计一个算法，求解带权有向图的单目标最短路径（single-destination shortest path）问题。所谓单目标最短路径问题是指在一个带权有向图 G 中求从各个顶点到某一指定顶点 v 的最短路径。例如，对于图 6-22（a）所示的带权有向图，用该算法求得的从各顶点到顶点 2 的最短路径如图 6-22（b）所示。

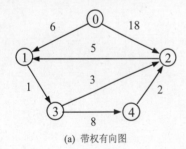

(a) 带权有向图

终点	终点	源　　　　点			
	2	0	1	3	4
dist	0	10	4	3	2
path	-1	1	3	2	2
print	2	0⇨1⇨3⇨2	1⇨3⇨2	3⇨2	4⇨2

(b) 用 path 查找最短路径

图 6-22 题 6-106 的图

关于最短路径的读法以顶点 0 为例，在从顶点 0 到顶点 2 的最短路径上，顶点 0 的后继为顶点 1（即 path[0] = 1），顶点 1 的后继为顶点 3（即 path[1] = 3），顶点 3 的后继顶点为 2（即 path[3] = 2）。

【解答】Dijkstra 算法是求解带权有向图的单源最短路径的算法，对其做适当修改，可以得到要求的算法。算法的首部为 void sdsp (Graph G, int v, float *dist, int *path)。其中，假

定图 G 的所有数据已经输入并存入到相应的存储结构中。顶点 v 是指定的合法的目标顶点。daist 和 path 是两个辅助数组。数组元素 dist[i] 中存放顶点 i 到目标顶点 v 的最短路径长度，path[i] 中记录从顶点 i 到目标顶点 v 的最短路径上该顶点的后继顶点。算法的实现如下。

```
void sdsp(MGraph& G, int v, Weight dist[], int path[]) {
//算法调用方式 sdsp(G, v, dist, path)。输入：用邻接表存储的带权有向图 G, 指定的
//源顶点 v; 输出：存储到各顶点的最短路径数组 path, 最短路径长度数组 dist
    int i, j, u;  Weight min;  int S[maxVertices];//S 为已求最短路径的顶点集合
    for(i = 0; i < G.numVertices; i++) S[i] = 0;     //集合初始化
    S[v] = 1;                                        //目标顶点进集合
    for(i = 0; i < G.numVertices; i++) {             //dist 与 path 数组初始化
        dist[i] = G.Edge[i][v];
        if(i != v && dist[i] < maxWeight) path[i] = v;
        else path[i] = -1;
    }
    for(i = 0; i < G.numVertices; i++)               //对所有顶点处理一次
        if(i != v) {                                 //目标顶点排除在外
            min = maxWeight;  u = v;                  //选不属 S 且具最短路径顶点 u
            for(j = 0; j < G.numVertices; j++)
                if(!S[j] && dist[j] < min)
                    { u = j;  min = dist[j]; }        //u 存储更小数据的位置
            S[u] = 1;                                 //将顶点 u 加入集合 S
            for(j = 0; j < G.numVertices; j++)        //修改
                if(!S[j] && dist[j] > G.Edge[j][u] + dist[u]) {
                    dist[j] = G.Edge[j][u] + dist[u];
                    path[j] = u;                      //修改从 j 到 v 的最短路径
                }
        }
}
```

注意此算法与常规 Dijkstra 算法的微小差别，在程序中用粗体字标示。

若图中有 n 个顶点，算法的时间复杂性为 $O(n^2)$，空间复杂度为 $O(n)$。

从各个顶点到指定顶点 v 的最短路径和路径长度算法的实现如下。

```
void printShortestPath(MGraph& G, int v, Weight dist[], int path[]) {
    printf("各顶点到顶点%c的最短路径为: \n", G.VerticesList[v]);
    for(int i = 0; i < G.numVertices; i++) {
        int j = i;
        do {
            printf("%c", G.VerticesList[j]);
            if(j != v) j = path[j];
        } while(j != v);
        printf("%c, dist=%d\n", G.VerticesList[v], dist[i]);
    }
}
```

6-107 修改 Dijkstra 算法，使得当某一顶点存在多条最短路径时，保留经过顶点最少

的那条路径。

【解答】 为实现在到达某顶点的路径不止一条时选经过顶点数最少的，在算法中需增加一个数组 count[]，用 count[i]记录当前到达顶点 i 经过的顶点数，并修改 Dijkstra 算法：

（1）在初始化 dist 和 path 数组的同时为 count 数组赋值：若从源点 v 到顶点 k 有边，则 count[k] = 2，表明到达顶点 k 经过两个顶点，若没有边则 count[k] = 0。

（2）在选中某顶点 u 的最短路径修改到其他未选过最短路径的顶点 j 的路径时，增加判断：若 dist[u]+G.Edge[u][j] <= dist[j]，则让 dist[j] = dist[u]+G.Edge[u][j]，path[j] = u，count[j] = count[u]+1；若 dist[u]+G.Edge[u][j] > dist[j]，则不修改。

算法的实现如下。

```
#define maxWeight 32767
void dijkstra(MGraph& G, int v, Weight dist[], int path[]) {
//算法调用方式dijkstra(G, v, dist, path)。输入：用邻接矩阵存储的带权有向图G，指
//定的源顶点v；输出：在图G中从v出发选择路径长度最短者且经过顶点数也最少，
//数组path返回从源点到各顶点的经过顶点最少的最短路径，数组dist返回相应的最短
//路径长度
    int count[maxVertices];                    //记录各顶点当前最短路径上的顶点数
    int known[maxVertices];                    //=1,顶点已选到最短路径, =0 未选过
    int u, i, j;  Weight min;
    for(i = 0; i < G.numVertices; i++) {               //初始化
        dist[i] = G.Edge[v][i];  path[i] = v;
        count[i] = (dist[i] > 0 && dist[i] < maxWeight) ? 2 : 0;
        known[i] = 0;
    }
    dist[v] = 0;  path[v] = -1;  known[v] = 1;
    for(i = 0; i < G.numVertices; i++)                 //查找 vers-1 个顶点的路径
        if(i != v) {
            min = maxWeight;
            for(j = 0; j < G.numVertices; j++)            //选距离 k 最小的边
                if(!known[j] && dist[j] < min)
                    { min = dist [j]; u = j; }
            known [u] = 1;
            for(j = 0; j < G.numVertices; j++)
                if(!known[j]) {
                    if(min+G.Edge[u][j] < dist[j] || min+G.Edge[u][j] ==
                    dist[j]&& count[j] > count[u]+1) {
                        dist[j] = min+G.Edge[u][j];
                        path[j] = u;
                        count[j] = count[u]+1;
                    }
                }
        }
}
```

若图中有 n 个顶点，算法的时间复杂性为 $O(n^2)$，空间复杂度为 $O(n)$。

6-108 若带权强连通图 G 采用邻接矩阵存储，利用从某个源点到其他各点最短路径的

Dijkstra 算法思想,产生图 G 的最小生成树。

【解答】 求图的最短路径与求图的最小生成树不同,前者是求从源点到各顶点的最短路径,后者是以源点为根,构造一棵最小生成树,使得源点到各顶点间路径上的权值之和达到最小。为此,要修改求最短路径中 dist 向量的定义:定义每个向量元素是三元组(u, w, v),其中 u 是已确定为生成树上的一个顶点,v 是 u 的具有最短路径 w 且尚不在生成树上的顶点。算法的实现如下(注意,若图 G 不是强连通图,可能求出的是最小生成森林)。

```
#define maxWeight 32767
typedef struct{ int u, w, v; } Trituple;
void MinSpanTree_D(MGraph& G, int v0, Trituple dist[]) {
//算法调用方式 MinSpanTree_D(G, v0, dist)。输入:用邻接矩阵存储的带权强连通图
//G,指定的源顶点 v0;输出:数组 dist 返回最小生成树各条边(用三元组表示)
    Weight min;  int i, j, u, S[maxVertices];  //S 标志顶点是否找到最短路径
    for(i = 0; i < G.numVertices; i++) {         //初始化,设顶点信息就是编号
        dist[i].u = v0;  dist[i].v = i;  dist[i].w = G.Edge[v0][i];
        S[i] = 0;
    }
    S[v0] = 1;  dist[v0].w = 0;  dist[v0].v = v0; //从 v0 开始,求其最小生成树
    for(i = 0; i < G.numVertices; i++)              //循环 n-1 次
        if(i != v0) {
            min = maxWeight;                        //在候选顶点中选最小边
            for(j = 0; j < G.numVertices; j++)
                if(!S[j] && dist[j].w < min) { u = j;  min = dist[j].w; }
            S[u] = 1;  dist[u].v = u;               //选从候选顶点到 u 的最小边
            for(j = 0; j < G.numVertices; j++)  //修改其他候选顶点的最小边
                if(!S[j] && dist[j].w > G.Edge[u][j])
                    { dist[j].w = G.Edge[u][j];  dist[j].u = u; }
        }
}
```

若图中有 n 个顶点,算法的时间复杂性为 $O(n^2)$,空间复杂度为 $O(n)$。

6-109 若不带权的强连通图 G 采用邻接矩阵存储,设计一个算法,求图 G 中距离顶点 v 的最短路径长度最大的一个顶点。

【解答】 因为图 G 是无权的强连通图,最短路径长度是指两个顶点之间路径上的边数,因此可以利用广度优先搜索算法,从 v 出发进行广度优先遍历,最远一层的顶点距离顶点 v 的最短路径长度最大。遍历时利用队列逐层暂存各个顶点,队列中的最后一个顶点一定在距离 v 最远的一层,可以把这个顶点当作所求结果即可。算法的实现如下。

```
#include<CircQueue.h>
int MaxDist(MGraph& G, int v) {
//算法调用方式 int u = MaxDist(G, v)。输入:用邻接矩阵存储的不带权的强连通图 G,
//指定的源顶点 v;输出:函数返回图 G 中从源顶点 v 到各顶点的最短路径长度中最大的那个
//顶点的顶点号。如有多个,取第一个
    int i, j, k;  int visited[maxVertices];
    for(i = 0; i < G.numVertices; i++) visited[i] = 0;
    CircQueue Q;  InitQueue(Q);                     //定义队列 Q 并初始化
```

```
        visited [v] = 1;  EnQueue(Q, v);                    //标记 v 已访问，入队
        while(!QueueEmpty(Q)) {
            DeQueue(Q, k);                                   //顶点出队
            for(j = 0; j < G.numVertices; j++)              //依次搜索 k 的邻接点
                if(G.Edge[k][j] && ! visited[j])            //若 j 未访问过
                    { visited[j] = 1;  EnQueue(Q, j); }      //访问过的 j 入队
        }
        return k;
    }
```

若图中有 n 个顶点，算法的时间复杂性为 O(n)，空间复杂度为 O(n)。

讨论：本题也可以利用 Dijkstra 算法求出顶点可到其余各个顶点的最短路径长度，然后求出其中的最大值即可。

6-110 设有一个带权有向图 G = (V, E)，w 是 G 的一个顶点，w 的偏心距定义为 max {从 u 到 w 的最短路径长度| u∈V}，其中的路径长度指的是路径上各边权值的和。将 G 中偏心距最小的顶点称为 G 的中心，设计一个函数返回带权有向图的中心（如有多个中心，可任取其中之一）。

【解答】 算法的思路是：首先求指定顶点 i 到各个顶点的偏心距，再在各个顶点的偏心距中选择一个最小的作为中心，通过参数 biasdist 返回。算法中使用 Dijkstra 算法求某顶点 i 到其他各顶点的最短路径和最短路径长度，分别存入 fromPath[n]和 fromDist[n]；并选择其中最大者记入 toDist[i]。最后再在 toDist[n]中选择最小者返回。算法的实现如下。

```
#define maxWeight 32767
void printShortestPath(MGraph& G, int v, Weight dist[], int path[]) {
    int i, j, k, n = G.numVertices;  int d[maxVertices];
    for(i = 0; i < n; i++)
        if(i != v) {
            j = i;  k = 0;
            while(j != v) { d[k++] = j;  j = path[j]; }
            d[k++] = v;
            while(k > 0) printf("-> %d ", d[--k]);
            printf(" dist=%d\n", dist[i]);
        }
}
void ShorttestPath(MGraph& G, int v, Weight dist[], int path[]) {
//典型的 Dijkstra 算法，计算从顶点 v 到 G 的其他顶点的最短路径
    int S[maxVertices];  int mindis, dis;  int i, j, u;
    for(i = 0; i < G.numVertices; i++)              //S 是已求得最短路径顶点集
        { S[i] = 0;  dist[i] = maxWeight;  path[i] = -1; }
    for(i = 0; i < G.numVertices; i++)
        if(G.Edge[v][i] > 0 && G.Edge[v][i] < maxWeight)
            { dist[i] = G.Edge[v][i];  path[i] = v; }
    S[v] = 1;                                       //标志 v 已求得最短路径
    for(i = 1; i < G.numVertices; i++) {            //选到其他 n-1 个顶点最短路径
        mindis = maxWeight;
        for(j = 0; j < G.numVertices; j++)          //选具最短路径的顶点 u
```

```
        if(! S[j] && dist[j] < mindis)
          { u = j;  mindis = dist[j]; }
      S[u] = 1;                                    //顶点 u 加入 S
      for(j = 0; j < G.numVertices; j++)
        if(! S[j]) {                               //未求得最短路径顶点
          dis = dist[u] + G.Edge[u][j];
          if(dis < dist[j]) { dist[j] = dis;  path[j] = u; }
        }
    }
}
int centre(MGraph& G, Weight& biasdist) {
//算法调用方式 int k = centre(G, biasdist)。输入：用邻接矩阵存储的带权有向图 G；
//输出：函数返回求得的中心所在顶点的顶点号，引用参数 biasdist 返回
    int i, j;  int fromPath[maxVertices];
    Weight fromDist[maxVertices], toDist[maxVertices];
    for(i = 0; i < G.numVertices; i++) toDist[i] = 0;
    for(i = 0; i < G.numVertices; i++) {
        printf("求顶点%d 到其他各顶点的最短路径\n", i);
        ShorttestPath(G, i, fromDist, fromPath);    //调用 Dijkstra 算法
        printShortestPath(G, i, fromDist, fromPath);
        for(j = 0; j < G.numVertices; j++)
          if(j != i && fromDist[j] > toDist[i]) toDist[i] = fromDist[j];
        printf("偏心距%d=%d\n", i, toDist[i]);
    }
    j = 0;
    for(i = 1; i < G.numVertices; i++)
      if(toDist[i] < toDist[j]) j = i;
    biasdist = toDist[j];
    return j;
}
```

若图中有 n 个顶点，算法的时间复杂性为 O(n³)，空间复杂度为 O(n)。

6-111　给定一个连通图 G，所有边都没有权值。设计一个算法，求从顶点 v 能到达的最短路径长度为 k 的所有顶点。

【解答】　连通图属于无向图。算法使用图的广度优先搜索输出所有围绕顶点 v 的第 k+1 层的顶点。为此，要求在做层次遍历时要存储层次号。当遍历到指定层次直接输出队列中的结点即可。路径长度与层次的关系如图 6-23 所示。算法要求将使用的队列直接嵌入程序中，用 front 和 rear 指向队头和队尾，另外用 last 指

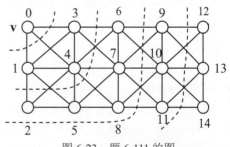

图 6-23　题 6-111 的图

向一层最后一个顶点在队列中的位置，如果 front 走到 last 位置，则一层顶点全部出队，让层次计数器 level 加 1，last 指向 rear 所指的下一层最后进队的顶点。算法的实现如下。注意，level 的初值为 0，因此 level 的值即为路径长度。

```
void BFS_k(ALGraph& G, int v, int k, int ver[], int& n) {
//算法调用方式 BFS_k(G, v, k, ver, n)。输入：用邻接表存储的无权连通图 G，源顶
//点 v，指定路径长度 k；输出：在图 G 中采用 BFS 查找所有与顶点 v 的最短路径长
//度为 k 的顶点，数组 ver 返回从顶点 v 到各顶点的路径长度中等于 k 的那些顶点，
//引用参数 n 返回这些顶点的个数，调用算法前其初始值为 0
    int i, j, u, front, rear, level, last;  EdgeNode *p;
    int Q[maxVertices];  int visited[maxVertices];
    for(i = 0; i < G.numVertices; i++) visited[i] = 0;
    visited[v] = 1; n = 0;
    front = 0;  rear = 1;  Q[rear] = v;        //队列 Q 初始化
    level = 0;  last = 1;                      //level 层号，last 层的最后顶点
    while(front != rear) {                     //队列不空，循环
        front = (front+1) % G.numVertices;  u = Q[front];
        for(p = G.VerticesList[u].adj; p != NULL; p = p->link) {
            j = p->dest;
            if(! visited[j]) {
                visited[j] =1;
                rear = (rear+1) % G.numVertices;  Q[rear] = j;
            }
        }
        if(front == last) {
            level++;  last = rear;
            if(level == k) {
                while(front != rear) {
                    front =(front+1) % G.numVertices;
                    ver[n++] = Q[front];
                }
                return;
            }
        }
    }
}
```

若图中有 n 个顶点，算法的时间复杂性为 O(n)，空间复杂度为 O(n)。

6-112　另一种求从源点到其他各顶点的最短路径的方法是 Bellman-Ford 算法，它是基于邻接矩阵实现的。算法的思路是构造一系列最短路径长度数组 $dist^1[u]$, $dist^2[u]$,…, $dist^{n-1}[u]$。其中，$dist^1[u]$ 是从源点 v 到终点 u 的只经过一条边的最短路径的长度，并有 $dist^1[u]$ = Edge[v][u]；$dist^2[u]$ 是从源点 v 最多经过两条边到达终点 u 的最短路径的长度，$dist^3[u]$ 是从源点 v 出发最多经过不构成带负长度边回路的三条边到达终点 u 的最短路径的长度，…，$dist^{n-1}[u]$ 是从源点 v 出发最多经过不构成带负长度边回路的 n-1 条边到达终点 u 的最短路径的长度。算法的最终目的是计算出 $dist^{n-1}[u]$。

若带权有向图 G 采用邻接矩阵存储，设计一个算法，实现 Bellman-Ford 算法。

【解答】　Bellman-Ford 是从源点逐次绕过其他顶点，以缩短到达终点的最短路径长度的方法。有 n 个顶点的图中任意两个顶点之间如果存在最短路径，此路径最多有 n-1 条边，否则若路径上的边数超过了 n-1 条，必然会重复经过一个顶点，形成回路。

一般采用递推方式计算 $dist^k[u]$。设已经求出 $dist^{k-1}[j]$，$j = 0, 1, \cdots, n-1$，此即从源点 v 最多经过 k-1 条边到达终点 u 的最短路径的长度。从图的邻接矩阵中可以找到各个顶点 j 到达顶点 u 的距离 Edge[j][u]，计算 $\min\{dist^{k-1}[j]+Edge[j][u]\}$，可得从源点 v 绕过各个顶点，最多经过 k 条边到达终点 u 的最短路径的长度，用它与 $dist^{k-1}[u]$ 比较，取较小者作为 $dist^k[u]$ 的值。因此，可得递推公式：

$$dist^1[u] = Edge[v][u]$$
$$dist^k[u] = \min\{dist^{k-1}[u], \min\{dist^{k-1}[j]+Edge[j][u]\}\}$$

算法的实现如下。

```
void Bellman_Ford(MGraph& G, int v, Weight dist[], int path[]) {
//算法调用方式 Bellman_Ford(G, v, dist, path)。输入：用邻接矩阵存储的带权有向图
//G, 源顶点 v; 输出：数组 dist 返回从顶点 v 到其他各顶点的最短路径长度，数组 path 返回
//相应的最短路径
    int i, k, u;  Weight tmp[maxVertices];
    for(i = 0; i < G.numVertices; i++) {
        tmp[i] = dist[i] = G.Edge[v][i];          //dist¹[i], path¹[i]初始化
        if(i != v && dist[i] < maxWeight) path[i] = v;
        else path[i] = -1;
    }
    for(k = 2; k < G.numVertices; k++) {           //计算 dist²[i]到 dist^{n-1}[i]
        for(u = 0; u < G.numVertices; u++) {  //到达顶点 0~n-1, 排除源点
            for(i = 0; i < G.numVertices; i++)
                if(u != v && dist[u] > tmp[i]+G.Edge[i][u])
                    { dist[u] = tmp[i]+G.Edge[i][u];  path[u] = i; }
        }
        for(u = 0; u < G.numVertices; u++)
            if(u != v) tmp[u] = dist[u];
/*      printf("\n 从顶点 0 经过%d 条边到达的 dist 值是\n", k);
        for(u = 1; u < G.numVertices; u++) printf("%2d ", u);
        printf("\n");
        for(u = 1; u < G.numVertices; u++)
            if(dist[u] < maxWeight) printf("%2d ", dist[u]);
            else printf(" - ");
        printf("\n");
        for(u = 1; u < G.numVertices; u++)
            if(dist[u] < maxWeight) printf("%2d ", path[u]);
            else printf(" - ");
        printf("\n");
*/
    }
}
```

若图中有 n 个顶点，算法的时间复杂性为 $O(n^3)$，空间复杂度为 $O(n)$。

Dijkstra 算法要求带权有向图各边上的权值非负，而 Bellman-Ford 算法没有此限制。

6-113　若带权有向图采用邻接表存储，重写 Bellman-Ford 算法。

【解答】　如果用邻接表实现算法，需要把有关邻接矩阵的操作改为邻接表操作。算法

采用策略与题 6-122 相同。算法的实现如下。

```c
#define maxWeight 32767
void Bellman_Ford(ALGraph& G, int v, Weight dist[], int path[]) {
//算法调用方式 Bellman_Ford(G, v, dist, path)。输入：用邻接表存储的带权有向图 G,
//源顶点 v; 输出：数组 dist 返回从顶点 v 到其他各顶点的最短路径长度，数组 path 返
//回相应的最短路径
    int i, u, k, n = G.numVertices;  Weight tmp[maxVertices], w;  EdgeNode *p;
    for(i = 0; i < n; i++)
        { tmp[i] = dist[i] = maxWeight;  path[i] = -1; }
    for(p = G.VerticesList[v].adj; p != NULL; p = p->link)
        { tmp[p->dest] = dist[p->dest] = p->cost;  path[p->dest] = v; }
    dist[v] = 0;
    printf("不超过 1 条边到达的各顶点的 dist 和 path 的值\n");
    for(i = 0; i < n; i++) printf("%2d ", i);
    printf("\n");
    for(i = 0; i < n; i++)
        if(dist[i] < maxWeight) printf("%2d ", dist[i]);
        else printf(" - ");
    printf("\n");
    for(i = 0; i < n; i++) printf("%2d ", path[i]);
    printf("\n");
    for(k = 2; k < n; k++) {                    //逐个求 dist[k]
        for(i = 0; i < n; i++)                  //每个顶点进行检查
            if(i != v)
                for(u = 0; u < n; u++) {
                    p = G.VerticesList[u].adj;
                    while(p != NULL && p->dest != i) p = p->link;
                    if(p != NULL) {
                        w = p->cost;
                        if(u != v && tmp[u]+w < dist[i])
                            { dist[i] = tmp[u]+w;  path[i] = u; }
                    }
                }
        for(i = 0; i < n; i++) tmp[i] = dist[i];
        printf("不超过%d 条边到达的各顶点的 dist 和 path 的值\n", k);
        for(i = 0; i < n; i++) printf("%2d ", i);
        printf("\n");
        for(i = 0; i < n; i++)
            if(dist[i] < maxWeight) printf("%2d ", dist[i]);
            else printf(" - ");
        printf("\n");
        for(i = 0; i < n; i++) printf("%2d ", path[i]);
        printf("\n");
    }
}
```

算法的一个前提是有向环中不能有带负权值的边。使用邻接表表示，算法的时间复杂度为 $O(n*e)$，n 为图中的顶点个数，e 为边数。

6.5.3　所有顶点间最短路径相关的算法

6-114　求所有顶点之间的最短路径问题的提法是：已知一个带权有向图，对每一对顶点 $v_i \neq v_j$，要求求出 v_i 与 v_j 之间的最短路径和最短路径长度。Floyd 算法是解决此类问题最经典的方法。设计实现一个 Floyd 算法。

【解答】　Floyd 算法的基本思想是：设置一个 n×n 的方阵 $A^{(k)}$，其中除对角线的矩阵元素都等于 0 外，其他元素 $a^{(k)}[i][j]$ $(i \neq j)$ 表示从顶点 v_i 到顶点 v_j 的路径长度，k 表示绕行第 k 个顶点的运算步骤。初始时，对于任意两个顶点 v_i 和 v_j，若它们之间存在边，则以此边上的权值作为它们之间的最短路径长度；若它们之间不存在有向边，则以 maxValue（机器可表示的在问题中不会遇到的最大数）作为它们之间的最短路径长度。以后逐步尝试在原路径中加入顶点 k $(k = 0, 1, \cdots, n-1)$ 作为中间顶点。如果增加中间顶点后，得到的路径比原来的路径长度减少了，则以此新路径代替原路径。算法的实现如下。

```
void Floyd(MGraph& G, Weight a[][maxVertices], int path[][maxVertices]) {
//算法调用方式Floyd(G, a, path)。输入：用邻接矩阵存储的带权有向图G；输出：
//数组a[i][j]是顶点i和j之间的最短路径长度，数组path[i][j]是相应路径上顶点j的
//前一顶点的顶点号
    int i, j, k, n = G.numVertices;
    for(i = 0; i < n; i++)                          //矩阵a与path初始化
        for(j = 0; j < n; j++) {
            a[i][j] = G.Edge[i][j];
            if(i != j && a[i][j] < maxWeight) path[i][j] = i;
            else path[i][j] = -1;
        }
    for(k = 0; k < n; k++)                    //针对每一个k，产生a(k)及path(k)
        for(i = 0; i < n; i++)
            for(j = 0; j < n; j++)
                if(a[i][k] + a[k][j] < a[i][j]) {
                    a[i][j] = a[i][k] + a[k][j];
                    path[i][j] = path[k][j];     //缩短路径长度，绕过k到j
                }
}
```

若图中有 n 个顶点，Floyd 算法的时间复杂度为 $O(n^3)$。因为算法中有一个三重循环，逐步生成 $A^{(0)}[i][j], A^{(1)}\{i\}[j], \cdots, A^{(n-1)}[i][j]$ 矩阵。算法的空间复杂度为 $O(n)$。

6-115　使用 Floyd 算法得到的最短路径存储数组 path[i][j] 存放的是从顶点 i 出发经过顶点 j 时顶点 j 的前一顶点的顶点号。设计一个算法，通过 path 数组求得从图中任一对顶点 i 到 j 的最短路径。

【解答】　一个带权有向图如图 6-24（a）所示，执行 Floyd 算法后得到的最短路径矩阵 path 如图 6-24（b）所示。以 v_2 为例，从 v_0 到 v_2 路径长度最短的通路是 $v_0 \Rightarrow v_1 \Rightarrow v_3 \Rightarrow v_2$，查找通路的方法是先查 path[0][2] = v_3，再查 path[0][3] = v_1，最后查 path[0][1] = v_0。从 v_1 到 v_2 路径长度最短的通路是 $v_1 \Rightarrow v_3 \Rightarrow v_2$，查找通路的方法是先查 path[1][2] = v_3，再查 path[1][3] = v_1。从 v_3 到 v_2 路径长度最短的通路是 $v_3 \Rightarrow v_2$。算法的实现如下。

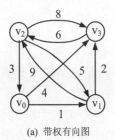

$$A^{(3)} = \begin{bmatrix} 0 & 1 & 9 & 3 \\ 11 & 0 & 8 & 2 \\ 3 & 4 & 0 & 6 \\ 9 & 10 & 6 & 0 \end{bmatrix}, \quad path^{(3)} = \begin{bmatrix} 0 & v_0 & v_3 & v_1 \\ v_3 & 0 & v_3 & v_1 \\ v_2 & v_0 & 0 & v_1 \\ v_2 & v_2 & v_3 & 0 \end{bmatrix}$$

(a) 带权有向图   (b) 通过 Floyd 算法得到的结果

图 6-24　题 6-115 的图

```
void printPath(MGraph& G, int u, int v,
             Weight a[][maxVertices], int path[][maxVertices]) {
//算法调用方式 printPath(G, u, v, a, path)。输入：用邻接矩阵存储的带权有向图 G，
//图中两个顶点：始顶点 u、终顶点 v，存放各顶点间最短路径长度的数组 a，最短路
//径数组 path；输出：根据 path 数组输出从 u 到 v 的最短路径
   Type x = G.VerticesList[u], y = G.VerticesList[v];
   if(path[u][v] == -1) { printf("从%c 到%c 没有最短路径\n", x, y);  return; }
   printf("从%c 到%c 的最短路径为", x, y);
   int d[maxVertices], pre, k;
   k = 0;  d[k++] = v;  pre = path[u][v];
   while(pre != u) { d[k++] = pre;  pre = path[u][pre]; }
   d[k++] = u;
   while(k > 0) printf("%c", G.VerticesList[d[--k]]);
   printf(", 最短路径长度=%d\n", a[u][v]);
}
```

若图中有 n 个顶点，算法的时间复杂度为 O(n)，空间复杂度为 O(n)。

6-116　给定 n 个小区之间的交通图。若小区 i 与小区 j 之间有路可通，则将顶点 i 与顶点 j 之间用边连接，边上的权值 w_{ij} 表示这条道路的长度。现在打算在这 n 个小区中选定一个小区建一所医院，试问这家医院应建在哪个小区，才能使距离医院最远的小区到医院的路程最短？设计一个算法解决上述问题。

【解答】　将 n 个小区的交通图视为带权无向图，并利用邻接矩阵来存放带权无向图。算法的思想是：

（1）应用 Floyd 算法计算每对顶点之间的最短路径。

（2）找出从每一个顶点到其他各顶点的最短路径中最长的路径。

（3）在这 n 条最长路径中找出最短的一条，则它的出发点即为所求。

算法的实现如下。

```
#define maxWeight 32767
void Floyd(MGraph& G, Weight a[][maxVertices]) {
//a[i][j]是顶点 i 和 j 间的最短路径长度，算法计算每对顶点间最短路径长度
   int i, j, k, n = G.numVertices;
   for(i = 0; i < n; i++) {                    //矩阵 a 初始化
       for(j = 0; j < n; j++) {
           a[i][j] = G.Edge[i][j];
```

```
                    if(a[i][j] < maxWeight) printf("%2d ", a[i][j]);
                    else printf(" - ");
                }
            printf("\n");
        }
    for(k = 0; k < n; k++) {                    //针对每一个 k，产生 a(k)
        printf("path(%d)=\n", k);
        for(i = 0; i < n; i++) {
            if(i != k)
                for(j = 0; j < n; j++) {
                    if(j != k && a[i][k]+a[k][j] < a[i][j])
                        a[i][j] = a[i][k]+a[k][j];
                    if(a[i][j] < maxWeight) printf("%2d ", a[i][j]);
                    else printf(" - ");
                }
            else {
                for(j = 0; j < n; j++)
                    if(a[i][j] < maxWeight) printf("%2d ", a[i][j]);
                    else printf(" - ");
            }
            printf("\n");
        }
        printf("\n");
    }
}
void ShortedPath(MGraph& G, int& v) {
//算法调用方式 ShortedPath(G, v)。输入：用邻接矩阵存储的带权有向图 G；
//输出：求得顶点 v，使得各顶点到它的最长路径长度最短
    Weight dist[maxVertices];  Weight max, min;
    Weight path[maxVertices][maxVertices];
    int i, j, k, n = G.numVertices;
    Floyd(G, path);                             //每对顶点间的最短路径
    for(i = 0; i < n; i++) {                     //顶点 i 到其他顶点最大路径长度
        k = 0;  max = path[i][0];
        for(j = 1; j < n; j++)
            if(path[i][j] > max) { k = j;  max = path[i][j]; }
        dist[i] = max;                           //最大路径长度存入 dist[i]
        printf("顶点%d 到其他各顶点的最大路径长度为%d\n", i, dist[i]);
    }
    k = 0;  min = dist[0];                       //所有顶点中最大路径长度最小者
    for(i = 1; i < n; i++)
        if(dist[i] < min) { k = i;  min = dist[i]; }
    v = k;
    printf("医院应创建在顶点%d, 可使得离它最远的顶点到它的路程最近\n", v);
}
```

若图中有 n 个顶点，算法的时间复杂度为 $O(n^3)$，空间复杂度为 $O(n^2)$。

6-117 给定一个连通图 G，所有边都没有权值。若用路径上的顶点数作为路径的长度，设计一个算法，求从顶点 v 到图中其他顶点的最短路径长度。

【解答】 在不带权的连通图中查找源点到各个顶点的最短路径，通常采用广度优先搜索算法。算法设定图的存储结构为邻接表，并设置一个队列 Q，然后从顶点 v 开始遍历，在 visited[]中存储每个顶点的层次，直到遍历完成。算法的实现如下。

```
#include<CircQueue.h>
void BFS(ALGraph& G, int v, int visited[]) {
//算法调用方式 BFS(G, v, visited)。输入：用邻接表存储的无权连通图 G，源顶点 v；
//输出：数组 visited 返回从顶点 v 到各顶点的最短路径长度
    CircQueue Q;  InitQueue(Q);
    EdgeNode *p;  int i, u, w, n = G.numVertices;
    for(i = 0; i < n; i++) visited[i] = 0;         //访问标记数组初始化
    visited[v] = 1;                                //路径长度按顶点个数计算
    EnQueue(Q, v);                                 //顶点 v 进队列
    while(!QueueEmpty(Q)) {                         //每个顶点都要进队列
        DeQueue(Q, u);                             //队头顶点 u 出队
        for(p = G.VerticesList[u].adj; p != NULL; p = p->link) {
            w = p->dest;                           //顶点 u 的邻接顶点 w
            if(! visited[w]) {                     //邻接顶点未访问
                visited[w] = visited[u]+1;
                EnQueue(Q, w);
            }
        }
    }
}
```

若图中有 n 个顶点，算法的时间复杂度为 O(n)，空间复杂度为 O(n)。

6-118 自由树（即无环连通图）T = (V, E)的直径是树中所有顶点对间最短路径长度的最大值，即 T 的直径定义为 max{ShortestPathLength(u, v) | u, v∈V, (u,v)∈E}，其中，路径长度是指路径的边数。设计一个算法求 T 的直径，并分析算法的时间复杂度。

【解答】 对于一般的图，可以使用 Floyd 算法求出图中每一对顶点之间的最短路径和最短路径长度，然后求出所有最短路径中的最大者，算法的时间复杂度为 $O(n^3)$。但对于自由树，它有 n 个顶点和 n-1 条边，当 n>10 时其邻接矩阵是稀疏矩阵，使用 Floyd 算法无疑是不合算的。另外一个设想是考虑树的层次序遍历。可以轮流以自由树的各个顶点作为根，查找离根最远的顶点，存储它的路径长度，最后取这些最长路径长度的最大值，此即为自由树的直径。如果使用邻接表存储图，则此算法的时间复杂度为 O(n+e)。算法的实现如下。

```
int diameter(ALGraph& G) {
//算法调用方式 int k = diameter(G)。输入：用邻接表存储的无权连通图 G；输出：
//在自由树中利用 BFS 遍历求该图的直径，函数返回所有顶点间最短路径长度的最大者
    int Q[maxVertices];  int front = 0, rear = 0;      //创建队列并置空
    int i, j, level, large, last, v, n = G.numVertices;  EdgeNode *p;
    int visited[maxVertices];
```

```
    for(i = 0; i < n; i++) {                          //轮流以各顶点为根做 BFS 遍历
        for(j = 0; j < n; j++) visited[j] = 0;
        visited[i] = 1;  large = 0;                   //large 存储路径最大顶点数
        rear = (rear+1) % maxVertices; Q[rear] = i;
        level = 0;  last = rear;
        while(front != rear) {                        //队列不空
            front = (front+1) % maxVertices; v = Q[front];
            for(p = G.VerticesList[v].adj; p != NULL; p = p->link)
                if(!visited[p->dest]) {               //v 的邻接顶点未被访问
                    visited[p->dest] = 1;             //加访问标记并进队
                    rear =(rear+1) % maxVertices;  Q[rear] = p->dest;
                }
            if(front == last)                         //访问到层次的最后一个顶点
                { level++;  last = rear; }            //队尾是下一层最后一个顶点
        }
        printf("根为%d 的层数 level=%d\n", i, level);
        if(level > large) large = level;             //记录根为 i 的最长路径长度
    }
    return large-1;
}
```

若图中有 n 个顶点，算法的时间复杂度为 $O(\max\{n^2, n+e\})$，空间复杂度为 $O(n)$。

6-119 若一个带权有向图采用邻接矩阵存储，设计一个算法，求图中的最短简单回路。

【解答】 算法求解采用 Floyd 算法。首先求得每对顶点 i 和 j 之间的最短路径，加上从 j 到 i 的边长，如果小于无穷大就构成一条有向回路，在所有这样的有向回路中选择路径长度最短者，就是图中的最短回路。算法的实现如下。

```
Weight minCycle(MGraph& G, Weight A[][maxVertices], int& s, int& t) {
//借助图 G 及其邻接矩阵 A 求最短回路，始点 s，终点 t，t 是 s 的邻接点
    int i, j;  Weight min = maxWeight;
    for(i = 0; i < G.numVertices; i++)
        for(j = 0; j < G.numVertices; j++)
            if(i != j && G.Edge[j][i] < maxWeight)
                if(A[i][j]+G.Edge[j][i] < min) {
                    min = A[i][j]+G.Edge[j][i];
                    s = i; t = j;
                }
    return min;
}
void printaPath(int path[][maxVertices], int i, int j) {
//借助路径矩阵 path，输出从顶点 i 到顶点 j 的一条路径的顶点序列
    int d, k, s;  int aPath[maxVertices];                     //用于暂存输出路径
    k = 0;  aPath[k] = j;                                     //k 是 aPath 存放下标
    d = path[i][j];                                          //d 是顶点下标
    while(d != -1 && d != i) { k++; aPath[k] = d; d = path[i][d]; }
    k++;  aPath[k] = i;                                      //路径上添加始点
    for(s = k; s >= 0; s--) printf("%d -> ", aPath[s]);
```

```
}
void Floyd(MGraph& G) {
//算法调用方式 Floyd(G)。输入：用邻接矩阵存储的带权有向图 G；
//输出：函数输出图中的最短有向简单回路
    int i, j, k, s, t;  Weight min;
    Weight A[maxVertices][maxVertices];
    int path[maxVertices][maxVertices];
    for(i = 0; i < G.numVertices; i++)
        for(j = 0; j < G.numVertices; j++) {          //初始化
            A[i][j] = G.Edge[i][j];                    //计算 A(-1)[i][j]
            if(i != j && G.Edge[i][j] < maxWeight)     //若 i 到 j 有边
                path[i][j] = i;                        //保存边的始点
            else path[i][j] = -1;                      //否则置-1
        }
    for(k = 0; k < G.numVertices; k++) {              //计算 A(k)[i][j]
        for(i = 0; i < G.numVertices; i++)
            for(j = 0; j < G.numVertices; j++)
                if(A[i][j] > A[i][k]+A[k][j]) {        //绕过 k 可缩小 i 到 j 距离
                    A[i][j] = A[i][k]+A[k][j];
                    path[i][j] = path[k][j];
                }
    }
    min = minCycle(G, A, s, t);
    if(min < maxWeight) {                              //输出最短回路
        printf("有向图的最短简单回路为: ");
        printaPath(path, s, t);                        //输出从 s 到 t 的路径
        printf("%d, 回路的路径长度为%d\n", s, min);     //输出始点和路径长度
    }
    else printf("图中不存在有向回路! \n");
}
```

若图中有 n 个顶点，算法的时间复杂度为 $O(n^3)$，空间复杂度为 $O(n)$。

6-120 若图 G 是一个无权的无环有向图，采用邻接表存储。设计一个算法，求图 G 中的最长路径。

【解答】 算法以 DFS 方式从各顶点开始遍历，在此过程中把访问的顶点存储在数组 path 中，直到某顶点 i，它没有后继邻接顶点（无环有向图必定有出度为零的顶点），若走过的顶点数超过先前求过的路径，则记录这条路径到 LP 数组，并把边数记录在引用参数 len 中。注意，有向无环图中最长路径一定出现在入度为 0 的顶点中。算法的实现如下。

```
void DFS(ALGraph& G, int i, int& m, int visited[], int path[], int& len,
        int LP[], int& lrngth) {
//深度优先搜索的递归算法，数组 visited[], path[]和变量 len 通过参数表显式传递
    visited[i] = 1;  path[m++] = i;                    //m 是存储顶点位置
    for(EdgeNode *p = G.VerticesList[i].adj; p != NULL; p = p->link) {
        if(!visited[p->dest])                          //邻接顶点未访问过
            DFS(G, p->dest, m, visited, path, len, LP, length);  //递归遍历
```

```
    }
        if(m > len) len = m;
        if(len > length) {
            length = len;
            for(int j = 0; j < n; j++) LP[j] = path[j];
        }
    visited[i] = 0;  m--;
    }
}
void Longest_Path(ALGraph& G, int LP[], int& length) {
//算法调用方式 Longest_Path(G, LP, length)。输入：用邻接表存储的无权的无环有向
//图 G；输出：用 DFS 方法求无环有向图 G 的最长路径，数组 LP 返回图 G 的最长路径的顶点
//序列，引用参数 length 返回路径上的顶点个数
    int i, j, k, len, n = G.numVertices;  EdgeNode *p;
    int visited[maxVertices];                      //访问标志数组
    int indegree[maxVertices];                     //入度数组
    int path[maxVertices];                         //路径数组
    for(i = 0; i < n; i++) indegree[i] = 0;
    for(i = 0; i < n; i++)                         //求各顶点入度
        for(p = G.VerticesList[i].adj; p != NULL; p = p->link)
            indegree[p->dest]++;
    length = 0;
    for(i = 0; i < n; i++) {
        if(!indegree[i]) {
            for(j = 0; j < n; j++) visited[j] = 0;
            len = 0;  k = 0;
            DFS(G, i, k, visited, path, len, LP, length);
                                          //从 0 入度顶点开始 DFS
        }
    }
    length--;
}
```

算法的时间复杂度为 $O(n(n+e))$，空间复杂度为 $O(n)$。

6-121　若图 6-25（a）中的顶点表示村庄，有向边代表交通路线。若要创建一家医院，试问建在哪一个村庄能使各村庄总体上的交通代价最小?

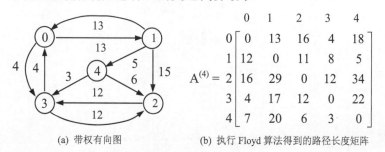

(a) 带权有向图　　　　　(b) 执行 Floyd 算法得到的路径长度矩阵

图 6-25　题 6-121 的图

【解答】　首先利用 Floyd 算法求出各对顶点间的最短路径长度，如图 6-25（b）即为算法执行后最后的路径长度矩阵。接着计算轮流把医院建在村庄 v（v = 0, 1, 2, 3, 4）时各村

庄往返医院时的交通代价。

表 6-1 给出医院建在村庄 v 时，各村庄到医院去的最小的总交通代价（图 6-25（b）中第 v 列的累加和）以及从医院返回各村庄的最小的总交通代价（图 6-25（b）中第 v 行的累加和）。然后计算表 6-1 中各行的总时间代价，再看谁最小，该行所代表顶点即为答案。由表 6-1 可知，把医院建在村庄 3 可以使各村庄往返医院的总交通代价最小。算法的实现如下。

表 6-1　最小的总交通代价

医院建在村庄 v	各村庄→医院的总时间代价	医院→各村庄的总时间代价	累 加 和
0	12+16+4+7 = 39	13+16+4+18 = 51	90
1	13+29+17+20 = 79	12+11+8+5 = 36	115
2	16+11+12+6 = 45	16+29+12+34 = 91	136
3	4+8+12+3 = 27	4+17+12+22 = 55	82
4	18+5+34+22 = 79	7+20+6+3 = 36	115

```
#define maxWeight 32767
void Floyd(MGraph& G, Weight a[][maxVertices]) {
//a[i][j]是顶点 i 和 j 间的最短路径长度，算法计算每对顶点间最短路径长度
    int i, j, k, n = G.numVertices;
    for(i = 0; i < n; i++) {                          //矩阵 a 初始化
        for(j = 0; j < n; j++) {
            a[i][j] = G.Edge[i][j];
            if(a[i][j] < maxWeight) printf("%2d ", a[i][j]);
            else printf(" - ");
        }
        printf("\n");
    }
    for(k = 0; k < n; k++) {                          //针对每一个 k，产生 a^(k)
        for(i = 0; i < n; i++) {
            if(i != k)
                for(j = 0; j < n; j++) {
                    if(j != k && a[i][k]+a[k][j] < a[i][j]) a[i][j] =
                        a[i][k]+a[k][j];
                    if(a[i][j] < maxWeight) printf("%2d ", a[i][j]);
                    else printf(" - ");
                }
            else {
                for(j = 0; j < n; j++)
                    if(a[i][j] < maxWeight) printf("%2d ", a[i][j]);
                    else printf(" - ");
            }
            printf("\n");
        }
        printf("\n");
    }
}
```

```
void Layout(MGraph& G, int& v) {
//算法调用方式 Layout(G, v)。输入：用邻接矩阵存储的带权有向图 G；输出：在图
//G 中查找顶点 v，它从整体看距离每个顶点的最短路径长度之和最小
    Weight dist[maxVertices];  Weight wRow, wCol, sum;
    Weight path[maxVertices][maxVertices];
    int i, j, k, n = G.numVertices;
    Floyd(G, path);                          //每对顶点间的最短路径
    sum = maxWeight;  v = 0;
    for(k = 0; k < n; k++) dist[k] = 0;
    for(k = 0; k < n; k++) {                 //顶点 k 到其他顶点往返最短路径长度和
        wRow = 0;  wCol = 0;
        for(j = 0; j < n; j++)               //行累加(出边)，列累加(入边)
            if(k != j) { wRow += path[k][j];  wCol += path[j][k]; }
        dist[k] = wRow+wCol;
        printf("从顶点%d 的出发和到达各顶点交通代价为%d 和%d，总和为%d\n",
            k, wRow, wCol, dist[k]);
        if(dist[k] < sum) { sum = dist[k];  v = k; }
    }
    printf("顶点%d 与其他顶点往返交通代价最小，为%d\n", v, sum);
}
```

若图中有 n 个顶点，算法的时间复杂度为 $O(n^3)$，空间复杂度为 $O(n^2)$。

6.6　拓扑排序和关键路径

6.6.1　AOV 网与拓扑排序

1. AOV 网与拓扑排序的概念

如果用有向图表示一个工程，用顶点表示活动，用有向边 $<V_i, V_j>$ 表示活动 V_i 必须先于活动 V_j 进行。这种有向图称为顶点表示活动的网络，记作 AOV 网络。

在 AOV 网络中，如果活动 V_i 必须在活动 V_j 之前进行，则存在有向边 $<V_i, V_j>$，并称 V_i 是 V_j 的直接前趋，V_j 是 V_i 的直接后继。这种前趋与后继的关系有传递性。此外，任何活动 V_i 不能以它自己作为自己的前趋或后继，这称为反自反性。从前趋和后继的传递性和反自反性来看，AOV 网络中不能出现有向回路，即有向环。

检测有向环的方法是对 AOV 网络构造它的拓扑有序序列，即将各个顶点（代表各个活动）排列成一个线性有序的序列，使得 AOV 网络中所有应存在的前趋和后继关系都能得到满足。这种构造 AOV 网络全部顶点的拓扑有序序列的运算就称为拓扑排序。

如果通过拓扑排序能将 AOV 网络的所有顶点都排入一个拓扑有序的序列中，则该 AOV 网络中必定不会出现有向环；相反，如果得不到满足要求的拓扑有序序列，则说明 AOV 网络中存在有向环。

2. 拓扑排序相关的算法

6-122　若不带权有向图 G 采用邻接表存储，设计一个算法，对图 G 实施拓扑排序。

【解答】　拓扑排序的基本步骤如下。

（1）输入 AOV 网络（无权无环有向图）。令 n 为顶点个数。

（2）在 AOV 网络中选一个没有直接前趋的顶点，并输出之。

（3）从图中删除该顶点，同时删除所有它发出的有向边。

重复以上步骤（2）、步骤（3），直到全部顶点均已输出，拓扑有序序列形成，拓扑排序完成；或图中还有未输出的顶点，但已跳出处理循环。这说明图中还剩下一些顶点，它们都有直接前趋，再也找不到没有前趋的顶点了。这时 AOV 网络中必定存在有向环。

在实际设计拓扑排序算法时，创建了一个存放入度为 0 的顶点的栈，供选择和输出无前趋的顶点。只要出现入度为 0 的顶点，就将它加入栈中。算法的实现如下。

```
void TopologicalSort(ALGraph& G, int count[], int V[], int& k) {
//算法调用方式的 TopologicalSort(G, count, V, k)。输入：用邻接表存储的无权有向
//图 G；输出：用于控制拓扑排序的入度表 count，保存拓扑排序结果的数组 V，进入排序结果
//的顶点个数 k
    int i, u, w, top = -1; EdgeNode *p;
    int n = G.numVertices;                          //有向图中顶点个数
    for(i = 0; i < n; i++) count[i] = 0;
    for(i = 0; i < n; i++)                           //计算各顶点的入度
        for(p = G.VerticesList[i].adj; p != NULL; p = p->link)
            count[p->dest]++;                       //邻接顶点入度加 1
    for(i = 0; i < n; i++)                           //入度为 0 的顶点进 count 栈
        if(! count[i]) { count[i] = top; top = i; }
    k = 0;                                           //排序元素计数
    while(top != -1)    {                            //期望输出 n 个顶点
        u = top; top = count[top];                  //退栈顶点为 j
        V[k++] = u;                                  //保存排入拓扑有序序列的顶点
        for(p = G.VerticesList[u].adj; p != NULL; p = p->link) {
            w = p->dest;
            if(--count[w] == 0)                      //邻接顶点入度减 1，减至 0 进栈
                { count[w] = top; top = w; }
        }
    }
    if(k < n) printf("图中有有向环! \n");
    else printf("图中无环，拓扑排序成功! \n");
}
```

若图中有 n 个顶点，e 条边，算法的时间复杂度为 O(n+e)，空间复杂度为 O(1)。

6-123　若有向图 G 采用邻接表存储，设计一个算法，判断 G 是否为无环有向图。

【解答】　图 G 是否为无环有向图，可以从 G 的每个顶点出发进行 DFS。如果在 DFS 的过程中遇到了已经访问过的顶点，则表示出现了环。算法的实现如下。

```
bool DFS(ALGraph &G, int v, bool visited[]) {
//从 v 开始 DFS，判断 G 是否有环，是则函数返回 true，否则返回 false
    bool flag; EdgeNode *p;
    visited[v] = true;                              //做访问过的标志
    for(p = G.VerticesList[v].adj; p != NULL; p = p->link) {
        if(visited[p->dest]) return true;          //有环，返回 true
```

```
        else flag = DFS(G, p->dest, visited);
        if(flag) return true;                           //后继有环, 返回 true
        visited[p->dest] = false;                       //恢复 0, 下次它可以是起点
    }
    return false;                                       //全部检查后返回 false, 无环
}
bool isDAG(ALGraph& G) {
//算法调用方式的 bool is = isDAG(G)。输入: 用邻接表存储的无权有向图 G;
// 输出: 若图 G 是无环有向图, 函数返回 true, 否则函数返回 false
    bool visited[maxVertices]; bool flag; int i;
    for(i = 0; i < G.numVertices; i++) visited[i] = false;
    for(i = 0; i < G.numVertices; i++) {        //逐个顶点检查
        flag = DFS(G, i, visited);
        if(flag) return true;                           //有环, 返回 true
        visited[i] = false;                             //为检查下一个顶点恢复 0
    }
    return false;                                       //无环, 返回 false
}
```

若图中有 n 个顶点, e 条边, 算法的时间复杂度为 O(n(n+e)), 空间复杂度为 O(n)。

6-124 若有一个有向图 G 存储在邻接表中。设计一个算法, 按深度优先搜索策略对其进行拓扑排序。

【解答】 如果图 G 是一个无环有向图, 通过深度优先搜索, 也可得到一个拓扑有序序列。但在算法中需要增加一个入度数组 ind, 用于控制只输出入度减到 0 的顶点。此外, 在算法中用到一个入度为 0 顶点, 组织入度为 0 或入度减到 0 的顶点。算法的实现如下。

```
void DFS(ALGraph& G, int v, int visited[], int ind[], int& top, int& count){
//在图 G 中从顶点 v 出发做 DFS。算法结束时通过 visited[]返回各顶点访问顺序,
//通过引用参数 count 返回访问顶点个数
    visited[v] = count++;                               //做访问顺序标记
    EdgeNode *p; int w;
    for(p = G.VerticesList[v].adj; p != NULL; p = p->link) {
        w = p->dest;                                    //终顶点
        if(visited[w] == -1) {
            ind[w]--;                                   //终顶点入度减 1
            if(ind[w] == 0) { ind[w] = top; top = w; } //入度减至 0 进栈
        }
    }
    if(top != -1) {                                     //入度为 0 的顶点栈不空
        w = top; top = ind[top];                        //退出一个入度为 0 的顶点
        DFS(G, w, visited, ind, top, count);            //递归
    }
}
bool topoSort_dfs(ALGraph& G) {
//算法调用方式 bool succ = topoSort_dfs(G)。输入: 用邻接表存储的无权有向图 G;
//输出: 对图 G 执行拓扑排序, 若排序成功, 函数返回 true, 否则函数返回 false
    int i, top, count, v; EdgeNode *p;
```

```
        int visited[maxVertices], ind[maxVertices];            //访问标志数组和入度数组
        for(i = 0; i < G.numVertices; i++) { visited[i] = -1; ind[i] = 0; }
        count = 0;  top = -1;
        for(i = 0; i < G.numVertices; i++)                      //统计各顶点的入度
            for(p = G.VerticesList[i].adj; p != NULL; p = p->link)
                ind[p->dest]++;
        for(i = 0; i < G.numVertices; i++)
            if(ind[i] == 0) { ind[i] = top; top = i; }          //创建入度为 0 的顶点栈
        if(top != -1) {                                         //当栈不空时
            v = top; top = ind[top];                            //取一个入度为 0 的顶点
            DFS(G, v, visited, ind, top, count);                //进行 DFS
        }
        if(count < G.numVertices)
            { printf("图中有环, 拓扑排序失败! \n");  return false; }
        else {
            printf("拓扑排序成功! 拓扑有序序列为: \n");
            for(v = 0; v < G.numVertices; v++) {
                for(i = 0; i < G.numVertices; i++)
                    if(visited[i] == v) break;
                printf("%d(%c) ", i, G.VerticesList[i].data);
            }
            printf("\n");
        }
        return true;
    }
```

若图中有 n 个顶点，e 条边，算法的时间复杂度为 O(n(n+e))，空间复杂度为 O(n)。

6-125 若有向无环图 G 采用邻接表存储，设计一个算法，不用栈而用队列辅助实现拓扑排序。计算算法的时间复杂度。

【解答】 采用广度优先搜索（BFS）方法可以进行拓扑排序。与普通的广度优先搜索不同的是：一个顶点只有当它的所有前趋顶点（即可以到达该顶点的其他顶点）都已访问后才可以被访问。广度优先搜索通常用一个队列来辅助实现，队列中存放的是可以访问的顶点。用队列实现拓扑排序的过程如下：

（1）计算每个顶点的入度，保存在入度数组 ind 中。

（2）检查 ind 中的每个元素，将入度为 0 的顶点入队。

（3）不断从队列中将入度为 0 的顶点出队，输出此顶点，并将该顶点的未被访问的邻接顶点的入度减 1；如果某个邻接顶点的入度减至 0，则将其入队。

上述过程中的第（1）、（2）步的时间复杂度为 O(n)，第（3）步的时间复杂度为 O(e)。因此，利用队列实现拓扑排序的时间复杂度为 O(n+e)。算法的实现如下。

```
void topoSort_bfs(ALGraph& G) {
//算法调用方式 topoSort_bfs(G)。输入：用邻接表存储的无权有向图 G；输出：使用
//BFS 对图 G 进行拓扑排序，输出拓扑排序的结果
    EdgeNode *p;  int i, j;
    int visited[maxVertices], ind[maxVertices];        //访问标志数组与入度数组
```

```
        for(i = 0; i < G.numVertices; i++) ind[i] = visited[i] = 0;
        for(i = 0; i < G.numVertices; i++)                          //计算各顶点的入度
            for(p = G.VerticesList[i].adj; p != NULL; p = p->link)
            ind[p->dest]++;
        int Q[maxVertices];  int front = 0, rear = 0;        //队列
        for(i = 0; i < G.numVertices; i++)                      //入度为 0 的顶点进队
            if(!ind[i]) { rear = (rear+1) % maxVertices;  Q[rear] = i; }
        while(front != rear) {                                    //进行拓扑排序
            front = (front+1) % maxVertices; j = Q[front];//退一个入度为 0 的顶点
            if(!visited[j]) {                                    //若未被访问过
                printf("%d(%c) ", j, G.VerticesList[j].data);
                visited[j] = 1;                                  //做访问过标志
                for(p = G.VerticesList[j].adj; p != NULL; p = p->link) {
                    ind[p->dest]--;                             //邻接顶点入度减 1
                    if(! ind[p->dest])                          //入度减至 0, 进队
                        { rear =(rear+1) % maxVertices;  Q[rear] = p->dest; }
                }
            }
        }
    }
```

若图中有 n 个顶点，e 条边，算法的时间复杂度为 O(n(n+e))，空间复杂度为 O(n)。

6-126 若有向无环图 G 采用邻接表存储，设计一个算法，不采用栈也不采用队列实现拓扑排序。计算算法的时间复杂度。

【解答】 如果不用队列也不用栈，每次输出前都要查找可以输出的顶点。可以输出的顶点是入度为 0 且没有输出过的顶点，为此需要遍历整个顶点序列。因为每输出一个拓扑排序后的顶点，还要查找下一个入度为 0 的顶点，时间复杂度为 O(n²)。算法的实现如下。

```
void topoSort_nobfs_nodfs(ALGraph& G) {
//算法调用方式 topoSort_nobfs_nodfs(G)。输入：用邻接表存储的无权有向图 G;
//输出：算法中输出拓扑排序的结果
    EdgeNode *p;  int i, j;
    int visited[maxVertices], ind[maxVertices];        //访问标志数组与入度数组
    for(i = 0; i < G.numVertices; i++) ind[i] = visited[i] = 0;
    for(i = 0; i < G.numVertices; i++)                      //计算顶点的入度
        for(p = G.VerticesList[i].adj; p != NULL; p = p->link)
            ind[p->dest]++;
    printf("拓扑排序序列为: \n");
    for(i = 0; i < G.numVertices; ++i) {
        for(j = 0; j < G.numVertices; j++)                  //查找可以输出的顶点
                if(!ind[j] && !visited[j]) break;
        if(j == G.numVertices) { printf("图中有环, 退出\n");  return; }
        printf("%d(%c) ", j, G.VerticesList[j].data);
        visited[j] = 1;  ind[j] = -1;
        for(p = G.VerticesList[j].adj; p != NULL; p = p->link)
            ind[p->dest]--;
```

```
        }
    }
```

若图中有 n 个顶点，e 条边，算法的时间复杂度为 $O(\max\{n^2, n+e\})$，空间复杂度为 $O(n)$。

6.6.2 AOE 网与关键路径

1. AOE 网与关键路径的概念

如果在没有有向环的带权有向图中用有向边表示一个工程中的各项活动，用有向边上的权值表示活动的持续时间，用顶点表示事件，则这样的有向图称为用边表示活动的网络，简称为 AOE 网络。

在 AOE 网络中，始点到各个顶点，以至从始点到终点的有向路径可能不止一条。这些路径的长度也可能不同。完成不同路径的活动所需的时间虽然不同，但只有各条路径上所有活动都完成了，整个工程才算完成。因此，完成整个工程所需的时间取决于从始点到终点的最长路径长度，即在这条路径上所有活动的持续时间之和。这条最长的路径就称为关键路径。

2. 关键活动的计算

要找出关键路径，必须找出关键活动，即不按期完成就会影响整个工程完成的活动。关键路径上的所有活动都是关键活动。

（1）事件 V_i 的最早可能开始时间 $Ve(i)$：这是从始点 V_0 到顶点 V_i 的最长路径长度。求 $Ve[i]$ 的公式从 $Ve[0] = 0$ 开始，向前递推

$$Ve[i] = \underset{j}{\text{Max}} \{ Ve[j] + dur(<V_j, V_i>) \}, \quad <V_j, V_i> \in S_2, \quad i = 1, 2, \cdots, n-1$$

其中，S_2 是所有指向顶点 V_i 的有向边 $<V_j, V_i>$ 的集合。

（2）事件 V_i 的最迟允许开始时间 $Vl[i]$：这是在保证终点 V_{n-1} 在 $Ve[n-1]$ 时刻完成的前提下，事件 V_i 的允许的最迟开始时间。它等于 $Ve[n-1]$ 减去从 V_i 到 V_{n-1} 的最长路径长度。求 $Vl[i]$ 的公式从 $Vl[n-1] = Ve[n-1]$ 开始，反向递推

$$Vl[i] = \underset{j}{\text{Min}} \{ Vl[j] - dur(<V_i, V_j>) \}, \quad <V_i, V_j> \in S_1, \quad i = n-2, n-3, \cdots, 0$$

其中，S_1 是所有从顶点 V_i 发出的有向边 $<V_i, V_j>$ 的集合。

（3）活动 a_k 的最早可能开始时间 $Ae[k]$：若活动 a_k 在有向边 $<V_i, V_j>$ 上，则 $Ae[k]$ 是从始点 V_0 到顶点 V_i 的最长路径长度。因此，$Ae[k] = Ve[i]$。

（4）活动 a_k 的最迟允许开始时间 $Al[k]$：若活动 a_k 在有向边 $<V_i, V_j>$ 上，则 $Al[k]$ 是在不会引起时间延误的前提下，该活动允许的最迟开始时间。$Al[k] = Vl[j] - dur(<i, j>)$。其中，$dur(<i, j>)$ 是完成 a_k 所需的时间。

（5）关键活动：$Al[k]-Ae[k]$ 表示活动 a_k 的最早可能开始时间和最迟允许开始时间的时间余量，也称为松弛时间。$Al[k] == Ae[k]$ 表示活动 a_k 是没有时间余量的关键活动。

3. 理解关键路径计算的要点

（1）计算 $Ve[i]$ 和 $Vl[i]$ 的递推公式必须分别在拓扑有序及逆拓扑有序的前提下进行。也就是说，计算 $Ve[i]$ 时，V_i 的所有前趋顶点 V_j 的 $Ve[j]$ 都已求出；反之，在计算 $Vl[i]$ 时，也必须在 V_i 的所有后继顶点 V_j 的 $Vl[j]$ 都已求出的条件下才能进行计算。

（2）拓扑排序算法只能检测出网络中的有向回路。网络中可能还存在其他问题。例如，存在从开始顶点无法到达的顶点。当在这样的网络中进行关键路径计算时，将有多个顶点的 Ve[i]等于 0。因为整个网络中各活动的持续时间都应大于 0，所以只有开始顶点的 Ve[0]可以等于 0。利用关键路径法也可以检测工程中是否存在有这样的问题。

4. 关键路径相关的算法

6-127　试问对有向无环图的顶点按什么顺序编号后，它的邻接矩阵为一个下三角矩阵？设计一个算法，对有向无环图的顶点重新编号，使其邻接矩阵为一个下三角矩阵，输出各顶点的新旧编号对照表。

【解答】　当有向无环图顶点按一个逆拓扑序列进行顺序编号后，该图的邻接矩阵为一个下三角矩阵。这是因为在逆拓扑序列中，每个顶点只可能邻接到排在它前面的顶点上，而不可能邻接到排在它后面的顶点上。因此按一个逆拓扑序列进行顺序编号后，在它的邻接矩阵 A 中，对于图中任意两个顶点编号 i 和 j，当 i<j 时，有 A[i][j]=0，即 A 为下三角矩阵。

若要对有向无环图的顶点重新编号，使其邻接矩阵能为一个下三角矩阵，只要求出一个逆拓扑序列，并按照该序列依次进行对顶点进行编号即可。算法的实现如下。

```
void Graph_No(MGraph& G, MGraph& G1) {
//算法调用方式 Graph_No(G, G1)。输入：用邻接矩阵存储的带权无环有向图 G；
//输出：用邻接矩阵(下三角矩阵)存储的带权无环有向图 G1，输出新旧编号对照表
    int i, j, count, front, rear;
    int outd[maxVertices];                   //存放各顶点的当前出度
    int Q[maxVertices];                      //存放逆拓扑序列的队列
    for(i = 0; i < G.numVertices; i++) {     //求各顶点的出度
        outd[i] = 0;
        for(j = 0; j < G.numVertices; j++)   //统计矩阵一行的非 0 元素数
            if(G.Edge[i][j] != 0) outd[i]++; //得到顶点的出度
    }
    front = 0;  rear = 0;  count = 0;
    for(i = 0; i < G.numVertices; i++)       //Q 存放出度为 0 的顶点
        if(!outd[i]) Q[rear++] = i;          //出度为 0 的顶点进队
    while(front != rear) {
        j = Q[front++];                      //出度为 0 的顶点出队
        for(i = 0; i < G.numVertices; i++) { //检查第 j 列各行元素
            if(G.Edge[i][j]) {               //若有进入 j 的边
                outd[i]--;                   //进入 j 的各顶点出度减 1
                if(!outd[i]) Q[rear++] = i;  //出度减至 0 的顶点进队
            }
        }
    }
    for(i = 0; i < G.numVertices; i++)       //输出新旧顶点编号对照
        printf("旧编号%d—>新编号%d\n", Q[i], i);
    G1.numVertices = G.numVertices;  G1.numEdges = G.numEdges;
    for(i = 0; i < G1.numVertices; i++)      //新矩阵全部置空
        for(j = 0; j < G1.numVertices; j++) G1.Edge[i][j] = 0;
    for(i = 0; i < G1.numVertices; i++)      //传送顶点向量
```

```
            G1.VerticesList[i] = G.VerticesList[Q[i]];
    for(i = 0; i < G.numVertices; i++)                    //新矩阵边就位
        for(j = 0; j < G.numVertices; j++)
            if(G.Edge[Q[i]][Q[j]] == 1) G1.Edge[i][j] = 1;
    for(i = 0; i < G1.numVertices; i++) {                 //输出新矩阵
        for(j = 0; j < G1.numVertices; j++)
            printf("%d ", G1.Edge[i][j]);
        printf("\n");
    }
}
```

若图中有 n 个顶点，算法的时间复杂度为 $O(n^2)$，空间复杂度为 $O(n)$。

6-128 若有向无环图 G 采用邻接表存储，设计一个算法，判断任一给定的序列 v_1, v_2,···, v_n（v_i 属于图的顶点集合，n = G.numVertices）是否为图 G 的一个拓扑有序序列。

【解答】 改造拓扑排序的算法。设置一个数组 T[n]，将图 G 中入度为 0 的元素存入 T 中。然后顺序访问序列 v_1, v_2,···, v_n，用 v_i 到 T 中查找与之相等元素，若查找失败，则该序列不是图 G 的拓扑有序序列；若查找到与之相等的元素，则在 T 中删除该元素，然后按照拓扑排序的方法，将该元素顶点的所有出边的入度减 1，并将入度减至 0 的顶点加入到 T 中。如此进行下去，直到序列中元素都处理完且 T 为空，则序列是拓扑有序序列。算法的实现如下。

```
bool Check_Topologic(ALGraph& G, Type V[], int n) {
//算法调用方式bool is = Check_Topologic(G, V, n)。输入：用邻接表存储的带权无环
//有向图G，输入一个元素序列V，其中元素个数n；输出：检查n个元素的序列V[0],···,
//V[n-1]是否图G的拓扑有序序列。若是则函数返回true，否则函数返回false
    Type T[maxVertices];  int S[maxVertices];        //T 是入度为 0 顶点数据
    EdgeNode *p;   int i, j, w, k = 0;               //S 是入度为 0 顶点序号
    int indegree[maxVertices];                       //入度数组
    for(i = 0; i < G.numVertices; i++) indegree[i] = 0;//入度数组初始化
    for(i = 0; i < G.numVertices; i++)               //计算各顶点的入度
        for(p = G.VerticesList[i].adj; p != NULL; p = p->link)
            indegree[p->dest]++;
    for(i = 0; i < G.numVertices; i++)               //入度为 0 的顶点存入 T
        if(indegree[i] == 0)                         //顶点号存入 S，k 为顶点个数
        { S[k] = i;  T[k++] = G.VerticesList[i].data; }
    for(i = 0; i < n; i++) {                          //逐个处理序列中元素
        for(j = 0; j < k; j++) if(V[i] == T[j]) break; //在 T 中查找 V[i]
        if(j == k)                                   //在 T 中没有查到
        { printf("序列 V 不是拓扑序列! \n");  return false; }
        for(p = G.VerticesList[S[j]].adj; p != NULL; p = p->link) {
          w = p->dest;  indegree[w]--;               //j 的邻接顶点 w 入度减 1
          if(indegree[w] == 0)                       //w 的入度减至 0 存入 T
            { S[k] = w;  T[k++] = G.VerticesList[w].data; }
        }
        S[j] = S[k-1];  T[j] = T[k-1];  k--;         //在 S 和 T 中删除 j 元素
    }
```

```
    if(k == 0) { printf("序列 V 是拓扑序列! \n");  return true; }
    else { printf("序列 V 不是拓扑序列! \n");  return false; }
}
```

若图中有 n 个顶点，e 条边，算法的时间复杂度为 O(n+e)，空间复杂度为 O(n)。

6-129 设计一个算法，对一个 AOE 网 G 一边拓扑排序，一边计算关键路径。算法使用图的邻接表表示，并增加一个辅助数组 Indegree[]存放各个顶点的入度。

【解答】 算法融合了拓扑排序和求关键路径的程序。辅助数组 indegree[ ]存放了各个顶点的入度，在参数表中作为输入。在算法执行过程中将入度减至 0 的 Indegree 单元用作链式栈，并在栈元素出栈后反向拉链，在算法结束时存放的是逆拓扑有序序列。此外，关键活动通过数组 cp 返回，n 返回关键活动个数。算法的实现如下。

```
typedef struct { int v1; int v2; Weight key; } Edge;
void CriticalPath(ALGraph& G, Edge cp[], int& n) {
//算法调用方式 CriticalPath(G, cp, n)。输入：用邻接表存储的带权无环有向图 G;
//输出：数组 cp 返回关键活动的各边，引用参数 n 返回关键活动数
    int i, j, k, m = -1, u, v, top = -1; Weight w; EdgeNode *p; Edge ed;
    int ind[maxVertices];                          //入度数组
    for(i = 0; i < G.numVertices; i++) ind[i] = 0;
    for(i = 0; i < G.numVertices; i++)
        for(p = G.VerticesList[i].adj; p != NULL; p = p->link)
            ind[p->dest]++;                        //统计各顶点入度
    Weight Ve[maxVertices], Vl[maxVertices];       //各事件最早和最迟开始时间
    Weight Ae[maxEdges], Al[maxEdges];             //各活动最早和最迟开始时间
    for(i = 0; i < G.numVertices; i++) Ve[i] = 0;
    for(i = 0; i < G.numVertices; i++)             //所有入度为 0 的顶点进栈
        if(!ind[i]) { ind[i] = top;  top = i; }
    while(top != -1) {                             //拓扑有序地计算 Ve[]
        u = top;  top = ind[top];                  //退栈 u
        ind[u] = m;  m = u;                        //反向拉链
        for(p = G.VerticesList[u].adj; p != NULL; p = p->link) {
            w = p->cost;  j = p->dest;
            if(Ve[u]+w > Ve[j]) Ve[j] = Ve[u]+w;  //计算 Ve
            if(--ind[j] == 0){ind[j] = top;  top = j;}   //顶点入度减至 0 进栈
        }
    }
    for(i = 0; i < G.numVertices; i++) Vl[i] = Ve[m];
    while(m != -1) {                               //逆拓扑有序计算 Vl[]
        v = ind[m];  m = v;                        //逆拓扑排序
        if(m == -1) break;
        for(p = G.VerticesList[v].adj; p != NULL; p = p->link) {
            k = p->dest;  w = p->cost;
            if(Vl[k]-w < Vl[v]) Vl[v] = Vl[k]-w;
        }
    }
    k = 0;
```

```
    for(i = 0; i < G.numVertices; i++)                       //求各活动的 Ae 和 Al
        for(p = G.VerticesList[i].adj; p != NULL; p = p->link) {
            Ae[k] = Ve[i];  Al[k] = Vl[p->dest]-p->cost;
            ed.v1 = i;  ed.v2 = p->dest;  ed.key = p->cost;  cp[k++] = ed;
        }
    n = 0;
    while(n < k)
        if(Ae[n] == Al[n]) n++;
        else {
            for(j = n+1; j < k; j++)
                { cp[j-1] = cp[j]; Ae[j-1] = Ae[j]; Al[j-1] = Al[j]; }
            k--;
        }
}
```

若图中有 n 个顶点，e 条边，算法的时间复杂度为 O(n+e)，空间复杂度为 O(n²)。

6-130 若 AOE 网采用十字链表存储，设计一个算法，查找 AOE 网的所有关键活动。

【解答】 在算法的第一阶段按拓扑有序的顺序计算顶点的最早开始时间 Ve[0]～Ve[n-1]，使用出边表，同时需要使用两个栈 S 和 T，S 是入度为 0 的顶点栈，T 是存储拓扑有序顶点的栈；在算法的第二阶段按逆拓扑有序的顺序计算顶点的最迟允许开始时间 Vl[n-1]～Vl[0]，正好利用 T 的退栈序列，还使用了入边表实现逆向计算。算法的实现如下。

```
void CriticalPath(OrthoGraph& G) {
//算法调用方式 CriticalPath(G)。输入：用十字链表存储的 AOE 网 G;
//输出：输出计算得到的所有关键活动
    Weight ve[maxVertices], vl[maxVertices], ee, el;
    int S[maxVertices];  int tops = -1;                       //入度为 0 的顶点栈
    int T[maxVertices];  int topt = -1;                       //拓扑有序顶点栈
    int count, i, j, n = G.numVertices;  EdgeNode *p;
    int ind[maxVertices];
    for(i = 0; i < n; i++) { ind[i] = 0;  ve[i] = 0; }
    for(i = 0; i < n; i++) {
        count = 0;                                            //计算顶点 i 入度
        for(p = G.VerticesList[i].firstin; p != NULL; p = p->nextin)
        count++;
        ind[i] = count;
    }
    for(i = 0; i < n; i++)
        if(ind[i] == 0) S[++tops] = i;                        //入度为 0 的顶点入栈
    while(tops != -1) {                                       //当栈不空时
        i = S[tops--];  T[++topt] = i;                        //退出一个入度为 0 的顶点
        for(p = G.VerticesList[i].firstout; p != NULL; p = p->nextout) {
            j = p->vertex2;  ind[j]--;                        //终顶点入度减 1
            if(ind[j] == 0) S[++tops] = j;                    //入度为 0 的顶点进栈
            if(ve[i]+p->cost > ve[j]) ve[j] = ve[i]+p->cost;
        }
    }
```

```
        if(topt+1 < n) { printf("图中有环, 拓扑排序失败! \n");  return; }
        for(i = 0; i < n; i++) vl[i] = ve[n-1];
        while(topt != -1) {                                    //逆向求 vl
            j = T[topt--];
            for(p = G.VerticesList[j].firstin; p != NULL; p = p->nextin) {
                i = p->vertex1;                                //取始顶点
                if(vl[j]-p->cost < vl[i]) vl[i] = vl[j]-p->cost;
            }
        }
        printf("\nAOE 网的关键活动是\n");
        for(i = 0; i < n; i++) {
            for(p = G.VerticesList[i].firstout; p != NULL; p = p->nextout) {
                j = p->vertex2;
                ee = ve[i];  el = vl[j]-p->cost;
                if(ee == el) printf("(%d, %d, %d) ", i, j, p->cost);
            }
        }
        printf("\n");
}
```

若图中有 n 个顶点，e 条边，算法的时间复杂度为 O(n+e)，空间复杂度为 O(n)。

6.7 图的其他应用

6.7.1 算术表达式的计算

6-131 若用于算术表达式的有向无环图用邻接表方式存储，设计一个算法，输入顶点信息和边信息，创建用于算术表达式的无环有向图的邻接表表示。

【解答】 若考虑子表达式可共享的情形，用无环有向图表示比较合适，如图 6-26 所示。从图中可以知道，输入有三类信息：一是顶点数据 vData 数组，由于操作符很多是相同的，为了区分不同位置的相同操作符，如'+'，用数字字符代替它们；二是存储数字编号的顶点对应的操作符的数组 vInfo，用作输出；三是边信息数组，给出图中所有的边顶点对：

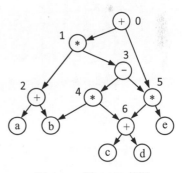

图 6-26 题 6-131 的图

```
Type vData[maxVertices] = { '0', '1', '2', 'a', 'b', '3', '4', '5', '6', 'c',
                            'd', 'e' };
Type vInfo[maxVertices] = { '+', '*', '+', '-', '*', '*', '+' };
Type eInfo[maxEdges][2] = {'0', '1', '1', '2', '2', 'a', '2', 'b', '1', '3',
                            '3', '4', '4', 'b', '4', '6', '6', 'c', '6', 'd',
                            '3', '5', '5', '6', '5', 'e', '0', '5'};
```

参数表中的 op 是图中操作符总数，即 vInfo 中的操作符个数。

创建出边表时采用了后插法，即后插入的边插入链尾。为此，增加一个指向各顶点链尾的辅助数组 last。算法的实现如下。

```
#include<ALGraph.h>
int getVertexPos(ALGraph& G, Type v) {
    int i = 0;
    while(i < G.numVertices && G.VerticesList[i].data != v) i++;
    if(i < G.numVertices) return i;
    else return -1;
}
void createALGraph_nw(ALGraph& G, Type v[], int n, Type ed[][2], int e) {
//算法调用方式 createALGraph_nw(G, v, n, ed, e)。输入：存放顶点数据的数组 v, 顶
//点个数 n, 各边顶点对数组 ed, 边数 e; 输出：创建无环有向图 G 的邻接表表示, 非叶结点的
//值用数字字符表示, 叶结点的值用字母字符表示
    int i, j, k; Type e1, e2; EdgeNode *q, *p;
    EdgeNode *last[maxVertices];
    G.numVertices = n; G.numEdges = e;                    //图的顶点数与边数
    for(i = 0; i < G.numVertices; i++) {                  //创建顶点表
        G.VerticesList[i].data = v[i];                    //顶点向量初始化
        G.VerticesList[i].adj = NULL;
        last[i] = NULL;
    }
    for(i = 0; i < G.numEdges; i++) {                     //创建各顶点的边链表
        e1 = ed[i][0]; e2 = ed[i][1];                     //边的顶点对
        j = getVertexPos(G, e1); k = getVertexPos(G, e2);
        p = G.VerticesList[j].adj;                        //顶点 j 边链表头指针
        while(p != NULL && p->dest != k) p = p->link;
            if(p == NULL) {                               //图中没有重边, 加入新边
            q =(EdgeNode *) malloc(sizeof(EdgeNode));
             q->dest = k; q->link = NULL;
            if(last[j] == NULL) G.VerticesList[j].adj = q;
            else last[j]->link = q;
            last[j] = q;
        }
    }
}
```

若图中有 n 个顶点，e 条边，算法的时间复杂度为 $O(n+e)$，空间复杂度为 $O(n)$。

6-132　若表达式采用无环有向图表示，并采用邻接表存储，设计一个算法，输出该图的邻接表表示（先输出顶点信息，再输出边信息）。

```
void printALGraph_nw(ALGraph& G, Type vInfo[], int op) {
//算法调用方式 printALGraph_nw(G, vInfo[], op)。输入：图的邻接表表示 G, 表示
//不同操作符的数字所对应的操作符映射表 vInfo, 操作符个数 op; 输出：算法先输
//出顶点数据, 再输出顶点对表示的边。op 是非叶结点个数, 若结点值小于 op, 输
//出 vInfo 中保留的操作符符号, 否则输出结点值, 即操作数符号
    int i; EdgeNode *p; char ch1, ch2;
```

```
    printf("图 G 的顶点数是%d\n", G.numVertices);                //输出顶点数
    printf("顶点向量的值是\n");
    for(i = 0; i < G.numVertices; i++) {                        //输出顶点数据
        ch1 = G.VerticesList[i].data;
        if(ch1-'0' < op) printf("%c ", vInfo[ch1-'0']);
        else printf("%c ", ch1);
    }
    printf("\n");
    printf("图 G 的边数是%d\n", G.numEdges);                     //输出边数
    for(i = 0; i < G.numVertices; i++) {                        //各顶点边链表
        if(G.VerticesList[i].adj == NULL) continue;
        for(p = G.VerticesList[i].adj; p != NULL; p = p->link) {
            ch1 = G.VerticesList[i].data;
            ch2 = G.VerticesList[p->dest].data;
            printf("(");
            if(ch1-'0' < op) printf("%c ", vInfo[ch1-'0']);
            else printf("%c ", ch1);
            printf(",");
            if(ch2-'0' < op) printf("%c ", vInfo[ch2-'0']);
            else printf("%c ", ch2);
            printf(") ");
        }
        printf("\n");
    }
}
```

若图中有 n 个顶点，e 条边，算法的时间复杂度为 O(n+e)，空间复杂度为 O(1)。

6-133　若一个四则运算算术表达式（只有双目运算符）用无环有向图的邻接表方式存储时，每个操作数（原子）都由单个字母表示。例如，表达式 "(a+b)*(b*(c+d)−(c+d)*e)+(c+d)*e" 的有向无环图如图 6-27（a）所示。设计一个算法，输出其逆波兰表达式。

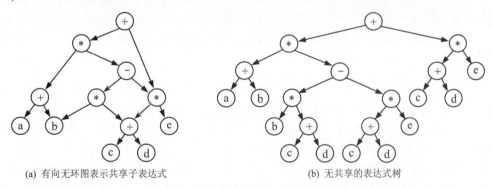

(a) 有向无环图表示共享子表达式　　　　　　　　(b) 无共享的表达式树

图 6-27　题 6-133 的图

【解答】　采用递归的深度优先遍历算法输出无环有向图，不过是在递归返回后输出根顶点的信息。因为四则运算的算术表达式基本是双目运算，所以每个顶点的出度不是 2 就是 0。虽然有共享情况，但因为是无环有向图，没有折返，所以不会出现混乱。算法的实

现如下。

```
void printReversePolish_DAG(ALGraph& G, int i, char vInfo[], int op) {
//打印输出以顶点 i 为根的表达式的逆波兰式
    char c = G.VerticesList[i].data;                    //假定顶点数据都是单字符
    if(G.VerticesList[i].adj == NULL)
        if(c-'0' < op) printf("%c ", vInfo[c-'0']);     //c 是原子
        else printf("%c ", c);
    else {                                              //c 是子表达式的根
        EdgeNode *p = G.VerticesList[i].adj;
        printReversePolish_DAG(G, p->dest, vInfo, op);
                //递归输出第一个邻接点为根的子表达式
        printReversePolish_DAG(G, p->link->dest, vInfo, op);
                //递归输出下一个邻接点的邻接点为根的子表达式
        if(c-'0' < op) printf("%c ", vInfo[c-'0']);
        else printf("%c ", c);
    }
}
void reversePolishNotation_DAG(ALGraph& G, char vInfo[], int op) {
//算法调用方式 printReversePolish_DAG(G, i, vInfo, op)。输入：用邻接表存储的表
//示算术表达式的无环有向图 G，作为根的顶点 i，用于操作符转换的映射表 vInfo，表
//中操作符个数 op；输出：输出有向无环图形式表示的表达式的逆波兰式
    int i, root, indegree[maxVertices];  EdgeNode * p;
    for(i = 0; i < G.numVertices; i++) indegree[i] = 0;
    for(i = 0; i < G.numVertices; i++) {
        for(p = G.VerticesList[i].adj; p != NULL; p = p->link)
            indegree[p->dest]++;                        //统计各顶点的入度
    }
    for(i = 0; i < G.numVertices; i++)
        if(indegree[i] == 0) root = i;                  //找到有向无环图的根
    printReversePolish_DAG(G, root, vInfo, op);         //遍历图输出逆波兰表示
    printf("\n");
}
```

若图中有 n 个顶点，e 条边，算法的时间复杂度为 O(n+e)，空间复杂度为 O(1)。

引申：如果把存储结构改为二叉链表，描述算法表达式的有向无环图就化为表达式树，可以直接使用二叉树的后序遍历得到表达式的后缀表达式，即逆波兰表示。

6-134 若表达式中的操作符和操作数分别用字符和整数表示，设计一个算法，计算表达式的值。

【解答】 算法首先创建入度数组，统计图中各顶点的入度，查找图中入度为 0 的顶点作为表达式的根；然后从根开始自顶向下递归地查找根的子表达式，在递归返回时计算子表达式的值。算法递归终止的条件是达到叶结点，此即操作数存放的结点。算法的实现如下。

```
int calculate(int v1, int v2, char op) {
//计算 v1 op v2 的值，op 可以是'+'、'-'、'*'、'/'
```

```
        int result;
        switch(op) {
        case '+': result = v1+v2;  break;
        case '-': result = v1-v2;  break;
        case '*': result = v1*v2;  break;
        case '/': if(v2 == 0) { printf("除数为 0，错误\n");  exit(1); }
                else result = v1/v2;
        }
        return result;
}
int evaluate_iexp(ALGraph& G, int i, char vInfo[], int vValue[]) {
//计算以顶点 i 为根的子表达式的值
    EdgeNode *p;  int v1, v2;  char ch, optr;
    ch = G.VerticesList[i].data;                    //提取第 i 个顶点的数据
    if(G.VerticesList[i].adj == NULL)               //叶结点
        return vValue[ch-'a'];                       //返回相应操作数的值
    else {                                           //非叶结点，有两个子女
        p = G.VerticesList[i].adj;                   //取该结点的出边表
        v1 = evaluate_iexp(G, p->dest, vInfo, vValue);
        v2 = evaluate_iexp(G, p->link->dest, vInfo, vValue);
        optr = vInfo[ch-'0'];
        return calculate(v1, v2, optr);
    }
}
int evaluate_Expression(ALGraph& G, char vInfo[], int vValue[]) {
//算法调用方式 int val = evaluate_Expression(G, vInfo, vValue)。输入：用邻接
//表存储的表示算术表达式的无环有向图 G，操作符转换的映射表 vInfo，各操作数对应的整
//数值对照表 vValue；输出：函数计算并输出表达式的值
    int i, root, indegree[maxVertices];  EdgeNode * p;
    for(i = 0; i < G.numVertices; i++) indegree[i] = 0;
    for(i = 0; i < G.numVertices; i++) {
        for(p = G.VerticesList[i].adj; p != NULL; p = p->link)
            indegree[p->dest]++;                     //统计各顶点的入度
    }
    for(i = 0; i < G.numVertices; i++)
        if(indegree[i] == 0) root = i;               //找到有向无环图的根
    return evaluate_iexp(G, root, vInfo, vValue);    //计算表达式的值
}
```

若图中有 n 个顶点，e 条边，算法的时间复杂度为 O(n+e)，空间复杂度为 O(n)。

6.7.2　二部图

6-135　本题给出二部图（bipartite graph）的概念。设 G = (V, E) 是一类无向图，可以把它们的顶点划分为两个互不相交的子集 A 和 B = V-A，并且这两个子集具有下列性质：

（a）A 中任何两个顶点在 G 中都不是相邻的；

（b）B 中任何两个顶点在 G 中都不是相邻的。例如，图 6-28 就是二部图。对 V(G)的

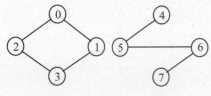

图 6-28　题 6-135 的图

一个划分可能是 A = {0, 3, 4, 6}和 B = {1, 2, 5, 7}。

（1）设计一个算法，判断图 G 是否是二部图。如果图 G 是二部图，则算法应把顶点划分成为具有上述性质的两个互不相交的子集 A 和子集 B。证明：当用邻接表表示图 G 时，这个算法的复杂度可以达到 O(n+e)。其中 n 是图 G 的顶点个数，e 是边数。

（2）证明：任何一棵树都是二部图。

（3）证明：当且仅当图 G 不包含奇数条边的回路时，它是二部图。

【解答】（1）先看一个例子。图 6-29(a)是一个二部图，其中 V = {0, 1, 2, 3}，A = {0, 3}，B = V−A = {2, 1}。图 6-29（b）不是二部图，其中 V = {0, 1, 2, 3}，A = {0, 3}，B = V−A = {2, 1}，这样的 B 不满足二部图的要求，它包含的两个顶点 2 和 1 是邻接顶点。

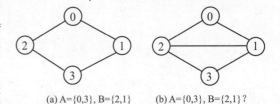

(a) A={0,3}, B={2,1}　　(b) A={0,3}, B={2,1}？

图 6-29　题 6-135 的图续一

为了判断一个图是否为二部图，可采用 BFS 搜索的方法从指定顶点开始分层遍历图。如果同一层的顶点都互不相邻，此图是二部图；如果同一层的顶点有相邻的，此图就不是二部图。为了判断两个顶点是否邻接，可设两个用位向量实现的顶点集合 S[0][n]和 S[1][n]，在遍历时把不同层的顶点轮流放入这两个顶点集合中。如果遍历结束后这两个顶点集合的交集不为空，说明有些顶点在不同层和同一层都有邻接顶点。算法的实现如下。

```
bool bipartite_Graph(ALGraph& G) {
//算法调用方式 bool is = bipartite_Graph(G)。输入：用邻接表存储的无向图 G；
//输出：若图 G 是二部图，函数返回 true，否则函数返回 false
    int i, j, k, last, level, v, w, n = NumberOfVertices(G);
    int Q[maxVertices];  int front, rear;  EdgeNode *p; //队列 Q
    int visited[maxVertices], S[2][maxVertices];          //存储二部图两顶点集
    int tc[maxVertices];
    for(i = 1; i < G.numVertices; i++)
       { visited[i] = S[0][i] = S[1][i] = 0; }
    for(i = 0; i < G.numVertices; i++)
       if(!visited[i]) {
          front = 0;  rear = 1;  visited[i] = 1;
          Q[rear] = i;  last = 1;                        //进队，last 是层的最后结点位置
          level = 0;  S[level][0] = 1;  level++; //level 是二部图顶点集标识
          while(front != rear) {                         //队列不空，循环
             front = (front+1) % maxVertices;
             v = Q[front];    j = 0;                      //出队，加访问标识
             for(p = G.VerticesList[v].adj; p != NULL; p = p->link) {
                w = p->dest;                              //下一层顶点
                if(!visited[w]) {                         //未被访问的邻接顶点进队
                   rear = (rear+1) % maxVertices;  Q[rear] = w;
                   tc[j++] = w;  visited[w] = 1;  S[level][w] = 1;
```

```
                    }
                }
                if(last == front)
                    { last = rear;  level =(!level) ? 1 : 0; }
                for(k = 0;  k < j;  k++)
                    for(p = G.VerticesList[tc[k]].adj; p != NULL; p = p->link)
                        for(w = 0;  w < j;  w++)
                            if(tc[k] != tc[w] && p->dest == tc[w]) return false;
            }
        }
        for(i = 0; i < G.numVertices; i++)
            if(S[0][i] && S[1][i]) return false;         //顶点 i 在两顶点集都有
        return true;
    }
}
```

若图中有 n 个顶点，e 条边，算法的时间复杂度为 O(n+e)，空间复杂度为 O(n)。

（2）证明：树是分层结构，同一层的结点横向不相互邻接，因此从根开始，隔层把所有结点归入两个顶点集，这两个顶点集互不相交，树是二部图。结论得证。

（3）证明：必要性用数学归纳法。当图中仅含 4 条边的回路，如图 6-29 所示，它是二部图。设当图中仅含 2k（k>2）条边的回路是二部图，如图 6-30（a）所示，v_i 与 v_j 应归于不同的顶点集合，$v_i \in A$，$v_j \in B = V-A$。当图中仅含 2(k+1) 条边组成的

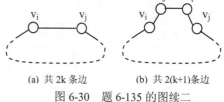

(a) 共 2k 条边　　　　(b) 共 2(k+1) 条边

图 6-30　题 6-135 的图续二

回路时，如图 6-30（b）所示，相当于在图 8-38（a）的基础上去掉一条边(v_i, v_j)，增加三条边(v_i, v_s), (v_s, v_t), (v_t, v_j)，只需让 v_i, $v_t \in A$，v_j, $v_s \in B = V-A$，则图 6-30（b）也是二部图。

充分性用反证法。如果图 G 是二部图，它的所有顶点可以归于两个互不相交的顶点集合 A 和 B，$A \subset V$，$B \subset V$，$A \cup B = V$，$A \cap B = \varnothing$。如果图中包含有奇数条边组成的回路，在此回路中应有奇数个顶点，假定有 2k+1 个，把它们每隔一个放入顶点集合 A 或 B：$v_1 \in A$，$v_2 \in B$，$v_3 \in A$，$v_4 \in B$，…，$v_{2k-1} \in A$，$v_{2k} \in B$，那么 v_{2k+1} 应放入 A 还是 B 呢？放入 A，它与 v_1 邻接，放入 B，它与 v_{2k} 邻接，所以包含有奇数条边组成的回路的图不是二部图，与先前是二部图的假设矛盾。证明完毕。

6.7.3 渡河问题

6-136 渡河问题描述：一个人带了一只狼、一只羊、一棵白菜想渡过河去。现在只有一条小船，每次只能载一个人和一件东西。人不在时，狼会吃羊，羊会吃菜。设计一个算法，实现一种渡河次数最少的方案，把三件东西都安全地带过河去。

【解答】 首先我们画一个图，它的顶点是渡河过程中出现的各种情况。为明确起见，假定是从河的西岸渡到河的东岸。先不考虑"人不在时，狼会吃羊，羊会吃菜"这个条件，而只考虑人、狼，羊、菜在河两岸的分布情况。初始状态如图 6-31（1）所示，圆角矩形的左边表示人与狼、羊、菜都在河西岸，右边表示河东岸是空的。这样，所有可能出现的情

况有 16 种，如图 6-31 所示。

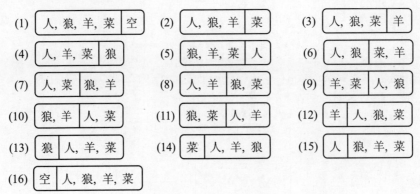

图 6-31　题 6-136 的图

根据问题描述，"人不在时，狼会吃羊，羊会吃菜"，应当排除图 6-31 的 16 种情况中的（5）、（6）、（7）、（9）、（10）、（15）这 6 种情况，可能允许出现的情况只有 10 种，因此在描述渡河方案的图中只有 10 个顶点。

如果经过一次渡河，可以使情况 A 变为情况 B，则应在相应两个顶点 A 和 B 间连一条边。这条边应是无向边，因为情况 B 也可以返回变为情况 A。这样我们得到图 6-32。

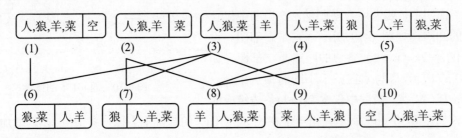

图 6-32　题 6-136 的图续

这里的渡河方案就转化为在这个无向图中找一条从顶点（1）到顶点（10）的通路。可能存在多条通路，每条通路对应一个渡河方案。问题是不但要渡过河去，还要使得渡河的次数达到最少，问题就转化为求从顶点（1）到顶点（10）的最短路径，其中每条边上的权值视为 1。

【解答一】　对于图 6-32 所示的无权图，可以采用 dijkstra 算法求最短路径，不过 dist 数组记录的是路径上的边数而非路径上各边权值的总和。算法的步骤如下。

（1）初始化 dist 数组和 path 数组。对于 $i = 1$ 到 $i = n$，令 dist[i] = Edge[i]；且若顶点 1 到顶点 i 有边（Edge[1][i]$\neq$0），则 path[i] = 1；否则 path[i] = 0。

（2）初始化 S 数组，令 S[1] = 1，其他 S[i] = 0（$1 < i \leqslant n$）。

（3）对于 $i = 2$ 到 n 循环，选择从顶点 1 到第 i 个顶点的最短路径：

① 对于所有 dist[j] $\neq$ 0 的项，选择其中最小的项，设其顶点为 k。

② 置 S[k] = 1。

③ 对于所有 S[j] = 0（$1 < j \leqslant n$）的顶点，判断 dist[k]+Edge[k][j] < dist[j] 否？若小于，则令 dist[j] = dist[k]+Edge[k][j]，且 path[j] = k。

（4）算法结束。从 dist[n]可得最短路径长度，从 path 可得逆向最短路径。方法是：从 k = path[n]开始回溯，当 k≠0 时输出 k；然后，令 k = path[k]，反过来即求得的最短路径；最后输出 dist[n]，即最短路径长度。

算法的实现如下。算法涉及的辅助数组有三个：dist[n]记录从顶点 1 到顶点 i（1＜i≤n）的最短路径；path[n]记录从顶点 1 到顶点 i 的最短路径长度；S[n]是集合数组，S[i] = 1，表示顶点 i 已求得最短路径，S[i] = 0，表示顶点 i 还未求到最短路径。

```
void Dijkstra1(MGraph& G, int dist[], int path[]) {
    int i, j, k, min, n = G.numVertices;                    //顶点数
    int S[Num];
    for(i = 1; i <= n; i++) {
        dist[i] = G.Edge[1][i];
        path[i] =(dist[i] > 0 && dist[i] < maxValue) ? 1 : 0;
        S[i] = 0;
    }
    S[1] = 1;                                    //源点标志为"已求得最短路径"
    for(i = 2; i <= n; i++) {                     //逐点求最短路径
        min = maxValue;  k = 0;
        for(j = 2; j <= n; j++)
            if(!S[j] && dist[j] < min) {
            min = dist[j];  k = j;
            }
        S[k] = 1;
        for(j = 2; j <= n; j++)
            if(!S[j] && G.Edge[k][j] < maxValue && dist[k]+G.Edge[k][j] <
                dist[j])
                { dist[j] = dist[k]+G.Edge[k][j];  path[j] = k; }
    }
}
```

算法的时间复杂度为 $O(n^2)$，其中 n 是顶点数。

下面是为调试求渡河方案的调试程序，其中嵌入求解最短路径的 Dijkstra1 算法。

```
void main(void) {
    MGraph G;
    G.numVertices = Num-1;  G.numEdges = Num-1;
    G.VerticesList[1] = "人，狼，羊，菜 | 空";
    G.VerticesList[2] = "人，狼，羊 | 菜";
    G.VerticesList[3] = "人，狼，菜 | 羊";
    G.VerticesList[4] = "人，羊，菜 | 狼";
    G.VerticesList[5] = "人，羊 | 狼，菜";
    G.VerticesList[6] = "狼，菜 | 人，羊";
    G.VerticesList[7] = "狼 | 人，羊，菜";
    G.VerticesList[8] = "羊 | 人，狼，菜";
    G.VerticesList[9] = "菜 | 人，狼，羊";
    G.VerticesList[10] = "空 | 人，狼，羊，菜";
    int i, j;  int dist[Num], path[Num];
```

```
for(i = 0; i <= G.numVertices; i++) {
    G.Edge[i][i] = 0;
    for(j = 0; j <= G.numVertices; j++)
        if(i != j) G.Edge[i][j] = maxValue;
}
G.Edge[1][6] = G.Edge[6][1] = G.Edge[2][7] = G.Edge[7][2] = G.Edge[2][8] = 1;
G.Edge[8][2] = G.Edge[3][6] = G.Edge[6][3] = G.Edge[3][7] = G.Edge[7][3] = 1;
G.Edge[3][9] = G.Edge[9][3] = G.Edge[4][8] = G.Edge[8][4] = G.Edge[4][9] = 1;
G.Edge[9][4] = G.Edge[5][8] = G.Edge[8][5] = G.Edge[5][10] = G.Edge[10][5] = 1;
Dijkstra1(G, dist, path);                        //计算最短路径
printf("已求得最短路径长度为%d\n", dist[G.numVertices]);
j = G.numVertices;  i = j-1;
while(j) { dist[i--] = j;  j = path[j]; }         //读出路径, 存入 dist
printf("最短路径为: \n");
for(i = i+1; i <= G.numVertices-1; i++)
    printf("%d: %s\n", dist[i], G.VerticesList[dist[i]]);
}
```

【解答二】 如果要查找所有从顶点 1 到顶点的最短路径，就需要借助深度优先搜索了。算法的实现如下。

```
void DFS(MGraph& G, int v, int f, int d, int dist[], int path[], int visited[]){
//针对以邻接矩阵存储的无向图 G 计算最短路径。递归算法以 v 为开始顶点, f 为
//最终终止顶点, 用 d 传递顶点 v 到顶点 1 的路径长度; 其他 dist、path、visited 的
//含义与以前程序相同
    int w;
    if(v == f) {                                 //递归到终止顶点, 输出一条最短路径
        printf("一条最短路径是: ");
        w = v;                                   //逆向输出路径的各顶点
        while(w > 0) { printf("%d←", w);  w = path[w]; }
        printf("\n");
    }
    else {                                       //递归未到终止顶点
        visited[v] = 1;                          //对该顶点作访问标记
        for(w = 1; w <= G.numVertices; w++)
            if(G.Edge[v][w] < maxValue) break;   //找 v 的第一个邻接顶点 w
        while(w <= G.numVertices) {              //邻接顶点 w 存在
            if(!visited[w]) {                    //且未访问过
                dist[w] = d+1  path[w] = v;      //记下路径和路径长度
                DFS(G, w, f, d+1, dist, path, visited);   //递归
            }
            for(w++; w <= G.numVertices; w++)    //找 v 的下一邻接顶点 w
                if(G.Edge[v][w] < maxValue) break;
        }
        visited[v] = 0;
    }
}
```

调试程序相关语句为

```
for(i = 0; i <= G.numVertices; i++) visited[i] = 0;
dist[1] = path[1] = 0;
Dijkstra2(G, 1, 10, 0, dist, path, visited);
```

6.7.4 四色问题

6-137 七巧板涂色问题。如图 6-33（a）所示的七巧板，区域 A、B、C、D、E、F、G 的编号分别为 0、1、2、3、4、5、6，若定义有公共边的两个区域为相邻区域，则区域与区域之间的相邻关系可以用邻接矩阵 R[7][7]表示，如图 6-33（b）所示，若第 i 号区域与第 j 号区域相邻，则 A[i][j]的值为 1，否则为 0。请设计一个算法，使用至多 4 种颜色对七巧板涂色，每个区域涂一种颜色，要求相邻区域的涂色互不相同（设 4 种颜色分别为蓝、黄、绿、白，颜色编号为 1、2、3、4）。

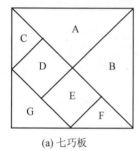
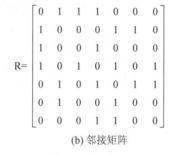
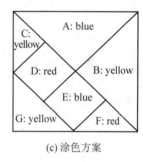

(a) 七巧板　　　　　　　　(b) 邻接矩阵　　　　　　　(c) 涂色方案

图 6-33 题 6-137 的图

【解答】 问题解决思路如下：从 0 号区域开始逐一着色，对每个区域用色素 1、2、3、4 依次进行试探，并尽可能用编号小的色素。若当前所用色素与周围已着色的区域不重色，则用栈记下该区域的色编号；否则，用下一种色素进行试探。若从 1~4 这 4 种色素均与相邻区域发生重色，则需退栈回溯，修改栈顶区域的色素，并重新试探。

算法中使用一个数组 S 作为栈，记录每个区域所着的色素编号。初始时 S[0] = 1，表示区域 0 的色素编号为 1（蓝）。接着对后续区域陆续涂色，对于区域 1，由于 R[1][0] = 1 且 S[0] = 1，则区域 1 的色素编号只能是 2（黄）；对于区域 2，由于 R[2][0] = 1 且 S[0] = 1，该区域的色素不能是 1，R[2][1] = 0 且 S[1] = 2，则该区域的色素编号是 2（黄），其他以此类推。一般地，对于区域 top 和可选的颜色，检查已涂色区域 k = 0 到 top−1，看该区域是否与区域 k 相邻，如果相邻，即 R[pos][k] = 1，再看该区域的涂色 S[k] = s，从可选的颜色中排除这种颜色，如果该颜色在已涂色的相邻区域没有用到，则设 S[top] = s。算法的实现如下。

```
#include<string.h>
void MapColor(int A[7][7], int S[]) {
//算法调用方式 MapColor(A, S)。输入：七巧板的邻接矩阵 A；输出：假定有 7 个
//区域要涂色，栈 S 中给出这些区域涂成的颜色
    int top = 1;  int j = 1, k;          //top 为当前区域号，j 为当前要涂颜色
    S[0] = 1;                            //区域号 0 着颜色 1
```

```
    while(top <= 7) {                       //对第 top 号区域进行涂色
        while(j <= 4 && top <= 7) {
            k = 1;                          //k 表示已涂色的区域号
            while(k < top && S[k-1]*A[top-1][k-1] != j)
                k++;                        //检测已涂色的相邻区域编号是否为 j
            if(k < top) j++;                //j 属于已涂颜色的编号，用 j+1 色继续试探
            else {                          //j 不属于已涂颜色，对区域 top 可涂色 j
                S[top-1] = j;  top++;
                j = 1;                      //进栈记下所涂颜色，继续对下一区域试探
            }
        }
        if(j > 4) {                         //若对所有色都试探无效
            top--;  j = S[top-1];  j++;     //原栈顶区域的颜色要修改
        }
    }
}
```

第7章 查　　找

7.1　查找的概念与简单查找方法

7.1.1　查找的概念

1. 查找的基本概念

查找是指在数据集合中寻找满足某种条件的数据元素。最常见的一种方式是事先给定一个值，在集合中找出其关键码值等于给定值的元素。查找的结果通常有两种可能：一种是查找成功，即找到满足条件的数据元素；另一种是查找不成功。

查找结构是一种集合结构，它由同一数据类型的元素（或记录）组成。在查找结构中，每一个元素（或记录）称为元素。

2. 查找的分类

（1）基于线性表的查找是基于数组或线性链表的查找，其结构不因元素的增删而改变，变化的仅仅是元素的排列，故又称为静态查找。

（2）树形查找又名目录查找或索引查找，它用查找树的形式来组织索引表结构。

（3）散列查找是采用散列法实现元素的关键码与存储地址的直接映射。

3. 关键码

在每一个元素中有若干属性，其中应当有一个属性，其值可唯一地标识这个元素。它称为关键码（key，又称关键字或键）。查找算法可分为基于关键码的查找和基于属性的查找。前者的查找结果是唯一的，后者的查找结果可以是不唯一的。

4. 查找的性能分析

为度量一个查找算法的性能，需要在时间和空间方面进行权衡。衡量一个查找算法的时间效率的标准是：在查找过程中关键码的平均比较次数，这个标准也称为平均查找长度（Average Search Length，ASL），通常它是查找结构中元素总数 n 的函数。另外衡量一个查找算法还要考虑算法所需要的存储量和算法的复杂性等问题。

7.1.2　顺序查找

1. 基于顺序表的顺序查找

顺序查找，又称线性查找，主要用于在线性表中进行查找。若表中有 n 个元素，则顺序查找从表的先端开始，顺序用各元素的关键码值与给定值 x 进行比较，若找到与其值相等的元素，则查找成功，给出该元素在表中的位置；若整个表都已检测完仍未找到关键码值与 x 相等的元素，则查找失败，给出失败信息。

2. 基于单链表的顺序查找

在单链表上的顺序查找算法。在链表中使用查找指针沿着链逐个结点检测比对，如果查找成功，查找指针停留在链表中的某个结点；若整个链表都检查完但仍未发现满足要求的结点，则查找不成功，算法返回空地址。

3. 顺序查找相关算法

7-1　设计一个算法，使用"监视哨"进行顺序查找。

【解答】　若顺序表中有 n 个元素。如果数据元素在顺序表中从下标 0 开始存放，监视哨应放在第 n 个元素位置，查找从前向后进行；如果想把监视哨放在 0 号元素位置，则元素序列从第 1 个元素位置开始存放，查找从后向前进行。本题选择前者。作为查找结果，若找到则函数返回该元素在表中的位置 i，否则返回 n。算法的实现如下。

```
int SeqSearch(SeqList& L, DataType x) {
//算法调用方式int k = SeqSearch(L, x)。输入：顺序表L, 查找值x, 输出：顺序查
//找, 若查找成功, 函数返回x在表中位置(下标), 若查找不成功, 函数返回失败
//时查找指针停留的位置
    L.data[L.n] = x;  int i = 0;                   //将 x 设置为监视哨
    while(L.data[i] != x) i++;                      //从前向后顺序查找
    return i;
}
```

在每个元素的查找概率相等的情况下，查找成功的平均查找长度为(n+1)/2，查找不成功的关键码比较次数为 n。

7-2　设计一个递归算法，在顺序表中查找值为 x 的元素。

【解答】　递归需指明结束条件。顺序查找的递归结束条件有两个：一是当前检测结点的值等于 x，这是查找成功的情况；二是检测指针到达并越过表尾，这是查找失败的情况。为了递归，算法的参数表中增加一个整数形参 loc，指明当前查找的位置。算法的实现如下。

```
int SeqSearch(SeqList& L, DataType x, int loc) {
//算法调用方式int k = SeqSearch(L, x, loc)。输入：顺序表L, 查找值x, 起始位置
//loc; 输出：若查找成功, 函数返回x在表中位置(下标), 否则函数返回-1
    if(loc >= L.n) return -1;                       //查找失败
    else if(L.data[loc] == x) return loc;           //查找成功
    else return SeqSearch(L, x, loc+1);             //递归查找表的后续部分
};
```

这是个递归算法，若表的长度为 n，算法的时间复杂度为 O(n)，空间复杂度为 O(n)。

7-3　以下是一个顺序查找的算法，有人说它违反了结构化程序设计的原则，你是怎样看的？说说道理。如果确实违反了结构化程序设计的要求，怎样修改才能满足要求？

```
int SeqSearch(SeqList& L, DataType x) {
    for(int i = 0; i < L.n; i++)
        if(L.data[i] == x) break;
    return(i >= L.n) ? -1 : i;
}
```

【解答】　此算法在逻辑上是正确的，但确实违反了结构化程序设计的要求。首先，结构化程序设计方法要求循环语句是单入口单出口的，但此算法有两个出口，一个是正常出

口，循环 n 次退出循环，另一个是非正常出口，当满足特定条件时中途转出循环；其次，退出循环使用了 goto 语句，即 break，这是不符合要求的，结构化程序设计方法要求避开 goto 语句。下面是满足结构化程序设计方法要求的算法，循环语句是单入口单出口。算法的实现如下。

```
int SeqSearch(SeqList& L, DataType x) {
//算法调用方式 int k = SeqSearch(L, x)。输入：顺序表 L，查找值 x；输出：若查找
//成功，函数返回 x 在表中位置(下标)，否则函数返回-1
    for(int i = 0; i < L.n && L.data[i] != x; i++);
    return(i >= L.n) ? -1 : i;
}
```

算法的平均查找长度与题 7-1 相同。

7-4　设计一个算法，在有序顺序表中查找值为 x 的元素。

【解答】　在有序顺序表里的数据元素已经按关键码值从小到大排序，如果当前检测结点的值大于或等于 x，则立即停止查找，因为后面的结点的值都大于 x 了。此时，若等于 x 则查找成功，函数返回结点位置；若大于 x 则查找失败，函数返回-1。算法的实现如下。

```
int SeqSearch(SeqList& L, DataType x) {
//算法调用方式 int k = SeqSearch(L, x)。输入：有序顺序表 L，查找值 x；输出：在
//有序顺序表上执行顺序查找
    for(int i = 0; i < L.n && L.data[i] < x; i++);      //顺序比较
    if(i < L.n && L.data[i] == x) return i;      //查找成功，返回 x 所在位置
    else return -1;                              //查找不成功，返回-1
}
```

在有序顺序表上执行顺序查找，查找成功的平均查找长度为$(n+1)/2$，查找不成功的平均查找长度为$n/2+n/(n+1)$。

7-5　若 L 是一个有 n 个结点的带头结点单链表的头指针。设计一个算法，实现链表上的顺序查找。

【解答】　在链表上不能如同顺序表那样直接存取，必须从头结点开始顺序逐点检查。所以只能顺序查找。算法的实现如下。

```
LinkNode *LinkSearch(LinkList& L, DataType x) {
//算法调用方式 LinkNode *p = SeqSearch(L, x)。输入：单链表 L，查找值 x；
//输出：在带头结点的单链表中查找与给定值 x 匹配的结点。若查找成功，函数返回该结
//点地址，否则函数返回 NULL
    LinkNode *p = L->link;
    while(p != NULL && p->data != x) p = p->link;   //从前向后顺序查找
    return p;                                   //返回查找停止时*p 地址
};
```

若表中有 n 个元素，查找成功的平均查找长度为$(n+1)/2$，查找不成功的平均查找长度为 n。必须注意的是，循环中的两个条件的顺序不能颠倒，只有在 p != NULL 时 p->data 才是可取的。前一个条件控制循环结束，它取 false 值则查找失败；后一个条件判断是否找到，它取 false 值则查找成功。对于在单链表上的顺序查找算法的性能分析与顺序表相同。

7-6 若用一个表头指针为 head 的带头结点的循环单链表来实现一个有序表。指针 s 指向当前查找成功的结点，下一次如果给定值 x 大于 s->data，可以从 s 开始查找，否则从 head 开始查找。试设计一个算法实现这种查找。当查找成功时函数返回 1，同时 s 保存查找成功时结点的地址；否则函数返回 0，s 停留在第一个其值比 x 大的结点上或返回到 head，此外函数保留一个前趋指针 pr，指向 s 的前趋结点。

【解答】 带头结点的循环链表 head 的结构如图 7-1 所示。指针 s 指向链表中任一结点。一个特殊情形是 s 指向头结点 head，此时 s 从 head 开始查找；除此之外，需要判断 x 应在 s 所指结点的左侧链表中查找，还是应在 s 所指结点的右侧链表中查找。算法的实现如下。

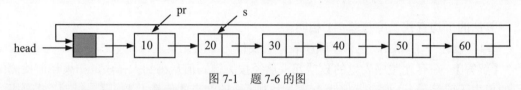

图 7-1 题 7-6 的图

```
bool CircSearch(CircList head, CircNode *& s, CircNode *& pr, DataType x){
//算法调用方式bool succ = CircSearch(head, s, pr, x)。输入：单链表head,
//查找值x；输出：在带头结点的有序循环单链表中查找与x匹配的元素，若查找成功，函数返回
//true，引用参数s返回找到结点的地址，引用参数pr是s结点的前趋指针；若查找不
//成功，函数返回false，s指向比x大的第一个结点，pr返回s的前趋结点地址。要求
//调用算法前s = head, pr = NULL
    CircNode *p, *q;                                 //确定查找区间*p、*q
    if(s == head || x < s->data) { p = head->link; pr = q = head; }
    else if(x > s->data) { p = s->link; pr = s; q = head; }
    else return true;                                //相等，不用找了
    while(p != q && p->data < x) { pr = p; p = p->link; }   //循链查找
    s = p;
    return(p != q && p->data == x) ? true : false;   //返回找到标志
}
```

在有序循环单链表上的利用 s 指针查找，与一般单链表上的查找相比，查找成功和查找不成功的平均查找长度要快一半，但时间复杂度仍为 O(n)。

7-7 考虑用双向链表实现一个有序表，使得能在这个表中进行正向和反向查找。指针 current 总是指向最后成功查找到的结点，查找可以从 current 指向的结点出发沿任一方向进行。试设计一个算法，查找具有关键码 x 的结点，当查找成功时函数返回 1，同时 current 保存被查找结点的地址，若查找不成功则函数返回 0，current 不变。

【解答】 双向链表的结构如图 7-2 所示，且设表中无头结点。算法中设置一个检测指针，从 current 开始查找。如果 x 小于 current->data，向*current 的前趋方向查找，否则向*current 的后继方向查找。如果检测指针走到 NULL，则查找失败。算法的实现如下。

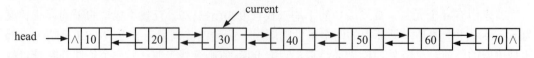

图 7-2 题 7-7 的图

```
bool DblSearch(DblList head, DblNode *& current, DataType x) {
//算法调用方式bool succ = DblSearch(head, current, x)。输入：单链表head,
//查找值x；输出：在以head为表头指针的有序双链表中查找具有值x的结点。若current所
//指结点的数据等于x，查找成功；若current所指结点的数据大于x，向current的后
//继方向查找，否则向current的前趋方向查找。若查找成功，函数返回true，引用参数
//current指向找到的结点；否则函数返回false，current为NULL
    DblNode *q = current;
    if(x < current->data)
        while(q != NULL && q->data > x) q = q->lLink;            //反向查找
    else while(q != NULL && q->data < x) q = q->rLink;           //正向查找
    if(q != NULL && q->data == x){current = q;  return true;} //查找成功
    else return false;
}
```

增加一个查找存储指针 current，可以显著提高查找速度，从平均情况来看，仍是 O(n)。

7-8　若线性表中各结点的查找概率不等，则可用如下策略提高顺序查找的效率。若找到与给定值相匹配的元素，则将该元素与其直接前趋元素（若存在）交换，使得经常被查找的元素尽量位于表的前端。设计一个算法，在线性表的顺序存储表示和链接存储表示的基础上实现顺序查找。

【解答】　在采用顺序表存储线性表的场合，执行顺序查找的过程中，如果查找成功，先交换再返回交换后查找到元素所在结点的地址即可。在采用带头结点的线性链表存储线性表的场合，执行顺序查找的过程中，为了实现交换，需要为检测指针 p 设置一个直接前趋指针 pre。算法的实现如下。

```
int SeqSearch(SeqList& L, DataType x) {
//算法调用方式int i = SeqSearch(L, x)。输入：L为顺序表、x是查找值；输出：在
//顺序表L中从表的前端开始查找与给定值x匹配的元素，找到后与它前一个元素(若有)交换位
//置，再返回新的位置(下标)。若查找失败，函数返回-1
    int i = 0;  DataType temp;
    while(i < L.n && L.data[i] != x) i++;
    if(i == L.n) return -1;                          //查找不成功
    else {                                           //查找成功
        if(i > 0) { temp = L.data[i-1];  L.data[i-1] = L.data[i];
                    L.data[i] = temp; }
        return i;
    }
}
LinkNode *LinkSearch(LinkList& L, DataType x) {
//算法调用方式LinkNode *p = DblSearch(L, x)。输入：L为单链表，x是查找值；
//输出：若查找成功，将找到结点与它前一个结点(若有)互换，函数返回结点地址。若查找
//不成功，函数返回NULL，链表不变
    LinkNode *p = L->link, *pre = L, *ppre = NULL;
    while(p != NULL && p->data != x)
        { ppre = pre;  pre = p;  p = p->link; }
    if(p != NULL && pre != L)                           //查找成功，交换结点p与pre
        { pre->link = p->link;  p->link = pre;  ppre->link = p; }
```

```
    return p;
}
```

若表中有 n 个元素，则查找成功与查找不成功的平均查找长度与题 7-6 相同。

7.1.3 折半查找

1. 基于有序顺序表的折半查找

折半查找又称为二分查找、对分查找。它适用于有序顺序表。若有一个包含 n 个元素的有序顺序表，采用折半查找时，先求出位于查找区间正中的元素的下标 mid，用其关键码 data[mid]与给定值 x 进行比较：

- 若 data[mid] = x，查找成功，报告成功信息并返回其下标。
- 若 x < data[mid]，把查找区间缩小到表的前半部分，再继续进行折半查找。
- 若 x > data[mid]，把查找区间缩小到表的后半部分，再继续进行折半查找。

每比较一次，查找区间缩小一半。因此在最坏情况下查找到要求元素所需的关键码比较次数约为 $O(\log_2 n)$。对于较大的 n，显然要比顺序查找快得多。如果查找区间已经缩小到一个元素，经与给定值比较仍未找到想要查找的元素，则查找失败。

2. 折半查找相关算法

本节各题需要使用#include 把程序文件 SeqList.cpp 链接到程序中来。

7-9 若有一个包含 n 个元素的有序顺序表，设计一个算法，使用折半查找方法查找与给定值 x 匹配的元素。若查找成功，函数返回该元素所在位置，否则函数返回−1。

【解答】 采用迭代算法，通过循环不断缩小查找区间，直到位于中间位置的元素的关键码等于给定值 x，则查找成功，函数返回中点位置；如果查找区间缩小到只有一个元素，其关键码仍然不等于给定值，则查找失败。算法的实现如下。

```
int BinSearch(SeqList& L, DataType x) {
//算法调用方式int i = BinSearch(L, x)。输入：有序顺序表L，查找值x；
//输出：若查找成功，函数返回结点地址(下标)，否则函数返回-1，表示查找失败
    int left = 0, right = L.n-1, mid;
    while(left <= right) {
        mid =(left + right) / 2;
        if(x == L.data[mid]) return mid;                    //查找成功
        else if(x > L.data[mid]) left = mid+1;              //右缩查找区间
        else right = mid-1;                                 //左缩查找区间
    }
    return -1;                                              //查找失败
}
```

若顺序表中有 $n = 2^h - 1$ 个元素，则在相等查找概率的情况下查找成功的平均查找长度约为 $\log_2(n+1)-1$；查找不成功的平均查找长度约为 $\log_2 n$。

7-10 设计一个递归算法，实现在有序顺序表上折半查找值等于 x 的元素。算法的参数表中应增加两个形参 left 和 right，分别指定算法在本层执行时的查找区间的左、右端点。当查找成功时函数返回查找到的元素的存放位置；当查找不成功时函数返回−1。

【解答】 算法的基本思想是在左子区间或右子区间做折半查找时采用递归法。递归结

束的条件是查找区间缩减到空。算法的实现如下。

```
int BinSearch(SeqList& L, DataType x, int left, int right) {
//算法调用方式 int k = BinSearch(L, x, left, right)。输入: 有序顺序表 L, 查找
//值 x, 查找范围左边界 left, 右边界 right; 输出: 在查找区间[left..right]采用折半
//查找算法查找与给定元素匹配的元素。若查找成功, 函数返回找到元素的存放位置; 否则函
//数返回-1
    int mid = -1;
    if(left <= right) {
        mid = (left + right) /2;
        if(x == L.data[mid]) return mid;
        else if(x > L.data[mid])
            mid = BinSearch(L, x, mid+1, right);           //右缩区间
        else mid = BinSearch(L, x, left, mid-1);           //左缩区间
    }
    return mid;
}
```

每次递归, 查找区间缩小一半, 因此, 算法的查找成功的平均查找长度为 $O(\log_2 n)$。算法中用到一个递归工作栈, 其规模与递归深度直接相关, 也是 $O(\log_2 n)$。

7-11　设计一个非递归算法, 在一个存储整数的有序顺序表中用折半查找法查找值不小于 x 的最小整数。若查找成功, 则算法返回这个整数在表中的位置, 否则算法返回-1。

【解答】 在有序顺序表中整数按递增顺序排列, 如果确定了 x 所在位置（查找成功）或 x 可能落到哪个区间（查找失败）, 就能确定比 x 大的最小整数。算法的实现如下。

```
int BinSearch(SeqList& L, DataType x) {
//算法调用方式 int u = BinSearch(L, x)。输入: 有序顺序表 L, 查找值 x; 输出: 若
//找到值为 x 的元素, 函数返回 x, 否则查找失败, 可确定比 x 大的区间的最小边界,
//找出比 x 大的最小整数, 若 x 比表中任何一个整数都大, 函数返回-1
    int left = 0, right = L.n-1, m;
    while(left <= right) {                               //在查找区间内折半查找
        m = (left + right) /2;
        if(x == L.data[m]) break;                       //x 等于中点的值跳出循环
        else if(x > L.data[m]) left = m+1;              //x 大于中点的值右缩区间
        else right = m-1;                               //x 小于中点的值左缩区间
    }
    if(x == L.data[m] && m < L.n-1) return L.data[m+1];//查找成功返回下一个
    else if(left < L.n-1) return L.data[left];
    else return -1;                                     //表中没有大于 x 的整数
}
```

若表中有 n 个整数, 则算法的查找成功的平均查找长度为 $O(\log_2 n)$。辅助空间为 $O(1)$。

7-12　若有一个包含 n 个元素的有序整数数组 R[n], 采用折半查找法查找值为 x 的整数所在位置。算法的实现如下。

```
int binSearch(int R[], int n, int x) {
    int low = 0, high = n-1, mid;
```

```
    while(low <= high) {
        mid = (low + high) / 2;
        if(R[mid] == x) return mid;                   //查找成功
        else if(R[mid] > x) high = mid - 1;
        else low = mid + 1;
    }
    return -1;                                         //查找失败
}
```

试问：如果将算法中的"high = mid-1"改为"high = mid"，算法在何种情况下可以正常工作？何种情况下不能正常工作？会出现什么现象？请用例子来验证你的结论。

【解答】（1）算法改动后，如果 x 在 R 中或 x 大于 R 中的最大关键码，算法可正常工作。例如，R = {2, 4, 6, 8, 10, 12}，查找 x = 10，初始 low = 0, high = 5, mid = 2，因为 R[2]（=6）< 10，low = mid+1 = 3；再算 mid = (3+5)/2 = 4，R[4]（=10）= 10，查找成功。如果查找 x = 14，第一次 low = 0, mid = 2；第二次 low = 3, mid = 4；第三次 low = 5, mid = 5；第四次 low = 6, high = 5，查找失败。

（2）算法改动后，如果 x 不在 R 中且小于 R 的最大关键码，算法将出现死循环。例如，R = {2, 4, 6, 8, 10, 12}，查找 x = 7，初始 low = 0, high = 5, mid = 2，因为 R[2]（=6）< 7，low = mid+1 = 3, mid = 4；因为 R[4]（=10）> 7，high = mid = 4, mid = (3+4)/2 = 3；因为 R[3]（=8）> 7，high = mid = 3, mid = (3+3)/2 = 3；以后出现了死循环。

7-13 一个长度为 L（L≥1）的升序序列 S，处在第 $\lceil L/2 \rceil$ 个位置的数称为 S 的中位数。例如，若序列 S_1 = {11, 13, 15, 17, 19}，则 S_1 的中位数为 15。若又有一个升序序列 S_2 = {2, 4, 6, 8, 10}，两个序列的中位数定义为它们所有元素的升序序列的中位数，则 S_1 和 S_2 的中位数为 11。现有两个等长的用单链表存储的升序序列 L1 和 L2，设计一个算法，找出两个序列 L1 和 L2 的中位数。

【解答】 算法的基本设计思想：对两个长度相等的有序单链表，设长度均为 n，同时检测两个链表，选出 n 个小数，第 n+1 个即为中位数。算法的实现如下。

```
void M_Search(LinkList& L1, LinkList& L2, int& u, int& v) {
//算法调用方式 M_Search(L1, L2, u, v)。输入：有序链表 L1 和 L2；输出：引用参数
//u 返回是哪个链表(1 或 2)，引用参数 v 返回中位数在相应链表中的位置
    LinkNode *p = L1->link, *q;  int k, n;
    for(q = p, n = 0; q != NULL; q = q->link, n++);    //计算 n
    q = L2->link;
    for(k = 0; k < n; k++) {                            //比较 n 次，找中位数
        if(p->data <= q->data)
            { u = 1; v = p->data; p = p->link; }   //L1 当前结点数小，p 进
        else { u = 2; v = q->data; q = q->link; } //L2 当前结点数小，q 进
    }
}
```

若有序链表 L1 和 L2 的长度都是 n，算法的平均查找长度用时间复杂度衡量，应为 O(n)，附加存储用空间复杂度衡量，应为 O(1)。

7-14 把题 7-13 的条件改一改，定义中位数为第 $\lceil L/2 \rceil$ 个位置的数，例如，对于两个升

序序列 S_1 = {11, 13, 15, 17, 19}和 S_2 = {2, 4, 6, 8, 10}，它们的中位数为 10。现有两个等长的用一维数组存储的升序序列 A 和 B，设计一个算法，找出两个序列 L1 和 L2 的中位数。

【解答】 算法的基本设计思想：对两个长度均为 n 的数组，采用折半查找方法，同步减半查找区间，直到两个向量中的中点的值相等或某个向量的查找区间缩小到 1 为止。具体步骤如下：分别求两个升序向量 L1 和 L2 查找区间的中位数（按$\lfloor L/2 \rfloor$），设为 a 和 b。若 a<b，L1 中保留 a 后的子区间，L2 中保留 b 前的子区间；反之，若 a≥b，L1 中保留 a 前的子区间，L2 中保留 b 后的子区间，对减半的查找区间再重复同样的计算，直到两个数组中只含一个元素时为止，则较小者即为所求的中位数。算法的实现如下。

```
void M_Search(int L1[], int L2[], int n, int& u, int& v) {
//算法调用方式 M_Search(L1, L2, n, u, v)。输入：有序数组 L1 和 L2, 元素个数 n;
//输出：用折半查找定位中位数，引用参数 u 返回是哪个数组(1 或 2)，引用参数 v 返回中位数
//在数组中的位置
    int s1, t1, m1, s2, t2, m2;
    s1 = 0;  t1 = n-1;  s2 = 0;  t2 = n-1;
    while(s1 != t1 || s2 != t2) {
        m1 = (s1+t1)/2;  m2 =(s2+t2)/2;
        if(L1[m1] <= L2[m2]) {
            //分别考虑奇数和偶数，保持两个子数组的长度相等
            if((s1+t1) % 2 == 0)                //若区间元素个数为奇数
                { s1 = m1;  t2 = m2; }          //A 右缩 B 左缩，保留偶数个
            else { s1 = m1+1;  t2 = m2; }       //否则 A、B 缩半，保留奇数个
        }
        else {                                  //A[m1]≥B[m2]
            if((s1+t1) % 2 == 0)                //若区间元素个数为奇数
                { t1 = m1;  s2 = m2; }          //A 左缩 B 右缩，保留偶数个
            else { t1 = m1;  s2 = m2+1; }       //否则 A、B 缩半，保留奇数个
        }
    }
    if(L1[s1] <= L2[s2]) { u = 1;  v = L1[s1]; }
    else{ u = 2;  v = L2[s2]; }
}
```

若有序数组 L1 和 L2 的长度都是 n，算法的时间复杂度为 O(n)，空间复杂度为 O(1)。

7-15 若在一个有 n 个整数的数组 A 中，所有整数按从小到大的顺序排列。设计一个算法，输入一个整数 x，在 A 中找两个整数，使其相加之和等于 x。

【解答】 因为数组 A 内所有整数按升序排列，可先确定查找区间，然后执行：

（1）求查找区间中点，若位于中点的整数大于或等于 x，说明要找的两个整数不在查找区间的后半部分，把查找区间向前缩小一半，重复这个过程，直到中点的值小于 x。

（2）因为位于查找区间中点的整数小于或等于 x，采用穷举的方法从后向前查找两个整数 A[i]和 A[j]，要求 A[i]+A[j] = x。

算法的实现如下。

```
bool Findx(int A[], int n, int x, int& a, int& b) {
//算法调用方式 bool succ = Findx(A, n, x, a, b)。输入：有序整数数组 A, 元素
```

```
//个数 n，给定值 x；输出：在有 n 个整数的数组 A 中查找两个整数 a 和 b，使得 a+b = x。若
//操作成功，函数返回 true，引用参数 a 和 b 返回两个加数，若没有找到，函数返回 false
    int i, j, mid, right = n-1;                //确定查找区间
    while(right >= 0) {                        //如果查找区间存在
        mid = right / 2;                       //取区间中点
        if(A[mid] <= x) break;                 //如位于中点的整数<x，跳出循环
        else right = mid;                      //向左缩小查找区间
    }
    if(right < 0) return false;                //x 比数组中所有整数都小，返回
    for(i = right; i >= 0; i--)                //在区间内穷举搜索
        for(j = i-1; j >= 0; j--)
            if(i != j && A[i]+A[j] == x)       //若满足要求，返回
            { a = A[i];  b = A[j];  return true; }
    return false;
}
```

若有序数组 A 有 n 个整数，算法的时间复杂度为 O(n)，空间复杂度为 O(1)。

7.1.4　斐波那契查找与插值查找

7-16　仿照折半查找方法设计一个斐波那契（Fibonacci）查找算法，并对 n = 12 情况画出斐波那契算法的判定树。

【解答】　斐波那契数列为 $F_0 = 0, F_1 = 1, F_2 = 1, F_3 = 2, F_4 = 3, \cdots$。斐波那契查找就是利用斐波那契数列来划分有序顺序表的查找区间的查找方法。

设 L 是一个有 n 个元素的有序顺序表，n 恰好是一个斐波那契数减 1，即 n = Fib[k]-1。那么，查找区间[low..high]的中点是 low+Fib[k-1]-1，其左半区间的长度为 Fib[k-1]-1，右半区间的长度为 Fib[k-2]-1，因而可以对表继续分割。例如，对于一个长度为 n = 12 的有序顺序表，Fib[7]-1 = 12，low = 0，high = 11，查找区间的中点是 low+Fib[6]-1 = 7，其左半区间长度为 Fib[6]-1 = 7，右半区间长度为 Fib[5]-1 = 4。

图 7-3 就是斐波那契查找算法的二叉判定树，一般称它为斐波那契查找树，斐波那契查找就是利用斐波那契查找树进行查找的。

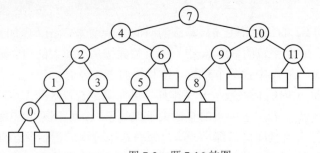

图 7-3　题 7-16 的图

算法描述如下。在算法中要求顺序表的元素个数 n 等于 F(k)-1，且斐波那契数列 F(k-1)将作为参数传递给函数。

```
#define maxValue 32767
```

```
int Fib_Search(SeqList& L, int Fib[], DataType x) {
//算法调用方式 int i = Fib_Search(L, Fib, x)。输入：有序顺序表 L，斐波那契数
//数组 Fib，查找值 x；输出：若在顺序表 L 中找到值为 x 的元素，函数返回该元素地址，
//否则函数返回-1。要求顺序表的当前长度 L.n 等于某个斐波那契数减 1
    int low, high, k, mid, offset, len, temp, i;
    for(k = 1; Fib[k] < L.n; k++);                    //查找查找区间上界
    if(L.n < Fib[k]-1)
        for(i = L.n; i < Fib[k]-1; i++) L.data[i] = maxValue;
    low = 0, high = Fib[k]-1;                         //查找区间下、上界
    len = Fib[k]-1;  offset = Fib[k-1]-1;             //区间长度和中点偏移量
    while(low <= high) {
        mid = low+offset;                             //取中点
        if(L.data[mid] == x) return mid;              //查找成功，返回位置
        else if(L.data[mid] > x) {                    //查找范围收缩到左半区间
            temp = offset;  offset = len-offset-1;
            len = temp;  high = mid-1;
        }
        else {                                        //查找范围收缩到右半区间
            len = len-offset-1;  offset = offset-len-1;
            low = mid+1;
        }
    }
    return -1;                                         //查找失败，返回"-1"
}
```

若有序顺序表 A 有 n 个整数，算法的时间复杂度为 $O(\log_2 n)$，空间复杂度为 $O(1)$。

7-17 为了一开始就根据给定值直接逼近到要查找的位置，可以采用插值查找。插值查找的思路是：在待查区间[low..high]中，假设元素值是线性增长的，如 7-4 所示。mid 是区间内的一个位置（low≤mid≤high），又假设 K[x]是某位置 x 的函数值，根据比例关系：

$$\frac{K[high] - K[low]}{high - low} = \frac{K[mid] - K[low]}{mid - low}$$

做一下移位，得到插值查找的公式：

$$mid = low + \frac{K[mid] - K[low]}{K[high] - K[low]}(high - low)$$

只要给定待查值 y = K[x]，就能求出它的位置 x。
设计一个算法，实现插值查找方法。

【解答】 仿照折半查找的算法，用插值公式求中点，即可得到插值查找的算法。算法的实现如下。

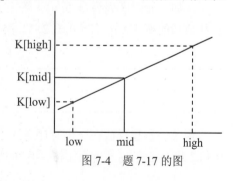

图 7-4 题 7-17 的图

```
int BinSearch(SeqList& L, DataType x) {
//算法调用方式 int i = BinSearch(L, x)。输入：有序顺序表 L，查找值 x；输出：若
//在顺序表 L 中找到值为 x 的元素，函数返回该元素地址，否则函数返回-1
    int a, b, fa, fb, mid;
    a = 0;  fa = L.data[a];  b = L.n-1;  fb = L.data[b];
```

```
    while(a <= b) {
        mid = a+(x-fa)*(b-a)/(fb-fa);
        if(x == L.data[mid]) return mid;                    //查找成功
        else if(x > L.data[mid]) a = mid+1;                 //右缩查找区间
        else b = mid-1;                                     //左缩查找区间
    }
    return -1;                                              //查找失败
}
```

若表中有 n 个元素,查找成功的平均查找长度小于 $\log_2 n+1$。最坏情况下,查找的效率将达 $O(n)$。算法的空间复杂度为 $O(1)$。

7.1.5 静态树表查找

1. 静态树表的概念

折半查找的过程可用二叉判定树描述。二叉判定树是一棵理想平衡树。然而只有在各元素的查找概率相等时,折半查找的平均查找长度才能达到最优。如果一个有序顺序表中各个元素的查找概率不相等,也可以使用类似于折半查找的二叉判定树的形式来组织查找过程,并让查找概率大的元素离根最近,查找概率小的元素离根最远,即可使得查找的平均查找长度达到最小。我们把平均查找长度达到最小的二叉判定树称为最优二叉查找树。

本节讨论的最优二叉查找树和次优查找树都属于静态查找树,也称静态树表。

2. 静态树表的相关算法

7-18 最优二叉查找树综合考虑了内、外结点的不相等的查找概率,设有一个有 n 个元素的有序序列存放于数组 A[1..n]中,各元素的查找概率存放于数组 p[1..n]中,各元素间隔的查找概率存放于数组 q[0..n]中,设计一个算法,构造最优二叉查找树。

【解答】 采用动态规划方法,自下向上,先构造只有一个结点的最优二叉查找树,再构造有二个结点的最优二叉查找树,……,最后构造有 n 个结点的最优二叉查找树。

例如,元素序列为{a, h, u},各个元素的查找概率化整,得到表 7-1。p_i($i = 1, 2, 3$)是查找成功的概率,q_j($j = 0, 1, 2, 3$)是查找失败(即走到元素之间的间隔)的概率。

表 7-1 查找概率化整

	a		h		u	
$q_0 = 2$	$p_1 = 6$	$q_1 = 2$	$p_2 = 5$	$q_2 = 2$	$p_3 = 2$	$q_3 = 1$

现关键码集合放在一个有序顺序表{A[1], A[2], A[3]}中,设最优二叉查找树为 T[0][3], 0 和 3 代表是在 q_0 和 q_3 范围内构造的最优二叉查找树,它的平均查找长度为

$$ASL = \sum_{i=1}^{3} p[i]*l[i] + \sum_{j=0}^{3} q[j]*(l'[j]-1) = C[0][3]$$

式中,l[i]是内结点 i 的深度;l'[j]是外结点 j 的深度;而 C[0][3]是树的代价。

本题的最优查找树的构造步骤如下:

(1)首先构造只有一个内结点的最优二叉查找树,如图 7-5 所示。T[0][1]、T[1][2]、T[2][3]是只有一个内结点的最优二叉查找树。在 T[i-1][i](1≤i≤3)中,W[i-1][i]是其权值之和,C[i-1][i]是这棵树的代价,即平均查找长度,R[i-1][i]是树 T[i-1][i]的根。

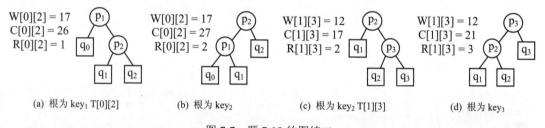

$$W[0][1] = 10$$
$$C[0][1] = 10$$
$$R[0][1] = 1$$
T[0][1]

$$W[1][2] = 9$$
$$C[1][2] = 9$$
$$R[1][2] = 2$$
T[1][2]

$$W[2][3] = 5$$
$$C[2][3] = 5$$
$$R[2][3] = 3$$
T[2][3]

图 7-5　题 7-18 的图

设 $W[i][i] = q[i]$（$0 \leq i \leq n$），$T[i-1][i]$ 由一个内结点两个外结点构成，其权值之和 $W[i-1][i] = q[i-1]+p[i]+q[i] = W[i-1][i-1]+W[i][i]+p[i]$。树的代价 $C[i-1][i] = W[i-1][i]$，树根在 i，因此 $R[i-1][i] = i$，即 $R[0][1] = 1, R[1][2] = 2, R[2][3] = 3$。三个矩阵的内容如图 7-6 所示。

$$W[i][j] = \begin{bmatrix} 2 & 10 & & \\ & 2 & 9 & \\ & & 2 & 5 \\ & & & 1 \end{bmatrix} \quad C[i][j] = \begin{bmatrix} 0 & 10 & & \\ & 0 & 9 & \\ & & 0 & 5 \\ & & & 0 \end{bmatrix} \quad R[i][j] = \begin{bmatrix} 0 & 1 & & \\ & 0 & 2 & \\ & & 0 & 3 \\ & & & 0 \end{bmatrix}$$

图 7-6　题 7-18 的图续一

（2）构造具有两个内结点的最优二叉查找树 T[0][2]、T[1][3]。以 T[0][2]为例，轮流以 key_1 和 key_2 为根，构造两个结点的二叉查找树，如图 7-7 所示。

$$W[0][2] = 17$$
$$C[0][2] = 26$$
$$R[0][2] = 1$$

$$W[0][2] = 17$$
$$C[0][2] = 27$$
$$R[0][2] = 2$$

$$W[1][3] = 12$$
$$C[1][3] = 17$$
$$R[1][3] = 2$$

$$W[1][3] = 12$$
$$C[1][3] = 21$$
$$R[1][3] = 3$$

(a) 根为 key_1 T[0][2]　　(b) 根为 key_2　　(c) 根为 key_2 T[1][3]　　(d) 根为 key_3

图 7-7　题 7-18 的图续二

图 7-7（a）情形，$W[0][2] = p[1]+W[0][0]+W[1][2] = 17$，$C[0][2] = W[0][2]+C[1][2] = 26$。
图 7-7（b）情形，$W[0][2] = p[2]+W[0][1]+W[2][2] = 17$，$C[0][2] = W[0][2]+C[0][1] = 27$。
显然，T[0][2]只能是图 7-7(a)的情形。再看 T[1][3]的情形：
图 7-7（c）情形，$W[1][3] = p[2]+W[1][1]+W[2][3] = 12$，$C[1][3] = W[1][3]+C[2][3] = 17$。
图 7-7（d）情形，$W[1][3] = p[3]+W[1][2]+W[3][3] = 12$，$C[1][3] = W[1][3]+C[1][2] = 21$。
T[1][3]选图 7-7（c）的情形。
三个矩阵的内容如图 7-8 所示。

$$W[i][j] = \begin{bmatrix} 2 & 10 & 17 & \\ & 2 & 9 & 12 \\ & & 2 & 5 \\ & & & 1 \end{bmatrix} \quad C[i][j] = \begin{bmatrix} 0 & 10 & 26 & \\ & 0 & 9 & 17 \\ & & 0 & 5 \\ & & & 0 \end{bmatrix} \quad R[i][j] = \begin{bmatrix} 0 & 1 & 1 & \\ & 0 & 2 & 2 \\ & & 0 & 3 \\ & & & 0 \end{bmatrix}$$

图 7-8　题 7-18 的图续三

（3）构造具有三个内结点的最优二叉查找树 T[0][3]。轮流以 key_1、key_2、key_3 为根，分别构造二叉查找树，如图 7-9 所示，计算它们的 C[0][3]，选其中最小的作为最终的答案。
图 7-9（a）情形，$W[0][3] = p[1]+W[0][0]+W[1][3] = 20$，$C[0][3] = W[0][3]+C[1][3] = $

37。

图 7-9（b）情形，W[0][3] = p[2]+W[0][1]+W[2][3] = 20，C[0][3] = W[0][3]+C[0][1]+C[2][3] = 20+10+5 = 35。

图 7-9（c）情形，W[0][3] = p[3]+W[0][2]+W[3][3] = 20，C[0][3] = W[0][3]+C[0][2] = 46。

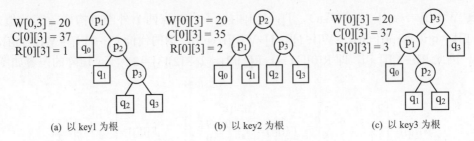

（a）以 key1 为根　　　　　　（b）以 key2 为根　　　　　　（c）以 key3 为根

图 7-9　题 7-18 的图续四

三个矩阵的内容如图 7-10 所示。

$$W[i][j] = \begin{bmatrix} 2 & 10 & 17 & 20 \\ & 2 & 9 & 12 \\ & & 2 & 5 \\ & & & 1 \end{bmatrix} \quad C[i][j] = \begin{bmatrix} 0 & 10 & 26 & 35 \\ & 0 & 9 & 17 \\ & & 0 & 5 \\ & & & 0 \end{bmatrix} \quad R[i][j] = \begin{bmatrix} 0 & 1 & 1 & 2 \\ & 0 & 2 & 2 \\ & & 0 & 3 \\ & & & 0 \end{bmatrix}$$

图 7-10　题 7-18 的图续五

算法的实现如下。

```
#define M 10                              //最大关键码个数
void printOptBST(int W[][M], int C[][M], int R[][M], int n, int k) {
//输出最优二叉查找树，W是累计权值矩阵，C是代价矩阵，R是根矩阵，n是关键码
//个数，k是几个结点的最优二叉查找树
    int i, j;
    printf("矩阵顺序: W[4][4], C[4][4], R[4][4], 内结点有%d 个\n", k);
    for(i = 0; i <= n; i++) {
        for(j = 0; j <= n; j++) printf("%2d ", W[i][j]);   //输出 W 矩阵
        for(j = 0; j < 5; j++) printf(" ");
        for(j = 0; j <= n; j++) printf("%2d ", C[i][j]);   //输出 C 矩阵
        for(j = 0; j < 5; j++) printf(" ");
        for(j = 0; j <= n; j++) printf("%2d ", R[i][j]);   //输出 R 矩阵
        printf("\n");
    }
}
int createOptBST(int p[], int q[], int W[][M], int C[][M], int R[][M], int n){
//算法调用方式int k = createOptBST(p, q, W, C, R, n)。输入：内结点查找概率
//数组 p，外结点查找概率数组 q，内结点个数 n；输出：采用动态规划方法自底向上构造最优
//二叉查找树，函数发安徽根的位置，数组 W 是累计权值矩阵，数组 C 是成本(平均查找长度)
//矩阵，数组 R 是根矩阵
    int d, i, j, k, s, u;
    for(i = 0; i <= n; i++)
```

```
        for(j = 0; j <= n; j++)
                C[i][j] = W[i][j] = R[i][j] = 0;        //矩阵充 0
    for(i = 0; i <= n; i++) {                          //计算累计权值 W[i][j]
        W[i][i] = q[i];
        for(j = i+1; j <= n; j++) W[i][j] = W[i][j-1]+p[j]+q[j];
    }
    for(i = 1; i <= n; i++) {                          //构造一个结点的最优 BST
        C[i-1][i] = W[i-1][i];  R[i-1][i] = i;
    }
    printOptBST(W, C, R, n, 1);
    for(d = 2; d <= n; d++) {                          //构造 d 个结点的最优 BST
        for(j = d; j <= n; j++) {
            i = j-d;
            s = C[i][j]+C[i+1][j];  u = i+1;   //在 C[i][j]到 C[j][j]中选小
            for(k = i+2; k <= j; k++)
                if(C[i][k-1]+C[k][j] < s) {
                    s = C[i][k-1]+C[k][j];  u = k;
                }
            C[i][j] = W[i][j]+s;  R[i][j] = u;
        }
        printOptBST(W, C, R, n, d);
    }
    return R[0][n];
}
```

若表中有 n 个元素，算法的时间复杂度为 $O(n^3)$，空间复杂度为 $O(n^2)$。

7-19　次优查找树简化了求最优二叉查找树的步骤，仅考虑树的内结点，即仅考虑了各内结点的不相等的查找概率，若给出一个 n 个元素的有序序列 A[n]，每个元素对应的查找概率存放于数组 F[n]，设计一个算法，基于次优查找树查找与给定值 x 匹配的元素。

【解答】　次优查找树采用自顶向下递归构造。构造次优查找树的过程是：

首先将各个数据的查找概率转化为整数的权值 w[i], i = 1, 2,…, 8。再计算累计权值之和 SW[i], i = 0, 1, 2,…, 8。计算公式：SW[0] = 0；SW[i] = SW[i−1]+w[i], i = 1, 2,…, 8。

递归计算要求有构造子树的区间范围[l..h]。设轮流以数据序列 key[l]..key[h]（l＜h）中各个数据作根，计算 $\Delta P_i, i = l, l+1, l+2,\cdots, h$，即其左右子树权值之和的差的绝对值，以 ΔP_i 中最小者作为该数据序列的根。然后再对左、右子树施行同样操作。

$$\Delta P_i = \left| \sum_{k=l}^{i-1} w[k] - \sum_{k=i+1}^{h} w[k] \right| = \left| (SW[i-1] - SW[l-1]) - (SW[h] - SW[i]) \right|$$

$$= \left| SW[h] + SW[l-1] - SW[i] - Sw[i-1] \right|$$

$$= \left| \Delta W_{l-h} - SW[i] - SW[i-1] \right|$$

应用上述计算式，以有序整数序列{1, 10, 14, 23, 33, 56, 66, 70}为例，它们对应的查找概率整数化后为{15, 25, 20, 15, 10, 5, 5, 5}，构造次优查找树的过程如图 7-11 所示。

i	0	1	2	3	4	5	6	7	8	
数据		1	10	14	23	33	56	66	70	
权 w[i]		15	25	20	15	10	5	5	5	
SW[i]	0	15	40	60	75	85	90	95	100	
ΔPi	{	85	45	0	35	60	75	85	95 }	$\Delta W_{1-8}=100$
				⇧						
ΔPi	{	25	15 }	$\Delta W_{1-2}=40$ {	25	0	15	25	35 }	$\Delta W_{4-8}=160$
			⇧			⇧				
ΔPi	{	0 }			{ 0 }		{ 10	0	10 }	$\Delta W_{6-8}=185$
		⇧			⇧			⇧		
ΔPi							{ 0 }		{ 0 }	
							⇧		⇧	

图 7-11 题 7-19 的图

算法的实现如下。

```c
#define maxValue 32767
typedef int DataType;
int NOBSTSearch(DataType A[], int w[], int n, DataType x, int& is) {
//算法调用方式 int k = NOBSTSearch(A, w, n, x, is)。输入：有序顺序表 A，各元
//素查找概率（权值）数组 w，元素个数 n，查找值 x；输出：若查找成功，函数返回查找
//到的包含 x 结点的地址，若查找不成功，引用参数 is 返回插入 x 的位置
    int low = 0, high = n-1, mid, i, dw, dp, min;
    int *SW = (int*) malloc((n+1)*sizeof(int));
    SW[0] = 0;                                      //计算累计权值
    for(i = 1; i <= n; i++) SW[i] = SW[i-1]+w[i-1];
    while(low <= high) {
        dw = SW[low]+SW[high+1];  mid = 0;  min = maxValue;
        for(i = low; i <= high; i++) {              //计算 | Δpᵢ |
            dp = abs(dw-SW[i]-SW[i+1]);
            if(dp < min) { mid = i;  min = dp; }     //选出最小 | Δpᵢ |
        }
        is = mid;
        if(x == A[mid]) return mid;                 //查找成功
        else {
            if(x > A[mid]) low = mid+1;             //右缩查找区间
            else high = mid-1;                      //左缩查找区间
        }
    }
    is = low;  free(SW);  return -1;                //查找失败
}
```

若表中有 n 个元素，算法的时间复杂度为 O(log₂n)，空间复杂度为 O(n)。

7.1.6 跳表

1. 跳表的概念

跳表是一种多级链表，目的是要在有序链表上实现折半查找。如图 7-12（c）所示，有序链表有三条链，0 级链就是图 7-12（a）中的初始链表，包括了所有 7 个元素。1 级链包括第 2、第 4、第 6 个元素。2 级链只包括第 4 个元素。为了查找值为 30 的元素，首先与中间元素 40 进行比较，在 2 级链中只需比较 1 次。由于 30 < 40，下一步将查找链表前半部分的中间元素，在 1 级链也仅需比较 1 次。由于 30 > 20，可到 0 级链继续查找，与链表中下一元素进行比较。

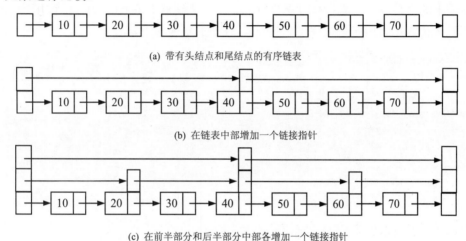

(a) 带有头结点和尾结点的有序链表

(b) 在链表中部增加一个链接指针

(c) 在前半部分和后半部分中部各增加一个链接指针

图 7-12 跳表的结构

采用如图 7-12（c）所示的三级链结构，对所有的查找至多需要三次比较。三级链结构可以实现在有序链表中进行折半查找。

一个有 n 个元素的跳表理想情况下的链级数为$\lceil \log_2 n \rceil$，即跳表的最高级数为$\lceil \log_2 n \rceil - 1$。

2. 跳表的结构定义

跳表的头结点需要有足够的指针域，以满足构造最大级链的需要，而尾结点不需要指针域。其他每个元素结点有 1 个数据域 data 和（级数+1）个指针域。指针域用一个指针数组 link[]表示，其中 link[i]表示 i 级链指针。跳表的结构定义如下（存放于头文件 SkipList.h）。

```
#include<stdio.h>
#include<stdlib.h>
#define maxLevels 20                    //最大级数
#define tailKey 32767                   //控制扫描的最大关键码
#define nodelen 20
typedef int DataType;
typedef struct node {                   //跳表的结点定义
    DataType data;                      //数据值
    struct node **link;                 //指针数组
} SkipNode;
typedef struct {                        //跳表定义
```

```
    int Levels;                              //当前非空链表的级数
    SkipNode *head, *tail;                   //头结点和尾结点指针
    SkipNode **last;                         //每一层的最后结点指针
} SkipList;
```

3. 跳表基本运算的实现

以下算法都放在程序文件 SkipList.cpp 中。

7-20 设计一个算法，实现跳表的初始化运算。

【解答】 跳表的初始化运算是为创建和使用跳表做出铺垫。所做工作包括：初始化当前的最大级别 Levels，为头结点和尾结点分配空间。在插入和删除之前进行查找时所遇到的每条链上的最后一个元素均被放在数组 last 中。头结点中 maxLevels+1 个用于指向各级链的指针被初始化为指向尾结点（空链表）。算法的实现如下。

```
SkipNode *makeNode(int n, int flag) {
//算法调用方式 SkipNode *p = makeNode(n, flag)。输入：结点标志 flag，指针数组大
//小 n+1；输出：创建一个跳表结点，若创建成功，函数返回创建跳表结点的地址，若
//flag = 0，该结点指针为空；若 flag = 1，结点有一个指针数组
    SkipNode *p =(SkipNode *) malloc(sizeof(SkipNode));
    if(flag == 0) p->link = NULL;
    else p->link =(SkipNode **) malloc((n+1)*sizeof(SkipNode *));
    return p;
}
```

算法的时间复杂度为 O(1)，空间复杂度为 O(1)。

```
void initList(SkipList& L) {
//算法调用方式 initList(L)。输入：跳表 L；输出：对 L 做初始化，包括创建空的
//多级链。所有数据值都小于 tailKey，最大层数为 maxLevels
    L.Levels = 0;
    L.head = makeNode(maxLevels, 1);         //头结点，有 maxLevels+1 个指针
    L.tail = makeNode(0, 0);                 //尾结点，没有指针
    L.tail->data = tailKey;
    L.last =(SkipNode **) malloc((maxLevels+1)*sizeof(SkipNode *));
    for(int i = 0; i <= maxLevels; i++) {    //跳表的多级链的头指针
        L.head->link[i] = L.tail;            //初始时各级链均设为空
        L.last[i] = L.tail;
    }
}
```

设跳表最大层数为 maxLevels，算法的时间复杂度和空间复杂度均为 O(maxLevels)。

7-21 设计一个算法，在跳表中查找与给定值匹配的元素。如果查找成功，则函数返回 true，否则函数返回 false，表示查找失败。

【解答】 当需要查找一个值为 x 的元素时，函数从最高级链（Levels 级，仅含一个元素）的头结点开始搜索，顺着指针向右查找，遇到某一关键码大于或等于要查找的关键码，则降到下一级，沿较低级链的指针向右查找，逐步逼近要查找的元素，一直到 0 级链。当从 for 循环退出时，正好处于要查找的元素的左边。与 0 级链的下一个元素进行比较，就

能知道要找的元素是否在跳表中。算法的实现如下。

```
bool Search(SkipList& L, DataType x) {
//算法调用方式bool succ = Search(L, x)。输入：跳表 L，查找值 x；输出：在跳表中
//逐级查找 x，若找到，函数返回 true，若没有找到，函数返回 false
    if(x > tailKey) return false;                    //关键码太大，查找不成功
    SkipNode *p = L.head;  int i;
    for(i = L.Levels; i >= 0; i--)                   //逐级向下查找
        while(p->link[i]->data < x)
            p = p->link[i];                          //在第 i 级链表中查找
    if(p->link[i]->data == x) return true;           //找到，返回 true
    else return false;                               //找不到，返回 false
}
```

7-22　设计一个算法，在跳表中查找与给定值 x 匹配的元素。与题 7-21 不同的是，它不仅包含了查找的功能，而且可把每一级中遇到的最后一个结点存放到指针数组 last 中。

【解答】　算法从最高级链开始逐级向下查找。在每一级链中顺序用 x 向右查找，当查找指针遇到 tailKey，或者遇到比 x 大的元素，查找指针降到下一级链以便继续查找。若查找指针下降到 0 级链，有元素的关键码与 x 相等，则查找成功。算法的实现如下。

```
SkipNode *saveSearch(SkipList& L, DataType x) {
//算法调用方式 SkipNode *p = saveSearch(L, x)。输入：跳表 L，查找值 x；输出：
//在跳表中逐级查找 x，若找到，函数返回第 0 级链大于或等于 x 的结点地址，若没
//找到，函数返回 NULL
    if(x > tailKey) return NULL;                     //关键码太大，函数返回 NULL
    SkipNode *p = L.head;  int i;
    for(i = L.Levels; i >= 0; i--) {                 //逐级向下查找
        while(p->link[i]->data < x)                  //在第 i 个链中查找
            p = p->link[i];
        L.last[i] = p;                               //记下最后比较结点
    }
    return p->link[0];                               //返回第 0 级链大于或等于 x 的结点
}
```

7-23　设计一个算法，往跳表中插入一个新元素 x。

【解答】　每当插入一个新元素时，就需要为该元素分配一个级别，指明它属于第几级链的元素。为跳表结点分配级别是随机的，使用了一个随机数发生器。如果所产生的随机数在 0 到 RAND_MAX 间，则必然有一半随机数小于或等于 RAND_MAX/2。因此，如果下一个随机数小于或等于 RAND_MAX/2，则新元素应在 1 级链上；如果再下一个随机数也小于或等于 RAND_MAX/2，则该元素还属于 2 级链。重复这个过程，直到得到一个随机数大于 RAND_MAX/2 为止。

另一个问题是，即使采用了上面所给出的上限，但还可能有下面的情况：如果在新元素插入之前有 3 条链，插入之后变成为 10 条链，新插入元素为 9 级链。而在此之前 3、4、……8 级链上都没有元素，这些空链对于搜索是没有好处的。这时，把该元素的级别调整为 3。

下面给出了在跳表中插入元素并为其分配级别的算法。若插入元素的值不比 tailKey

小，或表中已有与该值相等的元素，函数将返回 false，停止插入。当元素 e 被成功插入，函数返回 true。

```
int Level(SkipList& L) {
//产生一个随机的级别，该级别 < maxLevels
    int lev = 0;
    while(rand() <= RAND_MAX / 2) lev++;
    return(lev < maxLevels) ? lev : maxLevels;
}
bool Insert(SkipList& L, DataType x) {
//算法调用方式bool succ = Insert(L, x)。输入：跳表L，插入值x；输出：在跳表L
//中插入元素x。若插入成功，函数返回true，否则函数返回false
    if(x >= tailKey) { printf("关键码太大! \n"); return false; }
    SkipNode *p = saveSearch(L, x);           //在L中查找值与x匹配的元素结点
      if(p->data == x)                        //查找成功，不再插入
          { printf("关键码已存在，不插入! \n"); return false;}
    int lev = Level(L);                       //随机产生一个级别
    if(lev > L.Levels)                        //调整级别
        { lev = ++L.Levels; L.last[lev] = L.head; }
    SkipNode *q = makeNode(maxLevels, 1);
    q->data = x;                              //创建一个链结点并赋值
    for(int i = 0; i <= lev; i++) {           //各级链入，后插入
        q->link[i] = L.last[i]->link[i];      //第i级链入
        L.last[i]->link[i] = q;
    }
    return true;
}
```

7-24 设计一个算法，删除跳表中元素值为 x 的结点。

【解答】 在删除跳表中的某个值为 x 的结点时，首先要找到这个结点，需要从最高链逐级下降到 0 级链。删除后可能引起下级链指针的修改。下面给出的算法可删除一个值为 x 的元素，并把所删除的元素通过引用型参数 e1 返回。如果没有值为 x 的元素，则函数返回 false 表示删除失败。while 循环用来修改 Levels 的值，以找到一个至少包含一个元素的级别（除非跳表为空）。若跳表为空，则 Levels 置为 0。算法的实现如下。

```
bool Remove(SkipList& L, DataType x) {
//算法调用方式bool succ = Remove(L, x)。输入：跳表L，删除值x；输出：在跳表
//L中删除值为x的结点。若删除成功，函数返回true，否则返回false
    if(x > tailKey) { printf("关键码太大! \n"); return false; }
    SkipNode *p = saveSearch(L, x);             //在L中查找值与x匹配的结点
    if(p->data != x) { printf("被删元素不存在! \n"); return false; }
    for(int i = 0; i <= L.Levels && L.last[i]->link[i] == p; i++)
        L.last[i]->link[i] = p->link[i];        //逐级链摘下该结点
    while(L.Levels > 0 && L.head->link[L.Levels] == L.tail)
        L.Levels--;                             //最高级链空则修改最高级
    free(p); return true;
}
```

对于有 n 个元素的跳表，查找、插入、删除操作的时间复杂性均为 O(n+maxLevel)。在最差情况下，可能只有一个 maxLevel 级元素，且余下的所有元素均在 0 级链上。i>0 时，在 i 级链上花费的时间为 O(maxLevel)，而在 0 级链上花费的时间为 O(n)。尽管最差情况下的性能较差，但跳表仍不失为一种有用的数据结构，查找、插入和删除的平均时间复杂性均为 $O(\log_2 n)$。

7.2　二叉查找树

7.2.1　二叉查找树的概念

1. 二叉查找树的概念

二叉查找树[①]或是一棵空树，或是一棵具有如下特性的非空二叉树：

（1）若其左子树非空，则左子树上所有结点的关键码均小于根结点的关键码。

（2）若其右子树非空，则右子树上所有结点的关键码均大于根结点的关键码。

（3）左、右子树本身又各是一棵二叉查找树。

由此定义可知，二叉查找树属于递归的数据结构。

2. 二叉查找树的结构定义

二叉查找树的结构定义如下（保存于 BSTree.h 头文件）。

```
#include<stdio.h>
#include<stdlib.h>
typedef int TElemType;              //结点关键码的数据类型
typedef struct tnode {
    TElemType data;                 //结点的数据值
    struct tnode *lchild;           //指向左子女结点的指针
    struct tnode *rchild;           //指向右子女结点的指针
} BSTNode, *BSTree;
```

3. 二叉查找树的特性

如果在二叉查找树上做中序遍历，得到的中序序列将是一个有序的序列，它把二叉查找树上所有结点的数据按其关键码从小到大排列起来。

7.2.2　二叉查找树基本运算的实现

7-25　若 BT 是一棵二叉查找树，设计一个算法，在 BT 中查找与给定值 x 匹配的结点。若查找成功，则函数返回找到结点的地址，引用参数 father 返回查找指针 p 的双亲结点地址；若查找失败，则函数返回 NULL，father 停留在 p 走向 NULL 前最后停留的结点。

【解答】　在二叉查找树 BT 中查找的过程从根结点开始。如果根指针为 NULL，则查找不成功；否则用给定值 x 与根结点的关键码进行比较：如果给定值等于根结点的关键码，则查找成功，返回查找成功信息。如果给定值小于根结点的关键码，则继续查找根结点的

---

① 二叉排序树这个词汇在国外从 20 世纪 80 年代后期已不使用，改称为二叉查找树或二叉搜索树。

左子树；如果给定值大于根结点的关键码，查找根结点的右子树。算法的实现如下。

```
BSTNode *Search(BSTree BT, TElemType x, BSTNode *& father) {
//算法调用方式 BSTNode *p = Search(BT, x, father)。输入：二叉查找树的根指针 BT,
//查找值 x; 输出：从根 BT 开始在二叉查找树中查找值为 x 的结点，若查找成功，函
//数返回找到结点的地址，引用参数 father 返回找到结点的双亲地址；若查找不成功,
//函数返回 NULL, 引用参数 father 返回插入结点地址
    BSTNode *p = BT;  father = NULL;              //father 是查找结点的父结点
    while(p != NULL && p->data != x) {            //查找包含 x 的结点
        father = p;                                //不等，向下层继续查找
        if(x < p->data) p = p->lchild;            //x 小于根，向左子树继续查找
        else p = p->rchild;                        //否则向右子树继续查找
    }
    return p;
}
```

查找成功时最大查找次数不超过树的高度；查找失败时查找指针走到空，而它的双亲指针停留在某个结点 v，查找次数等于 v 的深度。如果各结点查找概率相等，当二叉查找树为理想平衡树时的时间复杂度为 $O(\log_2 n)$；当二叉查找树为单支树（即每个非叶结点的度均为 1）时时间复杂度为 $O(n)$。n 是树中结点个数。如果各结点查找概率不等，让查找概率大的结点靠近根，查找概率小的结点离根远些，这样可以降低二叉查找树的平均查找长度。

7-26　若 BT 是一棵二叉查找树，设计一个算法，把新元素 x 插入 BT 中，要求插入后，BT 仍然保持二叉查找树的特性。

【解答】　当树为空时直接插入，新结点成为二叉查找树的根结点。当树非空时则需从根开始查找新结点的插入位置。如果新结点所包含元素已经在树中存在，不实施插入；否则把新结点插入查找停止的地方。注意，新结点将作为叶结点插入。因此，树是向下增长的。算法的实现如下。

```
bool Insert(BSTree& BT, TElemType x) {
//算法调用方式 bool succ = Insert(BT, x)。输入：二叉查找树的根指针 BT, 插入值 x;
//输出：向根为 BT 的二叉查找树插入一个关键码为 x 的结点，若插入成功，函数返回
//true, 否则函数返回 false
    BSTNode *s, *p, *f;
    p = Search(BT, x, f);                          //查找插入位置
    if(p != NULL) return false;                    //查找成功，不插入
    s = (BSTNode*) malloc(sizeof(BSTNode));        //否则，新结点插入
    s->data = x;  s->lchild = s->rchild = NULL;
    if(f == NULL) BT = s;                          //空树，新结点为根结点
    else if(x < f->data) f->lchild = s;            //x 小于 f, 作为左子女插入
    else f->rchild = s;                            //否则作为右子女插入
    return true;
}
```

插入的时间复杂度取决于查找效率。若二叉查找树有 n 个结点，查找插入位置时的时间复杂度最好情形（理想平衡树）为 $O(\log_2 n)$，最坏情形（单支树）为 $O(n)$，要看树的

高度。

7-27 若 BT 是一棵二叉查找树，设计一个算法，把一个与给定值 x 匹配的结点从 BT 中删除，要求删除后仍然保持二叉查找树的特性，同时树的高度不会增加。

【解答】 在二叉查找树中删除一个结点时，不能把以该结点为根的子树上的结点都删除，必须先把被删结点从存储二叉查找树的链表上摘下，将因删除结点而断开的二叉链表重新链接起来，同时确保二叉查找树的性质不会失去。

如果被删结点没有右子女，可以用它的左子女顶替它的位置再释放它。如果被删结点没有左子女，可以用它的右子女顶替它的位置，再释放它。如果被删结点左、右子女都存在，可以在它的右子树中查找中序下的第一个结点*s，用*s 的值填补到被删结点中，再来处理*s 结点的删除。此时*s 结点没有左子女，可以按前述单子女情况处理。删除叶结点的情形按第一种情况自动处理了，如图 7-13 所示。算法的实现如下。

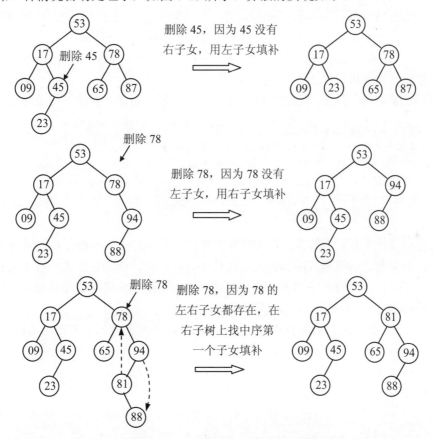

图 7-13 二叉查找树删除的复杂情形

```
bool Remove(BSTree& BT, TElemType x) {
//算法调用方式 bool succ = Remove(BT, x)。输入：二叉查找树的根指针 BT，删除值
//x；输出：从根为 BT 的二叉查找树中删除关键码为 x 的结点，删除成功则函数返回
//true，否则返回 false
    BSTNode *s, *p, *f;
    p = Search(BT, x, f);                        //查找删除结点
    if(p == NULL) return false;                  //查找失败，不作删除
```

```
    if(p->lchild != NULL && p->rchild != NULL) {
        s = p->rchild;  f = p;                           //有双子女，找*p的中序后继*s
        while(s->lchild != NULL) { f = s; s = s->lchild; }
        p->data = s->data;  p = s;                       //用*s的值取代*p的值，再删*s
    }
    if(p->rchild == NULL) s = p->lchild;                 //左子树非空，记下左子女结点
    else s = p->rchild;                                   //记下右子女结点（可能也空）
    If(p == BT) BT = s;                                   //被删结点为根结点
    else if(f->lchild == p) f->lchild = s;               //双亲直接链接子女结点
    else f->rchild = s;
    free(p);  return true;                                //释放被删结点
}
```

删除算法的时间复杂度取决于它调用的查找算法和查找被删结点中序前趋或中序后继的循环，这两者合起来最多不超过树的高度，所以删除算法的时间复杂度要看树的高度。若二叉查找树中有 n 个结点，算法的时间复杂度应为 $O(\log_2 n) \sim O(n)$。

7-28 若 BT 是一棵二叉查找树。设计一个算法，输入元素序列 A[n]，从空树开始创建一棵非空的二叉查找树。

【解答】 使用插入算法，把输入序列各元素逐个插入即可。算法的实现如下。

```
void createBSTree(BSTree& BT, TElemType A[], int n) {
//算法调用方式 createBSTree(BT, A, n)。输入：输入元素数组 A，元素个数 n；
//输出：输入一个元素序列 A[n]，创建一棵根为 BT 的二叉查找树
    BT = NULL;                                           //置空树
    for(int i = 0; i < n; i++) Insert(BT, A[i]);         //插入 A[i]
}
```

若二叉查找树中有 n 个结点，算法的时间复杂度为 $O(n\log_2 n) \sim O(n^2)$，取决于输入元素序列中元素的顺序。如果输入序列各元素按值的升序排列，则最后生成一棵单支树，查找插入位置最耗时；如果输入序列各元素按值随机排列，最后生成的树是理想平衡树，查找插入位置最省时。

7-29 若 BT 是一棵二叉查找树，设计一个算法，按凹入表的形式输出 BT。

【解答】 算法采用中序遍历的递归形式。若树非空，首先递归输出根的左子树，按当前位置 k 右移 5 个字符；再按当前位置 k 输出根的信息；最后递归输出根的右子树，也按当前位置 k 右移 5 个字符。算法的实现如下。

```
void printBSTree(BSTree BT, int k) {
//算法调用方式 printBSTree(BT, k)。输入：二叉查找树的根指针 BT，移行控制 k；
//输出：按凹入表形式输出以 BT 为根指针的二叉查找树
    if(BT != NULL) {
        printBSTree(BT->lchild, k+5);
        for(int i = 0; i < k; i++) printf(" ");
        printf("%d\n", BT->data);
        printBSTree(BT->rchild, k+5);
    }
}
```

　　若二叉查找树中有 n 个结点，算法的时间复杂度为 $O(n\log_2 n) \sim O(n^2)$（取决于树的高度）。

7.2.3　二叉查找树相关的算法

　　7-30　优化下面的对二叉查找树进行查找的递归算法，减少进栈、出栈的次数。

```
BSTree bfind(BSTree p, TElemType k) {
    if(p != NULL) {
        if(p->data == k) return p;                //查找成功
        else if(p->data < k)
            return bfind(p->rchild, k);
        else return bfind(p->lchild, k);
    }
    else return p;                                //查找失败，返回空指针
}
```

　　【解答】　为减少进栈、出栈的次数，需减少递归调用。在递归调用前先判断左子女指针和右子女指针是否已为空，可避免递归即返回的调用。修改后算法的实现如下。

```
BSTNode *Search_improve(BSTNode *t, TElemType x) {
//算法调用方式 BSTNode *p = Search_improve(t, x)。输入：二叉查找树的子树根指针
//t，查找值 x；输出：若查找成功，函数返回找到结点的地址，否则函数返回 NULL
    if(t != NULL) {
        if(t->data == x) return t;                //查找成功
        else if(t->data < x) {                    //向右子树递归调用
            if(t->rchild != NULL) return Search_improve(t->rchild, x);
            else return NULL;                     //查找失败
        }
        else {                                    //向左子树递归调用
            if(t->lchild != NULL) return Search_improve(t->lchild, x);
            else return NULL;
        }
    }
    else return NULL;                             //查找失败，返回空指针
}
```

　　若二叉查找树中有 n 个结点，算法的时间复杂度为 $O(\log_2 n) \sim O(n)$（取决于树的高度），空间复杂度为 $O(n)$。

　　7-31　若 BT 是一棵二叉树，树中结点的关键码互不相同。设计一个递归算法，判别 BT 是否二叉查找树。

　　【解答】　判断给定二叉树是否二叉查找树，可以通过中序遍历来检查，为此要设置一个指针 pr 指向二叉树中当前访问结点的中序直接前趋。每访问一个结点，就比较当前访问结点的关键码是否大于 pr 所指结点的关键码。如果遍历了所有结点，各结点与其中序直接前趋结点都是后一个大于前一个，则此二叉树是二叉查找树；否则，只要有一个结点不满足，则此二叉树不是二叉查找树。算法的实现如下。

```
bool JudgeBST(BiTNode *bt, TElemType& pre) {
//算法调用方式 bool succ = JudgeBST(bt, pre)。输入: 二叉树的子树根指针 bt, bt 的
//中序遍历前趋指针 pre; 输出: 若二叉树 BT 是二叉查找树, 函数返回 true, 否则函
//数返回 false
    if(bt == NULL) return true;                          //空树是二叉查找树
    else {
        bool b1 = JudgeBST(bt->lchild, pre);             //递归到左子树判断
        if(b1 == false || pre >= bt->data)               //左子树不是或当前不是
            return false;                                //返回 false
        pre = bt->data;                                  //左子树是当前也是继续
        return JudgeBST(bt->rchild, pre);                //递归到右子树判断
    }
}
```

若二叉查找树中有 n 个结点, 算法的时间复杂度为 $O(\log_2 n)\sim O(n)$ (取决于树的高度), 空间复杂度为 $O(n)$。

7-32 设 BT 是一棵二叉树, 树中结点的关键码互不相同。设计一个非递归算法, 判别 BT 是否二叉查找树。

【解答】 对给定二叉树进行中序遍历, 若得到的是一个递增序列, 则该二叉树一定是二叉查找树。只要修改二叉树中序遍历的非递归算法即可。算法的实现如下。

```
bool JudgeBST(BinTree bt) {
//算法调用方式 bool succ = JudgeBST(bt)。输入: 二叉树的根指针 bt; 输出: 若二叉
//树 BT 是二叉查找树, 函数返回 true, 否则函数返回 false
    BinTree p = bt; TElemType pre = -32767;
                                   //pre 为 p 的中序前趋, 初值为负无穷大
    BiTNode *S[maxSize]; int top = -1;                   //栈初始化
    while(p != NULL || top >= 0) {
        if(p != NULL)                                    //p 进栈并搜索其左子树
            { S[++top] = p; p = p->lchild; }
        else {
            p = S[top--];                                //退栈
            if(p->data < pre) return false;              //不是二叉查找树
            else { pre = p->data; p = p->rchild; }       //搜索其右子树
        }
    }
    return true;                                         //是二叉查找树
}
```

若二叉查找树中有 n 个结点, 算法的时间复杂度为 $O(\log_2 n)\sim O(n)$ (取决于树的高度), 空间复杂度为 $O(n)$。

7-33 设计一个算法, 从存放于数组 R[n] 内的一棵二叉查找树的先序遍历序列恢复该二叉查找树。

【解答】 可以用递归算法来解决问题。若当前要将先序序列中 low 到 high 的子序列恢复为二叉查找树, 第一个元素 A[low] 一定是二叉查找树的根, 从 low+1 到 high 逐个检查这个先序序列, 将它分为两个子序列: A[low+1]~A[i-1] 和 A[i]~A[high], 前者所有元素的

值都小于 A[low]，后者所有元素的值都大于 A[low]，在递归对这两个子序列进行同样工作，创建 A[low]的左子树和右子树。算法的实现如下。

```
void comeback(TElemType A[], int low, int high, BSTNode *& t) {
//算法调用方式 comeback(A, low, high, t)。输入：二叉查找树的先序序列 A，范围左
//边界 low，右边界 high；输出：将 A[low]到 A[high]内的二叉查找树的先序序列恢复
//为以 t 为根的二叉查找树
    if(low > high) t = NULL;                        //序列为空，建空树
    else {                                          //序列非空，建有根树
        t =(BSTNode*) malloc(sizeof(BSTNode));      //创建根结点
        t->data = A[low];  t->lchild = t->rchild = NULL;
        for(int i = low+1; i <= high; i++)          //查找两子序列的分隔点
            if(A[i] > A[low]) break;
        comeback(A, low+1, i-1, t->lchild);         //递归创建左子树
        comeback(A, i, high, t->rchild);            //递归创建右子树
    }
}
void PreOrder(BSTree BT, TElemType R[], int& n) {
//先序遍历以 RT 为根的二叉查找树，访问结点的数据依次存放于数组 R，引用参数
//n 返回访问结点的个数
    if(BT != NULL) {
        R[n++] = BT->data;
        PreOrder(BT->lchild, R, n);
        PreOrder(BT->rchild, R, n);
    }
}
```

设二叉查找树中有 n 个结点，算法的时间复杂度为 $O(\log_2 n)$～$O(n)$（取决于树的高度），空间复杂度为 $O(n)$。

7-34 设计一个算法，从存放于数组 R[n]内的一棵二叉查找树的后序遍历序列恢复该二叉查找树。

【解答】 可以用递归算法来解决。设当前要将后序序列中 low 到 high 的子序列恢复为二叉查找树，最后一个元素 A[high]一定是二叉查找树的根，再从 high-1 到 low 从后向前逐个检查后序序列，将它分为两个子序列：A[low]～A[i]和 A[i+1]～A[high-1]，前者所有元素的值都小于 A[high]，后者所有元素的值都大于 A[high]，在递归对这两个子序列进行同样工作，创建 A[high]的左子树和右子树。算法的实现如下。

```
void comeback(TElemType A[], int low, int high, BSTNode *& t) {
//算法调用方式 comeback(A, low, high, t)。输入：二叉查找树的后序序列 A，范围左
//边界 low，右边界 high；输出：将 A[low]到 A[high]内的二叉查找树的后序序列恢复
//为以 t 为根的二叉查找树
    if(low > high) t = NULL;                        //序列为空，建空树
    else {                                          //序列非空，建有根树
        t =(BSTNode*) malloc(sizeof(BSTNode));      //创建根结点
        t->data = A[high];  t->lchild = t->rchild = NULL;
        for(int i = high-1; i >= low; i--)          //查找两子序列的分隔点
```

```
        if(A[i] < A[high]) break;
        comeback(A, low, i, t->lchild);              //递归创建左子树
        comeback(A, i+1, high-1, t->rchild);         //递归创建右子树
    }
}
void PostOrder(BSTree BT, TElemType R[], int& n) {
//后序遍历以 RT 为根的二叉查找树，访问结点的数据依次存放于数组 R，引用参数
//n 返回访问结点的个数
    if(BT != NULL) {
        PostOrder(BT->lchild, R, n);
        PostOrder(BT->rchild, R, n);
        R[n++] = BT->data;
    }
}
```

若二叉查找树中有 n 个结点，算法的时间复杂度为 $O(\log_2 n) \sim O(n)$（取决于树的高度），空间复杂度为 $O(n)$。

7-35 设计一个算法，求指定结点在给定二叉查找树中的层次。

【解答】 在二叉查找树中，查找从根结点开始，每比较一次，若相等则查找停止，否则到下一层继续查找。因此，查找该结点所用的次数就是该结点在二叉查找树中的层次。可采用二叉查找树的非递归查找算法，用 k 保存查找层次。算法的实现如下。

```
int level(BSTree BT, BSTNode *p) {
//算法调用方式 int i = level(BT, p)。输入：二叉查找树的根指针 BT，指定结点地址
//p；输出：在二叉查找树 BT 中查找结点*p，若找到则函数返回该结点在树中的层次
    int k = 0; BSTree t = BT;                        //k 是层计数器
    if(BT != NULL && p != NULL) {
        k++;                                         //k 是第 1 层
        while(t != NULL && t != p) {                 //逐层查找
            if(p->data < t->data) t = t->lchild;
            else t = t->rchild;
            k++;
        }
        if(t != NULL) return k;                      //结点 p 查找成功
    }
    return -1;
}
```

若二叉查找树中有 n 个结点，算法的时间复杂度为 $O(\log_2 n) \sim O(n)$（取决于树的高度），空间复杂度为 $O(1)$。

7-36 设计一个递归算法，在指定二叉查找树上查找包含给定关键码的结点。

【解答】 在二叉查找树中查找关键码为 x 的结点时，查找过程从根结点开始。如果根指针为 NULL，表示递归到空树，查找不成功；否则用给定值 x 与根结点的关键码进行比较：如果给定值等于根结点的关键码，则查找成功，并报告查找到的结点地址。如果给定值小于根结点的关键码，则继续递归查找根结点的左子树；否则递归查找根结点的右子树。

算法的实现如下。

```
BSTNode *Search(BSTNode *t, TElemType x) {
//算法调用方式 BSTNode *p = Search(t, x)。二叉查找树的子树根指针 t, 查找值 x;
//输出: 在以 t 为根的二叉查找树中递归查找值为 x 的结点, 若查找成功, 函数返回找到结点
//的地址, 否则函数返回 NULL, 表示查找失败
    if(t == NULL) return NULL;                     //递归结束条件: 树空
    else if(x == t->data) return t;                //查找成功
    else if(x < t->data)
        return Search(t->lchild, x);               //到左子树中继续查找
    else return Search(t->rchild, x);              //到右子树中继续查找
}
```

若二叉查找树中有 n 个结点, 算法的时间复杂度为 $O(\log_2 n) \sim O(n)$ (取决于树的高度), 空间复杂度为 $O(n)$。

7-37 设计一个递归算法, 往二叉查找树中插入一个新元素。

【解答】 为了插入新元素, 必须先调用查找算法在树中检查要插入元素是否已经存在。如果查找成功, 说明树中已经有这个元素, 不再插入; 否则把新元素加到查找操作停止的地方。算法的实现如下。

```
void Insert_x(BSTNode*& t, TElemType x) {
//算法调用方式 Insert_x(t, x)。输入: 二叉查找树的子树根指针 t, 插入值 x; 输出:
//引用参数 t 返回插入 x 后二叉查找树的子树的根
    if(t == NULL) {                                //新结点作为叶结点插入
        t =(BSTNode*) malloc(sizeof(BSTNode));
        t->data = x;  t->lchild = t->rchild = NULL; //创建树根结点
    }
    else if(x == t->data) return;                  //已有该元素, 不插入
    else if(x < t->data) Insert(t->lchild, x);     //递归向左子树插入
    else Insert(t->rchild, x);                     //递归向右子树插入
}
```

若二叉查找树中有 n 个结点, 算法的时间复杂度为 $O(\log_2 n) \sim O(n)$ (取决于树的高度), 空间复杂度为 $O(n)$。

7-38 设计一个算法, 求出给定二叉查找树中最小关键码和最大的关键码所在结点。

【解答】 在二叉查找树中最左下结点即为关键码最小的结点, 最右下结点即为关键码最大的结点, 只要通过循环找出这两个结点即可, 不需要比较关键码。算法的实现如下。

```
BSTNode *Min(BSTNode *t) {
//算法调用方式 BSTNode *p = Min(t)。输入: 二叉查找树的根指针 t; 输出: 函数
//返回在二叉查找树 t 中查找到的关键码最小的结点(即中序遍历第一个结点)
    while(t != NULL && t->lchild != NULL) t = t->lchild;
    return t;
}
BSTNode *Max(BSTNode *t) {
//算法调用方式 BSTNode *p = Max(t)。输入: 二叉查找树的根指针 t; 输出: 函数
//返回在二叉查找树 t 中查找到的关键码最大的结点(即中序遍历最后一个结点)
```

```
    while(t != NULL && t->rchild != NULL) t = t->rchild;
    return t;
}
```

若二叉查找树中有 n 个结点, 算法的时间复杂度为 O(log₂n)～O(n)(取决于树的高度), 空间复杂度为 O(1)。

7-39 设计一个算法, 从一棵二叉查找树中删除最大元素。要求算法的时间复杂性必须是 O(h), 其中 h 是二叉查找树的高度。

【解答】 二叉查找树中关键码最大的结点是中序遍历的最后一个结点, 位于右子女链最右下端。只要找到这个结点, 把它删除即可。为删除便利, 需设置遍历指针 p 的双亲指针 pr, 查找次数不超过树的高度。算法的实现如下。

```
bool RemoveMax(BSTree& T) {
//算法调用方式bool succ = RemoveMax(T)。输入：二叉查找树的根指针 T; 输出：
//若成功删除值最大的结点, 函数返回 true, 否则函数返回 false
    if(T == NULL) return false;                        //空树, 删除失败
    BSTNode *p = T, *pr = NULL;
    while(p->rchild != NULL)                           //沿右子女链查找最右下结点
        { pr = p;  p = p->rchild; }
    if(pr == NULL) T = p->lchild;
    else pr->rchild = p->lchild;
    free(p);  return true;
}
```

若二叉查找树中有 n 个结点, 算法的时间复杂度为 O(log₂n)～O(n) (取决于树的高度), 空间复杂度为 O(1)。注意, 删除最小元素的实现正好是对称的。只要把上述算法中的 lchild 和 rchild 分别改为 rchild 和 lchild 即可。

7-40 设计一个递归算法, 从二叉查找树删除一个指定元素。

【解答】 有如下几种情况需要处理, 其中 (1)、(2) 是递归结束部分, (3) 是递归处理部分。

(1) 如果被删结点*t 是叶结点, 只需将其双亲结点指向它的指针清空, 再释放它。

(2) 如果被删结点*t 的右子树为空, 可拿它的左子女顶替它的位置, 再释放它。如果*t 的左子树为空, 可拿它的右子女顶替它的位置, 再释放它。

(3) 如果被删结点*t 的左、右子树都不为空, 需要判断*t 的左、右子树的高度。

• 若*t 的左子树的高度大于或等于右子树的高度, 可在*t 的左子树中查找中序下的最后一个结点*p, 用*p 的值填补到*t 中, 再递归处理*p 的删除问题。

• 若*t 的左子树的高度比右子树的高度小, 可在*t 的右子树中查找中序下的第一个结点*p, 用*p 的值填补到*t 中, 再递归处理*p 结点的删除问题。

算法的实现如下。

```
#define maxSize 20
int Height(BSTNode *t) {                               //计算二叉树的高度
    if(t == NULL) return 0;
    int lh = Height(t->lchild), rh = Height(t->rchild);
```

```
        return(lh > rh) ? lh+1 : rh+1;
}
void Remove_x(BSTNode *& t, TElemType x) {
//算法调用方式 Remove_x(t, x)。输入：二叉查找树的子树根指针 t，删除值 x；
//输出：在以*t 为根的二叉查找树中删除值为 x 的结点，新根通过引用参数 t 返回
    BSTNode *p;  int lh, rh;
    if(t == NULL) return;                       //递归到空树，返回
    if(x < t->data) Remove_x(t->lchild, x);     //递归到左子树做删除
    else if(x > t->data) Remove_x(t->rchild, x); //递归到右子树做删除
    else {                                      //找到被删结点*t
        if(t->lchild == NULL && t->rchild == NULL)
          { p = t;  t = NULL;  free(p); }       //*t 是叶结点
        else if(t->lchild != NULL && t->rchild != NULL) {//*t 有双子女
            lh = Height(t->lchild);  rh = Height(t->rchild);
            if(lh >= rh) {                      //*t 的左子树高，找中序前趋
                p = t->lchild;                  //即*t 左子树中序最后结点
                while(p->rchild != NULL) p = p->rchild;
                t->data = p->data;              //用*p 的数据替换*t 的数据
                Remove_x(t->lchild, p->data);   //递归到 t 的左子树删除*p
            }
            else {                              //*t 的右子树高。找中序后继
                p = t->rchild;                  //即 t 右子树中序第一结点
                while(p->lchild != NULL) p = p->lchild;
                t->data = p->data;
                Remove_x(t->rchild, p->data);   //递归到 t 的右子树删除*p
            }
        }
        else {                                  // *t 只有一个子女
            p = t;                              //为释放暂存*t 地址
            if(t->lchild == NULL) t = t->rchild; //左子女为空，右子女顶替
            else if(t->rchild == NULL) t = t->lchild;//右子女为空，左子女顶替
            free(p);
        }
    }
}
```

若二叉查找树中有 n 个结点，算法的时间复杂度为 O(log$_2$n)～O(n)（取决于树的高度），空间复杂度为 O(1)。

7-41　已知一棵二叉查找树上所有关键码的取值范围为[a, b]，又 a＜x＜b。设计一个递归算法，找出该二叉查找树上的小于 x 且最靠近 x 的值 u 和大于 x 且最靠近 x 的值 v。

【解答】　借助二叉查找树的特性，具有最小关键码 a 的结点位于树的最左下角（中序遍历的第一个），具有最大关键码 b 的结点位于树的最右下角（中序遍历的最后一个），给定值 x 应满足 a＜x＜b，那么 x 应不是该二叉查找树的中序遍历序列的第一个和最后一个，可采用中序遍历算法查找包含 x 的结点，它的前趋就是小于 x 且最靠近 x 的结点，它的后继就是大于 x 且最靠近 x 的结点，取出它们包含的值，就得到值 u 和值 v。

（1）递归算法的实现如下。

```
void Prior_Next(BSTNode *& T, int x, BSTNode *& P, BSTNode *& Q) {
//递归算法调用方式 Prior_Next(T, x, P, Q)。输入：二叉查找树的子树根指针 T, 查
//找值 x; 输出：查找二叉查找树 T 中值为 x 的结点。引用参数 P 返回小于 x 但最接近 x 的结
//点, Q 返回大于 x 但最接近 x 的结点
    if(T == NULL) return;
    if(T->data < x) { P = T;  Prior_Next(T->rchild, x, P, Q); }
    else if(T->data > x) { Q = T;  Prior_Next(T->lchild, x, P, Q); }
    else {
        BSTNode *p1, *q1, *p2, *q2;
        if(T->rchild != NULL) {
            q1 = T->rchild;
            Prior_Next(T->rchild->lchild, x, p1, q1);
        }
        else {
            q1 = Q;
            Prior_Next(T->rchild, x, p1, q1);
        }
        if(T->lchild != NULL) {
            p2 = T->lchild;
            Prior_Next(T->lchild->rchild, x, p2, q2);
        }
        else {
            p2 = P;
            Prior_Next(T->lchild, x, p2, q2);
        }
        P = p2;  Q = q1;
    }
}
```

（2）非递归算法的实现如下。

```
#define stackSize 20                              //路径栈（<=log₂n）
void Prior_Next_iter(BSTNode *& T, int x, BSTNode *& P, BSTNode *& Q) {
//非递归算法调用方式 Prior_Next_iter(T, x, P, Q)。输入：二叉查找树的根指针 T,
//查找值 x; 输出：引用参数 P 返回比 x 小的最大数, Q 返回比 x 大的最小数
    BSTNode *S[stackSize];  int k, top = -1;
    BSTNode *r = T;
    while(r != NULL) {
        if(r->data < x) { S[++top] = r;  r = r->rchild;  }
        else if(r->data > x) { S[++top] = r;  r = r->lchild;  }
        else {                                    //r->data = x 情形
            if(r->lchild != NULL) {               //r 的左子树非空时
                P = r->lchild;                    //查找左子树中序最后一个结点
                while(P->rchild != NULL) P = P->rchild;
            }
            else {                                //r 的左子树空时
```

```
            k = top;                               //在栈中找来时比 r 值小的结点
            while(k != -1 && S[k]->data > x) k--;
            P =(k != -1) ? S[k] : NULL;            //小且最靠近*r 的结点
        }
        if(r->rchild != NULL) {                    //r 的右子树非空时
            Q = r->rchild;                         //查找右子树中序第一个结点
            while(Q->lchild != NULL) Q = Q->lchild;
        }
        else {                                     //r 的右子树空时
            k = top;                               //在栈中找来时比 r 值大的结点
            while(k != -1 && S[k]->data < x) k--;
            Q =(k != -1) ? S[k] : NULL;            //大且最靠近*r 的结点
        }
        return;
    }
}
k = top;                                           //查找失败，无与 x 匹配结点
if(S[k]->data > x) {                                //栈顶结点值大于 x
    Q = S[k];                                      //找到大且最靠近 x 的结点
    while(k != -1 && S[k]->data > x) k--;          //在栈中找比 x 小的结点
    P = S[k];                                      //找到小且最靠近 x 的结点
}
else {                                             //否则栈顶结点值小于 x
    Q = S[k];                                      //找到小且最靠近 x 的结点
    while(k != -1 && S[k]->data < x) k--;          //在栈中找比 x 大的结点
    P = S[k];                                      //找到大且最靠近 x 的结点
}
}
```

若二叉查找树中有 n 个结点，两个算法的时间复杂度为 $O(\log_2 n)\sim O(n)$（取决于树的高度），空间复杂度为 $O(n)$。

7-42 二叉查找树可用来对 n 个元素进行排序。设计一个算法，对一棵非空的二叉查找树进行中序遍历，逐个读取结点中的数据，插入一个初始为空的带头结点的循环单链表中，使得该链表递增有序链接。

【解答】 中序遍历可将二叉查找树中的数据从小到大读取出来，再用尾插法插入循环单链表中，即可达到要求。算法的实现如下。

```
void InOrder(BSTNode *& t, CircNode *& r) {
//递归算法：中序遍历二叉查找子树 t, 读取数据链入循环单链表尾结点*r 之后
    if(t != NULL) {
        InOrder(t->lchild, r);                     //递归遍历根的左子树并链接
        CircNode *s = (CircNode*) malloc(sizeof(CircNode));
        s->data = t->data;  s->link = r->link;     //新结点链接到*r 之后
        r->link = s;  r = s;                       //r 进到新的链尾
        InOrder(t->rchild, r);                     //递归遍历根的右子树并链接
    }
}
```

```
void BST_to_List(BSTree& BT, CircNode *& L) {
//算法调用方式BST_to_List(BT, L)。输入：二叉查找树的根指针BT；输出：算法
//创建一个带头结点的空循环单链表L，再调用InOrder读取二叉查找树BT的数据，
//创建有序的循环单链表L
    L =(CircNode*) malloc(sizeof(CircNode));
    L->link = L;                                    //创建空的循环单链表L
    CircNode *s = L;                                //指针s指向L当前链尾
    InOrder(BT, s);                                 //中序遍历BT，创建有序链表
}
```

若二叉查找树中有 n 个结点，两个算法的时间复杂度为 $O(log_2 n) \sim O(n)$（取决于树的高度），空间复杂度为 $O(n)$。

7-43 设计一个算法，从大到小输出二叉查找树中所有其值不小于 k 的关键码。

【解答】 由二叉查找树的性质可知，右子树中所有的结点值均大于根结点值，左子树中所有的结点值均小于根结点值。为了从大到小输出，先遍历根结点的右子树，再访问根结点，最后遍历根结点的左子树。算法的实现如下。

```
void reversePrint(BSTNode *t, TElemType k) {
//算法调用方式reversePrint(t, k)。这是个递归算法，输入：二叉查找树的子树根指针
//t，给定的限制值k；输出：按先右子树后左子树的次序，中序遍历二叉查找树，将二叉查找树
//所有值不小于k的关键码从大到小有序输出
    if(t != NULL) {
        reversePrint(t->rchild, k);
        if(t->data >= k) printf("%d ", t->data);
        reversePrint(t->lchild, k);
    }
}
```

若二叉查找树中有 n 个结点，两个算法的时间复杂度为 $O(log_2 n) \sim O(n)$（取决于树的高度），空间复杂度为 $O(n)$。

7-44 已知一组关键码 k[n]序列递增有序，k[0]≤k[1]≤…≤k[n-1]，在相等查找概率的情况下，若要生成一棵二叉查找树。以哪个关键码为根结点，按什么方式生成二叉查找树平衡性最好且方法又简单？阐明算法思路，写出相应的算法。如果 k[11]为{7, 12, 13, 15, 21, 33, 38, 41, 49, 55, 58}，按你的算法画出这棵二叉查找树。

【解答】 居中的关键码为根结点，用它左半部分子序列作为根的左子树的关键码序列，用它右半部分子序列作为根的右子树的关键码序列，递归构造左子树和右子树，这样构造二叉查找树，既有平衡性又简单。例如，对所给 11 个元素的关键码序列，根据上述算法思路可得二叉查找树如图 7-14 所示。算法的实现如下。

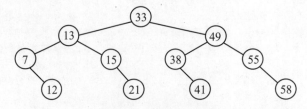

图 7-14 题 7-44 的图

```
void Create_BestBST(BSTNode *& t, int low, int high, TElemType k[]) {
//算法调用方式 Create_BestBST(t, low, high, k)。输入：存放各关键码序列的数组 k,
//工作范围左边界 low，右边界 high(初始值分别为 0 和 n-1)；输出：引用参数 t 返
//回创建成功的二叉查找树的根指针
    if(low > high) t = NULL;
    else {
        int m = (low+high)/2;
        t = (BSTNode*) malloc(sizeof(BSTNode));
        t->data = k[m];
        Create_BestBST(t->lchild, low, m-1, k);
        Create_BestBST(t->rchild, m+1, high, k);
    }
}
```

这是一个递归算法，通过引用参数 t 把新创建的子树根结点自动链接到双亲结点的某个子女指针。若二叉查找树中有 n 个结点，两个算法的时间复杂度为 O(log$_2$n)～O(n)（取决于树的高度），空间复杂度为 O(n)。

7-45　若二叉查找树每个结点的结构为（data, lchild, rchild, size），其中 size 保存以该结点为根的子树上的结点个数。设计一个算法，输入 n 个互不相同的关键码创建一棵二叉查找树。

【解答】　首先定义符合题目要求的二叉查找树，其结构为

```
#include<stdio.h>
#include<stdlib.h>
typedef int TElemType;                          //结点关键码的数据类型
typedef struct tnode {
    TElemType data;                             //结点的数据值
    struct tnode *lchild, *rchild;              //指向左子女结点的指针
    int size;
} BSTNode, *BSTree;
```

算法从空树开始，每输入一个关键码，就从树根开始，逐层向下查找插入位置，把新关键码作为结点数据，插入树中。在查找插入位置的过程中，逐步累加路径上各结点的 size 值。算法的实现如下。

```
bool Insert(BSTree& BT, TElemType x) {
//往根为 BT 的二叉查找树插入一个关键码为 x 的结点，插入成功后函数
//返回 true, 否则返回 false。算法假定插入元素互不相等
    BSTNode *s, *p, *pr;
    p = BT;  pr = NULL;
    while(p != NULL && p->data != x) {          //查找 x 在树中
        pr = p;  p->size++;
        p =(x < p->data) ? p->lchild : p->rchild;  //查找插入位置
    }
    if(p != NULL) return false;                 //已有该关键码不插入
    s =(BSTNode*) malloc(sizeof(BSTNode));      //否则新结点插入
    s->data = x;  s->size = 1;
```

```
        s->lchild = s->rchild = NULL;
        if(pr == NULL) BT = s;                      //空树，新结点为根结点
        else if(x < pr->data) pr->lchild = s;       //x 小于 f,作为左子女插入
        else pr->rchild = s;                        //否则作为右子女插入
        return true;
    }
    void createBSTree(BSTree& BT, TElemType A[], int n) {
    //算法调用方式 createBSTree(BT, A, n)。输入：存放插入元素的数组 A, 元素个数 n;
    //输出：输入元素序列 A[n],创建一棵根为 BT 的二叉查找树
        BT = NULL;  int k;                          //置空树
        for(int i = 0; i < n; i++)                  //逐个插入
            { k = A[i];  Insert(BT, k);    }
    }
```

若二叉查找树中有 n 个结点，两个算法的时间复杂度为 $O(\log_2 n) \sim O(n)$（取决于树的高度），空间复杂度为 $O(1)$。

7-46 若二叉查找树的每个结点的结构如题 7-45 所示。设计一个算法，在一棵有 n 个结点的二叉查找树上查找 data 值第 k（$1 \leqslant k \leqslant n$）小的元素，并返回指向该结点的指针。要求算法的平均时间复杂度为 $O(\log_2 n)$。

【解答】 设二叉查找树的根结点为*t，根据结点存储的信息，有以下情况：

（1）若*t 有左子女，若左子女的 size 值等于 k-1, 则*t 即为第 k 小的元素，查找成功；否则若左子女的 size 值大于 k-1, 则第 k 小的元素必在*t 的左子树，继续到*t 的左子树中递归查找；若左子女的 size 小于 k-1, 则第 k 小元素必在右子树，继续查找右子树，查找第 k- t->lchild->size-1 小的元素。

（2）若*t 没有左子女，此时若 k = 1 则第 k 小的元素就是*t 中的元素，否则第 k 小的元素必在*t 的右子树，递归到*t 的右子树查找第 k-1 小的元素。

（3）对左、右子树的查找采用同样的规则。

算法的实现如下。

```
BSTNode *Search_Small(BSTNode *t, int k) {
//算法调用方式 BSTNode *p = Search_Small(t, k)。这是一个递归算法，输入：二叉
//查找树的子树根指针 t, 指定值 k; 输出：在以 t 为根的子树上查找第 k 小的元素，
//函数返回其所在结点地址。k 从 1 开始计算。
    if(k < 1 || k > t->size) return NULL;           //k 的范围无效,返回空指针
    if(t->lchild != NULL) {
       if(t->lchild->size == k-1) return t;         //*t 即为所求，查找成功
       else if(t->lchild->size > k-1)               //否则到左子树中递归查找
           return Search_Small(t->lchild, k);
           else return Search_Small(t->rchild, k-t->lchild->size-1);
    }
    else if(k == 1) return t;
    else return Search_Small(t->rchild, k-1);       //递归到右子树中查找
}
```

若二叉查找树中有 n 个结点，两个算法的时间复杂度为 $O(\log_2 n) \sim O(n)$（取决于树的高

度），若插入元素是随机生成的，其高度最小，空间复杂度为 O(n)。

7-47 若二叉查找树的每个结点的结构为（data、parent、lchild、rchild、size），其中 size 保存以该结点为根的子树上所有结点个数。设计一个算法，在一棵有 n 个结点的随机创建起来的二叉查找树上查找指针 p 所指向的结点，并返回结点*p 在二叉查找树的中序序列里的排列序号，即求*p 是二叉查找树中第几个最小元素（从 1 开始计算）。要求算法的平均时间复杂度为 O(log₂n)。

【解答】 例如，图 7-15 给出一棵包含 size 域的二叉查找树的三叉链表，指针 p 指向第 10 小的元素。图中结点旁边所附数字为结点的 size。求解的步骤如下。

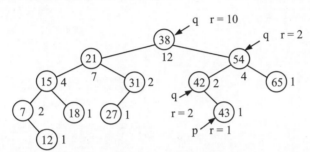

图 7-15 题 7-47 的图

先求*p 在以*p 为根的子树的中序序列里的排列序号 r：

（1）如果*p 的左子树非空，则左子树所有结点在中序序列中均处于*p 之前，有 r = 1 + p ->lchild->size。其中加 1 是把*p 本身统计在内。

（2）如果*p 的左子树为空，则左子树的 size 为零，r = 1。

（3）当双亲（设为*q）不为空时：

- 若*p 是*q 的左子女，则 r 值不变。
- 若*p 是*q 的右子女，则 r = 1+q->lchild->size，其中加 1 是把*q 本身统计在内。
- 让 q 上溯到上一层双亲。

此过程最多上溯到根，所以时间复杂度为 O(h)，h 是树的高度。

算法的实现如下。

```
#include<stdio.h>
#include<stdlib.h>
typedef int TElemType;                              //结点关键码的数据类型
typedef struct tnode {
    TElemType data;                                 //结点数据
    struct tnode *parent;                           //双亲指针
    struct tnode *lchild, *rchild;                  //左、右子女指针
    int size;                                       //子树结点个数
} BSTNode, *BSTree;                                 //保存于 BSTree.h 头文件
bool Insert(BSTree& BT, TElemType x) {
//向根为 BT 的二叉查找树插入一个关键码为 x 的结点，插入成功后函数返回 true,
//否则返回 false。算法假定插入元素互不相等
    BSTNode *s, *p = BT, *pr = NULL;
    while(p != NULL && p->data != x) {              //查找 x 是否在树中
```

```
        pr = p;  p->size++;
        p =(x < p->data) ? p->lchild : p->rchild;      //查找插入位置
    }
    if(p != NULL) return false;                         //查找成功不插入
    s =(BSTNode*) malloc(sizeof(BSTNode));              //否则，新结点插入
    s->data = x;  s->size = 1;  s->lchild = s->rchild = NULL;
    if(pr == NULL) { BT = s;  s->parent = NULL; }       //空树，新结点为根结点
    else {
        s->parent = pr;
        if(x < pr->data) pr->lchild = s;                //x 小于 f，作为左子女插入
        else pr->rchild = s;                            //否则作为右子女插入
    }
    return true;
}
void createBST(BSTree& BT, TElemType A[], int n) {
//通过逐个读取 A[n]中的关键码，使用插入算法创建二叉查找树 BT
    BT = NULL;                                          //置空树
    for(int i = 0; i < n; i++) Insert(BT, A[i]);        //插入 A[i]
}
int rank(BSTNode *t, BSTNode *p) {
//在根指针为 t 的二叉查找树中求指定结点*p 在中序序列中的序号，通过函数返回
//要求 p != NULL 同时序号从 1 开始
    int r =(p->lchild == NULL) ? 1 : 1+p->lchild->size; //*p 本身的 rank 值
    BSTNode *q;
    while(p != t) {                                     //继续计算 rank 值
        q = p->parent;
        if(q->rchild == p) {                            //*p 是*q 的右子女
            if(q->lchild == NULL) r++;                  //*q 没有左子女，rank 值加 1
            else r = r+1+q->lchild->size;               //*q 有左子女，rank 加左子女
        }                                               //*p 是*q 的左子女，rank 不变
        p = q;
    }
    return r;
}
```

各算法的调用方式可参看算法函数内的注释。若二叉查找树中有 n 个结点，Insert 算法的时间复杂度为 $O(\log_2 n) \sim O(n)$，createBST 算法的时间复杂度为 $O(n\log_2 n) \sim O(n^2)$，空间复杂度为 $O(n)$；rank 算法的时间复杂度为 $O(\log_2 n) \sim O(n)$，空间复杂度为 $O(1)$。

7-48 若在一棵二叉查找树的每个结点中，data 域用于存放关键码，count 域用于存放与它有相同关键码的结点个数。当向该树插入一个元素时，若树中已存在与该元素的关键码相同的结点，则让该结点的 count 域增 1，否则就由该元素生成一个新结点而插入树中，并将其 count 域置为 1，设计一个算法，实现这个插入要求。

【解答】 这是一个特殊的向以 t 为根的二叉查找树中插入新元素 x 的算法。算法采用非递归方法，首先查找 x，如果树中已经有 x，则将包含 x 的结点的 count 值加 1，否则将 x 作为新结点插入树中。算法的实现如下。

```
#include<stdio.h>
#include<stdlib.h>
typedef int TElemType;                              //结点关键码的数据类型
typedef struct tnode {
    TElemType data;                                 //结点数据
    struct tnode *lchild, *rchild;                  //左、右子女指针
    int count;                                      //子树结点个数
} BSTNode, *BSTree;                                 //保存于 BSTree.h 头文件
void Insert(BSTNode *& t, TElemType x) {
//在以*t 为根的二叉查找树上插入元素 x，若 x 已存在则不插入，该结点 count
//加 1；否则将新结点 x 插入树中，并满足二叉查找树的特性
    BSTNode *p = t, *pr = NULL;                     //p 是检测指针，pr 是其双亲指针
    while(p != NULL) {                              //在树中搜索关键码为 x 的结点
        if(p->data != x) {
            pr = p;                                 //往下层结点搜索
            p =(x < p->data) ? p->lchild : p->rchild;
        }
        else { p->count++;  return; }              //若元素已存在，count 增 1
    }
    BSTNode *s =(BSTNode*) malloc(sizeof(BSTNode));
    s->data = x;  s->count = 1;  s->lchild = s->rchild = NULL;
    if(pr == NULL) t = s;                          //空树情形
    else if(x < pr->data) pr->lchild = s;          //非空树情形，接在双亲下面
    else pr->rchild = s;
}
void createBSTree(BSTree& BT, TElemType A[], int n) {
//从元素数组 A[n]中顺序读取数据，通过插入创建一棵根为 BT 的二叉查找树
    BT = NULL;                                      //置空树
    for(int i = 0; i < n; i++) Insert(BT, A[i]);    //插入 A[i]
}
```

以上各算法的调用方式可参看算法函数内的注释。算法分析类似于题 7-47。

7-49　设计一个算法，判定给定的关键码序列（假定关键码互不相同）是否是二叉查找树的查找序列。若是则函数返回 true，否则返回 false。

【解答】　算法 s 设置查找序列值范围的下界 low 和上界 high，根据二叉查找树的特点，查找路径只可能沿某一结点的左或右分支逐层向下查找，因此 low 与 high 是在查找过程中不断接近，如果下一个值超出这个范围，这个查找序列一定有错。

例如，给定一个查找序列{ 12, 65, 71, 68, 33, 34 }，初始时置 low = 12, high = 无穷大。下一个值 71＞65，71 是 65 的右子女，提升 low = 65，表明后面的值都不能小于 65；下一个值 68＜71，68 是 71 的左子女，置 high = 71，表明后面的值都不能大于 71；下一个值 33＜68，它超出了[65, 71]的范围，这个查找序列不是查找 34 的查找序列。算法的实现如下。

```
#include<stdio.h>
#include<stdlib.h>
#define maxSize 20
#define maxValue 32767
```

```
bool judge(int S[], int n, int x, int& i) {
//算法调用方式bool succ = judge(S, n, x, i)。输入：输入的查找序列数组S，序列中
//元素个数n，查找值x；输出：判断S是否查找x的查找序列，若S是x的查找序
//列，函数返回true，引用参数i返回n；若S不是x的查找序列，函数返回false，
//引用参数i返回出错位置
    int low, high;
    if(S[0] < S[1]) { high = maxValue;  low = S[0]; }
    else { high = S[0];  low = maxValue; }              //置查找范围初值
    for(i = 2; i < n; i++) {                            //逐个判断序列中元素
        if(S[i] > S[i-1]) low = S[i-1];                 //右子女方向，提升low
        else high = S[i-1];                             //左子女方向，降低high
        if(S[i] < low || S[i] > high) return false;     //超出范围出错
    }
    return true;                                        //都查完，合理查找序列
}
```

若 n 是序列中元素个数，算法的时间复杂度为 O(n)，空间复杂度为 O(1)。

7-50　设计一个算法，删除二叉查找树中所有元素值小于或等于给定值 x 的结点。

【解答】　根据二叉查找树的特点可知，若根结点*t 的关键码小于或等于 x，则其左子树的所有结点的关键码均小于或等于 x；若根结点*t 的关键码大于 x，则其右子树的所有结点的关键码均大于 x。算法思路如下：

（1）若 t->data == x，则将 t 指向 t 的右子女，并删除根结点 t 及 t 的左子树的全部结点。

（2）若 t->data < x，则将 t 指向 t 的左子女，此时若 t->data == x，转（1）；若 t->data < x，转（2）；重复这一步；若 t->data > x 转（3）。

（3）若 t->data > x，则沿 t 的左分支搜索，直到 t->data <= x，回到（1）或（2）继续删除。算法的实现如下。

```
void delSubTree(BSTNode *p) {                           //删除以p为根的子树
    if(p != NULL) {
        delSubTree(p->lchild);  delSubTree(p->rchild);
        free(p);
    }
}
void del_eqorlsix(BSTNode *& BT, TElemType x) {
//算法调用方式del_eqorlsix(BT, x)。输入：二叉查找树的根指针BT，删除限制值
//x；输出：引用参数BT返回删除后的二叉查找树的根
    BSTNode *p, *pr = NULL, *t = BT;
    while(t != NULL) {
        while(t != NULL && t->data <= x) {             //第一种情况
            p = t;  t = t->rchild;
            delSubTree(p->lchild);                     //删除根的左子树
            free(p);                                   //删除根结点
            if(pr != NULL) pr->lchild = t;
            else BT = t;
        }
```

```
        while(t != NULL && t->data > x)              //第二种情况
           { pr = t;  t = t->lchild; }
      }
}
```

若 n 是树中结点个数，算法的时间复杂度为 O(log₂n)～O(n)，空间复杂度为 O(n)。

7-51 设计一个算法，在二叉查找树上找出任意两个不同结点的最近公共祖先。

【解答】 设二叉查找树的根结点为 t，任意两个结点分别为*p 和*q，有如下 3 种情况：

（1）若 p->data < t->data 且 q->data > t->data，或 p->data > t->data 且 q->data < t->data，则*p 和*q 分别在*t 的左、右两个子树中，*t 为公共祖先。

（2）若 p->data < t->data 且 q->data < t->data，则*p 和*q 都在*t 的左子树中，递归到左子树查找。

（3）若 p->data > t->data 且 q->data > t->data，则*p 和*q 都在*t 的右子树中，递归到右子树查找。

算法的实现如下。

```
BSTNode *Ancestor(BSTNode *t, BSTNode *p, BSTNode *q) {
//算法调用方式 BSTNode *p = Ancestor(t, p, q)。这是个递归算法，输入：二叉查找
//树的子树根指针 t，两个指定结点的结点指针 p 与 q；输出：在以*t 为根的二叉查找树中查找
//结点*p 和结点*q 的最近公共祖先，函数返回最近公共祖先的地址
   if(t == NULL) return NULL;
   if((p->data < t->data && q->data > t->data) ||
      p->data > t->data && q->data < t->data) return t;
   else if(p->data < t->data && q->data < t->data)
      return Ancestor(t->lchild, p, q);
   else return Ancestor(t->rchild, p, q);
}
```

若 n 是树中结点个数，算法的时间复杂度为 O(log₂n)～O(n)，空间复杂度为 O(n)。

7-52 若二叉查找树采用二叉链表存储，设计一个算法，将一棵二叉查找树分裂为两棵二叉查找树，使得其中一棵上所有元素的关键码都小于 x，而另一棵上所有元素的关键码都大于或等于 x。

【解答】 采用后序遍历算法求解。首先将二叉查找树 t 的左子树分裂为两棵子树 a（小于 x）、b（大于或等于 x）；在此基础上再将 t 的右子树分裂为两棵子树 a（小于 x）、b（大于或等于 x）；最后判断 t 的关键码是否小于 x，若小于，则将结点 t 插入 a 中，否则将 t 插入 b 中。算法的实现如下。

```
void BSTSplit(BSTNode *& t, BSTNode *& a, BSTNode *& b, TElemType x) {
//算法调用方式 BSTSplit(t, a, b, x)。输入：二叉查找树的根指针 t，分界值 x；
//输出：分裂出的两棵二叉查找树的根指针 a 和 b
   BSTNode *pr, *qr, *p, *q;
   if(t->data < x) {
      a = t;  b = t->rchild;  a->rchild = NULL;
      qr = a;  pr = NULL;  p = b;
      while(p != NULL) {
```

```
            while(p && p->data >= x) { pr = p;  p = p->lchild; }
            qr->rchild = p;  pr->lchild = NULL;  q = p;
            while(q && q->data < x) { qr = q;  q = q->rchild; }
            pr->lchild = q;  qr->rchild = NULL;  p = q;
        }
    }
    else {
        a = t->lchild;  b = t;  b->lchild = NULL;
        pr = b;  qr = NULL;  q = a;
        while(q != NULL) {
            while(q && q->data < x) { qr = q;  q = q->rchild; }
            pr->lchild = q;  qr->rchild = NULL;  p = q;
            while(p && p->data >= x) { pr = p;  p = p->lchild; }
            qr->rchild = p;  pr->lchild = NULL;  q = p;
        }
    }
}
```

若 n 是树中结点个数，算法的时间复杂度为 O(n)，空间复杂度为 O(1)。

7-53 若二叉查找树采用二叉链表存储，设计一个算法，将两棵二叉查找树合并成一棵二叉查找树。

【解答】 算法首先查找*s 在二叉查找树 t 中的插入位置，与普通二叉查找树插入算法采用的方法一致，把*s 连同它的右子树插入。再把*s 的左子女当作*s，从根开始查找*s 的插入位置，把*s 连同它的右子树插入，……，如此反复直到 s 为空。算法的实现如下。

```
void BSTMerge(BSTNode *& t, BSTNode *& s) {
//算法调用方式 BSTMerge(t, s)。输入：两棵二叉查找树的根指针 t 和 s；输出：采
//用后序遍历方法，把二叉查找树 s 合并到二叉查找树 t 中
    if(t == NULL) t = s;
    BSTNode *p, *pr; BSTNode *SK[stackSize];  int top = -1;  SK[++top] = s;
    while(top != -1) {
        s = SK[top--];  p = t;  pr = NULL;
        while(p != NULL) {
            pr = p;
            if(p->data <= s->data) p = p->rchild;
            else p = p->lchild;
        }
        if(s->data < pr->data) pr->lchild = s;
        else pr->rchild = s;
        if(s->rchild != NULL) SK[++top] = s->rchild;
        if(s->lchild != NULL) SK[++top] = s->lchild;
        s->lchild = s->rchild = NULL;
    }
}
```

若 n 是树中结点个数，算法的时间复杂度为 O(n)，空间复杂度为 O(n)。

7.2.4　中序线索二叉查找树

7-54　若二叉查找树的结点结构与线索二叉树的结点在结构上相同，由 5 个域组成，即 BSTTHNode = { lchild, ltag, data, rtag, rchild }。设计一个非递归算法，从有 n 个正整数的数组中依次读入数据，创建一棵既是二叉查找树又是中序线索二叉树的二叉树。

【解答】　混合使用二叉查找树和中序线索二叉树的创建算法，以中序遍历算法为框架。算法由两部分组成，首先，依照二叉查找树的要求，每读入一个数据，就在树中查找插入位置并插入结点；全部插入后，再进行中序全线索化。算法的实现如下。

```
#include<stdio.h>
#include<stdlib.h>
#define maxSize 40
#define stackSize 20
typedef int TElemType;                              //结点关键码的数据类型
typedef struct tnode {
    TElemType data;                                 //结点数据
        struct tnode *lchild, *rchild;              //左、右子女指针
        int ltag, rtag;                             //结点左、右线索标识
} BSTTHNode;
void createTree(BSTTHNode *& bt, TElemType A[], int n) {
//算法调用方式 createTree(bt, A, n)。输入：元素输入数组A，元素个数n；
//输出：引用参数bt返回创建成功的中序线索二叉查找树的根指针
    BSTTHNode *s, *p, *pr;
    bt = (BSTTHNode*) malloc(sizeof(BSTTHNode));
    bt->data = A[0];                                //创建根结点
    bt->ltag = bt->rtag = 0;  bt->lchild = bt->rchild = NULL;
    for(int i = 1; i < n; i++) {                    //依次读入数据
        s =(BSTTHNode*) malloc(sizeof(BSTTHNode));
        s->data = A[i];                             //创建树结点
        s->ltag = s->rtag = 0;  s->lchild = s->rchild = NULL;
        p = bt;  pr = NULL;                         //p为检测指针，pr为其双亲
        while(p != NULL)                            //查找插入位置
            if(p->ltag == 0 && p->data > A[i])
                { pr = p;  p = p->lchild; }         //向左子树下落
            else if(p->rtag == 0 && p->data < A[i])
                { pr = p;  p = p->rchild; }         //向右子树下落
        if(s->data < pr->data) pr->lchild = s;
        else pr->rchild = s;
    }
    BSTTHNode *S[stackSize];  int top = -1;
    p = bt;  pr = NULL;
    do {
        while(p != NULL) { S[++top] = p;  p = p->lchild; }
        p = S[top--];
        if(p->lchild == NULL) { p->lchild = pr;  p->ltag = 1; }
        if(pr != NULL && pr->rchild == NULL)
```

```
            { pr->rchild = p;  pr->rtag = 1; }
        pr = p;  p = p->rchild;
    } while(p != NULL || top != -1);
    pr->rtag = 1;
}
```

若树中有 n 个结点，算法的时间复杂度为 O(n)，空间复杂度为 O(n)。

7-55　若中序线索二叉查找树的存储结构同题 7-54，设计一个算法，输出该二叉查找树中所有大于 a 且小于 b 的关键码的算法。

【解答】　利用中序线索对中序线索二叉查找树做中序非递归遍历，就可以找到所有大于 a 且小于 b 的关键码。算法的实现如下。

```
void Print_Between(BSTTHNode *T, TElemType a, TElemType b) {
//算法调用方式 Print_Between(T, a, b)。输入：中序线索二叉查找树的根指针 T，输
//出范围的左边界 a，右边界 b(不包括 a 和 b)；输出：打印输出中序线索二叉查找树 T 中
//所有大于 a 且小于 b 的元素
    BSTTHNode *p = T;
    while(p->ltag == 0) p = p->lchild;             //找到最小元素
    while(p != NULL && p->data < b) {
        if(p->data > a) printf("%d ", p->data);    //输出符合条件的元素
        if(p->rtag == 1) p = p->rchild;            //后继线索则直接进到后继
        else {                                     //在右子树中找中序第一个
            p = p->rchild;
            while(p->ltag == 0) p = p->lchild;
        }
    }
    printf("\n");
}
```

若树中有 n 个结点，算法的时间复杂度为 O(n)，空间复杂度为 O(1)。

7-56　若中序线索二叉查找树的存储结构同题 7-54，设计一个算法，在中序线索二叉查找树中插入一个关键码。

【解答】　依据二叉查找树的特性，如果插入值 x 大于根结点关键码的值，再看根结点的右指针是否后继线索，是则 x 结点插入根结点的右子女位置，修改相应指针和标志；否则递归到根结点的右子树进行插入。如果 x 小于根结点关键码的值，再看根结点的左指针是否前趋线索，是则 x 结点插入根结点的左子女位置，修改相应的指针和标志；否则递归到根结点的左子树进行插入。算法的实现如下。

```
void BSTHTree_Insert(BSTTHNode *& T, int x) {
//算法调用方式 BSTHTree_Insert(T, x)。这是一个递归算法，输入：中序线索二叉查
//找树的子树根指针 T，插入关键码 x；输出：引用参数 T 返回插入 x 后的中序线索二叉树的
//子树根指针
    BSTTHNode *p, *q;
    if(T->data < x) {                              //插入 T 的右子树中
        if(T->rtag == 1) {                         //T 右子树为空，作为右子女插入
            p = T->rchild;                         //后继线索保存到 p
```

```
        q = (BSTTHNode *) malloc(sizeof(BSTTHNode));
        q->data = x;  T->rchild = q;  T->rtag = 0;
        q->rtag = 1;  q->rchild = p;          //修改原线索
        q->ltag = 1;  q->lchild = T;
    }
    else BSTHTree_Insert(T->rchild, x);    //T右子树非空, 插入右子树中
}
else if(T->data > x) {                        //插入T的左子树中
    if(T->ltag == 1) {                        //T左子树空, 作为左子女插入
        p = T->lchild;
        q = (BSTTHNode *) malloc(sizeof(BSTTHNode));
        q->data = x;  T->lchild = q;  T->ltag = 0;
        q->rtag = 1;  q->rchild = T;
        q->ltag = 1;  q->lchild = p;          //修改自身的线索
    }
    else BSTHTree_Insert(T->lchild, x);    //T左子树非空, 插入左子树中
}
}
```

若树中有 n 个结点, 算法的时间复杂度为 $O(\log_2 n) \sim O(n)$, 空间复杂度为 $O(n)$。

7-57 若中序线索二叉查找树的存储结构同题 7-54, 设计一个算法, 从中序线索二叉查找树中删除一个关键码的算法。

【解答】 算法采用先求出关键码 x 结点的前驱和后继, 再删除 x 结点的办法, 这样修改线索时会比较简单, 直接让前驱的线索指向后继就行了, 如果试图在删除 x 结点的同时修改线索, 则问题反而复杂化了。算法的实现如下。

```
bool BSTHTree_Remove(BSTTHNode *& T, TElemType x) {
//算法调用方式bool succ = BSTHTree_Remove(T, x)。输入：中序线索二叉查找树的
//根指针T, 删除元素的关键码x；输出：若删除成功, 函数返回true, 引用参数T返
//回删除后中序线索二叉查找树的根指针
    BSTTHNode *q, *r, *s;
    q = T;  s = NULL;
    while(q->data != x) {                        //在树中查找包含x的结点*q
        s = q;
        if(q->data < x && q->rtag == 0) q = q->rchild;
        else if(q->ltag == 0) q = q->lchild;
        else break;
    }
    if(q->data != x) return false;              //查找失败, 不能删除
    if(q->ltag == 0 && q->rtag == 0) {          //结点*q的左、右子树均非空
        s = q;  r = q->rchild;                  //查找*q右子树中的中序第一个结点
        while(r->ltag == 0)
            { s = r;  r = r->lchild; }          //*r是*q中序后继,*s是*r双亲
        q->data = r->data;                      //把*r的值传给*q结点
        q = r;                                  //问题转化为删*r
    }
    if(q->ltag == 0 && q->rtag == 1)            //结点的右子树空, 重接其左子树
```

```
            { r = q;  q = q->lchild; }              //重接结点为*q, *r 结点删去
       else if(q->ltag == 1 && q->rtag == 0)        //结点左子树空, 重接其右子树
            { r = q;  q = q->rchild; }
       else { r = q;  q = q->rchild;  s->rtag = 1; }
       if(s->lchild == r) s->lchild = q;
       else s->rchild = q;                           //重接*q 到其双亲结点*s 上
       while(q->ltag == 0) q = q->lchild;            //查找 q 子树上中序第一个结点
       q->lchild = r->lchild;                        //原被删结点的中序后继加线索
       free(r);  return true;
}
```

若树中有 n 个结点, 算法的时间复杂度为 $O(\log_2 n) \sim O(n)$, 空间复杂度为 $O(n)$。

7.3 AVL 树

7.3.1 AVL 树的概念

1. AVL 树的概念

AVL 树又称为高度平衡的二叉查找树。如果非空, 则其根结点的左子树和右子树都是 AVL 树, 且左子树和右子树的高度之差的绝对值不超过 1。

结点的平衡因子 bf 定义为该结点左子树的高度减去右子树的高度所得的差, 则 AVL 树上所有结点的 bf 只可能是 -1、0 和 1。

只要树上有一个结点的 bf 的绝对值大于 1, 则该二叉树就是不平衡的。

2. AVL 树的结构定义

AVL 树的结构定义如下（保存于头文件 AVLTree.h 中）。

```
#include<stdio.h>
#include<stdlib.h>
typedef int DataType;                        //结点关键码的数据类型
typedef struct node {                        //保存于头文件 AVLTree.h 中
    DataType data;                           //结点的数据值
    int bf;                                  //平衡因子
    struct node *lchild, *rchild;            //指向左、右子女结点的指针
} AVLNode, *AVLTree;
```

7.3.2 AVL 树相关算法

7-58 设计算法, 在以 ptr 为根的 AVL 树中进行 LL、LR、RR、RL 等 4 种平衡旋转, 要求 ptr 返回平衡旋转后新的根结点。

【解答】（1）LL 平衡旋转（右单旋转）。插入前*a 的左子树比右子树高。在*a 的较高的左子树*b 的左子树上插入新结点, 造成*a 失去平衡（bf 由 1 增至 2）, 需以*b 为旋转轴对*a 进行一次顺时针单旋转, 如图 7-16 所示。图中结点中的数字是平衡因子, 旁边的字母是结点数据, b_L、b_R、a_R 是子树标识, h 和 h+1 表示子树的高度。

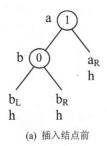 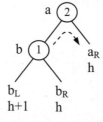 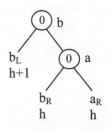

(a) 插入结点前　　　　　(b) 新结点插入 b 的左子树后　　　　(c) 右单旋转平衡处理后

图 7-16　LL 平衡旋转

LL 平衡旋转算法的实现。

```
void Rotate_LL(AVLNode *& ptr) {
    AVLNode *a = ptr;                           //要右旋转的结点
    ptr = a->lchild;  a->lchild = ptr->rchild;  //卸掉 ptr 右边的负载
    ptr->rchild = a;                            //右单旋, ptr 成为新根
    ptr->bf = 0;  a->bf = 0;
}
```

（2）LR 平衡旋转。插入前*a 的左子树比右子树高。在*a 的较高的左子树*b 的右子树上插入新结点，造成*a 失去平衡（bf 由 1 增至 2），需进行两次旋转的操作，如图 7-17 所示。先以*c 为旋转轴，对*b 做一次左单旋转，再以*c 为旋转轴，对*a 做一次右单旋转。

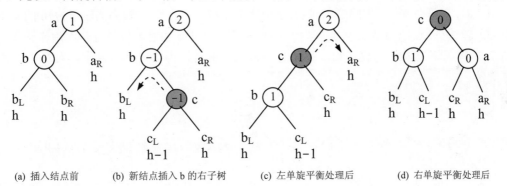

(a) 插入结点前　　　(b) 新结点插入 b 的右子树　　　(c) 左单旋平衡处理后　　　(d) 右单旋平衡处理后

图 7-17　LR 平衡旋转

LR 平衡旋转算法的实现如下。

```
void Rotate_LR(AVLNode *& ptr) {
    AVLNode *a = ptr, *b = a->lchild;
    ptr = b->rchild;                            //ptr 成为新根
    b->rchild = ptr->lchild;  ptr->lchild = b;  //卸掉 ptr 左边的负载
    a->lchild = ptr->rchild;  ptr->rchild = a;  //卸掉 ptr 右边的负载
    if(ptr->bf == 1) { b->bf = 0;  a->bf = -1; } //原 ptr 左子树高
    else if(ptr->bf == -1){b->bf = 1;  a->bf = 0;} //原 ptr 的右子树高
    else { b->bf = 0;  a->bf = 0; };            //原 ptr 右子树高
    ptr->bf = 0;
}
```

（3）RR 平衡旋转。插入前*a 的右子树比左子树高。在*a 的较高的右子数*b 的右子树上插入新结点，造成*a 失去平衡（bf 由-1 变为-2），需以*b 为旋转轴对*a 进行一次逆时针单旋转，如图 7-18 所示。

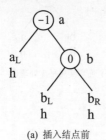 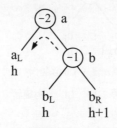 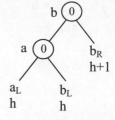

(a) 插入结点前　　　　　　(b) 新结点插入 b 的右子树后　　　　　(c) 左单旋转平衡处理后

图 7-18　RR 平衡旋转

RR 平衡旋转算法的实现如下。

```
void Rotate_RR(AVLNode *& ptr) {
    AVLNode *a = ptr;                          //要左旋转的结点
    ptr = a->rchild;  a->rchild = ptr->lchild;  //卸掉 ptr 左边的负载
    ptr->lchild = a;                           //左单旋，ptr 成为新根
    ptr->bf = 0;  a->bf = 0;
}
```

（4）RL 双平衡旋转。插入前*a 的右子树比左子树高。在*a 的较高的右子树*b 的左子树上插入新结点，造成*a 失去平衡（bf 由-1 变为-2），需以*c 为旋转轴进行两次旋转操作，如图 7-19 所示。先以*c 为旋转轴，对*b 做一次右单旋转，再以*c 为旋转轴，对*a 做一次左单旋转。

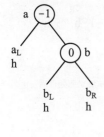 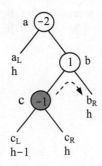 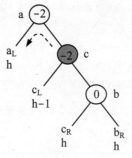 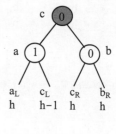

(a) 插入结点前　　　(b) 新结点插入 b 的左子树　　　(c) 右单旋平衡处理后　　　(d) 左单旋平衡处理后

图 7-19　RL 平衡旋转

RL 平衡旋转算法的实现如下。

```
void Rotate_RL(AVLNode *& ptr) {
    AVLNode *a = ptr, *b = a->rchild;
    ptr = b->lchild;                           //ptr 成为新根
    b->lchild = ptr->rchild;  ptr->rchild = b;  //卸掉 ptr 右边的负载
    a->rchild = ptr->lchild;  ptr->lchild = a;  //卸掉 ptr 左边的负载
```

```
    if(ptr->bf == 1) { a->bf = 0;  b->bf = -1; }       //原 ptr 的左子树高
    else if(ptr->bf == -1) { a->bf = 1;  b->bf = 0; }   //原 ptr 的右子树高
    else { a->bf = 0;  b->bf = 0; }                     //原 ptr 两子树同高
    ptr->bf = 0;
}
```

以上 4 种旋转算法的调用方式相同，输入：AVL 树的子树根指针 ptr；输出：旋转后的子树根指针 ptr。由于是引用参数，修改值直接传入实参。

7-59 设计一个算法，利用题 7-58 的 4 种平衡旋转，在 AVL 树上插入一个新结点。

【解答】 算法使用栈记录从根*ptr 到插入结点*p 的路径上的结点，新结点插入后连续退栈，从左子女退回双亲，*pr 的 bf 加 1，从右子树退回双亲，*pr 的 bf 减 1。如果退到一个结点它的 bf 等于 2 或-2，就查到了不平衡的结点，然后做平衡化处理。

（1）若*pr 的 bf 为 0，结点*pr 是平衡的且其高度没有增减，不做平衡化处理返回。

（2）若*pr 的 bf 的绝对值|bf| = 1，结点*pr 仍处于平衡状态，不需平衡旋转。但该子树的高度增加，继续考查*pr 的双亲的平衡状态。

（3）若*pr 的 bf 的绝对值|bf| = 2。结点*pr 不平衡，需要做平衡旋转。有两种情况：

- 若*pr 的 bf = 2，看其左子女*p 的 bf 值：若*p 与*pr 的正负号相同，执行 LL 单旋转；若*p 与*pr 的正负号相反，执行 LR 双旋转。
- 若*pr 的 bf = -2，说明右子树高，结合其右子女*p 的 bf 分别处理：若*p 与*pr 的正负号相同，执行 RR 单旋转；若*p 与*pr 的正负号相反，执行 RL 双旋转。

旋转后以*pr 为根的子树恢复平衡，无须继续向上层回溯。算法的实现如下。

```
#define stackSize 20
bool Insert(AVLNode *& ptr, TElemType x) {
//算法调用方式 bool succ = Insert(ptr, x)。输入：AVL 树的根指针 ptr，插入关键
//码 x；输出：在以 ptr 为根的 AVL 树中插入新元素 x，若插入成功，函数返回 true，引用参
//数 ptr 返回插入后的 AVL 树的根指针，否则函数返回 false，没有插入
    if(ptr == NULL) {
        ptr = (AVLNode*) malloc(sizeof(AVLNode));        //创建新结点
        ptr->data = x;  ptr->bf = 0;  ptr->lchild = ptr->rchild = NULL;
        return true;
    }
    AVLNode *pr, *p = ptr, *q;  int d;
    AVLNode *S[stackSize];  int top = -1;
    S[++top] = NULL;
    while(p != NULL) {                                   //查找插入位置
        if(x == p->data) return false;                  //树中找到 x，不插入
        S[++top] = p;                                   //否则用栈存储查找路径
        p =(x < p->data) ? p->lchild : p->rchild;       //向下层继续查找
    }
    p =(AVLNode*) malloc(sizeof(AVLNode));              //创建新结点
    p->data = x;  p->bf = 0;  p->lchild = p->rchild = NULL;
    if(S[top] == NULL) ptr = p;                         //空树,新结点成为根
    else if(x < S[top]->data) S[top]->lchild = p;       //新结点插入双亲下
    else S[top]->rchild = p;
```

```
        while(top > 0) {                              //重新平衡化
            pr = S[top--];                            //从栈中退出双亲结点
            if(p == pr->lchild) pr->bf++;             //调整双亲的平衡因子
            else pr->bf--;
            if(pr->bf == 0) break;                    //第1种情况，平衡退出
            if(pr->bf == 1 || pr->bf == -1)           //第2种情况，|bf| = 1
                p = pr;                               //沿插入路径回溯
            else {                                    //第3种情况，|bf| = 2
                if((p->bf)*(pr->bf) > 0) {            //两结点bf同号，单旋转
                    if(pr->bf > 0) Rotate_LL(pr);     //LL 单旋转
                    else Rotate_RR(pr);               //RR 单旋转
                }
                else {                                //两结点bf反号，双旋转
                    if(pr->bf > 0) Rotate_LR(pr);     //LR 双旋转
                    else Rotate_RL(pr);               //RL 双旋转
                }
                break;                                //不再向上调整
            }
        }
        if(top == 0) ptr = pr;                        //根结点
        else {                                        //中间重新链接
            q = S[top--];
            if(q->data > pr->data) q->lchild = pr;
            else q->rchild = pr;
        }
        return true;
}
```

若树中有 n 个结点，算法的时间复杂度为 $O(\log_2 n)$，空间复杂度为 $O(\log_2 n)$。

7-60 设计一个算法，利用题 7-58 的 4 种平衡旋转，在 AVL 树上删除一个结点。

【解答】 AVL 树的删除与二叉查找树相同。但在删除后要检查 AVL 树的高度平衡性质，若被删结点*p 是其双亲*pr 的左子女，则*pr 的 bf 应减 1，否则增 1。根据修改后的*pr 的 bf 值，按如下 3 种情况分别进行处理：

（1）若*pr 的 bf 原来为 0，在它的左子树或右子树的高度降低后，它的 bf 改为 1 或 -1。由于以*pr 为根的子树高度没有改变，可结束本次删除的重新平衡过程。

（2）若*pr 的 bf 原不为 0，且较高的子树的高度被降低，则*pr 的 bf 改为 0。由于以*pr 为根的子树的高度降 1。需要继续考查*pr 的双亲的平衡状态。

（3）若*pr 的 bf 原不为 0，且较矮的子树的高度被降低，则*pr 失去平衡。令*pr 的较高的子树的根为*q，根据*q 的 bf，有如下 3 种平衡化处理。

- 若*q 的 bf 等于 0，则执行一个单旋转来恢复*pr 的平衡。平衡旋转后*q 的 bf 改为 1，*pr 的 bf 改为-1（RR 单旋转），或者*q 的 bf 改为-1，*pr 的 bf 改为 1（LL 单旋转）。由于平衡旋转后以*q 为根的子树的高度没有改变，可以结束重新平衡的过程。

- 若*q 的 bf 与*pr 的 bf 的正负号相同，则执行一个单旋转来恢复*pr 的平衡，*pr 和 *q 的 bf 均改为 0。由于平衡旋转后以*q 为根的子树的高度降 1，需要继续沿插入

路径向上考查*q 的双亲结点的平衡状态。

- 若*pr 与*q 的 bf 的正负号相反，则执行一个双旋转来恢复平衡，作为旋转轴的*q 成为新的根结点，其 bf 置为 0，其他结点的平衡因子相应处理。由于平衡处理后*q 子树的高度降 1，还需要考查它的双亲结点，继续向上层进行平衡化工作。

算法的实现如下。

```
bool Remove(AVLNode *& ptr, TElemType x) {
//算法调用方式 bool succ = Remove(ptr, x)。输入：AVL 树的根指针 ptr, 删除元素
//关键码 x; 输出：在以 ptr 为根的 AVL 树中删除关键码为 x 的结点。若删除成功，函数返回
//true, 引用参数 ptr 返回删除后的 AVL 树; 若删除失败，函数返回 false, 没有删除
    AVLNode *pr = NULL, *p = ptr, *q, *gr;  int d, dd = 0;
    AVLNode *S[stackSize];  int top = -1;
    while(p != NULL) {                              //查找被删除结点
        if(x == p->data) break;                     //找到被删除结点，停止查找
        pr = p;  S[++top] = pr;                     //否则用栈存储查找路径
        p =(x < p->data) ? p->lchild : p->rchild;
    }
    if(p == NULL) return false;                     //未找到被删结点，返回
    if(p->lchild != NULL && p->rchild != NULL) {
        pr = p;  S[++top] = pr;                     //被删结点有两个子女
        q = p->lchild;                              //在 p 左子树找 p 的直接前驱
        while(q->rchild != NULL)
           { pr = q;  S[++top] = pr;  q = q->rchild; }
        p->data = q->data;                          //用 q 的值填补 p
        p = q;                                      //被删结点转化为 q
    }
    if(p->lchild != NULL) q = p->lchild;            //被删结点 p 只有一个子女 q
    else q = p->rchild;
    if(pr == NULL) ptr = q;                         //被删结点为根结点
    else {                                          //被删结点不是根结点
        if(pr->lchild == p) pr->lchild = q;         //链接
        else pr->rchild = q;
    }
    while(top > -1) {                               //重新平衡化
        pr = S[top--];                              //从栈中退出双亲结点 pr
        if(pr->lchild == q) pr->bf--;               //调整 pr 的平衡因子
        else pr->bf++;
        if(top > -1) {
            gr = S[top];                            //从栈中取出祖父结点 gr
            dd =(gr->lchild == pr) ? 1 : -1;        //旋转后与上层链接方向
        }
        else dd = 0;                                //栈空，旋转后不与上层链接
        if(pr->bf == 1 || pr->bf == -1) break;      //未失去平衡，不再调整
        if(pr->bf != 0) {                           //|bf| = 2, 失去平衡
            if(pr->bf == 2) { d = 1;  q = pr->lchild; }    //左高
            else { d = -1;  q = pr->rchild; }              //右高
```

```
                if(q->bf == 0) {                              //pr 的较高子树 q 的 bf 为 0
                    if(d == 1) {
                        Rotate_LL(pr);
                        pr->bf = -1;  pr->rchild->bf = 1;
                    }
                    else {
                        Rotate_RR(pr);
                        pr->bf = 1;  pr->lchild->bf = -1;
                    }
                    break;
                }
                if(q->bf == d) {                              //两结点平衡因子同号
                    if(d == 1) Rotate_LL(pr);                 //LL 单旋转
                    else Rotate_RR(pr);                       //RR 单旋转
                }
                else {                                        //两结点平衡因子反号
                    if(d == 1) Rotate_LR(pr);                 //LR 双旋转
                    else Rotate_RL(pr);                       //RL 双旋转
                }
                if(dd == 1) gr->lchild = pr;
                else if(dd == -1)
                    gr->rchild = pr;                          //旋转后新根与上层链接
            }
            q = pr;
        }
        if(top == -1) ptr = pr;                               //调整到树的根结点
        free(p);  return true;
}
```

若树中有 n 个结点，算法的时间复杂度为 $O(\log_2 n)$，空间复杂度为 $O(\log_2 n)$。

7-61 利用二叉树遍历的思想，设计一个算法，判断二叉查找树是否为 AVL 树。

【解答】 一棵 AVL 树是高度平衡的二叉查找树，它要求根结点的平衡因子 bf 的绝对值不能超过 1，且根的左、右子树都是 AVL 树。可以采用后序遍历二叉树的方式来判断二叉查找树是否 AVL 树。首先对根结点的平衡因子进行判断，再递归地对其左、右子树进行判断。算法的实现如下。

```
bool JudgeAVL(AVLNode *t, int& h) {
//算法调用方式 bool succ = JudgeAVL(t, h)。输入：AVL 树的子树根指针 t；输出：
//算法递归地判断以 t 为根的子树是否 AVL 树。是则函数返回 true，不是则函数返回 false。
//引用参数 h 返回子树的高度
    int hl, hr;  bool bl, br;
    if(t == NULL) { h = 0;  return true; }                //空树，平衡
    if(t->lchild == NULL && t->rchild == NULL)
        { h = 1;  return true; }                          //叶结点，平衡
    bl = JudgeAVL(t->lchild, hl);                         //判断左子树是否平衡
    br = JudgeAVL(t->rchild, hr);                         //判断右子树是否平衡
    h =(hl > hr) ? hl+1 : hr+1;                           //计算树的高度
```

```
    if(bl == false || br == false ||(hl-hr > 1 || hl-hr < -1)) return
        false;
    return true;
}
```

若树中有 n 个结点，算法的时间复杂度为 $O(log_2n)$，空间复杂度为 $O(log_2n)$。

7-62 若有一棵 AVL 树，设计一个算法，利用各结点的平衡因子求 AVL 树的深度。

【解答】 从根结点开始检测，若当前结点的平衡因子为-1，则应检测其右子女；若为 1，则应检测其左子女；若为 0，检测其左子女或右子女，……，直到叶结点为止。在扫描的过程中增设一个计数器 depth，统计检测过的结点数。算法的实现如下。

```
int AVL_Depth(AVLNode *t) {
//算法调用方式 int depth = AVL_Depth(t)。输入：AVL 树的根指针 t；输出：函数返
//回从根 t 开始，自顶向下沿较高子树走直到叶结点所得到的树的深度
    int depth = 0;  AVLNode *p = t;
    while(p != NULL) {
        depth++;
        if(p->bf < 0) p = p->rchild;          //bf 为 p 结点的平衡因子
        else p = p->lchild;
    }
    return depth;
}
```

若树中有 n 个结点，算法的时间复杂度为 $O(log_2n)$，空间复杂度为 $O(1)$。

7-63 若有一棵 AVL 树，各元素的关键码均不相同，分别设计设计递归的和非递归的算法，按递减顺序打印所有叶结点的关键码。

【解答】 这是一个二叉树的先右后左的中序遍历问题。先遍历 AVL 树根结点的右子树，再访问根结点，最后遍历根结点的左子树，就可得到一个递减序列。在访问根结点时只要判断一下结点的左、右子树是否为空即可。

（1）递归算法的实现如下。

```
void Nest_dec_print(AVLNode *t) {
//算法调用方式 Nest_dec_print(t)。输入：AVL 树的子树根指针 t；输出：从根*t 开
//始，按照先右子树再左子树的次序中序遍历 AVL 树，可输出一个递减序列
    if(t != NULL) {
        Nest_dec_print(t->rchild);
        if(t->lchild == NULL && t->rchild == NULL)
            printf("%d\n", t->data);
        Nest_dec_print(t->lchild);
    }
}
```

（2）非递归算法的实现如下。

```
void dec_print(AVLNode *t) {
//算法调用方式 dec_print(t)。输入、输出同上
    AVLTree S[stackSize];  int top = -1;          //将 s 作为栈
```

```
        do {
            while(t != NULL) { S[++top] = t;  t = t->rchild; }
            if(top != -1) {
                t = S[top--];                              //退栈
                if(t->lchild == NULL && t->rchild == NULL)
                    printf("%d\n", t->data);
                t = t->lchild;                             //搜索其左孩子
            }
        } while(t != NULL || top != -1);
}
```

若树中有 n 个结点，算法的时间复杂度为 $O(\log_2 n)$，空间复杂度为 $O(1)$。

7-64 一棵 AVL 树的高度可以通过结点个数计算出来；反之，树的结点个数也可以通过高度计算出来，设计两个算法，用高度计算结点个数和用结点个数计算高度。

【解答】 设树的结点个数为 n，高度为 h，已知 $N_h = Fib_{h+2}-1$，可得有 n 个结点的 AVL 树的最大高度 h；又由 $n \leq 2^h-1$，可得树的最小高度 $\lfloor \log_2 n \rfloor +1$；反之，高度为 h 的 AVL 树的最少结点个数有 $n = Fib_{h+2}-1$，最大结点个数为 $n = 2^h-1$。算法的实现如下。

```
void CalcNumOfNodes(int h, int& minN, int& maxN) {
//算法调用方式 CalcNumOfNodes(h, minN, maxN)。输入：AVL 树的高度 h；输出：
//引用参数 minN 返回 AVL 树的最小结点个数，maxN 返回 AVL 树的最大结点个数
    int a = 0, b = 1, c, i;
    for(i = 2; i <= h+2; i++){c = a+b; a = b;  b = c;}; //计算 Fib(h+2)
    for(i = 1, a = 1; i <= h; i++) a = 2*a;             //计算 2 的 h 次方
    minN = c-1;  maxN = a-1;
}
void CalcHeight(int n, int&minH, int& maxH) {
//算法调用方式 CalcHeight(n, minH,  maxH)。输入：AVL 的结点个数 n；输出：引
//用参数 minH 返回 AVL 树的最小高度，maxH 返回 AVL 树的最大高度
    int a = 0, b = 1, c, count = 1, h = 0;
    while(a+b < n) { c = a+b;  a = b;  b = c;  count++;};//计算 Fib(h)的 h
    while(n > 1) { n = n / 2;  h++; }                    //计算 log₂n
    maxH = count-1;  minH = h+1;
}
```

7-65 设计一个算法，在给定的 AVL 树上确定各结点的平衡因子 bf，同时返回 AVL 树的高和树中非叶结点的个数。

【解答】 如果遍历指针 bt 为空，则递归到空树，高度为 0，非叶结点计数不变；否则若 bt 所指结点为叶结点，则*bt 的平衡因子 bf 为 0，高度为 1，非叶结点计数不变；若 bt 所指结点不是叶结点，则首先非叶结点计数加 1，然后递归计算 bt 的左子树和右子树的高度，bt 的平衡因子 bf 为它的左子女的高度减去右子女的高度。算法的实现如下。

```
void calcLeaf_BF(AVLNode *t, int& nonLeaf, int& h) {
//算法调用方式 calcLeaf_BF(t, nonLeaf, h)。这是一个递归算法，输入：AVL 树的子
//树根指针 t；输出：引用参数 nonLesf 返回非叶结点个数，h 返回树的高度
    int lh, rh, lnonLeaf, rnonLeaf;
```

```
    if(t == NULL) { h = nonLeaf = 0;  return; }          //空树高度为 0
    if(t->lchild == NULL && t->rchild == NULL)
       { t->bf = 0;  h = 1;  nonLeaf = 0;  return; } //叶结点高度为 1, bf 为 0
    calcLeaf_BF(t->lchild, lnonLeaf, lh);                //计算左子树高度
    calcLeaf_BF(t->rchild, rnonLeaf, rh);                //计算右子树高度
    t->bf = lh - rh;                                     //计算根的 bf
    printf("t=%d, bf=%d\n",t->data,t->bf);
    h = (lh > rh) ? lh+1 : rh+1;                         //计算高度
    nonLeaf = 1+lnonLeaf+rnonLeaf;                       //计算非叶结点个数
}
```

若树中有 n 个结点，算法的时间复杂度为 $O(\log_2 n)$，空间复杂度为 $O(1)$。

7-66　在 AVL 树的每个结点中增设一个域 lsize，存储以该结点为根的左子树中的结点个数加 1。编写一个算法，确定树中第 k（k≥1）小结点的位置。

【解答】　修改 AVL 树的定义，每个结点增加一个 lsize 域，在创建完 AVL 树后通过一个递归的中序遍历把各结点的 lsize 值填入。如果一个结点的 lchild 为空，则它的 lsize 为 1，这是递归结束的部分；如果一个结点的左子树不空，则该结点的 lsize 值等于它的左子女的 lsize 值加 1，这是递归部分。在得到各结点的 lsize 值后就可以搜索第 k 小的结点了。实际上 lsize 域里面记入的就是以该结点为根的子树中该结点的次序。在右子树中搜索第 k 小的元素结点时，要注意减去左子树及根的结点个数。递归算法的实现如下。

```
void Calclsize(AVLNode *t) {
    if(t != NULL) {
        if(t->lchild == NULL) t->lsize = 1;
        else {
            Calclsize(t->lchild);
            if(t->lchild != NULL)
                t->lsize = t->lchild->lsize+1;
            if(t->lchild->rchild != NULL)
                t->lsize = t->lsize+t->lchild->rchild->lsize;
            Calclsize(t->rchild);
        }
    }
}
AVLNode *Search_Small(AVLNode *t, int k) {
//算法调用方式 AVLNode *p = Search_Small(t, k)。这是一个递归算法，输入：AVL
//树的子树根指针 t，指定值 k；输出：函数返回第 k 小结点的地址
    if(t == NULL || k < 1) return NULL;                  //空树或 k 小于 1
    if(t->lsize == k) return t;                          //找到第 k 小的元素结点
    if(t->lsize > k) return Search_Small(t->lchild, k);
    else return Search_Small(t->rchild, k - t->lsize);
}
```

若树中有 n 个结点，Calclsize 算法的时间复杂度为 $O(n)$，空间复杂度为 $O(1)$。Search_Small 算法的时间复杂度为 $O(\log_2 n)$，空间复杂度为 $O(\log_2 n)$。

7.4 B 树与 B+树

7.4.1 分块查找与索引表

1. 分块查找的概念

当数据表中的数据元素很多，可以采用分块查找。当元素在数据表中按关键码存放时，可以把所有 n 个记录分为 b 个块（子表）。要求所有这些块分块有序，即后一块中所有元素的关键码均大于前一块中所有元素的关键码。另外为它们创建一个索引表。索引表中每一索引项记录了各块中最大关键码 max_key 以及该块在数据表中的起始位置 obj_addr。因此，各个索引项在索引表中的序号与各块的块号有一一对应的关系：即第 i 个索引项是第 i 块的索引项，i = 0, 1,…, n。整个结构如图 7-20 所示。

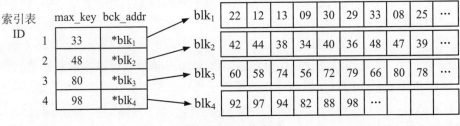

图 7-20 分块索引

在各块中，所有元素可能是按关键码有序地存放，也可能是无序地存放。对于前者，可在块内采用折半查找；对于后者，在子表内只能顺序查找。

分块查找需要分两步走：

（1）在索引表 ID 中查找给定值 K，确定满足 ID[i−1].max_key＜K≤ID[i].max_key 的 i 值，即待查元素可能在的块号 i。

（2）然后再在第 i 块中按给定值 K 查找要求的元素。

2. 与分块查找相关的算法 n

7-67   若在有序顺序表中查找 x 的过程为：首先用 x 与表中的第 4i（i = 0, 1, …）个元素做比较，如果相等，则查找成功；否则确定下一步查找的区间为 4(i−1)+1 到 4i−1。然后在此区间内与第 4i−2 个元素作比较，若相等则查找成功，否则继续与第 4i−3 或 4i−1 个元素进行比较，直到查找成功。请给出实现算法。

【解答】 本题是不创建索引表的分块查找方法。算法首先按一个等于 4 的间隔跨步，确定一个小的只有 3 个元素的范围再在此范围内做折半查找。算法的实现如下。

```
int Gap_Search(SeqList& L, DataType x, int& j) {
//算法调用方式 int i = Gap_Search(L, x, j)。输入：有序顺序表 L，查找值 x；输出：
//按 4 个一组分组跨步顺序查找，在组内折半查找。若查找成功，函数返回 1，引用参数 j 返回
//找到结点的位置；否则函数返回 0，j 返回 x 插入位置
    int i, k =(int)(L.n-1)/4;                            //长度为 4 的完整区间数
    for(i = 0; i <= k; i++) {                            //跨区间查找
        if(L.data[4*i] == x) { j = 4*i;  return 1;}//查找成功，返回位置
```

```
            if(L.data[4*i] > x) {            //查找子区间 4i-3～4i-1
                if(i == 0) { j = i;  return 0; }   //x 值比 0 号元素还小，失败
                j = 4*i-2;                    //在子区间取中点
                if(L.data[j] > x) j--;        //最后查找位置
                else if(L.data[j] < x) j++;
                if(L.data[j] == x) return 1;  //查找成功
                else {                        //查找失败
                    if(L.data[j] < x) j++;
                    return 0;
                }
            }
            else continue;
        }
        if(L.n > 4*k+1) {                     //还有多余元素
            j = 4*k+(L.n-4*k)/2;              //计算后面多余元素的中点 j
            if(L.data[j] > x) j--;            //最后位置
            else if(L.data[j] < x) j++;
            if(j == 4*k || j == L.n) return 0;
            if(L.data[j] == x) return 1;      //查找成功
            else {                            //查找失败
                if(L.data[j] < x) j++;
                return 0;
            }
        }
        return 1;
}
```

若树中有 n 个结点，算法的时间复杂度为 O(n)，空间复杂度为 O(1)。

7-68　若一个有 n 个元素的有序整数序列存放在数组 A[n]中，并等分为 s 个子区间。设计一个算法，不创建索引表进行顺序分区查找。

【解答】　将数组 A[n]等分为 s 个子区间后，每个子区间长度为 d = $\lceil n/s \rceil$，最后一个子区间的长度可能小于 d。设查找值为 x，算法可用 x 与各子区间的最后一个元素顺序进行比较，以确定符合要求的元素可能在哪个子区间，再到子区间内进行查找。算法的实现如下。

```
int SearchSubarea(int A[], int x, int n, int s) {
//算法调用方式 int i = SearchSubarea(A, x, n, s)。输入：有序整数数组 A，整数
//个数 n，查找值 x，子区间个数 s；将 A[n]划分为 s 个子区间，顺序分区查找 x，若查找
//成功，函数返回元素下标，否则函数返回-1
int SearchSubarea(int A[], int x, int n, int s, int& j) {
//将 A[n]划分为 s 个子区间，在分区之间顺序查找 x，在分区内折半查找 x，若查找
//成功，函数返回 1，引用参数 j 返回找到元素的下标，否则函数返回 0，引用参数
//j 返回 x 的插入位置
    int d, i, low, high, mid;
    d =(n % s == 0) ? n/s : n/s+1;           //计算子区间的长度 d
    i = 0;                                    //查找 x 可能在哪个子区间
    while(i < d*(s-1) && A[i+d-1] < x)        //d*(s-1)是前 s-1 个子区间长度
        i = i+d;                              //i+d-1 是第 i 个子区间最后位置
```

```
        low = i;  high = i+d-1;                          //确定子区间下上界
        if(i == d*(s-1)) high = n-1;                     //确定最后子区间上界
        while(low <= high) {                             //在子区间内折半查找
            mid =(low+high)/2;
            if(A[mid] == x) { j = mid;  return 1; }      //查找成功
            else if(x < A[mid]) high = mid-1;
            else low = mid+1;
        }
        j = low;  return 0;                              //查找失败
}
```

算法的查找成功的平均查找长度为 $ASL_{成功} = s/2 + \log_2 d$，其中 d 是子区间长度。

7-69　若一个有 n 个元素的有序整数序列存放在数组 A[n] 中，并按照 d 对序列分块，最后一块可以小一些，要求每一块的整数都比前一块大，但块内整数可以无序排列。设计一个算法，不创建索引表进行分块查找。

【解答】　算法分两步走。首先因为块之间有序，可以在块之间采用折半查找方法确定 x 应在哪一块，然后因为块内无序，故在块内顺序查找。算法的实现如下。

```
int SearchSubarea(int A[], int x, int n, int d, int& j) {
//算法调用方式int k = SearchSubarea(A, x, n, d, j)。输入: 有 n 个整数的数组,
//d 是分块大小, 要求块之间递增有序, 块内无序。x 是查找值; 输出: 先用折半查找确
//定居中的块, 在块内若有值为 x 的整数, 查找成功, 函数返回 1, 引用参数 j 返回
//找到 x 的位置; 否则将查找区间缩小到左半部分或右半部分。若查找失败, 函数
//返回 0, 引用参数 j 返回 x 应插入第几块
    int s, i, left, right, mid, min, max, start, end;
    s =(n % d == 0) ? n/d : n/d+1;                       //计算子区间个数 s
    start = 0;  end = s-1;
    while(start <= end) {
        mid = (end+start)/2;                             //居中的子区间
        if(mid != s-1) { left = mid*d;  right = left+d-1; }
        else { left = mid*d;  right = n-1; }             //确定子区间左、右端
        if(A[left] == x) { j = left;  return 1; }        //查找成功
        else {
            max = min = left;                            //找子区间内的最大、最小
            for(i = left+1; i <= right; i++)
                if(A[i] == x) { j = i;  return 1;}       //查找成功
                if(A[min] < A[i]) min = i;
                else if(A[max] > A[i]) max = i;
        }
        if(x < A[min]) end = mid-1;                      //修改子区间范围
        else if(x > A[max]) {
            if(mid == s-1) { j = mid;  return 0; }
            else start = mid+1;
        }
    }
    j = start;  return false;
}
```

若数组中有 n 个整数，每块 d 个整数，可以分成 s 块，块之间折半查找，块内顺序查找，查找成功的平均查找程度为 $\log_2 s+(d+1)/2$。

7-70 如果使用分块查找进行查找时，所有块的块长都相等，设计用于分块查找的存储结构，以及相应的查找函数。

【解答】 做分块查找时主要用到两个表：存储数据的数据表 DataList 和存储索引项的索引表 IndexTable。DataList 是一个元素数组，它按指定长度分为若干个块，用以保存数据元素，IndexTable 也是一个数组，包括若干索引项 IndexItem，各索引项保存相应块中的最大关键码 maxKey 和每一块的起始地址 address，各索引项按关键码升序排列。

索引表和数据表的结构定义如下（存放于头文件 IndexTable.h 中）。

```
#define maxIndex 50                              //索引表中索引项的最大个数
#define blockSize 5                              //假设的块长，即每块元素数
typedef struct {                                 //数据元素结构定义
    KeyType key;
} Elememt;
typedef struct {                                 //每个子表（块）定义
    Element data[blockSize];                     //数据区
    int s;                                       //数据区实际元素数
} Block;
typedef struct {                                 //分块数据表定义
    Block e[maxIndex];                           //最大 maxIndex 块
    int m;                                       //实际块数
} DataList;
typedef struct {
    KeyType maxkey;
    int address;
} IndexItem;                                     //定义索引项
typedef struct {
    IndexItem Item[maxIndex];                    //索引区
    int m;                                       //索引项个数
} IndexTable;
```

查找过程是：先用折半查找法对索引表进行查找，找到待查元素可能在的块，再到相应块内进行顺序查找。算法的实现如下。

```
typedef int DataType;
int search_Block(DataList& L, IndexTable& S, KeyType x, int& i, int& k){
//算法调用方式 int succ = search_Block(L, S, x, i, k)。输入：有序顺序表 L,
//索引表 S, 查找值 x; 输出：利用数据表 L 和索引表 S 查找关键码等于 x 的数据元素。若找到,
//函数返回 1, 引用参数 i 返回块号, k 返回块内元素号; 若没找到, 函数返回 0
    for(i = 1; i <= S.m; i++)
        if(S.Item[i-1].maxkey >= x) break;       //在索引表中顺序查找
    if(i > S.m) return 0;                         //i 超出索引表最后项的关键码
    for(k = 1; k <= L.blk[i-1].s; k++)
        if(L.blk[i-1].elem[k-1].key == x) return 1;
        else if(L.blk[i-1].elem[k-1].key > x) return 0;
```

```
    return 0;                                            //查找失败
}
```

按照题意，所有块的块长都相等，索引表每一项都可以省去块的起始地址 address，在查找时可以用索引项在索引表中的下标乘以块长，得到块的起始地址。分块查找的查找成功的平均查找长度 $ASL_{IndexSeq} = ASL_{Index} + ASL_{SubList}$，其中，$ASL_{Index}$ 是在索引表中查找块存放位置的平均查找长度，$ASL_{SubList}$ 是在块内查找元素位置的查找成功的平均查找长度。

7-71 已知一维数组 A[m] 的 m 个元素不依其关键码有序排列，设计一个算法，为该数组创建一个索引表 id[m]，索引表中的每一个索引项包含元素的关键码和它在 A 中的序号。

【解答】 为简单计，数据表和索引表沿用了题 7-70 的定义，元素类型为 DataList。算法顺序检测 A 中每一元素，将其按关键码形成索引项，采用直接插入排序的方法插入索引表中。算法的实现如下。

```
void createIndex(DataList& L, IndexTable& S, DataType A[], int n) {
//算法调用方式 createIndex(L, S, A, n)。输入：输入数据的无序数组 A，数组元素个
//数 n；输出：基于元素数组 A[n]，划分块并创建它的索引 S，采用直接插入排序的方法插入
    int i, j, k, s, u;
    L.m = n / blockSize;  s = n % blockSize;            //计算块数
    for(i = 0; i < L.m; i++) L.blk[i].s = blockSize;
    L.blk[L.m++].s = s;      S.m = L.m;                  //每一块元素数赋值
    k = 0; i = 0;
    while(i < n) {                                       //分配所有 n 个元素
        u = L.blk[k].s;
        for(j = 0; j < u; j++)                           //为一块分配元素
            L.blk[k].elem[j].key = A[i++];
        S.Item[k].maxkey = L.blk[k].elem[u-1].key;
        S.Item[k].address = k*blockSize;  k++;           //为索引项赋值
    }
}
void printIndex(DataList& L, IndexTable& S) {
//算法调用方式 printIndex(L, S)。输入：有序顺序表 L，索引表 S；输出：分块查找
//分两步走：首先输出索引表 S，确定记录块后，再读入该块，在块内顺序输出块内的数据
    int i, j;
    for(i = 0; i < S.m; i++) {                           //逐行输出
        printf("%d %d %2d ", i, S.Item[i].maxkey, S.Item[i].address);
        for(j = 0; j < L.blk[i].s; j++)
            printf("%d ", L.blk[i].elem[j].key);
        printf("\n");
    }
    printf("\n 索引表有%d 个索引项，每块有%d 个元素\n", S.m, blockSize);
}
```

设索引表长度为 d，它是有序顺序表，采用顺序查找，平均查找长度约为 $(d+1)/2$，采用折半查找，平均查找长度为 $\log_2 d$；数据表中每块有 b 个元素，采用顺序查找，平均查找长度约为 $(b+1)/2$，采用折半查找，平均查找长度约为 $\log_2 b$。

7-72 若一个很大的整数数组 A[maxSize]中只有有限的一些整数分散存储在数组中，如果打算采用顺序索引-链接方法对其进行压缩存储，例如，对于图 7-21（a）所示的大数组，其顺序索引-链接存储方式如图 7-21（b）所示。链表中每个结点存储大数组中一个非空元素，保存该元素在大数组中的下标和值，最高位相等的元素链入同一链表，其头结点成为链表的索引项，保存该链表的元素个数、最大整数值和链表首元结点的地址，所有链表的头结点组成一个索引表，第 i 个索引项索引最高位取值 i 的所有结点构成的链表。

5	16	90	121	154	234	267	299	316	375
47	20	18	38	65	12	27	31	74	52

(a) 大数组

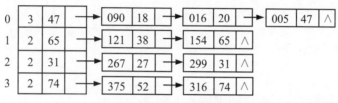

(b) 顺序索引-链接存储

图 7-21 题 7-72 的图

设计一个算法，按地址递增的顺序输入非空整数的信息（下标，值），创建一个顺序索引-链接表，要求同一链表中所有结点按整数值递增的顺序链接。

【解答】 此算法的第一步是计算大数组空间地址（下标）的位数 k 和索引项个数 n；第二步是定义顺序索引-链接表的结构；第三步是顺序扫描大数组，如果是空数组元素，跳过；如果是非空数组元素，则创建一个链表结点，存入元素地址（下标）和值，根据其最高位取值 d，链入第 d 个链表的适当位置并保持链表按整数值递增的顺序排序，然后在头结点中修改该链表中元素的最大值，同时累加该链表中结点的个数。算法的实现如下。

```
#include<stdio.h>
#include<stdlib.h>
#define maxValue 32767;            //大值
#define maxSize 400                //大数组最大容量
typedef int DataType;
typedef struct node {              //链表结点定义
    int num;                       //头结点中是结点计数；链表结点中是元素下标
    DataType data;                 //头结点中是最大整数值；链表结点中是元素值
    struct node *link;
} ListNode;
typedef struct {                   //索引表结构定义
    ListNode *index;               //索引表
    int n;                         //索引项个数
    int digit;                     //整数最大位数(与 maxSize 有关)
} IndexList;
void initIndexList(IndexList& L) {  //索引表初始化
//初始化算法调用方式 initIndexList(L)。输入：已声明的索引表 L；
```

```
//输出：初始化索引表 L
    int i, m;
    m = maxSize;  L.digit = 0;
    while(m != 0)                                    //计算最高位数 digit 和索引项数 n
        { L.n = m % 10;  m =(int)(m / 10);  L.digit++; }
    L.index = (ListNode *) malloc(L.n*sizeof(ListNode));   //索引表
    for(i = 0; i < L.n; i++) {                           //索引表初始化
        L.index[i].num = 0;  L.index[i].data = -maxValue;
        L.index[i].link = NULL;
    }
}
void createIndexList(IndexList& L, int adr[], DataType key[], int n) {
//创建算法调用方式 createIndexList(L, adr, key, n)。输入：整数数组 key，整数
//对应存储地址数组 adr，整数个数 n；输出：顺序读入大数组 key 中整数及其地址 adr，
//创建顺序索引-链接表 L
    int i, j, d;  ListNode *s, *p, *pr;
    initIndexList(L);                                    //索引表初始化
    for(i = 0; i < n; i++) {
        d = adr[i];
        for(j = 1; j < L.digit; j++) d =(int)(d / 10);   //求最高位的值
        s = (ListNode *) malloc(sizeof(ListNode));       //创建链表结点
        s->num = adr[i];  s->data = key[i];  s->link = NULL;
        pr = &L.index[d];  p = pr->link;                 //查找插入位置
        while(p != NULL && p->data <= key[i])
            { pr = p;  p = p->link; }
        pr->link = s;  s->link = p;                      //插入保持链表有序
        if(key[i] > L.index[d].data)
            L.index[d].data = key[i];                    //修改索引项
        L.index[d].num++;
    }
}
void printIndexList(IndexList& L) {                      //输出顺序索引-链接表 L
//输出索引表算法调用方式 printIndexList(L)。输入：索引表 L；输出：输出表的数据
    for(int i = 0; i < L.n; i++) {
        printf("i=%d(%d, %d)->", i, L.index[i].num, L.index[i].data);
        for(ListNode *p = L.index[i].link; p != NULL; p = p->link)
            printf("(%d, %d) ", p->num, p->data);
        printf("\n");
    }
}
```

7.4.2 B 树

1. B 树的概念

一棵 m 阶 B 树（Balanced Tree of order m）是一棵平衡的 m 叉查找树，它或者是空树，或者是满足下列性质的树：

（1）每个结点最多有 m 棵子树，并具有如下的结构：

$$n, P_0, K_1, P_1, K_2, P_2, \cdots, K_n, P_n$$

其中，n 是结点内关键码的实际个数，P_i 是指向子树的指针，$0 \leqslant i \leqslant n < m$；$K_i$ 是关键码，$1 \leqslant i \leqslant n < m$，$K_i < K_{i+1}$，$1 \leqslant i < n$。

（2）根结点至少有两个子女；除根结点以外的所有结点至少有 $\lceil m/2 \rceil$ 个子女。

（3）在子树 P_i 中所有的关键码都小于 K_{i+1}，且大于 K_i，$0 < i < n$；在子树 P_n 中所有的关键码都大于 K_n。

（4）所有的失败结点[①]都位于同一层，它们都是查找失败时查找指针到达的结点。所有失败结点都是空结点，指向它们的指针都为空。

（5）结点与高度的关系：若设 m 阶 B 树的高度为 h（B 树的高度不包括失败结点），最大结点个数为 n，则根据 m 叉树的性质有

$$n \leqslant \sum_{i=1}^{h} m^{i-1} = \frac{1}{m-1}\left(m^h - 1\right)$$

因为 B 树每个结点中最多有 m-1 个关键码，所以在一棵高度为 h 的 m 阶 B 树中关键码的个数 $N \leqslant m^h - 1$，因此有 $h \geqslant \log_m(N+1)$。

反之，若让每个结点中关键码个数达到最少，则容纳同样多关键码的情况下 B 树的高度可达到最大。通过分析和推导，可得 $h \leqslant \log_{\lceil m/2 \rceil}((N+1)/2) + 1$。

2. B 树的结构定义

设 B 树和 B 树结点的结构定义如下（保存于头文件 BTree.h 中）。

```
#define maxValue ...              //关键码集合中不可能有的最大值
#define m 5                       //B 树的阶数
typedef int KeyType;
typedef struct node {             //B 树结点定义
    int n;                        //结点内关键码个数
    struct node *parent;          //双亲结点指针
    int pno;                      //在双亲结点中双亲位置
    KeyType key[m+1];             //key[m]为监视哨兼工作单元, key[0]未用
    struct node *ptr[m+1];        //子树结点指针数组, ptr[m]在插入溢出时用
    int *recptr[m+1];             //每个索引项中指向数据区记录地址的指针
} BTNode, *BTree;                 //B 树的定义
```

3. B 树相关的算法

以下关于 B 树的算法题均采用上述结构定义。在编写算法时要在程序首部用#include <BTree.h>连接，并把该头文件置于本地文件夹中。

7-73 设计一个算法，实现在一棵 B 树 T 上查找与给定值 k 相等的关键码的运算，要求返回该关键码所在的结点地址和在该结点中该关键码的序号。如果查找不成功，要求返回 k 应插入的结点和在该结点中应插入的位置（序号）。

【解答】 在 B 树上的查找过程是一个从根结点开始，在结点内顺序查找和循某一条路

径向下一层查找交替进行的过程。算法有一个当前结点检测指针 p，如果查找成功，p 指向要查找关键码所在结点地址，否则，p 指向关键码 k 应插入结点的地址；算法还设置了一个在结点内顺序查找的检测指针 i，如果查找成功，i 指向该关键码在结点中的序号，否则，i 返回 k 在结点中应插入的位置。算法的实现如下。

```
#include<BTree.h>
#define maxSize 40
#define stackSize 20
bool Search(BTree T, KeyType k, BTNode *& p, int& i) {
//算法调用方式bool succ = Search(T, k, p, i)。输入：B树的根指针T，查找值k；
//输出：若查找成功，函数返回true，引用参数p返回找到结点的地址，i返回找到关键
//码在结点中的序号；若查找失败，函数返回false，引用参数p返回k应插入结点地
//址，i返回k在结点中应插入的位置
    BTNode *pre;                              //p是扫描指针，pre是其双亲
    p = T;  pre = NULL;
    while(p != NULL) {                        //从根开始检测
        i = 0;  p->key[(p->n)+1] = maxValue;
        while(p->key[i+1] < k) i++;           //在结点内顺序查找
        if(p->key[i+1] == k) { i++;  return true;}   //查找成功，本结点有k
        pre = p;  p = p->ptr[i];              //本结点无k，p下降到子树
    }
    p = pre;  i++;  return false;            //查找失败，返回插入位置
}
```

若 B 树的阶为 m，最大高度为 $h \leqslant \log_{\lceil m/2 \rceil}((n+1)/2)+1$，最小高度为 $h \geqslant \log_m(n+1)$。查找算法的关键码比较次数不超过树的高度 m×h。

7-74 设计一个算法，在一棵 B 树上插入一个关键码 k。若 B 树中已经存在等于 k 的关键码，则不插入。

【解答】 在 B 树中每个非失败结点的关键码个数都在 $[\lceil m/2 \rceil -1, m-1]$ 之间。插入是在某个叶结点开始的。如果在关键码插入后结点中的关键码个数超出了上述范围的上界 m-1，则结点需要"分裂"，否则可以直接插入。算法的实现如下。

```
bool Insert(BTree& T, KeyType k) {
//算法调用方式bool succ = Insert(T, k)。输入：B树的根指针T，插入关键码k；输
//出：若插入成功，函数返回true，引用参数T返回插入后的B树的根指针，若插入失败，
//函数返回false，T不变
    int i, j, s = (m+1)/2;  BTNode *p, *ap, *q;
    if(T == NULL) {                          //空树
        T =(BTNode*)malloc(sizeof(BTNode));
        T->ptr[0] = T->ptr[1] = NULL;  T->key[1] = k;
        T->parent = NULL;  T->n = 1;
        return true;
    }
    if(Search(T, k, p, i)) return false;     //查找成功，不插入
    ap = NULL;                               //非空树
    while(1) {
```

```
        if(i > p->n) { p->key[i] = k;  p->ptr[i] = ap; }
        else {
            for(j = p->n; j >= i; j--)                         //空出结点 p 第 i 个位置
                { p->key[j+1] = p->key[j];  p->ptr[j+1] = p->ptr[j]; }
            p->key[j+1] = k;  p->ptr[j+1] = ap;                //插入关键码 k
        }
        p->n++;                                                //结点关键码个数加 1
        if(p->n == m) {                                        //结点关键码个数超出上限
            q =(BTNode*)malloc(sizeof(BTNode));                //分裂, 创建新结点 q
            q->ptr[0] = p->ptr[s];                             //传送 p 的后半部分给 q
            for(j = s+1; j <= m; j++)
                { q->key[j-s] = p->key[j];  q->ptr[j-s] = p->ptr[j]; }
            p->n = s-1;  q->n = m-s;  q->parent = p->parent;
            for(j = 0; j <= q->n;  j++)
                if(q->ptr[j] != NULL) q->ptr[j]->parent = q;
            k = p->key[s];  ap = q;                            //(k, ap) 形成向上插入二元组
            if(p->parent != NULL) {                            //分裂的不是根结点
                p = p->parent;                                 //转向双亲插入中间关键码
                for(i = 1; i <= p->n && p->key[i] < k; i++);
            }
            else {                                             //分裂的是根结点
                T = (BTNode*)malloc(sizeof(BTNode));
                T->ptr[0] = p;  T->ptr[1] = ap;  T->key[1] = k;
                p->parent = T;  ap->parent = T;  T->parent = NULL;
                T->n = 1;
                return true;                                   //新根结点创建完, 返回
            }
        }
        else return true;                                      //插入后结点不溢出, 返回
    }
}
```

若 m 阶 B 树高度为 h, 插入算法的关键码比较次数不超过 m×h。读写次数为 3h+1。

7-75 设计一个算法, 按照先根遍历顺序输出一棵 B 树, 要求输出每个结点的层次和关键码个数。

【解答】 采用递归算法, 首先输出根结点的信息, 再递归地逐个输出它的子树。算法的实现如下。

```
void preTraversal(BTree T, int k) {                  //k 是层次, 初始调用为 1
//算法调用方式 preTraversal(T, k)。这是一个递归算法, 输入: B 树的子树根指针 T,
//层次 k; 输出: 按树的先根次序从根 T 开始输出所有结点中的数据值
    if(T != NULL) {
        printf("level=%d, n=%d ", k, T->n);
        for(int i = 1; i <= T->n; i++)               //对其他关键码和子树重复处理
            printf("%d ", T->key[i]);                //输出关键码
        printf("\n");
        for(i = 0; i <= T->n; i++)
```

```
        preTraversal(T->ptr[i], k+1);                    //递归遍历第 i 棵子树
    }
}
```

若 m 阶 B 树高度为 h，遍历算法的关键码比较次数不超过 m×h，读写次数为 h。

7-76 设计一个算法，在一棵 B 树上删除关键码 k。若 B 树中没有等于 k 的关键码，则不删除。

【解答】 想要在 B 树上删除一个关键码，首先需找到这个关键码所在的结点。若该结点不是叶结点，且被删关键码为 K_i，$1 \leqslant i \leqslant n$，则在删除该关键码之后，应以该结点 P_i 所指向子树中的最小关键码 x 来代替被删关键码 K_i 所在的位置，然后在 x 所在的叶结点中删除 x。在叶结点上的删除有 4 种情况：

（1）若该叶结点又是根结点时，在删除前该结点中关键码个数 n≥2，则直接删去该关键码即可，若 n＜2 则删除后 B 树变空，释放此结点，删除结束。

若该叶结点不是根结点，则

（2）若删除前该结点关键码个数 n≥⌈m/2⌉，则直接删去该关键码，删除结束。

（3）若删除前该结点关键码个数 n =⌈m/2⌉－1，若此时右兄弟（或左兄弟）结点的关键码个数 n≥⌈m/2⌉，则可进行关键码移动，以达到新的平衡。

（4）若删除前该结点关键码个数 n =⌈m/2⌉－1，若此时右兄弟（或左兄弟）结点的关键码个数 n =⌈m/2⌉－1，则可进行结点合并，以达到新的平衡。

这种结点的合并可能自下向上直到根结点。算法的实现如下。

```
void merge(BTNode *p, BTNode *pr, BTNode *q, int i) {
//*p 是双亲*pr 的第 i 个子女，算法让*p 与其右兄弟*q 合并，保留*p 结点，
//双亲*pr 的 key[i+1]下落到*p
    p->key[(p->n)+1] = pr->key[i+1];                //从双亲*pr 下降关键码 key[i+1]
    p->ptr[(p->n)+1] = q->ptr[0];                   //从右兄弟*q 左移指针 q->str[0]
    if(q->ptr[0] != NULL) q->ptr[0]->parent = p;
    for(int k = 1; k <= q->n; k++) {                //右兄弟结点其他信息左移
        p->key[(p->n)+k+1] = q->key[k];
        p->ptr[(p->n)+k+1] = q->ptr[k];
        if(q->ptr[k] != NULL) q->ptr[k]->parent = p;
    }
    p->n = (p->n)+(q->n)+1;                          //修改*p 中关键码个数
    free(q);                                         //释放*q
    for(k = i+2; k <= pr->n; k++)                    //双亲结点*pr 压缩
        { pr->key[k-1] = pr->key[k];  pr->ptr[k-1] = pr->ptr[k]; }
    pr->n--;
}
bool LeftAdjust(BTNode *p, BTNode *pr, int d, int j) {
//*p 是其双亲*pr 的第 j 个子女, *p 与*pr、右兄弟*q 一起调整
    BTNode *q = pr->ptr[j+1];  int k;               //*p 的右兄弟
    if(q->n > d-1) {                                //右兄弟空间够, 做移动
        p->key[p->n+1] = pr->key[j+1];              //双亲结点相应关键码下移
        pr->key[j+1] = q->key[1];                   //右兄弟最小关键码上移
```

```
        p->ptr[p->n+1] = q->ptr[0];                     //右兄弟最左指针左移
        if(q->ptr[0] != NULL) q->ptr[0]->parent = p;
        for(k = 1; k <= q->n; k++) q->ptr[k-1] = q->ptr[k];
        for(k = 2; k <= q->n; k++) q->key[k-1] = q->key[k];
        p->n++;     q->n--;  return false;
    }
    else { merge(p, pr, q, j);  return true; }    //p 与 q 合并
}
bool RightAdjust(BTNode *p, BTNode *pr, int d, int j) {
//*p 是其双亲*pr 的第 j 个子女，*p 与*pr、左兄弟*q 一起调整
    BTNode *q = pr->ptr[j-1];  int k;               //*p 的左兄弟
    if(q->n > d-1) {                                 //左兄弟空间够，做移动
        for(k = p->n; k >= 0; k--) p->ptr[k+1] = p->ptr[k];
        for(k = p->n; k >= 1; k--) p->key[k+1] = p->key[k];
        p->ptr[0] = q->ptr[q->n];                   //左兄弟最后指针右移
        if(q->ptr[q->n] != NULL) q->ptr[q->n]->parent = p;
        p->key[1] = pr->key[j];                     //双亲相应关键码下移
        pr->key[j] = q->key[q->n];                  //左兄弟最后关键码上移
        q->n--;     p->n++;  return false;
    }
    else { merge(q, pr, p, j-1);  return true;}     //*q 与*p 合并
}
bool Remove(BTree& T, KeyType k) {
//算法调用方式 bool succ = Remove(T, k)。输入：B 树的根指针 T, 删除关键码 k;
//输出：从 B 树 T 中删除关键码 k。若删除成功，函数返回 true, 否则返回 false
    int i, j, d = (m+1)/2;  BTNode *p, *pr, *s;  bool succ;
    if(!Search(T, k, p, i)) return false;           //查找 k 失败，返回
    if(p->ptr[i] != NULL) {                         //若 p 是非叶结点
        s = p->ptr[i];  pr = p;                     //查找 K[i]右子树最左下结点 pr
        while(s != NULL) { pr = s;  s = s->ptr[0]; }
        p->key[i] = pr->key[1];                     //用此结点最小关键码填补
        for(j = 2; j <= pr->n; j++)
            { pr->key[j-1] = pr->key[j];  pr->ptr[j-1] = pr->ptr[j]; }
        pr->n--;                                    //叶结点关键码个数减 1
        p = pr;                                     //下一步处理 q 结点中的删除
    }
    else {                                          //若 p 是叶结点
        for(j = i+1; j <= p->n; j++)
            { p->key[j-1] = p->key[j];  p->ptr[j-1] = p->ptr[j]; }
        p->n--;                                     //叶结点关键码个数减 1
    }
    while(1) {                                       //叶结点删除关键码后调整
        if(p->n < d-1) {                             //小于 d-1, 需要调整
            pr = p->parent;                          //在双亲 pr 中找指向 p 的指针
            for(j = 0; j <= pr->n && pr->ptr[j] != p; j++);
            if(j == 0)                               //p 是 pr 最左子女，与右兄弟调整
                succ = LeftAdjust(p, pr, d, j);
```

```
        else succ = RightAdjust(p, pr, d, j);        //否则与左兄弟调整
            if(succ)                                  //继续向上做结点调整工作
                { p = pr;  if(p == T) break; }
        }
        else break;                                   //不小于d-1，无须调整，退出
    }
    if(T->n == 0)                                     //当根结点为空时删根结点
        { p = T->ptr[0];  free(T);  T = p;  T->parent = NULL; }
    return true;
}
```

若 m 阶 B 树高度为 h，删除算法的关键码比较次数不超过 m×h，读写次数为 3h-2。

7-77　设计一个算法，统计一棵 B 树的关键码个数。

【解答】　统计 B 树中关键码个数等于对 B 树的所有非失败结点都遍历一遍。为此，可以采取深度优先遍历，也可以采取广度优先遍历。从算法的简洁性来考虑，采用递归的先根次序遍历算法比较适宜。算法的实现如下。

```
void count_Keynum(BTree T, int& count) {
//算法调用方式 count_Keynum(T, count)。输入：B 树的根指针 T，输出：采用递归
//的先根次序遍历，先对子树根结点统计关键码个数，再递归求其各子树的关键码个数，引用
//参数 count 累加关键码个数
    if(T != NULL) {
        count = count + T->n;                         //累加关键码个数
        for(int i = 0; i <= T->n; i++)                //统计所有子树的关键码个数
            count_Keynum(T->ptr[i], count);
    }
}
```

若 m 阶 B 树高度为 h，删除算法的关键码比较次数不超过 m×h，读写次数为 3h-2。

7-78　设计一个算法，遍历一棵 B 树，按照从小到大的顺序输出 B 树中所有的关键码。

【解答】　算法采用递归的深度优先遍历方法，对 B 树的所有非失败结点都遍历一遍，算法从根结点开始，按 i = 0, 1,…, n，逐个遍历结点的每一棵子树 ptr[i]，子树 ptr[i] 遍历完后访问 key[i]，再遍历 ptr[i+1],…，直到结点的所有子树遍历完为止。递归的结束条件是到空树，即失败结点，直接返回即可。算法的实现如下。

```
void Traversal(BTree T) {
//算法调用方式 Traversal(T)。输入：B 树的子树根指针 T；输出：算法先递归遍历
//根的第 0 棵子树，然后再逐个输出根结点的关键码和递归地遍历相应的子树
    if(T != NULL) {
        Traversal(T->ptr[0]);                         //递归遍历第 0 棵子树
        for(int i = 1; i <= T->n; i++) {              //对其他关键码和子树重复处理
            printf("%d ", T->key[i]);                 //输出关键码
            Traversal(T->ptr[i]);                     //递归遍历第 i 棵子树
        }
    }
}
```

若 m 阶 B 树高度为 h，遍历算法的关键码比较次数不超过 m×h，读写次数为 h。

7-79 设计一个算法，应用 B 树的插入算法 Insert (T, k)，从空树开始，输入一连串关键码 a0, a1, …，创建一棵 B 树。约定输入结束标志是 finish，这是一个特定的关键码，例如为 0，当输入的关键码等于 finish，则输入结束。

【解答】 算法用 B 树的插入算法 Insert (T, k)，处理将变得十分简单。只需设置根指针为空，然后通过循环，连续输入关键码，将它插入 B 树中，直到输入 finish 为止。算法的实现如下。

```
void createBTree(BTree& T) {
//算法调用方式 createBTree(T)。输入：B 树根指针 T；输出：逐个输入数据，调用
//算法 Insert 插入 B 树中，根指针 T
    KeyType a, finish = 0;  T = NULL;
    scanf("%d", &a);
    while(a != finish)
        { Insert(T, a);  scanf("%d", &a); }  //将输入的关键码 a 插入 B 树
}
```

若 m 阶 B 树高度为 h，遍历算法的关键码比较次数不超过 n×m×h，读写次数为 n×h。

7.4.3 B+树

1. B+树的概念

一棵 m 阶 B+ 树是 B 树的特殊情形，其类型定义如下：

（1）每个结点最多有 m 棵子树（子结点）。

（2）根结点最少有一棵子树，除根结点外，其他结点至少有 $\lceil m/2 \rceil$ 个子树。

（3）所有叶结点在同一层，按从小到大的顺序存放全部关键码，各个叶结点顺序链接。

（4）有 n 个子树的结点有 n 个关键码。

（5）所有非叶结点可以看成是叶结点的索引，结点中关键码 K_i 与指向子树的指针 P_i 构成对子树（即下一层索引块）的索引项（K_i, P_i），K_i 是子树中最大的关键码。

叶结点中存放的是对实际数据记录的索引，每个索引项（K_i, P_i）给出数据记录的关键码及实际存储地址。图 7-22 给出一棵 4 阶 B+ 树的示例。

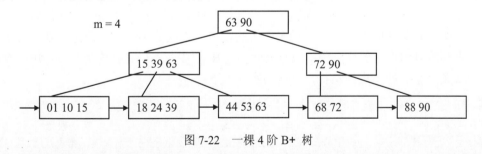

图 7-22 一棵 4 阶 B+ 树

所有的关键码都出现在叶结点中，且在叶结点中关键码有序地排列。上面各层结点中的关键码都是其子树上最大关键码的副本。由此可知，B+ 树的构造是自下而上的，m 限定了结点的大小，从下向上地把每个结点的最大关键码复写到上一层结点中。

2. B+树的结构定义

B+树的结构定义如下（存放于头文件 BPTree.h 中）。

```
#include<stdio.h>
#include<stdlib.h>
#define maxSize 40
#define stackSize 20
#define m 4                              //B+树的阶数
typedef int KeyType;
typedef struct node {                    //B+树结点的结构定义
    int tag;                             //=0，非叶结点；=1，叶结点
    int n;                               //结点内索引项个数
    struct node *parent;                 //双亲指针
    int pno;                             //在双亲结点中双亲关键码位置
    KeyType key[m+1];                    //关键码数组
    union {                              //区分非叶结点与叶结点
        struct node *ptr[m+1];           //非叶结点，子女指针数组
        struct {                         //叶结点
            struct node *link;           //横向链接指针
            int info[m+1];               //指向记录的指针
        } leaf;
    } son;
} BPNode;
typedef struct {                         //B+树结构定义
    BPNode *root;                        //根指针
    BPNode *first;                       //最左叶结点指针
} BPTree;
```

3. B+树相关的算法

7-80　设计一个算法，在B+树 BT 中从根开始查找与给定值 x 匹配的关键码。要求返回该关键码所在结点地址和在该结点关键码的序号。

【解答】　在 B+树中有两个头指针：一个指向 B+树的根结点，一个指向关键码最小的叶结点。因此，可以对 B+树进行两种查找运算：一种是循叶结点自己拉起的链表顺序查找；另一种是从根结点开始，进行自顶向下，直至叶结点的随机查找。本题实现的是后一种。在查找过程中，如果非叶结点上的关键码等于给定值，查找并不停止，而是继续沿右指针向下，一直查到叶结点上的这个关键码。因此，在 B+树中，不论查找成功与否，每次查找都是走了一条从根到叶结点的路径。算法的实现如下。

```
bool Search_root(BPTree& BT, KeyType x, BPNode *& p, int& i) {
//算法调用方式bool succ = Search_root(BT, x, p, i)。输入：B+树的根指针 BT，
//查找值x；输出：在 B+树中从根 BT 开始查找关键码与值 x 相匹配的索引项，若查找成
//功，函数返回 true，引用参数 p 返回找到的叶结点地址，i 返回关键码位置；若查找
//失败，函数返回 false，引用参数 p 返回应插入结点地址，i 返回 x 应插在结点中第 i
//个位置
    if(BT.root == NULL) return false;                    //空树
    BPNode *pr = NULL;
```

```
    p = BT.root;
    while(p->tag == 0) {                              //逐层查找非叶结点
        for(i = 0; i < p->n && p->key[i] < x; i++);   //结点内顺序查找
        if(i < p->n) p = p->son.ptr[i];
        else p = p->son.ptr[i-1];
    }                                                  //出循环到叶结点
    for(i = 0; i < p->n && p->key[i] < x; i++);        //在叶结点内查找
    if(i < p->n && p->key[i] == x) return true;
    else return false;
}
```

若 m 阶 B 树高度为 h，它最多有 m^h 个叶结点，每个叶结点有 m 个关键码，它最多有 $n = m^{h+1}$ 个关键码，反过来树的高度最大 $h = \log_m n - 1$。查找算法的关键码比较次数不超过 $m \times h$，读写次数不超过 h。

7-81 设计一个算法，将给定的关键码 x 插入一棵 B+树中。

【解答】 B+树的插入在叶结点上进行。每插入一个关键码后都要判断该叶结点中的关键码个数 n 是否超出范围 m。若 n 没有超过 m，插入结束；若 n 大于 m，可将叶结点分裂为两个，它们所包含的关键码分别为 $\lceil (m+1)/2 \rceil$ 和 $\lfloor (m+1)/2 \rfloor$。并且把新分裂出结点的最大关键码和结点地址插入它们的双亲结点中。在双亲结点中关键码的插入与叶结点的插入类似，如果关键码个数超出上限 m 也需要进行结点分裂。如果需要做根结点分裂，必须创建新的双亲结点，作为树的新根。这样树的高度就增加一层了。算法的实现如下。

```
bool Insert(BPTree& BT, KeyType x, KeyType R[], int& avail) {
//算法调用方式 bool succ = Insert(BT, x, R, avail)。输入：B+树 BT，插入关键
//码 x，元素存储数组 R，元素在 R 中可存放位置 avail；输出：将关键码 x 插入 B+树 BT
//中。若插入成功，函数返回 true，否则返回 false
    int i, j, k, s; BPNode *p, *q, *t; KeyType y;
    if(BT.root == NULL) {                            //空树
        BT.root = (BPNode*) malloc(sizeof(BPNode));
        BT.root->tag = 1; BT.root->n = 1;           //叶结点
        BT.root->parent = NULL; BT.root->pno = -1;
        BT.root->key[0] = x;
        BT.root->son.leaf.link = NULL;
        BT.root->son.leaf.info[0] = avail; R[avail] = x;
        BT.first = BT.root;
        return true;
    }
    if(Search_root(BT, x, p, i)) return false;      //查找成功，不插入
    for(j = p->n; j >= i+1; j--) {                  //否则插入，*p 是叶结点
        p->key[j] = p->key[j-1];                    //后续关键码与指针
        p->son.leaf.info[j] = p->son.leaf.info[j-1]; //后移，空出 i 位置
    }
    p->key[i] = x; p->son.leaf.info[i] = avail; R[avail] = x;   //插入
    p->n++;
    if(p->n == m+1) {                               //溢出，分裂叶结点
        q =(BPNode*) malloc(sizeof(BPNode));
```

```
s =(m % 2 == 0) ? m/2+1 :(m+1)/2;                    //计算分界点
for(j = s; j <= m; j++) {                             //把*p 后半部数据移到*q
    q->key[j-s] = p->key[j];
    q->son.leaf.info[j-s] = p->son.leaf.info[j];
}
p->n = s;  q->n = m+1-s;  q->tag = 1;                 //调整分裂后两个结点信息
t = p->parent;  q->parent = t;;                       //在双亲*t 中找子女*p
if(t != NULL) {
    for(k = 0; k < t->n; k++)
        if(t->key[k] >= p->key[p->n-1]) break;
    p->pno = k;  q->pno = k+1;
}
else p->pno = q->pno = -1;
q->son.leaf.link = p->son.leaf.link;  p->son.leaf.link = q;
x = p->key[(p->n)-1];                                 //取*p 与*q 最后关键码
y = q->key[(q->n)-1];
while(1)  {                                           //插入非叶结点
    if(p->parent == NULL) {                           //分裂到根结点
        BT.root =(BPNode*) malloc(sizeof(BPNode));
        BT.root->n = 2;  BT.root->tag = 0;
        BT.root->key[0] = x;  BT.root->key[1] = y;     //插入
        BT.root->son.ptr[0] = p;  BT.root->son.ptr[1] = q;
        BT.root->parent = NULL;  BT.root->pno = -1;
        p->parent = BT.root;  p->pno = 0;
        q->parent = BT.root;  q->pno = 1;
        return true;                                   //新根结点创建完, 返回
    }
    p = p->parent;                                     //在双亲中查插入位置
    for(k = 0; k < p->n && p->key[k] < x; k++);
    p->key[k] = x;
    for(j = p->n; j >= k+2; j--) {                     //后移 k+1 之后的信息
        p->key[j] = p->key[j-1];
        p->son.ptr[j] = p->son.ptr[j-1];
    }
    p->key[k+1] = y;  p->son.ptr[k+1] = q;     //插入
    p->n++;
    if(p->n <= m) return true;                   //无须再向上分裂, 跳出循环
    q = (BPNode*) malloc(sizeof(BPNode)); //否则再分裂, 创建新结点 q
    for(j = s; j <= m; j++) {                     //传送 p 的后半部分给 q
        q->key[j-s] = p->key[j];
        q->son.ptr[j-s] = p->son.ptr[j];
    }
    p->n = s;  q->n = m-s+1;  q->tag = 0;
    q->parent = p->parent;  q->pno = p->pno+1;
    for(j = 0; j < q->n;  j++) {
        t = q->son.ptr[j];  t->parent = q;  t->pno = j;
    }
```

```
            x = p->key[(p->n)-1];  y = q->key[(q->n)-1];
        }
    }
    else return true;                              //插入后结点不溢出，返回
}
```

在组织大型索引顺序文件时，通常用 B+树作索引，索引 R 所代表的数据区。新关键码插入在 B+树的叶结点，最坏情况是每层结点都要分裂，设 B+树高度为 h，插入算法的关键码移动次数不超过 m×h，读写次数不超过 3h+1。

7-82 设计一个算法，按照先根次序输出指定 B+树中所有结点的层次、关键码个数，以及所包含的关键码。

【解答】 与 B 树的输出类似，这是一个递归的算法。算法首先输出根结点的层次、关键码个数和该结点的所有关键码，然后递归地输出所有的子树。算法的实现如下。

```
void printBPTree(BPNode *T, int k) {          //k 是结点的层次，初次调用赋值 1
//算法调用方式 printBPTree(T, k)。这是一个递归算法，输入：B+树子树的根指针 T,
//结点层次 k(从 1 开始)；输出：按先根次序输出各结点的层号、结点个数、关键码
    if(T != NULL) {
        printf("(level=%d, n=%d, ", k, T->n);          //输出层号、关键码个数
        if(T->parent == NULL) printf("pr=--)");        //输出双亲
        else printf("pr=%2d)  ", T->parent->key[T->pno]);
        for(int i = 0; i < T->n; i++)                  //输出子树
            printf("%d[%d] ", T->key[i], T->pno);      //输出关键码、双亲
        printf("\n");
        if(T->tag == 0) {
            for(i = 0; i < T->n; i++)
                printBPTree(T->son.ptr[i], k+1);       //递归输出子树
        }
    }
}
```

设 B+树有 h 层，算法的关键码访问次数最大不超过 m×h。

7-83 设计一个算法，从输入序列中逐个读入数据（关键码），从空树开始，逐个插入创建一棵 B+树。

【解答】 利用题 7-81 的插入算法，逐个数据插入即可。算法的实现如下。

```
void createBPTree(BPTree& BT, KeyType A[], int n, KeyType R[], int& avail){
//算法调用方式 createBPTree(BT, A, n, R, avail)。输入：初始化的空 B+树 BT,
//输入数据数组 A, 数据存放数组 R, 当前 R 中可存储位置 avail；输出：引用参数 BT 返
//回已创建的 B+树，元素存放数组 R, 当前 R 中可存储位置 avail
    for(int i = 0; i < n; i++) printf("%d ", A[i]);
    printf("\n 从输入序列构造 B+树：\n");
    avail = 0;  BT.root = NULL;
    for(i = 0; i < n; i++) {
        Insert(BT, A[i], R, avail);
        printf("R[%d]=%d\n", avail, R[avail]);  avail++;
```

```
        }
    }
```

设 B+树的高度为 h，有 n 个输入数据，创建算法的时间复杂度为 O(n×m×h)。

7-84 设计一个算法，在 B+树上删除指定关键码 x。

【解答】 B+树上的删除算法首先要通过搜索查找到 x 所在的叶结点。然后在该叶结点上删除关键码，如果删除后结点中的关键码个数仍然不少于 ⌈m/2⌉，删除结束；如果该结点的关键码个数小于 ⌈m/2⌉，必须做结点的调整或合并工作。算法的实现如下。

```
void merge(BPNode *pr, int i) {
//函数合并非叶结点*pr 的第 i 个子女和第 i+1 个子女
    BPNode *p = pr->son.ptr[i], *q = pr->son.ptr[i+1];
    for(int j = 0; j < q->n; j++) {                    //右兄弟结点*q 信息左移到*p
        p->key[(p->n)+j] = q->key[j];
        if(p->tag == 0) {                              //非叶结点
            p->son.ptr[(p->n)+j] = q->son.ptr[j];
            p->son.ptr[(p->n)+j]->parent = p;
            p->son.ptr[(p->n)+j]->pno =(p->n)+j;
        }
        else p->son.leaf.info[(p->n)+j] = q->son.leaf.info[j]; //叶结点
    }
    p->n = (p->n)+(q->n);  p->pno = i;
    free(q);                                           //释放*q
    p->pno = i;
    pr->key[i] = p->key[(p->n)-1];  pr->son.ptr[i] = p;
    for(j = i+2; j < pr->n; j++)                       //双亲结点*pr 压缩
        { pr->key[j-1] = pr->key[j];  pr->son.ptr[j-1] = pr->son.ptr[j]; }
    pr->n--;
}
bool Remove(BPTree& BT, KeyType x, KeyType R[]) {
//算法调用方式 bool succ = Remove(BT, x, R)。输入：已创建的 B+树 BT，删除关键
//码 x，数据存储数组 R；输出：在 B+树 BT 中删除关键码 x，若删除成功，函数返回 true，
//否则函数返回 false
    int i, j, k, s = (m % 2 == 0) ? m /2 :(m+1) / 2;
    BPNode *p, *q, *pr;
    if(!Search_root(BT, x, p, i)) return false;        //没找到，不删
    for(j = i+1; j < p->n; j++) {                      //在叶结点内删除
        p->key[j-1] = p->key[j];
        p->son.leaf.info[j-1] = p->son.leaf.info[j];
    }
    p->n--;
    pr = p->parent;  j = p->pno;
    if(p == BT.root)                                   //叶结点同时又是根，处理
        if(p->n == 0) { free(BT.root);  BT.root = BT.first = NULL; }
        return true;                                   //未减到 0，根保留
    }
    k = p->pno;                                         //在双亲中指向*p 指针的位置
```

```
            p->parent->key[k] = p->key[(p->n)-1];      //修改双亲的分界关键码
            if(p->n >= s) return true;                  //删后非叶结点关键码数≥下限
            else {                                      //结点关键码数<下限，调整
                    while(1) {
                        pr = p->parent;   j = p->pno;   //在双亲*pr中查找指向*p的指针
                        if(j == 0) {                    //*p 与右兄弟调整
                            q = pr->son.ptr[j+1];       //*q 是*p的右兄弟
                            if(q->n > s) {              //从*q移动最左项给*p
                                p->key[p->n] = q->key[0];
                                for(k = 1; k < q->n; k++)
                                    q->key[k-1] = q->key[k];
                                if(p->tag == 0) {       //非叶结点
                                    p->son.ptr[p->n] = q->son.ptr[0];
                                    for(k = 1; k < q->n; k++) {
                                        q->son.ptr[k-1] = q->son.ptr[k];
                                        q->son.ptr[k-1]->pno--;
                                    }
                                    p->son.ptr[p->n]->parent = p;
                                    p->son.ptr[p->n]->pno = p->n;
                                }
                                else {                  //叶结点
                                    p->son.leaf.info[p->n] = q->son.leaf.info[0];
                                    for(k = 1; k < q->n; k++)
                                        q->son.leaf.info[k-1] = q->son.leaf.info[k];
                                }
                                pr->key[j] = p->key[p->n];
                                p->n++;  q->n--;  break;
                            }
                            else merge(pr, j);          //与右兄弟合并
                        }
                        else {                          //*p 与左兄弟调整
                            q = pr->son.ptr[j-1];       //*q 是*p的左兄弟
                            if(q->n > s) {              //*q的关键码足够，移动最右向给*p
                                for(k = p->n; k > 0; k--) p->key[k] = p->key[k-1];
                                p->key[0] = q->key[(q->n)-1];
                                if(p->tag == 0) {       //非叶结点
                                    for(k = p->n; k > 0; k--) {
                                        p->son.ptr[k] = p->son.ptr[k-1];
                                        p->son.ptr[k]->pno++;
                                    }
                                    p->son.ptr[0] = q->son.ptr[(q->n)-1];
                                    p->son.ptr[0]->parent = p;
                                    p->son.ptr[0]->parent = p;
                                    p->son.ptr[0]->pno = 0;
                                }
                                else {                  //叶结点
                                    for(k = p->n; k > 0; k--)
```

```
                    p->son.leaf.info[k] = p->son.leaf.info[k-1];
                p->son.leaf.info[0] = q->son.leaf.info[(q->n)-1];
            }
            pr->key[j-1] = q->key[(q->n)-2];
            p->n++;  q->n--;
            pr->key[(p->n)-1] = p->key[(p->n)-1];
            break;
        }
        else merge(pr, j-1);              //*q 关键码不足, 与右兄弟*p 合并
    }
    if(pr == BT.root) {                   //调整到根, 停止调整
        if(pr->n <= 1) {
            p->parent = NULL;  p->pno = -1;
                free(pr); BT.root = p;   //删根, 换新根
        }
        return true;                     //已经调整到根, 退出调整循环
    }
    else if(pr->n < s) p = pr;           //未调整到根, 继续向上调整
    else break;
        }
    }
}
```

B+树的删除首先从叶结点开始, 逐层向上调整, 最坏情况是每层结点都要调整, 设 B+树高度为 h, 删除算法的关键码移动次数不超过 m×h, 读写次数不超过 3h+1。

7-85 设计一个算法, 在一棵 B+树上沿叶结点的链表查找关键码 x。要求查找成功时返回找到的结点地址和在结点中的位置; 查找失败时返回应插入的结点地址和在结点中应插入的位置。

【解答】 这实际上就是一个沿着链表顺序查找的问题。算法的实现如下。

```
bool Search_first(BPTree& BT, KeyType x, BPNode *& p, int& i) {
//算法调用方式 bool succ = Search_first(BT, x, p, i)。输入: B+树 BT,查找值 x;
//输出: 在 B+树中从最左叶结点开始沿叶结点的链查找关键码与给定值 x 相匹配的索引
//项, 若查找成功, 函数返回 true, 引用参数 p 返回找到的叶结点地址, i 返回关键码
//位置; 若查找失败, 函数返回 false, 引用参数 p 返回应插入结点地址, i 返回 x 应插
//在结点中位置
    BPNode *pr = NULL;
    p = BT.first;
    while(p != NULL && p->key[(p->n)-1] < x)
        { pr = p;  p = p->son.leaf.link; }     //p 为空则 x 大于树中所有关键码
    if(p == NULL)                              //x 应插入最后一个结点
        { p = pr; i = p->n;  return false; }
    else if(p->key[(p->n)-1] == x)             //在尾部查找成功
        { i = (p->n)-1; return true; }
    else {                                     //在结点内部继续查找
        for(i = 0; i < p->n && p->key[i] < x; i++);
        if(p->key[i] == x) return true;        //在结点内部查找成功
```

```
        else return false;                    //查找失败
    }
}
```

若 B+树的高度为 h，叶结点最多有 m^h 个，每个叶结点最多 m 个关键码，算法访问关键码个数最多有 m^{h+1} 个。

7.5 其他查找树

7.5.1 红黑树

1. 红黑树的概念

红黑树是从 4 阶 B 树（即 2-3-4 树）发展而来的。2-3-4 树在结构上是完全平衡的，每一个结点的子树的高度都相等。虽然它的查找性能很好，但插入和删除操作的实现比较麻烦，因此，我们将 2-3-4 树的特性映射到等价的红黑树中。

红黑树是一种在结点上涂有红色或黑色的二叉查找树，其着色方式应满足以下性质：

性质 1：每个结点或者是红色的，或者是黑色的。

性质 2：根结点一定是黑色的。

性质 3：所有扩充的外结点都是黑色的。

性质 4：如果一个内结点是红色的，那么它的两个子女结点都是黑色的。

性质 5：所有结点到它各子孙外结点的路径都包含相同数目的黑色结点。

在红黑树上，内结点是包含关键码的结点，外结点是 NIL 结点，是查找失败可能到达的结点，或称为失败结点。从红黑树中任一结点 x 出发（不包括结点 x），到达一个外结点的任一路径上的黑结点个数称为结点 x 的黑高度，也称为结点的阶（rank），记作 bh(x)。红黑树的黑高度定义为其根结点的黑高度。

图 7-23 所示的二叉查找树就是一棵红黑树。结点旁边的数字为该结点的黑高度。

由于红黑树的高度最大为 $2\log_2(n+1)$，所以，查找、插入、删除操作的时间复杂性为 $O(\log_2 n)$。

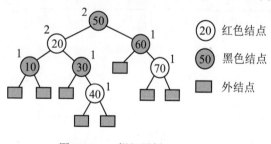

图 7-23 一棵红黑树

2. 红黑树的结构定义

为了便于在插入和删除时回溯，将红黑树结点设置为三叉链表，如下所示。

```
enum ColorType {RED, BLACK};
typedef struct node {                      //红黑树结点的结构定义
    int key;                               //关键码
    struct node *left, *right, *parent;    //左子女、右子女、双亲指针
    ColorType color;                       //着色
} rbNode;
```

红黑树还设置了空结点 nil，作为失败结点。它们都是查找失败到达的结点，本身不包含信息。红黑树每个空指针（包括 left、right 和 parent）都设定指向这个 nil 结点。

```
typedef struct {                    //红黑树的结构定义
    struct node *root;              //根指针
    struct node *nil;               //空（外）结点指针
} rbTree;
```

3. 红黑树相关的算法

7-86　一棵 2-3-4 树是 4 阶 B 树，它有 3 种结点：有 2 棵子树的称为 2_结点，有 3 棵子树的称为 3_结点，有 4 棵子树的称为 4_结点，它们可以转化为红黑树。转换规则如图 7-24 所示。一个转换的实例如图 7-25 所示。

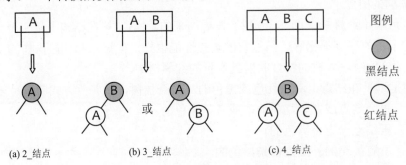

图 7-24　2-3-4 树转换为红黑树的类型

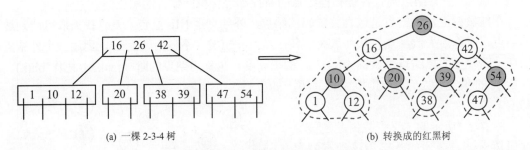

(a) 一棵 2-3-4 树　　　　　　　　　(b) 转换成的红黑树

图 7-25　2-3-4 树转换为红黑树的实例

设计一个算法，将已有的一棵 2-3-4 树转换为一棵红黑树。

【解答】　算法的设计思路是从根开始对 2-3-4 树进行先根遍历，根据每个结点的关键码个数 n 将结点转换为红黑树。n = 1 是 2_结点，n = 2 是 3_结点，n = 3 是 4_结点。为能够进行红黑树结点的链接，与二叉查找树的递归算法一样，对新建的红黑树根结点采用引用型参数，将根结点的地址直接送给实参。算法的实现如下。

```
void preOrder_rbt(rbTree T, rbNode *p, int k) { //红黑树的先序输出函数
    for(int i = 0; i < k; i++) printf(" ");      //空格
    if(p != T.nil) {                             //*p 不是外结点时
        printf("%d(%d)\n", p->key, p->color);    //输出，0 是 RED, 1 是 BLACK
        preOrder_rbt(T, p->left, k+4);           //递归输出左子树
        preOrder_rbt(T, p->right, k+4);          //递归输出右子树
```

```
    }
        else printf("***\n");
}
void BTreetorbTree(BTree bt, rbNode *btpr, rbNode *& rbt) {
//算法调用方式 BTreetorbTree(bt, btpr, rbt)。输入：B 树根指针 bt，初始为 NULL 的
//扫描指针 btpr；输出：将以 bt 为根的 2-3-4 树转换为以 rbt 为根的红黑树，引用参数
//btpr 是 bt 的双亲结点指针，初始为 NULL
    if(bt == NULL) { rbt = NULL;  return; }
    if(bt->n == 1) {                                    //2_结点情形
        rbt = (rbNode*) malloc(sizeof(rbNode));            //创建子树的根
        rbt->key = bt->key[1];  rbt->parent = btpr;  rbt->color = BLACK;
        BTreetorbTree(bt->ptr[0], rbt, rbt->left);
        BTreetorbTree(bt->ptr[1], rbt, rbt->right);
    }
    else {                                              //3_结点或 4_结点情形
        rbt = (rbNode*) malloc(sizeof(rbNode));            //创建子树的根
        rbt->key = bt->key[2];  rbt->parent = btpr;  rbt->color = BLACK;
        rbNode *p =(rbNode*) malloc(sizeof(rbNode));
        rbt->left = p;  p->key = bt->key[1];              //子树根的左子女
        p->parent = rbt;  p->color = RED;
        BTreetorbTree(bt->ptr[0], p, p->left);
        BTreetorbTree(bt->ptr[1], p, p->right);
        if(bt->n == 2)                                  //3_结点情形
            BTreetorbTree(bt->ptr[2], rbt, rbt->right);
        else {                                          //4_结点情形
            rbNode *q =(rbNode*) malloc(sizeof(rbNode));
            rbt->right = q;  q->key = bt->key[3];          //补子树的右子女
            q->parent = rbt;  q->color = RED;
            BTreetorbTree(bt->ptr[2], q, q->left);
            BTreetorbTree(bt->ptr[3], q, q->right);
        }
    }
}
```

若 2-3-4 树的高度（即红黑树的黑高度）为 h = $\log_2((n+1)/2)+1$，转换算法是一个递归算法，递归深度不超过树的高度，因此，算法的时间复杂度为 O(h)，空间复杂度为 O(h)。

7-87　在红黑树中，从根结点到叶结点的路径上黑结点的个数被称为该红黑树的黑高度，它相当于对应 2-3-4 树的高度。设计一个算法，计算以*t 为根的红黑树的黑高度。

【解答】　由于在红黑树中从根结点到各个叶结点的黑高度都相等，为简单计算，只需统计从根到最左下叶结点的路径上的黑结点个数即可。算法的实现如下。

```
int blackHeight(rbNode *t) {                  //计算红黑树黑高度的函数
//算法调用方式 int bh = blackHeight(t)。输入：红黑树的根指针 t；输出：函数返回
//树的黑高度
    rbNode *p;  int count = 0;                    //失败结点（外结点）不计入黑高度
    for(p = t; p != NULL; p = p->left)            //沿最左路径逐个结点检查
        if(p->color == BLACK) count++;            //统计黑结点个数
```

```
    return count;
}
```

若红黑树的黑高度为 h，算法的时间复杂度为 O(h)，空间复杂度为 O(1)。

7-88 设计算法，查找红黑树中关键码最小的结点和关键码最大的结点。

【解答】 红黑树也是二叉查找树，包含最小关键码的结点是中序遍历的第一个结点，可从根开始沿左链（左子女链）走到底就是；包含最大关键码的结点是中序遍历最后一个结点，可从根开始沿右链（右子女链）走到底的结点。算法的实现如下。

```
rbNode *findMin(rbTree *T, rbNode *t) {
//求最小算法调用方式 rbNode *p = findMin(T, t)。输入：红黑树指针 T，子树根指针
//t；输出：函数返回子树 t 中序第一个结点地址，即最小关键码结点地址
    if(t == T->nil) return T->nil;
    while(t->left != T->nil) t = t->left;
    return t;
}
rbNode *findMax(rbTree *T, rbNode *t) {
//求最大算法调用方式 rbNode *p = findMax(T, t)。输入：红黑树指针 T，子树根指针
//t；输出：函数返回子树 t 的中序最后 uige 结点地址，即最大关键码结点地址
    if(t == T->nil) return T->nil;
    while(t->right != T->nil) t = t->right;
    return t;
}
```

若红黑树的黑高度为 h，两个算法的时间复杂度均为 O(h)，空间复杂度均为 O(1)。

7-89 设计一个算法，创建一棵空的红黑树。

【解答】 此即红黑树的初始化操作。创建了一个红黑树的头结点 T 和根结点 T->root，初始时 T->root = T->nil。算法的实现如下。

```
void initRBTree(rbTree *& T) {
//算法调用方式 initRBTree(T)。输入：红黑树指针 T；输出：初始化后空的红黑树的
//指针 T
    T = (rbTree*) malloc(sizeof(rbTree));
    T->nil = (rbNode *) malloc(sizeof(rbNode));
    T->nil->color = BLACK;
    T->nil->left = T->nil->right = T->nil->parent = NULL;
    T->root = T->nil;
}
```

算法的时间复杂度和空间复杂度均为 O(1)。

7-90 红黑树的插入和删除算法中需要使用左单旋转和右单旋转操作，它们类似于 AVL 树中的左单旋转（RR 旋转）和右单旋转（LL 旋转）。设计算法在红黑树中实现这两种旋转。

【解答】 虽然是单旋转，转起来很容易，但还要修改双亲关系。算法的实现如下。

```
void leftRotate(rbTree *T, rbNode *p) {
//算法调用方式 leftRotate(T, p)。输入：红黑树指针 T；子树根指针 p；输出：以结
```

```
//点*p 为子树的根做左旋转（RR 旋转）
    rbNode *q = p->right;
    p->right = q->left;
    if(p->right != T->nil) p->right->parent = p;
    q->parent = p->parent;
    if(q->parent == T->nil) T->root = q;
    else if(q->key < q->parent->key) q->parent->left = q;
    else q->parent->right = q;
    q->left = p;  p->parent = q;
}
void rightRotate(rbTree *T, rbNode *p) {
//算法调用方式 rightRotate(T, p)。输入：红黑树指针 T；子树根指针 p;
//输出：以结点*p 为子树的根做右旋转（LL 旋转）
    rbNode *q = p->left;
    p->left = q->right;
    if(p->left != T->nil) p->left->parent = p;
    q->parent = p->parent;
    if(q->parent == T->nil) T->root = q;
    else if(q->key < q->parent->key) q->parent->left= q;
    else q->parent->right = q;
    q->right = p;  p->parent = q;
}
```

算法的时间复杂度和空间复杂度均为 O(1)。

7-91　设计一个算法，在红黑树中插入一个新元素。

【解答】　首先使用二叉查找树的插入算法将一个元素插入红黑树中，该元素将作为新的叶结点插入某一外结点位置。在插入过程中需要为新元素染色。如果插入前是空树，新结点将成为根结点，应染成黑色。如果插入前树非空，新插入的结点染成红色，但这样做可能出现连续两个红色结点，因此需要重新平衡。

设新插入的结点为 p，它的双亲和祖父分别是 pr 和 gr，现在来考查不平衡的类型。

- 若 pr 是黑色结点，则无须重新平衡，插入结束。
- 若 pr 是红色结点，则出现连续两个红色结点，这时还要考查 pr 的兄弟结点。

情况 1：如果 pr 的兄弟结点 br 是红色结点，此时结点 pr 的双亲 gr 是黑色结点，它有两个红色子女结点。交换结点 gr 和它的子女结点的颜色，如图 7-26 所示。

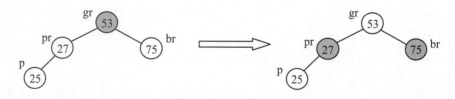

图 7-26　插入 25 重新平衡的情况 1

情况 2：如果 pr 的兄弟结点 br 是黑色结点，此时又有两种情况。

（1）p 是 pr 的左子女，pr 是 gr 的左子女。在这种情况下只要做一次右单旋转，交换一下 pr 和 gr 的颜色，就可恢复红黑树的特性，并结束重新平衡过程，如图 7-27 所示。

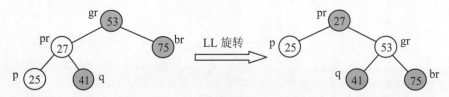

图 7-27　插入 25 重新平衡的情况 2（1）

（2）p 是 pr 的右子女，pr 是 gr 的左子女。在这种情况下做一次先左后右的双旋转，再交换一下 p 与 gr 的颜色，就可恢复红黑树的特性，结束重新平衡过程，如图 7-28 所示。

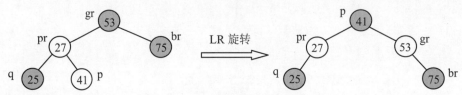

图 7-28　插入重新平衡的情况 2（2）

在情况 2 中，结点 p 是 pr 的右子女的情形与 p 是 pr 的左子女的情形是对称的，只要左右指针互换即可。算法的实现如下。

```
void selfAdjust(rbTree *T, rbNode *p, int k) {
//若*p 有两个子女，进行颜色翻转；若*p 是新插入结点，则*p 结点初始化
    p->color = RED;                              //置*p 为红色，它的两个子女为黑色
    p->left->color = p->right->color = BLACK;
//如果 p.p 为红色，那么 p.p 一定不是根，p.p.p 一定不是 T.nil，而且为黑色
    if(p->parent->color == RED) {        //若*p 双亲为红色，则连续有两个红结点
        p->parent->parent->color = RED;          //调整，置祖父为红色
        if(p->parent->key < p->parent->parent->key) {
            if(k > p->parent->key){              //p 大于双亲，双亲小于祖父
                p->color = BLACK;                //p 置为黑色
                leftRotate(T, p->parent);        //以双亲为根做先左后右双旋转
                rightRotate(T, p->parent);
            }
            else {                               //p 小于双亲，双亲小于祖父
                p->parent->color = BLACK;        //p 双亲置为黑色
                rightRotate(T, p->parent->parent);    //祖父为根做右单旋转
            }
        }
        else {
            if(k < p->parent->key) {             //p 小于双亲，双亲大于祖父
                p->color = BLACK;                //p 置为黑色
                rightRotate(T, p->parent);       //以双亲为根做先右后左双旋转
                leftRotate(T, p->parent);
            }
            else {
                p->parent->color = BLACK;        //p 双亲置为黑色
                leftRotate(T, p->parent->parent);    //祖父为根做左单旋转
```

```
            }
        }
    }
    T->root->color = BLACK;                          //无条件令根为黑色
}
void Insert(rbTree *& T, int x) {
//算法调用方式 Insert(T, x)。输入：插入前的红黑树指针 T，插入关键码 x；
//输出：引用参数 T 返回插入后的红黑树指针
    rbNode *pr, *p;
    p = T->root;  pr = p;
    //检测指针 p 逐层下降，直到叶结点为止，保证一路上不会有同时为红色的兄弟
    while(p != T->nil) {
        if(p->left->color == RED && p->right->color == RED)
        selfAdjust(T, p, x);           //若*p 的两个子女都为红色，做自调整
        pr = p;
        if(x < p->key) p = p->left;                   //p 下落到 nil 结点
        else if(x > p->key) p = p->right;
        else { printf("%d 已存在，不插入! \n", x);  return; }
    }
    p = (rbNode *) malloc(sizeof(rbNode));
    p->key = x;  p->color = RED;                      //新插入结点*p 涂成红色
    p->left = p->right = T->nil;  p->parent = pr;    //链入红黑树
    if(T->root == T->nil) T->root = p;
    else if(x < pr->key) pr->left = p;
    else pr->right = p;
    selfAdjust(T, p, x);
}
```

7-92 设计一个算法，在一棵红黑树中删除关键码与给定值 x 匹配的结点。

【解答】 红黑树的删除算法与二叉查找树的删除算法类似，不同之处在于，在红黑树中执行一次二叉查找树的删除运算，可能会破坏红黑树的性质，需要重新平衡。

因为真正删除的结点是最多只有一个子女的结点。如果删除的是一个红色结点，该结点必定是叶结点，删除它后不改变从根到叶的黑高度，不需做平衡化操作，删除结束。

如果删除的是一个黑色结点，删除它后从根到叶的黑高度会降低，必须做平衡化操作。

如果被删结点 p 是黑色的，且它的左（或右）子女 q 是红色，可以简单地把 u 涂成黑色就可以恢复红黑树的特性，如图 7-29 所示。

图 7-29 删除 25 后的情形

如果被删结点 p 是黑色的，它的左（或右）子女 q 也是黑色的，我们首先用 q 替补被删结点 p。有以下几种情况需要考虑。

情形 1：q 是新的根。在这种情况下，红黑树的所有性质都没有失去，如图 7-30 所示，

删除结束。

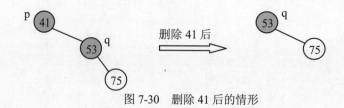

图 7-30　删除 41 后的情形

若设被删结点 p 原来的兄弟为 s。s 的双亲为 pr，s 的左、右子女为 S_L 和 S_R。

情形 2：删除 p 后，双亲 pr 的左子女 q 的右兄弟结点 s 是红色的。在这种情形下，对 pr 为根的子树做一次左单旋转，结点 s 成为结点 q 的祖父，并对调 pr 和 s 的颜色，如图 7-31（a）所示，重新平衡化过程完成。对称情形的重新平衡化过程如图 7-31（b）所示。

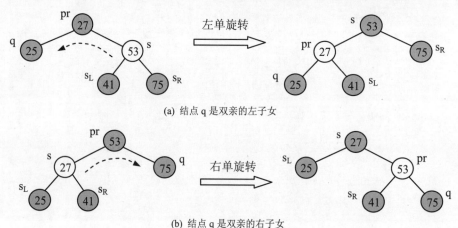

(a) 结点 q 是双亲的左子女

(b) 结点 q 是双亲的右子女

图 7-31　删除后 q 与 s 的重新平衡化过程（情形 2）

情形 3：删除 p 后，双亲 pr 的左子女 q 和 q 的右兄弟 s 以及 s 的子女都是黑色的。在这种情形下，我们可以将结点 s 简单地涂为红色，就可使以 pr 为根的红黑树重新平衡化，如图 7-32（a）所示。但是由于该子树的黑高度降低，会导致上层结点的不平衡，所以还需从情形 1 开始，对上层结点做重新平衡化处理。对称情形的简单平衡化过程如图 7-32（b）所示。

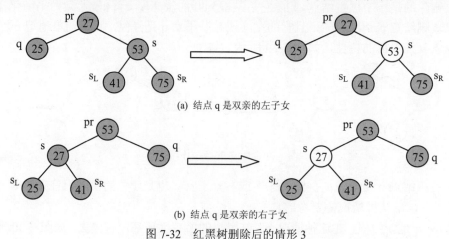

(a) 结点 q 是双亲的左子女

(b) 结点 q 是双亲的右子女

图 7-32　红黑树删除后的情形 3

情形 4：删除 p 后，双亲 pr 的左子女 q、q 的右兄弟 s 和 s 的子女都是黑色，而双亲 pr 是红色。在这种情形下，我们简单地交换结点 s 与双亲 pr 的颜色，此时通过 q 的路径的黑高度比不通过 q 的路径的黑高度大 1，填补了在这些路径上删除的黑色结点，如图 7-33（a）所示。对称情形的重新平衡化过程如图 7-33（b）所示。

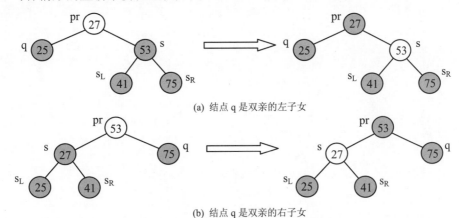

图 7-33　红黑树删除后的情形 4

算法的实现如下。

```
void parentage(rbTree *T, rbNode *u, rbNode *v) {
//将结点*v 链接到结点*u 的双亲下面
    if(u->parent == T->nil) T->root = v;
    else if(u == u->parent->left) u->parent->left = v;
    else u->parent->right = v;
    v->parent = u->parent;
}
void Remove(rbTree *& T, int k) {
//算法调用方式 Remove(T, k)。输入：删除前的红黑树指针 T, 删除关键码 k; 输出：
//从红黑树 T 中删除关键码为 k 的结点，引用参数 T 返回删除后的红黑树指针
    if(T == NULL || T->root == NULL) return;
    rbNode *p = T->root, *q, *s;
    while(p != T->nil && p->key != k) {            //查找值为 k 的结点
        if(k < p->key) p = p->left;
        else if(k > p->key) p = p->right;
    }
    if(p == T->nil) { printf("要删结点%d 不存在! \n", k);  return; }
    if(p->left != T->nil && p->right != T->nil) {
        s = findMin(T, p->right);                  //在*p 右子树查找中序最小者
        k = p->key = s->key;                       //用*s 的值代替*p 的值，转而删 k
        p = s;
    }
    if(p->left == T->nil) {                         //若*p 无左子女
        q = p->right;                              //*q 指向*p 的右子女
        parentage(T, p, q);                        //*q 与*p 的双亲链接
    }
```

```
    else if(p->right == T->nil) {                        //若*p 无右子女
      q = p->left;                                       //*q 指向*p 的左子女
      parentage(T, p, q);                                //*q 与*p 的双亲链接
}
if(p->color == BLACK) {
    //q 不是 p，而是用于代替 q 的那个
    //如果 q 颜色为红色的，把 q 涂成黑色即可， 否则从根到 q 处少了一个黑色
    //结点，导致不平衡
    while(q != T->root && q->color == BLACK) {
        if(q == q->parent->left) {
            s = q->parent->right;
            if(s->color == RED) {            //情况 1 q 的兄弟是红色的，通过
            s->color = BLACK;  s->parent->color = RED;
                leftRotate(T, q->parent);
                s = q->parent->right;
            }        //处理完情况 1 之后，s.color=BLACK, 情况就变成 2 3 4 了
            if(s->left->color == BLACK && s->right->color == BLACK){
                    //情况 2 q 的兄弟是黑色的，并且其儿子都是黑色的
                if(q->parent->color == RED) {
                    q->parent->color = BLACK;  s->color = RED;
                    break;
                }
                else {
                    s->color = RED;
                    q = q->parent;         //q 的双亲平衡但 q 的双亲少个黑结点，
                    continue;              //所以把 q 的双亲作为新的 q 继续循环
                }
            }
            if(s->right->color == BLACK) {
                    //情况 3 s 为黑色的，左子女为红色
                s->left->color = BLACK;  s->color = RED;
                rightRotate(T, s);
                s = q->parent->right;
            }        //处理完之后，变成情况 4
            //情况 4 这时*s 为黑色，其左子女为黑色，右子女为红色
            s->color = q->parent->color;
            q->parent->color = BLACK;  s->right->color = BLACK;
            leftRotate(T, q->parent);
            q = T->root;
        }
        else {
            rbNode* s = q->parent->left;
            if(s->color == RED) {                    //1
                s->color = BLACK;  q->parent->color = RED;
                rightRotate(T, q->parent);
                s = q->parent->left;
            }
```

```
                        if(s->left->color == BLACK && s->right->color == BLACK){//2
                            if(q->parent->color == RED) {
                                q->parent->color = BLACK;  s->color = RED;
                                break;
                            }
                            else {
                                q->parent->color = BLACK;  s->color = RED;
                                q = q->parent;
                                continue;
                            }
                        }
                        if(s->left->color == BLACK) {                         //3
                            s->color = RED;  s->right->color = BLACK;
                            s = q->parent->left;
                        }
                        s->color = s->parent->color;                          //4
                        q->parent->color = BLACK;  s->left->color = BLACK;
                        rightRotate(T, q->parent);
                        q = T->root;
                    }
                }
            q->color = BLACK;
        }
    free(p);
}
```

7-93 分别编写算法，按照先序和中序遍历一棵红黑树。

【解答】 红黑树也是二叉树，按照二叉树遍历的算法即可实现。算法的实现如下。

```
void print_pre(rbTree *T, rbNode *t) {              //先序遍历一棵以*t为根的子树
//先序遍历算法的调用方式 print_pre(T, t)。这是递归算法，输入：红黑树指针 T，子
//树根指针 t；输出：按二叉树的先序次序遍历红黑树，输出结点数据
    if(t == T->nil) return;                         //递归到底
    if(t->color == RED) printf("%3dR", t->key);
    else printf("%3dB", t->key);
    print_pre(T, t->left);
    print_pre(T, t->right);
}
void print_in(rbTree *T, rbNode *t) {               //中序遍历一棵以*t为根的子树
//中序遍历算法的调用方式 print_in(T, t)。这是递归算法，输入：红黑树指针 T，子
//树根指针 t；输出：按二叉树的中序次序遍历红黑树，输出结点数据
    if(t == T->nil) return;
    print_in(T, t->left);
    if(t->color == RED) printf("%3dR", t->key);
    else printf("%3dB", t->key);
    print_in(T, t->right);
}
```

若红黑树中有 n 个关键码，算法的时间复杂度为 O(n)，空间复杂度为 O(n)。

7.5.2 伸展树

1. 伸展树的概念

伸展树是另一种二叉查找树。伸展树并没有使用任何明确的规则来保证平衡。它靠在每次访问后执行"伸展"运算来保持查找的对数级（logn）高效率。伸展树的结构是一棵简单的二叉查找树，这棵树中的结点并没有额外的高度、平衡或颜色标记。

给定一个二叉查找树 T 的结点 s，可以通过一连串的结构重构把 s 移动到 T 的根结点，实现对 x 的伸展（展开）。这种结构的重构是通过旋转将 s 往根的方向移动，旋转分单旋转和双旋转。单旋转又称同构配置，有 zig 旋转和 zag 旋转 2 种情况；双旋转又称异构配置，有 zig-zig 旋转、zag-zag 旋转、zag-zig 旋转、zig-zag 旋转 4 种情况。

被访问结点 s 的双亲是子树的根结点 p。此时执行单旋转。在保持二叉查找树特性的情

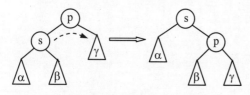

图 7-34　右单旋转的示例

况下，结点 s 成为新的根，原来的根 p 成为它的子女。图 7-34 是右单旋转的示例，此时结点 s 是根结点 p 的左子女。右单旋转也称为做 zig 旋转。对称情况是左单旋转，结点 s 是根结点 p 的右子女，通过左单旋转把 s 旋转到根的位置，这种旋转又称为 zag 旋转。

结点 s 是其双亲 p 的左子女，结点 p 又是其双亲 g 的左子女。此时执行两次右单旋转，即可把 s 旋转到根的位置，这种双旋转称为 zig-zig 旋转，如图 7-35 所示。

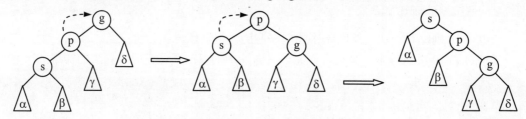

图 7-35　zig-zig 双旋转

对称情况是结点 s 是其双亲 p 的右子女，结点 p 又是其双亲 g 的右子女。此时执行两次左单旋转即可把 s 旋转到根的位置，这种双旋转称为 zag-zag 旋转。

结点 s 是其双亲 p 的右子女，结点 p 又是其双亲 g 的左子女。此时先执行一次左单旋转，再执行一次右单旋转，即可把 s 旋转到根的位置，如图 7-36 所示。这种双旋转称为 zag-zig 双旋转。

对称情况是结点 s 是其双亲 p 的左子女，结点 p 又是其双亲 g 的右子女。此时先执行一次右单旋转，再执行一次左单旋转，即可把 s 旋转到根的位置，图略。这种双旋转称为 zig-zag 双旋转。zig-zig 双旋转和 zag-zag 双旋转属于一字形旋转，一般不会降低树结构的高度，它只是把刚访问的结点向根结点上移。但 zig-zag 双旋转和 zag-zig 双旋转属于之字形旋转，常使树结构的高度减 1。

2. 伸展树的结构定义

伸展树的结构定义如下（存放于头文件 splaytree.h 中）。

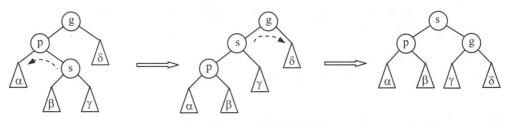

图 7-36　zag-zig 双旋转

```
#include<stdio.h>
#include<stdlib.h>
typedef int DataType;
typedef struct node {
    DataType data;
    struct node *lchild;
    struct node *rchild;
} splayNode, *splayTree;
```

在此头文件中还存放了上述 6 种旋转的代码。

```
void zig(splayNode *& p, splayNode *q) {
//q 是 p 的左子女，右单旋转后 p 成为 q 的右子女，q 上升为根，改由 p 指向
    p->lchild = q->rchild;  q->rchild = p;
    p = q;
        }
        void zag(splayNode *& p, splayNode *q) {
        //q 是 p 的右子女，左单旋转后 p 成为 q 的左子女，q 上升为根，改由 p 指向
            p->rchild = q->lchild;  q->lchild = p;
            p = q;
        }
        void zigzig(splayNode *& p, splayNode *q, splayNode *r) {
        //q 是 p 的左子女，r 是 q 的左子女，右右双旋转后 r 成为根，改由 p 指向
            q->lchild = r->rchild;  r->rchild = q;
            p->lchild = q->rchild;  q->rchild = p;  p = r;
        }
        void zagzag(splayNode *& p, splayNode *q, splayNode *r) {
        //q 是 p 的右子女，r 是 q 的右子女，左左双旋转后 r 成为根，改由 p 指向
            q->rchild = r->lchild;  r->lchild = q;
            p->rchild = q->lchild;  q->lchild = p;  p = r;
        }
        void zigzag(splayNode *& p, splayNode *q, splayNode *r) {
        //q 是 p 的左子女，r 是 q 的右子女，左右双旋转后 r 成为根，改由 p 指向
            q->rchild = r->lchild;  r->lchild = q;
            p->lchild = r->rchild;  r->rchild = p;  p = r;
}
void zagzig(splayNode *& p, splayNode *q, splayNode *r) {
//q 是 p 的右子女，r 是 q 的左子女，右左双旋转后 r 成为根，改由 p 指向
    q->lchild = r->rchild;  r->rchild = q;
```

```
      p->rchild = r->lchild;  r->lchild = p;  p = r;
  }
```

3. 伸展树相关的算法

7-94 设计一个算法，在伸展树中插入一个新元素 x。

【解答】 为了记录插入位置，算法中使用了一个栈。找到插入位置时，栈顶存放的是新结点。如果栈空，则新结点成为树中唯一的结点；如果栈中只有两个结点，则这两个结点退栈一起做单旋转，新根进栈；如果栈中有三个结点，则这三个结点退栈一起做双旋转，新根进栈。算法的实现如下。

```
#define stkSize 25
typedef struct { splayNode *ptr;  int tag; } stkNode;
void Splaying(stkNode S[], int& top) {
//算法调用方式 Splaying(S, top)。输入：路径结点地址栈 S，栈顶指针 top；输出：
//进行伸展过程。栈中记录了查找路径上的结点序列，包括结点地址 ptr 和方向 tag。
//根在 S[0], tag = -1; 若结点 tag = 0, 左子女, = 1, 右子女
    stkNode w, v, u;
    while(top > 0) {                                          //开始伸展
        w = S[top--];  v = S[top--];                         //首先两个结点退栈
        if(v.tag == -1) {                                    //根, 做单旋转
            if(w.tag == 0) zig(v.ptr, w.ptr);                //w 左子女, 右单旋转
            else zag(v.ptr, w.ptr);                          //w 右子女, 左单旋转
            S[++top] = v;                                    //伸展后重新进栈
        }
        else {                                               //做双旋转
            u = S[top--];                                    //补退一个结点, 伸展的顶部
            if(v.tag == 0 && w.tag == 0)                     //右右双旋转
                zigzig(u.ptr, v.ptr, w.ptr);
            else if(v.tag == 1 && w.tag == 1)                //左左双旋转
                zagzag(u.ptr, v.ptr, w.ptr);
            else if(v.tag == 0 && w.tag == 1)                //先左后右双旋转
                zigzag(u.ptr, v.ptr, w.ptr);
            else zagzig(u.ptr, v.ptr, w.ptr);                //先右后左双旋转
            S[++top] = u;                                    //伸展顶部重新进栈
        }
    }
}
bool Insert(splayTree& T, DataType x) {
//算法调用方式 bool succ = Insert(T, x)。输入：伸展树的根指针 T，插入值 x；输出：
//将新元素 x 插入伸展树 T 中, 若插入成功, 函数返回 true, 否则返回 false
    stkNode S[stkSize];  int top = -1;                       //设栈存储查找路径
    splayNode *p, *q;  stkNode w;
    if(T == NULL) {                                          //空树, 创建根结点
        T = (splayNode *) malloc(sizeof(splayNode));
        T->data = x;  T->lchild = T->rchild = NULL;
    }
    else {                                                   //树不空, 查找插入位置
```

```
        p = T;
        w.ptr = p;  w.tag = -1;  S[++top] = w;              //根进栈
        while(p != NULL && p->data != x) {          //查找插入位置
            if(x < p->data) {
                p = p->lchild;
                if(p != NULL) { w.ptr = p;  w.tag = 0;  S[++top] = w; }
            }
            else {
                p = p->rchild;
                if(p != NULL) { w.ptr = p;  w.tag = 1;  S[++top] = w; }
            }
        }
        if(p != NULL && p->data == x)                        //查找成功, 不插入
            { printf("树中已经有%d, 不插入! \n", x);  return false; }
        q =(splayNode *) malloc(sizeof(splayNode));  //创建新结点
        q->data = x;  q->lchild = q->rchild = NULL;
        if(x < S[top].ptr->data) {                           //作为叶结点插入
            S[top].ptr->lchild = q;                          //插入为左子女
            w.ptr = q;  w.tag = 0;  S[++top] = w;            //新结点进栈
        }
        else {
            S[top].ptr->rchild = q;                          //插入为右子女
            w.ptr = q;  w.tag = 1;  S[++top] = w;            //新结点进栈
        }
        Splaying(S, top);                                    //伸展
        T = S[top].ptr;
    }
    return true;
}
```

7-95 设计一个算法, 在伸展树中删除一个关键码与给定值 x 匹配的结点。

【解答】 伸展树结点的删除先按照二叉查找树的删除进行, 同时要把查找路径上的结点, 包括被删结点进栈保存, 目的是在删除后从被删结点的双亲开始进行伸展, 最后把被删结点的双亲旋转到根的位置。算法的实现如下。

```
bool Remove(splayTree& T, DataType x) {
//算法调用方式 bool succ = Remove(T, x)。输入: 伸展树根指针 T, 删除关键码 x;
//输出: 将伸展树 T 中与 x 匹配的结点删除, 若删除成功, 函数返回 true, 否则函
//数返回 false
    stkNode S[stkSize];  int top = -1;                      //查找路径栈
    splayNode *p, *pr, *q, *s;  stkNode w;
    if(T == NULL) { printf("空树不能删除! \n");  return false; }
    p = T;  pr = NULL;
    w.ptr = p;  w.tag = -1;  S[++top] = w;                  //根进栈
    while(p != NULL && p->data != x) {                      //查找删除结点位置
        if(x < p->data) {
            pr = p;  p = p->lchild;
```

```
                    if(p != NULL) { w.ptr = p;  w.tag = 0;  S[++top] = w; }
                }
            else {
                pr = p;  p = p->rchild;
                if(p != NULL) { w.ptr = p;  w.tag = 1;  S[++top] = w; }
            }
        }
    if(p == NULL)
        { printf("没有与%d匹配的结点! \n", x);  return false; }
    if(p->lchild != NULL && p->rchild != NULL){     //被删结点*p有双子女
        pr = p;  q = p->rchild;                     //在右子树找最左下结点*q
        w.ptr = q;  w.tag = 1;  S[++top] = w;
        while(q->lchild != NULL) {
            pr = q;  q = q->lchild;
            w.ptr = q;  w.tag = 0;  S[++top] = w;
        }
        p->data = q->data;                          //传送*q的值到*p
        p = q;                                      //*p无左子女
    }
    if(pr == NULL){T = NULL;  free(p);  return true;}//树中原仅一个结点
    else {
        s =(p->lchild == NULL) ? p->rchild : p->lchild;
        if(pr->lchild == p) pr->lchild = s;
        else pr->rchild = s;                        //重新链接，摘下被删结点
        free(p);  top--;                            //从被删结点的双亲开始伸展
        Splaying(S, top);                           //伸展
        T = S[top].ptr;
    }
    return true;
}
```

7-96　设计一个算法，在一棵伸展树上查找关键码与给定值 x 匹配的结点。

【解答】　查找算法也要设置存储查找路径结点的栈，这是为了伸展使用。从根开始的查找过程与二叉查找树类似，只是多了进栈操作。退栈在伸展过程中执行。算法的实现如下。

```
bool Search(splayTree& T, DataType x) {
//算法调用方式 bool succ = Searcht(T, x)。输入：伸展树根指针 T, 查找值 x; 输出：
//在伸展树 T 中查找与 x 匹配的结点, 若查找成功, 函数返回 true, 否则返回 false
    stkNode S[stkSize];  int top = -1;              //查找路径栈
    splayNode *p;  stkNode w1, w2, w3;
    if(T == NULL) { printf("空树查找失败! \n");  return false; }
    p = T;
    w1.ptr = p;  w1.tag = -1;  S[++top] = w1;       //根进栈
    while(p != NULL && p->data != x) {              //查找要查找的结点
        if(x < p->data) {
            p = p->lchild;
```

```
            if(p != NULL) { w1.ptr = p;  w1.tag = 0;  S[++top] = w1; }
        }
        else {
            p = p->rchild;
            if(p != NULL) { w1.ptr = p;  w1.tag = 1;  S[++top] = w1; }
        }
    }
    if(p == NULL) { printf("没有与%d匹配的结点! \n", x);  return false; }
    Splaying(S, top);                                       //伸展
    T = S[top].ptr;  return true;
}
```

7.5.3 双链树

双链树是键树的子女-兄弟链表表示。键树用于关键码为字符串的情况，故键树也称为"字典查找树"。键树属于前缀树，每个结点仅存储关键码的一个字符，不同关键码若有共同前缀，在键树上它们这些前缀字符仅存储一次。除了双链树外，键树还可以使用树的多重链表表示，称为 Trie 树，7.5.4 节介绍它。

1. 双链树的概念

双链树的每个非叶结点包括三个域（symbol、first、next），其中 symbol 域存储关键码的一个字符，first 域存储指向第一棵子树的指针，next 域存储指向其右兄弟（下一棵子树根结点）的指针。叶结点有三个域（symbol、infoptr、next），其中，symbol 存放关键码结束符'*'，infoptr 域存放指向该关键码所标识的数据记录的指针，next 域存储指向其右兄弟（下一棵子树根结点）的指针，可以为 NULL。例如，设关键码集合有 10 个关键码，即{ cai, cao, li, chang, chu, lan, wu, wang, lin, zhao }。字典树的双链树表示如图 7-37 所示。

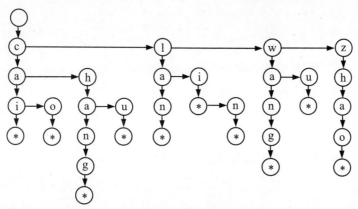

图 7-37 字典树的双链树表示

2. 双链树的结构定义

双链树的结构定义如下（存放于头文件 DLTree.h 中）。

```
#include<stdio.h>
#include<stdlib.h>
#include<string.h>
```

```
#define strSize 20                              //串最大长度
#define maxSize 100                             //数据区容量
#define stkSize 30                              //删除时使用栈的容量
typedef struct {                                //数据记录定义
    char key[strSize];                          //关键码，假定是字符串
    char other[strSize];                        //其他信息，假定也是字符串
} ElemType;
typedef struct node {                           //双链树结点的定义
    char symbol;                                //关键码中的一个字符
    struct node *next;                          //指向右兄弟的指针
    union {                                     //共用体
        int infoptr;                            //叶：数据记录在数据区的序号
        struct node *first;                     //分支：指向第一个子女的指针
    };
} DLTNode;
typedef struct {                                //双链树的定义
    DLTNode *root;                              //指向双链树根结点的指针
    int posit;                                  //在 R 数组中可存记录的最小空位
    ElemType R[maxSize];                        //存放数据记录的数组
} DLTree;
```

3. 双链树相关的算法

7-97 设计一个算法，实现一棵双链树的初始化并置为空树。

【解答】 如图 7-37 所示，双链树有一个头结点，初始化操作需要创建这个头结点，并对相关指针初始化。算法的实现如下。

```
void initDLTree(DLTree& T) {                    //构造仅有根结点的空双链树 T
//算法调用方式 initDLTree(T)。输入：双链树 T；输出：经过初始化的双链树 T
    T.root =(DLTNode *) malloc(sizeof(DLTNode));    //创建根结点
    T.root->symbol = '#';  T.root->first = NULL;  T.root->next = NULL;
    T.posit = 0;                                //表示 R 中序号最小的空位
}
```

算法的时间复杂度与空间复杂度均为 O(1)。

7-98 设计一个算法，在一棵双链树中查找关键码与给定值 x 匹配的结点。

【解答】 在双链树 T 中从根开始沿某条路径逐位与关键码 x 的各位进行比较，若比较到 x 的尾部对应位都相等，则查找成功，否则查找失败。算法的实现如下。

```
bool Search(DLTree& T, char x[], DLTNode *& pr, DLTNode *& p, int& d, int& i){
//算法调用方式 bool succ = Search(T, x, pr, p, , i)。输入：双链树 T，查找值串
//x；输出：用双链树各结点的值与 x 的个位逐位比较，若都相等则查找成功，函数返回
//true，引用参数 p 返回含 x 结点的地址，pr 返回 p 的前趋，d = 0 表示是纵向前趋，
//d = 1 表示是横向前趋，i 表示在数据区位置；若查找失败，函数返回 false，引用
//参数 p 返回发现失败结点的地址，pr 指向它的前趋，d 的含义相同，i 表示关键码
//失配位置（从 0 计址）
    pr = T.root;  p = pr->first;  i = 0;        //从第一个结点开始查找
    int n = strlen(x);                          //关键码串长度
    while(p != NULL && i < n) {                 //p 不空且未到最后一个字符
```

```
        while(p != NULL && p->symbol < x[i])        //横向查找关键码的第 i 位
            { pr = p;  p = p->next; }               //顺序在右兄弟结点中查找
        if(p != NULL && p->symbol == x[i])          //当前比较字符匹配
            { pr = p;  p = p->first;  d = 0;  i++;}  //继续查找下一位
        else { d = 1;  break; }                     //否则退出比较, 查找失败
    }
    if(p != NULL && i == n)                          //查找成功
        { i = p->infoptr;  return true; }           //i 为该数据的序号
    else return false;
}
```

若 x 有 n 位, 算法的时间复杂度为 O(n), 空间复杂度为 O(1)。

7-99　设计一个算法, 把新元素 x 插入一棵双链树中。

【解答】　算法首先调用 search 算法在双链树中查找关键码与 r.key 匹配的结点, 若查找成功, 说明双链树中已有包含此元素的结点, 插入失败, 函数返回 false; 若在双链树中没有查到关键码与 r.key 匹配的结点, 则将 r 插入树中, 函数返回 true。算法的实现如下。

```
bool Insert(DLTree& T, ElemType r) {
//算法调用方式 bool succ = Insert(T, r)。输入: 双链树 T, 插入结点 r; 输出: 若插
//入成功, 函数返回 true, r 结点插入双链树 T 中; 若插入失败, 函数返回 false
    DLTNode *p, *pr, *q;  int i, d = 0, n = strlen(r.key);
    if(Search(T, r.key, pr, p, d, i))               //查找 r.key 成功
        { printf("已有插入元素! \n");  return false; }
    if(T.posit < maxSize)                           //在数据区 T.R[]中有空位
        T.R[T.posit] = r;                           //将 r 插入 T.R[]中
    else { printf("存储不足! \n");  return false; }
    q = (DLTNode *) malloc(sizeof(DLTNode));
    q->first = q->next = NULL;
    if(d == 0) pr->first = q;                       //纵向插入
    else if(pr->first == p) { q->next = p;  pr->first = q;}  //转向插入
    else { q->next = pr->next;  pr->next = q; }     //横向插入
    for(; i < n; i++) {                             //创建后续链表
        q->symbol = r.key[i];
        q->first = (DLTNode *) malloc(sizeof(DLTNode));
        pr = q;  q = q->first;                      //纵向链接
        q->next = NULL;                             //横向置空
    }
    q->symbol = '*';  q->infoptr = T.posit++;
    return true;
}
```

若 r.key 有 n 位, 算法的时间复杂度为 O(n), 空间复杂度为 O(1)。

7-100　设计一个算法, 逐个插入输入序列的各个记录, 创建一棵双链树。

【解答】　算法使用题 7-99 的插入函数 Insert, 逐个插入输入序列 A 的每个元素, 逐步创建一棵双链树。要求横向链接保持字典顺序, 叶结点以字符 '*' 结束。算法的实现如下。

```
void createDLTree(DLTree& BT, ElemType A[], int n) {
```

```
//算法调用方式 createDLTree(BT, A, n)。输入：空的双链树 BT，输入数据数组 A,
//数据个数 n；输出：创建成功的双链树 BT
    ElemType r;
    initDLTree(BT);
    for(int i = 0; i < n; i++) {
        strcpy(r.key, A[i].key);  strcpy(r.other, A[i].other);
        Insert(BT, r);
    }
}
```

若输入序列有 n 个元素，各元素的位数为 $d_0, d_1, \cdots, d_{n-1}$，其平均位数为 $\overline{d}$，算法的时间复杂度为 $O(n \times \overline{d})$，空间复杂度为 $O(1)$。

算法的调用方式 createDLTree (BT, A, n)。输入：空的双链树 BT，输入数据数组 A，数据个数 n；输出：创建成功的双链树 BT。

7-101 设计一个算法，输出一棵双链树。

【解答】 算法采用递归算法实现双链树 T 中以*p 为根子树的输出。首先递归遍历一个关键码的所有字符，遇到'*'后输出元素信息；然后逐个字符退回，如果横向链非空，输出关键码前缀相同的下一个元素。算法的实现如下。

```
void Traverse(DLTree& T, DLTNode *p) {
//算法调用方式 Traverse(T, p)。这是一个递归的算法，输入：双链树 T，双链树中
//一棵子树的根指针 p；输出：输出双链子树*p 的所有元素
    if(p != NULL) {
        if(p->symbol != '*') Traverse(T, p->first);
        else {
            ElemType r = T.R[p->infoptr];
            printf("%s %s\n", r.key, r.other);
        }
        Traverse(T, p->next);
    }
}
```

若输入序列有 n 个元素，各元素的平均位数为 $\overline{d}$，算法的时间复杂度为 $O(n \times \overline{d})$，空间复杂度为 $O(\overline{d})$。

7-102 设计一个算法，在双链树中删除一个与给定值匹配的结点。

【解答】 算法使用栈存储查找路径。双链树上的查找是横向与纵向交替进行，如果中途比对失败，立即转出，不再继续下一个删除操作；如果比对到叶结点，则查找成功，首先考虑横向链删除（与其他关键码共享前缀），让它右兄弟替补它；再考虑纵向链删除，把它和它的子孙全部删除。算法的实现如下。

```
bool Remove(DLTree& T, ElemType r) {
//算法调用方式 bool succ = Remove(T, r)。输入：双链树 T，删除结点 r；输出：若
//删除 r 成功，函数返回 true，否则函数返回 false
    DLTNode *p, *pr, *q, *qr;
    int i, j, d, k, n = strlen(r.key);
```

```
        DLTNode *S[stkSize];  int top = -1;              //用栈存储路径
        pr = T.root;  p = pr->first;  i = 0;             //从第一个结点开始查找
        S[++top] = pr;  S[++top] = p;
        while(p != NULL && i < n) {                      //p 不空且未到最后一个字符
            while(p != NULL && p->symbol < r.key[i]){    //横向查找关键码的第 i 位
                pr = p;  p = p->next;                    //顺序在右兄弟结点中查找
                S[++top] = p;
            }
            if(p != NULL && p->symbol == r.key[i]) {     //当前比较字符匹配
                pr = p;  p = p->first;  i++;             //继续查找下一位
                S[++top] = p;
            }
            else { printf("没有被删元素! \n");  return false; }
        }
        if(p != NULL && i == n) {                        //查找成功
            k = p->infoptr;  T.R[k] = T.R[T.posit-1];    //该位置由最后元素替代
            Search(T, T.R[k].key, qr, q, d, j);          //修改替代元素指针
            q->infoptr = k;  T.posit--;  top--;
            q = S[top--];                                //退出位于栈顶的前趋结点
            if(p->next != NULL)                          //叶结点有兄弟, 用其替代
                { q->first = p->next;  free(p); }
            else {                                       //无兄弟, 向上删除
                while(q->first == p && p->next == NULL) {
                    free(p);  p = q;  q = S[top--];      //纵向删除
                }
                if(q->first == p && p->next != NULL)
                    { q->first = p->next;  free(p); }    //纵向链接兄弟
                else if(q->next == p)
                    { q->next = p->next;  free(p); }     //横向链接
            }
            return true;
        }
        else return false;
    }
```

若被删结点的关键码有 n 位, 算法的时间复杂度为 O(n), 空间复杂度为 O(n)。

7-103 设计一个算法, 销毁一棵双链树。

【解答】 算法采用递归方式。当树(根结点)不空时, 逐个销毁根的子树, 再回过头来释放根结点, 并置树根指针为空。算法的实现如下。

```
void Destroy(DLTNode *& t) {                     //销毁 t 为根的双链树
//算法调用方式 Destroy(t)。输入: 双链树的子树指针 t; 输出: 销毁后空子树指针 t
    if(t != NULL) {                              //非空树
        if(t->symbol != '*')                     //t 是分支结点
            Destroy(t->first);                   //递归销毁第一棵子树
        Destroy(t->next);                        //递归销毁其他子树
        free(t);  t = NULL;                      //释放根结点
```

```
        }
    }
```

这是一个后根遍历的递归算法，设双链树有 n 个关键码，各个关键码位数为 $d_0, d_1, \cdots, d_{n-1}$，算法的时间复杂度为 $O(n \times (d_0 + d_1 + \cdots + d_{n-1}))$，空间复杂度为 $O(\max\{d_0, d_1, ..., d_{n-1}\})$。

7.5.4 Trie 树

1 Trie 树的概念

Trie 树是键树的多链表示。在 Trie 树中，若从某个结点到叶结点的路径上每个结点的子女只有一个，则可将该路径上的所有结点压缩成一个叶结点，且在该叶结点中存储关键码及指向对应数据记录的指针等信息。因此，在 Trie 树上只有两种结点：分支（branch）结点和叶（leaf）结点。分支结点中不设置数据域，只设置 d+1 个指针域和一个指向该结点中非空指针个数的整数。其中，d 与"基数"相关，若关键码由字母组成，则 d = 26；若关键码由数字组成，则 d = 10。叶结点只有数据域和指向对应数据记录的指针。图 7-38 是一棵 Trie 树。

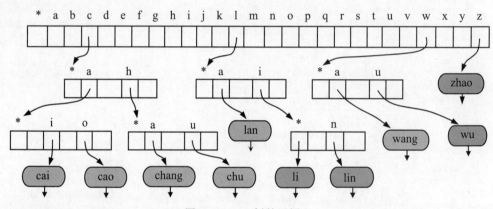

图 7-38   Trie 树的示例

2. Trie 树的结构定义

Trie 树的结构定义如下（存放于头文件 TrieTree.h 中）。

```c
#include<stdio.h>
#include<stdlib.h>
#include<string.h>
#define length 27              //分支结点中指针个数，等于基数加 1
#define maxSize 30             //数据区最多可存放元素个数
#define strSize 30             //关键码最大位数
#define stkSize 30             //删除时用于回溯的栈的容量
typedef struct {              //数据记录定义
    char key[strSize];         //关键码
    char other[strSize];
} ElemType;
typedef struct {              //叶结点的结构定义
    char key[strSize];         //元素关键码
```

```
        int infoptr;                      //元素在数据区存放位置
    } leaf;
    typedef struct {                      //分支结点的结构定义
        struct node *ptr[length];         //指针数组, length 等于基数加 1
        int n;                            //非空指针计数
    } branch;
    typedef struct node {                 //Trie 树结点的结构定义
        int kind;                         //kind = 0, 叶结点; kind = 1, 分支结点
        union {
            leaf data;                    //叶结点
            branch link;                  //指针数组, length 等于基数加 1
        };
    } TrieNode;
    typedef struct {                      //Trie 树的结构定义
        ElemType R[maxSize];              //数据区
        int posit;                        //当前可安放元素位置, 初始为 0
        TrieNode *root;                   //根指针, 初始为空
    } TrieTree;
```

在此头文件中还有一个 Trie 树的初始化函数，它将 Trie 树置空。算法的实现如下。

```
void initTrieTree(TrieTree& T) {
    T.root = NULL;  T.posit = 0;
}
```

3. Trie 树相关的算法

7-104　设计一个算法，在 Trie 树中查找关键码与 x 匹配的叶结点。

【解答】算法首先调用定位算法 Locate 对关键码第 k（k = 0, 1, …）位字符进行计算，得到在结点中的指针位置，再按照对应指针进行查找。如果返回 NULL，查找失败；否则函数返回找到的叶结点地址。算法的实现如下。

```
int Locate(char ch) {
    if(ch == '*' || ch == '\0') return 0;                    //'*'在第 0 位
    else if(ch >= 'A' && ch <= 'Z') return ch - 'A'+1;       //大写小写不分
    else if(ch >= 'a' && ch <= 'z') return ch - 'a'+1;
    else { printf("关键码出现非英文字母\n");  return -1; }
}
TrieNode *Find(TrieTree& T, char key[]) {
//算法调用方式 TrieNode *p = Find(T, key)。输入: Trie 树 T, 查找关键码串 key;
//输出: 在 Trie 树中查找包含 key 的叶结点, 函数返回该叶结点的地址（key 确在
//Trie 树中）
    TrieNode *p = T.root, *pr = NULL;  int j, k = 0;
    while(p != NULL && p->kind == 1) {                       //分支结点
        j = Locate(key[k]);                                 //定位
        pr = p;  p = p->link.ptr[j];  k++;                  //进入下一位的检查
    }
    return p;
}
```

7-105 设计一个算法，在 Trie 树上查找是否有关键码与给定值 key 匹配的结点。

【解答】 算法通过一个循环，逐位比对 Trie 树的结点字符与 key 对应字符是否相等。如果比对过程中检测指针 p == NULL，说明关键码不匹配，查找失败，函数返回 false；若检测指针已到达叶结点，叶结点保存的关键码与 key 不等，查找也失败，函数返回 false；否则函数返回 true，算法的实现如下。

```
bool Search(TrieTree& T, char key[], TrieNode *& pr, TrieNode *& p,
            int& j, int& k) {
//算法调用方式 bool succ = Search(T, key, pr, p, j, k)。输入：Trie 树 T，查
//找关键码串 key；输出：若查找成功，函数返回 true，引用参数 p 返回找到叶结点的地址，
//pr 返回其双亲，即最底分支结点地址，j 返回在分支结点中是第几个指针，k 返回在关键
//码 key 是第几位。若查找失败，函数返回 false，引用参数的值不可用
    int n = strlen(key);
    p = T.root;  pr = NULL;  k = 0;
    while(p != NULL && p->kind == 1) {                  //分支结点
        j = Locate(key[k]);                             //定位
        if(j == -1) { printf("关键码%s 组成有误! \n", key);  exit(1); }
        else { pr = p;  p = p->link.ptr[j];  k++; }     //进入下一位的检查
    }
    if(p == NULL) return false;                         //失败的第二种情况
    else if(strcmp(p->data.key, key) == 0) return true;//查找成功
    else return false;                                 //失败的第一种情况
}
```

7-106 设计一个算法，把新结点 r 插入一棵 Trie 树中。

【解答】 算法首先判断插入前树是否为空。若插入前树为空，则创建一个分支结点和叶结点，把新结点 r 的信息填入；若插入前树非空，需要从根开始，查找插入位置。若查找到某个分支结点后继续查找失败，则在该结点下面插入新叶结点，把 r 信息填入；否则若已查到叶结点，但叶结点的关键码不是要查找元素的关键码，需要在此创建新的分支结点，链接原有的叶结点和新叶结点，再把 r 信息填入。算法的实现如下。

```
bool Insert(TrieTree& T, ElemType r) {
//算法调用方式 bool Insert(T, r)。输入：Trie 树 T，插入结点 r；输出：若插入成功，
//函数返回 true，否则函数返回 flase，树 T 不变
    TrieNode *pr, *p, *q;  int i, j, k, s;
    if(T.root == NULL) {                                //空树时执行以下处理
        T.root = (TrieNode *) malloc(sizeof(TrieNode));
        T.root->kind = 1;  T.root->link.n = 0;          //创建根结点并初始化
        for(s = 0; s < length; s++) T.root->link.ptr[s] = NULL;
        j = Locate(r.key[0]);                           //定位
        q = (TrieNode *) malloc(sizeof(TrieNode));
        q->kind = 0;  strcpy(q->data.key, r.key);       //创建叶结点
        q->data.infoptr = T.posit;
        T.root->link.ptr[j] = q;  T.root->link.n++;     //创建指针链接
        T.R[T.posit] = r;  T.posit++;                   //存放数据
    }
```

```
        else {                                    //树非空时执行以下处理
            pr = NULL;  p = T.root;  i = 0;
            while(p != NULL && p->kind != 0) {    //当是分支结点时
                j = Locate(r.key[i]);             //定位
                pr = p;  p = p->link.ptr[j];  i++;    //向下层查找
            }
            if(p == NULL) {                       //插入新的叶结点
                q =(TrieNode *) malloc(sizeof(TrieNode));
                q->kind = 0;  strcpy(q->data.key, r.key);  //创建叶结点并链接
                q->data.infoptr = T.posit;
                pr->link.ptr[j] = q;  pr->link.n++;
                T.R[T.posit] = r;  T.posit++;     //存放数据
            }
            else {                                //已有一个叶结点*p
                if(strcmp(p->data.key, r.key) == 0)
                    return false;                 //查找成功, 不插入
                else{                             //叶结点不是插入元素
                    q =(TrieNode *) malloc(sizeof(TrieNode));
                    q->kind = 1;  q->link.n = 0;  //创建分支结点代替叶结点
                    for(s = 0; s < length; s++) q->link.ptr[s] = NULL;
                    pr->link.ptr[j] = q;  pr = q;
                    while(p->data.key[i] == r.key[i]) {
                        j = Locate(r.key[i]);     //定位
                        q =(TrieNode *) malloc(sizeof(TrieNode));
                        q->kind = 1;  q->link.n = 0;  //创建分支结点
                        for(s = 0; s < length; s++) q->link.ptr[s] = NULL;
                        pr->link.ptr[j] = q;  pr->link.n++;
                        pr = q;  i++;
                    }
                    j = Locate(p->data.key[i]);  k = Locate(r.key[i]);
                    pr->link.ptr[j] = p;  pr->link.n++;//原有叶结点*p 链接到 pr
                    q =(TrieNode *) malloc(sizeof(TrieNode));
                    q->kind = 0;  strcpy(q->data.key, r.key); //创建新的叶结点
                    q->data.infoptr = T.posit;
                    pr->link.ptr[k] = q;  pr->link.n++;
                    T.R[T.posit] = r;  T.posit++;         //存放数据
                }
            }
        }
    return true;
}
```

7-107　设计一个算法，利用插入操作逐个输入关键码并插入 Trie 树中，创建一棵 Trie 树。

【解答】　字符串的赋值不是使用 "＝"，而是使用 C 串函数 strspy。算法的实现如下。

```
void createTrieTree(TrieTree& T, ElemType A[], int n) {
```

```
//算法调用方式 createTrieTree(T, A, n)。输入: 空的 Trie 树 T, 输入数据数组 A, 数
//据个数 n; 输出: 引用参数 T 返回创建成功的 Tire 树
    ElemType r;
    initTrieTree(T);
    for(int i = 0; i < n; i++) {
        strcpy(r.key, A[i].key);  strcpy(r.other, A[i].other);
        Insert(T, r);
    }
}
```

7-108   设计算法，按先根次序输出一棵 Trie 树上保存的所有叶结点信息。

【解答】   算法采用递归方式逐层向下查找到叶结点，然后输出它所指向数据区保存的关键码和其他信息。算法的主函数从根开始调用输出的递归算法。算法的实现如下。

```
void Traverse_recur(TrieTree& T, TrieNode *& p) {
    TrieNode *q;  int i, j;
    if(p != NULL) {                                      //要求*p 是分支结点
        for(i = 0; i < length; i++) {
            q = p->link.ptr[i];
            if(q != NULL && q->kind == 0) {              //叶结点
                j = q->data.infoptr;                     //数据区定位
                printf("%s %s\n", T.R[j].key, T.R[j].other);
            }
            else if(q != NULL && q->kind == 1)
                Traverse_recur(T, q);                    //*q 是分支结点, 递归输出
        }
    }
}
void Traverse(TrieTree& T) {
//算法调用方式 Traverse(T)。输入: Trie 树 T; 输出: 按先根次序输出 Trie 树 T 各
//结点的关键码
    Traverse_recur(T, T.root);
}
```

7-109   设计一个算法，在一棵 Trie 树中删除指定结点 r。

【解答】   算法需要使用一个栈，存储回退的结点序列。为删除这个结点，算法首先要找到这个结点，如果没有找到则删除失败；否则删除这个结点。但删除结点可能导致上层分支结点的子树指针个数减少，如果减少到 0 则分支结点也要被删除；如果减少到 1 则分支结点缩小为叶结点。这种回退处理需要用到栈。算法的实现如下。

```
typedef struct { TrieNode *adr; int pos; } stkNode;
bool Remove(TrieTree& T, ElemType r) {
//算法调用方式 bool succ = Remove(T, r)。输入: Trie 树 T, 删除结点 r; 输出: 若
//从 Trie 树 T 中删除 r 成功, 函数返回 true, 引用参数 T 返回删除后的 Trie 树, 否
//则函数返回 false, Trie 树 T 不变
    stkNode w, S[stkSize];  int top = -1;
    TrieNode *p, *pr, *q;  int i, j, k;
```

```
        p = T.root;  pr = NULL;  i = 0;
        while(p != NULL && p->kind == 1) {              //分支结点
            j = Locate(r.key[i]);                       //定位
            if(j == -1) { printf("关键码非法! %s\n", r.key);  exit(1); }
            else {
                pr = p;  p = p->link.ptr[j];  i++;
                w.adr = pr;  w.pos = j;  S[++top] = w;
            }
        }
        if(p == NULL) { printf("关键码不存在! %s\n", r.key);  return false; }
        k = p->data.infoptr;                            //p 指向被删关键码所在叶结点
        T.R[k] = T.R[T.posit-1];                         //用最后元素填补被删元素
        q = Find(T, T.R[k].key);                         //修改指向填补元素的指针
        q->data.infoptr = k;  T.posit--;
        free(p);  w = S[top--];  pr = w.adr;  j = w.pos;
        pr->link.ptr[j] = NULL;  pr->link.n--;          //删除一个分支结点
        while(pr->link.n == 0) {
            p = pr;  w = S[top--];  pr = w.adr;  j = w.pos;
            pr->link.ptr[j] = NULL;  pr->link.n--;      //删除一个分支结点
        }
        return true;
}
```

7-110 设计一个算法，销毁一棵 Trie 树。

【解答】 算法采用递归方式，删除从底层向上实施。算法的实现如下。

```
void DestroysubTree(TrieNode *& p) {
    if(p != NULL && p->kind == 1) {                     //p 所指结点是分支结点
        for(int i = 0; i < length; i++)                 //处理所有分支
            if(p->link.ptr[i] != NULL)                  //ptr[i] 不为空
                DestroysubTree(p->link.ptr[i]);         //递归销毁 ptr[i] 子树
    }
    if(p != NULL) { free(p);  p = NULL; }               //释放结点*p
}
void Destroy(TrieTree& T) {
//算法调用方式 Destroy(T)。输入：Trie 树 T；输出：被销毁的 Trie 树 T
    DestroysubTree(T.root);
    T.posit = 0;
}
```

7.6 散 列 法

7.6.1 散列法的概念

1. 散列表的概念

散列法。又称哈希法或杂凑法，它在元素的存储位置与元素关键码间创建一个确定的
对应函数关系 Hash()， 使每个关键码与结构中的一个唯一的存储位置相对应：

$$\text{Address} = \text{Hash(Rec.key)}$$

2. 常见的散列函数

构造散列函数的原则有 3 个。一是散列函数的定义域必须包括需要存储的全部关键码，如果散列表有 m 个地址时，散列函数的值域必须在 0～m-1 之间；二是散列函数计算出来的地址应能均匀分布在整个地址空间中，散列函数应能以同等概率取 0～m-1 中的每一个值；三是散列函数应是简单的，能在较短的时间内计算出结果。

常用的散列函数。

（1）直接定址法。对关键码做一个线性计算，把计算结果当作散列地址。用作计算的线性函数为 hash(key) = a×key+b。其中，a 和 b 是常数。这种方法计算最简单，并且没有冲突发生。它适合于关键码的分布基本连续的情况。

（2）除留余数法。设散列表中允许的地址范围为[0..m-1]，取一个不大于 m，但最接近于或等于 m 的质数 p 作为除数，利用公式 hash(key) = key % p（p≤m）把关键码转换成散列地址。其中，"%" 是整数除法取余的运算，要求这时的质数 p 不是接近 2 的幂。

（3）数字分析法。设有 n 个 d 位数，每一位可能有 r 种不同的符号。这 r 种不同的符号在各位上出现的频率不一定相同，若散列表的地址范围为[0..m-1]，占 k 位数，可选取其中各种符号分布均匀的 k 位，并乘以一个比例因子（=m/10^k）得到散列地址。

（4）平方取中法。首先计算构成关键码的标识符的内码的平方，然后按照散列表的大小取中间的若干位作为散列地址。若散列表的地址范围为[0..m-1]，占 k 位数，同样需要乘以一个比例因子（=m/10^k），把得到的散列地址压缩到允许的地址范围之内。

（5）折叠法。此方法把关键码自左到右分成位数相等的几部分，每一部分的位数应与散列表地址位数相同，只有最后一部分的位数可以短一些。把这些部分的数据叠加起来，就可以得到具有该关键码的记录的散列地址。有如下两种叠加方法。

- 移位法：把各部分的最后一位对齐相加。
- 分界法：各部分不折断，沿各部分的分界来回折叠，然后对齐相加，将相加的结果当作散列地址。

3. 解决冲突的方法

（1）解决冲突的开地址法。开地址法又称为闭散列法，是指可存放新元素的空闲位置既向它的同义词元素开放，又向它的非同义词元素开放。也就是说，所有元素都放在一个散列表的基本空间之内。这里的同义词是指那些散列地址相同的不同关键码。假设散列地址范围为[0..m]，解决冲突的开地址法有如下 3 种，除线性探测法外，后两种探测法称为伪随机数探测法。

- 线性探测法。使用某一种散列函数计算出初始散列地址 H_0，一旦发生冲突，在表中顺次向后查找"下一个"空闲位置 H_i 的公式为 $H_i = (H_{i-1}+1) \% m$，i = 1, 2, …，m-1。使用线性探测法，查找成功的平均查找长度 ASL $_{成功}$是对所有已在表中的元素进行计数的，查找不成功的平均查找长度 ASL $_{不成功}$是插入新元素（表中原来没有）时找到空闲位置的探测次数。

- 二次探测法。使用二次探测法，在表中查找"下一个"空闲位置的公式为 $H_i = (H_0 \pm i^2) \% m$，i = 1, 2, 3, …, (m-1)/2。式中的 H_0 = hash(x)是通过散列函数 hash() 对元素的关键码 x 进行计算得到的散列地址，它是一个非负整数。m 是表的大小，它应是一个值为 4k+3 的质数，其中 k 是一个整数。二次探测法的探测序列形如 H_0, $(H_0 \pm 1) \% m$, $(H_0 \pm 4) \% m$, $(H_0 \pm 9) \% m$, $\cdots$。

- 双散列法。使用双散列法时，需要两个散列函数。第一个散列函数 Hash(key)按元素的关键码 key 计算元素的初始散列地址 H_0 = Hash(key)。一旦发生地址冲突，利用第二个散列函数 $Hash_2(key)$ 计算该元素到达"下一个"空闲位置的地址增量。它的取值与 key 的值有关，要求它的取值应当是大于 1 且小于地址空间大小 m，且与 m 互质的正整数。

若设表的长度为 m，则在表中查找"下一个"空闲位置的公式为

$$H_0 = \text{Hash(key)}, \quad p = Hash_2(key); \qquad p \text{ 是小于 m 且与 m 互质的整数}$$

$$H_i = (H_{i-1} + p) \% m, \quad i = 1, 2, \cdots, m-1$$

（2）解决冲突的链地址法。链地址法又称为拉链法，该方法首先对关键码集合用某一个散列函数计算它们的存放位置。若设散列表地址空间的所有位置是从 0～m-1，则关键码集合中的所有关键码被划分为 m 个子集合，通过散列函数计算出来的具有相同地址的关键码归于同一子集合。称同一子集合中的关键码互为同义词。每一个子集合通过一个单链表链接，称为同义词子表。所有桶号相同的元素都链接在同一个同义词子表中，各链表的头结点组成一个向量。因此，向量的元素个数与可能的地址数一致。地址为 i 的同义词子表的头结点是向量中的第 i 个元素。

7.6.2　散列法的应用

7-111　设有 n 个整数散列到数组 A[m]中，m 为表的大小。设计一个算法，随机生成 n 个整数，采用除留余数法、平方取中法、乘余取整法、随机数法作为散列函数，分别计算它们的散列值，并观察哪种散列函数计算出来的值分布最均匀？

【解答】　这几种方法的数学表达分别如下：

（1）除留余数法：散列函数为 hash (key) = key % p，要求 p 是≤m 且最接近于 m 的质数。例如，若 m = 20 时 p = 19，若 key = 700，hash (700) = 700 % 19 = 16。

（2）平方取中法：首先计算整数 c，满足 mc^2 与 n^2 大致相等，然后令散列函数为 hash(key) = $\lfloor key^2/c \rfloor$ % m，要求 c 与 m 互质。例如，若 m = 19，n = 1000，key = 700，$mc^2 \approx n^2$，$c \approx 229$，与 19 互质。若 key = 700，hash (700) = $\lfloor 700^2/229 \rfloor$ % 19 = 11。

（3）乘余取整法：散列函数为 hash (key) = $\lfloor m*(A*key - \lfloor A*key \rfloor) \rfloor$，其中 A = ($\sqrt{5}$ -1) /2 = 0.6180339。例如，若 n = 1000，m = 19，key = 700，hash (700) = $\lfloor 19*(0.62373) \rfloor$ = 11。

（4）随机数法：散列函数为 hash (key) = rand() % m。为了每次运行产生相同的随机数序列，在前面要调用 srand (997)函数，否则下一次运行，产生不同的随机序列会造成混乱。

算法首先随机生成 n 个整数，作为输入数据存储到数组 IN 中。然后逐个输入，用 4 种散列函数分别计算散列值，存放于 A、B、C、D 等 4 个长度为 m 的散列表中，表中每一个表项仅为存放次数计数（初值为 0）用。如果新计算出的散列值为 i，就将第 i 项的值加 1，最后输出这 4 个表即可知道计算出的地址分布是否均匀了。算法的实现如下：

```
#define M 19                                              //散列表大小
#define N 100                                             //最大元素个数
void Hashfunction(int A[], int B[], int C[], int D[], int n) {
```

```
//算法调用方式 Hashfunction(A, B, C, D, n)。输入: 函数体内随机生成 n 个数据, 存
//放到数组 IN[N]内, n 是数据个数; 输出: 按照 4 种散列函数的计算方法, 计算 n 个
//数据的散列地址, 分别按这些地址将 n 个数据存放于 A(除留余数法)、B(平方取
//中法)、C(乘余取整法) 和 D(随机数法) 内
    int i, k, c, p, q;  float f;  int IN[N];
    for(i = 0; i < M; i++) A[i] = B[i] = C[i] = D[i] = 0;
    q = (int) sqrt(M);                          //计算不大于 m 的最大质数
    for(p = M; p >= q; p--) {                    //p 是不大于 m 的最大质数
        for(k = 2; k <= q; k++)
            if(p % k == 0) break;                //能整除, 不是质数
        if(k > q) break;
    }
    c = (int) sqrt(N*N/M);
    srand(time(NULL));
    for(i = 0; i < n; i++) IN[i] = rand();      //生成 n 个随机数
    for(i = 0; i < n; i++) {
        k = IN[i] % p; A[k]++;                   //除留余数法
        k = (int)(IN[i]*IN[i]/c) % M; B[k]++;    //平方取中法
        f = ((float) sqrt(5)-1)/2;  f = f*IN[i];
        k = (int)((f-(int)f)*M); C[k]++;         //乘余取整法
        k = rand() % M; D[k]++;                  //随机数法
    }
    printf("\n");
}
```

7-112 假定有一个 100×100 的稀疏矩阵, 其中 1%的元素为非零元素, 现要求对其非零元素进行散列存储, 使之能够按照元素的行、列号存取矩阵元素, 试采用除留余数法构造散列函数和线性探测法处理冲突, 分别写出创建散列表和存取散列表元素的算法。

【解答】 由题意可知, 整个稀疏矩阵中非零元素的个数为 100。为了散列存储这 100 个非零元素, 需要使用一个作为散列表的一维数组。假定用 HT[m]表示这个散列表, 其中 m 为散列表的长度, 若取装填因子为 0.75 左右, 则以 m = 133 为宜(因 133 为素数)。

按照题目要求, 需根据稀疏矩阵元素的行下标和列下标存取散列表中的元素, 所以每个元素的行下标和列下标同时为元素的关键码。假定用 x 表示一个非零元素, 按除留余数法构造散列函数, 并考虑尽量让得到的散列地址分布均匀, 所以散列函数为

$$\text{Hash}(x) = (13*x.row+17*x.col) \% m$$

系数 13 和 17 是为减少对称元素的冲突而随机设置的。

设每个非零元素的结构类型为

```
#include<stdio.h>
#define maxNumber 10
#define hashTblSize 13                          //取散列表长度 13, 可使装填因子小于 0.8
typedef int DataType;
typedef struct {
    int row, col;                               //存储非零元素的行、列下标
    DataType val;                               //存储非零元素值
```

```
} Element;
```

（1）创建散列表的算法实现如下。

```
bool Create(Element HT[], int coord[][2], DataType value[], int n) {
//算法调用方式 bool succ = Create(HT, coord, value, n)。输入：元素值数组 value,
//行列坐标数组 coord，非零元素个数 n；输出：根据稀疏矩阵的三元组 coord 和 value
//创建散列表 HT。若创建成功，函数返回 true，否则函数返回 false
    int i, d, t;  Element x;
    for(i = 0; i < hashTblSize; i++)                    //表初始化，行列号置为-1
      { HT[i].row = HT[i].col = -1;  HT[i].val = 0; }
    for(i = 0; i < n; i++) {                            //稀疏矩阵按行优先存入
      x.row = coord[i][0];  x.col = coord[i][1];  x.val = value[i];
      d =(13*x.row+17*x.col) % hashTblSize;             //计算初始散列地址
        t = d;  bool valid = true;                      //保存探测终止位置
      while(HT[d].row != -1 && HT[d].col != -1)
        if(HT[d].row == x.row && HT[d].col == x.col)
          { valid = false;  break; }                   //表中已有该元素，不加
        else {
          d =(d+1) % hashTblSize;                       //d 位置已用，探测下一位置
          if(d == t) return false;                      //无插入位置返回 false
        }
      if(valid == true)                                 //该非零元素表中没有
        { HT[d].row = x.row;  HT[d].col = x.col;  HT[d].val = x.val; }

    }
    return true;                                        //全部元素插入成功后返回 true
}
```

（2）在散列表上进行查找的算法实现如下。

```
int Locate(Element HT[], int row, int col, int& count) {
//算法调用方式 int Locate(HT, row, col, count)。输入：散列表 HT，元素行号 row,
//列号 col；输出：按 row（行）、col（列）号查找该元素在 HT 的位置，通过函数返
//回。若查找失败，函数返回-1。引用参数 count 返回查找的探测次数
    int d =(13*row+17*col) % hashTblSize;               //计算散列地址
    int t = d;                                          //保留探测终止位置
    while(1) {
      count++;
      if(HT[d].row == row && HT[d].col == col) return d;   //查找成功
      else {
        d = (d+1) % hashTblSize;
        if(HT[d].row == -1 && HT[d].col == -1 || d == t)
          { count++;  return -1; }
      }
    }
}
```

7-113 设有 1000 个值在 1~10 000 的不相等整数，设计一个利用散列方法的算法，以最少的数据比较次数和移动次数对它们进行排序。

【解答】 第一种解决方案是设置大小为 10 000 的散列表，把 1000 个整数对号入座，然后再按地址递增的顺序依次输出。算法的缺点是时间复杂度达到 O(10 000)，还需要 10 000 个附加存储。第二种解决方案是利用链地址法进行排序，设置平均链长为 $\lceil 1000/k \rceil = 2$ 的 k = 500 个有序单链表组成散列表，总时间复杂度和空间复杂度可缩减到 O(500)。

（1）使用第一种解决方案（数组）进行散列排序。

```
#include<LinkList.h>
#define n 100                                      //取值范围 0..100
#define m 10                                        //元素个数 10
#define nd3 33                                      //链表数
void HashSort(int A[], int& count) {
//数组散列排序调用方式 HashSort(A, count)。输入：整数数组 A；输出：排好序的数
//组 A，引用参数 count 返回排好序的整数个数
    int H[101];  int i;  count = 0;
    for(i = 1; i <= n; i++) H[i] = 0;              //限制整数值为 1~100
    for(i = 0; i < m; i++) H[A[i]] = A[i];         //10 个整数对号入座
    for(i = 1; i <= n; i++)
    if(H[i] != 0) A[count++] = H[i];               //排序后的整数回放到 A
}
```

（2）使用第二种解决方案（单链表）进行散列排序。

```
void LinkHashSort(int A[], int& count) {
//链表散列排序调用方式 LinkHashSort(A, count)。输入：整数数组 A；输出：排好
//序的整数数组 A，引用参数 count 返回排好序的整数个数
    LinkNode *H[nd3];  LinkNode *s, *p, *q;  int i, j;   //设置 m 个单链表
    for(i = 0; i < nd3; i++) H[i] = NULL;
    for(i = 0; i < m; i++) {
        s = (LinkNode*) malloc(sizeof(LinkNode));
        s->data = A[i];                                  //创建链表结点
        j = A[i]/3;                                      //计算应放入哪个链
        if(H[j] == NULL) { s->link = H[j];  H[j] = s; }  //插入空表
        else {                                           //插入非空表
            p = H[j];  q = NULL;
            while(p->data < s->data)                     //在有序链表中查找插入位置
              { q = p;  p = p->link; }
            if(q == NULL)                                //在链表中插入并保持有序
              { s->link = H[j];  H[j] = s; }
            else { s->link = p;  q->link = s; }
        }
    }
    for(i = 0, count = 0; i < nd3; i++)                  //逐个回放到数组 A 中
      for(p = H[i]; p != NULL; p = p->link)
          A[count++] = p->data;
}
```

7.6.3 用开地址法解决冲突

1. 散列表的结构定义

用开地址法解决冲突的散列表是一个数组，称每一个数组元素的下标为散列地址，它有三个状态，Active 表示此地址正在使用，Blank 表示此地址空闲，Deleted 表示此地址的元素被删除。散列表的结构定义如下（保存于头文件 HashTable.h 中）。

```c
#include<stdio.h>
#include<stdlib.h>
#define defaultSize 19
enum KindOfState { Active, Blank, Deleted };        //元素分类(活动/空闲/删除)
typedef int KeyType;
typedef struct {                                    //元素结构定义
    KeyType key;                                    //关键码
} HElemType;
typedef struct {                                    //散列表结构定义
    int divisor;                                    //散列函数的除数
    int n, m;                                       //当前已用地址数及最大地址数
    HElemType *data;                                //散列表存储数组
    KindOfState *state;                             //状态数组
    int *count;                                     //探测次数数组
} HashTable;
```

在此头文件中还有一个表初始化函数，在创建表后使用表之前必须调用它一次。

```c
void initHashTable(HashTable& HT, int d) {
//初始化函数：要求 d 是不大于 m 但最接近 m 的质数
    HT.divisor = d;
    printf("divisor=%d\n", HT.divisor);
    HT.m = defaultSize;  HT.n = 0;
    HT.data = (HElemType*) malloc(HT.m*sizeof(HElemType));//创建表存储数组
    HT.state = (KindOfState*) malloc(HT.m*sizeof(KindOfState));
                                                    //创建表状态数组
    HT.count = (int*) malloc(HT.m*sizeof(int));     //创建探测次数数组
    for(int i = 0; i < HT.m; i++)                   //初始化
        { HT.state[i] = Blank; HT.count[i] = 0; }
}
```

2. 与线性探测法解决冲突相关的算法

7-114 设散列表采用线性探测法解决冲突，并用除留余数法作为散列函数。设计一个算法，在散列表 HT 中查找关键码与给定值 x 相等的元素。返回元素所在位置（查找成功）或可插入元素的位置（查找不成功）。

【解答】 首先使用散列函数计算出应存放的散列地址 i。如果在此地址没有发生冲突，则可以直接按此地址存放元素；如果发生了冲突，就需要通过一个 do-while 循环在表内查找下一个空闲位置（称为空位）以存放元素。算法的实现如下。

```
bool FindPos(HashTable& HT, KeyType x, int& i, int& num) {
//算法调用方式 bool succ = FindPos(HT, x, i, num)。输入：散列表 HT，关键码 x；
//输出：用线性探测法查找在散列表 HT 中关键码与 x 匹配的元素，若查找成功则函
//数返回 true，i 是找到地址，num 是探测次数；若查找失败且 i≠-1 则 i 是插入位置，
//num 是探测到失败位置的探测次数；若 i=-1 则表示表已满，函数返回 false
    i = x % HT.divisor;  num = 0;                        //计算初始散列地址
    if(HT.state[i] == Active && HT.data[i].key == x)
      { num++;  return true; }
    else {
       int j = i;
       do {
          num++;
          if(HT.state[i] == Active && HT.data[i].key == x) return true;
          else if(HT.state[i] == Blank) return false; //找到空位，返回
          i= (i+1) % HT.m;
       } while(j != i);
       i = -1;  return false;                           //转一圈，表已满，查找失败
    }
}
```

7-115　若散列表采用线性探测法解决冲突，并用除留余数法作为散列函数。设计一个算法，在散列表 HT 中插入一个关键码为 x 的新元素。

　　【解答】　函数首先调用查找算法，在散列表中查找是否有关键码与 x 匹配的元素，若查找成功，则不必插入；若查找失败且返回 i 值不等于-1，则可以在 i 表示位置插入；若查找失败且 i 等于-1，说明表已满，不能插入。算法的实现如下。

```
bool Insert(HashTable& HT, HElemType elem) {
//算法调用方式 bool succ = Insert(LT, elem)。输入：散列表 HT，插入结点 elem；
//输出：在散列表 HT 中查找关键码与 elem.key 匹配的元素，若找到则不再插入，若未
//找到但表已满，也不再插入，函数返回 false；否则若没有找到关键码与 elem.key 匹
//配的元素但找到插入位置，元素 elem 插入，函数返回 true
    int i, num;  bool flag;
    flag = FindPos(HT, elem.key, i, num);                //计算初始散列地址
    if(flag) { printf("表中已有此元素，不能插入！\n");  return false; }
    else if(i == -1) { printf("表已满，不能插入！\n");  return false; }
    HT.data[i] = elem;  HT.state[i] = Active;            //该位置存放新元素
    HT.count[i] = num;  HT.n++;
    return true;
}
```

7-116　若散列表采用线性探测法解决冲突，并用除留余数法作为散列函数。设计一个算法，输入一个关键码序列 A[n]，创建散列表 HT。

　　【解答】　使用题 7-115 的插入算法，顺序为输入序列的每一个关键码创建结点，插入散列表中。算法的实现如下。

```
void createHashTable(HashTable& HT, KeyType A[], int n) {
//算法调用方式 createHashTable(HT, A, n)。输入：空的散列表 HT，输入数据数组 A，
```

```
//数据个数 n；输出：从关键码序列 A 中顺序读取关键码，创建散列表，采用线性探
//查法解决冲突。要求散列表已经初始化
    HElemType elem;
    for(int i = 0; i < n; i++) { elem.key = A[i];  Insert(HT, elem); }
}
```

7-117 若散列表采用线性探测法（或二次探测、双散列法）解决冲突，设计一个算法，按地址递增的顺序输出散列表中的所有关键码。

【解答】 对所有表中的地址顺序扫描过去，只要状态为 Active 即输出该地址的关键码值，并在括号内给出找到它的比较次数。算法的实现如下。

```
void displayHashTable(HashTable& HT) {
//算法调用方式 DisplayHashTable(HT)。输入：散列表 HT；
//输出：顺序扫描输出结点数据
    for(int i = 0; i < HT.m; i++)                    //顺序扫描各地址
        if(HT.state[i] == Active)                    //该地址有元素，输出
            printf("[%d] %d(%d)\n", i, HT.data[i].key, HT.count[i]);
}
```

7-118 若散列表采用线性探测法（或二次探测、双散列法）解决冲突，并用除留余数法作为散列函数。设计一个算法，计算该表的查找成功的平均查找长度。

【解答】 顺序累加状态为 Active 的元素的探测计数，再除以元素个数即可。算法的实现如下。

```
void successASL(HashTable& HT, int& numerator, int& denominator) {
//算法调用方式 successASL(HT, numerator, denominator)。输入：散列表 HT；输出：
//查找成功的平均查找长度的被除数 numerator，除数 denominator
    int sum = 0;
    for(int i = 0; i < HT.m; i++)                    //累加探测计数
        if(HT.state[i] == Active) sum = sum+HT.count[i];
    numerator = sum;  denominator = HT.n;
}
```

7-119 若散列表采用线性探测法解决冲突，并用除留余数法作为散列函数。设计一个算法，在散列表 HT 中删除一个关键码为 x 的元素。

【解答】 函数首先在散列表中查找是否有关键码与 elem.key 匹配的元素，若查找成功则给该元素做删除标记，函数返回 true；若查找失败则函数返回 false。算法的实现如下。

```
bool Remove(HashTable& HT, KeyType k, HElemType& elem) {
//算法调用方式 bool succ = Remove(HT, k, elem)。输入：链式散列表 HT，要删除的
//关键码 k；输出：在 HT 表中删除关键码等于 k 的元素。若表中找不到这样的元素，
//或虽然找到但它已经逻辑删除过，则函数返回 false，否则在表中删除关键码为 k 的
//元素，函数返回 true，并在引用参数 elem 中得到它
    int i, num;  bool flag;
    flag = FindPos(HT, k, i, num);
    if(! flag) { printf("表中没有找到被删元素！\n");  return false; }
    else {                                           //找到要删除元素
```

```
        elem = HT.data[i];  HT.state[i] = Deleted;       //做逻辑删除标志
        HT.n--;    return true;                           //删除操作完成,返回
    }
}
```

7-120 若散列表采用线性探测法解决冲突,所有被删元素都只是逻辑删除。设计一个算法,对散列表进行重构,对所有做过逻辑删除的元素进行物理删除。要求不可以中断其他元素的探测序列。

【解答】 重构散列表需要对所有表中的状态为 Active 的元素重新进行散列,把做过逻辑删除的元素全部清理掉。算法顺序取出原表所有状态为 Active 的元素,按其关键码散列到新表中,最后用新表代替原表。算法的实现如下。

```
void reConstruct(HashTable& HT) {
//算法调用方式 reConstruct(HT)。输入:散列表 HT; 输出:重构的散列表 HT
    int i, newSize = 0;
    HashTable nHT;  initHashTable(nHT, defaultSize);
    for(i = 0; i < HT.m; i++){ nHT.state[i] = Blank;  nHT.count[i] = 0; }
    for(i = 0; i < HT.m; i++)
        if(HT.state[i] == Active) Insert(nHT, HT.data[i]);
                                                         //需要散列到新表中
    free(HT.data);  free(HT.state);  free(HT.count);
    HT.data = nHT.data;  HT.state = nHT.state;  HT.count = nHT.count;
}
```

7-121 若散列表采用线性探测法解决冲突,并用除留余数法作为散列函数。设计一个算法,计算该表的查找不成功的平均查找长度。

【解答】 查找不成功的地址范围为 HT.divisor,线性探测法顺序向后继方向检查 HT.state[i],如果 HT.state[i]是 Active 或 Deleted,则统计从 i 到第一个状态为 Blank 的位置的探测次数,并累加到 sum 中,最后再除以 HT.divisor 即可。算法的实现如下。

```
void unsuccessASL(HashTable& HT, int& numerator, int& denominator) {
//算法调用方式 unsuccessASL(HT, numerator, denominator)。输入:散列表 HT;
//输出:查找不成功的平均查找长度的被除数 numerator, 除数 denominator
    int c, i, j, sum = 0;
    for(i = 0; i < HT.divisor; i++) {
        if(HT.state[i] == Blank){c = 1;  sum++;}  //空位的探测计数为1
        else {                                     //计算到空位的探测次数
            c = 2;
            for(j = i+1; j != i; j =(j+1) % HT.m)
                if(HT.state[j] != Blank) c++;
                else break;
            sum = sum+c;
        }
    }
    numerator = sum;  denominator = HT.divisor;
}
```

7-122 若散列表采用二次探测法解决冲突，并用除留余数法作为散列函数。设计一个算法，在散列表 HT 中查找关键码与给定值 x 相等的元素。返回元素所在位置（查找成功）或可插入元素的位置（查找不成功）。

【解答】 二次探测法在冲突发生后，用 $h_i = (h_{i-1}+k^2)$ % m 和 $h_i = (h_{i-1}-k^2)$ % m 计算下一个位置。当 k 从 1 到 $\lfloor m/2 \rfloor$ 循环完就能探测到除初始散列地址外的所有地址，此时一定是表满且查找失败情形。算法的实现如下。

```
bool FindPos(HashTable& HT, KeyType x, int& i, int& num) {
//算法调用方式bool succ = FindPos(HT, x, i, num)。输入：散列表 HT，关键码 x；
//输出：用二次探测法查找在散列表 HT 中关键码与 x 匹配的元素，查找成功时函
//数返回 true，引用参数 i 返回找到地址，num 返回探测次数；查找失败时若 i≠-1
//则引用参数 i 返回插入位置，num 返回探测到失败位置的探测次数，否则表满，
//函数返回 false
    i = x % HT.divisor;    num = 0;                    //计算初始散列地址
    if(HT.state[i] == Active && HT.data[i].key == x)
        { num++; return true; }
    else {
        int j = i, k;
        for(k = 1; k <= HT.m/2; k++) {
            num++;
            if(HT.state[i] == Active && HT.data[i].key == x) return true;
            else if(HT.state[i] == Blank) return false;//找到空位，返回
            i = (j+k*k) % HT.m;  num++;
            if(HT.state[i] == Active && HT.data[i].key == x) return true;
            else if(HT.state[i] == Blank) return false;//找到空位，返回
            i = (j-k*k) % HT.m;
            while(i < 0) i = i+HT.m;
        }
        i = -1; return false;                     //转一圈，表已满，查找失败
    }
}
```

7-123 若散列表采用二次探测法解决冲突，并用除留余数法作为散列函数。设计一个算法，计算该表的查找不成功的平均查找长度。

【解答】 二次探测法对从 0 到 HT.divisor−1 的每一个位置进行检查，如果 HT.state[i] 不是 Blank，用 $h_i = (h_{i-1}+i^2)$ % m 和 $h_i = (h_{i-1}-i^2)$ % m 查找到达第一个状态为 Blank 的元素的探测次数，再累加到 sum 中，最后再除以 HT.divisor 即可。算法的实现如下。

```
void unsuccessASL(HashTable& HT, int& numerator, int& denominator) {
//算法调用方式unsuccessASL(HT, numerator, denominator)。输入：散列表 HT；
//输出：查找不成功的平均查找长度的被除数 numerator，除数 denominator
    int c, i, j, k, sum = 0;
    for(i = 0; i < HT.divisor; i++) {
        if(HT.state[i] == Blank){c = 1;  sum++;}        //空位的探测计数为 1
        else {                                          //计算到空位的探测次数
            c = 2;
```

```
        for(k = 1;  k < HT.m/2; k++) {
            j = (i+k*k)  %  HT.m;
            if(HT.state[j] != Blank) c++;
            else break;
            j =(i-k*k) % HT.m;
            while(j < 0) j = j+HT.m;
            if(HT.state[j] != Blank) c++;
            else break;
        }
        sum = sum+c;
        }
    }
    numerator = sum;  denominator = HT.divisor;
}
```

7-124　若散列表采用双散列法解决冲突，并用除留余数法作为散列函数。设计一个算法，在散列表 HT 中查找关键码与给定值 x 相等的元素。返回元素所在位置（查找成功）或可插入元素的位置（查找不成功）。

【解答】　利用双散列法开始进行的处理也与线性探查法相同，但在冲突发生后，需要利用第二个散列函数计算从冲突位置 j 向后查找下一个空位的间隔，本题采用 gap = 1+ x % (m-1)，查找下一个空位的算式采用 $h_i = (h_{i-1}+gap) \% m$。算法的实现如下。

```
bool FindPos(HashTable& HT, KeyType x, int& i, int& num) {
//算法调用方式bool succ = FindPos(HT, x, i, num)。输入：散列表HT，关键码x;
//输出：用双散列法查找在散列表HT中关键码与x匹配的元素，若查找成功则函数
//返回true，引用参数i返回找到地址, num返回探测次数；若查找失败，若i≠-1
//则i返回插入位置，num返回探测到失败位置的探测次数，否则表已满，函数返回
//false
    i = x % HT.divisor;     num = 0;                    //计算初始散列地址
    if(HT.state[i] == Active && HT.data[i].key == x){ num++;  return true; }
    else {
       int j = i, gap = 1+(x %(HT.m-1));                //gap是再散列的间隔
       do {
          num++;
          if(HT.state[i] == Active && HT.data[i].key == x) return true;
          else if(HT.state[i] == Blank) return false;   //找到空位，返回
          i =(i+gap) % HT.m;
       } while(j != i);
       i = -1;  return false;                           //转一圈，表已满，查找失败
    }
}
```

7-125　设散列表采用双散列法解决冲突，并用除留余数法作为散列函数。设计一个算法，计算该表的查找不成功的平均查找长度。

【解答】　双散列法对从 0～HT.divisor-1 的每一个位置，以探测间隔 1, 2,…, m-1 计算到达第一个状态为 Blank 的元素的探测次数，累加到 sum 中，最后再除以 HT.divisor*(m-1)

即可。算法的实现如下。

```
void unsuccessASL(HashTable& HT, int& numerator, int& denominator) {
//算法调用方式 unsuccessASL(HT, numerator, denominator)。输入：散列表 HT；
//输出：查找不成功的平均查找长度的被除数 numerator, 除数 denominator
    int c, i, j, k, sum = 0;
    for(i = 0; i < HT.divisor; i++) {
        if(HT.state[i] == Blank)   { c = 1;  sum++; } //空位的探测计数为 1
        else {                                        //计算到空位的探测次数
            for(j = 1; j < HT.m; j++) {               //有 HT.m-1 种间隔
                c = 2;
                for(k = (i+j) % HT.m; k != i; k =(k+j) % HT.m)
                    if(HT.state[k] != Blank) c++;
                    else break;
                sum = sum+c;
            }
        }
    }
    numerator = sum;  denominator = HT.divisor*(HT.m-1);
}
```

7.6.4 用链地址法解决冲突

散列表的结构定义

使用链地址法解决冲突，时间效率比开地址法要好得多，特别是在表中元素越来越多时，时间复杂度增长很慢。使用链地址法解决冲突的散列表的结构定义如下（保存于头文件 ChainHashTable.h 中）。

```
#define defaultSize 11
typedef int KeyType;                           //关键码类型定义
typedef struct HElemType {                     //元素类型定义
    KeyType key;
}
typedef struct ChainNode {                     //各同义词子表的链结点定义
    HElemType data;                            //元素
    ChainNode *link;                           //链指针
}
typedef struct HashTable {                      //散列表类型定义
    int divisor;                                //除数（必须是素数）
    int m;                                      //容量
    ChainNode *elem[defaultSize];               //散列表表头指针向量
}
```

在此头文件中，还有一个程序，对新创建的散列表做初始化工作。算法的实现如下。

```
void initHashTable(HashTable& LT, int d) {     //初始化函数
    LT.divisor = d;
```

```
    LT.m = defaultSize;
    for(int i = 0; i < LT.m; i++) LT.elem[i] = NULL;
}
```

7-126 若散列表采用链地址法解决冲突，并采用除留余数法计算散列地址，设计一个算法，在散列表 LT 中查找关键码与给定值 k 匹配的元素。找到后，函数返回该元素所在链结点地址，若找不到，则函数返回 NULL。

【解答】 函数首先用除留余数法计算 k 的散列地址 i，然后在地址 i 的链表中沿着链逐个与结点中元素的关键码比较，若找到，则停止比较，返回该结点地址；若链表已检查完，则表中没有要找的元素，函数返回 NULL。算法的实现如下。

```
ChainNode *FindPos(HashTable& LT, KeyType k, int& i) {
//算法调用方式 ChainNode *p = FindPos(LT, k, i)。输入: 链式散列表 LT, 关键码 k;
//输出: 在散列表 LT 中查找关键码为 k 的元素。若查找成功, 函数返回找到结点的地
//址, 若查找失败, 函数返回 NULL, 引用参数 i 返回该元素的散列地址
    i = k % LT.divisor;                          //计算散列地址
    ChainNode *p = LT.elem[i];                    //扫描地址 i 的同义词子表
    while(p != NULL && p->data.key != k) p = p->link;
    return p;                                     //返回
}
```

7-127 若散列表采用链地址法解决冲突，并采用除留余数法计算散列地址，设计一个算法，在散列表 LT 中插入一个元素 x。如果表中已有该元素，则不插入，否则按尾插法将元素 x 插入在相应同义词子表的末尾。

【解答】 函数首先使用除留余数法计算掺入元素的散列地址 i，然后在第 i 个链表中查找该元素在表中是否已经存在，若已经存在，则不插入，否则将它插入该链表的末尾。算法的实现如下。

```
bool Insert(HashTable& LT, HElemType x) {
//算法调用方式 bool succ = Insert(LT, x)。输入: 链式散列表 LT, 插入关键码 x;
//输出: 通过 x 的关键码定位同义词子表, 然后在该同义词子表中搜索 x, 若已有 x 则
//不插入, 函数返回 false, 否则 x 结点插入该子表的链尾, 函数返回 true
    int i;  ChainNode *p, *q, *s;
    i = x.key % LT.divisor;                       //计算元素的散列地址 i
    p = LT.elem[i];  q = NULL;                     //在链表中查找
    while(p != NULL && p->data.key != x.key) { q = p;  p = p->link; }
    if(p != NULL) return false;                   //找到该元素, 不插入
    s = (ChainNode*) malloc(sizeof(ChainNode));   //创建结点
    s->data = x;  s->link = NULL;
    if(q != NULL) q->link= s;                      //同义词子表不空, 插在链尾
    else LT.elem[i] = s;                           //同义词子表空, 插在链尾
    return true;
}
```

7-128 若散列表采用链地址法解决冲突，并采用除留余数法计算散列地址，设计一个算法，通过输入一系列元素，创建散列表 LT。

【解答】　算法需要调用散列表的插入算法。通过输入一系列关键码 $A_0, A_1, \cdots, A_{n-1}$，插入 LT 中，创建散列表 LT。算法的实现如下。

```
void createHashTable(HashTable& LT, KeyType A[], int n) {
//算法调用方式 createHashTable(LT, A, n)。输入：空的链式散列表 LT，输入数据
//数组 A，数据个数 n；输出：从关键码序列 A 中顺序读取关键码，创建散列表。要求散列表
//已经初始化
    for(int i = 0; i < n; i++) Insert(LT, A[i]);
}
```

7-129　若散列表采用链地址法解决冲突，并采用除留余数法计算散列地址，设计一个算法，按地址递增的顺序输出散列表 LT。

【解答】　函数按散列地址递增的顺序逐个输出各地址的同义词子表。算法的实现如下。

```
void DisplayHashTable(HashTable& LT) {
//算法调用方式 DisplayHashTable(LT)。输入：链式散列表 LT；输出：按散列地址
//递增的顺序输出对应同义词子表中各结点的数据
    ChainNode *p;
    for(int i = 0; i < LT.m; i++) {
        printf("[%d] ", i);
        for(p = LT.elem[i]; p != NULL; p = p->link)
            printf("%d ", p->data.key);
        printf("\n");
    }
}
```

7-130　若散列表采用链地址法解决冲突，并采用除留余数法计算散列地址，设计一个算法，在散列表 LT 中删除关键码等于 k 的元素。

【解答】　函数首先按照关键码 k 计算散列地址 i，然后在第 i 个链表中查找关键码与 k 匹配的元素。如找到，则从链中摘下它并释放之，如没有找到，则不删除。算法的实现如下。

```
bool Remove(HashTable& LT, KeyType k) {
//算法调用方式 bool succ = Remove(LT, k)。输入：链式散列表 LT，要删除关键码 k；
//输出：在 k 对应的同义词子表中删除包含 k 的结点。若删除成功，函数返回 true, 否
//则函数返回 false
    int i = k % LT.divisor;                        //计算散列地址
    ChainNode *p = LT.elem[i], *q = NULL;          //在同义词子表中搜索
    while(p != NULL && p->data.key != k) { q = p;  p = p->link; }
    if(p == NULL) return false;                    //未找到, 返回
    if(q != NULL) q->link = p->link;               //找到, 从链中摘下
    else LT.elem[i] = p->link;
    free(p);  return true;                         //释放它
}
```

7-131　若散列表采用链地址法解决冲突，并采用除留余数法计算散列地址，设计一个

算法，计算散列表 LT 的查找成功的平均查找长度。

【解答】 函数对每一个同义词子表进行统计，累加链中每个结点的探测次数，得到该同义词子表总探测计数，累加所有同义词子表的总探测计数，得到所有同义词子表元素的总探测计数，即可得到查找成功的平均查找长度。算法的实现如下。

```
void successASL(HashTable& LT, int& numerator, int& denominator) {
//算法调用方式 successASL(LT, numerator, denominator)。输入：链式散列表 LT;
//输出：查找成功的平均查找长度的被除数 numerator, 除数 denominator
    int c, i, n, sum = 0, isum;              //sum 总探测计数, isum 链探测计数
    ChainNode *p;  n = 0;
    for(i = 0; i < LT.m; i++) {              //检查散列表每个地址
        c = 0;  isum = 0;                    //扫描 i 的同义词子表
        for(p = LT.elem[i]; p != NULL; p = p->link)
            { n++;  c++;  isum = isum+c; }   //累加子表探测计数
        sum = sum+isum;
    }
    numerator = sum;  denominator = n;
}
```

7-132 若散列表采用链地址法解决冲突，并采用除留余数法计算散列地址，设计一个算法，计算散列表 LT 的查找不成功的平均查找长度。

【解答】 函数对在 0～LT.divisor-1 的每一个同义词子表，统计该链走到链空的探测次数，再累加各同一词子表的总探测计数，除以 divisor（散列函数中的除数），得到查找不成功的平均查找长度。算法的实现如下。

```
void unsuccessASL(HashTable& LT, int& numerator, int& denominator) {
//算法调用方式 unsuccessASL(LT, numerator, denominator)。输入：链式散列表 LT;
//输出：查找不成功的平均查找长度的被除数 numerator, 除数 denominator
    int isum, sum = 0;  ChainNode *p;
    for(int i = 0; i < LT.divisor; i++) {
        isum = 1;
        for(p = LT.elem[i]; p != NULL; p = p->link) isum++;
        sum = sum+isum;
    }
    numerator = sum;  denominator = LT.divisor;
}
```

第8章 排　序

8.1　排序的概念与算法

8.1.1　排序的概念

1. 排序的概念
- 排序是对数据元素的逻辑顺序或物理顺序的一种重新排列。
- 排成非递减（递增）顺序谓之"正序"，排成非递增（递减）顺序谓之"逆序"。
- 排序的依据是排序码（可重复），即元素或记录中的用于作为排序依据的项。

2. 排序算法的时间复杂度分析
- 包括两类：排序过程中排序码比较次数估计和元素移动次数估计。有的排序算法受到数据元素初始排列的影响，需要考虑最好情况和最坏情况。
- 数据移动比排序码比较需花费更多的时间。

3. 排序算法的空间复杂度分析
- 各种排序算法的基本存储空间都是 n（假定待排序元素有 n 个）。算法空间复杂度分析主要考虑附加存储空间的数量，即排序过程需要多少额外的存储空间。
- 原地排序的算法在排序过程中只需 O(1)的辅助存储空间，结果仍在原来存储空间。

4. 相关的术语
- 排序码：又称关键码或关键字，作为排序比较的依据，但在排序场合允许重复。
- 稳定性：稳定性是考察相等排序码的不同元素在排序前后它们的相对位置是否发生颠倒。稳定或不稳定只能表明一种结果，不能说明一个排序方法的好坏。
- 原地排序：仅使用 O(1)个辅助空间帮助排序的排序方法。这意味着排序仅在原数组中调整顺序。
- 内排序和外排序：内排序是指排序过程均在内存的排序方法；外排序是指排序过程中需要频繁进行内、外存交换的排序方法，又称为文件排序。

8.1.2　计数排序算法

8-1　在已排好序的序列中，一个元素所处的位置取决于具有更小排序码的元素的个数。基于这个思想，可得计数排序方法。该方法在声明元素时为每个元素增加一个计数域 count，用于存放在已排好序的序列中该元素前面的元素数目，最后依 count 域的值，将序列重新排列，就可完成排序。设计一个算法，实现计数排序。并说明对于一个有 n 个元素的序列，为确定所有元素的 count 值，最多需要做 n(n-1)/2 次排序码比较。

【解答】　算法分两步进行。首先，对数据表中所有元素 i 扫描，统计比该元素小的元素个数，记入 count[i]；然后，按照 count[i]存储的信息，把该元素交换到它最后应在的位置。算法的实现如下。

```
void CountSort(SeqList& L) {
//算法调用方式 CountSort(L)。输入：顺序表 L；输出：借助一个计数数组 count 记
//录顺序表 L 各元素最终应放置的位置
    int i, j;
    int *count = (int*) malloc(L.n*sizeof(int));      //存放各元素最终存放位置
    for(i = 0; i < L.n; i++) count[i] = 0;
    for(i = 0; i < L.n-1; i++)                         //计数
        for(j = i+1; j < L.n; j++)
            if(L.data[j] < L.data[i]) count[i]++;
            else count[j]++;
    for(i = 0; i < L.n; i++) {                         //在 L.data 中各就各位
        j = i;                                        //查找应放到 i 的元素
        while(count[j] != i) j = count[j];
        if(i != j){Swap(L, i, j);  count[j] = count[i];}        //交换
    }
    free(count);
}
```

算法的排序码比较次数为 $n(n-1)/2$。

8-2 设有一个包含 n 个元素的序列，存放于数据表 L 中，元素的排序码为整数。所有排序码的值都介于 a 与 b（a<b）之间，且其中很多值相等。现采用如下方法排序：另设一个计数数组 count[b-a+1]，首先用 count[i]统计等于 i+a 的整数个数；再按照 count 对所有整数重新排列使之有序。设计一个算法，实现上述排序方法。

【解答】 例如，设整数序列为 {12, 20, 15, 17, 18, 20, 12, 16, 20, 18, 12, 15, 16, 15, 20, 13}，n = 16，其值介于 12 与 20 之间，定义 count[9]（即 20−12+1 = 9），作为对各整数计数的结果，count 的值如表 8-1 所示。

表 8-1 count 的值

计数	0	1	2	3	4	5	6	7	8
整数数值	12	13	14	15	16	17	18	19	20
count	3	1	0	3	2	1	2	0	4
posit	0	3	4	4	7	9	10	12	12

最后按照 count 对 A[n]中的元素重新排列使之有序。这是另一种计数排序算法。算法首先创建计数数组 count，使得每个 count[i] = 0。然后扫描一遍 L.data 数组，依据整数的值 k，将相应 count[k-a]的计数加 1。算法还要创建一个预分配数组 posit[b-a+1]，按排序码取值预先计算各元素存放地址。最后按照 count 中的值，对原表 L.data[L.n]重排并存入新表 L1.data，以实现排序。算法的实现如下。

```
void CountSort_1(SeqList& L, SeqList& L1, int a, int b) {
//算法调用方式 CountSort_1(L, L1, a, b)。输入：顺序表 L，表元素取值范围的下界 a，
//上界 b；输出：对 L 进行排序，结果存入 L1
    int *count = (int*) malloc((b-a+1)*sizeof(int));
    int *posit = (int*) malloc((b-a+1)*sizeof(int));
```

```
    int i, j, k;
    for(i = 0; i < b-a+1; i++) count[i] = 0;              //count 数组初始化
    for(i = 0; i < L.n; i++) count[L.data[i]-a]++;         //统计各数出现频度
    posit[0] = 0;
    for(i = 1; i < b-a+1; i++) posit[i] = posit[i-1]+count[i-1];
                                                     //为各元素预分配位置
    for(i = 0; i < L.n; i++) {
        j = L.data[i]-a;  k = posit[j];                   //L1.data 中存放位置
        L1.data[k] = L.data[i];                           //安放 L.data[i]
        posit[j]++;                                       //修改成下一存放位置
    }
    L1.n = L.n;  free(count);  free(posit);
}
```

若一个表中有 n 个元素，算法的时间复杂度为 O(n)。从时间来看，算法排序速度很快，但需要两个辅助数组 count[b-a+1]和 posit[b-a+1]，辅助空间为 2(b-a+1)。

8.2 插 入 排 序

8.2.1 直接插入排序

8-3　直接插入排序将待排序子序列中的一个元素按其排序码的大小插入已经排好序的有序子序列中的适当位置，使得有序子序列扩大一个元素。如此反复，直到待排序子序列中所有元素取空并都插入有序子序列中为止。设计一个算法，实现直接插入排序。

【解答】　把数组 L.data[n]中待排序的 n 个元素看成为一个有序表和一个无序表，开始时有序表中只包含一个元素 L.data[0]，无序表中包含有 n-1 个元素 L.data[1]～L.data[n-1]，排序过程中每次从无序表中退出首元素，把它插入有序表中的适当位置，使之成为新的有序表，这样经过 n-1 次插入后，无序表就变为空表，有序表中就包含了全部 n 个元素，至此排序完毕。算法的实现如下。

```
void InsertSort(SeqList& L) {
//算法调用方式 InsertSort(L)。输入：待排序顺序表 L；输出：每插入一个元素都要
//从它紧前位置开始，从后向前找插入位置，再把它插入，引用参数 L 返回排好序的
//顺序表
    DataType temp;  int i, j;
    for(i = 1; i <= L.n-1; i++)
        if(L.data[i] < L.data[i-1]) {        //逆序才查找插入位置，否则留置原位
            temp = L.data[i];
            for(j = i-1; j >= 0 && temp < L.data[j]; j--)
                L.data[j+1] = L.data[j];       //逆向查找 temp 插入位置
            L.data[j+1] = temp;
        }
}
```

最好情况下，总的排序码比较次数为 KCN = n-1，元素移动次数为 RMN = 0。最坏情

况下，总的排序码比较次数 KCN 和元素移动次数 RMN 分别为

$$KCN = \sum_{i=1}^{n-1} i = n(n-1)/2 \approx n^2/2, \ RMN = \sum_{i=1}^{n-1}(i+2) = (n+4)(n-1)/2 \approx n^2/2$$

平均情况下，排序码比较次数和元素移动次数约为 $n^2/4$。因此，直接插入排序的时间复杂度为 $O(n^2)$。算法的空间复杂度为 $O(1)$，算法是稳定的。

8-4 设计一个算法，计算直接插入排序的排序码比较次数和元素移动次数。

【解答】 改造直接插入排序算法，插入计数语句，就可以计算出排序码比较次数和元素移动次数。算法的实现如下。

```
void InsertSort(SeqList& L, int& kcn, int& rmn) {
//算法调用方式 InsertSort(L, kcn, rmn)。输入：待排序顺序表 L；输出：在程序中插
//入计数语句，记录比较和移动次序。引用参数 kcn 返回排序码比较次数，rmn 返回
//元素移动次数
    DataType tmp;  int i, j;
    kcn = 0;  rmn = 0;
    for(i = 1; i <= L.n-1; i++) {
        kcn++;
        if(L.data[i] < L.data[i-1]) {                    //若没有逆序，则不用插入
            tmp = L.data[i];  L.data[i] = L.data[i-1];  rmn += 2;
                                                          //否则，查找插入位置
            for(j = i-2; j >= 0; j--) {
                kcn++;
                if(tmp >= L.data[j]) break;
                else { L.data[j+1] = L.data[j]; rmn++; }   //边移动边计数
            }
            L.data[j+1] = tmp;  rmn++;                      //空出位置插入
        }
    }
}
```

8-5 若 L.data[n]（n = L.n）中的前 n-2 个元素已经按非递减次序排序，设计一个算法，以尽快的速度使所有 n 个元素有序。此算法与直接插入算法比较有何优点？

【解答】 设 n 个整数存储在 R[1..n]中，因为前 n-2 个元素已有序，若采用直接插入算法，共要比较和移动约 n-2 次，如果最后两个元素做一个"批处理"（同时处理），比较次数和移动次数将大大减小。

算法首先在 L.data[n-2]和 L.data[n-1]中选择较大的记作 large，把较小的记作 small。然后从 j = n-3 开始，反向查找 large 的插入位置，若 large < L.data[j]，则 L.data[j]后移两个元素位置，且让 j 减 1；若 large≥L.data[j]，则插入 large，让 L.data[j+2] = large。接下来从 j 的位置继续反向查找 small 的插入位置，若 small < L.data[j]，则 L.data[j]后移一个元素位置，且让 j 减 1；若 small≥L.data[j]，则插入 small，让 L.data[j+1] = small。算法的实现如下。

```
void InsertLast_2(SeqList& L) {
//算法调用方式 InsertLast_2(SeqList& L)。输入：待排序顺序表 L；输出：引用参数
//L 返回排好序的顺序表
    int n = L.n, j;  DataType large, small;
```

```
    if(L.data[n-1] >= L.data[n-2])                    //求出大小
        { large = L.data[n-1];  small = L.data[n-2]; }
    else { large = L.data[n-2];  small = L.data[n-1]; }
    j = n-3;
    while(j >= 0 && large < L.data[j])                //查找large插入位置
        { L.data[j+2] = L.data[j];  j--; }
    L.data[j+2] = large;
    while(j >= 0 && small < L.data[j])                //查找small插入位置
        { L.data[j+1] = L.data[j];  j--; }
    L.data[j+1] = small;
}
```

因为对两个元素的插入是"同时"相继进行的，所以其比较次数的最大值为 n，最小值为 3；移动次数的最大值为 n+2，最小值为 4。该算法是稳定的。

8-6　二路插入排序是直接插入排序的变形，它需要一个与原待排序元素数组 L.data 等长的辅助数组，设为 t[n]，n = L.n。其排序过程是：首先将 L.data[0]赋值给 t[n-1]，指针 first 指向 t[n-1]位置，另一指针 final 指向-1，把 t[n-1]视为排好序的数组中位于中间位置的元素。然后顺序用 L.data[i].key（i = 1, 2,…, n-1）与 t[n-1].key 比较，若 L.data[i].key < t[n-1]，则在 t[n-1]的左侧进行直接插入排序，否则，在 t[n-1]的右侧（t 的开头）进行直接插入排序。设计一个算法，实现二路插入排序。

【解答】　如图 8-1 即为对序列{49, 38, 65, 97, 76, 13, 27, 54}的排序过程。

	0	1	2	3	4	5	6	7	KCN	RMN
L	49	38	65	97	76	13	27	54			8
t								49		1
	↑final							↑first		
t							38	49	1	1
	↑final							↑first		
t	65						38	49	1	1
		↑final						↑first		
t	65	97					38	49	2	1
			↑final					↑first		
t	65	76	97				38	49	3	2
				↑final				↑first		
t	65	76	97			13	38	49	2	1
				↑final		↑first				
t	65	76	97		13	27	38	49	3	2
				↑final	↑first					
t	54	65	76	97	13	27	38	49	4	4
					↑final	↑first				
L	13	27	38	49	54	65	76	97			8

图 8-1　题 8-6 的图

算法的实现如下。

```
void DoubleInsertSort(SeqList& L) {
//算法调用方式 DoubleInsertSort(L)。输入：待排序顺序表 L；
//输出：引用参数 L 返回排好序的顺序表
    int i, j, final, first, k;
    DataType *t = (DataType *) malloc(L.n*sizeof(DataType));
                                                //创建辅助变量

    for(i = 0; i < L.n; i++) t[i] = 0;
    first = L.n-1;  final = -1;  t[L.n-1] = L.data[0];      //比较基准
    for(i = 1; i < L.n; i++) {                          //顺序插入 L.data[i]
        if(L.data[i] < t[L.n-1]) {               //比基准小，插入左侧
            for(j = first; j <= L.n-2; j++)      //在左侧找插入位置
                if(L.data[i] > t[j]) t[j-1] = t[j];
                else break;
            t[j-1] = L.data[i];  first--;            //插入
        }
        else {                                   //比基准大，插入在右侧
            for(j = final; j >= 0; j--)          //在右侧找插入位置
                if(L.data[i] < t[j]) t[j+1] = t[j];
                else break;
            t[j+1] = L.data[i];  final++;            //插入
        }
    }
    for(i = 0, j = first; j < L.n; i++, j++) L.data[i] = t[j];
                                                //传送回 L.data
    for(j = 0; j <= final; i++, j++) L.data[i] = t[j];
    free(t);                                     //释放辅助数组 t
}
```

算法的时间复杂度为 $O(n^2)$，空间复杂度为 $O(n)$。二路插入排序算法是稳定的。

8.2.2　折半插入排序

8-7　折半插入排序算法与直接插入排序都属于插入排序，都属于逐步扩大有序区的方法。不同之处在于在有序区查找插入位置时不是采用顺序查找的方法，而是采用折半查找方法。设计一个算法，实现折半插入排序。

【解答】　设排序数组为 a[n]，算法执行 n-1 趟，第 i（$1 \leqslant i \leqslant n-1$）趟将 a[i]插入前面 a[0]～a[i-1]组成的有序区中，使得 a[0]～a[i]有序。这样随着 i 的循环逐步扩大有序区，直到全部有序为止。在有序区查找插入位置采用折半查找的方法。算法的实现如下。

```
void BinaryInsertSort(SeqList& L) {
//算法调用方式 BinaryInsertSort(L)。输入：待排序顺序表 L；输出：每插入一个元
//素前需在它前面的有序表中用折半查找寻找插入位置，最终引用参数 L 返回排
//好序的顺序表
    DataType temp;  int i, j, low, high, mid;
    for(i = 1; i <= L.n-1; i++)                        //逐步扩大有序表
        if(L.data[i] < L.data[i-1]) {
```

```
        temp = L.data[i];  low = 0;  high = i-1;
        while(low <= high) {                    //利用折半查找寻找插入位置
            mid =(low+high)/2;                  //取中点
            if(temp < L.data[mid]) high = mid-1;    //左缩区间
            else low = mid+1;                   //否则，右缩区间
        }
        for(j = i-1; j >= low; j--) L.data[j+1] = L.data[j];
        L.data[low] = temp;                     //插入
    }
}
```

算法的排序码比较次数与待排序元素序列的初始排列无关，总的排序码比较次数是

$$KCN = \sum_{i=1}^{n-1} \log_2(i+1) = \log_2(n!) \approx n \log_2 n$$

元素移动次数与待排序元素的初始排列有关。最好情况下，元素移动次数为 RMN = 0。最坏情况下，元素移动次数 RMN = (n+4)(n-1)/2。算法的空间复杂度为 O(1)，只需一个用于暂存要插入元素的工作单元。算法是稳定的。

就平均性能来说，折半插入排序比直接插入排序要快。当 n 较大时，总排序码比较次数比直接插入排序的最差情况要好得多。折半插入排序的元素移动次数与直接插入排序相等。

8-8　在折半插入排序算法中用到一个小循环，是为了在有序子序列中找到插入位置后把有序子序列后面的元素全部后移，空出插入位置给要插入的元素。能否修改算法，让查找插入位置和后移元素在同一个循环中进行？如果可以，写出实现算法。

【解答】　可以让在有序区 a[0]～a[i-1]中查找 a[i]的插入位置和后移元素在同一个循环中进行。修改办法是：每当要把插入元素放在中点左侧子序列时，把右侧子序列连同中点全部右移一个位置。算法的实现如下。

```
void BinaryInsertSort_1(SeqList& L) {
//算法调用方式 BinaryInsertSort_1(L)。输入：待排序顺序表 L；输出：引用参数 L
//返回排好序的顺序表
    DataType temp;  int i, j, low, high, mid;
    for(i = 1; i <= L.n-1; i++)                 //逐步扩大有序表
        if(L.data[i] < L.data[i-1]) {           //发生逆序才插入否则跳过
            temp = L.data[i];  low = 0;  high = i-1;
            while(low <= high) {                //利用折半查找寻找插入位置
                mid =(low+high)/2;              //取中点
                if(temp < L.data[mid]) {
                    for(j = high; j >= mid; j--) L.data[j+1] = L.data[j];
                    high = mid-1;               //左缩区间
                }
                else low = mid+1;               //否则，右缩区间
            }
            L.data[low] = temp;                 //插入
        }
};
```

8.2.3 希尔排序

8-9 希尔排序又称为缩小增量排序。该方法每趟按照一个增量 gap 作为间隔，将全部元素序列分为 gap 个子序列，所有距离为 gap 的元素放在同一个子序列中，在每一个子序列中分别进行直接插入排序。然后缩小增量 gap，重复上面的子序列划分和排序工作。直到最后取 gap=1，将所有元素放在同一个序列中排序为止。设计一个算法，实现希尔排序。

【解答】 算法分两个函数组成，一是起点为 start 间隔为 gap 的子序列的直接插入排序 insertSort_gap，二是轮流以 delta[m-1]、delta[m-2]、……、delta[0]=1 为间隔，调用 insert_gap 函数实现希尔排序。算法的实现如下。

```
void insertSort_gap(SeqList& L, int start, int gap) {
//为希尔排序改造直接插入排序，对从 start 开始，间隔为 gap 的子序列进行直接
//插入排序
    DataType temp;  int i, j;
    for(i = start+gap; i <= L.n-1; i = i+gap)
        if(L.data[i-gap] > L.data[i]) {          //发现逆序
            temp = L.data[i];  j = i;            //在前面有序表中查找插入位置
            do {
                L.data[j] = L.data[j-gap];       //间隔为 gap 做排序码比较
                j = j-gap;
            } while(j-gap > 0 && L.data[j-gap] > temp);
            L.data[j] = temp;
        }
}
void ShellSort(SeqList& L, int delta[], int m) {
//算法调用方式 ShellSort(L, delta, m)。输入：待排序顺序表 L，间隔序列数组 delta，
//间隔序列中间隔数目 m；输出：引用参数 L 返回排好序的顺序表
    int i, start, gap;
    for(i = m-1; i >= 0; i--) {
        gap = delta[i];
        for(start = 0; start < gap; start++)
            insertSort_gap(L, start, gap);
    }                                            //直到 d[0]=1 停止迭代
};
```

由于开始时 gap 的取值较大，每个子序列中的元素较少，排序速度较快；待到排序的后期，gap 取值逐渐变小，子序列中元素个数逐渐变多，但由于有前面工作的基础，大多数元素已基本有序，所以排序速度仍然很快。

当 n 很大时，希尔排序的排序码平均比较次数和元素平均移动次数大约在 $n^{1.25} \sim 1.6n^{1.25}$ 的范围内。这是在利用直接插入排序作为子序列排序方法的情况下得到的。对于规模较大的序列（n≤1000），希尔排序具有很高的效率。算法的空间复杂度为 O(1)，只需一个用于暂存要插入元素的工作单元。希尔排序是不稳定的。

8-10 希尔排序的一种增量序列可以是 $d_0 = \lfloor n/3 \rfloor + 1$, $d_i = \lfloor d_{i-1}/3 \rfloor + 1, \cdots, d_t = 1$，设计一个算法，按此增量实现希尔排序，并计算排序码比较次数和元素移动次数。

【解答】　希尔排序算法有一个嵌套循环。第一层（最外层）循环对增量循环；对于一个确定的增量 gap，可以划分出 gap 个子序列，所以第二层（次外层）循环对所有间隔为 gap 的子序列分别做直接插入排序；第三层循环对每一个子序列做直接插入排序；第四层循环（最内层）找插入元素的插入位置。可以让查找插入位置和后移元素在同一个循环中进行。修改办法是：每当要把插入元素放在中点左侧子序列时，把右侧子序列连同中点全部右移一个位置。算法的实现如下。

```
void ShellSort(SeqList& L, int& kc, int& em) {
//算法调用方式 ShellSort(L, kc, em)。输入：待排序顺序表L；输出：引用参数L返
//回排好序的顺序表，kc 返回排序码比较次数，em 返回元素移动次数
    int i, j, gap = L.n;  DataType temp;
    em = 0;  kc = 0;
    do {
        gap = gap/3+1;                              //求下一增量值
        for(i = gap; i < L.n; i++) {                //各子序列交替处理
            kc++;
            if(L.data[i] < L.data[i-gap]) {         //逆序
                temp = L.data[i]; em++; j = i-gap;
                do {
                    L.data[j+gap] = L.data[j];       //后移元素
                    em++;  j = j-gap;                //再比较前一元素
                    if(j < 0) break;
                    kc++;
                } while(temp < L.data[j]);
                L.data[j+gap] = temp;  em++;         //将L.data[i]回送
            }
        }
    } while(gap > 1);
}
```

8.3　交　换　排　序

8.3.1　逆序与交换

1. 逆序与交换的概念

交换排序涉及一个重要概念，就是"逆序"问题。所谓"逆序"就是数据的排列次序与最终需要的排列次序相反。例如。若最终是想把所有元素从小到大排列，那么"逆序"就是先后两个元素的前一个大于后一个。交换排序就是通过"交换"把有逆序关系的元素对都变成非逆序（正序），使得所有的元素的次序都满足顺序要求为止。

主要的交换排序方法有两种：起泡排序和快速排序。

2. 逆序与交换相关的算法

8-11　所谓"逆序对"是指在一个有 n 个元素的序列 a[n]中，满足 $0 \leqslant i < j \leqslant n-1$ 且 a[i]>a[j]的一对元素。设计一个算法，计算给定的整数序列 A[n]中的逆序对有多少？

【解答】 一种方案是使用一个两重循环，逐个统计每一个元素 a[i]后面有多少个元素比它小，这个解决方案比较慢，时间复杂度为 $O(n^2)$。为了提高算法的速度，可采用分治策略来解决。对于序列 a[0..n-1]，首先分别统计在 a[0..n/2]和 a[n/2+1..n-1]中的逆序对个数 s_1 和 s_2，然后再对 a[0..n/2]中的每一个元素 a[i]，统计在 a[n/2+1..n-1]中比它小的元素个数，设为 c_i，最后得到整个序列的逆序对数为 $s_1 + s_2 + \sum\limits_{i=0}^{n/2} c_i$，算法的时间复杂度为 $O(n\log_2 n)$。

算法的实现如下。

```
int InversePair(int *A, int n) {
//算法调用方式 int k = InversePair(A, n)。整数数组 A, 数组元素个数 n;
//输出: 检查数组中的 n 个整数, 函数返回其中的逆序对数
    if(n == 1) return 0;
    int i, j, k, u, sum = 0, mid = n/2;
    sum += InversePair(A, mid);
    sum += InversePair(A+mid, n-mid);
    int *tmp = (int *) malloc(n*sizeof(int));
    for(u = 0; u < n; u++) tmp[u] = A[u];
    i = 0;  j = mid;  k = 0;
    while(i < mid || j < n)
        if(j == n) { A[k++] = tmp[i++]; sum += j-mid; }
        else if(i == mid) A[k++] = tmp[j++];
        else if(tmp[i] < tmp[j])
            { A[k++] = tmp[i++];  sum += j-mid; }
        else A[k++] = tmp[j++];
    free(tmp);  return sum;
}
```

8-12 序列的“中间值记录”指的是：如果将此序列排序后，它是第 $\lfloor n/2 \rfloor$ 个记录。设计一个求中间值记录的算法。

【解答】 对序列每一元素，统计值比它大的元素个数 gt 和值比它小的元素个数 lt，再针对每一元素计算 $\Delta = |gt - lt|$，取 Δ 值最小者作为中间值记录。算法的实现如下。

```
#include<math.h>
typedef struct {
    int gt;                          //大于该元素值的元素个数
    int lt;                          //小于该元素值的元素个数
} place;                             //整个序列中比某个元素值大或小的元素个数
DataType Get_mid(SeqList& L, int& mid) {
//算法调用方式 DataType x = Get_mid(SeqList& L)。输入: 顺序表 L; 输出: 函数返
//回序列 L 的中间值, 引用参数 mid 返回中间值的位置
    place b[maxSize];  int i, j;  double min_dif;
    for(i = 0; i < L.n; i++) b[i].gt = b[i].lt = 0;
    for(i = 0; i < L.n; i++)          //对每一个元素统计比它大和比它小的元素个数
        for(j = 0; j < L.n; j++) {
            if(L.data[j] > L.data[i]) b[i].gt++;
```

```
            else if(L.data[j] < L.data[i]) b[i].lt++;
        }
    mid = 0;
    min_dif = fabs(b[0].gt - b[0].lt);
    for(i = 1; i < L.n; i++)            //找出 gt 值与 lt 值最接近的元素,即为中间值
        if(fabs(b[i].gt - b[i].lt) < min_dif)
            { mid = i;  min_dif = fabs(b[i].gt-b[i].lt); }
    return L.data[mid];
}
```

若序列有 n 个元素,算法的时间复杂度为 $O(n^2)$。如果对序列采用时间复杂度为 $O(nlog_2n)$ 的排序算法进行排序,再取其第$\lceil n/2 \rceil$个元素,时间复杂度会更低些。

8.3.2　起泡排序

8-13　若待排序元素序列存放在数据表 L 中,设计一个算法,实现起泡排序。

【解答】　起泡排序是对有 n 个元素的待排序元素序列进行排序,排序过程有 n-1 趟,第 i 趟(0≤i<n)首先比较第 n-1 个元素和第 n-2 个元素,如果发生逆序,则将这两个元素交换;然后对第 n-2 个和第 n-3 个元素(可能是刚交换过来的)做同样处理,重复此过程直到处理完第 i+1 个和第 i 个元素。我们称它为一趟起泡,结果将后 n-i 个元素中的最小元素交换到待排序元素序列的第 i 个位置。下一趟起泡时前一趟确定的最小元素不再参加比较,待排序序列减少一个元素,一趟起泡的结果又把序列中最小的元素排到序列的第一个位置,……,这样最多做 n-1 趟起泡就能把所有元素排好序。算法的实现如下。

```
void BubbleSort(SeqList& L) {
//算法调用方式 BubbleSort(L)。输入:待排序顺序表 L;输出:对 L 中的 n 个元素
//进行起泡排序,执行 n-1 趟,第 i 趟对 L.data[L.n-1]~L.data[i]起泡
    int exchange;  int i, j;
    for(i = 0; i <= L.n-2; i++) {
        exchange = 0;
        for(j = L.n-1; j >= i+1; j--)
            if(L.data[j-1] > L.data[j])
                { Swap(L, j-1, j);  exchange = 1; }
        if(!exchange) return;                    //本趟无逆序,停止处理
    }
}
```

起泡排序算法的时间复杂度为:起泡排序算法的排序码比较次数和元素移动次数均受待排序元素的初始排序影响。最好情况只需一趟起泡,算法就可结束,需要 n-1 次排序码比较和 0 次数据交换。最坏情况是待排序元素为逆序,需进行 n-1 趟起泡,其排序码比较次数 KCN 和元素移动次数 RMN 分别为

$$KCN = \sum_{i=1}^{n-1}(n-i) = \frac{n(n-1)}{2}, \quad RMN = \sum_{i=1}^{n-1}3(n-i) = \frac{3n(n-1)}{2}$$

在平均情况下,比较和移动记录的总次数大约为最坏情况下的一半。因此,起泡排序算法的时间复杂度为 $O(n^2)$。算法的空间复杂度为 $O(1)$,只需一个用于数据交换的工作单元

和一个控制排序过程结束的标志变量。起泡排序是稳定的。

8-14　下面给出一个排序算法，对数据表 L 中存放的待排序元素序列做排序。

```
void unknown(SeqList& L) {
    int high = L.n-1, i, j;
    while(high > 0) {
        j = 0;
        for(i = 0; i < high; i++)
            if(L.data[i].key > L.data[i+1].key)
                { Swap(L, i, i+1); j = i; }
        high = j;
    }
}
```

（1）该算法的功能是什么？

（2）若待排序数据序列为 {10, 20, 30, 40, 50, 60}，画出每次执行的结果序列。

（3）若待排序数据序列为 {60, 50, 40, 30, 20, 10}，画出每次执行的结果序列。

【解答】　内层的 for 循环让 i 从 0 到 high，两两比较 L[i] 与 L[i+1]，如果发生逆序即做两件事：交换 L[i]和 L[i+1]的内容，用 j 记录有交换时的 i。当 for 循环做完，j 记录的是最后一次做交换时的 i，用 high 记下这个位置，作为外层 while 循环控制结束的位置控制变量。如果序列中所有元素都已排好序，high = 0。

（1）此算法是使用最后交换地址 high 控制排序结束的起泡排序。算法的实现如下。

```
void unknown(SeqList& L) {
//算法调用方式 unknown(L)。输入：待排序顺序表 L；输出：已排好序的顺序表 L
    int high = L.n-1, i, j;
    while(high > 0) {
        j = 0;
        for(i = 0; i < high; i++)
            if(L.data[i] > L.data[i+1]) { Swap(L, i, i+1); j = i; }
        high = j;
    }
}
```

（2）待排序数据序列已按值升序排列，执行一趟结束，如表 8-2 所示。

表 8-2　按值升序排列

序号	0	1	2	3	4	5	执行前 high	执行后 high	交换次数
初始	10	20	30	40	50	60			
1	10	20	30	40	50	60	5	0	0

（3）待排序数据序列已按值降序排列，执行 n–1 趟结束，如表 8-3 所示。

表 8-3　按值降序排列

序号	0	1	2	3	4	5	执行前 high	执行后 high	交换次数
初始	60	50	40	30	20	10			
1	50	40	30	20	10	60	5	4	5
2	40	30	20	10	50	60	4	3	4
3	30	20	10	40	50	60	3	2	3
4	20	10	30	40	50	60	2	1	2
5	10	20	30	40	50	60	1	0	1

8-15　修改起泡排序算法，在正反两个方向交替进行扫描，即第一趟把排序码最大的对象放到序列的最后，第二趟把排序码最小的对象放到序列的最前面。如此反复进行。要求使用一个布尔变量 Exchange 记录当前一趟起泡是否有元素交换，如果有交换，则 Exchange = true，还需做下一趟起泡；如果没有交换，则说明所有元素已经排好序，Exchange = false，可以结束算法。

【解答】　算法又称为双向起泡排序。奇数趟从前向后，比较相邻的排序码，遇到逆序即交换，直到把参加比较排序码序列中最大的排序码移到该序列的尾部。偶数趟从后向前，比较相邻的排序码，遇到逆序即交换，直到把参加比较排序码序列中最小的排序码移到该序列前端。Exchange 起到控制排序结束的作用，只要一趟起泡没有元素交换，则 Exchange = true，下一趟就不用做了，可以提前结束排序。算法的实现如下。

```
void shakerSort(SeqList& L) {
//算法调用方式 shakerSort(L)。输入：待排序顺序表 L；输出：排好序的顺序表 L
    int i, low = 0, high = L.n-1;
    bool Exchange = true;
    while(low < high && Exchange) {
        Exchange = false;
        for(i = low; i < high; i++)
            if(L.data[i] > L.data[i+1])
                { Swap(L, i, i+1);  Exchange = true; }
        high--;
        for(i = high; i > low; i--)
            if(L.data[i-1] > L.data[i])
                { Swap(L, i-1, i);  Exchange = true; }
        low++;
    }
}
```

算法的时间复杂度仍为 $O(n^2)$，空间复杂度为 $O(1)$。算法是稳定的。

8-16　（鸡尾酒排序）这是另一种双向起泡排序算法，在正反两个方向交替进行扫描，即第一趟把排序码最大的对象放到序列的最后，第二趟把排序码最小的对象放到序列的最前面。如此反复进行。要求使用一个控制变量 high 记录当前一趟起泡最后交换元素的位置。如果有交换，则 high > 0，下一趟起泡做到 high 为止；如果没有交换，则 high = 0，说明所有元素已经排好序，可以结束算法。

【解答】 算法借助题 8-15 的处理方法对数组 A 进行排序。奇数趟从前向后，比较相邻的排序码，遇到逆序即交换，直到把参加比较排序码序列中最大的排序码移到该序列的尾部。偶数趟从后向前，比较相邻的排序码，遇到逆序即交换，直到把参加比较排序码序列中最小的排序码移到该序列前端。算法的实现如下。

```
void shakerSort_1(SeqList& L) {
//算法调用方式 shakerSort_1(L)。输入：待排序顺序表 L；输出：排好序的顺序表 L
    int low = 0, high = L.n-1, i, j;
    while(low < high) {
        j = low;
        for(i = low; i < high; i++)                    //正向起泡
            if(L.data[i] > L.data[i+1])
            { Swap(L, i, i+1);  j = i; }                //记录右边最后交换位置 j
        high = j;                                       //比较范围上界缩小到 j
        for(i = high; i > low; i--)                     //逆向起泡
            if(L.data[i-1] > L.data[i])
            { Swap(L, i-1, i);  j = i; }                //记录左边最后交换位置 j
        low = j;                                        //比较范围下界缩小到 j
    }
}
```

算法的时间复杂度仍为 $O(n^2)$，空间复杂度为 $O(1)$。算法是稳定的。

8-17 （梳排序）梳排序是起泡排序的一个变种。它的想法是在正式起泡之前先做预处理，把一些大的元素先移到数组的尾部，再做冒泡排序时可以大幅降低两两交换的次数，提高排序速度。如图 8-2 所示，不加预处理的起泡排序，共做了 8 趟，共做了 19 次元素交换。

初始	41	11	18	16	25	4	32	54	65	10	元素交换次数
0	4	41	11	18	16	25	10	32	54	65	8
1	4	10	41	11	18	16	25	32	54	65	5
2	4	10	11	41	16	18	25	32	54	65	2
3	4	10	11	16	41	18	25	32	54	65	1
4	4	10	11	16	18	41	25	32	54	65	1
5	4	10	11	16	18	25	41	32	54	65	1
6	4	10	11	16	18	25	32	41	54	65	1
7	4	10	11	16	18	25	32	41	54	65	0

图 8-2 题 8-17 的图

如果做了预处理，当 $n=10$ 时，按间隔 $\lfloor n/1.3 \rfloor = 7$，$\lfloor 7/1.3 \rfloor = 5$，$\lfloor 5/1.3 \rfloor = 3$，$\lfloor 3/1.3 \rfloor = 2$，从后向前两两比较，发生逆序即做元素交换，排序情况如图 8-3 所示。

预处理元素交换次数为 6，预处理结果使得待排序序列基本有序，即只有少数元素逆序；再做起泡排序只需 2 趟，元素交换次数为 3，共做了 9 次元素交换。

初始	41	11	18	16	25	4	32	54	65	10	元素交换次数
gap = 7	41	11	10	16	25	4	32	54	65	18	1
gap = 5	4	11	10	16	18	41	32	54	65	25	2
gap = 3	4	11	10	16		41	25	54	65	32	1
gap = 2	4	11	10	16	18	32	25	41	65	54	2
起泡											
0	4	10	11	16	18	25	32	41	54	65	3
1	4	10	11	16	18	25	32	41	54	65	0

图 8-3　题 8-17 的图续

设计一个算法，实现梳排序。

【解答】　算法的实现如下。

```
void conbSort(SeqList& L) {
//算法调用方式 conbSort(L)。输入：待排序顺序表 L；输出：排好序的顺序表 L
    int step = L.n, i, j, k, count = 0;
    while((step =(int)(step/1.3)) > 1) {
        for(j = L.n-1; j >= step; j--) {
            k = j-step;
            if(L.data[j] < L.data[k]) { Swap(L, j, k);  count++; }
        }
    }
    bool Exchange = true;
    for(i = 0; i < L.n-1 && Exchange; i++) {
        count = 0;
        for(j = L.n-1, Exchange = false; j > i; --j)
            if(L.data[j] < L.data[j-1])
            { Swap(L, j, j-1);  Exchange = true;  count++; }
    }
}
```

大量试验表明，因子 s = 1.3 可以用来确定元素的间隔 $\lfloor n/s \rfloor$，$\lfloor \lfloor n/s \rfloor /s \rfloor$，…，近似于递减序列 n/s，n/s^2，…，n/s^p。因为预处理的最后一个间隔等于 2，即 $n/s^p = 2$，有 $n/2 = s^p$，即 $\log_s(n/2) = p$，如此，可知预处理中间隔的数量，约等于 $O(n\log_s n)$。算法最坏情况是 $O(n^2)$，主要是起泡排序造成的。梳排序的良好性能可与快速排序相媲美。

8-18　K.T.Batcher 在 1964 年提出了一种交换排序方法。该方法类似于 Shell 排序，也是按一定间隔取元素进行比较、交换。与 Shell 排序不同的是，在同一趟做一定间隔的两两比较时，刚比较完的元素不再参加后续的两两比较。如图 8-4 所示，n = 8，用 d 表示间隔。

设计一个算法，实现这个交换排序。

【解答】　算法要求比较的间隔序列为 $2^{t-1}, 2^{t-2}, \cdots, 1$，$t = \lceil \log_2 n \rceil$。处理步骤如下。

（1）计算 $2^{\lceil \log_2 n \rceil} / 2$，即间隔 d 的初值。

（2）以 $d, d = d/2, d = d/2, \cdots, 1$ 为间隔，反复执行：

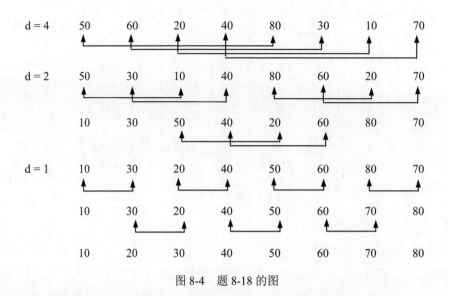

图 8-4　题 8-18 的图

① 从序列的 0 号位置开始，按间隔 d 连续两两比较 d 对元素，如果逆序就交换；然后跳过 d 个元素，再做这样的比较和交换；

② 从序列的 d 号位置开始，与①所做的一样两两比较和交换。

（3）当 d = 1 处理完排序结束。

算法的实现如下。

```
void BatcherSort(SeqList& L) {
//算法调用方式BatcherSort(L)。输入：待排序顺序表 L；输出：排好序的顺序表 L
    int d, i, j, n = 1;
    while(n < L.n) n = n*2;                          //计算 log₂n
    d = n/2;                                         //增量初值
    do {                                             //按增量起泡
        for(i = 0; i < L.n-d; i = i+2*d)
            for(j = 0; j < d; j++) {
                if(i+j+d >= L.n) break;
                if(L.data[i+j] > L.data[i+j+d]) Swap(L, i+j, i+j+d);
            }
        for(i = d; i < L.n-d; i = i+2*d)
            for(j = 0; j < d; j++) {
                if(i+j+d >= L.n) break;
                if(L.data[i+j] > L.data[i+j+d]) Swap(L, i+j, i+j+d);
            }
        d /= 2;                                      //增量减半
    } while(d > 0);                                  //当处理完 d = 1 的情况，排序结束
}
```

8-19　奇偶交换排序是一种交换排序。它第 1 趟对序列 A[n]中的所有奇数项 i 扫描，第 2 趟对序列中的所有偶数项 i 扫描。若 L.data[i] > L.data[i+1]，则交换它们。第 3 趟对所有的奇数项，第 4 趟对所有的偶数项，如此反复，直到整个序列全部排好为止。

（1）这种排序方法结束的条件是什么？

（2）写出奇偶交换排序的算法。

（3）当待排序码序列的初始排列是从小到大有序，或从大到小有序时，在奇偶排序过程中的排序码比较次数是多少？

【解答】　算法一趟对所有奇数项选小交换，下一趟对所有偶数项选小交换。

（1）设有一个布尔变量 exchange，判断在每一次做过一趟奇数项扫描和一趟偶数项扫描后是否有过交换。若 exchange = 1，表示刚才有过交换，还需继续做下一趟奇数项扫描和一趟偶数项扫描；若 exchange = 0，表示刚才没有交换，可以结束排序。

（2）奇偶排序的实现算法如下。

```
void odd_evenSort(SeqList& L) {
//算法调用方式 odd_evenSort(L)。输入：待排序顺序表 L；输出：排好序的顺序表 L
    int i, exchange;  DataType tmp;
    int pass = 1;
    do {
        exchange = 0;
        for(i = 0; i < L.n; i = i+2)                 //奇数趟（下标为偶数）
            if(L.data[i] > L.data[i+1]) {            //相邻两项比较，发生逆序
                exchange = 1;                        //作交换标记
                tmp = L.data[i];  L.data[i] = L.data[i+1];  L.data[i+1] = tmp;
            }
        for(i = 1; i < L.n-1; i = i+2)               //偶数趟（下标为奇数）
            if(L.data[i] > L.data[i+1]) {            //相邻两项比较，发生逆序
                exchange = 1;                        //作交换标记
                tmp = L.data[i];  L.data[i] = L.data[i+1];  L.data[i+1] = tmp;
            }
        pass++;
    } while(pass <= L.n/2 && exchange != 0);
}
```

（3）设待排序元素序列中共有 n 个元素。序列中各个元素的序号从 0 开始。则当所有待排序元素序列中的元素按排序码从大到小初始排列时，执行 $m = \lfloor n/2 \rfloor$ 趟奇偶排序。当所有待排序元素序列中的元素按排序码从小到大初始排列时，执行 1 趟奇偶排序。

在一趟奇偶排序过程中，若 n 为奇数，对所有奇数项扫描一遍和对所有偶数项扫描一遍，排序码比较次数都是 $\lfloor n/2 \rfloor$ 次，总比较次数为 $2 \times \lfloor n/2 \rfloor$；若 n 为偶数，对所有奇数项扫描一遍，排序码比较 n/2 次；对所有偶数项扫描一遍，排序码比较 n/2-1 次。排序码总比较次数为 n/2 + n/2-1 = n-1。

8.3.3　快速排序

8-20　一趟划分算法是快速排序的重要步骤，它的设计思想是：任取待排序元素序列中的某个元素（例如取第一个元素）作为基准，按照该元素的排序码大小，将整个元素序列划分为左右两个子序列：左侧子序列中所有元素的排序码都小于基准元素的排序码，右侧子序列中所有元素的排序码都大于或等于基准元素的排序码，基准元素则排在这两个子

序列中间（这也是该元素最终应安放的位置）。一趟划分算法有 3 种实现方案：

（1）第一种方案：两边检测指针相向交替检查和移动元素。

（2）第二种方案：两边检测指针相向检查，发现逆序即交换。

（3）第三种方案：一个检测指针一遍检查过去，发现逆序即交换。

设计算法，分别实现这三种方案。

【解答】 三种实现方案的实现如下。

```
int Partition_1(SeqList& L, int low, int high) {
//第一种方案  区间[low..high]两边检测指针相向交替检查和移动元素
    int i = low, j = high;
    DataType pivot = L.data[low];
    while(i != j) {                                  //从数组两端交替向中间扫描
        while(i < j && L.data[j] >= pivot) j--;     //反向查找比基准元素小的
        if(i < j) L.data[i++] = L.data[j];          //比基准元素小者移到低端
        while(i < j && L.data[i] <= pivot) i++;     //正向查找比基准元素大的
        if(i < j) L.data[j--] = L.data[i];          //比基准元素大者移到高端
    }
    L.data[i] = pivot;                               //基准元素移到应在的位置
    return i;
}
int Partition_2(SeqList& L, int low, int high) {
//第二种方案  区间[low..high]两边检测指针相向检查，发现逆序即交换
    DataType pivot = L.data[low];                    //基准元素
    int i = low+1, j = high;
    while(i < j) {
        while(i < j && pivot < L.data[j]) j--;      //从后向前跳过大于基准者
        while(i < j && L.data[i] < pivot) i++;      //从前向后跳过小于基准者
        if(i < j) { Swap(L, i, j);  i++;  j--;}     //对调之后缩小区间
    }
    if(L.data[i] > pivot) i--;                      //若位置 i 的值大于基准 i 退 1
    L.data[low] = L.data[i];  L.data[i] = pivot;    //基准移至第 i 个位置
    return i;                                        //返回基准最后应在的位置
}
int Partition_3(SeqList& L, int low, int high) {
//第三种算法  一个检测指针一遍检查过去，发现逆序即交换
    int i, k = low; DataType pivot = L.data[low];    //基准元素
    for(i = low+1; i <= high; i++)                   //一趟扫描序列，进行划分
        if(L.data[i] < pivot) {                      //找到排序码小于基准的元素
            if(++k != i)    Swap(L, i, k);           //把小于基准的元素交换到左边
        }
    L.data[low] = L.data[k];  L.data[k] = pivot;    //将基准元素就位
    return k;                                        //返回基准元素位置
}
```

三种划分算法的调用方式都是 int k = Partition_x(L, low, high)。输入：待排序的顺序表 L，要划分子序列的左边界 low，右边界 high；输出：函数值（划分后基准元素安放位置），

划分后的顺序表 L 的子序列，左边界 low，右边界 high。

对这三个方案执行的结果表明，它们的排序码比较次数和元素移动次数大致相同，但从划分后元素的排列来看，第一种方案最佳，对划分出的每个子序列递归做下一趟划分有利；从划分过程遍历的方向来看，第三种方案最佳，它一次遍历过去，对不易逆向访问的（如单链表）的情况比较简单。

8-21　利用题 8-20 给出的一趟划分算法，可以轻松地实现快速排序。对待排序元素序列一趟划分，把整个元素序列划分为左右两个子序列：左侧子序列中所有元素的排序码都小于基准元素的排序码，右侧子序列中所有元素的排序码都大于或等于基准元素的排序码，基准元素则排在这两个子序列中间。然后分别对这两个子序列重复施行上述方法，直到所有的元素都排在相应位置上为止。设计一个算法，实现快速排序。

【解答】　快速排序又称为分区排序，意味着通过一趟划分，得到两个子序列：基准左边子序列的元素排序码都小于基准，而右边子序列的元素排序码都大于或等于基准。然后快速排序算法再递归地对左子序列和右子序列做同样的划分，直到划分出来的子序列为空或只有一个元素为止。因此算法的实现有两个函数，一个是递归函数，进行快速排序，另一个是控制递归函数的函数。算法的实现如下。

```
void QuickSort_recur(SeqList& L, int left, int right) {
    if(left < right) {                          //序列长度小于或等于1不处理
        int pivotpos = Partition_1(L, left, right);       //一趟划分
        QuickSort_recur(L, left, pivotpos-1);   //对左侧子序列施行同样处理
        QuickSort_recur(L, pivotpos+1, right);  //对右侧子序列施行同样处理
    }
}
void QuickSort(SeqList& L) {
//算法的调用方式 QuickSort(L)。输入：待排序顺序表 L；输出：排好序的顺序表 L
    QuickSort_recur(L, 0, L.n-1);
}
```

如果每次划分对一个元素定位后，该元素的左子序列与右子序列的长度相同，则下一步将是对两个长度减半的子序列进行排序，这是最理想的情况。在 n 个元素的序列中，对一个元素定位的时间复杂度为 $O(n)$。若设 $T(n)$ 是对 n 个元素的序列进行排序所需的时间，理想情况下算法的总计算时间复杂度为 $O(n\log_2 n)$。但如果待排序元素序列已经按其排序码从小到大排好序时算法的排序码比较次数将达到 $O(n^2)$。由于快速排序算法是递归的，需要有一个栈存放每层递归调用时的指针和参数，理想情况为 $\lceil \log_2(n+1) \rceil$。要求空间复杂度为 $O(\log_2 n)$，但在最坏情况下空间复杂度（即栈）将达到 $O(n)$。快速排序是一种不稳定的排序方法。

8-22　为了保证快速排序在最坏情况也有较高的排序效率，可选待排序序列的第一个元素、最后一个元素和位置位于最中间的一个元素，在三者之中选择一个其值居中的元素，将其交换到待排序序列的第一个元素位置，再做一趟划分。若设待排序元素序列有 n 个元素，设计一个算法，实现上述三者取中并交换到待排序序列第一个元素位置的功能。

【解答】　三者选中的解法有多种，一种简单的方案是借助判定树比较。设 $a = A[low]$，$b = A[mid]$，$c = A[high]$，先在 a、b 中选小，再让 c 加入比较，三者取中的判定树如图 8-5

所示。

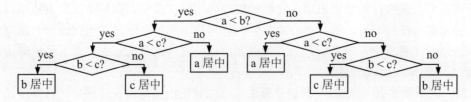

图 8-5 题 8-22 的图

算法的实现如下。

```
void mediacy(SeqList& L, int low, int high) {
//算法调用方式mediacy(L, low, high)。输入：顺序表 L 当前处理区间的左边界 low，
//右边界 high；输出：三者取中的中间值移到 low 位置
    int mid =(low+high)/2, m1, m2;                    //m1 最小,m2 次小, mid 中间点
    if(L.data[low] < L.data[mid]) { m1 = low;  m2 = mid; }
    else { m1 = mid;  m2 = low; }                     //在 low 与 mid 中选最小和次小
    if(L.data[high] < L.data[m1]) { m2 = m1;  m1 = high; }
    else if(L.data[high] < L.data[m2]) m2 = high;//high 加入选最小和次小
    if(low != m2) Swap(L, low, m2);                   //次小 m2 交换到 low 位置
}
```

算法选到一个三者居中的元素，最多 3 次排序码比较，1 次元素移动。

8-23 快速排序的一种改进形式是设置一个门槛 M，例如，让 M = 50，当待排序元素少于 M 时，改用直接插入排序，否则使用快速排序。当使用快速排序时，为避免最差的情形，采用"三者取中"的方法确定基准元素，进行一趟划分。设计一个算法，实现符合上述要求的快速排序。

【解答】 算法以 M 为界，当元素个数小于 M，改用直接插入排序，当元素个数大于或等于 M，执行快速排序。做快速排序时，首先执行一个"三者取中"的算法，即从元素序列的左端、中点和右端的三个元素中选择排序码值位于中间的元素，将其交换到左端，作为基准元素，再采用任何一种一趟划分的实现方案进行一趟划分；在划分完成后再递归地对左子序列和右子序列做同样的操作。算法的实现如下。

```
#define M 5
void InsertSort(SeqList& L, int left, int right) {
//依次将元素 L.data[i]按其排序码插入有序表 L.data[left]，…，L.data[i-1]中，
//使得 L.data[left]到 L.data[i]有序。让 i = left+1 到 i = right 重复执行，完成排序
    DataType temp;  int i, j;
    for(i = left+1; i <= right; i++)
        if(L.data[i] < L.data[i-1]) {        //逆序才找插入位置，否则留置原位
            temp = L.data[i];
            for(j = i-1; j >= left && temp < L.data[j]; j--)
                L.data[j+1] = L.data[j];              //逆向查找 temp 插入位置
            L.data[j+1] = temp;
        }
}
```

```
int Partition(SeqList& L, int left, int right) {
    if(left < right) {                              //区间仅 0 个或 1 个元素
        int i = left, j = right;  DataType pivot = L.data[left];
                                                    //参加划分的区间
        do {
            while(i < j && pivot < L.data[j]) j--;//小于或等于 pivot 停步
            if(i < j) {
                L.data[i++] = L.data[j];
                while(i < j && L.data[i] < pivot) i++;//大于或等于 pivot 停步
                if(i < j) L.data[j--] = L.data[i];
            }
        } while(i < j);
        L.data[i] = pivot;  return i;
    }
    return left;
};
void QuickSort_recur(SeqList& L, int left, int right) {
    if(right-left+1 <= M) {
        printf("insert(%d, %d)\n", left, right);
        InsertSort(L, left, right); }
    else {
        mediacy(L, left, right);                    //三者取中子程序
        int pivotpos = Partition(L, left, right); //划分
        QuickSort_recur(L, left, pivotpos-1);       //对左侧子序列递归排序
        QuickSort_recur(L, pivotpos+1, right);      //对右侧子序列递归排序
    }
}
void QuickSort(SeqList& L) {
//算法调用方式 QuickSort(L)。输入：待排序顺序表 L；输出：排好序顺序表 L
    QuickSort_recur(L, 0, L.n-1);
}
```

8-24　若将快速排序的一趟划分改写成如下的形式，重写快速排序算法，并讨论对长度为 n 的元素序列进行快速排序时，在最好情况下所需进行的排序码比较次数（包括三者取中）。

```
void MidKey(SeqList& L, int s, int m, int t) {
//函数：在表 L 中，求 s、m、t 三者的中间值所在位置
    if(L.data[m] < L.data[s]) Swap(L, s, m);        //交换，两者取小
    DataType tmp = L.data[t];                       //插入排序
    if(tmp < L.data[m]) {                           //若 L[t]最大，已有序
        L.data[t] = L.data[m];                      //否则后移 L[m]
        if(tmp < L.data[s])                         //最小，插在最前面
            { L.data[m] = L.data[s];  L.data[s] = tmp; }
        else L.data[m] = tmp;                       //不是，插在中间
    }
    Swap(L, s, m);                                  //中间值交换到前面
```

```
}
int Partition(SeqList& L, int left, int right, bool& ci, bool& cj) {
//函数：一趟划分算法，划分区间left..right，ci和cj返回i方向与j方向是否
//有过交换。有则返回1，否则返回0；函数返回划分点位置
    if(right-left <= 0) return left;              //区间长度为0或1，不用划分
    int i, j, mid;  DataType pivot;
    mid =(left+right) / 2;                        //mid为排序区间中点
    MidKey(L, left, mid, right);                  //三者取中，交换到s
    pivot = L.data[left];  i = left;  j = right;
    ci = false;  cj = false;                      //预设i方向与j方向无交换
    while(i < j) {                                //双向向中间检测，尚未碰头
        while(i < j && L.data[i] <= pivot){       //正向，与基准元素比较
            i++;                                  //比基准元素小i进1
            if(L.data[i-1] > L.data[i]) { Swap(L, i, i-1);  ci = true; }
        }
        while(i < j && L.data[j] >= pivot) {      //反向，与基准元素比较
            j--;                                  //大于或等于基准元素j退1
            if(L.data[j] > L.data[j+1]) { Swap(L, j, j+1);  cj = true; }
        }
        if(i < j)   {swap(L, i, j);  i++;  j--;  ci = cj = true;}//交换
    }
    if(L.data[left] > L.data[i]) Swap(L, left, i);
    return i;
}
```

【解答】 这是一个改进的快速排序的一趟划分算法。它的特点一是采用左端、中间、右端三个位置的排序码值位于中间的元素作为基准元素；二是在参数表增加了两个布尔量 c_i 和 c_j 返回在划分中是否有过交换，有则还需做下一步的快速排序，没有则可以不再进行下一步的快速排序，这样，排序时递归深度可保证不超过 $O(\log_2 n)$。算法的实现如下。

```
void QuickSort(SeqList& L, int left, int right) {
//算法调用方式QuickSort(L, left, right)。这是一个递归算法，输入：待排序顺序表
//L，当前参加排序子序列的左边界left和右边界right；输出：对排序区间[left..right]
//中的元素进行快速排序
    int pivotPos;  bool lflag, rflag;
    pivotPos = Partition(L, left, right, lflag, rflag);
                                          //划分，pivotPos是划分点
    if(left < pivotPos-1 && lflag == true)    //左子区间长度>1且有过交换
        QuickSort(L, left, pivotPos-1);       //递归对左子区间做快速排序
    if(pivotPos+1 < right && rflag == true)   //右子区间长度>1且有过交换
        QuickSort(L, pivotPos+1, right);      //递归对右子区间做快速排序
}
```

8-25　下面是一个快速排序的递归算法的实现。

```
1    void QuickSort_1(SeqList& L, int low, int high) {
2        int i, j;  DataType tmp;
3        while(low < high) {
```

```
4          i = low;  j = high+1;  tmp = L.data[low];
5          do {
6              do { i++; } while(L.data[i] < tmp);
7              do { j--; } while(L.data[j] > tmp);
8              if(i < j) swap(L, i, j);
9          } while(i <= j);
10         if(low < j) swap(L, low, j);
11         if(high-j >= j-low)
12             { QuickSort1(L, low, j-1);  low = j+1; }
13         else { QuickSort1(L, j+1, high);  high = j-1; }
14     }
15 }
```

试问：

（1）设输入序列为{22, 3, 30, 4, 60, 11, 58, 18, 40, 16}，列出每次递归调用 QuickSort1 时的结果和 low、high 的值。

（2）该算法是稳定的吗？

（3）设输入序列的元素个数为 n，则算法所需递归栈的容量最大是多少？

（4）如果将第6、第7行的"$>=$""$<=$"改为"$>$""$<$"，是否可行？

【解答】 （1）对序列{22, 3, 30, 4, 60, 11, 58, 18, 40, 16}的排序过程如图 8-6 所示。该算法是递归算法，low 与 high 是排序区间，当 low $>=$ high 即排序区间仅剩一个元素或没有元素，不再做排序处理，返回调用的上一层。

	0	1	2	3	4	5	6	7	8	9	low	high	j
初 始	22	3	30	4	60	11	58	18	40	16			
第一趟	11	3	**16**	4	**18**	**22**	58	**60**	40	**30**	0	9	5
第二趟							**40**	**30**	**58**	**60**	6	9	8
第三趟							40	30	58	60	9	9	
第三趟							**30**	**40**			6	7	7
第四趟							30				6	6	
第二趟	**4**	3	**11**	16	18						0	4	2
第三趟	**3**	**4**									0	1	1
第四趟	3										0	0	
第三趟				16	18						3	4	3
第四趟					18						4	4	

图 8-6 题 8-25 的图

当 low $<$ high 则对排序区间中的元素进行一趟划分。基准在 low，划分过程是：先做正向循环，放过排序码值小于或等于基准元素排序码值的元素，找到大于的元素停止，位置在 i；再做反向循环，放过排序码值大于或等于基准元素排序码值的元素，找到小于的元素停止，位置在 j；互换它们，再重复上述过程，直到 i 大于或等于 j 为止，一趟划分完成。然后对划分出的较短子区间递归进行快速排序，再对较长子区间进行快速排序。

（2）该算法有隔空互换，是不稳定的排序方法。

（3）如果所有元素已经按排序码有序排列，则每次划分之后，左子区间为空，右子区间只比上一趟少一个元素，递归趟数将达到 n，所需栈容量最大为 O(n)。

（4）如果将"＞＝""＜＝"改为"＞""＜"，是不可行的。因为第 6 行和第 7 行的循环是 do_while 循环，如果没有"＝"，i++或 j−−很可能失控。例如，序列{16, 18, 20}中以 16 为基准，如果先做 j−−，再判断 L.data[j].key <= 16，最后 j 停在 16，如果没有"＝"则 j 将继续退到 16 之前，划分点就找不到了。

8-26　快速排序算法的性能与一趟划分出的两个子区间是否长度均衡有关，如果随机选择划分基准，期望能通过一趟划分使得划分出的两个子区间长度比较接近。设计一个算法，使用生成随机数的标准函数 rand 来确定划分基准，实现快速排序。

【解答】　设递归过程中，区间的边界是 left 和 right，用 rand 函数生成的随机数要加以变换，使它的值落在[left..right]内，变换式为 k = left+rand() % (right−left+1)，以 k 作为划分基准，交换 L.data[k]与 L.data[left]，划分后的左半区间为[left..k−1]，右半区间为[k+1..right]。再递归地对这两个区间进行快速排序。算法的实现如下。

```
void swap(SeqList& L, int i, int j) {
    DataType tmp = L.data[i];  L.data[i] = L.data[j];  L.data[j] = tmp;
}
void randQuickSort(SeqList& L, int left, int right) {
//算法调用方式 randQuickSort(L, left, right)。这是一个递归算法，输入：待排序顺
//序表 L，当前排序区间的边界为 left 和 right；输出：对排序区间[left..right]中的元
//素进行快速排序
    int i, k;  DataType pivot;
    k = left + rand() %(right-left+1);          //随机取划分基准值
    if(k != left) swap(L, k, left);             //交换到 left
    k = low;  pivot = L.data[left];             //基准元素
    for(i = left+1; i <= right; i++)            //一趟扫描序列，进行划分
        if(L.data[i] < pivot) {                 //找到排序码小于基准的元素
            if(++k != i) swap(L, i, k);

                                                //把小于基准的元素交换到左边

        }
    L.data[left] = L.data[k];  L.data[k] = pivot;       //将基准元素就位 k
    if(left < k-1) randQuickSort(L, left, k-1);
                                                //递归对左子区间做快速排序
    if(k+1 < right) randQuickSort(L, k+1, right);
                                                //递归对右子区间做快速排序

}
```

8-27　设有 n 个元素的待排序元素序列存放在数据表 L 中，试编写一个函数，利用队列辅助实现快速排序的非递归算法。

【解答】　利用队列作为辅助存储实现快速排序的非递归算法与使用栈的情况类似，也需要一趟划分的算法。算法的实现如下。

```
#define queLen 36                              //队列长度，要求满足 m≥2n+2
```

```
void QuickSort_Queue(SeqList& L) {
//算法调用方式QuickSort_Queue(L)。输入：待排序顺序表L;
//输出：借助队列实现快速排序的非递归算法
    int Q[queLen]; int front = 0, rear = 0;
    int left = 0, right = L.n-1, pivotPos;
    Q[rear++] = left; Q[rear++] = right;          //队尾指针在实际队尾下一位置
    while(rear != front) {
        left = Q[front]; front = (front+1) % queLen;//队头指针在实际队头位置
        right = Q[front]; front = (front+1) % queLen;
        while(left < right) {
            pivotPos = Partition_1(L, left, right);      //一趟划分
            Q[rear] = pivotPos+1; rear = (rear+1) % queLen;//先让右半区间进队
            Q[rear] = right; rear = (rear+1) % queLen;
            right = pivotPos-1;                          //处理左半区间
        }
    }
}
```

最好情况下算法的时间复杂度能达到 $O(n\log_2 n)$，空间复杂度达到 $O(\log_2 n)$。最坏情况下算法的时间复杂度为 $O(n^2)$，空间复杂度为 $O(n)$。

8-28 在使用栈实现快速排序的非递归算法时，可根据基准元素，将待排序码序列划分为两个子序列。若下一趟首先对较短的子序列进行排序，试编写相应的算法，并说明在此做法下，快速排序所需要的栈的深度为 $O(\log_2 n)$。

【解答】 算法使用一个栈，先存一趟划分出来的两个子序列中较长的子序列，再存放较短的子序列，然后先退较短的子序列，对其再进行划分。为实现这个想法，先定义栈结点：

```
#define stackLen 36                            //栈的容量，要求不超过表大小
typedef struct { int low, high; } StackNode;   //栈结点定义
```

例如，若待排序序列为{29, 47, 54, 18, 94, 77, 68, 85, 41, 07, 36, 77, 32}，第一趟经划分得到的两个子序列分别为{07, 18}和{54, 94, 77, 68, 85, 41, 47, 36, 77, 32}，用栈先保存较长子序列的两个端点，再保存较短子序列的两个端点；第二趟先将较短的子序列退栈进行排序，不再进栈，再将较长的子序列退栈进行划分，又得到它的两个子序列{32, 36, 47, 41}和{85, 68, 77, 77, 94}，……，排序过程中栈最多用了两层。因此，如果每次递归左、右子序列的长度不等，并且先将较长的子序列的左、右端点保存在栈中，再对较短的子序列进行排序，其栈的深度在最坏情况为 $O(\log_2 n)$。算法的实现如下。

```
void QuickSort_Stack(SeqList& L) {
//算法调用方式QuickSort_Stack(L)。输入：待排序顺序表L; 输出：排好序的顺序表L
    StackNode S[stackLen]; int top = -1;
    StackNode w; int left, right, mid;
    w.low = 0; w.high = L.n-1; S[++top] = w;
    while(top != -1) {
        w = S[top--]; left = w.low; right = w.high;
```

```
                    mid = Partition_3(L, left, right);                    //对当前区间一趟划分
                    if(mid-left <= right-mid) {                           //左半区间小
                        if(mid+1 < right)                                 //右半区间进栈
                            { w.low = mid+1; w.high = right;  S[++top] = w; }
                        right = mid-1;                                    //缩至左半区间
                    }
                    else if(mid-left > right-mid) {                       //右半区间小
                        if(left < mid-1)                                  //左半区间进栈
                            { w.low = left;  w.high = mid-1;  S[++top] = w; }
                        left = mid+1;                                     //缩至右半区间
                    }
                    if(left < right) {                                    //剩下区间进栈
                        w.low = left;  w.high = right;
                        S[++top] = w;
                    }
                }
            }
```

最好情况下算法的时间复杂度能达到 $O(n\log_2 n)$，空间复杂度达到 $O(\log_2 n)$。最坏情况下算法的时间复杂度为 $O(n^2)$，空间复杂度为 $O(n)$。

8-29　快速排序的一种改进方法是取序列中的最大和最小排序码的平均值作为基准进行划分处理，以消除快速排序可能出现的最坏情况。设计一个算法，实现这个想法。

【解答】　设给定一组待排序的排序码序列 $\{L_{left}, L_{left+1}, \cdots, L_{right}\}$，算法的步骤如下。

（1）若序列为空或只有一个排序码，不做排序；若序列只有两个结点且逆序，则交换后即可；若序列的排序码多于两个，则做以下处理：

① 扫描序列，找出最大排序码 L_{max} 和最小排序码 L_{min}。

② 计算平均值 $L_{avg} = (L_{max}+L_{min})/2$（$L_{avg}$ 不一定在序列中出现）。

③ 以 L_{avg} 为基准对序列 $\{L_{left}, L_{left+1}, \cdots, L_{right}\}$ 做一趟划分，函数返回基准所在下标 k。

④ 递归对左子序列 $\{L_{left}, \cdots, L_k\}$ 和右子序列 $\{L_{k+1}, \cdots, L_{right}\}$ 做快速排序。

（2）递归返回则排序结束。

算法的实现如下。

```
int Partition(SeqList& L, int low, int high) {
//此函数在表的[low, high]区间选择关键码最小、最大元素，计算它们的平均值，再
//以它为基准元素，进行一趟划分，把比平均值小的移到比平均值大的元素前面，
//函数返回基准元素的位置
    int i, j, avg, min = low, max = low;
    for(i = low+1; i <= high; i++)                    //选最大和最小
        if(L.data[i] < L.data[min]) min = i;
        else if(L.data[i] > L.data[max]) max = i;
    avg =(int)(L.data[max]+L.data[min])/2;            //求两者平均值
    for(i = low, j = low; i <= high; i++)
        if(L.data[i] < avg) {                         //比平均值较小者交换到前面
            if(i != j) Swap(L, i, j);
            j++;
```

```
        }
        return j-1;                             //返回基准元素位置
};
void AverageQuickSort(SeqList& L, int low, int high) {
//算法调用方式 AverageQuickSort(L, low, high)。这是一个递归算法，输入：待排序
//顺序表 L 当前参加排序子序列的左边界 low 和右边界 high；输出：对子序列做快速排序，引
//用参数 L 返回排好序的子序列
    if(low >= high) return;                     //排序区间空或一个元素，不排
    if(low+1 == high) {                         //排序区间两个元素，直接排序
        if(L.data[low] > L.data[high]) Swap(L, low, high);
        return;
    }
    int k = Partition(L, low, high);            //一趟划分，k 为划分点
    AverageQuickSort(L, low, k);                //对左子区间快速排序
    AverageQuickSort(L, k+1, high);             //对右子区间快速排序
}
```

算法的时间复杂度能达到 $O(n\log_2 n)$，空间复杂度达到 $O(\log_2 n)$。

8-30　三路划分的快速排序是对快速排序的改进算法。它将文件划分成为三个部分：一部分是排序码比基准元素小的；另一部分是排序码和基准元素等值的；最后一部分排序码比基准元素大的，如图 8-7 所示。试设计这样的算法。

图 8-7　题 8-30 的图

【解答】　算法的思路是：在划分过程中，扫描时将遇到的左子序列排序码中与基准元素相等的元素放到序列的最左边，将遇到的右子序列中排序码与基准元素相等的元素放到序列的最右边。于是在划分过程中，将出现如图 8-8 所示的情况。

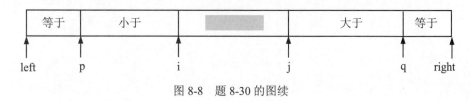

图 8-8　题 8-30 的图续

当两个扫描指针 i 与 j 相遇时，排序码值相等的元素的确切位置就知道了，然后将所有排序码与基准元素等值的元素与扫描指针指向元素开始依次交换，就可以得到三路划分的结果。算法的实现如下。

```
void QuickSort_3(SeqList& L, int left, int right) {
//算法调用方式 QuickSort_3(L, left, right)。这是一个递归算法，输入：待排序顺序
//表 L 当前参加排序子序列的左边界 left 和右边界 right；输出：引用参数 L 返回排好
//序的子序列
    if(right <= left) return;                    //排序区间小于 2 返回
```

```
        int i, j, k, p, q;  DataType pivot = L.data[right];//基准为区间左右元素
        i = left-1;  j = right;  p = left-1;  q = right;
        while(1) {
            while(i < j && L.data[++i] < pivot);
            while(i < j && pivot < L.data[--j]);
            if(i >= j) break;
            Swap(L, i, j);
            if(L.data[i] == pivot)                      //小者与基准等值
                if(++p != i)    Swap(L, p, i);          //交换到最左端
            if(pivot == L.data[j])                      //大者与基准等值
                if(--q != j)    Swap(L, q, j);          //交换到最右端
        }
        k = right;
        while(k >= q && L.data[j] > L.data[k])
            { Swap(L, j, k);  j++;  k--; }              //将最右元素移中
        k = left;
        while(k <= p && L.data[k] > L.data[i-1])
            { Swap(L, k, i-1); k++;  i--; }             //将最左元素移中
        QuickSort_3(L, left, i-1);                      //对左侧子序列施行同样处理
        QuickSort_3(L, j, right);                       //对右侧子序列施行同样处理
}
```

这一方法不仅有效地处理了待排序元素序列中的重复值问题，而且在没有重复值时它也能保持算法原来的性能。

8-31 试设计一个算法，使得在 O(n)的时间内重排数组，将所有取负值的排序码排在所有取正值（非负值）的排序码之前。

【解答】 采用快速排序算法中的划分算法来做。算法的实现如下。

```
void reArrange(SeqList& L) {
//算法调用方式 reArrange(L)。输入：待重排顺序表 L；输出：重排的顺序表 L
    int i = 0, j = L.n-1;
    while(i < j) {
        while(i < j && L.data[j] >= 0) j--;
        while(i < j && L.data[i] < 0) i++;
        if(i < j) { Swap(L, i, j);  i++;  j--; }
    }
}
```

算法的时间复杂度为 O(n)。

8-32 （荷兰国旗问题）设一个有 n 个字符的数组 A[n]，存放的字符只有 3 种：R（代表红色）、W（代表白色）、B（代表蓝色）。设计一个算法，让所有的 R 排列在最前面，W 排列在中间，B 排列在最后。

【解答】 算法仍然利用快速排序的一趟划分的思想。在调用算法的主程序中首先需要定义一个枚举类型 enum Color { Red, White, Blue }，此外，算法为存放前面的红色和后面的蓝色设置了两个指针 i 和 k。红色从 0 号位置开始存放 i = 0，蓝色从 n-1 号位置开始存放 k = n-1。然后用一个指针 j 从头向后逐个元素检测：j = 0, 1,…, k。如果当前检测的数组元

素 A[j]是红色，则交换到数组的前面，与 A[i]对调；如果 A[j]是蓝色，则交换到数组的后面，与 A[k]对调；如果 A[j]是白色，原地不动继续向后检测。例如在数组中原来的内容如图 8-9（a）所示，经过排序后得到的结果如图 8-9（b）所示。

序号	0	1	2	3	4	5	6	7	8
颜色	B	W	R	B	B	W	R	B	W

(a) 排序前

序号	0	1	2	3	4	5	6	7	8
颜色	R	R	W	W	W	B	B	B	B
原来位置	2	6	8	1	5	4	7	3	0

(b) 排序后

图 8-9　题 8-32 的图

算法描述如下。

```
#define m 36                                      //队列长度，要求满足 m≥2n+2
enum Color { Red, White, Blue };                 //枚举数组，按荷兰国旗颜色排列
void swap(Color A[], int a, int b) {             //交换A[a]和A[b]中的内容
    Color temp = A[a];  A[a] = A[b];  A[b] = temp;
}
void FlagAdjust(Color A[], int n) {                           //颜色顺序的调整
//算法调用方式 FlagAdjust(A, n)。输入：颜色数组A，数组元素个数n;
//输出：按红白蓝重排的数组A
    int i = 0, j = 0, k = n-1;
    while(j < k) {                                           //顺序检查
        switch(A[j]) {
            case Red: if(j != i) swap(A, i, j);             //Red 交换到前面
                    i++;  j++;  break;
            case White: j++;  break;                        //White 原地不动
            case Blue: if(j != k) swap(A, j, k);            //Blue 交换到后面
                    k--;  break;
        }
    }
    swap(A, i, j);
}
void OutputFlag(Color A[], int n) {                          //输出国旗颜色顺序
    for(int i = 0; i < n; i++)
        switch(A[i]) {
            case 0:  printf("%s", "Red ");  break;
            case 1:  printf("%s", "White ");  break;
            case 2:  printf("%s", "Blue ");  break;
            default: break;
        }
    printf("\n");
}
```

算法的时间复杂度为 O(n)。

8-33 将 n 个正整数存放于数据表 L 中，设计一个函数，将所有奇数移动并存放于表的前半部分，将所有偶数移动并存放于表的后半部分。要求尽可能少用临时存储单元并使计算时间达到 O(n)。

【解答】 算法利用快速排序中的一趟划分的算法，从数组两端向中间检测。从右向左检查奇数，从左向右检查偶数，然后两者交换，使得奇数移到左边，偶数移到右边。以后重复此动作，直到检测指针相遇为止。算法的实现如下。

```
void exstorage(SeqList& L) {
//算法调用方式 exstorage(L)。输入：待重排顺序表 L；输出：重排的顺序表 L
    int i = 0, j = L.n-1;
    while(i < j) {
        while(i < j && L.data[i] % 2 != 0) i++;        //从左向右找偶数
        while(i < j && L.data[j] % 2 == 0) j--;        //从右向左找奇数
        if(i < j) Swap(L, i, j);                       //交换
    }
}
```

算法的时间复杂度为 O(n)，空间复杂度为 O(1)。

8-34 若待排序的整数序列中有一半是奇数，一半是偶数。设计一个算法，重新排列这些整数，使得所有奇数位于奇数下标上，所有偶数位于偶数下标上。

【解答】 借助快速排序的划分思想，用 i 和 j 分别遍历序列中下标为偶数和下标为奇数的整数。当 A[i] 为奇数且 A[j] 为偶数时，交换它们，使得它们偶数交换到偶数位，奇数交换到奇数位。如此继续进行下去，直到所有整数就位。算法的实现如下。

```
void reArrangeSort(SeqList& L) {
//算法调用方式 reArrangeSort(L)。输入：待重排顺序表 L；
//输出：重排的顺序表 L
    int i = 0, j = 1;                                    //i 是偶数位，j 是奇数位
    while(i < L.n && j < L.n) {
        while(i < L.n && L.data[i] % 2 == 0) i = i+2;   //偶数通过，找奇数
        while(j < L.n && L.data[j] % 2 == 1) j = j+2;   //奇数通过，找偶数
        if(i < L.n && j < L.n)
            { Swap(L, i, j);  i = i+2;  j = j+2; }       //交换奇偶数
    }
}
```

算法的时间复杂度为 O(n)，空间复杂度为 O(1)。

8-35 若待排序元素的排序码是整型 int，设计一个算法，以序列中所有元素的平均值作为基准，实现快速排序。

【解答】 算法首先把序列的第一个元素保存到工作单元，再以平均值作为基准，进行常规的快速排序。在做一趟划分后，把被保存的元素回放到划分出的两个子序列中间，若此元素的排序码小于平均值，则属于左子序列，否则属于右子序列。算法的实现如下。

```
void AvgQuickSort(SeqList& L, int low, int high) {
```

```
//算法调用方式 AvgQuickSort(L, low, high)。这是一个递归的算法, 输入: 待排序顺
//序表 L, 待排序子序列的左边界 low 和右边界 high; 输出: 对 L 的子序列进行快速
//排序, 左边界 low, 右边界 high
    if(low < high) {
        int i = low, j = high, k, avg = 0;
        for(k = low; k <= high; k++) avg = avg+L.data[k];
        avg = avg/(high-low+1);                       //计算平均值
        DataType temp = L.data[i];
        while(i < j) {                                //进行一趟划分
            while(i < j && L.data[j] >= avg) j--;
            if(i < j) {
                L.data[i] = L.data[j];  i++;
                while(i < j && L.data[i] < avg) i++;
                if(i < j) { L.data[j] = L.data[i]; j--; }
            }
        }
        L.data[i] = temp;                             //回放被保存元素
        if(L.data[i] > avg) i--;
        AvgQuickSort(L, low, i);
        AvgQuickSort(L, i+1, high);
    }
}
```

算法的时间复杂度为 $O(n\log_2 n)$, 空间复杂度为 $O(1)$。

8.4　选　择　排　序

8.4.1　简单选择排序

8-36　在由 n 个元素组成的序列中, 选择一个具有最小（或最大）排序码的元素, 把它加入到有序序列中, 接着在剩余的元素序列中再选一个具有最小（或最大）排序码的元素, 把它加入到有序序列中, 如此继续, 直到元素序列中只剩下一个元素为止, 这就是简单选择排序。设计一个算法, 实现这个排序方法。

【解答】　算法共执行 n−1 趟的基本思想: 第 i 趟（i = 0, 1,…, n−2）从第 i 到第 n−1 个元素组成的序列中选出排序码最小（或最大）的元素, 交换到结果序列的第 i 个位置。待到第 n−2 趟作完, 待排序元素只剩下 1 个, 就不用再选了。算法的实现如下。

```
void SelectSort(SeqList& L) {
//算法调用方式 SelectSort(L)。输入: 待排序顺序表 L; 输出: 排好序的顺序表 L
    int i, j, k;  DataType tmp;
    for(i = 0; i < L.n-1; i++) {
        k = i;                              //在 L[i..n-1]中找排序码最小的元素
        for(j = i+1; j <= L.n-1; j++)       //记下当前具最小排序码的元素
            if(L.data[j] < L.data[k]) k = j;
        if(k != i) Swap(L, k, i);           //交换
```

```
        }
    }
```

简单选择排序的排序码比较次数与元素的初始排列无关，设待排序序列有 n 个排序码，排序码比较次数为 n(n-1)/2。元素的移动次数与元素序列的初始排列有关，最好情况下元素的移动次数为 0；最坏情况下元素移动次数为 3(n-1)。算法的空间复杂度为 O(1)。简单选择排序是不稳定的排序方法。

8-37　若有 n 个整数存放于一个一维数组 A[n] 中，设计一个递归算法，重新实现简单选择排序算法。

【解答】　算法首先对当前待排序区间 left～right 按照选择排序的方法选排序码值最小的元素，交换到 left 位置；然后再递归地对余下的待排序区间 left+1～right 做相同的工作。递归结束条件是区间元素个数仅剩一个元素（left == right）。算法的实现如下。

```
void selectSort_recur(SeqList& L, int left, int right) {
//算法调用方式 SelectSort(L)。输入：待排序顺序表 L；输出：排好序的顺序表 L
    if(left < right) {
        int k = left, i;
        for(i = left +1; i <= right; i++)
            if(L.data[i] < L.data[k]) k = i;          //查找区间内最小整数
        if(left != k) Swap(L, left, k);               //交换到 left 端
        selectSort_recur(L, left+1, right);           //对剩余整数递归排序
    }
}
void selectSort(SeqList& L) {
    selectSort_recur(L, 0, L.n-1);
}
```

算法的排序码比较次数与元素移动次数与非递归算法类似，但因为递归需要栈的缘故，栈的深度达 O(n)。

8-38　阅读下列排序算法，估算算法中基本操作的时间复杂度。

```
void Sort(SeqList& L) {
    int i, j, k, max, min;
    for(i = 0; i < L.n-i-1; i++) {
        min = max = i;
        for(j = i+1; j <= L.n-i-1; j++) {
            if(L.data[j] < L.data[min]) min = j;
            if(L.data[j] > L.data[max]) max = j;
        }
        if(min != i) Swap(L, min, i);
        if(max != L.n-i-1)
            if(max == i) Swap(L, min, L.n-i-1);
            else Swap(L, max, L.n-i-1);
    }
}
void main(void) {
```

```
    DataType A[maxSize] = { 43, 38, 15, 21, 54, 65, 38, 01 };
    int n = 8;  SeqList R;
    createList(R, A, n);  printList(R);
    printf("排序的结果是\n");
    Sort(R);  printList(R);
}
```

【解答】　下面用一个简单的例子来看一下算法究竟做了些什么，如图 8-10 所示。

	0	1	2	3	4	5	6	7	max	min
初始	[43	38	15	21	54	65	38*	01]	5	7
i = 0	↑i					↑ max		↑ min		
	01	[38	15	21	54	43	38*]	65	4	2
i = 1		↑i	↑ min		↑ max					
		15	[38	21	38*	43]	54		5	3
i = 2			↑i	↑ min	↑ max					
			21	[38	38*]	43			5	3
i = 3				↑ i, min, max						
				38	38*				3	3

图 8-10　题 8-38 的图

此算法是双向选择排序的一个版本。最多做 $\lfloor n/2 \rfloor$ 趟，$i = 0, 1, \cdots, \lfloor n/2 \rfloor - 1$。第 i 趟从 i+1 比较到 n-i-1，比较了 n-i-1-(i+1)+1 = n-2i-1 次，总排序码比较次数为

$$\sum_{i=0}^{\lfloor n/2 \rfloor - 1} (n - 2 * i - 1) = (n-1) \sum_{i=0}^{\lfloor n/2 \rfloor - 1} 1 - 2 \sum_{i=0}^{\lfloor n/2 \rfloor - 1} i$$

$$= (n-1) \times \lfloor n/2 \rfloor - (\lfloor n/2 \rfloor - 1) \times \lfloor n/2 \rfloor$$

元素交换次数最多为 $2 \times \lfloor n/2 \rfloor$。

例如，当 n = 8 时，$\lfloor n/2 \rfloor = 4$，总排序码比较次数为 7×4-3×4 = 16，元素交换 8 次。

8-39　若待排序元素序列有 n 个元素，设计一个递归算法，实现双向简单选择排序，即从区间 left～right 选择具有最小排序码元素和具有最大排序码元素，它们的位置分别记为 k1 和 k2，再分别与 left 和 right 的元素对换，然后对区间 left+1～right-1 递归进行同样的操作，直到区间仅剩不超过 1 个元素为止。

【解答】　对简单选择排序的算法稍加修改，即可得双向简单选择排序的递归算法。算法的实现如下。

```
void DoublSelectSort_recur(SeqList& L, int left, int right) {
//算法调用方式 DoubleSelectSort(L)。输入：待排序顺序表 L；输出：排好序的顺序表 L
    if(left >= right) return;
    int i, min = left, max = left;
    for(i = left; i <= right; i++) {
        if(L.data[i] < L.data[min]) min = i;    //扫描，找最小元素
        if(L.data[i] > L.data[max]) max = i;    //扫描，找最大元素
    }
```

```
            if(max == left)                    //若最大元素在 left, 已交换到 min 位置
                { Swap(L, max, min);  max = min; }
            else if(min != left) Swap(L, min, left);    //最小元素交换到 left 位置
            if(max != right) Swap(L, max, right);       //最大元素交换到 right 位置
            DoublSelectSort_recur(L, left+1, right-1);    //递归
        }
        void DoublSelectSort(SeqList& L) {
            DoublSelectSort_recur(L, 0, L.n-1);
        }
```

当 n 为偶数时, 设 n = 2k, 排序码比较次数为 2k+2(k-1)+⋯+2 = 2(k+(k-1)+⋯+1) = k(k+1) = n(n+2)/4; 当 n 为奇数时, 设 n = 2k-1, 排序码比较次数(2k-1)+(2(k-1)-1)+⋯+1 = 2(k+(k-1)+⋯+1)-k = k(k+1)-k = k^2 = $(n+1)^2/4$。最好情况下元素移动 0 次, 最坏情况下元素移动 n 次。它的时间复杂度虽然也是 $O(n^2)$, 但实际比简单选择排序少一半比较。

8-40 二次选择排序是简单选择排序的一个变种。它主要是利用二次选择来进行排序的, 即将序列分成若干个子序列后再进行排序。该方法首先将给定序列 A = { k_0, k_1, ⋯, k_{n-1} } 送到临时工作数组 R[n] 中。然后执行以下工作:

（1）首先将待排序的序列 R 划分成 $\sqrt{n}$ 个子序列。如果 n 不是完全平方数, 则将序列分成 $\sqrt{n'}$ 个子序列。其中 n′ 大于 n 的最小完全平方数。

（2）创建一个辅助数组 d, 其中 d[i] 对应第 i 个子序列。

（3）利用简单选择分别找各子序列中排序码最小的元素, 将其位置送入相应的 d 中。

（4）再利甩简单选择, 在 d 中找出最小排序码, 此即当前选出的 R 序列中最小的排序码, 将该排序码存回到原序列 A 中, 然后执行步骤（5）。

（5）在 R 中对刚选过的元素的排序码置无穷大, 然后对它所在子序列再次进行扫描, 找出其新的次小排序码送入其相应的 d 中的单元。然后执行步骤（4）。

这样不断地重复执行步骤（4）、步骤（5）。交替地对子序列及二级存储 d 进行扫描。直到所有子序列中的元素都取尽（标志是 d 中选出了最小排序码为无穷大）为止, 排序结束。

设计一个算法, 实现这个排序方法。

【解答】 先给出一个示例, 说明如何根据题目给出的方法和步骤来进行排序。设给定的序列为 F = { 8, 7, 2, 5, 4, 6, 9, 1, 3 }, 因为 n = 9 是完全平方数, 故可划分为 $\sqrt{9}$ = 3 个子序列, 辅助数组为 a[3]。执行二次选择排序的步骤如图 8-11 所示。

算法的实现如下。

```
#include<math.h>
#define maxValue 32767
int Select_1(SeqList& L, DataType R[], int i, int n) {
//在第 i (i < n) 个子序列中选关键码最小的元素, 函数返回最小元素的位置
    int j, left, right, min;
    left = i*n;                              //确定子序列左、右端
    right =(i < n-1) ? left+n-1 : L.n-1;
    min = left;                              //在子序列中选最小
    for(j = left+1; j <= right; j++)
```

一级存储数组 R（待排序列）									二级存储 d			当前最小	排序结果数组 L.data
8	7	2	5	4	6	9	1	3	2	4	<u>1</u>	1	
8	7	2	5	4	6	9	∞	3	<u>2</u>	4	3	2	1
8	7	∞	5	4	6	9	∞	3	7	4	<u>3</u>	3	1 2
8	7	∞	5	4	6	9	∞	∞	7	<u>4</u>	9	4	1 2 3
8	7	∞	5	∞	6	9	∞	∞	7	<u>5</u>	9	5	1 2 3 4
8	7	∞	∞	∞	6	9	∞	∞	7	<u>6</u>	9	6	1 2 3 4 5
8	7	∞	∞	∞	∞	9	∞	∞	<u>7</u>	∞	9	7	1 2 3 4 5 6
8	∞	∞	∞	∞	∞	9	∞	∞	<u>8</u>	∞	9	8	1 2 3 4 5 6 7
∞	∞	∞	∞	∞	∞	9	∞	∞	∞	∞	<u>9</u>	9	1 2 3 4 5 6 7 8
∞	∞	∞	∞	∞	∞	∞	∞	∞	<u>∞</u>	∞	∞	∞	1 2 3 4 5 6 7 8 9

图 8-11　题 8-40 的图

```
        if(R[j] < R[min]) min = j;
    return min;
}
int Select_2(DataType R[], int d[], int n) {
//在最小元素数组 d[n]中选关键码最小的元素，函数返回最小元素的位置
    int min = 0;                                  //在所有最小中求最小
    for(int i = 1; i < n; i++)                    //逐个比较选最小
        if(R[d[i]] < R[d[min]]) min = i;
    return min;                                   //返回当前选出的最小元素
}
void SecondarySort(SeqList& L) {
//算法调用方式 SecondarySort(L)。输入：待排序顺序表 L；输出：排好序的顺序表 L
    int i, j, k, min, n;
    n = (int) sqrt(L.n);                          //求子序列个数
    if(n*n < L.n) n++;                            //n 是完全平方数的开平方
    int *d = (int*) malloc(n*sizeof(int));        //保存各子序列当前最小
    DataType *R = (DataType*) malloc(L.n*sizeof(DataType));
    for(j = 0; j < L.n; j++) R[j] = L.data[j];
    k = 0;                                        //当前可存放选出元素位置
    for(i = 0; i < n; i++) {                      //求各子序列最小
        min = Select_1(L, R, i, n);              //第 i 个子序列中最小元素位置
        d[i] = min;                              //存子序列最小元素地址
    }
    min = Select_2(R, d, n);                     //在所有最小中求最小
    L.data[k++] = R[d[min]];                      //存放当前选出的最小元素
    R[d[min]] = maxValue;                         //该位置置大数，以后不参选
    i = min;
    while(1) {
        min = Select_1(L, R, i, n);             //第 i 个子序列最小元素位置
        d[i] = min;                              //存子序列最小元素地址
        min = Select_2(R, d, n);                //在所有最小中求最小
```

```
                    if(R[d[min]] == maxValue) break;
                    L.data[k++] = R[d[min]];          //存放当前选出的最小元素
                    R[d[min]] = maxValue;             //该位置置大数，以后不参选
                    i = min;
                }
            L.n = k;  free(d);  free(R);
        }
```

算法的时间复杂度为 $O(n^2)$，空间复杂度为 $O(n)$。

8-41 最小最大算法是双向选择排序的改进算法。设序列 $x_0, x_1, \cdots, x_{n-1}$，其中 n 是偶数。

（1）比较 x_i 与 x_{n-1-i}，$i = 0, 1, \cdots, n/2-1$，若 $x_i > x_{n-1-i}$，逆序），则交换之。这就创建了一个"彩虹模式"，其中，$x_0 \leqslant x_{n-1}$，$x_1 \leqslant x_{n-2}, \cdots$，使得序列中较小的元素处于序列的左半部分，较大的元素处于序列的右半部分。

（2）对子序列 $x_i, \cdots, x_{n-1-i}$，$i = 0, 1, \cdots, n/2-1$，执行下列步骤：

① 找出左半部分的最小元素 x_{min} 和右半部分的最大元素 x_{max}，把它们分别与子序列中的第一个元素 x_i 和最后一个元素 x_{n-1-i} 交换。

② 比较 x_{min} 与 $x_{n-1-min}$，x_{max} 与 $x_{n-1-max}$，如果逆序则交换，创建另一个"彩虹模式"。设计一个算法，实现以上排序方法。

【解答】 看一个示例，对序列 $\{20, 50, 15, 40, 10, 35\}$，算法执行如图 8-12 所示。

i	0	1	2	3	4	5	比较 x_i 与 x_{n-1-i}，逆序交换
(1)	20	50	15	40	10	35	在$[x_0, x_5]$中比较$[x_0, x_5]$, $[x_1, x_4]$, $[x_2, x_3]$，逆序交换
(2)	20	10	15	40	50	35	在$[x_0, x_5]$左半部 min = x_1，右半部 max = x_4，与边界交换
①	10	20	15	40	35	50	比较 x_1, x_4，逆序交换
②		15	20	35	40		在$[x_1, x_4]$左半部 min = x_2，右半部 max = x_3，与边界交换
①			20	35			比较 x_2, x_3，逆序交换
②			20	35			在$[x_2, x_3]$左半部 min = x_2，右半部 max = x_3，不交换
	10	15	20	35	40	50	排序结束

图 8-12 题 8-41 的图

排序阶段（1）：比较 3 次，交换 2 次；排序阶段（2）：执行 2 趟。算法的实现如下。

```
void min_max_Sort(int A[], int n) {
//算法调用方式 min_max_Sort(A, n)。输入：待排序数组 A，数组元素个数 n；输出：
//排好序的数组 A
    int i, j, s, t;  int min, max;
    for(i = 0; i < n/2; i++)                    //与对称元素比较逆序交换
        if(A[i] > A[n-1-i]) swap(A, i, n-1-i);
        for(i = 0; i < n/2; i++) {
            min = max = A[i];  s = t = i;
            for(j = i+1; j <= n-1-i; j++)       //在子序列中求最小值与最大值
                if(A[j] < min) { min = A[j]; s = j; }
                else if(A[j] > max) { max = A[j]; t = j; }
            if(s != i) Swap(A, s, i);           //最小值 xs 与子序列左边界交换
```

```
            if(t != n-1-i) Swap(A, t, n-1-i);
                                            //最大值 xt 与子序列右边界交换
            if(s < n-1-s && A[s] > A[n-1-s] || n-1-s < s && A[n-1-s] > A[s])
            swap(A, s, n-1-s);
            if(t < n-1-t && A[t] > A[n-1-t] || n-1-t < t && A[n-1-t] > A[t])
                swap(A, t, n-1-t);
        }
    }
}
```

算法的时间复杂度为 $O(n^2)$，空间复杂度为 $O(n)$。

8.4.2 堆排序

1. 大根堆的结构定义

大根堆是一棵顺序存储的完全二叉树，它任何一个非叶结点都满足：

- 结点 a[i]（$0 \leqslant i \leqslant \lfloor n/2 \rfloor - 1$）均满足 $a[i] \geqslant a[2*i+1]$ 和 $a[i] \geqslant a[2*i+2]$（若 $2*i+2 < n$）。
- 根结点 a[0]具有最大排序码。

2. 大根堆的结构定义

大根堆的结构定义如下（存放于头文件 maxHeap.h 中）。

```
#include<stdio.h>
#define HeapSize 128                          //堆的容量
typedef int HElemType;
typedef struct {                              //大根堆定义
    HElemType data[HeapSize];                 //存放大根堆中元素的数组
    int n;                                    //大根堆中当前元素个数
} maxHeap;
void Swap(maxHeap& H, int i, int j) {         //交换堆的第 i 个和第 j 个元素
    HElemType tmp = H.data[i];  H.data[i] = H.data[j];
    H.data[j] = tmp;
}
```

3. 堆的相关算法

8-42 在堆排序过程中创建初始堆时往往采用自底向上的方法，从离根最远的非叶结点开始，逐步扩大初始堆。设计一个算法，把一组随机排列的元素自底向上调整为大根堆。

【解答】 在创建大根堆的过程中，需要用到一个调整算法 siftDown，称为"筛选"。它可把一棵子树（子序列）调整为大根堆，前提是根结点的左、右子树（若非空）都已经是大根堆了。所以必须从离根最远的非叶结点（它的子女都是叶结点）开始使用 siftDown 算法进行调整。算法 siftDown 从子树的根 start 开始到 till 结点为止，自上向下比较，如果子女的值大于其双亲的值，则大子女上升，原来的双亲下落到大子女位置，这样逐层处理，将一个集合局部调整为大根堆。算法的实现如下。

```
void siftDown(maxHeap& H, int start, int till) {
//从结点 start 开始到 till 为止，自上向下比较，如果子女的值大于双亲的值，则大子女
//上升，双亲下落到大子女位置，这样逐层处理，将一个局部调整为大根堆
    int i = start;  int j = 2*i+1;            //j 是 i 的左子女
```

```
        HElemType temp = H.data[i];                    //暂存子树根结点
        while(j <= till) {                             //检查子女结点号是否到最后位置
            if(j < till && H.data[j] < H.data[j+1])//横向比较，在子女中选大者
                j++;                                   //让 j 指向子女中的大者
            if(temp >= H.data[j]) break;               //纵向比较：temp 排序码大则不调整
            else {                                     //否则
                H.data[i] = H.data[j];                 //子女中的大者上移
                i = j;  j = 2*j+1;                     //i 下降到大子女 j 位置
            }
        }
        H.data[i] = temp;                              //temp 中暂存元素放到合适位置
}
void createmaxHeap(maxHeap& H) {                        //自底向上创建大根堆
//算法调用方式 createmaxHeap(H)。输入：数据随机排列的数组 H;
//输出：通过筛选创建起来的大根堆 H
    for(int i =(H.n-2)/2; i >= 0; i--)                 //将表转换为大根堆
        siftDown(H, i, H.n-1);
}
void printmaxHeap(maxHeap& H) {
    for(int i = 0; i < H.n; i++) printf("%d ", H.data[i]);
    printf("\n");
}
```

若堆的结点有 n 个，创建初始堆的算法的时间复杂度为 O(n)，空间复杂度为 O(1)。

8-43　基于题 8-42 给出的 siftDown 筛选算法，设计一个算法，实现堆排序。

【解答】　设大根堆为 H，使用 siftDown 的堆排序算法的步骤如下：

（1）把数组 H.data 中的元素序列用筛选算法 siftDown 调整为大根堆（即初始堆）。

（2）令 i 从 H.n-1 循环到 1，重复执行：

① 处于堆顶的元素 H.data[0]与 H.data[i]对调，把最大排序码元素交换到最后。

② 对前面的 i-1 个元素，使用堆的筛选算法 siftDown 重新调整为大根堆。

（3）循环结束，最后得到全部排序好的元素序列。

算法的实现如下。

```
void HeapSort(maxHeap& H) {
//算法调用方式 HeapSort(H)。输入：待排序大根堆 H; 输出：对堆 H.data[0]~
//H.data[L.n-1]进行排序，使得堆中各个元素按其排序码非递减有序
    createmaxHeap(H);                                  //创建初始堆
    for(int i = H.n-1; i > 0; i--)                     //对大根堆排序
        { Swap(H, 0, i);  siftDown(H, 0, i-1);}        //交换，重建大根堆
}
```

若堆的结点有 n 个，算法的时间复杂度为 $O(n\log_2 n)$，空间复杂度为 O(1)。堆排序是不稳定的排序方法。

8-44　在堆排序过程中还可以自顶向下逐步插入，创建大根堆。设计一个算法，通过插入和调整逐步创建大根堆。

【解答】　插入算法需要使用一个自底向上的调整算法 siftUp 用以创建大根堆。在此过程中，每次把新结点插入在最后，使用 siftUp 算法重新调整为堆。算法的实现如下。

```
void siftUp(maxHeap& H, int start) {
//从结点 start 开始到结点 0 为止，自下向上比较，如果子女的值大于双亲的值则
//交换。这样将子树重新调整为大根堆
    HElemType temp = H.data[start];  int i, j;
    j = start;  i = (j-1)/2;                    //i 为 j 的双亲
    while(j > 0) {                              //沿双亲路径向上直达根
        if(H.data[i] >= temp) break;           //双亲值大，不调整
        else {                                 //否则双亲值小
            H.data[j] = H.data[i];             //双亲下落
            j = i;  i = (i-1)/2;               //上升一层，继续比较
        }
    }
    H.data[j] = temp;                          //回送
}
bool Insert(maxHeap& H, HElemType x) {
//在大根堆 H 中插入 x，要求 x 插在堆的最后，再自底向上调整为大根堆
    if(H.n == HeapSize) return false;          //堆满，不能插入
    H.data[H.n] = x;                           //插入
    siftUp(H, H.n);  H.n++;                     //向上调整
    return true;
}
void createMaxHeap(maxHeap& H, HElemType arr[], int n) {
//算法调用方式 createMaxHeap(H, arr, n)。输入：空的大根堆 H，输入数据数组 arr，
//数组元素个数 n；输出：已创建的大根堆 H
    H.n = 0;
    for(int i = 0; i < n; i++) Insert(H, arr[i]);
}
```

每个元素插入的排序码比较次数不超过当时树的高度，总排序码比较次数= 0+1+1+2+2+2+2+3+⋯+的前 n 项的和。算法的时间复杂度为 $O(n\log_2 n)$，空间复杂度为 $O(1)$。

8-45　设计一个算法，判断一个数据序列是否构成一个大根堆。

【解答】　如果一个数据序列是大根堆，一定每个分支结点的排序码值同时大于或等于它的两个子女的排序码值。算法首先检查第 0 到第 n/2-2 个分支结点的排序码，判断是否满足要求，不满足立即退出；然后检查第 n/2-1 个分支结点（最后一个），它可能有两个子女，也可能有一个子女，特殊处理即可。算法的实现如下。

```
bool IsMaxHeap(SeqList& L) {
//算法调用方式 bool succ = IsMaxHeap(L)。输入：非空的顺序表 L；输出：若表 L
//不满足大根堆的要求，函数返回 false，否则函数返回 true
    int i;
    for(i = 0; i < L.n/2-1; i++)
        if(L.data[i] < L.data[2*i+1] || L.data[i] < L.data[2*i+2]) return false;
    if(L.data[i] < L.data[2*i+1]) return false;
```

```
    if(2*i+2 < L.n && L.data[i] < L.data[2*i+2]) return false;
    return true;
}
```

若有 n 个元素，算法的时间复杂度为 O(n)，空间复杂度为 O(1)。

8-46　若一个大根堆 H 有 n 个元素结点，设计一个算法，在该大根堆中查找排序码等于给定值 x 的元素，如果找到，函数返回该元素所在位置，否则函数返回-1。

【解答】　该查找类似于二叉查找树的查找。所不同之处是在完全二叉树的顺序存储中查找而且左右子树的结点值都比根结点的值小。如果第 i 个结点的值等于 x 则查找成功，返回 i 作为查找结果；否则递归调用到左子树（2*i+1）去查找 x，从左子树退回有两种可能，其一是在左子树中找到等于 x 的结点，此时直接再向上一层返回找到的结果，其二是在左子树没有找到，此时递归查找右子树（2*i+2）。递归结束条件是 i 已超出堆的最后，或者向下走到某个结点，其值小于 x，即可停止向下查找，返回失败信息，返回上一层。

算法的实现如下。

```
int Search(maxHeap& H, HElemType x, int i) {
//算法调用方式int k = Search(H, x, i)。这是一个递归算法，输入：大根堆 H，查找
//值 x，当前查找位置 i；输出：若查找成功，函数返回找到结点位置，否则函数返回-1
    if(i >= H.n || H.data[i] < x) return -1;          //向下终止递归
    if(H.data[i] == x) return i;                      //找到，返回位置
    int s = Search(H, x, 2*i+1);                      //向左子树递归查找
    if(s != -1) return s;                             //左子树找到，返回位置
    else return Search(H, x, 2*i+2);                  //否则返回右子树查找结果
}
```

8-47　假设定义堆为满足如下性质的完全三叉树：①空树为堆；②根结点的值不小于所有子树根的值，且所有的子树均为堆。编写利用上述定义的堆进行排序的算法，并分析推导算法的时间复杂度。

【解答】　按从上到下，从左往右的顺序给结点从 0 开始编号，则结点 i 的三个子结点编号顺序为 3i+1，3i+2，3i+3。双亲结点编号为 $\lfloor (i-1)/3 \rfloor$。n 个结点的完全三叉树的编号最小的非叶结点是 $\lfloor (n-2)/3 \rfloor$。类似基本的堆排序算法，分两大步（大根堆）。第一步是建初始堆，从编号为 $\lfloor (n-2)/3 \rfloor$ 的结点开始调整，直到根结点。将结点的值与三个子结点中的最大者交换。第二步是输出根结点，并重新调整为堆。算法的实现如下。

```
void siftDown(maxHeap& H, int s, int m) {
    int i = s, j = 3*s+1, k;  HElemType rc = H.data[s];      //暂存堆顶元素
    while(j <= m) {                                  //沿值较大的子女分支向下筛选
        k = j;                                       //k 为值较大的关键码的下标
        if(k < m && H.data[k] < H.data[j+1]) k = j+1;
        if(k < m && H.data[k] < H.data[j+2]) k = j+2;
        j = k;
        if(rc > H.data[j]) break;      //说明根结点 s 的关键码大，无须再调整
        else { H.data[i] = H.data[j];  i = j;  j = 3*i+1; }
    }
    H.data[i] = rc;
```

```
}
void Heap_Sort1(maxHeap& H) {
//算法调用方式 Heap_Sort1(H)。输入：待排序大根堆 H；输出：排好序的大根堆 H
    for(int i = (H.n-2)/3; i >= 0; i--)      //把 H.data[0..H.n-1]建成大根堆
        siftDown(H, i, H.n-1);
    for(i = H.n-1; i >= 0; i--)              //堆排序
        { Swap(H, 0, i); siftDown(H, 0, i-1); }
}
```

为简化分析，假设三叉堆是顺序存储的满三叉树，$n = (3^h-1)/2$，则 $h = \lceil \log_3(2n+1) \rceil$，从位于第 1 层的根到第 $h-1$ 层，各层调整为最大堆的最大比较次数分别为 $h-1, h-2, \cdots, 1$ 次，第 i 层最多 3^{i-1} 个结点，每个结点横向比较 2 次，纵向比较 1 次，总的最大比较次数为

$$3\sum_{i=1}^{h-1}3^{i-1}(h-i) = 3\sum_{j=1}^{h-1}3^{h-j-1} \cdot j = \sum_{j=1}^{h-1}j \cdot 3^{h-j} = 1 \cdot 3^{h-1} + 2 \cdot 3^{h-2} + 3 \cdot 3^{h-3} + \cdots + (h-1) \cdot 3^1$$

这里用了一个变量代换 $j = h-i$，上式化简后等于 $(n-\lceil \log_3(2n+1) \rceil) \times 3/2 < 3n/2$。

8.4.3　锦标赛排序

1. 锦标赛排序的结构定义

锦标赛排序又称为胜者树排序。胜者树是一棵完全二叉树，它的叶结点（又称为外结点）是所有参加排序的元素的排序码，有 n 个；非叶结点（又称为内结点）存放两个子女两两比较的胜者。根存放全局的胜者。胜者树的结构定义如下（存放于头文件 WinnerTree.h 中）。

```
#include<stdio.h>
#define maxSize 100                     //默认待排序元素个数
#define maxValue 30000                  //约定的最大值
typedef int DataType;
typedef struct {                        //胜者树的类型定义
    int t[maxSize];                     //胜者树数组（内结点）
    DataType e[maxSize];                //排序码数组（外结点）
    int n;                              //当前大小（外结点数）
} WinnerTree;
```

2. 胜者树的相关算法

8-48　设有 n 个排序码存放在胜者树的外结点数组 e[n]中，排序码 e[n-1]和 e[n-2]、e[n-3]和 e[n-4]……两两比较的胜者依次存放到内结点 t[n-2]、t[n-3]……中，且约定在内结点中保存的是两个子女比较后胜者在 e[]中的序号（下标值）。设计一个算法，基于上述约定实现锦标赛排序。

【解答】　图 8-13 给出对输入排序码{38, 21, 54, 13, 43}，锦标赛排序的前三趟的执行结果。外结点显示的是参加排序的各元素的排序码，内结点存储的是比赛胜出元素（胜者）所在外结点的编号（记录号）。采用完全二叉树存储胜者树。

每当一个最小（全局胜者）元素升到堆顶，就输出它，然后用最大值 "∞" 在外结点数组中替换输出元素，从此位置沿着到根的路径重新两两比较，选出新的胜者。当 "∞"

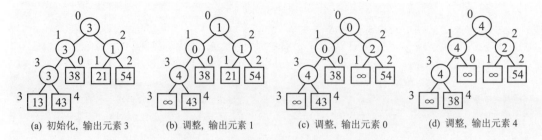

(a) 初始化, 输出元素 3   (b) 调整, 输出元素 1   (c) 调整, 输出元素 0   (d) 调整, 输出元素 4

图 8-13　锦标赛排序前三趟排序的结果

升到堆顶, 排序过程结束。算法的实现如下。

```
#include<WinnerTree.h>
int Winner(DataType A[], int a, int b) {
//函数比较A[a]与A[b]的排序码, 返回胜者(排序码较小者)的下标
    if(A[a] <= A[b]) return a;
    else return b;                              //返回胜者(较小者)
}
void createWinTree(WinnerTree& R, DataType v[], int n, DataType& value) {
//把v[n]中的数据复制给R, 并形成胜者树
    int i; R.n = n;
    for(i = 0; i < n; i++) R.e[i] = v[i];       //复制v[i]给胜者树
    if(n % 2 == 0) {                            //当n为偶数时
        for(i = n-1; i >= 1; i = i-2)           //外结点从后向前两两比较
            R.t[(i+n)/2-1] = Winner(R.e, i-1, i);
        for(i = n-2; i >= 2; i = i-2)           //内结点从后向前两两比较
        R.t[(i-1)/2] = Winner(R.e, R.t[i-1], R.t[i]);
    }
    else {                                      //当n为奇数时
        for(i = n-1; i >= 2; i = i-2)           //外结点从后向前两两比较
            R.t[(i+n)/2-1] = Winner(R.e, i-1, i);
        R.t[(n-3)/2] = Winner(R.e, R.t[n-2], 0); //比较e[t[n-2]]和e[0]
        for(i = n-3; i >= 2; i = i-2)           //内结点从后向前两两比较
            R.t[(i-1)/2] = Winner(R.e, R.t[i-1], R.t[i]);
    }
    value = R.e[R.t[0]];
}
void reCreateWinTree(WinnerTree& R, DataType& value) {
//选出的胜者记入value, 再重建胜者树
    int i, k = R.t[0];
    R.e[k] = maxValue;
    if(R.n % 2 != 0 && k == 0)                  //n为奇数且k=0特殊处理
        R.t[(R.n-3)/2] = Winner(R.e, R.t[R.n-2], 0);
    else {                                      //外结点两两比较
        i = (R.n+k)/2-1;                        //双亲内结点编号
        if(R.n % 2 == 0 && k % 2 == 0 || R.n & 2 != 0 && k % 2 != 0)
            R.t[i] = Winner(R.e, k, k+1);
        else R.t[i] = Winner(R.e, k-1, k);
```

```
    }
    while(i > 0) {                            //内结点逐层向上比较
        if(i % 2 != 0)                        //奇数, i 为左子女
            R.t[(i-1)/2] = Winner(R.e, R.t[i], R.t[i+1]);
        else R.t[(i-1)/2] = Winner(R.e, R.t[i-1], R.t[i]);
        i =(i-1)/2;                           //计算更上层双亲
    }
    value = R.e[R.t[0]];
}
void TournamentSort(WinnerTree& T, DataType arr[], int n) {
//算法调用方式 TournamentSort(T, arr, n)。输入: 待排序元素数组 arr, 数组元素个数
//n; 输出: 胜者树 T, 已排序元素数组 arr
    DataType value;
    createWinTree(T, arr, n, value);          //创建胜者树 T
    for(int i = 0; i < n; i++) {              //逐个取出最小排序码元素
        arr[i] = value;                       //输出
        reCreateWinTree(T, value);            //调整, 重构胜者树
    }
}
```

锦标赛排序算法的时间复杂度为 $O(n\log_2 n)$, 空间复杂度为 $O(n)$。排序算法是稳定的。

8-49　另一种锦标赛排序方法使用满二叉树作为它的数据结构。它首先取得 n 个排序码, 进行两两比较, 得到「n/2」个比较的优胜者 (排序码小者), 作为第一步比较的结果保留下来。然后对这「n/2」个排序码再进行两两比较, ……, 如此重复, 直到选出一个排序码最小的元素为止。设计一个算法, 实现这种锦标赛排序方法。

【解答】　算法使用的满二叉树的叶结点存放待排序的所有元素, 如果这些排序码有 n 个, 算法的实现要点如下。

（1）如果 n 不是 2 的 k 次幂, 则让叶结点数补足到满足 $2^{k-1}<n\leqslant 2^k$ 的 $m=2^k$ 个。在叶结点层前 n 个结点存放待排序元素排序码并标志为参选, 后面 m-n 个结点全部赋值为∞。

（2）对叶结点存放的排序码做两两比较, 胜者 (较小者) 上升到双亲 (在非叶结点层)。

（3）上升到上一层, 对非叶结点层存放的排序码做两两比较, 胜者上升到双亲, 反复做（3）, 直到上升到根。

（4）在根处得到当前胜者树中最小排序码, 输出后, 将该选过的结点在叶结点层赋值为∞。再从叶结点层开始两两比较, 胜者上升到双亲, 反复做直到上升到根。

（5）反复做（4）, 直到所有排序码都输出为止。

图 8-14 给出这种锦标赛排序方法的示例。结点旁边的 "[…]" 表示结点编号。

算法的实现如下。

```
#define maxValue 32767
typedef int DataType;
typedef struct tnode {
    DataType data;              //数据值, 即排序码
    int index;                  //树中的结点号, 即在满二叉树顺序存储中的下标
} DataNode;                     //胜者树结点定义
```

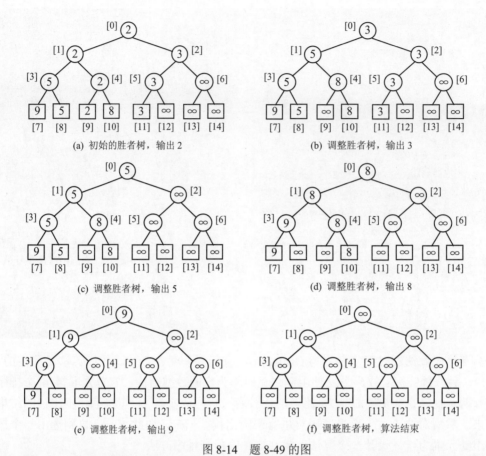

图 8-14 题 8-49 的图

```
void TournamentSort(DataType a[], int n) {
//创建胜者树的顺序存储数组 tree，将数组 a[]中的元素复制到胜者树中，对它们进行排序，
//并把结果返送回数组中，n 是待排序元素个数
    int d, i, j, k, m, TreeSize; DataNode *tree;    //胜者树结点数组
    tree = (DataNode *) malloc(TreeSize*sizeof(DataNode));
                                            //分配胜者树空间
    for(m = 1; m < n; m = 2*m);             //m 是满足≥n 的 2 的最小次幂
    TreeSize = 2*m-1;                       //胜者树大小 = 内结点数+外结点数
    k = m-1;                                //k 是外结点开始位置
    d = 0;                                  //在数组 a 中取数据指针
    for(i = 0; i < n; i++)                  //复制数组数据到树的外结点中
        { tree[k+i].index = k+i; tree[k+i].data = a[d++]; }
    for(i = n; i < TreeSize; i++) tree[k+i].data = maxValue;
    for(i = k; i != 0; i =(i-1)/2)          //进行初始比较查找最小的项
        for(j = i; j < 2*i; j += 2)                 //处理各对比赛者
            if(tree[j].data < tree[j+1].data) tree[(j-1)/2] = tree[j];
            else tree[(j-1)/2] = tree[j+1];         //胜者送入双亲
    for(d = 0; d < n-1; d++) {              //处理其他 n-1 个元素
        a[d] = tree[0].data; k = tree[0].index;     //当前最小元素送数组 a
        tree[k].data = maxValue;                    //该元素相应外结点不再比赛
        for(; k != 0; k =(k-1)/2) {                 //逐层调整
```

```
            j = (k % 2 == 0) ? k-1 : k+1;              //确定 k 的对手 j
            if(tree[k].data <= tree[j].data) tree[(k-1)/2] = tree[k];
            else tree[(k-1)/2] = tree[j];              //对手都不为空，胜者上升
        }
    }
    a[n-1] = tree[0].data;
}
```

锦标赛排序构成的胜者树是满二叉树，其深度为 $\lceil \log_2(n+1) \rceil$，其中 n 为待排序元素个数。因此，除第一次选择最小排序码需要进行 n-1 次排序码比较外，重构胜者树，选择次小、再次小排序码所需排序码比较次数均为 $O(\log_2 n)$。元素移动次数不超过排序码的比较次数，算法的总时间复杂度为 $O(n\log_2 n)$。使用的附加存储至少为 2n-1。它是稳定的排序方法。

8.5 归并排序

8.5.1 两路归并

8-50 若在数据表 L 中有两个相邻的有序表 L.data[left],…, L.data[mid] 和 L.data[mid+1],…, L.data[right]，设计一个算法，将它们归并成为一个有序表，仍然存放于 L.data[left],…, L.data[right] 中。

【解答】 在执行二路归并的过程中，用变量 i 和 j 分别做 L 中两个表的检测指针，用变量 k 做归并后在 L2 中的存放指针。归并的原则如下。

（1）当 i 和 j 都在 L 的两个表的表长内变化时，把排序码较小的元素排放到新表 L2 中；

（2）当 i 或 j 中有一个已经超出表长时，将另一个表中的剩余部分照抄到新表 L2 中。
算法的实现如下。

```
void merge(SeqList& L, int left, int mid, int right) {
//算法调用方式 merge(L, left, mid, right)。输入: 待排序顺序表 L, 前一个有序子序
//列的左边界 left 和右边界 mid, 后一个有序子序列的左边界 mid+1 和右边界 right;
//输出: 归并后的有序子序列 L, 左边界为 left, 右边界为 right
    int i = left, j = mid+1, k = 0, s = right-left+1;
                                          //i、j 是检测指针, k 是存放指针
    DataType *L2 = (DataType*) malloc(s*sizeof(DataType));//L2 是临时表
    while(i <= mid && j <= right)          //两表都未检测完, 做比较
        if(L.data[i] <= L.data[j]) L2[k++] = L.data[i++];//小者存入 L2
        else L2[k++] = L.data[j++];
    while(i <= mid) L2[k++] = L.data[i++];      //若第一个表未检测完, 复制
    while(j <= right) L2[k++] = L.data[j++];     //若第二个表未检测完, 复制
    for(i = 0; i < s; i++) L.data[left+i] = L2[i]; //归并结果传送回 L
    free(L2);
}
```

二路归并算法的排序码比较次数、元素移动次数和空间复杂度均为 O(n)。

8-51 题 8-50 使用了一个辅助数组 L2，先把 L 中的数据按排序码值归并到 L2 中，再把 L2 中的排序结果复制回 L。本题也使用一个辅助数组 L2，先把 L 的数据复制到 L2 中，再归并到 L 中。设计一个算法，实现这个想法。

【解答】 设在 L 中参加归并的两个有序表分别是 L.data[left]～L.data[m]和 L.data[m+1]～L.data[right]，设置一个辅助数组 L2[s]，s = right−left+1，在执行二路归并时先把前一个有序表正向复制到 L2 的前半部，把后一个有序表反向复制到 L2 的后半部。然后用 i 和 j 分别做 L2 中两个表的检测指针，用 k 做归并后在 L 中的存放指针，最后做一个大循环，把 L2 中排序码小的元素排放到表 L 中。算法的实现如下。

```
void merge_1(SeqList& L, int left, int mid, int right) {
//算法调用方式 merge_1(L, left, mid, right)。输入：待排序顺序表 L，前一个有序子
//序列的左边界 left 和右边界 mid，后一个有序子序列的左边界 mid+1 和右边界 right；
//输出：归并后的有序子序列 L，左边界为 left，右边界为 right
    int i, j, k, s = right-left+1;              //i, j 是检测指针，k 是存放指针
    DataType *L2 = (DataType*) malloc(s*sizeof(DataType));//L2 是临时表
    for(i = mid+1; i > left; i--) L2[i-1] = L.data[i-1];
                                                //复制 L 表前一个有序表
    for(j = mid; j < right; j++) L2[right+mid-j] = L.data[j+1];
                                                //复制 L 表后一个有序表
    for(k = left; k <= right; k++)
        if(L2[i] < L2[j]) L.data[k] = L2[i++];
        else L.data[k] = L2[j--];
    free(L2);
}
```

二路归并算法的排序码比较次数、元素移动次数和空间复杂度均为 O(n)。

8-52 题 8-51 在二路归并算法中开辟了一个与原数组等长的辅助数组 L2，算法首先把在原数组存放的两个地址相连的有序表复制到辅助数组的同样位置，然后对它们做二路归并，结果复制到原数组中。该算法的缺点是要求辅助数组的空间较大。设计一个新的算法，只需一个和参与归并的前一个有序表一样大的辅助数组，实现二路归并。

【解答】 原数组 L 的大小为 n，如果存放在 L 中的两个有序表的地址范围为 left～mid 和 md+1～right，则创建一个空间大小为 m = mid−left+1 的辅助数组 A。算法先把从 L[left]开始的 m 个元素复制到 A 中，然后执行一个大循环，合并 L[mid+1..right]与 A[0..m−1]，结果存放到 L 中。算法的实现如下。

```
void merge_half(SeqList& L, int left, int mid, int right) {
//算法调用方式 merge_half(L, left, mid, right)。输入：待排序顺序表 L，前一个有序
//子序列的左边界 left 和右边界 mid，后一个有序子序列的左边界 mid+1 和右边界 right；
//输出：归并后的有序子序列，其左边界为 left，右边界为 right
    int i, j, k, m = mid-left+1;                    //m 是前一个有序表的长度
    DataType *A = (DataType *) malloc(m*sizeof(DataType));
                                                    //创建辅助数组
    for(i = left; i <= mid; i++) A[i-left] = L.data[i];
```

```
                                                    //将前一个表的元素复制到 A
    i = 0;  j = mid+1;  k = left;
    while(i < m && j <= right)                     //从 L 和 A 归并到 L 中
        if(A[i] <= L.data[j]) L.data[k++] = A[i++];
        else L.data[k++] = L.data[j++];
    while(i < m) L.data[k++] = A[i++];             //若 A 有剩余，复制到 L 中
    free(A);
}
```

如果 L 没有处理完而 A 已处理完，不必再复制 L 中剩余部分，因为它已经就位。

8-53　设计一个算法 merge，利用直接插入排序思想，实现二路归并。要求空间复杂度为 $O(1)$。设算法中参加归并的两个有序表的地址范围分别是 left~mid 和 mid+1~right，归并后结果归并段放在原地。

【解答】　对于后一个表 $i = mid+1, \cdots, right$，从 $i-1$ 开始，逆向检查，凡是比它大的向后移动一个位置，再把它插入，使之有序。算法的实现如下。

```
void merge_Insert(SeqList& L, int left, int mid, int right) {
//算法调用方式 merge_Insert(L, left, mid, right)。输入：待排序顺序表 L, 前一
//个有序子序列的左边界 left 和右边界 mid, 后一个有序子序列的左边界 mid+1 和右边界
//right; 输出：归并后的有序子序列，其左边界为 left, 右边界为 right
    int i, j; DataType tmp;
    for(i = mid+1; i <= right; i++)                //循环检查后一个表的元素
        if(L.data[i] < L.data[i-1]) {
            tmp = L.data[i];                       //暂存 L.data[i]
            for(j = i-1; j >= left; j--)           //逆向检查前一个表的元素
                if(L.data[j] > tmp)
                    L.data[j+1] = L.data[j];       //将大于插入元素的元素后移
                else break;                        //若小于或等于，找到插入位置
            L.data[j+1] = tmp;                     //插入
        }
}
```

算法的时间复杂度受元素初始排列影响，最好情况是比较次数 n，移动次数 0；最坏情况是比较次数 $m \times n$，移动次数 $(m+2) \times n$。

8-54　设计一个算法 merge，利用折半插入排序思想，实现二路归并。要求空间复杂度为 $O(1)$。设算法中参加归并的两个有序表的地址范围分别是 left~mid 和 mid+1~right，归并后结果归并段放在原地。

【解答】　对于后一个表 $i = mid+1, \cdots, right$，在前一个表 a[left..i−1] 中折半查找 a[i] 的插入位置，然后移动元素，空出位置，将 a[i] 插入。算法的实现如下。

```
void merge_Binary(SeqList& L, int left, int mid, int right) {
//算法调用方式 merge_Binary(L, left, mid, right)。输入：待排序顺序表 L, 前一
//个有序子序列的左边界 left 和右边界 mid, 后一个有序子序列的左边界 mid+1 和右边界
//right; 输出：归并后的有序子序列，其左边界为 left, 右边界为 right
    int i, j, k, s, d = left; DataType tmp;
    for(i = mid+1; i <= right; i++)                //循环检查后一个表的元素
```

```
if(L.data[i] < L.data[i-1]) {
    j = d;  k = i-1;  tmp = L.data[i];          //查找区间
    while(j <= k) {
        s = (j+k)/2;                            //取中点 s
        if(tmp < L.data[s]) k = s-1;            //缩小区间
        else j = s+1;
    }
    for(s = i-1; s >= j; s--)
        L.data[s+1] = L.data[s];                //后移元素，空出插入位置
    L.data[j] = tmp;                            //插入
    d = j+1;                                    //下一元素插入从 d 开始查
}
}
```

算法的时间复杂度受元素初始排列影响，设前一个表的长度为 m = mid-left+1，后一个表的长度为 n = right-mid，若设 m≥n，最好情况是比较次数 n，移动次数 0；最坏情况是比较次数 $\log_2 m + \log_2(m-1) + \cdots + \log_2(m-n) = \log_2(m(m-1)\cdots(m-n))$，移动次数 $(m+2)\times n$。

8-55 若有两个有序表地址相连地存放在数组 A[n] 的 left～mid 和 mid+1～right 位置，设计一个二路归并算法，使用循环右移的方法，将这两个有序表归并成一个有序表，仍然存放于 A[n] 的 left～right 位置。要求算法的空间复杂性为 O(1)。

【解答】 看图 8-15 的示例。设地址相连的有序表分别为 a = {12, 15, 27, 43, 47, 60} 和 b = {21, 24, 38, 39, 41, 54, 62, 65, 69}。图 8-15 给出利用循环右移实现二路归并的过程。

趟	left					mid	mid+1								right
0	12	15	**27**	**43**	**47**	**60**	**21**	**24**	38	39	41	54	62	65	69
	↑i	↑i	↑i	↑i	↑i	↑i	↑j	↑j	↑j d=2			↑i	↑i	↑i	↑i
	27 到 24 循环右移 d = 2 位（i～j-1）														
1	12	15	21	24	27	**43**	**47**	**60**	**38**	**39**	**41**	54	62	65	69
						↑i	↑j	↑j	↑j	↑j	d=3				
	43 到 41 循环右移 d = 3 位（i～j-1）														
2	12	15	21	24	27	38	39	41	43	47	**60**	**54**	62	65	69
										↑i	↑j	↑j	d=1		
	60 到 54 循环右移 d = 1 位														
3	12	15	21	24	27	38	39	41	43	47	54	60	62	65	69
										↑i	↑i	↑i			

图 8-15 题 8-55 的图

算法设置两个指针 i 和 j，分别从 left 和 mid+1 开始扫描两个有序表。
（1）当 j <= right 时执行以下步骤，否则转到（2）。
① 循环：若 a[i] <= a[j]，i 进 1；否则执行②，i 停留在 A[i] 刚大于 B[j] 处。
② 计数 d = 0，执行③。
③ 循环：若 a[j] < a[i]，j 进 1，d 加 1；否则转到④，j 停留在 B[j] 刚大于 A[i] 处。

④ 从 i 到 j-1，循环右移 d 位，执行（1）。

（2）算法结束。

算法的实现如下。

```
int GCD(int n, int p) {
//用辗转相除法计算 n 与 p 的最大公约数，若 n 与 p 互质，则函数返回 1
    if(n < p) { int temp = n; n = p; p = temp; }
    int r = n % p;
    while(r != 0) { n = p; p = r; r = n % p; }
    return p;
}
void siftRight_k(SeqList& A, int low, int high, int k) {
//修改后的循环右移 k 位的算法：从 low 到 high，循环右移 k 位
    if(k == 0 || high-low <= 0) return;
    int n = high-low+1, i, j, m, p;  DataType temp;
    m = GCD(n, k);
    for(p = low; p < low+m; p++) {               //做 m 次循环右移 k 位
        i = p;  temp = A.data[p];
        j =(i-k < low) ? n+i-k : j-k;            //j 是 i 左侧间隔为 k 的位置
        while(j != p) {                          //循环右移 k 位,回到出发点为止
            A.data[i] = A.data[j];  i = j;
            j =(i-k < low) ? n+i-k : j-k;
        }
        A.data[i] = temp;
    }
}
void merge_siftR(SeqList& A, int left, int mid, int right) {
//算法调用方式 merge_ siftR(A, left, mid, right)。输入：待排序顺序表 A, 前一
//个有序子序列的左边界 left 和右边界 mid, 后一个有序子序列的左边界 mid+1 和右边界
//right; 输出：利用循环右移方法归并后的有序子序列, 左边界 left, 右边界 right
    if(left >= right) return;
    int i = left, j = mid+1, d;
    while(i < j) {
        d = 0;
        while(i < j && A.data[i] <= A.data[j]) i++;
        while(i < j && j <= right && A.data[i] > A.data[j]) { j++; d++; }
        if(i < j-1) siftRight_k(A, i, j-1, d);   //从 i 到 j-1 循环右移 d 位
    }
}
```

算法的时间复杂度达到 O(n)，空间复杂度为 O(1)，其中 n 是表中排序码个数。

8-56　下面是一个利用推拉法实现二路归并的算法，是插入归并的一个变形。

```
void Merge_push_pull(SeqList& L, int left, int mid, int right) {
    int i, j;  DataType tmp;
    for(i = left; i <= mid; i++)
        if(L.data[i] > L.data[mid+1]) {
```

```
            tmp = L.data[mid];
            for(j = mid-1; j >= i; j--) L.data[j+1] = L.data[j];
            L.data[i] = L.data[mid+1];
            for(j = mid+2; j <= right; j++)
                if(tmp > L.data[j]) L.data[j-1] = L.data[j];
                else break;
            L.data[j-1] = tmp;
        }
}
```

若 A = { 12, 28, 35, 42, 67, 9, 31, 70 }, left = 0, mid = 4, right = 7。写出每次执行算法最外层循环后数组的变化。

【解答】 对于前一个表的元素 a[i]（left≤i≤mid），如果它大于后一个表的第一个元素 a[mid+1]，则把前一个表的最后一个元素 a[mid]移出到 tmp，把 a[i]到 a[mid-1]的所有元素后移，把 a[mid+1]插入，再到后一个表中从 a[mid+2]开始向后查找 tmp 可插入的位置，把 tmp 插入，完成一个元素的调整。对所有 a[i]执行以上调整，就可完成二路归并。

完成题目给出的示例，每次执行最外层循环后，数组 A 的变化如图 8-16 所示。

	left				mid	mid+1		right	
A	0	1	2	3	4	tmp	5	6	7	
i=0	**12**	28	35	42	67		**09**	31	70	A[i] > A[mid+1]
										记录移动 8 次
i=1	09	**12**	28	35	42	67	**31**	67	70	A[i]≤A[mid+1]
										记录移动 0 次
i=2	09	12	**28**	35	42		**31**	67	70	A[i]≤A[mid+1]
										记录移动 0 次
i=3	09	12	28	**35**	42		**31**	67	70	A[i] > A[mid+1]
										记录移动 4 次
i=4	09	12	28	31	**35**	42	**42**	67	70	A[i]≤A[mid+1]
										记录移动 0 次

图 8-16 题 8-56 的图

8-57 若设待排序序列有 n 个排序码，n 是一个完全平方数。将它们划分为 $\sqrt{n}$ 块，每块有 $\sqrt{n}$ 个排序码。这些块分属于两个有序表（可不等长）。下面给出一种 O(1)空间的归并算法：

（1）在两个待归并的有序表中从右向左总共选出 $\sqrt{n}$ 个具有最大值的排序码。

（2）若设在（1）选出的第 2 个有序表中的排序码有 s 个，则从第 1 个有序表选出的排序码有 $\sqrt{n}$ - s 个。将第 2 个有序表选出的 s 个排序码与第 1 个有序表选出的排序码左边的同样数目的排序码对调。

（3）交换具有最大 $\sqrt{n}$ 个排序码的块与最左块（除非最左块就是具有最大 $\sqrt{n}$ 个排序码的块）。对最右块进行排序。

（4）除具有最大 $\sqrt{n}$ 个排序码的块外，对其他块根据其最后排序码按非递减顺序排序。

（5）设置 3 个指针，分别位于第 1 块、第 2 块和下一段第 1 块的起始位置，执行多次，直到 3 个指针都走到第 $\sqrt{n}$ 块为止。此时前 $\sqrt{n}-1$ 块已经排好序。

- 处理所做的工作是比较第 2 个指针与第 3 个指针所指排序码，将值小的与第 1 个指针所指排序码比较，若小则对调，相应指针前进 1 个排序码位置。
- 特别地，如果第 2 个指针跨段，则让第 2 个指针指向第 3 个指针所指排序码，让第 3 个指针指向它下一块的起始位置。

（6）对最后第 $\sqrt{n}$ 块中最大的 $\sqrt{n}$ 个排序码进行排序。

请设计相应的算法，实现上述的二路归并设想。

【解答】　先看一个示例。设待排序序列有 n = 16 个排序码，可分为 4 块，每块有 4 个排序码，按照题目给出的算法处理步骤，归并过程如图 8-17 所示。

算法的实现如下。

```c
#define N 25                                    //归并元素个数
#define M 5                                     //有序表中每块元素个数
typedef char DataType;                          //排序码数据类型
void swap(DataType A[], int a, int b) {         //交换A[i]与A[k]的值
    DataType temp = A[a];  A[a] = A[b];  A[b] = temp;
}
void sort(DataType A[], int left, int right) {
//对A[left..right]做自小到大的排序，采用简单选择排序
    int i, j, k;
    for(i = left; i < right; i++) {
        k = i;                          //k存储[left, right]中最小排序码
        for(j = i+1; j <= right; j++) if(A[j] < A[k]) k = j;
        if(i != k) swap(A, i, k);               //交换
    }
}
void exchange(DataType A[], int a1, int b1, int a2, int b2) {
//逐个交换A[a1..b1]与A[a2..b2]的值，要求b1-a1 = b2-a2
    int i = a1, j = a2;
    while(i <= b1 && j <= b2) { swap(A, i, j);  i++;  j++; }
}
void printSubList(DataType A[], int k, int left, int right) {
//输出执行第k步后的序列A[left]到A[right]的变化
    printf("(%d)  ", k);
    for(int s = left; s <= right; s++) printf("%c ", A[s]);
    printf("\n");
}
void merge_01(DataType A[], int left, int mid, int right) {
//算法调用方式 merge_01(A, left, mid, right)。输入：待排序数据数组 A，前一个有
//序子序列的左边界 left 和右边界 mid，后一个有序子序列的左边界 mid+1 和右边界
//right；输出：二路归并后的有序子序列，左边界 left，右边界 right。
//要求 mid-left+1 和 right-mid 是块大小 M 的整数倍
```

```
1  a c d f i w x z ‖ b e g p h q s y
   选出最大4个排序码（相当于块大小），其中第一个表中有3个，第二个表中有1个

2  a c d f i w x z ‖ b e g p h q s y
   第二个表中1个最大排序码与第一个表最大3个排序码左边的1个排序码对调

3  a c d f y w x z ‖ b e g p h q s i          集中最大4个排序码
   交换第一个表具有最大排序码块与最左块，对第二个表最右块排序

4  y w x z a c d f ‖ b e g p h i q s
   除最左块外，对其他块按最右的排序码排序

5  y w x z  a c d f ‖ b e g p  h i q s     用3个指针开始细调
   ↑         ↑         ↑            因为a<b，所以y↔a

   a w x z  y c d f  b e g p  h i q s     比较1次，交换1次
     ↑        ↑        ↑           因为c>b，所以w↔b

   a b x z  y c d f  w e g p  h i q s     比较1次，交换1次
       ↑      ↑        ↑           因为c<e，所以x↔c

   a b c z  y x d f  w e g p  h i q s     比较1次，交换1次
         ↑    ↑        ↑           因为d<e，所以z↔d

   a b c d  y x z f  w e g p  h i q s     比较1次，交换1次
            ↑   ↑     ↑           因为f>e，所以y↔e

   a b c d  e x z f  w y g p  h i q s     比较1次，交换1次
              ↑ ↑     ↑           因为f<g，所以x↔f

   a b c d  e f z x  w y g p  h i q s     比较1次，交换1次
                ↑     ↑   ↑       第2个指针跨表，修改第2和第3个指针

   a b c d  e f z x  w y g p  h i q s     比较1次，交换1次
                ↑     ↑       ↑   因为g<h，所以z↔g

   a b c d  e f g x  w y z p  h i q s     比较1次，交换1次
                  ↑       ↑   ↑   因为p>h，所以x↔h

   a b c d  e f g h  w y z p  x i q s     比较1次，交换1次
                     ↑     ↑    ↑  因为p>i，所以w↔i

   a b c d  e f g h  i y z p  x w q s     比较1次，交换1次
                       ↑   ↑      ↑  因为p<q，所以y↔p

   a b c d  e f g h  i p z y  x w q s     比较1次，交换1次
                         ↑     ↑    ↑  因为x>q，所以z↔q

   a b c d  e f g h  i p q y  x w z s     比较1次，交换1次
                           ↑    ↑     ↑  因为x>s,所以y↔s

6  a b c d  e f g h ‖ i p q s  x w z y     第1指针走到最后块
                              ↑    对最后一块排序

   a b c d  e f g h ‖ i p q s  w x y z     比较4次，移动6次
```

图 8-17　题 8-57 的图

```
    int i, j, k, s;
    i = mid;  j = right;  k = 0;                      //查找最大的 M 个元素
    while(i > mid-M && j > right-M) {                 //j 指向第 2 个表的元素
        if(A[i] > A[j]) i--;                          //i 指向第 1 个表的元素
        else j--;
        if(++k == M) break;
    }
    exchange(A, mid-M+1, i, j+1, right);              //交换最大元素到一个块中
    printSubList(A, 1, left, right);
    exchange(A, left, left+M-1, mid-M+1, mid);        //交换最大元素块到最左
    printSubList(A, 2, left, right);
    sort(A, right-M+1, right);                        //对最右块排序
    printSubList(A, 3, left, right);
    for(i = left+2*M-1; i < right-M; i += M) {        //按最大值对各块排序
        k = i;
        for(j = i+M; j <= right; j += M)
            if(A[j] < A[k]) k = j;
        if(i != k) exchange(A, i-M+1, i, k-M+1, k);   //成块交换
    }
    printSubList(A, 4, left, right);
    i = left;  j = left+M;  k = mid+1;                //做附加步骤
    do {
        if(A[j] <= A[k]) {
            swap(A, i, j);  i++;  j++;
            if(j == mid+1) { s = j;  j = k;  k = s+M; }
        }
        else { swap(A, i, k); i++;  k++; }
    } while(i <= right-M);
    printSubList(A, 5, left, right);
    sort(A, right-M+1, right);                        //对最右块排序
    printSubList(A, 6, left, right);
}
```

算法的时间复杂度为 O(n)，空间复杂度为 O(1)。

8.5.2　递归二路归并排序

8-58　设计一个算法，使用二路归并算法实现递归的归并排序。

【解答】　算法采用分治策略，首先把待排序元素序列基于中点一分为二，然后分别对左子序列和右子序列递归实施二路归并排序，最后使用二路归并算法把两个子序列合二为一。递归的终止条件是子序列为空，或者只剩一个元素。算法的实现如下。

```
void MergeSort_recur(SeqList& L, int left, int right) {
//算法调用方式 MergeSort_recur(L, left, right)。输入：顺序表 L 的当前参加归并
//的子序列，左边界 left，右边界 right；输出：归并后的子序列，左边界 left，右边界 right
    if(left < right) {
        int mid = (left+right)/2;                     //从中间划分为两个子序列
```

```
        MergeSort_recur(L, left, mid);        //对 L 的左侧子序列做递归归并排序
        MergeSort_recur(L, mid+1, right);//对 L 的右侧子序列做递归归并排序
        merge(L, left, mid, right);            //二路合并
    }
}
```

算法的时间复杂度不受待排序元素序列的初始状态影响，时间复杂度为 $O(n\log_2 n)$。递归树的高度为 $O(\log_2 n)$，因此需要一个 $O(\log_2 n)\sim O(n)$ 的递归栈。此外算法还需要一个与原待排序元素数组同样大小的辅助数组。算法是稳定的。

8-59 另一种二路归并排序的方法是把参加归并的两个有序表中间的部分通过循环右移削峰填谷，使用 $O(1)$ 的附加空间把两个有序表合并成一个有序表。归并算法采用递归方式实现。算法的简要描述如下：

```
merge(low, mid, high) {
    if(high - low < 2) return;
    if(mid - low > high - mid) {          //前一个表的表长大于后一个表
        mL = (low + mid) / 2;             //确定前一个表的中点 mL
        mR = search(mi, hi, [mL]);        //求后一个表的中点 mR
    }
    else {                                //前一个表的表长小于或等于后一个表
        mR = (mi + hi) / 2;               //确定后一个表的中点 mR
        mL = search(lo, mi, [mR]);        //求前一个表的中点 mL
    }
    rotate(mL, mid, mR);                  //循环右移从 mL 到 mR 的序列元素
    merge(low, mL-1, mL+mR-mid-1);        //归并前一部分
    merge(A, mL+mR-mid, mR, high);        //归并后一部分
}
```

设计一个算法，基于以上给出的二路归并算法实现二路归并排序。

【解答】 算法实现如下。

```
int search(int A[], int low, int high, int v) {
//在有序表[low..high]中查找 v，若 v 在表中查到，函数返回相应元素地址 i；若 v 在
//表中没有，则函数返回插入位置 low 或 i
    int i = low;
    while(i <= high)                      //在有序表[low..high]中查找 v
        if(A[i] < v) i++;
        else if(A[i] == v) return i;      //表中查到返回 i
        else if(i == low) return low;     //v 比 A[low]小，返回 low
    else return i;                        //v 比 A[i]小，返回 i
    return high;                          //v 比 A[high]大，返回 high
}
void reverse(int A[], int low, int high){//为循环右移所用，逆转 A[low..high]
    int k = low, j = high, temp;          //k=左边界 low，j=右边界 high
    while(k < j) {                        //交换 A[k]与 A[j]
        temp = A[k];  A[k] = A[j];  A[j] = temp;
        k++; j--;                         //k 右移一位，j 左移一位
```

```
        }
    }
    void rotate(int A[], int low, int mid, int high) {
    //将 A[low..high]中所有元素循环右移 mid 位
        reverse(A, low, high);                          //将全部数据逆置
        reverse(A, low, low+high-mid-1);                //将前 high-mid 个元素逆置
        reverse(A, low+high-mid, high);                 //将后 mid+1 个元素逆置
    }
    void merge(int A[], int low, int mid, int high) {
        if(high-low <= 0) return;                       //空序列，返回
        if(high-low == 1) {                             //仅两个元素的序列
            if(A[low] > A[high])                        //逆序即交换
                { int temp = A[low]; A[low] = A[high]; A[high] = temp; }
            return;                                     //返回
        }
        int mL, mR;                                     //序列多于两个元素
        if(mid-low+1 > high-mid) {                      //前一序列元素个数多于后一序列
            mL = (low+mid)/2;                           //取前一序列中点 mL
            mR = search(A, mid+1, high, A[mL]);         //在后一序列查 A[mL]
        }                                               //返回位置作 mR
        else {                                          //前一序列元素个数少于后一序列
            mR = (mid+1+high)/2;                        //取后一序列中点 mR
            mL = search(A, low, mid, A[mR]);            //在前一序列查 A[mR]
        }                                               //返回位置作 mL
        while(mR != mid+1 && A[mL] < A[mR]) mR--;
        while(mL != mid && A[mL] < A[mR]) mL++;
        merge(A, low, mL-1, mL+mR-mid-1);               //归并
        merge(A, mL+mR-mid, mR, high);                  //归并后一部分
        if(A[mL] > A[mR])                               //前一序列后部大于后一序列前部
            rotate(A, mL, mid, mR);                     //局部循环右移
    }
    void mergeSort(int A[], int low, int high) {
    //算法调用方式 MergeSort(A, low, high)。输入：数组 A 当前参加归并的子序列，左边
    //界 low，右边界 high；输出：归并后的子序列，左边界 low，右边界 high
        if(low >= high) return;
        int mid =(low+high)/2;
        mergeSort(A, low, mid);
        mergeSort(A, mid+1, high);
        merge(A, low, mid, high);
    };
```

算法的时间复杂度为 $O(n\log_2 n)$。递归需要一个 $O(\log_2 n)$～$O(n)$ 的递归栈。算法是稳定的。

8.5.3　迭代的二路归并排序

8-60　设计一个使用栈的非递归的二路归并排序算法，与递归算法类似，算法中可以

使用一个二路归并算法 merge (L, left, mid, right)。

【解答】 二路归并排序仍然遵循分治策略，处理过程类似于二叉树的后序遍历。例如，对于一个 n = 7 的元素序列排序，利用栈记录待排序区间[a, b]，划分的区间树如图 8-18 所示。先归并区间[0, 0]和[1, 1]，得到区间[0, 1]的有序序列；再归并区间[2, 2]和[3, 3]，得到区间[2,3]的有序序列，然后归并区间[0, 1]与[2, 3]，得到区间[0, 3]的有序序列；接着归并区间[4, 4]和[5, 5]，得到区间[4, 5]的有序序列，再归并区间[4, 5]和[6, 6]，得到区间[4, 6]的有序序列，最后归并区间[0, 3]

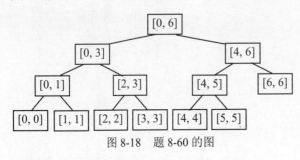

图 8-18 题 8-60 的图

和[4, 6]，得到最后排序结果。

算法的实现如下。归并所使用的二路归并算法是 8.5.1 节题 8-53 实现的插入归并算法。

```
#define stackSize 20
typedef struct {                              //算法中使用的记录归并区间的栈
    int a, b, dic;                            //区间左、右边界和左右区间标志
} stackNode;
void merge_Insert(SeqList& L, int left, int mid, int right);
//采用插入排序策略的二路归并算法，参看 8.5.1 节题 8-53
void Merge_Sort_2(SeqList& L, int low, int high) {
//对数据区间 L.data[low..high] 做非递归的二路归并排序，S 是实现非递归算法的栈。
//算法调用方式 Merge_Sort_2(L, 0, n-1)。输入：待排序数据表 L，排序区间的起始
//点 low 和终点 high；输出：在 L 中得到排序结果
    stackNode S[stackSize];  int top = -1;        //定义栈并初始化
    int mid, t;  stackNode w;
    w.a = low;  w.b = high;  w.dic = 0;  S[++top] = w;
    while(low < high) {                            //区间二叉树最左分支上区间进栈
        mid = (low + high) / 2;
        w.a = low;  w.b = mid;  w.dic = 0;  S[++top] = w;
        high = mid;
    }
    do {
        while(S[top].dic == 0) {                   //栈顶是左区间
            w = S[top--];  t = S[top].b;           //退栈
            if(t == w.b+1)                         //右区间仅一个元素
                merge_Insert(D, w.a, w.b, t);      //做二路归并
            else {                                 //右区间不止一个元素
                S[++top] = w;                      //右区间进栈
                w.a = w.b+1;  w.b = t;  w.dic = 1;  S[++top] = w;
                low = w.a;  high = w.b;            //右区间的左分支区间进栈
                while(low < high) {
                    mid = (low + high) / 2;
```

```
                    w.a = low;  w.b = mid;  w.dic = 0;  S[++top] = w;
                    high = mid;
                }
            }
        }
        while(S[top].dic == 1) {                        //栈顶是右区间
            w = S[top--];  t = w.b;
            w = S[top--];                               //退左、右两个区间
            merge_Insert(D, w.a, w.b, t);               //归并
        }
    } while(top > 0);
}
```

算法的时间复杂度为 O(nlog₂n)，空间复杂度为 O(1)。

8-61 设计一个既不使用栈，也不使用队列的非递归的归并排序算法，可以直接使用一个二路归并算法 merge(L, left, mid, right)。

【解答】 从 len = 1 开始，做一趟二路归并，把所有 len = 1 的有序表归并为一个个 len = 2 的有序表，再从 len = 2 开始。重复上述操作，归并成长度为 4 的一些有序表，直到所有元素归并到一个有序表为止。在一趟归并过程中，可以反复对长度为 len 的表做两两归并，但归并到最后，可能出现二种特殊情况，一是还有两个表，前一个表长度有 len，后一个表长度不够 len，可做一次二路归并；二是只剩一个表，不做归并只做复制。算法的实现如下。

```
void merge(SeqList& L, SeqList& L2, int left, int mid, int right) {
//L.data[left..mid]与L.data[mid+1..right]是两个有序表，归并这两个表到一个
//有序表 L2
    int i = left, j = mid+1, k = left;      //i、j 是检测指针，k 是存放指针
    while(i <= mid && j <= right)           //两个表都未检测完，做两两比较
        if(L.data[i] <= L.data[j])          //较小者存入 L2
            L2.data[k++] = L.data[i++];
        else L2.data[k++] = L.data[j++];
    while(i <= mid) L2.data[k++] = L.data[i++]; //若第一个表未检测完，复制
    while(j <= right) L2.data[k++] = L.data[j++];//若第二个表未检测完,复制
}
void mergePass(SeqList& L, SeqList& L2, int len) {
//对 L 中两个长度为 len 的归并项执行一趟二路归并，结果放在 L2 的相同位置
    int i = 0;                              //两两归并长度为 len 的归并项
    while(i+2*len <= L.n-1) {
        merge(L, L2, i, i+len-1, i+2*len-1);
                                            //归并 i 到 i+len-1,i+len 到 i+2*len-1
        i = i+2*len;                        //i 进到下一次两两归并的第一个归并项
    }
    if(i+len <= L.n-1)                      //特殊情况，第二个归并项不足 len
        merge(L, L2, i, i+len-1, L.n-1);
    else {                                  //特殊情况，只剩一个归并项，复制
        for(int j = i; j <= L.n-1; j++) L2.data[j] = L.data[j];
    }
```

```
        L2.n = L.n;                                 //传送表长信息
    }
    void MergeSort_iter(SeqList& L) {
    //算法调用方式 MergeSort_iter(L)。输入：待排序顺序表 L；输出：排好序的顺序表 L
        SeqList L2;                                 //创建辅助表
        int i, len = 1;                             //从长度为 1 的归并项划分开始
        while(len < L.n) {                          //归并排序
            mergePass(L, L2, len);  len *= 2;       //一趟归并后归并项长度加倍
            mergePass(L2, L, len);  len *= 2;
        }
    }
```

若设待排序序列中有 n 个元素，算法的时间复杂度为 $O(n\log_2 n)$，空间复杂度为 $O(n)$。算法是稳定的。

8-62 插入归并排序是内排序中排序码比较次数最少的排序方法。若待排序的排序码序列已经放在数组 A[n]中，它可以按照如下步骤排序：

（1）另开辟两个大小为$\lceil n/2 \rceil$的数组 small 和 large。i 从 0～n-2，比较 A[i]与 A[i+1]，将其中的较小者和较大者分别依次存入数组 small 和 large（当 n 为奇数时 small 的元素多一个）。

（2）对数组 large[$\lfloor n/2 \rfloor$]中的元素进行归并插入排序，同时相应调整 small 数组中的元素，使得在这一步结束时 large[i]<large[i+1]（i = 0, 1,…,small[i]<large[i]（i = 1, 2,…）。

（3）将 small[0]传送到 A[0]，large[0]到 large[$\lfloor n/2 \rfloor$-1]依次传送到 A[1]到 A[$\lfloor n/2 \rfloor$]。

（4）利用折半插入依次将 small[1]到 small[$\lfloor n/2 \rfloor$-1]插入 A 中去。

设计一个算法，实现归并插入排序。

【解答】 算法使用了两个辅助数组 small 和 large，其实现按题目描述的步骤进行。

```
void split(int A[], int small[], int large[], int n, int& n1, int& n2) {
//将元素序列分为两个序列 small[n1]和 large[n2]，要求 small[i]≤large[i]
    int i, j;
    for(i = 0, j = 0; i < n-1; i += 2)
        if(A[i] <= A[i+1]) { small[j] = A[i];  large[j++] = A[i+1]; }
        else { small[j] = A[i+1];  large[j++] = A[i]; }
    if(n % 2 == 1) { small[j] = A[i];  n1 = j+1;  n2 = j; }
    else n1 = n2 = j;
}
int find_ad(int x[], int left, int right, int key) {
//在A[left]到A[right]查找 x 的插入位置
    int mid;
    while(left <= right) {
        mid = (left+right+1) / 2;
        if(x[mid] <= key) left = mid+1;
        else right = mid-1;
    }
    return left;
}
```

```
void binsSort(int A[], int small[], int large[], int n) {
//算法调用方式 binsSort(A, small, large, n)。输入：待排序元素数组 A，数组元素
//个数 n；输出：排好序的元素数组 A，辅助数组 small 和 large
    int n1, n2, i, j, k;  int tmp1, tmp2;
    split(A, small, large, n, n1, n2);                //A 分为两个表
    for(i = 1; i < n2; i++) {                         //对表 large 折半插入排序
        k = find_ad(large, 0, i-1, large[i]);        //在 large 中找插入位置 k
        tmp1 = large[i];  tmp2 = small[i];           //移动元素，空出 k 号位置
        for(j = i; j > k; j--)
            { large[j] = large[j-1];  small[j] = small[j-1]; }
        large[k] = tmp1;  small[k] = tmp2;           //安放插入元素
    }
    if(n % 2 == 1 && small[0] > small[n1-1])          //若 n 为奇数，small 多一个
        { tmp1 = small[0];  small[0] = small[n1-1];  small[n1-1] = tmp1; }
    A[0] = small[0];  small[0] = small[n1-1];        //small[0] 与 large 送 A
    n1--;
    for(i = 0; i < n2; i++) A[i+1] = large[i];       //A 中有 n2+1 个元素
    for(i = 0; i < n1; i++) {                         //small 插入 A 排序
        k = find_ad(A, 0, n2, small[i]);
        for(j = n2+1; j > k; j--) A[j] = A[j-1];
        A[k] = small[i];
        n2++;
    }
}
```

算法的时间复杂度为 O(nlog₂n)，空间复杂度为 O(n)。

8-63　自然归并排序的思路是将待排序元素序列 L（存放于表 A）按其排序码分解为多个有序的子序列，交替存放于两个长度减半的表 A1 和 A2 中，再成对地归并 A1 和 A2 的有序子序列，放回到表 A 中，这就完成了一趟"拆分-归并"。重复若干趟，直到 A1 和 A2 中各只剩一个有序子序列，对它们归并后，A 中所有元素都是有序的了。如果表 A、表 A1 和 A2 都是一维数组，设计一个算法，实现自然归并排序。

【解答】　设表 A 的长度为 n，设置长度为 n 的临时数组 A1 和 A2。首先扫描表 A，识别 A 中一个有序段存入 A1，再继续识别一个有序段存入 A2，……，这样一直扫描，把表 A 中的所有有序段交替存入表 A1 和表 A2。然后成对归并 A1 和 A2 中的有序子序列，结果顺序存入表 A，直到在表 A 中形成一个有序序列为止。算法的实现如下。

```
void split(int A[], int A1[], int A2[], int n, int& n1, int& n2) {
//拆分算法：把 A[n] 中的有序子序列交替存于 A1[n1] 和 A2[n2]
    int i, j, k;
    i = 0;  j = 0;  k = 0;
    while(i < n) {
        A1[j] = A[i];
        while(i+1 < n && A[i] <= A[i+1])            //找自然有序子序列
            A1[++j] = A[++i];
        i++;  j++;  n1 = j;                          //i、j 进到下一有序子序列开头
        if(i < n) {
```

```
            A2[k] = A[i];
            while(i+1 < n && A[i] <= A[i+1])    //找自然有序子序列
                A2[++k] = A[++i];
            i++;  k++;  n2 = k;                    //i, j 进到下一有序子序列开头
        }
    }
}
void merge(int A1[], int A2[], int A[], int s1, int t1, int s2, int t2,
            int s, int& t) {
//归并算法: 合并 A1[s1..t1]和 A2[s2..t2], 结果存放于 A[s..t]
    int i = s1, j = s2; t = s;
    while(i <= t1 && j <= t2)
        if(A1[i] <= A2[j]) A[t++] = A1[i++];
        else A[t++] = A2[j++];
    while(i <= t1) A[t++] = A1[i++];
    while(j <= t2) A[t++] = A2[j++];
}
void naturalMergeSort(int A[], int n) {
//自然归并算法: 算法调用方式 naturalMergeSort(A, n)。输入: 待排序元素数组 A,
//数组元素个数 n; 输出: 反复执行 split-merge 过程排序数组 A
    int A1[maxSize], A2[maxSize];  int i, n1, n2;
    while(1) {                                    //反复执行拆分-归并处理
        split(A, A1, A2, n, n1, n2);              //拆分 A[0]到 A1[n1]和 A2[n2]
        printf("A1: ");                           //输出 A1
        for(i = 0; i < n1; i++) printf("%d ", A1[i]);
        printf("\nA2: ");                         //输出 A2
        for(i = 0; i < n2; i++) printf("%d ", A2[i]);
        printf("\n");
        if(n1 >= n) return;                       //拆分后只有一个有序表跳出
        int s1 = 0, s2 = 0, s = 0, t1, t2, t;
        while(s1 < n1 && s2 < n2) {
            t1 = s1;  t2 = s2;
            while(A1[t1] <= A1[t1+1]) t1++;    //确定 A1 中参加归并的子序列
            while(A2[t2] <= A2[t2+1]) t2++;    //确定 A2 中参加归并的子序列
            merge(A1, A2, A, s1, t1, s2, t2, s, t); //归并 A1 和 A2 到 A
            s1 = t1+1;  s2 = t2+1;
            s = t;
        }
        if(s1 >= n1) { while(s2 < n2) A[t++] = A2[s2++]; }
        else { while(s1 < n1) A[t++] = A1[s1++]; }
        s = t;
    }
}
```

算法的时间复杂度为 $O(n^2)$，空间复杂度为 $O(n)$。它是个稳定的算法。

8.6 桶 排 序

8.6.1 多排序码的概念

如果每个元素的排序码都是由多个数据项组成的组项，则依据它进行排序时就需要利用多排序码排序。实现多排序码排序有两种常用的方法，最高位优先（Most Significant Digit first，MSD）和最低位优先（Least Significant Digit first，LSD）。利用多排序码排序实现对单个排序码排序的算法就称为桶排序。

无论是何种桶排序，都要涉及"基数"的概念。所谓"基数"就是排序码每一位的可能取值数。例如十进制整数，基数 radix = 10；英文字母，基数 radix = 26 等。基数决定了算法中要设置几个桶，设置什么样的桶。

本节的程序头部都需要使用#include 包含头文件<stdlib.h>和<stdio.h>。

8.6.2 MSD 桶排序

8-64 设计一个算法，输入一组随机排列的 k 位排序码（例如整数），把它们按最高位优先（MSD）重新排列，使得所有整数按从小到大的非递减顺序排列起来。

【解答】 对于整数，基数 rd = 10，即每一位有 10 种可能的取值。假设 k = 3，按照最高位优先的要求，算法先根据最高位 K^1（百位）的值，把各个整数分配到 rd = 10 个子集合（称为桶）中，然后再按桶号，对每个桶递归地进行桶排序。接着再对 K^2（十位），再对 K^3（个位）做相同处理。从而使得待排序序列所有元素排好序。

第 k 个桶存放处理第 d 位时取值为 k 的元素。此外，在算法中还用到几个辅助数组：

- auxArray[n]：存放按桶分配的结果。
- count[rd]：用 count[k]存储在处理第 d 位时取值为 k 的元素个数。
- posit[rd]：用 posit[k]预算第 k 个桶的元素在 auxArray 中的开始存放位置。

例如，对于序列{332, 633, 059, 598, 232, 664, 179, 457, 825, 714, 405, 361}，当 d = 1（最高位）时，count 存储了不同取值的元素个数，如图 8-19（a）所示，posit 预设了不同取值元素在 auxArray 中的存放位置，如图 8-19（b）所示。

(a) 数组 count 统计处理 d = 1 位时不同取值的元素个数

(b) 数组 posit 预设处理 d = 1 位时不同取值元素的存放位置

图 8-19 辅助数组 count 和 posit 的示例

在算法中使用一个辅助数组 auxArray[ ] 存放按桶分配的结果，根据 count[ ] 预先算定各桶元素的使用位置。在每一趟向各桶分配结束时，元素都被复制回原表中。

算法的实现如下。

```
#define rd 10                                          //基数(桶数)：十进制整数
#define d 3                                            //排序码位数
int getDigit(int x, int k) {
//从整数 x 中提取第 k 位数字，最高位算 1，次高位算 2,…,最低位算 k
    if(k < 1 || k > d) return -1;                      //整数位数不超过 d
    for(int i = 1; i <= d-k; i++) x = x/10;
    return x % 10;                                     //提取 x 的第 k 位数字
}
void RadixSort(int A[], int left, int right, int k) {
//MSD 桶排序算法调用方式 RadixSort(A, left, right, k)。这是一个递归算法，输入：
//待排序的元素数组 A，数组子区间的左边界 left，右边界 right，指定处理排序码第 k
//位(最高位为 1)；输出：排好序的数组 A 的子区间，左边界 left，右边界 right，完
//成第 k 位排序。主程序中调用方式 RadixSort(A, 0, n-1, 1)
    if(left >= right || k > d) return;
    int i, j, v, p1, p2, count[rd], posit[rd];
    int *auxArray = (int*) malloc((right-left+1)*sizeof(int));
                                                       //暂存分配结果

    for(j = 0; j < rd; j++) count[j] = 0;
    for(i = left; i <= right; i++)
        { v = getDigit(A[i], k);  count[v]++;}         //统计各桶元素个数
    posit[0] = 0;
    for(j = 1; j < rd; j++)
        posit[j] = count[j-1]+posit[j-1];              //安排各桶元素位置
    for(i = left; i <= right; i++) {                   //元素按位置分配到各桶
        v = getDigit(A[i], k);                         //取元素 A[i]第 k 位的值
        auxArray[posit[v]++] = A[i];                   //按预先计算位置存放
    }
    for(i = left, j = 0; i <= right; i++, j++)
        A[i] = auxArray[j];                            //从辅助数组写入原数组
    free(auxArray);
    p1 = left;
    for(j = 0; j < rd; j++) {                          //按桶递归对 k+1 位处理
        p2 = p1+count[j]-1;                            //取子桶的首末位置
        RadixSort(A, p1, p2, k+1);                     //对子桶内元素做桶排序
        p1 = p2+1;
    }
}
```

在算法中设定排序的基数 rd 为 10。如果待排序元素序列的规模为 n，则每个"桶"中的待排序元素平均为 n / rd。递归树的高度为 $O(\log_{rd} n)$，算法的时间复杂度为 $O(n\log_{rd} n)$。

8-65 若有 n 个待排序数据用 b 位二进制整数表示，从最高位起，每次把第 i 位上数字为 0 的元素排在该位数字为 1 的元素前面，从而把一个序列分成两个子序列。用 i = b, b-1, …, 1 重复上述操作，直到子序列长度≤1 或已按最低位划分为止。这就是基数交换排序，设计一个算法，实现基数交换排序。

【解答】　本算法属于最高位优先（MSD）桶排序，这是个递归的过程。按照题意，每位取值 0 和 1，所以基数 rd = 2，只设置 2 个桶。另外，设置了几个辅助数组：

- count[2]，统计第 d 位中取值 0 的元素个数和取值 1 的元素个数。
- posit[2]，预设第 d 位中取值 0 的元素和取值 1 的元素的存放位置。
- auxArray[n]，存放按桶分配的结果。

在每一趟向各桶分配结束时，元素都被复制回原表中。算法的实现如下。

```
#define d 4
#define maxSize 20                              //二进制数仅 2 位
int getDigit(int x, int k) {
//从二进制数 x 中提取第 k 位数字，最高位算 1，次高位算 2，…，最低位算 d
    if(k < d) {
        for(int i = 1; i <= d-k; i++) x = x/10;
    }
    return x % 10;
}
void RadixSort_2bit(int A[], int left, int right, int k) {
//算法调用方式 RadixSort_2bit(A, left, right, k)。这是一个递归算法，输入：待
//排序的元素数组 A，数组子区间的左边界 left，右边界 right，指定处理排序码第 k 位
//(最高位为 1)；输出：排好序的数组 A 的子区间，左边界 left，右边界 right，完成
//第 k 位排序。主程序中调用方式 RadixSort_2bit(A, 0, n-1, 1)
    if(k > d || right <= left) return;
    int i, j, v, count[2], posit[2];
    int *auxArray;                              //暂存各桶元素的辅助数组
    auxArray = (int*) malloc((right-left+1)*sizeof(int));
    count[0] = count[1] = 0;
    for(i = left; i <= right; i++)              //统计取值 0 和 1 的元素个数
        { v = getDigit(A[i], k);  count[v]++; }
    posit[0] = 0;  posit[1] = count[0];         //安排各桶元素位置
    for(i = left; i <= right; i++) {            //元素按第 k 位置分配到各桶
        v = getDigit(A[i], k);                  //取元素 A[i] 第 k 位的值
        auxArray[posit[v]++] = A[i];            //按预先计算位置存放
    }
    for(i = left, j = 0; i <= right; i++, j++)
        A[i] = auxArray[j];                     //从辅助数组写入原数组
    free(auxArray);
    RadixSort_2bit(A, left, left+count[0]-1, k+1);   //对 0 号桶做桶排序
    RadixSort_2bit(A, left+count[0], right, k+1);    //对 1 号桶做桶排序
}
```

本算法是题 8-64 的特例，基数 rd = 2，算法的时间复杂度为 $O(n\log_2 n)$，空间复杂度为 $O(n)$。

8-66　（散列箱排序）设待排序元素序列为 A[n]，其中 n 为元素个数，且假定各元素排序码值的分布比较均匀，可以利用散列方法进行排序。算法的思路如下。

（1）按 A[n]中各元素的排序码值，求最大值 max 和最小值 min。

（2）设辅助数组 X[2n]可均分为 M+1 个箱，散列函数为 w = ⌊M/(max-min)⌋，hash(x) = (x-min)*w，这是一个地址分布均匀的散列函数。

（3）另设辅助数组 num[M+1]和 pos[M+1]，先根据 A[n]统计各箱元素个数记入 num，再预设各箱开始存放地址记入 pos。依据散列地址把 A 中元素散列到 x 中。

（4）把 x 中已经排好序的元素复制回 A 中，对于同一箱的元素，采用直接插入排序对它们进行有序存放。

设计一个算法，实现散列箱排序。

【解答】 算法的设计思路如题目所示。

（1）顺序扫描 A[n]中所有元素，求各元素中最大值 max 和最小值 min。

（2）顺序扫描 A[n]中所有元素，使用散列函数计算各元素存放箱地址，统计各箱应存放元素的个数 num[0..M]。

（3）顺序扫描 num[0..M]，计算各箱开始存放元素地址 pos[0..M]。

（4）顺序扫描 A[n]中所有元素，使用散列函数计算各元素存放箱地址，实现一次到位存放到 X 的各箱中。

（5）顺序扫描 x 的所有箱，若某箱只有一个元素，直接复制到 A；若某箱有多个元素，采用直接插入排序复制到 A。

算法的实现如下，本题限制最高位不可为 0。

```
#define M 10                                          //箱子个数
typedef int DataType;
void BoxHashSort(DataType A[], int n) {
//算法调用方式 BoxHashSort(A, n)。输入：待排序元素数组 A，数组元素个数 n；
//输出：排好序的元素数组 A
    DataType *x = (DataType*) malloc(2*maxSize*sizeof(DataType));
    int *num = (int*) malloc((M+1)*sizeof(int));
    int *pos = (int*) malloc((M+1)*sizeof(int));
    int i, j, k, s;
    DataType w, max = A[0], min = A[0];
    for(i = 1; i < n; i++)                            //求所有元素的最大值和最小值
        if(A[i] > max) max = A[i];
        else if(A[i] < min) min = A[i];
    if(max == min) return;                            //序列中各元素相等
    for(i = 0; i <= M; i++) num[i] = 0;               //统计各箱应存放的元素个数
    w = M/(max-min);
    for(i = 0; i < n; i++) {
        j = (int)(A[i]-min)*w;                        //计算散列地址
        num[j]++;
    }
    pos[0] = 0;                                       //预设各箱开始存放地址
    for(i = 1; i <= M; i++)
        pos[i] = pos[i-1] + num[i-1];
    for(i = 0; i < n; i++) {                          //A 中元素散列到 x 中
        j = (int)(A[i]-min)*w;                        //计算散列地址
        X[pos[j]] = A[i];                             //散列到 x 的相应位置
```

```
        pos[j]++;                                    //该箱存放地址加 1
    }
    j = 0;  i = 0;
    for(k = 0; k <= M; k++) {                         //从 x 逐箱取出复制到 A
        A[j++] = x[i++];  num[k]--;                   //传送各箱第一个元素
        while(num[k] > 0) {                           //若该箱不止一个元素
            s = j-1;                                  //从 s 开始向前找插入位置
            while(s >= pos[k-1] && A[s] > X[i])
                { A[s+1] = A[s];  s--; }              //比 x[i]大的后移
            A[s+1] = x[i];                            //插入 x[i]
            num[k]--;  j++;  i++;
        }
    }
    free(x);  free(num);  free(pos);
}
```

8.6.3 LSD 桶排序

8-67 LSD 桶排序通常称为基数排序，算法对待排序元素序列按照个位（K^3）、十位（K^2）、百位（K^1）逐趟分配与收集。若设所有待排序元素存放于数组 A[maxSize]中，并采用二维数组 bucket[radix][bsize]组织 radix 个桶（每个桶的容量是 bsize），设计一个算法，基于数组 A 实现 LSD 桶排序。

【解答】 算法按排序码的位数，从低到高（d, d-1,…, 1）执行 d 趟。第 k（k = d,…, 1）趟先依次取出存放于数组 A 中的每个待排序元素，按照该元素在第 k 位的值 K_i^k，分配到第 K_i^k 个桶中，然后再顺序把各桶的元素按桶号顺序取出，送入 A 中。当第 K^1 趟执行完，排序完成。算法的实现如下。

```
#define radix 10                                     //基数(桶数)：十进制整数
#define bsize 20                                     //每个桶的最大容量
void RadixSort_array(int A[], int n, int d) {
//算法调用方式 RadixSort_array(A, n, d)。输入：待排序元素数组 A，数组元素个数
//n，每个排序码的位数 d；输出：实现 LSD 基数排序的元素数组 A
    int i, j, k, p, s, count[radix], bucked[radix][bsize];
    k = 1;
    for(k = 1; k <= d; k++) {                         //从低向高，逐位排序
        p = (k == 1) ? 1 : p*radix;
        for(i = 0; i < radix; i++) count[i] = 0;      //各桶元素计数清零
        for(i = 0; i < n; i++) {                      //元素按位置分配到各桶
            j = A[i]/p-A[i]/(p*radix)*radix;          //取元素 A[i]第 k 位的值
            bucked[j][count[j]++] = A[i];             //按预先计算位置存放
        }
        s = 0;                                        //收集时开始存放位置
        for(j = 0; j < radix; j++) {                  //从低向高逐桶收集
            if(count[j] != 0)
                for(i = 0; i < count[j]; i++)
                    A[s++] = bucked[j][i];            //从桶写入原数组
```

```
        }
        printf("第%d趟收集结果是: \n", k);
        for(i = 0; i < n; i++) printf("%d ", A[i]);
        printf("\n");
    }
}
```

设有 n 个输入整数，基数 radix，且每个整数有 d 位，则算法的时间复杂度为 O(d(n+radix))，算法是稳定的。

8-68 设计一个算法，借助"计数"实现 LSD 基数排序。

【解答】 若参加排序的序列有 n 个整数，每个整数有 d 位，每位整数的取值 0～9，即基数等于 10。任一整数 K_i 可视为 $K_i = K_i^1 10^{d-1} + K_i^2 10^{d-2} + \cdots + K_i^{d-1} + K_i^d$，基数排序需要做 d 趟，第 j 趟（$j = d, d-1, \cdots, 1$）先按 K_i^j（$i = 0, \cdots, n-1$）的值统计各整数第 j 位取到 0, 1, $\cdots$, 9 的个数，放到 count[] 中，再计算每个整数按第 j 位取值应该存放的位置，放到 posit[]。最后，遍历序列，借助 posit 把所有整数按第 j 位有序排列。当 d 趟都做完，基数排序完成。算法的实现如下。

```
#define d 3                                          //排序码位数
#define rd 10                                         //基数
int getDigit(int x, int k) {
//从整数x中提取第k位数字，最高位算1，次高位算2,…，最低位算k
    if(k < 1 || k > d) return -1;                     //整数位数不超过d
    for(int i = 1; i <= d-k; i++) x = x/10;
    return x % 10;                                     //提取x的第k位数字
}                                                      //序列中整数的位数
void EnumRadixSort(int A[], int n) {
//算法调用方式EnumRadixSort(A, n)。输入：待排序整数数组A，整数个数n;
//输出：整数数组A利用计数实现基数排序
    int count[10], posit[10];  int i, j, k;
    int *C = (int*) malloc(n*sizeof(int));
    for(j = d; j >= 1; j--) {                          //依次从低到高位排序
        for(i = 0; i < n; i++) C[i] = 0;
        for(i = 0; i < rd; i++) count[i] = 0;
        for(i = 0; i < n; i++)                          //按A[i]第j位取值计数
            { k = getDigit(A[i], j);  count[k]++; }
        posit[0] = 0;
        for(i = 1; i < rd; i++)
            posit[i] = posit[i-1]+count[i-1];           //预留A[i]新的存放位置
        for(i = 0; i < n; i++) {                         //构造有序数组
            k = getDigit(A[i], j);
            C[posit[k]] = A[i];  posit[k]++;
        }
        for(i = 0; i < n; i++) A[i] = C[i];
        printf("d=%d-> ", j);
        for(i = 0; i < n; i++) printf("%d ", A[i]);
        printf("\n");
```

```
        }
        free(C);
    }
```

8.7　链　表　排　序

8.7.1　链表排序方法

8-69　设计一个算法，基于链表实现直接插入排序。

【解答】　算法首先构造只有一个头结点的新循环链表，然后从原链表中依次取出结点元素，在新链表中找到插入位置将其插入，使得新链表保持有序，直到原链表为空，在新链表中得到排序后的结果。算法的实现如下。

```
void LinkInsertSort(LinkNode *& head) {
//算法调用方式 LinkInsertSort(head)。输入：带头结点单链表的表头指针 head;
//输出：排好序的单链表 head
    LinkNode *pre, *p, *q;
    q = head->link;  head->link = NULL;            //head 指向新链头结点
    while(q != NULL) {                             //原链表未处理完
        pre = head;  p = head->link;              //新链的插入指针
        while(p != NULL && p->data <= q->data)
            { pre = p;  p = p->link; }            //循有序链表找插入位置
        pre->link = q;  q = q->link;             //q 指向原链下一可摘结点
        pre->link->link = p;                     //新结点链入 pre 与 p 之间
    }
}
```

算法的排序码比较次数最小为 n−1，最大为 n(n−1)/2。元素的移动次数为 0。但每个元素中增加了一个链域 link，并使用了链表的头结点。链表插入排序方法是稳定的。

8-70　设计一个算法，基于单链表实现希尔排序。

【解答】　基于最初的 $gap = \lfloor n/2 \rfloor$，创建 gap 个子链表头结点 t[gap]，将 head 链表的结点分散到各子链表中，对各子链表做直接插入排序，然后将各子链表的结点合并到 head 链表，这样就完成了一趟排序。然后让 $gap = \lfloor gap/2 \rfloor$，只要 gap > 1，再做如上操作，完成下一趟排序，直到 gap = 1 为止。算法要用到 2 个函数，一是基于链表的直接插入排序函数，二是把 head 链表各结点轮流链接到 gap 个子链表，再把各子链表轮流合并到 head 的函数。算法的实现如下。

```
void LinkInsertSort(LinkNode *& head) {
    LinkNode *pre, *p, *q;
    q = head->link;  head->link = NULL;            //head 指向新链头结点
    while(q != NULL) {                             //原链表未处理完
        pre = head;  p = head->link;              //新链的插入指针
        while(p != NULL && p->data <= q->data)
            { pre = p;  p = p->link; }            //循有序链表找插入位置
```

```
                pre->link = q;  q = q->link;              //q指向原链下一可摘结点
                pre->link->link = p;                      //新结点链入pre与p之间
        }
}
void LinkShellSort(LinkList& head) {
//算法调用方式LinkShellSort(head)。输入：带头结点单链表的表头指针head；输出：
//对单链表head进行希尔排序，gap是增量，初值gap = n/2，下一趟gap = gap/2，最
//后一趟gap = 1
        int gap, i, len = 0;  LinkNode *p = head->link, *s;
        for(p = head->link, len = 0; p != NULL; p = p->link, len++);
        gap = len/2;                                      //计算gap初值
        LinkList *t =(LinkList*) malloc(gap*sizeof(LinkList));
                                                          //子链头指针数组
        for(i = 0; i < gap; i++)
                t[i] = (LinkNode *) malloc(sizeof(LinkNode)); //各子链头结点
        LinkList *r = (LinkList*) malloc(gap*sizeof(LinkList));
                                                          //子链尾指针数组
        for(i = 0; i < gap; i++) t[i]->link = NULL;       //各子链置空
        while(gap >= 1) {
                for(i = 0; i < gap; i++) r[i] = t[i];     //尾指针指向头结点
                p = head->link;                           //把结点分布到子链
                while(p != NULL)                          //顺序取原链结点
                        for(i = 0; i < gap; i++) {        //逐个子链轮流链入
                                r[i]->link = p;  r[i] = p;  p = p->link;    //尾插
                                if(p == NULL) break;      //原链结点取完
                        }
                for(i = 0; i < gap; i++) r[i]->link = NULL;  //各子链收尾
                for(i = 0; i < gap; i++) LinkInsertSort(t[i]);
                                                          //对各子链插入排序
                s = head;                                 //合并子链到head链
                while(1) {
                        for(i = 0; i < gap; i++) {
                                if(t[i]->link != NULL) {
                                        p = t[i]->link;  t[i]->link = p->link;
                                                          //在t[i]中摘首元结点
                                        s->link = p;  s = p;  //插入head链的链尾
                                }
                        }
                        if(t[0]->link == NULL) break;
                }
                gap = gap/2;
        }
        free(t);  free(r);
}
```

8-71 设计一个算法，基于单链表实现起泡排序。

【解答】 算法的基本思想是：对于存放于单链表中的一组元素，设置一个指针 last 指

向待比较序列的尾部，初始为 NULL，并逐趟用检测指针 p 从头检测到 last，其前驱指针为
pre，若 pre->data > p->data，则发生逆序，在单链表中逆置这两个结点，并用 rear 存储逆
置后的结点位置。每趟检测结束，将 rear 存储赋予 last，使之指向最后交换的结点，如果
last 等于 head->link 则排序结束。算法的实现如下。

```
void LinkBubbleSort(LinkList& head) {
//算法调用方式 LinkBubbleSort(head)。输入：带头结点单链表的表头指针 head;
//输出：对单链表 head 执行起泡排序
    LinkNode *front, *pre, *p, *q, *rear, *last;
    last = NULL;
    while(head->link != last) {
        front = head; rear = pre = head->link; p = pre->link;
        while(p != last) {
            if(pre->data > p->data) {
                q = p->link; p->link = pre; pre->link = q;//逆置
                front->link = p;                        //重新链接
                front = p; rear = pre;                  //存储交换位置
            }
            else front = pre;
            pre = front->link; p = pre->link;
        }
        last = rear;
    }
}
```

使用链表起泡排序，当初始排列是按照排序码的值从大到小排列时，总排序码比较次
数为 n(n-1)/2。当初始排列是按照排序码的值从小到大排列的情形，总排序码比较次数为
n-1。使用链表排序，无须移动元素，只要修改指针即可，移动元素次数为 0。链表排序的
附加存储包括在每个元素中增加了一个链域 link，并使用了链表的头结点，总共用了 n 个
指针和一个附加结点。链表起泡排序方法是稳定的。

8-72　设计一个算法，基于单链表实现快速排序。

【解答】　设链表的头结点为 head，用指针 rear 指向尾结点的下一结点（初始为
NULL），一趟划分过程开始用指针 pivot 指向首元结点作为基准结点，从其下一结点（用
指针 p 指向）开始扫描链表并做比较。如果 pivot->data <= p->data，将结点*p 留在基准的
后面，否则将*p 从链表中摘下，插入头结点 head 的后面。指针 pre 指向*p 的前趋。当链
表扫描结束，一趟划分完成，然后对以 head 为头的左子链表和以 pivot 为头的右子链表递
归进行快速排序。算法的实现如下。

```
void LinkQuickSort(LinkList& head, LinkList& rear) {
//算法调用方式 LinkQuickSort(head, rear)。这是一个递归算法，输入：带头结点单
//链表的表头指针 head，表尾结点的后一结点指针 rear，如果表尾结点后面没有结点，
//rear = NULL; 输出：从单链表的 head->link 到表尾结点(rear 的前一结点)排序。
//主程序调用方式 rear = NULL; LinkQuickSort(head, rear)。pivot 是基准结点
    if(head->link == rear) return;
    LinkNode *pivot, *p, *pre;
```

```
        pivot = head->link;  pre = pivot;          //基准 pivot 指向首元结点
        while(pre->link != rear) {                  //pre 是扫描指针 p 的前趋
            p = pre->link;
            if(p == rear || p == NULL) break;
            if(pivot->data <= p->data)              //比基准大的留在基准结点后面
                { pre = p;  p = p->link; }
            else {                                  //比基准小的移到基准前面
                pre->link = p->link;                //*p 从原位脱链
                p->link = head->link;               //插入头结点后面
                head->link = p;
            }
        }
        LinkQuickSort(head, pivot);                 //对左子链表快速排序
        LinkQuickSort(pivot, rear);                 //对右子链表快速排序
}
```

算法的时间复杂度为 $O(n\log_2 n)$，空间复杂度为 $O(1)$。

8-73　编写一个算法，基于单链表实现简单选择排序。

【解答】　算法每趟在原始链表中摘下排序码最大的结点（几个排序码相等时为最前面的结点），把它插入结果链表的最前端。由于在原始链表中摘下的排序码越来越小，在结果链表前端插入的排序码也越来越小，最后形成的结果链表中的结点将按排序码非递减的顺序有序链接。设用于选择排序的单链表带头结点，算法的实现如下。

```
void LinkSelectSort(LinkList& head) {
//算法调用方式 LinkSelectSort(head)。输入：带头结点单链表的表头指针 head;
//输出：对带头结点的单链表进行选择排序，排序结果仍通过 head 返回
    LinkNode *h = head->link, *p, *q, *r, *s;
    head->link = NULL;
    while(h != NULL) {                              //持续扫描原链表
        p = s = h;  q = r = NULL;                   //指针 s 和 q 存储最大结点和前驱
        while(p != NULL) {                          //扫描原链表，查找最大结点 s
            if(p->data > s->data) {s = p;  r = q;}  //找到更大的，存储它
            q = p;  p = p->link;
        }
        if(s == h) h = h->link;                     //最大结点在原链表前端
        else r->link = s->link;                     //最大结点在原链表表内
        s->link = head->link;  head->link = s;      //结点 s 插入结果链前端
    }
}
```

算法的时间复杂度为 $O(n^2)$，空间复杂度为 $O(1)$。

8-74　设计一个算法，基于不带头结点的单链表实现二路归并排序。

【解答】　本题是使用队列的链表自然归并排序。算法的基本思路是首先对待排序的单链表进行一次扫描，将它划分为若干有序的子链表，其表头指针存放在一个指针队列中。当队列不空时重复执行，从队列中退出两个有序子链表，对它们进行二路归并，结果链表的表头指针存放到队列中。如果队列中退出一个有序子链表后变成空队列，则算法结束。这

个有序子链表即为所求。算法的实现如下。

```
#define QSize 20
void Merge(LinkNode *ha, LinkNode *hb, LinkNode *& hc) {
//合并两个以 ha 和 hb 为表头指针的有序链表，结果链表的表头由 hc 返回
    LinkNode *pa, *pb, *pc;
    if(ha->data <= hb->data)                      //确定结果链的表头 hc
        { hc = ha; pa = ha->link; pb = hb; }
    else { hc = hb; pb = hb->link; pa = ha; }
    pc = hc;                                       //结果链的链尾指针
    while(pa != NULL && pb != NULL)                //两两比较，较小者进结果链
        if(pa->data <= pb->data)
            { pc->link = pa; pc = pa; pa = pa->link; }
        else { pc->link = pb; pc = pb; pb = pb->link; }
    if(pa != NULL) pc->link = pa;                  //pb 链处理完，pa 链链入结果链
    else pc->link = pb;                            //pa 链处理完，pb 链链入结果链
}
void LinkMergeSort_Queue(LinkNode *& head) {
//算法调用方式 LinkMergeSort_Queue(head)。输入：不带头结点的单链表的表头指
//针 head；输出：队列每个元素的数据类型为 LinkNode *型指针。对单链表 head 执
//行二路归并排序
    if(head == NULL) return;
    LinkNode *s, *t;
    LinkNode *Q[QSize]; int front = 0, rear = 0;
    s = head; Q[rear++] = s;                       //链表第一个结点进队列
    while(1) {
        t = s->link;                               // t 是结点 s 的下一个结点
        while(t != NULL && s->data <= t->data)     //在链表中找有序链表
            { s = t; t = t->link; }
        s->link = NULL; s = t;
        if(s != NULL) {                            //存在有序链表，截取进队
            Q[rear] = s; rear = (rear+1) % QSize;
        }
        else break;
    }
    while(rear != front) {
        head = Q[front]; front = (front+1) % QSize;//一个有序链表表头出队
        if(rear == front) break;                   //队列空，排序处理完成
        s = Q[front]; front = (front+1) % QSize;   //再退出一个有序链表表头
        Merge(head, s, t);                         //归并两个有序链表
        Q[rear] = t; rear = (rear+1) % QSize;      //归并后结果链表进队
    }
}
```

8-75 设计一个递归算法，基于不带头结点的单链表实现二路归并排序。

【解答】 算法基于分治法划分子序列，把整个元素序列划分为长度大致相等的两部分：左子序列和右子序列。对这些子序列分别递归地进行排序，然后再把排好序的两个子

序列进行归并。例如，若设待排序元素序列的排序码为{21, 25, 49, 23, 16, 08}，中点是 49，划分出两个子序列{21, 25, 49}和{23, 16, 08}，对它们分别递归排序，得到{21, 25, 49}和{08, 16, 23}，最后二路归并，得到{08, 16, 21, 23, 25, 49}排序完成。做二路归并时，设 h1 和 h2 分别是参加归并的两个单链表的头指针，p1 和 p2 是两个表的检测指针，Result 是合并后链表的头指针，指向合并后链表的首元结点。算法的实现如下。

```
void LinkMerge(LinkList h1, LinkList h2, LinkList& Result) {
//两个不带头结点的有序链表的头指针分别为 h1 和 h2。将它们进行归并，得到一个
//有序链表，并返回其头指针
    if(h1 == NULL) Result = h2;
    else if(h2 == NULL) Result = h1;
    else {
        LinkList head = (LinkNode *) malloc(sizeof(LinkNode));
        head->link = NULL;                      //head是结果链临时头结点
        LinkList p1 = h1, p2 = h2, r = head;  //p1、p2 是两链表检测指针
        while(p1 != NULL && p2 != NULL)
            if(p1->data <= p2->data)
                { r->link = p1;  r = p1;  p1 = p1->link; }
            else { r->link = p2;  r = p2;  p2 = p2->link; }
        if(p1 == NULL) r->link = p2;
        else r->link = p1;
        Result = head->link;  free(head);
    }
}
void LinkMergeSort(LinkList& h, LinkList& Result) {
//算法调用方式 LinkMergeSort(head, Result)。这是一个递归算法，输入：不带头结
//点的单链表的表头指针 head；输出：从引用参数 Result 得到已排好序的结果
    if(h == NULL || h->link == NULL) Result = h;
    else {
        LinkNode *p, *q, *s, *t;
        int count = 0, n = 0;
        for(p = h; p != NULL; p = p->link) n++;       //计算链表长度
        p = h;
        while(p != NULL && count < n/2)               //找中点
            { q = p;  p = p->link;  count++; }
        q->link = NULL;                               //分成两个链：h 和 p
        LinkMergeSort(h, s);
        LinkMergeSort(p, t);                          //分别对 L 和 p 归并排序
        LinkMerge(s, t, Result);
    }
}
```

基于链表的归并排序算法的归并趟数为 $\log_2 n$，每一趟对 n 个元素做排序码比较和元素的链接工作，总的时间复杂度为 $O(n\log_2 n)$。算法不涉及元素移动，但额外存储需要较多，包括为每个元素附加一个链接指针，以及需要一个头结点，空间复杂度为 $O(n)$。

8-76 设待排序序列有 n 个不相等整数排序码，其值的范围在[1, 200]之间。又设散列

表有 m 个桶，各桶采用单链表组织。设计一个算法，输入满足要求的 n 个不等整数，借助散列表实现链表散列排序。

【解答】　散列表采用链地址法。散列地址相等的排序码链入同一链表，设 s = ⌈200/m⌉，是[1, 200]所有可能取值的分区数，属于此范围的任一整数 x 应落在桶号为 ⌊x/s⌋ 的桶内，然后在此桶插入 x 并保持链表有序。最后，按桶号顺序输出各桶的有序链表所存放的数据，就可实现链表散列排序。算法的实现如下。

```
#define n 20                                        //值个数，值范围1~200
#define m 10                                        //桶数（= n/2）
void HashSort(DataType A[]) {
//算法的调用方式 HashSort(A)。输入：待排序元素数组 A；输出：排好序的数组 A
//注意数组元素个数用#define 定义了
    LinkNode *H[m+1];  DataType x;                  //各单链表头结点
    int i, j, s = (int)(200/m);  LinkNode *p, *pr, *q;
    for(i = 0; i <= m; i++) H[i] = NULL;
    for(i = 0; i < n; i++) {                        //逐个整数放入散列表
        x = A[i];  j = (int)(x/s);                  //1~200 映射到 0~m-1
        q = (LinkNode *) malloc(sizeof(LinkNode));   //创建插入结点
        q->data = x;  q->link = NULL;
        if(H[j] == NULL) H[j] = q;                  //该桶空，*q 成为唯一结点
        else {                                      //桶不空，查找插入位置
            p = H[j];  pr = NULL;
            while(p != NULL)
                if(p->data < q->data) { pr = p;  p = p->link; }
                else break;
            if(pr == NULL)                          //*q 链入溢出链，保持有序链
              { q->link = H[j];  H[j] = q; }        //链首链入
            else { q->link = p;  pr->link = q; }    //链中链入
        }
    }
    for(i = 0, j = 0; i <= m; i++)                  //逐个回放到数组 A 中
        if(H[i] != NULL) {
            for(p = H[i]; p != NULL; p= p->link) A[j++] = p->data;
        }
}
```

8-77　若单链表中存放有 n 个排序码为整数的元素，每个正整数限制有 3 位。设计一个算法，在此链表上实现 LSD 桶（基数）排序。

【解答】　整数的基数 rd = 10，即整数的每位数字有 10 种不同取值。算法需设置 10 个桶，为保证稳定性，使用队列组织。算法从个位（最低位 i = 3）到百位（最高位 i = 1）做 3 次大循环，第 i（i = 3, 2, 1）次大循环顺序取出链表中的排序码的第 i 位数字，根据它的值分配到对应的队列中，当所有排序码分配完，再按队列编号顺序出列，完成一趟"分配-收集"。当所有 3 次大循环做完，排序完成。算法的实现如下。

```
#define rd 10                                       //基数
#define d 3                                         //位数
```

```
int getDigit(DataType x, int k) {
//从整数 x 中提取第 k 位数字,最高位算 1,次高位算 2,…,最低位算 k
    if(k < 1 || k > d) return -1;                   //整数位数不超过 d
    for(int i = 1; i <= d-k; i++) x = x/10;
    return x % 10;                                  //提取 x 的第 k 位数字
}
void LinkRadixSort(LinkList& L) {
//算法调用方式 LinkRadixSort(L)。输入:待排序带头结点的单链表 L;
//输出:对带头结点的单链表进行 LSD 基数排序,结果仍存于 L 中
    LinkList rear[rd], front[rd], pr, p;            //rd 个队列
    int i, j, k, v;                                 //L.n 是待排序元素个数
    for(k = d; k > 0; k--) {                        //从低位到高位循环
        for(i = 0; i < rd; i++)                     //各队列置空
            rear[i] = front[i] = NULL;
        pr = L;  p = pr->link;
        while(p != NULL) {                          //逐个结点进行分配
            pr->link = p->link;                     //从原链摘下结点
            v = getDigit(p->data, k);               //取排序码第 k 位数字
            if(front[v] == NULL)                    //若第 v 个队列为空
                { front[v] = p;  rear[v] = p; }
            else { rear[v]->link = p;  rear[v] = p; }
            p = pr->link;
        }
        pr->link= NULL;  p = L;                     //逐个队列收集
        for(j = 0; j < rd; j++)
            if(front[j] != NULL) { p->link = front[j];  p = rear[j]; }
        p->link= NULL;                              //新链收尾
    }
}
```

设待排序序列有 n 个排序码,基数为 rd = 10,排序码位数 d = 3,则算法的时间复杂度为 $O(d(n+rd))$,空间复杂度为 $O(n)$,算法是稳定的。

8.7.2 双向链表排序

8-78 有 n 个记录存储在带头结点的双向链表中,现用双向起泡的方法对其做升序排序,试写出这个双向起泡排序的算法。

【解答】 设双向链表的表头指针为 head,双向起泡排序的思路是在链表中正、反向交替起泡。正向起泡的遍历指针 p 从 head->rLink 开始,沿后继方向对相邻元素两两比较,发生逆序则修改链接指针将它们逆置,最后将最大元素下沉到链尾;反向起泡从链尾 tail 开始,沿前驱方向对相邻元素两两比较,发生逆序则修改链接指针将它们逆置,最后将最小元素上浮到链头。如此反复,直到 p 与 tail 相遇或无交换为止,排序完成。算法的实现如下。

```
void TwowayBubbleSort(DblNode *head) {
//算法调用方式 TwowayBubbleSort(head)。输入:待排序带头结点的双向链表 head;
```

```
//输出：利用双向链表进行正、反向起泡，指针 head 指向排好序的链表头结点
    int exchange = 1; DblNode *p, *q, *tail = head;
    while(exchange != 0) {
        p = head->rLink; exchange = 0;                    //正向起泡
        while(p->rLink != tail)
            if(p->data > p->rLink->data) {                //发生逆序
                exchange = 1; q = p->rLink;               //做交换过标志
                p->rLink = q->rLink; q->rLink = p; p->lLink->rLink = q;
                q->lLink = p->lLink; p->lLink = q; p->rLink->lLink = p;
            }
            else p = p->rLink;                            //无交换，向后继方向继续
        tail = p; p = p->lLink;                           //最后一个已经就位
        while(exchange != 0 && p->lLink != head){         //反向起泡
            if(p->lLink->data > p->data) {                //发生逆序
                exchange = 1; q = p->lLink;
                p->lLink = q->lLink; q->lLink = p; p->rLink->lLink = q;
                q->rLink = p->rLink; p->rLink = q; p->lLink->rLink = p;
            }
            else p = p->lLink;                            //无交换，向前驱方向继续
        }
        head = p;                                         //第一个已经就位
    }
}
```

算法在正向起泡过程中一旦发现相邻两个元素逆序，必须在后继方向（**rLink**）和前驱方向各修改 3 个链接指针；在反向起泡过程中同样如此处理。

8.7.3　静态链表排序

8-79　编写一个函数，输出一个静态链表。

【解答】 使用 3 个循环，分别输出静态链表中结点下标 index、结点数据 data 和结点的指针 link。算法的实现如下。

```
void displaySList(StaticList& L) {
//算法调用方式 displaySList(L)。输入：静态链表 L；输出：输出链表各结点数据
    printf("下标  ");
    for(int i = 0; i <= L.n; i++) printf("%3d ", i);
    printf("\n 数据  -- ");
    for(i = 1; i <= L.n; i++) printf("%3d ", L.elem[i].data);
    printf("\n 链接  ");
    for(i = 0; i <= L.n; i++) printf("%3d ", L.elem[i].link);
    printf("\n");
}
```

8-80　若待排序元素序列存放与一个静态链表 L 中，设计一个算法，实现直接插入排序。

【解答】 把静态链表视为带头结点的循环单链表，L.elem[0]作为头结点，为查找插入

位置方便起见，L.elem[0].data 中存放一个比待排序序列中所有元素的排序码都大的值。排序开始前使 L.elem[0].link = 1，L.elem[1].link = 0 构成一个只有一个结点的有序循环单链表，然后对 L.elem[2],…, L.elem[n] 按其排序码 data 进行链表插入排序。算法的实现如下。

```
void SLinkInsertSort(StaticList& L) {
//算法调用方式 SLinkInsertSort(L)。输入：待排序的静态链表 L；输出：用指针链
//接排好序的静态链表 L
    int i, p, pre;
    L.elem[0].data = maxValue;
    L.elem[0].link = 1; L.elem[1].link=0;  //形成有一个元素的有序循环链表
    for(i = 2; i <= L.n; i++) {                    //向有序链表中插入一个结点
        p = L.elem[0].link;     pre = 0;   //p是扫描指针，pre 指向 p 的前驱
        while(L.elem[p].data <= L.elem[i].data)    //沿着链找插入位置
            { pre = p;  p = L.elem[p].link;} //pre 跟上，p 循链检测下一结点
        L.elem[i].link = p;  L.elem[pre].link = i;//结点 i 链入 pre 与 p 之间
    }
}
```

算法的排序码比较次数为 $O(n^2)$，元素移动次数为 0，因为是修改链接指针导致了元素逻辑顺序的改变。

8-81 设待排序元素序列存放与一个静态链表 L 中，设计一个算法，实现起泡排序。

【解答】 算法通过一个位置指示器 finish 控制一趟比较的终点，指针 p（它的前趋是 pr，后继是 q）一趟扫描下去，一旦发现与其后继出现逆序，就修改指针让*p 与*q 交换逻辑顺序，并让 finish 指到*p，指针 p 再往后继方向扫描直到遇到 finish，一趟检测结束。算法最多执行 n-1 趟。算法的实现如下。

```
void SlinkBubbleSort(StaticList& L) {
//算法调用方式 SlinkBubbleSort(L)。输入：待排序的静态链表 L；
//输出：用指针链接排好序的静态链表 L
    int i, finish, pr, p, q;
    for(i = 0; i < L.n; i++) L.elem[i].link = i+1;
    L.elem[L.n].link = 0;                          //初始化形成循环链表
    finish = 0;                                    //一趟结束的控制变量
    for(i = 1; i < L.n; i++) {                     //迭代，最多 n-1 趟
        pr = .0;  p = L.elem[0].link;
        while(L.elem[p].link != finish) {
            q = L.elem[p].link;
            if(L.elem[p].data <= L.elem[q].data)   //正序，继续向后继扫描
                { pr = p;  p = L.elem[p].link; }
            else {                                 //逆序，修改指针
                L.elem[pr].link = q;
                L.elem[p].link = L.elem[q].link;
                L.elem[q].link = p;
                pr = q;
            }
        }
```

```
                finish = p;
        }
}
```

算法的排序码比较次数为 O(n²)，元素移动次数为 0。

8-82　若待排序元素序列存放与一个静态链表 L 中，设计一个算法，实现简单选择排序。

【解答】　算法从原链表的首元结点开始，在原链表中查找排序码最大的结点，用 p 存储它，用 pre 存储 p 的前趋，然后把 p 从原链表中摘出，链接到头结点 L.elem[0]后面。接着再从原链表首元结点开始，重复上一趟的动作。如此反复，直到原链表变空为止，此时从头结点开始，链表中所有结点按排序码大小，从小到大链接起来。算法的实现如下。

```
void SlinkSelectSort(StaticList& L) {
//算法调用方式 SlinkSelectSort(L)。输入：待排序的静态链表 L;
//输出：用指针链接排好序的静态链表 L
    int i, j, f, pre, p;
    for(i = 0; i < L.n; i++) L.elem[i].link = i+1;
    L.elem[L.n].link = 0; L.elem[0].link = 0;          //原始链表初始化
    f = 1;
    while(f != 0) {                                     //原始链表非空
        j = p = f;  i = L.elem[j].link;  pre = 0;
        while(i != 0) {                                 //在原始链表中检测
            if(L.elem[i].data > L.elem[p].data)
                { p = i;  pre = j; }                    //p 存储当前最大结点
            j = i;  i = L.elem[i].link;                 //进到链表下一结点
        }
        if(p == f) f = L.elem[f].link;                  //摘下最大结点
        else L.elem[pre].link = L.elem[p].link;
        L.elem[p].link = L.elem[0].link;
        L.elem[0].link = p;                             //插入结果链表前端
    }
}
```

算法的排序码比较次数为 O(n²)，元素移动次数为 0。

8-83　若待排序元素序列存放与一个静态链表 L 中，设计一个算法，实现二路归并排序。

【解答】　算法由 3 个函数组成，第一个是链表二路归并的函数，参加二路归并的两个有序链表中首元结点下标分别为 s1 和 s2，尾结点指针都为 0。将它们归并后得到一个有序链表，函数返回其首元结点下标。第二个是应用分治策略对子序列做二路归并排序的递归函数。第三个函数是主函数，调用第二个函数对整个序列做二路归并排序。算法的实现如下。

```
int ListMerge(StaticList& L, int s1, int s2) {
    int k = 0, i = s1, j = s2;
    while(i > 0 && j > 0) {                            //做两两比较
```

```
            if(L.elem[i].data <= L.elem[j].data){     //i 链结点的排序码较小
                L.elem[k].link = i;                    //链入结果链表
                k = i;  i = L.elem[i].link;
            }
            else {                                     //否则 j 链结点的排序码较小
                L.elem[k].link = j;                    //链入结果链表尾
                k = j;  j = L.elem[j].link;
            }
        }
        if(i == 0) L.elem[k].link = j;                 //i 链检测完, j 链入结果链
        else L.elem[k].link = i;                       //否则 j 链检测完, i 链入结果链
        return L.elem[0].link;                         //返回结果链头指针
}
int rMergeSort(StaticList& L, int left, int right) {
//对链表 L.elem[left..right] 进行排序。L.elem[i].link 应初始化为 0, rMergeSort
//返回排序后链表首元结点下标, L.elem[0] 是工作单元
    if(left >= right) return left;
    int mid = (left+right)/2;
    return ListMerge(L, rMergeSort(L, left, mid),
           rMergeSort(L, mid+1, right));
}
void SlinkMergeSort(StaticList& L) {                   //调用递归函数的主函数
//算法调用方式 SlinkMergeSort(L)。输入：待排序的静态链表 L;
//输出：用指针链接排好序的静态链表 L
    for(int i = 0; i <= L.n; i++) L.elem[i].link = 0;
    L.elem[0].link = rMergeSort(L, 1, L.n);
}
```

算法的排序码比较次数为 $O(n\log_2 n)$，元素移动次数为 0。

8-84　若待排序元素序列存放与一个静态链表 L 中，每个排序码是 3 位整数，设计一个算法，实现 LSD 桶排序（即基数排序）。

【解答】　算法采用链式队列组织桶，rd 个桶就有 rd 个链式队列。算法根据排序码的位数 d，做 d 次大循环，第 i（i = d, d-1, …, 1）次大循环提取各排序码的第 i 位数字，按值分配进入第 i 个队列，当所有排序码都分配完后，再按照队列编号，把后一个队列的队头链接到前一个队列的队尾，当所有队列都链接完成，所有排序码都按照第 i 位数字有序链接。当所有大循环完成，排序结束。算法的实现如下。

```
#define rd 10                                          //基数
#define d 3                                            //排序码位数
int getDigit(int x, int k) {
//从整数 x 中提取第 k 位数字, 最高位算 1, 次高位算 2, …, 最低位算 k
    if(k < 1 || k > d) return -1;                      //位数不超过 d
    for(int i = 1; i <= d-k; i++) x = x /10;
    return x % 10;                                     //提取 x 的第 k 位数字
}
void SLinkRadixSort(StaticList& SL) {
```

```
//算法调用方式 SlinkRadixSort(SL)。输入：待排序的静态链表 SL；输出：对静态链
//表 SL 中的排序码按其基数 rd 进行分配与收集，实现基数排序
    int rear[rd], front[rd];                         //rd 个队列尾与头指针
    int i, j, k, last, s, t;
    for(i = d; i >= 1; i--) {                         //按位从高向低分配
        for(j = 0; j < rd; j++) front[j] = 0;
        s = SL.elem[0].link;                         //对所有整数扫描
        while(s != 0) {                              //分配处理
            k = getDigit(SL.elem[s].data, i);        //取第 i 个码
            if(front[k] == 0) front[k] = s;          //第 k 个队列空，该元素为队头
            else SL.elem[rear[k]].link = s;          //不空，尾链接
            rear[k] = s;                             //该元素成为新的队尾
            s = SL.elem[s].link;
        }                                            //分配完，开始收集
        for(j = 0; front[j] == 0; j++);              //跳过空队列
        SL.elem[0].link = front[j];                  //新链表的链头
        last = rear[j];                              //新链表的链尾
        for(t = j+1; t < rd; t++)                    //链接其余的队列
            if(front[t] != 0) {                      //队列非空
                SL.elem[last].link = front[t];
                last = rear[t];                      //尾链接
            }
        SL.elem[last].link = 0;                      //新链表表尾
    }
}
```

若待排序序列有 n 个排序码，排序码的基数为 rd = 10，排序码的位数 d = 3，则算法的时间复杂度为 O(d(n+rd))，若把 d 和 rd 视为常数，算法的时间复杂度为 O(n)，空间复杂度为 O(n)，因为每个结点增加了一个链接指针。由于使用队列作为桶，值相等的排序码按先进先出处理，处理第 i 位数字的大循环的排序结果是稳定的，最后排序结果也是稳定的。

8-85　若有 n 个一位数的整数，采用 LSD 基数排序将它们按从小到大的顺序排列。

【解答】　本算法是基数排序的最简情形，仅做一趟分配与收集。首先设置 rd 个链式队列，把各元素按照元素排序码值分别加入相应队列；然后让各队列首尾相接，进行收集。最后得到排序结果。算法的实现如下。

```
#define rd 10                                        //基数
void SLinkRadixSort_1(StaticList& SL) {
//算法调用方式 SLinkRadixSort_1(SL)。输入：待排序的静态链表 SL；输出：对静
//态链表 SL 中的数据(仅一位)，按其基数 rd 进行分配与收集，实现基数排序
    int rear[rd], front[rd];                         //rd 个队列尾指针与头指针
    int i, j, k, last;
    for(j = 0; j < rd; j++) { front[j] = 0; rear[j] = 0; }
    for(i = SL.elem[0].link; i != 0; i = SL.elem[i].link) {    //分配
        k = SL.elem[i].data;                         //取当前检测元素的排序码
        if(front[k] == 0) front[k] = i;              //第 k 个队列空，该元素为队头
        else SL.elem[rear[k]].link = i;              //不空，尾链接
```

```
            rear[k] = i;                              //该元素成为新的队尾
    }
    for(j = 0; front[j] == 0; j++);                   //跳过空队列
    SL.elem[0].link = front[j];                       //新链表的链头
    last = rear[j];                                   //新链表的链尾
    for(i = j+1; i < rd; i++) {                       //连接其余的队列
        if(front[i] != 0) {                           //队列非空
            SL.elem[last].link = front[i];
            last = rear[i];                           //尾链接
        }
        SL.elem[last].link = 0;                       //新链表表尾
    }
}
```

8-86 已知一个含有 m 个元素的序列，其排序码均为介于 $0 \sim n^2-1$ 的整数。若利用堆排序等方法进行排序，则其时间复杂度为 $O(m\log_2 m)$。如果将每个排序码 K_i 认作 $K_i = K_i^1 n + K_i^2$，其中 K_i^1 和 K_i^2 都是 $0 \sim n$ 中的整数，利用基数排序只需 $O(n)$ 的时间。推广之，若整数排序码的范围为 $0 \sim n^k$，则可得到只需 $O(k(m+n))$ 时间的排序方法，设计一个算法，用 LSD 基数排序实现这个想法。

【解答】 在 $0 \sim n^k-1$ 间的任意整数 K_i 都可写成 $K_i = K_i^1 n^{k-1} + K_i^2 n^{k-2} + \cdots + K_i^{k-1} n + K_i^k$，其中 $(K_i^1, K_i^2, \cdots, K_i^k)$ 都是 $0 \sim n-1$ 中的整数。因此，可以把问题看成基数为 n、k 位排序码的多排序码的排序问题。采用 LSD 基数排序，做 k 趟，每趟对 m 个整数分配和收集集合。例如，设 n = 4，k = 3，A[m] = {28, 63, 47, 15, 01, 31, 50, 39, 43, 23}，以 n 为基数，十进制整数转换成 n 进制数，得到 A'(m) = {130, 333, 233, 33, 1, 133, 302, 213, 223, 113}，使用 n 个桶，基数排序过程如下：

初始时，序列为 {130, 333, 233, 33, 1, 133, 302, 213, 223, 113}

收集后，序列为 {130, 001, 302, 333, 233, 033, 133, 213, 223, 113}

收集后，序列为 {001, 302, 213, 113, 223, 130, 333, 233, 033, 133}

收集后，序列为 {001, 033, 113, 130, 133, 213, 223, 233, 302, 333}

第 2 列为桶号。现采用静态链表作为序列的存储，并采用链式队列作为桶的结构。相应算法的实现如下。

```
void Trans_10_to_n(StaticList& L, int n, int k) {
//函数把存储于静态链表 L 中的所有十进制整数转变为 n 进制整数，k 是整数的位数
    int i, j, x;
    int *t = (int *) malloc(k*sizeof(int));
    for(i = 1; i <= L.n; i++) {
        x = L.elem[i].data;
        for(j = 0; j < k; j++) { t[j] = x % n;  x =(int)(x/n); }
        x = t[k-1];
        for(j = k-2; j >= 0; j--) x = x*10+t[j];
        L.elem[i].data = x;
    }
    free(t);
```

```
}
void Trans_n_to_10(StaticList& L, int n, int k) {
//函数把存储于静态链表 L 中的所有 n 进制整数转变为十进制整数, k 是整数的位数
    int i, j, x;
    int *t = (int *) malloc(k*sizeof(int));
    for(i = 1; i <= L.n; i++) {
        x = L.elem[i].data;
        t[0] = x % 10;  x =(int)(x/10);
        for(j = 1; j < k; j++) { t[j] = x % 10;  x =(int)(x/10); }
        x = t[k-1];
        for(j = k-2; j >= 0; j--) x = x*n+t[j];
        L.elem[i].data = x;
    }
    free(t);
}
int getDigit(int x, int k, int d) {
//从 k 位整数 x 中提取第 d 位数字, 最高位算 1, 次高位算 2,…, 最低位算 k
    if(d < 1 || d > k) return -1;                        //位数不超过 d
    for(int i = 1; i <= k-d; i++) x = x /10;
    return x % 10;                                       //提取 x 的第 d 位数字
}
void SLinkRadixSort(StaticList& L, int n, int k) {
//进制转换算法调用方式 Trans_10_to_n(L, n, k)。输入: 结点数据为十进制整数的静
//态链表 L, n 为进制, k 为位数; 输出: 静态链表每个结点的整数为 n 进制 k 位整数,
//对静态链表 SL 中的排序码按其基数 n 进行 k 位分配与收集, 实现基数排序
    int i, j, d, last, s, t;
    int *rear = (int *) malloc(n*sizeof(int));
    int *front = (int *) malloc(n*sizeof(int));          //n 个队列尾与头指针
    for(i = k; i > 0; i--) {                             //按位从高向低分配
        for(j = 0; j < n; j++) front[j] = 0;
        for(s = L.elem[0].link; s != 0; s = L.elem[s].link){//分配处理
            d = getDigit(L.elem[s].data, k, i);         //取第 i 个数字
            if(front[d] == 0) front[d] = s;    //第 d 个队列空, 该元素为队头
            else L.elem[rear[d]].link = s;              //不空, 尾链接
            rear[d] = s;                                //该元素成为新的队尾
        }                                               //分配完, 开始收集
        for(j = 0; front[j] == 0; j++);                 //跳过空队列
        L.elem[0].link = front[j];                      //新链表的链头
        last = rear[j];                                 //新链表的链尾
        for(t = j+1; t < n; t++)                        //连接其余的队列
            if(front[t] != 0) {                         //队列非空
                L.elem[last].link = front[t];
                last = rear[t];                         //尾链接
            }
        L.elem[last].link = 0;                          //新链表表尾
    }
```

```
        free(rear);  free(front);
    }
```

进制转换算法的调用方式 Trans_n_to_10 (L, n, k)。输入：n 为进制，k 为位数，静态链表每个结点的整数为 n 进制 k 位整数；输出：静态链表每个结点的 n 进制整数转换为十进制整数。

排序算法的调用方式 SLinkRadixSort (L, int n, int k)。输入：待排序的静态链表 L，指定基数 n，指定位数 k；输出：按 n 进制 k 位整数用指针链接排好序的静态链表 L。

时间复杂度为 O(k(n+m))。

8.8 其他排序算法

8.8.1 选择算法

8-87 借助于快速排序算法的思想，在一组无序的元素中查找关键码第 k（k≥1）小的元素。若查找成功，返回该元素的数值，否则返回 -1。试编写完成此功能的算法并简要说明算法思想。

【解答】 为查找第 k 小的元素，对序列做一趟划分，分成左右两个子序列，基准元素安放到 m 位置，若 m+1 = k，则找到第 k 小的元素，返回其值即可；若 m+1>k，则第 k 小元素要到 m 左子序列中去查找；若 m+1<k，则第 k 小元素要到 m 右子序列中查找。算法的实现如下。

```
DataType Find_kth(SeqList& L, int k) {
//算法调用方式 DataType x = Find_kth(L, k)。输入：顺序表 L，指定顺序 k；
//输出：查找表中第 k 小的元素，通过函数返回，k 从 1 算起
    if(k < 1 || k >= L.n) return -1;
    int left = 0, right = L.n-1, m;
    while(1) {
        m = Partition_1(L, left, right);          //一趟划分
        if(m+1 > k) right = m-1;                   //第 k 个元素在左子序列
        else if(m+1 < k) left = m+1;               //第 k 个元素在右子序列
        else return L.data[m];
    }
}
```

算法的时间复杂度为 O(n)，空间复杂度为 O(1)。

8-88 若待排序元素存储于有 n 个整数的数据表中，且 n 很大，设计一个算法，只要求得到前 k 个最大的元素，且不要求做完全排序。

【解答】 采取类似快速排序的思想，设排序区间的端点为 low 和 high，对其做一趟划分，划分点 i 把排序区间分为两部分，判断右半部分的元素个数 high-i = k? 如果等于，则找到了最大的 k 个元素，返回位置 i+1；如果 high-i < k，计算还需要再找最大的元素个数 k = k-high+i，把排序区间缩小到左半部分 high = i，递归查找；如果 high-i > k，把排序区间缩小到右半部分 low = i，递归查找。算法的实现如下。

```
int FindMax_k(SeqList& L, int k, int low, int high) {
//算法调用方式 int u = FindMax_k(L, k, low, high)。输入：顺序表 L，指定选择最大
//元素个数 k，查找区间左边界 low 和右边界 high；输出：使用快速排序中区间划分的算法把
//最大 k 个关键码排在表 L 的后面，函数返回它们开始的位置
    int i, j;  int tmp = L.data[low];
    i = low;  j = high;
    while(i < j) {                                          //一趟划分
        while(j > i && L.data[j] >= tmp) j--;
        if(j > i) { L.data[i] = L.data[j]; i++; }
        while(i < j && L.data[i] <= tmp) i++;
        if(i < j) { L.data[j] = L.data[i]; j--; }
    }
    L.data[i] = tmp;                                        //基准元素就位
    if(high-i == k) return i+1;                             //找到 k 个最大元素
    else if(high-i > k)
        return FindMax_k(L, k, i+1, high);                  //到右半部分查找
    else return FindMax_k(L, k-high+i, low, i);            //到左半部分查找
}
```

算法的性能取决于数据元素的排列和 k 的大小。

8-89　若待排序元素存储于整数数组 A[n]，且 n 很大，设计一个算法，只要求得到前 k 个最大的元素，且不要求做完全排序。

【解答】　采用小根堆实现。算法首先调用 siftdown 算法形成小根堆，把最小的 k 个整数放到小根堆内。然后扫描后续整数（i = k,…, n-1），如果 A[i] 比堆顶 A[0] 的值大，把 A[i] 放到堆顶 A[0]，调用 siftdown 重新构成小根堆，最后在数组的前 k 个位置得到最大的前 k 个整数。算法的实现如下。

```
#include<stdio.h>
#define maxl 25
void siftdown(int A[], int s, int t) {                     //小根堆的筛选算法
    int i = s, j = 2*i+1;  int p = A[s];                   //范围从 s 到 t 向下调整
    while(j <= t) {
        if(j < t && A[j] > A[j+1]) j++;
        if(A[i] <= A[j]) break;
        else { A[i] = A[j]; i = j;  j = j*2+1; }
    }
    A[i] = p;
}
void FindMax_k(int A[], int n, int k) {
//算法调用方式 FindMax_k(A, n, k)。输入：整数数组 A，整数个数 n，指定选择最
//大元素个数 k；输出：使用大小为 k 的小根堆把 A 中所有整数插入小根堆，关键码小的已
//经退出小根堆，最后留下的就是最大的 k 个关键码
    for(int i = (k-2)/2; i >= 0; i--)
        siftdown(A, i, k-1);                               //前 k 个数形成小根堆
    for(i = k; i < n; i++)
        if(A[i] > A[0]) {                                  //处理比已有 k 个值更大的数
```

```
                A[0] = A[i];
                siftdown(A, 0, k-1);                           //重新调整为小根堆
            }
    }
```

若数组中有 n 个整数，算法的时间复杂度为 $O(n\log_2 k)$，空间复杂度为 $O(1)$。

8-90 若有一个随机排列有 n 个整数的序列 A，设计一个算法，按 $\sqrt{n}$ 对序列分段，每段有 $\sqrt{n}$ 个整数，最后一段可以不足 $\sqrt{n}$ 个整数。要求先对每一段求中位数，再对各段的中位数求它们的中位数，交换到序列最左端，作为区间划分的基准，借助快速排序的思想，求所有整数中按值第 k 小的整数。

【解答】 可按照 $\sqrt{n}$ 确定每一段的长度，再确定有多少个段。然后对每一段分别进行排序、求中位数，把每一段的中位数交换到段的最左端，求所有段的中位数的中位数，以此为基准，执行快速排序中的区间划分算法，计算基准点的位置 i。若 i＝k，即求到第 k 小的整数所在位置。若 i＞k，在 i 左侧的子序列求第 k 小的整数，若 i＜k，在 i 右侧的子序列求第 k 小的整数。算法的实现如下。

```
void swap(int A[], int i, int j) {
//交换整数 A[i] 和 A[j] 的值
    A[i] = A[i]+A[j];  A[j] = A[i]-A[j];  A[i] = A[i]-A[j];
}
int partition(int A[], int left, int right) {
//对数组 A 部分区间 A[left..right] 进行一趟划分，函数返回基准元素应在 (或应插入)
//位置
    int i = left, j = right;  int pivot = A[left];
    while(i < j) {
        while(i < j && A[j] > pivot) j--;              //反向跳过比 pivot 大的
        if(i < j) { A[i] = A[j];  i++; }
        while(i < j && A[i] < pivot) i++;              //正向跳过比 pivot 大的
        if(i < j) { A[j] = A[i];  j--; };
    }
    A[i] = pivot;
    return i;
}
void sort(int A[], int left, int right, int gap) {
//对 A[left..right] 执行直接插入排序，元素间隔 gap
    int i, j;  int tmp;
    for(i = left+gap; i <= right; i = i+gap)
        if(A[i] < A[i-gap]) {                          //逆序
            tmp = A[i];  j = i-gap;
            while(j >= left && A[j] > tmp) {
                A[j+gap] = A[j];  j = j-gap;
            }
            A[j+gap] = tmp;
        }
}
void getMid(int A[], int left, int right) {
```

```
//在数组 A[left..right]中查找中位数，bs 为当前块大小
    int i, len = right-left+1, low, high, m, mid, bs;
    if(left >= right) return;
    bs =(int) sqrt(len);                        //块长
    m =(bs*bs < len) ? bs+1 : bs;               //块数
    for(i = 0; i < m; i++) {                     //逐块选择中位值
        low = left+i*bs;                        //块的左右边界
        high =(i < m-1) ? low+bs-1 : right;
        sort(A, low, high, 1);                  //块内排序
        if(low+1 == high) {
            if(A[low] > A[high]) swap(A, low, high);
            mid = low;
        }
        else mid = low+(high-low+1)/2;
        if(low != mid) swap(A, low, mid);       //交换到块左边界
    }
    sort(A, left, right, bs);
    mid = left+m/2*bs;
    if(left != mid) swap(A, left, mid);
}
int Find_k(int A[], int left, int right, int k) {
//在数组 A 中部分区间 A[left..right]中查找第 k 个整数
    int i;
    while(left < right) {
        getMid(A, left, right);                 //选基准点
        i = partition(A, left, right);          //一趟划分
        if(i == k) return i;                    //找到第 k 个整数
        if(i > k) right = i-1;                  //到左半部查找
        else left = i+1;                        //到右半部查找
    }
    return -1;                                  //k 不在查找范围
}
```

8.8.2　地址排序

8-91　若数组 A[n]中存放有 n 个不同的整数，且每个整数的值均在 0～n-1。设计一个算法，在 O(n)的时间内将 A 中所有整数按从小到大排好序。

【解答】看一个 n = 5 的例子。数组 A = {4, 2, 0, 3, 1}，搬动数据的过程如下：

i = 0，A[0] (= 4)≠0，A[0] (= 4) ↔ A[4] (= 1)，A = {1, 2, 0, 3, 4}

i = 0，A[0] (= 1)≠0，A[0] (= 1) ↔ A[1] (= 2)，A = {2, 1, 0, 3, 4}

i = 0，A[0] (= 2)≠0，A[0] (= 2) ↔ A[2] (= 0)，A = {0, 1, 2, 3, 4}

i = 0，A[0] (= 0)，令 i++，继续

i = 1，A[1] (= 1)，令 i++，继续，…，直到结束。

算法从 i = 0 开始，逐个检查 A[i]：若 A[i]≠i，交换 A[i]与 A[A[i]]，将 A[i]送入最终应在位置；若 A[i]＝i，检查下一个 A[i]，直到 A[i]检查完。算法的实现如下。

```
void Adjust(int A[], int n) {
//算法调用方式 Adjust(A, n)。输入：整数数组 A，整数个数 n(兼取值范围 0..n-1)，
//要求每个整数互不相等且值均在 0..n-1 之间，包括 0 和 n-1；输出：排好序的整数数
//组 A
    int i, j;  int count[maxSize], posit[maxSize], tmp[maxSize];
    for(i = 0; i < n; i++) count[i] = 0;
    for(i = 0; i < n; i++) count[A[i]]++;
    posit[0] = 0;
    for(i = 1; i < n; i++) posit[i] = posit[i-1]+count[i-1];
    for(i = 0; i < n; i++) { j = A[i];  tmp[posit[j]++] = A[i]; }
    for(i = 0; i < n; i++) A[i] = tmp[i];
}
```

算法比较次数不超过 $O(n)$。

8-92 序列 b 的每个元素是一个记录，每个记录占用的存储量比其排序码占用的存储量大得多，因而记录的移动操作是极为费时的。试设计一个算法，将序列 b 的排序结果放入序列 a 中，且每个记录只复制一次而无其他移动。

【解答】 算法创建一个原序列的影子序列 d，仅保留各记录的排序码，即 d[i].key = b[i].key；并增加一个 pos 域记下在排序过程中记录应处的相对位置，其初值为 d[i].pos = i。算法调用起泡排序调整 d[i].pos 的值(i = 0, 1,···, n-1)。排序结束时序列 a 中记录应按 d[i].pos 进行排列，即把 a[i] 调整为 b[d[i].pos]。算法的实现如下。

```
typedef struct {int data; int pos; } Shadow;              //影子序列的记录类型
void ShadowSort(SeqList& b, SeqList& a) {
//算法调用方式 ShadowSort(b, a)。输入：顺序表 b(源表)；输出：对元素体积很
//大的记录序列 b 进行排序，结果放入 a 中，引用参数 a 返回排好序的顺序表
    Shadow d[maxSize], tmp;  int i, j, change;
    for(i = 0; i < b.n; i++)
        { d[i].data = b.data[i];  d[i].pos = i;} //生成影子序列
    change = 1;  i = b.n-1;
    while(i > 1 && change) {                          //对影子序列执行起泡排序
        change = 0;
        for(j = 0; j < i; j++)
            if(d[j].data > d[j+1].data) {            //发生逆序即交换
                tmp = d[j];  d[j] = d[j+1];  d[j+1] = tmp;
                change = 1;
            }
    }
    for(i = 0; i < b.n; i++)
        a.data[i] = b.data[d[i].pos];              //按影子序列表示复制原序列
    a.n = b.n;
}
```

算法的时间复杂度为 $O(n)$。

8-93 执行基于比较的排序方法，可能需要移动大量元素。如果在待排序数组中为每

个元素增加一个下标指针，在排序过程中不移动元素本身，仅修改下标指针，这种排序方法称为地址排序。排序的结果是在这些下标指针中存储它所对应元素在数组中应放置的下标地址。必要时，可再根据这些下标指针将各元素重排，调整到它们最终应在的位置，实现真正的物理排序。设计两个算法，首先实现地址排序，然后重排数组。

【解答】　首先定义数据类型。

```
#define maxSize 15
typedef int DataType;
typedef int IndexType;
```

（1）设有 7 个整数，执行地址排序的过程如图 8-20 所示。初始时，各指针的值等于该排序码的位置（下标）。在排序过程中，如遇到排序码逆序时仅交换指针的值，如 54 > 38，交换指针 1 和 2，不交换排序码。排序结束后，第 i（0≤i≤n-1）个指针给出第 i 小的排序码在序列中的最终位置。

	0	1	2	3	4	5	6
排序码	27	54	38	41	13	65	01
初　始	0	1	2	3	4	5	6
i = 1	0	1	2	3	4	5	6
i = 2	0	2	1	3	4	5	6
i = 3	0	3	1	2	4	5	6
i = 4	1	4	2	3	0	5	6
i = 5	1	4	2	3	0	5	6
i = 6	2	5	3	4	1	6	0

图 8-20　题 8-93 的图

算法的实现如下。

```
void IndexSort(DataType A[], IndexType D[], int n) {
//地址排序算法调用方式 IndexSort(A, D, n)。输入：元素数组 A，元素个数 n；
//输出：按元素值统计出来的顺序生成的地址数组 D
    int i, j;
    for(i = 1; i < n; i++)
        for(j = i-1; j >= 0; j--)
            if(A[i] < A[j]) { D[i]--; D[j]++; }
}
```

（2）同样的 7 个整数，经过地址排序后的结果如图 8-20 最后一行所示，按照各指针移动排序码进行重排的结果如图 8-21 所示。

算法的实现如下。

```
void ReArrange(DataType A[], IndexType D[], int n) {
//重排算法调用方式 ReArrange(A, D, n)。输入：元素数组 A，地址数组 D，元素个
//数 n；输出：按地址数组表示位置重排的数组 A
    int i, j, k;  IndexType c, d;  DataType s, t;
```

初始	0	1	2	3	4	5	6	s	c	k	t	d
排序码	27	54	38	41	13	65	01	移动源		移动目标		
地址	2	5	3	4	1	6	0					
排序结果												
k = 2	27	54	**27**	41	13	65	01	27	2	2	38	3
	2	5	**2**	4	1	6	0					
k = 3	27	54	27	**38**	13	65	01	38	3	3	41	4
	2	5	2	**3**	1	6	0					
k = 4	27	54	27	38	**41**	65	01	41	4	4	13	1
	2	5	2	3	**4**	6	0					
k = 1	27	**13**	27	38	41	65	01	13	1	1	54	5
	2	**1**	2	3	4	6	0					
k = 5	27	13	27	38	41	**54**	01	54	5	5	65	6
	2	1	2	3	4	**5**	0					
k = 6	01	13	27	38	41	54	**65**	65	6	6	01	0
	0	1	2	3	4	5	**6**					
k = 0	**01**	13	27	38	41	54	65	01	0	0		
	0	1	2	3	4	5	6					

图 8-21　题 8-93 的图续

```
for(i = 0; i < n; i++)
    if(D[i] != i) {
        j = i;  s = A[i];  c = D[i];
        while(c != i) {
            k = c;  t = A[k];  d = D[k];
            A[k] = s;  D[k] = c;  s = t;  c = d;
        }
        A[j] = s;  D[j] = c;
    }
}
```

8-94　使用静态链表进行排序的过程中，可以不移动元素位置，只修改链接指针。在排序结束后，各元素的排序顺序由各元素结点的 link 指针指向。L.elem[0].link 指向排序码最小的元素结点，而排序码最大的元素结点的 link 指针为 0。请设计一个算法，根据各结点的 link 信息，物理地移动各元素，使得逻辑上第 i 个元素移动到物理上第 i 个元素位置。

【解答】重排算法的思路如下：

（1）设置指针 head，指向链表首元结点，用下标 i 表示当前要安放的位置，最初 i = 1。

（2）用 head 是否大于 i 判断 head 所指结点是否是 i 指向结点：

① 若 head 所指结点恰为 i 指向结点，无须交换，head 进到链表下一结点，转（3）。

② 若 head 所指结点不是 i 指向结点，则用 k 保存 L.elem[head].link，即链表下一结点地址，然后交换 L.elem[head]和 L.elem[i]。交换后，改 L.elem[i].link = head，存储原位置 i

的结点搬到哪里去了，再令 head = k 进到链表下一结点，转（3）。

（3）让 i++，若 i < n 则转（2）继续处理，否则所有元素结点完成重排，算法结束。
算法的实现如下。

```
void reArrange(StaticList& L) {
//算法调用方式 reArrange(L)。输入：已排序的静态链表 L；输出：按照已排好序的
//静态链表中的链接顺序，重新排列所有元素对象，使得所有元素按链接顺序物理地
//重新排列
    int i = 1, k, head = L.elem[0].link;  SLNode temp;
    while(head != 0 || i < L.n) {
        k = L.elem[head].link;
        temp = L.elem[head];  L.elem[head] = L.elem[i];  L.elem[i] = temp;
        L.elem[i].link = head;  head = k;
        i++;
        while(head < i && head > 0) head = L.elem[head].link;
    }
    for(i = 0; i < L.n; i++) L.elem[i].link = i+1;
    L.elem[L.n].link = 0;
}
```

算法的时间复杂度为 O(n)，因为内嵌循环不增加排序码比较次数和元素移动次数。

8.9　外　排　序

8.9.1　输入输出缓冲区

8-95　若有一个文件 A（用向量模拟），存放有 r 个长度（即记录数）为 len 的等长初始归并段，它们的编号为 0~r-1；且设每个物理块可存放 s 个记录，len 是 s 的整数倍。每个记录的数据类型是 DataType。设计一个算法，从文件 A 中读取第 i（0≤i≤r-1）个初始归并段的第 j（0≤j≤len/s-1）个物理块，存入缓冲区 b 中。

【解答】　归并段和物理块的图示如图 8-22 所示。

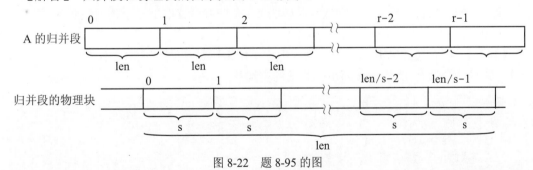

图 8-22　题 8-95 的图

根据题意，i 的取值应为 0~r-1，j 的取值为 0~len/s-1，其中 len 是每个归并段记录数，s 是每个物理块记录数。因此，第 i 个初始归并段的第 j 个物理块在 A 中的开始存放位置为 i×len+j×s。算法处理步骤如下。

（1）判断 $j < len/s$？若 $j \geq len/s$，表明第 i 个初始归并段已处理完，算法返回 0，否则执行步骤（2）；

（2）计算第 i 个初始归并段的第 j 个物理块的开始位置 $start = i \times len + j \times s$；

（3）读取 s 个记录，存入 b 返回。函数返回 1 表示操作成功。

算法的实现如下。

```
#include<Buffer.h>
int getNode(DataType A[], int i, int j, DataType b[]) {
//算法调用方式int u = getNode(A, i, j, b)。输入：输入记录数组A，归并段号i，段
//中物理块号j；输出：若归并段记录已读完，函数返回0，否则读取一块记录，存储在数组b，
//函数返回1
    if(j >= Lens/s) { printf("%d 号归并段已读完! \n", i);  return 0; }
    for(int k = 0; k < s; k++) b[k] = A[i*Lens+j*s+k]; //读取一块s个记录
    return 1;
}
```

8-96 若有一个数据文件 A（用向量模拟），每个物理块可存放 s 个记录，每个记录的数据类型是 DataType。设计一个算法，向文件顺序写入原来存放在输出缓冲区 b 中的数据。如果需要多次从输出缓冲区向 A 写入数据，要求按写入次序，相继存放于 A 中。

【解答】 算法顺序提取缓冲区 b 中信息，复制给存放输出数据的数组 A。为能相继存放，需要为 A 设置一个存放指针 d。算法的实现如下。

```
int putNode(DataType A[], int d, DataType b[]) {
//算法调用方式int u = putNode(A, d, b)。输入：输出缓冲区b，在输出记录数组
//A中开始存放地址d；输出：向数组A顺序写出缓冲区b中的记录，函数返回最
//后存放地址加1
    for(int k = 0; k < s; k++) A[d+k] = b[k];                 //写出一块s个记录
    return d+k;
}
```

8-97 若有一个内存缓冲区 b，可存放 s 个数据类型是 DataType 的记录，试问该缓冲区的容量（按字节数计）是多大？试设计一个算法，把 b 当作输入缓冲区，实现从 b 读取下一个记录的操作。如果 b 空，则从 b 对应的第 i 个归并段读取下一个物理块到 b，再读取第一个记录。

【解答】 内存缓冲区 b 是一个队列，但它不用采用循环队列形式，不需要队头和队尾指针，只设一个读写指针 front 即可。算法的实现如下。

```
int readFirstData(buff b[], int i, DataType& x, DataType A[]) {
//读取第i个归并段的第一个记录算法调用方式int succ = readFirstData(b, i, x, A)
//输入：输入记录数组A，归并段号i；输出：从A中读取第i个归并段的第0块到缓冲区b，
//再读取第一个记录，通过引用参数x返回
    getNode(A, i, 0, b[i].elem);
    x = b[i].elem[0];  b[i].front = 0;  b[i].rn = i;  b[i].bn = 0;
    return 1;
}
int readNextData(buff b[], int i, DataType& x, DataType A[]) {
```

```
//读取第 i 个归并段的下一个记录算法调用方式 int succ = readNextData(b, i, x, A)
//输入：输入记录数组 A，归并段号 i；输出：从缓冲区 b[i]读取下一个记录，通过 x 返回。
//如果缓冲区的记录已取完，则从 A 的第 i 个归并段取下一块，送入缓冲区 b[i]，读写指针置
//于头部，读取第一个记录
    if(++b[i].front < s) x = b[i].elem[b[i].front];        //缓冲区记录未取完
    else {                                                 //缓冲区记录已取完
        if(++b[i].bn >= Lens/s)
            { x = maxValue;  return 0; }                   //归并段记录已取完
        else {                                             //归并段还有下一块
            getNode(A, i, b[i].bn, b[i].elem);             //读取下一块
            x = b[i].elem[0];  b[i].front = 0;             //取第一个记录到 x
        }
    }
    return 1;
}
```

8-98　设计一个算法，把内存缓冲区 b 当作输出缓冲区，实现向 b 输出一个记录的操作。如果该缓冲区已经装满，则写入文件 A，再清空缓冲区，把记录存入。

【解答】　把一个记录写入输出缓冲区 C。如果写入前缓冲区已满，则先把 C 的所有记录写入到 D 的第 i 个归并段的下一块，再清空缓冲区 C，把记录写入缓冲区。

本题的数据结构定义同上一题。算法的实现如下。

```
void writeNextData(buff& C, int& u, DataType x, DataType D[]) {
//算法调用方式 writeNextData(buff& C, int& u, DataType x, DataType D[])。
//输入：要写出的记录值 x；输出：把记录 x 写入输出缓冲区 C，u 是归并后写出的开始地址，
//D 是输出记录存放数组
    if(C.front < s) {
        C.elem[C.front++] = x;                             //缓冲区记录未存满
        if(C.front == s) {                                 //缓冲区已存满
            u = putNode(D, u, C.elem);                     //写出缓冲区 C 的内容到 D
            C.bn++;  C.front = 0;
        }
    }
    else return;
}
```

8.9.2　多路平衡归并

8-99　利用 C 语言，定义败者树的数据结构，并设计一个使用败者树进行多路平衡归并的算法。

【解答】　分两步解决：首先定义败者树的数据结构，再给出归并算法。

（1）定义败者树的数据类型。我们分别定义败者树的叶结点和非叶结点：

- 叶结点 rcd[m]有 m+1 个元素，rcd[0]～rcd[m-1]直接存放各归并段当前参加归并记录的排序码，rcd[m]是辅助工作单元，在初始创建败者树时使用，存放一个最小的在各归并段中不可能出现的排序码：-maxValue。注意，本题的实现没有定义记录

数组。

- 非叶结点 loser[m-1]有 m 个元素，其中 loser[1]～loser[m-1]存放各次比较的败者的归并段号，loser[0]中是最后胜者所在的归并段号。

- 输入缓冲区 buff b[m]，每个缓冲区大小能容纳一个物理块的记录，且编号与归并段段号一致。输入缓冲区 b[i]（0≤i≤m-1）有一个指针 front，指向当前参加归并的记录。初始时用操作 readFirstData(b, i, rcd[i], A)指向缓冲区 b[i]的第一个记录。当败者树的第 q 个归并段的记录被选出并送入输出缓冲区后，用操作 readNextData(b, i, rcd[q], A)从输入缓冲区 b[q]中读取下一个参加归并记录的排序码，并将它存入 rcd[q]。当 b[i]取空时则从存于向量 A 的第 i 个归并段（长度为 len）中读入下一个物理块到 b[i]，并将缓冲区指针指到第一个记录。

- 输出缓冲区 buff D，大小能容纳一个物理块的记录。它也有一个缓冲区指针，指向当前可存放结果的位置，初始时指向缓冲区第一个记录位置。当第 i 个记录被选出，就执行操作 writeNextData(D, rcd[i], R)，将记录按该指针所指位置存放到 D 中。当 D 放满时将 D 中全部记录输出到结果向量 R，再将 D 清空。

（2）m 路平衡归并的算法。在算法中约定每个归并段的段结束标志为 maxValue。算法中用到一个自下向上，将当前排序码最小记录的归并段号调整到 loser[0]的算法 adjust。

算法的实现如下。

```
void InsertSort(DataType A[], int left, int right) {
    int i, j;  DataType tmp;
    for(i = left+1; i <= right; i++) {
        tmp = A[i];
        for(j = i-1; j >= left && tmp < A[j]; j--) A[j+1] = A[j];
        A[j+1] = tmp;
    }
}
void DisplayBuff(buff b) {
    printf("buff.rn=%d, .bn=%d\n", b.rn, b.bn);
    for(int i = 0; i < s; i++) printf("%d ", b.elem[i]);
    printf("\n");
}
void adjust(DataType rcd[], int loser[], int q) {
//自某叶结点 rcd[q]到败者树根结点的调整算法：q 指向败者树的某外结点 rcd[q]，
//从该结点起到根结点进行比较，将最小 rcd 记录所在归并段的段号记入 loser[0]。
//m 是外结点个数
    int t, tmp;
    for(t =(m+q)/2; t > 0; t = t/2){        // t 最初是 q 的双亲
        if(rcd[loser[t]] < rcd[q])          //败者记入 loser[t]，胜者记入 q
            { tmp = q; q = loser[t];  loser[t] = tmp;}//q 与 loser[t]交换
    }
    loser[0] = q;
}
void Display(DataType *rcd, int *loser) {                        //输出败者树
    for(int i = 0; i < m; i++) printf("%d ", loser[i]);
```

```
        printf(" key ");
        for(i = 0; i < m; i++) printf("%d ", rcd[i]);
        printf("\n");
}
int kwaymerge(buff B[], buff D, DataType A[], DataType R[]) {
//算法调用方式 int k = kwaymerge(buff B[], buff D, A, R)。输入：输入记录数
//组 A, 存放有 m 个等长初始归并段, m 是归并路数；输出：将输入向量 A 中存放的记录数
//为 Lens*s 的 m 个归并段, 通过败者树归并到输出向量 R 中。B[m] 是对应各归并段
//的输入缓冲区, D 是输出缓冲区。函数返回归并后的表长度
        int i, q, u = 0;
        DataType *rcd =(DataType*)malloc((m+1)*sizeof(DataType));
                //外结点, 从 0~m-1 参加归并的 m 个记录, rcd[m] 是辅助单元
        int *loser =(int*)malloc(m*sizeof(int));
                //内结点, loser[1..m-1] 中是败者, loser[0] 中是冠军
        for(i = 0; i < m; i++) readFirstData(B, i, rcd[i], A);
        for(i = 0; i < m; i++) DisplayBuff(B[i]);
                                        //从 m 个归并段输入第一块存于 B[m]
        for(i = 0; i < m; i++) loser[i] = m;    //败者树所有结点赋值 m, 初始建树
        rcd[m] = -maxValue;                     //辅助建树单元初始化
        for(i = m-1; i >= 0; i--)               //从 key[m-1] 到 key[0] 调整成败者树
                adjust(rcd, loser, i);
        printf("选出的记录是%d: ", rcd[loser[0]]);
        Display(rcd, loser);
        while(rcd[loser[0]] != maxValue){  //当 maxValue 升到 loser[0] 则归并完毕
                q = loser[0];                   //取当前最小记录所在归并段段号送入 q
                writeNextData(D, u, rcd[q], R);  //将 rcd[q] 写到输出归并段
                readNextData(B, q, rcd[q], A);   //从第 q 个归并段再读入下一块
                Display(rcd, loser);
                adjust(rcd, loser, q);           //从 key[q] 起调整为败者树
                printf("选出的记录是%d: ", rcd[loser[0]]);
                Display(rcd, loser);
        }
        D.elem[D.front] = maxValue;
        for(i = 0; i <= D.front; i++) R[u+i] = D.elem[i];
        free(rcd);  free(loser);
        return u+D.front+1;
}
```

8.9.3 初始归并段的生成

8-100　在进行置换－选择排序时，可另开辟一个和内存缓冲区的容量相同的辅助存储区（称储备库）。当输入记录的排序码值小于刚输出的 LastKey 记录的排序码值时，不将它存入内存缓冲区，而暂存在储备库中，接着输入下一记录，以此类推，直至储备库满时不再进行输入，而只从内存缓冲区中选择记录输出直至缓冲区空为止，至此得到一个初始归并段。之后再将储备库中记录传送至内存缓冲区重新开始选择排序。这种方法称自然选择排序。一般情况下可求得比置换－选择排序更长的归并段。请设计一个实现自然选择排序

的算法。

【解答】 设内存缓冲区为 r[m]，它可容纳 m 个待排序记录，储备库区为 b[m]，则置换一选择排序先从输入序列 S 中把 m 个记录读入 r 中，然后执行以下步骤：

（1）在 r 中选择一个排序码最小的记录 r[q]，其排序码存入 LastKey 作为门槛。

（2）将此 r[q] 记录写到输出序列 T 中。

（3）当 S 未读完时，执行以下操作，直到 S 读完：

① 若 b[m] 未满，从 S 读入下一个记录 rcd：

- 如果 rcd 的排序码值小于 LastKey，将 rcd 写入 b[m]，转向（3）。
- 否则（即 rcd 的排序码值大于或等于 LastKey）：

（a）用 rcd 置换 r[q]。

（b）在 r 中选择一个排序码最小的记录 r[q]，将其排序码存入 LastKey 作为门槛。

（c）将此 r[q] 记录写到输出序列 T 中。

（d）若 r[q] 记录的排序码不等于 ∞，转向（3），继续选最小记录。

（e）若 r[q] 记录的排序码等于 ∞，表明已生成一个初始归并段：将 b[m] 中已有记录复制到 r[m]，清空 b[m]，转向（3）。

② 若 b[m] 已满，直接处理 r 中记录，不从 S 读入记录：

- 在 r 中选择一个排序码最小的记录 r[q]，将其排序码存入 LastKey 作为门槛。
- 将此 r[q] 记录写到输出序列 T 中。
- 若 r[q] 记录的排序码不等于 ∞，则将 r[q] 记录的排序码修改为 ∞，转向（3），继续选最小记录。
- 若 r[q] 记录的排序码等于 ∞，表明已生成一个初始归并段：将 b[m] 所有记录复制到 r[m]，清空 b[m]，转向（3）。

（4）当输入序列 S 已读完，处理剩余部分，执行以下操作：

- 在 r 中选择一个排序码最小的记录 r[q]，将其排序码存入 LastKey 作为门槛。
- 将此 r[q] 记录写到输出序列 T 中。r[q] 记录的排序码修改为 ∞。
- 若 r[q] 记录的排序码不等于 ∞，则转向（4），继续选最小记录。
- 若 r[q] 记录的排序码等于 ∞，表明已生成一个初始归并段。

（a）如果 b[m] 不为空，则将 b[m] 所有记录复制到 r[m]，清空 b[m]，转向（4）。

（b）如果 b[m] 为空，则算法结束。

下面首先给出败者树选最小记录的实现算法，再给出置换-选择排序的实现算法。为简化操作，对于记录仅给出排序码。

```
#define maxValue 32767                    //最大值
#define m 5                              //归并路数=归并段数
typedef int DataType;
void SelectMin(int r[], int loser[], int size, int q, DataType& LastKey){
//在败者树中选择排序码最小的记录。size 是外结点数，q 指向败者树中当前选出的
//大于 LastKey 的最小记录所在外结点号，LastKey 是选择门槛
    int i, tmp;
    for(i = (size+q)/2; i > 0; i /= 2)     //i 是外结点 q 的双亲
        if(r[loser[i]] < r[q])             //q 与双亲 loser[i] 所记记录做比较
```

```
                    {tmp = q;  q = loser[i];  loser[i] = tmp;}//败者记入双亲, 胜者为 q
    loser[0] = q;  LastKey = r[q];                    //最终胜者, 具最小排序码
}
void generateRuns(DataType S[], DataType T[], int size, int n, int& p) {
//算法调用方式 generateRuns(S, T, size, n, p)。输入: 输入关键码序列数组 S,
//输入关键码个数 n, 内存工作区和储备库区的大小 size; 输出: 利用败者树执行 size 路
//归并, 生成初始归并段。引用参数 p 是在数组 T 中的存放关键码个数
    int i, j, q, u, k = 0;                            //k 是储备库区的存放指针
    DataType r[m], b[m];  int loser[m];            //内存区 r、储备区 b 和败者树定义
    DataType rcd, LastKey;   p = 0;                    //LastKey 是门槛
    for(i = 0; i < size; i++) loser[i] = 0;          //败者树初始化
    for(i = size-1; i >= 0; i--) {                    //构造败者树
        r[i] = S[i];
        SelectMin(r, loser, size, i, LastKey);        //选最小, 在 r[i]
    }
    q = loser[0];  T[p++] = r[q];                    //q 是最小记录在 r 中的序号
    j = size;
    while(j < n) {                                    //算法假定 S 的长度大于 size
        rcd = S[j];                                    //读下一个记录
        if(k < size) {                                //储备库未满
            if(rcd < LastKey) b[k++] = rcd;          //小于 LastKey 放入储备区
            else {                                    //大于或等于 LastKey
                r[q] = rcd;                            //置换
                SelectMin(r, loser, size, q, LastKey);
                q = loser[0];  T[p++] = r[q];        //q 是新的最小记录
                if(LastKey == maxValue) {            //已生成一个初始归并段
                    for(u = 0; u < k; u++) r[u] = b[u];    //复制储备区
                    b[0] = rcd; k = 1; LastKey = maxValue; //储备区清空
                }
            }
        }
        else {                                        //储备区已满
            r[q] = maxValue;
            while(1) {                                //处理内存区的数据
                SelectMin(r, loser, size, q, LastKey);
                q = loser[0];  T[p++] = r[q];        //先选出最小记录
                if(r[q] == maxValue) break;
                r[q] = maxValue;
            }                                        //完成一个初始归并段
            for(u = 0; u < size; u++) r[u] = b[u];    //复制储备库到工作区
            b[0] = rcd;  k = 1;  LastKey = maxValue;  //清空储备库
        }
        j++;
    }
    while(1) {                                        //输入序列已经读完, 处理剩余
        while(1) {                                    //处理内存区的数据
            SelectMin(r, loser, size, q, LastKey);
```

```
                q = loser[0];  T[p++] = r[q];              //先选出最小记录
                if(r[q] == maxValue) break;
                r[q] = maxValue;
            }                                              //完成一个初始归并段
            if(k > 0) {                                    //储备库还有记录
                for(u = 0; u < size; u++) r[u] = b[u];     //复制储备区
                size = k;  k = 0;  LastKey = maxValue;
            }
            else return;                                   //储备区为空则算法结束
        }
    }
```

败者树选出一个最小记录的排序码比较次数为 $O(\log_2 m)$，选出 n 个记录的时间复杂度为 $O(n\log_2 m)$。

8-101　设计一个算法，利用败者树生成不等长初始归并段。要求在算法中用两个条件来决定谁为败者，谁为胜者。首先比较两个对象所在归并段的段号，段号小者为胜者，段号大者为败者；在归并段的段号相同时，排序码小者为胜者，排序码大者为败者。比较后把败者在记录数组 r 中的序号记入它的双亲结点中，把胜者在记录数组 r 中的序号记入工作单元 s 中，向更上一层进行比较，最后的胜者记入 loser[0]中。

【解答】　设内存工作区为 r[m]，它可容纳 m 个待排序记录，则置换-选择排序先从输入序列 S 中把 m 个记录读入内存中的 r[m]中，然后执行以下步骤：

（1）在 r 中选择一个排序码最小的记录 r[q]，其排序码存入 LastKey 作为门槛，以后再选出的排序码比它大的记录归入本归并段，比它小的归入下一归并段。

（2）将此 r[q]记录写到输出序列 T 中。

（3）若 S 未读完，则从 S 读入下一个记录，置换 r[q]。

（4）从所有排序码比 LastKey 大的记录中选择一个排序码最小的记录 r[q]作为门槛，其排序码存入 LastKey。

（5）重复步骤（2）～步骤（4），直到在 r[ ]中再选不出排序码比 LastKey 大的记录为止。此时，在输出序列 T 中得到一个初始归并段，在它最后加一个归并段结束标志∞。

（6）重复步骤（1）～步骤（5），重新开始选择和置换，产生新的初始归并段，直到输入序列 S 中所有记录选完为止。

算法的实现如下。为简化算法，将 r[i]直接作为排序码处理。

```
#define maxValue 32767                                      //最大值
#define m 5                                                 //归并路数=归并段数
typedef int DataType;
void SelectMin(int r[], int rn[], int loser[], int k, int q, int &rq,
               int &LastKey) {
//在败者树中选择最小记录的算法：q 指向败者树的某外结点 key[q]，从该结点向上到根
//结点 loser[0]进行比较，选择出 LastKey 对象。k 是外结点 key[0..k-1]的个数
    int t, tmp;
    for(t =(int)(k+q)/2; t > 0; t /= 2) {  //t 最初是 q 的双亲
        if(rn[loser[t]] < rq || rn[loser[t]] == rq && r[loser[t]] < r[q]){
            tmp = q;  q = loser[t];  loser[t] = tmp;
```

```
                                        //败者记入 loser[t]，胜者记入 q
        rq = rn[q];
    }
}
loser[0] = q;  LastKey = r[q];              //最终胜者具最小排序码
printf("选出最小 r[%d]=%d, lastKey=%d\n", q, r[q], LastKey);
for(t = 0; t < k; t++) printf("%d ", loser[t]);
printf(" key: ");
for(t = 0; t < k; t++) printf("%d(%d) ", r[t], rn[t]);
printf("\n");
}
void generateRuns(DataType S[], DataType T[], int size, int n, int& p) {
//算法调用方式 generateRuns(S, T, size, n, p)。输入：输入关键码序列数组 S,
//输入关键码个数 n，内存工作区大小 size；输出：利用败者树生成的归并段存放数组 T,
//存放的关键码个数 p(包括 maxValue)
    int i, q, rq, rc, rmax;
    DataType r[m];                              //可容 m 个记录的内存工作区
    int loser[m+1], rn[m];                      //败者树定义
    DataType LastKey, x;
    for(i = 0; i < m; i++) r[i] = 0;
    for(i = 0; i < m; i++) { loser[i] = 0;  rn[i] = 1; }     //初始化
    printf("从后向前输入，创建败者树\n");
    rq = 1;                                     //rq 是 r[q]的归并段号，初始 0
    for(i = m-1; i >= 0; i--) {                 //构造败者树
        if(i >= n) rn[i] = 2;                   //若输入序列读完，归并段号 2
        else { r[i] = S[i]; rn[i] = 1; }
        SelectMin(r, rn, loser, m, i, rq, LastKey);  //自下而上进行调整
    }
    q = loser[0];  rq = 1;         //q 是最小记录在 r 中序号，rq 是 r[q]的归并段段号
    rc = 1;  rmax = 1;             //rc 是当前归并段段号，rmax 是将产生归并段段号
    i = m;  p = 0;                 //i 是输入序列指针，p 是输出序列存放指针
    while(1) {                     //生成一个初始归并段
        if(rq != rc) {            //当前选出最小的归并段号不是当前归并段段号
            x = maxValue;  T[p++] = x; //输出归并段结束标志
            if(rq > rmax) return;       //当前选出最小的归并段号大于 rmax,停止
            else rc = rq;               //否则当前归并段段号送 rc
        }
        T[p++] = LastKey = r[q];                //输出 r[q]，存储新的门槛
        if(i >= n) rn[q] = rmax+1;              //输入序列读完，设一个虚设记录
        else {                                  //否则
            r[q] = S[i++];                      //读入一个记录
            if(r[q] < LastKey)                  //新记录排序码在门槛以下
                rn[q] = rmax = rq+1;            //属下一归并段
            else rn[q] = rc;                    //否则，新记录属本归并段
        }
        rq = rn[q];
        SelectMin(r, rn, loser, m, q, rq, LastKey);  //选择新的最小记录
```

```
                q = loser[0];                                    //该记录在 r 中的序号送入 q
        }
}
```

在一般情况下，若输入序列有 n 个记录，生成初始归并段的时间复杂度为 O(nlog₂m)，这是因为每输出一个记录，对败者树进行调整需要时间为 O(log₂m)。

8-102 另一种置换-选择排序的方法是利用小根堆。当输入数据是 94, 50, 12, 62, 24, 27, 20, 54, 43, 69, 31, 47, 38。内存缓冲区大小 w = 5 时，执行置换-选择排序的结果如图 8-23（a）～图 8-23（n）所示。

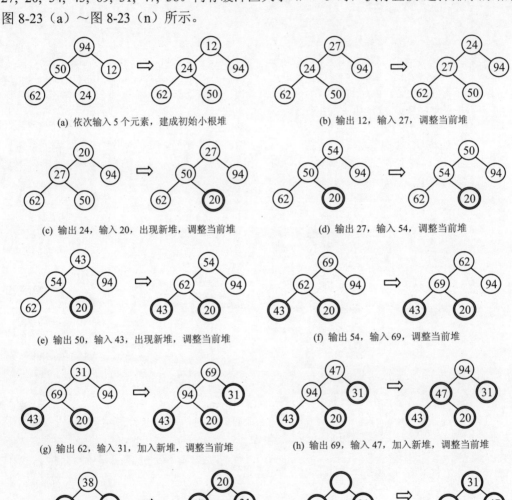

(a) 依次输入 5 个元素，建成初始小根堆

(b) 输出 12，输入 27，调整当前堆

(c) 输出 24，输入 20，出现新堆，调整当前堆

(d) 输出 27，输入 54，调整当前堆

(e) 输出 50，输入 43，出现新堆，调整当前堆

(f) 输出 54，输入 69，调整当前堆

(g) 输出 62，输入 31，加入新堆，调整当前堆

(h) 输出 69，输入 47，加入新堆，调整当前堆

(i) 输出 94，输入 38，加入新堆，当前堆空，调整新堆，第一个初始归并段生成

(j) 输出 20，无输入，调整当前堆

图 8-23　题 8-102 的图

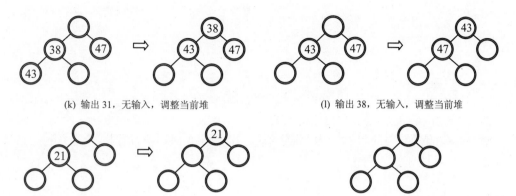

(k) 输出 31，无输入，调整当前堆　　　　　　　(l) 输出 38，无输入，调整当前堆

(m) 输出 43，无输入，调整当前堆　　　　　　(n) 输出 21 堆空，第二个初始归并段生成，结束

图 8-23　（续）

在图 8-23 中，前一个初始归并段生成过程中，"○"是当前堆的结点，"◎"是新堆的结点；下一个初始归并段生成过程中，"◎"是当前堆的结点。

使用堆也可以得到平均长度为 2p 的初始归并段，这里的 p 是内存缓冲区可容纳的记录数。设计一个算法，实现利用小根堆实现置换选择排序。

【解答】　利用小根堆实现置换-选择排序的步骤如下。

（1）创建初始堆。首先从输入文件中输入 p 个记录，创建大小为 p 的堆。然后为第一个初始归并段选择一个适当的输出文件。

（2）置换-选择。内存工作区有两个堆：当前堆和新堆，新堆紧接在当前堆后存放，总大小为 p。

① 输出当前堆的堆顶记录到选定的输出文件。

② 从输入文件中输入下一个记录。若该记录排序码的值不小于刚输出记录排序码的值，则由它取代堆顶记录，并调整当前堆。若该记录排序码的值小于刚输出记录的排序码的值，则由当前堆的堆底记录取代堆顶记录，当前堆的大小减 1。新输入的记录存放在当前堆的原堆底记录的位置上，成为新堆的一个记录。

③ 如果新堆的记录个数大于⌈p/2⌉，应着手调整新堆；如果新堆中已有 p 个记录，表示当前堆已输出完毕，当前的初始归并段结束，应开始创建下一个初始归并段，因此必须另为新堆选择一个输出文件。

④ 重复步骤②～步骤③，直到输入文件输入完毕。

（3）输出剩余记录。首先输出当前堆中的剩余记录，并边输出边调整。再将内存工作区中的新堆作为最后一个初始归并段输出。

用小根堆实现置换选择排序的算法如下。

```
#define maxValue 32767                                    //最大值
#define m 5                                               //归并路数
typedef int DataType;
void siftDown(DataType hp[], int start, int finish){      //筛选算法
    DataType tmp = hp[start];  int i = start;  int j = 2*i+1;
    while(j <= finish) {                                  //层层筛选
        if(j < finish && hp[j] > hp[j+1]) j++;            //j指向两子女的小者
```

```
        if(tmp < hp[j]) break;                              //找到插入位置跳出循环
            else {hp[i] = hp[j];  i = j;  j = 2*i+1;}       //否则小子女上升, i下降
    }
    hp[i] = tmp;                                            //回放
}
void generateRuns(DataType S[], DataType T[], int n, int& p) {
//算法调用方式 generateRuns(S, T, n, p)。输入：输入关键码序列数组 S, 输入关键码
//个数 n；输出：利用小根堆生成初始归并段, 生成的归并段存放数组 T, 存放的关键
//码个数 p(包括 maxValue)
    int i, j, k = m-1, half =(m-2)/2;                       //half 是起始调整位置
    DataType hp[m];  DataType x;                            //hp 是堆(即内存工作区)
    for(i = 0; i < m; i++) hp[i] = S[i];                   //向堆输入 m 个记录
    for(i = half; i >= 0; i--) siftDown(hp, i, m-1);       //筛选成为小根堆
    for(i = m, p = 0; i < n; i++) {                         //当输入序列记录未输入完
        T[p++] = hp[0];                                     //输出堆顶记录到输出序列
        x = S[i];                                           //从输入序列输入一个记录
        if(x >= hp[0])                                      //若 x≥刚输出的堆顶记录
            { hp[0] = x;  siftDown(hp, 0, k);}              //x 加入当前堆, 调整当前堆
        else {                                             //若 x<刚输出的堆顶记录
            hp[0] = hp[k];                                 //用堆底填充当前堆的堆顶
            siftDown(hp, 0, k-1);                          //筛选当前堆成为小根堆
            hp[k] = x;                                     //x 成为新堆的记录
            if(k <= half) siftDown(hp, k, m-1);            //必要时调整新堆
            k--;                                           //当前堆的堆底下标减 1
            if(k == -1)                                    //当前堆输出完毕
                {T[p++] = maxValue;  k = m-1;}             //新堆成为当前堆, 堆底 m-1
        }
    }
    j = k+1;                                                //无输入, 记可能的新堆开始下标
    while(k >= 0) {                                         //输出当前堆的剩余记录
        T[p++] = hp[0];                                     //继续输出当前归并段的记录
        hp[0] = hp[k--];  siftDown(hp, 0, k);              //调整当前堆
    }
    T[p++] = maxValue;
    if(j < m) {                                             //还有新堆
        for(i = j; j < m; j++) hp[j-i] = hp[j];            //新堆记录上移
        k = j-i-1;  half = (k-1)/2;                        //新堆成为当前堆后的堆底
        for(i = half; i >= 0; i--)                         //筛选成为小根堆
            siftDown(hp, i, k);
        while(k >= 0) {                                     //输出当前堆的剩余记录
            T[p++] = hp[0];                                 //继续输出当前归并段的记录
            hp[0] = hp[k--];  siftDown(hp, 0, k);          //调整当前堆
        }
        T[p++] = maxValue;
    }
}
```

8.9.4　磁带归并排序

8-103　设计一个算法，计算 m 阶斐波那契数列和 m 阶广义斐波那契数列。

【解答】　m 阶斐波那契数列和 m 阶广义斐波那契数列分别为

$$f_0^{(m)} = \cdots = f_{m-2}^{(m)} = 0, f_{m-1}^{(m)} = 1, f_i^{(m)} = f_{i-1}^{(m)} + \cdots + f_{i-m}^{(m)} \ (i \geqslant m)$$

$$F_0^{(m)} = F_1^{(m)} = \cdots = F_{m-1}^{(m)} = 1, F_i^{(m)} = F_{i-1}^{(m)} + \cdots + F_{i-m}^{(m)} \ (i \geqslant m)$$

算法可以首先通过一个循环，计算 $f_0^{(m)}, f_1^{(m)}, \cdots, f_{m-2}^{(m)}$ 和 $F_0^{(m)}, F_1^{(m)}, \cdots F_{m-2}^{(m)}$，然后单独计算 $f_{m-1}^{(m)}$ 和 $F_{m-1}^{(m)}$，接着再通过一个循环，计算 $f_m^{(m)}, \cdots, f_n^{(m)}$ 和 $F_m^{(m)}, \cdots, F_n^{(m)}$。

算法的实现如下。

```
#define maxValue 32767
int fib(long Fib[], int m, int n) {
//算法调用方式 int k = fib(Fib, m, n)。输入：斐波那契数列阶数 m，数值 n；输出：
//计算 m 阶斐波那契数列 Fib[0..n]。若 n 较大导致 Fib[k] 超出 LONG_MAX，函数返回 k
    int i, k = n;  long s1;
    for(i = 0; i < m-1; i++) Fib[i] = 0;
    s1 = Fib[m-1] = Fib[m] = 1;
    for(i = m+1; i <= n; i++) {
        if(s1 < maxValue-Fib[i-1]) Fib[i] = Fib[i-1]+s1;
        else return i-1;
        s1 = Fib[i]-Fib[i-m];
    }
    return n;
}

int Gfib(long GFib[], int m, int n) {
//算法调用方式 int k = Gfib(GFib, m, n)。输入：广义斐波那契数列的阶数 m，数值 n；
//输出：计算 m 阶广义斐波那契数列 GFib[0..n](第 k 个广义斐波那契数等于 n)，若 n
//较大导致 GFib[k] 超出 LONG_MAX，函数返回 k
    int i, k = n;  long s2;
    for(i = 0; i < m; i++) GFib[i] = 1;
    GFib[m] = m;  s2 = GFib[m]-GFib[0];
    for(i = m+1; i <= n; i++) {
        if(s2 < maxValue-GFib[i-1]) GFib[i] = GFib[i-1]+s2;
        else return i-1;
        s2 = GFib[i]-GFib[i-m];
    }
    return n;
}
```

8-104　假定有 n（恰好等于某个广义斐波那契数）个初始归并段，每个初始归并段占用一个物理块（操作系统一次 I/O 的单位），且有 m+1 个磁带机。设计一个算法，模拟执行多步归并排序，输出每趟归并后各台磁带机上的状态。

【解答】　多步归并排序的特点是：m+1 台磁带机可做 m 路多步归并，一台磁带机作输出带，其他 m 台作输入带。输出带由各磁带机轮流担任，每一步归并都进行到有且仅有一条输入带变空而止，而该磁带为下一步的输出带。

算法首先需要计算 n 个归并段在 m 台磁带机上的初始分布。多步归并排序初始归并段的分配原则：当初始归并段的总数恰为 m 阶广义斐波那契序列中的第 j 项 $F_j^{(m)}$ 时在 m 台磁带机上分布的归并段的数目应为

$$\begin{cases} t_1^{(m)} = f_{j-1}^{(m)} + f_{j-2}^{(m)} + \cdots + f_{j-m+1}^{(m)} + f_{j-m}^{(m)} \\ t_2^{(m)} = f_{j-1}^{(m)} + f_{j-2}^{(m)} + \cdots + f_{j-m+1}^{(m)} \\ \cdots \\ t_{m-1}^{(m)} = f_{j-1}^{(m)} + f_{j-2}^{(m)} \\ t_m^{(m)} = f_{j-1}^{(m)} \end{cases}$$

如果可以确定 $n = F_k^{(m)}$ 的 k；然后在磁带 T[1], T[2], …, T[m] 上填入初始归并段个数。接着通过一个大循环，仿照多步归并过程进行归并，直到只剩一个归并段为止。每趟在 m 个磁带上选最小采用简单选择排序的方法。算法中使用了题 8-103 的求斐波那契数列的算法。算法的实现如下。

```c
#include<limits.h>
#include<stdio.h>
#define maxValue 32767                          //定义在头文件 limits.h 中
#define mplus1 4                                //假定 m = 3, m+1 = 4
int fib(long Fib[], long GFib[], int m, int n) {
//计算并返回 m 阶斐波那契数列中大于或等于 n 的 Fib[k]的下标 k
    int i, k = n; long s1, s2;
    for(i = 0; i < m-1; i++) { Fib[i] = 0;  GFib[i] = 1; }
    Fib[m-1] = Fib[m] = 1;  GFib[m-1] = 1;  GFib[m] = m;
    s1 = Fib[m]-Fib[0];  s2 = GFib[m]-GFib[0];
    for(i = m; GFib[i] < n; i++) {
        Fib[i+1] = Fib[i]+s1;  s1 = Fib[i+1]-Fib[i-m+1];
        GFib[i+1] = GFib[i]+s2;  s2 = GFib[i+1]-GFib[i-m+1];
    }
    return i;
}
void Polyphase_merge(int n, int m) {
//算法调用方式 Polyphase_merge(n, m)。输入：输入记录数 n, 归并路数 m; 输出：
//算法对 n(=F(m)(k))个记录做 m 路归并，输出归并过程中各步磁带机上归并段的
//分布结果。算法使用了 m+1 台磁带机，做多步(k-m+1 步)归并
    long GFib[maxSize], Fib[maxSize];           //计算斐波那契数列
    int i, j, k, pr, num, p, s, sum;
    k = fib(Fib, GFib, m, n);                   //确定等于 n 的斐波那契数
    int T[mplus1], L[mplus1];                   //T[1]～T[m+1]是磁带, T[0]不用
    T[m] = 0;  L[m] = 0;
    for(i = 1; i <= m; i++) {
        T[m-i] = T[m-i+1]+Fib[k-i];             //计算初始归并段的初始分布
        L[m-i] = 1;                             //设每个非空段的物理块有 1 个
    }
    s = k-m+2;                                  //归并步数
```

```
        printf("步数  ");                          //打印标题
        for(j = 0; j <= m; j++) printf("T[%d]   ", j);
        printf("I/O 次数\n");
        p = m;    num = sum = 0;                    //p 是当前归并段数为 0 的磁带
        for(i = 1; i <= s; i++) {                   //做多步归并
            printf(" %2d ", i);
            for(j = 0; j <= m; j++) printf("%2d(%2d)  ", T[j], L[j]);
            printf(" %d*%d=%d\n", num, sum, num*sum);
            pr = (p-1+mplus1) % mplus1;              //p 的前一个磁带
            num = T[pr];  sum = 0;
            for(j = 0; j <= m; j++) sum = sum+L[j];
            for(j = 0; j <= m; j++)
                if(T[j] == 0) T[j] = num;
                else T[j] = T[j]-num;
            L[p] = sum;
            for(j = 0; j <= m; j++)
                if(T[j] == 0) L[j] = 0;
            p = pr;
        }
    }
```

8.9.5　最佳归并树

1. 最佳归并树的概念

（1）归并树是描述归并过程的多叉树。描述 m 路归并的归并树是只有度为 0 和度为 m 的结点的严格 m 叉树。

（2）最佳归并树是根据各个初始归并段的长度，描述如何组织访外次数最少的归并方案的归并树。

（3）最佳归并树是 Huffman 树的扩展，是带权路径长度达到最小的扩充 m 叉树。外结点（叶结点）是参加归并的各初始归并段，内结点（非叶结点）是每次做 m 路归并得到的中间结点，结点的权重是归并段的长度（所包含物理记录数）。

（4）若参加归并的初始归并段个数为 n，做 m 路平衡归并排序。设度为 0 的结点有 n_0（$=n$）个，度为 m 的结点有 n_m 个，则有 $n_0 = (m-1)n_m + 1$。

- 如果 $(n_0-1) \% (m-1) = 0$，则说明这 n_0 个叶结点（即初始归并段）正好可以构造 m 叉归并树，这时内结点 $n_m = (n_0-1)/(m-1)$。

- 如果 $(n_0-1) \% (m-1) = u \neq 0$，则对于这 n_0 个叶结点，其中的 u 个不足以参加 m 路归并。故除了有 n_m 个度为 m 的内结点之外，还需增加一个内结点。它在归并树中代替了一个叶结点位置，被代替的叶结点加上刚才多出的 u 个叶结点，再加上 m-u-1 个记录个数为零的空归并段，就可以创建归并树。

2. 最佳归并树的组织

模仿 Huffman 树的组织，使用静态 m 叉链表组织最佳归并树，每一行代表一个结点，每个结点有 m+1 个指针，其中一个是双亲指针 prt，m 个是子女指针 chd[m]，此外还有存储结点实际子女个数的信息 num，结点所代表归并段的长度信息 len。结构的描述如下。

```
#include<stdio.h>
#define maxSize 100
#define M 3                                      //归并路数
#define Runs 20                                  //初始归并最大段数
typedef struct {
    int num;                                     //结点子女个数
    int prt;                                     //结点双亲下标
    int len;                                     //结点所代表归并段记录个数
    int chd[M];                                  //结点子女下标数组
} OmtNode;                                       //最佳归并树结点
typedef struct {
    OmtNode elem[maxSize];                       //最佳归并树结点数组
    int N;                                       //结点个数
} OpMergeTree;                                    //最佳归并树定义
```

3. 最佳归并树相关的算法

8-105　给出不等长的 n 个初始归并段做 M 路归并，设计一个算法，构造一棵最佳归并树。

【解答】　算法首先计算 u = (n−1) % (M−1)。如果 u = 0，所有结点都可以参加到 M 路归并中来；否则，需要执行一个 u+1 路归并，对 u+1 个长度最小的初始归并段做 u+1 路归并，然后对其他非叶结点都可执行 M 路归并。算法的实现如下。函数返回根的位置。

```
int createOMT(OpMergeTree& T, int C[], int n) {
//算法调用方式 int k = createOMT(T, C, n)。输入：空的最佳归并树 T，归并段长度数
//组 C，归并段个数 n；输出：引用参数 T 返回创建成功的最佳归并树，函数返回最终归并段长度
    int i, j, k, u, m, s, N, sum;                //n 是叶结点个数，总归并段数
    m = (n-1)/(M-1);                             //m 是非叶结点个数
    u = (n-1) %(M-1);                            //u 是做 M 路归并多余结点数
    if(u != 0) m++;
    N = n+m;                                     //N 是树中总结点数
    for(i = 0; i < N; i++) {                     //数组初始化
        T.elem[i].num = 0;  T.elem[i].len = 0; T.elem[i].prt = -1;
        for(j = 0; j < M; j++) T.elem[i].chd[j] = -1;
    }
    for(i = n; i < N; i++) T.elem[i].num = M;    //非叶结点子女数
    for(i = 0; i < n; i++) T.elem[i].len = C[i]; //叶结点所代表归并段长度
    if(u != 0) {                                 //第一个非叶结点不能做 M 路归并
        T.elem[n].num = u+1;                     //此非叶结点子女数
        sum = 0;
        for(i = 0; i < T.elem[n].num; i++) {
            for(j = 0; j < n; j++)               //查找第一个可选子女
                if(T.elem[j].prt == -1) { s = j;  break; }
            for(j = 1; j < n; j++)               //在叶结点中选最小
                if(T.elem[j].prt == -1 && T.elem[j].len < T.elem[s].len)
                    s = j;
            sum = sum+T.elem[s].len;
```

```
                    T.elem[s].prt = n;  T.elem[n].chd[i] = s;
                }
                T.elem[n].len = sum;
                n++;
            }
            for(i = n; i < N; i++) {                    //以下非叶结点都能做 M 路归并
                sum = 0;                                //累加所有子女（归并段）的长度
                for(j = 0; j < T.elem[i].num; j++) {    //归并结点 i 的所有子女
                    for(k = 0; k < i; k++)              //查找第一个可选子女
                        if(T.elem[k].prt == -1) { s = k;  break; }
                    for(k = s+1; k < i; k++)            //在所有可选结点选最小
                        if(T.elem[k].prt == -1 && T.elem[k].len < T.elem[s].len)
                            s = k;
                    T.elem[s].prt = i;  T.elem[i].chd[j] = s;
                    sum = sum+T.elem[s].len;
                }
                T.elem[i].len = sum;
            }
            return N-1;
        }
```

8-106　设有 n 个长度不等的初始归并段做 M 路归并，设计一个算法，根据题 8-105 构造的最佳归并树，实现 M 路归并排序，并计算和返回读记录数目。

【解答】　假设 n 个初始归并段正好能够构造严格 m 叉树，仿照 Huffman 树的构造方法，首先把所有 n 个初始归并段看作 n 棵只有单个结点的树，用归并段长度作为各树根结点的权重，这样构造了一个森林 F。然后执行以下步骤：

（1）从 F 中选择根结点的权重最小的 m 棵树，以它们作为子树构造一棵新的 m 叉树，该树根结点的权重等于各子树根结点权重之和。

（2）从 F 中删除已成为新 m 叉树的子树的 m 棵树，并把新 m 叉树插入 F 中。

（3）如果 F 中仅剩 1 棵树，则该树为最佳归并树，处理结束；否则执行步骤（1）继续合并 F。

算法的实现如下。

```
#define runSize 100
void main(void) {
    int A[maxSize] = { 29, 43, 16, 31, 41, 12, 13, 20, 26, 27, 38, 40, 47,
        50, 10, 14, 18, 34, 45, 54, 9, 16, 21, 39, 46, 52, 60, 1, 8, 23,
        35, 55, 62, 69, 2, 7, 11, 25, 48, 59, 63, 68, 3, 15, 24, 44, 57,
        64, 69, 80, 17, 28, 29, 49, 53, 65, 67, 72, 74 };
    int C[Runs] = { 2, 3, 4, 5, 6, 7, 7, 8, 8, 9 };        //各初始归并段长度
    int P[Runs];  OpMergeTree R;
    int i, j, d, k, u, v, n = 10, N;
    printf("最佳归并树为\n");
    N = createOMT(R, C, n);                                //构造最佳归并树
    for(i = n; i <= N; i++) C[i] = R.elem[i].len;          //计算新归并段长度
    P[0] = 0;                                              //计算各归并段位置
```

```
    for(i = 1; i <= N; i++) P[i] = P[i-1]+C[i-1];
    d = 0;
    for(i = 0; i < n; i++) d += C[i];                        //计算待排序元素总数
    printf("原始输入待排序元素序列为\n");
    for(i = 0; i < d; i++) {
        if(i != 0 && i % 20 == 0) printf("\n");
        printf("%2d ", A[i]);                                //输出待排序元素序列
    }
    printf("\n");
    int t[M+1], s[M+1];                                      //参与归并归并段范围
    printf("运用最佳归并树进行归并排序的结果是\n");
    for(u = n; u <= N; u++) {
        for(i = 0; i < R.elem[u].num; i++)
            { v = R.elem[u].chd[i];  s[i] = P[v];  t[i] = P[v]+C[v]; }
        while(1) {
            for(i = 0; i < R.elem[u].num; i++)
                if(s[i] < t[i]) break;
            if(i >= R.elem[u].num) break;
            for(i = 0; i < R.elem[u].num; i++)
                if(s[i] < t[i]) { k = i;  break; }
            for(i = 1; i < R.elem[u].num; i++)
                if(s[i] < t[i] && A[s[i]] < A[s[k]]) k = i;
            if(u == N) {
                if(d % 20 == 0) printf("\n");
                printf("%2d ", A[s[k]]);
            }
            A[d++] = A[s[k]];  s[k]++;
        }
    }
    printf("\n");
    u = 0;
    for(i = n; i <= N; i++) u += R.elem[i].len;
    printf("排序总读记录数为%d\n", u);
}
```

参 考 文 献

[1] 王晓东. 数据结构（C 语言描述）[M]. 3 版. 北京：电子工业出版社，2019.

[2] 张玲玲. Python 算法详解[M]. 北京：中国工信出版集团·人民邮电出版社，2019.

[3] 左程云. 程序员代码面试指南 IT 名企算法与数据结构题目最优解[M]. 2 版. 北京：中国工信出版集团·电子工业出版社，2019.

[4] 纳拉辛哈·卡鲁曼希. 数据结构与算法经典问题解析[M]. 沈华，李兵兵，杜江毅，等译. 2 版. 北京：机械工业出版社，2019.

[5] 李春葆，李筱驰. 直击招聘：程序员面试笔记数据结构深度解析[M]. 北京：清华大学出版社，2018.

[6] 殷人昆. 数据结构精讲与习题详解（C 语言版）[M]. 2 版. 北京：清华大学出版社，2018.

[7] 开点工作室. 横扫 Offer 程序员招聘真题详解 700 题[M]. 北京：清华大学出版社，2016.

[8] 渡部有隆. 挑战程序竞赛 2 算法和数据结构[M]. 支鹏浩，译. 北京：中国工信出版集团·电子工业出版社，2016.

[9] 赵烨. 轻松学算法：互联网算法面试宝典[M]. 北京：电子工业出版社，2016.

[10] 猿媛之家. 程序员面试笔试真题库[M]. 北京：机械工业出版社，2016.

[11] 陈守孔，胡潇琨，李玲. 算法与数据结构考研试题精析[M]. 3 版. 北京：机械工业出版社，2015.

[12] 何海涛. 剑指 Offer：名企面试官精讲典型编程题（纪念版）[M]. 北京：电子工业出版社，2014.

[13] 王道论坛. 王道程序员求职宝典[M]. 北京：电子工业出版社，2013.

[14] 邓俊辉. 数据结构习题解析[M]. 3 版. 北京：清华大学出版社，2013.

[15] 陈越，何钦铭，徐镜春，等. 数据结构学习与实验指导[M]. 北京：高等教育出版社，2013.

[16] 李春葆，喻丹丹，曾平，等. 新编数据结构习题与解析[M]. 北京：清华大学出版社，2013.

[17] 肖南峰，任剑洪，卢雯雯，等. 算法分析与设计——数据结构实践[M]. 北京：清华大学出版社，2012.

[18] 袁和金，牛为华，李宗民，等. 数据结构习题分析与解答[M]. 北京：中国电力出版社，2012.

[19] 林厚从. 高级数据结构[M]. 南京：东南大学出版社，2012.

[20] 王建德，吴永辉. 程序设计中实用的数据结构[M]. 北京：人民邮电出版社，2012.

[21] 王红梅，胡明. 数据结构（C++）学习辅导与实验指导[M]. 2 版. 北京：清华大学出版社，2011.

[22] 翁惠玉，俞勇. 数据结构：题解与拓展[M]. 北京：高等教育出版社，2011.

[23] 秦峰，袁志祥. 数据结构（C 语言版）例题详解与课程设计指导[M]. 北京：清华大学出版社，2011.

[24] 秦锋，袁志祥. 数据结构（C 语言版）例题详解与课程设计指导[M]. 北京：清华大学出版社，2011.

[25] 殷人昆. 数据结构习题精析与考研辅导[M]. 北京：机械工业出版社，2011.

[26] 王桂平，王衍，任嘉辰. 图论算法理论、实现及应用[M]. 北京：北京大学出版社，2011.

[27] 陈德裕. 数据结构学习指导与习题集[M]. 北京：清华大学出版社，2010.

[28] Sedgewick R. 算法：C 语言实现（第 1～4 部分）基础知识、数据结构、排序和搜索[M]. 霍红卫，译. 3 版. 北京：机械工业出版社，2009.

[29] 陈慧南. 数据结构学习指导和习题解析——C++语言描述[M]. 北京：人民邮电出版社，2009.

[30] 李根强. 数据结构（C++版）习题解答及实训指导[M]. 2 版. 北京：中国水利水电出版社，2009.

[31] 张乃孝. 算法与数据结构：学习指导与习题解析[M]. 2 版. 北京：高等教育出版社，2009.

[32] 侯风巍. 数据结构要点精析——C 语言版[M]. 2 版. 北京：北京航空航天大学出版社，2009.

[33] 左飞. C++数据结构原理与经典问题求解[M]. 北京：电子工业出版社，2008.

[34] 殷人昆. 数据结构习题解析（用面向对象方法与 C++语言描述）[M]. 2 版. 北京：清华大学出版社，2007.

[35] 徐孝凯. 数据结构实用教程（第二版）习题参考解答[M]. 北京：清华大学出版社，2006.

[36] 夏清国. （清华·C 语言版）数据结构考研教案. 西安：西北工业大学出版社，2006.

[37] 张铭，赵海燕，王腾蛟. 数据结构与算法——学习指导与习题解析[M]. 北京：高等教育出版社，2005.

[38] 刘坤起，张有华，张翠军，等. 数据结构题型·题集·题解[M]. 北京：科学出版社，2005.

[39] 缪淮扣，沈俊，顾训穰. 数据结构——C++实现习题解析与实验指导[M]. 北京：科学出版社，2005.

[40] 梁作娟，胡伟，唐瑞春. 数据结构习题解答与考试指导[M]. 北京：清华大学出版社，2004.

[41] 刘大有，杨博，刘亚波，等. 数据结构学习指导与习题解析[M]. 北京：高等教育出版社，2004.

[42] 汪杰，等. 数据结构经典算法实现与习题解答[M]. 北京：人民邮电出版社，2004.

[43] 蒋盛益. 数据结构学习指导与训练[M]. 北京：中国水利水电出版社，2003.

[44] 何军，胡元义. 数据结构 500 题[M]. 北京：人民邮电出版社，2003.

[45] 胡元义，邓亚玲，徐睿琳. 数据结构课程辅导与习题解析[M]. 北京：人民邮电出版社，2003.

[46] 王世民，杨学军. 高等教育自学考试 计算机类 学习指导与题典——数据结构[M]. 北京：科学出版社，2003.

[47] 严蔚敏，吴伟民. 数据结构题集（C 语言版）[M]. 北京：清华大学出版社，1999.

[48] 黄水松，董红斌. 数据结构与算法习题解析[M]. 北京：电子工业出版社，1996.

图 书 资 源 支 持

感谢您一直以来对清华版图书的支持和爱护。为了配合本书的使用，本书提供配套的资源，有需求的读者请扫描下方的"书圈"微信公众号二维码，在图书专区下载，也可以拨打电话或发送电子邮件咨询。

如果您在使用本书的过程中遇到了什么问题，或者有相关图书出版计划，也请您发邮件告诉我们，以便我们更好地为您服务。

我们的联系方式：

地　　址：北京市海淀区双清路学研大厦 A 座 714

邮　　编：100084

电　　话：010-83470236　010-83470237

客服邮箱：2301891038@qq.com

QQ：2301891038（请写明您的单位和姓名）

资源下载：关注公众号"书圈"下载配套资源。

资源下载、样书申请

书 圈

获取最新书目

观看课程直播